Elektroenergiesysteme

2., aktualisierte Auflage

Adolf J. Schwab

Elektroenergiesysteme

Erzeugung, Transport, Übertragung und Verteilung elektrischer Energie

Mitarbeit bei der 1. Auflage: Stefan Börninck, Markus Hemmer, Bernd Hoferer, Yannick Julliard, Rajiv Kumar, Carsten Meinecke, Michael Merkle, Ricard Petranovic

2., aktualisierte Auflage

Springer

Prof. Dr.-Ing. Dr.-Ing. h.c. mult. Adolf J. Schwab
Ordinarius i.R. am Institut Elekroenergiesysteme
und Hochspannungstechnik
Universität Karlsruhe
Kaiserstraße 12
76128 Karlsruhe
Deutschland
schwab@ieh.etec.uni-karlsruhe.de
a.schwab@ieee.org

Autor und Verlag danken der EnBW Energie Baden-Württemberg AG, Karlsruhe, für die Unterstützung bei der Veröffentlichung des Werkes.

ISBN 978-3-540-92226-1 e-ISBN 978-3-540-92227-8
DOI 10.1007/978-3-540-92227-8
Springer Dordrecht Heidelberg London New York

Die Deutsche Nationalbibliothek verzeichnet diese Publikation in der Deutschen Nationalbibliografie; detaillierte bibliografische Daten sind im Internet über http://dnb.d-nb.de abrufbar.

Einbandgestaltung: deblik, Berlin

Gedruckt auf säurefreiem Papier

Springer is part of Springer Science+Business Media (www.springer.com)

Dieses Buch widme ich meiner Frau Gisela, die mich während meines beruflichen Lebens und auch im Ruhestand beim zeitraubenden Wissenserwerb und der Generierung neuen Wissens unermüdlich begleitet hat.

Prof. Dr.-Ing. A. J. Schwab

Geleitwort zur 2. Auflage

Wie sieht ein zukunftsfähiger Energiemix in Deutschland aus? Welche Auswirkungen auf die Energieversorgung wird der Klimaschutz haben? Brauchen wir noch vertikal integrierte Energieversorgungsunternehmen oder sollte die Energiewirtschaft auch eigentumsrechtlich entflochten werden?

Während die erste Frage unsere Gesellschaft schon seit mehreren Jahrzehnten umtreibt, sind die beiden letzten Fragestellungen aktuelleren wissenschaftlichen Erkenntnissen über den drohenden Klimawandel und einer erst seit einem Jahrzehnt durchgeführten Liberalisierung der europäischen Strommärkte geschuldet.

Und noch zu keiner Zeit in seiner recht jungen Geschichte sah sich die europäische Energieversorgung wie heute mit der Tatsache konfrontiert, daß sich nicht allein der Bedarf der westlichen Welt für die Zukunft der Rohstoffmärkte verantwortlich zeichnet, sondern die globale Entwicklung und insbesondere der Energiehunger aufstrebender Nationen wie China, Indien oder Brasilien.

Doch leider hält die Diskussion in unserer Gesellschaft über einen zukunftsfähigen Energiemix mit diesen neuen Herausforderungen nicht Schritt. Ganz im Gegenteil: Sie ist befrachtet mit Ritualen, die sich in den letzten drei Jahrzehnten des vorherigen Jahrhunderts entwickelt haben und bis heute einen offenen, diskriminierungsfreien Diskurs fast unmöglich machen.

Grundlagen für einen offenen gesellschaftlichen Diskurs sind eine offene Diskussionskultur und vor allem informierte Diskussionsteilnehmer.

Und genau hier setzt das vorliegende Werk an. Es vermittelt einen umfassenden Überblick über die Funktionsweisen der Stromwirtschaft, von der Erzeugung der Elektrizität in den Kraftwerken bis zur Verteilung über die Stromnetze an die Kunden. Damit dient es nicht nur Fachleuten sondern auch interessierten Quereinsteigern als fundiertes Werk und somit als Grundlage für eine zukunftsorientierte Diskussion über die Ausgestaltung des künftigen Energiemixes - eine der entscheidenden Zukunftsfragen für unsere Gesellschaft.

Dr.-Ing. Hans-Josef Zimmer

Vorwort zur 2. Auflage

Ständig steigende Energiepreise, insbesondere auch für elektrische Energie, haben breites Interesse für ihr Zustandekommen angefacht. Das vorliegende Buch bietet eine kompetente Informationsquelle für eine sachliche Diskussion.

Die große Nachfrage der 1. Auflage machte bereits nach kurzer Zeit die vorliegende 2. Auflage erforderlich. Hierbei konnten weitere akutelle Themen aufgenommen werden, beispielsweise *Klimaveränderung*, *Geothermie* und *Biomasse*. Ferner erfuhren im Wandel befindliche Themen eine Aktualisierung, beispielsweise der Status der *Verbundsysteme* und das *Bilanzkreismanagement*. Zur letzteren Thematik dankt der Verfasser Herrn Dipl.-Ing. *Sven Nossek*, EnBW AG, und Herrn *Volker Siedentopp*, Stadtwerke Hannover, für wertvolle Hinweise.

Auch diese zweite Auflage konnte in der vorliegenden Form nur dank eines großzügigen Druckkostenzuschusses der EnBW AG zu einem auch für Studierende erschwinglichen Preis erscheinen. In ihrem Namen und dem aller weiteren Leser dankt der Verfasser Herrn Dr. *Zimmer*, Vorstand Technik der EnBW AG, sowie Herrn Dr. *Münch*, Leiter des EnBW-Forschungsbereichs.

Der *Ingrid und Gunther Schroff-Stiftung* sei für die Finanzierung der an der operativen Manuskripterstellung beteiligten Bürofachkräfte sehr herzlich gedankt.

Weiterer Dank gilt wieder Frau *Monica Gappisch* für das sorgfältige Schreiben des Manuskripts, Frau Dipl.-Ing. *Kathleen Hummel* und Herrn *Bernd Glomb* für das Aktualisieren der Zeichnungen, Herrn *Andreas Schoknecht* und Herrn *Michael Kröck* für das sorgfältige Korrekturlesen sowie für allzeit gewährte großzügige IT-Unterstützung den Herren Dr.-Ing. *Dietmar Giselbrecht* und Dipl.-Ing. *Timo Wenzel*.

Ferner danke ich einmal mehr der Universität Karlsruhe, der Karlsruher Hochschulgesellschaft und meinem Nachfolger, Herrn Professor *Thomas Leibfried*, für die Möglichkeit der Erstellung des Manuskripts an meiner früheren Arbeitsstätte.

In der Hoffnung, daß auch diese 2. Auflage Studierenden, Naturwissenschaftlern und Ingenieuren anderer Disziplinen, Quereinsteigern und nicht zuletzt technischen Laien einen überzeugenden Einblick in die ungeheure Komplexität von Elektroenergiesystemen und die Breite und Tiefe des Wissens der diese Systeme planenden und betreibenden Ingenieure vermitteln kann, übergebe ich dieses Buch meinen geschätzten Leserinnen und Lesern. Zum Wohl der Leser einer dritten Auflage bittet der Autor um Rückmeldung etwaiger Fehler sowie um Anregungen zur Verbesserung dieses Buches an *schwab@ieh.uni-karlsruhe.de*, *adolf.schwab@kit.edu* oder *a.schwab@ieee.org*.

Karlsruhe, im Sommer 2009

Prof. Dr.-Ing. A. J. Schwab

Vorwort zur 1. Auflage

Das vorliegende Buch entstand aus den Unterlagen zu meinen Vorlesungen „*Erzeugung, Übertragung und Verteilung elektrischer Energie*“ und „*Elektrische Anlagen und Elektroenergiesysteme I, II*“, die ich seit 1980 neben den Vorlesungen „*Hochspannungstechnik I, II*“, „*Hochspannungsmeßtechnik*“ und „*Elektromagnetische Verträglichkeit*“ an der Universität Karlsruhe gehalten habe. Da seit dieser Zeit ständig technologische Innovationen stattfanden und mich zunehmend Mitarbeiter in manchen Vorlesungen vertreten haben, wurden Teile des Stoffs überarbeitet bzw. auch neu verfaßt.

Elektroenergiesysteme involvieren nahezu alle Disziplinen der Elektrotechnik und zählen wegen der Vielfalt und Komplexität der Fragestellungen zu den anspruchvollsten systemtechnischen Ingenieuraufgaben. Während Hochspannungstechnik, Elektromaschinenbau und Leistungselektronik die technologischen Voraussetzungen für die Erzeugung, Übertragung und Verteilung großer Mengen elektrischer Energie bereitstellen, leisten die elektrische Anlagentechnik, Regelungstechnik, Netzwerktheorie, Nachrichtentechnik und Prozeßleittechnik sowie eine Vielzahl von Informationssystemen ihren Beitrag bei Planungsaufgaben sowie im Netz- und Kraftwerksbetrieb. Ziel des Buchs ist nicht die Erläuterung des inneren konstruktiven Aufbaus von Betriebsmitteln oder der gasentladungsphysikalischen Vorgänge beim Löschen des Lichtbogens eines Leistungsschalters. Vielmehr stehen systemtechnische Aspekte wie die Begriffswelt und das Betriebsverhalten, die Verknüpfung und das Zusammenwirken von Betriebsmitteln in einem Elektroenergiesystem sowie ihre mathematische Modellierung im Vordergrund. So versteht sich die „*Erzeugung, Übertragung und Verteilung elektrischer Energie*“ nicht nur als verständliche Einführung für Studierende der Elektrotechnik, sondern auch als Übersichtswerk für Ingenieure und Quereinsteiger anderer Disziplinen, die in engerem oder weiterem Sinne mit Elektroenergiesystemen befaßt sind und einen problemlosen Einstieg in die umfangreiche Spezialliteratur suchen. Darüber hinaus sollen zumindest Teile dieses Buchs politischen Entscheidungsträgern und all jenen, für die der Strom aus der Steckdose kommt, eine Einsicht in die ungeheure Komplexität hochverfügbarer und preiswerter Stromversorgung in einer Industriegesellschaft vermitteln.

Beginnend mit einem Einblick in die volkswirtschaftliche Bedeutung elektrischer Energie, in die Evolution von Elektrizitätsversorgungsunternehmen und ihren grundsätzlichen Aufbau werden in systematischer Reihenfolge der Bedarf an elektrischer Energie, die großtechnische Umwandlung von Primärenergie in elektrische Energie, die Übertragung großer Mengen elektrischer Energie von Erzeuger- zu Verbraucherschwerpunkten sowie die Verteilung elektrischer Energie an die Endabnehmer behandelt.

Der Kernenergie und der Kernkraftwerkstechnik wird wegen ihres hohen Potentials zur CO_2-armen Deckung des mittel- und langfristigen Energiebedarfs sowie der mit ihrem Einsatz verbundenen besonderen Probleme mehr Raum gewidmet als Wasserkraftwerken, die bereits einen hohen Ausbaugrad erreicht haben. Additive Energietechnologien, wie beispielsweise die *Photovoltaik* oder die *Hochtemperatur-Brennstoffzelle*, die zwar in höchstem Maß wünschenswert sind, sich aber wegen ihrer geringen Leistungsdichte oder wegen inhärenter Lebensdauer- und Geometrieprobleme zur großtechnischen Erzeugung elektrischer Energie nur bedingt eignen, werden der Vollständigkeit halber gestreift.

Ein kurzer Abriß der Thermodynamik erhellt den physikalisch bedingten, viel beklagten „niedrigen“ Wirkungsgrad thermischer Kraftwerke und die Grenzen der Abwärmenutzung. Zusammen mit der Beschreibung wichtiger Kraftwerkskomponenten liefert dieses Kapitel einführende Hintergrundinformation für die Kraftwerkleittechnik.

Abschnitte über die Berechnung von Leitungen und Netzen sowohl im stationären Betrieb als auch bei symmetrischen und unsymmetrischen Netzstörungen zeigen die Wurzeln der heute verwendeten Rechenprogramme für Lastfluß-, Kurzschluß-, Stabilitäts- und Optimierungsrechnungen auf. Die ausführliche Behandlung der Entkopplung von Drehstromsystemen sowie die Modellbildung von Betriebsmitteln zeigen den hohen Anteil rechnergestützter Ingenieurtätigkeit im Aufgabenbereich der mit der Erzeugung, Übertragung und Verteilung elektrischer Energie befaßten Ingenieure. Ausführliche Kapitel über Generatoren und Transformatoren, Eigenbedarfs- und Schaltanlagen, Kraftwerks- und Netzregelung, Stabilitäts- und Kurzschlußberechnungen, optimale Erzeugung elektrischer Energie, Sicherheit, Zuverlässigkeit und Schutztechnik runden das Werk ab.

Hinsichtlich der Vielfalt ihrer Elemente, der Beziehungen dieser Elemente untereinander (*Varietät* und *Konnektivität*) und unter Berücksichtigung ihrer Nichtlinearität haben moderne Elektroenergiesysteme einen unübertroffenen Grad an Komplexität erreicht. Ihre Beherrschung zählt zu den anspruchsvollsten systemtechnischen Ingenieuraufgaben und verlangt nach komplexen Informationssystemen, sogenannten *Energy-Management-Systemen*, auf die im Rahmen der Kraftwerks- und Netzleittechnik ausführlich eingegangen wird.

Aufgrund der Komplexität von Elektroenergiesystemen kann das Buch an keiner Stelle erschöpfend Auskunft geben, sondern lediglich den schnellen Zugang zur umfangreichen Spezialliteratur ermöglichen. Zu fast allen Begriffen wie *Elektrizitätswirtschaft*, *Netzleittechnik*, *Schaltanlagen*, *Leistungsflußrechnung*, *Kurzschlußstromberechnung* etc. existieren Spezialbücher, die in ihrem Vorwort immer noch entschuldigend erwähnen, nicht erschöpfend zu sein. Die Leserinnen und Leser dieses Buchs mögen hieraus erahnen, welch ungeheures Ausmaß die Komplexität von Elektroenergiesystemen tatsächlich besitzt.

Für ihre anfängliche Mitwirkung an der inhaltlichen Gestaltung dieses Buches danke ich meinen wissenschaftlichen Mitarbeitern Dr.-Ing. *Stefan Börninck*, Dr.-Ing. *Markus Hemmer*, Dr.-Ing. *Bernd Hoferer*, Dr.-Ing. *Yannick Julliard*, M. Sc., MBA, Dr.-Ing. *Radjiv Kumar*, Dr.-Ing. *Carsten Meinecke*, Dr.-Ing. *Michael Merkle* und Dr.-Ing. *Ricard Petranovic*. Für wertvolle Hinweise und Verbesserungsvorschläge danke ich den langjährigen Lehrbeauftragten meines Instituts, den Honorarprofessoren Dr.-Ing. *Kurt-Volker Boos*, Dr.-Ing. *Klaus Kasper* und Dr.-Ing. *Wolfgang Schröppel*, für sehr konstruktive Kritik zu den Kapiteln 15 und 19 den Herren Dipl.-Ing. *Rolf Neumaier* und Dipl.-Ing. *Markus Fürst*. Für das Schreiben und Zusammentragen des Manuskripts gebührt unbegrenzter Dank meinen langjährigen Sekretärinnen Frau *Sonja Ander* und später Frau *Monica Gappisch*. Ferner danke ich ihren Kolleginnen den Damen *Charlotte König*, *Elke Lesak* und *Gabriele Tiel-*

ker, für das Schreiben einzelner Textpassagen. Für das kreative Erstellen der farbigen Zeichnungen danke ich den Damen *Kathleen Hummel*, *Anna Schwabedal*, *Gerdi Ottmar*, *Silvia Probst* und *Petra Wöhr*. Herrn Dipl.-Ing. *Torsten Schmidt* danke ich für die Beschaffung eines Teils des Bildermaterials sowie für Korrekturlesen von Teilen des Buches, Herrn Dipl.-Ing. *Mischa Nagel* sowie den Studierenden *Matthias Roidl* und *Lennart Luckert* für das abschließende ganzheitliche Korrekturlesen des Gesamtwerks. Letztere hatten wohl den größten Anteil am Aufspüren allfälliger typographischer Fehler und herausfordernder Textpassagen. Für allzeit gewährte großzügige EDV-Unterstützung danke ich den Herren Dipl.-Wi.-Ing. *Dietmar Giselbrecht* und *Timo Wenzel*.

Der Universität Karlsruhe, der Karlsruher Universitätsgesellschaft und meinem Nachfolger, Herrn Prof. Leibfried, danke ich für die Möglichkeit der Erstellung des Manuskripts an meiner früheren Arbeitsstätte.

Frau Cuneus vom Springer-Verlag danke ich für die hochwertige Ausstattung des Buches und die schnelle Drucklegung.

Dieses Übersichtswerk wäre wegen seiner hohen Druckkosten in der vorliegenden Form nie erschienen, hätte nicht das innovative Energieversorgungsunternehmen EnBW AG großzügig einen erheblichen Teil der Druckkosten bezuschußt. Hier gebührt größter Dank des Autors und künftiger Leser den Herren Prof. Dr. *Utz Claassen*, Vorstandsvorsitzender der EnBW AG, Prof. Dr.-Ing. *Thomas Hartkopf*, Mitglied des Vorstands der EnBW AG sowie Herrn Dr. *Wolfram Münch*, Leiter des EnBW-Forschungsbereichs.

In der Hoffnung, daß dieses Buch auch technischen Laien einen überzeugenden Einblick in die ungeheure Komplexität von Elektroenergiesystemen und die Breite und Tiefe des Wissens der diese Systeme planenden und betreibenden Ingenieure vermitteln kann, übergebe ich dieses Buch meinen geschätzten Leserinnen und Lesern.

Zum Wohl der Leser einer zweiten Auflage bittet der Autor um Rückmeldung etwaiger Fehler sowie um Anregungen zur Verbesserung dieses Buches an *schwab@ieh.uni-karlsruhe.de* oder *a.schwab@ieee.org*.

Karlsruhe, im Frühjahr 2006

Prof. Dr.-Ing. A. J. Schwab

Inhaltsverzeichnis

Anhang

1. Elektrische Energie, Lebensstandard, Versorgungssicherheit

Der Wohlstand einer Nation bzw. einer Gesellschaft besitzt zwei Quellen. Man holt ihn entweder aus dem *Boden* oder man *produziert*. Beispiele für ersteres sind die erdöl-, erdgas-, diamanten-, gold- oder kohleexportierenden Länder, Beispiele für letzteres die sogenannten Industrienationen. Ihre Industrien und Gewerbebetriebe erbringen sowohl mit klassischen als auch zunehmend mehr *wissensbasierten* Produkten und Dienstleistungen eine *Wertschöpfung*, das heißt, sie schaffen *Wert*. Über ihre steuerlichen Abgaben sowie die Ausgaben ihres Beschaffungswesens, die Ausgaben der Eigner, Lohn- und Gehaltsempfänger etc. finanzieren sie praktisch alle anderen privaten und staatlichen Einrichtungen bzw. Dienstleister.

Grundlegende Voraussetzung für die *Produktion* und damit für den Lebensstandard einer Gesellschaft ist die ubiquitäre, hochzuverlässige Verfügbarkeit elektrischer Energie, insbesondere auch für die Versorgung ihrer Informationssysteme. Der Bedarf an elektrischer Energie wird im *Informationszeitalter* keineswegs dramatisch abnehmen. Energietechnische Prozesse werden durch informationstechnische Prozesse ja nicht ersetzt, sondern lediglich unterstützt. Der Stromverbrauch wird nachhaltig weiter wachsen, wenn auch nicht mehr so schnell wie in früheren Jahrzehnten. Sei es auch nur wegen der Zunahme der Privathaushalte, Einkaufszentren, Erschließung neuer Industrie- und Gewerbegebiete, Innovation des Elektroautos etc.

Den meisten Endabnehmern bleibt die ungeheure Komplexität hinter der Steckdose verborgen, es sind sich auch die wenigsten bewußt, in welchem Ausmaß die heutige Lebensqualität von der Verfügbarkeit preiswerter elektrischer Energie abhängt. Der folgende Vergleich möge dies veranschaulichen: Ein athletischer Mensch könnte über einen Tag hinweg aus eigener Kraft eine Dauerleistung von etwa 30 Watt erbringen. Die installierte Kraftwerksnennleistung, genau genommen die sogenannte *Engpaßleistung* der Bundesrepublik beträgt ca. 115 GW. Pro Kopf der Bevölkerung werden damit ca. 1400 Watt zusätzlich bereitgestellt. Das heißt, alle Einwohner der Bundesrepublik verfügen pro Kopf über fast 50 „Elektroenergiesklaven", die ihnen das Leben so angenehm gestalten, wie wir es bei unserem heutigen Lebensstandard gewohnt sind, Bild 1.1.

Bild 1.1. Der Mensch und seine Elektroenergiesklaven (Hennies, Schnitzer, Schwab).

Diese Energiesklaven kümmern sich um die elektrische Beleuchtung in Wohnungen, Büros, Fabriken und auf öffentlichen Straßen. Sie ermöglichen den umfangreichen Bahnverkehr, halten Produktionsprozesse am

Laufen, erwärmen elektrisch beheizte Wohneinheiten, betreiben Fernsehgeräte, Herde, Waschmaschinen, Klimaanlagen und versorgen alle Informations- und Kommunikationssysteme mit Strom. Ohne sie wäre unsere heutige Lebensweise nicht denkbar. Stellte man obige Überlegung für den gesamten Verbrauch an Primärenergie an, so käme man gar auf mehr als doppelt so viele Energiesklaven. Noch krasser fällt ein geldwerter Vergleich zwischen der während eines Tages geleisteten menschlichen Arbeit und elektrischer Energie aus.

Elektrische Energie ist die höchstwertige Energieform. Sie ist reine *Exergie* (nutzbarer Anteil einer bestimmten Energiedarbietung, s. 4.2.3) und kann daher mit nur geringen Verlusten in praktisch alle anderen *Nutzenergieformen* umgewandelt werden. Sie leistet damit einen wertvollen Beitrag zur Einsparung von Primärenergie. Dies macht den viel beklagten „niedrigen Wirkungsgrad" bei ihrer Gewinnung aus Primärenergie bei weitem wett. Wegen der großen Vielseitigkeit ihres Einsatzes und insbesondere wegen der Möglichkeit, mit kleinen und großen Elektromotoren menschliche Muskelkraft in beliebigem Umfang zu ersetzen, nimmt elektrische Energie bezüglich unseres Lebensstandards eine Schlüsselstellung ein. Die nachhaltige Sicherstellung der preiswerten, umweltverträglichen und zuverlässigen Versorgung mit elektrischer Energie bei gleichzeitiger Wahrung der Generationengerechtigkeit zählt zu den größten gesellschaftlichen Herausforderungen der Zukunft. Zu ihrer Bewältigung leisten moderne Elektroenergiesysteme einen unverzichtbaren Beitrag.

Die üblicherweise verwendete Metrik für den Lebensstandard einer Volkswirtschaft ist ihr *Bruttoinlandsprodukt*, das heißt der Geldwert aller in einem Land pro Jahr geschaffenen Produkte und Dienstleistungen. Bild 1.2 zeigt die Entwicklung des Wachstums des Bruttoinlandsprodukts sowie des Stromverbrauchs und des Primärenergieverbrauchs der Bundesrepublik bzw. in Deutschland über die letzten 30 Jahre. Seit den Anfängen der Erzeugung elektrischer Energie durch Maschinen haben sich Erzeugung und Verbrauch über fast ein Jahrhundert etwa alle zehn Jahre verdoppelt, was ca. 7 %/a entspricht. Diese Zuwachsrate diente bis zum Ölpreisschock Anfang der 70er Jahre als Planungsgrundlage für den Ausbau von Elektroenergiesystemen. Nach diesem Schock sind die Wachstumsraten in hochindustrialisierten Ländern stetig zurückgegangen. In der Bundesrepublik wird bis zur großflächigen Einführung von Elektroautos nur noch mit einem jährlichen, um Wirtschaftskrisen bereinigten, Wachstum von etwa 0,5 % bis 0,7 % gerechnet. Hierbei soll der Anteil erneuerbarer Energien am Gesamtstromaufkommen durch verstärkte Nutzung von Windkraft, Solarenergie, Biomasse etc. beträchtlich erhöht werden. Während sich die einzelnen Anteile an diesem *Energiemix* in der Vergangenheit ausschließlich nach minimalen Stromerzeugungskosten richtete, geht es heute vermehrt um minimale CO_2-Emissionen unter politisch akzeptierter Inkaufnahme höherer Strompreise (s. a. 4.10.5).

Bruttoinlandsprodukt und Stromverbrauch hängen über längere Zeiträume betrachtet miteinander zusammen. Zeitweise Entkopplungstendenzen zwischen Bruttoinlandsprodukt und Stromverbrauch haben sich in der Vergangenheit immer wieder weitgehend ausgemittelt. Eine Kopplung wird auch künftig gegeben sein, wenn auch mit einem geringeren Proportionalitätsfaktor.

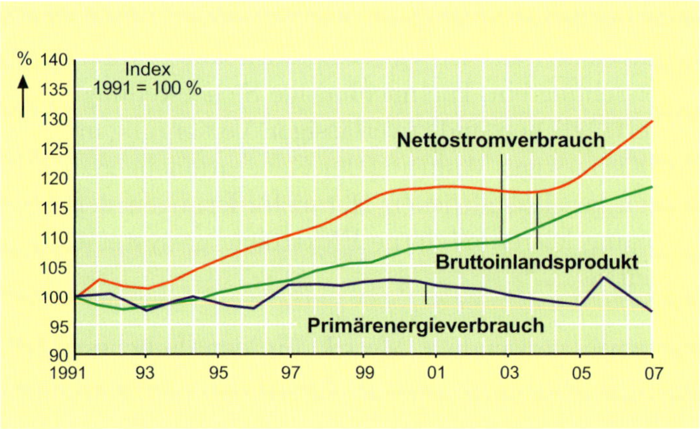

Bild 1.2. Wachstum des Bruttoinlandsprodukts, des Stromverbrauchs und des Primärenergieverbrauchs in Deutschland (VDEW).

Genaue, belastbare Prognosen des Wachstums des Stromverbrauchs sind wegen der Vielzahl der Einflußgrößen sehr schwierig zu erstellen. Dies zeigen schon die bereits nach einem Jahr oft nicht mehr zutreffenden Prognosen des allgemeinen *Wirtschaftswachstums*. Viel volatiler sind Prognosen mit einem für die Energietechnik typischen Planungshorizont von 10 Jahren. Es muß daher nicht erstaunen, wenn zu einem bestimmten Zeitpunkt einmal mehr Kraftwerksreserve vorhanden ist als momentan benötigt. Elektrizitätsversorgungsunternehmen schmerzt diese nicht genutzte Investition selbst am meisten.

Daß künftig der Stromverbrauch in Deutschland bei gleichzeitigem Rückgang des Wirtschaftswachstums langsamer zunehmen wird, liegt neben direkten Maßnahmen zur Energieeinsparung sowie den durch weitere Einbindung der Informationstechnik möglichen Prozeßverbesserungen auch am preisbedingten sparsameren Umgang mit Energie, dem Strukturwandel zur Dienstleistungsgesellschaft und einer schleichenden Verlagerung der Produktion ins Ausland.

Die volkswirtschaftliche Bedeutung der ständigen Verfügbarkeit elektrischer Energie wird von technischen Laien häufig unterschätzt. Dies liegt im wesentlichen an der hohen Zuverlässigkeit, mit der die Stromerzeugung betrieben wird. Stromausfälle sind in Deutschland so selten, daß ihre negativen volkswirtschaftlichen Auswirkungen von einem zum anderen Mal schnell vergessen sind. Wie wichtig Elektrizität für unser heutiges Leben ist, wird für technische Laien erst erkennbar, wenn bei einer Netzstörung das Licht ausfällt, die Zentralheizung nicht mehr arbeitet, Daten auf Rechnern verlorengehen, Aufzüge stehenbleiben, Verkehrsampeln nicht mehr den Verkehr regeln, Straßenbahnen nicht mehr fahren, Bäckereien und Metzgereien nicht mehr produzieren, Geschäfte wegen nicht mehr funktionierender Registrierkassen schließen, Bankdienstleistungen nicht mehr verfügbar sind, Tankstellen wegen Ausfalls der Pumpen kein Benzin mehr abgeben, Lebensmittel im Kühlschrank verderben etc. Der volkswirtschaftlich noch größere Schaden entsteht jedoch bei Fertigungsunterbrechungen infolge plötzlichen Ausfalls von Werkzeugmaschinen, Fördersystemen, Wärmeöfen, beispielsweise in der chemischen und kunststoffverarbeitenden Industrie oder der Automobilproduktion. Ein Stromausfall in einem Automobilwerk kann ohne weiteres 250.000 EUR pro Minute bzw. 15 Mio EUR pro Stunde Umsatzverlust verursachen. Die volkswirtschaftlichen Verluste für den Arbeitsausfall und die Beseitigung der Schäden gehen auch in anderen Branchen schnell in die Millionen. Eine US-Marktstudie hat die derzeitigen effektiven Schäden durch Stromausfall in Chip-Fabriken weltweit zu 1,6 Milliarden US \$ pro Jahr errechnet.

Der wirtschaftliche Schaden einer nicht gelieferten Kilowattstunde hängt wesentlich von der Natur des Verbrauchers ab (s. a. 19.5.3). Je höher der zu erwartende Schaden, desto höher der Investitionsaufwand zu seiner Prävention. Absolute Versorgungssicherheit ist unbezahlbar und volkswirtschaftlich nicht sinnvoll. Je nach finanziellem Aufwand kann man ihr aber sehr nahekommen. Basierend auf praktischen Erfahrungen der Vergangenheit bezüglich der Eintrittswahrscheinlichkeit von Störungen sowie der Abwägung von Kosten und Nutzen wird in Deutschland die Versorgungssicherheit der öffentlichen Versorgung nach drei Kriterien quantifiziert:

- *Sicherheit*:

  Beim Auftreten einer Störung bleibt die Versorgung gewährleistet, ohne daß ein Betriebsmittel überlastet wird. Dies ist zum Beispiel in den Hochspannungsnetzen der Fall. Viele Hochspannungsfreileitungen sind parallel ausgeführt. Beide Systeme werden nur mit der halben Nennleistung betrieben. Beim Ausfall eines Systems übernimmt das zweite System 100 % der Leistung, ohne überlastet zu werden. Man spricht vom (n-1)-Prinzip. Gelegentlich begegnet man sogar einem (n-2)- bzw. (n-3)-Prinzip. Das (n-1)-Prinzip muß für die maximale Netzlast, das heißt die Jahreshöchstlast erfüllt sein. Bei geringerer Netzbelastung ist die Sicherheit entsprechend höher, da das Netz bei einem Fehler nicht zwingend in einen verletzlichen Zustand übergeht, sondern gegebenenfalls noch weitere Fehler tolerieren kann. Wird bei einer Störung das (n-1)-Kriterium verletzt, muß der (n-1)-Betriebszustand in kürzester Zeit durch geeignete Schalthandlungen etc. wiederhergestellt werden (s. a. 15.1.1.4). Das n-1 Prinzip versagt in strahlenförmig betriebenen Netzen, wenn beispielsweise in einem 110-kV Netz die Masten einer ganzen Trasse durch exzessive Eisbelastung umknicken und beide parallelen Drehstromsysteme gleichzeitig ausfallen. Dieses Risiko läßt sich absichern, wenn auch diese Netze vermascht betrieben werden.

- *Zuverlässigkeit*:

  Die Zuverlässigkeit quantifiziert die Dauer einer Versorgungsunterbrechung bei bzw. nach einer Störung. Diese Zeitspanne ist verhandlungsfähig und hängt davon ab, wieviel Geld einer Volkswirtschaft die Zuverlässigkeit ihrer Stromversorgung wert ist. In Deutschland sind folgende Zeiten üblich:

  - In den Transportnetzen 380 kV/220 kV wird in der Regel keine Unterbrechung toleriert. Mit Hilfe ferngesteuerter Leistungsschalter (s. Kapitel 14 und 12) wird entweder der oben bereits erwähnte Parallelbetrieb praktiziert oder es wird von der Maschentopologie der Netze Gebrauch gemacht, die ein Heraustrennen der Fehlerstelle ohne Unterbrechung der Versorgung aller anderen Verbraucher erlaubt.

- In den 110 kV-Übertragungsnetzen werden in der Regel 5 bis 10 Minuten toleriert. Diese kurze Zeitspanne wird ebenfalls durch ferngesteuerte Leistungsschalter in Hochspannungsumspannstationen erreicht.
- In Mittelspannungsnetzen liegt die Unterbrechungsdauer bei 1 bis 2 Stunden. Der Betriebsdienst muß von der Störung Kenntnis erhalten, die Störstelle lokalisieren und vor Ort die Störung beseitigen.
- In Niederspannungsnetzen der öffentlichen Versorgung werden für erforderliche echte Reparaturen bis zu 10 Stunden toleriert. Innerhalb privater Wohneinheiten lassen sich thermische Überlastungen der Leitungen bei gleichzeitigem Anschluß zu vieler leistungsstarker Verbraucher oder die Folgen von Kurzschlüssen in defekten Geräten durch Auswechseln von Sicherungen oder Wiedereinschalten von Leitungsschutzschaltern quasi in Echtzeit beheben (s. Kapitel 11).

• *Verfügbarkeit*:

  Die Verfügbarkeit quantifiziert innerhalb eines größeren Betriebszeitraums, beispielsweise 1 Jahr, die Zeitspanne während der ein Betriebsmittel oder ein Kraftwerk verfügbar war bzw. mit großer Wahrscheinlichkeit verfügbar sein wird. Sie berücksichtigt den Alterungszustand der Betriebsmittel, geplante notwendige Instandsetzungsarbeiten etc. Beispielsweise liegt die Verfügbarkeit deutscher Kernkraftwerke über 90 % bzw. beträgt ihre jährliche Betriebszeit ca. 8000 h. Sie nimmt in der Welt eine Spitzenstellung ein.

Die *Zuverlässigkeit* wird zusammen mit den Begriffen *Spannungsqualität* (Spannungs- und Frequenzhaltung, s. Kapitel 13) und der *Servicequalität* (Vertrags-, Abrechnungs- und Störungsmanagement) unter dem Oberbegriff *Versorgungsqualität* subsummiert (13.2.1). Sicherheit und Verfügbarkeit gehören als Voraussetzung hoher Zuverlässigkeit implizit natürlich auch dazu, selbst wenn der Stromkunde sie nicht explizit wahrnimmt.

Die derzeitige hohe Versorgungsqualität verdanken wir einerseits dem ungeheuren Schatz an interdisziplinärem technischem Wissen, das in der elektrischen Energietechnik tätige Ingenieure unter Systemaspekten synergistisch verknüpfen. Darüber hinaus wurden in der Vergangenheit im Einklang mit dem *Energiewirtschaftsgesetz* (s. 19.1) ungeheure Investitionen zur Wahrung der allgemeinen Versorgungssicherheit großzügig getätigt. Die Elektrizitätsversorgungsunternehmen zählen zur Spitzengruppe der größten Investoren der Bundesrepublik. Im liberalisierten Strommarkt wird jedoch, wie in anderen dem Wettbewerb unterliegenden Industriezweigen auch, künftig mit spitzem Bleistift ermittelt werden, welche Investitionen sich vermeiden oder hinausschieben lassen. Dies wird zu Abstrichen bei der Sicherheit, Zuverlässigkeit und Verfügbarkeit führen, begleitet von signifikanten, verborgenen volkswirtschaftlichen Schäden. Eine zumindest teilweise Kompensation dieses Trends erfordert künftig vermehrt technische Innovationen, umfassendere Einbindung der Informationstechnik, ubiquitäre Betriebsmittel-Zustandsüberwachung als Fehlerfrühwarnsystem (engl.: *condition monitoring*), Engpaßmanagement, automatisierte Netzrekonstitution nach Störungen, intensive Energieforschung zu weiteren Wirkungsgradverbesserungen konventioneller und alternativer Stromerzeugung, Prozeßverbesserungen innerbetrieblicher Abläufe sowie massiver Energiesparmaßnahmen.

Ferner soll eine staatliche *Anreizregulierung* die Stromversorgungsunternehmen zu einer Steigerung ihrer Effizienz sowie zu angemessenen *Erhaltungs-* und *Erweiterungsinvestitionen* veranlassen. Hierzu werden derzeit von allen Netzbetreibern Zuverlässigkeitsdaten erhoben und daraus relative *Zuverlässigkeitskennzahlen* ermittelt. Die Zuverlässigkeitskennzahlen bilden wiederum die Basis für Qualitätsvorgaben an die Netzbetreiber. Bei Abweichungen nach oben oder unten können gemäß dem neuen Energiewirtschaftsgesetz mittels eines *Bonus-/Malus-Systems* Versorgungsunternehmen belohnt oder bestraft werden (s. a. 19.2). Sollten allfällige Investitionen unzureichend sein und ursächlich damit zusammenhängende *wiederholte*, *längere* Versorgungsausfälle auftreten, können Entschädigungszahlungen an die Kunden fällig werden.

Die Bewältigung all dieser Aufgaben verlangt nach der Ausbildung höchstqualifizierter Ingenieure mit hervorragenden, breiten Fachkenntnissen, gekoppelt mit angemessenem Verständnis für betriebswirtschaftliche Zusammenhänge. Sie wird noch lange eine hohe Priorität einnehmen.

Vertiefendes Schrifttum zu Kapitel 1

1. BDEW, Bundesverband der Energie- und Wasserwirtschaft: Energiemarkt Deutschland, Zahlen und Fakten zur Gas- und Stromversorgung 2008. VWEW-Energieverlag, Frankfurt, 2008.

2. VDN, Verein Deutscher Netzbetreiber: Transmission Code 2007, Netz- und Systemregeln der deutschen Übertragungsnetzbetreiber. VWEW-Energieverlag, Frankfurt, 2007.

3. Bartsch, M.; Rohling, A.; Salje, P.: Stromwirtschaft. Ein Praxishandbuch. Heymanns Verlag, 2. Auflage, 2008.

4. PricewaterhouseCoopers (PwC): Entflechtung und Regulierung in der deutschen Energiewirtschaft. Praxishandbuch zum Energiewirtschaftsgesetz. Haufe Verlag, 2. Auflage, 2008.

5. Müller, L.: Handbuch der Elektrizitätswirtschaft. Technische, wirtschaftliche und rechtliche Grundlagen. Springer-Verlag, Berlin, Heidelberg, New York, 2. Auflage, 2001.

6. Schwab, A.: Mangementwissen für Ingenieure (Kostenrechnung). Springer-Verlag, Berlin, Heidelberg, New York, 4. Auflage, 2008.

2. Elektroenergiesysteme, Verbundsysteme

2.1 Historische Entwicklung

Die Wurzeln unserer heutigen Stromversorgung reichen zurück bis zur Entdeckung des Induktionseffekts durch *Faraday* im Jahr 1831, die Entdeckung des elektrodynamischen Prinzips durch *Werner von Siemens* im Jahre 1866 und den Beginn der großtechnischen Herstellung von Glühlampen durch *Edison* im Jahr 1879. Anfänglich wurden zahllose Gleichstromgeneratoren, später zunehmend auch Wechselstrom- und Drehstromgeneratoren dezentral in Fabriken, Bürohäusern, Hotels, Theatern etc. zur Stromerzeugung eingesetzt, zunächst überwiegend für Beleuchtungszwecke. Bereits vor der Jahrhundertwende gab es in Deutschland etwa 500 in Privatbesitz befindliche dezentrale Kraftwerke, meist zur Eigenversorgung von Unternehmen oder Großgebäuden. Der Wunsch privater Haushalte und kleinerer Gewerbebetriebe nach Versorgung mit elektrischer Energie, öffentlicher Straßenbeleuchtung und öffentlichen Verkehrsmitteln sowie die Aussicht privater Investoren auf ein neues Geschäftsgebiet führten in Städten zur Gründung öffentlicher städtischer *Kraftwerke*. Das erste Kraftwerk dieser Art entstand 1882 in New York, die *Pearl Street Central Power Station*. Das erste öffentliche Kraftwerk in Deutschland errichtete die *Aktiengesellschaft Städtische Elektrizitätswerke* 1885 in Berlin. In den ländlichen Regionen entstanden die *Überlandwerke*. Mit zunehmendem Bedarf und höheren Kraftwerksleistungen entwickelten sich in den einzelnen Ländern der Bundesrepublik, meist unter wesentlicher staatlicher Beteiligung oder gar ausschließlich aus staatlicher Initiative, überregional agierende öffentliche Elektrizitätsversorgungsunternehmen. Beispielsweise wurde 1921 in Baden das *Badenwerk* gegründet, das bis zum Jahr 1973 ausschließlich im Besitz des Landes Baden-Württemberg war. Bis zum Beginn der Ära *liberalisierter Strommärkte* in den 90er Jahren entstanden in Deutschland 9 überregional tätige *Verbundunternehmen* (engl.:

electric energy systems), die innerhalb ihres vertraglich abgegrenzten *Versorgungsgebiets* bzw. ihrer *Regelzone* (engl.: *control area*) technisch und wirtschaftlich autark operierten. Sie waren in der *Deutschen Verbundgesellschaft* (DVG) zusammengeschlossen und bildeten in ihrer Gesamtheit das *Deutsche Verbundnetz*, Bild 2.1a.

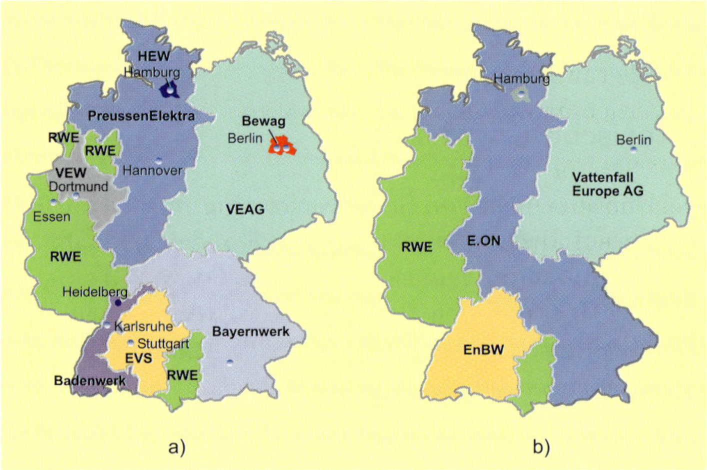

Bild 2.1. a) *Verbundunternehmen* bzw. *Regelzonen* der Bundesrepublik vor der Ära des liberalisierten Strommarkts, b) *Regelzonen* nach Implementierung des liberalisierten Strommarkts.

In Erwartung der Liberalisierung der Strommärkte bzw. während ihrer Implementierung fusionierten die *Badenwerk AG* und die *Energieversorgung Schwaben AG* zur EnBW AG (*Energieversorgung Baden-Württemberg AG*), die *Preussen-Elektra AG* mit der *Bayernwerk AG* zur *E.ON Energie AG*, die *RWE AG* und die *VEW AG* zur neuen *RWE AG*, schließlich *Bewag*, *HEW* und *VEAG* (inkl. *LAUBAG*) zur *Vattenfall Europe AG*, so daß derzeit nur noch 4 Regelzonen existieren, Bild 2.1b.

Etwa 80 % des öffentlichen Bedarfs an elektrischer Energie werden von den vier großen Kraftwerksbetreibern der Regelzonen erzeugt und in das 220 kV-Netz sowie das überlagerte 380 kV-Hochspannungsnetz eingespeist. Aus den 220 kV- und 380 kV-Netzen beziehen fast 1 000 *regionale* und *lokale* Elektrizitätsversorgungsunternehmen, das heißt *Überlandwerke*, *Stadtwerke* sowie *Sondervertragskunden* elektrische Energie quasi zum *Großhandelspreis*. Die unterlagerten Elektrizitätsversorgungsunternehmen verkaufen die georderte Energie – in kleinerem Umfang auch eigenerzeugte Energie – im Rahmen der *Energieverteilung* weiter an ihre Tarifkunden, das heißt an die zahlreichen Endverbraucher in Haushalten, Gewerbebetrieben etc. Die Sondervertragskunden schließen individuelle Lieferverträge ab und verteilen die bezogene Energie in ihren Unternehmen selbst. Schließlich sei erwähnt, daß auf der lokalen Ebene neben der Stromversorung oft auch die Gas-, Wasser- und Fernwärmeversorgung von ein und demselben Energieversorgungsunternehmen wahrgenommen werden (Stadtwerke).

Die historische Entwicklung, die Dimension des Elektrizitätsbedarfs von Industrienationen sowie die technischen Anforderungen an die Versorgungssicherheit belegen die große Zweckmäßigkeit der in der Vergangenheit evolutionär gewachsenen Struktur der Stromversorung. Ihre Netze ermöglichen erst die umfassende Nutzung *erneuerbarer Energien* mittels *Windkraftanlagen*, *Kraft-Wärme-Kopplung* (KWK), *Mikroturbinen*, *Photovoltaikanlagen*, *Solarthermie-Anlagen* etc. (4.11 bis 4.14).

2.2 Liberalisierung des Strommarkts

Die Liberalisierung des Strommarkts verfolgt das Ziel eines *intereuropäischen* Wettbewerbs der Stromerzeugung. Mit ihr hat sich nicht nur die Zahl der Regelzonen verringert, sondern auch deren Natur verändert. Bislang lagen die drei Funktionen *Erzeugung*, *Übertragung* und *Verteilung* einer Regelzone in der Hand bzw. der Verantwortung eines *einzigen* Betreibers, das heißt einzelner integrierter *Verbundunternehmen* vom Typ Badenwerk, RWE etc. Jedes Verbundunternehmen bildete eine *Wertschöpfungskette*, die von der Primärenergiebeschaffung nicht selten bis zur Abrechnung mit dem Endverbraucher reichte. Verbundunternehmen und Regelzonen waren bezüglich ihrer Systemgrenzen synonyme Begriffe. Gemäß dem 1998 in Kraft getretenen neuen *Energiewirtschaftsgesetz* müssen künftig Erzeugung, Übertragung und Verteilung *wirtschaftlich getrennt* wahrgenommen werden. Die Entflechtung (engl.: *unbundling*) hat *rechtlich*, *operationell*, *informationell* und *buchhalterisch* zu erfolgen. Dies bedeutet die Aufspaltung bislang vertikal integrierter Unternehmen in *selbständig agierende Tochterunternehmen* eines Konzerns, mit anderen Worten in eine *horizontale Or-*

ganisationsform. Eine typische Konzernstruktur mit fünf operativen Töchtern zeigt Bild 2.2.

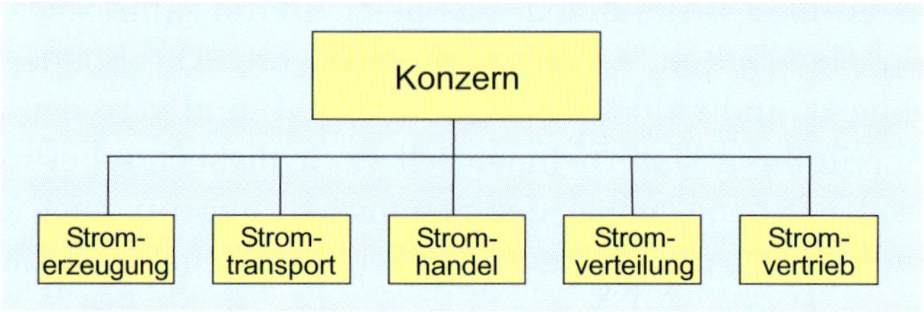

Bild 2.2. Horizontale Konzernstruktur mit getrennt agierenden Tochtergesellschaften.

Die Tochterfirmen haben folgende Merkmale bzw. nehmen folgende Aufgaben wahr:

- Die *Stromerzeugung* betreibt alle Kraftwerke und ist nach wie vor der maßgebliche Stromerzeuger der Regelzone.
- Die *Stromübertragung* ist der Betreiber aller 220 kV- und 380 kV-Transportnetze. Sie betreibt diese Netze und pflegt und koordiniert alle Wechselbeziehungen zu den anderen Regelzonen. Außerdem ermöglicht sie die *Durchleitung* außerhalb der eigenen Regelzone erzeugter Energie zu transparenten, diskriminierungsfreien Bedingungen.
- Der *Stromhandel* kauft und verkauft über bestimmte Zeiträume zu liefernde Energiemengen, befaßt sich mit der Beschaffung von Primärenergie und betreibt das zugehörige Risikomanagement.
- Die *Stromverteilung* ist der Netzbetreiber aller regionalen und lokalen Verteilnetze und bildet die physikalische Schnittstelle zu den Endabnehmern.
- Der *Stromvertrieb* vertreibt in großen Mengen eingekaufte Energie an Sondervertragskunden und Tarifkunden, betreibt das Vertragswesen, die Zählung des Stromverbrauchs und das Inkasso.

Im Laufe der Liberalisierung haben sich auch die Besitzverhältnisse geändert. So hält beispielsweise das französische Stromversorgungsunternehmen EDF heute merkliche Anteile an der EnBW, das schwedische Vattenfall Versorgungsunternehmen Anteile an der in Deutschland operierenden Vattenfall Europe AG. Aktuell wird auch eine eigentumsrechtliche Entflechtung von *Erzeugern* und *Netzbetreibern* diskutiert (engl.: *ownership unbundling*), die einen intereuropäischen Wettbewerb weiter fördern würde.

Während sich durch die Liberalisierung das betriebswirtschaftliche Handeln in Elektroenergiesystemen dramatisch gewandelt hat und eine erhebliche Senkung des *Großhandelsstrompreises* folgen ließ, blieben die evolutionär gewachsenen *technischen* Systeme und ihr konzertiertes Zusammenwirken von der Deregulierung praktisch unberührt (s. 19.2). Lediglich die Erzeugung erfolgt nicht mehr zwingend im eigenen Versorgungsgebiet. Es wird in großem Stil Energie auch aus anderen Regelzonen bezogen oder es wird eigenerzeugte Energie an außerhalb der eigenen Regelzone ansässige Abnehmer verkauft. Darüber hinaus gibt es neben den klassischen Geschäftsbereichen eine neue Branche *Stromhandel* (s. 19.3). Stromhändler des eigenen Versorgungsunternehmens oder freie Stromhändler kaufen und verkaufen auf eigene Rechnung Strom und nehmen fremde Netze gegen Zahlung eines *Netznutzungsentgelts* zur Durchleitung in Anspruch (s. 19.5.1.2). Schließlich haben sich auch *Energiebörsen* etabliert, beispielsweise die EEX in Leipzig (engl.: *European Energy Exchange*), die den klassischen außerbörslichen OTC-Handel (engl.: *over the counter*) sinnvoll ergänzen (s. Kapitel 19).

Gemäß dem neuen Energiewirtschaftsgesetz haben Stromkunden freie Lieferantenwahl. Netzbetreiber sind verpflichtet, gegen angemessenes Entgelt Stromlieferungen fremder Lieferanten zum Kunden ihres angestammten Versorgungsgebiets im Rahmen ihrer technischen Möglichkeiten durchzuleiten. Diese Freizügigkeit schafft zahlreiche zusätzliche Schnittstellen, die einen erheblich höheren Datenaustausch und ein voluminöses Vertragsmanagment erfordern. Der dadurch bedingte höhere administrative Aufwand und die mit ihm verbundenen höheren Kosten lassen die von der Liberalisierung versprochene kalkulatorische Strompreissenkung für Endverbraucher deutlich geringer ausfallen als erwartet. Letztlich sind die Strompreise lediglich weniger schnell gestiegen.

Im liberalisierten Strommarkt ist der Begriff *Verbundunternehmen* im ursprünglichen Sinn nicht mehr angebracht, man spricht nur noch von den *Regelzonen* bzw. *Übertragungsnetzbetreibern*. Alternativ bietet sich die Vorstellung *geschlossener Elektroenergiesysteme* an, deren Systemgrenzen für elektrischen Strom und Geldströme durchlässig sind und mit der Kontur der Regelzonen übereinstimmen. Klassische Verbundunternehmen besaßen eher den Charakter *abgeschlossener* Systeme mit nur gelegentlichem bilateralen Energieaustausch zu anderen Verbundunternehmen. Der überwiegende Teil der in einem Demarkationsgebiet verbrauchten Energie wurde auch innerhalb dieser Zone erzeugt.

Die Systemverantwortung für das einwandfreie Funktionieren des Verbundbetriebs liegt allein bei den *Transport-* bzw. *Übertragungsnetzbetreibern*, das heißt den Regelzonen neuer Prägung. Nach Aufnahme auch der Verteilnetze hat sich die DVG zunächst in den *Verband Deutscher Netzbetreiber* (VDN) umbenannt, der heute wiederum durch Fusion im *Bundesverband der Energie- und Wasserwirtschaft* (BDEW) aufgegangen ist. Die VDN-Teilaufgabe der Gestaltung der *Netz- und Systemregeln für den Netzbetrieb* wird künftig vom VDE *Forum Netztechnik/Netzbetrieb* wahrgenommen. Unbeschadet der umfangreichen organisatorischen und eigentumsrechtlichen Änderungen haben sich die technischen Systemgrenzen, wie auch die von ihnen eingeschlossenen physikalischen Betriebsmittel, durch die Entflechtung nicht geändert. Die neuen Regelzonen besitzen nach wie vor einen *inhärenten, natürlichen Monopolcharakter*.

Da der Begriff *Transportnetz* nur einen Teil der in der zugehörigen Regelzone vorhandenen Betriebsmittel berücksichtigt und die Entflechtung nur wirtschaftlicher bzw. buchhalterischer Natur ist, wird in diesem Buch für die Gesamtheit aller Betriebsmittel einer Regelzone der Begriff *Elektroenergiesystem* verwendet, da er am ehesten Einblick in das Funktionieren großräumiger Stromversorgung erlaubt. Weitere Informationen zur Entflechtung finden sich in den Kapiteln 15 und 19.

2.3 Elektroenergiesysteme

Aus systemtechnischer Sicht beinhaltet ein *Elektroenergiesystem* die Gesamtheit aller zur Erfüllung der *Erzeugung*, *Übertragung* und *Verteilung* elektrischer Energie erforderlichen *technischen* Einrichtungen innerhalb bestimmter regelungstechnisch begründeter Systemgrenzen. Im Hinblick auf die *Frequenzwirkleistungsregelung* werden die von den Systemgrenzen berandeten Gebiete heute als *Regelzonen* bezeichnet.

Die große Vielfalt an Systemkomponenten, die auf unterschiedlichsten physikalischen Wirkungsprinzipien beruhen und sich unterschiedlichster Informationssysteme bedienen sowie die Tatsache, daß ihr logisches Zusammenwirken auf hohem Energieniveau stattfindet, hat Elektroenergiesysteme zu den mit großem Abstand komplexesten Systemen werden lassen.

Aus Sicht der Regelungstechnik stellen Elektroenergiesysteme die größten von menschlicher Hand geschaffenen nichtlinearen *Regelstrecken* dar. Zu ihren technischen Komponenten zählen Dampf-, Gas-, Wasser- und Windturbinen, Generatoren, Transformatoren, Hochspannungsleitungen und -kabel, Leistungsschalter in Schaltanlagen, Frequenz- und Spannungsregler sowie komplexe Informationssysteme für die Kraftwerks- und Netzleittechnik, für Leistungsfluß-, Kurzschluß- und Stabilitätsberechnungen, Zustandsschätzung, Optimierung der Erzeugung und Übertragung, Netzschutz usw.

Alle Kraftwerke bzw. Generatoren einer Regelzone sind mit steigender Leistung durch *Leitungen* bzw. elektrische *Netze* zunehmend höherer Übertragungsspannung elektrisch miteinander verbunden. Beispielsweise zeigt Bild 2.3 das Versorgungsgebiet bzw. die Regelzone der EnBW AG.

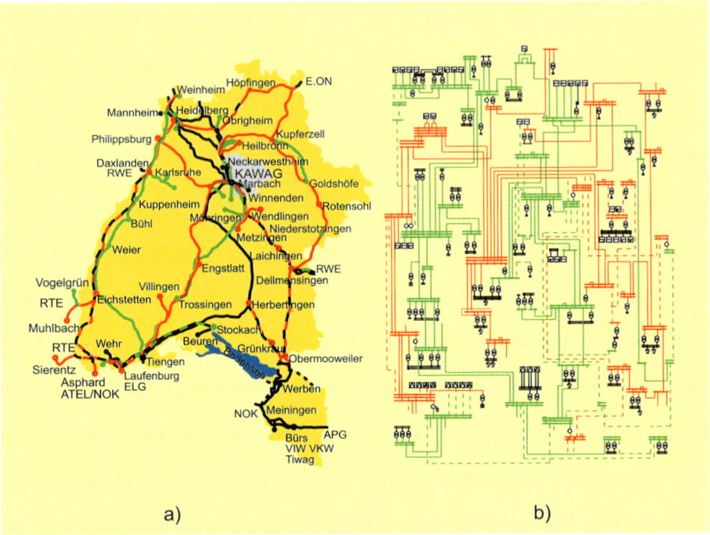

Bild 2.3. Überregional agierendes Elektroenergiesystem, gezeigt am Beispiel der Energie Baden-Württemberg AG (EnBW). a) 220 kV (rot)- und 380 kV (grün)-Transportnetze, b) Netztopologie-Schema (verfremdet). 380 kV-Netz (rot), 220 kV-Netz (grün), 110 kV-Schaltanlagen (schwarz).

Die horizontalen Linien in Bild 2.3b stellen die Knoten der Netze dar. Wegen der Vielzahl der ankommenden und abgehenden Abzweige werden die *Netzknoten* physikalisch in Form von *Sammelschienen* realisiert (s. Kapitel 11).

Die EnBW AG leistet den überwiegenden Teil der Stromversorgung des Landes Baden-Württemberg und betreibt ca. 3450 km an 220 kV- und 380 kV-*Höchstspannungsleitungen*. 45 *Umspannwerke* leiten die Energie aus den 220 kV- und 380 kV-Netzen in die 110 kV- und 10 kV-Verteilnetzebenen. Bis auf die Mittelspannungsnetze werden alle Netze vermascht betrieben. Die acht 110 kV-Netze sind voneinander galvanisch getrennt.

Die Erzeugung elektrischer Energie erfolgt je nach Primärenergieangebot und lokalem Bedarf in Kraftwerken unterschiedlicher Größe. Sie reicht von kleinsten Generatorleistungen in der Größenordnung einiger kW bzw. MW (z. B. mit Wasserkraft betriebene Asynchrongeneratoren von Sägemühlen, oder Windkraftanlagen) über einige 10 MW großer Industriekraftwerke (für die die Erzeugung elektrischer Energie häufig nur ein „Nebenprodukt" im Rahmen der Prozeßdampferzeugung ist), bis zu 1300 MW in einer Einheit eines modernen Kernkraftwerks für die öffentliche Versorgung.

Alle Kraftwerke arbeiten untereinander im *Parallelbetrieb*. Während ein einzelnes Kraftwerk mit nur einem Generator 100 % der abgegebenen Spitzenleistung als Reserveleistung vorhalten und für Zeiten der Revision gar weitere Maschinen installiert haben müßte, reduziert sich die installierte Kraftwerksreserve in einem Elektroenergiesystem mit vielen parallel arbeitenden Kraftwerken, beispielsweise auf 20 %. Diese Reserveleistung erscheint zunächst sehr hoch, berücksichtigt aber sowohl den Einsatz bei plötzlichen und auch länger dauernden Kraftwerksausfällen als auch die geplante Nichtverfügbarkeit in Revision befindlicher Kraftwerke und den Ausfall von Kraftwerken, die wegen mangelnder Wasserdarbietung, hoher Brennstoffkosten oder nicht erfüllter Sicherheits- und Umweltschutzauflagen etc. zeitweise grundsätzlich nicht genutzt werden können. Mit steigendem Zubau von Kraftanlagen zur Nutzung nichtdeterministisch anfallender regenerativer Energien, im wesentlichen *Windkraftanlagen*, wird die benötigte Kraftwerksreserve sogar noch weiter zunehmen, was den volkswirtschaftlichen Nutzen *additiver* Energien beträchtlich schmälert (s. a. 3.2.2).

In Einklang mit den unterschiedlich hohen Kraftwerksleistungen und dem breiten Spektrum an Klein- und Großverbrauchern weisen Elektroenergiesysteme eine nach *Netzen* unterschiedlicher Spannung gestufte hierarchische Struktur auf, Bild 2.4.

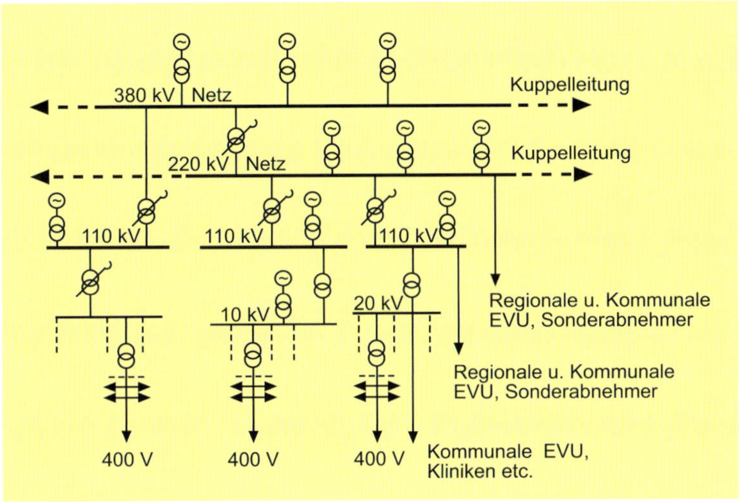

Bild 2.4. Hierarchische Struktur eines Elektroenergiesystems, einschließlich Kuppelleitungen zu Nachbarsystemen.

Die Gesamtheit aller 380 kV-Leitungen sowie die zugehörigen Schaltanlagen und weitere Betriebsmittel dieser Spannungsebene bilden das 380 kV-Netz, die Gesamtheit aller 220 kV-Leitungen einschließlich ihrer Schaltanlagen und weiterer Betriebsmittel das 220 kV-Netz usw. Das 380 kV-Netz nahm seinen Anfang mit dem Bau der ersten 380 kV-Leitung im Jahr 1955, wobei die Planungen jedoch bis in die 30er Jahre zurückreichen. Die erste 220 kV-Leitung wurde bereits im Jahr 1923 errichtet.

Man unterscheidet

- *Transportnetze*, das sind die *Höchstspannungsnetze* 380 kV und 220 kV (engl.: *power grid, transmission level, bulk power system*), in die die großen Kraftwerke der in den vier Regelzonen ansässigen überregionalen Erzeuger etwa 80 % der elektrischen Energie für den öffentlichen Bedarf einspeisen. Diese Energie fließt in den Transportnetzen je nach Kraftwerkseinsatz und Liefer- bzw. Bezugsabsprachen mit anderen Elektroenergiesystemen in täglich wechselnden Richtungen innerhalb der Regelzonen und auch über sie hinaus, vorrangig aber landesweit in die nachgelagerten 110 kV-Übertragungsnetze.

– *Übertragungsnetze*, das sind die *Hochspannungsnetze* 110 kV (engl.: *subtransmission level*), die ihre Energie überwiegend aus vorgelagerten *Transportnetzen* 380 kV und 220 kV beziehen und *regional* an lokale Verteilungsnetze und Sondervertragskunden weitergeben. Die Energieflußrichtung ist in der Regel monoton.

– Verteilungsnetze, das sind die *Mittelspannungsnetze* 10 kV und 20 kV (engl.: *distribution level*), die ihre Energie aus den vorgelagerten 110 kV-*Übertragungsnetzen* beziehen und *lokal* über ein größeres Gebiet verteilen. Sie stellen die Verbindung zwischen der Unterspannungsseite der 110 kV/10 kV-Umspannstationen und den *Ortsnetzstationen* und *Schwerpunktstationen* von Ballungsbieten und der Industrie her, sogenannte *Primärverteilung* (s. Kapitel 11).

– *Niederspannungsnetze*, das sind die Netze 0,4 kV und 0,6 kV, die ihre Energie über *Ortsnetzstationen* oder *Schwerpunktstationen* der Industrie aus dem vorgelagerten Mittelspannungsnetz beziehen und vor Ort an die Endabnehmer weiterleiten, sogenannte *Sekundärverteilung*. Während Transport-, Übertragungs- und Verteilungsnetze üblicherweise als *Dreileiternetze* ausgeführt sind, führen Niederspannungsnetze stets den Neutralleiter als 4. Leiter mit und werden deshalb als *Vierleiternetze* bezeichnet.

Transport- und Übertragungsnetze besitzen überwiegend eine maschenförmige Topologie. Übertragungsnetze sind dagegen häufig auch strahlenförmig mit eindeutiger Energieflußrichtung zu den Verbrauchern angelegt. Die 110 kV-Übertragungsnetze üben etwa die gleiche Funktion aus wie die Mittelspannungs- und Niederspannungsnetze, lediglich auf höherem Leistungsniveau und über größere Entfernungen. Viele 110 kV-Netze werden aber auch vermascht betrieben und üben dann auf Grund möglicher unterschiedlicher Energieflußrichtungen auch Transportfunktionen aus.

Obige Einteilung entspricht den vier Spannungsebenen *Höchstspannung*, *Hochspannung*, *Mittelspannung* und *Niederspannung*. Darüber hinaus spricht beispielsweise auch die UCTE (engl.: *Union for the Coordination of Transmission of Electricity*) vom *Transport* elektrischer Energie. In Deutschland werden die *Transportnetze* oft als *Übertragungsnetze* bezeichnet, die 110 kV-Netze je nach Topologie – *vermascht/sternförmig* – in die Klasse der *Übertragungsnetze* oder in die Klasse der *Verteilungsnetze* eingereiht.

Netze und ihre Betriebsmittel werden nach der Nennspannung U_n bzw. nach der sogenannten *Höchsten Betriebsspannung* U_m benannt. Letztere entspricht der Nennspannung zuzüglich einer unter normalen Betriebsbedingungen möglichen und zulässigen, dauernden Plus-Toleranz. Aus wirtschaftlichen und betrieblichen Gründen läßt man in den Transportnetzen Spannungstoleranzen von ± 15 % zu, die auch im Dauerbetrieb auftreten können. Beispielsweise wird daher das Transportnetz der höchsten Spannungsebene der Bundesrepublik gleichzeitig als 380 kV- oder 420 kV-Netz bezeichnet. Für den Fachmann ist offenkundig, was gemeint ist, Bild 2.5.

U_n	U_m	Netzart
		Niederspannungsnetze
230 / 400 V		Haushalte, Gewerbe, Industrie
400 / 690 V		Großindustrie, Eigenbedarf
		Mittelspannungsnetze
6 kV	7,2 kV	Industrie-, Eigenbedarfsnetze von Kraftwerken
10 kV	12 kV	Städtische Verteilnetze
20 kV	24 kV	Städtische Verteilnetze
35 kV	40,5 kV	Sonderabnehmer
		Hoch- und Höchstspannungsnetze
110 kV	123 kV	Übertragungsnetze
220 kV	245 kV	Transportnetze
380 kV	420 kV	Transportnetze

Bild 2.5. Genormte Nennspannungen U_n und „Höchste Betriebsspannungen U_m" von Drehstromnetzen in Deutschland.

Aktuell wird statt *Nennspannung* für einzelne Betriebsmittel zunehmend der Begriff *Bemessungsspannung* verwendet, der dann mit „r" indiziert wird (engl.: *rated*). Bei der Bemessungsspannung U_r handelt es sich um den Effektivwert der *Leiterspannung*, die beispielsweise bei einem Elektromotor die elektrische Bemessungsleistung P_r und damit das im Dauerbetrieb abgebbare maximale mechanische Drehmoment kennzeichnet.

Der vertikale Energiefluß zwischen den Höchst- und Hochspannungsnetzen erfolgt durch unter Last schaltbare Regeltransformatoren, die unabhängig von der Netzbelastung die Spannung in jedem Netzknoten innerhalb bestimmter Toleranzen halten. Elektrisch gesehen verhalten sich die vorgelagerten Netze wie eine sehr niederohmige Spannungsquelle, deren Innenwiderstand der Parallelschaltung der Innenwiderstände aller dort einspeisenden Generatoren zuzüglich der jeweiligen in Reihe liegenden Impedanzen der Verbindungsleitungen und der in Reihe liegenden Transformatorimpedanzen entspricht. Als Maß für den Innenwiderstand gilt die an einem Netzknoten vorhandene *Kurzschlußleistung*, die sich aus Nennspannung und Kurzschlußstrom errechnen läßt (s. 17.2.2).

Dem aus einem vorgelagerten Netz entnommenen Strom ist nachträglich nicht mehr anzusehen, aus welchen Quellen er stammt. Falls jemand „*grünen Strom*“ zu einem höheren Tarif kauft, stellt er seinem Elektrizitätsversorgungsunternehmen zusätzliches Geld für Investitionen zur vermehrten Nutzung erneuerbarer Energien zur Verfügung. Der Strom aus seiner Steckdose unterscheidet sich jedoch nicht vom Strom aller anderern Abnehmer des gleichen Versorgungsgebiets.

2.4 Verbundsysteme

Elektroenergiesysteme bzw. *Regelzonen* arbeiten grundsätzlich wirtschaftlich und technisch autark, sind aber in der Regel durch *Kuppelleitungen* bzw. *Übergabestellen* mit benachbarten Elektroenergiesystemen verbunden und bilden dann mit diesen ein *Verbundnetz* bzw. ein *Verbundsystem* (engl.: *power pool*). Man spricht vom *Verbundbetrieb* bzw. *Synchronbetrieb*, der dadurch gekennzeichnet ist, daß im gesamten Verbundnetz eine einheitliche Frequenz herrscht.

Der Verbundbetrieb ermöglicht den Bau großer Kraftwerksblöcke in der Größenordnung von 1000 MW. Diese großen Kraftwerke werden oft von mehreren Verbundunternehmen gemeinsam finanziert und eingesetzt, da für ein einzelnes Unternehmen die sprunghafte Zunahme der Erzeugerleistung um 1000 MW technisch nicht sinnvoll und wirtschaftlich nicht tragbar wäre. Ferner besitzen diese großen Einheiten geringere Investitionskosten je kW installierter Leistung und dank höherer Wirkungsgrade, das heißt effizienterem Einsatz von Primärenergie, auch geringere Stromerzeugungskosten pro kWh. Unter Umweltgesichtspunkten sind große Einheiten nicht nur wegen ihrer höheren Wirkungsgrade, sondern auch wegen ihrer aufwendigeren Rauchgasreinigungsanlagen und anderer Umweltschutzmaßnahmen vorteilhaft.

Saisonal unterschiedlicher Austausch standortgebundener Kraftwerksleistung, z. B. hydrothermischer Verbundbetrieb zwischen den auf der Braun- und Steinkohle errichteten thermischen Kraftwerken und den Wasserkraftwerken Süddeutschlands und der Alpen, zeitzonenabhängiger Energiebedarf sowie der Ausgleich regional verschiedener Verbraucherstrukturen (Industrie, Haushalt, Verkehr) reduzieren das Verhältnis zwischen höchster Tagesspitze und niedrigster Erzeugung beträchtlich. Dies führt dank gleichmäßigerer Ausnutzung der Anlagen und einer optimalen Nutzung des jeweiligen Primärenergieangebots zu einer weiteren Verringerung der Stromkosten. Von allen Vorzügen des Verbundbetriebs ist neben der Optimierung der Strombeschaffungskosten – etwa durch *Zukauf* billiger elektrischer Energie von benachbarten Elektroenergiesystemen an Stelle eigener Erzeugung oder der *Verkauf* größerer Mengen eigenerzeugter Energie – die gemeinsame Bereitstellung von *Sekundenreserve* beim Ausfall eines oder gar mehrerer großer Kraftwerksblöcke vorrangig.

Damit die Sekundenreserve überhaupt in Anspruch genommen werden kann, dürfen die Kuppelleitungen stationär nur mit einem Teil ihrer Übertragungskapazität belastet werden. Vor der Liberalisierung des Strommarkts dienten die Kuppelleitungen neben kleineren Im- und Exporten vorrangig der gelegentlichen nachbarschaftlichen Hilfeleistung bei etwaigen Betriebsstörungen. Die in einer Regelzone verbrauchte Energie wurde innerhalb dieser Zone erzeugt. Heute wird in großen Mengen Energie von außen bezogen oder auch nach außen geliefert. Für diesen innerdeutschen und intereuropäischen Stromhandel großen Stils sind die Leitungen aber nicht *ex initio* ausgelegt worden. Es entstehen daher *Netzengpässe*, die sich in Überschreitungen der Übertragungskapazität einer oder mehrerer Leitungen, in außerhalb zulässiger Toleranzen liegenden Knotenspannungen, Überschreitung der maximal zulässigen Ausschaltleistung von Leistungsschaltern, Verletzung des n-1-Prinzips etc. manifestieren. Ihre Beseitigung erfordert ein umfassendes *Engpaßmanagement* (engl.: *congestion management*) durch den Übertragungnetzbetreiber. Beeinflussungsmöglichkeiten sind Änderungen der Kraftwerksfahrpläne und der Netztopologie, der Abschluß gegenwirkender Energieverträge, ultimativ die Ablehnung der Übertragungsdienstleistung (s. 15.1.2).

Bei Großstörungen, beispielsweise nach Auftrennen der Kuppelleitungen, bilden die einzelnen Regelzonen wieder selbständige Elektroenergiesysteme und arbeiten dann im sogenannten *Inselbetrieb* (s. a. 13.1). Auch große Industrieunternehmen mit eigener Erzeugung sind bei Ausfall des öffentlichen Netzes nach Abschalten von Teilen ihrer Last für Inselbetrieb eingerichtet. Der Übergang in den Inselbetrieb erfolgt nach einem *Unterfrequenzstufenplan* über frequenzsensitive *Lastabwurfrelais*:

f	$>$	49,8 Hz	Störungsfreier Betrieb mit 15 mHz-Rauschen
f	$\leq$	49,8 Hz	Einsatz zusätzlicher Kraftwerke
f	$\leq$	49,0 Hz	Lastabwurf von 10 % – 15 %
f	$\leq$	48,7 Hz	Lastabwurf von weiteren 10 % – 15 %
f	$\leq$	48,4 Hz	Lastabwurf von weiteren 15 % – 20 %
f	$\leq$	47,5 Hz	Abtrennung der Kraftwerke vom Netz

Bevor es zu dem sehr seltenen Fall der Abtrennung der Kraftwerke vom Netz kommt, werden zuerst alle Reserven in Anspruch genommen:

- *Sekundenreserve* (Ausschöpfen der Regelbandbreite der Primärregelung (s. a. 15.2), Abschalten von Speicherpumpen, vertraglich vereinbarter Lastabwurf),
- *Minutenreserve* (Speicherkraftwerke, Schwallbetrieb von Laufwasserkraftwerken, Gasturbinen, Teillaststeigerung thermischer Kraftwerke bis zum Vollastbetrieb),
- *Stundenreserve* (Anfahren zusätzlicher thermischer Kraftwerke),
- *Tagesreserve* (Inbetriebnahme konservierter Kraftwerke).

Die zeitlich nachhaltigeren Reserven kommen jeweils zum Tragen, wenn sich eine Netzstörung nicht innerhalb der „Lebensdauer“ der gerade eingesetzten Reserveklasse beseitigen läßt.

Ein Beispiel für die Einbindung eines Elektroenergiesystems in das deutsche Verbundnetz zeigt Bild 2.6.

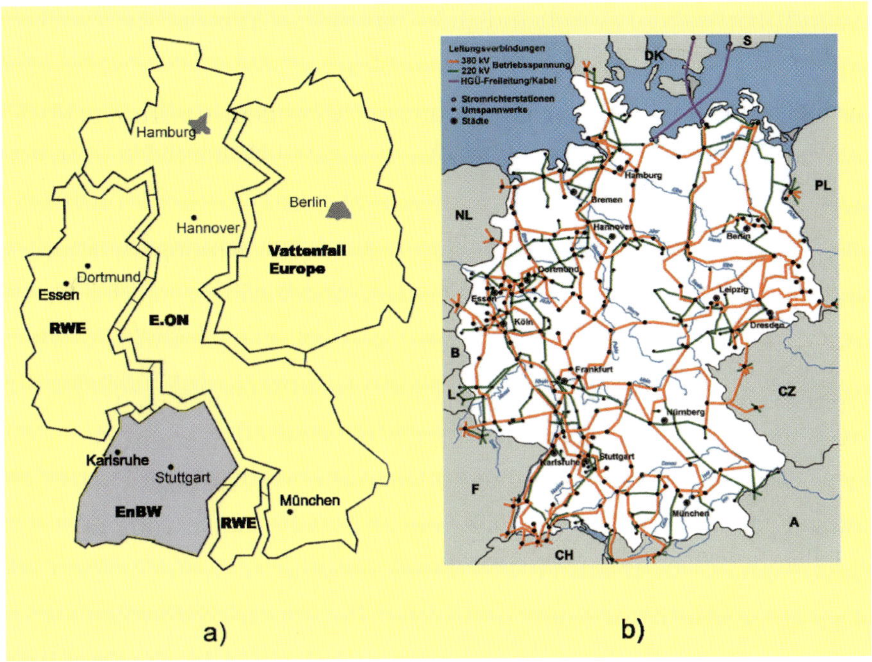

Bild 2.6. a) Einbindung der EnBW AG in das deutsche Verbundnetz, b) 220 kV- und 380 kV-Transportnetz des deutschen Verbundsystems.

Über 26 *Kuppelleitungen* bzw. Übergabestellen verbinden die EnBW AG mit den angrenzenden Regelzonen.

Wie in Abschnitt 2.2 schon erläutert sind die vier Regelzonen, genauer gesagt Übertragungsnetzbetreiber, heute Mitglieder des *Bundesverbands der Energie- und Wasserwirtschaft*, BDEW, dessen Geschäftsbereich *Energienetze* sich vorzugsweise mit netzwirtschaftlichen Fragen beschäftigt, während die Harmonisierung der technischen Systeme der einzelnen Regelzonen künftig vom VDE, *Forum Netztechnik und Netzbetrieb* FNN, wahrgenommen wird.

Netznutzer bzw. Erzeugereinheiten, die einem Verbundsystem beitreten wollen, müssen bestimmte *Minimalanforderungen* bzw. *Anschlußbedingungen* erfüllen, um schädliche Rückwirkungen auf den sicheren Betrieb des Transportnetzes und auf die Versorgungssicherheit aller anderen Verbraucher zu vermeiden. Die getroffenen Vereinbarungen werden in einem *Netzanschlußvertrag*, *Lieferantenrahmenvertrag* und

Netznutzungsvertrag zwischen den *Netznutzern* und dem *Übertragungsnetzbetreiber* schriftlich festgelegt.

Beispielsweise gilt für den Anschluß von Erzeugereinheiten, die sich gemäß Netzanschlußvertrag an der Primärregelung beteiligen (s. Kapitel 13) unter anderem, daß

- stetige Leistungsänderungen mit einem Leistungsgradienten von 2 % P_N pro Minute über den gesamten Leistungsbereich möglich sein müssen,
- die Primärregelleistung bei einer Abweichung von ± 200 mHz (entspricht derzeit dem Ausfall zweier Kraftwerksblöcke von 1500 MW bzw. eines Doppelblocks) innerhalb von 30 Sekunden aktiviert werden und mindestens 15 Minuten abgegeben werden kann (s. 13.2),
- stoßartige Belastungen in Höhe von 10 % der Nennleistung oder des Teillastbetriebs ausgeregelt werden können,
- eine Erzeugungseinheit sich nicht automatisch vom Netz trennen und auf Eigenbedarfs-Erzeugung umschalten darf, solange die Netzspannung an der Oberspannungsseite des Maschinentransformators eine bestimmte Spannung nicht unterschreitet,
- Netzfrequenzpendelungen < 1,5 Hz nicht zum Ansprechen der Schutzorgane der Erzeugereinheit führen u.s.w.

Weitere Vertragsgegenstände sind Art und Umfang der Kommunikation für die Netzleittechnik, Vereinbarungen über Turbosatz-Reglereinstellungen, Netzschutzeinstellwerte, Versorgungswiederaufbau etc.

Alle für einen sicheren Netzbetrieb maßgeblichen Netz- und Systemregeln sind in Codes dokumentiert, beispielsweise für Übertragungsnetze im sogenannten *Transmission Code*, für Verteilnetze im *Distribution Code* des VDN/BDEW.

Übertragungsnetzbetreiber sind zur Aufrechterhaltung eines geordneten Netzbetriebs auch auf Zusatzleistungen der Netznutzer angewiesen, die sie nach entsprechender Vereinbarung gegen Entgelt anfordern können, beispielsweise Sekundärregelleistung, Blindleistungsbereitstellung, stabilitätsfördernde Maßnahmen etc. (s. 19.2).

Die Komplexität der Anforderungen läßt erkennen, daß eine Zunahme dezentraler Erzeugung ein leistungsfähiges Verbundsystem voraussetzt.

In Fortführung des Verbundgedankens ist die Bundesrepublik mit den Hochspannungsverbundnetzen benachbarter Länder zum westeuropäischen Verbundbetrieb zusammengeschlossen, Bild 2.7.

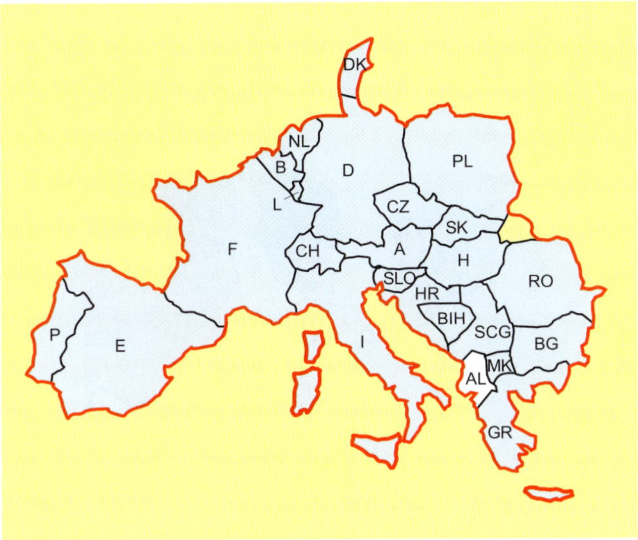

Bild 2.7. Westeuropäischer Verbundbetrieb. Das rot berandete Gebiet beinhaltet alle synchron betriebenen nationalen Verbundsysteme der UCTE. Albanien ist synchron gekoppelt, aber nicht UCTE-Mitglied.

Acht nationale Verbundsysteme gehörten der „*Union für die Koordinierung der Erzeugung und des Transports elektrischer Energie*“ – UCPTE – an, die infolge der Liberalisierung der Strommärkte neuerdings ebenfalls in „*Union für die Koordinierung des Transports Elektrischer Energie* UCTE“ umfirmiert hat und heute über 20 Länder integriert. Das UCTE *Großraumverbundsystem* versorgt über 450 Millionen Menschen mit Strom. Die Aufgabe des UCTE ist die Überwachung der Versorgungssicherheit durch die Festlegung der technischen und organisatorischen Spielregeln für eine uneingeschränkte Interoperabilität der Subsysteme bezüglich Energieaustausch und Fähigkeit zur gegenseitigen Aushilfe bei Störungen. Darüber hinaus betreibt bzw. veranlaßt sie Systemstudien bezüglich der Stabilität nach Ankoppeln etwaiger zusätzlicher Partner. Die Transportnetzbetreiber der nationalen Verbundnetze arbeiten untereinander und innerhalb des UCTE-Bereichs im horizontalen Verbund, mit den kleineren Kraftwerken der Regional-

und Kommunal- bzw. Lokalstufe ihrer eigenen Regelzone im vertikalen Verbund.

Schließlich zeigt Bild 2.8 die Gesamtheit der internationalen Verbundsysteme in Europa.

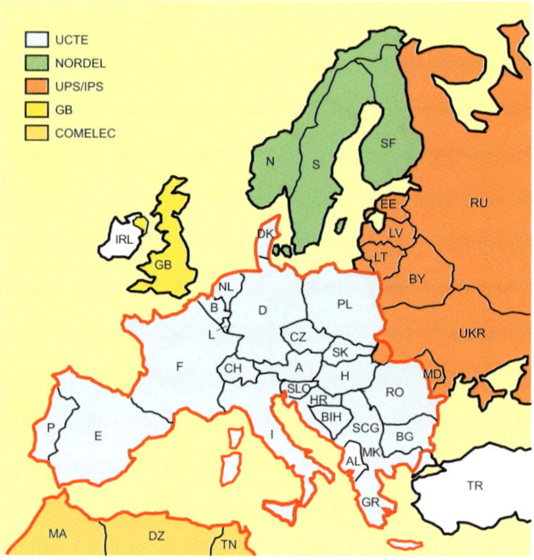

Bild 2.8. Internationale Verbundsysteme in Europa. Nordafrika ist nicht Mitglied der UCTE, dennoch synchron gekoppelt.

Deutschland agiert wegen seiner zentralen Lage quasi als Drehscheibe der intereuropäischen UCTE Stromflüsse zu und zwischen zahlreichen Nachbarn und benötigt deshalb ein leistungsfähiges Übertragungsnetz zur sicheren Durchführung kommerzieller *Stromtransite* und Verkraftung physikalisch bedingter *Ringflüsse* (s. 3.1 und 7.6).

Die einzelnen synchron betriebenen europäischen Verbundsysteme sind teilweise über Hochspannungsdrehstromleitungen synchron zu einem *Großraumverbundnetz*, teilweise asynchron über HGÜ-Kupplungen mit anderen synchron betriebenen Verbundsystemen miteinander verbunden (z. B. England, Skandinavien). Man spricht dann auch von einem *Hybrid-Großraumverbundsystem*. Die Mitglieder der UCTE und die weiteren europäischen Übertragungsnetzbetreiber sind in der ETSO, dem Verband der europäischen Übertragungsnetzbetreiber, zusammengeschlossen.

Langfristig im Gespräch ist ein geschlossener *Mittelmeer-Ring*, der neben dem Westen von Nordafrika auch Lybien, Ägypten, Jordanien, Syrien und die Türkei beinhalten würde, Bild 2.9.

Bild 2.9. Geplanter geschlossener Mittelmeer-Ring.

Eindrucksvoll läßt Bild 2.10 die Komplexität und Unverzichtbarkeit elektrischer Großraumverbundsysteme erahnen.

Bild 2.10. Nachtaufnahme des Großraumverbundsystems Europa (NASA).

Alle Generatoren eines Verbundsystems oder auch mehrerer synchron zu einem *Großraumverbundsystem* gekoppelter Verbundsysteme sind über virtuelle mechanische Wellen – die Hochspannungsübertragungsleitungen – elastisch miteinander gekoppelt und drehen sich synchron mit der gleichen Drehzahl (bezogen auf einheitliche Polpaarzahl, s. 6.1). Die rotierenden Massen der Generatoren stellen gekoppelte Speicher kinetischer Energie dar, zwischen denen bei Laststößen, Kurzschlüssen oder Ausfall von Kraftwerken beträchtliche Energieschwingungen und damit erhebliche *Stabilitätsprobleme* auftreten können (s. Kapitel 18). Die heutigen Elektroenergiesysteme und Verbundsysteme haben einen unübertroffenen Grad an Komplexität erreicht. Ihre Beherrschung erfordert den Einsatz extrem leistungsfähiger, weitgehend in Echtzeit arbeitender Informationssysteme, sogenannter *Energiemanagementsysteme*, deren Datenbanksysteme teilweise über 1 Million Datenpunkte verwalten. Es überrascht daher nicht, daß die Elektrizitätsversorgungsunternehmen zu den ersten Anwendern digitaler Großrechner im zivilen Bereich zählten. Die optimal geordnete Faktorisierung schwach besetzter Matrizen wurde in merklichem Umfang zuerst bei Leistungsflußrechnungen in Elektroenergiesystemen angewandt und später von vielen anderen Disziplinen übernommen, so z. B. für Analyse und Entwurf von LSI-Schaltungen (engl.: *Large Scale Integrated Circuits*), die aus Sicht der Netzwerktheorie viel mit einem Elektroenergiesystem gemeinsam haben, auch wenn das Verhältnis ihrer räumlichen Ausdehnung $1 : 10^8$ beträgt. Dabei bezieht sich Größe nicht allein auf die räumliche Ausdehnung der Netze, die Maschinen und das investierte Kapital, sondern erst recht auf die Komplexität ihrer mathematischen Beschreibung.

Vertiefendes Schrifttum zu Kapitel 2

1. Schnug, Artur und L. Fleischer: Bausteine für Stromeuropa – Eine Chronik des elektrischen Verbunds in Deutschland. Deutsche Verbundgesellschaft Heidelberg, 1999.

2. Badenwerk und Badisches Landesmuseum Karlsruhe: Die elektrisierte Gesellschaft. Aufsätze zur Ausstellung des Badischen Landesmuseums im Zusammenarbeit mit dem Badenwerk (EnBW) aus Anlaß des 75jährigen Jubiläums, 6. Juli bis 13. Oktober 1996.

3. BDEW: Energiemarkt Deutschland 2008. VWEW Energie-Verlag Frankfurt, 2008.

4. BDEW: Transmission Code 2007, Netz- und Systemregeln der deutschen Übertragungsnetzbetreiber. VWEW-Energieverlag, Frankfurt, 2007.

5. BDEW: Distribution Code 2007, Regeln für den Zugang zu Verteilnetzen. VWEW-Energieverlag, Frankfurt, 2007.

3. Energieressourcen – Energieverbrauch

3.1 Erzeugung und Verbrauch elektrischer Energie

Der Verbrauch elektrischer Energie unterliegt je nach Tageszeit, Wochentag und Monat zeitlichen Schwankungen, die in Belastungsdiagrammen graphisch dargestellt werden. Beispielsweise zeigt Bild 3.1 eine typische Tagesbelastungskurve höchster und niedrigster Spitzenlast der BRD.

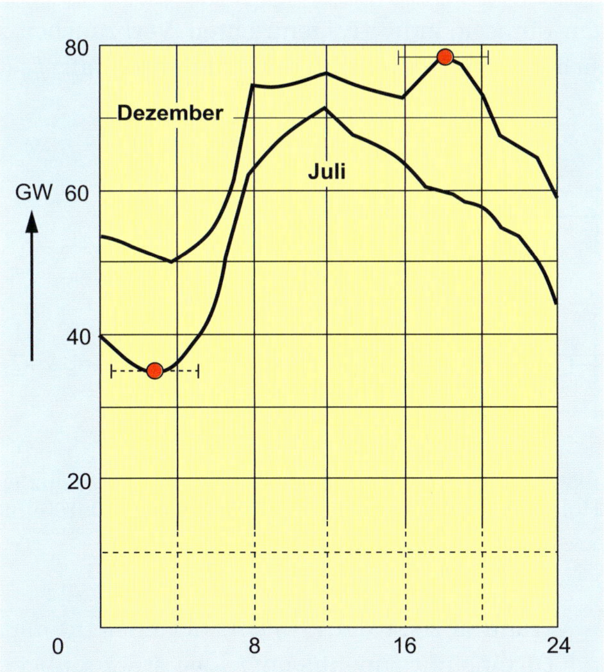

Bild 3.1. Tagesbelastungskurven höchster und niedrigster Spitzenlast (öffentliche Kraftwerke einschließlich Industrieeinspeisung).

Die Jahreshöchstlast tritt in Deutschland in der Regel an einem Tag im Dezember auf, die minimale Last häufig in einer Juninacht. Jahreshöchstlast und minimale Last unterscheiden sich grob um den Faktor 2. Am Tage des niedrigsten Jahresverbrauchs steht für kurze Zeit mehr als die Hälfte der installierten Kraftwerksleistung still.

Da sich elektrische Energie nicht großtechnisch speichern läßt (mit Ausnahme des Umwegs über wenige geologischer Gunst zu verdankender *Pumpspeicherwerke* und *unterirdischer Gasspeicher*), muß in jedem Augenblick der vom Verbraucher geforderten Leistung eine gleich große Erzeugerleistung gegenüberstehen (s. a. 3.2.2). Eine Störung des Gleichgewichts hätte sofortige Abweichungen der Spannung und der Frequenz von den Nennwerten zur Folge. Im Gegensatz zu Kommunikationsnetzen gibt es in Energieversorgungsnetzen kein „Besetzt-Zeichen".

Betrachtet man beispielsweise einen einzelnen Generator mit Innenwiderstand $\underline{Z}_G$ und eine einzelne Übertragungsleitung mit der Impedanz $\underline{Z}_L$, so verringert sich bei Belastung des Generators die Klemmenspannung an einem ohmsch/induktiv gemischten Verbraucher $\underline{Z}_V$ um den vom Verbraucherstrom verursachten Spannungsabfall $\underline{I}_V(\underline{Z}_G + \underline{Z}_L)$, Bild 3.2.

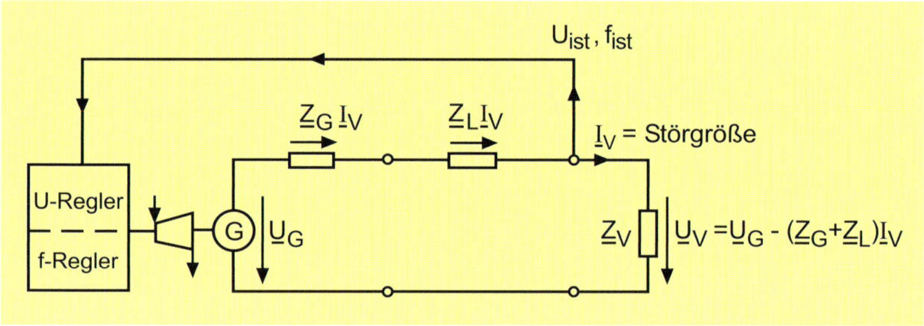

Bild 3.2. Abhängigkeit der Klemmenspannung und Frequenz eines Generators von der Höhe der zugeschalteten Last (einphasige Darstellung).

Ein ähnliches Verhalten zeigt die *Frequenz* der Generatorspannung, da Generator und Turbine mit zunehmender Last stärker abgebremst werden und damit Drehzahl und Frequenz sinken. Damit sowohl Spannung als auch Frequenz unabhängig von der Belastung konstant bleiben, erfaßt man die Spannungs- und Frequenz-Istwerte, vergleicht sie mit den Sollwerten und führt die jeweilige Differenz einem *Drehzahlregler* und einem *Spannungsregler* zu. Ersterer beeinflußt den Fluid-Massenstrom durch die Turbine und damit deren Drehmoment, letzterer die Gleichstromerregung des Läufers des Synchrongenerators. Beide Regler wirken allfälligen Spannungs- und Frequenzabweichungen praktisch in Echtzeit entgegen und wahren so stets das Gleichgewicht zwischen erzeugter und verbrauchter *Wirkleistung* wie auch erzeugter und verbrauchter *Blindleistung*. Auf die Zusammenhänge *Spannung/Blindleistung* sowie *Frequenz/Wirkleistung* wird im Kapitel 13 *Spannungs- und Frequenzregelung* noch ausführlich eingegangen.

Reale Elektroenergiesysteme besitzen eine Vielzahl Generatoren bzw. Kraftwerke, die räumlich über ihre Regelzone verteilt sind und einen sogenannten *Kraftwerkspark* bilden. Durch Parallelschalten einer angemessenen Anzahl Generatoren bzw. Kraftwerke, paßt der Netzbetreiber einer Regelzone im Rahmen seiner *Kraftwerkseinsatzplanung* den wirksamen Innenwiderstand seines Netzes und die Primärenergieumwandlung der in die Regelzone einspeisenden Kraftwerke dem mit der Tageszeit schwankenden Bedarf zunächst grob gestuft an (s. 15.1). Verbleibende, durch allfällige Verbrauchsschwankungen hervorgerufene Abweichungen von der Wirk- und Blindleistungsbalance werden dann noch von den Spannungs- und Frequenzreglern aufgefangen (s. Kapitel 13).

An dieser Stelle sei betont, daß nicht die Versorgungsunternehmen Strom in beliebiger Menge zum Verbrauch anbieten, sondern die Verbraucher durch Ein- und Ausschalten ihrer Lasten eine bestimmte Leistung *anfordern*. Die Erzeugung „*hinkt*“ dieser Forderung lediglich hinterher und bemüht sich nach Kräften, durch ständige Wahrung der Wirk- und Blindleistungsbalance in Echtzeit die Sollwerte für Spannung und Frequenz einzuhalten.

Wie bereits im Kapitel 2 erwähnt, werden ca. 80 % der in Deutschland verbrauchten elektrischen Energie von den Großkraftwerken der 4 Regelzonen geliefert. Die verbleibenden 20 % werden von kleineren Kraftwerken der Kommunen und Überlandwerke erzeugt. Ferner gibt es noch industrielle Eigenanlagen (Bergbau, chemische Großindustrie), die vorrangig der Eigenbedarfsdeckung und der wirtschaftlichen Erzeugung von Prozeßwärme dienen, mit etwaigen freien Kapazitäten aber auch ins öffentliche Netz einspeisen (grob 8 % des gesamten öffentlichen Stromaufkommens). Schließlich deckt die Deutsche Bahn AG ihren Bedarf zu etwa 80 % aus eigenen Kraftwerken, zu etwa 20 % aus dem öffentlichen Netz. Bild 3.3 zeigt qualitativ die Herkunft des in Deutschland verbrauchten Stroms sowie die verschiedenen Verbrauchergruppen. Aktuelle Zahlen werden jährlich vom *Statistischen Bundesamt* und dem BDEW *Bundesverband der Energie- und Wasserwirtschaft* publiziert.

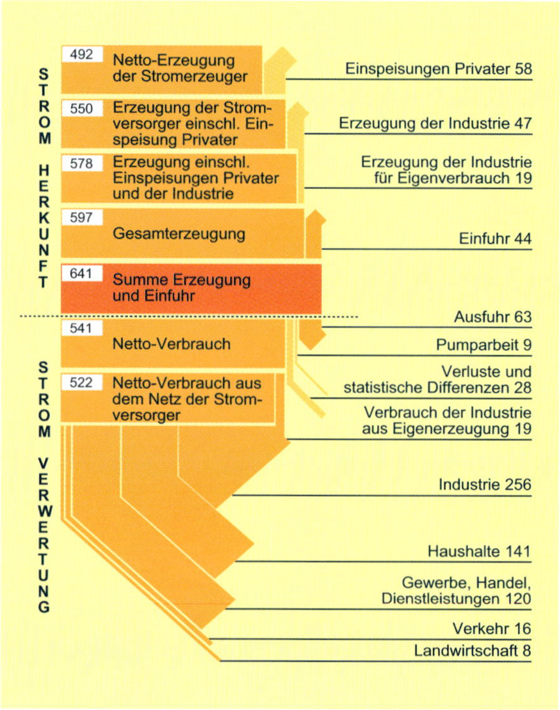

Bild 3.3. Zusammensetzung der Erzeugung und des Verbrauchs elektrischer Energie in der BRD. Quellen: BDEW-Statistik, Statistisches Bundesamt, Statistischer Bericht des Referats Elektrizitätswirtschaft im BMWI.

Bei der Erzeugung unterscheidet man zwischen *Brutto-* und *Nettoerzeugung*. Erstere entspricht der gesamten Stromerzeugung der deutschen Kraftwerke, letztere dem, was nach dem Abzug des Kraftwerkseigenverbrauchs tatsächlich für die öffentliche Versorgung zur Verfügung steht. Den Nichtfachmann erstaunt, daß das gleiche Produkt (Strom) sowohl *ausgeführt* als auch *eingeführt* wird. Dies rührt daher, daß nachts wegen der durchlaufenden Grundlastkraftwerke ein *Stromüberschuß* herrscht, der einen *Stromexport* nahelegt, während um die Mittagszeit (vorwiegend im Sommer) wegen des hohen Bedarfs zusätzlicher Strom *importiert* wird. Hinzu kommen Transitströme in unterschiedlichen Richtungen, die teils *kommerziell* durch den Stromhandel, teils in Form von Ringflüssen *physikalisch* bedingt sind (2.4 und 7.6).

Bei den Verbrauchern gibt es zwei maßgebliche Gruppen, einerseits die *privaten Haushalte* und andererseits die Arbeitsplätze schaffende *Industrie*. Bemerkenswert ist die Aufteilung des Stromverbrauchs auf Haushalte und Industrie (einschließlich Gewerbe und Sondervertragskunden) mit etwa 25 %/70 %. Den Rest teilen sich im wesentlichen Verkehr und Landwirtschaft. Betrachtet man den *Gesamt-* bzw. *Endenergieverbrauch*, das heißt die Summe aus Primär- und Sekundärenergieverbrauch der verschiedenen Verbrauchergruppen, liegen die Privathaushalte an erster Stelle. Ihr Anteil am Gesamtenergieverbrauch setzt sich zusammen aus Heizung 54 %, Auto 31 %, Warmwasser 8 %, Hausgeräte 5 %, Beleuchtung 1 % und Informationstechnik 1 % (BDEW). Nach dem Pareto-Prinzip besitzen Einspeisungen bei der Heizung des größte Potential. Interessant ist in diesem Zusammenhang auch die Tatsache, daß bei der Sekundärenergie Strom, das Licht und die Informationstechnik jeweils bei etwa 8 % liegen. Dabei wird Licht vorzugsweise in den Abend- und Nachtstunden genutzt, in denen ohnehin ein Stromüberschuß aus Laufwasserkraftwerken und Grundlastkraftwerken herrscht und nur wenig erschöpfliche Ressourcen in Anspruch genommen werden. Berücksichtigt man bei der Informationstechnik die zur Herstellung der IT-Systeme verbrauchte Energie, liegt der Anteil der Informationstechnik, Telekommunikation und Unterhaltungselektronik heute bereits bei etwa 12 %.

Knapp 40 % des Primärenergieverbrauchs wird in elektrische Energie umgewandelt. Elektrische Energie ist unverzichtbar, da sie vielseitig einsetzbar ist und außerdem die Verwertung anderer Primärenergien, z. B. Kernenergie, Braunkohle, Steinkohle, Müll etc. technisch bzw. wirtschaftlich erst möglich macht. Die bei der Umwandlung von Primärenergie in elektrische Energie in den Kraftwerken entstehenden Verluste werden von den Einsparungen wettgemacht, die sich aus ihrem nachträglichen Einsatz anstelle weniger transport- und benutzerfreundlicher Primärenergieträger ergeben, beispielsweise in den Bereichen Bahnverkehr, Lichtbogenöfen, Glasschmelzen, Induktives Erwärmen etc.

Schließlich zeigt Bild 3.4 die Entwicklung der Beiträge an der Stromerzeugung beteiligter Primärenergieträger.

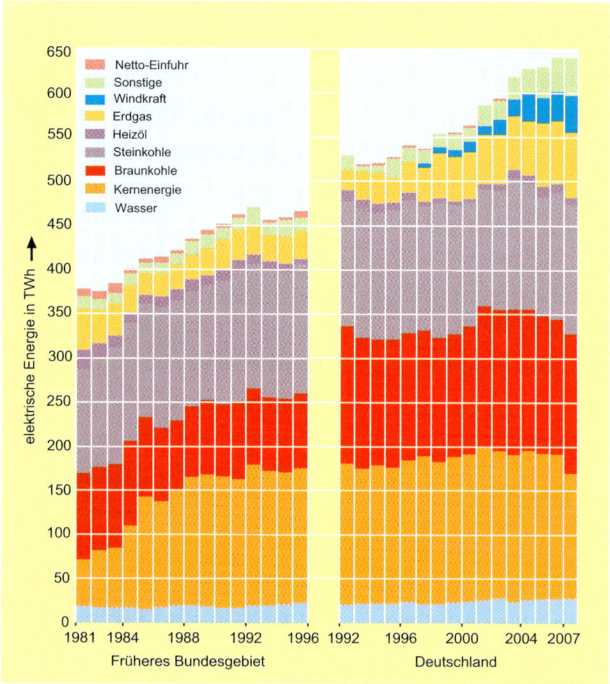

Bild 3.4. Entwicklung und Bereitstellung elektrischer Energie in Deutschland (Öffentliche Versorgung, Industrieanlagen und Bahnkraftwerke).

Die Grafik läßt erkennen, daß die Stromerzeugung abgesehen von klimatisch oder wirtschaftlich bedingten jährlichen Schwankungen derzeit auf hohem Niveau praktisch stagniert. Bemerkenswert ist ferner, daß die klassischen Primärenergieträger Stein- und Braunkohle sowie die Wasserkraft fast gleichbleibend vertreten sind, während Erdgas sowie Windenergie, Biomasse und Photovoltaik etc. dank staatlicher Subventionen stark wachsen. Der Anteil der Kernenergie an der Stromerzeugung in Deutschland liegt derzeit knapp unter 30 %. Abhängig von der Zusammensetzung des Kraftwerkparks, langfristigen Lieferverträgen und Stromzukauf an der Börse kann bei einzelnen Unternehmen der

Prozentsatz auch höher liegen. Es ist schwer vorstellbar, wie eine Industriegesellschaft vom Typ Bundesrepublik Deutschland die bisherige Lebensqualität ohne Kernenergie wird wahren können. Andere Nationen haben es erheblich leichter. Beispielsweise zeigt Bild 3.5 den Anteil der Wasserkraft verschiedener Länder im Vergleich.

Land	D	S	N	F	CH	VRC	CDN	BRA	PAR	Welt
% Anteil Elektroenergie	4	46	99	11	60	17	57	84	99	18

Bild 3.5. Anteil der Wasserkraft an der Stromerzeugung in Deutschland, Schweden, Norwegen, Frankreich, Schweiz, Volksrepublik China, Kanada, Brasilien, Paraguay, Mittelwert weltweit (nationale Quellen).

Bild 3.5 zeigt sehr deutlich, daß die Bundesrepublik in besonderem Maße auf fossile Energieträger und die Kernenergie angewiesen ist. Erneuerbare Energien, vorwiegend die stetige Zunahme der Zahl von Windkraftanlagen und der Nutzung von Biomasse kompensieren diesen Standortnachteil. Beide erneuerbaren Primärenergieträger leisten heute einen immer größer werdenden Beitrag zur großtechnischen Stromerzeugung. Entscheidend ist der optimale *Energiemix* aus allen verfügbaren Ressourcen unter Berücksichtigung aller bereits in Kapitel 1 genannten Nebenbedingungen (s. a. 3.2.2).

Eine ganzheitliche Betrachtung der heutigen Stromversorgung verlangt ein gewisses Grundwissen über die am Anfang der Wertschöpfungskette *Erzeugung, Transport, Übertragung* und *Verteilung* elektrischer Energie stehenden Primärenergieressourcen und deren Verbrauch, worauf im folgenden Kapitel eingegangen wird.

3.2 Primärenergieressourcen

Die Deckung unseres Energiebedarfs erfolgt durch Umwandlung der von den *Ressourcen* unseres Planeten bereitgestellten Primärenergie. Unter Ressourcen versteht man allgemein den natürlichen Reichtum eines Landes, unter *Energieressourcen* speziell die Gesamtheit aller auf der Erde verfügbaren Primärenergieträger, unabhängig davon, ob und in welchem Umfang sie mit heute absehbaren technischen und finanziellen Mitteln genutzt werden können. Ressourcen mit begrenztem

Energieinhalt W_E nennt man *erschöpflich*, Ressourcen, denen sich über einen für die Menschheit relevanten Zeitraum unbegrenzt Energie entnehmen läßt, nennt man *unerschöpflich* oder *erneuerbar*, Bild 3.6.

Energie - Ressourcen (Primärenergiequellen bzw. Primärenergieträger)		
Erschöpflich (E)		Unerschöpflich (UE)
Energiegehalt: W_E = endlich [J]		Energiegehalt: $W_{UE} = \infty$ [J] Energiefluß: $\frac{dW_{UE(t)}}{dt} = P_{UE}$ = const. [W]
Fossile Brennstoffe – Kohle, – Erdöl, – Erdgas, etc.	Spaltstoffe – Uran, – Thorium, etc.	Sonne, Gravitation, etc. – Biomasse – Photovoltaik – Windkraft – Geothermie – Laufwasser – Gezeiten

Bild 3.6. Zur Definition des Begriffs Ressourcen.

Bei ersteren läßt sich der Energieinhalt zahlenmäßig in Joule angeben, man spricht synonym auch von *Energievorräten*. Häufig werden Vorräte auch als Vielfaches einer sogenannten Steinkohleeinheit (SKE) angegeben,

$$1\,t\,SKE = 29,3 \cdot 10^9 Joule = 8,141 \cdot 10^3\,kWh \quad . \tag{3.1}$$

Bild 3.7 zeigt die Umrechnung zwischen weiteren gebräuchlichen Energieeinheiten:

↱	kJ	kWh	kcal	kgSKE
1 kJ	1	$2{,}778 \cdot 10^{-4}$	0,2389	$3{,}412 \cdot 10^{-5}$
1 kWh	$3{,}6 \cdot 10^{3}$	1	$8{,}5985 \cdot 10^{2}$	0,1228
1 kWa	$3{,}1536 \cdot 10^{7}$	8760	$7{,}5323 \cdot 10^{6}$	$1{,}0760 \cdot 10^{3}$
1 kcal	4,1868	$1{,}163 \cdot 10^{-3}$	1	$1{,}4286 \cdot 10^{-4}$
1 kg SKE	$29{,}308 \cdot 10^{3}$	8,141	7000,2	1
1 Btu	1,0551	$2{,}9308 \cdot 10^{-4}$	0,252	$3{,}5999 \cdot 10^{-5}$
1 Toe	$4{,}187 \cdot 10^{7}$	$1{,}1631 \cdot 10^{4}$	$1{,}0000 \cdot 10^{7}$	$1{,}4286 \cdot 10^{3}$
1 Tce	$2{,}4722 \cdot 10^{7}$	$6{,}8690 \cdot 10^{3}$	$5{,}9063 \cdot 10^{6}$	$8{,}4374 \cdot 10^{2}$

Bild 3.7. Umrechnung verschiedener Energieeinheiten.

In der englischsprachigen Literatur findet man häufig die Einheiten:

British thermal unit,	1	Btu	=	1,0551	kJ
Ton of oil equivalent,	1	Toe	=	41,87	GJ
Ton of coal equivalent,	1	Tce	=	24,72	GJ .

Bei unerschöpflichen Energieträgern ist der Energieinhalt praktisch unendlich groß. Die unerschöpflichen Primärenergieträger liefern seit der Entstehungsgeschichte unserer Erde ungefragt Primärenergie, die in ihrer Gesamtheit ständig wächst und mit gleichbleibender Steigung gegen unendlich strebt. Die der gleichbleibenden Steigung überlagerte Feinstruktur, beispielsweise durch Schwankungen im Wasserangebot oder in der Sonneneinstrahlung, kann hier vernachlässigt werden, wenn man über die Jahre mittelt. Mit Ausnahme der Wasserspeicher in Höhenlagen sind erneuerbare Energien nur im Augenblick ihres Anfallens nutzbar und qualitativ nicht mit der in den erschöpflichen Quellen *gespeicherten*, deterministisch abrufbaren Energie zu vergleichen.

Die Steigung der Primärenergiezunahme ist der *Energiefluß*, mit anderen Worten die *Leistung* der Primärenergieträger,

$$P_{UE} = \frac{dW_{UE}(t)}{dt} = const. \, [W] \quad . \tag{3.2}$$

Der *Energiefluß* ist die entscheidende Größe zur Charakterisierung einer unerschöpflichen Energiequelle. Ein typisches Beispiel ist die *Solarkonstante* am Rand der äußeren Atmosphäre, die zusätzlich die Normierung auf eine Flächeneinheit beinhaltet und dann als *Energieflußdichte* bezeichnet wird,

$$p = 1,37 \frac{kW}{m^2} \quad . \tag{3.3}$$

Über obige grobe Einteilung hinaus werden die verschiedenen Begriffe bei gleicher Qualität oft nochmals quantitativ verschieden definiert. Häufig fehlen bei Statistiken Hinweise über die den aufgelisteten Zahlen zugrunde liegenden Definitionen. Beispielsweise ist zur Festlegung des Energieflusses „*Laufwasser*" sowohl die Mittelwertbildung des Dargebots über das ganze Jahr üblich als auch die Bestimmung des Wertes, der 95 % des Jahres zur Verfügung steht. Da diese Werte recht unterschiedlich sein können, verwundert es nicht, daß sich Angaben über den bisher genutzten Anteil dieses Energieflusses bis zu 300 % unterscheiden.

Der Energie*vorrat* erschöpflicher Energieträger und der Energie*fluß* unerschöpflicher Energieträger sowie der Energieverbrauch sind unterschiedliche physikalische Größen mit verschiedenen Dimensionen, *Joule* und *Watt* (s. Bild 3.6).

Abhängig von ihrer Verfügbarkeit kann man die Ressourcen in nutzbare und nicht nutzbare Ressourcen einteilen, Bild 3.8.

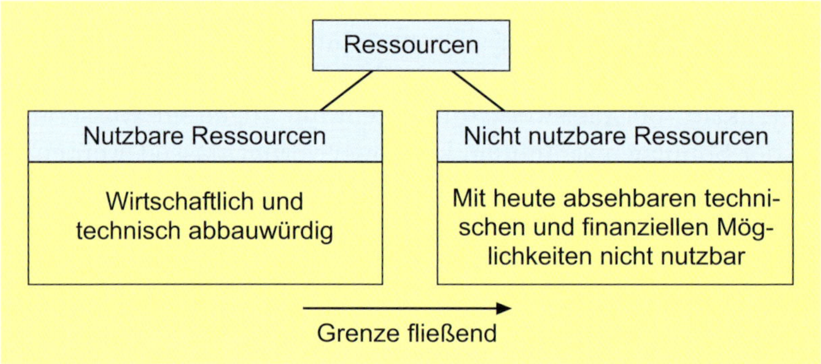

Bild 3.8. Definition der Begriffe *nutzbare* und *nicht nutzbare* Ressourcen.

Nutzbare *erschöpfliche Ressourcen* werden auch als *Reserven*, nutzbare *unerschöpfliche Ressourcen* auch als *Energiepotentiale* bezeichnet. Nur ein Bruchteil der Ressourcen – Reserven und Energiepotentiale – erlaubt die Extraktion von Primärenergie mit vertretbarem technischem und finanziellem Aufwand. Der Rest ist entweder mit den heute absehbaren technischen Möglichkeiten nicht nutzbar oder die Gewinnungskosten liegen heute über den marktüblichen Preisen für andere Primärenergieträger. Die Grenze ist jedoch fließend und kann den nutzbaren Bereich für einzelne Primärenergieträger durch technische Innovationen und Preisänderungen am Markt dramatisch erhöhen.

Im Rahmen einer totalen Betrachtung des Energieproblems muß unter den nutzbaren erschöpflichen Ressourcen die Summe aus den bereits abgebauten und den noch abbauwürdigen Vorkommen (*Reserven*) verstanden werden; bei den nutzbaren unerschöpflichen Ressourcen die Summe aus ausgebautem und noch ausbauwürdigem Energiefluß (*Energiepotentiale*).

3.2.1 Erschöpfliche Ressourcen und ihr Verbrauch

Das Energieproblem besteht darin, daß mit Ausnahme der Wasserkraft und Windkraft, in geringerem Umfang auch weiterer erneuerbarer Energien, der heutige Energiebedarf überwiegend aus erschöpflichen Ressourcen gedeckt wird, die irgendwann zur Neige gehen. Es erhebt sich die Frage, wann mit dem Versiegen dieser Quellen zu rechnen ist. Unter Annahme der Existenz zuverlässigen Zahlenmaterials läßt sich die Antwort mit entsprechenden Vorbehalten mathematisch formulieren, was am Beispiel fossiler Energieträger, die derzeit den überwiegenden Anteil an der Energieversorgung bestreiten, gezeigt werden soll.

Der in den nutzbaren fossilen Energieträgern, Index EF (Erschöpflich, Fossil), gespeicherte Energieinhalt bzw. Energievorrat läßt sich für beliebige Zeitpunkte grob abschätzen und führt zu einer *Vorratsfunktion* $W_{EF}(t)$,

$$W_{EF}(t) = \begin{cases} \approx const. \text{ (Schätzwert)} & \text{für} \quad t < 1850 \\ W_{EF}(t) & \text{für} \quad t \geq 1850 \quad , \end{cases} \tag{3.4}$$

wobei das Jahr 1850 als Beginn der Industrialisierung angenommen werden soll. Seit dieser Zeit nehmen die gespeicherten Energievorräte stetig nach einer vom Verbrauch bestimmten *Verbrauchsfunktion* $V_{EF}(t)$ ab. $V_{EF}(t)$ ist definiert als Grenzwert des Differenzenquotienten $\Delta W_{EF}(t)/\Delta t$ für $\Delta t \to 0$ und gibt, mathematisch gesehen, die negative Steigung der Vorratsfunktion $W_{EF}(t)$ an,

$$V_{EF}(t) = \lim_{\Delta t \to 0} \frac{-\Delta W_{EF}}{\Delta t} = \frac{-dW_{EF}(t)}{dt} \quad . \tag{3.5}$$

Sie ist ein *Energiefluß* bzw. eine *Leistungsfunktion* mit der Einheit Watt.

Dann ergibt andererseits das bestimmte Integral über der Verbrauchsfunktion wieder den ursprünglichen Energieinhalt der nutzbaren fossilen Vorkommen,

$$\int_0^\infty V_{EF}(t)dt = \int_0^\infty -\frac{dW_{EF}(t)}{dt}dt = W_{EF}(0) = const. \quad . \tag{3.6}$$

Dieser Zusammenhang beinhaltet die wichtige Aussage, daß die Fläche unter der Verbrauchskurve $V_{EF}(t)$ konstant sein muß, unabhängig von der künftigen Verbrauchsentwicklung, Bild 3.9.

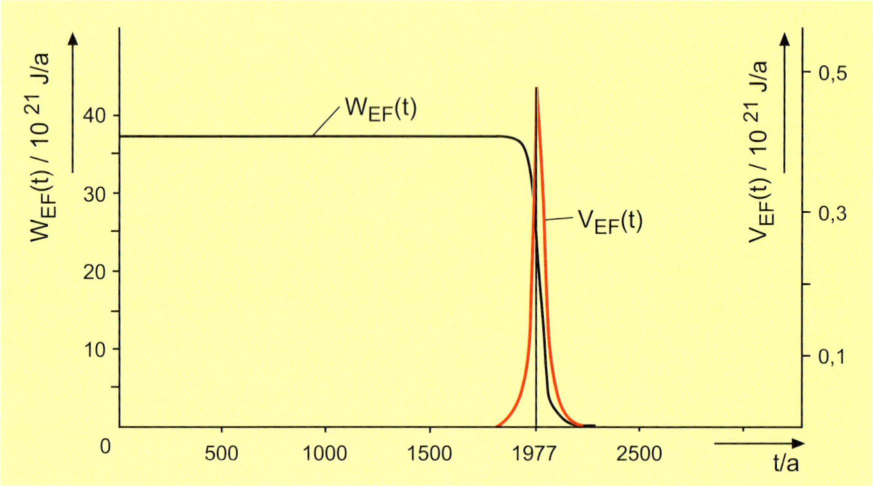

Bild 3.9. Energieverbrauch $V_{EF}(t)$ und zugehörige zeitliche Abnahme gespeicherter fossiler Energie $W_{EF}(t)$. Mathematisch gesehen entspricht $V_{EF}(t)$ der Steigerung der Funktion $W_{EF}(t_\nu)$.

Bis zum heutigen Tage (als Stichtag ist hier stets 1977 gewählt) ist $V_{EF}(t)$ bekannt und damit auch $W_{EF}(t)$. Das mittlere Wachstum betrug bis 1977 ca. 3 %, was einer Verdopplung etwa alle 20 Jahre entspricht. Nähme man nach einer zur Zeit des Stichtags üblichen Bedarfsprognose künftig ein mittleres Wachstum von 2 % an (Verdopplung alle 35 Jahre), so würden ohne Berücksichtigung der Kernenergie bis zum Jahre 2010 die Hälfte der fossilen Energievorkommen verbraucht sein. Nach diesem Zeitpunkt könnte die Verbrauchskurve beispielsweise gemäß einem Modell zur Abbaurate fossiler Energieträger von *King Hubbert* (hypothetische qualitative Annahme, keine Prognose!) symmetrisch zum ansteigenden Ast abfallen (Das Modell geht davon aus, daß die Funktion $W_{EF}(t)$ S-förmig symmetrisch zu dem Wendepunkt bei $W_{EF}(0)/2$ verläuft). Im Maximum der Verbrauchsfunktion ist dann die Hälfte der Energievorkommen verbraucht. Aus dieser Annahme folgte die Erkenntnis, daß die derzeitigen Generationen innerhalb von etwa 300 Jahren alle in Millionen von Jahren angehäuften nutzbaren fossilen Ressourcen bis auf die ersten und letzten wenigen Prozente verbrauchten. Über einen längeren Zeitraum betrachtet wäre der Verbrauch fossiler Energien mit einem kurzen Impuls vergleichbar. Sinngemäß gilt das Modell von Hubbert auch für jeden einzelnen Primärenergieträger. Selbstverständlich können der Markt und andere Einflußfaktoren auch zu einer schiefen Symmetrie führen, dies ändert aber nichts am grundsätzlichen Inhalt des Hubbert-Modells.

Erinnern wir uns jetzt der Tatsache, daß die Fläche unter der Verbrauchskurve konstant ist, so läßt sich auch zu beliebigen anderen Verbrauchskurven nach 1977 der zeitliche Verlauf gespeicherter fossiler Energie ermitteln, beispielsweise für den noch bis etwa 1970 angenommenen Fall stetigen exponentiellen Wachstums. Bei alleinigem Einsatz fossiler Energieträger würde dies etwa im Jahre 2035 einem unrealistischen abrupten Stillstand des Energieverbrauchs entsprechen, Bild 3.10a. Ein anderer hypothetischer Verlauf wäre konstantes Nullwachstum, was etwa im Jahre 2080 zu dem gleichen Ergebnis führen würde, Bild 3.10b. Sicher ist, daß die Funktion $W_{EF}(t)$ einen Wendepunkt besitzt, seine genaue Bestimmung wäre jedoch reine Spekulation.

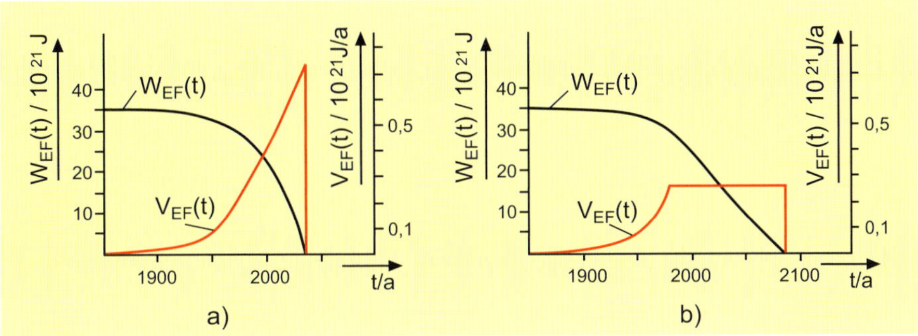

Bild 3.10. Hypothetische Verbrauchskurve und zugehöriger zeitlicher Verlauf gespeicherter fossiler Energie a) exponentielles Wachstum, b) konstantes Nullwachstum ab 1977.

Neben den beiden Extremverläufen *exponentielles Wachstum* und *Nullwachstum* existieren sophistische mathematische Modelle, die auf akutellen Bedarfsprognosen basieren und damit treffende Aussagen erlauben.

An dieser Stelle sei kurz auf die unterschiedliche Aussagekraft bzw. Wirklichkeitsnähe verschiedener Methoden der Vorhersage künftiger Entwicklungen hingewiesen.

Man kann grob zwischen *Wunschbildern, Szenarien* und *Prognosen* unterscheiden. Erstere sind Vorstellungen von einem grundsätzlich wünschenswerten Idealzustand, der sich jedoch bei nüchterner Betrachtung, hinreichender Sachkenntnis und angemessenem Systemverständnis als nicht realisierbar erweist. *Szenarien* stellen hypothetische Entwicklungen dar, die sich bei Annahme bestimmter, frei wählbarer Voraussetzungen einstellen würden (*Sandkastenspiele*). Abhängig von den gewählten Annahmen führen Szenarien je *nach gusto* ihrer Ersteller zu beliebig divergierenden Ergebnissen. Andererseits können Szenarien durchaus hilfreich sein, wenn es um die Ermittlung extremer Trends geht, zwischen denen die wahrscheinlichste Entwicklung verlaufen wird. *Prognosen* schließlich beruhen auf einer *erkennbaren Ordnung der Vergangenheit*, die man bis zur Erlangung neuerer Erkenntnisse auch der Zukunft unterstellt. Sie liefern bei nicht allzu fernem *Prognosehorizont* meist belastbare Aussagen.

Zur Anfertigung von Prognosen benötigt man in der Vergangenheit erfaßte *Trendkurven* oder *Trendfunktionen*, das heißt Verläufe statistischer Zeitreihen, die um zufällige Schwankungen bereinigt sind. Extrapolationen dieser Kurven geben den wahrscheinlichen Verlauf einer Entwicklung an, dem die tatsächliche Entwicklung innerhalb einer gewissen Bandbreite folgen wird. Sind die Abweichungen monoton, bedarf die Trendextrapolation einer Korrektur. Ein typisches Beispiel unbedarfter Trendextrapolation war das unbegrenzte *exponentielle Wachstum* des Verbrauchs elektrischer Energie, für den jedoch bereits 1930(!) richtigerweise ein *S-förmiger Verlauf* vorhergesagt wurde. Erfolgt die Trendextrapolation unmittelbar aus der bereinigten Zeitreihe, spricht man von einer unmittelbaren, direkten Prognose (engl.: *deterministic forecast*). Werden die verschiedenen Ursachen bzw. Einflußfaktoren des beobachteten Trends, z. B. Bruttosozialprodukt, industrielle Produktion etc. isoliert betrachtet, spricht man von mittelbaren oder indirekten Prognosen (engl.: *correlation techniques*). Mittelbare Prognosen können, müssen aber nicht genauer sein.

Je geringer die erkennbare Ordnung der Vergangenheit ist und je langfristiger die Vorhersage (*Prognosehorizont*), desto fragwürdiger ist deren Zuverlässigkeit und desto größer ist die Vielfalt denkbarer Zukunftsverläufe bis hin zur reinen *Spekulation*. Dies erklärt die häufig krasse Verschiedenheit prognostizierter künftiger Zustände. Prognosen können andererseits sehr genau sein, beispielsweise bei der Erstellung künftiger Tageslastkurven im Rahmen der Kraftwerkeinsatzplanung. Dank hoher Ordnung des in der Vergangenheit erfaßten Verbrauchs und des Bekanntseins aktueller vertraglich vereinbarter Stromlieferungen oder etwaiger Strombezüge läßt sich der Verbrauch elektrischer Energie über die 24 Stunden des folgenden Tages mit einer Unsicherheit von etwa 5 % vorhersagen.

Kehren wir nach dieser Begriffsklarstellung wieder zum künftigen Energieverbrauch zurück. Die verfügbaren Reserven berechnen sich als Differenz der nutzbaren fossilen Ressourcen und der zum betrachteten Zeitpunkt verbrauchten Vorräte:

$$W_{EF}(0) - \int_0^{1977} -\frac{dW_{EF}(t)}{dt}dt = \int_{1978}^{T_x} -\frac{dW_{EF}(t)}{dt}dt \quad . \tag{3.7}$$

Aus dieser Bestimmungsgleichung läßt sich für jede beliebige künftige Verbrauchskurve

$$V_{EF}(t) = -\frac{dW_{EF}(t)}{dt} \tag{3.8}$$

und dem zum jeweiligen Betrachtungszeitpunkt als zutreffend erkannten Zahlenmaterial die obere Grenze T_x des bestimmten Integrals, der Zeitpunkt, zu dem die nutzbaren fossilen Ressourcen gänzlich verbraucht sein würden – oft anschaulich aber unrealistisch als der *Tag, an dem die Räder stillstehen* bezeichnet – bestimmen.

Berücksichtigt man bei den erschöpflichen Ressourcen die Kernenergie (Spaltstoffe), so ergeben sich unter Weiterverwendung des Modells von *King Hubbert* Verbrauchskurven gemäß Bild 3.11, in dem für 1 % mittleres Wachstum nach 2030 (hypothetische Annahme, keine Prognose!) zusätzlich zur fossilen Verbrauchskurve (rot) die Verbrauchskurve für die Nutzung von Spaltstoffen sowohl in konvertionellen Leichtwasserreaktoren (grün) als auch unter Einsatz von Brutreaktoren (blau) dargestellt sind. Für die Brutreaktoren ist ein Mittelwert zwischen 60 bis 100facher Ausnutzung des Brennstoffs gegenüber Leichtwasserreaktoren angenommen. Die Größenverhältnisse erhellen, daß die Kernenergie dann langfristig zur Lösung des Energieproblems beitragen kann, wenn die verfügbaren Spaltstoffe nicht nur in Leichtwasserreaktoren, sondern auch in Brutreaktoren eingesetzt werden können, deren technische Realisierbarkeit und Wirtschaftlichkeit derzeit noch Gegenstand der Forschung ist.

Ebenso deutlich geht aus den beiden Verbrauchskurven für die Nutzung der Kernenergie im Brutreaktor hervor, daß bei stetigem exponentiellem Wachstum eine erhebliche Vergrößerung des gespeicherten

Energievorrats nur unwesentlich zur Verlängerung des Zeitpunktes T_x beiträgt, Bild 3.11.

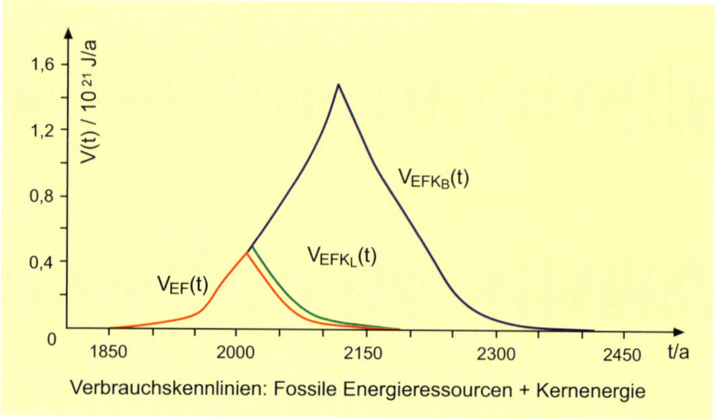

Bild 3.11. Verbrauchskurven unter zusätzlicher Berücksichtigung der Kernenergie aus Spaltstoffen. $V_{EFK_L}(t)$: Einsatz der Spaltstoffe im Leichtwasserreaktor, $V_{EFK_B}(t)$: Einsatz der Spaltstoffe im Brutreaktor mit ca. 60facher Ausnutzung gegenüber dem Leichtwasserreaktor.

Es muß hier nochmals betont werden, daß die aus dem Modell *King Hubbert* resultierende *symmetrische Verbrauchskurve* der Gruppe der *Szenarien* zuzuordnen ist, also nicht den Anspruch auf eine Prognose erhebt. Über den tatsächlichen Verlauf der Verbrauchsfunktion, für die es auch mathematische Modelle gibt, läßt sich nur *spekulieren*. Beispielsweise verlangte die noch bis 1970 erkennbare Ordnung nach stetigem Wachstum, was bei endlichen Reserven aber nicht richtig sein kann.

Der Weltbedarf an Primärenergie nimmt, abgesehen von wirtschaftlich und politisch bedingten Schwankungen, stetig zu. Diese Zunahme rührt im wesentlichen von aufstrebenden Ländern her, während in den Industrienationen aufgrund von Energiesparmaßnahmen eher eine Stagnation oder gar Reduktion zu beobachten ist. Würde man Nullwachstum bei alleinigem Verbrauch fossiler Energieträger voraussetzen, wären die in Bild 3.12 aufgeführten Reserven nach ca. 100 Jahren verbraucht. Heute leisten Kohle, Kernenergie, Windenergie, Wasserkraft und Biomasse im richtigen Energiemix einen unverzichtbaren Beitrag zur Bedarfsdeckung. Die Zusammensetzung des Energiemixes richtet sich nach der vom *Erneuerbare-Energien-Gesetz* EEG maßgeblich beeinflußten preislichen Wettbewerbsfähigkeit, der Ernsthaftigkeit die CO_2-Reduktionsziele erreichen zu wollen sowie generellen gesellschaftlichen bzw. politischen Zeitströmungen.

Energieträger	Reserven in Mrd. t SKE	Ressourcen in Mrd. t SKE
Hartkohle	627	7613
Weichbraunkohle	100	1097
Erdöl (konventionelle Vorkommen)	232	117
Erdöl (aus Ölschiefer, Ölsand etc.)	94	357
Erdgas	235	268
Fossile Energieträger	1291	11440
Kernbrennstoffe (Uran, Thorium etc.)	58	213
Gesamt	1349	11653

Bild 3.12. Reserven und Ressourcen nichterneuerbarer Primärenergien, Stand 2006, Quelle: Bundesanstalt für Geowissenschaften und Rohstoffe (BGR).

Bei im arithmetischem Mittel unvermeidlich weiter steigenden Rohölpreisen werden die *nutzbaren* Erdölressourcen in Teersänden und Muschelkalk auf Werte geschätzt, die zumindest in diesem Jahrtausend Erdöl nicht gänzlich zur Neige gehen lassen werden. Selbstverständlich werden die aus ihm gewonnenen Produkte nur zu stetig höheren Preisen zu haben sein. Ferner wird das Ende des Ölzeitalters nicht allein vom Knappwerden der Ölvorräte, sondern auch von ökonomischen und ökologischen Faktoren (Klimagase, Naturschutz) sowie technischen Alternativen wie Kernenergie, Erdgas, Windkraft, Wasserstofftechnologie etc. bestimmt werden.

Die Kernfusion (s. 4.8.1.1) würde das Problem zur Neige gehender erschöpflicher Ressourcen lösen. Ihre Realisierbarkeit im Labor und mehr noch in großtechnischen Anlagen (Kraftwerke) ist jedoch nach wie vor Gegenstand der Grundlagenforschung und in naher Zukunft nicht absehbar.

3.2.2 Unerschöpfliche Ressourcen

Die unerschöpflichen Energieressourcen, auch als *Additive, Erneuerbare* oder *Regenerative Energien* bezeichnet, werden wie eingangs bereits erwähnt zweckmäßigerweise durch ihren *Energiefluß* beschrieben:

$$P_{UE_{\mathrm{nutz}}} = \frac{dW_{UE_{\mathrm{nutz}}}(t)}{dt} \quad . \tag{3.9}$$

Diese Größe stellt die Obergrenze für die im Jahresmittel bezogene Leistung dar. Letztere hängt von der installierten Kraftwerksleistung und sonstigen Einrichtungen zur Verwertung erneuerbarer Energieträger sowie ihrer jeweiligen Jahresbenutzungsdauer ab. Sie ist eine Verbrauchskurve

$$V_{UE_{\max}} = P_{UE_{\mathrm{nutz}}} \quad . \tag{3.10}$$

Im Bild 3.13 ist dieser Zusammenhang am Beispiel des Energieträgers *Laufwasser*, Index W, dem bisher vorwiegend genutzten erneuerbaren Energieträger aufgezeigt.

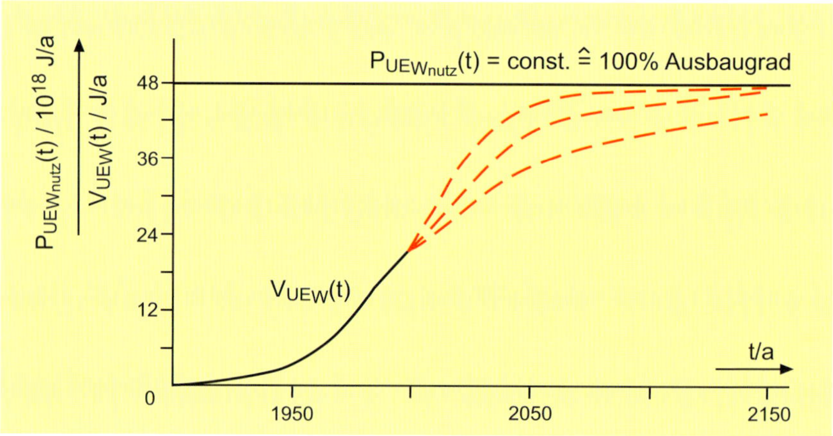

Bild 3.13. Technisch und wirtschaftlich nutzbarer Energiefluß. $P_{UE_{W_{\mathrm{nutz}}}} = const.$ und Energieverbrauch $V_{UE_W}(t)$ eines erneuerbaren Energieträgers (Laufwasser).

Der durchgezogene Teil der Verbrauchskurve entspricht der derzeit vorhandenen mittleren Leistung, die gestrichelten Teile zeigen mögliche Entwicklungen für die Zukunft, wobei sich der Verbrauch mehr oder weniger schnell der Obergrenze für den Energiefluß $P_{UE_{W_{\mathrm{nutz}}}}$ asymptotisch nähert (*Logistische Funktion*: $y = y_{\max}(1 - a^x)$ mit $y = V_{UE_W}(t)$, $y_{\max} = P_{UE_{W_{\mathrm{nutz}}}}$, $x = t$).

Das begrenzte Potential zur Steigerung der Wasserkraft in Deutschland zeigt eindrucksvoll der Kraftwerksausbau deutscher Flüsse, beispielsweise des Neckars, Bild 3.14.

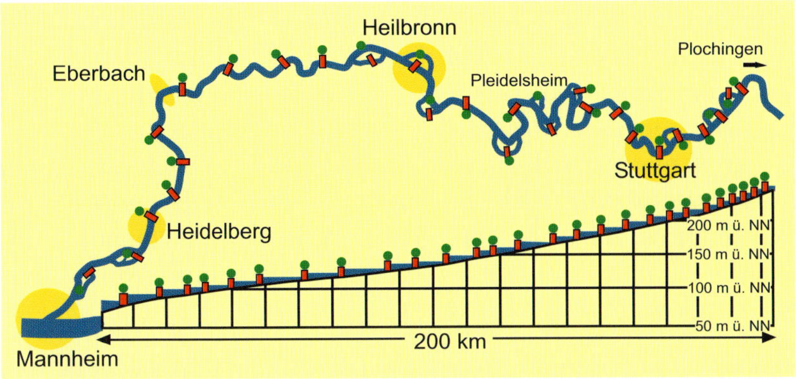

Bild 3.14. Ausbaugrad der Wasserkraftwerke des Neckars, Stauwehre/Schleusen rot, Kraftwerke grün (*Neckarwerke Stuttgart*).

Offensichtlich ist ein großer Teil des Gefälles bereits genutzt. Überraschend ist die niedrige Gesamtleistung aller Kraftwerke in Höhe von ca. 90 MW. Die 29 Wasserkraftwerke des Mains leisten insgesamt 100 MW, die 10 Kraftwerke des Rheins längs der deutsch/französischen Grenze 1375 MW, wovon die Hälfte an Frankreich geht.

Für die neben der Wasserkraft verfügbaren unerschöpflichen bzw. regenerativen Energieträger – direkte und diffuse *Sonneneinstrahlung*, *Wind*, *Biomasse* etc. – ergibt sich prinzipiell ein ähnlicher Verlauf, wobei jedoch deren Ausbaugrad derzeit noch an der unteren Grenze liegt. Trotzdem haben beispielsweise Windkraftanlagen im Jahr 2006 bereits mehr elektrische Energie erzeugt als Wasserkraftanlagen und besitzen daher grundsätzlich noch hohes Potential. Inwieweit sich der Ausbaugrad vergrößern läßt, ist primär eine Frage der staatlichen Subventionspolitik, der Verteuerung fossiler Brennstoffe, ihrer Bau- und Betriebskosten, des Netz- und Kraftwerksausbaus, des Flächenbedarfs und des Umweltschutzes.

Allen Einrichtungen zur Nutzung regenerativer Energieträger ist gemeinsam, daß die Primärenergie zunächst kostenlos zur Verfügung steht und auch unerschöpflich ist. Wie jedoch im Kapitel 19 ausführlich erläutert, setzen sich die *Stromkosten* nicht nur aus Brennstoff- bzw. *Arbeitskosten* sondern auch aus *Leistungskosten* zusammen. Während erstere im Kontext vernachlässigbar sind, liegen die *laufenden Kapitalkosten* und die *laufenden Kosten für Instandhaltung* für jedes kW installierter Leistung um ein Vielfaches höher als bei konventionellen Anlagen. Daher lassen sich Photovoltaik- und Windkraftanlagen nur in Form von *Steuersparmodellen* und/oder mit beträchtlichen *staatlichen Subventionen* wirtschaftlich betreiben. Additiv kann der Staat durch ein *Erneuerbare Energien Gesetz* (EEG), die privatwirtschaftliche Stromversorgung zwingen, aus regenerativen Energiequellen erzeugten teureren Strom zu überhöhten Preisen abzunehmen. Letztlich muß dieser teure Strom immer über höhere Strompreise von allen Verbrauchern getragen werden (s. a. Bild 19.10 in 19.5.2).

An dieser Stelle sei auf den gravierenden Unterschied zwischen installierter *Leistung* und produzierter *Energie* einer Anlage zur Stromerzeugung hingewiesen. Beispielsweise liegt die installierte Leistung von Windkraftanlagen bereits heute in der Größenordnung der installierten Leistung von Steinkohlekraftwerken. Während erstere jedoch nur 7 % zur Stromerzeugung beitragen, liegt die von Steinkohlekraftwerken erzeugte Strommenge bei 22 %. Einen Vergleich der *installierten Leistungen* der maßgeblichen Primärenergieträger und der von ihnen erzeugten *Strommengen* zeigt Bild 3.15.

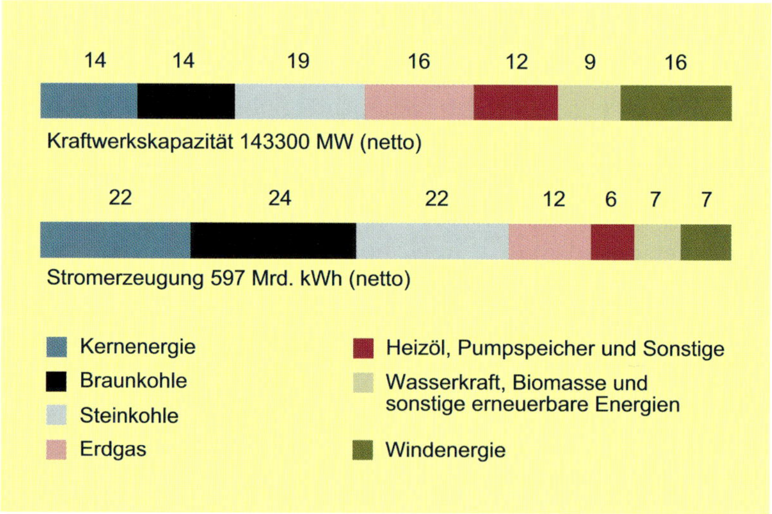

Bild 3.15. Kraftwerkskapazitäten der maßgeblichen Primärenergieträger (oben), Beiträge der Kraftwerkskapazitäten zur Nettostromerzeugung (unten). Alle Zahlenangaben in Prozent (BDEW 2007).

Wenn ferner die Windkraftanlagen Deutschlands heute mehr kWh erzeugen als die Wasserkraftwerke, darf man nicht vergessen, daß es für den kostenminimalen Betrieb eines Elektroenergiesystems nicht nur auf die während eines *Jahres* erzeugte *Energiemenge* ankommt, sondern daß, wie bereits eingangs erläutert, die momentanen *Erzeuger-* und *Verbraucherleistungen* in *jedem Augenblick* im Gleichgewicht sein müssen. Diese momentanen Gleichgewichte lassen sich aber nicht durch innerhalb eines willkürlichen Zeitraums erzeugte *Energiemengen* in kWh erreichen, sondern nur durch deterministisch planbare bzw. jederzeit abrufbare *Erzeugerleistungen* $p(t)$ mit der Dimension Watt.

Da die zeitabhängige Leistung $p(t)$ definiert ist als Grenzwert des Differenzenquotienten $\Delta W/\Delta t$ für $\Delta t \to 0$,

$$p(t) = \lim_{\Delta t \to 0} \frac{\Delta W}{\Delta t} = \frac{dW}{dt} \quad , \tag{3.11}$$

und $\Delta W/\Delta t$ bei Windkraft und Photovoltaikanlagen den Launen der Natur folgt, ist deren momentan verfügbare Leistung nicht exakt prognostizierbar, mit anderen Worten nicht deterministisch (s. a. Kapitel 4).

Die in Schwach- und Sturmwindzeiten bzw. bei Abschattung ausbleibende Leistung ist durch Regelleistung klassischer, deterministisch verfügbarer Kraftwerke in Echtzeit auszugleichen. Die Kosten dieser zusätzlich benötigten Kraftwerksleistung sind bei einer gesamtheitlichen Betrachtung der Wirtschaftlichkeit in Anrechnung zu bringen. Elektrische Energie zur falschen Zeit erzeugt ist grundsätzlich wertlos und verursacht sogar Kosten bezüglich negativer Regelleistung. Energie zu Spitzenzeiten deterministisch abrufbar, ist sehr teuer, andererseits für den störungsfreien Betrieb eines Elektroenergiesystems unverzichtbar. Bereits beim gegenwärtigen Ausbauzustand gab es in der Bundesrepublik schon mehrfach durch nichtdeterministische Erzeugungsanlagen verursachte kritische Netzzustände, die nur mit Mühe bewältigt werden konnten.

In absehbarer Zukunft könnte eine Vielzahl von Elektroautos gegebenenfalls hilfreich sein. Ihre Energiespeicherbatterien hoher Kapazität könnten bei koordinierter, zeitlich gesteuerter Auf- und Entladung in Batterietausch-Tankstellen einen großen virtuellen Speicher darstellen, vergleichbar mit Pumpspeicherkraftwerken. Die Batterietankstellen wiederum müßten für die Steuerung und für Verrechnungszwecke in *smart grids* (4.15) eingebunden sein.

Aus umweltpolitischer Sicht sind Windkraft- und Photovoltaikanlagen in höchstem Maße wünschenswert. Aus volkswirtschaftlicher Sicht sind sie eine mit hohen allgemeinen Strompreisen verbundene sehr kostspielige Alternative, die sich eine Gesellschaft erst einmal leisten können muß.

3.3 Klimawandel

Die Temperatur auf der Erdoberfläche wird durch ein empfindliches Gleichgewicht zwischen einfallender und reflektierter Solarstrahlung bestimmt, Bild 3.16.

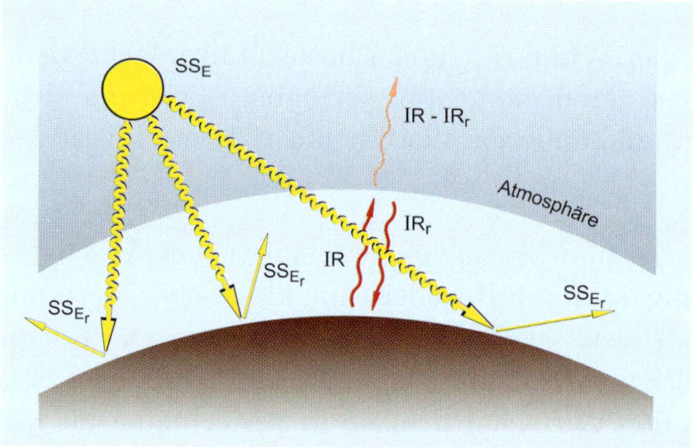

Bild 3.16. Wärmehaushalt der Erdoberfläche. SS_E auf die Erde treffender Anteil der Solarstrahlung, SS_{Er} direkt reflektierter Anteil der Solarstrahlung, IR rückgestrahlte Infrarotstrahlung, IR_r von der Atmosphäre zur Erde reflektierte Infrarotstrahlung.

Die von der Sonne einfallende Strahlung SS_E erfährt an der Erdoberfläche eine teilweise direkte Reflexion SS_{E_r}. Die Infrarotstrahlung IR entsteht bei der Absorption der hochenergetischen Solarstrahlung und hängt stark von der Beschaffenheit der Erdoberfläche ab (Meer, Land, Landnutzung, Eis).

An der die Erde umgebenden *Atmosphäre* erfährt IR je nach Dichte und Zusammensetzung der dort vorhandenen sogenannten *Treibhaus-*

gase CO_2, Wasserdampf, Methan etc. eine teilweise rückwärtige Reflexion IR_r zur Erdoberfläche, die sich zur einfallenden Solarstrahlung addiert. Hierdurch entsteht ein natürlicher *Treibhauseffekt*, der das Leben auf der Erde in der vorliegenden Form erst möglich macht. Dieser Treibhauseffekt wurde bereits 1824 von *Fourier* erkannt und beschrieben.

Damit die mittlere Temperatur an der Erdoberfläche über die Jahre hinweg konstant bleibt, müssen die im jährlichen Mittel eingestrahlte und direkt reflektierte Solarenergie mit der abgestrahlten und reflektierten IR-Strahlung im Gleichgewicht sein,

$$SS_E - SS_{Er} = IR - IR_r \quad . \tag{3.12}$$

Es ist unter Fachleuten unstrittig, daß die mittlere Temperatur an der Erdoberfläche langsam aber stetig zunimmt und entsprechend der derzeit existierenden mathematischen Klimamodelle in den nächsten 100 Jahren um 2 bis 6°C ansteigen wird.

Zeichen der in den letzten Jahrzehnten gemessenen zunehmenden globalen Erwärmung der Erdoberfläche (engl.: *global warming*) sind das weltweite Abschmelzen von Gletschern, die Zunahme der Tornadohäufigkeit und -stärke, das Ausmaß von Überschwemmungen etc. Ferner wird in *Meridian*richtung eine Verschiebung der Temperaturverteilung auf der Erdoberfläche beobachtet. Während in der Arktis bzw. am Nordpol die Eisdecke in der Vergangenheit abnahm, nimmt in der Antarktis die Dicke der Eisdecke zu.

Als Ursache des globalen Klimawandels wird eine *anthropogen* bedingte, das heißt vom Menschen verursachte Zunahme der CO_2-Konzentration in der Erdatmosphäre vermutet, die zu einer Erhöhung der rückreflektierten Strahlungskomponente IR_r und damit zu einer Störung des Gleichgewichts (3.12) führen kann. Dieser Zusammenhang wird derzeit als wahrscheinlichste Ursache des Klimawandels erachtet, wenngleich die Erde in der Vergangenheit schon wesentlich dramatischere Temperaturschwankungen und vergleichbar hohe CO_2-Werte ohne menschliches Zutun erlebt hat. Insofern wird der ursächliche Zusammenhang zwischen dem beobachteten Klimawandel und der meßbaren Zunahme des CO_2-Gehalts in der Atmosphäre kontrovers diskutiert. Nicht selten wird geäußert, daß der Globus zu groß sei, um vom Menschen beeinflußt werden zu können. Dies gilt weitgehend für die Erdkugel als solche, nicht jedoch für die sie umgebende empfindlichere Atmosphäre.

Heute wird der Energiemix nicht mehr allein von der Verfügbarkeit und dem Preis fossiler, nuklearer und erneuerbarer Energien bestimmt, sondern auch von ihrem Beitrag zur CO_2-Emission (s. a. 19.4). Hierbei besitzen die Kernenergie bei Berücksichtigung der Brütertechnologie (s. 4.8.5), die Windenergie und die CO_2 neutrale Biomassenverwertung für die kommenden Jahre das größte Potential zur Reduzierung der CO_2-Zunahme in der Atmosphäre.

Weltweit wird eine Reduzierung der anthropogenen CO_2-Emission als Schritt in die richtige Richtung erachtet. Gerade aber Schwellenländer auf dem Weg zu Industrienationen sind auf den umfangreichen Zubau von Kraftwerken mit fossilen Brennstoffen angewiesen. Wie hilfreich wird es sein, wenn die Bundesrepublik mit ihrem 4 % Anteil am weltweiten Primärenergieverbrauch sich für ihren CO_2-Ausstoß sehr ehrgeizige Ziele vorgibt, während in Asien in den kommenden Jahren mehrere tausend neue Kohlekraftwerke in Betrieb genommen werden (derzeit fast jede Woche eine Inbetriebnahme). Verständlich sind diese Maßnahmen nur, wenn man durch massiv vermehrten, teuren Einsatz erneuerbarer Energien gleichzeitig eine Verringerung der Abhängigkeit von ausländischen Energielieferanten anstrebt.

Nationale Alleingänge schränken die lokal Betroffenen in ihrer Lebensqualität stark ein, ohne einen merklichen Beitrag zur Lösung des Gesamtproblems zu leisten. Nur ein globales Vorgehen könnte hier Anlaß zu Hoffnungen geben. Dennoch empfiehlt sich auch beim Klimawandel das vom Bilanzieren gemäß *Handelsgesetzbuch* (HGB) bekannte *Vorsichtsprinzip*, allerdings mit dem richtigen Augenmaß. Schließlich umfaßt das kommende Jahrhundert drei Generationen, so daß zu überstürzten, isolierten Entscheidungen oder der massiven Diskriminierung beispielsweise weniger großer Kraftfahrzeuge kein Anlaß besteht.

Vertiefendes Schrifttum zu Kapitel 3

1. BDEW. Energiemarkt Deutschland 2007. VWEW Energieverlag GmbH, Frankfurt am Main, 2008.
2. BDEW: Elektrizitätswirtschaft in der Bundesrepublik Deutschland 2000. 52. Bericht, VWEW Energieverlag GmbH, Frankfurt am Main, 2000.

3. Ausschuß für Industrie, Außenhandel, Forschung und Energie des Europäischen Parlaments: Arbeitsdokument über das Grünbuch „Hin zu einer europäischen Strategie für Energieversorgungssicherheit", Brüssel, 2001.
4. Bundesanstalt für Geowissenschaften und Rohstoffe: Reserven, Ressourcen und Verfügbarkeit von Energierohstoffen 1998. E. Schweizerbart'sche Verlagsbuchhandlung, Stuttgart, 2001.
5. BMWI: Energie-Daten 2000: Nationale und internationale Entwicklung. Gebr. Garloff GmbH, Magdeburg, 2000.
6. Shell International: Energy Needs, Choices and Possibilities – Scenarios to 2050. Global Business Environment, Shell International, 2001.
7. Bundesanstalt für Geowissenschaften und Rohstoffe: Bundesrepublik Deutschland – Rohstoffsituation 2000. E. Schweizerbart'sche Verlagsbuchhandlung, Stuttgart, 2001.
8. Esso: Esso Energieprognose 2000 – Zukunft sichern – Energiesparen. Esso Deutschland GmbH, Hamburg, 2000.
9. Esso: Esso Energieprognose 2001 – Potential der Öl- und Gasvorräte. ExxonMobil Central Europe Holding GmbH, Hamburg, 2001.
10. BP Group: BP Statistical Review of World Energy 2005. Internet: www.bp.com/statisticalreview.

4. Umwandlung von Primärenergie in Kraftwerken

Die großtechnische Umwandlung von Primärenergie in elektrische Energie, kurz die *Erzeugung elektrischer Energie*, erfolgt in *Kraftwerken*. Abhängig von der eingesetzten Primärenergie unterscheidet man

Wärmekraftwerke	*Wasserkraftwerke*	*Additive Technologien*
– Dampfkraftwerke	– Laufwasser-KW	– Windgeneratoren
– Gasturbinen-KW	– Speicher-KW	– Photovoltaikanlagen
– Dieselmasch.-KW	– Pumpspeicher-KW	– Solarthermische Anlagen
– Kernkraftwerke	– Gezeitenkraftwerke	– Biomasseanlagen

Kernkraftwerke sind zwar grundsätzlich auch Dampfkraftwerke, unterscheiden sich aber wesentlich in der Natur ihrer Primärenergie und der Art ihres Dampferzeugers. Sie werden daher gewöhnlich als eigenständige Kraftwerkstechnologie behandelt.

Wärmekraftwerke und Wasserkraftwerke zeichnen sich gegenüber den additiven Technologien dadurch aus, daß sie *deterministisch* verfügbar sind. Das heißt, sie sind im Rahmen der *Kraftwerkseinsatzplanung* 24 h rund um die Uhr mit ihrer vollen Leistung verläßlich plan- bzw. einsetzbar (s. 15.1). Additive Technologien können entweder nur in geringem Umfang oder nur nichtdeterministisch zur Stromerzeugung beitragen. Sie lassen sich daher im Regelfall nur mit niedriger Verfügbarkeit bei der Kraftwerkseinsatzplanung berücksichtigen und erfordern eine höhere Reserve deterministisch einsetzbarer Kraftwerksleistung(s. a. 3.2.2). Eine Ausnahme bilden mit Holz-Chips oder Holz-Pellets bzw. Biogas befeuerte Biomasseanlagen, die auch zu den Wärmekraftwerken gezählt werden können (s. a. 4.12).

Deterministisch einsetzbare Kraftwerke unterteilt man nach ihrer Beteiligung an der Deckung des mit der Tageszeit schwankenden Bedarfs in *Grundlastkraftwerke*, *Mittellastkraftwerke* und *Spitzenlastkraftwerke*.

Wann ein Kraftwerk als Grundlast-, Mittellast- oder Spitzenlastkraftwerk eingestuft wird, hängt von seiner *Jahresbenutzungsdauer* ab.

Faßt man die Tagesbelastungskurven eines Jahre in einem einzigen Diagramm zusammen und ordnet dieses nach der Häufigkeit des Auftretens einer bestimmten Leistung, so erhält man eine *geordnete Belastungskurve* (s. 15.1.1.1), der man die Kraftwerke nach ihrer Jahresbenutzungsdauer zuordnen kann, Bild 4.1.

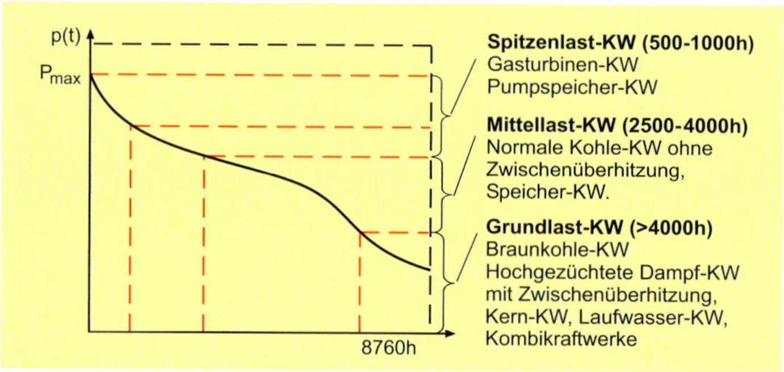

Bild 4.1. Einteilung von Kraftwerken nach ihrer Jahresleistungsdauer.

Grundlastkraftwerke haben hohe Investitions- und geringe Betriebskosten, *Spitzenlastkraftwerke* geringe Investitions- und hohe Betriebskosten (Ausnahme Pumpspeicherkraftwerke). Je nach lokalem Primärenergieangebot kann Grundlast auch mit Erdöl oder Erdgas gedeckt werden, z. B. OPEC-Staaten oder GUD-Kraftwerke (s. 4.6). Die Einsatzplanung der Kraftwerke großer Erzeugungsunternehmen erfolgt mit Hilfe von Rechnern, die die Erzeugung auf diejenigen Kraftwerke verteilen, die bei der vorgesehenen Benutzungsdauer die geringsten Kosten pro kWh verursachen (engl.: *unit commitment, load scheduling*, s. a. Kapitel 15).

Aus historischen, technischen und wirtschaftlichen Gründen sowie abhängig vom lokalen Primärenergieangebot und Umweltschutzaspekten besitzen große Elektrizitätsversorgungsunternehmen einen sogenannten *Kraftwerkspark* mit Kraftwerken unterschiedlichster Technologien, deren Einsatzdauer von den aktuellen Primärenergiepreisen abhängt.

Wegen ihres überwiegenden Beitrags zur Stromerzeugung liegt im folgenden der Schwerpunkt auf den *Wärmekraftwerken.* In Wärmekraftwerken wird die chemische Energie fossiler Brennstoffe oder Kernenergie zunächst in thermische Energie, anschließend mittels einer *Wärme-* oder *Verbrennungskraftmaschine* in mechanische Energie umgewandelt. Schließlich formt ein Generator die mechanische Energie in elektrische Energie um. Bei der Überführung einer Energieform in die nächstfolgende entstehen Verluste, die in ihrer Gesamtheit weit über die Hälfte der investierten Primärenergie aufzehren. Wie bereits in Kapitel 3 erläutert, werden diese Verluste jedoch bei weitem durch Einsparungen wettgemacht, die sich durch den nachträglichen Einsatz elektrischer Energie an Stelle von Primärenergie ergeben.

Zur Umwandlung thermischer Energie in mechanische Energie werden Gase und Dämpfe unter hohem Druck durch Wärmezufuhr auf hohe Temperaturen gebracht. Anschließend läßt man die *Fluide* (Oberbegriff für Gase, Dämpfe und Flüssigkeiten) sich in einer Turbine oder Kolbenkraftmaschine entspannen. Auf Kosten einer *Druck-* und *Temperaturabsenkung* entsteht eine *Expansionsströmung*, die zusammen mit den beweglichen Teilen der Kraftmaschinen (Laufrad, Kolben) ein Drehmoment und damit mechanische Arbeit erzeugt. Hierbei läßt sich die in Form von Wärme investierte Primärenergie grundsätzlich nur teilweise in mechanische Arbeit umwandeln, der Rest geht in Form von *Abwärme* an die Umgebung verloren. Dies liegt in der Natur der Energieform *Wärme* und ist im *2. Hauptsatz der Wärmelehre* begründet (s. a. 4.2, 4.3 und 4.7).

Ein Maß für die Effizienz der Umwandlung von Wärme in mechanische Arbeit ist der *thermische Wirkungsgrad*, der anschaulich einem T(s)- oder h(s)-Diagramm entnommen werden kann. Das Verständnis dieser Diagramme und der Möglichkeiten zur effizienteren Nutzung der Primärenergie in thermischen Kraftwerken sowie allgemein die Einsicht für deren vergleichsweise niedrigen Wirkungsgrad setzt die Kenntnis einiger grundlegender Begriffe und Sachverhalte der Thermodynamik voraus, die im folgenden zunächst für den Wasser/Dampf-Kreislauf in kompakter Form erläutert werden. Die Vorgänge in Gasturbinen sind hierin als Untermenge enthalten.

4.1 Thermodynamische Grundbegriffe

In einem Dampfkraftwerk durchläuft Wasserdampf in mehreren *Teilprozessen* verschiedene Aggregatzustände bzw. Dampfzustände, die durch bestimmte Zahlentupel p_ν, V_ν, T_ν, S_ν, H_ν und x_ν für *Druck*, *Volumen*, *Temperatur*, *Entropie*, *Enthalpie* und *Dampfgehalt* gekennzeichnet sind. Die Teilprozesse werden in der technischen Thermodynamik als *Zustandsänderungen*, die Komponenten der Zahlentupel als *Zustandsgrößen* bezeichnet. Bei den Zustandsgrößen unterscheidet man *extensive* und *intensive* Größen. Erstere wachsen proportional mit einer etwaigen Vergrößerung des Systems, beispielsweise des Volumens oder der Masse. Letztere sind von der Größe des Systems unabhängig, beispielsweise Druck und Temperatur. *Extensive Größe* werden meist auf die *Masse* m oder den *Massenstrom* $\dot{m}$ des Arbeitsmediums bezogen und werden dann *spezifische Größen* genannt. Spezifische Größen kennzeichnet man durch Kleinschreibung, also v, h, s etc.

Während Druck, Volumen und Temperatur direkt meßbare, eigenständige physikalische Größen sind, handelt es sich bei *Dampfgehalt*, *Entropie* und *Enthalpie* um zusammengesetzte bzw. abgeleitete Größen. Ihre physikalische bzw. technische Bedeutung ist nicht trivial, sie wird deshalb im folgenden ausführlicher erläutert.

Die Teilprozesse bilden in ihrer Gesamtheit *zyklische* bzw. *geschlossene Prozeßketten*, sogenannte *Kreisprozesse*. Dies bedeutet nicht zwingend, daß sich eine bestimmte Fluidmasse lokal in einem geschlossenen Kreislauf bewegt. Beispielsweise tritt bei einer Dampfmaschine oder Gasturbine das Arbeitsmedium in die Atmosphäre aus und verläßt damit den technischen Prozeß. Aus globaler Sicht handelt es sich dennoch um einen Kreisprozeß.

4.1.1 Dampfgehalt

Das Verständnis der Zustandsgröße *Dampfgehalt* setzt die Kenntnis der Vorgänge bei *isobarer Verdampfung* voraus. Hierunter versteht man die Verdampfung einer Flüssigkeit durch stetige Zufuhr von Wärme bei konstantem Druck. Letzterer läßt sich in einem Gedankenexperiment durch einen Kolben mit einer konstanten Gewichtskraft erreichen, Bild 4.2.

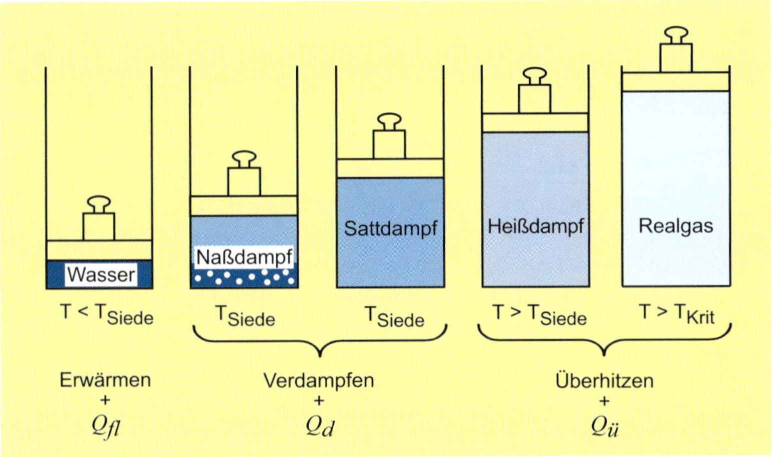

Bild 4.2. Dampfzustände bei isobarer Verdampfung.

Unterhalb der Siedetemperatur liegt der Wasserdampf zunächst in kondensierter flüssiger Form vor. In einem ersten Teilprozeß erfolgt durch Zufuhr der sogenannten *Flüssigkeitswärme* Q_{fl} eine Erwärmung des Wassers auf Siedetemperatur. Diese liegt im vorliegenden Beispiel auf Grund der zusätzlichen Gewichtskraft oberhalb 100° C. Mit Erreichen der Siedetemperatur beginnt die Flüssigkeit zu sieden. Man beobachtet die Bildung von Dampfblasen. Die siedende Flüssigkeit und die Dampfblasen besitzen die gleiche Temperatur und den gleichen Druck. Weitere Wärmezufuhr, ab jetzt *Verdampfungswärme* Q_d genannt, bewirkt ein stetiges Verdampfen des Wassers, begleitet von einer Volumenzunahme. Oberhalb des Flüssigkeitsspiegels bildet sich ein Gemisch aus *Sattdampf* (wasserfreier Dampf von Siedetemperatur) und mitgerissenen siedenden Wassertröpfchen. In der siedenden Flüssigkeit bilden sich Dampfblasen. Das grobe Gemisch aus den beiden Phasen, siedendes Wasser und Sattdampf, nennt man *Naßdampf*. Dabei ist unerheblich, ob das siedende Wasser in Form von Tröpfchen homogen im Dampf verteilt ist oder ob sich infolge der Schwerkraft ein Flüssigkeitsspiegel ausbildet.

Während des gesamten Verdampfungsprozesses bzw. der Naßdampferzeugung bleiben Temperatur und Druck konstant. Die Zufuhr der Verdampfungswärme Q_d führt lediglich zu einer Änderung des Volumenverhältnisses Sattdampf zu Wasser. Die Verdampfungswärme wird dabei als sogenannte *latente Wärme* im Naßdampf deponiert (latent: lat. verborgen, versteckt).

Die unterschiedliche Qualität der Naßdampfzustände kennzeichnet man durch ihren *Dampfgehalt* x,

$$x = \frac{m_{\text{Sattdampf}}}{m_{\text{Naßdampf}}} = \frac{m_{\text{Sattdampf}}}{m_{\text{Flüssigkeit}} + m_{\text{Sattdampf}}} \quad . \tag{4.1}$$

Der Naßdampfbereich beginnt bei $x = 0$ mit $m_{\text{Sattdampf}} = 0$ und endet bei $x = 1$ im sogenannten *Sattdampfzustand*. Im Sattdampfzustand ist gerade alle Flüssigkeit verdampft, das heißt $m_{\text{Flüssigkeit}} = 0$. Erst ab jetzt führt weitere Wärmezufuhr, sogenannte *Überhitzungswärme* $Q_{\text{ü}}$, zu einer Temperaturerhöhung, der Sattdampf geht in *Heißdampf* über. Heißdampf wird gelegentlich noch unterschieden in *Trockendampf* ($T_{\text{Siede}} < T < T_{\text{Krit}}$) und *Realgas* ($T > T_{\text{Krit}}$). Letzteres läßt sich auch bei Anwendung höchster Drücke nicht mehr kondensieren, weil dann das spezifische Volumen des Wassers größer würde als das spezifische Volumen des Sattdampfs. Unterhalb T_{Krit} ist es umgekehrt. Im kritischen Punkt sind die spezifischen Volumina gleich groß.

4.1.2 Entropie, T(s)-Diagramm

Die Bedeutung des Begriffs *Entropie* für die technische Thermodynamik besteht darin, daß sich *Wärmemengen* als *Flächen* in einem sogenannten T(s)-Diagramm darstellen lassen. Dieses Diagramm ermöglicht eine anschauliche Vorstellung vom sogenannten *thermischen Wirkungsgrad* für die Umwandlung von Wärme in mechanische und letztlich elektrische Energie in Kraftwerken. Leider entzieht sich die Entropie S einer vergleichbaren Anschaulichkeit, wie etwa die Größen Temperatur und Druck, so daß sie hier nur axiomatisch eingeführt werden kann.

Jeder Transport einer Wärmemenge Q ist von einem ihr proportionalen gleichgerichteten *Entropietransport* S begleitet. Gemäß der mathematischen Formulierung des 2. Hauptsatzes der Wärmelehre gilt

$$dS = \frac{dQ}{T} \quad . \tag{4.2}$$

Der Proportionalitätsfaktor T ist die konstant angenommene absolute Temperatur eines unendlich großen Wärmereservoirs, dem die Wärme *dQ reversibel* zugeführt oder entnommen wird. Hierbei versteht man unter *reversibel*, daß bei Umkehr des Prozesses bzw. Wiederherstellung des Ausgangszustands auch die Umgebung wieder ihren Ausgangszustand einnimmt. Wärmezufuhr erhöht die Entropie, Wärmeabfuhr verringert sie. Je höher die Temperatur des Wärmereservoirs, desto kleiner ist die mit dQ_{rev} gekoppelte Entropieänderung dS_{rev}.

Bei technischen Prozessen wird zusätzlich zur *transportierten* infinitesimalen Entropie dS_{rev} während des Wärmetransports im Arbeitsmedium aufgrund der *Gasreibung* die *irreversible* Entropie,

$$dS_{\mathrm{irr}} \quad , \tag{4.3}$$

erzeugt. In beiden Fällen handelt es sich um *Prozeßgrößen*. Erst die Summe beider *Prozeßgrößen* ergibt bei technischen Prozessen die einen Wärmetransport dQ begleitende gesamte Änderung der *Zustandsgröße* Entropie.

$$dS = dS_{\mathrm{rev}} + dS_{\mathrm{irr}} \tag{4.4}$$

$$\underbrace{dS}_{\text{Zustandsgröße}} = \underbrace{dS_{\mathrm{rev}} + dS_{\mathrm{irr}}}_{\text{Prozeßgrößen}}$$

Für die im Arbeitsmedium *erzeugte* Entropie gilt bei technischen Prozessen immer

$$dS_{irr} > 0 \quad . \tag{4.5}$$

Im hypothetischen Idealfall der verlustfreien Wärmeübertragung (z. B. keine Gasreibung, keine mechanische Reibung, sog. reversibler Gedankenprozeß) gilt $dS_{\mathrm{irr}} = 0$. Die Entropieänderung dS ist dann der *reversibel* übertragenen Wärmemenge dQ_{rev} proportional.

$$dS_{\mathrm{rev}} = \frac{dQ_{rev}}{T} \quad . \tag{4.6}$$

Die Einfachheit von (4.6) gegenüber (4.4) erhellt, warum man zur vereinfachten Beschreibung technischer thermodynamischer Prozesse zunächst nur von *theoretisch möglichen, reversiblen Gedanken-* bzw. *Ver-*

gleichsprozessen ausgeht. Erst später erfolgt dann durch Berücksichtigung der Reibung der Übergang zum stets *irreversiblen* technischen Prozeß.

Die Entropie ist ferner ein Maß für den *Verwendungswert* eines Energiestroms. Ein Energiestrom ist umso wertvoller, je geringer der ihn begleitende *Entropiestrom* ist. Letzterer ist gemäß Gleichung (4.2) klein, wenn die Temperatur des ihn generierenden Wärmereservoirs hoch ist.

So besitzt der Abwärmestrom eines Wärmekraftwerks nur einen geringen Verwendungswert, da er bei Umgebungstemperatur im unbegrenzten Wärmereservoir „Umgebung" anfällt. Ist die Abwärme erst einmal an die Umgebung abgegeben, ist sie aus energiewirtschaftlicher Sicht ein für alle mal verloren, ähnlich wie aus bergab strömendem Wasser keine Energie mehr gewonnen werden kann, sobald es ins Meer geflossen ist. Sonst könnte man ja auf einfache Weise aus Luft oder Seewasser von Umgebungstemperatur elektrische Energie oder höherwertige Wärme erzeugen, es gäbe dann kein *Energieproblem.*

Generell nimmt die Entropie jedes realen Systems beim Übergang in einen Zustand höherer Wahrscheinlichkeit P zu:

$$S = K\, ln\, P + S_0 \qquad bzw. \qquad P = e^{\frac{S-S_0}{K}} \tag{4.7}$$

$\uparrow$ (Boltzmann-konstante) $\nwarrow$ (Zustands-Wahrscheinlichkeit)

Boltzmann-konstante   Zustands-Wahrscheinlichkeit

Die Wahrscheinlichkeit eines total ungenordneten Zustands nimmt den Wert 1 an, wenn sich die Entropie des Systems nicht mehr von $S_0 = 0$ unterscheidet. Gleichung (4.7) beschreibt dann das *Boltzmann-Prinzip*: Die Wahrscheinlichkeit des Auftretens von Teilchen eines bestimmten Energiezustands ist umso höher, je niedriger deren Energie ist. Für zwei Entropiezustände S_1 und S_2 mit den Wahrscheinlichkeiten P_1 und P_2 erhalten wir die Entropieänderung ΔS zu

$$\Delta S = S_2 - S_1 = K\, ln \frac{P_2}{P_1} \quad , \tag{4.8}$$

S_0 hebt sich dabei heraus.

Entropie wird in der Regel nicht als absolute Größe, sondern nur als Differenz gegenüber einem Bezugszustand angegeben, wie beispielsweise auch das *elektrische Potential* oder die *potentielle Energie*, und berechnet sich dann aus dem bestimmten Integral

$$S = S_2 - S_1 = \int_1^2 \frac{1}{T} dQ \quad . \tag{4.9}$$

Wie eingangs bereits erwähnt, liegt die Bedeutung des Entropiebegriffs für die technische Thermodynamik im wesentlichen darin, daß gemäß (4.9) bzw. (4.10)

$$dQ = TdS \tag{4.10}$$

Wärmemengen als *Flächen* in einem T(s)-Diagramm veranschaulicht werden können,

$$Q_{12} = \int_1^2 TdS \quad . \tag{4.11}$$

Wird beispielsweise ein thermodynamisches System durch Zufuhr von Wärme bei konstant gehaltener Temperatur T_ν reversibel vom Zustand 1 in den Zustand 2 gebracht, ergibt sich aufgrund des den Wärmestrom begleitenden Entropiestroms das in Bild 4.3 gezeigte T(s)-Diagramm.

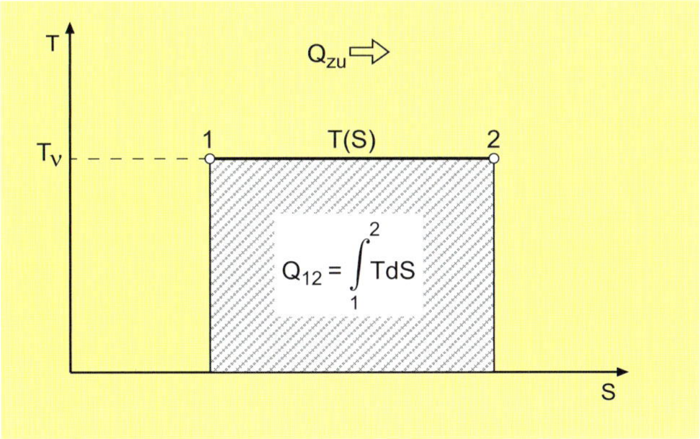

Bild 4.3. T(s)-Diagramm für eine Wärmeübertragung bei konstant gehaltener Temperatur T.

Die Fläche unter dem Geradenstück $1 - 2$ entspricht gemäß (4.11) der übertragenen Wärme Q_{12}.

Man beachte, daß im Bild 4.3 die Entropie S eine Zustandsgröße des *betrachteten Systems* ist, deren relativer Nullpunkt im Ursprung liegt.

Bei *Wärmeabfuhr* nimmt die Entropie des *Systems* zwar ab, die Entropie der *Umgebung* aber zu. Die Entropie der Umgebung nimmt bei allen natürlichen/technischen Prozessen zu. Von obigen Überlegungen werden wir zunächst beim Carnot-Prozeß Gebrauch machen.

4.1.3 Carnot-Prozeß und thermischer Wirkungsgrad

Bei der großtechnischen Umwandlung thermischer Energie in mechanische Energie durch sogenannte *Wärmekraftmaschinen*, beispielsweise Dampf- und Gasturbinen, durchläuft ein Arbeitsfluid periodisch mehrere sequentielle Teilprozesse bzw. *thermodynamische Zustände* in zyklischer Reihenfolge. Man spricht dann von einem *Kreisprozeß*. Das bekannteste Beispiel für einen Kreisprozeß ist der Carnot-Prozeß. Er beschreibt eine *idealisierte*, *reibungsfreie* Wärmekraftmaschine, die zugeführte Wärme in mechanische Arbeit an einer Antriebswelle umwandelt. Hierbei ist unbedeutend, wie die Wärmekraftmaschine im einzelnen technisch realisiert ist.

Es wird sich zeigen, daß die Energieform Wärme nur beschränkt in mechanische Energie bzw. Arbeit umgewandelt werden kann. Neben der mechanischen Energie taucht ein Teil der zugeführten Wärme am Ende des Prozesses wiederum in der Energieform Wärme auf, die dann als *Abwärme* Q_{ab} bezeichnet wird,

$$Q_{\mathrm{zu}} = W_{\mathrm{mech}} + Q_{\mathrm{ab}} \quad . \tag{4.12}$$

Gleichung (4.12) kann nur von links nach rechts gelesen werden. Eine Umkehrung des Prozesses ist ohne zusätzliche Energiezufuhr nicht möglich. Die Wärmemengen Q_{ab} lassen sich auch nicht mehr in andere Energieformen umwandeln, da sie bei hochwertigen Prozessen praktisch bei Umgebungstemperatur anfallen und kein Anlaß besteht, daß diese Wärmemengen von sich aus wieder zu einem System höherer Temperatur zurückströmen.

Dies liegt in der Natur der Energieform Wärme sowie der von $T = 0$ verschiedenen Umgebungstemperatur T_{U} begründet und läßt sich anhand des Carnot-Prozesses verstehen.

Der Carnot-Prozeß besteht aus vier Teilprozessen, von denen zwei bei konstanter Temperatur (*isotherm*) und zwei bei konstanter Entropie (*isentrop*) verlaufen, Bild 4.4.

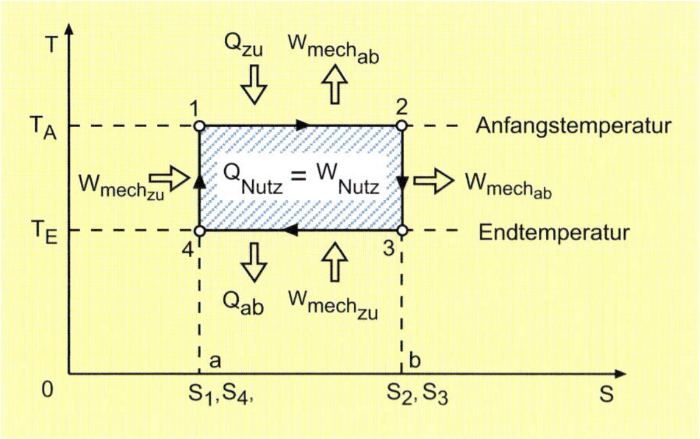

Bild 4.4. Carnot-Prozeß (theoretischer, reversibel geführter idealer Kreisprozeß) im T(s)-Diagramm.

Ein quasi ideales Gas durchläuft unter Wärmezu- und -abfuhr sowie Abgabe und Zufuhr mechanischer Energie die Zustände 1 bis 4. Der Kreisprozeß beginne bei einer erhöhten Anfangstemperatur T_A im Zustand 1 und schließe sich nach Durchlaufen dreier weiterer Zustände 2, 3 und 4 wieder im Zustand 1. Zur Veranschaulichung sei die gedankliche Vorstellung eines in einem Zylinder reibungsfrei gleitenden Kolbens empfohlen. Die Zylinderwand soll je nach Zustandsänderung wahlweise thermisch isoliert oder wärmeleitend gestaltet sein, die Kolbenstange soll mechanische Arbeit verrichten oder aufnehmen können.

$1 \rightarrow 2$	Isotherme Expansion $(Q_{zu}, W_{mech_{ab}})$	$Q_{zu} = \int_1^2 TdS$
$2 \rightarrow 3$	Isentrope Expansion $(dQ = 0, W_{mech_{ab}})$	$Q_{23} = \int_2^3 TdS = 0$
$3 \rightarrow 4$	Isotherme Kompression $(Q_{ab}, W_{mech_{zu}})$	$Q_{ab} = \int_3^4 TdS$
$4 \rightarrow 1$	Isentrope Kompression $(dQ = 0, W_{mech_{zu}})$	$Q_{41} = \int_4^1 TdS = 0$

Für die während eines vollständigen Durchlaufs des Kreisprozesses übertragenen Wärmen ergibt sich aus dem T(s)-Diagramm für die Wärme Q_{zu} die Fläche 1, 2, b, a, für die Wärme Q_{ab} die Fläche 3, 4, a, b. Die *Differenz* der während der Änderung $1 \rightarrow 2$ zugeführten Wärmemenge Q_{zu} (Fläche 1, 2, b, a) und der während $3 \rightarrow 4$ abgeführten Wärmemenge Q_{ab} (Fläche 3, 4, a, b) ist gemäß dem Energieerhaltungssatz äquivalent der abgegebenen Nutzarbeit W_{Nutz} (schraffierte Fläche). Sie hängt offensichtlich nur von der durchlaufenen Temperaturdifferenz $T_A - T_E$ ab.

$$\oint TdS = \int_1^2 TdS - \int_3^4 TdS = Q_{zu} - Q_{ab} = Q_{Nutz} = W_{mech_{ab}} \quad . \tag{4.13}$$

Der *thermischen Wirkungsgrad* für die Umwandlung einer Wärmemenge Q_{zu} in mechanische Energie W_{ab} mittels eines Carnot-Prozesses berechnet sich zu

$$\begin{aligned} \eta_{Carnot} &= \frac{W_{mech_{ab}}}{Q_{zu}} = \frac{Q_{zu} - Q_{ab}}{Q_{zu}} = \frac{-W_{\mathrm{nutz}}}{Q_{zu}} \\ &= \frac{T_A - T_E}{T_A} = 1 - \frac{T_E}{T_A} \quad . \end{aligned} \tag{4.14}$$

Obwohl der Carnot-Prozeß ein idealer, reversibel geführter Kreisprozeß ist (Gasreibung und mechanische Reibung im Gedankenexperiment ausgeschlossen), kann nur ein Teil der zugeführten Wärme in Nutzwärme bzw. W_{mech} überführt werden. Nur für $T_E = 0\,K$ ließe sich die zugeführte Wärme vollständig in Nutzwärme umwandeln. In der Praxis ist aber T_E immer gleich der Umgebungstempertur T_U. Die leidige Feststellung, daß der thermische Wirkungsgrad für die technische Umwandlung von Wärme in mechanische Energie deutlich kleiner als 1 ist, hat also nichts mit der Frage zu tun, ob der Prozeß *reversibel* oder *irreversibel* bzw. technisch optimal geführt wird, sondern mit der Tatsache, daß die Energieform Wärme grundsätzlich nicht vollständig in mechanische Energie umgewandelt werden kann, es sei denn, das untere Temperaturniveau liegt beim absoluten Nullpunkt.

Bei reversibler Prozeßführung (Gedankenexperiment) spricht man vom *theoretischen thermischen Wirkungsgrad*, bei irreversibler Prozeßführung (technischer Prozeß) vom *praktischen thermischen Wirkungsgrad*. In letzterem Fall verlaufen die Teilprozesse 2/3 und 4/1 nicht längs *Isentropen*, sondern längs sogenannter *Adiabaten*. Bei adiabatischen Zustandsänderungen gibt es wie bei isentropen Zustandsänderungen keinen Wärmeaustausch mit der Umgebung, es wird jedoch die Gasreibung berücksichtigt. Dies führt bei den Zustandsänderungen zu einer Zunahme der Entropie $dS_{irr} > 0$. Adiabaten verlaufen daher nicht streng parallel zur Ordinate, sondern leicht nach rechts geneigt bzw. gekrümmt. Von allen zwischen einer oberen und einer unteren Temperatur geführten Kreisprozessen legt der Carnot-Prozeß die *theoretisch mögliche Obergrenze* für den thermischen Wirkungsgrad fest. Für alle technischen Wärmekraftmaschinen liegt der maximal erreichbare Wirkungsgrad auch bei Verfügbarkeit idealer Werkstoffe und Arbeitsmedien sowie idealer Prozeßführung immer unter dem durch (4.14) gegebenen Grenzwert η_{Carnot}, der allein von den Temperaturen T_A und T_E bestimmt wird, zwischen denen der Prozeß geführt wird.

4.1.4 Arbeitsfluid Wasser/Dampf im T(s)-Diagramm

Während beim Carnot-Prozeß als Arbeitsfluid stets ein Gas bei unterschiedlichen Temperaturen betrachtet wird, tritt in Dampfkraftwerken das Arbeitsfluid in den drei Aggregatzuständen bzw. Phasen auf *flüssig*, *dampf-* und *gasförmig*.

Um auch hier das Zustandekommen des thermischen Wirkungsgrads verstehen zu können, werden zunächst die Zustände des im Abschnitt 4.1.1, Bild 4.2, vorgestellten isobaren Wasser-/Dampf-Systems in einem T(s)-Diagramm visualisiert, Bild 4.5.

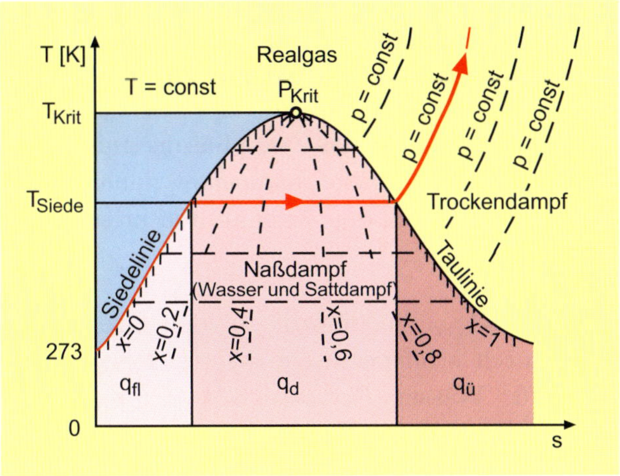

Bild 4.5. T(s)-Diagramm mit Phasengebieten und der aus *Siedelinie* und *Taulinie* zusammengesetzten Grenzkurve. Die in Bild 4.2 geschilderte Reihenfolge des Verdampfungsvorgangs ist in diesem Diagramm längs der rot gezeichneten Isobare nachvollziehbar.

Die verschiedenen Phasengebiete bzw. Aggregatzustände von Wasser werden im T(s)-Diagramm durch die Grenzkurven *Siedelinie* ($x = 0$)

und *Taulinie* ($x = 1$) abgegrenzt, die sich aus Wertetabellen, sogenannter *Wasserdampftafeln*, entnehmen lassen. Diese Wasserdampftafeln enthalten in tabellarischer Form die Zusammenhänge zwischen den direkt meßbaren Grundgrößen p, V, T und den zusammengesetzten Größen Entropie, Enthalpie etc.

Unterhalb der Siedelinie liegt bei der Wärmezufuhr a_{fl} bis zum Erreichen der Siedetemperatur T_{Siede} Wasser im Flüssigkeitszustand vor. Weitere Wärmezufuhr q_{d} führt das flüssige Wasser in Naßdampf steigenden Dampfgehalts über. Bereiche unter Isotherme $T_{\text{Siede}} = \text{const.}$ Hierbei versteht man unter *Isothermen* Kurven, die Zustände gleicher Temperatur, das heißt die Menge aller möglichen Zustände *isotherm* geführter Prozesse, miteinander verbinden. Im T(s)-Diagramm sind sie parallel zur Abszisse (s-Achse) verlaufende Geraden. Sinngemäß sind *Isentropen* zur T-Achse parallel verlaufende Geraden. Auf ihnen liegen alle möglichen Zustände gleicher Entropie bzw. die Menge aller Zustände *isentrop*, das heißt reversibel geführter Prozesse. Rechts bzw. oberhalb der Taulinie, bei deren Durchschreiten in Richtung abnehmender Entropie *Kondensation* bzw. *Taubildung* eintritt, liegt das *Trockendampfgebiet*, oberhalb der kritischen Isotherme speziell das *Realgasgebiet*. Sattdampfzustand herrscht nur auf der Taulinie.

Unterhalb der Grenzkurve liegt das Zweiphasengemisch *Naßdampf* vor. Links der Siedelinie liegt das *Flüssigkeitsgebiet*, nach oben begrenzt von der *Isotherme* T_{Krit}, die durch den sogenannten kritischen Punkt P_{Krit} verläuft.

Der kritische Punkt P_{Krit}, in dem die beiden Grenzkurven aneinanderstoßen, wird durch stoffspezifische Werte T_{Krit}, p_{Krit} und v_{Krit} bestimmt, z. B. für Wasser $T_{Krit} = 374°$ C, $p_{Krit} = 221,9$ bar, $v_{Krit} = 0,00311\, m^3/kg$.

Infolge der Verhältnisse bei der *isobaren* Verdampfung nehmen die *Isobaren* von Dämpfen im T(s)-Diagramm einen für alle Dämpfe gleichen charakteristischen Verlauf an, rote Linie in Bild 4.5. Die zugeführten Wärmen q_{fl}, q_d, $q_{\text{ü}}$ treten dann im T(s)-Diagramm als Flächen unterhalb der jeweiligen Funktion T(s) bzw. unterhalb einer bestimmten *Isobare* auf. Die für bestimmte Drücke geltenden Isobaren fallen im Rahmen der zeichnerischen Genauigkeit zunächst mit der Siedelinie zusammen, verlaufen dann bei Erreichen der Siedetemperatur wegen der isobaren Verdampfung im Naßdampfbereich *horizontal* (stellen also gleichzeitig Isothermen dar) und besitzen im Gasgebiet einen den Gasgesetzen folgenden nach links gekrümmten Verlauf zunehmender Steigung. Mit zunehmender Wärmezufuhr ändert sich im Naßdampfgebiet der Dampfgehalt längs der Isobare von $x = 0$ auf $x = 1$.

4.1.5 Enthalpie und h(s)-Diagramm

Zur treffenden Beschreibung *offener* Systeme, die stationär von einem Fluid durchströmt werden (sog. *stationärer Fließprozeß*), bedarf es der Einführung einer weiteren Zustandsgröße, der *Enthalpie*.

Aus Sicht der technischen Thermodynamik setzt sich die von einer strömenden Stoffmenge (Massenstrom $\dot{m}$) mitgeführte spezifische Gesamtenergie w_{tot} aus mehreren Anteilen zusammen,

$$w_{tot} = \underbrace{w_{pot} + w_{kin}}_{\text{Äußere Energie } w_a} + \underbrace{\overset{\text{Innere Energie}}{u} + \overset{\text{Strömungsenergie}}{pv}}_{\text{Enthalpie h}} \quad . \tag{4.15}$$

Die ersten beiden Terme berücksichtigen die einer bewegten Masse bzw. strömenden Stoffmenge eigene *potentielle* und *kinetische Energie*, der dritte Term die *innere Energie* und der vierte die sogenannte *Strömungsenergie*.

Bei *thermischen* Strömungsmaschinen mit gasförmigem Arbeitsmedium ist der Unterschied der äußeren Energie w_a im Ein- und Austrittsquerschnitt vernachlässigbar. Es werden daher im folgenden nur die *innere Energie* und die *Strömungsenergie* betrachtet.

Unter *innerer Energie* einer Gasmenge versteht man im Kontext die Summe aller mittleren kinetischen Energien

$$W = \overline{\frac{mv^2}{2}} = \frac{3}{2} kT \tag{4.16}$$

der ungeordneten translatorischen Bewegung der Gasmoleküle. k ist die *Boltzmannkonstante*. Hinzu kommen bei hohen Temperaturen merkliche Anteile der in den angeregten Zuständen der Atome und Moleküle gespeicherten *Schwingungs-* und *Rotationsenergie* sowie der unterschiedlichen *Elektronenzustandsenergie*.

Makroskopisch ist die innere Energie definiert durch

$$U = c_v mT \quad , \tag{4.17}$$

wobei c_v die *spezifische Wärme* bei konstant gehaltenem Volumen bedeutet. Die innere Energie ist der absoluten Temperatur proportional. Je heißer ein Gas, desto höher seine innere Energie.

Die *Strömungsenergie* tritt nur in *offenen Systemen* auf, mit anderen Worten bei *Stoffströmen*, die durch einen ruhenden Querschnitt fließen. Eine zwischen Ein- und Austrittsquerschnitt eines offenen Systems beobachtete Enthalpiedifferenz muß dann auf weiteren Pfaden, entweder in Form von Wärme oder mechanischer Energie über die Systemgrenzen zu- oder abgeführt worden sein.

Bei einer idealen, thermisch isolierten Strömungsmaschine (isentropes offenes System, $dq = 0$) bleibt als weiterer Pfad nur die Turbinenwelle. Die an der Welle abgegebene mechanische Arbeit (technische Arbeit) berechnet sich dann allein aus der Differenz der Enthalpien am Ein- und Ausgang, Bild 4.6.

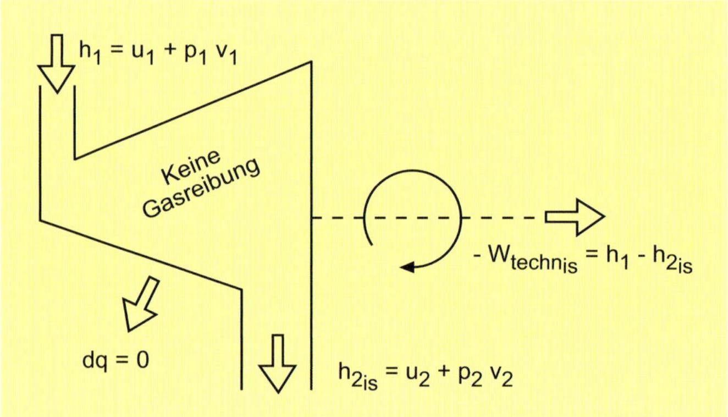

Bild 4.6. Abgegebene technische Arbeit einer idealen Strömungsmaschine mit gasförmigem Arbeitsmedium (perfekte thermische Isolation, keine Gasreibungsverluste, keine mechanischen Reibungsverluste). Zahlenindizes kennzeichnen ab hier wegen des Fluids Dampf andere Zustände als beim Carnot-Prozeß.

Der *theoretische* thermische Wirkungsgrad eines idealen Kreisprozesses berechnet sich damit zu

$$\eta_{th} = \frac{-w_{techn}}{q_{zu}} = \frac{h_1 - h_{2is}}{h_1} \quad . \tag{4.18}$$

Eine bei perfekter thermischer Isolierung der Turbine und festgebremster Welle ohne Gasreibung und Drosselung durchgeführte Expansion ergäbe zwischen Ein- und Austritt der Turbine weder eine Enthalpie- noch Entropieänderung (*isentrope*, d. h. *adiabatisch reversible Expansion*). Unter Berücksichtigung von Gasreibung und Drosselung blieben die Enthalpien am Ein- und Austritt immer noch gleich, die Entropie nimmt aber zu (*irreversible adiabatische Expansion*). In der Praxis sind Gasreibung, Drosselverluste etc. nicht zu vermeiden.

Die Enthalpien können sehr einfach als Strecken, der thermische Wirkungsgrad als Streckenverhältnis aus einem h(s)-Diagramm abgelesen werden, Bild 4.7.

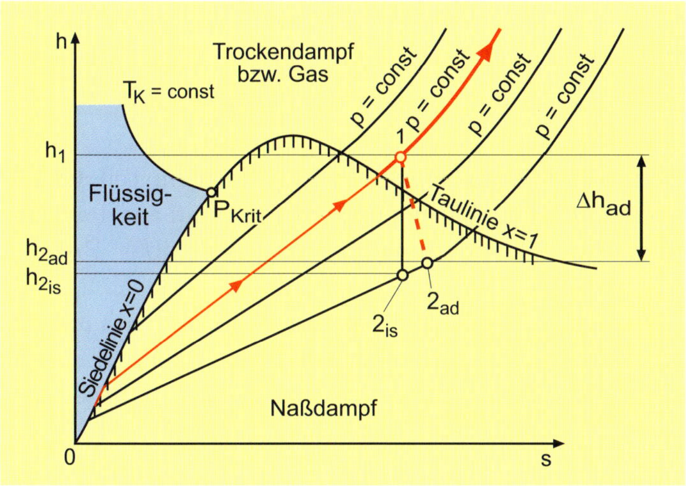

Bild 4.7. h(s)-Diagramm mit Phasengebieten und Grenzkurve. Die in Bild 4.2 geschilderte Reihenfolge des Verdampfungsvorgangs ist auch in diesem Diagramm längs der rot gezeichneten Isobaren (isobare Erwärmung, Verdamfung, Überhitzung) nachzuvollziehen.

Im h(s)-Diagramm sind die Phasengebiete wie im T(s)-Diagramm ebenfalls durch eine Grenzkurve abgetrennt, wobei jedoch hier der *kritische Punkt* P_{Krit} im Wendepunkt der wieder aus Siede- und Taulinie zusammengesetzten Grenzkurve liegt. Unterhalb der Grenzkurve liegt wieder das Naßdampfgebiet, unterhalb der Isotherme durch

P_{Krit} das Flüssigkeitsgebiet und oberhalb und rechts der Taulinie das Trockendampf- bzw. das Realgasgebiet.

Im *Naßdampfgebiet* sind die *Isobaren* mit den *Isothermen* zusammenfallende Geraden. Im *Gasgebiet* verlaufen die Isobaren gemäß den Gasgesetzen wieder als links gekrümmte Kurven mit zunehmender Steigung, die Isothermen als rechtsgekrümmte Kurven mit abnehmender Steigung bzw. fast waagerechtem Verlauf. Die Schraffur im h(s)-Diagramm kennzeichnet den praktisch relevanten Ausschnitt Trockendampfgebiet und Naßdampfgebiet geringer Dampfnässe, das heißt $x \rightarrow 1$.

Ausgehend von einem gegebenen Frischdampfzustand $h_1 = u_1 + p_1 v_1$ und einem Endzustand, $h_2 = u_2 + p_2 v_2$ läßt sich die technische Arbeit eines stationären Fließprozesses im h(s)-Diagramm einfach als Strecke $\Delta h = h_1 - h_2$ zwischen beiden Zuständen ablesen. Die längs der Zustandsänderung $1 - 2_{is}$ eingezeichnete Enthalpiedifferenz gilt für einen isentropen Prozeß (keine innere Reibung) und bildet den *theoretischen* thermischen Wirkungsgrad

$$\eta_{therm_{theor.}} = \frac{h_1 - h_{2is}}{h_1} \quad . \tag{4.19}$$

Durch Reibung und Drosselung etc. wird jedoch ein Teil der kinetischen Energie des Dampfes in Wärme umgewandelt und auf den Dampfstrom zurückübertragen (Entropiezunahme, da irreversibler Prozeß), so daß der Dampf in praxi unter Entropiezunahme von 1 nach 2_{ad} adiabatisch expandiert (strichliert). Dadurch wird die Austrittsenthalpie gegenüber der isentropen Expansion erhöht, d. h. das nutzbare Enthalpiegefälle wird verringert. Das Enthalpieverhältnis bei adiabatischer Expansion liefert den *praktischen* thermischen Wirkungsgrad,

$$\eta_{therm_{prakt.}} = \frac{h_1 - h_{2ad}}{h_1} \quad . \tag{4.20}$$

Der praktische thermische Wirkungsgrad ist ein Maß für die optimale technische Gestaltung des thermodynamischen Prozesses. Nach Abzug der für die Durchführung des technischen Prozesses erforderlichen Hilfsenergie, sogenannter *Eigenbedarf*, ergibt sich der noch niedrigere Gesamtwirkungsgrad eines Kraftwerks (s. 4.2.2).

Mit den in diesem und den vorangegangenen Abschnitten erläuterten Grundbegriffen lassen sich jetzt der Dampfkraftwerksprozeß, sein beschränkter Wirkungsgrad und alle thermischen Maßnahmen zu seiner Optimierung verstehen.

4.2 Dampfkraftwerksprozeß

4.2.1 Wärmeschaltbild, T(s)-Diagramm und Wirkungsgrad

In Dampfkraftwerken erfolgt die Umwandlung thermischer Energie in mechanische Energie in einem Kreisprozeß mit Wasser/Dampf als Arbeitsmedium, Bild 4.8.

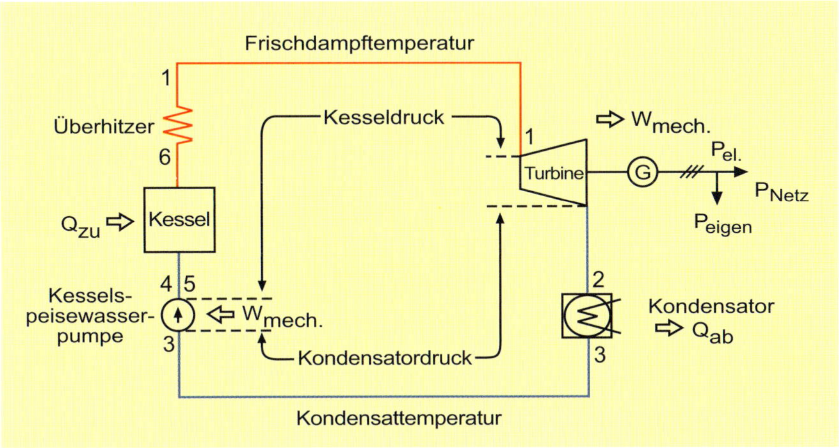

Bild 4.8. Einfacher Wasser/Dampf-Kreisprozeß mit Überhitzung.

Im *Kessel* bzw. *Dampferzeuger* wird kaltes, unter Kesseldruck stehendes Wasser gemäß Bild 4.2 isobar erwärmt, verdampft und im Überhitzer in Trockendampf mit Frischdampftemperatur überführt. Die Überhitzung erfolgt im Überhitzerteil des Dampferzeugers (bei Durchlaufkesseln das Ende der Rohrschlange), da sich erst Sattdampf überhitzen läßt. Der überhitzte Dampf expandiert in der Turbine unter Abgabe mechanischer Energie adiabatisch auf Kondensatordruck, gleichzeitig sinkt die Temperatur auf Kondensattemperatur. Der Turbinendampf wird im Kondensator isobar (und isotherm) kondensiert, wobei die Kondensationswärme abgeführt werden muß. Anschließend wird das Kondensat durch die Speisepumpe wieder auf Kesseldruck gebracht. Von den Reibungsverlusten in den Rohrleitungen abgesehen, herrscht im Dampfkreislauf von der Kesselspeisewasserpumpe über den Kessel bis zum Turbineneintritt Kesseldruck und vom Turbinenaustritt über den Kondensator bis zur Speisepumpe Kondensatordruck. Von den Abstrahlungsverlusten abgesehen herrscht vom Überhitzeraustritt bis zum Turbineneintritt Frischdampftemperatur und vom Turbinenaustritt über Kondensator und Speisepumpe bis zum Kesseleintritt Kondensattemperatur. Der hohe Druck wird also in der Speisepumpe, die hohe Temperatur im Kessel erzeugt. Der mit einer bestimmten spezifischen Enthalpie beladene Dampf-Massenstrom wird anschließend in der Turbine „entladen".

Für die Ermittlung des thermischen Wirkungsgrads betrachtet man zunächst einen *idealen* Wasser/Dampf-Prozeß, sogenannter *Vergleichsprozeß*, mit *isentropen* Temperaturänderungen (s. 4.1.2).

Im T(s)- und h(s)-Diagramm besitzt der ideale Wasser/Dampf-Vergleichsprozeß (*Clausius Rankine*-Prozeß) den in Bild 4.9 gezeigten Verlauf.

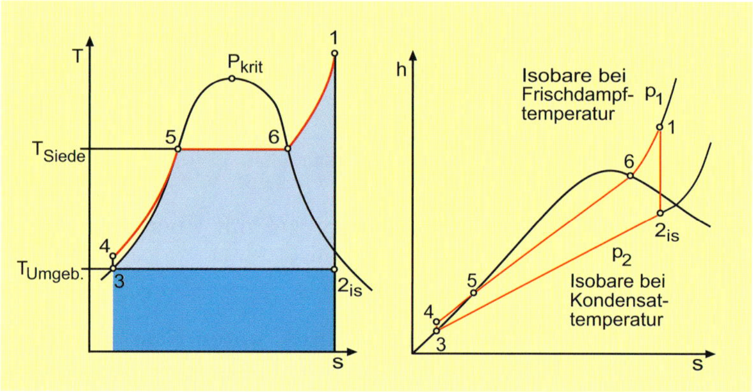

Bild 4.9. *Clausius Rankine*-Prozeß, links im T(s)- und rechts im h(s)-Diagramm. Quasistatische Änderungen, isentrope, das heißt reversibel adiabatische Expansion in der Turbine. Zustandsänderung 3-4 übertrieben groß gezeichnet!

3 – 4 „Kaltes" Wasser von Kondensattemperatur wird nahezu isotherm von der Kesselspeisepumpe auf Kesseldruck gebracht. Wegen der Inkompressibilität des Wassers ist die Temperaturzunahme während der Kompression marginal, so daß die Zustände 3 und 4 im Rahmen der Zeichengenauigkeit praktisch auf der Siedelinie zusammenfallen.

4 – 5 Das aus der Kesselspeisepumpe austretende Wasser wird unter Zufuhr der Flüssigkeitswärme q_{fl} auf Siedetemperatur isobar erwärmt.

5 – 6 Isobare *Verdampfung* unter Zufuhr der Verdampfungswärme q_d bei Siedetemperatur (Naßdampfbereich).

6 – 1 Isobare *Überhitzung* unter Zufuhr der Überhitzungswärme $q_{ü}$ auf Frischdampftemperatur.

1 – 2 Isentrope *Entspannung* in einer idealen Turbine auf Kondensatordruck. Freisetzung mechanischer Energie auf Kosten einer Enthalpieänderung bzw. Druck- und Temperaturabsenkung.

2 – 3 Isobare und isotherme *Kondensation*, während der Naßdampf nach Austritt aus der Turbine ($x \approx 0,95$) durch Wärmeentzug bzw. Abgabe der Kondensationswärme in den Flüssigkeitszustand (x = 0) überführt wird. Wegen der starken Verringerung des spezifischen Volumens stellt sich hierbei selbsttätig ein Grobvakuum ein.

Der Flächenvergleich im T(s)-Diagramm liefert eine anschauliche Vorstellung über den theoretischen thermischen Wirkungsgrad. Die totale Fläche unter der Isobare entspricht der oberhalb der Speisewassertemperatur zugeführten Wärme, die dunkelblaue Fläche der während der Kondensation abgeführten Wärme und die hellblaue Fläche ($q_{zu} - q_{ab}$) der *Nutzwärme* bzw. der abgegebenen mechanischen Energie. Damit ergibt sich aus der Differenz der Flächen

$$\eta_{therm_{CR}} = \frac{q_{zu} - q_{ab}}{q_{zu}} = \frac{-q_{Nutz}}{q_{zu}} = \frac{-w_{techn}}{q_{zu}} \quad . \qquad (4.21)$$

Ohne Planimetrieren entnimmt man dem h(s)-Diagramm sofort als Streckenverhältnis

$$\eta_{therm_{CR}} = \frac{-w_{techn}}{q_{zu}} = \frac{h_1 - h_{2is}}{h_1 - h_4} \quad . \qquad (4.22)$$

Das T(s)-Diagramm dient vorzugsweise der Veranschaulichung der Zustandsänderungen und des thermischen Wirkungsgrads, das h(s)-Diagramm bzw. die sog. Wasserdampftafel (vollständiges h(s)-Diagramm in Tabellenform) der quantitativen Beurteilung von Wasser/Dampf-Kreisprozessen. Ähnlich wie der Carnot-Prozeß bei Gasen zeigt der nur theoretisch mögliche, ideale Clausius Rankine-Prozeß die natürliche Obergrenze eines Flüssigkeit/Dampf-Prozesses auf. Mit den heute verfügbaren Werkstoffen lassen sich theoretische thermische Wirkungsgrade in der Größenordnung von knapp 50 % erreichen. Dieser Wert wird im wesentlichen von Frischdampfdruck und -temperatur sowie vom Anlagenkonzept bestimmt.

4.2.2 Maßnahmen zur Erhöhung des Wirkungsgrads

Einfluß des Frischdampfzustands

Beim einfachen Sattdampf- bzw. Naßdampfprozeß, Fläche 4-5-6-2 in Bild 4.10, beispielsweise in Kernkraftwerken mit Leichtwasserreaktoren, sind Temperatur und Druck starr miteinander gekoppelt (Naßdampfgebiet, vgl. Bild 4.5).

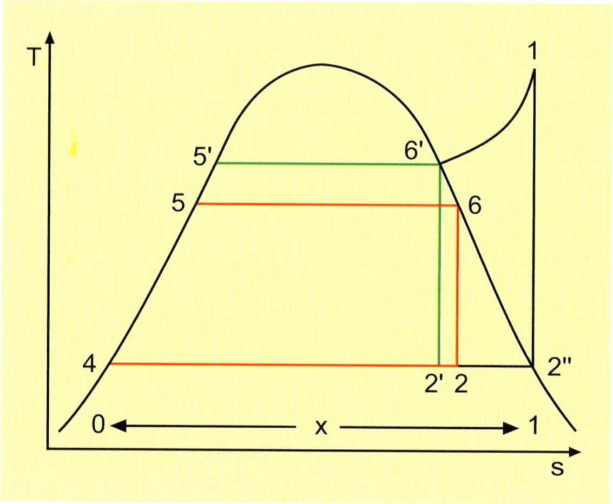

Bild 4.10. Einfluß einer Druckerhöhung beim Sattdampfprozeß 4-5-6-2 (4-5'-6'-2'); Wirkungsgradsteigerung durch Überhitzung 4-5'-6'-1-2".

Eine Druckerhöhung ist daher mit einer Temperaturerhöhung verbunden, die Nutzfläche wird vergrößert, Fläche 4-5'-6'-2'. Da jetzt der Dampf am Ende der Kondensation (2') eine größere Endnässe besitzt und der Dampfgehalt wegen der Erosion der Turbinenschaufeln $x = 0,9$ nicht unterschreiten darf, sind der Druckerhöhung Grenzen gesetzt. Einen Ausweg aus dieser Situation bietet die Überhitzung, die bei Kraftwerken mit fossilen Brennstoffen durchweg angewandt wird, Fläche 4-5'-6'-1-2". Da die Temperatur im Zustand 1 aus Festigkeitsgründen nicht beliebig hoch gewählt werden kann, gerät die Expansionslinie bei hohen Drücken wieder zu weit nach links in den Bereich unzulässiger Endnässen. Bei normalen ferritischen Werkstoffen liegt T_{max} heute ungefähr bei 560° C, bei hochwarmfesten austenitischen Werkstoffen (hochlegierte Cr, Ni- Edelstähle) ungefähr bei 650° C. Bei letzteren wird der Gewinn im thermischen Wirkungsgrad teilweise von den Mehrkosten für den Werkstoffeinsatz, die teurere Verarbeitung und allfällige Reparaturen kompensiert. Heutige Grenzdrücke liegen bei 370 bar. Mit Grenzdrücken und -temperaturen erreichte Spitzenwirkungsgrade werden nicht selten mit geringerer Verfügbarkeit bzw. Zuverlässigkeit bezahlt.

4.2.2.1 Zwischenüberhitzung

Bei vorgegebener Endnässe läßt sich dennoch eine weitere Drucksteigerung erzielen, wenn der Dampf zunächst ohne Rücksicht auf die Endnässe längs einer höher liegenden Isobaren erzeugt, überhitzt und einer Hochdruckturbine zugeführt wird, Bild 4.11.

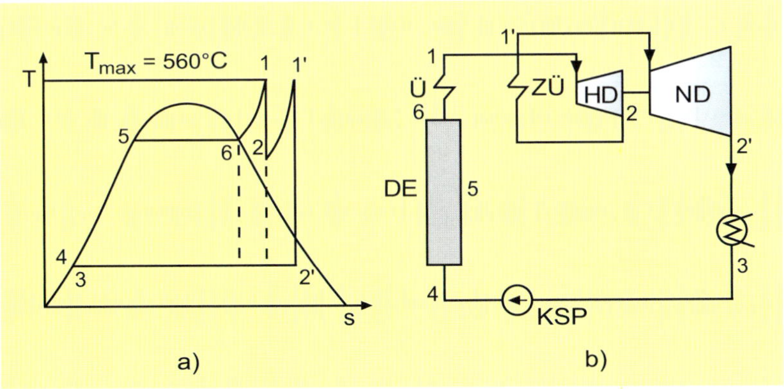

Bild 4.11. Wirkungsgradsteigerung durch Überhitzung und Zwischenüberhitzung. a) T(s)-Diagramm, b) Technologieschema. DE: Dampferzeuger, Ü: Überhitzung, ZÜ: Zwischenüberhitzung, HD: Hochdruckturbine, ND: Niederdruckturbine, KSP: Kesselspeisepumpe.

Der Dampf verläßt die Hochdruckturbine beim Zwischenüberhitzungsdruck, wird in einem zweiten Überhitzer des Dampferzeugers längs einer tiefer gelegenen Isobaren nochmals überhitzt und dann einer Niederdruckturbine zugeführt. Mit überkritischem Dampf gefahrene Anlagen weisen meist doppelte Zwischenüberhitzung auf (Dampfturbine mit *Hoch-*, *Mittel-* und *Niederdruckteil*).

4.2.2.2 Regenerative Speisewasservorwärmung

Führt man dem Wasser einen Teil der Flüssigkeitswärme durch Vorwärmung des Speisewassers mit Anzapfdampf aus der Turbine zu, so läßt sich eine wesentliche Wirkungsgradsteigerung erreichen, Bild 4.12.

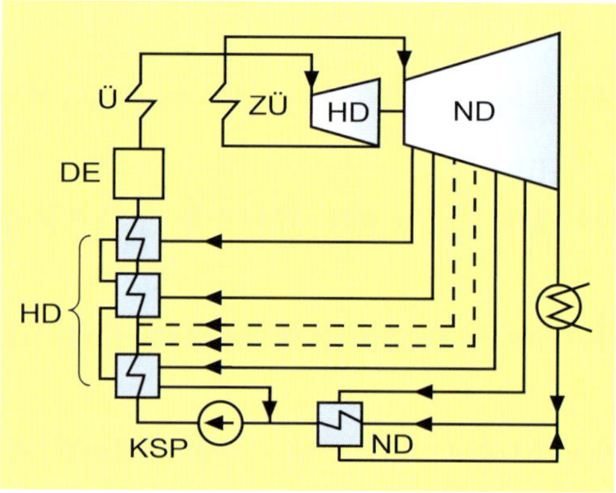

Bild 4.12. Wirkungsgraderhöhung durch Speisewasservorwärmung mit Anzapfdampf aus der Turbine. HD: Hochdruck-Speisewasservorwärmer, ND: Niederdruck-Speisewasservorwärmer.

Man unterscheidet Niederdruck- und Hochdruckvorwärmer, je nachdem ob sie vor oder nach der Kesselspeisewasserpumpe angeordnet sind. Der Anzapfdampf gibt in beiden Fällen seine Energie an das Speisewasser ab und kondensiert im Vorwärmer. Das Kondensat wird wieder dem Speisewasser zugeführt. Die Speisewassereintrittstemperatur in den Kessel liegt bei mehreren hundert Grad Celsius. Die regenerative Speisewasservorwärmung beruht auf der im Dampf enthaltenen *latenten Wärme*, die im Rahmen der Speisewasservorwärmung als *Heizprozeß* (im Gegensatz zum reinen Kondensationsbetrieb) wenigstens zu einem Teil genutzt werden kann. Im Wärmediagramm läßt sich eine mehrstufige Speisewasservorwärmung als *Carnotisierung* interpretieren, d. h. eine Annäherung an die im Carnotprozeß auftretenden Flächen bzw. Flächenverhältnisse.

Es läßt sich zeigen, daß die Verringerung der von der Turbine abgegebenen technischen Arbeit durch Anzapfdampfentnahme geringer ist, als der Gewinn im thermischen Wirkungsgrad des Gesamtprozesses. In jedem Einzelfall existiert eine von den Brennstoffkosten und der Jahresbenutzungsdauer abhängige optimale Zahl von Vorwärmstufen (Obergrenze zwischen 5 und 9), auf deren Ermittlung hier jedoch nicht eingegangen werden kann.

Speisewasservorwärmer können zur Erhöhung der Manövrierbarkeit eines Kraftwerks kurzfristig gedrosselt oder gar abgeschaltet werden, sogenannter *Kondensatstau.* Der nicht benötigte Anzapfdampf trägt dann zur Steigerung des Turbinendrehmoments bei plötzlich auftretenden erhöhten Leistungsanforderungen bei.

Die den Vorwärmstufen folgende Speisewassererwärmung auf Siedetemperatur im *Economizer* (*Eco*) des Dampferzeugers ebenso wie die Vorwärmung der Verbrennungsluft im *Luftvorwärmer* (*Luvo*) des Dampferzeugers sind keine Maßnahmen zur Verbesserung des thermischen Wirkungsgrads, sondern des Kesselwirkungsgrads. Schließlich trägt auch eine Vorwärmung der Verbrennungsluft mit Anzapfdampf zu einer Erhöhung des thermischen Wirkungsgrads bei.

4.2.2.3 Kühlmitteltemperatur

Die ersten Wärmekraftmaschinen mit Dampf als Arbeitsmedium arbeiteten im Auspuffbetrieb, wobei zur Vermeidung einer vollständigen Kondensation die Abdampftemperaturen über 100° C liegen mußten. Durch Einführung des Kondensationsbetriebs, bei dem der Dampf an von Kühlwasser durchströmten Rohren kondensiert, läßt sich die Kondensationslinie 2 – 4 (Bild 4.10) nahezu auf Umgebungstemperatur absenken, was sich in einer entsprechenden Vergrößerung der Nutzfläche auswirkt. Aufgrund der Verringerung des spezifischen Volumens um einen Faktor $1 \ldots 3 \cdot 10^4$ stellt sich dabei ein *Grobvakuum* ein, z. B. 0,04 bar (s. h(s)-Diagramm).

Grundsätzlich erlaubt die Frischwasserkühlung (Jahresmitteltemperatur 15° C) höhere Wirkungsgrade als die Luftkühlung mit Kühltürmen (Jahresmitteltemperatur 25° C). In beiden Fällen sucht man die Kondensationstemperatur soweit wie möglich an die Umgebungstemperatur anzunähern. Der Unterschied zwischen Kondensat- und Kühlmitteltemperatur beträgt etwa 10 K und hängt im wesentlichen von der

Größe der Wärmeaustauschflächen ab. Da die Umgebungstemperatur zwischen Sommer und Winter stark schwankt, ist der Wirkungsgrad jahreszeitabhängig.

4.2.2.4 Gesamtwirkungsgrad eines Kraftwerks

Die obigen Überlegungen zur Steigerung der Effizienz von Kreisprozessen gelten für den *theoretischen* thermischen Wirkungsgrad idealer Kreisprozesse. Die genaue Ermittlung des *praktischen* thermischen Wirkungsgrads muß unter Berücksichtigung der Druckverluste im Dampferzeuger und Kondensator, der Nichtisentropie der Kesselspeisepumpe und insbesondere der Expansionsverluste in der Turbine erfolgen. Letztere werden durch den Turbinenwirkungsgrad η_i beschrieben. Der Turbinenwirkungsgrad η_i kennzeichnet den Unterschied zwischen *isentroper* und *irreversibler* adiabatischer Expansion.

Es gilt

$$\eta_{therm_{prakt.}} < \eta_{therm_{\text{theor.}}} < \eta_{Carnot} \quad . \tag{4.23}$$

An dieser Stelle sei darauf hingewiesen, daß die bisherigen thermodynamischen Wirkungsgraddefinitionen *mengenartige Größen*, wie Wärme oder Arbeit, zueinander in Beziehung setzen. Dies impliziert *stationäre gleichförmige* Fließprozesse, bei denen während eines Zeitraums Δt bestimmte Energiebeträge im Zähler und Nenner zu- bzw. abgeflossen sind. Um die Berücksichtigung des Zeitraums Δt zu umgehen, definiert man Wirkungsgrade im technischen Alltag über die am Ein- und Ausgang des Prozesses herrschenden *Leistungen*. Hierzu bezieht man die zu- und abgeflossenen Energiebeträge auf den Zeitraum Δt und bildet den Grenzwert für $\Delta t = 0$,

$$\eta_{tech} = \lim_{\Delta t \to 0} \frac{\frac{W_{ab}}{\Delta t}}{\frac{W_{zu}}{\Delta t}} = \frac{P_{ab}}{P_{zu}} \quad . \tag{4.24}$$

Ab hier unterscheidet man bei Kraftwerken zwischen

- *Bruttowirkungsgrad*
- *Nettowirkungsgrad* und
- *Jahresnutzungsgrad.*

Ferner fügt man zur Unterscheidung von den bislang betrachteten *thermischen* Wirkungsgraden häufig noch den Index *el* für *elektrisch* hinzu.

Im folgenden werden die Begriffe Brutto-, Nettowirkungsgrad und Jahresnutzungsgrad näher erläutert.

– *Bruttowirkungsgrad*

Der Bruttowirkungsgrad ist definiert als Verhältnis der an den Generatorklemmen abgegebenen elektrischen Leistung P_{el} zum zugeführten *Energiestrom* P_{zu} am Eingang. Für Kohlekraftwerke ergibt sich dann,

$$\eta_{brutto} = \frac{P_{el}}{\dot{m} H_u} \quad . \tag{4.25}$$

Der Nenner ist das Produkt aus dem Massenstrom $\dot{m}$ des Primärenergieträgers in kg/h und dessen *Heizwert* H_u in kJ/kg, was die Einheit einer Leistung ergibt. Bei Kohlekraftwerken wird mit dem sogenannten *Unteren Heizwert* H_u gerechnet, der dem Gesamtheizwert H abzüglich der Verdampfungswärme für freies und kristallin gebundenes Wasser entspricht.

Bei Kernkraftwerken steht für den Primärträger-Energiestrom der Abbrand $\dot{m}b$, wobei b dem „Heizwert" des Spaltmaterials entspricht. Für Wasserkraftwerke mit der Fallhöhe Δh wird im Nenner die zeitliche Ableitung der *potentiellen Energie* des Wassers $\dot{m}g\Delta h$ eingesetzt, für frei umströmte Wasser- und Windkraftwerke die zeitliche Ableitung der kinetischen Energie $\frac{1}{2}\dot{m}v^2$. Für Solarenergieanlagen schließlich steht die einfallende Strahlungsleistung $P_{\mathrm{Solar}} = SA$ im Nenner, wobei S die Solarkonstante und A die bestrahlte Fläche darstellt (s. a. 4.11).

Der Bruttowirkungsgrad beinhaltet alle vorgeschalteten Teilwirkungsgrade, beispielsweise bei Kohlekraftwerken

$$\eta_{brutto} = \eta_{therm_{CR}} \cdot \eta_K \cdot \eta_i \cdot \eta_m \cdot \eta_G = \frac{-P_{el}}{\dot{Q}_{zu}} = \frac{-P_{el}}{\dot{m} H_u} \quad . \tag{4.26}$$

In dieser Gleichung bedeuten

$\eta_{therm_{CR}}$	$= 0.2 \ \ldots \ 0.50$	Theor. thermischer Wirkungsgrad Clausius Rankine-Prozeß)

η_K	=	0.7	...	0.93	Kesselwirkungsgrad (Abstrahlung, Rauchgasverluste)
η_i	=	0.7	...	0.90	Thermischer Wirkungsgrad der Turbine (Gasreibung, Drosselung, Spaltverluste)
η_m	=	0.95	...	0.98	Mechanischer Wirkungsgrad der Turbine (Lagerreibung)
η_G	=	0.92	...	0.98	Generatorwirkungsgrad

Thermischer und mechanischer Wirkungsgrad der Turbine werden häufig zum *Kupplungswirkungsgrad* $\eta_M = \eta_i \cdot \eta_m$ zusammengefaßt.

– *Nettowirkungsgrad*

Der Nettowirkungsgrad berücksichtigt, daß ein Teil der an den Generatorklemmen abgegebenen Leistung P_{el} gleich vor Ort für die Antriebe der Kohlemühlen, der Kesselspeisepumpe, das Saugzeuggebläse etc., sogenannter *Eigenbedarf* (EB). Dadurch verringert sich die in das Netz eingespeiste Leistung. Für den Nettowirkungsgrad erhält man dann

$$\eta_{netto} = \frac{P_{el_{brutto}} - P_{EB}}{\dot{m} H_u} \quad . \tag{4.27}$$

Offensichtlich ist der Nettowirkungsgrad das treffendere Maß für die Effizienz der Umwandlung von Primärenergie in die Endenergie Strom.

– *Jahresnutzungsgrad*

Der Jahresnutzungsgrad berücksichtigt, daß ein Kraftwerk nicht das ganze Jahr über mit Nennleistung bzw. im Bestpunkt betrieben wird. In der Praxis des Erzeugungs- und Netzbetriebs werden Kraftwerke unter Umständen mehrfach am Tage an- und abgefahren und häufig im Teillastbereich betrieben, um Lastschwankungen des Verbrauchs oder schwankende Erzeugung nichtdeterministischer Kraftwerksleistung auszugleichen (s. a. 3.2.2). Nicht selten können thermische Kraftwerke auch mangels unzureichendem Kühlwasserangebot nicht mit voller Leistung betrieben werden. In allen Fällen ergibt sich dann im *Jahresmittel* ein nochmals unter dem *Nettowirkungsgrad* liegender

Wert, der sogenannte *Jahresnutzungsgrad*. Er bildet den treffenden Ausgangspunkt bei der Ermittlung der gesamtwirtschaftlichen Kosten der Nutzung nichtdeterministischer Energien.

Im günstigsten Fall erhält man mit obigen Zahlen einen Gesamtwirkungsgrad bzw. Nettowirkungsgrad von etwa 44 %, der jedoch nur von Grundlastkraftwerken mit allen technischen Finessen im Bestpunkt erreicht wird. Rauchgasreinigungsanlagen verzehren etwa 1 – 2 % des Wirkungsgrads.

An Stelle des Bruttowirkungsgrads wird in der Kraftwerkstechnik häufig sein reziproker Wert, der spezifische Wärmeverbrauch q in kJ/kWh, verwendet,

$$q = \frac{1}{\eta_{ges}} = \frac{\dot{m}_B H_u}{-P_{el}} \quad . \tag{4.28}$$

Bei einem mittleren spezifischen Brennstoffverbrauch der Kondensationskraftwerke der BRD von derzeit q ≈ 9474 kJ/kWh errechnet sich hieraus ein Gesamtwirkungsgrad von 38 %. Die Angabe des Wirkungsgrads oder Wärmeverbrauchs, insbesondere ein Vergleich mit Angaben aus anderen Quellen ist nur sinnvoll, wenn gleichzeitig erkennbar ist, welche Faktoren berücksichtigt worden sind (mit/ohne Eigenbedarf etc.).

Im Rahmen der Kraft-Wärme-Kopplung KWK, bei der Strom und Nutzwärme erzeugt wird, gibt es auch noch die Definition eines Brennstoffnutzungsgrads, auch als *energetischer Wirkungsgrad* bezeichnet.

$$\eta_{BN} = \frac{P_{el} - P_{therm}}{\dot{m} H_u} \quad . \tag{4.29}$$

Speziell bei der Wärmekraftkopplung kann der *Jahresnutzungsgrad* bei nicht gleichzeitiger Abnahme von Strom und Wärme deutlich unter dem Maximalwert liegen.

Die bei der Umwandlung von Primärenergie in elektrische Energie auftretenden Verluste, die den Nichtfachmann gelegentlich die Zweckmäßigkeit des Vorgehens in Frage stellen lassen, werden durch die Einsparungen wettgemacht, die über die großen Einheitenleistungen der Kraftwerke und den effizienten Einsatz elektrischer Energie gegenüber einem dezentralisierten Einsatz von Primärenergie erzielt werden.

4.2.3 Exergetischer Wirkungsgrad

Energie tritt in vielen Erscheinungsformen auf, z. B. als potentielle, kinetische oder innere Energie, als Wärme, elektromagnetische Strahlung oder Kernenergie etc. Die Energieformen sind zum Teil vollständig, zum Teil nur teilweise ineinander umwandelbar. Beispielsweise lassen sich mechanische und elektrische Energie vollständig in Wärme umwandeln, Wärme und innere Energie aber nur teilweise in mechanische Arbeit oder elektrische Energie, der Rest bleibt als Abwärme. Abhängig von ihrer Umwandelbarkeit teilt man die verschiedenen Energieformen in drei Klassen ein:

1. Unbeschränkt umwandelbar: *Exergie* (W_{pot}, W_{kin}, $W_{el}, \ldots$)
2. Nicht umwandelbar: *Anergie* (Innere Energie von Stoffen, die mit ihrer Umgebung im thermischen Gleichgewicht stehen, d. h. die gleiche Temperatur besitzen, z. B. Meerwasser)
3. Beschränkt umwandelbar: *Exergie/Anergie-Mischformen* (Innere Energie, Wärme)

Bei letzteren besteht die Gesamtenergie aus einer *Exergie-* und einer *Anergiekomponente*, wobei die Aufteilung von der Umgebungstemperatur abhängt. Ein Kubikmeter Meerwasser mag eine hohe innere Energie besitzen, sie ist jedoch nicht nutzbar, weil sich dieser Energiespeicher im thermischen Gleichgewicht mit seiner Umgebung befindet und keine Veranlassung sieht, mit ihr Energie auszutauschen; seine Energie ist also Anergie.

Bei der großtechnischen Erzeugung elektrischer Energie in thermischen Kraftwerken wird zunächst Primärenergie in thermische Energie (Wärme bzw. innere Energie – je nachdem ob als Prozeß- oder als Zustandsgröße verstanden) umgewandelt. Diese Energieformen sind beschränkt konvertierbar, was bereits aus dem vorstehend behandelten T(s)-Diagramm und der Existenz eines thermischen Wirkungsgrades bekannt ist. Letzterer stellt aber einen unfairen Vergleich zwischen der abgegebenen technischen Arbeit und der zugeführten Gesamtenergie an, von der ja nur der Exergieanteil nutzbar ist. Die technische Qualität eines thermodynamischen Prozesses wird daher treffender durch den *exergetischen Wirkungsgrad* beschrieben, der die abgegebene technische Arbeit zur Exergie, das heißt, nur dem thermodynamisch verwertbaren Anteil der zugeführten Gesamtenergie ins Verhältnis setzt

$$\eta_{ex} = \frac{-W_{techn}}{Q_{zu_{ex}}} = \frac{-P}{\dot{m} \cdot H_{u_{ex}}} \quad . \tag{4.30}$$

Der exergetische Wirkungsgrad nimmt für einen verlustfreien Prozeß den Wert 1 an. Exergetische Untersuchungen der regenerativen Speisewasservorwärmung sowie einzelner am Wasser/Dampf-Prozeß beteiligter Komponenten liefern aufschlußreiche Erkenntnisse über die Natur der Energie-Verluste, müssen aber der Spezialliteratur vorbehalten bleiben.

4.3 Dampfkraftwerkkomponenten

In den Anfängen der Kraftwerkstechnik wurden größere Leistungen von mehreren kleinen Turbosätzen erzeugt, deren Turbinen aus einer größeren Zahl von Kesseln mit Dampf versorgt wurden. Im Hinblick auf hohe Verfügbarkeit waren die Komponenten sowohl auf der Frischdampf- und Kondensatseite als auch auf der elektrischen Seite durch *Sammelschienen* untereinander verbunden, sog. *Sammelschienenkraftwerke*. Die Bauweise ist noch heute in vielen Industriekraftwerken zu finden, da sich die Prozeßwärmeerzeugung nicht wie die Elektroenergieerzeugung auf den Verbundbetrieb als „*back-up*“verlassen kann und außerdem der Ausbau der Kraftwerksleistung eines Industriebetriebs immer nur in kleinen Schritten proportional zum wachsenden Bedarf wirtschaftlich zweckmäßig ist.

Kraftwerke für die öffentliche Elektrizitätsversorgung werden heute ausschließlich in *Blockbauweise* erstellt, d. h. Kessel, Turbine, Generator und Blocktrafo besitzen die gleiche Leistung und bilden einen eigenständigen *Block*. Ein Kraftwerk kann aus mehreren Blöcken bestehen. Anfänglicher Erzeugungsüberschuß eines neu erstellten großen Blocks kann im Verbundbetrieb verwertet werden.

Als Ergänzung zu den vorangegangenen theoretischen Betrachtungen des Dampfkraftwerkprozesses werden im folgenden die wesentlichen Komponenten eines Blockkraftwerks näher erläutert.

4.3.1 Dampferzeuger

4.3.1.1 Dampferzeugerbauarten

Dampferzeuger haben die Aufgabe, die bei der Verbrennung bzw. Kernspaltung freiwerdende Wärmeenergie in Dampf bestimmter Temperatur und bestimmten Drucks umzuwandeln. Es handelt sich also um spezielle, für hohe Drücke ausgelegte Wärmetauscher, die in den Anfängen dampfbetriebener Wärmekraftmaschinen tatsächlich die Form eines Wasserkessels hatten, später aber zu komplizierten Reihen- und Parallelschaltungen von Rohrsystemen mutierten und seither den Namen *Dampferzeuger* tragen, Bild 4.13.

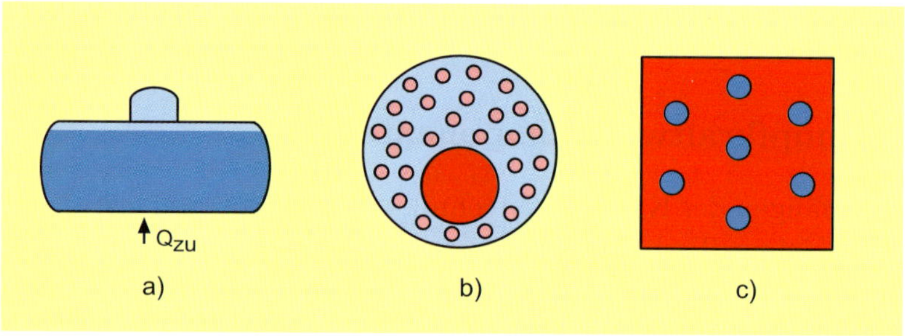

Bild 4.13. Dampferzeuger. a) Ursprünglicher Dampfkessel mit *Dom* zur Trennung von Sattdampf und mitgerissenem Wasser, b) *Flamm-* und *Rauchrohrkessel*, c) *Wasserrohrkessel*.

Um den Wirkungsgrad der Wärmeübertragung des ursprünglichen Kessels zu erhöhen, ging man auf *Flamm-* und *Rauchrohrkessel* über, in denen die Verbrennung in einem großen *Flammrohr* (Brennkammer) erfolgt und die heißen Rauchgase anschließend durch zahlreiche von Wasser umgebene Rauchgasrohre geführt werden. Die ersten beiden Kesselarten zeichneten sich durch großen Wasserinhalt, sogenannte *Großwasserraumkessel* (hohe Dampfreserve), lange Anfahrzeiten und geringe Drücke ($<$ 15 bar) aus.

Als dritte Bauart wurden die *Wasserrohrkessel* entwickelt, bei denen die Flammen das in Rohren geführte Wasser erwärmen und verdampfen. Wasserrohrkessel zeichnen sich durch kleinen Wasserinhalt (geringe Dampfreserve), kürzere Anfahrzeiten und hohe Drücke (bis 350 bar) aus. Bei großen Leistungen finden ausschließlich Wasserrohrkessel Verwendung. Ihre Grenzleistung liegt derzeit bei 1000 MW_{el}. Wasserrohrkessel besitzen am Ende noch einen sogenannten *Überhitzer*, in dem der Sattdampf in überhitzten, mehr einem Realgas ähnelnden *Heißdampf* bzw. *Trockendampf* überführt wird. Die Wasserrohrkessel lassen sich nochmals in vier verschiedene Bauformen, *Naturumlauf-*, *Zwangsumlauf-*, *Benson-* und *Sulzerkessel* unterscheiden, Bild 4.14.

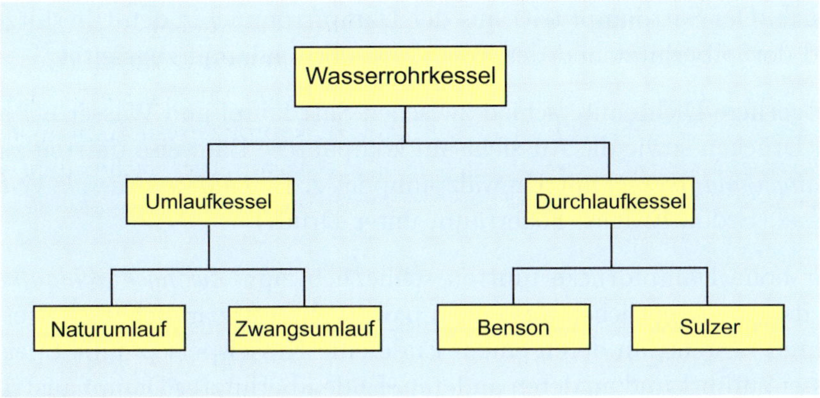

Bild 4.14. Bauformen verschiedener Wasserrohrkessel.

Gegenüber Flammrohrkesseln besitzen Umlaufkessel ein etwa 5fach, Durchlaufkessel ein etwa 50fach größeres Verhältnis thermische Zeitkonstante/Dampfspeicherzeitkonstante.

Beim Umlaufkessel wird Wasser zunächst in einem Rohrsystem in Naßdampf verwandelt, anschließend in der *Dampftrommel* in Wasser und Sattdampf getrennt (daher auch oft *Trommelkessel* genannt), Bild 4.15.

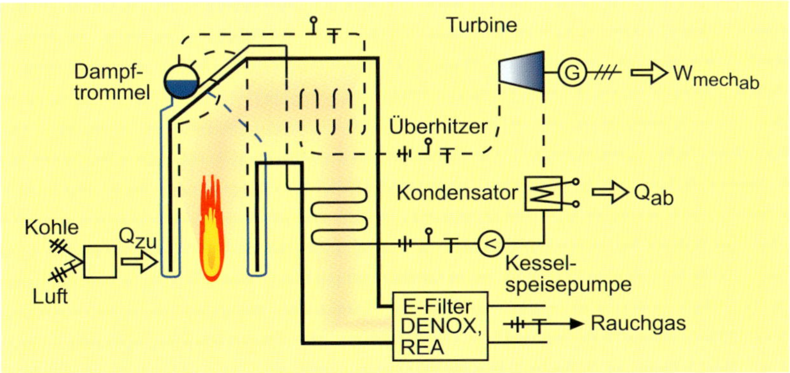

Bild 4.15. Umlaufkessel mit Naturumlauf (Drücke bis ca. 160 bar).

Von der Dampftrommel strömt das Wasser durch den Dichteunterschied warmen und kalten Wassers bzw. Naßdampfs außerhalb des Kessels in Rohren großen Querschnitts zum unteren Ende des Kessels zurück. Der Sattdampf tritt aus der Dampftrommel in den Überhitzer, wird dort überhitzt und der Turbine als Frischdampf zugeleitet.

Der geringe Dichteunterschied zwischen Sattdampf und Wasser bei hohen Drücken sowie die Aussicht auf kompaktere Bauweise führten zum *Zwangsumlaufkessel* mit Umwälzpumpen, z. B. *LaMont-Kessel*, *Velox-Kessel* (Erdöl, Erdgas, Feuerraum unter Druck).

Sehr hohe Dampfdrücke führten schließlich zum *Zwangsdurchlaufkessel*, der im wesentlichen aus einem bzw. mehreren parallel geschalteten Rohren besteht, an deren einem Ende eine Kesselspeisepumpe Speisewasser zuführt und an deren anderem Ende überhitzter Dampf austritt, Bild 4.16.

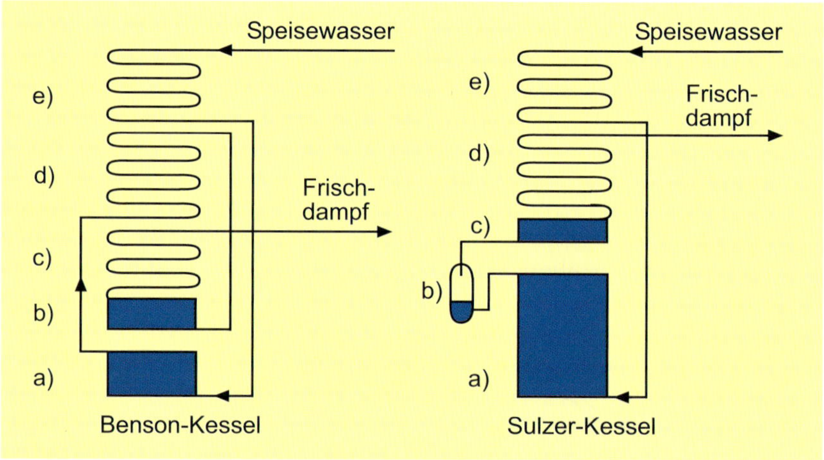

Bild 4.16. Durchlaufkessel (Prinzip). *Bensonkessel* (links): a) Verdampfer, b) Berührungsüberhitzer, c) Strahlungsüberhitzer, d) Restverdampfer, e) Speisewasservorwärmer (Economizer). *Sulzerkessel* (rechts): a) Verdampfer, b) Wasserabscheider (Sulzerflasche), c) Strahlungsüberhitzer, d) Berührungsüberhitzer, e) Speisewasservorwärmer (Economizer).

Aufgrund der großen, mäander- bzw. spiralförmig verlegten Rohrlänge ist auch ohne Dampftrommel eine Überhitzung möglich. Die Freisetzung thermischer Energie erfolgt im unteren Drittel des Dampferzeugers durch die *Feuerung* bzw. im *Verbrennungsraum*. Die heißen Verbrennungsgase strömen in den *Zügen* an den Heizflächen vorbei und teilen diesen die Wärme teils durch *Strahlung*, teils durch *Konvektion* mit.

Bei Durchlaufkesseln unterscheidet man *Bensonkessel*, deren Restverdampfungspunkt (Übergang in Sattdampf) belastungs- bzw. feuerungsabhängig im Rohr gleitet und *Sulzerkessel*, deren Restverdampfungspunkt, ähnlich wie in der Dampftrommel von Trommelkesseln, durch die sog. *Sulzerflasche* festgehalten wird. Letztere ist ein Zentrifugalabscheider, in dem Restwasser und die in ihm gelösten Salze am Ende der Verdampfungszone abgeschieden werden können.

Der Abscheidung von Salzen diente beim Bensonkessel die Aufteilung in *Verdampfer* und *Restverdampfer*, die heute bei Verwendung vollentsalzten Speisewassers nicht mehr erforderlich ist. Industriekraftwerke ohne Kondensatrückführung, die wegen etwaiger Verschmutzungsgefahr des Prozeßdampfs durch den chemischen Prozeß mit ständig frisch aufbereitetem Kesselspeisewasser arbeiten, verwenden fast ausschließlich Sulzerkessel mit Flasche.

Schließlich unterscheidet man *Einzug*- und *Zweizugdampf*erzeuger. Bei ersteren befinden sich alle Heizflächen übereinander in einem Zug, sogenannte *Turmbauweise*, Bild 4.16 (vorige Seite), bei letzteren sind die Heizflächen auf zwei Züge aufgeteilt. Letztere Bauweise führt zu einer geringeren Bauhöhe, Bild 4.17a, b.

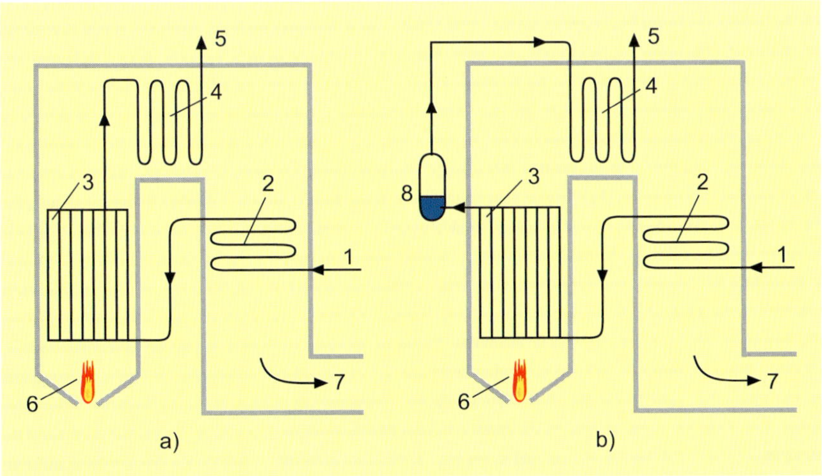

Bild 4.17. a) Benson- und b) Sulzerkessel mit zwei Zügen. 1 Speisewasserzufluß, 2 Economizer, 3 Verdampfer, 4 Überhitzer, 5 Frischdampf, 6 Feuerung, 7 Rauchgas, 8 Sulzerflasche.

Durchlaufkessel wurden ursprünglich für Betrieb mit überkritischem Druck gebaut (kein Naßdampfgebiet!). Später zeigte sich, daß ihr Prinzip auch bei kleineren Drücken (z. B. 60 bar) anwendbar ist.

Grundsätzlich unterscheidet man nach Art der Wärmeübertragung zwischen *strahlungsbeheizten* und *berührungsbeheizten* Heizflächen. Erstere nehmen auf der der Feuerung zugewandten Seite *Strahlungswärme* auf, letztere werden von den Rauchgasen allseitig *konvektiv* beheizt. Der Überhitzerteil wird meist in einen *Berührungsüberhitzer* und einen *Strahlungsüberhitzer* aufgeteilt. Durch Einspritzen von Speisewasser an der Verbindungsstelle wird die Frischdampftemperatur geregelt. Der Strahlungsüberhitzer ist in der Regel dem Berührungsüberhitzer vorgeschaltet, da er stärker auf sprungartige Änderung der Feuerungsleistung reagiert. Bei der Zwischenüberhitzung wird die Dampftemperatur auch mittels eines mit Hochdruckdampf beheizten Wärmetauschers geregelt. Abschließend zeigt Bild 4.18 einen Ausschnitt aus dem Inneren eines Durchlaufdampferzeugers.

Bild 4.18. Inneres eines Dampferzeugers.

4.3.1.2 Feuerungen

Der überwiegende Teil thermischer Kraftwerke wird mit Kohle befeuert. Von den *Rostfeuerungen* kleinerer Kessel abgesehen, unterscheidet man im wesentlichen zwischen *Kohlenstaubfeuerungen* und *Wirbelschichtfeuerungen.*

Kohlenstaubfeuerungen

Kohlenstaubfeuerungen unterscheidet man nochmals in solche mit *trockenem* Ascheabzug und solche mit *flüssigem* Ascheabzug (*Schmelzkammerfeuerung*). Bei beiden wird die Kohle zunächst mit *Kohlemühlen* fein gemahlen, zusammen mit Tragluft über mehrere Brenner in den Feuerraum geblasen und dort unter weiterer Zufuhr von Verbrennungsluft verbrannt. Für trockenen Ascheabzug ist die Brennkammer so groß auszulegen, daß die geschmolzenen Asche- bzw. Schlacketröpfchen zu festen Partikeln erstarrt sind, bevor die Rauchgase auf die Berührungsheizflächen auftreffen.

Bei der Schmelzkammerfeuerung wird um die Brenner ein sogenannter Schmelzraum sehr hoher Temperatur angeordnet, dank dessen ein großer Teil der Asche flüssig an den Schmelzkammerwänden abgeschieden werden kann. Aufgrund der Schwerkraft läuft die Asche zu einem Flüssigascheabzug und erstarrt in Wasser zu körnigem Granulat. Nicht flüssig abgeschiedene, d. h. bereits erstarrte Partikel werden zu einem gewissen Teil im Flugstaubabscheider abgefangen und zurückgeführt, wodurch sich eine hohe Gesamteinbindung der Asche ergibt. Eine hohe Ascheeinbindung ergeben Zyklonfeuerungen, bei denen die Flüssigasche-Abscheidung durch Fliehkräfte unterstützt wird (Primäreinbindung bis 85 %). Den Vorzügen der Feuerungen mit Flüssigascheabzug steht der Nachteil höherer Feuerraumtemperaturen entgegen (Rost- und Trockenaschefeuerung ca. 1400° C, Schmelzkammerfeuerung 1600° C, Zyklonfeuerung 1700° C), die von zunehmenden Korrosionserscheinungen im Kessel, stärkerer NO_x-Bildung und Zunahme der relativen Häufigkeit kleinerer Partikel ($< 1\ \mu m$) im Rauchgas begleitet wird. Letztere lassen sich im Elektrofilter nur mit sehr schlechtem Wirkungsgrad abscheiden. Während die Abscheidung größerer Partikel als zufriedenstellend gelöst bezeichnet werden kann, ist eine Verbesserung der Abscheidung kleiner Partikel und schädlicher Gase (SO_2, NO_x etc.) Gegenstand der aktuellen technischen Entwicklung. Wegen ihrer

Nachteile aus Sicht der Umweltbeeinflussung und der Hochtemperaturkorrosion werden Schmelzkammerfeuerungen nicht mehr gebaut.

Wirbelschichtfeuerungen

Wirbelschichtfeuerungen unterscheidet man grob in solche mit *stationärem* und mit *zirkulierendem Wirbelbett.* In beiden Fällen wird auf einem von unten mit Verbrennungsluft versorgten Wirbelbett (einige hundert bis mehrere tausend Düsen) aufgewirbeltes, fluidisiertes Brennstoffgranulat, versetzt mit Zuschlagstoffen wie Sand oder Kalk zur Schwefelbindung, in einer Wirbelschicht von zwei bis drei Metern Dicke verbrannt. In die Wirbelschicht eintauchende Heizflächen führen die freigesetzte Wärme ab. Bei Wirbelschichtfeuerungen mit *stationärem* Wirbelbett sinken die Ascheteilchen nach unten und werden dort abgezogen. Bei den *zirkulierenden* Wirbelschichtfeuerungen wird die Wirbelschicht durch erhöhte Luftgeschwindigkeit nach oben erweitert. Feste Partikel werden aus dem Rauchgas durch *Zyklonabscheider* separiert. Problematisch ist die *Abrasion* der Zyklonwände. Soll das heiße Rauchgas direkt zur Speisung von Gasturbinen eingesetzt werden, müssen spezielle *Heißgasfilter* nachgeschaltet werden.

Die Wirbelschichtfeuerung eignet sich besonders für die Verbrennung ballaststoff- und schwefelreicher Kohle. Dank der geringen Temperaturen der Wirbelschicht (ca. 850° C) ergibt sich ein geringer Stickoxid-(NO_x)-Gehalt des Rauchgases. Die Leistung der Wirbelschichtfeuerung, wie auch der Rostfeuerungen, ist der Grundfläche proportional und reicht bis etwa 600 MW thermisch.

Öl- und Gasfeuerungen

Mit Heizöl betriebene Ölfeuerungen zeichnen sich durch hohe, gleichmäßige Heizleistung, geringen Ascheanfall, jedoch hohen Schwefelgehalt aus und stellen besondere Anforderungen an die Entschwefelung des Rauchgases. Der Umfang ihres Einsatzes richtet sich vornehmlich nach dem aktuellen Brennstoffpreis.

Erdgas stellt wegen seiner Schwefelarmut und geringen CO_2-Produktion einen ausgezeichneten Brennstoff dar, ist aber nicht überall verfügbar. Heizöl und Erdgas können in normalen Kesseln ohne den mit der Verbrennung von Kohle verknüpften baulichen und apparativen Aufwand verbrannt werden.

Ein Teillastbetrieb ist bei mit Öl- und Erdgas beschickten Feuerungen feuerungstechnisch problemlos, bei Kohlenstaubfeuerungen bis ca. 35 %, bei Schmelzkammerfeuerungen nur bis ca. 55 % möglich.

4.3.1.3 Leistungsregelung bei Dampferzeugern

Im stationären Betrieb muß die dem Dampferzeuger über den Frischdampfstrom entnommene Energie, gekennzeichnet durch *Frischdampftemperatur*, *-druck* und *Massenstrom*, permanent über die Feuerung zugeführt werden. Zusätzlich erfordert der Energieträger Wasserdampf eine Anpassung des Speisewasserstroms an die Dampfleistung.

Die beiden Hauptregelgrößen sind *Frischdampfdruck* und *-temperatur*, die Störgrößen der lastabhängige *Frischdampfstrom* bzw. *Beheizungsstörungen* (z. B. unterschiedlicher Heizwert etc.). Abweichungen vom Solldruck werden vom Brennstoff- und Verbrennungsluftregler durch Nachstellen der Feuerleistung, Schwankungen der Frischdampftemperatur durch Einspritzen von Speisewasser in die Einspritzkühler des Überhitzerteils ausgeregelt (s. Bild 4.16). Die Anpassung des Speisewasserstroms erfolgt durch Drehzahlverstellung der Speisewasserpumpe (Antrieb durch eigene Dampfturbine oder stromrichtergespeisten Asynchronmotor) oder durch Drosselventile. Dabei wird der Speisewasserstrom so eingestellt, daß sich in der Dampftrommel des Umlaufkessels bzw. der Abscheideflasche des Sulzerkessels ein konstanter Wasserstand einstellt (der Niveausollwert kann lastabhängig sein). Statt der Niveauregelung in der Abscheideflasche wird beim Sulzerkessel der Dampfzustand häufig auch durch Messung der Austrittstemperatur am Ende eines gedrosselten Verdampferstrangs (*Leitstrang*) erfaßt. Beim Bensonkessel wird wegen des gleitenden Endverdampfungspunktes bzw. des Fehlens eines festen Wasserstands die Niveauregelung durch eine Regelung des Verhältnisses Einspritzwasserstrom/Speisewasserstrom ersetzt. In beiden Fällen ist der Speisewasserstrom die Stellgröße, auch wenn meist von der Speisewasserregelung gesprochen wird. Neben den genannten Grundprinzipien finden sich in praxi zahlreiche Modifikationen.

Aufgrund der Trägheit der Feuerung, der Wärmewiderstände der Wärmeübertragung und der Wärmekapazitäten der Heizflächen folgt die Ausgangsleistung eines Dampferzeugers einer der Brennstoffzufuhr mitgeteilten sprungförmigen Leistungserhöhung mit einer Verzögerung höherer Ordnung. Eine ausgangsseitig sprunghaft erhöhte Dampfentnahme durch die Turbine kann daher nicht sofort durch vermehrte Dampferzeugung, sondern nur durch *Dampfausspeicherung*, d. h. Nutzung der in dem komprimierten Arbeitsmedium gespeicherten Energie, auf Kosten einer Druck- und Temperaturabsenkung gedeckt werden. Die im Dampferzeuger parallel ablaufenden Mechanismen der Dampferzeugung und Energie-Ein- bzw. -ausspeicherung lassen sich im Blockschaltbild getrennt darstellen, Bild 4.19.

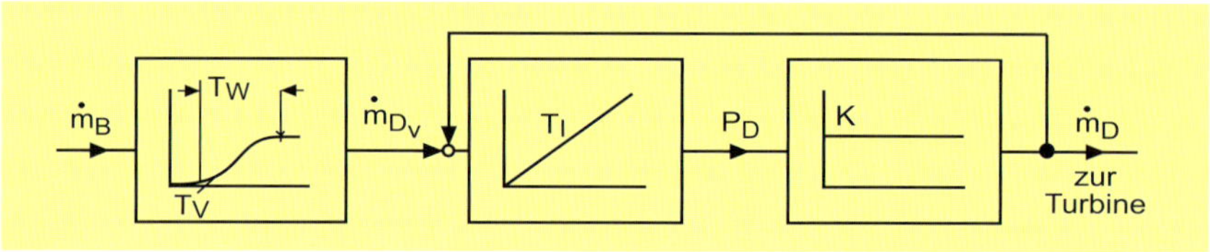

Bild 4.19. Vereinfachtes regelungstechnisches Modell eines Dampferzeugers. $\dot{m}_B$: Brennstoffstrom, $\dot{m}_{DV}$: virtueller Dampfstrom (ohne Speichereffekt), p_D: Dampfdruck, $\dot{m}_D$: effektiver Dampfstrom, T_v: Totzeit (Verzugszeit), T_w, T_I: Integrationskonstante des Speichers, K: Proportionalfaktor zwischen Druck, Ventilstellung und effektivem Dampfstrom.

Die Übertragungsfunktionen stellen linearisierte Vereinfachungen für kleine Änderungen um den Arbeitspunkt dar; in den Zeitkonstanten sind mehrere individuelle Effekte zusammengefaßt. Für öl- und gasbetriebene Kessel beträgt T_V etwa 5 ... 10 sec, T_W etwa 20 sec; für Dampferzeuger mit Kohlenstaubfeuerung liegt T_V zwischen 20 und 60 sec, T_W etwa bei 100 sec. Die Integrationszeitkonstante der Dampfspeicherung reicht von 60 bis 250 sec, wobei Umlaufkessel eher am oberen Ende, Durchlaufkessel am unteren Ende des Bereichs liegen.

Neben den genannten Hauptregelgrößen werden gleichzeitig zahlreiche weitere Regelgrößen wie *Feuerraumunterdruck* (Vermeidung von CO-Immission im Kesselhaus), *Wasserstände*, Zwischenüberhitzer-Dampftemperatur und -druck bei Anlagen mit Zwischenüberhitzung etc. geregelt. Ein moderner mit fossilen Brennstoffen betriebener Dampferzeuger besitzt über 100 maßgebliche Regelkreise.

4.3.1.4 Rauchgasreinigung

Beim Verbrennen von Kohlestaub entstehen Staubpartikel (Flugasche etc.) sowie gasförmige Schadstoffe wie SO_2 und NO_x, die mit dem

Rauchgas in die Umwelt gelangen. Beispielsweise fallen bei einem 700 MW Steinkohlekraftwerk 15 t Staub/h, 4,5 t SO_2/h und 1,8 t NO_x/h an. Da das *Bundesimmissionsschutzgesetz* Obergrenzen für das Freisetzen dieser Stoffe vorschreibt, sind dem Verbrennungsprozeß aufwendige Rauchgasreinigungsanlagen nachgeschaltet, die bislang nur andeutungsweise zur Sprache kamen. Diese Rauchgasreinigungsanlagen tragen erheblich zu den Investitionskosten bei und führen wegen ihres Eigenenergieverbrauchs zu spürbaren Verringerungen des Gesamtwirkungsgrads der Stromerzeugung. Die Staubabscheidung, Entstickung und Entschwefelung sollen im folgenden gestreift werden.

Staubabscheidung

Die Staubabscheidung erfolgt überwiegend durch *Elektrofilter* (engl.: *electrostatic precipitator*), in denen der Staub zunächst über 60 kV ... 100 kV-*Hochspannungskoronaentladungen* im Umfeld dünner Drähte und Spitzen elektrostatisch aufgeladen wird. Die geladenen Staubteilchen unterliegen damit den Coulombkräften des elektrischen Feldes und werden zusammen mit anderen geladenen und nichtgeladenen Luftteilchen, sogenannter *elektrischer Wind*, zu einer Abscheideelektrode transportiert, Bild 4.20.

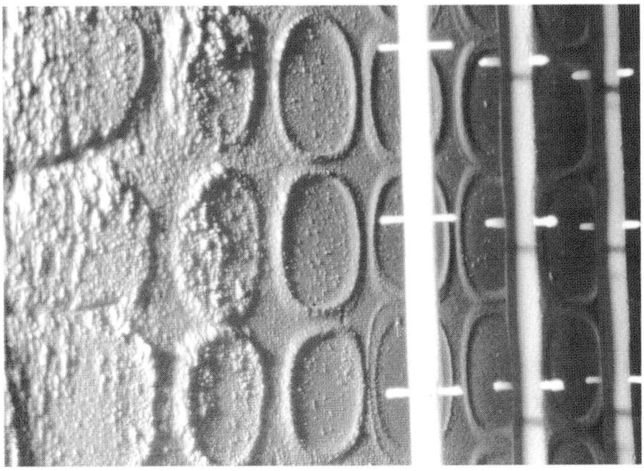

Bild 4.20. Blick in das Innere eines Elektrofilters.

Wenn die Staubschicht eine gewisse Dicke erreicht hat, wird die Abscheidefläche mechanisch in Schwingungen versetzt, so daß der Staub nach unten in den *Staubbunker* fällt.

Mit Ausnahme sehr kleiner Staubpartikel, die auf Grund ihrer Größe nur wenig Ladungen aufnehmen und damit nur geringe Kräfte erfahren, erfolgt die Abscheidung äußerst perfekt, die Wirkungsgrade der Abscheidung liegen über 99,5 %. Beispielhaft zeigt Bild 4.21 eine große Elektrofilteranlage mit 16 Elektrofiltern für vier 300 MW-Blöcke.

Bild 4.21. Staubabscheidung in Elektrofiltern (Lurgi Bischoff).

Der Abscheidewirkungsgrad beträgt 99,34 %. Je Filter werden 20 Tonnen Staub/h abgeschieden. Neben Elektrofiltern gibt es noch rein mechanische Verfahren, wie auf der Fliehkraft beruhende *Zyklonabscheider*, *Gewebefilter* sowie keramische Heißgasfilter mit porösen, keramischen *Filterkerzen*.

Entstickung

Bei höheren Verbrennungstemperaturen bilden sich zunehmend Stickoxide NO_x. Während es sich bei der Abscheidung von Staubpartikeln um einen physikalischen Prozeß handelt, erfordert das Zurückhalten gasförmiger Schadstoffe einen chemischen Prozeß, sogenannte DENOX-Anlagen. In diesen Anlagen reagieren unter Mitwirkung großflächiger keramischer Katalysatoren (mehrere 100 m^2) die NO_x-Gase mit eingedüstem Ammoniak NH_3 unter Bildung von H_2O und N_2,

$$4\,NH_3 + 4\,NO + O_2 \longrightarrow 4\,N_2 + 6\,H_2O \quad , \tag{4.31}$$

sogenanntes SCR-Verfahren (engl.: *Selective Catalytic Reduction*).

Die für die Reaktion erforderlichen Rauchgastemperaturen liegen zwischen 200° und 400° C. Aus diesem Grund wird der Reaktionsbehälter zwischen Dampferzeuger und Luftvorwärmer (*Luvo*, s. a. 4.2.2) angeordnet.

Entschwefelung

In Rauchgasentschwefelungsanlagen (REA) wird in das Rauchgas bei Temperaturen um etwa 100° C eine wässrige Lösung von $CaCO_4$ eingeleitet. Zusätzlich eingeblasene Luft oxidiert das SO_2 über chemische Zwischenprozesse zu SO_4, das sich mit dem Calcium des Calciumkarbonats gemäß

$$SO_4 + Ca + H_2O = CaSO_4 + H_2O \tag{4.32}$$

zu Gips verbindet. Gleichzeitig werden noch andere gasförmige Schadstoffe ausgewaschen, was hier jedoch nicht vertieft werden soll. Bei Wirbelschichtfeuerungen kann eine Entschwefelung durch Zufuhr von pulverisiertem Kalkstein (Calciumcarbonat $CaCO_3$) in das Wirbelbett ebenfalls SO_2 in Gips umgewandelt werden,

$$CaO + SO_2 + \frac{1}{2}O_2 = CaSO_4 \quad . \tag{4.33}$$

Während ohne Entschwefelungsanlage das Rauchgas zur Verbindung einer Taupunktunterschreitung und der damit verbundenen Korrosion mit 160° C den thermodynamischen Prozeß verlassen muß, tritt heute das schwefelarme Rauchgas mit einer Temperatur von 70° C in die Atmosphäre, was einen höheren thermischen Wirkungsgrad ermöglicht. Ferner erlaubt die Schwefelarmut auch den Verzicht auf einen hohen Kamin, wenn das Rauchgas über den Kühlturm entlassen wird.

Schließlich kann der Schwefel auch in einer vorgeschalteten Kohlevergasungsanlage abgetrennt werden. Dieses Verfahren kommt derzeit noch in geringem Umfang in GUD-Kraftwerken (s. 4.6) zum Einsatz. Ein Teil des anfallenden Gipses wird zu Gipsbaustoffen weiterverarbeitet.

CO_2 Reduzierung

Während *Entstickung* und *Entschwefelung* heute großtechnisch etabliert sind, hat die Forderung nach genereller Reduzierung von CO_2 Emissionen eine neue Herausforderung entstehen lassen. Im Kontext läßt sich die Verringerung des CO_2 Ausstoßes kohlebefeuerter Kraftwerke vornehmlich durch die in 4.2.2 bereits erläuterten primären Maßnahmen zur Wirkungsgradsteigerung erreichen. Alternativ wird aber auch an eine Abtrennung des Kohlendioxyds aus dem Rauchgas sowie seiner nachfolgenden Verflüssigung und dauerhaften Lagerung in tiefen Erdschichten gedacht.

Im Rauchgas konventioneller Kraftwerke beträgt der CO_2 Anteil lediglich ca. 15 %, da sich die Verbrennungsluft im wesentlichen aus nur 20 % Sauerstoff und zu 80 % aus Stickstoff zusammensetzt. Eine Abtrennung des CO_2 führt in diesem Fall zu intolerierbaren Wirkungsgradeinbußen von bis zu 13 %. Ziel des derzeit entwickelten *Oxyfuel-Verfahrens* (engl.: CCS Technology, *Carbon Capture and Storage*) ist eine deutliche Verringerung der Wirkungsgradeinbuße durch eine Verbrennungsführung mit reinem Sauerstoff, der zuvor in einer kryogenen Luftzerlegungsanlage aus Luft gewonnen wird.

Das Rauchgas besteht in diesem Fall im wesentlichen aus CO_2, das nach Entstaubung und Befreiung von Ballastgasen wie Restsauerstoff (erforderlich für hohen Kohleausbrand), NO_x, SO_2 etc. direkt verflüssigt werden kann.

Die Verbrennung mit reinem Sauerstoff führte jedoch zu materialtechnisch nicht beherrschbaren hohen Feuerungstemperaturen. Daher wird ein Teil des dem Dampferzeuger entströmenden „kalten“ Rauchgases (im wesentlichen CO_2) rezykliert, das heißt dem zugeführten Sauerstoff beigemischt, was die notwendige Absenkung der Verbrennungstemperatur bewirkt.

Das Oxyfuel-Verfahren steht im Wettbewerb mit klassischen Maßnahmen zur Wirkungsgraderhöhung und der damit erreichbaren CO_2 Minderung. Ferner sind noch Fragen der langzeitsicheren Lagerung des verflüssigten CO_2, der zugehörigen Logistik und der Wirtschaftlichkeit zu klären.

4.3.2 Dampfturbinen

4.3.2.1 Bauarten

Beim Entspannen des mit einer bestimmten spezifischen Enthalpie beladenen Frischdampfstroms in einer Dampfturbine entsteht auf Kosten der Abnahme der Enthalpie eine Expansionsströmung. Da schon geringe Enthalpiegefälle sehr hohe Expansionsgeschwindigkeiten ergeben und diese zur Vermeidung von Stoßverlusten bzw. Erzielung hoher Wirkungsgrade exzessive Umlaufgeschwindigkeiten erfordern würden, werden Dampfturbinen *mehrstufig* gebaut (ein feststehendes *Leitrad* und ein *Laufrad* bilden eine *Stufe*).

Das feststehende *Leitrad* hat die Aufgabe, den Dampf so umzulenken, als käme er aus schräg angeordneten Düsen, so daß der Dampf die Schaufeln des Laufrads optimal beaufschlagt (s. a. Bild 4.23). Nach jedem Laufrad folgt ein weiteres Leitrad, das den Dampf wieder in die ursprüngliche Richtung umlenkt, mit der er aus dem vorherigen Leitrad ausströmte, damit auch das folgende Laufrad wieder optimal beaufschlagt wird. In einem Leitrad wird der Strömung jedoch keine Energie entzogen, dies geschieht allein im Laufrad.

Hohe Enthalpiegefälle führen zu mehrgehäusigen Turbinen, die meist mit einer Zwischenüberhitzung kombiniert sind. Man spricht von *Hochdruck-*, *Mitteldruck-* und *Niederdruckteil*. Die während der Expansion auftretende Zunahme des spezifischen Dampfvolumens führt auf Grund des hohen Vakuums im Kondensator zu einem großen Abdampfvolumen und zwingt schließlich zu *mehrflutiger* Bauweise des Niederdruckteils, da die Laufradschaufeln aus Festigkeitsgründen in ihrer Länge begrenzt sind, Bild 4.22.

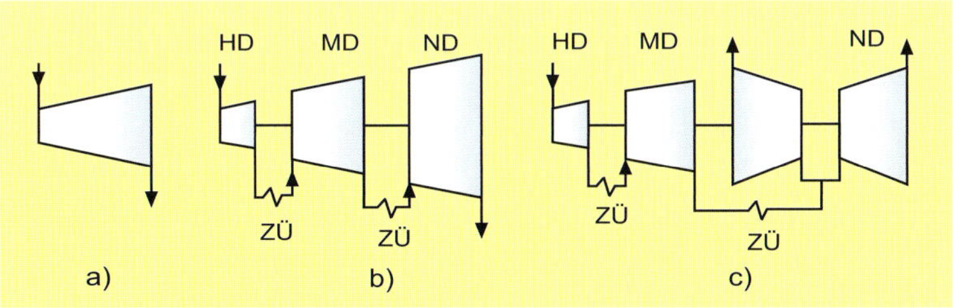

Bild 4.22. Bauformen von Dampfturbinen mit zunehmendem Enthalpiegefälle. a) Dampfturbine mit mehreren Stufen, b) *mehrgehäusige* Dampfturbine, c) *mehrgehäusige* Dampfturbine mit *mehrflutigem* Niederdruckteil (zwei parallele Niederdruckturbinen).

Vielfach sind auch Mitteldruckturbinen mehrflutig ausgeführt. Ein weiterer Vorteil mehrflutiger Bauweise ist die Kompensation der auf die

Turbinenwelle wirkenden Axialkräfte. Ferner unterscheidet man grundsätzlich zwischen *Gleichdruck-* und *Überdruckturbinen* bzw. hohem und niedrigem *Reaktionsgrad.* Der Reaktionsgrad r kennzeichnet das Verhältnis des isentropen Enthalpiegefälles Δh_L im Laufrad bezogen auf das isentrope Enthalpiegefälle Δh_{St} einer gesamten Stufe (Leitrad + Laufrad),

$$r = \frac{\Delta h_L}{\Delta h_{St}} \quad . \tag{4.34}$$

Wird das Enthalpiegefälle einer Stufe vollständig im Leitrad in Geschwindigkeit bzw. kinetische Energie umgesetzt, nimmt gemäß (4.34) der Reaktionsgrad den Wert Null an. Erfolgt die Umwandlung hälftig im Leitrad, hälftig im Laufrad besitzt er den Wert 0,5.

Gleichdruckturbinen

Bei *Gleichdruckturbinen*, auch *Aktionsturbinen* genannt, wird das Druckgefälle einer Stufe bereits im Leitrad mit sich verjüngendem Kanalquerschnitt vollständig in Geschwindigkeit mit hohem Drehimpuls umgesetzt (Reaktionsgrad 0). Es gilt für die Geschwindigkeitsvektoren stets

$$\mathbf{c} = \mathbf{u} + \mathbf{v} \quad , \tag{4.35}$$

worin **c** die absolute Dampfgeschwindigkeit, **u** die Umfangsgeschwindigkeit des Laufrads und **v** die Relativgeschwindigkeit Dampf/Schaufelfläche bedeuten (im rotierenden Laufradkoordinatensystem beobachtet bzw. meßbar). Die Richtung der Relativgeschwindigkeit stimmt in erster Näherung mit der Tangente an die Schaufeloberfläche überein.

Das nachfolgende Laufrad wandelt den Drehimpuls durch *Umlenkung* in ein Drehmoment um, wobei der Drehimpuls am Laufradaustritt den Wert Null annimmt. Der Dampf strömt daher drallfrei in das folgende Leitrad, wo ihm erneut ein Drehimpuls für das nächste Laufrad mitgeteilt wird.

Der Druck vor und nach jedem Laufrad ist wegen des konstanten Kanalquerschnitts am Ein- und Austritt des Schaufelgitters des Laufrads gleich groß. Da an den Laufradschaufeln kein Druckunterschied auftritt, sind auch die Leckverluste im Spalt zum Gehäuse gering. Dafür entstehen wegen der starken Umlenkung hohe Profilreibungsverluste. Sinngemäß sind auch die Beträge der Relativgeschwindigkeit am Laufradeintritt und -austritt gleich groß. Damit ergibt sich auf beiden Seiten des Laufrads ein einheitlicher Druck $p_1 = p_2$. Die absolute Dampfgeschwindigkeit nimmt ab, $|\mathbf{c}_2| < |\mathbf{c}_1|$.

Die Expansion im Leitradkranz ergibt eine Geschwindigkeitszunahme auf Kosten einer Druckabnahme ($\mathbf{c}_1 > \mathbf{c}_0$), in dem durch Umlenkung des Massenstroms eine Impulsänderung $\mathbf{F} = d(m \cdot \mathbf{c})/dt$ stattfindet. Von dieser Kraft wirkt auf das Laufrad die Tangentialkomponente $F_u = \dot{m}(c_{1u} - c_{2u})$, Bild 4.23.

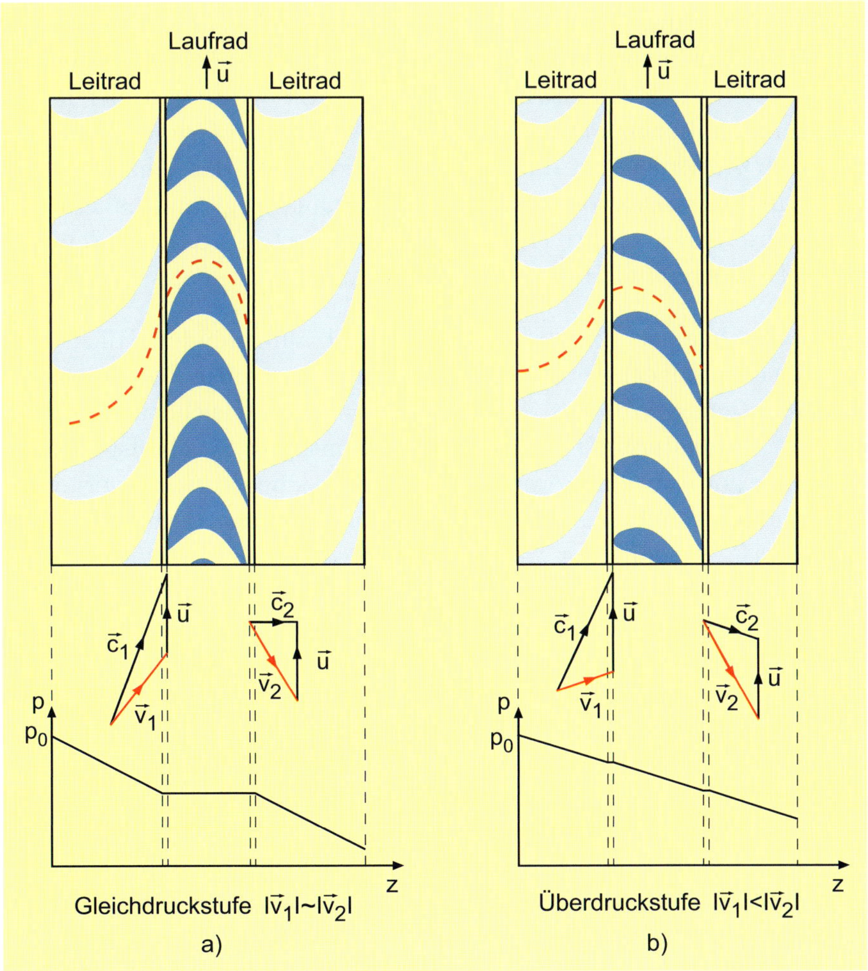

Bild 4.23. Geschwindigkeitsdiagramme des Laufradkanals, a) einer Gleichdruckturbine und b) einer Überdruckturbine (nicht maßstäblich).

Überdruckturbinen

Bei *Überdruckturbinen* bzw. *Reaktionsturbinen* verjüngt sich auch der Laufradkanal, Leit- und Laufrad können daher grundsätzlich das gleiche Schaufelprofil besitzen. Die Querschnittsverringerung führt auch im Laufrad zu einer Beschleunigung des Dampfstroms und damit einer Zunahme der Geschwindigkeit $|\mathbf{v}_2| > |\mathbf{v}_1|$. Ferner treten auf beiden Seiten des Laufrads unterschiedliche Drücke $p_2 < p_1$ auf (Reaktionsgrad $\approx$ 0,5). Die größere Relativgeschwindigkeit $\mathbf{v}_2$ am Austritt verlangt eine höhere Umfangsgeschwindigkeit der folgenden Stufe, was dazu führt, daß Überdruckturbinen eine doppelt so hohe Stufenzahl aufweisen wie Gleichdruckturbinen. Da bei letzteren das Enthalpiegefälle ausschließlich am Leitrad in Geschwindigkeit umgesetzt wird, tritt bei halber Stufenzahl ein höheres Druckgefälle auf. Aus diesem Grund und wegen der hohen Ansprüche an die Abdichtung zwischen den einzelnen Stufen ist die Leitradsektion besonders kräftig ausgelegt und nahe an die Läuferachse herangeführt (*Kammerstufenbauart*), so daß sich letztlich gleiche Baulänge und Herstellungskosten ergeben.

Wegen des bei der Expansion im Laufrad auftretenden Rückstoßes (vgl. Rasensprenger) werden Überdruckturbinen auch *Reaktionsturbinen* (Reaktionsgrad $0 < r < 1$, z. B. $r = 0,5$), Gleichdruckturbinen dagegen *Aktionsturbinen* genannt (Reaktionsgrad $r = 0$). Überdruckturbinen erfordern zum Ausgleich des vom Überdruck hervorgerufenen Axialdrucks einen *Ausgleichskolben* oder symmetrische mehrflutige Bauweise, sogenannter *Schubausgleich*. Moderne Turbinen können in den einzelnen Stufen und längs der Schaufeln von innen nach außen abnehmende Reaktionsgrade aufweisen, wodurch der Unterschied zwischen Gleichdruck- und Überdruckturbinen verwischt wird.

Das erste Laufrad von Dampfturbinen mit *Teilbeaufschlagung* bezeichnet man als *Regelstufe*. Unter Regelstufe wird eine Turbinenstufe mit mehreren einzelnen beaufschlagbaren *Düsengruppen* (*Leitradsektionen*) verstanden. Regelstufen sind immer Gleichdruckstufen. Bei Überdruck vor dem Laufrad würde sich der Dampf auch auf nichtbeaufschlagte Kanäle verteilen und zu *Stoßverlusten* führen. Je nach Bauart kann die Regelstufe einkränzig (*Aktionsrad*) oder zweikränzig (*Curtisrad*) sein.

Von der Anwenderseite her besteht zwischen Gleich- und Überdruckturbinen praktisch kein Unterschied. Es gibt nahezu ebenso viele Gleichdruckturbinen wie Überdruckturbinen, gleichviel ob man Industriekraftwerke oder Kraftwerke der öffentlichen Versorgung berücksichtigt.

Sattdampfturbinen

Dampfturbinen für Kernkraftwerke mit leichtwassergekühlten Reaktoren bedürfen einer besonderen Auslegung, da die Dampferzeuger nur *Sattdampf* mit einer Anfangsfeuchte von 0,5 % liefern. Eine Überhitzung des Sattdampfs durch kernenergiebeheizte Überhitzer ließe sich aus Korrosionsgründen nur mit neutronenabsorbierenden Werkstofflegierungen vom Typ *Inconel* bewerkstelligen und würde höher angereichertes Uran erfordern.

Die Expansion in der Turbine findet überwiegend im Naßdampfgebiet unter Ausscheidung von Wasser statt. Mit anderen Worten, Sattdampfturbinen nutzen nur die *latente Wärme* aus (s. 4.1.1). Bei einer 1300 MW Turbine fallen mehrere hundert Kilogramm Wasser je Sekunde im Arbeitsmittel aus, die durch externe und interne Wasserabscheider, beispielsweise in Form hohler Leitschaufeln, aus dem Naßdampf entfernt werden müssen. Wegen des niedrigen Frischdampfzustands bzw. des geringen Enthalpiegefälles besitzen Sattdampfturbinen mehrfach höhere Massen- und Volumenströme am Ein- und Austritt, was zu vielflutigen ND-Teilen und großen Endstufendurchmessern führt. Letztere resultieren in großen Fliehkräften an den Schaufeln. Sattdampfturbinen werden daher meist nur für 1500 U/Min. ausgelegt und mit vierpoligen Turbogeneratoren gekoppelt.

Andere Dampfturbinen

Neben den bislang beschriebenen reinen Kondensationsturbinen, die exklusiv der Erzeugung elektrischer Energie dienen, kennt die Turbinentechnik noch *Gegendruckturbinen*, *Entnahmekondensationsturbinen* etc., auf die im Abschnitt *Kraft-Wärmekopplung* noch ausführlicher eingegangen wird (s. 4.7.1). Schließlich kommen sogenannte *Industrieturbinen* ($\leq$ 150 MW) auch als *Antriebe* von Pumpen und Verdichtern zum Einsatz, beispielsweise als Antrieb von Kesselspeisepumpen. Aktuell befinden sich sogenannte Mikroturbinen für die dezentralisierte Stromsorgung mit Leistungen $<$ 150 KW in der Entwicklung.

Abschließend vermittelt Bild 4.24 eine anschauliche Vorstellung von den Größenverhältnissen eines mehrgehäusigen Dampf-Turbo-Satzes.

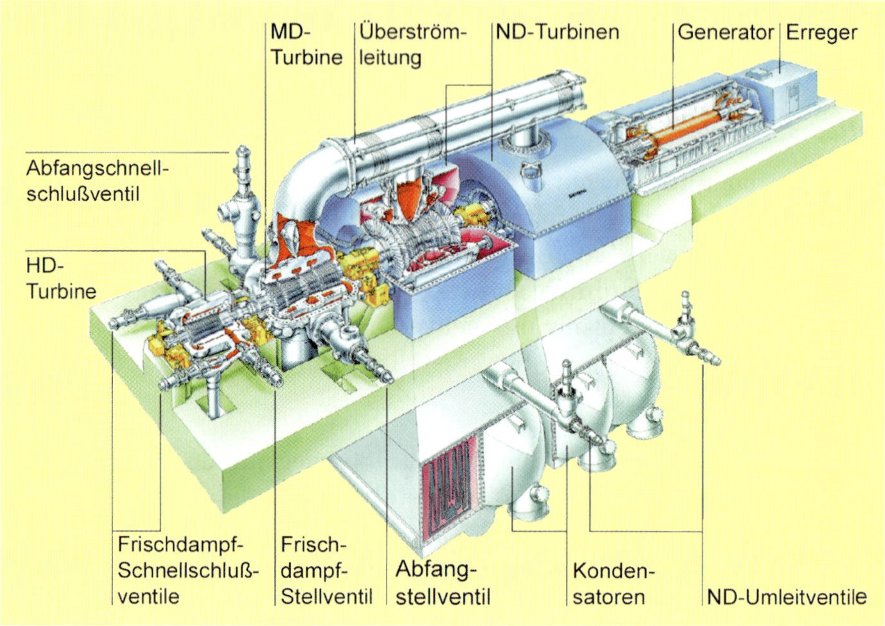

Bild 4.24. 800 MW-Dampfturbosatz (Siemens).

Die Hochdruckturbine besitzt das kleinste, die doppelflutigen Niederdruckturbinen das größte Bauvolumen. Vor der Hochdruckturbine sind zwei *Stellventile* angeordnet sowie zwei ihnen vorgelagerte *Schnellschlußventile*. Letztere erlauben bei plötzlicher mechanischer Entlastung des Generators (Kurzschlußfall, Trennung vom Netz) die schlagartige Unterbrechung der Dampfzufuhr und verhindern somit ein „Durchgehen" der Turbine. Vor dem Stellventil der Mitteldruckturbine befindet sich nochmals ein Schnellschlußventil, das gewöhnlich als *Abfangventil* bezeichnet wird. Beachtenswert ist das Bauvolumen der Kondensatoren, das das Bauvolumen der gesamten Turbine weit übersteigt (ohne Wärmeisolation).

4.3.2.2 Leistungsregelung von Dampfturbinen

Die von einer Dampfturbine abgegebene Wirkleistung läßt sich über den *Dampfmassenstrom* (*Mengen-* bzw. *Füllungsregelung*) und/oder über das *Enthalpiegefälle* regeln (Druckabsenkung durch *Drosselung* an Stellventilen), die beide das Drehmoment beeinflussen. Im ersten Fall variiert man den Grad der Beaufschlagung (Teil- oder Vollbeaufschlagung), indem einzelne *Düsengruppen* durch nacheinander öffnende Stellventile zu- bzw. abgeschaltet werden, Bild 4.25a.

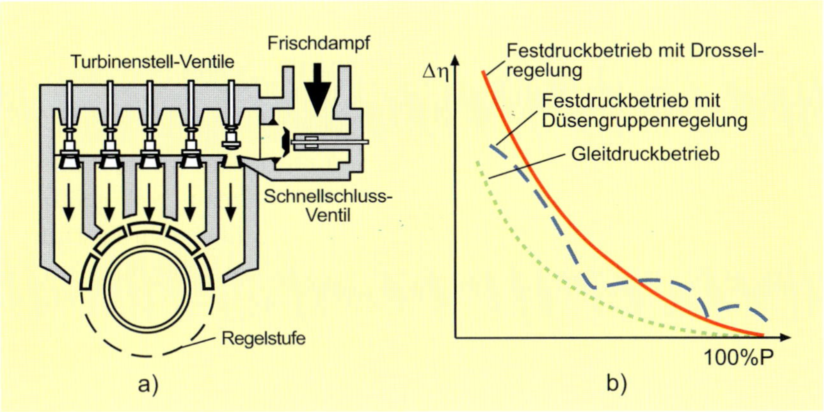

Bild 4.25. a) Düsengruppenregelung, b) Unterschiede im spezifischen Dampfverbrauch von Gleitdruckbetrieb, Düsengruppen- und Drosselregelung.

Bei der modernen technischen Realisierung erfolgt die Dampfzufuhr über vier symmetrisch am Umfang verteilte Einströmstutzen und entsprechend symmetrisch am Umfang verteilte Düsengruppen. Düsengruppen und erstes Laufrad bilden die sogenannte *Regelstufe.* Für die alleinige Regelung des *Enthalpiegefälles* (Drosselregelung) wird durch ein oder mehrere Stellventile bei stets voller Beaufschlagung der Frischdampf lediglich gedrosselt (die Turbine besitzt keine Regelstufe, das heißt, keine einzelnen, zuschaltbaren Düsengruppen). Wegen ihres höheren Wärmeverbrauchs wird die Drosselregelung meist nur im *modifizierten Gleitdruckbetrieb* (s. 4.4.2) zwischen 90 % und 100 % Vollast eingesetzt. Man unterscheidet zwischen reiner *Füllungsregelung*, reiner *Drosselregelung* und der Kombination beider, sog. *Drossel-Füllungsregelung.* Bei letzterer wird der Dampfstrom durch die Anzahl der Düsengruppen, das Enthalpiegefälle durch das jeweilige nicht ganz geöffnete Stellventil gesteuert. Daher auch die Bezeichnung *Düsengruppenregelung.* Reine Füllungsregelung liegt jeweils nur in den fünf Betriebspunkten vor, wo jeweils eine oder mehrere der Düsenkammern voll geöffnet, die restlichen ganz geschlossen sind (arkadenförmiger Verlauf in Bild 4.25b).

Ob im Festdruckbetrieb die Drosselregelung oder die Düsengruppenregelung günstiger ist, hängt vom häufigsten Betriebsregime ab. Insgesamt sind die Unterschiede nicht gravierend, da sie sich nur in der Hochdruckturbine auswirken. Mitteldruck- und Niederdruckturbinen arbeiten ohnehin immer im Gleitdruckbetrieb. Die Düsengruppenregelung besitzt wegen der geringeren Drosselverluste im Mittel günstigere Teillastwirkungsgrade, Bild 4.25b.

Dampfturbinen mit Drosselregelung werden meist im modifizierten Gleitdruckbetrieb gefahren. Das heißt, bei nahezu voll geöffnetem Dampfeinlaßventil erfolgt die Leistungsregelung über den leistungsabhängig gefahrenen Kesseldruck. Abhängig vom Betriebspunkt kann die Drosselregelung einen günstigeren Wirkungsgrad aufweisen als die Düsengruppenregelung und umgekehrt. Die Drosselregelung ist technisch weniger aufwendig (weniger Ventile, keine Regelstufe etc.) und erlaubt eine schonendere Fahrweise der Turbine (geringere Wärmespannungen).

Einer plötzlichen Stellungsänderung des Dampfeinlaßventils $+\Delta P_D$ folgt die Leistung P_T einer Dampfturbine verzögert mit einer Zeitkonstanten T_T (Speichereffekt der Dampfräume des Turbinengehäuses). Damit ergibt sich als Übertragungsfunktion:

$$G_T(s) = \frac{\Delta P_T(s)}{\Delta P_D(s)} = \frac{1}{1 + sT_T} \quad , \qquad (4.36)$$

wobei T_T in der Größenordnung 0,15 s liegt.

Große Einheiten werden fast immer mit Zwischenüberhitzung gebaut, wobei der Hochdruckteil beispielsweise 1/3, Mittel- und Niederdruckteil 2/3 der Leistung erzeugen. Für den Fall einfacher Zwischenüberhitzung folgt dann der Hochdruckteil einer Änderung des Dampfeinlaßventils wie oben mit der Übertragungsfunktion:

$$G_{THD}(s) = \frac{\Delta P_{THD}(s)}{\Delta P_D(s)} = \frac{1}{3} \cdot \frac{1}{1 + sT_T} \quad . \qquad (4.37)$$

Wegen des großen Speichervolumens des Zwischenüberhitzers einschließlich seiner Rohrleitungen ändert sich dagegen die Leistung des Nieder- und Mitteldruckteils mit der Übertragungsfunktion

$$G_{TMD/ND}(s) = \frac{\Delta P_{TMD/ND}(s)}{\Delta P_v(s)} = \frac{2}{3} \cdot \frac{1}{1 + sT_T} \cdot \frac{1}{1 + sT_{ZUE}} \quad , \qquad (4.38)$$

wobei T_{ZUE} in der Größenordnung von 10 … 15 s liegt. Da die Turbinenteile über die Läuferwelle starr gekoppelt sind, addieren sich die einzelnen Leistungen, so daß sich als Gesamtübertragungsfunktion

$$G_{HD/MD/ND}(s) = \frac{\Delta P_{THD/MD/ND}(s)}{\Delta P_D(s)} = \frac{\Delta P_{THD} + \Delta P_{TMD/ND}}{\Delta P_D(s)} \quad , \tag{4.39}$$

$$G_{HD/MD/ND}(s) = \frac{1 + 1/3\, s \cdot T_{ZUE}}{(1 + sT_T)(1 + sT_{ZUE})} \tag{4.40}$$

ergibt.

Die Übergangsfunktionen einer einteiligen Turbine und einer mehrgehäusigen Turbine mit Zwischenüberhitzung zeigt Bild 4.26.

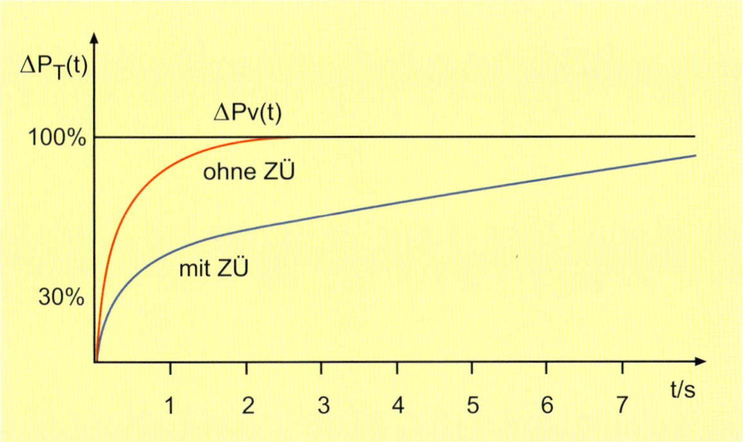

Bild 4.26. Übergangsfunktionen von Dampfturbinen für Festdruckbetrieb mit und ohne Zwischenüberhitzung.

Einer sprunghaften Erhöhung der Dampfleistung folgt die Wirkleistung einer Turbine mit Zwischenüberhitzung bis zur Höhe von ca. 30 % praktisch sofort (HD-Teil), die restlichen 70 % werden im Verlauf mehrerer Zwischenüberhitzerzeitkonstanten aufgebaut. Letztere Aussage gilt nur für vergleichsweise kleine Ventilstellungsänderungen, bei großen Hüben wird der langsame Anstieg zusätzlich vom Dampferzeugerzeitverhalten bestimmt.

Bei plötzlichem Lastabwurf (Vollastabschaltung) steigt die Drehzahl einer Dampfturbine, wie bereits erwähnt, sehr schnell an. Kann der Drehzahlanstieg nicht von der Regelung über die Stellventile aufgefangen werden, spricht das Schnellschlußventil an (bei ca. 5 ... 15 % Überdrehzahl, je nach Regelkonzept und Anlaufzeitkonstante des Turbosatzes). Der aus dem Kessel strömende Dampf wird dann über die sogenannte *Umleitstation* (*Bypass*) an der Turbine vorbei direkt in den Kondensator geleitet.

Bei Turbinen mit Zwischenüberhitzung strömt der Frischdampf im Schnellschlußfall am HD-Teil vorbei in den Zwischenüberhitzer und erst von dort über den ND-Bypass an HD- und ND-Teil vorbei in den Kondensator.

4.3.3 Kondensator, Kühleinrichtungen

4.3.3.1 Kondensator

Der geringe thermodynamische Wirkungsgrad eines Dampfkraftwerks liegt darin begründet, daß das Arbeitsmedium beim Verlassen der Turbine immer noch als Dampf vorliegt, in dem über die Hälfte der investierten Primärenergie in Form *latenter Wärme* (s. 4.1) enthalten ist. Theoretisch hat man nun die Wahl, diesen Dampf in die Atmosphäre ausströmen oder in einem Kondensator kondensieren zu lassen. Im ersten Fall wäre der thermische Wirkungsgrad besonders schlecht, weil die Turbine gegen den Atmosphärendruck arbeiten müßte und außerdem die Abdampftemperatur bei 100° C läge. Darüber hinaus müßte fortlaufend Speisewasser aufbereitet und eine starke Umweltbeeinflussung durch die Dampfschwaden in Kauf genommen werden. Im Kondensationsbetrieb arbeitet die Turbine dagegen auf das Grobvakuum des Kondensators (z. B. 0,04 bar bei 20° C Kühlwassereintrittstemperatur), gleichzeitig besitzt der Dampf am Turbinenaustritt eine wesentlich niedrigere Temperatur. Beides führt zu einer geringeren Austrittsenthalpie und ermöglicht eine Wirkungsgradsteigerung von ca. 5 ... 10 %. Das Vakuum im Kondensator stellt sich auf Grund der starken Verringerung des spezifischen Volumens um mehrere Grössenordnungen während der Kondensation selbsttätig ein. Seine Höhe ergibt sich unter Berücksichtigung der Übertragungseigenschaften des Kondensators aus der Dampftafel, nach der jeder Sattdampftemperatur ein bestimmter Absolutdruck zugeordnet ist. Die Vakuumpumpe des Kondensationsteils dient nur zum Evakuieren beim Anfahren und zum Absaugen von Luftresten, die durch Undichtigkeiten in das System gelangen. Die eigentliche Kondensation erfolgt beim Kontakt des Dampfes mit den wassergekühlten Röhren des Kondensators. Alternativ gibt es auch luftgekühlte Kondensatoren, bei denen der Dampf durch die Röhren strömt, während die Kühlluft von außen einwirkt. Eine anschauliche Vorstellung von den Kondensatorabmessungen und den Volumenströmen am Ausgang einer ND-Turbine vermittelt Bild 4.27.

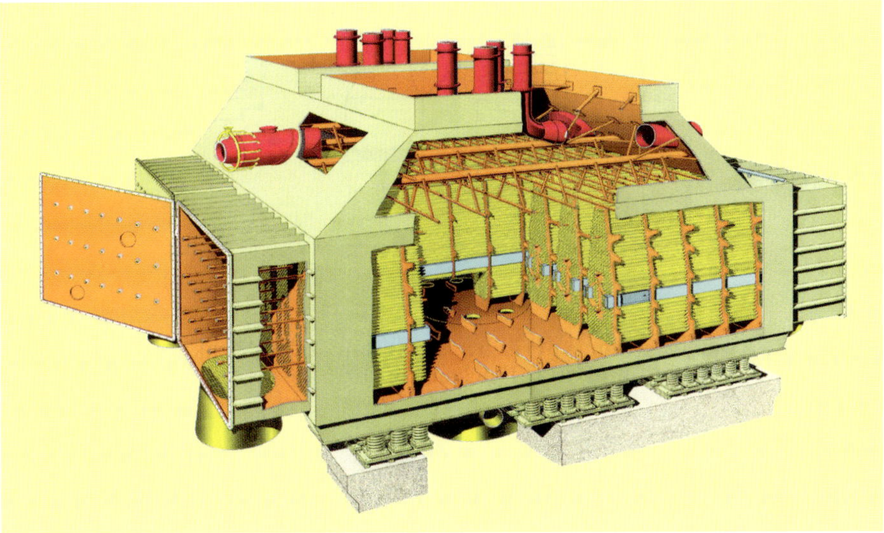

Bild 4.27. Dampfturbinenkondensator (ALSTOM).

Bezüglich des umbauten Raums besitzt der Kondensator ein Vielfaches des Volumens der Dampfturbine. Die gesamte Kühlrohroberfläche liegt typisch bei mehreren 10.000 m^2, die Zahl der Röhren bei mehreren 10.000. Für kleinere Leistungen kommen an Stelle von Oberflächenkondensatoren auch sogenannte *Einspritz-* bzw. *Misch*kondensatoren zum Einsatz, bei denen das Kühlwasser direkt in den Dampf gespritzt wird, was ebenfalls zu seiner sofortigen Kondensation führt.

4.3.3.2 Kühlarten

Die vollständige Kondensation des aus den Abdampfstutzen der Turbine austretenden Wasserdampfs erfordert einen großen Kühlwasserbedarf – beispielsweise benötigt ein 1000 MW-Block grob 2000 MW Kühlleistung – weswegen Dampfkraftwerke immer an Flüssen oder großen Seen gebaut werden. Man unterscheidet zwischen Frischwasserkühlung und Rückkühlung. Der Vorteil der *Frischwasser-* bzw. *Durchflußkühlung* (engl.: *once-through cooling*) liegt in den geringen Investitionskosten, da nur ein Wärmetauscher (Turbinenkondensator) benötigt wird, Bild 4.28a.

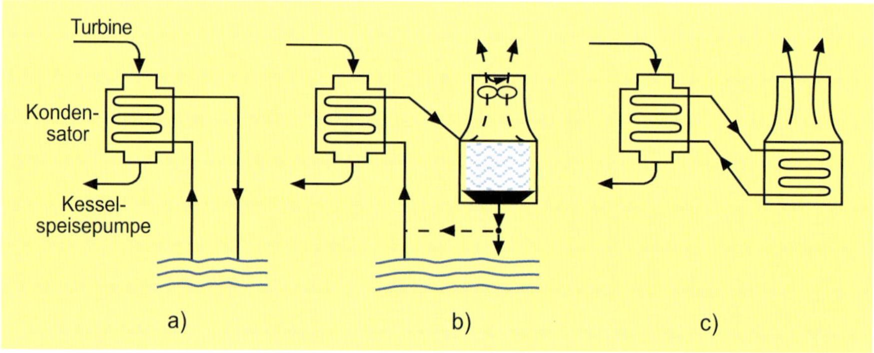

Bild 4.28. Kühlverfahren. a) Frischwasserkühlung, b) Rückkühlung mit Naßkühlturm, c) Rückkühlung mit Trockenkühlturm.

Die Wahl des Kühlverfahrens ergibt sich durch die mögliche thermische Belastung der Flüsse, die durch sog. *Wärmelastpläne* geregelt ist. Kühlwasserstrom und -austrittstemperatur unterliegen behördlichen Auflagen, die unannehmbare Störungen des ökologischen Gleichgewichts verhindern. Folgende Grenzwerte sind üblich:

Temperaturerhöhung des Flußwassers	$\leq$	3	...	5° C
Kühlwasseraustrittstemperatur	$\leq$	30	...	33° C
Temperaturerhöhung im Kondensator	$\leq$	10	...	33° C

Im Fall begrenzter Frischwasserkühlung geht man auf *Rückkühlung* über, d. h. das aus dem Kondensator austretende erwärmte Kühlwasser wird in einem Kühlturm auf Kondensatoreintrittstemperatur *rückgekühlt.* Man unterscheidet *Naßkühltürme* und *Trockenkühltürme.* In ersteren fließt das warme Kühlwasser über großflächige Rieselkörper und gibt seine Wärme teils *konvektiv* an die senkrecht nach oben strömende Luft (Kaminwirkung oder forcierte Luftströmung), teils als

Verdampfungswärme (Verdunstungskälte) beim teilweisen Verdunsten des Wassers ab, Bild 4.28b. Das verdunstete Wasser (ca. 1,5 %) muß laufend ergänzt werden. Soweit möglich wird *Mischkühlung* angewandt, d. h. die Wärme wird teilweise im Kühlturm durch die Umgebungsluft und teilweise durch Frischwasser abgeführt, im Bild 4.28b strichliert eingezeichnet.

Wenn das verdunstete Wasser nicht wirtschaftlich ersetzt oder Nebelbildung nicht toleriert werden kann, ist auch die Verwendung von *Trockenkühltürmen* mit geschlossenem Kühlwasserkreislauf möglich, Bild 4.28c. Wegen der ausschließlich konvektiven Wasserabgabe müssen Trockenkühltürme größere Abmessungen besitzen. Die Vorzüge beider Verfahren können in sog. *Hybridkühltürmen* kombiniert werden, die unter maximaler Nutzung vorhandenen Kühlwassers mit Naßkühlung arbeiten und den Restbedarf an Kühlleistung durch Trockenkühlung decken.

Zur Einhaltung der oben angegebenen Grenzkurven ist auch das *Ablaufkühlprinzip* geeignet, bei dem das erwärmte Kühlwasser vor dem Rückfluß in das Gewässer durch einen Kühlturm gekühlt wird. Schließlich gibt es noch direkt luftgekühlte Kondensatoren, die jedoch auf kleine Abdampfquerschnitte beschränkt sind.

Wegen der unterschiedlichen Kühlmitteltemperaturen von Wasser (Jahresmitteltemperatur z. B. 15° C) und Luft (Jahresmitteltemperatur z. B. 25° C) hängt der thermische Wirkungsgrad vom Kühlverfahren ab. Gegenüber der Frischwasserkühlung belasten Rückkühlverfahren mit Naßkühltürmen die Erzeugungskosten zusätzlich mit ca. 3 ... 5 % (je nach Primärenergiekosten). Trockenkühltürme bewirken eine weitere Kostensteigerung um das Zwei- bis Dreifache.

4.3.3.3 Abwärmenutzung

Die großen Mengen ungenutzt mit dem Kühlwasser an die Umgebung abgeführte Abwärme reiner Kondensationskraftwerke legen den Gedanken nahe, diese „*verschwendete*“ Energie für Heizzwecke zu verwenden. Rein energetisch betrachtet ließe sich mit dem 2400 MW Abwärmestrom eines Kernkraftwerkes eine Stadt mit etwa 1 Mio Einwohnern beheizen. Unter der Oberfläche dieser Betrachtungsweise schlummern jedoch die Fragen, wie die Wärme zum Endverbraucher gelangen und wie dessen Wärmebedarf bei allfälligen Abschaltungen auf Grund normaler Betriebsstörungen oder Revisionen gedeckt werden soll.

Wie bereits gezeigt wurde (s. 4.1.5), setzt sich die von einer strömenden Stoffmenge (Massenstrom $\dot{m}$) durch einen ruhenden Querschnitt transportierte spezifische Energie aus folgenden Anteilen zusammen:

$$w_{tot} = w_{pot} + w_{kin} + u + pv \quad . \tag{4.41}$$

Vernachlässigen wir beim Kühlwasserstrom den Unterschied der *äusseren Energie* und der *Strömungsenergie* im Ein- und Austrittsquerschnitt ($p_1 = p_2$, $v_1 = v_2$, das heißt $p_1v_1 = p_2v_2 = constant$), so verbleibt eine Erhöhung der inneren Energie, die dem Kühlwasserstrom im Kondensator durch Aufnahme der Abwärme mitgeteilt wird. Die gesamte innere Energie des Kühlwassers kann man sich nun näherungsweise in einen Anteil zerlegt denken, der einer gleich großen Wassermenge von Umgebungstemperatur entspräche und einen zweiten Anteil, der ersteren zur gesamten inneren Energie ergänzt:

$$u = mc_vT = mc_v(T - \Delta t) + mc_v\Delta t$$
$$(\Delta t = \text{Übertemperatur}, c_v = \text{Mittelwert der spez. Wärme}) \tag{4.42}$$

Von dieser Energie kann über die Heizflächen etwaiger Heizkörper im günstigsten Fall (unendlich große Heizflächen) nur der Anteil $m \cdot c_v \cdot \Delta t$ abgegeben werden, da für einen Kühlwasserstrom von Umgebungstemperatur mangels Temperaturdifferenz kein Anlaß für einen Wärmeaustausch gegeben ist. Transport und Verteilung der mit dem nicht nutzbaren Anteil der inneren Energie gekoppelten Wassermenge zu dezentralisierten Endverbrauchern, die saisonale Auslastung, die auch außerhalb der Heizperiode nach Einrichtungen für die volle Kühlleistung verlangt sowie die Zuverlässigkeit der Wärmeversorgung lassen einer umfassenden Nutzung der im Kühlwasser von Kondensationskraftwerken enthaltenen Abwärme nur geringe Chancen.

Noch deutlicher wird die Ohnmacht kühlwassergebundener Abwärme eines Kondensationskraftwerks, wenn man die mitgeführte *Exergie*, d. h. den Anteil des Energiestroms berechnet, der sich maximal in Nutzarbeit umwandeln läßt. Unter Vernachlässigung der äußeren Energie w_{pot} und w_{kin} berechnet sich die spezifische Exergie eines strömenden Fluids in Abhängigkeit von der Umgebungstemperatur zu

$$e = h - h_u - T_u(s - s_u) \quad . \tag{4.43}$$

Berücksichtigt man in der Enthalpie nur die innere Energie, da sich wegen pv = constant die Strömungsenergie ohnehin nicht nutzen läßt, so berechnet sich für einen 2.000 MW Abwärmestrom der Exergiestrom grob zu ca. 1 MW, d. h. 0,5 Promille.

Im Kapitel 4.7 wird gleichwohl gezeigt werden, daß sich ein Teil der Abwärme durch Übergang vom reinen *Kondensationsbetrieb* zum *Entnahme-Kondensationsbetrieb* nutzen läßt. Dieses Verfahren kommt aber nur für einen Teil der Kraftwerke in Frage, da das Abwärmeangebot fast immer größer ist als der lokale Wärmebedarf. Ferner ist zu beachten, daß es sich *nicht um wahre Abwärmenutzung* handelt, sondern um die Nutzung höherwertiger Wärme auf deutlich über der Umgebungstemperatur liegendem Temperaturniveau, aus der man auch noch Strom hätte erzeugen können.

Die hohe Abwärmeleistung thermischer Kraftwerke beeindruckt nicht nur den technischen Laien, sondern auch den Energiefachmann. Für letzteren ist jedoch leichter einzusehen, daß unsere heutige Lebensweise ohne den unter Inkaufnahme der Abwärmeverluste gewonnenen Sekundärenergieträger elektrische Energie eine noch schlechtere Nutzung der Primärenergie zur Folge hätte.

4.4 Leistungsregelung in Dampfkraftwerken

Abhängig von den regelungstechnischen und wirtschaftlichen Anforderungen können Kraftwerksblöcke auf verschiedene Arten betrieben werden. Man unterscheidet im wesentlichen zwischen *Festdruckbetrieb*, *Gleitdruckbetrieb* und *Modifiziertem Gleitdruckbetrieb*.

4.4.1 Festdruckbetrieb

Im Festdruckbetrieb wird der Frischdampfdruck des Dampferzeugers unabhängig von der erzeugten Leistung auf einen konstanten Wert geregelt. Die Turbine besitzt eine Regelstufe mit meist vier Düsengruppen (s. 4.3.2.1), die sequentiell beaufschlagt werden. Dadurch entstehen Drosselverluste nur bei dem gerade öffnenden Stellventil (s. 4.3.2.2). Die Turbinenleistung bzw. das Turbinendrehmoment wird über die Turbinenstellventile (Turbineneinlaßquerschnitt Y_T) beeinflußt, Bild 4.29.

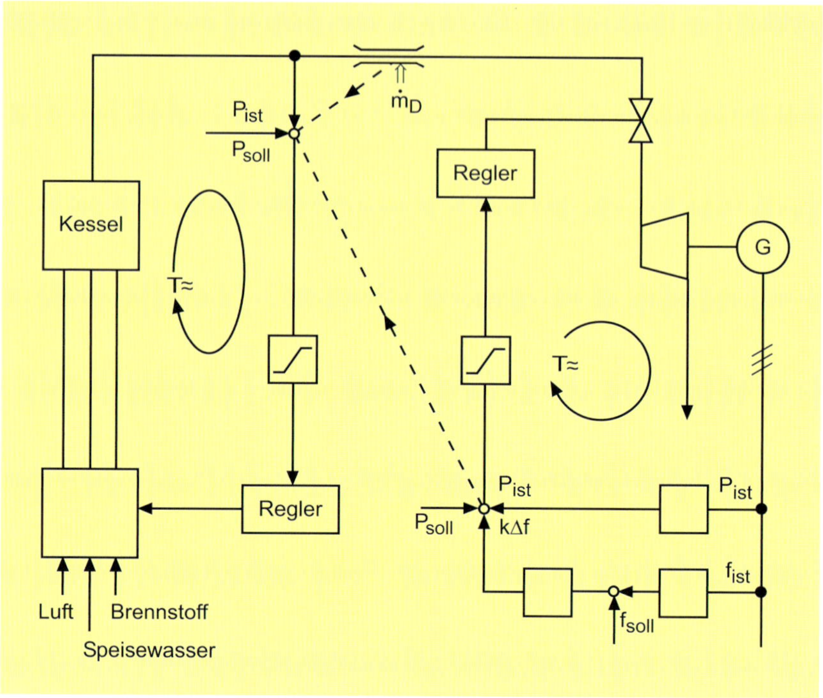

Bild 4.29. Festdruckbetrieb (vereinfachter Signalflußplan).

Aufgrund der Druckspeichereigenschaften des Dampferzeugers kann einem Lastsprung $\Delta P = k\Delta f$ (s. 13.1.1 und 13.1.2) sehr schnell durch Öffnen der Turbinenstellventile begegnet werden. Der wegen des höheren Dampfstroms langsam absinkende Frischdampfdruck sorgt über die Druckregelung durch erhöhte Primärenergiezufuhr langfristig für eine Wahrung der anfänglich durch *Dampfausspeicherung* aufrechterhaltenen Wirkleistungsbilanz $P_{el} = P_{mech}$. Zur beschleunigten Anpassung der Feuerungsleistung wird wahlweise die elektrische Leistung oder der ihr proportionale Dampfstrom der Druckregelung als Störgröße aufgeschaltet, weil insbesondere im Schwachlastbetrieb die Druckänderungen sehr klein sind, in Bild 4.29 strichliert. Der Vorzug des Festdruckbetriebs liegt in der Verfügbarkeit der im Dampferzeuger gespeicherten Energie, nachteilig sind größere Temperaturgradienten in der Turbine und höherer Wärmeverbrauch bei nur teilweise geöffneten Ventilen sowie der geringere Wirkungsgrad der Regelstufe.

4.4.2 Gleitdruckbetrieb

Im *Gleitdruckbetrieb* strömt der Frischdampf durch die voll geöffneten Dampfeinlaßventile ungehindert zur Turbine, die momentan erzeugte Wirkleistung wird allein über den Brennstoffstrom $\dot{m}_D$ beeinflußt, der Frischdampfdruck gleitet mit der erzeugten Leistung, Bild 4.30.

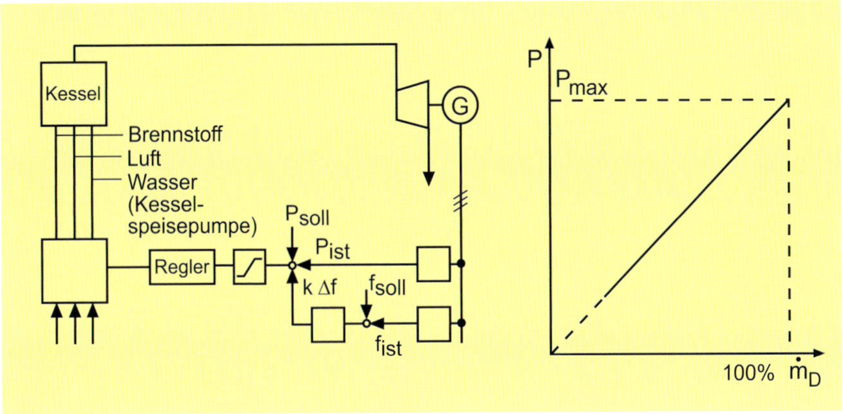

Bild 4.30. Gleitdruckbetrieb.

Ein Lastsprung $+\Delta P = k\Delta f$ (s. 13.1.1 und 13.1.2) bewirkt zwar eine sofortige Brennstoffstromänderung, die Freisetzung der Primärenergie und ihre Übertragung auf den Dampfstrom macht sich jedoch an der Turbinenwelle erst nach Verstreichen der Feuerungs- und Dampferzeugungszeitkonstanten (vgl. Bild 4.19) bemerkbar. Eine Dampfausspeicherung auf Kosten einer Druckabsenkung vor dem Turbinenstellventil entfällt, mehr noch, der Druckspeicher muß erst auf den erhöhten Druck aufgeladen werden, behindert also die Aufrechterhaltung der Wirkleistungsbilanz. Der Vorzug des Gleitdruckbetriebs besteht in seinem geringen Wärmeverbrauch und der schonenderen Fahrweise der Turbine (geringere Temperaturgradienten), nachteilig ist sein träges Regelverhalten, das eine Beteiligung an der Primärregelung ausschließt.

4.4.3 Modifizierter Gleichdruckbetrieb

Der *modifizierte* bzw. *gesteuerte* Gleitdruckbetrieb (Gleitdruckbetrieb mit Drosselreserve) versucht die Vorteile des Gleitdruckbetriebs mit dem Vorzug der schnellen Regelung des Festdruckbetriebs zu verbinden. Hierzu werden die Turbinenstellventile auf beispielsweise 90 % P_{max} angedrosselt und damit eine Öffnungsreserve von 10 % bereitgestellt. Von den Drosselverlusten der nicht ganz geöffneten Stellventile abgesehen, ergibt sich dann im stationären Betrieb ein Verhalten wie im reinen Gleitdruckbetrieb. Einem Lastsprung $+\Delta P$ läßt sich jedoch wie im Festdruckbetrieb durch Öffnen der Turbinenstellventile und Ausnutzung der Dampfspeicherung begegnen. Während der Erhöhung der Primärenergiezufuhr werden die Turbinenstellventile mit steigendem Druck wieder auf ihre alte Stellung zurückgefahren. Der Sollwert der Androsselung kann proportional zum Frischdampfdruck (proportionale Leistungsreserve) oder als feste Druckdifferenz (absolute Leistungsreserve) vorgegeben werden. Neben der Speicherwirkung des Dampferzeugers kann auch durch temporäre Kondensat- und Speisewasserspeicherung oder Abschaltung der Hochdruckvorwärmer vorübergehend durch nicht entnommenen Anzapfdampf eine Leistungserhöhung der Turbine erreicht werden.

4.4.4 Vergleichende Betrachtung

Abschließend zeigt Bild 4.31 das bereits angesprochene dynamische Verhalten der unterschiedlichen Betriebsarten für einen Lastsprung $+\Delta P$ von 10 %.

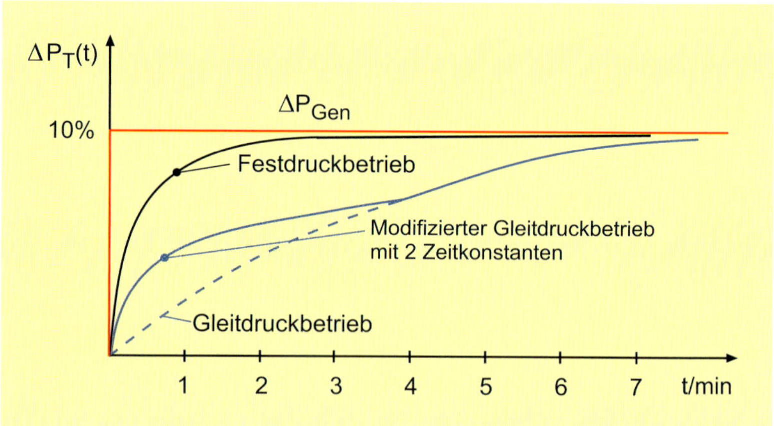

Bild 4.31. Typische Sprungantworten der Generatorleistung im Festdruck- und modifizierten Gleitdruckbetrieb ($+\Delta P = k\Delta f = 10$ %).

Beim Festdruckbetrieb folgt die Ausgangsleistung unter Ausnutzung des Speicherverhaltens mit den Turbinenzeitkonstanten. Im modifizierten Gleitdruckbetrieb folgt die Ausgangsleistung bis zur Ausschöpfung der Öffnungsreserve ebenfalls mit den Turbinenzeitkonstanten, bricht aber dann wegen der geringeren gespeicherten Energie im Dampferzeuger für eine gewisse Zeit ein, während der Druckspeicher (Dampferzeuger) wieder aufgeladen wird.

Ob die Zeit zwischen dem Auftreten der Laständerung und der vermehrten Frischdampferzeugung ohne Leistungseinbruch in der Übergangsfunktion durchgestanden werden kann, hängt vom Dampferzeugertyp (Dampfreserve), vom Feuerungstyp (Kohle oder Öl bzw. Gas), der Stärke der Androsselung und von der Höhe des Lastsprungs ab. Beispielsweise ist bei Öl- bzw. Gas-Feuerung mit $\Delta P = 10\ \%$ der Einbruch kaum zu beobachten. Schließlich sei darauf hingewiesen, daß es sich hier um stark nichtlineare Systeme handelt, deren Sprungantworten wesentlich von Höhe und Vorzeichen der Anregungsfunktion abhängen und sehr unterschiedlich verlaufen können.

Bei den obigen Bezeichnungen der einzelnen Betriebsarten wurden Dampferzeugerregelung und Turbinenregelung isoliert betrachtet (mit Ausnahme der Störgrößenaufschaltung vom Leistungsregler auf den Brennstoffregler). Blockleistungsregelung beinhaltet aber eine koordinierte Regelung des gesamten Blocks, die unter anderem verhindern muß, daß die Turbine bei einem großen Leistungssprung voll ausgesteuert wird, während der Kesseldruck auf exzessiv niedrige Werte absinkt. Dies erreicht man durch eine als Begrenzungsregelung eingesetzte *Vordruckregelung*, die ab einem bestimmten Minimaldruck, unterhalb dessen sich Zirkulationsstörungen etc. einstellen würden, dem weiteren Öffnen der Turbinenstellventile entgegenwirkt bzw. deren Schliessung veranlaßt. Darüber hinaus dürfen im Hinblick auf unzulässige Wärmespannungen Leistungsänderungen sowohl im Dampferzeuger als auch in der Turbine bestimmte Grenzwerte nicht überschreiten. Diese Grenzwerte sind veränderlich und hängen vom Betriebszustand sowie von bereits vorangegangenen Regelvorgängen ab. Sie lassen sich durch Messungen der Temperatur kritischer Stellen, d. h. dickwandiger Teile, wie *Dampftrommel*, *Abscheideflasche*, *Turbinenwelle*, *HD-Turbinen-Dampfeinlaß* etc. an Turbine und Kessel ermitteln. Aus den Temperaturunterschieden werden die augenblicklichen Materialspannungen berechnet und mit den zulässigen Werten verglichen. Die verbleibende

Differenz wird anschließend in Freibeträge für zulässige Leistungssteigerungen von Dampferzeuger und Turbine umgesetzt, sog. *Kessel-* und *Turbinenfreilast.* Im Hinblick auf ein versorgungsgerechtes Verhalten hat die Auslegung so zu erfolgen, daß im Leistungsbereich zwischen 40 und 100 % Vollast stetige Leistungsänderungen, bei öl- und gasbefeuerten Kraftwerken mit einer Leistungsänderungsgeschwindigkeit von 8-12 %/min, bei kohlebefeuerten Kraftwerken mit 4-8 %/min möglich sind. Die 5 % Stellreserve an der Primärregelung beteiligter fossilgefeuerter Blöcke muß zur Hälfte in maximal 5 Sekunden, der Rest in weiteren 25 Sekunden aktiviert werden können (s. a. 2.4).

4.5 Gasturbinenkraftwerke

Gasturbinenkraftwerke werden wegen ihrer kurzen Anfahrzeiten und geringen Investitionskosten oft zur Deckung von *Spitzenlast* eingesetzt. Im Rahmen von Kombikraftwerken (s. 4.6) tragen sie auch zur Deckung der *Grundlast* bei. In Ländern mit preiswertem Öl- und Gasangebot werden sie wegen ihrer niedrigen Anlagekosten und der Entbehrlichkeit eines Kühlgewässers ohnehin auch zur Deckung der Grundlast eingesetzt. Die kurzen Anfahrzeiten resultieren aus dem geringen Druckverhältnis des thermodynamischen Prozesses (z. B. 1 : 15), das mit kleinen Wandstärken beherrscht werden kann und durch geringe Wärmespannungen hohe Freilastbeträge erlaubt. Die günstigen Anlagekosten liegen im niedrigen Druckniveau begründet sowie in der Tatsache, daß die Gasturbine wenig Hilfsaggregate benötigt, z. B. eines Kondensators, Dampferzeugers, Schnellschlussventils etc. entbehrt. Stationäre Gasturbinen in Leichtbauweise waren anfänglich modifizierte Flugtriebwerke, Gasturbinen in Schwerbauweise mit Leistungen bis zu 340 MW wurden speziell für den Einsatz in Kraftwerken entwickelt.

Man unterscheidet *offene* und *geschlossene* Gasturbinenprozesse, bei ersteren nochmals in Prozesse ohne und mit *Wärmetausch* (Verbrennungsluftvorwärmung durch die Abgase, nur bei niedrigem Druckverhältnis möglich). In dem am häufigsten technisch realisierten Fall des *offenen* Prozesses wird das Arbeitsmedium Luft *adiabatisch* verdichtet, in einer Brennkammer *isobar* erhitzt, in der Gasturbine *adiabatisch* entspannt und schließlich beim Austritt in die Umgebung durch Vermischung mit der umgebenden Luft *isobar* auf die Anfangstemperatur abgekühlt, Bild 4.32.

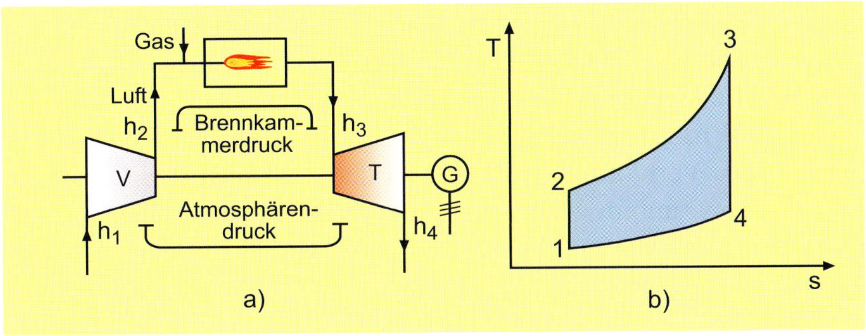

Bild 4.32. a) Offener Gasturbinenprozeß mit Verdichter, Brennkammer, Turbine etc. b) Joule-Vergleichsprozeß (engl.: *Brayton-Cycle*). 1 – 2 Isentrope Kompression, 2 – 3 Isobare Wärmezufuhr, 3 – 4 Isentrope Expansion, 4 – 1 Isobare Wärmeabfuhr durch Vermischung der Abgase mit der Umgebungsluft.

Der Verdichter V besitzt die Funktion der Kesselspeisepumpe beim Wasser-Dampfprozeß. Während letztere jedoch nur wenige Prozent der Turbinenleistung verbraucht, benötigt der Antrieb des Verdichters trotz der vergleichsweise niedrigen Drücke ($\leq$ 30 bar) über die Hälfte der an der Turbinenwelle zur Verfügung stehenden mechanischen Leistung, da das Arbeitsmedium Luft seinen Aggregatzustand längs des Kreisprozesses nicht ändert. Die gesamte installierte Maschinenleistung beträgt daher ein Mehrfaches der Nutzleistung.

Im idealen Vergleichsprozeß (*Joule-Prozeß*) berechnet sich die von der Turbine abgegebene technische Arbeit zu

$$-w_T = h_3 - h_{4is} \quad , \tag{4.44}$$

die vom Verdichter aufgenommene Arbeit zu

$$w_V = h_1 - h_2 \quad , \tag{4.45}$$

und die zugeführte Wärme zu

$$q = h_3 - h_2 \quad . \tag{4.46}$$

Damit ergibt sich der thermische Wirkungsgrad zu

$$\eta_{th} = \frac{-w_T + w_V}{q_{zu}} = \frac{(h_3 - h_{4is}) + (h_1 - h_2)}{h_3 - h_2} \quad . \tag{4.47}$$

Unter Annahme eines Idealgas-Arbeitsfluids lassen sich die Enthalpiedifferenzen als Temperaturdifferenzen und die Temperaturquotienten als Potenzen zugehöriger Druckquotienten ausdrücken, womit sich der thermische Wirkungsgrad auch als Funktion des Druckverhältnisses p_3/p_4 und des Verhältnisses der spezifischen Wärmen bei konstantem Druck und konstantem Volumen, $\kappa = c_p/c_v$, darstellen läßt

$$\eta_{th} = 1 - \frac{1}{\left(\frac{p_3}{p_4}\right)^{\frac{\kappa-1}{\kappa}}} \quad . \tag{4.48}$$

Abhängig von den Prozeßtemperaturen und der Gasart existiert ein optimales Druckverhältnis, für das der thermische Wirkungsgrad ein Maximum erreicht.

Bei der technischen Realisierung des Joule-Prozesses findet die Erhitzung der Luft in einer oder mehreren monolithischen Brennkammern statt, Bild 4.33.

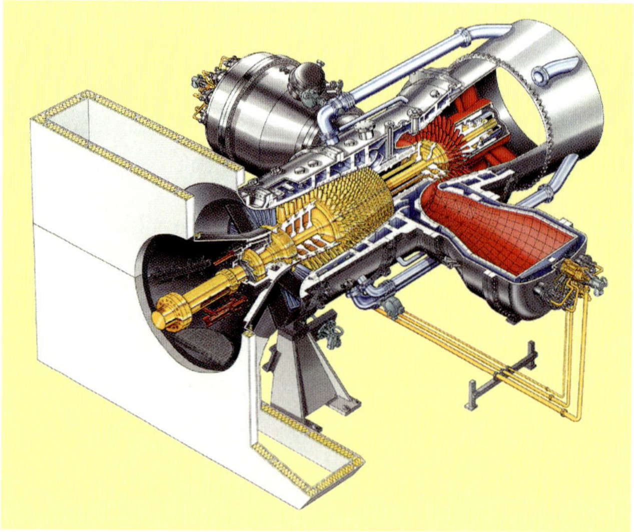

Bild 4.33. Gasturbine mit zwei monolithischen Brennkammern (Siemens).

Alternativ besitzen moderne Gasturbinen eine ringförmige Brennkammer mit beispielsweise 24 gleichmäßig am Umfang verteilten Brennern, Bild 4.34.

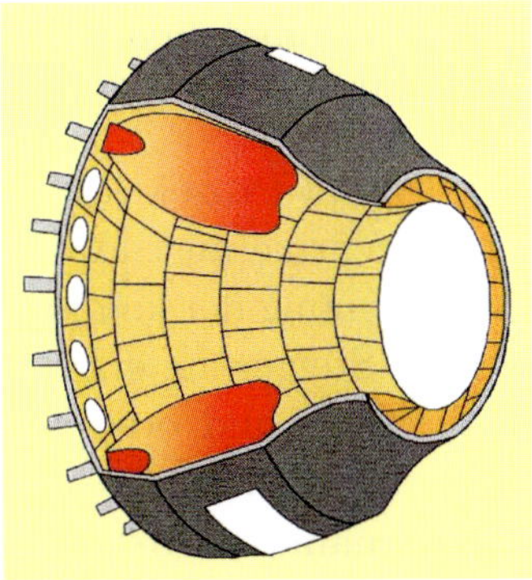

Bild 4.34. Gasturbine mit ringförmiger Brennkammer und 24 Einzelkammern bzw. *Flammröhren* (Siemens).

Die Verweilzeit des Gases in den Brennkammern beträgt nur wenige Millisekunden, was wegen des nicht perfekten Ausbrands einen knapp von 1 verschiedenen *Brennkammerwirkungsgrad* zur Folge hat.

Es überrascht die hohe Zahl der Verdichterstufen im Vergleich zur meist nur drei- oder vierstufig ausgeführten Turbine. Während in der Turbine die Strömung in den Kanälen eine *Beschleunigung* erfährt, wird sie in den Verdichterstufen *verzögert*, was bei vergleichbarer Druckdifferenz je Stufe zu einem frühen *Strömungsabriß* führen würde.

Der Verdichter liefert auch wesentlich mehr Luft als zur *stöchiometrischen* Verbrennung erforderlich wäre. Damit trotzdem ein zündfähiges Gemisch vorliegt, wird ein Teil der komprimierten Luft erst nach der lokalen Verbrennung über doppelwandig ausgeführte Brennkammern zugemischt. Der hohe Luftüberschuß wird benötigt, um die Temperatur der heißen Verbrennungsgase auf mit der Materialfestigkeit der Turbinenschaufeln verträgliche Werte abzusenken.

Zur Beherrschung der hohen Gaseintrittstemperaturen sind die ersten Leit- und Laufschaufeln meist hohl gegossen und innen gasgekühlt. Die aus feinen Löchern austretende Kühlluft bewirkt an der Außenseite zusätzlich eine *Filmkühlung*. Die Gasaustrittstemperaturen liegen bei 500 bis 600° C. Aufgrund der hohen Abgastemperaturen und der vergleichsweise hohen Energieverluste im Verdichter erreicht der Gesamtwirkungsgrad des offenen Gasturbinenprozesses bei großen Einheiten heute etwa 40 %. Das Teillastverhalten ist jedoch sehr ungünstig, da die Verdichterleistung wegen der unveränderten Drehzahl nicht proportional mit der Last zurückgeht.

Ähnlich wie beim Wasser/Dampf-Prozeß läßt sich der Wirkungsgrad von Gasturbinen durch einen Wärmetauscher (*Rekuperator)*, in dem die Exergie der Abgase zur Vorwärmung der komprimierten Luft eingesetzt wird, verbessern. Eine weitere Steigerung ergibt sich durch mehrstufige Verdichtung mit Zwischenkühlung und/oder Expansion mit *Zwischenüberhitzung* durch wiederholte Brennstoffzufuhr. Beispielsweise zeigt Bild 4.35 das Prinzip der sogenannten „*Sequentiellen Verbrennung*".

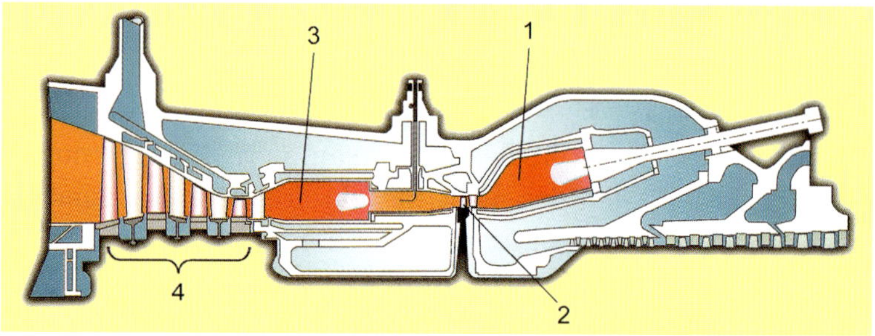

Bild 4.35. Gasturbine mit sequentieller Verbrennung in zwei Brennkammern durch wiederholte Brennstoffzufuhr. 1 Erste Brennkammer, 2 Gasturbineneingangsstufe, 3 Zweite Brennkammer, 4 Gasturbinenendstufen (ALSTOM).

Im h(s)-Diagramm tritt die vom Dampfprozeß mit Zwischenüberhitzung bekannte Doppelspitze auf, Bild 4.36.

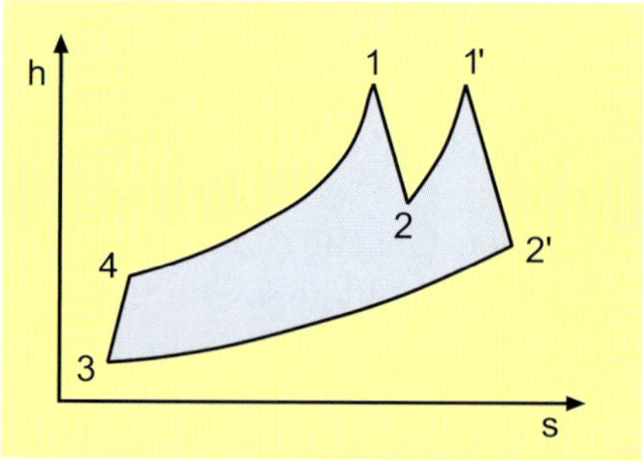

Bild 4.36. Gasturbine mit sequentieller Verbrennung bzw. Zwischenüberhitzung im h(s)-Diagramm.

Neben dem grundsätzlich möglichen, höheren technischen Wirkungsgrad besitzen Gasturbinen mit sequentieller Verbrennung dank der entkoppelbaren zweifachen Brennstoffzufuhr ein besseres Teillastverhalten. Ferner läßt sich die Abgastemperatur höher halten, was im GuD-Prozeß Wirkungsgrade von 60 % ermöglicht.

Minderwertige Brennstoffe oder Heißgaserzeugung durch eine Wirbelschichtfeuerung legen zum Schutz der Turbinenschaufeln vor Korrosion und abrasiven Partikeln einen geschlossenen Prozeß nahe, in dem die Brennkammer als Wärmetauscher ausgebildet ist, Bild 4.37.

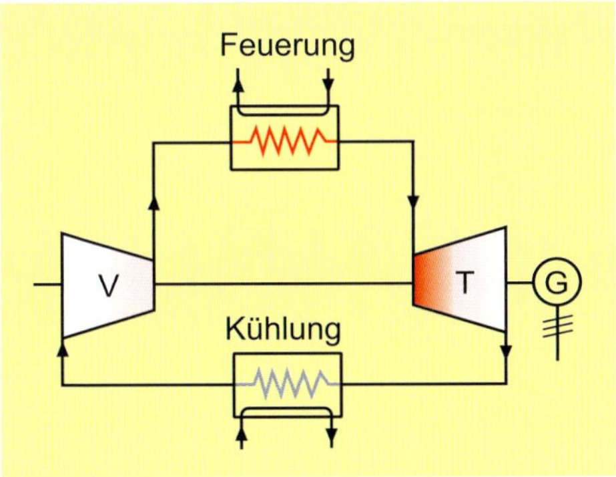

Bild 4.37. Geschlossener Gasturbinenprozeß.

Aufgrund des geschlossenen Kreislaufs für das Arbeitsmedium ist ein weiterer Wärmetauscher für die Abkühlung des Abgases erforderlich, da der Kompressor des Arbeitsmediums ja wieder mit der Gasdichte bei Umgebungstemperatur arbeiten muß.

Gegenüber dem offenen Prozeß, dessen Leistung allein über den Brennstoffstrom geregelt wird, läßt sich beim geschlossenen Prozeß zusätzlich der Massenstrom des Arbeitsmediums über den Druck ändern, was ein günstigeres Teillastverhalten bewirkt.

4.6 Kombinierte Gas- und Dampfkraftwerke

Im Kapitel 4.2.2 wurden alle essentiellen Maßnahmen zur Steigerung des Gesamtwirkungsgrads von Dampfkraftwerken erläutert. Sind all diese Möglichkeiten ausgeschöpft, läßt sich der thermische Gesamtwirkungsgrad noch durch *Kombination von Gas- und Dampfturbinenanlagen* erhöhen. In diesen sogenannten *Kombiprozessen* werden entweder die über 500° C heißen Abgase einer oder mehrerer vorgeschalteter Gasturbinen in einem Abhitzekessel zur Dampferzeugung herangezogen, Bild 4.38a, oder sie dienen mit ihrem hohen Restsauerstoffgehalt als vorgewärmte Verbrennungsluft für die Feuerung eines großen nachgeschalteten Dampferzeugers, Bild 4.38b.

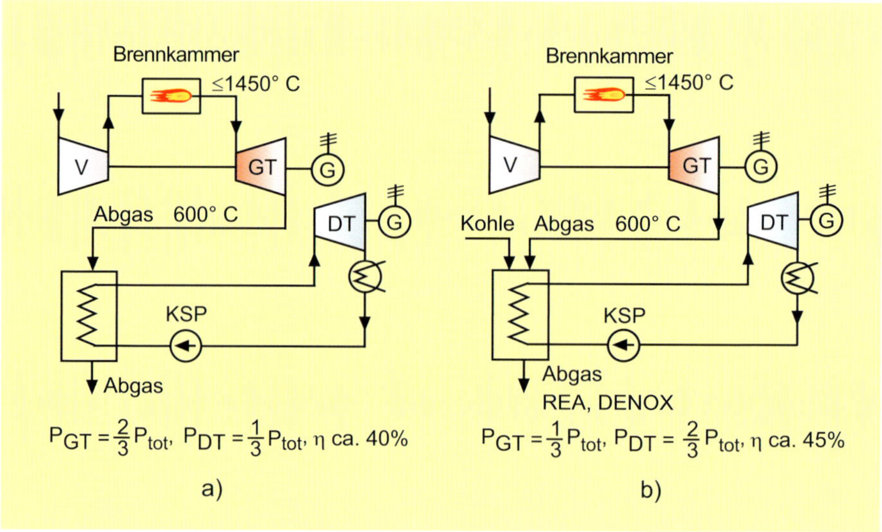

Bild 4.38. Kombinierte Gas/Dampf-Prozesse. a) GUD-Prozeß mit nachgeschaltetem Abhitzedampferzeuger, b) Kombikraftwerk mit Vorschaltturbine, deren heiße, an Sauerstoff noch reiche Abluft als Verbrennungsluft für einen nachgeschalteten, steinkohlebefeuerten Dampferzeuger dient.

Anfänglich wurden häufig mehr als eine Gasturbine mit einer Dampfturbine kombiniert, wobei jede Turbine ihren eigenen Generator antrieb; sogenannte *Mehrwellenanlagen*. Bei den heute möglichen Leistungen der Gasturbinen werden oft eine Gasturbine mit einer Dampfturbine und nur einem Generator miteinander gekoppelt, sogenannte *Einwellenanlagen*. Beispielsweise zeigt Bild 4.39 ein Einwellen-GUD-Kraftwerk mit zwischen Gas- und Dampfturbine angeordnetem Generator. Die Leistungsverhältnisse von Gas- und Dampfturbinen sind für beide Prozesse Bild 4.38 zu entnehmen.

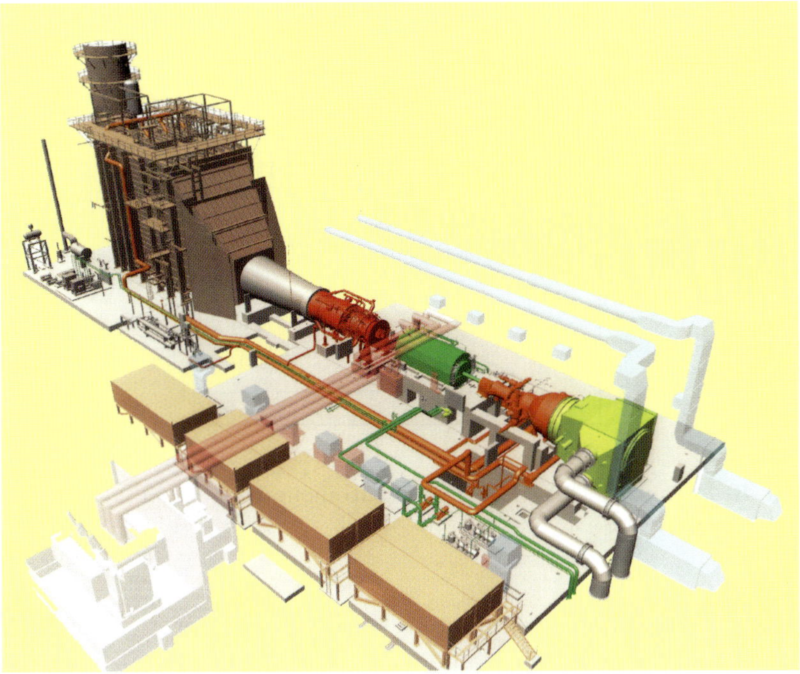

Bild 4.39. Einwellen-GUD-Kraftwerk mit zwischen Gas- und Dampfturbine angeordnetem Generator (Siemens).

Dank der hohen Gaseintrittstemperatur der Gasturbine ($\leq 1450°$ C) und der niedrigen Temperatur der Abwärme der Dampfturbine, das heißt durch die größeren Unterschiede der Temperaturen, zwischen denen der Kombiprozeß geführt wird (vgl. Carnot-Prozeß, 4.1.3), lassen sich Gesamtwirkungsgrade von etwa 60 % erreichen. Die Wirkungsgraderhöhung läßt sich anschaulich aus Bild 4.40 entnehmen, in dem die Nutzflächen des Gas- und Wasser/Dampf-Prozesses im T(s)-Diagramm dargestellt sind (s. nächste Seite).

Der Dampfturbinenprozeß, füllt einen merklichen Teil der im reinen Gasprozeß unter der Zustandsänderung 4-1 liegenden Fläche (Abwärme) auf.

Im Fall des reinen Abhitzekessels beträgt das Verhältnis der Nutzleistungen von Gas- und Dampfturbinen P_{GT}/P_{DT} etwa 1,3 bis 2 zu 1, bei Verwendung der Abgase als Verbrennungsluft eines großen Dampferzeugers etwa 1 zu 6 bis 9.

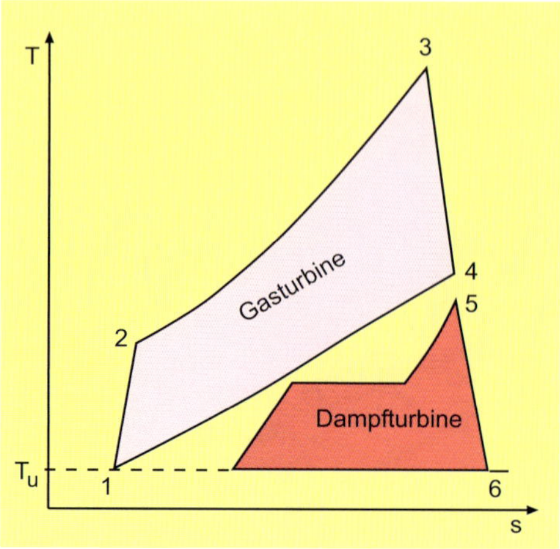

Bild 4.40. Kombinierter Gas-/Dampfturbinenprozeß im T(s)-Diagramm, vgl. Bild 4.8 und 4.41.

Schließlich gibt es den sogenannten *Verbundblock*, der die Vorzüge der beiden zuerst vorgestellten Kombinationen zu vereinen sucht.

Von den drei Grundvarianten für Kombinationskraftwerke ist der GUD-Prozeß am häufigsten anzutreffen.

Neben der Erhöhung des Gesamtwirkungsgrads verringern sich rauchgasbedingte Umweltbelastung und Kühlwasserbedarf. Da Kombiblöcke überwiegend mit Erdgas oder Öl befeuert werden, richtet sich ihr Einsatz nach der aktuellen Preissituation auf dem Brennstoffmarkt. Kombiprozesse werden sowohl als Grundlast- und Mittellastanlagen als auch als Heizkraftwerke technisch realisiert.

4.7 Kraft/Wärme-Kopplung

Unter *Kraft/Wärme-Kopplung* versteht man die gekoppelte, gleichzeitige Erzeugung von elektrischer Energie und Prozeß- bzw. Heizwärme in Industrie- und Heizkraftwerken (Fernwärme). Gegenüber der Erzeugung beider Sekundärenergien in getrennten Anlagen ermöglicht die Kraft/Wärme-Kopplung eine bessere Ausnutzung der eingesetzten Primärenergie. Es ist zweckmäßig, zwischen Kraft/Wärme-Kopplung in der Industrie und in der öffentlichen Stromversorgung zu unterscheiden.

4.7.1 Kraft/Wärme-Kopplung in der Industrie

Industriekraftwerke dienen vornehmlich der Wärmeversorgung mit Prozeßdampf, der daher auch Führungsgröße der Leistungsregelung ist. Die Stromerzeugung ist nur ein Nebenprodukt. Da in einer Feuerung die Wärmefreisetzung ohnehin bei Temperaturen erfolgt, die für die meisten Prozesse zu hoch liegen, bietet sich die Entspannung des Hochtemperaturdampfes in einer Turbine auf prozeßnahe Zustände an, wobei sich Gesamtwirkungsgrade zwischen 70 und 90 % erzielen lassen. Typische Prozeßdampfzustände sind 60° ... 150° C bei 0,2 bis 5 bar für Heizungs- und Trocknungszwecke bzw. > 200° C bei 16 bis 150 bar für chemische Reaktionen, bei denen der Prozeßdampf auch als Wasserstoffträger eingesetzt wird.

Die einfachste Art der technischen Realisierung besteht in der Verwendung einer *Gegendruckturbine*, deren Abdampf in Industriekraftwerken das Dampfnetz, in Heizkraftwerken die Heißwasserwärmetauscher speist, Bild 4.41a.

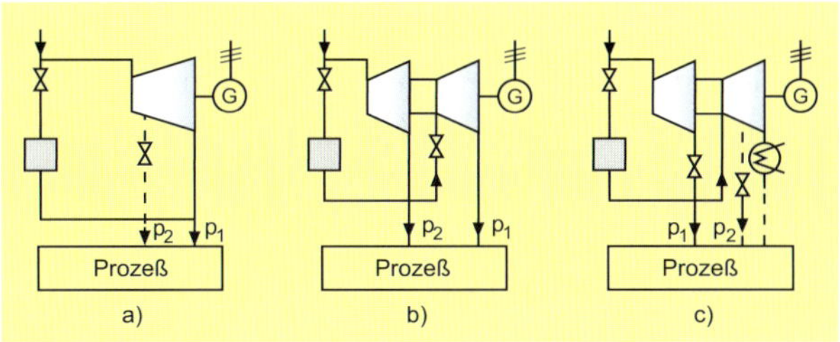

Bild 4.41. Turbinenbauarten für Kraft/Wärme-Kopplung in Industriekraftwerken a) Gegendruckturbine, gegebenenfalls mit gesteuerter oder ungesteuerter Anzapfung, b) Entnahmegegendruckturbine, c) Entnahmekondensationsturbine, gegebenfalls mit zusätzlichen gesteuerten oder ungesteuerten Anzapfungen.

Prozeßdampf wird wegen des besseren Wärmeübergangs meist als Sattdampf in ein Dampfnetz eingespeist (in ausgedehnten Netzen auch als überhitzter Dampf) und gibt dort seine latente Wärme bei konstantem Druck und konstanter Temperatur ab. Das während der Wärmeabgabe abgeschiedene Wasser wird in sogenannten *Kondensatabscheidern* aus dem Dampfnetz entfernt. Das Dampfnetz übernimmt die Rolle des Kondensators im Kondensationskraftwerk, wobei das Kondensat wegen einer etwaigen Kontamination durch den Prozeß, beispielsweise in der chemischen Industrie, nicht immer recykliert, d. h. als Kesselspeisewasser wieder verwendet werden kann.

In Industriekraftwerken wird die Dampferzeugerleistung auf konstanten Druck im Dampfnetz geregelt (die Stromerzeugung ist zweitrangig). Bei Stillstand der Turbine erlaubt eine Reduzierstation mit Kühler im Bypass zur Turbine den unterbrechungsfreien Betrieb des Dampfnetzes bei Wahrung des geforderten Drucks und der Temperatur. Sind zwei Dampfnetze mit unterschiedlichen Drücken p_1, p_2 bei etwa gleichbleibendem Dampfverbrauch zu versorgen, geht man auf *Gegendruckturbinen mit Anzapfung* über, denen an der dem gewünschten Druck entsprechenden Stufe *Anzapfdampf* entnommen wird. Anzapfungen werden auch als *ungesteuerte Entnahmen* bezeichnet, deren Druck vom jeweiligen Betriebspunkt der Turbine und der Last abhängt. Hoher Dampfbedarf erfordert *Entnahmegegendruckturbinen*, bei denen der gesamte Dampfstrom an einer bestimmten Druckstufe aus der Turbine herausgeführt und teils dem Dampfnetz teils über ein Regelventil mit Drossel- oder Füllungsregelung wieder dem Niederdruckteil zugeführt wird, Bild 4.41b. In jedem Fall sind Dampf- und Stromerzeugung bei Gegendruckturbinen eng aneinander gekoppelt. Erst *Entnahmekondensationsturbinen* erlauben die bei veränderlichem Prozeßdampfbedarf bzw. der Fernwärmeversorgung erforderliche Entkopplung der Strom- und Wärmeproduktion, Bild 4.41c.

Die Präferenz der Prozeßwärme in Industrieanlagen führte ursprünglich zur Prägung des Begriffs *Wärme/Kraft-Kopplung* (WKK). Im Hinblick auf eine umfassende, effiziente Nutzung der Primärenergie erschien es dann wünschenswert, das in der Industrie bewährte Prinzip auch auf Kraftwerke der öffentlichen Versorgung zu übertragen, die überwiegend der Stromerzeugung dienen, wofür dann folgerichtig die Begriffe *Kraft/Wärme-Kopplung* (KWK) bzw. *Strom/Wärme-Kopplung* (SWK) eingeführt wurden. Heute wird unbeschadet einer Präferenz vielfach nur von Kraft/Wärme-Kopplung gesprochen.

Die eingangs genannten günstigen Wirkungsgrade gelten für den Auslegungspunkt und setzen das zeitliche Zusammentreffen von Strom- und Wärmebedarf voraus, was bei Industriekraftwerken in weit höherem Maß der Fall ist als bei Kraftwerken der öffentlichen Versorgung. Bei letzteren sind daher im Jahresmittel erheblich geringere Wirkungsgrade anzusetzen, die gegen die zusätzlichen Investitionkosten abzuwägen sind. Kraft/Wärme-Kopplung ist daher kein Patentrezept schlechthin, das immer eine rationelle Nutzung der Primärenergie garantiert.

4.7.2 Kraft/Wärme-Kopplung in der öffentlichen Stromversorgung

Die guten Erfahrungen mit Kraft/Wärme-Kopplung in Industriekraftwerken legen ihren Einsatz auch in der öffentlichen Stromversorgung nahe. In der Tat ist die Auskopplung von Nutzwärme auf einem für die Raumwärmeversorgung von privaten oder kommunalen Verbrauchern geeigeneten höheren Temperaturniveau (*Fernwärmeversorgung*) ein sehr wirksames Verfahren zur Einsparung von Primärenergie. Für die Auskopplung kommen die zur Speisewassererwärmung ohnehin vorhandenen ungesteuerten Anzapfungen gewöhnlicher *Kondensationsturbinen* sowie spezielle *Entnahmekondensationsturbinen* in Frage. Der Dampf wird durch Heißwasserwärmetauscher geleitet und nach Kondensation wieder der Kesselspeisepumpe zugeleitet. Darüber hinaus kommt die Kraft/Wärme-Kopplung in speziellen *Heizkraftwerken* mit *Gegendruckturbinen* zum Einsatz, die ähnlich wie viele Industriekraftwerke vorrangig Heizwärme und zur Erzielung hoher Wirtschaftlichkeit auch noch Strom produzieren. In allen Fällen handelt es sich jedoch nicht um die Nutzung von Abwärme, sondern höherwertiger Wärme, aus der man auch noch Strom hätte gewinnen können. Wie bereits in Kapitel 4.3 erläutert, scheidet eine Verwertung der kühlwassergebundenen Abwärme von Kondensationskraftwerken wegen ihres niedrigen Exergiegehalts aus.

Eine umfassende Kraft/Wärme-Kopplung in der Raumwärmeversorgung macht die Fortleitung der ausgekoppelten Wärme über größere Entfernungen und ihre Verteilung über große Flächen mittels eines kostenintensiven *Fernwärmenetzes* erforderlich, dessen Erstellung nur in städtischen Ballungsgebieten volkswirtschaftlich sinnvoll ist. Die Beheizung eines nahegelegenen Schwimmbads, Fischteichs oder Treibhauses kann nicht als merkliche Abwärmenutzung eingestuft werden, da es sich hier jeweils nur um Promille- oder günstigstenfalls um Prozent-Beträge handelt. Anders sieht es aus beim Betrieb von *Meerwasserentsalzungsanlagen* in erdölexportierenden Ländern. Über die Realisierung einer Kraft/Wärme-Kopplung entscheiden im Einzelfall das Ausmaß der Koinzidenz von Strombedarf und Wärmeverbrauch sowie die Wirtschaftlichkeit einer Nutzung über weite Entfernungen bzw. Flächen.

Für die dezentrale Kraft/Wärme-Kopplung auf vergleichsweise niedrigem Leistungsniveau eignen sich mit meist mehreren Diesel- und Gasmotoren betriebene *Blockheizkraftwerke* (BHKW). Typische Einsatzgebiete sind Krankenhäuser, Schwimmbäder, Hotels und Industriebetriebe. Aufgrund der vergleichsweise hohen *Exergie* des Kühlwassers und der Auspuffgase von Verbrennungskraftmaschinen ist hier in der Tat eine wirtschaftliche Nutzung von Abwärme möglich, Bild 4.42.

Bild 4.42. Blockheizkraftwerk.

Blockheizkraftwerke besitzen weniger aufwendige Rauchgasreinigungsanlagen bezüglich Partikeln und Schadstoffen, was in Verbindung mit der geringen Abgastemperatur und der geringen Kaminhöhe zu schlechteren Immissionswerten führt. Ihr wirtschaftlicher Einsatz setzt hohe Strompreise und vergleichsweise niedrige Öl- oder Gaspreise voraus.

Für die dezentrale Versorgung von Kleinverbrauchern bieten sich integrierte „*Energieboxen*“ an, die auf engstem Raum einen Verbrennungsmotor und entsprechende Wärmetauscher für Heiz- und Klimatisierungszwecke besitzen (*Absorptionskühlprinzip*). Über Kraft/Wärme-Kopplung bereitgestellte Fernwärme wird künftig an Bedeutung gewinnen, nicht aber das Abwärmeproblem großer Kondensationskraftwerke lösen. Auch für den technischen Laien ist die Einsicht unerläßlich, daß unsere heutige Lebensweise ohne Inkaufnahme von Abwärmeverlusten eine noch schlechtere Nutzung der Primärenergie zur Folge hätte.

4.8 Kernkraftwerke

Kernkraftwerke sind grundsätzlich auch *Dampfkraftwerke.* In ihnen wird jedoch die zum Verdampfen des Wassers benötigte Wärme nicht durch Verbrennungsvorgänge, sondern durch Freisetzen von Kernenergie in *Kernreaktoren* gewonnen. In der Bundesrepublik gibt es derzeit 17 Kernkraftwerke, die einen großen Teil der Grundlast decken und daher mit über einem Viertel am Stromaufkommen besteiligt sind. In Frankreich existieren derzeit 58 Kernkraftwerke, in USA 104, in Japan 55 und in Rußland über 30. Weltweit gibt es ca. 450 Kernkraftwerke.

Die im Reaktorkern entstehende Wärme wird durch Gas, Wasser oder flüssiges Metall abgeführt und zur Erzeugung von Dampf genutzt. Diese Medien werden auch *Kühlmittel* genannt, weil in den Anfängen der Kerntechnik nur *Forschungsreaktoren* für Neutronenexperimente existierten, die *gekühlt* werden mußten. Die unterschiedlichen Kühlmitteltemperaturen der einzelnen Reaktorbauarten richten sich nach der korrosiven Beeinflussung der Brennelementhüllen durch das Kühlmedium bzw. deren genereller Temperaturfestigkeit. Die Durchmesser der Brennelemente werden jeweils so gewählt, daß bei vorgegebener Kühlmittel- bzw. Hüllentemperatur die Temperatur in der Brennelementachse auch bei Leistungstransienten und normalen Betriebsstörungen, z. B. Lastabwurf etc. unterhalb der Schmelztemperatur des jeweiligen Brennstoffs bleibt. Für *Natururan* (metallisches Uran) läßt man etwa 600° C zu, für *Urandioxid* (Urankeramik) maximal 2000° C.

Der Kühlmitteldruck flüssigkeitsgekühlter Reaktoren liegt ober- oder unterhalb des jeweiligen Siededrucks. Beim *Druckwasserreaktor* soll ein Sieden verhindert, beim *Siedewasserreaktor* gezielt herbeigeführt werden. Bei Siedewasserreaktoren richtet sich der Druck nach der optimalen Heizflächenbelastung, die bei einem Drittel des kritischen Drucks (etwa 70 bar) ein Maximum aufweist.

Der Unterschied zwischen Ein- und Austrittstemperatur des Kühlmittels beträgt bei flüssigkeitsgekühlten Reaktoren nur wenige zehn Kelvin, so daß Temperaturunterschiede durch ungleiche Strömungsverhältnisse und unterschiedlichen Abbrand klein gehalten werden können.

Abhängig vom Kühlverfahren unterscheidet man:

- *Druckwasserreaktoren*,
- *Siedewasserreaktoren*,
- *Gasgekühlte Reaktoren*,
- *Flüssigmetallgekühlte Reaktoren*.

Alternativ unterscheidet man abhängig vom Moderator:

- *Leichtwasserreaktoren* (H_2O, 90% aller Leistungsreaktoren),
- *Schwerwasserreaktoren* (D_2O),
- *Graphitmoderierte Reaktoren* (C, Graphit).

Ersterem Ordnungsprinzip wird nachstehend der Vorzug gegeben.

Vor der Befassung mit den einzelnen Reaktorbauarten sei zunächst ausführlich auf die Natur der Kernenergie eingegangen, um ein Verständnis für die Zweckmäßigkeit unterschiedlicher Moderatoren, die Leistungsregelung von Kernkraftwerken und die unterschiedlichen Risiken der verschiedenen Bauarten zu erlangen.

4.8.1 Kernenergie

Verglichen mit der Energiegewinnung aus Verbrennungsvorgängen ist die Natur der Kernenergie weniger geläufig. Wegen ihres hohen Potentials zur CO_2-Reduzierung und ihrer hohen Beteiligung am derzeitigen Stromaufkommen (2007: BRD 27 %, Baden-Württemberg 53 %, Frankreich 70 %) werden im folgenden einige grundlegende Sachverhalte näher erläutert.

Bei der Bildung eines Atomkerns aus *Protonen* und *Neutronen*, sogenannte *Nukleonen* bzw. Kernbausteine, tritt ein *Massendefekt* Δm auf. Die Summe der Massen der isolierten *Nukleonen*, das heißt der Kernbausteine, ist größer als die Masse des Atomkerns:

$$m_{Kern} - Z \cdot m_{Prot} - N \cdot m_{Neutr} = -\Delta m \qquad \begin{array}{l} Z: \text{Zahl d. Protonen} \\ N: \text{Zahl d. Neutronen} \end{array}$$

Die Ursache für den Massendefekt ist die beim Zusammenschluß der Nukleonen frei werdende *Kernbindungsenergie*

$$\Delta W_B = \Delta m\, c^2 \quad . \tag{4.49}$$

Nähern sich bei der Kernbildung Protonen und Neutronen auf Abstände in der Größenordnung des Kerndurchmessers (10^{-12} cm), so setzt die sogenannte *starke Wechselwirkung* ein, die die Nukleonen zum Kern kontrahiert und Kernbindungsenergie freisetzt. Bei der Umkehrung dieses Prozesses, das heißt der Zerlegung eines Kerns in seine Einzelteile, muß diese Kernbindungsenergie wieder aufgewandt werden. Erfreulicherweise ist die Natur so eingerichtet, daß sowohl bei der *Bildung leichter Kerne* (H, He, Li) als auch bei der *Spaltung schwerer Kerne* (U, Th) Kernbindungsenergie freigesetzt wird. Dieses zunächst widersprüchliche Phänomen wird im folgenden näher erläutert, wobei der leichteren Verständlichkeit wegen zunächst die Bildung leichter Kerne vorgestellt wird. Da bei hohen Temperaturen ohnehin alle Elektronen vom Kern isoliert sind, werden im folgenden nur die Reaktionen der Atomkerne untereinander betrachtet.

4.8.1.1 Kernfusion

Unter Kernfusion versteht man die Verschmelzung *leichter* Atomkerne zu einem *schweren* Kern. Dabei wird Kernbindungsenergie in Form kinetischer Energie der Fusionsprodukte freigesetzt. Zum Beispiel verschmelzen die Isotope des Wasserstoffs, *Deuterium* und *Tritium* unter Freisetzung eines Neutrons, zu *Helium*, Bild 4.43.

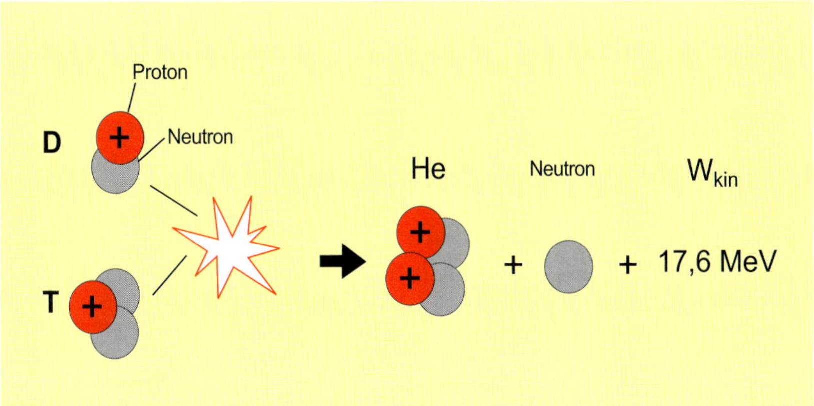

Bild 4.43. Beispiel eines Kernfusionsprozesses. Verschmelzung von *Deuterium-* und *Tritiumkernen* zu einem *Heliumkern*.

Die kinetische Energie der Fusionsprodukte wird bei Zusammenstößen mit der Reaktorwand bzw. mit einem Puffermedium, beispielsweise einem Lithiumkeramik-Vorhang (engl.: *blanket*), in Wärme umgewandelt. Makroskopisch kann man von Reibungswärme beim Abbremsen der Teilchen sprechen.

Damit die abstoßende Wirkung der gleichnamig positiv geladenen Wasserstoffkerne (Coulombkräfte der *Protonen* und *Deuteronen*) überwunden werden kann, benötigen die Ausgangskerne eine mittlere kinetische Energie in der Größenordnung von 10 keV. Diese wird den Teilchen durch „*Erhitzen*" mitgeteilt. In dem erhitzten Plasma treten dann gemäß der Maxwellschen Geschwindigkeitsverteilung auch Teilchen höherer kinetischer Energie auf, die zur Fusion befähigt sind. Beispielsweise steigt der Wirkungsquerschnitt der Deuterium/Tritium-Reaktion bei einer Teilchenenergie von 50 keV steil an. Die „*Zündung*" setzt bei einem Mindestwert des Produkts aus *Teilchendichte* n und *Einschlußzeit* τ ein, sogenanntes *Lawson-Kriterium*. Für die Deuterium/Tritium-Reaktion gilt $n \cdot \tau > 10^{14}\ cm^{-3}\ s$. Bei der Aufheizung versucht sich das Plasma auszudehnen. Da bei Temperaturen im Mio K-Bereich kein wie auch immer beschaffenes Wandmaterial mehr das Plasma einschließen kann, benötigt man einen *materiefreien* Einschluß. Gegenwärtig versucht man, sich dem *Lawson-Kriterium* auf zwei Wegen zu nähern, die durch unterschiedliche Einschlußprinzipien gekennzeichnet sind.

Magnetischer Einschluß

Der magnetische Einschluß strebt eine große *Einschlußzeit* bei vergleichsweise *geringer Teilchendichte* an, beispielsweise $n \approx 10^{15} cm^{-3}$, $\tau \approx 0,1 s$. Der Einschluß wird durch *Lorentz-Kräfte* bewerkstelligt. In Anwesenheit eines Magnetfeldes **B** wirkt auf die bewegten Ladungsträger des Plasmas die Lorentzkraft $\mathbf{F} = q(\mathbf{E} + \mathbf{v} \times \mathbf{B})$, die senkrecht zu **v** und **B** steht. Diese Kraft macht sich bei einem toroidalen Ladungsträgerkollektiv als *komprimierender radialer Druck* bemerkbar, der das Plasma am Expandieren hindert und eine Berührung mit der Wand des Reaktorgefäßes unterbindet.

Die bekanntesten technischen Versuchseinrichtungen zur Verwirklichung des magnetischen Einschlusses sind die *Torus*-Maschinen (z. B. *Tokamak*). Dabei wird das Plasma z. B. als „Kurzschlußwindung" eines Transformators durch einen Lichtbogenstrom erhitzt (Niederdrucklichtbogen). Die Toroidspule erzeugt ein azimutales Magnetfeld im Torusinnern, das zusammen mit dem Eigenfeld des Plasmastroms das Plasma komprimiert, Bild 4.44a.

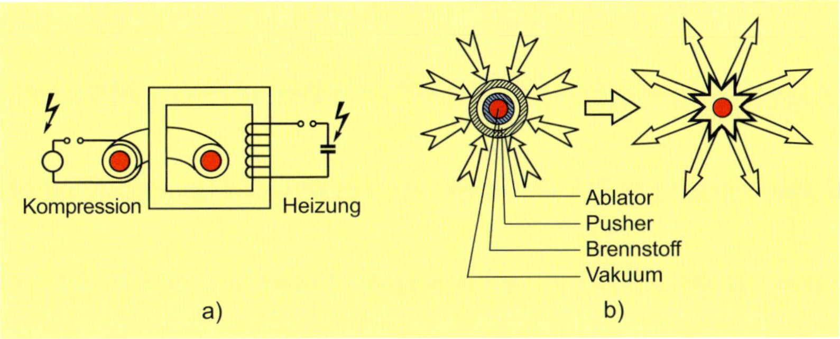

Bild 4.44. Wege zur kontrollierten Kernfusion. a) *Magnetischer Einschluß*, b) *Trägheitseinschluß*.

Daneben gibt es noch sogenannte *Spiegelmaschinen* mit einem axialen, an beiden Enden sich kontrahierenden Magnetfeld. Die Teilchen bewegen sich in der Achse des Magnetfeldes auf spiralförmigen Bahnen und erfahren bei Annäherung an die Enden eine Umkehrung der Lorentz-Kraft, so daß ihre axiale Geschwindigkeitskomponente ihr Vorzeichen ändert.

Trägheitseinschluß ($n \approx 10^{26}\, cm^{-3}$, $\tau \approx 10^{-11}\, s$)

Beim Trägheitseinschluß wird mit Hilfe von Laserstrahlen oder Teilchenstrahlen die sog. *Ablatorschicht* um ein Wasserstoff/Deuterium-Kügelchen (Brennstoff) verdampft. Der Rückstoß des verdampfenden Ablators beschleunigt die Protonen und Deuteriumkerne in zentraler Richtung aufeinander zu und komprimiert und erhitzt das Teilchenkollektiv. Die Massenträgheit der sich kontrahierenden Protonen und Deuteronen führt zu einer gewissen Mindesteinschlußzeit bevor die Teilchen anschließend wieder radial auseinanderfliegen, Bild 4.44b.

Daß das Phänomen der Kernfusion existiert, zeigen die Vorgänge in der Sonne und im Innern einer Wasserstoffbombe. Die kontrollierte Durchführung dieser Prozesse in kleinem Maßstab auf der Erde würde das Energieproblem der Menschheit auf alle Zeit lösen. Derzeit wird international auf vielen Wegen eine Annäherung an das Lawson-Kriterium versucht. Ein *Scientific Breakeven*, das heißt die freigesetzte Kernenergie erreicht die eingesetzte Zündenergie, erscheint in diesem Jahrhundert nicht ausgeschlossen. Mit Fusionskraftwerken ist frühestens weitere Jahrzehnte nach Erreichen des Scientific Breakeven zu rechnen.

4.8.1.2 Kernfission (Kernspaltung)

Ein Massendefekt tritt nicht nur beim *Verschmelzen leichter Kerne*, sondern auch beim *Spalten schwerer Kerne* auf. Zwar gilt auch für einen Urankern, daß er leichter ist als die Summe seiner isolierten Nukleonenmassen, aber er ist schwerer als die Kernmassen seiner *Spaltprodukte*, Bild 4.45a. Das liegt daran, daß die Kernbindungsenergie pro Nukleon bei mittleren Massezahlen ein Maximum aufweist, Bild 4.45b.

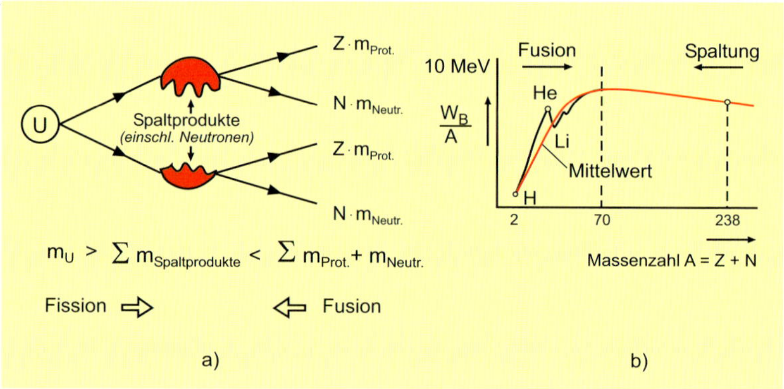

Bild 4.45. Freisetzung von Kernenergie durch Kernspaltung. a) Veranschaulichung des Massendefekts bei der Kernspaltung, b) Kernbindungsenergie in Abhängigkeit von der Massenzahl.

Da sowohl bei der *Fusion* als auch bei der *Fission* die Bindungsenergie pro Nukleon zunimmt, tritt in *beiden* Fällen ein Massendefekt auf.

Dem Aufbau eines Atomkerns ausschließlich aus Protonen stehen die Coulombkräfte der gleichnamig positiv geladenen Protonen entgegen, die eine Annäherung auf Abstände, die die sog. *starke Wechselwirkung* zur Geltung kommen lassen, verhindern. Der Einbau von Neutronen verringert den Einfluß der Coulombkräfte und führt zu stabilen Kernen. Mit zunehmender Kerngröße wird die positive Gesamtladung jedoch immer größer und die Stabilität nimmt ab. Die zunehmende Labilität schwerer Kerne erklärt ihre Spaltbarkeit durch *Neutronenbeschuß* sowie das obere Ende des periodischen Systems.

Die bei der Kernspaltung durch Neutronenbeschuß freigesetzte Kernbindungsenergie setzt sich aus der kinetischen Energie der Spaltprodukte, aus γ-Strahlung und nachfolgender Zerfallstrahlung der Spaltprodukte zusammen, Bild 4.46.

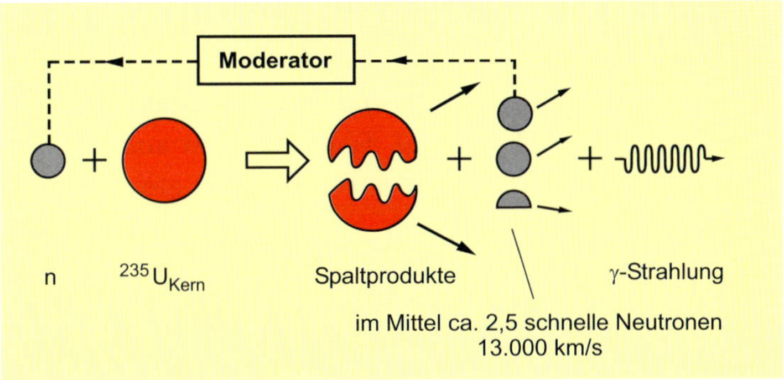

Bild 4.46. Prinzip der kontrollierten Kernspaltung.

Beim Spalten entstehen meist ungleich große Hälften zuzüglich im Mittel 2,46 Neutronen. Beispiele für typische Spaltreaktionen sind

$$n + {}^{235}_{92}U \Rightarrow {}^{145}_{56}Ba^* + {}^{88}_{36}Kr + 3\,n \quad , \qquad (4.50)$$

$$n + {}^{235}_{92}U \Rightarrow {}^{139}_{54}Xe^* + {}^{95}_{38}Sr^* + 2\,n \quad . \qquad (4.51)$$

Die Kernbruchstücke werden durch Stoßprozesse mit ihrer Umgebung längs eines Weges < 1 mm noch im Kernbrennstoff abgebremst. Makroskopisch kann man von Reibungsverlusten sprechen, die zu einer Erwärmung der Brennelemente führen. Die Neutronen haben eine Reichweite von einigen zehn Zentimetern, die γ-Strahlung reicht noch weiter und wird auch im Reaktordruckgefäß und dem umgebenden Beton (*Biologischer* Schild) in Wärme umgewandelt. Da der „*Spaltquerschnitt*“ von ^{235}U für schnelle Neutronen sehr klein ist, müssen die Neutronen durch *Moderatoren* verlangsamt werden. Zum besseren Verständnis der Moderation wird zunächst der Begriff des *Wirkungsquerschnitts* eingeführt, der nicht nur für das Verständnis der Kernspaltung, sondern auch für die Beschreibung zahlreicher anderer *Absorptions-* und *Vermehrungs*vorgänge in Physik und Technik unentbehrlich ist.

Wirkungsquerschnitt

Der *Wirkungsquerschnitt* ist ein Maß für die Wahrscheinlichkeit der Wechselwirkung zwischen Teilchen. Ein Teilchenstrahl, bestehend aus Teilchen M_1 mit Radius r_1 treffe auf Teilchen M_2 mit Radius r_2. Es erfolgt eine Kollision, wenn ein Teilchen M_2 die Kreisfläche $A = \pi(r_1 + r_2)^2$, den *Stoßquerschnitt*, trifft, Bild 4.47. In Wirklichkeit besitzen die Teilchen natürlich keinen Radius im elementaren geometrischen Sinn. Man kann ihnen jedoch aus gemessenen Wechselwirkungen einen virtuellen Radius zuordnen.

Der Stoßquerschnitt hängt von r_1 *und* r_2 ab, so daß er nur für Teilchen eines Kollektivs in Bezug auf Teilchen eines anderen Kollektivs angegeben werden kann (Ausnahme: Teilchen des gleichen Gases).

Wir betrachten ein Teilchen M_1, das auf ein dünnes Volumenelement $A_0 dx$ eines Gases mit Teilchen M_2 (Teilchendichte n_2) trifft, wobei dx so klein sei, daß sich die Teilchen M_2 nicht überlappen, Bild 4.47b.

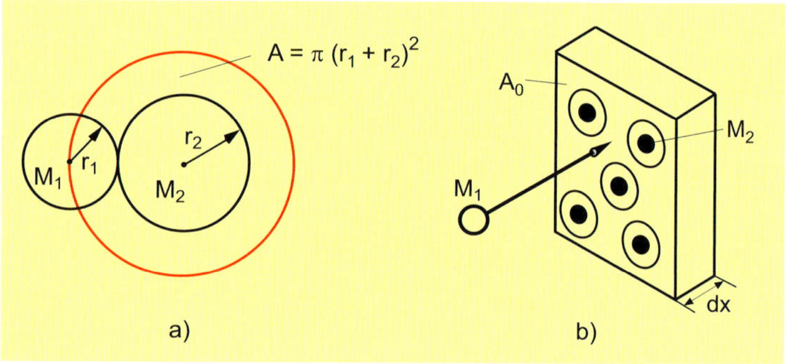

Bild 4.47. a) Zur Veranschaulichung des Begriffs Stoßquerschnitt, b) Volumenelement eines Gases mit Teilchen M_2 und auftreffendem Teilchenstrahl mit Teilchen M_1.

Die differentielle Wahrscheinlichkeit für die Kollision eines Teilchens M_1 längs dx beträgt dann

$$dP = \frac{\overbrace{n_2\, A_0\, dx}^{N_2}\ A}{A_0} \qquad \left[\frac{\text{Summe aller Stoßquerschnitte } A}{\text{Gesamtfläche } A_0}\right] \quad , \quad (4.52)$$

bzw.

$$dP = n_2\,Adx. \text{ Für N Teilchen } M_1\text{: } NdP = Nn_2Adx = dN. \quad (4.53)$$

Da wir nur Teilchen betrachten wollen, die eine Kollision erleiden, ist dN negativ, das heißt

$$dN = -Nn_2\,A\,dx \quad . \quad (4.54)$$

Separation der Variablen und Integration ergibt

$$\int \frac{dN}{N} = -n_2\,A \int_0^x dx$$

und die Ausführung der Integration

$$lnN \,\Big|_{N_0}^{N} = -n_2\,Ax$$

bzw.

$$lnN - lnN_0 = ln(N/N_0) = -n_2\,Ax \quad .$$

Erhebt man beide Seiten als Exponenten der Exponentialfunktion,

$$e^{ln(N/N_0)} = e^{-n_2\,Ax} \quad , \quad (4.55)$$

erhält man

$$\boxed{N = N_0 e^{n_2 Ax}} \quad . \quad (4.56)$$

Dies ist ein universelles Exponentialgesetz, das eine Vielzahl physikalischer Dämpfungs- bzw. Verstärkungserscheinungen beschreibt, je nach Vorzeichen und physikalischem Inhalt des Koeffizienten nA, z. B.:

Kernspaltung

$dP_{spalt} = dN/N = A_{spalt}ndx$	Bruchteil der Neutronen, denen längs dx eine Kernspaltung gelingt, $A_{spalt}n = Spaltkoeffizient$

Neutronenabsorption

$dP_{abs} = dN/N = A_{abs}ndx$	Bruchteil der Neutronen, die längs dx in einem Material absorbiert werden, ohne zu einer Spaltung zu führen, $A_{abs}n = Absorptionskoeffizient$

Schwächung von γ-Strahlen

$dP_\gamma = dN/N = A_\gamma n dx$ Bruchteil der γ-Quanten, die längs dx in einem Material absorbiert werden, $A_\gamma n$ = *Schwächungskoeffizient*

Stoßionisation

$dP_i = dN/N = A_i n dx$ Bruchteil der Elektronen, denen längs dx eine Ionisation gelingt, $A_i n$ = *Ionisationskoeffizient*

Sind bei einer Kollision mehrere verschiedene Wechselwirkungen denkbar (z. B. elastische und inelastische Stöße), so kann man sich den gesamten Stoßquerschnitt aus einzelnen Wirkungsquerschnitten zusammengesetzt denken, Bild 4.48.

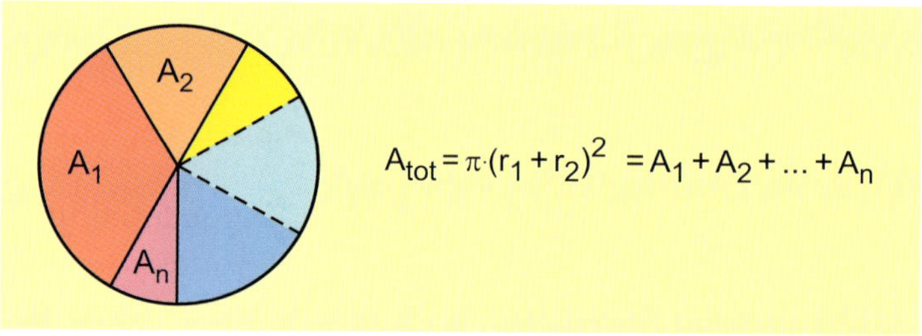

Bild 4.48. Aufteilung des totalen Stoßquerschnitts in einzelne Teilwirkungsquerschnitte.

Die einzelnen Teilflächen sind dann ein Maß für die Wahrscheinlichkeit der jeweiligen Reaktion. Ihre Größe hängt von der Teilchenenergie der eintreffenden Teilchen ab. Für nicht *monochromatische* Teilchenkollektive, sogenannte *Teilchenschwärme*, bedarf der hier abgeleitete Wirkungsquerschnitt noch der Berücksichtigung ihrer Geschwindigkeitsverteilung.

Das Verständnis des Wirkungsquerschnitt-Konzepts ermöglicht nun ein anschauliches Verständnis für die Notwendigkeit eines Moderators und die von ihm geforderten Eigenschaften.

Moderator

Natururan enthält nur 0,7 % spaltbares ^{235}U, der Rest besteht aus nicht spaltbarem ^{238}U. Nur Kerne mit ungerader Massenzahl sind sehr labil und damit leicht spaltbar. Wegen der geringen Dichte spaltbarer Atome ist in Natururan zunächst keine Kettenreaktion möglich, weil der *Spaltquerschnitt* von ^{235}U für die bei der Spaltung entstehenden schnellen, energiereichen Neutronen sehr klein ist (W_{kin} z. B. 1 MeV) und andererseits der inelastische *Streuquerschnitt* und der *Absorptionsquerschnitt* von ^{238}U ($^{238}U + n \rightarrow {}^{239}Pu$) sehr groß sein kann und dem Spaltprozeß viele Neutronen entzogen werden. Bremst man die schnellen Neutronen zu energiearmen, sogenannten *thermischen Neutronen* ab, sogenanntes *moderieren*, so nimmt ihr *Spaltquerschnitt* zu, Bild 4.49.

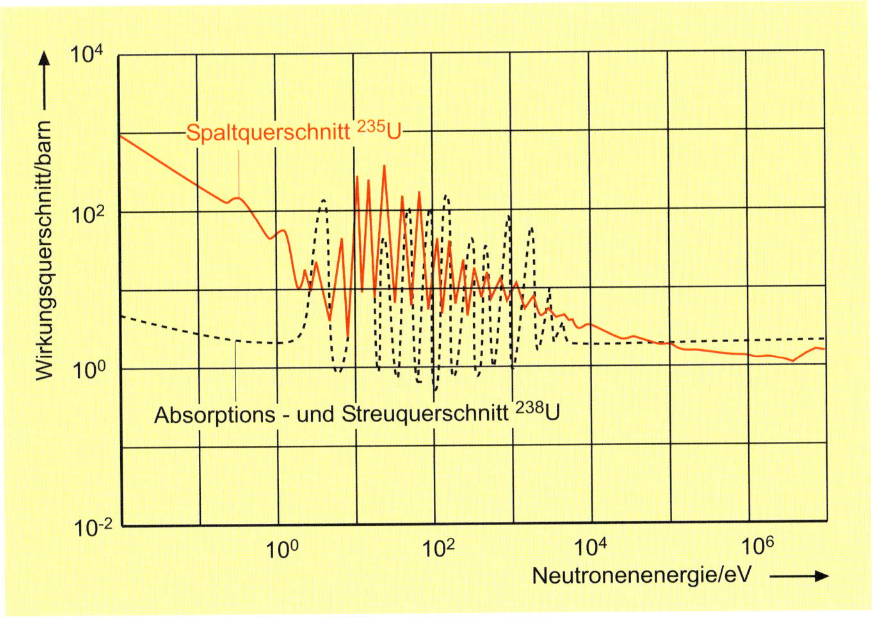

Bild 4.49. Schematische Darstellung des Spaltwirkungsquerschnitts ^{235}U (rot) sowie des Absorptions- und Streuwirkungsquerschnitts von ^{238}U (strichliert) in Abhängigkeit von der kinetischen Energie der Neutronen.

Thermische Neutronen stehen mit ihrer Umgebung im thermischen Gleichgewicht, besitzen also die gleiche mittlere kinetische Energie wie die Teilchen ihrer Umgebung (z. B. bei Raumtemperatur 0,025 eV).

Als Moderatoren kommen leichte Atomkerne in Frage, deren Masse in der gleichen Größenordnung liegt wie die der Neutronen und daher eine schnelle Abbremsung innerhalb weniger Stöße ermöglichen. Ferner sollen sie selbst einen geringen Einfangquerschnitt besitzen.

Hier bieten sich die Kerne der Wasserstoffatome in leichtem und schwerem Wasser an, aber auch Kohlenstoff, Bild 4.50.

Moderator	$^{1}_{1}$**H**	$^{2}_{1}$**H = D**	$^{12}_{6}$**C (Graphit)**	$^{238}_{92}$**U** (zum Vergleich)
Zahl der Kollisionen von 2MeV → 0,025eV	18	25	114	2172
Einfangsquer-schnitt in barn für schnelle n	0,325	0,0005	0,0085	2,8
	Angereichertes Uran	**Natururan möglich**	**Natururan möglich**	

Bild 4.50. Moderatoren: leichter Wasserstoff, schwerer Wasserstoff, Graphit, Uran als Vergleichssubstanz.

Als Gegenbeispiel eines guten Moderators ist auch noch Uran in der Tabelle aufgeführt.

Zur Veranschaulichung sei ein Vergleich mit Pool-Billard erlaubt. Stösse mit den leichten Kernen entsprechen dem Eröffnungsstoß in „die Vollen", bei dem die weiße Kugel sehr schnell ihre Energie verliert. Zusammenstöße mit schweren Urankernen entsprechen Stößen gegen die „Bande", wobei die Kugeln nur sehr wenig Energie verlieren.

In der technischen Praxis wählt man vielfach leichtes Wasser als Moderator und gleicht die relativ großen Absorptionsverluste durch entsprechend höhere Anreicherung des Brennstoffs auf beispielsweise 4,5 % ^{235}U aus. Nur wenn besondere Gesichtspunkte für einen sparsamen Neutronenhaushalt sprechen, finden die wesentlich teureren Moderatoren schweres Wasser D_2O oder Graphit Verwendung, beispielsweise bei Natururan als Brennstoff.

Kernbrennstoff und Moderator bestehen in den heutigen Leistungsreaktoren nicht aus einem homogenen Gemisch, sondern sind voneinander getrennt. Findet leichtes Wasser als Moderator Verwendung, bildet dieser auch gleichzeitig das Kühlmittel, das für die Wärmeabfuhr aus dem Reaktor sorgt. Der Kernbrennstoff befindet sich meist in dünnwändigen, hermetisch dichten Metallröhrchen, die die Abgabe von Spaltprodukten an das Kühlmittel verhindern. Mehrere *Brennstäbe* bilden jeweils ein *Brennelement*. Diese Art der Anordnung von Brennstoff und Moderator bezeichnet man als *heterogenen Reaktorkern*.

Kettenreaktion und kritischer Zustand:

Mit jedem gespaltenen Urankern werden Neutronen frei, die ihrerseits Spaltungen durchführen und damit weitere Neutronen freisetzen. Die Zahl $R^*(\mathbf{r}, v, t)$ der Reaktionen aller Neutronen der Geschwindigkeit v mit einem Kern läßt sich mit Hilfe des Wirkungsquerschnitts $A(v)$ und des Neutronenflusses $\phi(\mathbf{r}, v, t)$ berechnen:

$$R^*(\mathbf{r}, v, t) = A(v) \cdot \phi(\mathbf{r}, v, t) \quad . \tag{4.57}$$

Durch Multiplikation mit der Teilchenzahldichte n der Atomkerne ergibt sich die Reaktionsrate pro Zeit- und Volumeneinheit:

$$R(\mathbf{r}, v, t) = n \cdot A(v) \cdot \phi(\mathbf{r}, v, t) \quad . \tag{4.58}$$

Die Gesamtzahl aller *Spaltungen* pro Zeiteinheit erhält man durch Integration der Reaktionsrate über das gesamte Volumen des Reaktorkerns (engl.: *core*) und Ersetzen des totalen Wirkungsquerschnitts $A(v)$ durch den „Spaltquerschnitt“ $A_f(v)$,

$$\begin{aligned} &\textstyle\int_v nA_f(v)\phi(\mathbf{r}, v, t)\, dV \\ &nA_f = a_f \qquad \textit{Fissionskoeffizient (Spaltkoeffizient)} \end{aligned} \tag{4.59}$$

Bei jeder Spaltung entstehen N Neutronen, beispielsweise bei ^{235}U im Mittel ca. 2,5 Neutronen.

Die einmal eingeleitete Reaktion läuft in Form einer Kettenreaktion ab. Soll ein durch ein spontanes Neutron eingeleiteter Spaltvorgang sich selbständig reproduzieren, müssen die im Reaktorvolumen V herrschende

Neutronenerzeugung

$$N \int_v nA_f(v)\phi(\mathbf{r}, v, t)\, dV \quad , \tag{4.60}$$

Neutronenverluste durch Absorption

$$\int_v \alpha_a(v)\phi(\mathbf{r},v,t)\,dV\,, \quad \alpha_a \quad \text{Absorptionskoeffizient und} \tag{4.61}$$

Leckage über die Coreoberfläche A nach außen

$$\int_A L(\mathbf{r},v,t)\,dA\,, \quad \text{L Neutronenleckage je } cm^2 \text{ Coreoberfläche} \quad , \tag{4.62}$$

im Gleichgewicht sein.

Diese Bedingung wird als kritische Bedingung formuliert:

$$k_{eff} = \frac{N\int_v \alpha_f(v)\phi(\mathbf{r},v,t)\,dV}{\int_v \alpha_a(v)\phi(\mathbf{r},v,t)\,dV + \int_A L(\mathbf{r},v,t)\,dA}$$

$$= \frac{\text{Neutronenerzeugung}}{\text{Neutronenverluste}} = 1$$

$$k_{eff} = k_\infty \cdot \wedge_S \cdot \wedge_{th} = 1 \quad . \tag{4.63}$$

Je nach Höhe der gerade erzeugten Wärmeleistung stehen in Zähler und Nenner im kritischen Betrieb stets gleich große Zahlen, beispielsweise 1/1 oder 1000/1000 usw.

In Gleichung 4.63 bedeuten

Λ_S	(Verbleibfaktor für schnelle Neutronen):	Verhältnis der im Reaktor verbliebenen schnellen Neutronen zur Gesamtzahl der erzeugten schnellen Neutronen,
Λ_{th}	(Verbleibfaktor für thermische Neutronen)	Verhältnis der im Reaktor verbliebenen thermischen Neutronen zur Gesamtzahl der thermischen, d. h. moderierten schnellen Neutronen,

k_∞ den Multiplikationsfaktor einer unendlich großen Anordnung mit vernachlässigbarer Leckage, definiert durch

$$k_\infty = f \cdot \eta \cdot \epsilon \cdot p \quad . \tag{4.64}$$

Dies ist die *Vierfaktorformel*, deren Faktoren im Gegensatz zu Λ_S und Λ_{th} nicht geometrie-, sondern nur materialabhängig sind.

In der Vierfaktorformel bedeuten:

f	Thermische Ausnutzung:	Verhältnis im Brennstoff absorbierter thermischer Neutronen zur Gesamtzahl aller absorbierten thermimischen Neutronen
η	Neutronenausbeute:	Verhältnis der bei thermischen Spaltungen erzeugten Neutronen zur Gesamtzahl aller im Brennstoff absorbierten thermischen Neutronen
ϵ	Schnellspaltfaktor:	Verhältnis aller durch Spaltung erzeugten Neutronen zur Zahl der durch thermische Spaltung erzeugten Neutronen
p	Resonanzentkommwahrscheinlichkeit:	Verhältnis der thermischen, d. h. moderierten Neutronen, zur Zahl aller im Reaktor verbliebenen schnellen Neutronen

Die einzelnen Faktoren lassen sich aus den Wirkungsquerschnitten der verwendeten Materialien und der Reaktorgeometrie berechnen.

Der Multiplikationsfaktor k_∞ bzw. k_{eff} gibt an, um wieviel sich die Neutronenzahlen aufeinanderfolgender Neutronengenerationen unterscheiden.

Für k_{eff}	$= 1$	reproduziert sich jede Neutronengeneration, der Neutronenfluß bleibt konstant. Zähler und Nenner in (4.63) sind gleich groß (sog. *kritischer Betrieb*).
Für k_{eff}	< 1	nimmt der Neutronenfluß mit der Zeit ab, der Reaktor ist *unterkritisch*. Der Zähler ist kleiner als der Nenner
Für k_{eff}	> 1	nimmt der Neutronenfluß mit der Zeit zu, der Reaktor ist *überkritisch*. Der Zähler ist größer als der Nenner.

Die kritische Bedingung läßt sich durch entsprechende Veränderung von Zähler und Nenner erfüllen. Eine Vergrößerung des Zählers erreicht man beispielsweise durch Erhöhung der Anzahl N der spaltbaren Kerne je cm^3, mit anderen Worten durch eine Anreicherung des im natürlichen Uran nur zu 0,71 % vorkommenden Kernbrennstoffs ^{235}U, oder durch Moderierung.

Die im Nenner stehende Absorptionsrate läßt sich durch die konsequente Aussonderung aller Materialien, die als starke Neutronenabsorber bekannt sind, klein halten. Die Leckrate schließlich, die im wesentlichen der Reaktoroberfläche proportional ist, verliert mit zunehmender Reaktorgröße an Bedeutung.

Für ein bestimmtes Verhältnis Moderator/Brennstoff nimmt der Faktor k ein Maximum an, die Anzahl der Spaltungen erreicht dann ihren höchsten Wert, Bild 4.51.

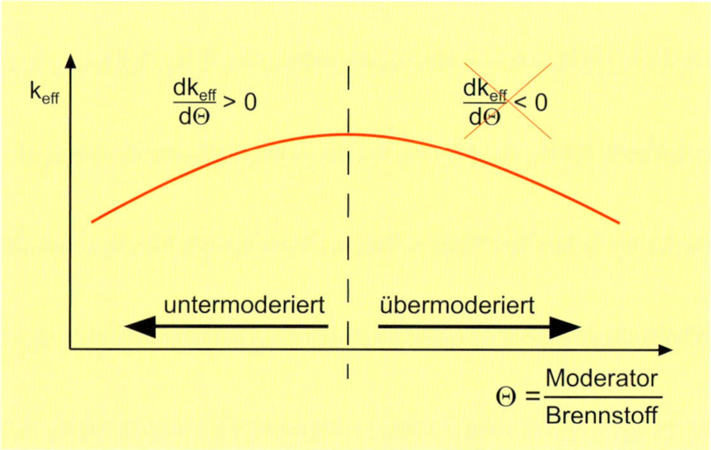

Bild 4.51. Abhängigkeit des Multiplikationsfaktors k vom Moderator/Brennstoff-Verhältnis.

Bei kleinerem Verhältnis Moderator/Brennstoff bezeichnet man den Reaktor als *untermoderiert*, bei größerem als *übermoderiert*. Die Kenntnis des Begriffs *Untermoderation* ist Voraussetzung für das Verständnis der Leistungsregelung von Kernreaktoren. Ferner weisen übermoderierte Reaktoren das Risiko des „Durchgehens" eines Reaktors auf (unkontrollierte Kettenrekation, z. B. Tschernobyl). Untermoderierte Reaktoren sind inhärent sicher gegen das Auftreten einer unkontrollierten Kettenreaktion. Ihr verbleibendes Risiko ist die Nachzerfallswärme, auf die am Ende dieses Kapitels noch eingegangen wird.

Das Ingangsetzen der Kettenreaktion eines Reaktors verfolgt die Vergrößerung von k bzw. θ (Steuerstäbe, Borsäurekonzentration), wodurch spontane Neutronen zunehmend Gelegenheit zur Freisetzung weiterer Neutronen erhalten. Die üblicherweise beim Anfahren von Kernreaktoren verwendeten Neutronenquellen (γ- oder α-Strahler, die in anderen Elementen Neutronen auslösen) sind nicht zwingend für den Anfahrvorgang erforderlich. Sie dienen lediglich der Bereitstellung eines minimalen meßbaren Neutronenflusses, damit die Meß-, Regel- und Überwachungseinrichtungen sowie das Bedienungspersonal nicht vom plötzlichen Einsatz einer merklichen Kettenreaktion überrascht werden.

Schließlich sei angemerkt, daß das Verhalten der Neutronenerzeugung in einem Kernreaktor große Ähnlichkeit mit der Ladungsträgervermehrung in Gasentladungen besitzt. Dem unterkritischen Betrieb entspricht die *unselbständige Gasentladung*, dem kritischen Zustand das *Selbständigwerden einer Entladung*. Der sehr unglücklich gewählte Terminus technicus „*kritisch*“ erzeugt beim Nichtfachmann gewöhnlich negative Assoziationen vom Typ „gefährlich“. Für den Fachmann ist der kritische Zustand auf verschiedenen Leistungsniveaus der angestrebte Zustand.

Nachzerfallswärme:

Im bisherigen Text wurde angenommen, daß die Kernenergie ausschließlich durch Spaltprozesse freigesetzt wird, tatsächlich entstehen aber 7 % der Wärmeenergie beim späteren spontanen Zerfall der Spaltprodukte. Bei einer Reaktorschnellabschaltung läßt sich zwar die Kettenreaktion der Spaltprozesse durch Einschießen aller Absorberstäbe und Borieren des Kühlmittels schnell zum Erliegen bringen, die Spaltprodukte zerfallen jedoch mit ihren jeweiligen Halbwertzeiten unaufhaltsam weiter und produzieren die sogenannte *Nachzerfallswärme*. Der zeitliche Verlauf der mit mehreren Zeitkonstanten exponentiell abklingenden Nachzerfallswärmeproduktion hängt von der Höhe P_0 und der Dauer T_0 der vor der Schnellabschaltung gefahrenen Leistung ab,

$$P(t) = 6,2 \cdot 10^{-2} P_0 \left[(t - T_0)^{0,2} - t^{-0,7} \right] \quad . \tag{4.65}$$

Bei untermoderierten Kernkraftwerken besteht die Problematik eines Kühlmittelausfalls denn auch nicht in der Gefahr, daß die Kettenreaktion nicht beherrscht werden könnte (wegen der Untermoderation würde diese auch ohne Absorberstäbe inhärent zum Erliegen kommen), sondern daß die *Nachzerfallswärme* eine nicht kontrollierbare Erwärmung des nicht mehr gekühlten Kerns und damit ein *Kernschmelzen* zur Folge hätte. Man sieht daher zum Schutz des Reaktorkerns spezielle *Notkühlsysteme* vor.

4.8.1.3 Brennstoffkreislauf

Der Uran-Brennstoff für Kernreaktoren wird aus Erzen mit einem Gehalt an Uranverbindungen $> 0,1$ % gewonnen. Mit Hilfe chemischer Verfahren werden die Uranverbindungen im Abbaugebiet aus dem Erz extrahiert und zu einem Konzentrat mit 70 % Urangehalt verarbeitet (engl.: *yellow cake*), Bild 4.52.

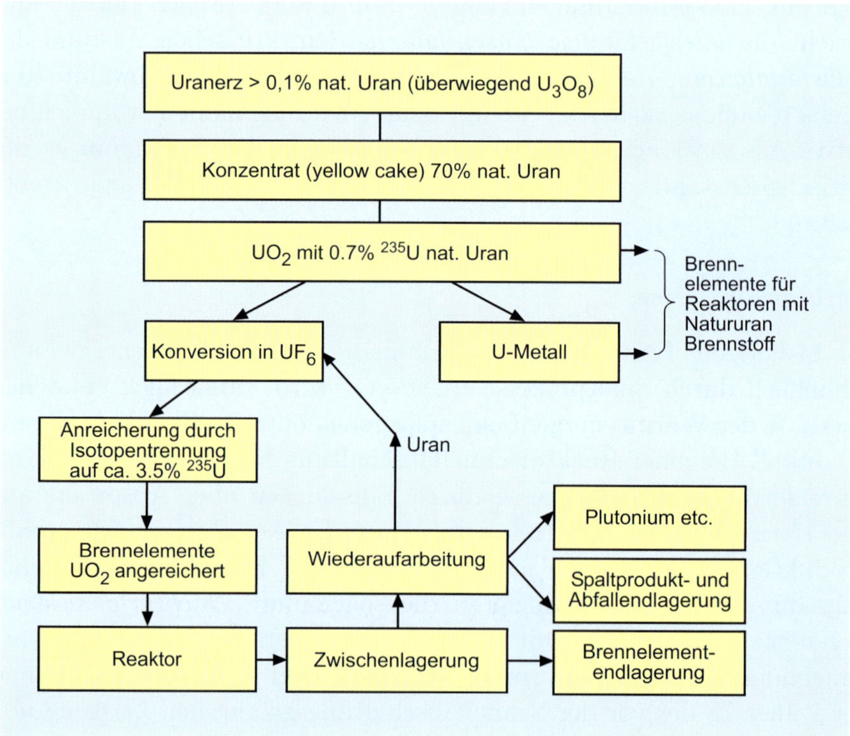

Bild 4.52. Uran-Brennstoffkreislauf.

In dezentralisierten Brennstoffherstellungsanlagen wird aus dem Konzentrat zunächst *Natururandioxid* UO_2 hergestellt, aus diesem schließlich durch Fluorierung *Uranhexafluorid* UF_6 oder durch Reduktion *Natururanmetall*. Natururandioxid und Natururanmetall können unmittelbar in graphit- oder schwerwassermoderierten Reaktoren als Brennstoff verwendet werden. Leichtwasserrekatoren benötigen angereichertes Uran mit erhöhtem Anteil ^{235}U. Uranhexafluorid dient als Ausgangsstoff zur Anreicherung des Isotops ^{235}U. Unter Ausnutzung der größeren Masse des ^{238}U-Isotops läßt sich das aus Natururan hergestellte UF_6 in eine *leichte* Fraktion mit erhöhtem Anteil ^{235}U und eine *schwere* Fraktion mit erniedrigtem Anteil ^{235}U trennen. In *Diffusionsanlagen* erfolgt die Trennung durch die höhere Diffusionsgeschwindigkeit der leichten Fraktion, in *Gaszentrifugen* und *Trenndüsenanlagen* durch die unterschiedliche Zentrifugalkraft. Bei Gaszentrifugen transportiert eine thermische Zirkulationsströmung die beiden Fraktionen zu ihren Entnahmestellen, Bild 4.53.

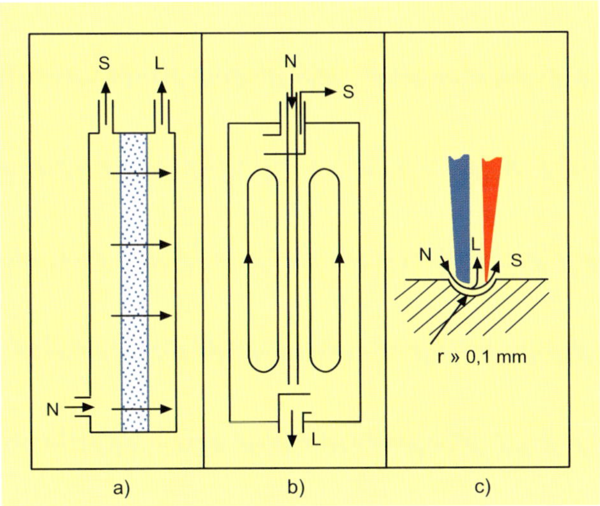

Bild 4.53. Isotopentrennverfahren. a) Diffusionsverfahren, b) Zentrifugenverfahren, c) Trenndüsenverfahren, N Natururanausgangsmaterial, L Leichte bzw. *angereicherte* Fraktion, S Schwere bzw. *abgereicherte* Fraktion.

Da der Massenunterschied gering ist, erfordern die Anlagen eine Kaskadierung bzw. auch Reihen/Parallelschaltung zahlreicher Stufen (Grössenordnung 1.000 und mehr). Schließlich besteht die Möglichkeit der

Laser-Isotope-Separation (engl.: *LIS, Laser-Isotope-Separation*), bei der Uranatome oder Uranmoleküle durch Laserlicht selektiv, d. h. isotopenspezifisch angeregt und mit unterschiedlichen physikalischen Eigenschaften versehen werden, die ihre Trennung ermöglichen. Aus dem angereicherten Uranhexafluorid können angereichertes Uranmetall, Urandioxid, Urankarbid, Urannitrid etc. hergestellt und zu Brennelementen verschiedener Geometrie verarbeitet werden.

Nach Spaltung eines Großteils der ^{235}U-Kerne im Reaktor stellt sich das Problem der Entsorgung der inzwischen stark radioaktiv gewordenen und ständig Nachzerfallswärme produzierenden Brennelemente. Zunächst werden die Brennelemente in Wasserbecken für mehrere Jahre *zwischengelagert*. Während dieser Zeit klingt die Nachzerfallswärmeproduktion und die Reaktivität gemäß den unerschiedlichen Halbwertzeiten der einzelnen Spaltprodukte exponentiell ab. Die von den Brennelementen ausgesandte Strahlung wird im umgebenden Medium in Wärme umgewandelt. Nach der Zwischenlagerung lassen sich die Brennelemente entweder trocken endlagern (engl.: *dry-cask storage*), derzeit auf dem Kraftwerksgelände (*Zwischenlager*) oder wieder aufbereiten. Im Hinblick auf einen schonenden Einsatz der Primärenergie strebt man grundsätzlich letztere Lösung an, da im abgebrannten Brennelement noch etwa 1 % nicht gespaltenes Uran ^{235}U und etwa 1 % aus ^{238}U erbrütetes Plutonium enthalten sind. Außerdem enthalten die Brennelemente 94,5 % unverändertes ^{238}U, das als Brutstoff für etwaige spätere Brutreaktoren verfügbar gehalten werden soll.

Durch Auflösen der mechanisch zerkleinerten Brennelemente in Salpetersäure lassen sich die 3,5 % hochradioaktiven Spaltprodukte mit chemischen Verfahren in flüssiger Form isolieren und nach Umwandlung oder Einbindung in Feststoffe endlagern. Art und Weise der Wiederaufbereitung sind grundsätzlich gelöst, das optimale Vorgehen bei der Endlagerung ist jedoch derzeit noch Gegenstand fachlicher und öffentlicher Diskussionen sowie gesellschaftlicher Akzeptanz. In diesem Zusammenhang soll nicht unerwähnt bleiben, daß der Hoffnungsträger *Erdwärme* auch nichts anderes als die *Nachzerfallswärme* radioaktiven Zerfalls im Erdinnern ist. Derzeit gibt es noch in keinem Land der Welt die perfekte Lösung für die Endlagerung. Dennoch wird auch künftig zur Diskussion stehen, ob die Vorzüge der Kernenergie – keine Luftverschmutzung, keine Treibhausgase – die ihr eigenen typischen Risiken nicht zu kompensieren vermag.

Die Gewinnung des Brennstoffs Thorium ist mit der Urangewinnung verwandt. Die Brennstoffe ^{233}U und ^{239}Pu kommen in der Natur nicht vor, sondern werden erst während des normalen Betriebs von Kernreaktoren erbrütet (s. 4.8.5). Wegen Einzelheiten wird auf das Schrifttum verwiesen.

4.8.2 Druckwasserreaktoren (DWR)

Bei Kraftwerken mit leichtwassermoderierten Druckwasserreaktoren (engl.: LW-PWR – *Light-Water-Pressurized-Water-Reactor*) entsteht der Wasserdampf in Dampferzeugern, die mit der im Reaktor freigesetzten Wärme (Leistungsdichte ca. 65 kW/l) beheizt werden. Kühlmittel und Moderator sind identisch. Das Reaktorkühlmittel – chemisch besonders aufbereitetes Trinkwasser – transportiert in einem Primärkreislauf die in den Brennelementen freigesetzte Wärme zum Dampferzeuger, der sie an den Sekundärkreislauf (Wasser/Dampf-Prozeß) überträgt, Bild 4.54.

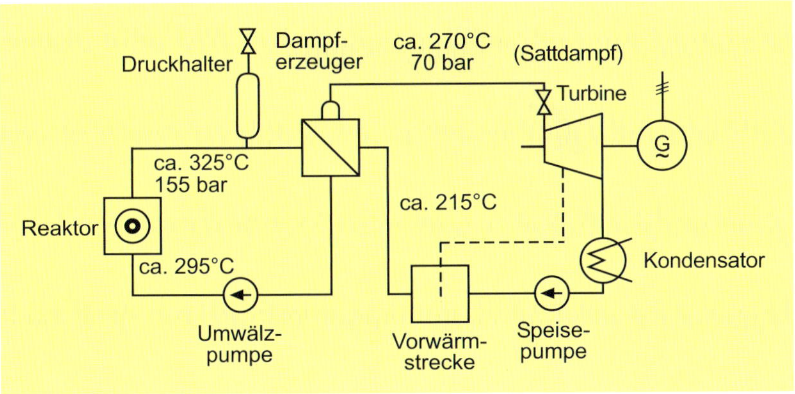

Bild 4.54. Vereinfachtes Schema eines Kraftwerks mit Druckwasserreaktor.

Es finden Dampferzeuger nach dem *Zwangsumlauf-* und dem *Zwangsdurchlaufprinzip* Verwendung. Letztere erlauben eine geringfügige Überhitzung des Dampfs (wenige Grad). Die Temperatur des Wassers wird beim Durchströmen des Reaktorkerns von ca. 290° C auf ca. 325° C erhöht. Höhere Temperaturen verbieten sich wegen der dann einsetzenden korrosiven Wirkung des Wassers auf die aus einer Zirkoniumlegierung (geringe Neutronenabsorption) bestehenden Brennelementhüllen. Die vergleichsweise geringe Kühlmitteltemperatur führt zu niedrigen Frischdampfzuständen (Sattdampf bzw. geringfügig überhitzter Dampf), die den Einsatz spezieller *Sattdampfturbinen* erfordern (s. 4.3.2) und nur mäßige Gesamtwirkungsgrade von knapp über 30 % erlauben. Kraftwerke mit Druckwasserreaktor haben in der Regel vier Dampferzeuger in vier Hauptkühlmittelkreisläufen, die alle vom Reaktordruckbehälter ausgehen und zu ihm zurückkehren. In der Leitung zum Dampferzeuger befindet sich ein *Druckhalter*, der im unteren Teil Wasser enthält und im oberen Teil von Dampf erfüllt ist. Bei sinkendem Druck verdampft ein Teil des Wassers, unterstützt durch eine elektrische Zusatzheizung, bei steigendem Druck wird von oben Wasser eingesprüht, was zur teilweisen Kondensation des Dampfs führt. Der gesamte Primärkreis mit Reaktordruckbehälter, Dampferzeuger und Umwälzpumpen etc. ist in einem kugelförmigen Sicherheitsbehälter aus Stahl untergebracht (engl.: *containment*), der von einem Betonschild gegen äußere Einwirkungen umgeben ist, Bild 4.55.

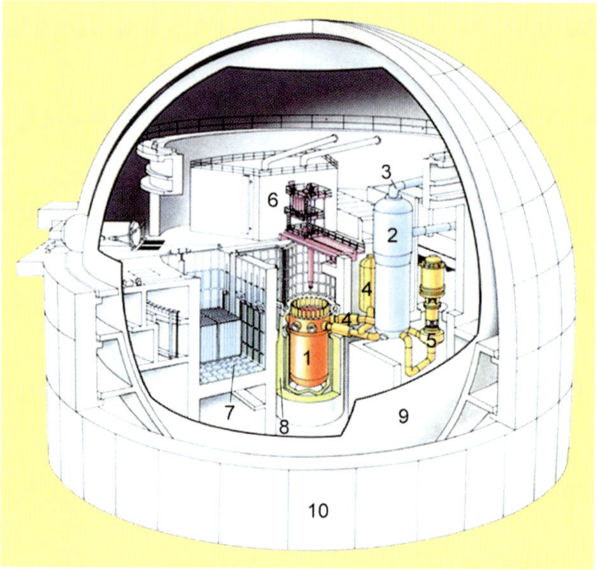

Bild 4.55. Reaktorgebäude eines Kraftwerks mit Druckwasserreaktor. 1 Reaktordruckbehälter, 2 Dampferzeuger, 3 Frischdampfleitung, 4 Druckhalter, 5 Kühlmittelumwälzpumpe, 6 Beladeeinrichtung, 7 Lagerbecken für abgebrannte Brennelemente, 8 Strahlungsschirm aus Beton, 9 Stahlsicherheitsbehälter, 10 Stahlbeton-Reaktorgebäude zum Schutz gegen Einwirkungen von außen (*EVA*) (Siemens/Framatom).

Einen zum Austausch vorgesehenen Dampferzeuger zeigt Bild 4.56. Die Dimensionen und technischen Anforderungen lassen die dahinter verborgenen Ingenieurleistungen nur erahnen.

Bild 4.56. Einbringen eines neuen Dampferzeugers im Kernkraftwerk *Gravelines 4* (Framatom ANP).

Um eine möglichst gleichmäßige radiale Temperaturverteilung zu erzielen, erfolgt die Erstbeladung mit Brennelementen mit von innen nach außen steigendem Anreicherungsgrad. Nach Ende des ersten Brennstoffzyklus (etwa 1 Jahr) wird jeweils nur das äußere Drittel des Inventars durch neue Brennelemente ersetzt, die im Laufe der folgenden Zyklen von außen nach innen umgesetzt werden. Die Steuerstäbe aus neutronenabsorbierendem Material (Bor, Cadmium) fallen im Störfall aufgrund der Schwerkraft in den Kern ein. Druckwasserreaktoren können auch mit *Schwerwasser* D_2O moderiert werden. Ein Beispiel ist der für nichtangereichertes Natururan ausgelegte kanadische Reaktor CANDU. Den Stand der Druckwasserreaktor-Technik kennzeichnet das Konzept des *Europäischen Druckwasserreaktors* EPR mit 1450 MW_{el}, *doppeltem* Containment und einer hochtemperaturfesten *Kernschmelzrückhalteeinrichtung* am Boden des Reaktordruckbehälters.

4.8.3 Siedewasserreaktoren (SWR)

Bei Kraftwerken mit Siedewasserreaktor (engl.: LW-BWR, *Light Water Boiling Water Reactor*) wird der für den Antrieb der Turbine benötigte Dampf unmittelbar im Kern des Reaktors erzeugt (*Einkreissystem*), wobei der Betriebsdruck bei etwa 70 bar liegt. Separate Dampferzeuger wie bei Druckwasserreaktoren sind daher entbehrlich, was den wesentlichen Vorzug des Siedewasserreaktors ausmacht. Ferner zeichnet sich der Siedewasserreaktor durch das Vorhandensein drehzahlveränderlicher Umwälzpumpen aus, über die die Leistungsregelung erfolgt (s. 4.8.6), Bild 4.57.

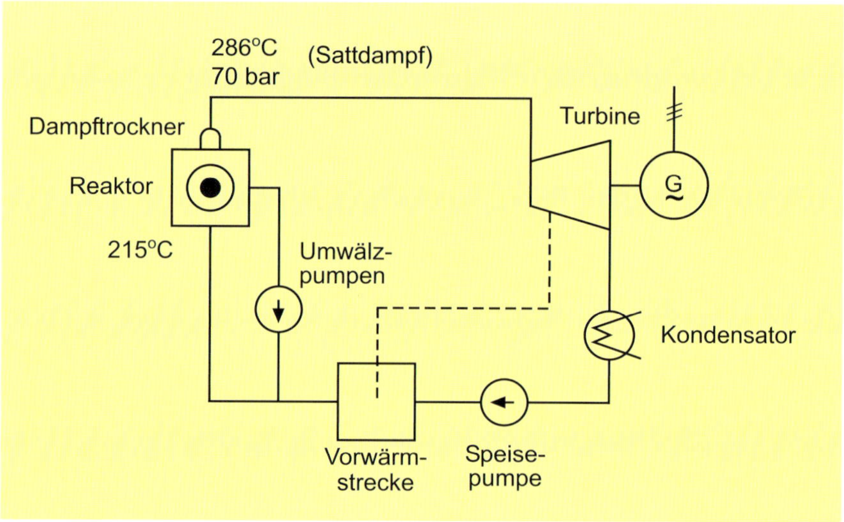

Bild 4.57. Schaltschema eines Siedewasserreaktors mit Direktkreislauf und Zwangsumlauf.

Das Reaktorgebäude des Siedewasserreaktors enthält einen Stahlsicherheitsbehälter, der den Reaktordruckbehälter mit seinen Komponenten wie Umwälzpumpen und Regelstabantrieben einschließt. Er beinhaltet ferner mit Wasser gefüllte *Kondensationskammern*, in denen im Fall eines Rohrreißers und Austritt von Dampf aus dem Druckbehälter oder im Fall eines Lastabwurfs und Ansprechens des Schnellschlußventils die Volumenverringerung des kondensierenden Dampfes einen nicht tolerierbaren Druckaufbau verhindert. Ferner enthält er das *Druckent-*

lastungssystem. Die Umwälzpumpen sind bei der technischen Realisierung in den Reaktordruckbehälter integriert, Bild 4.58.

Bild 4.58. Siedewasserreaktor. 1 Reaktordruckgefäß, 2 Steuer- bzw. Regelstäbe, 3 Frischdampfleitung, 4 Kondensationskammern, 5 Strahlenschirm aus Beton, 6 Beladeeinrichtung, 7 Lagerbecken für abgebrannte Brennelemente, 8 Reaktorgebäude zum Schutz gegen Einwirkungen von außen (EVA) (Siemens/Framatom).

Die Turbine, die beim Kraftwerk mit SWR im Direktkreislauf mit Dampf aus dem Reaktordruckbehälter beaufschlagt wird, steht nicht innerhalb des Containments. Bei einem Bruch der Dampfleitung könnte Kühlmittel in die Umgebung gelangen. Daher werden bei einem solchen Unfall die Dampfleitungen durch automatische Schnellschlußventile geschlossen.

Aufgrund der unterschiedlichen thermodynamischen Eigenschaften siedenden Wassers (Dampfgehalt), muß die Wärmestromdichte der Brennelemente beim Siedewasserreaktor reduziert werden. Dies führt bei gleicher Stableistung zu größeren Stabdurchmessern, höherem Verhältnis Wasser-Brennstoff und letztlich zu einer geringeren Literleistung, ca. 40 kW/l gegenüber 65 kW/l beim Druckwasserreaktor. In den Kanälen wird zur Wahrung einer gleichmäßigen Strömung des Zweiphasengemischs nur ein Dampfgehalt von 20 % zugelassen. Der am Reaktorkern eintretende Naßdampf enthält nur latente Wärme bei einem Dampfgehalt von ca. 70 % und muß noch durch aufwendige Dampftrockner am oberen Ende des Reaktordruckgefäßes in Wasser und Sattdampf getrennt werden. Wegen der Dampftrockeneinrichtungen lassen sich beim Siedewasserreaktor die Steuerstäbe nur von unten einbringen.

Konstruktive, wirtschaftliche, sicherheitstechnische und betriebliche Eigenschaften von Druck- und Siedewasserreaktoren halten sich etwa die Waage, eine zwingende Präferenz für die eine oder andere Bauart gibt es nicht. Aufgrund vergleichbarer Frischdampfzustände besitzen Siedewasserreaktoren wie Druckwasserreaktoren einen Gesamtwirkungsgrad von nur knapp über 30 %. Dieser wird jedoch durch die niedrigen Brennstoffkosten, die Nichtexistenz eines CO_2-Problems und die Schonung fossiler Ressourcen bei weitem kompensiert.

4.8.4 Gasgekühlte Reaktoren

Gasgekühlte Reaktoren verwenden als Kühlmittel Kohlendioxid oder Helium. Das Heißgas durchströmt einen oder mehrere Dampferzeuger mit nachfolgender Dampfturbine. Gegenüber der Flüssigkeitskühlung bietet die Gaskühlung den Vorzug der Entkopplung von Temperatur und Druck, wodurch sich hohe Kühlmitteltemperaturen auch bei mäßigen Drücken realisieren lassen. Außerdem entfällt die Gefahr plötzlicher, lokaler Überhitzungen bei instabilem Strömungssieden flüssigkeitsgekühlter Reaktoren. Wegen der ungünstigeren Wärmeübertragungseigenschaften von Gasen liegen die Wärmestromdichten sehr viel niedriger, was bei gleicher Leistung zu größeren Brennelementoberflächen und insgesamt zu größeren Kernabmessungen führt.

Die ersten gasgekühlten Reaktoren entstanden in England (*Calder Hall*, *Magnoxreaktor*), wo man in einem Block aus Graphitbausteinen (Moderator) mit metallischem Natururan gefüllte und zur besseren Wärmeabfuhr mit Kühlrippen versehene Brennelemente einbaute. Mit Rücksicht auf geringe Neutronenabsorption wählte man für die

Brennelementhüllen eine spezielle Magnesiumlegierung (*Magnox*), deren niedriger Schmelzpunkt aber nur Kühlmittelaustrittstemperaturen von ca. 400° C erlaubt. Die spezifische Kernleistung liegt mit ca. 1 kW/l sehr niedrig, die Anlagekosten und der Eigenbedarf für die CO_2-Umwälzgebläse sind beträchtlich.

Beim *fortgeschrittenen gasgekühlten Reaktor* (engl.: *AGR, Advanced Gas-Cooled Reactor*, Kühlgas CO_2) bestehen die Brennelementhüllen aus Chrom-Nickelstahl, dessen höhere Neutronenabsorption durch Anreicherung des Brennstoffs ausgeglichen wird. Die höhere Temperaturbeständigkeit der Brennelementhüllen (Hüllentemperatur $\leq$ 650° C) ermöglicht höhere spezifische Kernleistungen, kompaktere Bauweise und die Realisierung konventioneller Wasser-Dampfprozesse mit Überhitzung.

Schließlich erlauben Hochtemperaturreaktoren (HTR) dank gleichzeitiger Verwendung von Graphit sowohl als Moderator wie als Brennstoffhülle zusammen mit dem Kühlmittel Helium weit höhere Temperaturen als im konventionellen Wasser-Dampfprozeß verwertbar, Bild 4.59.

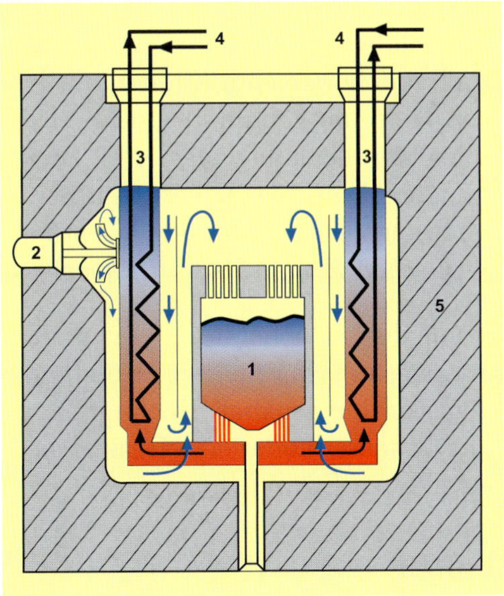

Bild 4.59. Gasgekühlter Hochtemperatur-Reaktor (HTR). 1 Reaktorkern, 2 Kühlmittelumwälzgebläse, 3 Dampferzeuger, 4 Kühlmittelleitungen zur Turbine, 5 Spannbetonbehälter.

Unter Verzicht auf das für Leichtwasserreaktoren typische Reaktordruckgefäß sind Reaktorkern und Dampferzeuger gemeinsam in einem Spannbetonbehälter untergebracht. Umwälzgebläse drücken das Kühlmittel in einem geschlossenen Kreislauf von oben nach unten durch den heißen Reaktorkern und anschließend durch die Dampferzeuger. Nach Wärmeabgabe im Dampferzeuger strömt das Kühlmittel durch das Gebläse und außerhalb der Dampferzeuger wieder nach unten.

Kühlmitteltemperaturen von 950° C sind in Versuchsreaktoren realisiert. Die Brennelementhüllen verhindern bis ca. 1.600° C eine merkliche Freisetzung von Spaltstoffen. Die Festigkeit von Graphit steigt bis zu Temperaturen von über 2.000° C weiter an, so daß bei geeigneter Auslegung ein Kernschmelzen mit Sicherheit verhindert werden kann.

Die Brennelemente besitzen die Gestalt brennstoffgefüllter Hohlkugeln mit ca. 6 cm Durchmesser, die in Form einer Kugelschüttung einen Graphitmantel, der gleichzeitig als *Reflektor* wirkt (4.8.1.2), von oben nach unten durchlaufen (Kugelhaufenreaktor, engl.: *pebble-bed reactor*). Alternativ können graphitumhüllte Brennstoffkügelchen von ca. 1 mm Durchmesser in prismatische Graphitstäbe mit Längskanälen eingebracht werden (engl.: *coated particles*). Die Kugeln wandern, zusammen mit Kugeln aus solidem Graphit, in etwa 2 bis 3 Monaten durch den Reaktor hindurch und können am Ende in nur leicht ausgebrannte wiederverwertbare Kugeln, ausgebrannte und beschädigte Kugeln separiert werden. Neben dem hoch angereicherten Brennstoff, z. B. 10 % ^{235}U beim Kugelhaufenreaktor oder höher noch bei „*coated particles*", können die Brennstoffkugeln auch Brutstoffe enthalten. Man spricht dann auch von *thermischen Brütern* bzw. *Konvertern.*

Eine effiziente Nutzung der bei hoher Temperatur angebotenen Wärme ist im Rahmen der Kohlevergasung und im Kombiprozeß mit einer geschlossenen Heliumgasturbine denkbar. Hochtemperaturreaktoren gleicher Leistung wie leichtwassermoderierte Reaktoren sind derzeit noch Gegenstand der technischen Entwicklung.

4.8.5 Brutreaktoren

Bei der Absorption von Neutronen durch Atomkerne *gerader Massenzahlen* können diese in leicht spaltbare Kerne *ungerader Massenzahl* umgewandelt werden. Von praktischer Bedeutung ist die Konversion von ^{232}Th und ^{238}U. Beispielsweise erfolgt der Brutvorgang für ^{238}U nach folgendem Schema:

$$^{238}_{92}U + n \longrightarrow {}^{239}_{92}U \underset{23,5\,\text{min.}}{\overset{\beta^-}{\longrightarrow}} {}^{239}_{93}\text{Np} \underset{23,5d}{\overset{\beta^-}{\longrightarrow}} {}^{239}_{94}\text{Pu} \quad ,$$

mit

$$\beta^- = \beta\text{-Strahlung}: \quad n \longrightarrow p + e + \bar{\nu} + W_{kin}, \quad \bar{\nu} \ \textit{Antineutrino} \quad .$$

Der mit dem eingefangenen Neutron beladene Ausgangskern $^{239}_{92}$U wird unter Aussendung von β-Strahlung zunächst in einen Zwischenkern *Neptunium* $^{239}_{93}$Np umgewandelt. Dieser erst geht unter nochmaliger Aussendung von β-Strahlung in den leicht spaltbaren Endkern *Plutonium* $^{239}_{94}$Pu über. Der Aussendung der β-Strahlung liegt jeweils der Zerfall eines Neutrons in ein Proton und ein Elektron (β-Strahlung) zugrunde. Durch den Zerfall des Neutrons ändert sich die Massenzahl praktisch nicht, da Neutronen und Protonen vergleichbare Massenzahlen haben, die *Kernladungszahl* wird jedoch jeweils um eins erhöht. Der Neutronenzerfall ist stets von einem *Antineutrino* begleitet, das gequantelte Energiezustände gewährleistet (s. a. 4.8.1.1).

Die Umwandlung von $^{238}_{92}$U in $^{239}_{94}$Pu tritt als Nebeneffekt in jedem Leichtwasserreaktor auf, und mit zunehmendem Abbrand wird ein Teil der Wärmeenergie auch durch Spaltung der inzwischen entstandenen Plutoniumkerne erzeugt. Bei schnellen Brutreaktoren steht die Umwandlung nicht spaltbaren Materials in Kernbrennstoff im Vordergrund. Durch Verwendung hoch angereicherten Brennstoffs läßt sich unter vollständigem oder teilweisem Verzicht auf einen Moderator allein mit den schnellen Neutronen eine selbständige Kettenreaktion aufrechterhalten. Deren Neutronenfluß ermöglicht nicht nur eine permanente Reproduktion der Spaltvorgänge, sondern generiert auch noch eine ausreichende Zahl zusätzlicher Neutronen zur Umwandlung um den eigentlichen Brennstoff angeordneten Brutstoffs in spaltbares Material. Werden pro Zeiteinheit durch Umwandlung mehr spaltbare Kerne erzeugt als durch den auslösenden Spaltvorgang im Kern verloren gehen (Konversionsrate > 1) spricht man von einem *Brüter*. Reaktoren mit Konversionsraten kleiner eins (z. B. Hochtemperaturreaktoren mit Brutstoffanteil) nennt man *Konverter*.

Der Reaktorkern eines Brüters besteht aus zwei Zonen: der inneren *Spaltzone*, mit hochangereichertem Uran, Plutonium oder einer Mischung aus beiden, und der äußeren *Brutzone*, die im wesentlichen Natururan enthält. Wegen der Besonderheit der Kernspaltung mit schnellen Neutronen ergibt sich eine im Vergleich zum Druckwasserreaktor deutlich höhere Leistungsdichte für den Reaktorkern. Als Kühlmittel wird flüssiges Natrium verwendet. Aus sicherheitstechnischen Gründen ist zur Dampferzeugung mit Brutreaktoren ein „*Dreikreis-Wärmeübertragungssystem*“ vorgesehen. Außerdem sind alle Räume, in denen sich natriumführende Teile befinden, von einer *Inertgas*-Atmosphäre erfüllt, Bild 4.60.

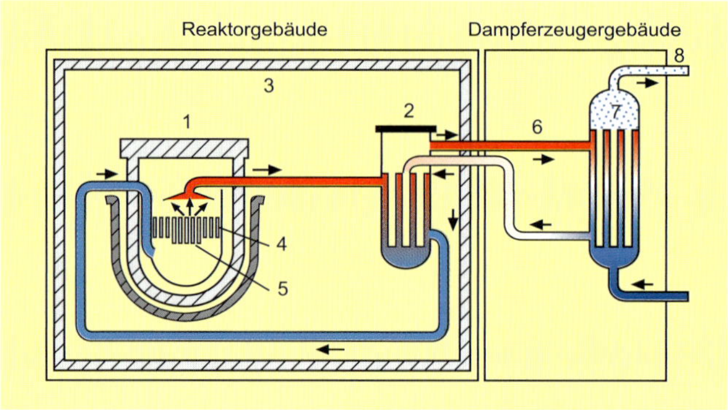

Bild 4.60. Reaktor- und Dampferzeugergebäude beim *Schnellen Brüter*. 1 Brutreakter, 2 Zwischenwärmetauscher, 3 Sicherheitsdoppel-Containment, 4 Brutelemente, 5 Brennelemente, 6 Sekundär-Natriumkreislauf, 7 Dampferzeuger, 8 Frischdampfleitung.

Große schnelle Reaktoren haben in wesentlichen Bereichen des Cores einen positiven *Natrium-Temperaturkoeffizienten* (s. 4.8.6). Ebenso können Geometrieveränderungen *positive Reaktivitätsbeiträge* bewirken, da sich das Core nicht in der Konfiguration maximaler Reaktivität befindet. Unterstellt man ein Versagen der Sicherheitseinrichtungen in größerem Umfang, ist beim natriumgekühlten schnellen Reaktor auf Grund seiner hohen Anreicherung eine Reaktivitätsexkursion möglich, die neben der Kernschmelze auch zu einer Freisetzung mechanischer Energie führen kann. Der Sicherheitsbehälter muß daher für die Aufnahme dieser Energie ausgelegt werden. Außerdem sind Maßnahmen erforderlich, die die Wiederentstehung einer kritischen Geometrie und einer etwaigen thermisch/mechanischen Kernzerlegung verhindern. Die Bewältigung dieser anspruchsvollen Aufgaben ist Gegenstand der aktuellen technischen Entwicklung.

4.8.6 Leistungsregelung von Kernreaktoren

Die permanente Freisetzung von Kernenergie erfordert eine bestimmte Anzahl von Kernspaltungen je Zeiteinheit. Unabhängig von der jeweils erzeugten Leistung muß dabei im stabilen Betrieb die Zahl der erzeugten Neutronen immer gleich der Zahl der durch Absorption und Leckage verlorengegangenen Neutronen sein. Das ist der Fall, wenn jede Neutronengeneration sich selbst reproduziert, d. h. wenn der *Multiplikationsfaktor* k, der das Verhältnis der Neutronenzahlen aufeinanderfolgender Generationen in Verhältnis setzt, gerade 1 ist, sog. *kritischer Betrieb*. Für k kleiner 1 würde die Neutronenzahl künftiger Generationen exponentiell ab-, für k größer 1 exponentiell zunehmen, gleichermaßen auch die freigesetzte Leistung,

$$P(t) = P_0 e^{\frac{(k-1)/k}{\Lambda} t} \quad . \tag{4.66}$$

Wegen der kurzen Lebensdauer der Neutronen ($\Lambda = 10^{-4} \ldots 10^{-7}$ s) würde sich die Reaktorleistung bei einem Sprung $+\Delta$k (z. B. durch schnelles Herausziehen der Steuerstäbe) innerhalb weniger Mikrosekunden vervielfachen, der Reaktor wäre nicht regelbar. Glücklicherweise ist die Natur kooperativ und läßt einen Teil der beim Spaltvorgang freiwerdenden Neutronen *verzögert* entstehen (als Folge vorausgegangenen β-Zerfalls eines Teils der Spaltprodukte). Diese Verzögerung bewirkt eine Zunahme der mittleren effektiven Lebensdauer der Neutronen auf ca. 13 s (bei Annahme der Neutronenentstehung zum Zeitpunkt des auslösenden Spaltvorgangs) und verlängert so die Intervalle zwischen aufeinanderfolgenden Neutronengenerationen (Reaktorperiode) auf Zeiten im Sekundenbereich. Diese *verzögerten Neutronen* machen einen Reaktor erst regelbar.

Statt des Terms $(k-1)/k$ im Exponenten der Exponentialfunktion wird meist der Begriff der *Reaktivität* ρ verwendet. Einem Multiplikationsfaktor k = 1 entspricht die Reaktivität $\rho = 0$. Die Größe des Multiplikationsfaktors hängt von der Zahl spaltbarer Atome (Anreicherungsgrad, Abbrandzustand), dem Verhältnis der Volumenanteile Moderator/Brennstoff, der Geometrie usw. ab. Ein frisch beladener

Druckwasserreaktor besitzt bei ausgefahrenen Steuerstäben einen Multiplikationsfaktor von ca. $k = 1,3$. Mit zunehmendem Abbrand strebt dieser Wert gegen 1. Bei eingefahrenen Steuerstäben ist immer $k < 1$ bzw. $\rho < 0$.

Das Anfahren eines Reaktors erfolgt durch Ausfahren der Steuerstäbe bzw. Verringerung der *Borsäurekonzentration* im Kühlmittel (bei Druckwasserreaktoren). Aufgrund des abnehmenden Volumenanteils absorbierender Stoffe wird $k > 1$ bzw. $\rho > 0$. Spontane oder von einer Neutronenquelle herrührende Neutronen vermehren sich jetzt exponentiell, die Größe der in Abständen einer Reaktorperiode aufeinanderfolgenden Neutronengenerationen wächst ständig. Gleichzeitig wächst die Zahl Kernenergie freisetzender Spaltprozesse, Brennstoff- und Kühlmitteltemperatur steigen an. Dieser Temperaturanstieg würde sich monoton fortsetzen, *erzwängen nicht inhärente Gegenkopplungsmechanismen* einen stabilen Gleichgewichtszustand auf erhöhtem Leistungsniveau. Bei Erreichen einer bestimmten Temperatur wird die von den Steuerstäben herbeigeführte Reaktivität selbsttätig von $\rho > 0$ wieder auf $\rho = 0$ bzw. $k = 1$ zurückgeführt. Dieses Verhalten wird nachstehend am Beispiel des Druckwasserreaktors näher erläutert.

Druckwasserreaktor

Die Leistungsführung eines Druckwasserreaktors beruht auf einer Beeinflussung von ρ bzw. k durch die Steuerstäbe und durch den Borwassergehalt im Kühlmittel in Verbindung mit den bereits angedeuteten inhärenten Rückkopplungsmechanismen. Unter Berücksichtigung des Abbrandzustands läßt sich eine gewünschte Leistung P_{soll} durch geeignete Positionierung der Steuerstäbe bzw. Wahl der Borsäurekonzentration einstellen. Die gerätetechnisch induzierte Reaktivität wird beim Erreichen des Leistungssollwerts durch negative Reaktivitätsbeiträge inhärenter Rückkopplungen zu Null kompensiert.

Die Natur der inhärenten Rückkopplungen läßt sich gut an Hand der Ausregelung von Störungen verstehen, Bild 4.61. Eine erhöhte Leistungsabgabe ΔP_d führt zu einer erhöhten Dampfentnahme durch die Turbine, verursacht eine stärkere Wärmeabfuhr aus dem Dampferzeuger und bewirkt eine Senkung der mittleren Temperatur im Primärkreislauf sowie eine Zunahme der Dichte des Moderators. Bei kleinem Verhältnis Moderator/Brennstoff (Untermoderation, Bild 4.51) führt die höhere Moderatordichte zu einer größeren Anzahl thermischer Neutronen (Änderung des Neutronenflusses $d\phi$), zu mehr Spaltprozessen und zu höherer mittlerer Brennstofftemperatur bzw. thermischer Leistung,

$$+dP_{el} \rightarrow -dT_{Mod} \rightarrow +dS_{Mod} \rightarrow +d\phi \quad . \tag{4.67}$$

Ein Schließen des Turbinenstellventils bewirkt eine Umkehrung der Wirkungsrichtung.

Der Temperaturkoeffizient des Moderators ist nicht der einzige inhärente Rückkopplungseffekt der Leistungsregelung. Auch der Brennstoff besitzt einen Temperaturkoeffizienten, da sich bei höheren Temperaturen durch den *Doppler-Effekt* eine Resonanzlinienverbreiterung der Wirkungsquerschnitte bemerkbar macht, die die Zahl thermischer Neutronen verringert. Beide Effekte bewirken eine inhärente Stabilität technischer Leistungsreaktoren, Bild 4.61.

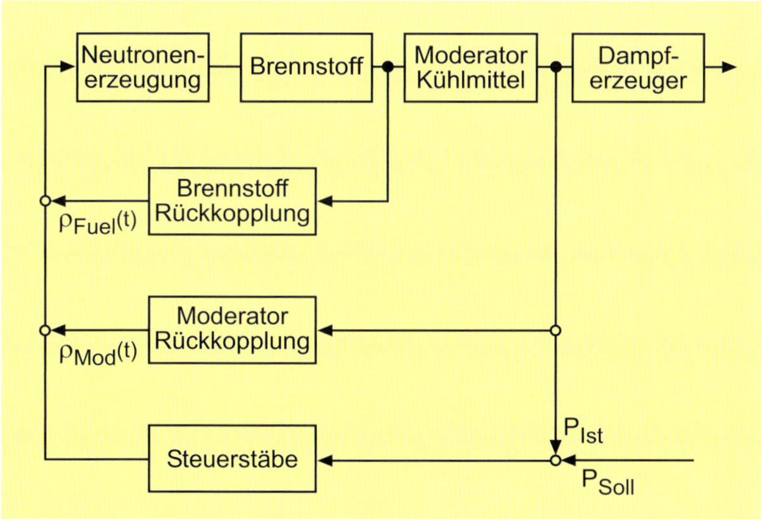

Bild 4.61. Vereinfachtes Blockschaltbild zur Erläuterung der Leistungsregelung eines Druckwasserreaktors.

Im Leistungsbereich zwischen etwa 50 % und 100 % erfolgt die Ausregelung von Störungen überwiegend durch das geschilderte inhärente Selbstregelverfahren.

Aufgrund des *Proportionalverhaltens* der Rückkopplungsmechanismen verbleibt eine *endliche Temperaturabweichung*, die bei Überschreiten eines vorgegebenen Grenzwerts durch unterstützendes Nachfahren der Steuerstäbe praktisch beliebig klein gemacht werden kann (vgl. Primär- und Sekundärregelung eines Verbundnetzes, s. a. 13.1.2).

Die Zeitkonstanten der Dampferzeugung mit Kernenergie sind in der Regel kleiner als die fossil befeuerter Kraftwerke, was aus Sicht der Netzregelung sehr vorteilhaft ist. Dennoch werden Kernkraftwerke aus *wirtschaftlichen* Gründen (geringe Brennstoffkosten) und *technischen* Gründen (Vermeidung von mechanischem Verschleiß der Brennelementhüllen durch unterschiedliche thermische Ausdehnung von Hülle und Brennstoff (engl: *pellet cladding interaction*) überwiegend im Grundlastbetrieb eingesetzt.

Der Vollständigkeit wegen sei nachgetragen, daß die eingangs erwähnte Neutronenquelle nicht zwingend für das Selbständigwerden der Kettenreaktion erforderlich ist. Sie dient lediglich der Bereitstellung eines definierten Mindestneutronenflusses für die Meß- und Regeleinrichtungen während des Anfahrvorgangs.

Weiter sei erwähnt, daß die einem Reaktivitätssprung folgende zeitliche Leistungsänderung bei genauem Hinsehen nicht nur durch eine Exponentialfunktion beschrieben werden kann. Vielmehr ergibt sich P(t) wegen der unterschiedlichen Lebensdauer der verzögerten Neutronen als Überlagerung mehrerer Exponentialfunktionen. Dies ändert jedoch nichts am grundsätzlichen Inhalt obiger Darstellung.

Siedewasserreaktoren

Die Leistungsregelung von Siedewasserreaktoren beruht auf der Beeinflussung der Moderatordichte durch den *Dampfblasengehalt* des siedenden Kühlmittels. Im Gegensatz zum Druckwasserreaktor führt beim Siedewasserreaktor eine erhöhte Dampfentnahme zur *Abnahme der Moderatordichte*, weil mit absinkendem Dampfdruck das Blasenvolumen zunimmt. Die Untermoderation führt dann zu einer *geringeren Anzahl* thermischer Neutronen und damit zu einem Rückgang der Leistung. Trotzdem läßt sich der Blaseneffekt zur Regelung heranziehen, wenn der Reaktor mit konstantem Systemdruck betrieben und die Drehzahl der Umwälzpumpen für das Kühlmittel mit Hilfe von Flüssigkeitsgetrieben oder frequenzvariablen Stromrichterantrieben leistungsabhängig geregelt wird. Bei erhöhter Dampfentnahme durch die Turbine bewirkt der Leistungsregler eine Erhöhung der Pumpendrehzahl, wodurch sich Anzahl, Verweilzeit und Größe der Dampfblasen verringern, die Moderatordichte erhöht und mehr thermische Neutronen erzeugt werden,

$$+dP \rightarrow +dn \rightarrow +dS \rightarrow +d\phi \quad . \tag{4.68}$$

Der mit einer Vordruckregelung verknüpfte Verzicht auf eine Dampfausspeicherung tritt wegen der geringen Antwortzeit von Siedewasserreaktoren (wenige Sekunden) nicht nachteilig in Erscheinung.

Zwischen 60 % und 100 % wird die Leistung überwiegend über den vom Kühlmittelstrom abhängigen Blasenanteil geregelt. Der jeweilige Sollwert wird unter Inanspruchnahme der Steuerstäbe eingestellt. Im übrigen gelten die beim Druckwasserreaktor gemachten zusätzlichen Bemerkungen, mit Ausnahme des Borsäurezusatzes.

Gasgekühlte Reaktoren

Eine erhöhte Dampfentnahme durch die Turbine verursacht eine stärkere Wärmeabfuhr aus dem Dampferzeuger und damit eine Temperaturabsenkung im Primärkreislauf. Bei Graphit ist der Einfluß der Moderatordichte jedoch geringer als bei Wasser, da sein Ausdehnungskoeffizient kleiner ist und außerdem die Moderatormasse im eigentlichen Reaktorkern unverändert bleibt. Der Selbstregeleffekt gasgekühlter Reaktoren ist daher überwiegend auf den negativen Temperaturkoeffizienten der atomaren Querschnittsänderungen im Moderator und Brennstoff angewiesen. Zusätzlich werden mittels Verfahren der Steuerstäbe und Änderung des Kühlmittelstroms (Umwälzgebläse) sowie durch eine Speisewasserpumpenregelung im Sekundärkreislauf Änderungen des Dampfverbrauchs derart ausgeglichen, daß Frischdampftemperatur und Frischdampfdruck wie bei konventionellen Dampfkraftwerken über einen weiten Bereich konstant bleiben.

Natriumgekühlter Reaktor

Schnelle Brutreaktoren arbeiten mit unmoderierten, schnellen Neutronen. Eine Verringerung der Neutronenenergien durch das Kühlmittel ist unerwünscht, wenngleich nicht ganz vermeidbar. Im energetischen Spektralbereich der Neutronen eines schnellen Brüters erweist sich die schwachmoderierende Wirkung des Kühlmittels außerdem als Mitkopplung, weil eine temperaturbedingte Absenkung der Moderatordichte die Zahl schneller Neutronen hoher Energie vermehrt und den Multiplikationsfaktor k vergrößert. In gleicher Weise würde sich ein Sieden des Natriums auswirken. Als inhärente Gegenkopplung steht daher nur der *Dopplereffekt* des Brennstoffs zur Verfügung. Aus diesem Grund und auch wegen der kürzeren Lebensdauer der schnellen Neutronen sowie des geringeren Anteils verzögerter Neutronen und der kleineren thermischen Zeitkonstanten des kompakten Reaktorkerns stellt ein Brutreaktor höhere Anforderungen an die Regel- und Sicherheitstechnik.

Einfluß der Nachzerfallwärme

Abschließend sei noch auf eine Besonderheit beim plötzlichen Zurücknehmen der Leistung von Kernreaktoren hingewiesen, die sog. *Nachzerfallswärme* (s. 4.8.1.2). Für die Leistungsregelung bedeutet die Nachwärmeproduktion, daß sich die Ermittlung des Leistungsistwerts beim Zurückregeln nicht allein auf Neutronenflußmessungen stützen darf, sondern daß auch Kühlmitteltemperaturen erfaßt werden müssen.

4.9 Wasserkraftwerke

Die Nutzung von Wasserkraft ist derzeit die wirtschaftlich günstigste Alternative zur Verwertung der mit geringer Leistungsdichte einfallenden *Solarenergie*. Dank eines natürlichen Energiekonzentrationsprozesses wird die potentielle Energie der in Höhenlagen auftretenden Niederschläge durch kleine Rinnsale, Bäche und letztlich große Flüsse so weit verdichtet, daß ihre Nutzung in *Laufwasser-* und *Speicherkraftwerken* wirtschaftlich wird. In den *Wasserturbinen* dieser Kraftwerke wird die potentielle Energie des Wassers in kinetische Energie umgesetzt, wobei jedes Wasserteilchen beschleunigt wird und auf Grund seiner Geschwindigkeit einen Impuls $m\mathbf{c}$ erhält. Die Kraft auf das Laufrad entsteht bei der Umlenkung des Wasserstroms und der dadurch bedingten Impulsänderung,

$$\mathbf{F} = \frac{\Delta(m\mathbf{c})}{\Delta t} = \frac{m\mathbf{c}_1 - m\mathbf{c}_2}{\Delta t} = \frac{m}{\Delta t}(\mathbf{c}_1 - \mathbf{c}_2) \quad . \tag{4.69}$$

Wie bereits bei den Dampfkraftwerken erwähnt, setzt sich die von einer strömenden Stoffmenge mitgelieferte spezifische Energie aus mehreren Anteilen zusammen:

$$w = w_{kin} + w_{pot} + u + pv \quad . \tag{4.70}$$

Berechnet man die Energieströme im Zu- und Abfluß eines Wasserkraftwerks (Ober- und Unterwasserniveau), so erhält man aus der Differenz beider die nutzbare mechanische Leistung. Diese wird fast ausschließlich aus der Abnahme der *potentiellen* Energie des Wassers gedeckt (auch bei Laufwasserkraftwerken). Durch ein Saugrohr am Austritt der Turbine wird die Austrittsgeschwindigkeit so weit verlangsamt, daß nahezu alle potentielle Energie genutzt wird, auch wenn Turbine und Stromerzeuger oberhalb des Unterwasserspiegels liegen (was im Hinblick auf Revisionen und Hochwassergefährdung des Generators wünschenswert ist).

Für die Rohleistung der Wasserkraft gilt im stationären Betrieb in guter Näherung:

$$P_W = \frac{\Delta W_{pot}}{\Delta t} = \frac{\Delta mgh}{\Delta t} = \dot{m}gh = \dot{V}\rho gh \quad , \tag{4.71}$$

mit

$$\begin{aligned} \dot{V} = \frac{\Delta V}{\Delta t} = Q \quad & \text{stationärer Wasserstrom mit} \\ & \rho = m/V \ \text{ Dichte und h = Fallhöhe} \quad . \end{aligned} \tag{4.72}$$

Mit Hilfe des Gesamtwirkungsgrads (η_{tot}) eines Wasserkraftwerks, der die Rohrleitungs- (η_R), Turbinen- (η_T) und Generatorverluste (η_G) berücksichtigt, erhält man die elektrische Wirkleistung zu

$$P = \eta_{tot}\,\dot{V}\rho gh = \eta_R\eta_T\eta_G\dot{V}\rho gh = 0,7\ldots 0,9\,\dot{V}\rho gh \quad . \tag{4.73}$$

Diese elektrische Leistung wird je nach Fallhöhe entweder in Laufwasserkraftwerken oder in Speicherkraftwerken bereitgestellt.

4.9.1 Laufwasserkraftwerke

Laufwasserkraftwerke, auch *Niederdruckanlagen* genannt, werden als Fluß- oder Kanalkraftwerke mit *Freiwasserspiegel* bei Gefällen bis 1 m/km gebaut. Ihr typisches Kennzeichen ist die geringe Fallhöhe, die erst durch Aufstauen an einem *Wehr* verbunden mit einem Turbinenhaus geschaffen werden muß. Da der Anteil der von der Ausbauwassermenge abhängigen Komponenten gering ist (z. B. entfallen

Rohrleitungen und Stollen), trifft man meist einen hohen Ausbaugrad an. Den Ausbaugrad eines Wasserkraftwerks mißt man an der Zahl der Abflußtage im Jahr. Dies ist die Zahl der Tage, an denen eine die Ausbauwassermenge des Kraftwerks überschreitende Wassermenge anfällt, das heißt *Überschußwasser* ungenutzt über das Wehr fließt.

Es gibt mehrere Möglichkeiten Wehr, Kraftwerkshaus (mit meist mehreren Turbinen) sowie etwaige Schleusen anzuordnen. Ein typisches Layout zeigt Bild 4.62.

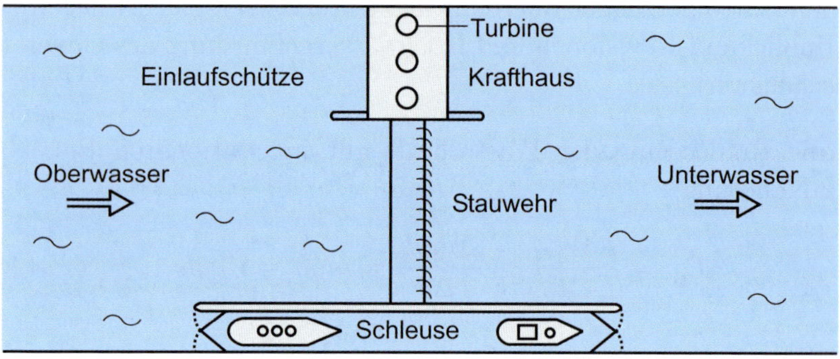

Bild 4.62. Laufwasserkraftwerk.

Als Turbinen kommen bei Fallhöhen von 1 m ... 15 m (Anhaltswert) in der Regel *Kaplan*-Turbinen zum Einsatz.

Laufwasserkraftwerke arbeiten entweder als Grundlastkraftwerke oder, im *Schwallbetrieb*, auch zur Deckung von Spitzenlasten (s. 4.9.6).

4.9.2 Speicherkraftwerke

Speicherkraftwerke beziehen ihr Wasser aus geologischer Gunst zu verdankenden hochgelegenen Wasserspeichern, die häufig durch Aufstauen von Wasser in einem Tal mittels einer *Staumauer* bzw. *Talsperre* künstlich errichtet werden. Sie können unabhängig von den Zuflüssen in begrenztem Umfang täglich Lastschwankungen bedienen. Je nach Fallhöhe unterscheidet man *Mittel-* und *Hochdruckanlagen*. Von ersteren spricht man bei Fallhöhen > 15 m, von letzteren bei Fallhöhen > 50 m. Die Grenzen sind fließend bzw. überschneiden sich. Typische Merkmale sind die Auflösung einer Anlage in *Wasserfassung*, *Druckstollen* mit *Wasserschloß* und *Kraftwerk* mit *Unterwasser*, Bild 4.63.

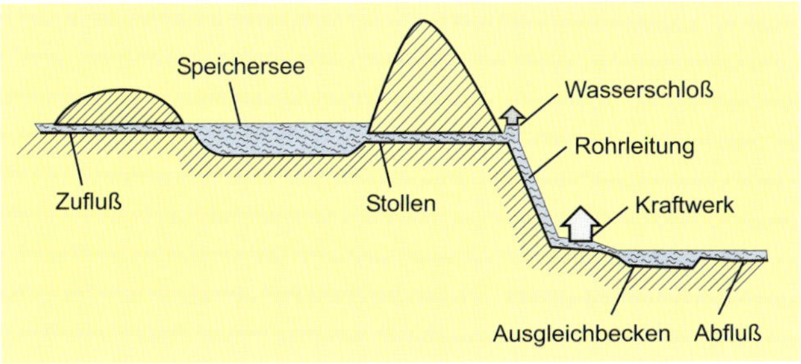

Bild 4.63. Speicherkraftwerk.

Das Wasserschloß wandelt im Fall eines Lastabwurfs die kinetische Energie des zuströmenden Wassers in potentielle Energie (steigender Wasserspiegel im Wasserschloß), um die beim schnellen Schließen entstehenden Druckwanderwellen in den Rohrleitungen beherrschen zu können.

Den Stand der Technik von Speicherkraftwerken kennzeichnen das seit 1991 in Betrieb befindliche Kraftwerk ITAIPU, Bild 4.64, sowie das im Bau befindliche *3-Schluchten-Projekt* in China.

Bild 4.64. Speicherkraftwerk ITAIPU. Fallhöhe 113 m, installierte Leistung 18 Turbinen à 700 MW, Gesamtleistung 12,6 GW, Jahresproduktion 93 Mrd. kWh.

Im Gegensatz zu dem in Bild 4.63 schematisch gezeichneten *natürlichen* Speicher, entstanden die beiden Speicherkraftwerke erst durch Aufstauen von Wasser mittels eines *künstlichen* Staudamms.

Bezüglich der jährlichen Stromproduktion ist das seit 1991 in Betrieb befindliche Kraftwerk ITAIPU das größte Wasserkraftwerk der Welt. Hinsichtlich der installierten Maschinenleistung wird es von dem im Bau befindlichen 3-Schluchten-Projekt mit 26 Turbinen à 700 MW in China übertroffen werden. Daß dieses Kraftwerk letztlich doch eine geringere Stromproduktion von ca. 84 Mrd. kWh/a haben wird, liegt an der ungleichmäßigeren Wasserdarbietung.

4.9.3 Pumpspeicherkraftwerke

Eine Sonderform der Speicherkraftwerke stellen die Pumpspeicherkraftwerke dar. Sie bieten die Möglichkeit, während der nächtlichen Schwachlastzeiten Wasser vom Unterwasser in den Speicher zu pumpen und dieses zur Spitzenlastdeckung am Tag wieder zur Verfügung zu stellen, Bild 4.65.

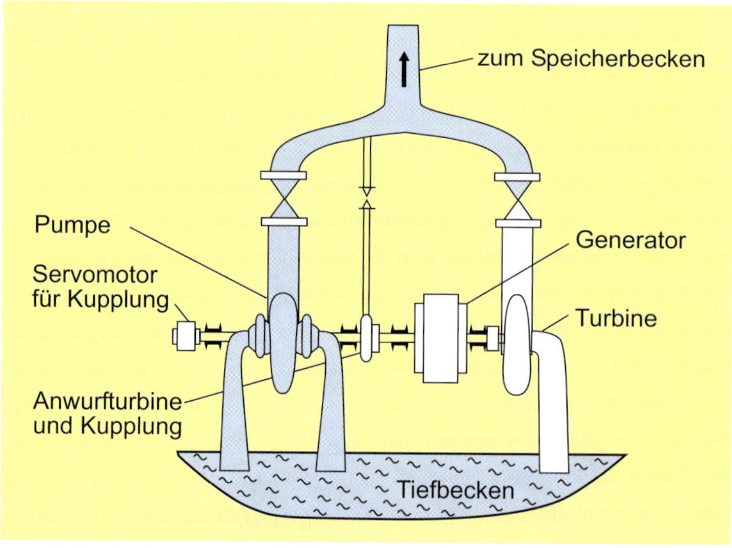

Bild 4.65. Turbinen und Pumpanordnung eines Pumpspeicherwerks.

Statt einer separaten Pumpe finden auch sogenannte *Pumpstationen* Verwendung, die beide Funktionen erfüllen. Ein typisches Pumpspeicherwerk ist *Vianden* an der deutsch-luxemburgischen Grenze, mit einer elektrischen Leistung von 900 MW (Wirkungsgrad des Pumpspeicherbetriebs ca. 75 %).

Speicherkraftwerke gestatten eine von der aktuellen Wasserdarbietung unabhängige Leistungsabgabe und können als *Tages-*, *Wochen-*, *Monatsspeicher* bis hin zum *Jahresspeicher* ausgelegt sein. Speicherkraftwerke eignen sich daher zur Deckung der Spitzenlast, zumal auch die Anfahrzeit der Kraftwerke von 1 min und weniger relativ klein ist. Als Antriebsorgane werden *Francis-* und *Freistrahlturbinen* eingesetzt. Während in Laufwasserkraftwerken Fallhöhen von einigen Metern abgearbeitet werden, können die Fallhöhen von Speicherkraftwerken bis 2000 m betragen.

Aus Gründen der Betriebssicherheit und um stets den notwendigen Staudruck für die Pumpe zur Verfügung zu haben, baut man die Pumpspeicherwerke oft unterhalb der geodätischen Höhe des Unterwassers als *Kavernenkraftwerke*. Außerdem legt man die Kaverne nach Möglichkeit senkrecht unter dem Speicherbecken an, um einen hohen Gesamtwirkungsgrad zu erzielen. Die Ableitung der elektrischen Energie erfolgt bei Kavernenkraftwerken über Kabel zu einer Freiluftschaltanlage.

Abgesehen von einigen wenigen Gasturbinenkraftwerken mit unterirdischem Luftspeicher stellen Pumpspeicherkraftwerke die praktisch einzige Möglichkeit dar, elektrische Energie großtechnisch wirtschaftlich zu speichern.

4.9.4 Gezeitenkraftwerke

Gezeitenkraftwerke nutzen die von den Gezeiten der Weltmeere im Sechs-Stunden-Rhythmus bereitgestellte *Strömungsenergie*. Man unterscheidet im wesentlichen zwischen Gezeitenkraftwerken mit Nutzung der *potentiellen* Energie aufgestauten Meerwassers und solchen, die ähnlich wie Windkraftwerke die *kinetische* Energie der Meerwasserströmung nutzen. Bei ersteren wird unter der Voraussetzung eines sehr hohen Tidenhubs eine geeignete Meeresbucht durch einen Damm mit Wehr und Kraftwerkshaus abgetrennt. Das so gebildete Speicherbecken wird bei steigender Flut gefüllt und wandelt so kinetische Energie in potentielle Energie um. Bei Rückgang der Flut wird diese wieder abgearbeitet (*Rance*-Mündung bei *St. Malo*). Nur selten rechtfertigen die geographischen Gegebenheiten den Bau eines die potentielle Energie nutzenden Gezeitenkraftwerks.

Alternativ gibt es aktuelle Pilotprojekte zur direkten Nutzung der *kinetischen Energie* strömenden Wassers, Bild 4.66.

Bild 4.66. Gezeitenkraftwerk zur Umwandlung der kinetischen Energie der Wasserströmung (Pilotprojekt, SeaGen).

Aus den Gezeiten gewonnene elektrische Energie fällt deterministisch an, ist also planbar und damit von deutlich höherem Wert als die aus Wind oder Photovoltaik erzeugte elektrische Energie. Ferner könnten diese Anlagen in großer Zahl ohne sichtbare Umweltbeeinträchtigung zum Einsatz kommen. Diesen Vorteilen stehen allerdings hohe Investitions- und Wartungskosten gegenüber.

4.9.5 Turbinentypen

Man unterscheidet Wasserturbinen nach Art der Beaufschlagung des Laufrades in *Axial-*, *Radial-* und *Tangentialturbinen*, nach dem Grad der Beaufschlagung des Laufrades in *vollbeaufschlagte* und *teilbeaufschlagte Turbinen* und nach dem Druckgefälle in *Überdruck-* und *Gleichdruckturbinen*. Überdruckturbinen arbeiten immer mit Vollbeaufschlagung (vgl. 4.2.2).

Im wesentlichen gibt es drei Bauarten, die nach ihren Erfindern benannt sind und deren Einsatz sich nach ihrer „spezifischen Drehzahl" und der Fallhöhe h richtet:

Kaplan-Turbine	*Francis-Turbine*	*Pelton-Turbine*
axial	radial	tangential
n_q = 100 – 320 U/min	n_q = 18 – 100 U/min	n_q = 3 – 9 U/min
H = 70 – 2 m	H = 700 – 25 m	H = 2000 – 150 m

Die Auswahl der Turbinen nach der Fallhöhe allein ist nicht möglich, da sich die einzelnen Anwendungsbereiche überlappen. Ein weiteres Auswahlkriterium ist die spezifische Drehzahl n_q, die sich aus der Fallhöhe und dem zu verarbeitenden Wasserdurchfluß ergibt

$$n_q = n \frac{\sqrt{Q[\frac{m^3}{s}]}}{(H[m])^{3/4}} \tag{4.74}$$

oder die spezifische Drehzahl n_s, die die Fallhöhe und die mechanische Leistung der Turbine berücksichtigt,

$$n_s = n \frac{\sqrt{1,36\, P_{el}[kW]}}{(H[m])^{5/4}} \qquad \eta_G \cong 1 \quad \Rightarrow \quad P_{mech} \cong P_{el} \quad . \tag{4.75}$$

Für einen geschätzten Wirkungsgrad der Turbine $\eta_T \cong 0,85$ gilt der Zusammenhang

$$n_s = 3,36\, n_q \quad . \tag{4.76}$$

Ergibt sich aus vorgegebenen H und Q eine spezifische Drehzahl $9 < n_q < 18$ wählt man nach wie vor eine Pelton-Turbine, ändert jedoch die Beaufschlagung durch mehrere Düsen. Für k Düsen berechnet sich die Drehzahl zu

$$n_{qk} = n_q \sqrt{k} \quad . \tag{4.77}$$

4.9.5.1 Kaplan-Turbine

In der Kaplan-Turbine durchströmt das aus dem Leitrad axial (*Rohrturbine*, Bild 4.67a) oder radial (*Schachtturbine*, Bild 4.67b) austretende Wasser das Laufrad in axialer Richtung.

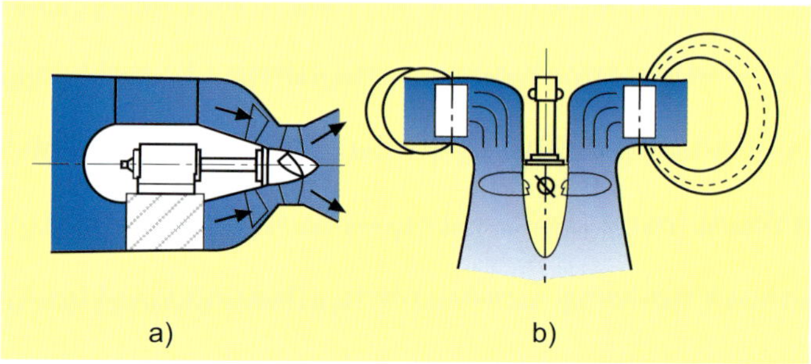

Bild 4.67. Kaplan-Turbine. a) *Rohrturbine*, b) *Schachtturbine*.

Bei *Rohrturbinen* ist das wasserführende Rohr rotationssymmetrisch, *Schachtturbinen* besitzen dagegen eine *Einlaufspirale* kombiniert mit einem *Saugstutzen*. Ferner ist bei Rohrturbinen der Generator unter Wasser angeordnet, während er sich bei Schachtturbinen oberhalb der Turbine frei zugänglich befindet.

Eine Sonderbauform der Kaplan-Turbine ist die *Propellerturbine* (Laufradschaufeln nicht verstellbar). Gegenüber letzterer weist die Kaplan-Turbine durch ihre verstellbaren Laufradschaufeln einen wesentlich besseren Teillastwirkungsgrad auf.

Die Kaplan-Turbine ist eine *Überdruckturbine*, d. h. der Druck am Laufradeintritt ist größer als am Laufradaustritt (vgl. 4.1.1). Im Laufrad wird Druckenergie in Geschwindigkeitsenergie umgewandelt. Die Kaplan-Turbine nutzt nicht den *Staudruck* wie beispielsweise die Pelton-Turbine, sondern den *Tragflügeleffekt*. Kaplanturbinen werden heute bei kleinen bis mittleren Fallhöhen eingesetzt (Anhaltswerte bis 60 m). Für die abgegebene mechanische Leistung gemäß Gleichung (4.71) ist der hohe Volumen- bzw. Massenstrom der bestimmende Faktor.

4.9.5.2 Francis-Turbine

Die Francis-Turbine ist eine *vollbeaufschlagte* Überdruckturbine mit radialer Zustromrichtung des Wassers in das Laufrad, Bild 4.68.

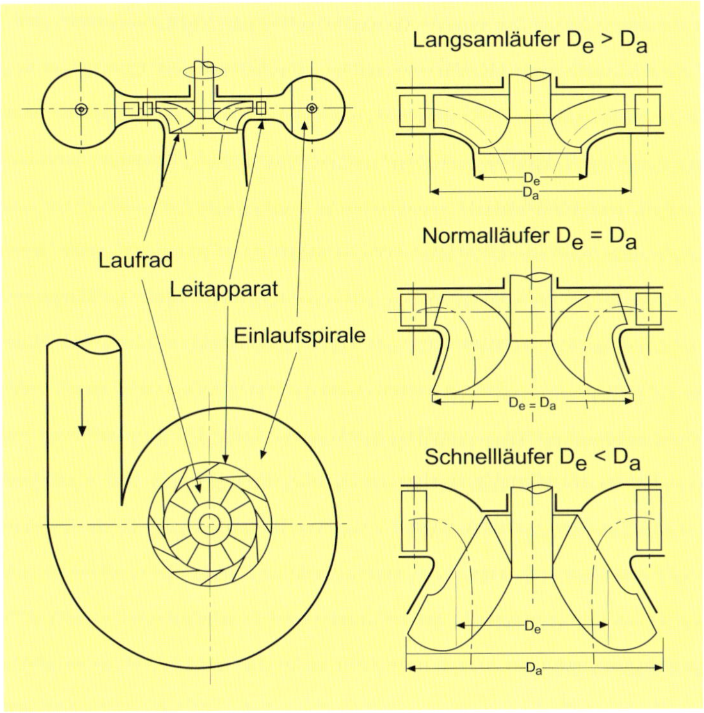

Bild 4.68. Schematische Darstellung der *Francis-Turbine.*

Die Kennzeichnung *„vollbeaufschlagt"* bedeutet, daß das Wasser am ganzen Laufradumfang gleichmäßig zuströmt, daß also jede einzelne Schaufel ununterbrochen zur Erzeugung des Drehmoments an der Welle beiträgt. Über die Einlaufspirale strömt das Wasser dem Leitapparat der Turbine zu, an dessen Umfang es gleichmäßig verteilt zum Laufrad durchtritt. Entsprechend der abnehmenden Wassermengen verjüngt sich der Querschnitt der Einlaufspirale über den Umfang des Leitapparats. Der Anstellwinkel der Leitschaufeln ist zur Verbesserung des Wirkungsgrads bei Teillast verstellbar. Der Leitapparat kann ganz geschlossen werden, dient also gleichzeitig als Abschlußorgan. Die Schaufeln des Laufrades sind nicht verstellbar.

Hinter dem Laufrad ist ein in der Höhe begrenzter Saugschlauch angeordnet, der bis in das Unterwasser reicht und ein Abreißen des Wasserstroms verhindert. Dieser Saugschlauch ermöglicht die Ausnutzung der gesamten Fallhöhe auch bei Turbinen, die über dem Unterwasserspiegel angeordnet sind (bis zu 6 m, *Kavitation*!). Francis-Turbinen kommen bei mittleren Fallhöhen (Anhaltswerte 50 bis 500 m) zum Einsatz. Für die abgegebene Leistung gemäß Gleichung (4.71) ist, wie ausgeprägter noch bei der nachstehend beschriebenen Pelton-Turbine, zunehmend die große Fallhöhe bei vergleichsweise geringem Volumen- bzw. Massenstrom ausschlaggebend.

4.9.5.3 Pelton-Turbine

Die *Pelton-Turbine* – auch *Freistrahlturbine* genannt – ist eine *teilbeaufschlagte Gleichdruckturbine* mit tangentialer Zuströmrichtung des Wassers in das Laufrad. Die Kennzeichnung „*teilbeaufschlagt*" bedeutet, daß das Wasser nur an diskreten Punkten des Laufradumfangs zuströmt, die einzelnen Schaufeln also nur während eines Teils eines ganzen Umlaufs zur Erzeugung des Drehmoments beitragen, Bild 4.69.

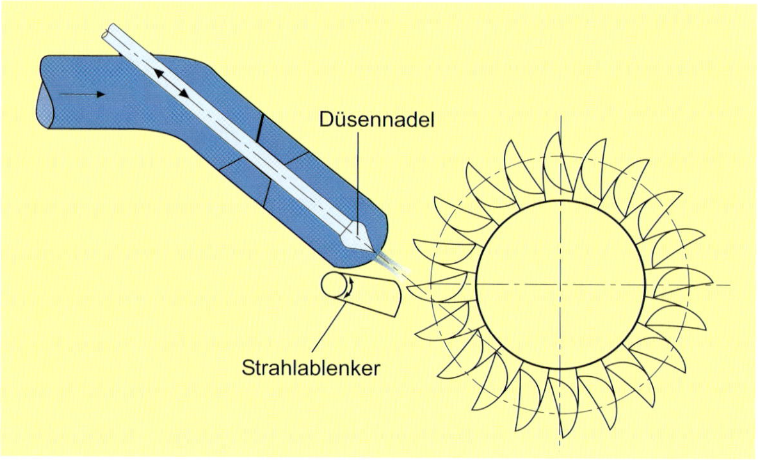

Bild 4.69. Einfach beaufschlagte *Pelton-Turbine*.

Für einen ruhenden Beobachter „fällt" das Wasser nach Umlenkung in den Schaufeln und Abgabe seiner kinetischen Energie praktisch senkrecht nach unten aus den Schaufeln heraus.

Das Wasser wird einer oder mehreren am Umfang verteilten Düsen zugeführt, in denen die potentielle Energie vollständig in kinetische Energie umgewandelt wird. Vor und nach dem Laufrad herrscht der gleiche

Druck. Der unter hoher Geschwindigkeit ausströmende Wasserstrahl trifft auf das sich drehende Laufrad und wird unter Energieabgabe an den Schaufeln umgelenkt. Zum einwandfreien Betrieb der Turbine ist eine gewisse Fallhöhe unter dem Laufrad erforderlich. Die hierdurch bedingte Minderung der unteren Fallhöhe kann nicht durch ein Saugrohr kompensiert werden.

Die Steuerung der Durchflußmenge erfolgt durch langsames Verschieben der Düsennadel (die Düse entspricht dem Leitrad der Überdruckturbinen). Bei Schnellabschaltungen leitet ein *Strahlablenker* zunächst das Wasser von der Turbine weg. Die Düse kann dann langsam mit einer Geschwindigkeit geschlossen werden, die inakzeptable Druckwellen in den Rohrleitungen vermeidet. Die Pelton-Turbine kommt bei großen Fallhöhen zum Einsatz (Anhaltswerte 300 ... 2000 m). Bei hoher Wasserleistung werden Pelton-Turbinen ähnlich mehrflutigen Dampfturbinen auch *mehrströmig*, das heißt parallel ausgeführt.

4.9.6 Leistungsregelung

Bei vom Netz festgehaltener konstanter Drehzahl (s. 13.1.3) erfolgt die Wirkleistungsregelung einer Wasserturbine über die Beeinflussung des Wasserstroms und damit des Drehmoments. Bei Kaplan-Turbinen lassen sich die Anstellwinkel der Schaufeln sowohl des Leitrads als auch des Laufrads verstellen. Bei Francis-Turbinen wirkt lediglich das Leitrad als Stellglied für den Wasser-Massenstrom, bei Pelton-Turbinen lediglich die Düsen. Mehrere am Umfang verteilte Düsen stellen praktisch ein Leitrad dar (vgl. 4.3.2). Bei Propellerturbinen kann die Kraftwerksleistung in Anlehnung an die Düsengruppenregelung von Dampfturbinen durch Aufteilung einer Turbine in mehrere nacheinander zuschaltbare kleinere Turbinen stufig geregelt werden.

Auf eine plötzliche Änderung des Einlaßquerschnitts reagiert eine Wasserturbine wegen der höheren Massenträgheit des Wassers langsamer als Dampf- oder Gasturbinen. Für kleine Änderungen des Einlaßquerschnitts ΔY_T ergibt sich die Übertragungsfunktion im einfachsten Fall zu

$$G_T(s) = \frac{\Delta P_T(s)}{\Delta Y_T} = \frac{1 - 2sT_W}{1 + sT_W} \quad , \tag{4.78}$$

wobei T_W die Laufzeit einer mit Schallgeschwindigkeit sich ausbreitenden Druckwelle im Fallrohr ist.

Zu dieser Übertragungsfunktion gehört im Zeitbereich die im Bild 4.70 gezeigte Sprungantwort.

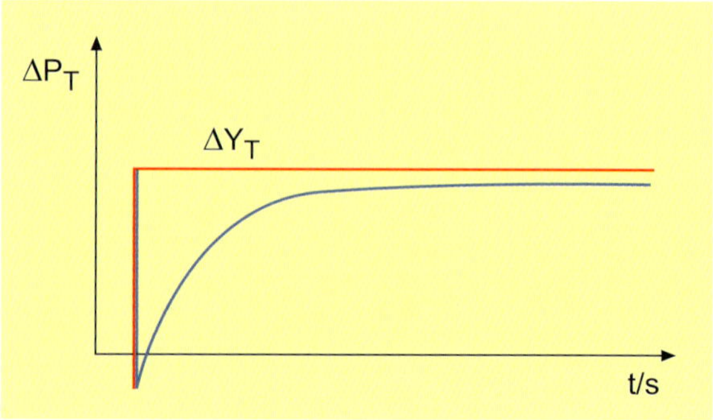

Bild 4.70. Sprungantwort von Wasserturbinen.

Eine Querschnittsvergrößerung ΔY_T des Einlaßorgans bewirkt zunächst eine Druck- und Geschwindigkeitsabsenkung, da sich die gesamte Wassersäule im Druckrohr erst dann in Bewegung setzen kann, wenn die Information der Querschnittsvergrößerung (Druckwelle) das gesamte Fallrohr durchlaufen hat (Allpaßverhalten). Nach einem kurzzeitigen Leistungseinbruch steigt dann die Turbinenleistung exponentiell auf den neuen Leistungswert an. Umgekehrt tritt beim Schließen zunächst eine Zunahme der Ausströmgeschwindigkeit und des Drucks, verbunden mit kurzzeitig erhöhter Turbinenleistung auf. Durch einen Bypass (z. B. Strahlablenker der Pelton-Turbine) läßt sich das Allpaßverhalten stark verringern.

Um bei Lastabwurf ein Durchgehen der Turbinen zu verhindern, muß die Wasserzufuhr schnell unterbrochen werden können. Bei großen Fallhöhen führen kurze Schließzeiten jedoch zu exzessiven Druckbeanspruchungen der Rohrleitungen, weswegen man bei Francis-Turbinen an der Einlaufspirale einen Bypass vorsieht, bei Pelton-Turbinen mit dem Strahlablenker den Wasserstrom zunächst nur umlenkt und anschließend die Düsennadel mit der zulässigen Geschwindigkeit langsam schließt. Generell sieht man ein Wasserschloß in mehr oder weniger ausgeprägter Form vor.

Bei Flüssen mit hohem Ausbaugrad können in Form einer sogenannten *Kraftwerkstreppe* angelegte Kraftwerke auch zur Deckung von *Spitzen-*

last oder Bereitstellung von *Reserveleistung* herangezogen werden. Die über Schwachlastzeiten in einem größeren Speicher vor der obersten Kraftwerksstufe akkumulierte potentielle Energie des gesamten Flußgefälles kann auf einmal im sogenannten *Schwallbetrieb* abgearbeitet werden. Das Unterwasser einer oberen Stufe stellt jeweils das Oberwasser einer nachfolgenden Kraftwerksstufe dar. Am unteren Ende der Kraftwerkskette bedarf es eines Auffangbeckens für den Wasserschwall. Dem Schwallbetrieb sind durch die Ufererosion und die Schiffahrt Grenzen gesetzt. Insgesamt ist die Durchflußmenge der Wasserturbinen ständig so zu regeln, daß sich der Flußwasserspiegel stets innerhalb in Genehmigungsverfahren festgelegter Grenzen bewegt. Im Schwallbetrieb wird dies durch eine kombinierte *Wasserspiegel/Durchflußmengen-Regelung* miteinander kommunizierender Regler in den einzelnen Wasserkraftwerken erreicht.

Die beim Starten des Schwallbetriebs längs des Flußlaufs entstehenden *Schwallwellen* (Anstieg des Wasserspiegels) und die beim Beenden entstehenden *Sunkwellen* (Absenkung des Wasserspiegels) führen zu den gleichen Ausgleichsvorgängen wie sie bei Spannungs- und Stromwanderwellen auf elektrisch langen Leitungen auftreten. Die heute zur Berechnung von Wanderwellen auf Leitungen eingesetzten Algorithmen vom Typ *Bergeron* etc. haben ihre Wurzeln in bereits vor dem Zeitalter der Elektrotechnik angestellten Überlegungen über die Ausbreitung von Wasserwanderwellen.

4.10 Windkraftanlagen

Die Windenergie verdankt ihre Existenz letztlich auch der Sonnenenergie (s. 4.11). Aufgrund der unterschiedlichen Normalkomponenten der Sonneneinstrahlung auf der der Sonne zugewandten Erdhalbkugel wird die Luft über dem Äquator stärker erwärmt als die Luft über den Polen. Hinzu kommen die Temperaturunterschiede durch die unterschiedliche Rückstrahlung am Äquator und an den Polen. Die aus beiden Effekten resultierenden Dichteunterschiede lassen die Luft am Äquator aufsteigen und an den Polen absinken. Hierbei entstehen zwei Zirkulationsströmungen, auf die die *Corioliskraft* zusätzliche, auf der Nord- und Südhälfte in unterschiedlicher Richtung wirkende seitliche Kräfte ausübt. In Verbindung mit den unterschiedlichen Strömungswiderständen, Temperaturen und spezifischen Wärmen von Meeres- und

Landflächen (Wälder, Gebirge) entsteht so das komplexe Phänomen Wind mit seinen Hochdruck- und Tiefdruckgebieten und der ihnen innewohnenden kinetischen Energie der strömenden Luftmassen. *Windkraftanlagen* (WKA), synonym auch als *Windenergieanlagen* (WEG) bezeichnet, wandeln diese Energie mittels Windturbinen in mechanische Rotationsenergie um.

4.10.1 Mechanische Leistung

Wie bereits in Kapitel 4.1.5 erwähnt, setzt sich die spezifische Energie einer strömenden Stoffmenge zusammen aus

$$w_{tot} = \underbrace{w_{pot} + w_{kin}}_{\text{Äußere Energie } w_a} + \underbrace{u + pv}_{\text{Enthalpie } h} \quad . \tag{4.79}$$

Bei *frei umströmten Windkraftanlagen* mit waagerechter Achse zählt nur die dem strömenden Medium eigene kinetische Energie,

$$w_{kin} = \frac{1}{2} mv^2 = \frac{1}{2} \rho V v^2 \tag{4.80}$$

mit $\rho =$ Luftdichte und V = spezifisches Volumen.

Hieraus folgt für die Leistung

$$P = \frac{dw_{kin}}{dt} = \frac{1}{2} \dot{m}\, v^2 = \frac{1}{2} \rho \dot{V} v^2 = \frac{1}{2} \rho A v v^2 = \frac{1}{2} \rho A v^3 \quad , \tag{4.81}$$

wobei A der betrachtete Rotorwirkungsquerschnitt ist. Aus 4.81 folgt durch Bezug auf die Flächeneinheit für die spezifische Windleistung die

$$\textit{Windleistungsdichte} \quad \boxed{p = \frac{P}{A} = \frac{1}{2} \rho v^3} \quad . \tag{4.82}$$

Wie bei anderen Strömungsmaschinen auch, kann dieser Maximalwert nur teilweise genutzt werden. Für eine frei umströmte Windturbine mit waagerechter Achse berechnet sich die theoretische Obergrenze für den Wirkungsgrad zu

$$\eta_{theor} = \frac{P_{\text{Nutz}}}{P} = \frac{P_{\text{Nutz}}}{\frac{1}{2} \rho v^3 A} = 0,59 \quad , \tag{4.83}$$

sogenanntes *Betz-Limit*. In der Begriffswelt der technischen Thermodynamik entspricht das Betz-Limit dem theoretischen Wirkungsgrad der dort untersuchten idealen Vergleichsprozesse. Er wird bei einem Verhältnis der Windgeschwindigkeiten vor und nach der Turbine von etwa 3 : 1 erreicht.

Die praktisch realisierten Wirkungsgrade liegen wegen der Blatt/Luft-Reibungsverluste und Wirbelbildung bei

$$\eta_{prak} := 0,2 \ldots 0,45 \quad , \tag{4.84}$$

wobei die hohen Wirkungsgrade nur von zwei- und dreiflügligen Rotoren (*Schnellläufer*), die auch den *Tragflügeleffekt* ausnutzen, erreicht werden. Die überwiegend den *Luftwiderstand* bzw. *Staudruck* nutzenden *amerikanischen* oder *mallorquinischen Farmwindräder* mit vielen glatten Flügeln (*Langsamläufer*) liegen am unteren Ende. Bei den Schnelläufern reichen die Drehzahlen von 300 Umdrehungen pro Minute bei kleinen Leistungen bis zu 20 Umdrehungen pro Minute im Megawatt-Bereich, was im Regelfall den Einsatz *mechanischer Getriebe* zur Drehzahlhochsetzung erforderlich macht.

4.10.2 Generatorkonzepte

Als Generatoren kommen grundsätzlich *Gleichstrom-, Asynchron-* und *Synchrongeneratoren* in Frage. Erstere haben nur geringe Bedeutung. Für große Leistungen und Anschluß an ein bereits bestehendes Versorgungsnetz sind nur Asynchron- und Synchrongeneratoren geeignet.

Asynchrongeneratoren

Asynchrongeneratoren sind in der Regel *invers* bzw. *übersynchron* betriebene Asynchron*motoren*. Während im *Motorbetrieb* der Läufer mit etwas geringerer Drehzahl gegenüber dem Ständerdrehfeld schlüpft, schlüpft im *Generatorbetrieb* der Läufer mit etwas höherer Drehzahl gegenüber dem vom Netz festgehaltenen 50 Hz-Ständerdrehfeld. Aufgrund des inhärenten Schlupfes entfällt eine aufwendige Synchronisiereinrichtung. Der Asynchrongenerator „synchronisiert" sich innerhalb des zulässigen Schlupfes selbst. Der Schlupf darf aus Stabilitätsgründen jedoch nicht beliebig hohe Werte annehmen, da sonst das Kippmoment überschritten wird und der Generator „durchgehen" kann, Bild 4.71a.

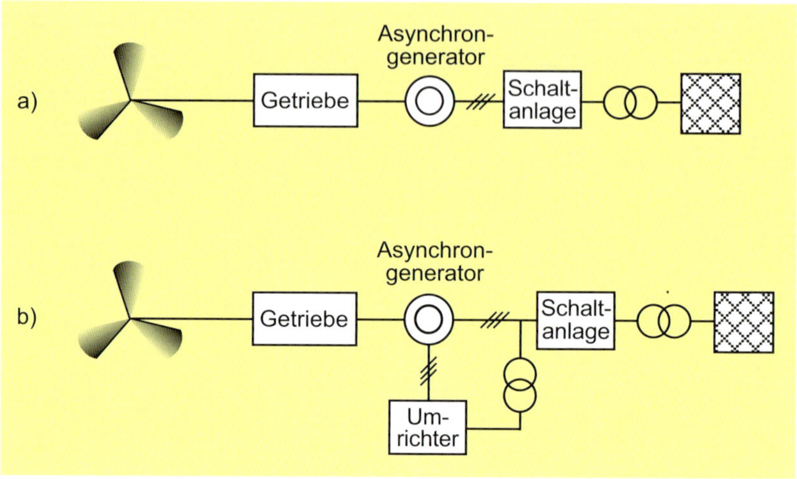

Bild 4.71. Asynchrongeneratorkonzepte für Windkraftanlagen. a) Betrieb mit Drehzahlen *nahe* Netzfrequenz, b) doppeltgespeister Asynchrongenerator mit Schleifringläufer und Direktumrichter für netzsynchrone Spannungserzeugung.

Alternativ läßt sich durch eine *doppeltgespeiste Asynchronmaschine* mit Direktumrichter im Läuferkreis (Schleifringläufer) ein netzsynchrones Spannungssystem erzeugen, Bild 4.71b. Die Frequenz des Direktumrichters wird so geregelt, daß sie zusammen mit der variablen Läuferfrequenz im Ständer immer eine 50 Hz-Spannung induziert. Es lassen sich über- und untersynchrone Drehzahlen einstellen.

Ferner erlaubt der doppelt gespeiste Asynchrongenerator eine unabhängige Regelung von Wirk- und Blindleistung. Gewöhnliche Asynchrongeneratoren mit Kurzschlußläufer beziehen die für den Magnetisierungsstrom benötigte Blindleistung aus dem angeschlossenen Netz oder im Inselbetrieb aus einer Kondensatorbatterie. Die Blindleistung ist dann nicht beeinflußbar.

Synchrongeneratoren

Synchrongeneratoren können nur synchron betrieben werden. Bei Schwankungen der Windgeschwindigkeit ändert sich lediglich der Polradwinkel ϑ, um den der Läufer gegenüber dem vom Netz festgehaltenen Ankerspannungssystem vorauseilt. Überschreitet der Polralwinkel 90°, gerät der Generator außer Tritt und muß abgeschaltet werden (s. Kapitel 6). Zur Lösung dieser Problematik schaltet man zwischen Generator und Netz einen *Frequenzumrichter mit Gleichstromzwischenkreis*. Der Synchrongenerator darf dann in Grenzen beliebige Drehzahlen annehmen und eine Spannung beliebiger Frequenz erzeugen. Ein AC/DC-Wandler wandelt die frequenzvariable Generatorspannung zunächst in eine Gleichspannung um, aus der anschließend ein Wechselrichter unabhängig von der Rotordrehzahl eine frequenzkonstante 50-Hz-Spannung synthetisiert. Diese erlaubt nach Einregelung auf die Gleichheit von *Frequenz*, *Spannungsbetrag* und *Phasenlage* eine synchrone Kupplung mit dem Netz, Bild 4.72.

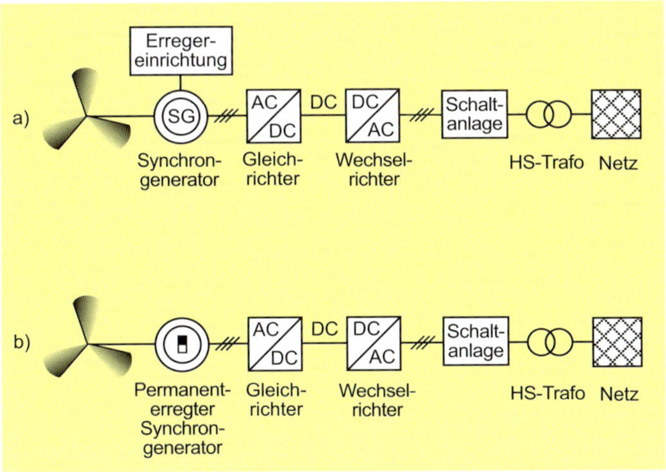

Bild 4.72. Windkraftanlage mit vielpoligem Naben-Synchrongenerator. a) mit veränderlicher Erregung, b) mit Permanentmagnet-Erregung.

Schließlich gibt es auch Windkraftanlagen, bei denen ein *Fluid-dynamischer Drehmomentwandler* (*Flüssigkeitsgetriebe*) die schwankende Rotordrehzahl in eine konstante Generatordrehzahl umwandelt.

Die Auswahl des einen oder anderen Generatorkonzepts hängt von der Leistungsklasse ab und verlangt eine umfassende Optimierungsbetrachtung.

4.10.3 Leistungsregelung von Windturbinen

Der Leistungsregelung von Windturbinen obliegt die Aufgabe einer maximalen Ausbeutung der Windenergie im Teillastbereich und bei hohen Windgeschwindigkeiten die Begrenzung der ausgekoppelten Windenergie auf die Nennleistung der Windkraftanlage.

Gemäß Gleichung (4.82) hängt die Leistung von Windkraftanlagen von der dritten Potenz der Windgeschwindigkeit ab. Zur Regelung der aerodynamischen Leistungsaufnahme und Anpassung an die elektrische Belastung werden *Drehzahl* und *Drehmoment* wie bei Propellerflugzeugen durch Veränderung des Anstellwinkels der Rotorblätter windgeschwindigkeitsabhängig geregelt (engl.: *pitch control*). Ferner tritt bei höheren Drehzahlen durch Strömungsabriß eine sogenannte *Stall-Regelung* auf (engl.: *stall* = aufhören), die die Leistungsaufnahme des Rotors begrenzt. Da die Pitch-Regelung zu träge ist und beispielsweise keine kurzzeitigen Böen ausregeln kann, müssen für synchronen Betrieb Asynchrongeneratoren mit dem oben bereits erwähnten Direktumrichter, Synchrongeneratoren mit dem ebenfalls schon erwähnten Frequenzumrichter mit Gleichstromzwischenkreis ausgerüstet werden. Impulsförmige Drehmoment- bzw. Drehzahlschwankungen lassen sich dann in Echtzeit ausregeln. Bei variabler Drehzahl kommen alternativ Frequenzumrichter zum Einsatz, die aus der eingangsseitig variablen Frequenz über einen Direktumrichter oder einen Umrichter mit Gleichstromzwischenkreis ausgangsseitig eine konstante Frequenz zu erzeugen gestatten.

Unterhalb einer gewissen Mindestdrehzahl, in der Regel bei Windgeschwindigkeiten unter 3 m/s, werden die Rotoren blockiert, um eine Rückspeisung aus dem Netz, mit anderen Worten *Motorbetrieb* zu vermeiden. *Oberhalb* einer die zulässige mechanische Beanspruchung erreichenden Drehzahl, in der Regel ab Windgeschwindigkeiten von 25 m/s und bei Lastabwurf, werden die Rotoren ebenfalls festgebremst. In letzterem Fall setzt der Rotor dem Wind nur den Luftwiderstand der ruhenden Blätter, nicht den der ganzen vom Rotor bestrichenen Kreisscheibe entgegen.

Da die Primärenergie kleiner Windkraftanlagen nur stochastisch anfällt und im Augenblick des Anfallens unmittelbar genutzt werden muß, ist die von ihnen gelieferte elektrische Energie von geringerem Wert als die Energie deterministisch einplanbarer Kraftwerke. Im Rahmen der Kraftwerkeinsatzplanung werden kleine Windkraftanlagen daher häufig wie negative Verbraucher behandelt. Für große Windkraftanlagen, insbesondere Offshore-Windparks, läßt sich die Leistungserzeugung unter

Berücksichtigung in Echtzeit ermittelter meteorologischer Daten mit verbesserter statistischer Zuverlässigkeit vorhersagen und dann im 15-Minuten-Raster bei der Kraftwerkeinsatzplanung berücksichtigen. Sie können daher praktisch wie gewöhnliche Kraftwerke betrieben werden.

Trotzdem verbleiben stochastisch auftretende starke Leistungsänderungen, die von der klassischen Kraftwerksreserve aufzufangen sind und die deshalb entsprechend schnell regelbar sein muß. Hierfür eignen sich moderne, schnell regelbare Kohlekraftwerke sowie, falls im Kraftwerkspark vorhanden, vor allem *Pumpspeicherkraftwerke*, die sowohl ein Leistungsdefizit als auch einen Leistungsüberschuß (durch Pumpbetrieb) kompensieren können. Die zur schnellen Bereitstellung der Regelenergie anfallenden Investitions- und Betriebskosten sind erheblich und dürfen bei einer Wirtschaftlichkeitsberechnung nicht außer acht gelassen werden.

4.10.4 Einbindung von Windkraftanlagen in die Netze der öffentlichen Stromversorgung

In den Anfängen der Windkraftnutzung zur Stromerzeugung speisten die meist kleinen Windkraftanlagen im Multikilowattbereich ihre Energie direkt in das Niederspannungsnetz ein, wobei bereits hier die technischen Richtlinien *Parallelbetrieb von Eigenerzeugungsanlagen mit dem Niederspannungsnetz* zu beachten waren. Auch wurden sie wegen ihres stark nichtdeterministischen Charakters bei Verbrauchsprognosen schlicht als volatile negative Lasten berücksichtigt. Verglichen mit der Gesamterzeugung waren ihre Einspeiseleistungen vernachlässigbar klein und ihre Schwankungen fielen nicht ins Gewicht.

Heutige Windkraftanlagen höherer Leistung werden über einen *Mittelspannungs-Transformator* und eine *Mittelspannungs-Schaltanlage* (s. 11.3) an das 10 kV, 20 kV oder 36 kV Mittelspannungsnetz angeschlossen. Hierbei sind gemäß dem Distribution Code 2007 die Richtlinien für den *Parallelbetrieb von Eigenerzeugungsanlagen am Mittelspannungsnetz* zu befolgen.

Große Windkraftanlagen mit Grenzleistungen bis 6 MW und insbesondere Windparks mit 100 MW und mehr speisen zunehmend auch auf höheren Spannungsebenen ein und müssen sinngemäß die *Netz- und System-Regeln* für Übertragungsnetzbetreiber des *Transmission Code* 2007 erfüllen (s. 2.4).

Während ferner Windkraftanlagen kleiner Leistung bei Netzkurzschlüssen einfach vom Netz getrennt werden, müssen große Windkraftanlagen bzw. Windparks heute die gleichen Anforderungen erfüllen wie gewöhnliche Kraftwerke. Das heißt, sie dürfen beispielsweise bei Netzstörungen nicht sofort vom Netz getrennt werden, sondern müssen zur *Netzstützung* beitragen (LVFRT-Kriterium, *Low-Voltage Fault Ride-Through*) und müssen sowohl induktive als auch kapazitive Blindleistung mit einem $\cos\varphi$ von $\pm 0,95$ bereitstellen können. Alternativ bzw. additiv sind Steinkohlekraftwerke vermehrt im Teillastbetrieb zu fahren. Wegen der im Teillastbereich schlechteren Wirkungsgrade führt dies zu höherem spezifischen Ressourcenverbrauch und höheren CO_2-Emissionen pro kWh.

Mit dem schnellen Wachstum der Windenergienutzung stellten sich auch neue Herausforderungen an die *Netzbetreiber* und die *klassischen* Stromerzeuger:

- Die überwiegend im Norden Deutschlands und Offshore produzierte Energie muß über Leitungen angemessener Kapazität in die Verbraucherzentren in Mittel- und Süddeutschland transportiert werden, da im Norden die Produktion den Bedarf übersteigt. Hierzu ist ein signifikanter Ausbau der Übertragungsnetze erforderlich.

- Die weitgehend nicht deterministische Natur der Energie aus Windkraft verlangt nach einer angemessenen, deterministisch verfügbaren, schnell regelbaren Kraftwerksleistung, um bei schwachem Windaufkommen oder Starkwind die ausbleibende Erzeugung praktisch in Echtzeit ausgleichen zu können. Dies erfordert eine partielle Nachrüstung des Kraftwerkparks, gegebenenfalls auch den Bau zusätzlicher, schnell regelbarer *Schatten-Kraftwerke*.

Beiden Anforderungen können das deutsche Verbundnetz und die Stromerzeugung erst nach massiven Investitionen gerecht werden. Bis dahin werden gelegentlich Betriebszustände nahe der Stabilitätsgrenze unvermeidlich sein.

4.10.5 Stand der Technik und Ausblick

Windkraftanlagen leisten heute einen größeren Beitrag zur großtechnischen Stromerzeugung als die klassischen Wasserkraftwerke. Die eigentliche Ursache für diesen Boom liegt weniger im technischen Fortschritt als in der Schaffung des *Erneuerbaren Energien Gesetzes* EEG, das zu einem Paradigmenwechsel führte. Nach dem ersten *Energiewirtschaftsgesetz* EnWG (s. 19.1) besaß die *„flächendeckende, billige"* Versorgung mit Strom oberste Priorität. Wegen der CO_2 Problematik und der Verringerung der Abhängigkeit von ausländischen Lieferanten besitzt heute die vorrangige Nutzung *erneuerbarer Energien* oberste Priorität. Dies unter bewußter politischer Inkaufnahme höherer Strompreise für die Endverbraucher. Ohne das EEG hätte sich am Stand der Technik der WKA von damals nicht viel geändert. Erst die Aussicht auf höhere, gesetzlich garantierte Strompreise führte zu massiven privaten Investitionen in die Weiterentwicklung der Windenergie.

Beispielsweise belegt Bild 4.73 anhand der Proportionen eindrucksvoll den derzeitigen Stand der Technik von Land-Windkraftanlagen.

Bild 4.73. Vogelperspektive des Läufers einer großen Windkraftanlage der 2 MW-Leistungsklasse (*General Electric*).

Mit der Evolution der Verarbeitung Glas- und Kohlefaser verstärkter Kunststoffe für große Rotorblätter mit Längen bis zu 100 Meter gingen auch Neuentwicklungen spezieller elektronischer Leistungsumrichter, Getriebe, Windrichtungs-Nachführeinrichtungen, Leistungsregelung, Schutztechnik und schließlich der Synchrongeneratoren einher.

Die Umwandlung der mechanischen Rotorenergie in elektrische Energie erfolgt heute vielfach mit Synchrongeneratoren, deren Ständergröße Bild 4.74 erahnen läßt.

Bild 4.74. Großgeneratorenfertigung für Windkraftanlagen der 2 MW-Leistungsklasse (*Enercon*).

Mehrere axial in Reihe angeordnete Generatorständer ermöglichen Windkraftanlagen bis zu 6 MW.

Vergleichbare Fortschritte wurden auch bei getriebegestützten Anlagen erreicht. Die Erfahrungen mit den bisherigen Anlagen werden zeigen, ob getriebelose oder getriebegestützte Windenergieanlagen langfristig überwiegen werden.

Einen Quantensprung in der Windkraftnutzung versprechen *Offshore-Anlagen* vor der Meeresküste, wo höhere und gleichmäßigere Windgeschwindigkeiten herrschen. Bezüglich der rauhen Umgebungsbedingungen und der Energieübertragung zwischen Land- und Meerstationen kann auf die Erfahrungen mit Öl- und Gasförderplattformen zurückgegriffen werden. In der Planung bzw. bereits im Bau sind Windparks mit installierten Leistungen bis in den Gigawattbereich, was dann der Leistung eines Kernkraftwerks entsprechen würde. Dies erhellt, daß man auch bei Anlagen zur Nutzung regenerativer Energien aus Gründen der Wirtschaftlichkeit möglichst große Einheiten anstrebt.

Ein Beispiel einer für Offshore-Einsatz gebauten Windkraftanlage zeigt Bild 4.75.

Bild 4.75. 5 MW Windkraftanlage für Offshore-Betrieb (REpower).

Beeindruckend sind auch weitere den derzeitigen Stand der Technik von Großanlagen kennzeichnende Zahlen, wie Nabenhöhen bis zu 160 m und Gondeln mit mehreren 100 Tonnen Gewicht auf Masten mit Durchmessern bis zu 10 Metern.

Eine zusätzliche Herausforderung bei Offshore-Anlagen bereitet die Übertragung der auf hoher See gewonnenen elektrischen Energie zu den Verbraucherzentren auf dem Land. Hierzu ist zunächst eine *Intra-Parkverkabelung* (Innenparkverkabelung) der einzelnen Windkraftanlagen auf *Mittelspannungsebene* erforderlich und anschließend die Übertragung der so gebündelten Energie mit Hoch- und Höchstspannungskabeln zum Land.

Bei landnahen Offshore-Anlagen erfolgt die Energieübertragung über *Drehstromsysteme* mit Mittel- und Hochspannungsdrehstromkabeln. Beispielsweise zeigt Bild 4.76 das Offshore-Umspannwerk des Windparks Lillgrund, 7 km vor der Küste Schwedens. Die Intraparkverkabelung erfolgt mit 33 kV, die Übertragung der gebündelten Leistung zum Festland mit 138 kV.

Bild 4.76. 110 kV Hochspannungsschaltanlage des Offshore-Windparks Lillgrund in Schweden mit 110 MW installierter Leistung (Siemens).

Bei küstenfernen Anlagen (70 km und mehr) kommen nur HGÜ-Kabelverbindungen in Frage (s. a. 8.2). Hierbei ist zwischen der klassischen HGÜ-Übertragung mit gewöhnlichen Thyristoren und einer HGÜ-Übertragung mit zu- und abschaltbaren Leistungshalbleitern zu unterscheiden, beispielsweise IGBT-Transistoren oder GTO-Thyristoren.

Letztere sind selbstgeführte Umrichter (engl.: *voltage source converter*, s. a. 8.5.2.4), die sowohl eine Anbindung der Windkraftanlagen auch an schwache Netze als auch einen Netzwiederaufbau nach einer Netzstörung ermöglichen (*Schwarzstartfähigkeit*).

Beispielsweise zeigt Bild 4.77 schematisch eine HGÜ-Anbindung eines Offshore-Windparks an das Verbundnetz.

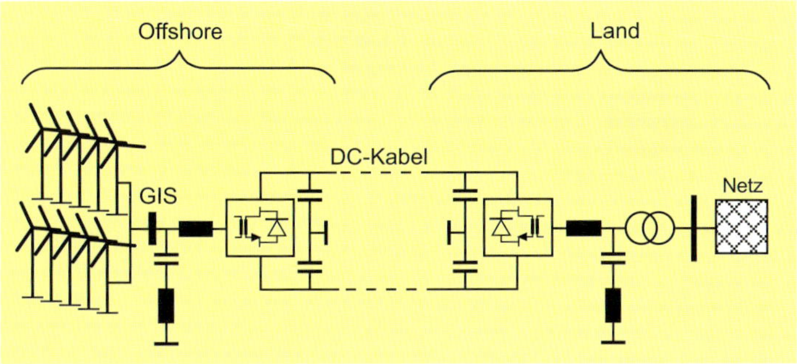

Bild 4.77. Anbindung eines Offshore-Windparks an das Verbundnetz.

Während eine klassische HGÜ-Strecke mit Thyristorventilen nur Wirkleistung übertragen kann (s. 8.2), ermöglichen mit zu- und abschaltbaren IGBT-Leistungs-Halbleitern oder GTO Thyristoren ausgerüstete HGÜ-Stromrichter (s. 8.5.4.3), daß Wirkleistung und Blindleistung unabhängig voneinander geregelt werden können.

Der Umfang des Einsatzes von Windkraftanlagen ist neben einer ausreichenden Zahl geeigneter Aufstellungsorte im wesentlichen eine Frage der politischen Rahmenbedingungen im Kontext des Klimawandels, beispielsweise in Form des aktuellen *Erneuerbare-Energien-Gesetzes*, erhöhter Einspeisevergütungen für kapitalintensive Offshore-Anlagen, der künftigen Preisentwicklung erschöpflicher Energien, des Erreichens der kalkulierten Nutzungsdauer, der Einhaltung der geplanten Instandhaltungskosten sowie massiver Netzinvestitionen.

4.11 Solarenergieanlagen

Eingeleitet durch gravitationsbedingte Kondensation der Atome einer interstellaren Wasserstoffgas-Region und aufrechterhalten durch Freisetzung von Teilchen hoher kinetischer Energie laufen auf der Sonne ständig *Kernfusionen* ab, in denen die Atomkerne leichten Wasserstoffs (Protonen) zu schwerem Wasserstoff und auch schwereren Elementen wie Helium, Kohlenstoff und Eisen verschmolzen werden, z. B. Bild 4.78.

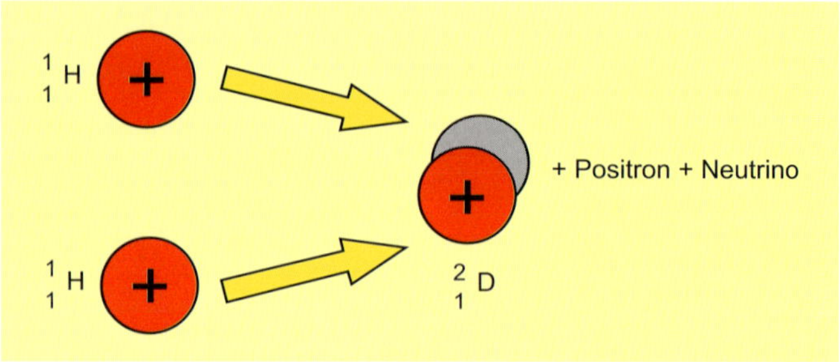

Bild 4.78. Verschmelzung zweier Protonen zu einem Deuteron (Kern des Wasserstoffisotops Deuterium) bei gleichzeitiger Aussendung eines Positrons und eines Neutrinos.

Das Positron ist das positive Pendant zum Elektron und wird bei Wandlung eines der beiden Ausgangsprotonen zu einem Neutron in Form von β^+-Strahlung abgegeben.

$$\beta^+\text{-Zerfall} : p \longrightarrow n + e^+ + \nu + W_{kin}, \qquad \overline{\nu} \ \ Neutrino \quad .$$

Das Neutrino ergänzt den Fusionsvorgang derart, daß trotz variabler kinetischer Energien der Ausgangsprotonen eine gequantelte Energieänderung auftritt.

Der überwiegende Teil der in den Fusionsprozessen freigesetzten kinetischen Energie tritt nach außen in Form elektromagnetischer Strahlung in Erscheinung. Aus der *Solarkonstante* (Energieflußdichte am äußeren Rand der Erdatmosphäre, S $=$ 1,36 kW$/m^2$) und dem *Satz vom Hüllenfluß* lassen sich die je Sekunde von der Sonne abgestrahlte Energie und der zugehörige Massenverlust ($\Delta mc^2 = \Delta W$) berechnen. Man findet, daß in jeder Sekunde 4,2 Mio Tonnen Sonnenmasse in Strahlung umgewandelt werden. Bei einer Gesamtmasse von $2,2 \cdot 10^{27}$ Tonnen entspricht dies einer Massenänderungen von $2 \cdot 10^{-20}$ % je Sekunde oder 0,000 000 000 000 000 000 02 %/s. Die geringe prozentuale Massenänderung erklärt das für menschliches Vorstellungsvermögen „ewige Leben“ der Sonne (Alter derzeit ca. 4,5 Milliarden Jahre).

Der auf die Erde entfallende Anteil der Solarstrahlung läßt sich aus der Solarkonstante und dem Erdquerschnitt abschätzen, Bild 4.79.

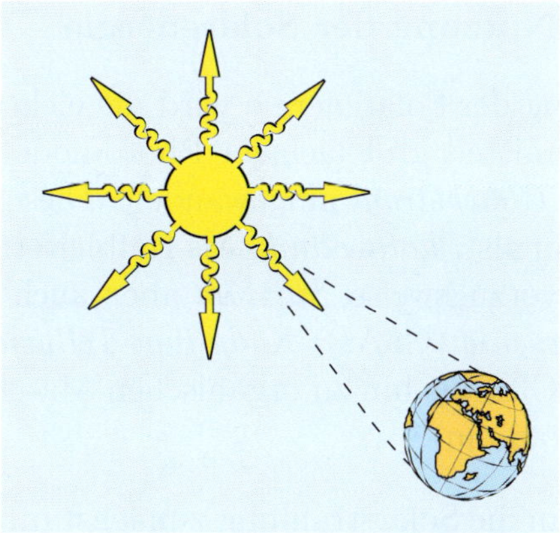

Bild 4.79. Näherungsweise Berechnung des auf die Erde (Erdquerschnitt) entfallenden Anteils des von der Sonne ausgesandten Energieflusses.

Man erhält so für die der Sonne zugewandten Erdhälfte die Strahlungsleistung zu

$$P_{\text{Ein}} = 1,36 \frac{kW}{m^2} \pi R_E^2 = 1,73 \cdot 10^{11} MW \quad . \tag{4.85}$$

Dies entspricht einer Leistung von etwa 100 Mio. Kernkraftwerken mit 1000 MW elektrischer Leistung. Die Nutzung dieses ungeheuren Energieflusses kann wegen der geringen *Leistungsdichte* leider nur in sehr geringem Umfang erfolgen.

Grundsätzlich bieten sich die direkte und indirekte Nutzung an, Bild 4.80.

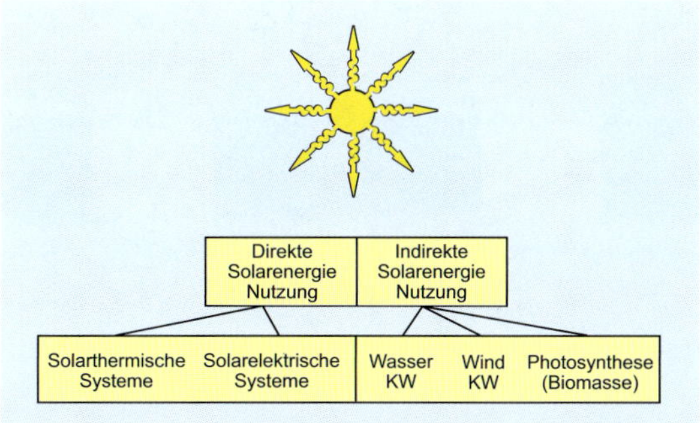

Bild 4.80. Möglichkeiten der Nutzung von Solarenergie.

4.11.1 Direkte Nutzung der Solarenergie

Bei *direkter* Nutzung der Solarenergie wird die elektromagnetische Solarstrahlung meist mittels großflächiger Photodioden, sogenannter *Solarzellen*, direkt in *Gleichstrom* umgewandelt. Diese direkte Umwandlung bezeichnet man als *Photovoltaik*. Als Halbleitermaterialien für Solarzellen kommen vorzugsweise *Silizium* aber auch andere Materialien, wie *Gallium-Arsenid* (GaAs), *Kadmium-Tellurid* (CdTe), *Kupfer-Indium-Diselenid* (CIS) bis hin zu organischen Materialien zur Anwendung (Forschungsstadium).

Alternativ kann man die Solarstrahlung zunächst direkt in die Energieform *Wärme* umwandeln und diese anschließend statt fossiler Brennstoffe oder Kernenergie für die Verdampfung von Wasser in einem konventionellen Dampfkraftwerksprozeß (4.2) eingesetzen, sogenannte *Solarthermieanlagen*.

4.11.1.1 Photovoltaik-Anlagen

Photovoltaikanlagen wandeln mit Hilfe von *Solarzellen* Sonnenenergie *direkt* in elektrische Energie um. Eine Solarzelle ist eine Halbleiter-Flächendiode, bestehend aus einer dünnen n-dotierten und einer dickeren p-dotierten Schicht. An der Grenzfläche entsteht durch Diffusion von Elektronen in die p-Schicht und von Löchern in die n-Schicht bereits ohne Lichteinstrahlung ein inneres *Raumladungsfeld*, Bild 4.81.

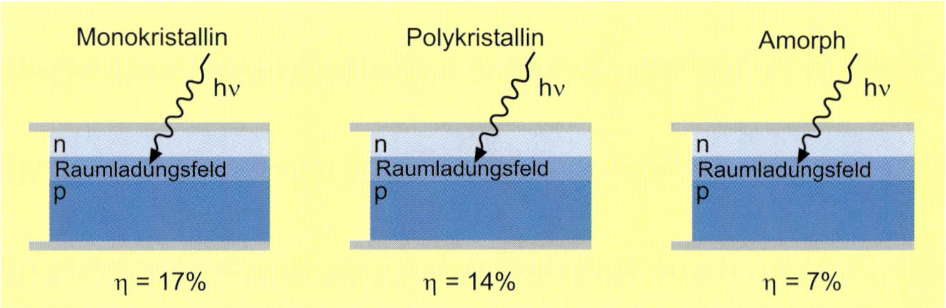

Bild 4.81. Solarzellenprinzip.

Einfallende Photonen erzeugen *Elektronen/Loch-Paare*, die bei großer Entfernung von der Raumladungszone wieder rekombinieren. Entstehen die Elektronen/Loch-Paare jedoch in der Nähe der Raumladungszone, werden die Elektronen durch das elektrische Raumladungsfeld in Richtung n-Schicht, die Löcher in Richtung p-Schicht beschleunigt, die Rekombinaton also verhindert. Auf der dem Licht zugewandten Seite stellt sich ein Elektronenüberschuß, auf der anderen Seite ein Elektronenmangel (Löcherüberschuß) ein. Die Überschußelektronen der bestrahlten Fläche werden durch eine dünne, gitterförmige Elektrode gesammelt, der Elektronenmangel an der Unterseite durch eine flächenhafte Elektrode. Zwischen beiden Elektroden tritt eine Potentialdifferenz bzw. eine Spannung auf, die durch einen außen angelegten Verbraucher einen Strom treiben kann.

Da die Gitterelektrode einen merklichen Anteil der einfallenden Solarstrahlung abschattet, gibt es auch Solarzellen mit zur Unterseite durchkontaktierten Elektroden.

Man unterscheidet im wesentlichen zwischen *monokristallinen*, *polykristallinen* und *amorphen* Solarzellen. Erstere werden als dünne Scheiben mit ca. 10 cm Durchmesser aus einem Silizium-*Einkristall* (c-Si) hergestellt, polykristalline Zellen durch ungerichtetes Erstarren gegossener dünner Schichten geschmolzenen Siliziums (mc-Si). Amorphe Solarzellen schließlich entstehen durch Aufdampfen sehr dünner Schichten amorphen Siliziums (a-Si) auf ein geeignetes Substrat, sogenannte *Dünnschichtsolarzellen.* Letztere Technologie erlaubt bei Verwendung flexibler Substrate auch die Herstellung *flexibler* Solarzellen.

Alternativ unterscheidet man auch zwischen *Dickschicht-* und *Dünnschichtsolarzellen.* Erstere bestehen entweder aus *monokristallinem* Silizium oder *polykristallinem* Silizium. Letztere bestehen entweder aus *amorphem* Silizium oder *mikrokristallinem* Silizium (μc-Si). Die diversen Zellen unterscheiden sich in den Herstellungskosten und Wirkungsgraden, mit anderen Worten im Preis-/Leistungsverhältnis.

Je nach Kristallstruktur bzw. Herstellungsverfahren liegen die praktischen Wirkungsgrade bei klaren Sichtverhältnissen, Antireflexbeschichtung, Abwesenheit jedweder Verschmutzung und einer Zellentemperatur von 25° C zwischen 17 % und 7 %. Höhere Temperaturen, die bei hoher Einstrahlung unausweichlich sind, reduzieren den Wirkungsgrad signifikant (ca. 0,5 % pro Grad Kelvin!).

Die oben angegebenen Wirkungsgrade setzen voraus, daß der ohmsche Belastungswiderstand optimal der Solarzelle angepaßt ist. Dies erhellt die nichtlineare Strom-/Spannungskennnlinie eines Solargenerators aus mehreren Photovoltaikzellen, Bild 4.82.

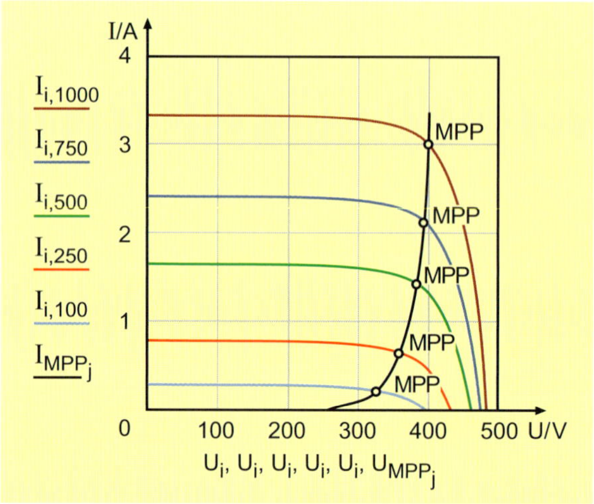

Bild 4.82. Nichtlineare Strom-/Spannungskennlinie eines Solargenerators. Die Stromindizes sind ein Maß für die Beleuchtungsstärke.

Abhängig von der Beleuchtungsstärke fließt durch die Solarzellen und einen angeschlossenen Lastwiderstand in erster Näherung ein konstanter eingeprägter Strom. Je größer der Lastwiderstand, desto höher der Spannungsabfall bei gleichem Strom. Erst wenn der Lastwiderstand in die Größenordnung des Innenwiderstands der Solarzelle kommt, nimmt der Strom ab. Bei sehr großem Widerstand strebt der *Strom* gegen Null, bei sehr niedrigem Widerstand die *Spannung*. In beiden Extremfällen strebt auch die abgegebene Leistung $P = UI$ gegen Null. Es existiert daher für jede Einstrahlungsstärke ein optimaler Lastwiderstand, für den sich U und I im *Maximum Power Point* (MPP) treffen. In diesem Punkt nimmt die Fläche des Rechtecks $P = UI$ ihren Maximalwert an. Mit einer geeigneten elektronischen Leistungsregelung lassen sich Solarzellen immer im Maximum Power Point betreiben (engl.: *MPP-tracking*).

In der Sprache der Halbleiterphysik tragen nur solche Photonen zur Stromerzeugung bei, deren Energie gleich dem *Bandabstand* (Energiedifferenz zwischen *Leitungsband* und *Valenzband*) ist. Photonen kleinerer Energie vermögen keine Elektronen/Lochpaare zu bilden, Photonen höherer Energie geben ihre überschüssige Energie im Kristall als Wärme ab. Gewöhnliche Solarzellen wandeln daher nur bestimmte Spektralanteile des einfallenden Lichts in elektrische Energie um. Zur Verbesserung des Wirkungsgrads bieten sich *Tandemzellen* mit mehreren, *unterschiedlichen Bandabständen* an, die einen größeren Spektralanteil des Lichts nutzen können, Bild 4.83.

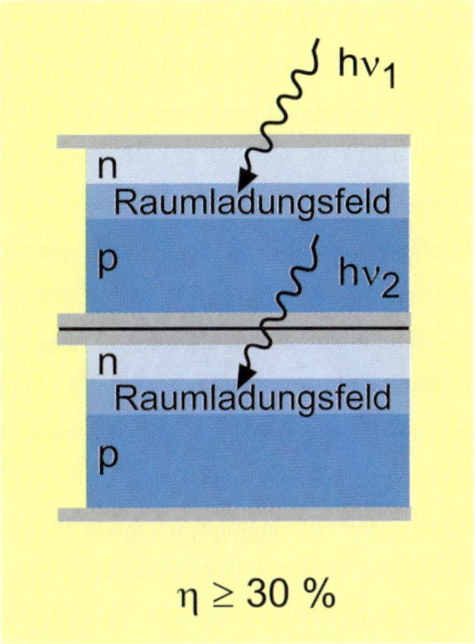

Bild 4.83. Tandem-Solarzelle.

Tandem-Solarzellen oder gar n-schichtige Solarzellen, sogenannte *Stapelzellen*, haben im Labor Wirkungsgrade von über 30 % erreicht.

Statt eines klassischen pn-Übergangs verwendet man einen sogenannten pin-Übergang, bei dem zwischen die n- und p-leitendene Schicht eine sogenannte *intrinsische* Schicht aus nicht dotiertem Silizium angeordnet wird. *Dünnschicht-Tandemzellen* können auch aus der Kombination je einer amorphen und einer mikrokristallinen Dünnschichtzelle jeweils mit pin-Struktur bestehen.

Wegen des hohen Preises monokristalliner Zellen hat man konzentrierende Solarzellen gebaut, bei denen großflächige Fresnel-Linsen das Sonnenlicht auf vergleichsweise kleine Kristalldioden fokussieren. Während jedoch gewöhnliche Solarzellen auch bei diffusem Licht zumindest im Teillastbetrieb arbeiten können, bricht in *Konzentratorzellen* der Wirkungsgrad bei geringstem Dunst in der Atmosphäre signifikant ein, da sich diffuses Licht nicht fokussieren läßt. Hinzu kommen die sehr hohen Temperaturen (*Brennglas-Effekt*), die jedoch bei Gallium-Arsenid weniger dramatisch sind.

Mehrere untereinander verschaltete Solarzellen bilden *Solarmodule* bzw. *Solar-Paneele*, viele Module bzw. Paneele eine *Photovoltaikanlage*.

Ein gelungenes Beispiel einer frühen autonomen Photovoltaikanlage für einen abgelegenen Verbraucher zeigt Bild 4.84.

Bild 4.84. Rappenecker Hof im Schwarzwald (*Fraunhofer-Gesellschaft* Freiburg).

Derartige *Stand-alone* Anlagen benötigen im Hinblick auf eine ständige Verfügbarkeit elektrischer Energie eine wiederaufladbare *Speicherbatterie*, die wegen ihrer sehr begrenzten Lebensdauer während der gesamten Betriebszeit den größten Kostenfaktor darstellt. Genau genommen bildet diese Batterie den Flaschenhals für eine weite Verbreitung dieser Anlagen. Neben der Verbesserung von Photovoltaikzellen besitzt daher die Entwicklung langlebiger Batterien, beispielsweise *Lithium-Ionen* Speicherbatterien hoher Kapazität, höchste Priorität. Wird ferner die Energiedarbietung mit der gewohnten Netzspannung 230 V erwartet, wird ein *Wechselrichter* erforderlich, der die Batteriegleichspannung in 50 Hz Wechselstrom umwandelt. Die Wirkungsgrade dieser Umwandlung liegen heute bei ca. 95 %.

Ein Beispiel für den Stand der Technik großer in ein Stromnetz eingebundener Photovoltaikanlagen zeigt Bild 4.85.

Bild 4.85. 9.5 MV Aufdach-Photovoltaikanlage (*Epuron/SunTechnics/Michelin*).

Die Gesamtdachfläche beträgt 233.000 m^2, die Gesamtfläche der 15.177 Module beträgt 78.000 m^2. Die Modulgleichspannung von 800 $V_{dc_{\max}}$ wird zunächst über einen IGBT-Wechselrichter in 400 V Drehstrom umgewandelt und dann über einen Verteiltransformator 400 V/20 kV an das 20 kV Mittelspannungsnetz angeschlosssen. Zur Wirkungsgradoptimierung wird das *Maximum Power Point Tracking* Verfahren eingesetzt (s. a. Bild 4.82).

Große Anlagen werden meist in Form eines *Fond-Konzepts* finanziert. Das heißt, mehrere Investoren bzw. Eigentümer finanzieren die Anlage unter Einbeziehung von Banken und mit massiver staatlicher Förderung. Hierbei werden die Dachflächen oft nur langfristig angemietet, das heißt PV-Anlagenbetreiber und Vermieter sind wirtschaftlich getrennte Unternehmen.

Schließlich zeigt Bild 4.86 ein Beispiel sogenannter *multifunktionaler Photovoltaik*, bei der Fassadensystem und Dachkonstruktion mit 67 kW photovoltaischer Stromerzeugung ästhetisch kombiniert sind.

Bild 4.86. Beispiel multifunktionaler Photovoltaik, Londoner City Hall (*Forster und Partners*).

Photovoltaikanlagen sind zunächst überall da wirtschaftlich, wo häufige Sonneneinstrahlung und Nichtverfügbarkeit konventioneller elektrischer Energie zusammenfallen. Typische Beispiele sind die Versorgung abgelegener Verbraucher, beispielsweise Berghütten, Signalbojen, Transreceiver-Stationen, Taschenrechner, Armbanduhren, Autobahnverkehrszählung, Parkuhren etc.

Die Verfügbarkeit elektrischer Energie rund um die Uhr erfordert entweder die Kombination mit einer wiederaufladbaren *Batterie* oder bei großen Anlagen die Anbindung an ein vorhandenes Niederspannungsnetz. In letzterem Fall übernimmt das Netz die Funktion der Speicherbatterie.

Photovoltaikanlagen können bei geeigneten politischen Rahmenbedingungen, beispielsweise in Form eines *Erneuerbare Energien Gesetzes* (EEG), heute durchaus wirtschaftlich sein. Sie werden aber wegen der geringen Primärenergieflussdichte und des daraus resultierenden hohen Flächenbedarfs sowie der vergleichsweise hohen Investitions- und Wartungskosten zur großtechnischen öffentlichen Stromversorgung mittelfristig nur einen begrenzten Beitrag leisten. Andererseits gibt es bereits Konzepte für ausgedehnte Photovoltaikanlagen in den Wüsten Nordafrikas und den arabischen Ländern mit HGÜ-Übertragungsstrecken nach Zentraleuropa.

4.11.1.2 Solarthermische Anlagen

In *solarthermischen* Systemen fokussieren Spiegel die ankommende Strahlung entweder unmittelbar auf einen auf erhöhtem Niveau zentral angeordneten Wärmetauscher (*Turmkonzept*) oder auf *verteilte Wärmetauscher* mit nachgeschaltetem konzentriertem Dampferzeuger (*Farmkonzept*). Um die Fokussierung zu ermöglichen, muß die Strahlung gerichtet sein. Solarthermische Systeme eignen sich daher nur für Gegenden mit geringer Luftfeuchte in der Atmosphäre. Da die Anlagen im wesentlichen die mit geringer Dichte einfallende Sonnenenergie auf eine kleine Fläche konzentrieren, spricht man auch von *Solarkonzentratoren*. Eine Versuchsanlage des *Turmkonzepts* zeigt Bild 4.87.

Bild 4.87. Solarthermische Anlage nach dem *Turmkonzept* (SANDIA).

Die an der Turmspitze eingefangene Wärmeenergie wird mittels eines zusätzlichen *Flüssignatriumkreislaufs* zum Dampferzeuger eines konventionellen Dampfkraftwerksprozesses am Boden übertragen. Die Spiegel können *fest* oder der Sonne *nachführbar* angeordnet sein, so genannte *Heliostaten*.

Ein Beispiel für ein Kraftwerk nach dem *Farmkonzept* mit *Parabolrinnen-Reflektoren* zeigt Bild 4.88.

Bild 4.88. Solarthermische Anlage nach dem *Farmkonzept* (*Cramer Junction*, USA).

Die Solarstrahlung wird mittels parabolischer Zylinderreflektoren auf in der Brennlinie angeordnete Absorberrohre fokussiert und erwärmt das durch sie strömende Wärmetransportfluid. Im Zentrum der Farm stehen Dampfzeuger, in denen das heiße Fluid seine Wärme an Wasser abgibt und es in Dampf umwandelt.

Im Bau befindet sich die derzeit größte Anlage mit einer installierten Leistung von 280 MW, die in Verbindung mit Salzschmelze-Wärmespeichern in der Lage sein wird, auch nachts Strom zu liefern (Phoenix, Arizona).

Neben der Stromerzeugung liegt das größte Potential der Nutzung thermischer Solarenergie derzeit wohl in der dezentralen Brauchwassererwärmung, die in südlichen Ländern in großem Umfang praktiziert wird.

4.12 Biomassse - Kraftwerke

Biomasseanlagen zur Stromerzeugung verwenden als Primärenergie *nachwachsende, lokal verfügbare Rohstoffe*, beispielsweise *Holz*, *Rapsöl* etc. oder *Biogas* aus der anaeroben Vergärung von *Gülle*, vermischt mit nachwachsenden *Energiepflanzen*, beispielsweise *Gras-* oder *Mais-Silage*. Die bei der Verbrennung von Biomasse in *Blockheizkraftwerken* gewonnene Wärme wird mittels *Diesel-* und *Gasmotoren* in mechanische Energie und letztlich über einen *Generator* in *Strom* umgewandelt. Teilweise wird die Wärme auch nur für Heizzwecke über ein *Nah-Fernwärmenetz* genutzt (Kraft-Wärme-Kopplung, s. a. 4.2).

Man unterscheidet zwischen Biomassekraftwerken mit *rieselfähigen* Brennstoffen und solchen mit *flüssigen* und *gasförmigen* Brennstoffen. Während in ersteren *Holzhackschnitzel* oder aus Sägemehl, Spänen, Torf oder Stroh gepreßte *Holzpellets* verfeuert werden, verwenden letztere zuvor in Biomasse-Konvertern gewonnene *flüssige* und *gasförmige* Kraftstoffe für Verbrennungskraftmaschinen. Ihr Drehmoment wird zum Antrieb von Drehstromgeneratoren genutzt, ihre Abwärme für Heizzwecke.

Bild 4.89 zeigt eine technische Realisierung eines Biomassekraftwerks für die Primärenergien *Holzhackschnitzel* und *Rapsöl*.

Bild 4.89. Biogasanlage zur gleichzeitigen Wärme- und Stromerzeugung in einem Blockheizkraftwerk (Mann Engineering GmbH).

Die Tanks und der zwischen ihnen liegende Container im Vordergrund zeigen ein Rapsöl-Kraftwerk mit einem 700 KW_{el} Dieselmotor/Generatorsatz. Die zugehörige Abgasreingigung und ein Abgaswärmetauscher befinden sich im rückwärtigen höher liegenden Container mit Abgaskamin. Das grüne Gebäude im Hintergrund zeigt ein 5-MW-Heizkraftwerk mit Holzhackschnitzelfeuerung.

Biogasanlagen können durch Zusammenschluß mehrerer landwirtschaftlicher Betriebe mit Tierhaltung größere Mengen *Biogas* erzeugen. Dieses wird direkt in Blockheizkraftwerken mit auf Gas umgerüsteten Dieselmotoren zur Stromerzeugung eingesetzt oder nach Methananreicherung und Reinigung in ein *Ferngasnetz* eingespeist. Bild 4.90 zeigt eine den Stand der Technik kennzeichnende Biogasanlage mit 10 MW Gasleistung und 2,5 MW elektrischer Leistung.

Bild 4.90. Biogasanlage Schwandorf (Schmack/E.ON).

Kompakt-Blockheizkraftwerk, Notfackel und Steuerung sind in den Containern untergebracht. Größere Vergärungsanlagen können Leistungen bis zu mehreren MW_{el} besitzen. Der Einsatz von Biomasseanlagen zur Stromversorgung ist keine Frage ihrer technischen Realisierung, sondern der hierfür anfallenden Investitionskosten, der laufenden Betriebs- und Instandhaltungskosten sowie der Logistik der Brennstoffversorgung aus dem Umfeld. Den Stand der Technik kennzeichnen mit Holzhackschnitzeln befeuerte Anlagen mit Wirbelschichtfeuerung und ca. 60 MW thermischer Leistung. Ihre Bedeutung steht und fällt mit den Preisen für klassische Energieträger und dem Ausmaß staatlicher Subventionen.

4.13 Geothermische Stromerzeugung

Geothermische Energieanlagen nutzen die im Innern der Erde aus ihrer Entstehungsphase vorhandene Restwärme sowie die durch ständigen radioaktiven Zerfall frei werdende Kernenergie in Form der sogenannten *Zerfallswärme* (s. a. 4.8.1.2). Beide treten nahe der Erdoberfläche gemeinsam als *Erdwärme* in Erscheinung. Ähnlich wie bei der Solarenergie ist auch hier das Energieangebot für menschlich absehbare Zeiträume unerschöpflich groß. Darüber hinaus ist bei der Geothermie der Energiefluß sogar deterministisch konstant, so daß sowohl eine Nutzung zur Grundlastdeckung als auch zur Spitzenlastdeckung denkbar wäre.

Mit Hilfe von Flüssigkeitskreisläufen läßt sich die Erdwärme an die Oberfläche transportieren und über oberirdische Wärmetauscher für Heizzwecke oder zur Stromerzeugung nutzen, Bild 4.91.

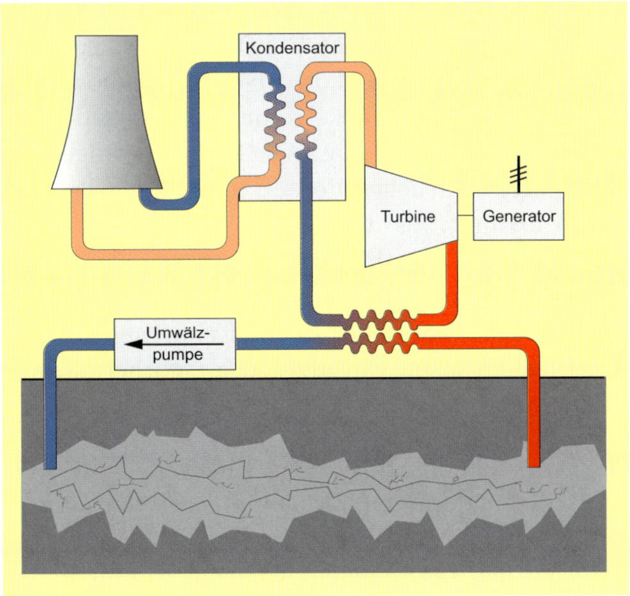

Bild 4.91. Geothermisches Kraftwerk (Prinzip).

Von vulkanischen Gebieten abgesehen ist aber auch hier, wie bei der Solarenergie, die *Energiedichte* sehr klein, so daß in der Erdkruste zunächst große Wärmeaustauschflächen geschaffen werden müssen. Dies ermöglicht das sogenannte „*Hot Dry Rock*"-Verfahren, mittels dessen das Gestein in der Tiefe mit hohem Wasserdruck aufgesprengt wird, sogenannte *petrothermale Systeme*.

Die Kosten für die Tief-Bohrungen sind exorbitant hoch. Ferner liegen die Arbeitsfluidtemperaturen bei Bohrtiefen bis zu 5.000 m nur zwischen 100° C und ca. 200° C, so daß im anschließenden Clausius-Rankine-Prozeß (s. 4.2.1) organische Fluide mit niedrigem Siedepunkt zum Einsatz kommen müssen, um thermische Wirkungsgrade zwischen 10 % und 20 % realisieren zu können. Schließlich erfordern die großen Rohrlängen und der Strömungswiderstand des unterirdischen Wärmetauschers leistungsstarke Umwälzpumpen, deren Eigenbedarf in der Größenordnung der erzeugten elektrischen Energie liegen kann.

Bezüglich ihres großtechnischen Einsatzes in der öffentlichen Stromversorgung und wettbewerbsfähiger Erzeugungskosten teilt die Geothermie heute noch das gleiche Schicksal wie die direkte Nutzung der Solarenergie mittels Photovoltaikanlagen (s. a. 4.11.1.1). Aufgrund der geringen Dichte des Erdwärmeflusses und des hohen Eigenbedarfs, vor allem auch wegen der immens hohen Bohrungskosten sowie, je nach örtlichen Gegebenheiten, abrasiver, korrosiver und radioaktiver Bestandteile des aus der Erdkruste zurückströmenden Wassers, besitzt sie bis zum wirklichen Knappwerden klassischer Energieträger nur geringes technisches und wirtschaftliches Potential. Dies wurde bereits in den achtziger Jahren erkannt, als die HDR-Technologie in Los Alamos in USA entwickelt wurde. Die zahlreichen heute bereits vorhandenen Pilotanlagen beweisen zwar die grundsätzliche technische Machbarkeit, rechtfertigen aber keineswegs überzogene Erwartungen bezüglich eines signifikanten wirtschaftlichen Einsatzes von Geothermieanlagen in der öffentlichen Stromversorgung.

Bezüglich der Nutzung der Erdwärme für *Heiz-* und *Kühlzwecke* in Verbindung mit Wärmepumpen, sogenannte *oberflächennahe Geothermie*, existiert dagegen bereits heute eine ausgereifte Technologie mit zahllosen wirtschaftlich betriebenen Anlagen, worauf im Kontext der Stromerzeugung jedoch nicht weiter eingegangen werden soll.

4.14 Brennstoffzellen

Brennstoffzellen wandeln die in gasförmigen Brennstoffen enthaltene chemische Energie direkt in elektrische Energie um, ohne den Umweg über rotierende Turbinen und Generatoren. Sie bestehen grundsätzlich aus zwei durch einen *Elektrolyten* getrennten *porösen* Elektroden, Bild 4.92.

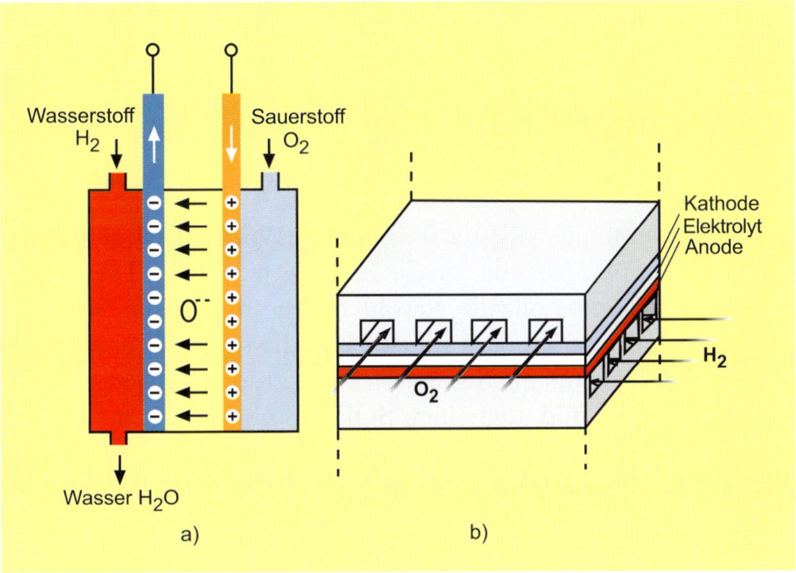

Bild 4.92. Brennstoffzelle. a) Prinzip, b) Packaging.

Sauerstoffmoleküle nehmen an der porösen Kathode Elektronen auf und werden damit zu negativ geladenen Sauerstoffionen. Diese durchwandern den Elektrolyten und geben an der Anode bei der „kalten", flammenlosen Verbrennung mit Wasserstoff zu Wasser ihre negativen Überschußladungen an die poröse, metallische Gegenelektrode ab. Die zugehörige chemische Reaktionsgleichung lautet

$$H_2 + 0^{--} = H_2O + 2e \quad . \tag{4.86}$$

Wie bei einer *Vakuumdiode* tritt auch hier an der Anode der Elektronenüberschuß auf. Aus Sicht einer Last ist daher die Anode der negative Pol der Spannungsquelle.

Für die großtechnische Stromerzeugung würde die Brennstoffzelle nicht mit Wasserstoff und Sauerstoff, sondern mit *Erdgas* und *Luft* betrieben werden, was unter anderem einen sogenannten *Reformer* für die Isolierung des Wasserstoffs erfordert. Bei reiner Stromerzeugung liegen typische Werte des Wirkungsgrads bei ca. 60 %, bei Kraftwärmekopplung über 80 %.

Für die großtechnische Stromerzeugung wird die *Hochtemperaturbrennstoffzelle* (engl.: *Solid Oxide Fuel Cell (SOFC)*) als erfolgsversprechend erachtet. Ihre Wirkungsweise beruht auf der Durchlässigkeit ionenleitender Keramik für Sauerstoffionen (Zirkonoxid bei 1000° C). An Stelle reinen Wasserstoffs und Sauerstoffs läßt sich die SOFC auf Grund ihrer hohen Betriebstemperaturen auch mit Erdgas und Luft betreiben, was sie gerade für die großtechnische Stromerzeugung interessant macht.

Die beim Verbrennungsvorgang freigesetzte Wärme besitzt auf Grund ihrer hohen Temperatur eine große Exergie (s. 4.2.3). Diese läßt die Hochtemperaturbrennstoffzelle sowohl für die dezentrale Stromerzeugung und Wärmeversorgung in Blockheizkraftwerken als auch für einen Kombiprozess mit hohem Gesamtwirkungsgrad geeignet erscheinen. Beispielsweise zeigt Bild 4.93 einen SOFC/Steinkohle-Kombiprozeß.

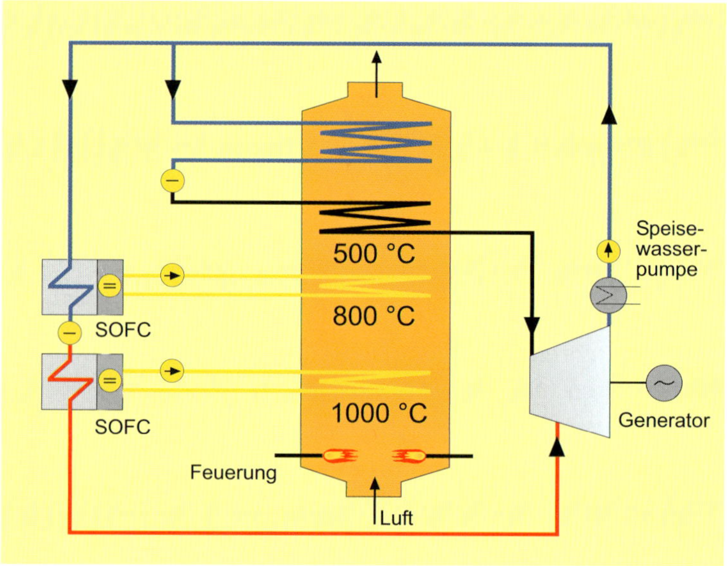

Bild 4.93. Brennstoffzellen-Kombiprozess.

Neben der SOFC-Brennstoffzelle gibt es noch *Phosphorsaure Brennstoffzellen* (engl.: *PAFC*), *Polymer-Elektrolyt-Membran-Brennstoffzellen* (engl.: *PEMFC*) und *Schmelzkarbonat-Brennstoffzellen* (engl.: *Molten Carbonate Fuel Cells, MCFC*), die alle im Labormaßstab bei entsprechender Pflege einwandfrei arbeiten.

Das Prinzip der Brennstoffzellen wurde bereits 1839 erfunden. Dennoch haben sie, abgesehen von einigen Pilotanlagen, Anwendungen in der Raumfahrt oder in U-Booten sowie als unterbrechungsfreie Stromversorgungsanlagen, bei denen Lebensdauerfragen keine große Rolle spielen, keinen Eingang in die öffentlichen Stromversorgung gefunden. Grundsätzliche Geometrie-, Lebensdauer-, Korrosions- und Dichtungsprobleme sowie hohe Investitionskosten pro kW installierter Leistung stehen einem großtechnischen Einsatz massiv entgegen.

4.15 Virtuelle Kraftwerke

Sogenannte *virtuelle Kraftwerke* bestehen aus einer Anzahl leittechnisch vernetzter *dezentraler* Strom- und Wärmeerzeugungsanlagen, beispielsweise Blockheizkraftwerken, Windkraftanlagen, Mikroturbinen, Kleinwasserkraftanlagen, thermischen Speichern etc. Diese Einzelanlagen werden von einer zentralen Warte aus konzertiert geführt. Im Back-Office der Leitstelle werden Lasten prognostiziert und Fahrpläne für die einzelnen Anlagen erstellt. Werden darüber hinaus auch noch die Lasten über ein aktives bzw. intelligentes Verteilnetz mit der Erzeugung koordiniert, spricht man von *smart grids*.

In smart grids werden unter anderem die Verbraucher mit fernauslesbaren elektronischen Zählern (engl.: *smart metering*) ausgestattet, die auf einem Display den aktuellen Verbrauch innerhalb einer Viertelstunde anzeigen. Der Verbraucher kann dann last- und tageszeitabhängige Tarife wählen und seine Kosten minimieren. Der Stromversorger kann seine untertäglichen Tarife so gestalten, daß starke Lastschwankungen im Netz ausgeglichen werden (engl.: *load shaving, load management*). Netzinvestitionen lassen sich so minimieren. Auf den Kommunikationswegen der Zählerfernauslesung lassen sich auch die wachsende Zahl dezentraler Einspeisungen koordinieren. Als Kommunikationswege stehen die Signalübertragung auf Niederspannungsleitungen bis zur nächsten Trafostation, das Internet und GSM-Funk zur Verfügung.

Virtuelle Kraftwerke versprechen eine wirtschaftlichere Nutzung der Einzelanlagen und eröffnen ihren Eignern die Möglichkeit am Energiemarkt teilzunehmen. Sie sind in Pilotprojekten bereits realisiert. So gibt es im Sauerland ein virtuelles Kraftwerk mit neun räumlich verteilten kleinen Wasserkraftgeneratoren (RWE/Siemens). Die leittechnische Kommunikation zwischen zentraler Warte und den dezentralen Anlagen erfolgt aus Kostengründen über Internet und Mobilfunk.

Potentielle Eigner virtueller Kraftwerke sind Niederspannungsnetzbetreiber, Bilanzkreisverantwortliche oder unabhängige industrielle Stromerzeuger. Insbesondere bietet ein hoher Anteil an Blockheizkraftwerken Potential als Regelenergiequelle, falls die im Transmission Code aufgeführten Forderungen an die Qualität der Regelenergie erfüllt werden und eine Wirtschaftlichkeit gewährleistet ist (s. a. 19.2, 19.3 und 2.4).

4.16 Wasserstofftechnologie

Die *Wasserstofftechnologie*, häufig auch als *Wasserstoffwirtschaft* bezeichnet, umfaßt alle Maßnahmen und Techniken zur *Erzeugung* und *Speicherung* des Sekundärenergieträgers Wasserstoff sowie seines *Transports*, seiner *Verteilung* und Nutzung .

Wasserstoff kommt aufgrund seiner hohen Affinität in der Natur nur chemisch gebunden vor, beispielsweise im Wasser H_2O oder als wesentlicher Bestandteil von Kohlenwasserstoffverbindungen. Er muß aus dieser gebundenen Form erst von menschlicher Hand mittels geeigneter technischer Prozesse isoliert bzw. regeneriert werden.

Die klassische Wasserstoffgewinnung für *industrielle* Anwendungen basiert auf der Zerlegung fossiler Brennstoffe und ist großtechnisch etabliert. Sie leistet jedoch keinen Beitrag zur Lösung des „*Energieproblems*“, da sie ebenfalls die Vorräte fossiler Brennstoffe mindert. Im Kontext interessant sind daher im wesentlichen Verfahren, die unter Einsatz *erneuerbarer Energien* molekularen Wasserstoff aus Wasser oder Biomasse gewinnen.

Wasserstoff läßt sich auf „ewige“ Zeit mittels verschiedener Techniken unter direkter und indirekter Nutzung von Solarenergie erzeugen:

- Zerlegung von Wasser in seine Komponenten Wasserstoff und Sauerstoff in zentralen und dezentralen mit Solarstrom gespeisten Elektrolyseanlagen.
- Zerlegung von Wasserdampf in seine Komponenten H_2 und O mittels bei hohen Temperaturen ablaufender thermochemischer Prozesse, z. B. *Hydrosolprozesse.* In letzteren läßt man in zweistufigen Reduktions- und Oxidationsprozessen Metalloxide mit heißem Wasserdampf miteinander reagieren. Für die Solarwärmezufuhr kommt das Turmkonzept (s. 11.1.2) zur Anwendung.
- Vergasung von Biomasse durch Vergären oder mittels thermochemischer Prozesse, wobei unter anderem auch Wasserstoff H_2 entsteht (s. a. 4.12).

In allen Fällen würde Wasserstoff ausschließlich aus der direkten oder indirekten Nutzung von Solarenergie sowie anderer erneuerbarer Energien gewonnen werden. Bei der Verbrennung von Wasserstoff in thermischen Kraftwerken und Brennstoffzellen zur Stromerzeugung für die öffentliche Versorgung oder für Elektroautos entstünde nur Wasser als Abfallprodukt. Eine umfassende Wasserstoffwirtschaft würde daher nicht nur das Energieproblem, sondern auch das CO_2-Problem lösen.

Alle Techniken für die Erzeugung, Nutzung, Speicherung und den Transport von Wasserstoff sind zwar grundsätzlich bekannt, dennoch stehen der Wasserstofftechnologie einige inhärente, auch bei großem Forschungsaufwand nicht zu lösende massive Probleme entgegen.

- Wasserstoff bildet bei unkontrollierter Vermischung mit Luft ein hochexplosives Gemisch, das bekannte „Knallgas“. Hierbei erstrecken sich zündfähige Gemische über einen weiten Bereich des Mischungsverhältnisses und die benötigten Zündenergien sind sehr klein. Der gefahrlose Umgang mit Wasserstoff wird daher nur in großtechnischen, professionell betriebenen Anlagen ratsam sein. Dennoch werden bereits mit Wasserstoff betriebene Kraftfahrzeuge in Großversuchen erprobt.
- Atomarer oder molekularer Wasserstoff besitzt die kleinsten Abmessungen der Grundbausteine fester Materie und besitzt eine hohe Diffusionsfähigkeit durch alle für seine technische Nutzung erforderlichen materiellen Barrieren. Die Verluste bei der Speicherung sind beträchtlich, sei es in gasförmiger oder verflüssigter Form.

- Der Wirkungsgrad von Elektrolyseprozessen ist vergleichsweise gering und würde die zuvor mühsam gewonnene elektrische Energie für den Betrieb der Elektrolysatoren sehr ineffizient nutzen und zum größten Teil wieder in Abwärme umwandeln. Warum dann nicht gleich den Strom zur Speisung der Elektrolysatoren in das öffentliche Netz einspeisen?
- Brennstoffzellen zur Rückwandlung gespeicherten Wasserstoffs in Strom mögen für den dezentralen Einsatz eine Option sein, ihrem großtechnischen Einsatz in der öffentlichen Stromversorgung stehen aber massive Lebensdauer- und Kostenprobleme entgegen (s. a. 4.14).

Die wichtigste Motivation für eine Wasserstoffwirtschaft liegt wohl in der Verwendung von Wasserstoff als Speichermedium für aus erneuerbaren Energien gewonnenen Strom, sei es für die öffentliche Stromversorgung oder für Elektrofahrzeuge. Die Speicherung kann in *gasförmiger* Phase unter hohem Druck oder in *flüssiger* Phase drucklos bei -253°C in Dewargefäßen erfolgen, aber auch chemisch gebunden in Metallhydrid-Speichern, beispielsweise für Elektrofahrzeuge. Die Wirtschaftlichkeit im Wettbewerb mit den heute verfügbaren Alternativen ist derzeit nicht gegeben. Eine flächendeckende großtechnische Einführung der Wasserstofftechnologie ist, wenn überhaupt, erst in ferner Zukunft vorstellbar, auch wenn ihre Protagonisten sie bereits heute vielfach als wichtige Option anpreisen.

Vertiefendes Schrifttum zu Kapitel 4

1. Baehr, H.: Thermodynamik. 11. Auflage. Springer-Verlag, Berlin, 2002.
2. Schröder, K.: Große Dampfkraftwerke. Band 1, 2, 3a, 3b. Springer-Verlag, Berlin, 1959, 1962, 1966, 1968.
3. Strauß, K.: Kraftwerkstechnik. 4. Auflage. Springer-Verlag, Berlin, 1998.
4. Kugeler, K. und Phlippen, P. W.: Energietechnik. 2. Auflage. Springer Verlag, Berlin, Heidelberg, 1993.
5. Laufen, R.: Kraftwerke. 1. Auflage, Springer-Verlag, Berlin, 1984.
6. Bohl, W.: Strömungsmaschinen. Band 1, 8. Auflage, 2002, Band 2, 6. Auflage, 1999, Vogel Buchverlag, Würzburg.

7. Dolezal, R.: Kombinierte Gas- und Dampfkraftwerke. 1. Auflage. Springer-Verlag, Berlin, Heidelberg, 2001.
8. Smidt, D.: Reaktortechnik. Band I und II, Verlag G. Braun, Karlsruhe, 1971.
9. Kummerer, K.: Werkstoffe der Kerntechnik. Verlag G. Braun, Karlsruhe, 1980.
10. Ziegler, A.: Lehrbuch der Reaktortechnik. Jeweils 1. Auflage, Band 1 (1983), 2 (1984) und 3 (1985). Springer-Verlag, Berlin.
11. Mosonyi, E. und Giesecke, J.: Wasserkraftwerke – Planung, Bau und Betrieb. 2. Auflage. VDI-Verlag, Düsseldorf, 1998.
12. v. Konig, F.: Bau von Wasserkraftanlagen. Verlag C. F. Müller GmbH, Karlsruhe, 1985.
13. Schmid, J.: Photovoltaik. 4. Auflage, Verlag TÜV Rheinland, Köln, 2000.
14. Kleemann, M. und Meliß, M.: Regenerative Energiequellen. Springer-Verlag, Berlin, Heidelberg, 1989.
15. Hoffmann, V.: Energie aus Sonne, Wind und Meer. Verlag Harry Deutsch, Frankfurt, 1990.
16. Goetzberger, A., Voß, B. und Knobloch, J.: Sonnenenergie und Photovoltaik. Teubner-Verlag, Stuttgart, 1994.
17. Bohn, T.: Handbuchreihe Energie. 14 Bände. Technischer Verlag Resch, Köln, 1988.
18. Gasch, R. und Twele, J.: Windkraftanlagen. Teubner-Verlag, Stuttgart, 2007.
19. Heier, S.: Windkraftanlagen. Teubner-Verlag, 2005.
20. BDEW: Transmission Code 2007, Netz- und Systemregeln der deutschen Übertragungsnetzbetreiber. VWEW Energie-Verlag, Frankfurt, 2007.
21. BDEW: Distribution Code 2007, Regeln für den Zugang zu Verteilnetzen. VWEW Energie-Verlag, Frankfurt, 2007.

5. Kraftwerkleittechnik

Kraftwerke sind komplexe Systeme, deren Betriebsführung insbesondere im Bereich der Umwandlung von Primärenergie in mechanische Energie eine weitgehende *Automatisierung* ihrer Teilprozesse erfordert. Steigende Anforderungen an primärenergiesparende Betriebsweise, höheren Gesamtwirkungsgrad, besseres Lastfolgeverhalten etc. führen zwangsweise zu immer größeren Blockeinheiten höherer Komplexität. Beispielsweise müssen zur Führung eines modernen steinkohlebefeuerten 475 MW-Blocks etwa 3.500 analoge und 4.000 binäre Meßsignale für Temperaturen, Drücke, Durchflüsse, Analysen etc. erfaßt und verarbeitet, zur Steuerung des Prozeßverhaltens 1.100 Antriebe geschaltet und Ventile betätigt werden.

Um trotz der Vielzahl der Steuer- und Regelgrößen den Prozeß überschaubar zu halten und Leistungsänderungen, sowie An- und Abfahrvorgänge zügig vornehmen zu können (manche Spitzenlastkraftwerke müssen zweimal am Tag an- und abgefahren werden), bedient man sich *verteilter*, *hierarchisch* aufgebauter *Leitsysteme* (engl.: DCS, *Distributed Control System*). Sie bilden eine aus mehreren Schichten bestehende Schnittstelle zwischen dem *Prozeßführer* und dem *Prozeß*.

Das Betreiben eines Kraftwerkblocks erfordert zunächst einen *Anfahrvorgang*, währenddessen die verschiedenen Hilfseinrichtungen bzw. unterlagerten Teilprozesse von einer automatischen *Steuerung* parallel und sequentiell *in Betrieb genommen* bzw. *eingeschaltet* werden. Gleichzeitig werden Prozeßgrößen wie *Temperaturen*, *Drücke*, *Fördermengen* etc. von *Reglern* auf gewünschte Sollwerte *eingeregelt*. Während des Hochfahrens des Kessels wird der erzeugte Dampf direkt in den Kondensator geleitet, sogenannter *Umleitbetrieb*. Bei Erreichen der Kessel-Mindestleistung wird die Turbine angefahren. Hat der Turbosatz seine Nenndrehzahl erreicht und stimmen Betrag und Phase der Generatorspannung mit der Netzspannung überein, erfolgt die *Synchronisierung* mit dem Netz. Schließlich wird durch weiteres Öffnen des Dampfeinlaßventils der vorgesehene *Teillastbetrieb* oder auch *Vollastbetrieb* erreicht.

Während des Anfahrens eines bestimmten Betriebspunkts ist der Wirkungsgrad eines Kraftwerks sehr schlecht, da nur Hilfsenergie verbraucht und anfänglich nur wenig Sekundärenergie erzeugt wird. Aus diesem Grund, und um ein Kraftwerk bei Ausfall anderer Kraftwerke oder bei starken Laständerungen möglichst schnell in Betrieb nehmen zu können, wird eine kurze Anfahrzeit gefordert. Der Anfahrvorgang dauert bei Gasturbinenkraftwerken 3...5 Minuten, bei Steinkohlekraftwerken 4...5 Stunden, bei Braunkohlekraftwerken 6...8 Stunden, bei Wasserkraftwerken 1...2 Minuten und bei Kernkraftwerken 8...12 Stunden (*Kaltstart*-Anhaltswerte). Warmstart-Anfahrzeiten von Steinkohlekraftwerken liegen, beispielsweise nach 6-stündiger Abschaltung, bei ca. 1 Stunde. Die Realisierung kurzer An- und Abfahrzeiten verlangt eine umfassende *Automatisierung*, mit anderen Worten den Einsatz moderner *Kraftwerkleittechnik* (s. a. 5.3.4.1).

5.1 Leittechnik-Funktionen

Bei sehr einfachen technischen Prozessen steuert ein *Bediener*, *Anlagenfahrer* oder *Prozeßführer* (engl.: *operator*) den Prozeß direkt vor Ort von einer *Schalttafel* oder einer *Frontplatte* über Drucktasten, Drehschalter etc. Bei räumlich ausgedehnten, komplexen Prozessen kann der *Anlagenfahrer* die Vielzahl der Schalthandlungen und etwaiger Regeleingriffe nicht mehr selbst in angemessener Zeit vor Ort durchführen. Alle Steuerbefehle gehen dann von einer zentralen *Schaltwarte* aus.

Der Anlagenfahrer gibt nur wenige mächtige Befehle, die anschließend von den *Automatisierungssystemen* in Richtung Prozeß in tausende zunehmend schwächere Befehle für die Teilsysteme aufgelöst werden. Da der Anlagenfahrer bzw. *Leitstandfahrer* ferner die einzelnen Prozeßkomponenten nicht mehr direkt beobachten kann, werden ihm die Schalt- und Prozeßzustände durch Meldeleuchten, Schreiber, Prozeßabbilder auf Rechnerbildschirmen etc. mitgeteilt. Hierbei erfolgt für mehrere tausend Signale aus dem Prozeß eine Verdichtung in Richtung Blockleitebene, die den Prozeß für das Bedienungspersonal erst überschaubar macht. Der Leitstandfahrer bewertet die eingehenden Informationen und reagiert mit entsprechenden Anweisungen bzw. Steuerbefehlen an den Prozeß. Man spricht von *Bedienen* und *Beobachten* (*Überwachen*).

Während des Bedienens, insbesondere beim *An-* und *Abfahren*, bei *Ausgleichsvorgängen* und *Störungen*, verwaltet das Leitsystem die folgenden Informationsflüsse:

Von der Warte zum Prozeß:

- *Steuerbefehle* zum Ein- und Ausschalten einzelner Aggregate,
- *Stellbefehle* vom Typ „Höher“, „Tiefer“,
- *Regelbefehle* in Form von Führungsgrößen bzw. Führungsgrößen-Änderungen.

Vom Prozeß zur Warte:

- *Meldungen* über Betriebszustände, beispielsweise EIN/AUS,
- *Alarme* bei Überschreiten voreingestellter Grenzwerte, beispielsweise bei Übertemperatur,
- *Meßwerte*, beispielsweise Temperaturen, Drücke, Blockleistung.

Diese elementaren Funktionen leisten grundsätzlich auch sogenannte SCADA-Systeme (engl.: *Supervisory Control and Data Acquisition*), die vielfach in Stromversorgungs- und Pipeline-Netzen zum Einsatz kommen, in der Regel in Verbindung mit *Fernwirkeinrichtungen* (s. a. Kapitel 14). Diese Systeme sind jedoch reine *Bedien-* und *Beobachtungssysteme*. Sie unterscheiden sich von den hier betrachteten Prozeßleitsystemen der Kraftwerkleittechnik durch das Fehlen der weitreichenden *Automatisierungsfunktionen*. In der Kraftwerkleittechnik werden die meisten Steuer-, Stell- und Regelbefehle *automatisch* erteilt.

Schließlich unterscheidet man zwischen *Betriebsleittechnik* und *Sicherheitsleittechnik*. Erstere beinhaltet die Automatisierung von Teilprozessen im normalen Betrieb, die Versorgung des Betriebspersonals mit Informationen über den Prozeßzustand sowie die Möglichkeit des bedarfsweise manuellen Eingriffs in den Prozeßablauf von der Warte aus.

Die Aufgabe der *Sicherheitsleittechnik* besteht in der frühzeitigen Erkennung und Gewichtung von Störungen sowie der automatischen Einleitung angemessener Gegenmaßnahmen zur Störungsbeseitigung bzw. Führung des Prozesses in einen sicheren Zustand. Sie dient dem *Schutz* von Personen, Anlagenkomponenten und der Umwelt.

5.2 Verfahrens- und leittechnische Struktur eines Kraftwerkprozesses

Aus Sicht der Verfahrenstechnik wie auch der Leittechnik läßt sich ein Kraftwerksprozeß in horizontaler Richtung in 5 bis 7 *Funktionsbereiche*, beispielsweise *Dampferzeuger*, *Turbosatz* etc. aufteilen, die eine klar abgegrenzte Aufgabe wahrnehmen, Bild 5.1.

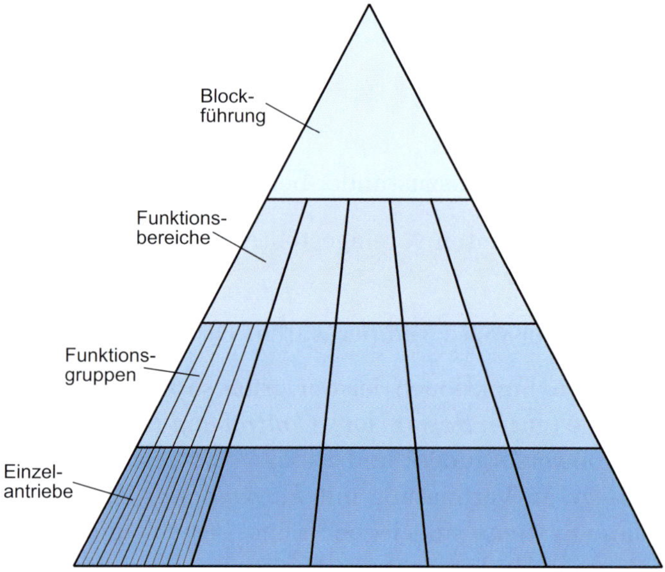

Bild 5.1. Verfahrenstechnische Struktur eines Kraftwerkblocks mit *Blockführung*, *Funktionsbereichen*, *Funktionsgruppen* und *Einzelantrieben*.

Jeder Funktionsbereich besteht aus mehreren verfahrenstechnischen *Funktionsgruppen*, die sich ihrerseits wieder in zahlreiche *Einzelantriebe* bzw. *Untergruppen* für Pumpen, Ventile etc. unterteilen. Beispielsweise bestehen die *Funktionsbereiche* Dampferzeuger und Turbosatz unter anderem aus folgenden *Funktionsgruppen*:

Dampferzeuger

- Zünd- und Leistungsfeuerung
- Verdampfersystem
- Luft- und Rauchgasförderung
- Überhitzersystem

Turbine

- Turbinenölversorung
- Evakuierung
- Kondensatförderung
- Anwärmen der Frischdampfleitung und der Turbine

In den Funktionsgruppen werden für eine bestimmte Funktion erforderliche, zusammenwirkende Einzelantriebe durch eine zugehörige *Funktionsgruppensteuerung* in verfahrenstechnisch sinnvoller Reihenfolge schrittweise ein- und ausgeschaltet. Geregelte Prozeßgrößen werden durch die *Funktionsgruppenregelung* mittels von der Blockführung vorgegebener Führungsgrößen auf die gewünschten Werte eingeregelt. Selbstähnlich werden die einer *Funktionsgruppe* unterlagerten *Einzelantriebe* bzw. *Untergruppen* ein- und ausgeschaltet und Prozeßgrößen auf bestimmte Werte eingeregelt, wobei die jeweiligen Führungsgrößen von der Funktionsgruppe vorgegeben werden. Voraussetzung für einen weiteren Schaltschritt ist stets das Vorliegen bzw. Erfüllen spezifischer *Rand-* bzw. *Fortschaltbedingungen.*

Eine typische Funktionsgruppe des Funktionsbereichs *Speisewasserversorgung* ist die *Speisewasserförderung.* Sie umfaßt alle technischen Einrichtungen, die zur Förderung des Speisewassers erforderlich sind. Oft gibt es drei Speisewasserpumpen, von denen zwei mit je 50 % betrieben werden und zusammen 100 % Förderleistung abgeben. Beim unvorhergesehenen Ausfall einer Pumpe kann die zweite Pumpe die volle Leistung erbringen. Sollte auch diese Pumpe ausfallen oder einer Wartung bedürfen, springt die dritte Pumpe ein. Im vorliegenden Fall redundanter Aggregate wird jede Speisewasserpumpe mit allen zugehörigen Einrichtungen wie *Schieber*, *Verteiler*, *Hilfsantriebe* als *Untergruppe* bezeichnet. Untergruppen befinden sich damit in einer virtuellen Zwischenebene zwischen Funktionsgruppenebene und Einzelantriebsebene (in Bild 5.1 nicht gezeichnet).

Die einzelnen Ebenen kommunizieren mit den ihnen vor- oder nachgelagerten Ebenen über definierte Schnittstellen. *Befehle* fließen Top-Down, *Rückmeldungen* Bottom-Up.

In Anlehnung an die verfahrensbezogene Strukturierung eines Kraftwerksblocks sieht man daher auch für die Leittechnik eine dezentrale, hierarchische Struktur vor, Bild 5.2.

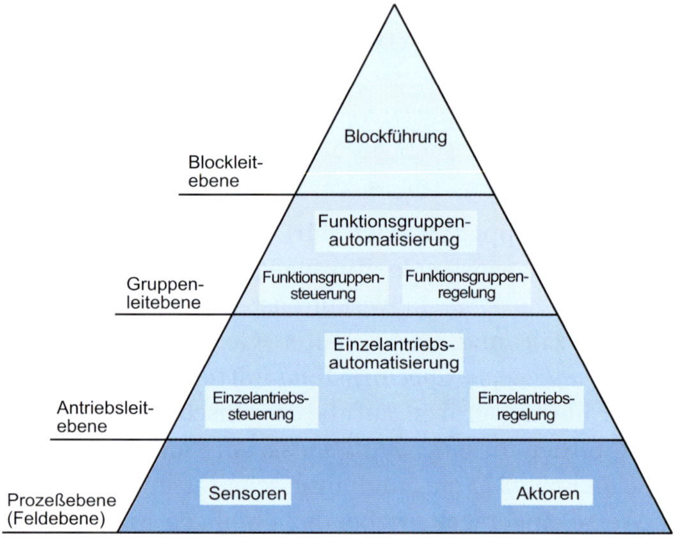

Bild 5.2. Leittechnische Struktur eines Prozeßleitsystems mit *Blockführung* auf der Blockleitebene, *Gruppensteuerung* und *-regelung* auf der Gruppenleitebene, *Einzelantriebssteuerung* und *-regelungen* auf der Antriebsleitebene.

Auf der Blockleitebene erfolgt die Prozeßführung, das heißt die *Bedienung* und *Beobachtung*. Von hier aus steuert der Leitstandfahrer das An- und Abfahren des Prozesses sowie die Leistungsführung.

Er gibt in der Warte von Hand bestimmte *Leistungszielwerte* $P_{\underline{W}}$ bzw. $P_{\underline{W}} + \Delta P$ vor, oder der *Lastverteiler* (s. a. Kapitel 15) liefert im Rahmen der Sekundärregelung ($\Delta P = k \cdot \Delta f$) den Leistungszielwert *online*. Aus der Leistungsvorgabe werden die Leistungsführungsgrößen für Dampferzeuger und Turbine gebildet, d. h. in dieser Ebene findet die leistungsmäßige Koordinierung von Dampferzeuger und Turbine statt.

Die Verarbeitungsrechner der *Blockleitebene* bilden aus dem vorgegebenen Leistungszielwert unter Berücksichtigung der *Kannlast* (vom augenblicklichen Anlagenzustand, d. h. Verfügbarkeit von Brennern, Antrieben, Ventilstellungen etc., abhängige maximale bzw. minimale Blockleistung) sowie der zulässigen *Kessel-* und *Turbinenfreilasten* eine Führungsfunktion für die Blockleistung. Diese Führungsfunktion fährt mit der momentan maximal möglichen Geschwindigkeit den in der Warte eingegebenen Leistungszielwert an. Aus dieser Führungsfunktion werden die individuellen Führungsgrößen für Dampferzeuger und Turbine erstellt und an die *Funktionsgruppenregelungen* der *Gruppenleitebene* weitergeleitet. Dort werden die Prozeßgrößen der *Funktionsgruppen* geregelt und die Sollwerte bzw. Führungsgrößen für die Einzelregelungen in der unterlagerten *Antriebsleitebene* gebildet. Zusätzlich zu den von der Gruppenleitebene vorgegebenen Sollwerten werden in den Einzelregelungen der Antriebsleitebene auch noch Schutzbefehle, Handeingriffe und Steuerbefehle verarbeitet.

Die Funktionsgruppensteuerung enthält die Einsatzlogik für die ihr untergeordneten Einzelantriebsteuerungen und wählt auf einen Befehl aus der Blockleitebene unter Berücksichtigung von Kriterien des Anlagenzustands selbsttätig Anzahl und Art der Einzelantriebe bzw. Untergruppen aus. Typischerweise ist ein Kraftwerksblock in 40 bis 60 Funktionsgruppen mit jeweils eigener Funktionsgruppensteuerung unterteilt.

Die Automatisierung der Steuer- und Regelvorgänge erfolgt durch *Programmsteuerungen* (s. 5.3.1). Programmsteuerungen sind komplexe Steuerungen, die nach dem Starten eines vorgegebenen Programms in verfahrenstechnisch sinnvoller Weise *automatisch* bestimmte Schalt- oder Stellvorgänge schrittweise auslösen bzw. mehrere Unterprogramme starten, sogenannte *Ablaufsteuerungen.* Die Unterprogramme sind ebenfalls als *Ablaufsteuerungen* oder als *Verknüpfungssteuerungen* realisiert. Letztere ordnen bestimmten Zuständen der Eingangssignale bestimmte Zustände der Ausgangssignale im Sinn Boolscher Verknüpfungen zu. Man unterscheidet zwischen *verbindungsprogrammierten* und *speicherprogrammierten* Programmsteuerungen. Heute kommen ausschließlich Programmsteuerungen in Form *speicherprogrammierbarer Steuerungen* bzw. *speicherprogrammierbarer Automatisierungssysteme* zum Einsatz.

5.3 Prozeßleitsysteme

5.3.1 Verbindungsprogrammierte Prozeßleitsysteme

In der Vergangenheit wurden die verschiedenen Leittechnikfunktionen *Steuern, Regeln, Überwachen* etc. durch *Programmsteuerungen* mit unterschiedlichen Geräten in *verbindungsprogrammierter Technik*, d. h. mit fest verdrahteten Schaltungen, verwirklicht. Hierbei ist das Programm in Form von *Leitungs-* und *Leiterplattenverbindungen* fest vorgegeben. Alle Signale werden zeitlich parallel übertragen (jedes Signal besitzt eine eigene Leitung), Bild 5.3.

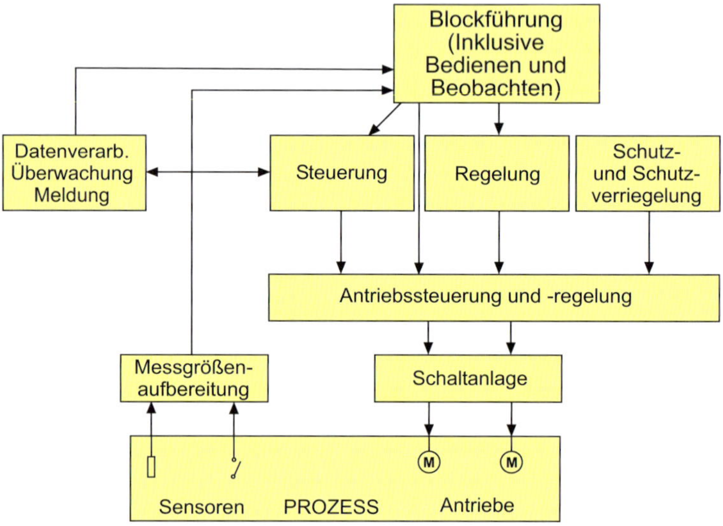

Bild 5.3. Klassisches, verbindungsprogrammiertes Leitsystem eines Kraftwerkblocks.

Analoge Sensoren (Temperaturfühler, Drucksensoren etc.) und *binäre* Sensoren (Temperatur- und Druckwächter, Endschalter etc.) erfassen die Prozeßgrößen und führen sie zunächst der *Meßgrößenaufbereitung* zu. Dort werden die Meßwerte Plausibilitätskontrollen unterworfen, gefiltert, normiert, vervielfacht, binäre Signale elektronisch entprellt etc. Über Rangier-, Signal- und Unterverteiler werden die Signale anschließend über jeweils eigene Signalleitungen den verschiedenen Empfängern für Steuerung, Regelung, Überwachung, Meldung, Dokumentation etc. zugeleitet. Bei der Normierung werden alle analogen Meßgrößen bzw. Gebersignale durch Meßumformer in standardisierte Signale 0...20 mA bzw. 0...10 V umgewandelt. Genau genommen erfolgt die Normierung derart, daß beispielsweise 0 % eines Meßwerts noch einem sehr kleinem Strom entspricht. Auf diese Weise läßt sich bei exakt 0 mA auf einen *Drahtbruch* schließen. Sinngemäß lassen sich auch Kurzschlüsse detektieren.

Auf der gleichen Ebene fließen auch alle *Aktionen* bewirkenden Signale, das heißt *Steuerbefehle* und *Führungsgrößen für Regelungen*, in den Prozeß ein. Weiter arbeiten auf dieser Ebene auch die autonomen *Schutzeinrichtungen*. Sie verhindern bei störungsbedingten Betriebszuständen die Umsetzung von Hand- und Automatikbefehlen bzw. erteilen selbst Schutzbefehle, die das System in einen sicheren Zustand bringen.

Schließlich befinden sich zwischen den Einzelsteuerungen und -regelungen *Leistungsverstärker* in Form von Schützen bzw. Stromrichtern oder -stellern (im Bild 5.3 Schaltanlage genannt).

Mit zunehmender Komplexität der Leittechnik entartet der Verdrahtungsaufwand verbindungsprogrammierter Prozeßleitsysteme zu einem Mengenproblem. Auch ist die Vielzahl der unterschiedlichen Geräte aus Sicht der Instandhaltung nur schwer zu beherrschen. Den Ausweg aus dieser Problematik leisten auf *speicherprogrammierbaren Steuerungen* basierende verteilte Prozeßleitsysteme mit Bus-Signalübertragung (engl.: *DCS*, *Distributed Control Systems*).

5.3.2 Speicherprogrammierbare Prozeßleitsysteme

Speicherprogrammierbare Prozeßleitsysteme werden mittels *speicherprogrammierbarer Steuerungen* bzw. komplexer *Automatisierungssysteme* realisiert. Grundsätzlich arbeiten Automatisierungssysteme wie speicherprogrammierbare Steuerungen. Das heißt, sie bestehen aus einer *Zentraleinheit* mit *Spannungsversorgung*, einer fakultativen *Kommunikationsbaugruppe* zur Kommunikation mit weiteren Steuerungen sowie zahllosen *Ein-/Ausgabebaugruppen* und *Funktionsbaugruppen*, sogenannte *Peripherie*. Aufgrund der Komplexität und der hohen Anforderungen an die Verfügbarkeit weisen jedoch Automatisierungssysteme gegenüber speicherprogrammierbaren Steuerungen zusätzliche Funktionen auf. So werden alle aus dem Prozeß kommenden binären und analogen Signale gleich eingangs auf ihre Plausibilität überprüft, Geberleitungen auf *Kurzschluß* oder *Drahtbruch* überwacht, alle Steuer- und Meldevorgänge mit einem Zeitstempel mit einer Auflösung von 1 ms versehen und für eine etwaige Störungsanalyse fortlaufend dokumentiert. Hinzu kommt das Vorhandensein zahlreicher Antriebssteuer-

und Reglerbaugruppen, Alarm- und Diagnosefunktionen etc. Schließlich werden die rein automatisierungstechnischen Funktionen durch sogenannte *„höherwertige Entscheidungsfunktionen“* ergänzt. Sie befassen sich mit der *Optimierung der Prozesse* und *wirtschaftlichen Fragestellungen.* Man spricht dann in der Energieversorgungstechnik von *Energiemanagementsystemen* (s. a. 14.1.2).

Wie bei speicherprogrammierbaren Steuerungen werden die Sensoren und Aktoren von Automatisierungssystemen mit den Peripheriebaugruppen (E/A-Baugruppen) *fest verdrahtet.* Oberhalb der Koppelebene jedoch werden alle Meßgrößen und Befehle *zeitlich nacheinander* bzw. *seriell* digital über einen *Datenbus* übertragen, Bild 5.4.

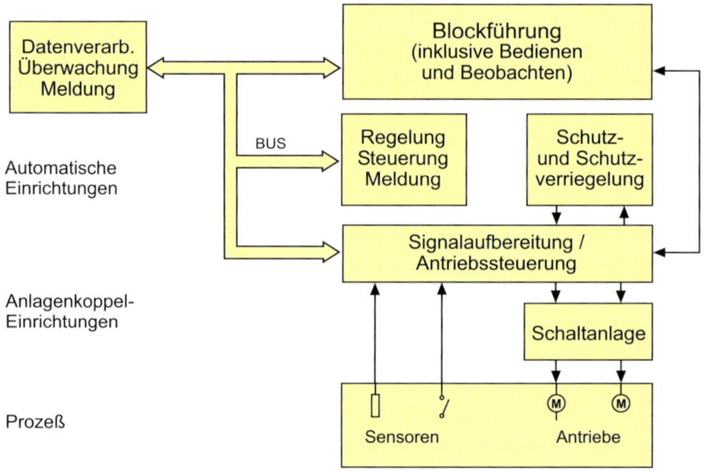

Bild 5.4. Leitsystem mit Bus-Signalübertragung.

Die Signale werden digitalisiert und entweder mit einer *Quelladresse* (Entstehungsort) oder mit einer *Empfängeradresse* versehen. In ersterem Fall werden die Empfänger, die ein bestimmtes Signal empfangen sollen, auf dessen Quelladresse programmiert. Über Buskoppler werden diese Informationen in Form von Telegrammen auf den Anlagenbus gegeben, wo sie allen geplanten Teilnehmern im Kraftwerk bei Bedarf zur Verfügung stehen.

Durch eine vom Bussystem vorgegebene *Busarbitrierung* (*zentraler Busverwalter*, *Tokenring Prinzip*, *Ethernet* etc.) werden Reihenfolge und Sendezeit der Teilnehmer festgelegt. Damit ist sichergestellt, daß stets nur ein Teilnehmer erfolgreich senden kann.

Bei zentraler Busverwaltung erfolgt die Reihenfolge der seriellen Datenübertragung *ereignisgesteuert*, das heißt sich ändernde Signale (Ereignisse) werden vorrangig gesendet (*Busanforderungsfähigkeit*), bei Analogsignalen abhängig vom Überschreiten eines einstellbaren Schwellenwerts. Anschließend überträgt das System wieder in zyklischer Reihenfolge die Meßgrößen, die sich nicht merklich geändert haben. Die Zykluszeiten liegen je nach Zahl der Teilnehmer und der Natur der Signale bei mehreren 10 ms. Signalzustände, Signalwege, Grenzwerte, Reglereinstellungen, Steuerprogramme etc. lassen sich von den verschiedenen Buskoppelstationen aus *abfragen*, *ändern* und *ausdrucken*, woraus sich erhebliche Vorteile für die Wartung und Diagnose ergeben.

Turbinen- und Kesselschutz etc. werden aus Zuverlässigkeits- und Sicherheitsgründen in 2-von-3-Technik speicherprogrammiert. Zeigt einer der drei Sensoren einen abweichenden Wert, werden die Signale der beiden anderen als richtig vermutet. Gleichzeitig erfolgt eine Störmeldung, aufgrund derer der fehlerhafte Sensorkanal überprüft bzw. instandgesetzt wird. Hochsicherheitsrelevante Prozeßgrößen bzw. -signale, beispielsweise der Schutz in Kernkraftwerken, werden in 3-von-5-Technik erfaßt oder verbindungsprogrammiert ausgeführt. Darüber hinaus arbeiten die fünf Sensoren teilweise nach unterschiedlichen physikalischen Prinzipien. Man spricht dann von *redundant diversitärer* Technik. Eine 1-von-2-Auswertung würde lediglich die *Verfügbarkeit*, eine 2-von-2-Auswertung die *Betriebssicherheit* erhöhen. Erst 2-von-3- oder 3-von-5-Strukturen erhöhen *gleichzeitig* Verfügbarkeit und Sicherheit.

Die peripheren *E/A-Baugruppen* sind mit ihren zugehörigen Zentraleinheiten (engl.: *CPU*) als *Steckbaugruppen* in Elektronikschränken untergebracht und kommunizieren untereinander über den *Schrankbus*. Gleiches gilt für die zahlreichen weiteren Funktionsbaugruppen, wie *Reglerbaugruppen* und *Motorsteuerungen*. Prozeßleitsysteme für große Kraftwerke mit weitreichender Automatisierungstiefe und Redundanz können weit über hundert Elektronikschränke mit beispielsweise 40 Automatisierungsrechnern und mehreren zehntausend Flachbaugruppen aufweisen. Ein typisches Beispiel eines Elektronikschranks mit Zentraleinheiten, Kommunikations- und E/A-Baugruppen zeigt Bild 5.5.

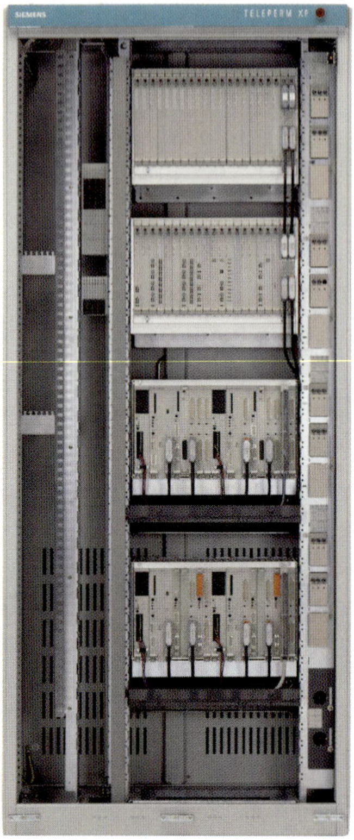

Bild 5.5. Automatisierungssystem Teleperm XP (Siemens).

Das Programm, nach dem die Ein- und Ausgänge logisch miteinander verknüpft werden sollen, wird mit einem Programmiergerät (PC oder Kompaktgerät) in den Speicher der CPU eingeschrieben. Programmiert wird mit höheren Programmiersprachen wie *Kontaktplan*, *Funktionsplan* oder *Anweisungsliste*, wobei ersterer dem herkömmlichen Stromlaufplan am nächsten kommt. Das Programmiergerät generiert aus dem Hochsprachenprogramm den Maschinencode für den Rechner der CPU.

Die Zentraleinheit bearbeitet der Reihe nach die aus Operation und Operand bestehenden Anweisungen des Programms, d. h. sie erfaßt in zyklischer Reihenfolge die logischen Zustände der Eingänge, verknüpft diese gemäß den Operationsvorschriften und weist abhängig vom Verknüpfungsergebnis einem in einer Ausgangssteueranweisung genannten Ausgang den logischen Zustand des betreffenden Ausgangs zu.

Nach Bearbeitung der letzten Programmanweisung kehrt das Steuerwerk zur ersten Anweisung zurück und wiederholt das Programm. Ein typischer Wert für die Bearbeitung eines Zyklus für Binärsignale ist z. B. 20 ms. Wichtige Signaländerungen können über spezielle Eingabebaugruppen mit *Interruptfähigkeit* ausgestattet werden, damit bei hoher Zahl an E/A-Baugruppen bzw. bei großer *Zykluszeit* im Bedarfsfall schnell reagiert werden kann.

Man unterscheidet zwischen peripheren *Signal-* und *Funktionsbaugruppen*. Erstere nehmen binäre und analoge *Eingangssignale* aus dem Prozeß auf (E-Baugruppen) und geben binäre und analoge *Ausgangssignale* an den Prozeß ab (A-Baugruppen). *Funktionsbaugruppen* besitzen eigene Rechnerleistung und steuern bzw. regeln Antriebe. Am Beispiel von E/A-Baugruppen für binäre Signale sei erläutert, was sich hinter einer peripheren Baugruppe verbirgt, Bild 5.6.

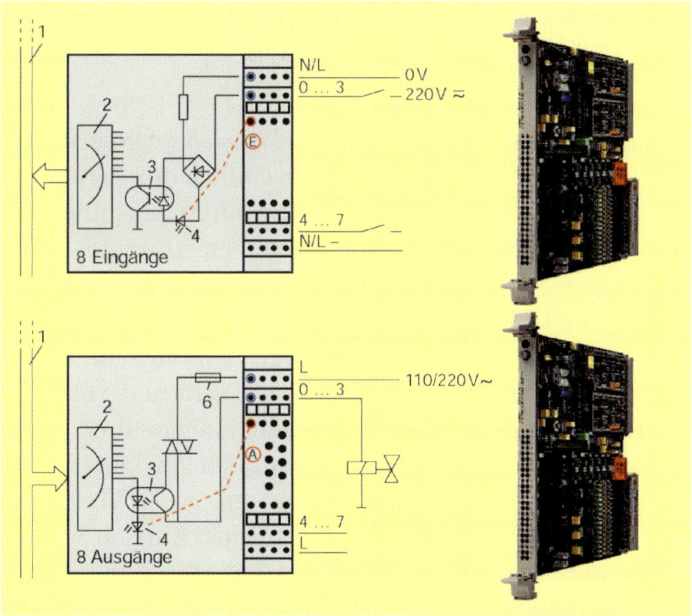

Bild 5.6. Grundsätzliche Wirkungsweise von *Eingabebaugruppen* (oben) und *Ausgabebaugruppen* (unten) für binäre Signale (schematisch). 1 Bus-System, 2 Auswahlschaltung, 3 Optokoppler zur Potentialtrennung, 4 Leuchtdioden zur Zustandserkennung, 5 Anschlußklemmen, 6 Ausgangssicherungen. Rechts: Beispiel für Hardware-Realisierung (Siemens).

E/A-Baugruppen haben meist 8 oder 16 Klemmenpaare, numeriert von 0 bis 7 bzw. 0 bis 15. An jedem Klemmenpaar einer E-Baugruppe für binäre Signale liegt eine Hilfsspannung von 24 *V* oder 230 *V* zur Geberabfrage. Ist beispielsweise der Sensor ein *Endschalter*, und ist dieser geschlossen, kommt es zu einem Stromfluß durch den Optokoppler (3). Der Strom läßt sowohl die Signal-LED (4) des betrachteten Klemmenpaares leuchten als auch die Abfrage- bzw. Auswahlschaltung den Endschalterzustand EIN erkennen. Die Information EIN wird über den Bus (1) zum Steuerwerk der CPU übertragen. Die logischen Zustände der Ein- und Ausgänge zeigen Leuchtdioden auf der Frontseite. Der Anschluß der Signalleitungen erfolgt meist von der Rückseite über Vielfachsteckverbindungen.

Sinngemäß läßt bei einer *Ausgabebaugruppe* ein vom Bus eintreffendes Signal EIN den Optokoppler (3) und die Signal-LED (4) des betreffenden Ausgangsklemmenpaares den Zustand EIN erkennen. Über einen Schalttransistor oder ein Triac steht an den Ausgangsklemmen eine Spannung an, mit der sich Koppelrelais, bei Leistungsbaugruppen aber auch direkt Magnetventile schalten lassen.

Antriebssteuerbaugruppen steuern *Einzelantriebe*. Diese können in einem räumlich ausgedehnten Prozeß nicht einfach durch Betätigen eines in ihrer Nähe befindlichen Tasters oder Schalters ein- und ausgeschaltet werden. Vielmehr muß jeder Antrieb von einem zentralen Leitstand aus im Automatik- oder Handbetrieb fernbedienbar sein, gleichzeitig aber auch eine Vor-Ort-Bedienung für Inbetriebnahme- und Wartungsarbeiten oder bei Störungen der Leitanlage möglich sein. Beide Betätigungsarten müssen gegeneinander verriegelt sein und vorgewählt werden können. Gleichzeitig müssen Rückmeldungen über den Zustand sowie Störmeldungen sowohl vor Ort als auch im Leitstand erfaßbar sein. Die EIN- und AUS-Befehle werden erst nach Verknüpfung mit Verriegelungs- und Schutzbedingungen an den Antrieb weitergeleitet. Beispielsweise werden Ventilantriebe erst ausgeschaltet, wenn ein voreingestelltes, erhöhtes Drehmoment erreicht und ein sicheres Schließen des Ventils garantiert ist. *Schutzbefehle* wegen exzessiver Übertemperatur oder ähnlichem haben Vorrang vor betriebsbedingten Befehlen, sind nicht durch andere Bediengeräte beeinflußbar und führen direkt zu einem AUS-Befehl an die Schaltanlage des Antriebs. Diese und weitere Anforderungen resultieren in einer *Antriebssteuerkarte* für jeden Antrieb, Bild 5.7.

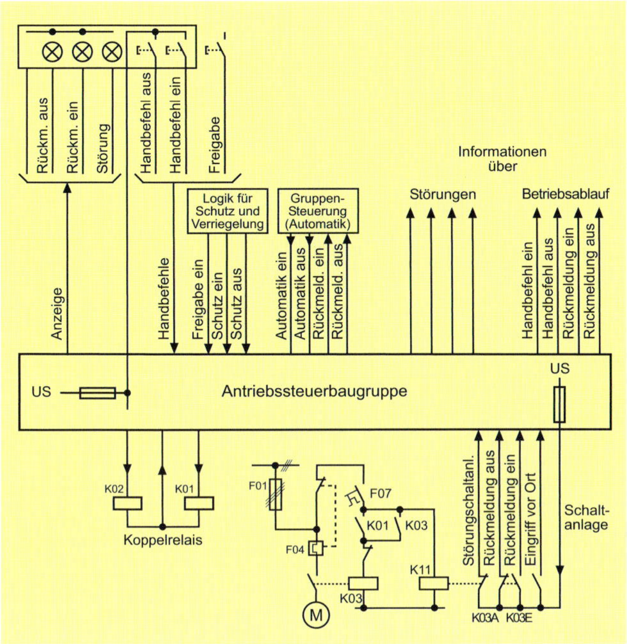

Bild 5.7. Grundschema einer Einzelantriebssteuerkarte.

In modernen Leitsystemen sind meist mehrere Einzelantriebssteuerungen auf einer elektronischen Flachbaugruppe bzw. in einem Antriebssteuer-Funktionsmodul zusammengefaßt.

Reglerbaugruppen enthalten kontinuierlich arbeitende Digitalregler mit wählbaren Reglercharakteristiken (P-, PD-, PI-, PID-Verhalten), erfassen Rückmeldungen, bilden Grenzwertsignale etc. Regelgrößen sind beispielsweise Drehzahlen, Temperaturen und Drücke.

Schließlich gibt es zur Beherrschung etwaiger EMV-Probleme *Koppelbaugruppen* mit vielkanaliger Potentialtrennung über Optokoppler sowie spezielle E-Baugruppen für Thermoelemente und Widerstandsthermometer.

Neben den Mehrfachsteckverbindungen für die Prozeßankopplung besitzen alle Baugruppen eine Schnittstelle für den Schrankbus, über den sie mit der Zentraleinheit oder anderen Partnern kommunizieren.

Die Architektur eines modernen verteilten Prozeßleitsystems für Kraftwerke zeigt Bild 5.8.

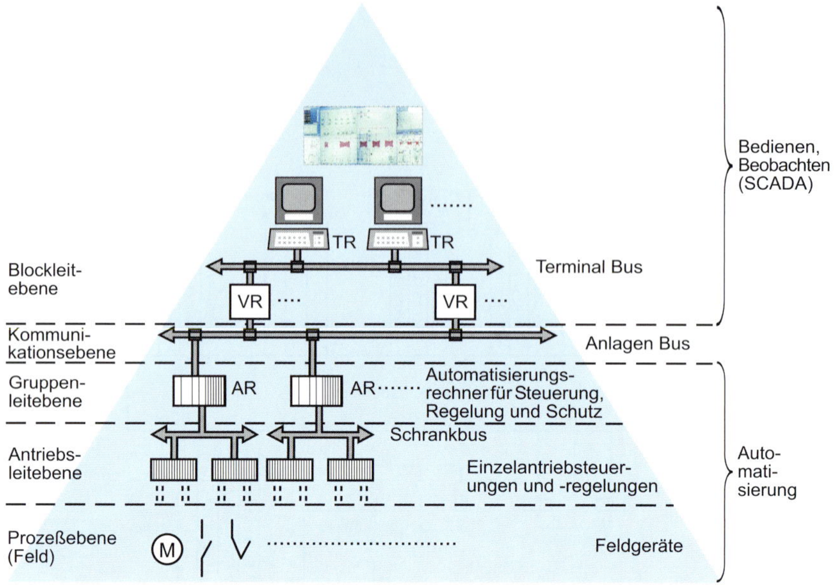

Bild 5.8. Beispiel eines verteilten Prozeßleitsystems (Siemens), s. a. Bild 5.12.

Gegenüber Bild 5.4 ist hier dem Anlagenbus eine eigene „Kommunikationsebene" gewidmet. Sie bildet die Schnittstelle zwischen dem Bedien- und Beobachtungssystem sowie dem Automatisierungssystem, letztlich auch zum Prozeß.

Auf der Blockleitebene befinden sich *Terminalrechner* TR und *Verarbeitungsrechner* VR. Hier erfolgt die *Kommunikation Mensch/Prozeß* (engl.: *HMI*, *Human Machine Interface*), d.h. die Vorgabe von Zielwerten, Beobachtung des Prozesses über Sichtgeräte und die Bedienung der technischen Einrichtungen über Tastaturen, sogenannte *Bedien- und Beobachtungssysteme.*

Die Rechner der Bedien- und Beobachtungsterminals auf der Blockleitebene enthalten auf ihren Festplatten zahlreiche *Prozeßabbilder*, *Kurven-* und *Balkendiagramme* etc., die mittels Informationen aus den Verarbeitungsrechnern ständig aktualisiert werden. Die Terminalrechner werden deshalb auch als *Grafikrechner* bezeichnet. Die Verarbeitungsrechner kommunizieren mit den Terminalrechnern über den *Terminalbus*, mit den Automatisierungssystemen über den *Anlagenbus.* Letzterer ist das eigentliche „*Backbone*" des Leitsystems.

Die Automatisierungsrechner AR gibt es als Standardausführung für gewöhnliche MSR-Aufgaben (Basisautomatisiserung), als *fehlersichere* Systeme für sicherheitsrelevante Komponenten, wie *Kesselschutz* und *Brennersteuerung* sowie als Spezialausführung für die Turbine, sogenannter *Turbinenrechner*. Meist werden Rechnersysteme und Bussysteme redundant projektiert.

Neben der Aktualisierung der Zustandsanzeigen in den Prozeßabbildern berechnen die Verarbeitungsrechner Prozeßgrößen, wie *Enthalpie*, *Wirkungsgrad*, *Freilasten* in Kernkraftwerken etc. (s. a. 5.3.4.1). Ferner behandeln sie die *Archivierung*. Für jeden Funktionsbereich gibt es einen oder mehrere Verarbeitungsrechner, für jede Funktionsgruppe ein oder mehrere Automatisierungssysteme, die normalerweise in die Hierarchie eingebunden sind, im Störungsfall aber auch autark arbeiten können.

Wenngleich von der Funktion her dezentral konzipiert, werden die Elektronikschränke von Automatisierungssystemen gewöhnlich räumlich zentral im *Elektronikraum* aufgestellt, Bild 5.9.

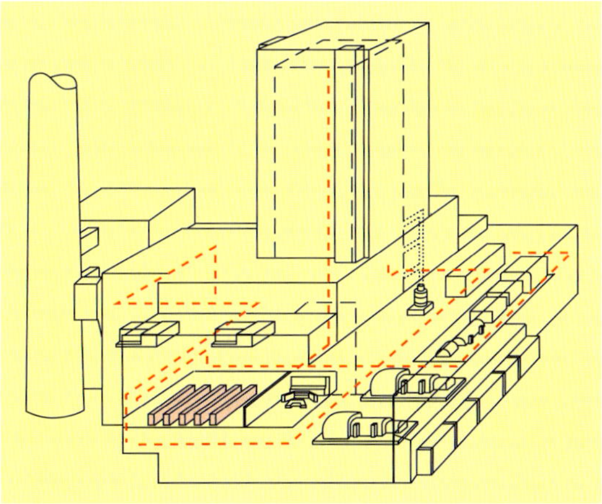

Bild 5.9. Beispiel einer möglichen räumlichen Anordnung von Elektronikschränken und Anlagenbussystem in einem Kraftwerk (Großkraftwerk Mannheim).

Das Anlagenbussystem durchdringt den gesamten Kraftwerkskomplex und ist aus Sicherheitsgründen redundant und räumlich diversitär ausgeführt. Eine Unterbrechung einer Busleitung wird sofort erkannt.

Die E/A-Baugruppen können je nach Hersteller/Betreiber-Philosophie bzw. Architektur des Leitsystems bei den *Zentralgeräten* im Elektronikraum oder als *verteilte Peripherie* prozeßnah in der Nähe der Sensoren und Aktoren angeordnet sein. In letzterem Fall dienen die E/A-Baugruppen lediglich der Digitalisierung der Prozeßsignale (E-Baugruppen) bzw. der Ausgabe von Stellbefehlen in binärer oder analoger Form (A-Baugruppen). Die für die Automatisierungssysteme typischen Zusatzfunktionen wie Standardisierung der Meßsignale, Zeitstempelung etc. werden zentral von der CPU ausgeführt. Die Leistungsverstärker, d. h. Schütze und Steller sind in der *Schaltanlage* untergebracht.

Ferner gibt es auf der Blockleitebene neben den ständig betrieblich genutzten *Bedien-* und *Beobachtungssystemen* noch Arbeitsplatzrechner für die *Kommunikation Mensch/Leitanlage.* Auf ihnen erfolgt die Projektierung, die Vornahme von Programmänderungen, Änderung von Reglereinstellungen, Grenzwerten, Simulation von Eingangssignalen etc.

Schließlich gibt es für die Erkennung und Lokalisierung von Störungen einen separaten Diagnosearbeitsplatz mit Fehlermeldungen und Hinweisen auf die Fehlerstelle. Diese Funktion wird unterstützt durch Störungsmeldeleuchten am gestörten Elektronikschrank und dort durch eine Störungsmeldeleuchte an der defekten Baugruppe. Durch Austausch der fehlerhaften Baugruppe oder eines defekten Sensors können Störungen in kürzester Zeit behoben werden.

5.3.3 Prozeßleitsysteme mit Feldbus

Prozeßleitsysteme mit Feldbus erlauben eine beträchtliche Verringerung des Verdrahtungsaufwands für die Leitungen zwischen den Feldgeräten und den E/A-Baugruppen. Feldgeräte mit lokaler Intelligenz nehmen eine Digitalisierung ihrer Signale im Feld selbst vor und sind damit busfähig. Sinngemäß können sie auch über einen Bus digital angesprochen werden. Alle Feldgeräte sind mit dem prozeßnahen Feldbus (z. B. *Profibus DP*) verbunden, von dem nur noch ein *Buskabel* zur *Kommunikationsbaugruppe* des zuständigen Automatisierungsrechners führt. Profibus DP nutzt nur die Schichten 1 und 2 des ISO/OSI Datenmodells und ermöglicht dadurch eine sehr schnelle Datenübertragung, Bild 5.10.

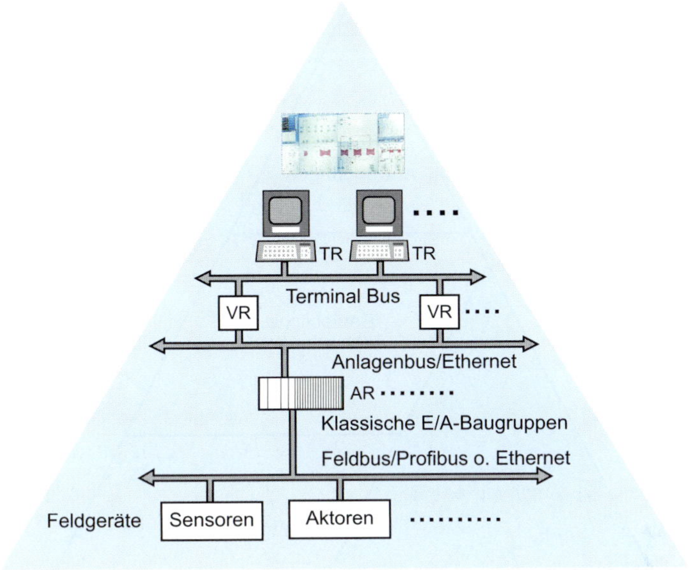

Bild 5.10. Prozeßleitsystem mit Feldbus, s. a. Bild 5.12.

Die Vorzüge eines Prozeßleitsystems mit Feldbus bestehen in der deutlichen Reduzierung der Anzahl der E/A-Baugruppen und dem Wegfall der zugehörigen Leitungen, der Entbehrlichkeit der Rangierverteiler, höherer Zuverlässigkeit, geringerem Instandhaltungsaufwand sowie kürzeren Inbetriebnahmezeiten.

Gewöhnlich findet man derzeit meist eine Kombination aus klassischen Feldgeräten, die mit dem Automatisierungssystem über die E/A-Baugruppen kommunizieren sowie *busfähigen Feldgeräten*, die über den Feldbus die *Kommunikationsbaugruppen* der Automatisierungsrechner direkt ansprechen.

5.3.4 Energiemanagementsysteme

Bislang lag die Betonung auf der technischen Realisierung der elementaren Leittechnikfunktionen, wenn auch bereits vom *Kannlastrechner* die Rede war. Moderne Leitsysteme, sogenannte *Energiemanagementsysteme*, beinhalten neben den rein elementaren Leitfunktionen noch eine Menge „*höherwertiger Entscheidungsfunktionen*“, denen eine große Bedeutung im Rahmen der *Prozeßoptimierung* und des *wirtschaftlichen Betriebs* zukommt, Bild 5.11.

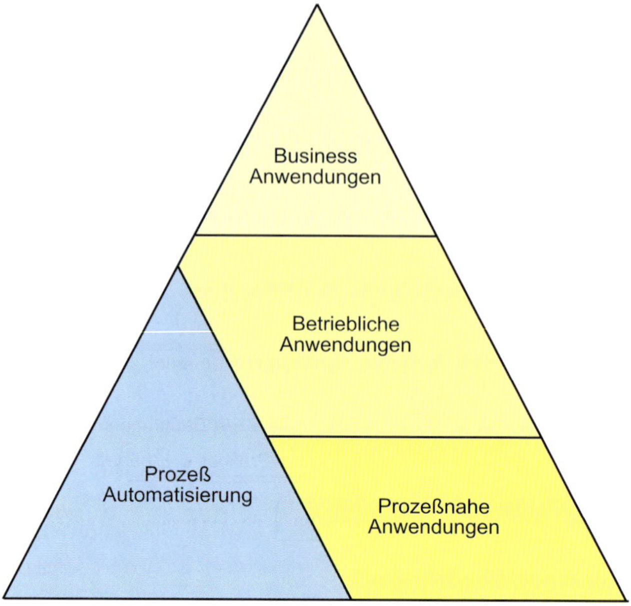

Bild 5.11. Energiemanagementpyramide. Die Automatisierungspyramide stellt hier nur eine Untermenge dar. Die Größenverhältnisse sind leicht irreführend. Im Störungsfall kommt die Automatisierungspyramide ohne höherwertige Entscheidungsfunktionen aus, nicht aber umgekehrt.

Es handelt sich im wesentlichen um eine Vielzahl von *Anwendungsprogrammen*, die sich grob drei Etagen in der Energiemanagementpyramide zuordnen lassen. Die Menge aller Anwendungen und die mit ihnen zu gewinnenden Informationen werden ähnlich wie in *Internetportalen* dargestellt. Dies ermöglicht einen einfachen Zugriff auf die sehr heterogenen Inhalte durch intuitives Navigieren.

Im folgenden werden beispielhaft einige typische Anwendungen für jede Etage vorgestellt.

5.3.4.1 Prozeßnahe Anwendungen

Prozeßnahe Anwendungen leisten eine technische Optimierung des Kraftwerkprozesses.

Klassische Freilastberechnung:

Während schneller Laständerungen werden die dickwandigen Bauteile eines Dampferzeugers und die Dampfturbine wegen der hohen Temperaturunterschiede an der Innen- und Außenwand hohen mechanischen Spannungen unterworfen. Der *Freilastrechner* berechnet diese Beanspruchungen aus an Innen- und Außenwänden gemessenen Temperaturen und ermittelt die Differenz zur maximal zulässigen mechanischen Beanspruchung σ_{zul}, sogenannter *Spannungsfreibetrag*. Je größer die Differenz, desto höher darf die Leistungsänderungsgeschwindigkeit sein. Durch Ausnutzung der maximal möglichen Leistungsänderungsgeschwindigkeit kann das Kraftwerk schneller an- und abgefahren werden und auf Lastschwankungen im Netz reagieren.

Vorausschauende Freilastberechnung:

Das nichtlineare, träge Verhalten der Regelstrecke Dampferzeuger und die Ungenauigkeit der Messung der Innenwandtemperatur führt bei Leistungsänderungen zu Reglerschwingungen, die häufig eine Überschreitung der maximal zulässigen mechanischen Beanspruchungen zur Folge haben. Letzteres bedeutet eine beschleunigte Alterung der dickwandigen Bauelemente und schließt eine volle Nutzung der von klassischen Freilastrechnern ermittelten Freibeträge aus. Mit Hilfe einer „*vorausschauenden Freilastberechnung*" lassen sich die Reglerschwingungen bzw. Abweichungen der Regelgröße vom Sollwert deutlich verkleinern.

Anstelle der physikalischen *Messung der Innenwandtemperaturen errechnet* ein mathematisches Modell laufend aus den Eingangsgrößen *Temperatur*, *Druck* und *Massenstrom* die Temperaturabweichung für jedes dickwandige Bauelement. Ausgehend vom errechneten aktuellen Temperatur- bzw. Spannungsfreibetrag erfolgt mittels eines weiteren mathematischen Modells die optimale Sollwertführung für die Dampftemperaturen und den Druck. Sie ermöglicht eine umfassende Teilnahme an der Frequenzstützung mit Regelleistung und damit eine Erhöhung der Wirtschaftlichkeit.

Dynamische Kondensatstauführung:

Bereits im Kapitel 4 wurde die *Kondensatstaumethode* vorgestellt, die durch Drosselung der Niederdruckvorwärmer zusätzliche Dampfreserven freisetzt. Die Übersteuerung der Feuerung kann damit wesentlich reduziert werden. Während Kondensatstau bislang ausschließlich im Störfall zur Anwendung kam, dient die *dynamische Kondensatstauführung* als weiteres Stellglied für die Bewältigung schneller betrieblicher Leistungsschwankungen. Sie erlaubt eine geringere Androsselung der Turbineneinlaßventile und damit geringere Drosselverluste (s. a. Kapitel 4). Die Kondensatstauführung ist eine wichtige Komponente zur Stabilisierung des Primär- und Sekundärregelverhaltens bei gleichzeitig materialschonender Fahrweise, was sich wiederum in einem höherem Wirkungsgrad bzw. höherer Wirtschaftlichkeit manifestiert.

Neben den oben beschriebenen Programmen gibt es zahlreiche weitere Anwendungen, beispielsweise *Querverbundoptimierung*, *Prozeßgüteüberwachung*, *Archivierung*, bei Kernkraftwerken die Berechnung der *Leistungsverteilung* im Reaktorkern, *Abbrandverteilung* etc.

5.3.4.2 Betriebliche Anwendungen

Hier handelt es sich um Programme, die mehr im operativen bzw. administrativen Bereich angesiedelt sind. Typische Beispiele sind Programme für die Organisation des *Schichtbetriebs*, *Instandhaltungs-*, *Dokumentations-* und *Sicherheitsmanagement*, die *Revisionsplanung* und nicht zuletzt auch die *Querverbundoptimierung*, beispielsweise die optimale Abstimmung der Lastfahrpläne bei Kraft-/Wärmekopplung. Auch hier wird auf Herstellerunterlagen verwiesen.

5.3.4.3 Business Anwendungen

Bei diesen Anwendungen stehen betriebswirtschaftliche Aspekte im Vordergrund, die direkt auf die Erwirtschaftung eines maximalen Gewinns im buchhalterischen Sinn abzielen. Typische Beispiele sind die klassische *Bedarfsprognose* und *Einsatzoptimierung*, *verfügbare Leistung* abhängig von *geplanten Nichtverfügbarkeiten* (Revisionen etc.), aktuelle und künftige *Produktionskosten* abhängig von der jeweils verfügbaren Leistung, *Energiehandel*, *Strompreisgestaltung*, *Risikomanagement*, *Asset Management*, *Online Balanced Score* Card etc. Weitere Details sind Herstellungsunterlagen zu entnehmen.

Die Summe der mit den obigen Anwendungen erlangten Informationen ermöglicht auf Knopfdruck Entscheidungen zur Berechnung *maximaler Erlöse am Spotmarkt* wie auch zum Anlagenbetrieb mit *nachhaltiger maximaler Wirtschaftlichkeit.*

5.4 Prozeßvisualisierung

Da der Anlagenfahrer bei großen Prozessen die gesamte Anlage nicht mehr unmittelbar beobachten kann, wurde in der Vergangenheit der

Prozeß in der Warte auf einem *Mosaikschaltbild* symbolisch dargestellt. Alle *Meldegeräte* (Schreiber, Signalleuchten, Spannungs-, Strom- und Leistungsmesser etc.) und *Bediengeräte* (Taster, Steuerquittierschalter etc.) waren gleichzeitig sichtbar bzw. zugänglich. Heute erfolgt die Steuerung und Überwachung des Prozesses über Tastatur, Rollkugel oder Maus von den Bildschirmen der Terminalrechner aus, auf denen der augenblickliche Zustand des Kraftwerkprozesses in Prozeßabbildern farbig visualisiert wird. Zustandsänderungen werden durch Wechsel der Farbe der Symbole kenntlich gemacht. Je nach Automatisierungsumfang und -tiefe kann die Zahl der Prozeßabbilder mehrere hundert betragen. Die Bildschirmdarstellung hat den Vorzug, daß allfällige Änderungen des Prozeßablaufs oder Prozeßerweiterungen sofort berücksichtigt und in Echtzeit leicht erkennbar visualisiert werden können.

Bei modernen Leitsystemen werden die Rechnerbildschirme auf eine oder mehrere Leinwände projiziert, sogenannte *Großbildprojektion*, Bild 5.12.

Bild 5.12. Bildschirmgeräte und Großbildprojektion (Siemens/BARCO Control Rooms).

Die verschiedenen Prozeßabbilder sind hierarchisch geordnet auf den Festplatten der *Terminalrechner* TR für das Bedienen und Beobachten gespeichert, werden ständig von den *Verarbeitungsrechnern* VR aktualisiert und können jederzeit mittels Navigierens in der Hierarchie (*Zoomen*) vom Anlagenfahrer gezielt aufgerufen werden, Bild 5.13.

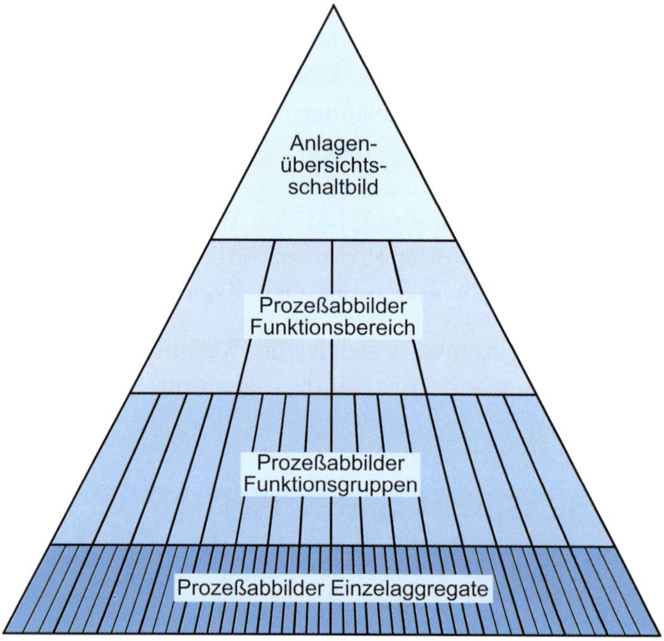

Bild 5.13. Hierarchischer Aufbau der Prozeßabbilder für die verschiedenen Prozeßebenen.

Neben reinen Prozeßabbildern gibt es Diagrammdarstellungen, in denen der Verlauf der momentan erzeugten Leistung und der vorausschauenden Erzeugung sowie Prozeßgrößen, wie Temperatur- und Druckabläufe etc., in Kurven- oder in Balkenform etc. dargestellt werden können. Kennlinienfelder lassen erkennen, wenn der Arbeitspunkt eines Betriebsmittels den grünen Bereich in Richtung gelb verläßt (Ausgabe von Warnungen) bzw. in den roten Bereich übergeht (Alarm).

Obige kurze Einführung in die Kraftwerkleittechnik läßt die Vielfalt und den Umfang leittechnischer Aufgabenstellungen und ihrer technischen Realisierung nur erahnen. Der Entwurf von Kraftwerkleitsystemen verlangt, wie andere Prozeßleitsysteme auch, vorrangig ein intimes Verständnis des Kraftwerkprozesses. Hier kommt einmal mehr der interdisziplinäre Charakter und die Komplexität der Fragestellungen des in Elektroenergiesystemen tätigen Ingenieurs zum Ausdruck.

Vertiefendes Schrifttum zu Kapitel 5

1. Lauber, R.: Prozeßautomatisierung. Band 1 und 2, 3. völlig neubearb. Auflage, Springer-Verlag, Berlin/Heidelberg, 1999.
2. Polke, M.: Prozeßleittechnik. 2. Auflage, Oldenbourg Wiss. Verlag, München, 1994.
3. Strohmann, G.: Automatisierungstechnik. Band I, 4. Auflage, 1997 und Band II, 3. Auflage, 1996, Oldenbourg Wiss. Verlag, München.
4. Schuler, H.: Prozeßführung. 1. Auflage, Oldenbourg Wiss., Verlag, München, 1999.
5. Reißenweber, B.: Feldbussysteme. 1. Auflage, Oldenbourg Wiss. Verlag, München, 1998.
6. Kucera, G.: Automatisieren mit SPS. 1. Auflage, Verlag Markt + Technik, München, 1988.
7. Grötsch, E.: SPS 1, speicherprogrammierbare Steuerungen. Band 1, 5. Auflage, Oldenbourg Wiss. Verlag, München, 2004.
8. Olsson, G. und Piani, G.: Computer Systems for Automation and Control. 1. Auflage, Prentice Hall, New York, 1992.
9. Bennet, S.: Real-Time Computer Control. 2. Auflage, Prentice Hall, New York, 1994.

6. Umwandlung mechanischer Energie in elektrische Energie

Die großtechnische Umwandlung der von den Gas-, Dampf- und Wasserturbinen, gegebenenfalls auch von Dieselmotoren bereitgestellten mechanischen Energie in elektrische Energie erfolgt mit *Drehstromsynchrongeneratoren*. Sie erzeugen fast 100 % der weltweit verbrauchten elektrischen Energie. Dem Verständnis ihres Betriebsverhaltens und ihrer Modellbildung für die Spannungs- und Frequenzregelung sowie die Stabilität eines Elektroenergiesystems kommt daher besondere Bedeutung zu. In geringem Umfang werden zur Erzeugung elektrischer Energie auch *Drehstromasynchrongeneratoren* (z. B. in Windgeneratoren oder kleinen Wasserkraftwerken ohne Wartungspersonal) sowie einphasige *Bahnstromgeneratoren* (16 2/3 Hz) eingesetzt.

Das Drehstromsystem bietet folgende Vorteile:

1. Erzeugung eines Drehfelds mit ruhender Dreiphasenwicklung, was den Bau robuster, kostengünstiger Asynchronmotoren ermöglicht.

2. Erzeugung und Übertragung konstanter Wirkleistung, im Gegensatz zu der mit doppelter Netzfrequenz pulsierenden Leistung von Einphasengeneratoren bzw. -motoren (Geräusch, Vibrationen).

3. Einsparung von Leitermaterial und geringere Verluste, da die Summe der Leiterströme bei symmetrischem Betrieb zu jedem Zeitpunkt Null ist, wodurch Rückleiter entfallen.

4. Verfügbarkeit zweier Spannungen, beispielsweise in Niederspannungsnetzen 400 V für die Drehstrommotoren und 230 V für Licht und Haushaltsgeräte.

5. Transformierbarkeit und damit wirtschaftliche Übertragung großer Mengen elektrischer Energie über große Entfernungen.

6. Im Vergleich zu Gleichstromnetzen einfachere Schaltertechnologie dank der selbsttätigen Lichtbogenlöschung im Nulldurchgang von Wechselströmen.

Die Frequenz der Wechselspannung beträgt 50 Hz (Europa) oder 60 Hz (USA) und stellt einen Kompromiß dar, dessen untere Grenze durch das Lichtflimmern, die Generatorbaugröße sowie die Anpassung an die Drehzahl von Dampfturbinen, und dessen obere Grenze durch die Reaktanzen (Spannungsabfall, Stabilität), Eisenverluste etc. bestimmt wird. Bei Bordnetzen kann die Frequenz wegen der geringen räumlichen Ausdehnung und den daraus resultierenden kleineren Spannungsabfällen auch höher gewählt werden, beispielsweise 400 Hz in den Bordnetzen von Verkehrsflugzeugen (s. a. 6.2.1).

6.1 Vollpol- und Schenkelpolgeneratoren

Man unterscheidet zwischen *Turbogeneratoren* mit magnetisch nahezu rotationssymmetrischem Vollpolläufer und *Schenkelpolgeneratoren* mit ausgeprägten Läuferpolen (engl.: *salient poles*), Bild 6.1.

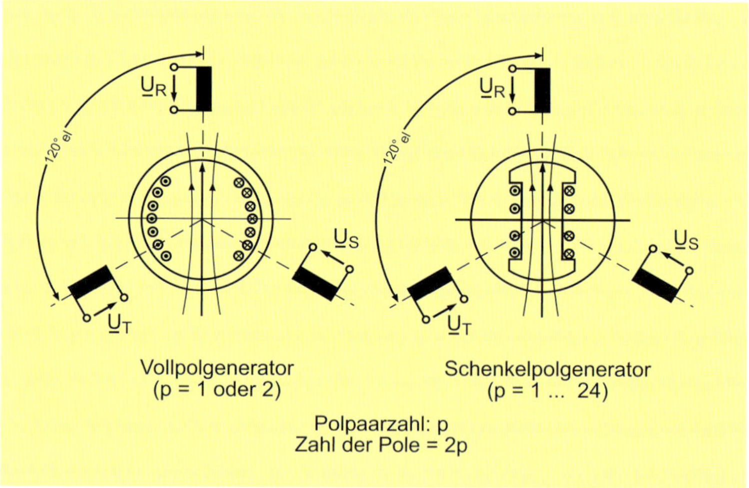

Bild 6.1. Synchrongeneratorbauarten (schematisch). Links: Vollpolgenerator (Turbogenerator) mit rotationssymmetrischem Rotor, rechts: Schenkelpolgenerator mit ausgeprägten Polen.

In beiden Fällen umgeben den Läufer jeweils drei um 120° räumlich versetzte *Ständerwicklungen*, die in Bild 6.1 als konzentrierte Spulen dargestellt, in Realität jedoch längs des Umfangs der Ständerbohrung verteilt sind.

Bei beiden Bauarten wird der *Läufer*, auch *Polrad* oder *Rotor* genannt, mit Gleichstrom erregt, den entweder eine auf der Läuferwelle sitzende Gleichstrom-Erregermaschine oder statische Gleichrichter mit ungesteuerten oder gesteuerten Halbleitern bereitstellen (s. 6.9). Die erforderlichen Erregerleistungen erstrecken sich von etwa 3 kW bei 100 kVA-Generatoren bis zu 3000 kW bei einer 1000 MVA-Maschine. Für kleine Leistungen kommen auch mit Permanentmagneten erregte Läufer in Frage.

Die Läufer von Turbogeneratoren besitzen einen schlanken, länglich gestreckten *Vollpolläufer* mit in eingefrästen Nuten eingelegter *Erreger-* bzw. *Feldwicklung*. Um Verformungen der Wickelköpfe durch die hohen Zentrifugalkräfte zu verhindern, ist die Erregerwicklung an beiden Enden durch aufgeschrumpfte Stahlkappen geschützt, Bild 6.2.

Bild 6.2. Läufer eines 2-poligen Turbogenerators mit einer Scheinleistung von 1000 MVA, Klemmenspannung 27 kV, Ständerwicklung wassergekühlt, Läuferwicklung wasserstoffgekühlt, Wirkungsgrad 99 % (Siemens).

Turbogeneratoren decken über 90 % des Bedarfs an elektrischer Energie. Sie werden gewöhnlich in 2- und 4-poliger Ausführung eingesetzt (Polpaarzahl $p = 1$ bzw. 2). Die 4-polige Ausführung findet man vorzugsweise in Verbindung mit Sattdampfturbinen in Kernkraftwerken. Die Drehzahlen liegen bei 2- und 4-poligen Generatoren für 50 Hz bei 3000 U/min bzw. 1500 U/min und für 60 Hz bei 3600 U/min bzw. 1800 U/min. Heute sind bereits Turbogeneratoren mit einer Leistung von 1350 MVA bei 3000 U/min in Betrieb. Die Grenzleistung luftgekühlter Generatoren liegt bei 60 bis 80 MVA, die Grenzleistung von Maschinen mit wasserdurchflossener Ständerwicklung und wasserstoffgekühlter Läuferwicklung beträgt für 2-polige Generatoren ca. 1700 MVA, für 4-polige Generatoren ca. 3000 MVA.

Schenkelpolgeneratoren werden von Wasserturbinen, Windturbinen, Diesel- oder Gasmotoren angetrieben. Ihre Drehzahlen liegen im allgemeinen deutlich unter 1500 U/min. Sie erfordern deshalb eine Vielzahl ausgeprägter Pole (engl.: *salient poles*), was zu einer eher scheibenförmigen Läufergeometrie führt. Einen Eindruck vom Stand der Technik vermittelt Bild 6.3.

Bild 6.3. Läufer eines 66-poligen Schenkelpolgenerators mit einer Scheinleistung von 823 MVA für ein Wasserkraftwerk, Klemmenspannung 18 kV (*Voith-Siemens*).

Die größten Wasserkraftgeneratoren erreichen Einzelleistungen von 900 MVA bei Läuferdurchmessern von über 10 m.

6.2 Wirkungsweise von Synchrongeneratoren

6.2.1 Der Synchrongenerator im Leerlauf

Die Gleichstromerregung des Läufers erzeugt längs des Läuferumfangs eine zeitlich konstante, räumlich näherungsweise kosinusförmige Verteilung der Normalkomponente B_L der *magnetischen Flußdichte* $\boldsymbol{B}$, sogenannte *Erregerfeldkurve*,

$$B_L(y) = \hat{B}_L \cos \frac{2p}{D} y \quad , \tag{6.1}$$

wobei p die Zahl der Pole und D den Läuferdurchmesser bezeichnet. Die Koordinate y gehört zu einem am Läufer, die Koordinate x zu einem am Ständer fixierten Koordinatensystem, Bild 6.4.

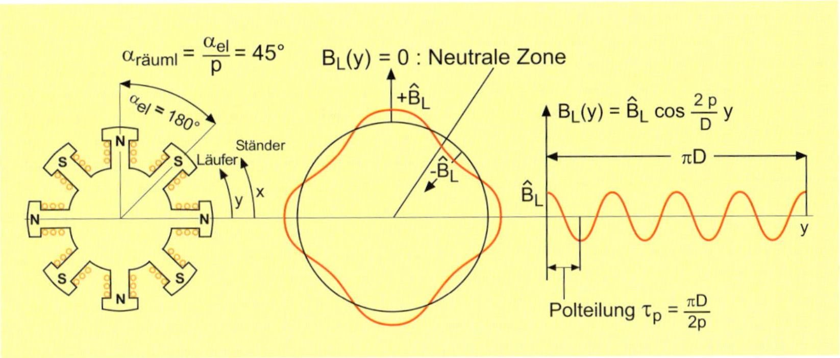

Bild 6.4. Räumliche Grundschwingung der zeitlich konstanten Erregerfeldkurve längs des Umfangs πD eines Läufers, rechts Abwicklung. Die Winkelhalbierenden zwischen den Polen werden als *neutrale Zonen* bezeichnet. Auf ihnen gilt $B_L(y) = 0$. $\hat{B}_L$: Maximalwert der magnetischen Flußdichte $B(y)$.

Streng genommen ergibt sich wegen der diskret ausgeführten Läuferwicklung eine trapezförmige Erregerfeldkurve, die nach Fourier in räumlich sinus- bzw. kosinusförmige Grund- und Oberschwingungen zerlegt werden kann. Für das Verständnis des grundsätzlichen Betriebsverhaltens eines Synchrongenerators im Netzbetrieb ist die Beschränkung auf die Grundschwingung wie auch die Vernachlässigung der Eisensättigung erlaubt.

Versetzt man den Läufer durch ein an seiner Welle angreifendes mechanisches Drehmoment in Rotationsbewegung mit der Drehzahl n, erzeugt die zeitlich konstante, räumlich sinus- bzw. kosinusförmig am Läuferumfang verteilte Erregerfeldkurve $B_L(y)$ ein „*Drehfeld*", d. h. eine auf einer Kreisbahn umlaufende *magnetische Wanderwelle.* Durch Auflösung der Beziehung $x = y + vt$ (mit $v = \pi Dn/60$) nach y und Substitution in die Gleichung der Erregerfeldkurve $B(y)$, ergibt sich die Gleichung des Läuferdrehfeldes bzw. der magnetischen Wanderwelle zu:

$$b_L(x,t) = \hat{B}_L \cos\left(\frac{x}{\tau_p}\pi - \omega t\right) \qquad \text{mit} \qquad \omega = \frac{2\,p\pi n}{60} \quad . \tag{6.2}$$

Das *Drehfeld* $b_L(x,t)$ ist aus mathematischer wie auch physikalischer Sicht eine *Wellenfunktion*, das heißt eine Funktion, die im Gegensatz zu einer *Schwingung* von zwei unabhängigen Variablen, Ort *und* Zeit abhängt.

Grundsätzlich kann man ein Drehfeld bzw. eine rotierende magnetische Wanderwelle auf zwei Arten erzeugen:

1. Durch *mechanische Drehung* einer zeitlich konstanten, räumlich kosinusförmig am Läuferumfang verteilten Feldkurve $B_L(y)$, z B. Läufer einer Synchronmaschine.
2. Durch drei um 120° am Umfang räumlich versetzte Wicklungen, die von drei Wechselströmen mit 120° Phasenverschiebung durchflossen werden. Die Überlagerung der drei einphasigen Wechselfelder führt in der Ständerbohrung zu einem Drehfeld.

In beiden Fällen „sieht" ein am Umfang des Ständers ruhender Beobachter ($\pi x/\tau_p = const = \varphi_0$) nur eine sich zeitlich kosinusförmig ändernde Flußdichte

$$b_L(t) = \hat{B}_L \cos(\varphi_0 - \omega t) \quad . \tag{6.3}$$

Durch Integration über die Fläche $A = (\pi LD)/2$ einer Ständerspule der Länge L erhält man den die Ständerspule durchdringenden zeitlich kosinusförmigen veränderlichen Fluß

$$\phi_L(t) = \int_A b_L(x,t) dA = \hat{\phi}_L \cos(\varphi_0 - \omega t) \quad . \tag{6.4}$$

Eine Ständerspule eines Synchrongenerators kann nicht unterscheiden, ob die sie durchsetzende Flußdichte $b_L(t)$ von einem *umlaufenden*, sinus- bzw. kosinusförmig am Läuferumfang verteilten, gleichstromerregten Magnetfeld oder von einer *feststehenden*, mit 50 Hz gespeisten Erregerspule stammt. Man kann daher den Erregergleichstrom I_E für jede der drei Ständerspulen in einen äquivalenten 50 Hz Wechselstrom $\underline{I}_E$ einer jeweils ruhenden Erregerwicklung umrechnen. Insgesamt stehen dann den drei Ständerspulen je eine feste Erregerspule gegenüber, die mit um 120° versetzten Erregerwechselströmen gespeist werden. Läufer- und Ständerwicklungen können dann als Primär- und Sekundärwicklung eines Drehstromtransformators mit $\underline{I}_E$ als Magnetisierungsstrom bzw. Primärstrom interpretiert werden. Alternativ kann der Erregergleichstrom I_E für jede der drei Ständerspulen in eine komplexe Amplitude eines *äquivalenten Belastungswechselstrom* $\underline{I}_E$ umgerechnet werden, die zusammen das gleiche Drehfeld erzeugen würden wie der rotierende Läufer, siehe auch Kapitel 6.11.4.

Der radial aus dem Läufer austretende zeitlich veränderliche Fluß $\phi(t)$ induziert in einer Ständerspule mit der wirksamen Windungszahl N eine sinusförmige Wechselspannung (engl.: *speed voltage*). Wir erhalten durch Differentiation von (6.4) nach der Zeit und Multiplikation mit N:

$$e(t) = -N\frac{d\phi_L(t)}{dt} = N\hat{\phi}_L(-\omega)\sin(\varphi_0 - \omega t) = -\underbrace{N\omega\hat{\phi}_L}_{\hat{E}}\sin(\varphi_0 - \omega t) \tag{6.5}$$

bzw.

$$e(t) = \hat{E}\, sin(\omega t - \varphi_0) \quad , \tag{6.6}$$

mit der Frequenz

$$f = \frac{\omega}{2\pi} = p\frac{n}{60} \quad .$$

Gemäß Gleichung (6.5) hängt die induzierte Spannung vom Produkt $\omega\hat{\phi}_L$ ab. Eine geforderte induzierte Spannung e(t) läßt sich also wahlweise durch eine hohe *Frequenz* $\omega = 2\pi f$ oder einen hohen *Fluß* $\hat{\phi}_L$ erreichen. Bei vorgegebener nicht zu überschreitender Sättigungsinduktion $B_{\max}$ erfordert der magnetische Fluß gemäß (6.4) einen Mindesteisenquerschnitt A_{Fe} und bestimmt damit das Eisengewicht. Alternativ kann ein geringerer Eisenquerschnitt bei deutlich höherer Frequenz gewählt werden. Die höhere Frequenz eröffnet die Möglichkeit, die Baugröße und das Gewicht von Generatoren und Transformatoren dramatisch zu verringern. Beispielsweise wählt man deshalb die Frequenz von Bordnetzen in Flugzeugen zu 400 Hz. Ferner befassen sich Feasibility-Studien über Innovationen in Elektroenergiesystemen mit dieser Option.

Ergänzt man formal (6.6) um einen Imaginärteil, ergibt sich für die im Ständer induzierte Spannung in komplexer Schreibweise

$$\underline{e} = \hat{E}\, e^{j\varphi_0} \cdot e^{j\omega t} = \underline{\hat{E}}\, e^{j\omega t} \quad . \tag{6.7}$$

Tritt das positive Maximum der Spannung bei $t = 0$ auf, d. h. $e(0) = \hat{E}$, folgt daraus $\varphi_0 = 0$.

$\underline{\hat{E}}$ bezeichnet man als *komplexe Amplitude.* Gewöhnlich wird in Zeigerdiagrammen von Synchrongeneratoren nur mit dem *Effektivwert* der komplexen Amplitude gearbeitet und dieser Wert als *Polradspannung* $\underline{E}_P$ bezeichnet (s. Anhang A),

$$\underline{E}_P = \frac{\underline{\hat{E}}}{\sqrt{2}} \quad . \tag{6.8}$$

Mit der Wahl der Wicklung R als Bezugsphase und unter Berücksichtigung der mathematisch positiven Zählrichtung für den Phasenwinkel φ_0 ergeben sich die Spannungen der drei um 120° versetzten Wicklungen zu

$$\begin{aligned}
e_R(t) &= \hat{E}\cos\omega t & \underline{E}_R &= |\underline{E}_R|\ \angle 0^\circ \\
e_S(t) &= \hat{E}\cos(\omega t + 240^\circ) & \underline{E}_S &= |\underline{E}_R|\ \angle + 240^\circ &&= |\underline{E}_R|\ \angle - 120^\circ \\
e_T(t) &= \hat{E}\cos(\omega t + 120^\circ) & \underline{E}_T &= |\underline{E}_R|\ \angle + 120^\circ &&= |\underline{E}_R|\ \angle - 240^\circ
\end{aligned} \tag{6.9}$$

Hierbei ist angenommen, daß die Spannung $e_R(t)$ für $t = 0$ ihren Maximalwert besitzt.

Zur Vereinfachung der Schreibweise setzt man $1\angle 0^\circ = 1$ sowie $1\angle 120^\circ = \underline{a}$ und $1\angle 240^\circ = 1\angle -120^\circ = \underline{a}^2$, das heißt

$$\underline{E}_R = |\underline{E}_R| 1 \, , \quad \underline{E}_S = |\underline{E}_R| \underline{a}^2 \, , \quad \underline{E}_T = |\underline{E}_R| \underline{a} \quad . \tag{6.10}$$

Aufgrund des symmetrischen Aufbaus gilt $e_R(t) + e_S(t) + e_T(t) = 0$ bzw. in komplexer Schreibweise, sogenannte *Zeigerdarstellung* (engl.: *phasor representation*), $\underline{E}_R + \underline{E}_S + \underline{E}_T = 0$ (s. Anhang A).

Entsprechend gilt auch

$$\underline{a} + \underline{a}^2 + 1 = 0 \quad . \tag{6.11}$$

Die drei Ständerwicklungen können grundsätzlich in *Stern-* oder *Dreieckschaltung* miteinander verbunden werden (s. Anhang B). Bei der üblicherweise vorgenommenen *Sternschaltung* erhält man für den unbelasteten Synchrongenerator folgendes Ersatzschaltbild, Bild 6.5a.:

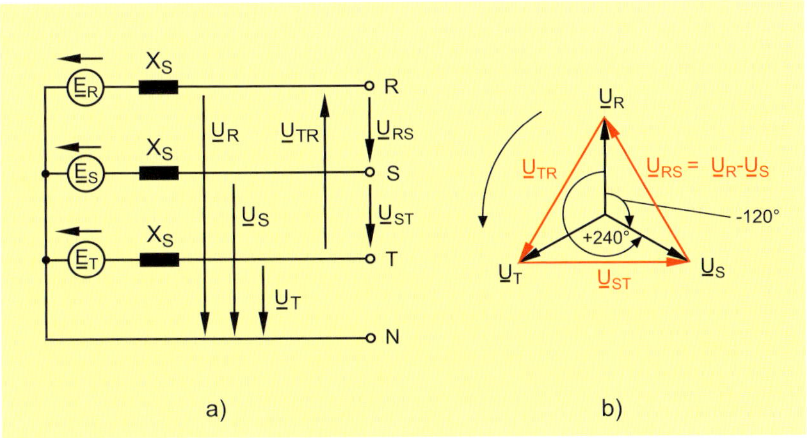

Bild 6.5. a) Vereinfachtes dreiphasiges Ersatzschaltbild eines leerlaufenden Synchrongenerators mit in Stern geschalteter Ständerwicklung, b) Zugehöriges Zeigerdiagramm der Spannungen (Wirkwiderstände der Ständerwicklung vernachlässigt).

Die Spannungen $\underline{U}_R$, $\underline{U}_S$, $\underline{U}_T$ werden als *Phasenspannungen*, *Strangspannungen*, *Leiter-Sternpunkt-Spannungen* oder auch als *Leiter-Erde-Spannungen* bezeichnet (engl.: *line-to-neutral voltage* oder *phase voltage*).

Die Spannungen $\underline{U}_{RS}$, $\underline{U}_{ST}$, $\underline{U}_{TR}$ zwischen den außen zugänglichen drei Wicklungsenden R, S, T der Sternschaltung bezeichnet man als *Leiterspannungen*, *Außenleiterspannungen* oder *Verkettete Spannungen* (engl.: *line voltage*). Sie ergeben sich als Differenz der jeweiligen Strangspannungen. Die Strangspannungen wie auch die verketteten Spannungen bilden jeweils ein 3-phasiges *Drehstromsystem*. Bei Sternschaltungen ist der Betrag der verketteten Spannungen um den Faktor $\sqrt{3}$ größer als der Betrag der Strangspannungen,

$$U_{\text{Strang}} = \frac{U_{\text{verkettet}}}{\sqrt{3}} \quad . \tag{6.12}$$

Dies läßt sich der graphischen Darstellung der Zeiger im Zeigerdiagramm entnehmen, Bild 6.5b.

Bei Dreieckschaltungen sind Strangspannung und Außenleiterspannung identisch, dafür ist der Strangstrom $\sqrt{3}$ mal kleiner als der Außenleiterstrom,

$$I_{\text{Strang}} = \frac{I_{\text{Außenleiter}}}{\sqrt{3}} \quad . \tag{6.13}$$

Das Dreieck der Außenleiterspannungen in Bild 6.5b hat nichts mit einer denkbaren Dreieckschaltung zu tun. Das Zeigerdiagramm einer solchen Dreieckschaltung ergäbe sich durch Parallelverschieben der Sternspannungszeiger $\underline{U}_R$, $\underline{U}_S$, $\underline{U}_T$ derart, daß ein Dreieck mit kürzeren Kanten als in Bild 6.5b entsteht, an denen jetzt die Strang- bzw. Sternspannungen $\underline{U}_R$, $\underline{U}_S$, $\underline{U}_T$ als verkettete Spannungen aufträten (s. a. Bild B.3 im Anhang B.1.2 und Bild 7.30 in Kapitel 7.5.2). Grundsätzlich kann sich hinter den drei von außen zugänglichen Klemmen eines Drehstrombetriebsmittels sowohl eine Sternschaltung als auch eine Dreieckschaltung verbergen. Die Beanspruchungen der drei Wicklungsstränge bezüglich Strömen und Spannungen lassen sich nur bei Kenntnis der tatsächlich vorliegenden Verschaltung angeben. Als *Nennspannung* bzw. *Bemessungsspannung* eines Synchrongenerators gilt, wie bei allen anderen Drehstrombetriebsmitteln auch, stets die Außenleiterspannung zwischen außen zugänglichen Spannungsklemmen. Sie reicht je nach Scheinleistung eines Generators von 0,4 kV bis 40 kV.

Mit den in (6.9) angegebenen Vorzeichen der Argumente (Winkel) ergibt sich für die Reihenfolge der Spannungen ein *Rechtssystem*. Das heißt, die Indizierung der drei Sternspannungen und der drei verketteten Spannungen folgen einander im Uhrzeigersinn. Eine zyklische Inversion der Reihenfolge ergibt ein *Linkssystem*. Das Rechtssystem wird auch als *Mitsystem*, das Linkssystem als *Gegensystem* bezeichnet. Die beiden letzten Begriffe werden später noch bei der „*Methode der Symmetrischen Komponenten*“ weiter veranschaulicht (s. 6.11.2).

6.2.2 Der Synchrongenerator bei Belastung (Ankerrückwirkung)

Unter *Ankerrückwirkung* versteht man das Phänomen, daß die Klemmenspannung eines Synchrongenerators bei *induktiver* Belastung stark einbricht bzw. bei *kapazitiver* Belastung auch stark ansteigt. Dieses Betriebsverhalten läßt sich auf verschiedene Weise modellieren bzw. erklären.

Bei Belastung fließt in den räumlich um 120° versetzten Ständerwicklungen ein *Drehstrom*, das heißt es fließen drei elektrisch um 120° phasenverschobene einphasige Ströme. Der mit dem Ständerstrom einer Phase verknüpfte magnetische Fluß ϕ läßt sich in einen *Hauptfluß* ϕ_h und einen *Streufluß* ϕ_σ aufteilen. Der Hauptfluß ist mit *allen* Windungen einer Ständerspule verknüpft und durchsetzt sowohl den Luftspalt als auch den Läufer. Der Streufluß ist nur mit den *einzelnen* Windungen verknüpft und existiert im wesentlichen nur im Ständer, Bild 6.6.

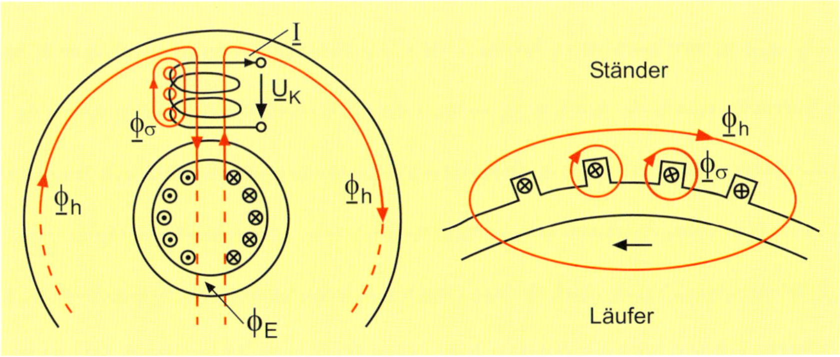

Bild 6.6. Haupt- und Streuflüsse der Ständerwicklung eines Synchrongenerators (schematisch). ϕ_h: Ständerhauptfluß, ϕ_σ: Ständerstreufluß, ϕ_E: Erregerfluß, $\underline{U}_K$: Klemmenspannung.

Nur die *Hauptflüsse* ϕ_h der drei Ständerwicklungen überlagern sich im Luftspalt bzw. in der Ständerbohrung zu einem *Ständerdrehfeld*

$$b_S(x,t) = \hat{b}_h \sin\left(\frac{x}{\tau_p}\pi - \omega t - \gamma\right) \quad . \tag{6.14}$$

Dabei ist γ der Winkel, um den der Strom einer Ständerwicklung der vom Läufer induzierten Polradspannung $\underline{E}_P$ nacheilt. Die zugehörigen *Streuflüsse* ϕ_σ leisten keinen Beitrag zur Ausbildung des Drehfelds. Auch der Ständerstrom einer einzelnen Wicklung bildet noch kein Ständerdrehfeld, erst das synergistische Zusammenwirken der Hauptflüsse aller *drei* Ständerströme.

Das Ständer-*Drehfeld* $b_S(x,t)$ der Belastungsströme induziert in jeder Ständerwicklung eine Selbstinduktionsspannung, sogenannte *Ständerhauptspannung*, die im Ersatzschaltbild entweder als *induzierte Quellenspannung* $\underline{E}_h$ oder als *Spannungsabfall* $\underline{U}_h = jX_h\,\underline{I}$ dargestellt werden kann. Erstere Betrachtungsweise ist für ein intimes Verständnis der physikalischen Wirkungsweise elektrischer Maschinen, das heißt Transformatoren, Generatoren und Motoren, unentbehrlich, letztere ist in der Netzwerktheorie bzw. bei der Betrachtung des reinen Betriebsverhaltens elektrischer Maschinen üblich, Bild 6.7.

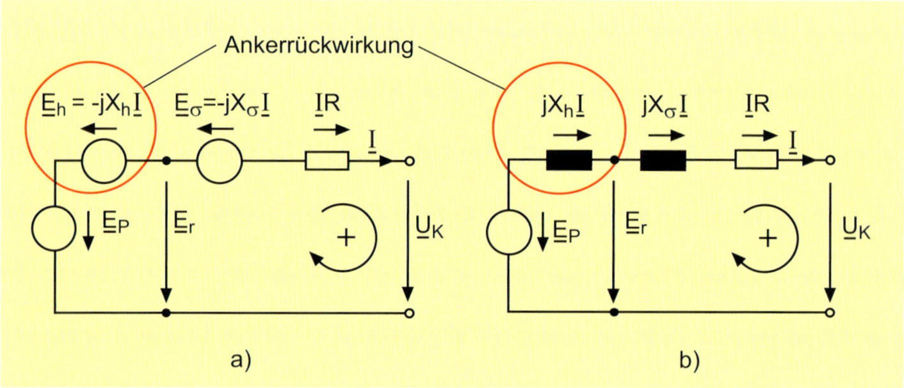

Bild 6.7. Ersatzschaltbilder eines Synchrongenerators mit Vollpolläufer. a) Modellierung mit induzierten Quellenspannungen, b) Modellierung mit Spannungsabfällen.

Schließlich induziert das *Streufeld* $b_\sigma(t)$ *des Ständerstroms* in den Streuinduktivitäten des Ständers die *Ständerstreuspannung*, die sich gleichermaßen als induzierte Quellenspannung $\underline{E}_\sigma$ oder als Spannungsabfall $\underline{U}_\sigma = jX_\sigma \cdot \underline{I}$ interpretieren läßt.

Insgesamt induzieren die verschiedenen Felder in einer Ständerwicklung folgende Spannungen:

Läuferdrehfeld:	$b_L(x,t)$	$\rightarrow$	$\underline{E}_P$	*Polradspannung*
Ständerdrehfeld:	$b_S(x,t)$	$\rightarrow$	$\underline{E}_h$	*Ankerrückwirkung*
Ständerstreufeld:	$b_\sigma(t)$	$\rightarrow$	$\underline{E}_\sigma$	*Streuspannung*

Das Streufeld ist *keine Wellenfunktion*, sondern lediglich eine Funktion der Zeit bzw. ein *ortsfestes* Wechselfeld (Schwingung). Die drei Streuflüsse ϕ_σ bilden daher auch kein Drehfeld.

Damit ergeben sich bei ohmsch-induktiver Belastung die beiden in Bild 6.7 gezeigten äquivalenten Ersatzschaltbilder der Synchronmaschine.

Mit Hilfe dieser Ersatzschaltbilder lassen sich die Zeigerdiagramme des Synchrongenerators für beide Betrachtungsweisen zeichnen, Bild 6.8.

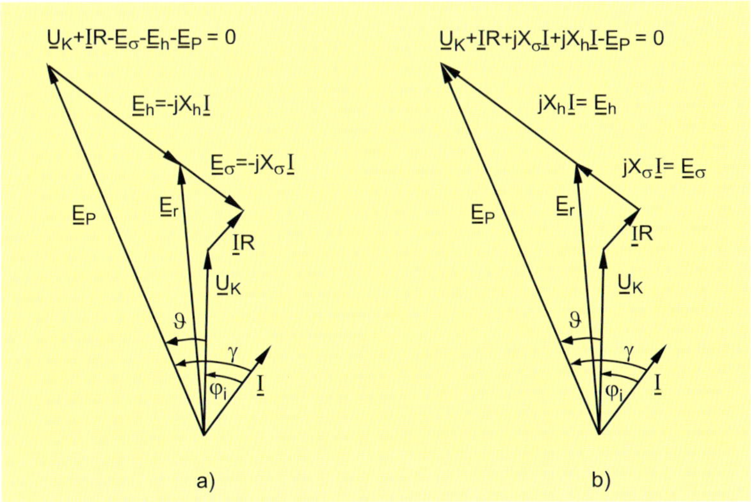

Bild 6.8. Zeigerdiagramme eines Synchrongenerators mit Vollpolläufer bei ohmsch-induktiver Belastung. a) Modellbildung mit *induzierten Quellenspannungen*, b) Modellbildung mit *Spannungsabfällen*. ϑ: Polradwinkel, γ: Winkel zwischen Ständerstrom und Polradspannung, φ_i: Winkel zwischen Ständerstrom und Klemmenspannung.

Beginnend mit einer gegebenen Klemmenspannung $\underline{U}_K$ und einem gegebenen Belastungsstrom $\underline{I}$ lassen sich in Bild 6.8a zunächst der ohmsche Spannungsabfall $\underline{I}\,R$, anschließend die selbstinduzierte *Streuspannung* $\underline{E}_\sigma$ und die selbstinduzierte *Hauptspannung* $\underline{E}_h$ zeichnen, was schließlich auf die von außen induzierte Polradspannung $\underline{E}_P$ führt. In Bild 6.8b werden die vom Ständerstrom selbstinduzierten Spannungsabfälle $\underline{U}_h$ und $\underline{U}_\sigma$ der Reihe nach geometrisch zu $\underline{U}_K$ und $\underline{I}\,R$ hinzugefügt, was ebenfalls auf die Polradspannung $\underline{E}_P$ führt. Die ohmschen Spannungsabfälle sind in ihrem Betrag zur Übersichtlichkeit überproportional groß gezeichnet. Bei realen Maschinen gilt $R \ll X$. Bezüglich des Zeichnens von Zeigerdiagrammen wird auf Anhang A.1 verwiesen.

Die beiden Zeigerdiagramme in Bild 6.8 gelten für einen Turbogenerator mit vollpoligem, rotationssymmetrischem Läufer. Beim Schenkelpolgenerator ist die magnetische Anisotropie des Läufers zu berücksichtigen (s. 6.3).

Bei der Modellbildung mit induzierten Quellenspannungen bietet sich die Einführung einer Spannung $\underline{E}_r$ an. Sie ist die Spannung, die das *Nettodrehfeld* $b_r(x,t)$, das aus der Überlagerung des Ständer- und Läuferdrehfelds resultiert, in der Ständerwicklung induziert. Dieses Feld ist auch für den Sättigungszustand des Eisenkreises maßgeblich.

Bei *induktiver* Belastung ist die vom resultierenden Drehfeld induzierte Spannung kleiner als die Polradspannung, d. h. $|\underline{E}_r| < |\underline{E}_P|$, da das Ständerdrehfeld das Läuferdrehfeld schwächt. Bei *kapazitiver* Belastung verstärkt das Ständerdrehfeld das Läuferdrehfeld, so daß die resultierende Spannung $\underline{E}_r$ größer als die Polradspannung wird, d. h. $|\underline{E}_r| > |\underline{E}_P|$. Im ersten Fall sinkt daher die Klemmenspannung bei Belastung ab, im zweiten Fall nimmt sie bei Belastung zu. Um die Klemmenspannung $\underline{U}_K$ unabhängig von der jeweiligen Belastung konstant zu halten, besitzen Synchrongeneratoren einen *Spannungsregler* (s. 13.2). Dieser erhöht bei induktiver Belastung die Polradspannung $|\underline{E}_P|$ durch entsprechende Änderungen ΔI_E der Gleichstromerregung der Läuferwicklung (*Übererregung*) bzw. verringert sie bei kapazitiver Belastung (*Untererregung*).

Nach Zusammenfassen der Ständerhaupt- und Streureaktanz zur synchronen Reaktanz $X_d = X_h + X_\sigma$ und unter Voraussetzung eines gegenüber der synchronen Reaktanz vernachlässigbaren Widerstands der

Ständerwicklung $R \ll X_d$, läßt sich für den *Vollpolgenerator* ein vereinfachtes Ersatzschaltbild mit einer Quellenspannung bzw. Polradspannung $\underline{E}_P$ und dem Innenwiderstand X_d angeben, Bild 6.9.

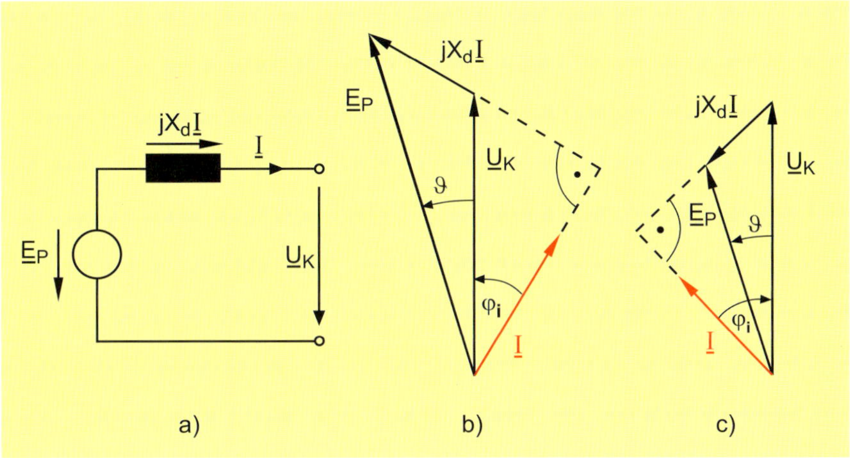

Bild 6.9. a) Vereinfachtes Ersatzschaltbild eines Vollpolgenerators, b) Zugehöriges Zeigerdiagramm für ohmsch-induktive Belastung, $|\underline{E}_P| > |\underline{U}_K|$, c) Zeigerdiagramm für ohmsch-kapazitive Belastung, $|\underline{E}_P| < |\underline{U}_K|$.

Die Polradspannung $\underline{E}_P$ kann in Abhängigkeit vom Erregergleichstrom I_E bei Leerlauf und synchroner Drehzahl direkt gemessen werden. Die synchrone Reaktanz X_d läßt sich durch Messung von Strangspannung und Strangstrom einer am Netz mitlaufenden, unerregten und mechanisch unbelasteten Synchronmaschine bestimmen,

$$X_d = \frac{U_{\text{Strang}}}{I_{\text{Strang}}} : \quad \text{Synchrone Reaktanz einer Ständerspule} \quad . \qquad (6.15)$$

Die treibende Kraft für die Strangströme ist die an den Generatorklemmen anliegende verkettete Netzspannung.

Alternativ kann man eine im Ständer kurzgeschlossene Synchronmaschine mechanisch antreiben und den Läufer so weit erregen, daß im Leerlauf die Nennklemmenspannung erreicht würde (Leerlauferregerstrom I_{E_0}). Im Ständer fließt dann wieder der Strom $\underline{I}_{\text{Strang}}$.

Zusammenfassend läßt sich der Begriff der *Ankerrückwirkung* auf drei Arten interpretieren:

1. Ständer- und Läuferdrehfeld sowie die von ihnen induzierten Spannungen werden getrennt betrachtet. Die Ankerrückwirkung ist dann die von Ständerdrehfeld *induzierte Spannung* $\underline{E}_h = -jX_h \cdot \underline{I}$, Bild 6.8a.

2. Die Ankerrückwirkung wird als *Spannungsabfall* $jX_h \cdot \underline{I}$ am Innenwiderstand X_h interpretiert, Bild 6.8b.

3. Ständer- und Läuferdrehfeld werden zum *resultierenden Drehfeld* $b_r(x,t)$ überlagert, das die resultierende Spannung $\underline{E}_r$ induziert.

Die erste Betrachtungsweise ist für das anschauliche Verständnis der Schenkelpolmaschine unentbehrlich. Die zweite Version wird nach Kenntnisnahme ersterer zur mathematischen Modellbildung herangezogen. Die dritte Version kommt dem physikalischen Sachverhalt am nächsten, da im Luftspalt nicht zwei getrennt meßbare Drehfelder umlaufen, sondern nur das Nettodrehfeld beobachtet wird.

Unter Vernachlässigung der Streuung herrscht im Eisenkreis eines Synchrongenerators genau wie bei einem Transformator unabhängig von der Belastung immer der gleiche magnetische Netto-Fluß und damit auch näherungsweise der gleiche Sättigungszustand (für $U_K = \text{const}$, s. a. 7.1). Während jedoch ein Transformator bei Belastung selbsttätig primär einen Zusatzstrom ΔI_1 zur Aufrechterhaltung des Magnetisierungsflusses aufnimmt (s. 7.1), muß beim Synchrongenerator der zusätzlich erforderliche Erregerstrom ΔI_E aktiv durch den *Spannungsregler* und das Stellglied *Erregerstromquelle* bewirkt werden.

6.2.3 Einfluß der Sättigung

Genau genommen hängt die synchrone Reaktanz X_d vom Sättigungszustand des Synchrongenerators ab. Dieser Zustand ist zwar bei Vernachlässigung der Streuung und Annahme der Existenz eines Spannungsreglers im normalen Betrieb immer der gleiche, im Kurzschlußfall geht der Eisenkreis jedoch in den *ungesättigten* Zustand über. Der Einfluß der Sättigung läßt sich durch Aufnahme der *Leerlaufkennlinie* und der *Kurzschlußkennlinie* bestimmen. Bei ersterer trägt man die *Klemmenspannung* U_K eines *leerlaufenden* Synchrongenerators, mit anderen Worten E_P, bei letzterer den *Ständerstrom* I_k eines *kurzgeschlossenen* Synchrongenerators in Abhängigkeit vom Erregerstrom I_E auf, Bild 6.10.

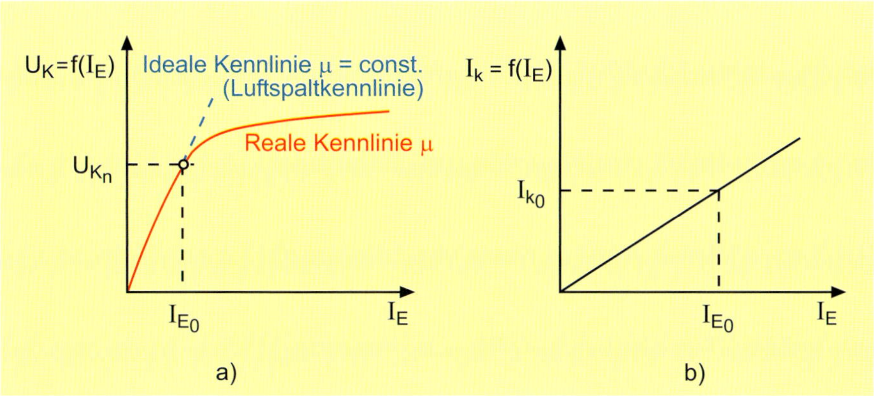

Bild 6.10. a) *Leerlaufkennlinie* $U_K = f(I_E)$, b) *Kurzschlußkennlinie* $I_k = f(I_E)$.

Die *Leerlaufkennlinie* besitzt einen gekrümmten Verlauf, Bild 6.10a. Der für die Nennklemmenspannung U_{K_n} erforderliche Erregerstrom beträgt I_{E_0}. Aufgrund der Feldstärkeabhängigkeit der magnetischen Permeabilität μ nimmt der mit dem Erregerstrom I_E verknüpfte magnetische Fluß ϕ im Eisenkreis anfänglich proportional, später nur noch unterproportional und schließlich überhaupt nicht mehr zu. Entsprechend wird in der Ständerwicklung mit steigendem Erregerstrom nur noch eine unterproportional zunehmende Polradspannung $\underline{E}_P$ induziert.

Die *Kurzschlußkennlinie* verläuft dagegen durchgängig linear, da das Ständerdrehfeld das Läuferdrehfeld praktisch vollständig kompensiert (Ankerrückwirkung). Der Nettofluß im Eisenkreis erreicht daher nie den Sättigungszustand. Der sich bei I_{E_0} einstellende Kurzschlußstrom wird mit I_{k_0} bezeichnet.

Die im vorigen Abschnitt 6.2.2 angegebene synchrone Reaktanz eines am Netz mitlaufenden Synchrongenerators

$$X_d = \frac{U_{\text{Strang}}}{I_{\text{Strang}}} \tag{6.16}$$

gilt für reguläre Betriebszustände und liefert immer den *gesättigten Wert*. Der bei Nennklemmenspannung U_{K_n} fließende Ständerstrom bzw. der mit ihm verknüpfte Fluß ϕ_n treibt das Eisen in die Sättigung (s. Bild 6.10a). Für die Berechnung von Kurzschlußströmen ist dagegen der *ungesättigte Wert* der Reaktanz zu verwenden. Er läßt sich aus Bild 6.11 ermitteln, das die Leerlauf- und Kurzschlußkennlinie in ein und demselben Diagramm wiedergibt.

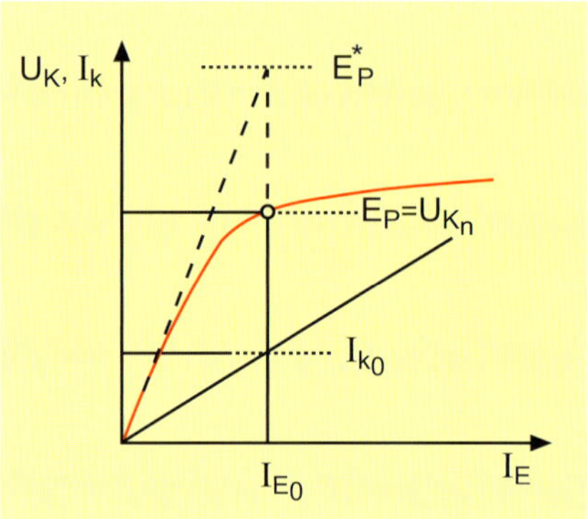

Bild 6.11. Kombinierte Leerlauf- und Kurzschlußkennlinie zur Ermittlung der ungesättigten Reaktanz $X_{d_{\text{unges.}}}$ (Strangspannungen).

Im Kurzschlußbetrieb kommt es wegen der Ankerrückwirkung nicht zur Sättigung. Der Erregerstrom I_{E0} erzeugt daher gemäß der Luftspaltkennlinie die Polradspannung E_P^*. Sie ist die treibende Kraft für den Kurzschlußstrom I_{k0}. Mit E_P^* ergibt sich der Wert der ungesättigten Reaktanz zu

$$X_{d_{\text{unges.}}} = \frac{E_P^*}{I_{k0}} \quad . \tag{6.17}$$

E_P^* ist hier als Strangspannung zu interpretieren. In der Regel wird vom Generatorhersteller die *ungesättigte* Reaktanz spezifiziert. Sie ist der Kurzschlußstromberechnung zu Grunde zu legen. Ihr Wert liegt je nach Auslegung um 20 ... 50 % über der gesättigten Reaktanz. Die beim Kurzschluß wirksame transiente Reaktanz X_d' und die substransiente Reaktanz X_d'' sind andererseits wieder gesättigte Werte, weil auf Grund des transienten Gleichstromglieds im Läufer der Fluß im Eisenkreis zunächst bestehen bleibt (s. 6.10.2).

6.2.4 Dämpferwicklung

In den Läufer von Synchronmaschinen kann zusätzlich zur *Erregerwicklung* eine *Dämpferwicklung* in Form eines *Kurzschlußkäfigs* eingebaut werden, ähnlich dem Käfigläufer eines Asynchronmotors. Diese Wicklung ist im stationären, symmetrischen Betrieb stromlos. Ein mit der Dämpferwicklung rotierender Beobachter empfindet neben dem zeitlich konstanten, räumlich sinusförmig verteilten Gleichfeld des Läufers ein zusätzliches, konstantes Gleichfeld, das vom mit gleicher Geschwindigkeit umlaufenden Ständerdrehfeld herrührt. Mangels einer Relativbewegung wird in der Dämpferwicklung vom Ständerdrehfeld keine Spannung induziert.

Bei Belastungsstößen entsteht wegen des Trägheitsmoments des Läufers und der mechanisch gekoppelten Turbine eine Relativbewegung des Läufers gegenüber dem synchron mitlaufenden Ständerdrehfeld ($d\vartheta/dt \neq 0$). Das Ständerdrehfeld induziert dann in der Dämpferwicklung Spannungen bzw. Ströme, deren Magnetfelder der Relativbewegung entgegenwirken und etwaige *Pendelschwingungen* des Läufers „dämpfen" (Stabilität, s. a. Kapitel 18). Neben der stabilitätsfördernden Wirkung der Dämpferwicklung ermöglicht ihr Kurzschlußkäfig auch den Selbstanlauf von Synchron- bzw. Asynchrongeneratoren.

Nicht geblechte Läufer mit massiven Eisenpolen erlauben bei Relativbewegungen des Ständerdrehfelds gegenüber dem Läufer die Ausbildung zusätzlicher Wirbelströme, die sich qualitativ ähnlich auswirken wie die Ströme in einer expliziten Dämpferwicklung (s. 6.10).

Ein im stationären, symmetrischen Betrieb mit dem Läufer rotierendes Ständerdrehfeld wird vom Läufer als magnetisches Gleichfeld wahrgenommen. Während daher der Läufer eines *symmetrisch* belasteten Synchrongenerators unabhängig von der Höhe der Belastung nur von einem mit ihm rotierenden magnetischen *Gleichfeld* durchsetzt wird und daher aus massivem Eisen bestehen kann, muß der Ständer wegen des ihn durchsetzenden *Wechselfelds* des Läufers stets geblecht sein.

Bei auslegungsgemäß *unsymmetrisch* belasteten Generatoren, beispielsweise zweiphasig belasteten Drehstromgeneratoren als Spannungsquellen für Kaskadentransformatoren der Hochspannungsprüftechnik, wird wegen des dann auftretenden *gegenläufigen Drehfelds* und der von ihm induzierten Wirbelströme der Läufer ebenfalls geblecht ausgeführt.

Alle nicht zur Erregerwicklung zählenden dämpfenden Strompfade werde im Englischen oberbegrifflich als „*Amortiseur*"-Wicklungen bezeichnet. Je nach geforderter Genauigkeit von Simulationsrechnungen werden eine oder mehrere dieser Wicklungen in mathematischen Modellen höherer Ordnung berücksichtigt (s. 6.9).

6.3 Besonderheiten der Schenkelpolmaschine

Im Gegensatz zum magnetisch nahezu rotationsymmetrisch aufgebauten Vollpolgenerator besitzt ein Schenkelpolgenerator je nach Läuferstellung längs des Umfangs stark unterschiedliche magnetische Leitwerte mit Extremwerten jeweils in *Polachse* und *Pollücke*, Bild 6.12.

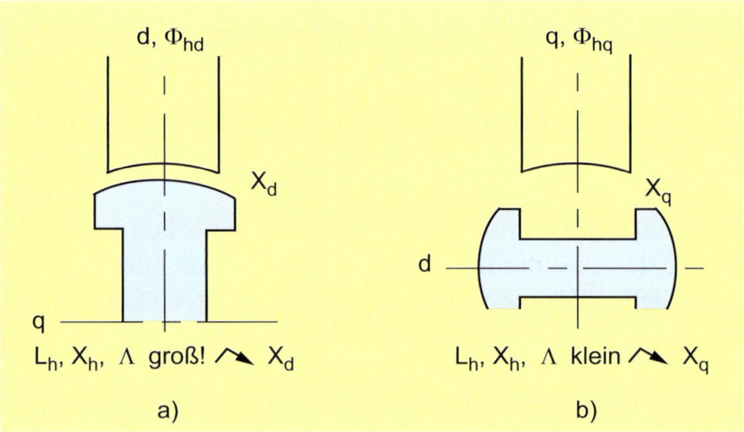

Bild 6.12. Unterschiedlicher magnetischer Leitwert Λ eines Schenkelpolläufers in a) Längsachse (engl.: *direct axis* bzw. *d-axis*) und b) Querachse (engl.: *quadrature axis* bzw. *q-axis*).

Sind die Richtungen der großen Läuferachse und der Achse der Ständerspule gleich, so ergibt sich auf Grund des kleinen Luftspalts ein großer magnetischer Leitwert und damit eine gute magnetische Kopplung sowie eine große Reaktanz, die *synchrone Längsreaktanz* X_d, Bild 6.12a. Stehen große Läuferachse und Achse der Ständerspule senkrecht aufeinander, so ergibt sich auf Grund des großen Luftspalts in der *neutralen Zone* ein kleiner magnetischer Leitwert, damit eine weniger gute magnetische Kopplung und eine kleine Reaktanz, die *synchrone Querreaktanz* X_q, Bild 6.12b. Bei Vollpolläufern gilt $X_q \approx 0,9\, X_d$, bei Schenkelpolläufern $X_q \approx 0,5 \ldots 0,7\, X_d$. Über den Umfang abgewickelt ergibt sich der in Bild 6.13 gezeigte Verlauf.

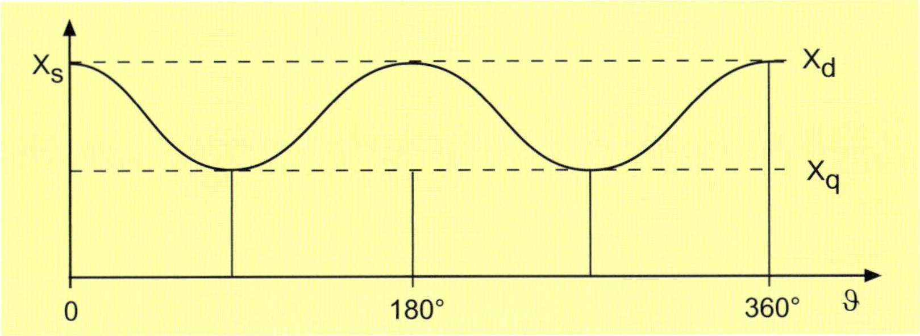

Bild 6.13. Abhängigkeit der synchronen Reaktanz X_S vom Drehwinkel zwischen Rotor und Stator.

Für einen bestimmten Ständerstrom hängt daher die Ausbildung des Ständerdrehfelds von seiner Lage zum Polrad, d. h. vom Winkel γ ab (Winkel zwischen Ständerstrom und Polradspannung).

Je nach Größe des Winkels γ stellt sich bei gleichem Belastungsstrom eine *unterschiedliche Ankerrückwirkung* ein. Man zerlegt daher das Ständerdrehfeld in eine Längskomponente in Richtung der Polachse und eine Querkomponente in Richtung der Pollücke.

$$b_S(x,t) = b_{S_d}(x,t) + b_{S_q}(x,t) \quad . \tag{6.18}$$

Sinngemäß läßt sich ein an der Ausbildung beider Komponenten beteiligter Ständerstrom $\underline{I}$ einer Phase in zwei zugehörige Komponenten $\underline{I}_d$ und $\underline{I}_q$ zerlegen, zum Beispiel

$$\underline{I}_R = \underline{I}_{R_d} + \underline{I}_{R_q} \quad . \tag{6.19}$$

Mathematisch entspricht dies der Darstellung einer Sinus- bzw. Kosinusfunktion durch die Summe jeweils zweier anderer Sinus- bzw. Kosinusfunktionen (*Additionstheoreme*).

Durch die Zerlegung des Ständerstroms in zwei getrennte Komponenten läßt sich die Ankerrückwirkung getrennt für die d- und q-Richtung bestimmen und in Form der induzierten Quellenspannungen $\underline{E}_{hd}$ und $\underline{E}_{hq}$ der Polradspannung $\underline{E}_P$ überlagern.

$b_L(x,t)$	$\Rightarrow E_P$	*Polradspannung*
$b_{Sd}(x,t)$	$\Rightarrow E_{hd} = -jX_{hd}\underline{I}_d$	*d-Komponente der Ankerrückwirkung*
$b_{Sq}(x,t)$	$\Rightarrow E_{hq} = -jX_{hq}\underline{I}_q$	*q-Komponente der Ankerrückwirkung*
$b_\sigma(t)$	$\Rightarrow E_\sigma = -jX_q\underline{I}$	*Ständerstreuspannung*

Entsprechend erhält man jetzt das im Bild 6.14a dargestellte Zeigerdiagramm. Nach Zusammenfassen der Reaktanzen $X_d = X_{h_d} + X_\sigma$ sowie $X_q = X_{h_q} + X_\sigma$ und nach Vernachlässigung des Wicklungswiderstands R erhält man ein kompaktes Ersatzschaltbild, Bild 6.14b.

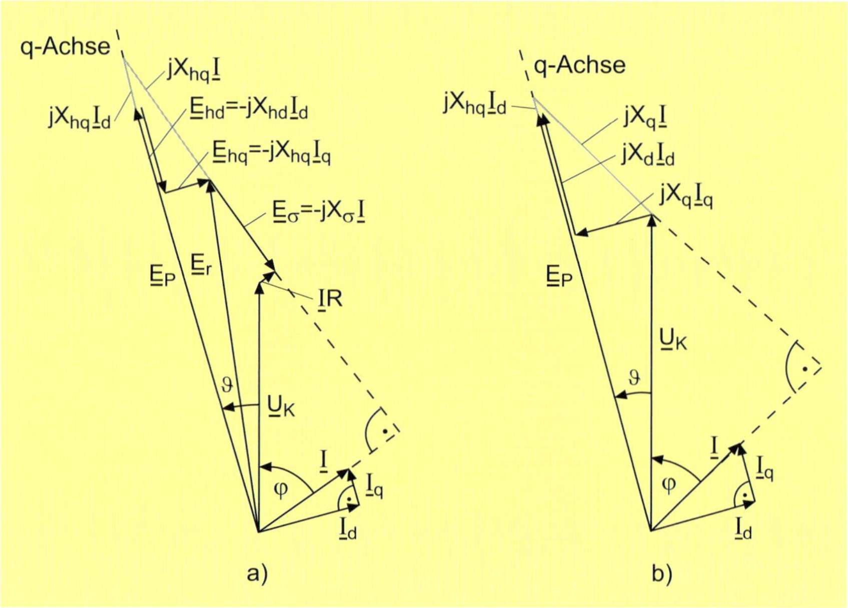

Bild 6.14. Zeigerdiagramm der Schenkelpolmaschine. a) Ausführliches Zeigerdiagramm mit induzierten Quellenspannungen, b) Kompaktes Zeigerdiagramm mit Spannungsabfällen an synchroner Längsreaktanz $X_d = X_{h_d} + X_\sigma$ und synchroner Querreaktanz $X_q = X_{h_q} + X_\sigma$, Wicklungswirkwiderstand vernachlässigt $(X_d, X_q >> R)$.

Beim Zeichnen des Zeigerdiagramms der Schenkelpolmaschine stößt man auf die Schwierigkeit, daß zunächst weder die d- noch die q-Achse bekannt sind, der Ständerstrom daher nicht ohne weiteres in seine Komponenten $\underline{I}_d$ und $\underline{I}_q$ zerlegt werden kann. Man muß zuerst die Richtung der q-Achse bestimmen.

Die q-Achse läßt sich entweder durch Berechnen des Polradwinkels ϑ aus den im nächsten Kapitel angegebenen Leistungsgleichungen (6.21), (6.22) oder durch Umschreiben der in Bild 6.14 implizierten Maschengleichung folgendermaßen erhalten:

$$\underline{E}_P = \underline{U}_K + \underline{I}R + jX_\sigma \underline{I} + jX_{hq}\underline{I}_q + jX_{hd}\underline{I}_d$$

$$\underline{E}_P = \underline{U}_K + \underline{I}R + jX_\sigma \underline{I} + jX_{hq}(\underline{I} - \underline{I}_d) + jX_{hd}\underline{I}_d$$

$$\underline{E}_P = \underline{U}_K + \underline{I}R + jX_\sigma \underline{I} + jX_{hq}\underline{I} + j\underline{I}_d(X_{hd} - X_{hq}) \quad . \qquad (6.20)$$

Die Terme $jX_{hq}\underline{I}$ und $-jX_{hq}\underline{I}_d$ in der letzten Gleichungszeile sind *virtuelle Hilfszeiger*, die durch die Substitution von $\underline{I}_q$ durch $\underline{I} - \underline{I}_d$ entstehen. Der Zeiger $jX_{hd}\underline{I}_d$ liegt auf der q-Achse, folglich muß diese durch das Ende des Zeigers $jX_{hq}\underline{I}$ verlaufen. Nach Ermittlung der q-Achse läßt sich das Zeigerdiagramm leicht vervollständigen.

Faßt man die Terme $jX_\sigma\underline{I}$ und $jX_{hq}\underline{I}$ zu $j\underline{I}(X_\sigma + X_{hq}) = j\underline{I}X_q$ zusammen und vernachlässigt den Wicklungswiderstand, erhält man das kompakte rechte Zeigerdiagramm.

Abschließend sei darauf hingewiesen, daß in den vorstehenden Betrachtungen Eisenverluste und Eisensättigung nur andeutungsweise berücksichtigt wurden, um den Einstieg in die grundsätzliche Thematik nicht zu erschweren. Die bisherigen Kapitel bilden dennoch eine gute Grundlage für die in 6.11 ausführlicher behandelte detaillierte Modellbildung.

6.4 Leistungsgleichungen der Synchronmaschine

Die Scheinleistung eines Synchrongenerators im stationären Betrieb berechnet sich pro Phase zu

$$\underline{S} = \underline{U}_K \cdot \underline{I}^* = P + jQ = U_K \cdot I\cos\varphi + jU_K \cdot I\sin\varphi \quad . \qquad (6.21)$$

Ersetzt man die Terme $I\cos\varphi$ und $I\sin\varphi$ mit Hilfe des Zeigerdiagramms durch die inneren Größen E_P, ϑ, X_d und X_q, ergeben sich Wirk- und Blindleistung einer Schenkelpolmaschine zu

$$P = \frac{U_K \cdot E_P}{X_d} \sin\vartheta + \frac{U_K^2}{2}\left(\frac{1}{X_q} - \frac{1}{X_d}\right)\sin 2\vartheta \quad , \tag{6.22}$$

$$Q = \frac{U_K \cdot E_P}{X_d} \cos\vartheta - U_K^2 \left(\frac{\cos^2\vartheta}{X_d} + \frac{\sin^2\vartheta}{X_q}\right) \quad . \tag{6.23}$$

Bei Annahme eines konstanten magnetischen Widerstands längs des Läuferumfangs ($X_d = X_q$, Vollpolläufer) vereinfachen sich die Gleichungen zu

$$P = \frac{U_K \cdot E_P}{X_d} \sin\vartheta \tag{6.24}$$

bzw.

$$Q = \frac{U_K \cdot E_P}{X_d} \cos\vartheta - \frac{U_K^2}{X_d} \quad . \tag{6.25}$$

Die abgegebene Wirkleistung hängt vom Winkel ϑ ab, um den die Polradspannung der Netzspannung vorauseilt, Bild 6.15.

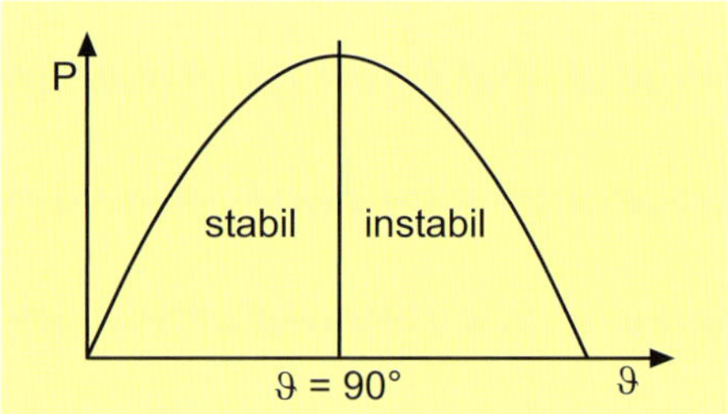

Bild 6.15. Abhängigkeit der abgegebenen Wirkleistung und Stabilität vom Polradwinkel ϑ.

Wird im Betriebszustand $\vartheta = 90°$ das Antriebsdrehmoment weiter gesteigert, nimmt die abgegebene Wirkleistung ab. Da das *Antriebsmoment* in diesem Zustand das *Bremsmoment* übersteigt, beschleunigt der Läufer und fällt außer Tritt. Je höher die Polradspannung, desto höher die abgebbare Leistung, bei der $\vartheta = 90°$ erreicht wird. Bei gemischt ohmsch-kapazitiver Belastung ist der Generator untererregt. Die normal abgegebene Wirkleistung ist dann viel niedriger als die Nennleistung P_N, was zu Stabilitätsproblemen führt (Kapitel 18).

Aus obigen Gleichungen läßt sich u. a. der Polradwinkel zum Zeichnen des Zeigerdiagramms der Schenkelpolmaschine ermitteln. Ferner wird im Rahmen der Stabilitätsbetrachtungen von diesen Gleichungen noch ausführlich Gebrauch gemacht werden.

Die Leistungsgleichungen eignen sich auch für die Berechnung der über eine kurze Leitung in ein Netz eingespeisten Leistung, wenn der Leitungswinkel zum Polradwinkel und die Leitungsreaktanz zu den synchronen Reaktanzen zugeschlagen werden. An Stelle von U_K tritt die Spannung des Netzknotens U_N.

6.5 Stationäre Betriebszustände

Führt man einer am Netz leerlaufenden Synchronmaschine an ihrer Welle ein Antriebsmoment zu, gibt sie Energie bzw. Wirkleistung ins Netz ab (*Generatorbetrieb*). Belastet man die Welle mechanisch, nimmt die Synchronmaschine Wirkleistung aus dem Netz auf (*Motorbetrieb*). In ersterem Fall eilt die Polradspannung der Netzspannung voraus, es entsteht ein positiver Polradwinkel. In letzterem Fall hinkt die Polradspannung der Netzspannung nach und der Polradwinkel wird negativ. Diese Aussagen lassen sich unschwer an den in Bild 6.9 gezeigten Zeigerdiagrammen nachvollziehen.

Eine gegenüber dem Leerlaufbetrieb erhöhte Erregung der Synchronmaschine hat neben größerer Klemmenspannung der Ständerwicklung eine vermehrte Einspeisung induktiven Blindstroms ins Netz zur Folge, d. h. bei Übererregung wirkt die Synchronmaschine wie ein Kondensator am Netz (Abgabe induktiver Blindleistung $\widehat{=}$ Aufnahme kapazitiver Blindleistung). Bei Verminderung der Erregerleistung gegenüber Leerlauf verhält sich die Maschine durch induktive Blindstromaufnahme wie eine Drosselspule.

Definiert man die von einer Maschine abgegebene Leistung als positive Größe, lassen sich unter Berücksichtigung der Gleichung für die komplexe Scheinleistung

$$\underline{S} = \underline{U}\,\underline{I}^* \qquad (6.26)$$

vier charakteristische Betriebszustände der Synchronmaschine darstellen, die durch die Lage des Ständerstromzeigers in Bezug auf die reelle Klemmenspannung gegeben sind. Damit können den einzelnen Quadranten der komplexen Zahlenebene folgende Betriebszustände zugeordnet werden, Bild 6.16:

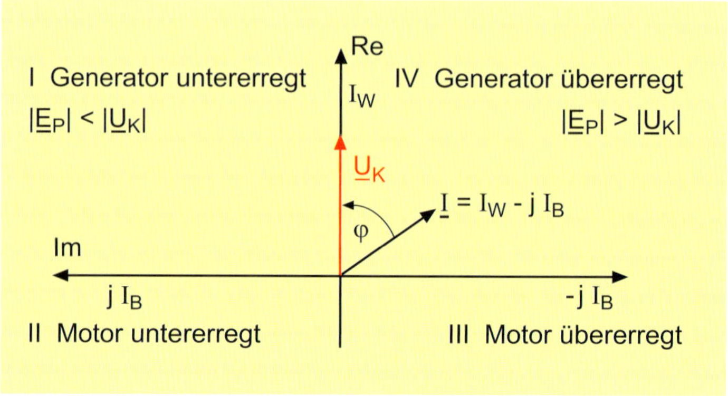

Bild 6.16. Betriebszustände der Synchronmaschine. I_W positiv $\widehat{=}$ P_{el}-Abgabe, I_W negativ $\widehat{=}$ P_{el}-Aufnahme (Motorbetrieb), I_B negativ $\widehat{=}$ Q-Abgabe, I_B positiv $\widehat{=}$ Q-Aufnahme.

In der Literatur wird gelegentlich die komplexe *Leistungsebene* der Synchronmaschine angegeben, wobei wegen des bei der Leistungsberechnung einzusetzenden konjugiert komplexen Ständerstroms die Bereiche *Übererregung* und *Untererregung* gerade vertauscht sind.

6.6 Phasenschieberbetrieb

Im Phasenschieberbetrieb läuft die Synchronmaschine als mechanisch unbelasteter Motor am Netz. Man unterscheidet zwischen reinen *Phasenschiebern* (engl.: *synchronous condensor*) und *Synchrongeneratoren im Phasenschieberbetrieb.* Erstere sind Synchronmaschinen ohne Antrieb, die ausschließlich der Bereitstellung sowohl induktiver als auch kapazitiver Blindleistung dienen. Sie sind ein wichtiges Stellglied für die Spannungsregelung in den Netzknoten. Höhe und Vorzeichen der Blindleistung werden über den Erregerstrom eingestellt. Abhängig von der Höhe der Polradspannung gibt die Synchronmaschine induktive Blindleistung ab oder nimmt induktive Blindleistung auf.

Zur Herabsetzung der Drehzahl werden reine Phasenschieber in der Regel als Schenkelpolgeneratoren ausgeführt. Sie stehen meist in den

Hochspannungsschaltanlagen und koppeln ihre Leistung über Transformatoren in das Hochspannungsnetz, Bild 6.17.

Bild 6.17. Typischer Phasenschieber ohne Antriebsaggregat.

Der Wirkleistungserzeugung dienende Synchrongeneratoren nehmen im *Phasenschieberbetrieb* ebenfalls keine Wirkleistung über ihre Antriebswelle auf. Ein Beispiel sind zeitweise als Phasenschieber eingesetzte Wasserkraftgeneratoren von Pumpspeicherkraftwerken, durch deren Antriebsturbine im Phasenschieberbetrieb kein Arbeitsfluid fließt. Die Synchronmaschine nimmt nur so viel Wirkleistung aus dem Netz auf, wie sie zur Deckung ihrer Verluste benötigt, das heißt $\cos\varphi \approx 0$ bzw. $\varphi \approx \pm 90°$.

Von einer Gasturbine angetriebene Synchrongeneratoren für Phasenschieberbetrieb sind mit einer Kupplung zwischen Generator und Turbine ausgerüstet. Im Gegensatz zur Wasserturbine müßte sonst bei der Gasturbine stets die Kompressorleistung aufgebracht werden.

Bei rein *induktiver* Belastung der Maschine (Abgabe induktiver Blindleistung ins Netz) eilt der Ständerstrom der Klemmenspannung um 90° nach und erzeugt an der Hauptreaktanz einen zur Klemmenspannung parallelen Spannungsabfall, Bild 6.18a.

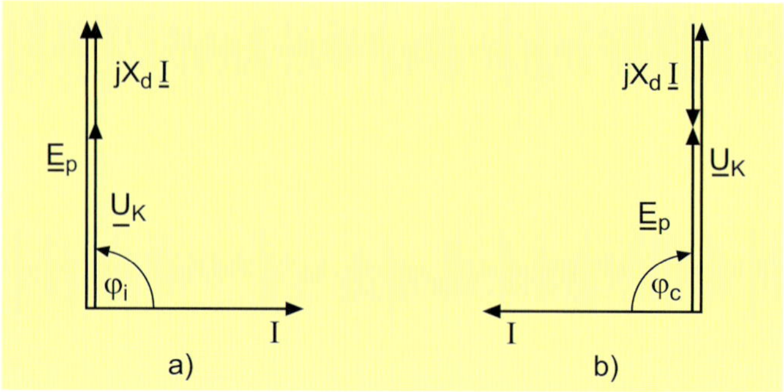

Bild 6.18. Phasenschieberbetrieb. a) Abgabe induktiver Blindleistung (Aufnahme kapazitiver Blindleistung), b) Aufnahme induktiver Blindleistung (Abgabe kapazitiver Blindleistung).

Um der Schwächung des Polradfelds durch die Ankerrückwirkung und dem damit verbundenen Absinken der Klemmenspannung entgegenzuwirken, muß die Erregung gegenüber Leerlauf erhöht werden.

Bei rein *kapazitiver* Belastung der Maschine (Abgabe kapazitiver Blindleistung ins Netz) eilt der Ständerstrom der Klemmenspannung um 90° voraus und erzeugt an der Hauptreaktanz einen zur Klemmenspannung antiparallelen Spannungsabfall, Bild 6.18b. Um ein Anwachsen der Klemmenspannung durch die das Polfeld verstärkende Ankerrückwirkung zu vermeiden, muß die Erregung gegenüber Leerlauf verringert werden.

Abgabe induktiver Blindleistung entspricht einer Aufnahme kapazitiver Blindleistung und umgekehrt.

6.7 Belastungsgrenzen des Synchrongenerators

Das Verständnis des *Grenzbelastungsdiagramms* eines Synchrongenerators setzt die Kenntnis der Ermittlung des Erregerstroms I_E aus einem Zeigerdiagramm voraus.

Zunächst rechnet man den im Leerlauf für eine Polradspannung $\underline{E}_P = \underline{U}_k$ erforderlichen Erregergleichstrom I_{E_0} eines Synchrongenerators in einen äquivalenten Ständerwechselstrom $\underline{I}_{E_0}$ um. Dieser würde das gleiche Läuferdrehfeld erzeugen. Man erhält den *Magnetisierungsstrom* $\underline{I}_\mu = \underline{I}_{E_0}$ des Synchrongenerators, der etwa die gleiche Bedeutung hat wie der Magnetisierungsstrom $\underline{I}_\mu$ eines Transformators (s. 7.1), Bild 6.19a.

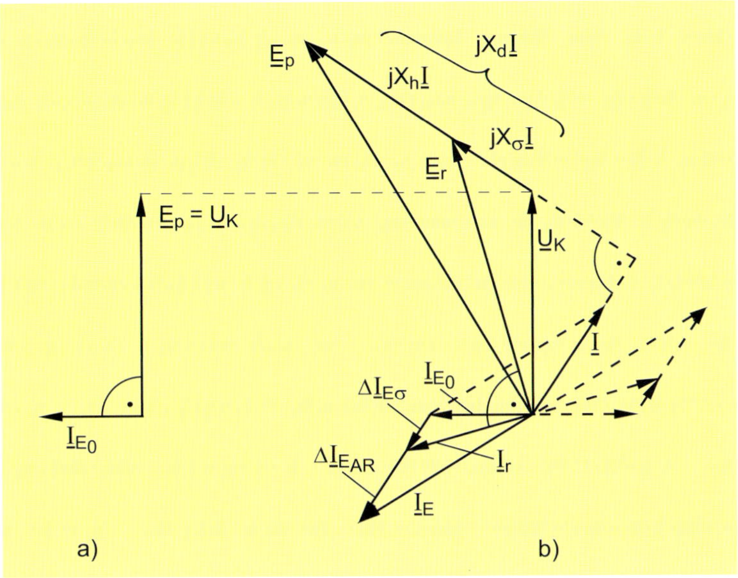

Bild 6.19. Zeigerdiagramm des Synchrongenerators mit a) Magnetisierungsstrom $\underline{I}_\mu = \underline{I}_{E_0}$ im Leerlauf und b) Erregerstrom $\underline{I}_E = \underline{I}_{E_0} + \Delta\underline{I}_E = \underline{I}_{E_0} + \Delta\underline{I}_{E_\sigma} + \Delta\underline{I}_{E_{AR}} = \underline{I}_{E_0} + \underline{I}$ bei ohmsch-induktiver Belastung, Wicklungswiderstand vernachlässigt ($R \ll X$).

Bei induktiver Belastung mit dem Strom $\underline{I}$ überlagern sich Läuferdrehfeld $\phi_L(I_{\underline{E}_0})$ und Ständerdrehfeld $\phi_S(\underline{I})$ zum resultierenden Drehfeld $\phi_r(\underline{I}_r)$, das die resultierende Spannung $\underline{E}_r$ in der Ständerwicklung induziert (vgl. Bild 6.8). Konstante Läufererregung $\underline{I}_{E_0}$ bzw. I_{E_0} vorausgesetzt, würde sich eine um $j(X_h + X_\sigma)\underline{I} = jX_d\underline{I}$ verringerte Klemmenspannung einstellen.

Hält man die Klemmenspannung $\underline{U}_K$ durch Erhöhung des Erregerstroms $\underline{I}_{E_0}$ um $\Delta\underline{I}_E$ während der Belastung konstant, so vergrößert sich die Polradspannung, Bild 6.19b.

Die Leerlauferregung $\underline{I}_{E0}$ muß zunächst um einen Beitrag ΔI_{E_σ} zur Kompensation des Streuspannungsabfalls $jX_\sigma\underline{I}$ sowie um einen Beitrag $\Delta\underline{I}_{E_{AR}}$ zur Kompensation der Ankerrückwirkung $jX_h\underline{I}$ erhöht werden. Der tatsächlich einzustellende Erregerstrom ergibt sich dann zu $\underline{I}_E = \underline{I}_{E_0} + \Delta\underline{I}_{E_\sigma} + \Delta\underline{I}_{E_{AR}}$. Die Überlagerung des Läuferdrehfelds $\underline{\phi}_L(\underline{I}_E)$ mit dem Ständerdrehfeld $\underline{\phi}_S(I_{E_{AR}})$ ergibt, wie oben bereits erläutert, das resultierende Drehfeld $\phi_r(\underline{I}_r)$, das die resultierende Spannung $\underline{E}_r$ induziert.

Die Dreiecke $\underline{I}_{E_0}, \Delta\underline{I}_{E_\sigma} + \Delta\underline{I}_{E_{AR}}$ und $\underline{I}_E$ sowie $\underline{U}_K, jX_d\underline{I}, \underline{E}_P$ sind geometrisch ähnlich. Auf dieser Ähnlichkeit beruht das Grenzbelastungsdiagramm des Synchrongenerators. Zunächst wird das Spannungsdreieck $jX_d\underline{I}, \underline{E}_P, \underline{U}_K$ durch Division mit jX_d in ein Stromdiagramm überführt und um 90° im Uhrzeigersinn gedreht (in Bild 6.19 strichliert). Für die Ströme erhält man

$jX_d\underline{I}/jX_d = \underline{I}$	Ständerstrom
$\underline{E}_P/jX_d = \underline{I}_E$	Dem tatsächlichen Erregerstrom äquivalenter Ständerwechselstrom
$\underline{U}_k/jX_d = \underline{I}_{E_0}$	Dem tatsächlichen Leerlauferregerstrom äquivalenter Ständerwechselstrom

Bezieht man alle Ströme auf den Nennstrom $\underline{I}_N$ und legt die Klemmenspannung $\underline{U}_K$ in den Ursprung des Ständerstroms, erhält man das in Bild 6.20 gezeigte *Grenzbelastungsdiagramm*.

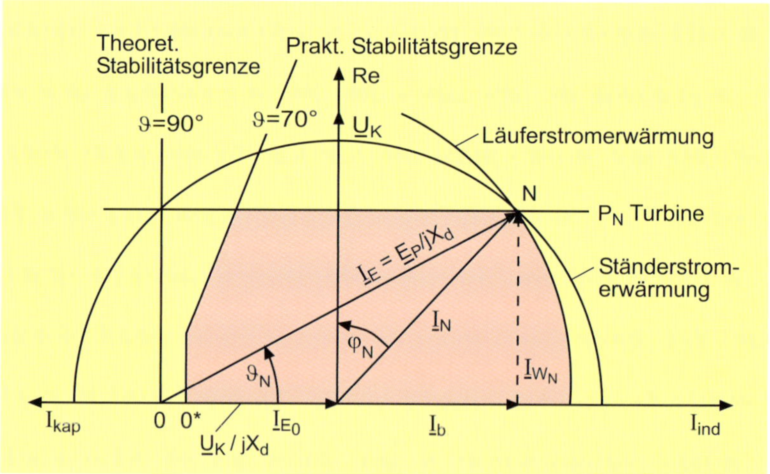

Bild 6.20. *Grenzbelastungsdiagramm* eines Synchrongenerators im *Nennbetriebszustand*, das heißt $\underline{I} = \underline{I}_N$. Schraffiert: Ortskurven für die maximal zulässigen Ströme, N: Nennbetriebspunkt.

Der Ständerstromvektor $\underline{I}_N$ und Erregerstromvektor $\underline{I}_E$ können sich innerhalb des durch Schraffur gekennzeichneten Bereichs bewegen. Aus Sicherheitsgründen mündet die *praktische* Stabilitätsgrenze $\vartheta = 70°$ nicht im Ursprung 0, sondern in 0* (Minimalerregung ca. 10 % I_{E0}, wobei die wirkliche praktische Stabilitätsgrenze noch von der Art der Spannungsregelung und der Last abhängt (s. 6.9.4). Bei $I_{E_0} = 0$ arbeitet der Synchrongenerator nur noch im Reluktanzbetrieb (Stabilität).

Im Phasenschieberbetrieb sind die Blindströme $\underline{I}_b$ deutlich kleiner als der Betrag des Scheinstroms $\underline{I}_N$, insbesondere im untererregten Bereich. Bei verbesserter Läuferkühlung wäre es natürlich denkbar, $\underline{I}_b = \underline{I}_N$ zuzulassen. Da jedoch die meisten Generatoren primär der Wirkleistungserzeugung dienen, wird die Erregerwicklung aus wirtschaftlichen Gründen nur für die im Nennbetrieb auftretende Erwärmung ausgelegt. In praxi wird die untere Grenze des Bereichs meist auch nicht durch die imaginäre Achse ($\underline{I}_\mathrm{w} = 0$), sondern eine ihr parallele Gerade gebildet (nicht eingezeichnet), die aus wirtschaftlichen und technischen Gründen ein Minimum der Wirkleistungserzeugung vorschreibt, um beispielsweise das Verschlacken eines Kessels mit Schmelzkammerfeuerung zu verhindern (s. 4.3).

Der Einhaltung obiger Grenzen dienen dem eigentlichen Spannungsregler beigeordnete *Begrenzungsregelungen*, die beim Annähern oder Überschreiten der Grenzen eingreifen und ein nicht zwingend erforderliches Ansprechen des Generatorschutzes vermeiden:

- *Untererregungsbegrenzung:*
  Bei erhöhtem kapazitiven Blindleistungsbedarf des Netzes verhindert diese Regelung, daß der Spannungsregler den Betriebspunkt durch Erregerstromverringerung über die Stabilitätsgerade treibt.

- *Übererregungsbegrenzung:*
  Beim erhöhten induktiven Blindleistungsbedarf des Netzes sinkt die Klemmenspannung ab. Die für die Spannungsschaltung erforderliche Steigerung des Erregerstroms wird automatisch entsprechend der maximal zulässigen Läufererwärmung begrenzt.

- *Ständerstrombegrenzung:*
  Bei erhöhtem Wirkleistungsbedarf setzt eine *verzögerte* Ständerstrombegrenzung ein. Die Verzögerung erlaubt kurzfristig höhere Ständerströme.

Multipliziert man die zu obigem Diagramm gehörenden konjugiert komplexen Ströme mit der komplexen Spannung, so geht das Stromdiagramm in ein Leistungsdiagramm über, Bild 6.21.

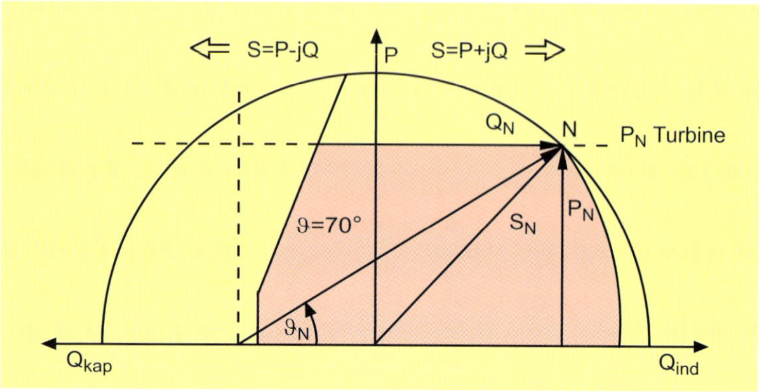

Bild 6.21. Grenzbelastungdiagramm mit *Wirk-* und *Blindleistungen*. Schraffiert: Ortskurven für die maximale *Scheinleistung* S_N, *Wirkleistung* P_N und *Blindleistung* Q_N.

Das Leistungsdiagramm gibt der Betriebsführung Hilfestellung bei der Einhaltung der zulässigen Betriebszustände und bei der Parametrierung der Begrenzungsregelungen.

Ihm entnimmt man auch die für die Lastflußrechnung benötigten Schranken $P_{\max}, P_{\min}, Q_{\max}, Q_{\min}$ (vgl. Kapitel 15).

Die Stabilitätsgrenze von 70° ist verhandlungsfähig und kann durch geeignete Regeleinrichtungen auf 90° ausgedehnt werden, ohne daß der Synchronismus verloren geht (s. a. Kapitel 18).

Die Grenzbelastungsdiagramme eines *Schenkelpolgenerators* unterscheiden sich von obigen Diagrammen bezüglich der Stabilitätsgrenze, worauf in der Spezialliteratur ausführlich eingegangen wird.

6.8 Sternpunktbehandlung bei Synchrongeneratoren

Im Hinblick auf günstiges Oberschwingungsverhalten und zweckmässige Gestaltung des Generatorschutzes werden die Ständerwicklungen von Synchrongeneratoren gewöhnlich in Sternschaltung ohne Nullleiter betrieben. Aufgrund der Punktsymmetrie der für Nichtlinearitäten verantwortlichen Kennlinien (Sättigung) und des Fehlens von Polaritätseffekten genügen die periodischen, nichtsinusförmigen Größen elektrischer Maschinen der Periodizitätsbedingung: $f(t + T/2) = -f(t)$, Bild 6.22.

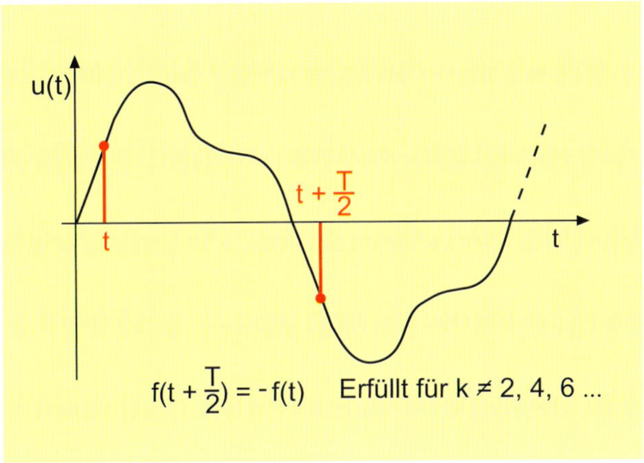

Bild 6.22. Nichtsinusförmiger, periodischer Spannungsverlauf mit ungeradzahligen Oberschwingungen.

Es läßt sich zeigen, daß die Fourierdarstellung einer nichtsinusförmigen Funktion nur dann obige Bedingung erfüllt, wenn alle *geradzahligen* Oberschwingungen verschwinden, das heißt nur *ungeradzahlige* Oberschwingungen auftreten. Setzt man $\omega, 3\omega, 5\omega, 7\omega, 9\omega ... = k\omega$ und ermittelt Periodizität und Phasenlage, so ergeben sich für

k = 1, 7, 13	symmetrische, im Uhrzeigersinn rotierende Drehfelder (*Mitsysteme*)
k = 3, 9, 15	gleichphasige, räumlich ruhende Felder (*Nullsysteme*)
k = 5, 11, 17	symmetrische, gegen den Uhrzeigersinn rotierende *Drehfelder* (*Gegensysteme*)

Beispielsweise ergeben sich für k = 3 deckungsgleiche Systeme, Bild 6.23.

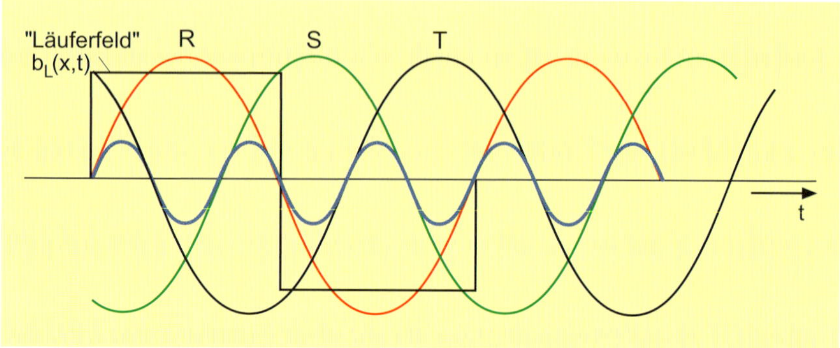

Bild 6.23. Gleichphasigkeit der 3. Oberschwingung eines Drehstromgenerators.

Mit anderen Worten, die dritten Oberschwingungen der Ströme der drei Phasen R, S, T sind gleichphasig, ergänzen sich also nicht zu Null! Abhängig von der Schaltung des Synchrongenerators ergeben sich daraus folgende Konsequenzen:

In der *Dreieckschaltung* bilden sich für die 3., 9., 15. etc. Oberschwingung durch die Überlagerung der drei jeweils gleichphasigen Systeme Kreisströme bzw. Dauerkurzschlußströme aus, Bild 6.24a.

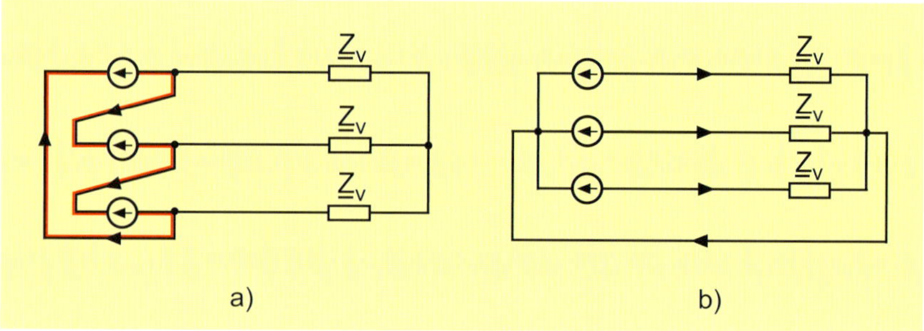

Bild 6.24. Ausbildung von Oberschwingungsströmen. a) Bei Dreieckschaltung und b) bei Sternschaltung mit Neutralleiter.

In der *Sternschaltung mit Neutralleiter* werden sinngemäß die Generatorwicklungen und Verbaucherimpedanzen mit gleichphasigen Strömen belastet, die zwar Verlustwärme erzeugen, aber keinen Beitrag zu einem Drehfeld leisten, Bild 6.24b.

Um die parasitäre Nullstrombelastung von Synchrongeneratoren zu vermeiden, wird der Generatorsternpunkt grundsätzlich nicht geerdet, was einer unendlich großen *Nullimpedanz* entspricht (s. Kapitel 10). Im Rahmen des *Generatorschutzes*, speziell des *Ständererdschlußschutzes*, kann jedoch zur Fehlererfassung der Sternpunkt über eine hochohmige Wandlerwicklung geerdet sein. Diese hat jedoch keinen großen Einfluß auf die praktisch wirksame Nullimpedanz.

6.9 Erregungsverfahren für Synchrongeneratoren

Erregereinrichtungen von Synchrongeneratoren liefern den Gleichstrom bzw. *Erregerstrom* für die Erregung des Läufers. Die Höhe des Erregerstroms wird über die ihn treibende *Erregerspannung* gesteuert. In Verbindung mit einem *Spannungsregler* nehmen Erregereinrichtungen zusätzlich folgende übergeordnete Aufgaben wahr:

- Spannungsregelung im stationären Betrieb,
- gesteuerte Blindleistungsabgabe im Parallelbetrieb,
- Wahrung der Stabilität,
- Entregung im Fehlerfall.

Die Erregung moderner Synchrongeneratoren erfolgt über *Drehstromerregermaschinen* mit nachgeschalteten *stationären* oder *rotierenden* Halbleiterdioden oder Thyristoren. In der Praxis begegnet man aber auch noch allen Vorläufern heutiger Erregereinrichtungen. Viele in Betrieb befindliche Generatoren besitzen noch Gleichstromerregermaschinen, weswegen diese zuerst vorgestellt werden sollen.

6.9.1 Gleichstromerregermaschinen

Im einfachsten Fall erfolgt die Erregung des Läufers eines Synchrongenerators durch eine mit der Generatorwelle gekoppelte selbsterregte Gleichstromerregermaschine. Die Höhe des Erregerstroms I_E wird durch die Höhe der *Erregerspannung* U_E der Gleichstromerregermaschine bestimmt. Sie läßt sich durch einen mit der Feldwicklung in Reihe liegenden veränderlichen Widerstand steuern. Die Konstanthaltung der Synchrongenerator-Klemmenspannung bewirkt klassisch ein *Wälzsektorregler*, der den Widerstand im Nebenschlusskreis belastungsabhängig variiert, Bild 6.25a.

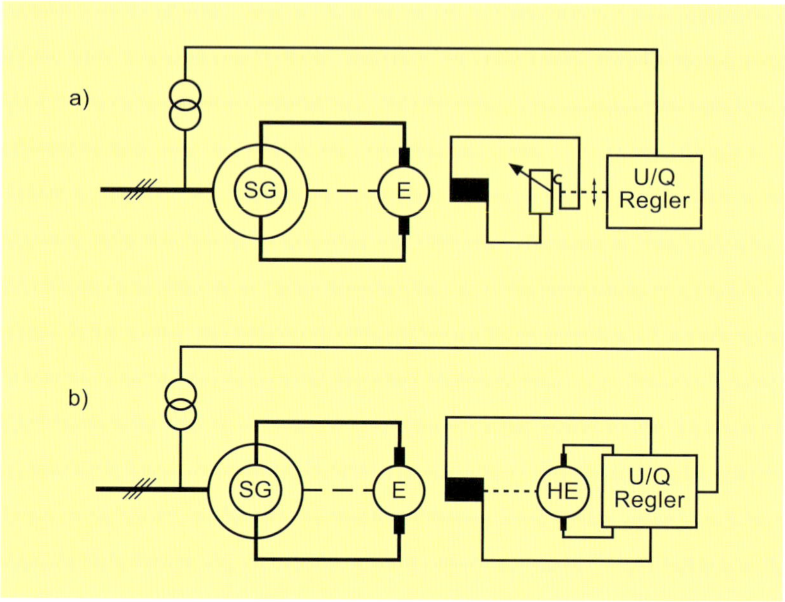

Bild 6.25. Gleichstromerregermaschinen. a) Erregermaschine E mit Erregerspannungsregelung durch Feldschwächung, b) Haupterregermaschine E mit Hilfserregermaschine HE.

Wegen der schlechten dynamischen Eigenschaften, das heißt wegen der großen Zeitkonstante, mit der die Klemmenspannung der selbsterregten Gleichstromerregermaschine einer Änderung des Widerstands der Feldwicklung folgt, kann dieses Verfahren nur die Spannungsregelung im stationären Betrieb und die Aufgabe der definierten Blindleistungsabgabe wahrnehmen. Bei großen Laststößen erfolgt die Ausregelung der Störung jedoch nur sehr langsam.

Eine kürzere Ausregelzeit ermöglicht eine *Haupterregermaschine*, deren Erregerwicklung von einer kleinen Hilfserregermaschine gespeist wird. Die feste Spannung der Hilfserregermaschine erlaubt die schnellere Änderung der Erregung der Haupterregermaschine, Bild 6.25b. Später wurde der elektromechanische, direkt physikalisch eingreifende Wälzsektorregler durch elektronische Regler abgelöst. Sie führen den Soll/Istwert-Vergleich auf Signalleistungsniveau durch, was eine anschließende Verstärkung mit *Magnetverstärkern* oder *Amplidyne* erforderlich macht, worauf hier jedoch nicht weiter eingegangen werden soll.

Haupt- und Hilfserregermaschinen beziehen ihre Antriebsenergie direkt über die Generatorwelle oder bei großen Leistungen auch über Getriebe gekoppelt. Sie sind damit unabhängig von einer separaten Energieversorgung. Alternativ kann die Erregermaschine aus dem Eigenbedarfsnetz über einen Asynchronmotor angetrieben werden, besitzt aber dann häufig ein Schwungrad, um kurze Versorgungsunterbrechungen im Eigenbedarfsnetz auffangen zu können.

6.9.2 Drehstromerregermaschinen

Mit dem Aufkommen der Halbleiter bot sich die *Drehstromerregermaschine* mit *stationären Dioden* an. Im einfachsten Fall speist der Ständer eines mit der Generatorwelle gekoppelten *Drehstromhaupterregergenerators* einen ortsfesten *Diodengleichrichter*, der über Schleifringe mit der Erregerwicklung des Synchrongenerators verbunden ist, Bild 6.26a.

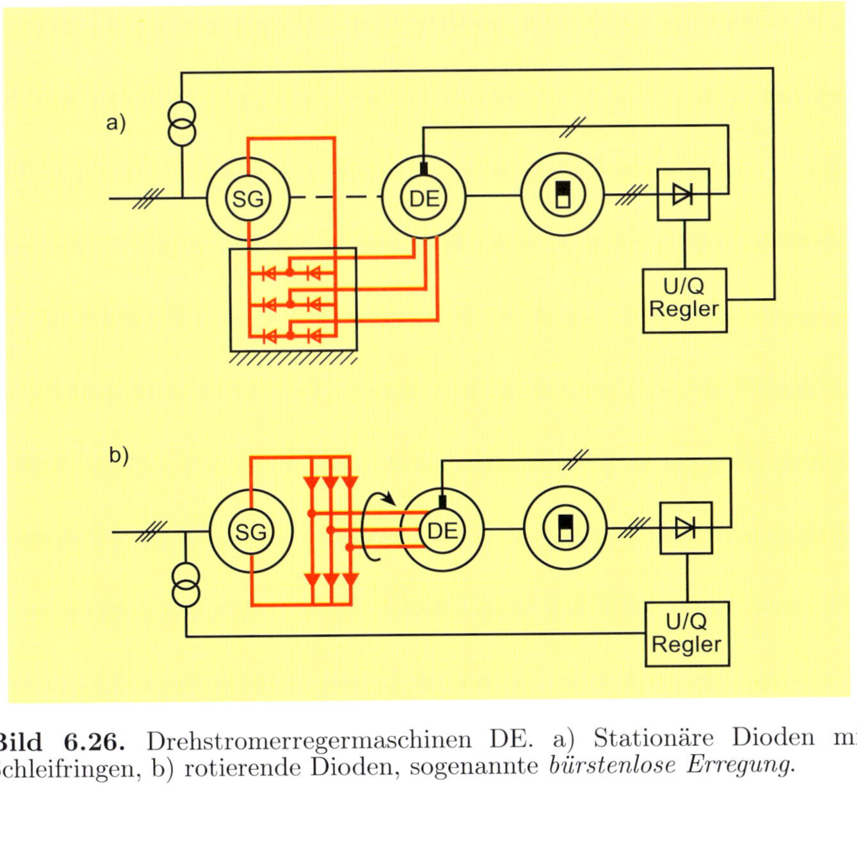

Bild 6.26. Drehstromerregermaschinen DE. a) Stationäre Dioden mit Schleifringen, b) rotierende Dioden, sogenannte *bürstenlose Erregung.*

Die Erregung des Drehstromhaupterregergenerators erfolgt aus einer *Drehstromhilfserregermaschine* mit Permanentmagnetläufer. Sie ist ebenfalls mit der Läuferwelle gekoppelt. Der Regler wirkt auf den Erregerstromkreis der Drehstromhaupterregermaschine. Bei kleinen Generatorleistungen kann die Hilfserregermaschine entfallen, der Erregerstrom für die Drehstromerregermaschine kommt dann direkt aus dem Leistungsteil des Reglers.

Zur Verringerung des Wartungsaufwands wurde die *bürstenlose Erregung* entwickelt, die die Schleifringe entbehrlich macht. Die Gleichrichterdioden sind Teil des rotierenden Systems und direkt mit der Drehstromwicklung des Läufers der als *Außenpolgenerator* realisierten Drehstromhaupterregermaschine verbunden, Bild 6.26b. Bei beiden Verfahren wirkt der Regler auf den Erregerkreis der Drehstromerregermaschine, wobei im Fall des Außenpolgenerators die Erregerwicklung im Ständer untergebracht ist.

6.9.3 Statische Erregereinrichtungen

Statische Erregereinrichtungen mit Thyristoren weisen das beste dynamische Verhalten auf und kennzeichnen den Stand der Technik. Sie enthalten nur noch ortsfeste, ruhende Komponenten. Der Erregerstrom wird dem Läufer des Synchrongenerators über *Schleifringe* zugeführt, Bild 6.27.

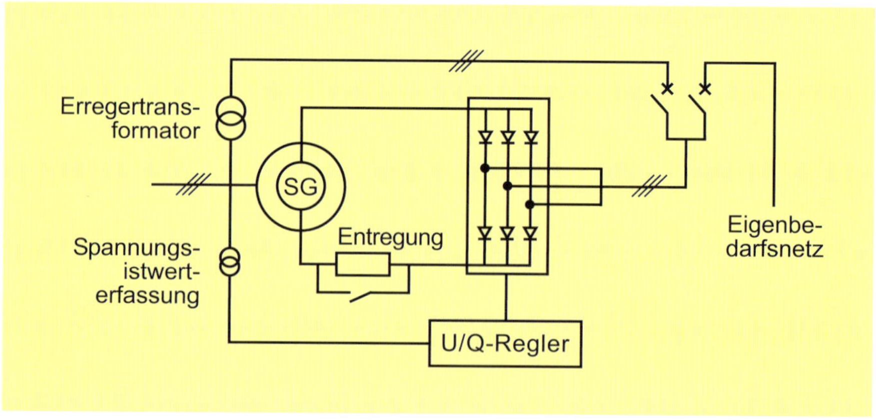

Bild 6.27. Statische Erregereinrichtung.

Regelungstechnisch ist dies die vorteilhafteste Methode, da keine Zeitkonstanten der Erregermaschinen auftreten und die Erregerspannung in beiden Richtungen in Echtzeit zur Wahrung der transienten Stabilität um große Beträge geändert werden kann. Auf diese Weise können Polradwinkelpendelungen von 0,5...5 Hz ausgeregelt werden.

Während Erregungseinrichtungen mit auf der Generatorwelle befindlichen Erregermaschinen auch bei Netzstörungen weiterarbeiten können, tritt bei statischen Erregungseinrichtungen, die über den sogenannten Erregertransformator von den Generatorklemmen selbst versorgt werden, bis zur Beseitigung des Fehlers eine Unterbrechung ihrer Spannungsversorgung auf. Diese ist jedoch beim heutigen Netzschutz meist vernachlässigbar kurz. Außerdem läßt sich die Erregereinrichtung auch aus dem Eigenbedarfsnetz, einer Hilfswicklung im Ständer oder direkt aus dem Ständer versorgen.

6.9.4 Dynamisches Verhalten von Erregereinrichtungen

Sprunghafte, große Laständerungen, beispielsweise hohe Anlaufströme großer Asynchronmotoren, hohe Blindleistungsaufnahmen, Netzstörungen etc., führen zu sprungartigem Ansteigen bzw. Absinken der Klemmenspannung eines Synchrongenerators. Im Hinblick auf die Spannungsqualität müssen diese Spannungsänderungen durch Nachregeln der Polradspannung bzw. des Erregerstroms schnellstmöglich ausgeglichen werden. *Spannungseinbrüchen* begegnet man durch schnelle *Steigerung* der Polradspannung, *Spannungserhöhungen* durch schnelles *Herunterfahren* der Polradspannung.

Lastsprünge in positiver und negativer Richtung führen zu Polradwinkelvergrößerungen oder –verkleinerungen. Bei parallelgeschalteten Generatoren kommt es zu Leistungspendelungen bzw. Polradwinkelpendelungen, die bei $\vartheta > 90°$ einen Generator unter Umständen außer Tritt fallen lassen. Durch gegensinnige Änderungen des Erregerstroms in Echtzeit lassen sich die Polradwinkelpendelungen dämpfen, sogenannte *Polradwinkelregelung* oder *Schlupfstabilisierung* (engl.: *Power System Stabilizer*, PSS) (s. Kapitel 18).

Moderne Thyristorerregereinrichtungen regeln die *Erregerspannung* U_E in Echtzeit. Das dynamische Verhalten des *Erregerstroms* I_E wird dann nur noch von den Läuferzeitkonstanten, $T_{\text{Läufer}} = L_{\text{Läufer}}/R_{\text{Läufer}}$ bestimmt. Um die Änderungsgeschwindigkeit des Erregerstroms zu steigern, kann der PID-Regler kurzzeitig eine überproportionale Erregerspannung veranlassen, die unschwer das Doppelte der Erregerspannung im Leerlaufbetrieb betragen kann, sogenannte *Deckenspannung*. Man spricht auch von *Stoßerregung*. Sinngemäß kann bei plötzlichen Entlastungen die Erregerspannung kurzzeitig auch auf sehr kleine oder gar *negative Werte* eingestellt werden, sogenannte *Stoßentregung*.

Bei Trennung vom Netz oder einem inneren Fehler muß die Polradspannung, die ja deutlich über der Nennklemmenspannung liegen kann, schnellstmöglichst reduziert werden. Dies verlangt nach einer sofortigen *Entregung* des Läuferkreises. Eine einfache Unterbrechung des Läuferstromkreises würde zu einer hohen selbstinduzierten Spannung $L\,di/dt$ führen und kommt daher nicht in Frage. Auch ein direktes Kurzschließen führt nicht zur Schwächung des Polradfelds, da der Läuferstrom wegen der großen Zeitkonstante $T_{\text{Läufer}}$ erst recht sehr lange fließen würde und weiterhin in den Fehler einspeist. Hier sieht man zwischen Erregerspannungsquelle und Erregerwicklung der Synchronmaschine einen *Entregungsschalter* vor. Bei einem Fehler trennt er die Verbindung zur Erregerspannungsquelle und schließt gleichzeitig die Erregerwicklung über einen Widerstand kurz. Aufgrund der kleinen Zeitkonstante $T_{\text{Läufer}} = L_{\text{Läufer}}/R_{\text{Entregung}}$ klingt der Erregerstrom schnell ab. Schließlich kann man Widerstandsentregung und Gegenspannungsentregung miteinander kombinieren, was zur sogenannten *Schwingungsentregung* führt.

6.10 Der Synchrongenerator im Kurzschluß

Bei lokalem Versagen der Isolation in elektrischen Netzen (s. 10.3) fließt an der Fehlerstelle ein Kurzschlußstrom, dessen Höhe sich nach dem von der Fehlerstelle aus gesehenen Innenwiderstand des Netzes richtet. Der Netzinnenwiderstand setzt sich zusammen aus der Parallelschaltung der Innenwiderstände bzw. Impedanzen aller Synchrongeneratoren und den in Reihe liegenden Leitungsimpedanzen. Tritt der Kurzschluß in unmittelbarer Nähe eines Generators auf, führen die Ströme zu starken mechanischen Beanspruchungen der Wicklungen. Man unterscheidet zwischen *generatorfernem* und *generatornahem* Kurzschluß. Im ersten Fall wird der Kurzschlußstrom überwiegend durch die *zeitin-*

varianten Reaktanzen der Leitungen bis zur Fehlerstelle im Netz bestimmt, im zweiten überwiegend durch die *zeitvarianten* Reaktanzen des Synchrongenerators. Im Übergangsbereich zwischen dem generatornahen und dem generatorfernen Kurzschluß kommen *beide* Reaktanzen zum Tragen. Der *generatorferne Kurzschluß* wird oft synonym als „*Kurzschluß ohne abklingende Wechselstromkomponente*", der *generatornahe Kurzschluß* als „*Kurzschluß mit abklingender Wechselstromkomponente*" bezeichnet. Die Herkunft dieser Begriffe erhellen die im folgenden angestellten Betrachtungen.

Aus didaktischen Gründen wird zunächst das zeitliche Verhalten des Kurzschlußstroms des Synchrongenerators bei *generatorfernem, symmetrischem* Kurzschluß betrachtet.

6.10.1 Generatorferner Kurzschluß

Bei einem *generatorfernen*, symmetrischen Kurzschluß ereignet sich das Isolationsversagen in Verbrauchernähe am Ende einer längeren Leitung. Es addieren sich dann zum Generatorinnenwiderstand $R_G + jX_G$ die Leitungsreaktanz jX_L und der Leitungswiderstand R_L bis zum Kurzschlußort, Bild 6.28a.

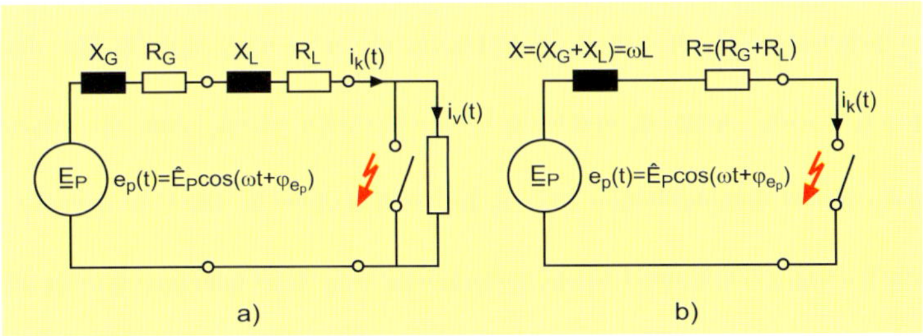

Bild 6.28. a) Ersatzschaltbild für den generatorfernen Kurzschluß, b) kompaktes Ersatzschaltbild bei Vernachlässigung des Betriebsstroms $i_v(t)$ durch die Last. $\underline{E}_P$ bzw. $e_P(t)$ Polradspannung.

Durch Zusammenfassen der Reaktanzen und Widerstände von Generator und Leitung sowie Vernachlässigung eines etwaigen Verbraucherstroms $i_v(t)$, was einem Kurzschluß im *Leerlauf* bzw. im *Schwachlastbetrieb* entspricht, läßt sich das Ersatzschaltbild weiter vereinfachen, Bild 6.28b. Beim generatorfernen Kurzschluß in sehr großem Abstand ist $X_L = \omega L_L \gg X_d = X_G$, so daß der zeitliche Verlauf des Kurzschlußstroms im wesentlichen durch die zeitlich konstante Leitungsreaktanz X_L bestimmt wird. Für den Zusammenhang zwischen Strom und Spannung in Bild 6.28b gilt dann die Differentialgleichung

$$L_L \frac{di_k(t)}{dt} + Ri_k(t) = \hat{E}_P \, cos\,(\omega t + \varphi_{e_P}) \quad . \tag{6.27}$$

Ihre Lösung $i_k(t)$ setzt sich zusammen aus der Lösung $i_{hom}(t)$ für die *homogene* und der Lösung $i_{part}(t)$ für die *inhomogene* Differentialgleichung,

$$i_k(t) = i_{part}(t) + i_{hom}(t) \quad . \tag{6.28}$$

Die *partikuläre* Lösung von (6.28) erhalten wir durch Übergang in den Frequenzbereich bzw. mit Hilfe der komplexen Wechselstromrechnung zu

$$i_{part}(t) = \frac{\hat{E}_P}{\sqrt{R^2 + (\omega L)^2}} \cos(\omega t + \varphi_i) = \hat{i}_{part} \cos(\omega t + \varphi_i) \tag{6.29}$$

mit

$$\hat{i}_{part} = \frac{\hat{E}_P}{\sqrt{R^2 + (\omega L)^2}} = \frac{\hat{E}_P}{Z} \tag{6.30}$$

und dem Phasenwinkel φ_i von $i_{part}(t)$ zum Kurzschlußeintritt.

Sie beschreibt einen stationären, zur Zeitachse symmetrischen kosinusförmigen *Kurzschlußwechselstrom* konstanter Amplitude, der von der *Störfunktion* $e_P(t) = \hat{E}_P \cos(\omega t + \varphi_{e_P})$ auf der rechten Seite in Gleichung (6.27) bestimmt wird, Bild 6.29.

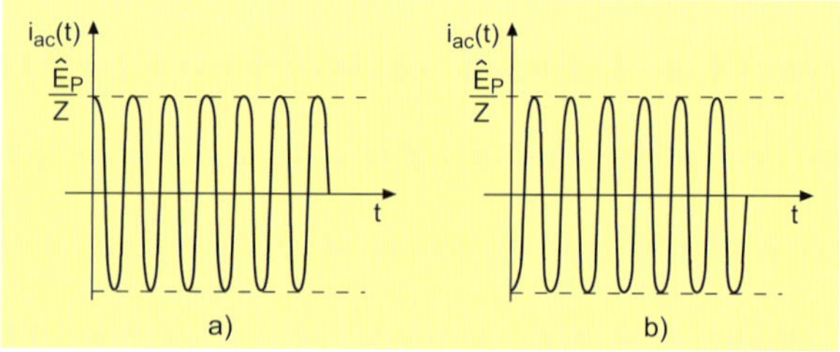

Bild 6.29. Zeitlicher Verlauf der partikulären Lösung der Gleichung (6.27) für einen Kurzschluß bei a) $\varphi_i = 0°$, b) $\varphi_i = 180°$. Sogenannte (symmetrische) *Wechselstromkomponente* $i_{ac}(t)$.

Die partikuläre Lösung $i_{part}(t)$ wird im folgenden als *Wechselstromkomponente* $i_{ac}(t)$ bezeichnet. Zum Einschaltzeitpunkt kann sie jedoch nicht, wie in Bild 6.29 dargestellt, sofort einen Wert $-\hat{i}_{ac}$ annehmen, vielmehr muß der Strom beim Kurzschlußeintritt *von Null* an beginnen. Das Einhalten dieser Anfangsbedingung gewährleistet die *homogene* Lösung.

Sie beschreibt das Abklingverhalten des Systems abhängig von den Anfangsbedingungen $e_P(0)$ und $i_k(0)$ zum Kurzschlußeintritt,

$$i_{hom}(t) = -\hat{i}_{part} \cos \varphi_i \, e^{-\frac{t}{T_{dc}}} = -\hat{i}_{part} \cos \varphi_i \, e^{-\frac{R}{L}t} \quad . \tag{6.31}$$

Sie wird im folgenden als *Gleichstromkomponente* $i_{dc}(t)$ bezeichnet, Bild 6.30.

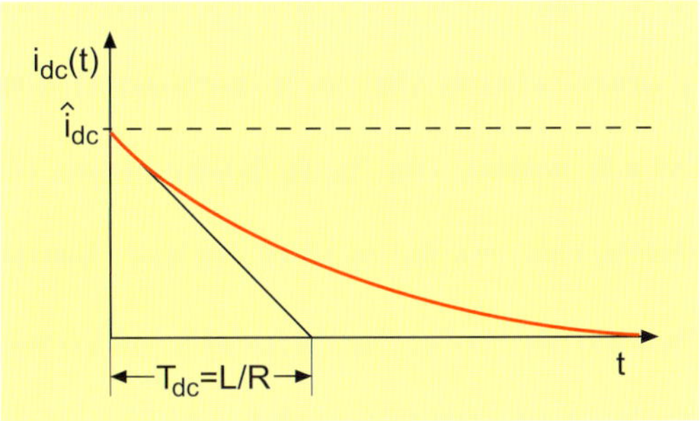

Bild 6.30. Zeitlicher Verlauf der Lösung der homogenen Differentialgleichung, sog. Gleichstromkomponente $i_{dc}(t)$ beim Kurzschluß zur Zeit $\varphi_i = 180°$.

Die *Gleichstromzeitkonstante* T_{dc} des exponentiellen Abfalls berechnet sich aus der Induktivität L und dem Widerstand R des Wechselstromkreises und wird bei Vernachlässigung des Widerstandes unendlich groß (s. a. 7.6). Vorzeichen und Amplitude von $i_{dc}(t)$ richten sich nach dem Zeitpunkt des Kurzschlusses, genauer gesagt, nach dem Phasenwinkel φ_i, den die Wechselstromkomponente $i_{ac}(t)$ beim Eintreten des Kurzschlusses besitzt.

Der Gesamtstrom ergibt sich aus der Überlagerung der *Wechselstrom-* und *Gleichstromkomponente* zu

$$i_k(t) = i_{ac}(t) + i_{dc}(t) = \hat{i}_{ac} \left[\cos(\omega t + \varphi_i) - \cos \varphi_i \, e^{-\frac{t}{T_{dc}}} \right] \quad . \tag{6.32}$$

Die Überlagerung beider Stromkomponenten zeigt Bild 6.31a.

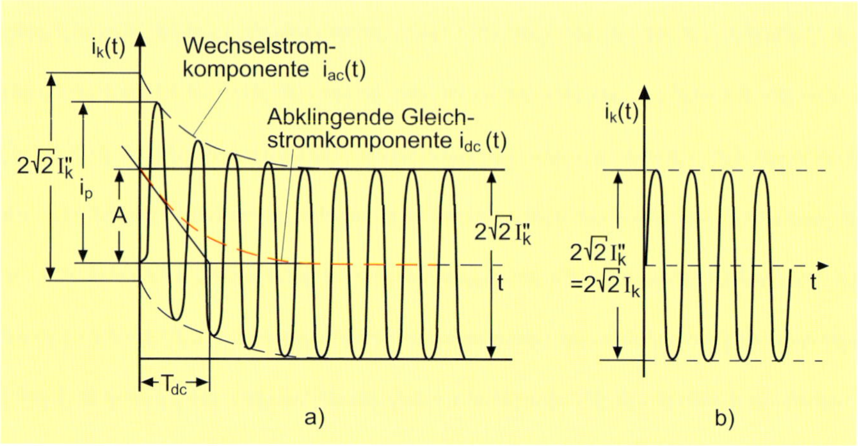

Bild 6.31. Zeitlicher Stromverlauf $i_k(t)$ beim dreiphasigen Kurzschluß eines unbelasteten Synchrongenerators über eine zeitinvariante Reaktanz $X_L \gg X_d$. a) Maximale Verlagerung bei Kurzschlußeintritt zum Zeitpunkt $\varphi_i = 180°$, b) verschwindende Verlagerung bei Kurzschlußeintritt zum Zeitpunkt $\varphi_i = 270°$, sogenannter *Symmetrischer Kurzschlußwechselstrom*.

Nach anfänglicher Verlagerung A durch die Gleichstromkomponente geht der Kurzschlußstrom $i_k(t)$ für $t \to \infty$ in die symmetrische Wechselstromkomponente über, die dann *Dauerkurzschlußstrom* I_k genannt wird,

$$i_k(t \to \infty) = \hat{i}_{part} \cos(\omega t + \varphi_i) \quad \text{bzw.} \quad i_{k_{\text{ef}}} = I_k \quad . \tag{6.33}$$

Zum Verständnis des Einflusses der Phasenwinkel 0° und 90° vergegenwärtige man sich den zeitlichen Verlauf der Kosinusfunktion.

Betrag und Richtung der vertikalen Verlagerung richten sich nach dem Phasenwinkel φ_i, den die Wechselstromkomponente bei Kurzschlußeintritt haben würde. Für $\varphi_i = 0°$ bzw. $\varphi_i = 180°$, das heißt Kurzschlußeintritt in einem Scheitelwert der Wechselstromkomponente, besitzt die Verlagerung bzw. die Gleichstromkomponente ihren Maximalwert. Für $\varphi_i = 90°$ bzw. $\varphi_i = 270°$, das heißt Kurzschlußeintritt im Stromnulldurchgang, ist die Gleichstromkomponente $i_{dc}(t)$ wegen $\cos 90° = \cos 270° = 0$ nicht existent.

Generell besitzt der Scheitelwert der Gleichstromkomponente den negativen Momentanwert, den die symmetrische Wechselstromkomponente bzw. der Dauerkurzschlußstrom bei Kurzschlußeintritt haben würde. Der physikalische Grund für das Auftreten der Gleichstromkomponente liegt darin, daß die während des Schaltvorgangs auftretende Stromänderung bzw. die mit ihr verknüpfte Magnetfeldänderung im Stromkreis eine Selbstinduktionsspannung induziert, die durch den Stromkreis die Gleichstromkomponente fließen läßt. Der Momentanwert des Wechselstroms im Schaltaugenblick und der Scheitelwert der Gleichstromkomponente sind stets entgegengesetzt gleich groß und ergänzen sich zu Null. Wenn der Synchrongenerator vor Kurzschlußeintritt im Leerlauf betrieben wurde, muß der Kurzschlußstrom in allen drei Phasen bei Null beginnen und sich dann stetig seinem jeweiligen Scheitelwert nähern. Da sich jedoch die Phasenwinkel der Kurzschlußströme der beiden anderen Phasen vom Winkel der hier betrachteten Phase unterscheiden, nimmt bei ihnen das Gleichstromglied unterschiedliche Werte (positiv oder auch negativ) an, womit sich andere zeitliche Verläufe einstellen als in Bild 6.31 für $\varphi_i = 180°$ bzw. $270°$ gezeigt.

Die untere Einhüllende in Bild 6.31a schneidet die vertikale Achse des Koordinatensystems nicht genau im Nullpunkt, sondern beginnt etwas unterhalb. Dies ist für die exakte Definition des Effektivwerts des Anfangs-Kurzschlußwechselstroms I_k'' von Bedeutung.

Man beachte, daß die symmetrische Wechselstromkomponente in Bild 6.31b von Anfang bis zum Ende eine konstante Amplitude aufweist. Der generatorferne Kurzschluß wird daher auch als „*Kurzschluß ohne abklingende Wechselstromkomponente*“ bezeichnet.

Für $R \ll X$ ist der Strompfad praktisch rein induktiv, $i_k(t)$ und $e_P(t)$ sind daher um $90°$ phasenverschoben. Einem Kurzschlußeintritt beim Phasenwinkel $\varphi_i = 0°$ bzw. $\varphi_i = 180°$ entspricht dann ein Spannungsphasenwinkel $\varphi_{e_P} = \pm 90°$. Mit anderen Worten, Bild 6.31a zeigt den Stromverlauf bei Kurzschlußeintritt in einem Spannungsnulldurchgang, Bild 6.31b im Spannungsmaximum bzw. -minimum. Je nach Kurzschlußeintritt besitzen die Kurzschlußströme in den beiden anderen Phasen einen zeitlichen Verlauf, der zwischen den beiden Grenzkurven liegt, wobei die Gleichstromkomponente auch durchaus negativ sein kann.

Der durch die Schnittpunkte der beiden Einhüllenden auf der vertikalen Achse definierte Streckenabschnitt geteilt durch $2\sqrt{2}$ wird Anfangs-Kurzschlußwechselstrom I_k'' genannt. Der Anfangs-Kurzschlußwechselstrom ist als Effektivwert der symmetrischen Wechselstromkomponente bei Kurzschlußeintritt definiert. Die Namensgebung und Definition von I_k'' erhellt das folgende Kapitel.

Der maximale Momentanwert des Kurzschlußstroms wird als *Stoßkurzschlußstrom* i_p bezeichnet. Seine Kenntnis ist für die Ermittlung der mechanischen Beanspruchungen der Generatorwickelköpfe wie auch weiterer Betriebsmittel erforderlich. Für einen Kurzschlußeintritt bei $\varphi_i = 0°$ bzw. $\varphi_i = 180°$ vereinfacht sich (6.32) zu

$$i_k(t) = \hat{i}_{ac}(cos\,\omega t - e^{-\frac{t}{T_{dc}}}) \quad . \tag{6.34}$$

Das Maximum tritt nach etwa einer halben Periode, das heißt bei $\omega t = \pi$ bzw. nach 10 ms auf. Nach Einsetzen in (6.34) erhalten wir

$$i_p = -\hat{i}_{ac}\left[1 + e^{-\pi\frac{R}{\omega L}}\right] \quad . \tag{6.35}$$

Für $X \gg R$, das heißt $T_{dc} \gg T_{50Hz}$, erhalten wir für i_p praktisch den doppelten Wert der Amplitude $\hat{i}_{ac}$ der Wechselstromkomponente. Das aus Gleichung (6.35) bezeichenbare Verhältnis der beiden Stromscheitelwerte

$$\kappa = \left|\frac{i_p}{\hat{i}_{ac}}\right| = \frac{i_p}{\sqrt{2}I_k''} = \left[1 + e^{-\pi\frac{R}{\omega L}}\right] \quad . \tag{6.36}$$

wird als *Stoßfaktor* κ bezeichnet.

Abhängig vom Verhältnis X/R nimmt κ Werte zwischen 2 und 1 an. Ersterer Grenzwert gilt für einen Klemmenkurzschluß zum Zeitpunkt $\varphi_i = 0°$ bzw. 180°, letzterer für einen generatorfernen Kurzschluß in sehr großem Abstand. Die Scheitelwerte i_p und $\hat{i}_{ac}$ sind dann gleich groß. In der Praxis der Kurzschlußstromberechnung wird κ nicht aus (6.36) errechnet, sondern aus einer Näherungsgleichung in Abhängigkeit des Verhältnisses X/R ermittelt (s. 16.1.2)

$$\kappa = 1,02 + 0,98\,e^{-3R/X} \quad . \tag{6.37}$$

Abschließend sei vermerkt, daß der generatorferne Kurzschluß eines Synchrongenerators sich in nichts vom Einschaltvorgang eines jeden gewöhnlichen Wechselstromkreises mit konstanter Induktivität unterscheidet. An Stelle des Synchrongenerators könnte jede andere Wechselspannungsquelle mit geringem Innenwiderstand stehen. Während jedoch in gewöhnlichen Wechselstromkreisen auf niedrigem Leistungsniveau der anfängliche Ausgleichsvorgang meist als parasitärer Effekt toleriert wird, nach dem Motto „Unter Vernachlässigung des Ausgleichsvorgangs erhalten wir für den stationären Fall ...“, verlangt der anfängliche zeitliche Verlauf des Kurzschlußstroms des Synchrongenerators wegen der großen Leistungen und der großen zerstörerischen Wirkung von Kurzschlußströmen eine genaue Ermittlung.

Aus didaktischen Gründen wurde bislang für den generatorfernen Kurzschluß eines praktisch leerlaufenden Generators das Kriterium $X_L \gg X_d$ bzw. $X = const_t$ verwendet. In der Praxis arbeiten jedoch mehrere Generatoren parallel, gleichzeitig herrscht eine merkliche Vorbelastung der Generatoren durch die Betriebsströme des stationären Betriebs vor Kurzschlußeintritt. Man spricht daher in der Praxis von einem generatorfernen Kurzschluß, wenn der Kurzschlußstrom an keinem Generator das Zweifache des Nennstroms überschreitet, das heißt

$$I_k^{''} < 2\, I_N \qquad \text{oder auch} \qquad I_k^{''} = I_K \quad . \tag{6.38}$$

Letztere Definition ist gleichbedeutend mit der eingangs getroffenen Annahme $X = const_t$ (vgl. Bild 6.31).

Ein alternatives Kriterium für die Unterscheidung zwischen generatornahen und generatorfernen Kurzschlüssen ist die sogenannte *Kurzschlußentfernung* a. Sie setzt die Reaktanz der gesamten Strombahn in Beziehung zur Generatorreaktanz,

$$a = \frac{X_d^{''} + X_L}{X_d^{''}} = \frac{I_{k_{(\text{Klemmenkurzschluß})}}^{''}}{I_{k_{(\text{Netzkurzschluß})}}^{''}} \quad . \tag{6.39}$$

Je größer die Netzreaktanz X_L, desto größer die Kurzschlußentfernung und desto kleiner der Kurzschlußstrom. Für typische praxisnahe Fälle generatorferner Kurzschlüsse, beispielsweise Kurzschlüsse in *Mittel-* und *Niederspannungsnetzen*, besitzt a Werte > 5. Bei generatornahen Kurzschlüssen, beispielsweise einem Sammelschienenkurzschluß in der

Hochspannungsschaltanlage eines Kraftwerks, gilt $a < 5$. Im Grenzfall des Klemmenkurzschlusses nimmt a den Wert 1 an ($X_L = 0$).

6.10.2 Generatornaher Kurzschluß

Der Extremfall eines generatornahen Kurzschlusses ist der allpolige *Klemmenkurzschluß*. Leider liegen die Verhältnisse hier nicht so einfach wie beim generatorfernen Kurzschluß, weil jetzt wegen $X_L = 0$ ausschließlich die *zeitlich veränderliche Generatorreaktanz* $X_d(t)$ den zeitlichen Verlauf des Kurzschlußstroms bestimmt. Zusätzlich zur Verlagerung durch die Gleichstromkomponente treten dann wegen der transformatorischen Kopplung zwischen der Ständerwicklung und den Läuferstromkreisen anfänglich deutlich höhere Amplituden der Wechselstromkomponente auf, die von zwei zusätzlichen Ausgleichsvorgängen in Form der *Transienten Reaktanz* $X_d^{'}$ und der *Subtransienten Reaktanz* $X_d^{''}$ herrühren. Beide werden im folgenden näher erläutert.

Transiente Reaktanz $X_d^{'}$

Bei einem Synchrongenerator ohne Dämpferwicklung wird für einen Phasenwinkel $\varphi_i = 180°$ bzw. $\varphi_{eP} = 270°$ ein Stromverlauf gemäß Bild 6.32 beobachtet:

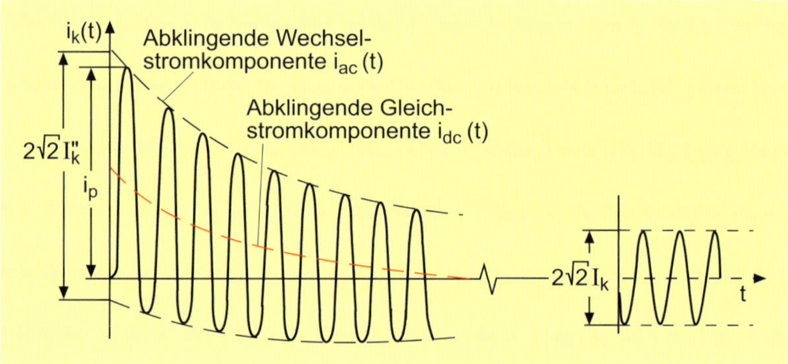

Bild 6.32. Zeitlicher Verlauf des Kurzschlußstroms eines Synchrongenerators ohne Dämpferwicklung beim Klemmenkurzschluß.

Zusätzlich zur Gleichstromkomponente tritt eine *zeitlich abklingende Wechselstromkomponente* mit anfänglich größerer Amplitude auf, die mit einer Zeitkonstanten T' der konstanten Amplitude $\hat{i}_{ac}(t \to \infty)$ des Dauerkurzschlußstroms zustrebt. Beim generatorfernen Kurzschluß kommt diese zeitliche Abhängigkeit der Amplitude wegen $X_L \gg X_d^{'}(t)$ nicht zum Ausdruck.

Die anfänglich höhere Kurzschlußwechselstromamplitude resultiert aus einer anfänglich kleineren Reaktanz $X_d^{'} < X_d$, der sogenannten *Transienten Reaktanz* bzw. *Übergangsreaktanz*. Wie bereits in 6.2.1 erwähnt, kann eine Ständerspule einer Synchronmaschine nicht zwischen dem Wechselfeld eines *rotierenden gleichstromerregten* Läufers und dem Wechselfeld eines *ruhenden wechselstromerregten* Läufers unterscheiden. In beiden Fällen sieht sie ein zeitlich sinusförmig veränderliches 50 Hz-Feld. Eine Synchronmaschine verhält sich daher ähnlich wie ein Transformator. Wie beim Transformator kann man Primärspannung und Sekundärspannung jeweils auf die andere Seite beziehen, die magnetische Kopplung über das Luftspaltfeld durch eine galvanische Kopplung mittels eines T-Ersatzschaltbild ersetzen und im Kurzschluß die Hauptreaktanz X_h vernachlässigen (s. a. Kapitel 7). Es sind dann im wesentlichen die *Streureaktanzen* der Läufer und Ständerwicklung strombestimmend.

Die bei Kurzschlußeintritt einsetzende Änderung des Ständerstroms und die damit verknüpfte Magnetfeldänderung induziert in der über die Erregerspannungsquelle kurzgeschlossenen Erregerwicklung eine Umlaufspannung. Diese treibt durch die Erregerwicklung einen Strom, der seinerseits mit einem Magnetfeld verknüpft ist, das nach der *Lenzschen* Regel die Flußänderung des Ständerfelds zu kompensieren sucht und damit den Luftspaltfluß ϕ_L zunächst auf dem Wert vor dem Kurzschluß konstant hält. Da Fluss und Strom über die Proportionalitätskonstante L/n miteinander verknüpft sind (s. Anhang D),

$$\phi_L = \frac{L}{n} \underline{I} \tag{6.40}$$

(n = Windungszahl der vom Strom durchflossenen Spule bzw. Wicklung), entspricht einem konstanten Fluß bei größerem Strom eine kleinere wirksame Induktivität $L_d^{'}$ und damit eine kleinere Reaktanz $X_d^{'} = \omega L_d^{'} < X_d$. Aufgrund des zwar kleinen aber endlichen Läuferwiderstands R_l klingt der Läuferstrom mit der Zeitkonstanten $T = L/R_l$ auf Null ab und mit ihm die kompensierende Wirkung des transienten Läuferfelds. Es stellt sich nach einigen Sekunden wieder die synchrone Reaktanz X_d ein. Die transiente Reaktanz läßt sich meßtechnisch bestimmen, was hier jedoch nicht vertieft werden soll.

Subtransiente Reaktanz $X_d^{''}$

Bei Synchrongeneratoren *mit zusätzlicher Dämpferwicklung* und/oder *massiven Polen* tritt der die transiente Reaktanz $X_d^{'}$ verursachende Induktionseffekt in der Dämpferwicklung und den ungeblechten Polen sinngemäß nochmals auf. Er bewirkt die sogenannte *Subtransiente Reaktanz* bzw. *Anfangsreaktanz* $X_d^{''}$, die nochmals kleiner ist als die Transiente Reaktanz, $X_d^{''} < X_d^{'} < X_d$. Sie bewirkt eine weitere Erhöhung der Anfangsamplitude der Wechselstromkomponente. Aufgrund der sehr kleinen Zeitkonstante fällt die Einhüllende anfänglich sehr schnell ab, Bild 6.33.

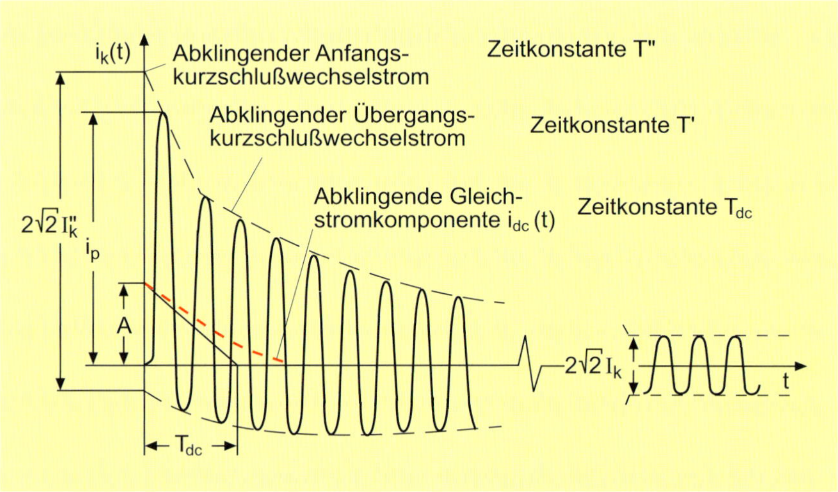

Bild 6.33. Zeitlicher Verlauf des Kurzschlußstroms eines Synchrongenerators mit Dämpferwicklung und/oder massiven Polen.

Die Zeitkonstante $T^{''}$ liegt bei einigen 10 ms, so daß nur die ersten Perioden höhere Amplituden bzw. Effektivwerte aufweisen. Die subtransiente Reaktanz läßt sich ebenfalls meßtechnisch bestimmen.

Im subtransienten Bereich bestimmt die Reaktanz $X_d^{''}$ die Höhe des Kurzschlußstroms $I_k^{''}$, wobei der Höchstwert des Kurzschlußstroms lediglich am jeweils linken Bereichsende herrscht. Im transienten Bereich bestimmt die transiente Reaktanz $X_d^{'}$ den Kurzschlußstrom $I_k^{'}$, sogenannter *Abschaltkurzschlußstrom*. Schließlich geht der Ausgleichsvorgang in den Dauerkurzschlußstrom I_k über. Je ferner ein Kurzschluß vom Generator auftritt, desto weniger ausgeprägt sind die drei Stufen. Im typischen Fall des generatorfernen Kurzschlusses, das heißt $X = const_t$, sind sie nicht existent. Der Effektivwert $I_k^{''}$ des Anfangs-Kurzschlußwechselstroms ist dann von Anfang an mit dem Effektivwert I_k Dauerkurzschlußwechselstrom identisch.

Sinngemäß lassen sich den drei Bereichen drei Ersatzschaltbilder zuordnen, Bild 6.34.

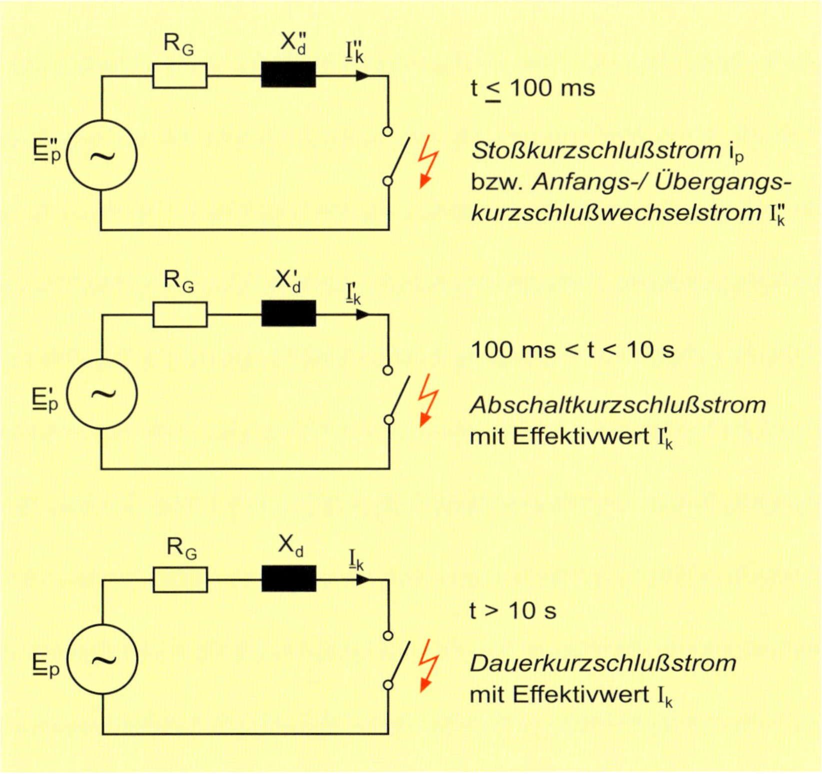

Bild 6.34. Sequentiell wirksame Ersatzschaltbilder eines Sychrongenerators bei generatornahem Kurzschluß.

Beim Kurzschluß eines *leerlaufenden* Generators sind die treibenden Spannungen $\underline{E}_p^{'}$ und $\underline{E}_P^{''}$ mit der Polradspannung $\underline{E}_P$ bzw. der Klemmenspannung U_K identisch. Bei Vorbelastung des Generators durch Betriebsströme sind die treibenden Spannungen um die vom Betriebsstrom verursachten Spannungsabfälle gemäß Bild 6.35 zu erhöhen.

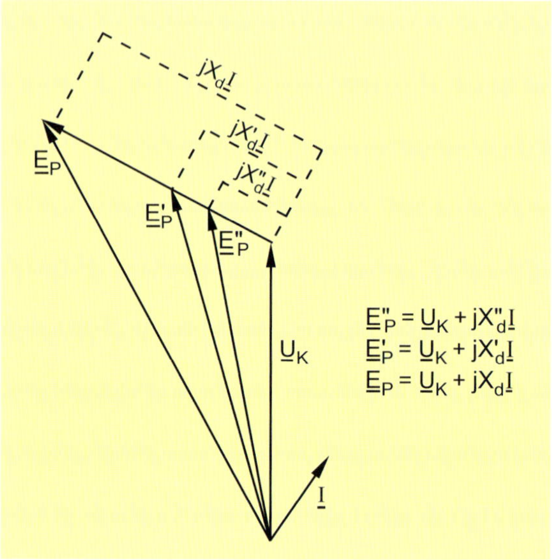

Bild 6.35. Zur Definition der treibenden Spannungen im subtransienten, transienten und stationären Kurzschlußfall. Wicklungswirkwiderstand vernachlässigt ($R \ll X$).

Die praktische Kurzschlußstromberechnung in Netzen, die letztlich auf dem Verhalten der Synchrongeneratoren beim Kurzschluß basiert, befaßt sich nicht mit mathematischen Funktionen und deren Augenblickswerten, sondern ausschließlich mit Effektivwerten, die bestimmten typischen Zeitbereichen des Kurzschlußstroms zugeordnet werden.

Selbst der einzige Momentanwert, der Stoßstrom i_p, wird aus dem Effektivwert I_k'' mittels des Stoßfaktors κ errechnet. Diese Vereinfachungen sind möglich, weil

- für die maximale *mechanische Beanspruchung* des Generators vorrangig der Stoßkurzschlußstrom i_p interessiert,
- für die Auswahl des *Kurzschlußstromschaltvermögens* der Schalter wegen deren *Eigenzeit* vorrangig Stromwerte nach 50 – 100 ms relevant sind.

Im Kapitel 17 werden die hier erarbeiteten Begriffe und Definitionen im Rahmen der Kurzschlußstromberechnung in Netzen umfassend Verwendung finden.

6.11 Mathematische Modelle für Synchrongeneratoren

Während bislang Wirkungsweise und Betriebsverhalten von Synchrongeneratoren überwiegend aus physikalischer Sicht betrachtet wurden, verlangt die Simulation eines Elektroenergiesystems auf einem Rechner die Modellierung des physikalischen Geschehens durch mathematische Gleichungen. Aus Sicht der Netzwerktheorie bestehen Synchrongeneratoren, wie alle anderen Betriebsmittel von Elektroenergiesystemen auch, aus drei elektrisch und magnetisch gekoppelten Leitersystemen, die durch gekoppelte Gleichungssysteme beschrieben werden. Mit der Methode der symmetrischen Komponenten lassen sich diese Gleichungssysteme entkoppeln, wodurch die Behandlung symmetrischer Drehstromsysteme auf die Berechnung einphasiger, nicht gekoppelter Netzwerke zurückgeführt wird.

In den nachstehenden Abschnitten werden vorgestellt:

- das grundsätzliche *dreiphasige* Modell eines *stationär* betriebenen Synchrongenerators mit Vollpolläufer in Form eines linearen Gleichungssystems bzw. einer Vektorgleichung,
- das grundsätzliche *einphasige* Modell eines *stationär* betriebenen Synchrongenerators mit Vollpolläufer, basierend auf der *Methode der symmetrischen Komponenten*,
- das umfassende, für *nichtstationär* betriebene Synchrongeneratoren mit *Vollpolläufer* wie auch *Schenkelpolläufer* gültige Modell, basierend auf der $dq0$-Transformation.

6.11.1 Grundsätzliches dreiphasiges Modell eines Synchrongenerators mit Vollpolläufer im stationären Betrieb

Oft wird die einphasige Darstellung von Drehstromsystemen aus „*Symmetriegründen*“ als selbstverständlich hingestellt, ohne ausreichende Würdigung des sehr wesentlichen Sachverhalts, daß den induktiven und kapazitiven *Kopplungen* zwischen den Phasen durch Einführung von *Betriebsbelägen* bzw. *-größen* Rechnung getragen wird. Erst bei der Berechnung unsymmetrischer Kurzschlußströme wird dann die Methode der symmetrischen Komponenten als formales Werkzeug eingeführt. Dabei wird oft übersehen, daß die *Methode der symmetrischen Komponenten* bereits - beim Übergang zur einphasigen Darstellung aus „*Symmetriegründen*" - implizit verwendet wurde.

In diesem Buch wird die Methode der symmetrischen Komponenten aus didaktischen Gründen bereits am Anfang zur Begründung der einphasigen Darstellung eines symmetrischen Drehstromsystems herangezogen und damit die Voraussetzung für ein tieferes Verständnis der *Betriebsimpedanzen* des symmetrischen Systems und der in 17.3 noch ausführlicher behandelten Berechnung unsymmetrischer Kurzschlußströme mit Hilfe der Methode der symmetrischen Komponenten geschaffen.

Beim Betriebsmittel Synchrongenerator liegt im wesentlichen eine *magnetische* bzw. *induktive* Kopplung der drei Phasen vor. Sie läßt sich durch Transformation in die symmetrischen Komponenten beseitigen. Basis dieser Überlegungen ist das grundsätzliche dreiphasige Modell eines Synchrongenerators mit Vollpolläufer, Bild 6.36.

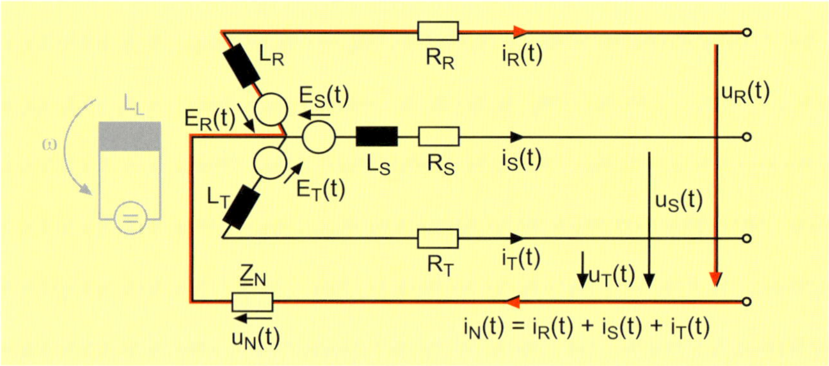

Bild 6.36. Vereinfachtes, dreiphasiges Ersatzschaltbild eines Synchrongenerators mit Vollpolläufer: L_L Läuferinduktivität, L_R, L_S, L_T Ständerinduktivitäten, R_R, R_S, R_T Ständerwicklungswiderstände, $\underline{Z}_N$ Sternpunktimpedanz (falls vorhanden), $E_R(t)$, $E_S(t)$, $E_T(t)$ Polradspannungen im Zeitbereich.

Das Vorhandensein des rotierenden Läufers mit Erregerwicklung wird durch Einführen der von ihm induzierten Quellenspannungen $E_R(t)$,

$E_S(t)$ und $E_T(t)$ berücksichtigt. Der Läufer wird damit transparent und im weiteren Text zunächst ignoriert.

Der bei Belastung fließende Ständerstrom einer Phase ist mit einem magnetischen Fluß verknüpft, der nicht nur in der zugehörigen Ständerwicklung eine Spannung (Selbstinduktionsspannung) induziert, sondern über die jeweiligen Gegeninduktivitäten auch in den beiden anderen Ständerwicklungen.

Drückt man die induzierten Spannungen und die Gegeninduktivitäten zwischen den Phasen durch die zeitlichen Flußänderungen der sie erzeugenden Ströme aus, so lautet die Maschengleichung für die in Bild 6.36 rot eingezeichnete Masche der Phase R,

$$u_R + u_N - E_R + L_R \frac{di_R}{dt} + M_{RS} \frac{di_S}{dt} + M_{RT} \frac{di_T}{dt} + i_R R_R = 0 \quad . \tag{6.41}$$

Sinngemäß erhält man für die Phasen S und T:

$$u_S + u_N - E_S + L_S \frac{di_S}{dt} + M_{SR} \frac{di_R}{dt} + M_{ST} \frac{di_T}{dt} + i_S R_S = 0 \tag{6.42}$$

$$u_T + u_N - E_T + L_T \frac{di_T}{dt} + M_{TR} \frac{di_R}{dt} + M_{TS} \frac{di_S}{dt} + i_T R_T = 0 \quad . \tag{6.43}$$

Der dritte Term stellt jeweils die in einer Ständerwicklung induzierte Polradspannung dar, wobei die Flußänderung nicht durch einen zeitlich veränderlichen Strom, sondern durch die mit dem Drehwinkel $\alpha = \omega t$ zwischen Läufer- und Ständerspulenachse veränderliche Gegeninduktivität bewirkt wird.

Für einen symmetrisch aufgebauten Generator gilt

$$\begin{aligned} L_R &= L_S = L_T = L \quad , \\ R_R &= R_S = R_T = R \quad , \\ M_{RS} &= M_{ST} = M_{TR} = M \quad . \end{aligned} \tag{6.44}$$

Hiermit folgen nach Übergang auf die komplexe Schreibweise und unter Verwendung von

$$\underline{U}_N = \underline{I}_N \underline{Z}_N = (\underline{I}_R + \underline{I}_S + \underline{I}_T) \underline{Z}_N \tag{6.45}$$

die nachstehenden Maschengleichungen

$$\begin{aligned}
\underline{U}_R &= \underline{E}_R - j\omega L\underline{I}_R - j\omega M\underline{I}_S - j\omega M\underline{I}_T - R\underline{I}_R - \underline{Z}_N\underline{I}_N \\
\underline{U}_S &= \underline{E}_S - j\omega L\underline{I}_S - j\omega M\underline{I}_R - j\omega M\underline{I}_T - R\underline{I}_S - \underline{Z}_N\underline{I}_N \\
\underline{U}_T &= \underline{E}_T - j\omega L\underline{I}_T - j\omega M\underline{I}_R - j\omega M\underline{I}_S - R\underline{I}_T - \underline{Z}_N\underline{I}_N \quad .
\end{aligned} \tag{6.46}$$

Das Ordnen der Ströme in der Phasenfolge R, S, T erlaubt die Darstellung in Form einer Matrizengleichung

$$\begin{vmatrix} \underline{U}_R \\ \underline{U}_S \\ \underline{U}_T \end{vmatrix} = \begin{vmatrix} \underline{E}_R \\ \underline{E}_S \\ \underline{E}_T \end{vmatrix} - j\omega \begin{vmatrix} L & M & M \\ M & L & M \\ M & M & L \end{vmatrix} \cdot \begin{vmatrix} \underline{I}_R \\ \underline{I}_S \\ \underline{I}_T \end{vmatrix} - \begin{vmatrix} R & & \\ & R & \\ & & R \end{vmatrix} \cdot \begin{vmatrix} \underline{I}_R \\ \underline{I}_S \\ \underline{I}_T \end{vmatrix} - \underline{Z}_N \begin{vmatrix} \underline{I}_N \\ \underline{I}_N \\ \underline{I}_N \end{vmatrix} \tag{6.47}$$

bzw. nach Zusammenfassen der Reaktanzen und Widerstände

$$\begin{vmatrix} \underline{U}_R \\ \underline{U}_S \\ \underline{U}_T \end{vmatrix} = \begin{vmatrix} \underline{E}_R \\ \underline{E}_S \\ \underline{E}_T \end{vmatrix} - \begin{vmatrix} R + j\omega L & j\omega M & j\omega M \\ j\omega M & R + j\omega L & j\omega M \\ j\omega M & j\omega M & R + j\omega L \end{vmatrix} \cdot \begin{vmatrix} \underline{I}_R \\ \underline{I}_S \\ \underline{I}_T \end{vmatrix} - \underline{Z}_N \begin{vmatrix} \underline{I}_N \\ \underline{I}_N \\ \underline{I}_N \end{vmatrix} \quad . \tag{6.48}$$

Die Zeitvarianz der Gegeninduktivität zwischen Läufer und Ständer tritt in den Maschengleichungen nicht in Erscheinung, weil nur *das Ergebnis dieser Wirkung* direkt als Polradspannung dargestellt wird. Diese Polradspannung könnte genauso gut von einer feststehenden *wechselstromerregten* Läuferspule mit zeitlich konstanter Gegeninduktivität herrühren.

Die Matrizengleichung (6.48) läßt sich noch kompakter als Vektorgleichung schreiben,

$$\underline{\mathbf{U}}_{RST} = \underline{\mathbf{E}}_{RST} - \underline{\mathbf{Z}}_{RST}\underline{\mathbf{I}}_{RST} - \underline{Z}_N\underline{\mathbf{I}}_N \quad . \tag{6.49}$$

Das Gleichungssystem 6.48 bzw. 6.49 ist das elementare mathematische Modell eines dreiphasigen Synchrongenerators mit Vollpolläufer, ausgedrückt in physikalischen Größen. Es verknüpft die Spannungen aller drei Phasen mit den Strömen aller Phasen und berücksichtigt auch die Existenz eines etwaigen Neutralleiters.

Die Klemmenspannung einer Phase ist in obigem mathematischen Modell über die Impedanzmatrix $\underline{\mathbf{Z}}$ bzw. die Gegeninduktivitäten zu den beiden anderen Phasen auch noch mit deren Strömen verknüpft, was zu umständlichen mathematischen Ausdrücken führt.

Zur weiteren Vereinfachung transformiert man deshalb das gekoppelte System der Spannungsgleichungen mit Hilfe einer Transformationsmatrix **C** in drei entkoppelte einphasige Netzwerke, die sogenannten *symmetrischen Komponenten* des physikalischen Drehstromsystems, was gleichzeitig auf das einphasige Modell eines Synchrongenerators führt.

6.11.2 Grundsätzliches einphasiges Modell eines Synchrongenerators mit Vollpolläufer im stationären Betrieb

Der Vorgang des Entkoppelns der Gleichung 6.49 läßt sich an einer einfachen Vektorgleichung

$$\underline{\mathbf{U}}_{RST} = \underline{\mathbf{Z}}_{RST}\underline{\mathbf{I}}_{RST} \tag{6.50}$$

erläutern.

Man faßt die physikalischen Spannungen $\underline{\mathbf{U}}_{RST}$ und Ströme $\underline{\mathbf{I}}_{RST}$ als „Bilder" von Urbildern $\underline{\mathbf{U}}'_{RST}$ bzw. $\underline{\mathbf{I}}'_{RST}$ auf, die durch Anwendung einer Transformationsmatrix $\underline{\mathbf{C}}$ auf das jeweilige Urbild erhalten wurden:

$$\underline{\mathbf{U}}_{RST} := \underline{\mathbf{C}}\,\underline{\mathbf{U}}'_{RST} \qquad \text{bzw.} \qquad \underline{\mathbf{I}}_{RST} := \underline{\mathbf{C}}\,\underline{\mathbf{I}}'_{RST} \quad . \tag{6.51}$$

Nach Einsetzen in (6.50) erhält man:

$$\underline{\mathbf{C}}\,\underline{\mathbf{U}}'_{RST} = \underline{\mathbf{Z}}_{RST}\underline{\mathbf{C}}\,\underline{\mathbf{I}}'_{RST} \quad . \tag{6.52}$$

Die Multiplikation mit der inversen Transformationsmatrix $\mathbf{C}^{-1}$ ergibt

$$\underline{\mathbf{C}}'\,\underline{\mathbf{C}}\,\underline{\mathbf{U}}'_{RST} = \underbrace{\underline{\mathbf{C}}^{-1}\underline{\mathbf{Z}}_{RST}\underline{\mathbf{C}}}_{\underline{\mathbf{Z}}'_{RST}}\,\underline{\mathbf{I}}'_{RST} \quad . \tag{6.53}$$

bzw.

$$\underline{\mathbf{U}}'_{RST} = \underline{\mathbf{Z}}'_{RST}\underline{\mathbf{I}}'_{RST} \quad . \tag{6.54}$$

Die Transformation der Matrix $\underline{\mathbf{Z}}_{RST}$ in die Matrix $\underline{\mathbf{Z}}'_{RST} = \underline{\mathbf{C}}^{-1}\underline{\mathbf{Z}}_{RST}\underline{\mathbf{C}}$ bezeichnet man in der *Linearen Algebra* als *Ähnlichkeitstransformation*. Beide Matrizen besitzen die gleiche *charakteristische Gleichung* und damit die gleichen *Eigenwerte* (Wurzeln bzw. Nullstellen der charakteristischen Gleichung). Wählt man $\underline{\mathbf{C}}$ derart, daß $\underline{\mathbf{Z}}'_{RST}$ eine Diagonalmatrix wird, beschreibt die Vektorgleichung (6.54) ein System dreier nicht gekoppelter linearer Gleichungen

$$\begin{vmatrix} \underline{U}'_R \\ \underline{U}'_S \\ \underline{U}'_T \end{vmatrix} = \begin{vmatrix} \underline{Z}'_R & & \\ & \underline{Z}'_S & \\ & & \underline{Z}'_T \end{vmatrix} \begin{vmatrix} \underline{I}'_R \\ \underline{I}'_S \\ \underline{I}'_T \end{vmatrix} \quad . \tag{6.55}$$

Die Elemente der Diagonalmatrix sind die *Eigenwerte*, die Spaltenvektoren der Transformationsmatrix, die *Eigenvektoren* der Originalmatrix $\underline{\mathbf{Z}}_{RST}$. Die Aufgabe, eine Transformationsmatrix $\underline{\mathbf{C}}$ zu finden, die die Diagonalisierung der Matrix $\underline{\mathbf{Z}}_{RST}$ bewirkt, nennt man ein *Eigenwertproblem*. Gemäß der Definitionsgleichung der Eigenvektoren

$$\underline{\mathbf{Z}}_{RST}\underline{\mathbf{X}}_i = \lambda\underline{\mathbf{X}}_i \tag{6.56}$$

ist ein Eigenvektor ein Vektor, der mit einer Matrix multipliziert sich selbst ergibt, bis auf einen Faktor λ, der als *Eigenwert* der Matrix $\underline{\mathbf{Z}}_{RST}$ bezeichnet wird. Im allgemeinen existieren mehrere Eigenwerte und damit auch mehrere Eigenvektoren.

Zur Ermittlung der Transformationsmatrix $\underline{\mathbf{C}}$ bestimmt man zunächst die Eigenwerte λ der zu diagonalisierenden Matrix $\underline{\mathbf{Z}}_{RST}$ (Wicklungswiderstände R vernachlässigt). Diese ergeben sich als Lösung ihrer *charakteristischen Gleichung*, die man mittels der Determinante $\det(\underline{\mathbf{Z}}_{RST} - \lambda\underline{\mathbf{I}}) = 0$ aufstellt, wobei man ein Polynom $P(\lambda)$ erhält:

$$P(\lambda) = \det\left(\underline{\mathbf{Z}}_{RST} - \lambda\mathbf{I}\right) = \det\left(\begin{vmatrix} L & M & M \\ M & L & M \\ M & M & L \end{vmatrix} - \begin{vmatrix} \lambda & 0 & 0 \\ 0 & \lambda & 0 \\ 0 & 0 & \lambda \end{vmatrix}\right) = 0 \quad . \tag{6.57}$$

Die Auswertung von (6.57) ergibt ein Polynom dritter Ordnung. Seine Lösungen (Nullstellen, Wurzeln) bzw. die *Eigenwerte* der Matrix $\underline{\mathbf{Z}}_{RST}$,

$$\lambda_1 = L + 2M \qquad \lambda_2 = L - M \qquad \lambda_3 = L - M \quad , \tag{6.58}$$

führen nach Einsetzen in die Definitionsgleichung (6.56) auf die zugehörigen Eigen*vektoren*:

$$\lambda_1 = L + 2M \quad \Rightarrow \quad \underline{\mathbf{X}}_1 = \begin{vmatrix} K \\ K \\ K \end{vmatrix} \quad , \tag{6.59}$$

wobei K eine beliebige Konstante ist, z. B. 1.

Ferner erhalten wir

$$\lambda_2 = \lambda_3 = L - M \quad \Rightarrow \quad X_a + X_b + X_c = 0 \quad . \tag{6.60}$$

Das heißt, jeder Vektor, dessen Komponenten X_a, X_b, X_c (6.60) erfüllen bzw. in der Summe Null ergeben, ist ein Lösungsvektor, z. B.

$$\underline{\mathbf{X}}_\nu = \begin{vmatrix} 1 \\ -1/2 \\ -1/2 \end{vmatrix} \; , \; \begin{vmatrix} 0 \\ +\sqrt{3/2} \\ -\sqrt{3/2} \end{vmatrix} \; , \; \begin{vmatrix} 1 \\ 1\angle 240^\circ \\ 1\angle 120^\circ \end{vmatrix} \; , \; \begin{vmatrix} 1 \\ 1\angle 120^\circ \\ 1\angle 240^\circ \end{vmatrix} \quad \text{etc.} \tag{6.61}$$

Hat man sich für bestimmte Eigenvektoren entschieden, so ergibt sich die Transformationsmatrix zu

$$\underline{\mathbf{C}} = \{\underline{\mathbf{X}}_1, \underline{\mathbf{X}}_2, \underline{\mathbf{X}}_3\} \quad . \tag{6.62}$$

Bei der Zerlegung eines Drehstromsystems in seine symmetrischen Komponenten erweist sich insbesondere die Verwendung der beiden letzten Lösungsvektoren der Gleichung (6.61) als zweckmäßig, weil damit ein symmetrisches *Drehstromsystem* in ein einphasiges *Wechselstromsystem* transformiert wird.

Schreibt man zur Vereinfachung $\underline{a} = 1\angle 120^\circ$ und $\underline{a}^2 = 1\angle 240^\circ = 1\angle -120^\circ$ so erhält man folgende Transformationsmatrizen:

$$\underline{\mathbf{C}} = \begin{vmatrix} 1 & 1 & 1 \\ 1 & \underline{a}^2 & \underline{a} \\ 1 & \underline{a} & \underline{a}^2 \end{vmatrix} \qquad \underline{\mathbf{C}}^{-1} = \frac{1}{3} \begin{vmatrix} 1 & 1 & 1 \\ 1 & \underline{a} & \underline{a}^2 \\ 1 & \underline{a}^2 & \underline{a} \end{vmatrix} \quad . \tag{6.63}$$

Entsymmetrierungsmatrix *Symmetrierungsmatrix*

Mit Hilfe dieser Transformationsmatrizen lassen sich Phasenspannungen und ihre symmetrischen Komponenten ineinander umrechnen, wobei der Faktor 1/3 die Leistungsinvarianz im ein- und dreiphasigen System gewährleistet. Mit

$$\underline{\mathbf{U}}'_{RST} = \underline{\mathbf{U}}_{0+-} \qquad \text{und} \qquad \underline{\mathbf{I}}'_{RST} = \underline{\mathbf{I}}_{0+-} \tag{6.64}$$

erhält man

$$\underline{\mathbf{U}}_{RST} = \underline{\mathbf{C}}\,\underline{\mathbf{U}}_{0+-} \qquad \text{bzw.} \qquad \underline{\mathbf{U}}_{0+-} = \underline{\mathbf{C}}^{-1}\underline{\mathbf{U}}_{RST} \tag{6.65}$$

bzw.

$$\begin{vmatrix} \underline{U}_R \\ \underline{U}_S \\ \underline{U}_T \end{vmatrix} = \begin{vmatrix} 1 & 1 & 1 \\ 1 & \underline{a}^2 & \underline{a} \\ 1 & \underline{a} & \underline{a}^2 \end{vmatrix} \cdot \begin{vmatrix} \underline{U}_0 \\ \underline{U}_+ \\ \underline{U}_- \end{vmatrix} \qquad \begin{vmatrix} \underline{U}_0 \\ \underline{U}_+ \\ \underline{U}_- \end{vmatrix} = \frac{1}{3} \begin{vmatrix} 1 & 1 & 1 \\ 1 & \underline{a} & \underline{a}^2 \\ 1 & \underline{a}^2 & \underline{a} \end{vmatrix} \cdot \begin{vmatrix} \underline{U}_R \\ \underline{U}_S \\ \underline{U}_T \end{vmatrix} \quad . \tag{6.66}$$

Expandieren der Gleichungen (6.65) bzw. (6.66) führt auf

$$\begin{aligned} \underline{U}_R &= \underline{U}_0 + \underline{U}_+ + \underline{U}_- & \underline{U}_0 &= \frac{1}{3}\left[\underline{U}_R + \underline{U}_S + \underline{U}_T\right] \\ \underline{U}_S &= \underline{U}_0 + \underline{a}^2\,\underline{U}_+ + \underline{a}\,\underline{U}_- & \underline{U}_+ &= \frac{1}{3}\left[\underline{U}_R + \underline{a}\,\underline{U}_S + \underline{a}^2\,\underline{U}_T\right] \\ \underline{U}_T &= \underline{U}_0 + \underline{a}\,\underline{U}_+ + \underline{a}^2\,\underline{U}_- & \underline{U}_- &= \frac{1}{3}\left[\underline{U}_R + \underline{a}^2\,\underline{U}_S + \underline{a}\,\underline{U}_T\right] \quad . \end{aligned} \tag{6.67}$$

Die Sternspannungen $\underline{U}_R, \underline{U}_S, \underline{U}_T$ des realen Drehstromsystems kann man sich aus drei Komponenten $\underline{U}_0$, $\underline{U}_+$, $\underline{U}_-$ des transformierten Systems mit jeweils unterschiedlichen Phasenlagen und Beträgen zusammengesetzt denken. Letztere werden als *Nullsystem-*, *Mitsystem-* und *Gegensystemkomponente* bezeichnet. Die Komponenten der ersten Spalte der rechten Gleichungsseite des linken Gleichungssystems 6.67 bilden das gleichphasige *Nullsystem* (Bild 6.37a). Die Komponenten der zweiten Spalte bilden das mit dem physikalischen Drehfeld $\underline{\mathbf{U}}_{RST}$ gleichsinnig rotierende *Mitsystem* (Bild 6.37b) und die dritte Spalte das gegensinnig rotierende Gegensystem (Bild 6.37c).

Bei symmetrischem Aufbau und symmetrischer Belastung, das heißt symmetrischen Spannungen und Strömen, ist das Mitsystem mit dem Drehstromsystem $\underline{\mathbf{U}}_{RST}$ identisch. Gegen- und Nullsystem sind physikalisch nicht existent.

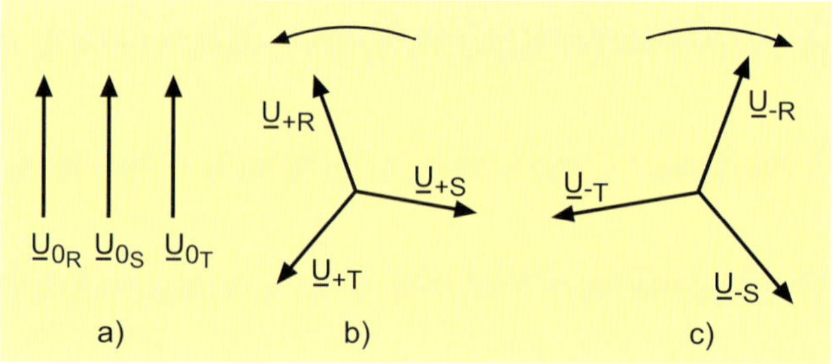

Bild 6.37. Symmetrische Komponentensysteme $\underline{\mathbf{U}}_{0+-}$ eines Drehstromsystems $\underline{\mathbf{U}}_{RST}$. a) Nullsystem, b) Mitsystem, c) Gegensystem.

Bei unsymmetrischer Belastung entsteht ein *elliptisches Drehfeld*, das man in zwei gegensinnig umlaufende symmetrische Drehfelder mit unterschiedlicher Amplitude zerlegen kann. An dieser Stelle sei vermerkt, daß man ein im Uhrzeigersinn umlaufendes Drehfeld allein durch Vertauschen zweier Phasen, beispielsweise $\underline{U}_T$ und $\underline{U}_S$, in ein gegen den Uhrzeigersinn umlaufendes Drehfeld umwandeln kann.

Sinngemäß lassen sich mit Hilfe der Transformationsmatrizen (6.66) die Ströme ineinander umrechnen, das heißt

$$\begin{aligned} \underline{I}_R &= \underline{I}_0 + \underline{I}_+ + \underline{I}_- & \underline{I}_0 &= \tfrac{1}{3}\left[\underline{I}_R + \underline{I}_S + \underline{I}_T\right] \\ \underline{I}_S &= \underline{I}_0 + \underline{a}^2\,\underline{I}_+ + \underline{a}\,\underline{I}_- & \underline{I}_+ &= \tfrac{1}{3}\left[\underline{I}_R + \underline{a}\,\underline{I}_S + \underline{a}^2\,\underline{I}_T\right] \\ \underline{I}_T &= \underline{I}_0 + \underline{a}\,\underline{I}_+ + \underline{a}^2\,\underline{I}_- & \underline{I}_- &= \tfrac{1}{3}\left[\underline{I}_R + \underline{a}^2\,\underline{I}_S + \underline{a}\,\underline{I}_T\right] \quad . \end{aligned} \tag{6.68}$$

Nach dieser einführenden Betrachtung in die Methode der symmetrischen Komponenten ersetzen wir in den Spannungsgleichungen der Synchronmaschine (6.47) die Spannungen $\underline{U}_R$, $\underline{U}_S$, $\underline{U}_T$ durch ihre transformierten Urbilder $\underline{U}_0$, $\underline{U}_+$, $\underline{U}_-$. Sinngemäß wenden wir die Transformationsmatrizen auf die zugehörigen Ströme $\underline{I}_0$, $\underline{I}_+$, $\underline{I}_-$ an. Dies führt auf die Gleichungen

$$\begin{aligned} \underline{\mathbf{C}} \begin{vmatrix} \underline{U}_0 \\ \underline{U}_+ \\ \underline{U}_- \end{vmatrix} &= \underline{\mathbf{C}} \begin{vmatrix} \underline{E}_0 \\ \underline{E}_+ \\ \underline{E}_- \end{vmatrix} - j\omega \begin{vmatrix} L & M & M \\ M & L & M \\ M & M & L \end{vmatrix} \underline{\mathbf{C}} \begin{vmatrix} \underline{I}_0 \\ \underline{I}_+ \\ \underline{I}_- \end{vmatrix} - \\ &- \begin{vmatrix} R & & \\ & R & \\ & & R \end{vmatrix} \underline{\mathbf{C}} \begin{vmatrix} \underline{I}_0 \\ \underline{I}_+ \\ \underline{I}_- \end{vmatrix} - \underline{Z}_N \begin{vmatrix} \underline{I}_N \\ \underline{I}_N \\ \underline{I}_N \end{vmatrix} \quad . \end{aligned} \tag{6.69}$$

Für den letzten Term in (6.69) schreiben wir

$$\underline{Z}_N \begin{vmatrix} \underline{I}_N \\ \underline{I}_N \\ \underline{I}_N \end{vmatrix} = \begin{vmatrix} 1 \\ 1 \\ 1 \end{vmatrix} \cdot \underline{Z}_N\,\underline{I}_N \quad . \tag{6.70}$$

Mit dieser Multiplikation und der Multiplikation mit der Matrix $\underline{\mathbf{C}}^{-1}$ erhält man:

$$\begin{vmatrix} \underline{U}_0 \\ \underline{U}_+ \\ \underline{U}_- \end{vmatrix} = \begin{vmatrix} \underline{E}_0 \\ \underline{E}_+ \\ \underline{E}_- \end{vmatrix} - \underline{\mathbf{C}}^{-1} j\omega \begin{vmatrix} L & M & M \\ M & L & M \\ M & M & L \end{vmatrix} \underline{\mathbf{C}} \begin{vmatrix} \underline{I}_0 \\ \underline{I}_+ \\ \underline{I}_- \end{vmatrix} - \begin{vmatrix} R & & \\ & R & \\ & & R \end{vmatrix} \begin{vmatrix} \underline{I}_0 \\ \underline{I}_+ \\ \underline{I}_- \end{vmatrix} - \frac{1}{3} \begin{vmatrix} 1 & 1 & 1 \\ 1 & \underline{a} & \underline{a}^2 \\ 1 & \underline{a}^2 & \underline{a} \end{vmatrix} \begin{vmatrix} 1 \\ 1 \\ 1 \end{vmatrix} \underline{Z}_N \underline{I}_N \quad . \tag{6.71}$$

Ersetzt man $\underline{I}_N$ durch $\underline{I}_R + \underline{I}_S + \underline{I}_T$ erhält man mit (6.58) und (6.68):

$$\begin{vmatrix} \underline{U}_0 \\ \underline{U}_+ \\ \underline{U}_- \end{vmatrix} = \begin{vmatrix} \underline{E}_0 \\ \underline{E}_+ \\ \underline{E}_- \end{vmatrix} - j\omega \begin{vmatrix} L+2M & & \\ & L-M & \\ & & L-M \end{vmatrix} \begin{vmatrix} \underline{I}_0 \\ \underline{I}_+ \\ \underline{I}_- \end{vmatrix} - \begin{vmatrix} R & & \\ & R & \\ & & R \end{vmatrix} \begin{vmatrix} \underline{I}_0 \\ \underline{I}_+ \\ \underline{I}_- \end{vmatrix} - \begin{vmatrix} 3\underline{I}_0 \underline{Z}_N \\ 0 \\ 0 \end{vmatrix} \tag{6.72}$$

und damit die Diagonalisierung der Matrix.

Faßt man schließlich die Widerstände und Reaktanzen in (6.72) zu Impedanzen $\underline{Z}_0$, $\underline{Z}_+$, $\underline{Z}_-$ zusammen,

$$\begin{aligned} \underline{Z}_0 &= R + j(\omega L + 2\omega M) = R + j(X_L + 2\,X_M) \\ \underline{Z}_+ &= R + j(\omega L - \omega M) \;\; = R + j(X_L - X_M) \\ \underline{Z}_- &= R + j(\omega L - \omega M) \;\; = R + j(X_L - X_M) \quad , \end{aligned} \tag{6.73}$$

vereinfacht sich (6.69) zu

$$\begin{vmatrix} \underline{U}_0 \\ \underline{U}_+ \\ \underline{U}_- \end{vmatrix} = \begin{vmatrix} \underline{E}_0 \\ \underline{E}_+ \\ \underline{E}_- \end{vmatrix} - \begin{vmatrix} \underline{Z}_0 & & \\ & \underline{Z}_+ & \\ & & \underline{Z}_- \end{vmatrix} \begin{vmatrix} \underline{I}_0 \\ \underline{I}_+ \\ \underline{I}_- \end{vmatrix} - \begin{vmatrix} 3\underline{I}_0 \underline{Z}_N \\ 0 \\ 0 \end{vmatrix} \quad . \tag{6.74}$$

bzw. nach Einrechnen des Terms $3I_0Z_N$ in das erste Diagonalelement der Impedanzmatrix zu

$$\begin{vmatrix} \underline{U}_0 \\ \underline{U}_+ \\ \underline{U}_- \end{vmatrix} = \begin{vmatrix} \underline{E}_0 \\ \underline{E}_+ \\ \underline{E}_- \end{vmatrix} - \begin{vmatrix} \underline{Z}_0 + 3\,\underline{Z}_N & & \\ & \underline{Z}_+ & \\ & & \underline{Z}_- \end{vmatrix} \begin{vmatrix} \underline{I}_0 \\ \underline{I}_+ \\ \underline{I}_- \end{vmatrix} \tag{6.75}$$

und

$$\underline{\mathbf{U}}_{0+-} = \underline{\mathbf{E}}_{0+-} - \underline{\mathbf{Z}}_{0+-} \cdot \underline{\mathbf{I}}_{0+-} \quad . \tag{6.76}$$

Die Impedanzmatrix des transformierten Systems besitzt im Gegensatz zur Impedanzmatrix des ursprünglichen Drehstromsystems nur Diagonalelemente. Demnach hängen $\underline{U}_0$ nur noch von $\underline{I}_0$ sowie $\underline{U}_+$ nur von $\underline{I}_+$ und $\underline{U}_-$ nur von $\underline{I}_-$ ab. Das heißt, obiges Gleichungssystem ist *entkoppelt.* Jede Gleichung beschreibt ein einphasiges Netzwerk und kann unabhängig von den anderen Gleichungen gelöst werden, Bild 6.38.

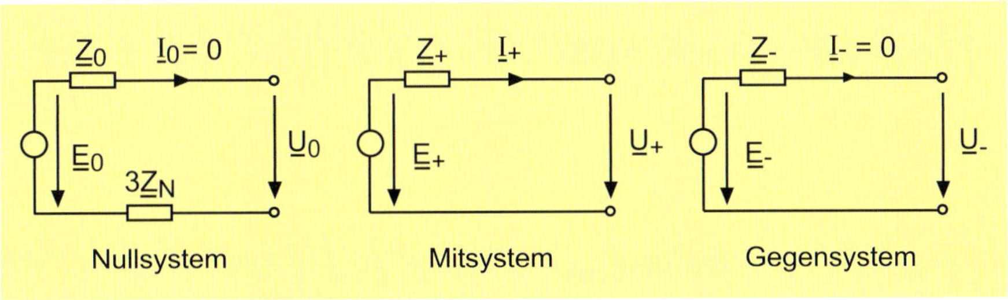

Bild 6.38. Drei einphasige Systeme eines symmetrischen Drehstromsystems im Bildbereich der symmetrischen Komponenten.

Die drei Komponentennetzwerke in Bild 6.38 mit den treibenden Spannungen $\underline{E}_0$, $\underline{E}_+$ und $\underline{E}_-$ gelten für den allgemeinen Fall, daß die drei Spannungen $\underline{E}_R$, $\underline{E}_S$ und $\underline{E}_T$ unterschiedlich sind. Da Synchrongeneratoren symmetrisch aufgebaut sind, nehmen die treibenden Spannungen $\underline{E}_0$ und $\underline{E}_-$ im Null- und Gegensystem den Wert Null an. In dieser Absicht erfolgte die zunächst willkürlich erscheinende Auswahl der möglichen Eigenvektoren.

Gegen- und *Nullsystem* sind rein passive Netzwerke, in denen im symmetrischen Betrieb mangels einer treibenden Spannung keine Ströme fließen. Sie werden deshalb auch bei der einphasigen Behandlung symmetrischer Probleme nicht berücksichtigt.

Die treibende Spannung $\underline{E}_+$ im *Mitsystem* entspricht der Polradspannung $\underline{E}_P$ des symmetrisch belasteten Synchrongenerators, Bild 6.39.

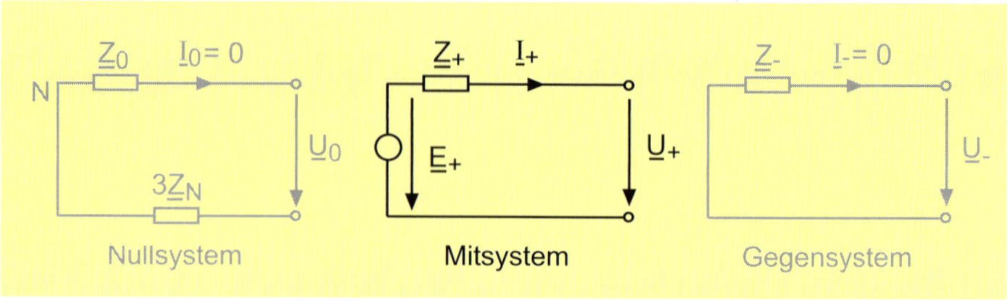

Bild 6.39. Einphasige, entkoppelte Komponentennetzwerke eines symmetrisch aufgebauten Drehstromsynchrongenerators.

Mit $\underline{E}_- = 0$ und $\underline{E}_0 = 0$ sowie $\underline{I}_0 = 0$ und $\underline{I}_- = 0$ vereinfachen sich (6.75) und (6.76) zu

$$\begin{vmatrix} \underline{U}_0 \\ \underline{U}_+ \\ \underline{U}_- \end{vmatrix} = \begin{vmatrix} 0 \\ \underline{E}_+ \\ 0 \end{vmatrix} - \begin{vmatrix} \underline{Z}_0 + 3\,\underline{Z}_N & & \\ & \underline{Z}_+ & \\ & & \underline{Z}_- \end{vmatrix} \begin{vmatrix} 0 \\ \underline{I}_+ \\ 0 \end{vmatrix} \tag{6.77}$$

bzw.

$$\underline{U}_+ = \underline{E}_+ - \underline{Z}_+ \underline{I}_+ \quad . \tag{6.78}$$

Diese Gleichung begründet die einphasige Behandlung eines symmetrisch aufgebauten Drehstromsystems, hier insbesondere das grundsätzliche einphasige Modell des Betriebsmittels Synchrongenerator, von dem bereits in den vorangegangenen Abschnitten unbemerkt oft Gebrauch gemacht wurde.

Es ist zu beachten, daß bei der einphasigen Darstellung nicht mit den Reaktanzen einer einzelnen Phase sondern mit sogenannten *Betriebsinduktivitäten* bzw. *Betriebskapazitäten* gerechnet wird, die die Kopplung zu den beiden anderen Phasen berücksichtigen.

Beispielsweise gilt im Fall des Synchrongenerators

$$\underline{Z}_+ = j\omega(L - M) = j(X_L - X_M) = jX_S \quad . \tag{6.79}$$

Aus Sicht der linearen Algebra stellt die Gleichung $\underline{\mathbf{U}}_{RST} = \underline{\mathbf{Z}}_{RST}\,\underline{\mathbf{I}}_{RST}$ eine lineare Transformation dar. Die Vektoren $\underline{\mathbf{U}}_{RST}$ und $\underline{\mathbf{I}}_{RST}$ sind physikalische bzw. technische Realisationen abstrakter Vektoren aus dem komplexen Vektorraum C^3. Wegen der Dimensionsgleichheit (im Sinn der Dimension 3 des Vektorraums C^3, m. a. W. der *Selbstabbildung* $T : C^3 \to C^3$) und der *Bijektivität* (eindeutige Umkehrbarkeit) der Abbildung spricht man von einem *Automorphismus*. Der Spannungsvektor $\underline{\mathbf{U}}_{RST}$ des Drehstromsystems hat bezüglich der kanonischen Basis S (Standardbasis) die Koordinaten $\underline{U}_R$, $\underline{U}_S$, $\underline{U}_T$, bezüglich seiner Darstellung in einer aus Eigenvektoren der Abbildungsmatrix $\underline{\mathbf{Z}}_{RST}$ gebildeten Basis B die Koordinaten $\underline{U}_0$, $\underline{U}_+$, $\underline{U}_-$,

$$\underline{\mathbf{U}} = \left| \begin{matrix} \underline{U}_R \\ \underline{U}_S \\ \underline{U}_T \end{matrix} \right|_S = \left| \begin{matrix} \underline{U}_0 \\ \underline{U}_+ \\ \underline{U}_- \end{matrix} \right|_B \quad . \tag{6.80}$$

Mit der Änderung des Koordinatensystems bzw. der Basis (*Basistransformation*) werden sowohl die Vektoren als auch die Abbildungsmatrix einer Transformation unterworfen. Beide über die Ähnlichkeitstransformation $\underline{\mathbf{Z}}'_{RST} = \underline{\mathbf{C}}^{-1}\underline{\mathbf{Z}}_{RST}\underline{\mathbf{C}}$ verknüpfte Matrizen $\underline{\mathbf{Z}}_{RST}$ und $\underline{\mathbf{Z}}'_{RST}$ beschreiben die gleiche Abbildung $T : C^3 \rightarrow C^3$. Das Klemmenverhalten des Systems ist dabei invariant gegenüber der Basistransformation.

Die Methode der symmetrischen Komponenten stellt die Transformation eines Problems in ein für die vorliegende Aufgabenstellung günstigeres Koordinatensystem dar, eine Vorgehensweise, die auch in vielen anderen naturwissenschaftlichen Bereichen üblich ist. Ihr wesentlicher Vorzug liegt darin, daß die magnetische und kapazitive Kopplung der drei Leiter eines Drehstromsystems in den drei Ersatzschaltbildern verschwindet. Wohl aber werden die drei Netzwerke im unsymmetrischen Fehlerfall in für jede Fehlerart typischer Weise miteinander physikalisch verknüpft (s. a. 17.3).

Andere Eigenvektoren führen zu anderen Transformationen:

Symmetrische Komponenten (Fortescue)	0	+	-
Diagonalkomponenten(Clarke)	0	α	β
Zweiachsenkomponenten (Park)	0	d	q

Je nach Aufgabenstellung erweist sich die Verwendung der einen oder anderen Transformation als besser geeignet. Beispielsweise besitzt die Transformationsmatrix der Methode der *Diagonalkomponenten* nur reelle Elemente, was sich bei der Berechnung von Netzen mit symmetrischen Matrizen als wichtig erweist. Die *Zweiachsentheorie* eignet sich am besten für die rechnerische Behandlung rotierender Maschinen und deren Ausgleichsvorgängen, speziell der Synchronmaschine. Sie transformiert die Größen des Ständerdrehfelds in Größen eines äquivalenten Läuferdrehfelds (s. 6.11.4).

6.11.3 Ermittlung der Mit-, Gegen und Nullimpedanz eines Synchrongenerators

Mitimpedanz $\underline{Z}_+$

Bei der Ermittlung der *Mitimpedanz* $\underline{Z}_+$ betreibt man den Synchrongenerator als mechanisch unbelasteten Synchronmotor an einem Drehstromnetz, Bild 6.40.

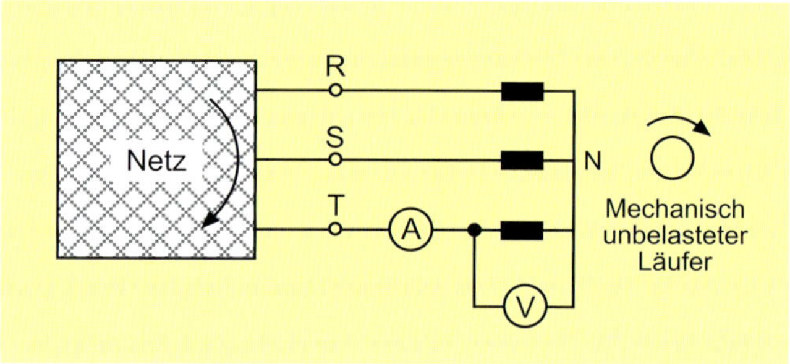

Bild 6.40. Messung der *Mitimpedanz* eines Synchrongenerators.

Die an einem Wicklungsstrang anliegende Klemmenspannung $\underline{U}_K/\sqrt{3}$ geteilt durch den in die betreffende Klemme fließenden Strangstrom ergibt die Mitimpedanz, die mit der synchronen Reaktanz identisch ist,

$$\underline{Z}_+ = \frac{\underline{U}_{\text{Strang}}}{\underline{I}_{\text{Strang}}} \quad . \tag{6.81}$$

Diese Impedanz beinhaltet nicht nur die inhärente Selbstinduktivität einer einzelnen Ständerwicklung, sondern auch die *Gegeninduktivitäten* der magnetischen Kopplung mit den anderen Phasen, sogenannte *Betriebsimpedanz.* Beispielsweise gilt mit R als Bezugsphase:

$$\underline{Z}_+ = R_R + jX_R - j\omega M_{RS} - j\omega M_{RT} \quad . \tag{6.82}$$

Gegenimpendanz $\underline{Z}_-$

Während die magnetische Wanderwelle des Mitsystems der Ständerströme synchron mit dem Polrad rotiert und keine Spannungen im Läufer induziert, läuft die magnetische Wanderwelle des Gegensystems $\underline{E}_-$ bzw. $\underline{I}_-$ mit *doppelter Frequenz* entgegen der betrieblichen Drehrichtung über den Läufer hinweg und induziert daher Spannungen in der *Läuferwicklung*, in einer etwaigen *Dämpferwicklung* sowie in *soliden Eisenteilen* des Läufers. Diese Quellspannungen führen zu entsprechenden Strömen in den jeweiligen Wicklungen bzw. zu Wirbelströmen im Eisen, deren Magnetfelder das induzierende Feld teilweise kompensieren. Sie verhindern das Eindringen des Felds in den Läufer und bewirken damit eine kleinere Reaktanz.

Dieses Phänomen berücksichtigt man bei der Ermittlung der Gegenimpedanz, indem man die Synchronmaschine wieder an ein Drehstromnetz (Prüffeldgenerator) anschließt, den Läufer aber mit Hilfe eines separaten Antriebs gegen die Richtung des vom Netz erzeugten Drehfelds rotieren läßt, Bild 6.41.

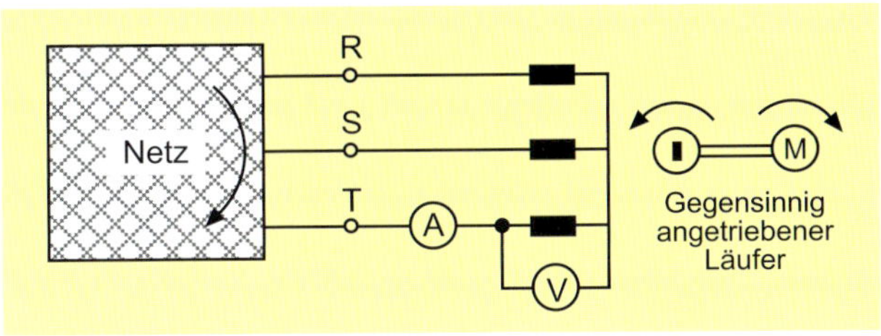

Bild 6.41. Messung der *Gegenimpedanz* eines Synchrongenerators.

Das Verhältnis aus Strangspannung und Strangstrom führt auf die Gegenimpendanz

$$\underline{Z}_- = \frac{\underline{U}_{\text{Strang}}}{\underline{I}_{\text{Strang}}} \quad . \tag{6.83}$$

Bei Maschinen *mit Dämpferwicklung* oder *massiven Läuferpolen*, in denen sich Ausgleichsströme ausbilden können, ist die Reaktanz des Gegensystems in ihrer Größe vergleichbar mit der *subtransienten* Reaktanz X_d'', die unmittelbar nach Eintreten des Kurzschlusses wirksam ist und die gleiche physikalische Natur besitzt (s. a. 6.10.2). Bei Maschinen mit ausgeprägten Polen variiert die Reaktanz des Gegensystems außerdem noch wegen der unterschiedlichen magnetischen Leitwerte, weswegen mit dem Mittelwert gerechnet wird,

$$X_- = \frac{X_d'' + X_q''}{2} \quad . \tag{6.84}$$

Für Maschinen *ohne Dämpferwicklung* ist die Reaktanz des Gegensystems gleich der transienten Reaktanz X_d'. Bei Schenkelpolmaschinen gilt

$$X_- = \frac{X_d' + X_q'}{2} \quad . \tag{6.85}$$

Nullimpendanz $\underline{Z}_0$

Bei der Ermittlung der *Nullimpedanz* $\underline{Z}_0$ schaltet man alle drei Ständerwicklungen eines mit synchroner Drehzahl angetriebenen Synchrongenerators parallel und verbindet den so entstandenen Zweipol mit nur einer Phase eines Drehstromnetzes, Bild 6.42.

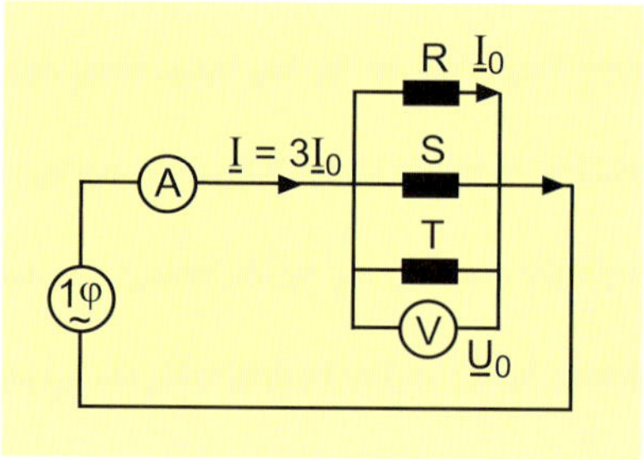

Bild 6.42. Messung der *Nullimpedanz* eines Synchrongenerators.

Die Nullimpedanz berechnet sich dann zu

$$\underline{Z}_0 = \frac{\underline{U}_0}{\underline{I}_0} = \frac{\underline{U}_0}{\underline{I}/3} \quad . \tag{6.86}$$

Da Synchrongeneratoren mit isoliertem Sternpunkt betrieben werden, kommt ihre Nullimpedanz nicht zum Tragen. Generell gilt, daß bei allen Betriebsmitteln mit isoliertem Sternpunkt die Nullimpedanz keine Rolle spielt und Nullströme weder in das Betriebsmittel hinein- noch herausfließen.

6.11.4 Die *dq*0-Transformation

Das oben beschriebene dreiphasige und einphasige mathematische Modell mit komplexen Spannungen $\underline{U}$ und Strömen $\underline{I}$ gilt nur für *Vollpolmaschinen* im *stationären* Betrieb. Im folgenden wird ein leistungsfähigeres Generatormodell hergeleitet, das sowohl die magnetische Anisotropie von Schenkelpolmaschinen berücksichtigt als auch die Berechnung von Ausgleichsvorgängen gestattet. Dieses Modell arbeitet mit Zeitbereichsgrößen $u(t)$ und $i(t)$ und wird gewöhnlich als *Zweiachsentheorie* oder als *dq*0-*Transformation* bezeichnet.

In gleicher Weise wie das *Läuferdrehfeld* seine Ursache in der gleichstromdurchflossenen, rotierenden Erregerwicklung hat, stellt die Zweiachsentheorie auch das *Ständerdrehfeld* durch Spulen auf dem rotierenden Läufer dar, und zwar je eine virtuelle Spule in *Polachse* und *Pollücke* (*Neutrale Zone*, s. Bild 6.43).

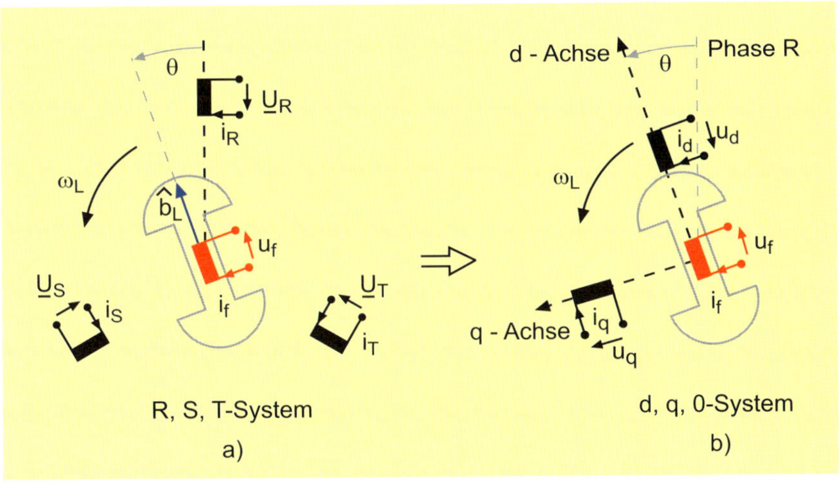

Bild 6.43. Modellierung des Ständerdrehfelds des R, S, T-Drehstromsystems durch zwei virtuelle zusätzliche Spulen auf dem Läufer. a) RST-System, b) dq0-System, θ: Winkel, um den die d-Achse der magnetischen Achse der Ständerwicklung R vorauseilt, ω_L: Rotorwinkelgeschwindigkeit.

Es werden *zwei* um 90° versetzte Spulen benötigt, weil das Ständerdrehfeld in der Regel eine Phasenverschiebung gegenüber dem Läuferdrehfeld aufweist. Durch Superposition der von beiden Spulen erzeugten, um 90° versetzten *Teildrehfelder* läßt sich jedes beliebige Ständerdrehfeld modellieren. Die Polachse wird im folgenden als d-Achse (engl.: *direct axis*), die Pollücke als q-Achse (engl.: *quadrature axis*) bezeichnet. Die in den beiden virtuellen Spulen fließenden Ströme i_d und i_q hängen über eine Transformationsvorschrift mit den wahren Ständerströmen i_R, i_S, i_T funktionell zusammen.

Eine etwaige Relativbewegung des Ständerdrehfelds gegenüber dem Läufer durch plötzliche Änderungen der Ständerströme induziert in der *Dämpferwicklung* sowie in den *massiven Eisenteilen* des Läufers Umlaufspannungen. Diese treiben in der kurzgeschlossenen Dämpferwicklung transiente *Kurzschlußströme*, in den massiven Eisenteilen transiente *Wirbelströme*.

Zur Modellierung dieser nur im *nichtstationären* Betrieb auftretenden magnetischen Felder ergänzt man den Läufer um ein weiteres virtuelles Spulenpaar für die *Dämpferwicklung* und die *Wirbelströme* in den massiven Eisenteilen. Diese jeweils in *d*- und *q*-Richtung orientierten Spulen sind reine Kurzschlußwicklungen. Die in ihnen fließenden Kurzschlußströme werden von den vom Ständerdrehfeld induzierten Quellenspannungen getrieben, Bild 6.44.

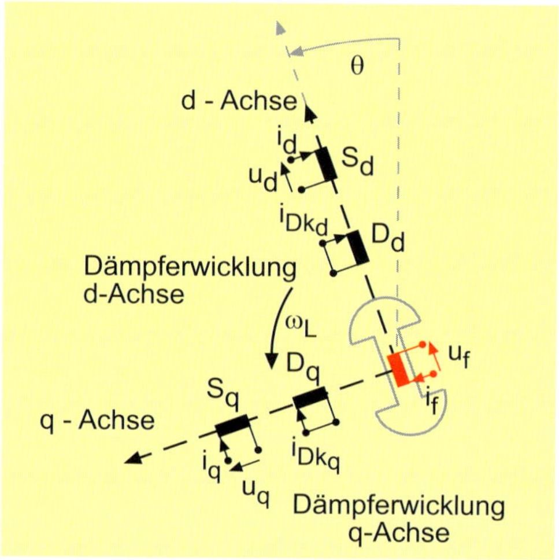

Bild 6.44. Modellierung eines Synchrongenerators ausschließlich durch Läuferwicklungen. f: Erregerwicklung, S_d: Ständerwicklung in der d-Achse, S_q: Ständerwicklung in der q-Achse, D_d: Dämpferwicklung in der d-Achse, D_q: Dämpferwicklung in der q-Achse, θ: Winkel, um den die d-Achse der Phase R (Bezugsachse) vorauseilt, ω_L: Rotorwinkelgeschwindigkeit.

Der Übersicht wegen werden die Ströme in den massiven Eisenteilen und die Kurzschlußströme in der Dämpferwicklung hier in einem Spulenpaar zusammengefaßt ($K = 1$). Sophistische Modelle ordnen den massiven Eisenteilen wegen ihrer unterschiedlichen Zeitkonstanten bei Ausgleichsvorgängen zwei oder mehr Spulenpaare zu ($K \neq 1$).

Die Phasenverschiebung zwischen dem Läufer und der Orientierung des Ständerdrehfelds $b_S(x, t)$ ist in den Amplituden der die Ständerströme repräsentierenden Ströme i_d und i_q implizit berücksichtigt.

Wir unterscheiden im folgenden drei Betriebszustände der Synchronmaschine:

Leerlaufbetrieb

In der *Erregerwicklung* fließt der Gleichstrom i_f. Alle anderen Spulen in Bild 6.44 sind von einem zeitlich konstanten Fluß durchsetzt und daher spannungs- und stromlos. Die wahre induzierte Polradspannung kann wahlweise durch eine sinusförmige Zeitbereichsfunktion $e\,(t)$ oder die komplexe Amplitude $\underline{E}_P$ der Polradspannung beschrieben werden.

Stationärer Betrieb mit konstantem Ständerstrom

In der *Erregerwicklung* fließt der Gleichstrom i_f, in den beiden virtuellen *Ständerwicklungen* S_d und S_q fließen die Gleichströme i_d und i_q. Die beiden *Dämpferwicklungen* in d- und q-Richtung sind stromlos. Die physikalischen Ständerspannungen und Ständerströme können wahlweise durch sinusförmige Zeitbereichsgrößen $u\,(t)$ und $i\,(t)$ oder durch komplexe Funktionen $\underline{E}_P$ und $\underline{I}_S$ beschrieben werden.

Nichtstationärer Betrieb

In der *Erregerwicklung* fließt der Erregerstrom i_f, überlagert von einem transienten Ausgleichsstrom. Beide ergeben die Zeitbereichsfunktion $i_f\,(t)$.

In den beiden *Ständerwicklungen* fließen die Gleichströme i_d und i_q, überlagert von transienten Ausgleichsströmen. In ihrer Summe ergeben sie die Zeitbereichsfunktionen $i_d\,(t)$ und $i_q\,(t)$.

In den beiden *Dämpferwicklungen* fließen transiente Ausgleichsströme $i_{D_d}\,(t)$ und $i_{D_q}\,(t)$.

Die wahren Ständerspannungen und -ströme, wie auch die virtuellen Spannungen und Ströme in den Läuferwicklungen können im nichtstationären Betrieb nur noch durch Zeitbereichsfunktionen $u(t)$ und $i(t)$ beschrieben werden.

6.11.4.1 Mathematische Vorgehensweise der *dq*0-Transformation

Zur Berechnung des stationären und des transienten Verhaltens des Synchrongenerators müssen die *Maschengleichungen* für die Spannungen der Läuferwicklungen und der Ständerwicklungen aufgestellt und durch ihnen gemeinsame magnetische Flüsse bzw. Koppelinduktivitäten miteinander verknüpft werden. Hierbei werden magnetische Flüsse durch den sie erzeugenden Strom und die Induktivität des zugehörigen Stromkreises repräsentiert, sogenannte *Flußverkettung* (engl.: *flux linkage*, s. Anhang D). Im Fall des Synchrongenerators können beide zeitlich veränderlich sein, das heißt

$$\varphi(t) = L(t)\, i(t) \quad . \tag{6.87}$$

Wird ferner eine Spule 1 mit dem Spulenstrom $i_1(t)$ zusätzlich vom magnetischen Fluß einer in ihrer Nachbarschaft befindlichen Spule 2 mit dem Spulenstrom $i_2(t)$ durchdrungen, gilt für ihre gesamte Flußverkettung

$$\varphi_{1_{tot}}(t) = L_1(t)\, i_1(t) + M_{1\,2}(t)\, i_2(t) \quad . \tag{6.88}$$

Sinngemäß gilt dies auch für die Spule 2,

$$\varphi_{2_{tot}}(t) = L_2(t)\, i_2(t) + M_{2\,1}(t)\, i_1(t) \quad . \tag{6.89}$$

Die *zeitliche Änderung* der Flußverkettung φ_{tot} einer Wicklung induziert in dieser eine *Umlaufspannung* (*Quellenspannung*)

$$\overset{\circ}{u}(t) = -\frac{d\varphi_{tot}(t)}{dt} \quad . \tag{6.90}$$

Die Spannungen und Ströme auf der gleichen Achse liegender Spulen sind daher mit den Spannungen und Strömen aller anderen Spulen dieser Achse über die wechselseitige Induktionswirkung der diversen Komponenten der Flußverkettung miteinander verknüpft. Die d-Achse und die q-Achse sind gegeneinander um 90° elektrisch versetzt, das heißt orthogonal. Zwischen Spulen der d-Achse und der q-Achse tritt daher keine Kopplung auf.

Unter Berücksichtigung des Spulenwiderstands erhalten wir für jede Spule ein Ersatzschaltbild vom Typ Bild 6.45.

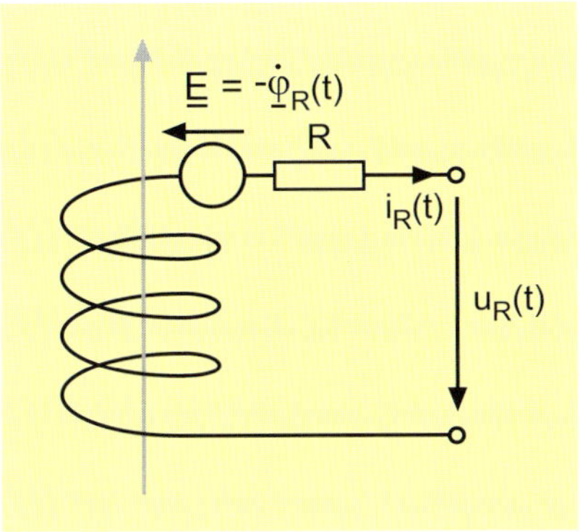

Bild 6.45. Ersatzschaltbild der Ständerwicklung R mit der Flußverkettung $\varphi_R\,(t)$ bzw. deren zeitlicher Ableitung $\dot{\varphi}_R$.

Die zugehörige Maschengleichung lautet

$$u_R\,(t) = \frac{d}{dt}\varphi_R\,(t) - i\,(t)R = \frac{d}{dt}\sum \varphi_\nu\,(t) - i\,(t)\,R \quad . \tag{6.91}$$

Aus zwei Gründen sind die in der Flußverkettung $\varphi_R\,(t)$ verborgenen *Koppelinduktivitäten zeitvariant*:

- Da der Läufer rotiert, ändert sich die Position der Erreger- und Dämpferwicklungen ständig relativ zu den ortsfesten Ständerwicklungen. Dies führt zu *zeitvarianten Koppelinduktivitäten zwischen Läufer- und Ständerwicklungen.*
- Handelt es sich um einen *Schenkelpolläufer*, so ändern sich zusätzlich die Gegeninduktivitäten zwischen den einzelnen Ständerwicklungen, da sich durch die variable Rotorposition der magnetische Widerstand ständig verändert.

Die $dq0$-Transformation erlaubt die Elimination dieser Zeitvarianz und damit das Aufstellen eines Gleichungssystems mit konstanten Koeffizienten bzw. Induktivitäten.

Da das $dq0$-Modell auch für die Berechnung nichtstationärer Vorgänge geeignet sein soll, rechnen wir hier nicht mehr mit komplexen Größen $\underline{U}$

und $\underline{I}$, sondern mit Zeitbereichsfunktionen $u(t)$ und $i(t)$. Ferner erfolgt die Herleitung des Modells für den $dq0$-Bereich, im Einklang mit dem Schriftum, mit bezogenen Größen. Das heißt, Induktivitäten werden im folgenden mit „l“, Widerstände mit „r“ bezeichnet (s. Anhang D sowie 7.2.1 und 7.3.1).

Es gelten folgende Definitionen:

$u_R(t), u_S(t), u_T(t)$	:	Augenblickswerte der Ständer-Sternspannungen (Klemmenspannungen)
$i_R(t), i_S(t), i_T(t)$	:	Augenblickswerte der bei Belastung fließenden Ständerströme
$\varphi_R(t), \varphi_S(t), \varphi_T(t)$	:	Augenblickswerte der Flußverkettungen
$l_{RR}(t), l_{SS}(t), l_{TT}(t)$	:	Augenblickswerte der Selbstinduktivitäten der Ständerwicklungen
$l_{RS}(t), l_{ST}(t), l_{TR}(t)$	:	Augenblickswerte der Gegeninduktivitäten der Ständerwicklungen
$l_{Rf}(t), l_{RD_d}(t), l_{RD_q}(t)$	:	Augenblickswerte der Gegeninduktivitäten zwischen der Ständerwicklung Phase R und den Läuferwicklungen (sinngemäße Indizierung gilt für die Phasen S und T)
r_R, r_S, r_T	:	Wirkwiderstände der Ständerwicklungen
u_f	:	Erregerspannung
$i_f(t), i_{D_d}(t), i_{D_q}(t)$	:	Augenblickswerte der Ströme in der Erregerwicklung (Index f)und in den Dämpferwicklungen in d- und q-Richtung ($i_f = \text{const}$ im Leerlauf und im stationären Betrieb)

r_f, r_{D_d}, r_{D_q}	:	Widerstand der Rotorwicklungen
$l_{ff}(t), l_{D_d}(t), l_{D_q}(t)$	:	Augenblickswerte der Selbstinduktivitäten der Läuferwicklungen
l_{fDd}	:	Gegeninduktivität zwischen der Erregerwicklung und der Dämpferwicklung auf der d-Achse
$u_d(t)$	:	Spannung der virtuellen Ständer-Wicklung S_d auf dem Rotor
$u_q(t)$	:	Spannung der virtuellen Ständerwicklung S_q auf dem Rotor
$\theta(t) = \omega t$	:	Läuferposition
$\dot{\theta}(t) = \frac{d\theta(t)}{dt} = \omega$	:	Winkelgeschwindigkeit des Läufers

Spannungsleichungen des Ständers:

Gemäß Bild 6.45 und Gleichung (6.91) lautet die Maschengleichung für eine Ständerwicklung, hier die Bemessungsphase R,

$$u_R(t) = \frac{d}{dt}\varphi_R(t) - i_R(t) \quad . \tag{6.92}$$

Ab hier verzichten wir zur Vereinfachung auf die explizite Kenntlichmachung der Zeitabhängigkeit und führen die unabhängige Variable (t) nicht mehr mit. Für alle drei Phasen erhalten wir dann in Matrizenschreibweise das *Spannungsgleichungssystem des Ständers*:

$$\begin{vmatrix} u_R \\ u_S \\ u_T \end{vmatrix} = \frac{d}{dt}\begin{vmatrix} \varphi_R \\ \varphi_S \\ \varphi_T \end{vmatrix} - \begin{vmatrix} r_R & 0 & 0 \\ 0 & r_S & 0 \\ 0 & 0 & r_T \end{vmatrix} \cdot \begin{vmatrix} i_R \\ i_S \\ i_T \end{vmatrix} \quad . \tag{6.93}$$

Hierin bedeutet φ_R die *totale* Flußverkettung

$$\varphi_R = -l_{RR}i_R - l_{RS}i_S - l_{RT}i_T + l_{Rf}i_f + l_{RD_d}i_{D_d} + l_{RD_q}i_{D_q} \quad . \tag{6.94}$$

Ähnliche Ausdrücke ergeben sich für φ_S und φ_T.

Wie oben erläutert, hängen die Augenblickswerte der Induktivitäten von der Position des Läufers gegenüber dem Ständer ab und sind damit *zeitvariant*.

Die Selbstinduktivität l_{RR} ist definiert als Quotient aus dem Fluß φ_R und dem Strom i_R. Sie ist direkt proportional dem magnetischen Leitwert längs des Umfangs. Dieser besitzt abhängig von der Rotorposition θ eine 2. Oberschwingung. Daher variiert, beispielsweise die Selbstinduktivität R_{RR} der Achse R, um einen Mittelwert L_{RR0} mit $L_{RR2}\cos 2\theta$,

$$l_{RR} = L_{RR0} + L_{RR2} cos2\theta \quad . \tag{6.95}$$

Da die anderen Ständerwicklungen identisch und jeweils nur um 120° bzw. 240° gegenüber der Phase R verschoben sind, gilt

$$l_{SS} = L_{RR0} + L_{RR2} cos2(\theta - \frac{2\pi}{3}) \tag{6.96}$$

$$l_{TT} = L_{RR0} + L_{RR2} cos2(\theta + \frac{2\pi}{3}) \quad . \tag{6.97}$$

Ferner besitzt auch die Gegeninduktivität zwischen zwei Ständerwicklungen eine 2. Oberschwingung. Diese Induktivität besitzt immer einen negativen Wert und nimmt ihren Maximalwert an, wenn die neutrale Zone in Richtung einer Ständerwicklungsachse zeigt. Beispielsweise wird l_{RS} maximal für $\theta = -30°$ und $\theta = 150°$.

Für die Gegeninduktivitäten zwischen den drei Phasen erhält man somit

$$l_{RS} = -L_{RS0} - L_{RS2} cos2(\theta + \frac{\pi}{6}) = -L_{RS0} - L_{RS2} cos(2\theta + \frac{2\pi}{6}) \tag{6.98}$$

$$l_{ST} = -L_{RS0} - L_{RS2} cos2(\theta - \frac{\pi}{2}) = -L_{RS0} - L_{RS2} cos(2\theta - \pi) \tag{6.99}$$

$$l_{TR} = -L_{RS0} - L_{RS2} cos2(\theta - \frac{\pi}{6}) = -L_{RS0} - L_{RS2} cos(2\theta - \frac{\pi}{3}) \, . \tag{6.100}$$

Die Gegeninduktivitäten zwischen Ständer und Läufer variieren nicht wegen des unterschiedlichen magnetischen Leitwerts, sondern aufgrund der Läuferdrehung. Wenn Ständer- und Läuferwicklungsachse die gleiche Richtung besitzen, nimmt der sie durchsetzende Fluß seinen Maximalwert an, das heißt die Gegeninduktivität ist dann auch maximal.

Sind beide Wicklungen um 90° phasenverschoben, ist der Fluß gleich Null und so auch die Gegeninduktivität.

Für die Gegeninduktivitäten zwischen Ständer- und Läuferwicklungen erhalten wir somit

$$l_{Rf} = L_{Rf} cos\theta \tag{6.101}$$

$$l_{RD_d} = L_{RD_d} cos\theta \tag{6.102}$$

$$l_{RD_q} = -L_{RD_q} sin\theta \quad . \tag{6.103}$$

Sinngemäß ergeben sich Gleichungen für die Gegeninduktivitäten gegenüber den Phasen S und T, wenn θ durch $(\theta - 120°)$ bzw. $(\theta + 120°)$ ersetzt wird.

Setzt man nun obige von θ abhängige Induktivitätsfunktionen in Gleichung (6.94) ein, erhalten wir mit $L_{RR2} = L_{RS2}$

$$\begin{aligned}\varphi_R = &-i_R[L_{RR0} + L_{RR2} cos2\theta] + i_S[L_{RS0} + L_{RR2}\cos(2\theta + \frac{\pi}{3})] \\ &+ i_T[L_{RS0} + L_{RR2}\cos(2\theta - \frac{\pi}{3})] + i_f L_{Rf}\cos\theta \\ &+ i_{D_d} L_{RD_d}\cos\theta - i_{D_q} L_{RDk_q}\sin\theta \end{aligned} \tag{6.104}$$

bzw.

$$\begin{aligned}\varphi_S = &\, i_R[L_{RS0} + L_{RR2}\cos(2\theta + \frac{\pi}{3})] - i_S[L_{RR0} + L_{RR2}\cos(2\theta - \frac{2\pi}{3})] \\ &+ i_T[L_{RS0} + L_{RR2}\cos(2\theta - \pi)] + i_f L_{Rfd}\cos(\theta - \frac{2\pi}{3}) \\ &+ i_{D_d} L_{RD_d}\cos(\theta - \frac{2\pi}{3}) - i_{D_q} L_{RD_q}\sin(\theta - \frac{2\pi}{3}) \end{aligned} \tag{6.105}$$

bzw.

$$\begin{aligned}\varphi_T = &\, i_R[L_{RS0} + L_{RR2}\cos(2\theta - \frac{\pi}{3})] + i_S[L_{RR0} + L_{RR2}\cos(2\theta - \pi)] \\ &- i_T[L_{RR0} + L_{RR2}\cos(2\theta + \frac{2\pi}{3})] + i_f L_{Rf}\cos(\theta + \frac{2\pi}{3}) \\ &+ i_{D_d} L_{RD_d}\cos(\theta + \frac{2\pi}{3}) - i_{D_q} L_{RD_q}\sin(\theta + \frac{2\pi}{3}) \quad . \end{aligned} \tag{6.106}$$

Bildet man die zeitlichen Ableitungen der Flußverkettungen φ_R, φ_S, φ_T und setzt sie in (6.93) ein, erhält man das ausführliche *Spannungsgleichungssystem des Ständers.*

Spannungsgleichungen des Läufers:

Für das *Spannungsgleichungssystem des Läufers* erhält man sinngemäß:

$$\begin{vmatrix} u_f \\ 0 \\ 0 \end{vmatrix} = \frac{d}{dt} \begin{vmatrix} \varphi_f \\ \varphi_{D_d} \\ \varphi_{D_q} \end{vmatrix} + \begin{vmatrix} r_f & 0 & 0 \\ 0 & r_{D_d} & 0 \\ 0 & 0 & r_{D_q} \end{vmatrix} \cdot \begin{vmatrix} i_f \\ i_{D_d} \\ i_{D_q} \end{vmatrix} \quad . \tag{6.107}$$

Hier gilt für die zugehörigen Flüsse, ähnlich wie oben:

$$\begin{aligned} \varphi_f = L_{ff} i_f + L_{fD_d} i_{D_d} - L_{Rf} [i_R \cos\theta + \\ + i_S \cos(\theta - \frac{2\pi}{3}) + i_T \cos(\theta + \frac{2\pi}{3})] \end{aligned} \tag{6.108}$$

$$\begin{aligned} \varphi_{D_d} = L_{fD_d} i_f + L_{D_d} i_{D_d} - L_{RD_d} [i_R \cos\theta + \\ + i_S \cos(\theta - \frac{2\pi}{3}) + i_T \cos(\theta + \frac{2\pi}{3})] \end{aligned} \tag{6.109}$$

$$\begin{aligned} \varphi_{D_q} = L_{D_q} i_{D_q} + L_{RD_q} [i_R \sin\theta + \\ + i_S \sin(\theta - \frac{2\pi}{3}) + i_T \sin(\theta + \frac{2\pi}{3})] \quad . \end{aligned} \tag{6.110}$$

Setzt man die zeitlichen Ableitungen der Flußverkettungen φ_R, φ_S, φ_T in (6.107) ein, erhält man das ausführliche *Spannungsgleichungssystem des Läufers*. Das Spannungsleichungssystem (6.93) für die Ständerwicklungen und das Spannungsgleichungssystem (6.107) für die Läuferwicklungen, zusammen mit den jeweiligen Flußdefinitionen (6.104) bis (6.106) und (6.108) bis (6.110), beschreiben vollständig das Betriebsverhalten eines Synchrongenerators. Leider enthalten beide Gleichungssysteme, wie eingangs schon erläutert, zeitvariante Induktivitäten. Dies führt zu beträchtlichen Schwierigkeiten bei der Untersuchung von Stabilitätsproblemen von Synchrongeneratoren im Netz. Die Elimination dieser Zeitvarianz leistet die $dq0$-Transformation.

Ähnlich wie bei der Methode der symmetrischen Komponenten (s. 6.11.2) existieren Transformationsmatrizen T und T^{-1},

$$T = \frac{2}{3} \begin{vmatrix} \cos\theta & \cos(\theta - 120°) & \cos(\theta + 120°) \\ -\sin(\theta) & -\sin(\theta - 120°) & -\sin(\theta + 120°) \\ \frac{1}{2} & \frac{1}{2} & \frac{1}{2} \end{vmatrix} \tag{6.111}$$

$$T^{-1} = \begin{vmatrix} \cos\theta & -\sin(\theta) & 1 \\ \cos(\theta - 120^\circ) & -\sin(\theta - 120^\circ) & 1 \\ \cos(\theta + 120^\circ) & -\sin(\theta + 120^\circ) & 1 \end{vmatrix} \quad . \tag{6.112}$$

Unter Verwendung der $dq0$-Transformationsmatrix T lassen sich die Wechselspannungen u_R, u_S, u_T, die Wechselströme i_R, i_S, i_T und die Flüsse φ_R, φ_S, φ_T folgendermaßen in das $dq0$-System überführen:

$$\begin{pmatrix} u_d \\ u_q \\ u_0 \end{pmatrix} = T \begin{pmatrix} u_R \\ u_S \\ u_T \end{pmatrix}; \quad \begin{pmatrix} i_d \\ i_q \\ i_0 \end{pmatrix} = T \begin{pmatrix} i_R \\ i_S \\ i_T \end{pmatrix};$$

$$\begin{pmatrix} \varphi_d \\ \varphi_q \\ \varphi_0 \end{pmatrix} = T \begin{pmatrix} \varphi_R \\ \varphi_S \\ \varphi_T \end{pmatrix} \quad . \tag{6.113}$$

Die drei Gleichungen (6.108 bis 6.110) zeigen, daß die Terme mit den Ständerströmen formal ähnlich aufgebaut sind. Die Ausdrücke in den eckigen Klammern sind bis auf eine Konstante K identisch mit i_d bzw. i_q. Dies ist die Basis für die Transformation der drei Ständerströme i_R, i_S und i_T in zwei Ströme i_d und i_q im Läufer,

$$i_d = K_d[i_R \cos\theta + i_S \cos(\theta - \tfrac{2\pi}{3}) + i_T \cos(\theta + \tfrac{2\pi}{3})] \tag{6.114}$$

$$i_q = -K_q[i_R \sin\theta + i_S \sin(\theta - \frac{2\pi}{3}) + i_T \sin(\theta + \frac{2\pi}{3})] \tag{6.115}$$

Die Konstanten K_d und K_q sind frei wählbar. Gewöhnlich werden K_d und K_q gleich $\frac{2}{3}$ gesetzt. In diesem Fall sind im symmetrischen Betrieb i_d und i_q identisch mit der Amplitude der Ständerströme.

Unter Verwendung der Ausdrücke (6.104 bis 6.106) für die Flüsse und nach Transformation in das $dq0$-System erhält man nach mehreren Umformungen für die Flüsse φ_d, φ_q und φ_0:

$$\begin{aligned} \varphi_d = {} & -(L_{RR0} + L_{RS0} + \frac{3}{2} L_{RR2}) i_d \\ & + L_{Rf} i_f + L_{RD_d} i_{D_d} \end{aligned} \tag{6.116}$$

$$\varphi_q = -(L_{RR0} + L_{RS0} - \frac{3}{2} L_{RR2}) i_q + L_{RD_q} i_{D_q} \tag{6.117}$$

$$\varphi_0 = -(L_{RR0} - 2L_{RS0})i_0 \quad . \tag{6.118}$$

Faßt man ferner alle jetzt zeitinvarianten Induktivitäten zusammen, erhalten wir

$$L_d = l_{RR0} + L_{RS0} + \frac{3}{2}L_{RR2} \tag{6.119}$$

$$L_q = L_{RR0} + L_{RS0} - \frac{3}{2}L_{RR2} \tag{6.120}$$

$$L_0 = L_{RR0} - 2L_{RS0} \quad . \tag{6.121}$$

Die Ständerflüsse lauten daher im $dq0$-System

$$\varphi_d = -L_d i_d + L_{Rfd} i_f + L_{RD_d} i_{D_d} \tag{6.122}$$

$$\varphi_q = -L_q i_q + L_{RD_q} i_{D_q} \tag{6.123}$$

$$\varphi_0 = -L_0 i_0 \quad . \tag{6.124}$$

Offensichtlich sind alle Induktivitäten nach der Transformation *zeitinvariant.* Die Läuferflüsse im $dq0$-System erhält man durch Substitution von i_d und i_q in den Gleichungen (6.108 bis 6.110).

$$\varphi_f = L_{ff} i_f + L_{fD_d} i_{D_d} - \frac{3}{2}L_{Rf} i_d \tag{6.125}$$

$$\varphi_{D_d} = L_{fD_d} i_f + L_{Dk_d} i_{D_d} - \frac{3}{2}L_{RD_d} i_d \tag{6.126}$$

$$\varphi_{D_q} = L_{D_q} i_{D_q} - \frac{3}{2}L_{RD_q} i_q \quad . \tag{6.127}$$

Auch hier sind alle Induktivitäten *zeitinvariant.* Die *Nullkomponente* i_0 tritt in den Läufergleichungen nicht in Erscheinung.

Nach erfolgreicher Transformation erhält man für das Spannungsgleichungssystem (6.93) des Ständers im $dq0$-System

$$\boxed{\begin{aligned} u_d &= +\frac{d\varphi_d}{dt} - r_R i_d - \dot{\theta}\varphi_q = u_{\text{Transf.}_d} + u_{\text{Speed}_d} - r_R i_d \\ u_q &= +\frac{d\varphi_q}{dt} - r_R i_q + \dot{\theta}\varphi_d = u_{\text{Transf.}_q} + u_{\text{Speed}_q} - r_R i_q \\ u_0 &= +\frac{d\varphi_0}{dt} - r_R i_0 \end{aligned}} \quad , \tag{6.128}$$

worin $\dot{\theta}$ für die Winkelgeschwindigkeit des Läufers steht.

Man beachte, daß die beiden Gleichungssysteme (6.93) und (6.128) *gleichwertig* sind. Ersteres gilt für ein *statorbezogenes Bezugssystem* mit den Phasenspannungen u_R, u_S und u_T, letzteres für ein *läuferbezogenes, rotierendes Bezugssystem* mit den Spannungen u_d, u_q und u_0.

Die Spannungsanteile auf den rechten Gleichungsseiten, die sich zu u_d und u_q addieren, lassen sich folgendermaßen interpretieren:

- $r_R i_d$ bzw. $r_R i_q$ repräsentieren die *ohmschen* Spannungsabfälle,
- $\dot{\theta}\varphi_q$ bzw. $\dot{\theta}\varphi_d$ repräsentieren die durch *Rotation* des Läufers im Ständer induzierten Spannungen u_{Speed} (engl.: *speed voltages*). Im stationären Betrieb ist dies die Polradspannung $\underline{E}_P$ abzüglich der Ankerrückwirkung; $\dot{\theta}\varphi_d = \dot{\theta}\varphi_{d_L} - \dot{\theta}\varphi_{d_S}$.
- $d\varphi_d/dt$ bzw. $d\varphi_q/dt$ sind *transformatorische* Spannungen $u_{\text{Transf.}}$ (engl.: *transformer voltages*).

Im *stationären* Betrieb kommt die die Polradspannung $\underline{E}_P$ induzierende Flußänderung durch die *räumliche* Rotation der Flüsse $\varphi_d(\theta)$ und $\varphi_q(\theta)$ zustande. Im nichtstationären Betrieb werden *zusätzliche Spannungen* durch die *zeitliche* Änderung des Flusses $d\varphi_d/dt$ induziert.

Die Ständerspannungen u_d und u_q sind im Leerlauf und im stationären Betrieb *Gleichspannungen* und bilden in einer komplexen Zahlenebene mit 90°_{el} die reellen und imaginären Komponenten der Klemmenspannung $\underline{U}_K$

$$u_d + ju_q = \underline{U}_K \quad . \tag{6.129}$$

Für *Leerlauf* erhalten wir

$$ju_q = \underline{U}_K \quad . \tag{6.130}$$

Im *stationären Betrieb* gilt

$$u_d + ju_q = \underline{U}_K \quad . \tag{6.131}$$

Im *nichtstationären Betrieb*, mit anderen Worten bei Ausgleichsvorgängen, gilt

$$u_d(t) + ju_q(t) = \underline{u}_K(t) \quad . \tag{6.132}$$

Der Betrag der Klemmenspannung ergibt sich dann zu

$$U_K = \sqrt{u_d^2 + u_q^2} \quad . \tag{6.133}$$

Sinngemäß setzen sich auch die Ständerströme aus Real- und Imaginärteil zusammen, das heißt

$$i_d + ji_q = \underline{I}_S \quad . \tag{6.134}$$

Aufgrund der 90°_{el} Orthogonalität der d-Achse und der q-Achse läßt sich für jede Achse und für jeden Betriebszustand ein eigenes Ersatzschaltbild angegeben, Bild 6.46.

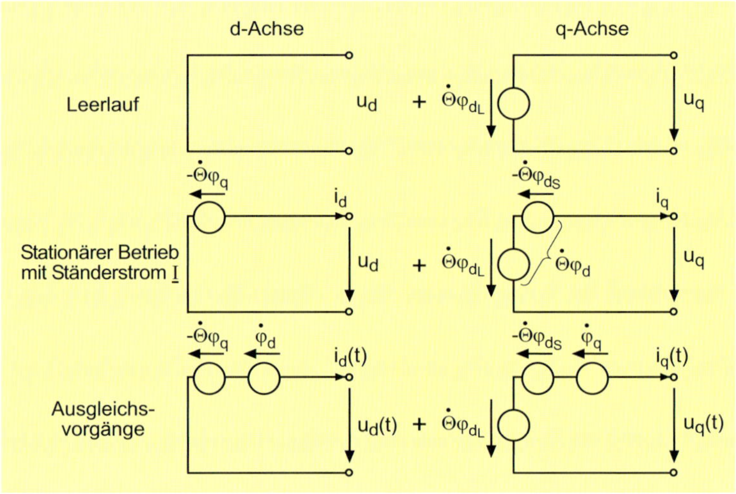

Bild 6.46. Ersatzschaltbilder der d- und q-Achse im *Leerlauf*, im *stationären Betrieb* und bei *Ausgleichsvorgängen*, Streuung und Wicklungswiderstände vernachlässigt.

Abhängig von der gewählten Zahl der virtuellen Spulen auf dem Läufer lassen sich Synchrongeneratoren mit *massivem* Läufer, mit *geblechtem* Läufer sowie mit und ohne *Dämpferwicklung* modellieren, je nach geforderter Modelltreue im Einzelfall.

Die Nullkomponente i_0 tritt nicht in Erscheinung, weil Synchrongeneratoren mit nicht geerdetem Sternpunkt ihrer Ständerwicklung betrieben werden. Sie trägt auch nicht zu einem Drehfeld oder einem Drehmoment bei.

Die $dq0$-Transformation ist die essentielle Voraussetzung für die Darstellung eines Synchrongenerators durch das in Bild 6.36 gezeigte Ersatzschaltbild mit *konstanten* Induktivitäten und *komplexen* Spannungen $\underline{U}$ und Strömen $\underline{I}$. Die rotatorisch bedingte zeitvariante Gegeninduktivität zwischen Rotor und Ständer ist durch Annahme eines stationären, ruhenden Läufer-Wechselfelds (mit Wechselstrom erregt) am Ort des Läufers ersetzt und führt zum Ersatzschaltbild der Quellenspannung $\underline{E}_P$ hinter der synchronen Reaktanz X_S (s. Bild 6.7 und 6.9). Dieses Ersatzschaltbild gilt nur *für den stationären Betrieb*. Sinngemäß implizieren auch die bereits bislang benutzten Zeigerdiagramme mit einer *zeitinvarianten* Reaktanz X_S, beispielsweise in den Bildern 6.8 und 6.9 und insbesondere die Zeigerdiagramme in Bild 6.14, die Transformation in den $dq0$-Bereich.

Erst das durch $dq0$-Transformation erlangte mathematische Modell mit zeitvarianten Induktivitäten und Zeitbereichsfunktionen $u(t)$ und $i(t)$ erlaubt die Behandlung von Stabilitätsproblemen in Netzen. Dort geht es bei jedem Generator um das Gleichgewicht zwischen mechanischer Turbinenantriebsleistung und der vom Generator geforderten elektrischen Leistung bzw. dem Gleichgewicht zwischen dem *Antriebsdrehmoment* und dem von der Belastung des Generators bewirkten *Bremsmoment*. Die folgenden Überlegungen befassen sich daher mit der Berechnung der elektrischen Leistung und dem daraus resultierenden Drehmoment.

6.11.4.2 Elektrische Leistung und Drehmoment

Die von einem Synchrongenerator abgebene Augenblicksleistung berechnet sich zu

$$P_t = u_R i_R + u_S i_S + u_T i_T \quad . \tag{6.135}$$

Durch Übertragung in das $dq0$-System wird aus Gleichung (6.135)

$$P_t = \frac{3}{2}(u_d i_d + u_q i_q + 2u_0 i_0) \quad . \tag{6.136}$$

Im symmetrischen Betrieb, $u_0 = 0$ und $i_0 = 0$, vereinfacht sich (6.136) zu

$$P_t = \frac{3}{2}(u_d i_d + u_q i_q) \quad . \tag{6.137}$$

Mit Gleichung (6.128) erhält man aus (6.137)

$$P_t = \frac{3}{2}(i_d \frac{d\varphi_d}{dt} + i_q \frac{d\varphi_q}{dt}) \quad . \tag{6.138}$$

Die Leistung setzt sich zusammen aus der Änderungsrate der magnetischen Energie im Ständer und der Leistung, die vom angetriebenen Läufer durch den Luftspalt in den Ständer tritt, abzüglich der Verluste im Ständer. Aus ihr erhalten wir nach Division durch die Rotorgeschwindigkeit

$$M_{\mathrm{el}} = \frac{3}{2}(\varphi_d i_q - \varphi_q i_d)\frac{\omega_r}{\omega_{\mathrm{mech}}} = \frac{3}{2}(\varphi_d i_q - \varphi_q i_d)\frac{p}{2} \quad . \tag{6.139}$$

Die Flußgleichungen (6.122) bis (6.127) des Ständers und des Läufers, zusammen mit den Spannungsgleichungen (6.128) des Ständers und (6.107) des Läufers sowie die Drehmomentsgleichung (6.139), beschreiben das dynamische Verhalten des Synchrongenerators im $dq0$-System.

Für die Bewegungsdifferentialgleichung eines Synchrongenerators ohne Dämpferwicklung erhalten wir

$$J\,\frac{d^2\theta}{dt^2} = M_{\mathrm{mech}} - M_{\mathrm{el}} \quad . \tag{6.140}$$

Hier steht J für das *Trägheitsmoment* und M_{mech} für das mechanische *Antriebsdrehmoment* der Turbine. M_{el} beinhaltet das *Bremsmoment* hervorgerufen durch die elektrische Belastung (*synchrones Moment*). Die Größe $d^2\,\theta/dt^2$ ist die Winkelbeschleunigung $\dot{\omega}$ (s. a. 18.1.2).

Die Multiplikation mit der auf die Polpaarzahl p bezogenen Winkelgeschwindigkeit $\Omega = \omega\,/\,p$ und Ersetzen des Trägheitsmoments J durch die Scheinleistung S_N und Anlaufzeitkonstante T_A ergibt die bei Stabilitätsrechnungen verwendete Form der Schwingungsdifferentialgleichung

$$\frac{d^2\theta}{dt^2} = \frac{p}{\omega S_N T_A}\,(P_{\mathrm{mech}} - P_{\mathrm{el}}) \quad . \tag{6.141}$$

Dies ist die Differentialgleichung eines *nichtlinearen Drehschwingers*. Die Rückstellkraft ist hier wegen $P_{\mathrm{el}} = f(\sin\theta)$ *nichtlinear* mit der Auslenkung verknüpft. Abschließend sei bemerkt, daß es die Schwingungsgleichung in unterschiedlichen Darstellungen gibt, die sich beispielsweise darin unterscheiden, daß statt J der Drehimpuls $L = \omega J$ auftaucht oder daß statt dem Winkel θ gegenüber einer *ruhenden* Bezugsachse der Winkel δ gegenüber einer mit ω *rotierenden* Bezugsachse gewählt wird (s. Kapitel 18).

6.11.4.3 Kopplung des Generatormodells mit dem Elektroenergiesystem

Bei der Berechnung von *Stabilitätsproblemen* ist mittels numerischer Integration ein Differentialgleichungssystem mit je einer Differentialgleichung für jeden im Netz vorhandenen Generator zu lösen.

Grundsätzlich könnte man hierbei jeden Generator durch das klassische Gleichungssystem (6.93), in dem die Flußverkettungen noch durch die umfangreichen Terme (6.104), (6.105), (6.106) zu ersetzen wären, in eine Simulationsrechnung zur Stabilitätsberechnung direkt einbauen. Zur Vereinfachung transformiert man jedoch in jedem Rechenschritt der numerischen Integration die Größen $u_R(t)$, $u_S(t)$, $u_T(t)$, $i_R(t)$, $i_S(t)$, $i_T(t)$ etc. mittels der Transformationsmatrix T in die Größen $u_d(t)$, $u_q(t)$ bzw. $i_d(t)$, $i_q(t)$ und löst das wesentlich einfachere Gleichungssystem (6.128) mit konstanten Induktivitäten. Die Lösungen $u_d(t_\nu)$, $u_q(t_\nu)$, $i_d(t_\nu)$, $i_q(t_\nu)$ transformiert man anschließend wieder zurück mittels T^{-1} in die Größen $u_R(t_\nu)$, $u_S(t_\nu)$, $u_T(t_\nu)$. Dieser Transformationszyklus wird bei jedem Rechenschritt durchgeführt.

In jedem Gleichungssystem sind die *Parameter der entsprechenden Ersatzschaltbilder* im eigenen Bezugssystem *zeitinvariant*. Die Kopplung der Teilsysteme erfolgt durch die funktionale Verknüpfung der Spannungen und Ströme des jeweiligen Bezugssystems über die Matrix T und T^{-1}, Bild 6.47.

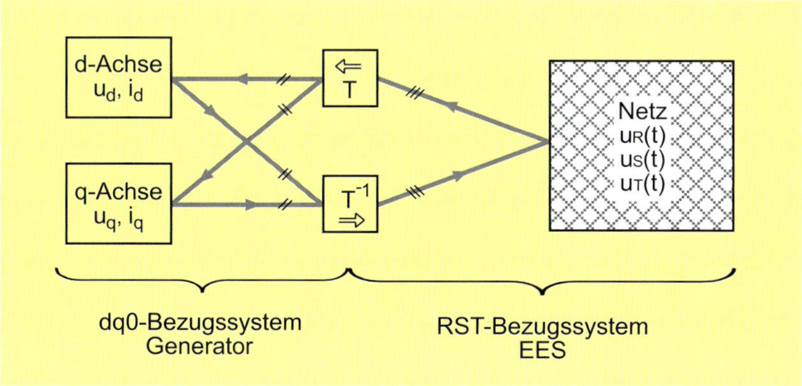

Bild 6.47. Kopplung von Synchrongenerator und Netz über die Transformationsmatrizen T und T^{-1} in Netzberechnungsprogrammen.

Spannungsregler, *Strombegrenzer* und *Polradwinkelregler* (engl.: *power system stabilizer*) werden gegebenenfalls durch zusätzliche Reglerblöcke berücksichtigt und stellen eine weitere Kopplung zwischen elektrischen Größen des Netzes und der Erregerspannung u_{fd} bzw. dem Erregerstrom i_{fd} dar. Für die Behandlung dieser regelungstechnischen Komponenten sehen kommerzielle Programme spezielle Schnittstellen vor.

Bei der $dq0$-Transformation werden üblicherweise zwei verschiedene Vorfaktoren eingesetzt, die unterschiedliche Interpretation der Ergebnisse zur Folge haben:

- 1. Fall: Bei der hier vorgestellten $dq0$-Transformation wird der Vorfaktor der Matrix T zu $\frac{2}{3}$ gewählt. Man erreicht dann im stationären Betriebszustand, daß die Gleichströme i_d und i_q die gleiche Größe wie die Scheitelwerte der Statorströme besitzen.
- 2. Fall: Bei Wahl des Vorfaktors zu $\sqrt{\frac{2}{3}}$ und Wahl der Nullstromkoeffizienten zu $\frac{1}{\sqrt{2}}$ erhält man eine sogenannte *orthogonale Transformation*, d. h. die invertierte Matrix T^{-1} ist identisch mit der transponierten Matrix T^T. Bei dieser Transformation herrscht *Leistungsinvarianz*, d. h.:

  $$u_R i_R + u_S i_S + u_T i_T = u_d i_d + u_q i_q + u_0 i_0 \quad . \tag{6.142}$$

  Diese Transformation besitzt jedoch den Nachteil, daß die Windungszahlen des Rotors im Modell ebenfalls um den Faktor $\frac{2}{3}$ geändert werden müssen.

Die mathematische Modellierung des Synchrongenerators ist offensichtlich sehr komplex, zumal in den bisherigen Betrachtungen die *Sättigung* vernachlässigt und auch nur die sinusförmige *Grundschwingung* der Erregerfeldverteilung längs des Läufers betrachtet wurde. Letztere besitzt in Wirklichkeit einen verrundeten trapezförmigen Verlauf. Wegen weiterer Überlegungen und einer treffenderen Modellierung wird auf das umfangreiche Schrifttum verwiesen.

Vertiefendes Schrifttum zu Kapitel 6

1. Bödefeld, T. und Sequenz, H.: Elektrische Maschinen. 8. Auflage, Springer-Verlag, Heidelberg, 1987.

2. Bonfert, K.: Betriebsverhalten der Synchronmaschine. 1. Auflage, Springer-Verlag, Berlin, 1962.
3. Rüdenberg, R.: Elektrische Schaltvorgänge. 5. Auflage, Springer-Verlag, Heidelberg, 1974.
4. Funk, G.: Der Kurzschluß im Drehstromnetz. 1. Auflage, Oldenbourg-Verlag, München, 1962.
5. Kloeppel, F. und Fiedler, H.: Kurzschluß in Elektroenergiesystemen. VEB Verlag für Grundstoffindustrie, 1969.
6. Schwab, A.: Begriffswelt der Feldtheorie. 6. Auflage, Springer-Verlag, Berlin/Heidelberg, 2002.
7. Kundur, P.: Power System Stability and Control. 1. Auflage, McGraw-Hill Professional Publishing, New York, 1994.
8. Van Cutsem, T. and Vournas, C.: Voltage Stability of Electric Power Systems. 1. Auflage, Kluwer Academics Publishers, Boston/London/Dordrecht, 1998.
9. Kimbark, E. W.: Power System Stability (Volume *III*), Synchronous Machines. IEEE Press Power Systems Engineering Series, 1956.
10. Anderson, P. und Fouad, A.: Power System Control and Stability. 2. Auflage, John Wiley & Sons Hoboken, 2002.
11. Oeding, D. u. Oswald, B. R.: Elektrische Kraftwerke und Netze. 6. Auflage, Springer-Verlag, Berlin/Heidelberg, 2004.

7. Bereitstellung elektrischer Energie auf verschiedenen Spannungsebenen

Die verlustarme Übertragung und Verteilung großer Mengen elektrischer Energie erfordert Transformatoren, die diese Energie für den *Transport* über große Entfernungen auf *hohem* Spannungsniveau bereitstellen.

Im einzelnen unterscheidet man je nach Aufgabe und Auslegung folgende Transformatorarten:

- *Maschinentransformatoren*: Sie transformieren die an den Ständerwicklungen der Synchrongeneratoren bei Spannungen bis maximal ca. 40 kV verfügbare elektrische Energie auf Spannungen zwischen 110 kV und 765 kV. Je höher die Kraftwerksleistung, desto höher die Netzspannungsebene in die eingespeist wird.
- *Netzkupplungstransformatoren*: Sie verbinden Netze unterschiedlicher Spannungsebenen. Über sie fließt die Energie aus den überregionalen Transportnetzen in die regionalen 110 kV-Übertragungsnetze, von dort in die 10 kV- und 20 kV-Mittelspannungsnetze und schließlich über die Ortsnetztransformatoren zum Verbraucher.
- *Verteiltransformatoren*: Sie transformieren die von den Mittelspannungsnetzen bei 10 kV und 20 kV bereitgestellte Energie auf die Spannungsebene 400 V/230 V der Niederspannungsnetze, aus denen die meisten Endverbraucher ihre elektrische Energie beziehen und in die Nutzenergien Licht, Wärme, Kraft umwandeln.
- *Regeltransformatoren*: Sie besitzen unter Last schaltbare Regelwicklungen mit Anzapfungen, die die an den äußeren Transformatorklemmen zugänglichen Spannungen nach Belastung und Phase zu verändern und damit Wirk- und Blindleistungsflüsse zu steuern gestatten.

– *Dreiwicklungstransformatoren*: Sie besitzen *drei* Wicklungen mit gewöhnlich zwei unterschiedlichen Ausgangsspannungen und werden in der *Blindleistungskompensation*, in *Eigenbedarfsanlagen*, zur *Splittung der Kurzschlußleistung* und bei Anforderungen mit *Sternpunktbelastbarkeit* (s. 7.5.2) eingesetzt.

Stellvertretend zeigt Bild 7.1 einen *Maschinentransformator* 27 kV/ 415 kV mit 850 MVA Scheinleistung.

Bild 7.1. Maschinentransformator 415 kV ± 11%/27 kV, Scheinleistung 850 MVA, Gewicht 552 t. Im einzelnen bedeuten: 1 Fünfschenkelkern, 2 US-Wicklung, 3 OS-Wicklung, 4 Stufenwicklung, 5 Leitungsführung, 6 US-Durchführungen, 7 OS-Durchführungen, 8 Preßrahmen, 9 Stufenschalter, 10 Motorantrieb, 11 Brückenmittelstück-Kessel, 12 Ausdehnungsgefäß, 13 Wasserkühlanlage (*Siemens/Trafo-Union*).

In den Verbraucherzentren benötigt man *Verteiltransformatoren*, die die Energie für die Verteilung zu den Verbrauchern wieder auf Niederspannungsniveau herunter transformieren. Verteiltransformatoren werden mit *Ölisolierung* oder als *Gießharztrockentransformatoren* hergestellt. Beispielsweise zeigt Bild 7.2 einen ölisolierten Verteiltransformator 20 kV/400 V.

Bild 7.2. Verteiltransformator 20 kV/400 V mit Ölisolierung. Im Vordergrund *hermetisch geschlossene* Ausführung ohne *Ölausdehnungsgefäß*, im Hintergrund mit *Ölausdehnungsgefäß* (Siemens/Trafo-Union).

Statt der Hochspannungsdurchführungen ist auch der Anschluß über isolierte *Kabelsteckverbinder* möglich.

Gießharz-Trockentransformatoren sind wartungsfrei und finden überall dort Verwendung, wo ölisolierte Transformatoren aus Brandschutz- oder Umweltschutzgründen nicht zulässig sind, beispielsweise in Gebäuden, Tunneln oder Grundwasserschutzgebieten. Die Strangspannungen der Hochspannungswicklung sind von außen zugänglich und können beliebig in Stern oder Dreieck verschaltet werden, Bild 7.3.

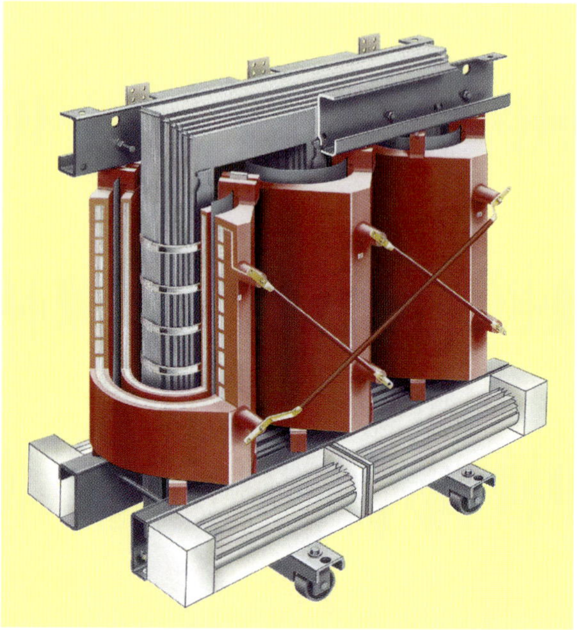

Bild 7.3. Verteiltransformator 10 kV/400 V mit Gießharz-Trockenisolierung, Scheinleistungen 100. . . 20000 kVA (Siemens/Trafo-Union).

Zur Verringerung der Reservehaltung und Verkürzung der Austauschzeiten werden viele Transformatoren in einheitlicher Ausführung als sogenannte *Einheitstransformatoren* gefertigt. Beispielsweise die beiden Transformatoren in Bild 7.1 und 7.3 oder Netzkupplungstransformatoren für 300 MVA für die Kupplung zwischen 380 kV- und 110 kV-Netzen.

Man unterscheidet ferner zwischen *Volltransformatoren* mit *galvanisch getrennter* Primär- und Sekundärwicklung, und *Spartransformatoren* mit *galvanisch verbundener* Primär- und Sekundärwicklung. Bei letzteren wird ein Teil der Energie nicht transformatorisch, sondern direkt leitend übertragen. Schließlich unterscheidet man zwischen zahlreichen anwendungsorientierten Transformatoren, wie *Stromrichtertransformatoren*, *Ofentransformatoren*, *Lokomotivtransformatoren* etc., auf die hier jedoch nicht weiter eingegangen werden soll.

7.1 Wirkungsweise und Ersatzschaltbild von Transformatoren

Die grundsätzliche Wirkungsweise von Transformatoren läßt sich am besten am Beispiel eines Einphasentransformators erläutern. Ein sogenannter *Zweiwicklungstransformator* besteht mindestens aus einer *Primärwicklung* mit der Windungszahl n_1, einer *Sekundärwicklung* mit der Windungszahl n_2 und einem *Eisenkern*, Bild 7.4.

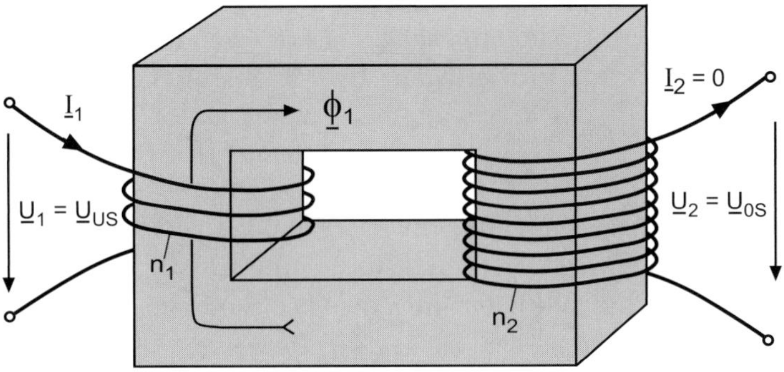

Bild 7.4. *Einphasentransformator* mit Eisenkern, Primärwicklung und Sekundärwicklung.

Als *Primärwicklung* gilt die Wicklung, in die eingespeist wird. Die Wicklung mit der höheren Windungszahl wird *Oberspannungswicklung*, die mit der kleineren Windungszahl *Unterspannungswicklung* genannt. Das Verhältnis der *größeren* zur *kleineren* Windungszahl wird als *Übersetzungsverhältnis* bzw. *Übersetzung* ü bezeichnet. Beispielsweise gilt für eine oberspannungsseitige Windungszahl $n_{\mathrm{OS}} = 1000$ und eine unterspannungsseitige Windungszahl $n_{\mathrm{US}} = 100$,

$$\text{ü} = \frac{n_{\mathrm{OS}}}{n_{\mathrm{US}}} = \frac{1000}{100} = 10 \quad . \tag{7.1}$$

Falls *die Primärwicklung die Unterspannungswicklung ist*, gelten zwischen sinusförmig verlaufenden Primär- und Sekundärgrößen bei einem *idealen* Einphasentransformator folgende Zusammenhänge:

Spannungen: Ströme:

$$\frac{U_1}{U_2} = \frac{n_1}{n_2} = \frac{\underline{U}_{\mathrm{US}}}{\underline{U}_{\mathrm{OS}}} = \frac{1}{\text{ü}} \qquad \frac{I_1}{I_2} = \frac{n_2}{n_1} = \frac{\underline{I}_{\mathrm{US}}}{\underline{I}_{\mathrm{OS}}} = \text{ü} \tag{7.2}$$

Impedanzen: Leistungen:

$$\frac{Z_1}{Z_2} = \frac{Z_{\mathrm{US}}}{Z_{\mathrm{OS}}} = \left(\frac{n_{\mathrm{OS}}}{n_{\mathrm{US}}}\right)^2 = \frac{1}{\ddot{u}^2} \qquad \frac{P_1}{P_2} = \frac{P_{\mathrm{US}}}{P_{\mathrm{OS}}} = \frac{U_{\mathrm{US}}\, I_{\mathrm{US}}}{U_{\mathrm{OS}}\, I_{\mathrm{OS}}} = 1 \tag{7.3}$$

Bei einem oberspannungsseitig gespeisten Transformator ändern sich die Gleichungen (7.2) und (7.3) entsprechend. Im folgenden wird von einem Transformator mit $n_1 = n_{\mathrm{US}} < n_2 = n_{\mathrm{OS}}$ ausgegangen.

Für die Erläuterung der Wirkungsweise eines Transformators sind die Begriffe *Primär-* und *Sekundärwicklung* etc. den Begriffen *Ober-* und *Unterspannungswicklung* überlegen. In der energietechnischen Praxis ist es umgekehrt.

Bei sekundärseitigem Leerlauf fließt nach Anlegen der Primärspannung $\underline{U}_1$ in der Primärwicklung eines idealen Transformators ein Strom $\underline{I}_1$, der mit einem magnetischen Fluß $\underline{\phi}_1$ im Eisenkreis verknüpft ist (s. D.1). Dieser Fluß induziert in jeder *Windung* der Primärwicklung die *Windungsspannung* $\underline{E}_W = -j\omega\underline{\phi}_1$. Insgesamt wird dann in der gesamten Primärwicklung die Spannung $\underline{E}_1 = -j\omega\underline{\phi}_1 n_1 = j\omega L_1 \underline{I}_1$ induziert (*Selbstinduktionsspannung*). Diese Spannung wirkt nach der *Lenzschen Regel* der von außen angelegten Spannung $\underline{U}_1$ entgegen. Der Primärstrom bzw. der mit ihm verknüpfte Fluß nimmt stets einen Wert an, bei dem die in der Primärwicklung induzierte Spannung $\underline{E}_1$ der von außen gelegten Spannung $\underline{U}_1$ gerade das Gleichgewicht hält, Bild 7.5.

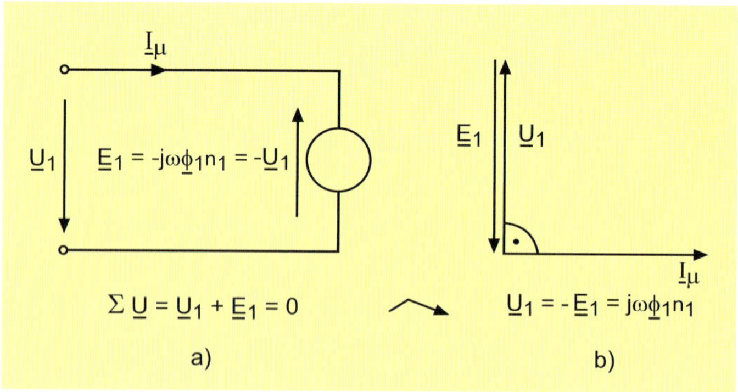

Bild 7.5. a) Elektrisches *Spannungsgleichgewicht* zwischen der von außen angelegten Primärspannung $\underline{U}_1$ und der in der Primärwicklung selbstinduzierten Spannung $\underline{E}_1$ eines idealen Transformators, b) Zeigerdiagramm.

Der sich im Gleichgewicht einstellende stationäre Primärstrom wird *Magnetisierungsstrom* $\underline{I}_\mu$ genannt. Er eilt beim idealen Transformator der Spannung $\underline{U}_1$ um 90° nach, Bild 7.5b. Der mit ihm verknüpfte Fluß $\underline{\phi}_\mu$ eilt der angelegten Spannung ebenfalls um 90° nach. Die von $\underline{\phi}_\mu$ induzierte „Selbstinduktionsspannung" $\underline{E}_1$ eilt dem Fluß um 90°, gegenüber der angelegten Spannung $\underline{U}_1$ also um insgesamt 180° nach. $\underline{E}_1$ ist damit $\underline{U}_1$ entgegengerichtet. Man spricht vom sogenannten „*Spannungsgleichgewicht*".

In der Netzwerktheorie wird die *Selbstinduzierte Spannung* $\underline{E}_1 = -j\omega\underline{\phi}_\mu n_1$ meist als „*Spannungsabfall*" $\underline{U}_1 = j\omega L_1 \underline{I}_1$ an einer Induktivität L_1 interpretiert, Bild 7.6.

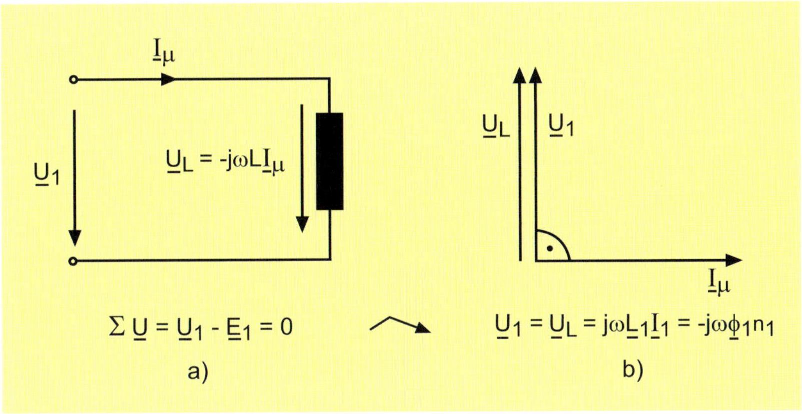

Bild 7.6. Ersatzschaltung und Zeigerdiagramm der Primärwicklung eines idealen Transformators bei sekundärseitigem Leerlauf.

Die Ersatzschaltbilder 7.5a und 7.6a sind zwar äquivalent, für das Verständnis des Transformators ist jedoch die Interpretation als *induzierte Quellenspannung* bzw. *Selbstinduktionsspannung* zweckmäßiger.

Bei einem *realen* Transformator induziert der Fluß des Magnetisierungsstroms zusätzlich im Eisenkern ein elektrisches *Wirbelfeld*, was auf Grund der Leitfähigkeit des Eisens *Wirbelströme* und damit *Wirbelstromverluste* im Kern zur Folge hat. Um die Leitfähigkeit des Eisens zu reduzieren, führt man Eisenkerne aus zahlreichen, voneinander isolierten Blechen aus.

Ferner verursachen die mit der Frequenz der Flußänderungen ständig ihre Ausrichtung wechselnden magnetischen Dipole im Eisen durch mikroskopische „Reibung“ *Ummagnetisierungsverluste*, sogenannte *Hystereseverluste*. In der Primärwicklung fließt deshalb nicht nur der Magnetisierungsstrom $\underline{I}_{\mu}$, sondern auch ein *Verluststrom* $\underline{I}_{v}$, der zusammen mit ersterem den *Leerlaufstrom*

$$\underline{I}_1 = \underline{I}_0 = \underline{I}_{\mu} + \underline{I}_v \tag{7.4}$$

bildet. Wirbelstrom- und Hystereseverluste werden in den sogenannten *Eisenverlusten* zusammengefaßt. Sie treten bereits im Leerlauf in voller Höhe auf und ändern sich praktisch nicht mit der Belastung.

In einem erweiterten Ersatzschaltbild der Primärwicklung werden die Eisenverluste der Primärwicklung durch eine ideale Induktivität L_1 und einen parallel geschalteten *Eisenverlustwiderstand* R_{Fe} modelliert, die Kupferverluste der Primärwicklung werden durch einen Widerstand R_1 berücksichtigt, Bild 7.7.

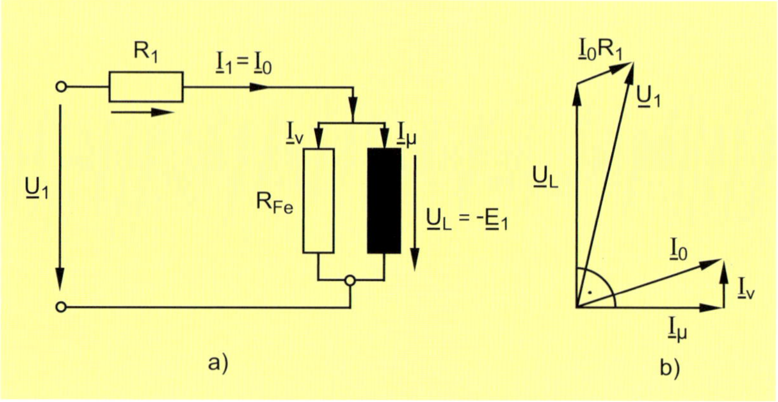

Bild 7.7. Ersatzschaltbild und Zeigerdiagramm der Primärwicklung eines verlustbehafteten Transformators unter der Annahme, daß der gesamte mit dem Magnetisierungsstrom $\underline{I}_{\mu}$ verknüpfte Fluß $\underline{\phi}_{\mu}$ vollständig im Eisenkreis verläuft.

Wegen $R_1 \ll R_{Fe}$ läßt sich der Eisenverlustwiderstand im sogenannten *Leerlaufversuch* durch wattmetrische Messung der primärseitig aufgenommenen Wirkleistung ermitteln,

$$R_{Fe} = \frac{U_1^2}{P_{V_{Fe}}} \quad . \tag{7.5}$$

Da Eisenverluste ständig, merkliche Kupferverluste jedoch nur bei Belastung entstehen, wird das Verhältnis *Eisengewicht/Kupfergewicht* bei Leistungstransformatoren abhängig von der Auslastung mit spitzem Bleistift wirtschaftlich optimiert.

Wegen der vergleichsweise hohen Wirkungsgrade von Leistungstransformatoren – beispielsweise 99 % – wird der Verluststrom $\underline{I}_v$ bei der Betrachtung des Betriebsverhaltens meist vernachlässigt. Leerlaufstrom $\underline{I}_0$ und Magnetisierungsstrom $\underline{I}_\mu$ werden dann oft synonym verwendet, man stellt sich quasi einen „*verlustbehafteten Magnetisierungsstrom*" vor.

Bei noch genauerem Hinsehen stellt man ferner fest, daß der mit dem Magnetisierungsstrom $\underline{I}_\mu$ verknüpfte Wicklungsfluß $\underline{\phi}_\mu$ aus zwei Teilen besteht, dem *Hauptfluß* $\underline{\phi}_{1h}$ und dem *Streufluß* $\underline{\phi}_{1\sigma}$. Ersterer ist mit *allen* Windungen verknüpft, fließt im Eisenkreis und durchsetzt somit auch die Sekundärwicklung. Der Streufluß $\underline{\phi}_{1\sigma}$ schließt sich nur um die einzelnen Windungsdrähte der Primärwicklung und trägt nichts zum Fluß im Eisenkreis bei, Bild 7.8.

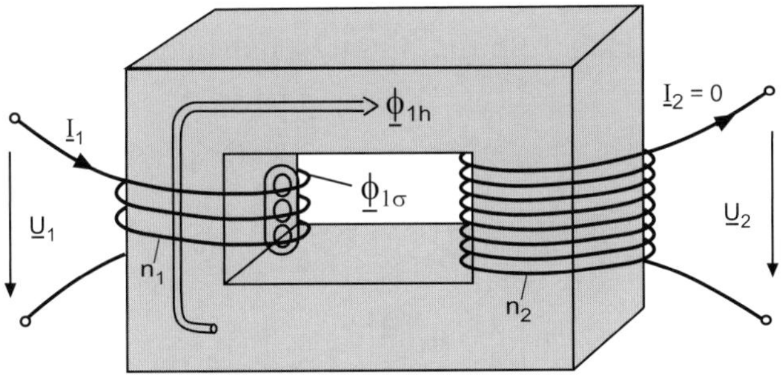

Bild 7.8. Transformatorprimärwicklung mit Haupt- und Streuflüssen bei sekundärseitigem Leerlauf.

Netzwerktheoretisch berücksichtigt man das Phänomen der *Streuung* durch die Aufteilung der totalen Primärinduktivität L_1 in eine *Hauptinduktivität* L_{1h} und eine *Streuinduktivität* $L_{1\sigma}$ bzw. der primären Reaktanz X_1 in eine *Hauptreaktanz* X_{1h} und eine *Streureaktanz* $X_{1\sigma}$. Sinngemäß teilt man den Spannungsabfall an der totalen Induktivität bzw. Reaktanz in einen *Hauptspannungsabfall* $\underline{U}_{1h}$ und einen *Streuspannungsabfall* $\underline{U}_{1\sigma}$ auf. Im Bildbereich der selbstinduzierten Quellenspannungen spricht man von der *selbstinduzierten Hauptspannung* $\underline{E}_{1h}$ und der *selbstinduzierten Streuspannung* $\underline{E}_{1\sigma}$. Allgemein gelten für die Streuung folgende Ersatzschaltbilder, Bild 7.9.

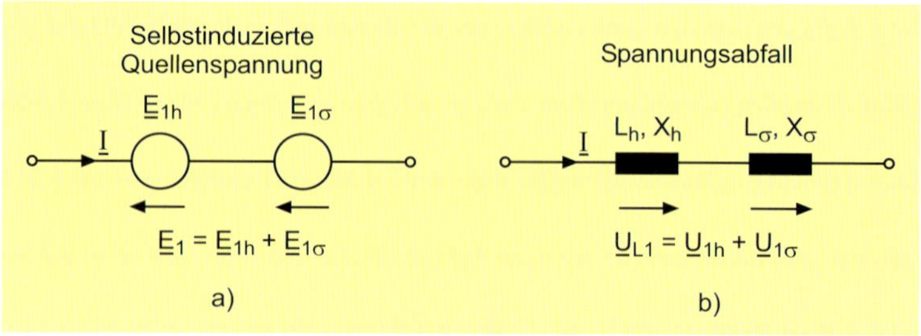

Bild 7.9. a) Aufteilung der induzierten Quellenspannung in selbstinduzierte *Hauptspannung* und selbstinduzierte *Streuspannung*, b) Aufteilung einer Induktivität bzw. Reaktanz in *Haupt-* und *Streureaktanz* bzw. des totalen Spannungsabfalls in einen *Hauptspannungsabfall* und einen *Streuspannungsabfall*.

Damit ergibt sich für die Primärwicklung eines Transformators mit Streuung und Darstellung der selbstinduzierten Spannungen als Spannungsabfälle gemäß Bild 7.9b das Ersatzschaltbild Bild 7.10.

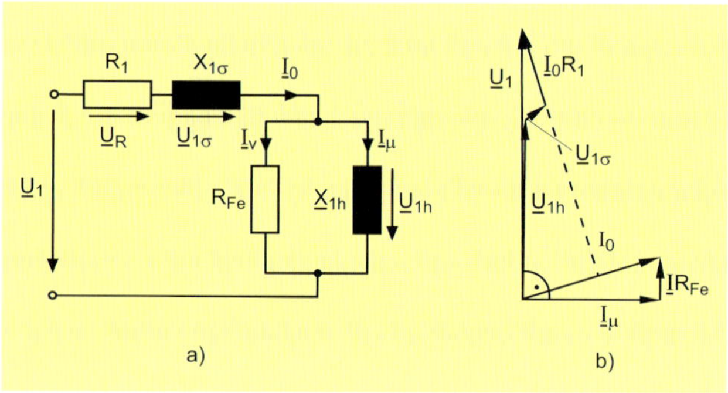

Bild 7.10. Ersatzschaltbild und Zeigerdiagramm der Primärwicklung eines Einphasentransformators unter Berücksichtigung der primären *Kupferverluste* und der *Eisenverluste*.

Die Reihenschaltung von

$$R_1 + jX_{1\sigma} \qquad \text{mit} \qquad \frac{R_{Fe} \cdot jX_{1h}}{R_{Fe} + jX_{1h}} \tag{7.6}$$

wirkt wie ein Spannungsteiler, so daß an der Hauptreaktanz eine um den Spannungsabfall an der Summe aus Wicklungswiderstand R_1 und Streureaktanz $X_{1\sigma}$ verminderte Spannung anliegt. Es ist diese, vom Hauptfluß ϕ_{1h} induzierte Spannung $\underline{E}_{1h}$ bzw. $\underline{U}_{1h}$, die mit dem Windungszahlenverhältnis auf die Sekundärseite transformiert wird und im Leerlauf an deren Klemmen gemessen werden kann. Sie unterscheidet sich von der Leerlaufsekundärspannung des *idealen* Transformators um den Spannungsabfall an $X_{1\sigma}$ und R_1. Für den *realen* Transformator definiert man daher eine *Leerlaufübersetzung* $ü_0$, die die Eingangsspannung $\underline{U}_1$ mit der *gemessenen* Leerlaufspannung $\underline{U}_2^0$ in Beziehung setzt,

$$ü_0 = \frac{\underline{U}_2^0}{\underline{U}_1} = \frac{\underline{U}_{\mathrm{OS}}^0}{\underline{U}_{\mathrm{US}}} \quad . \tag{7.7}$$

Der Vorgang der „*Transformation*“ besteht darin, daß der Hauptfluß $\underline{\phi}_{1h}$ auch in den Windungen der Sekundärwicklung die gleiche *Windungsspannung* $\underline{E}_W$ induziert wie in den Windungen der Primärwicklung. Die Reihenschaltung der n_2 Windungen ergibt die sekundäre Leerlaufspannung $n_2\underline{E}_W = \underline{U}_2^0$.

Belasten wir die Sekundärwicklung mit einer Impedanz $\underline{Z}_2$, fließt ein Strom $\underline{I}_2$. Dieser Strom ist mit einem magnetischen Fluß $\underline{\phi}_2$ verknüpft, den wir wie oben in einen Hauptfluß $\underline{\phi}_{2h}$ und einen Streufluß $\underline{\phi}_{2\sigma}$ zerlegen können, Bild 7.11.

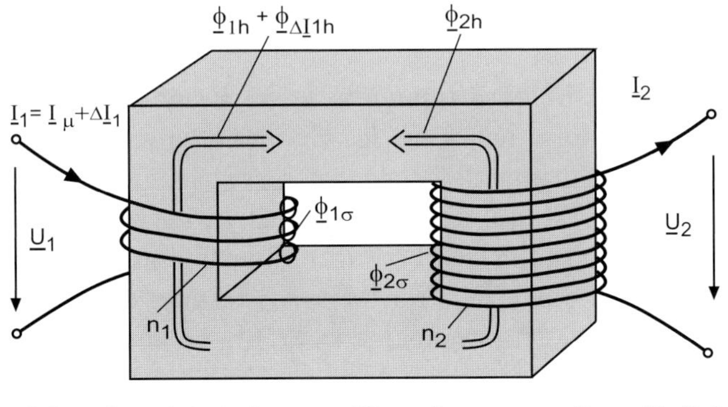

Bild 7.11. Sekundärseitig belasteter Transformator mit zusätzlichem sekundären Fluß $\phi_2 = \phi_{2h} + \phi_{2\sigma}$.

In diesem Fall gilt ein Ersatzschaltbild gemäß Bild 7.12.

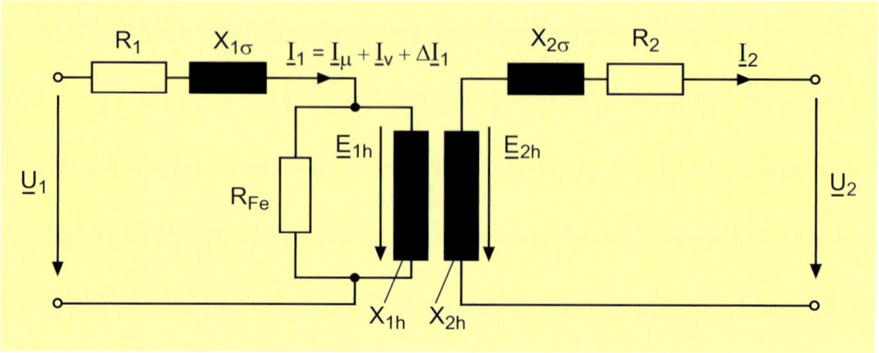

Bild 7.12. Ersatzschaltbild eines Einphasentransformators mit primär- und sekundärseitigen Streu- und Hauptflüssen.

Der Hauptfluß $\underline{\phi}_{2h}$ wirkt nach der Lenzschen Regel dem von der Primärwicklung im Eisenkreis erzeugten Fluß $\underline{\phi}_{1h}$ entgegen, was einen Nettofluß $\underline{\phi}_{net} < \underline{\phi}_{1h}$ bewirken würde. Ein kleinerer Fluß im Eisenkreis würde aber eine kleinere Quellenspannung $\underline{E}_{1h}$ in der Primärwicklung induzieren und das Gleichgewicht mit der äußeren Spannung $\underline{U}_1$ stören. Dies wird durch eine selbsttätig erhöhte Stromaufnahme $\Delta\underline{I}_1$ der Primärwicklung verhindert, wobei der zusätzliche Strom dafür sorgt, *daß der Fluß im Eisenkreis den im Leerlauf vorhandenen Wert* $\underline{\phi}_{1h}$ *beibehält. Ungeachtet der Höhe der sekundärseitigen Belastung zwischen Leerlauf und Kurzschluß existiert im Eisenkreis eines Transformators näherungsweise immer der gleiche Fluß* $\underline{\phi}_{1h}$. Man spricht von der Aufrechterhaltung des *magnetischen Gleichgewichts* (s. a. Bild 7.5).

Das Phänomen der *Eisensättigung* ist keine Frage der Lastströme im Transformator, sondern der Höhe der von außen angelegten Spannung, die zur Aufrechterhaltung des elektrischen Gleichgewichts eine gleich große, vom Fluß des Magnetisierungsstroms $\underline{I}_\mu$ in der Primärwicklung selbstinduzierte Spannung $\underline{E}_1$ bedingt. Eine höhere Primärspannung erfordert dann auch einen höheren Magnetisierungsstrom $\underline{I}_\mu$ bzw. Magnetisierungsfluß $\underline{\phi}_{1h}$. Nur wenn letzterer für einen gegebenen Eisenquerschnitt die *Sättigungsinduktion* übersteigt, macht sich der Einfluß der Sättigung bemerkbar. Andererseits kann aber auch bei gleicher Spannung, jedoch *niedrigerer Frequenz*, ein höherer Magnetisierungsstrom fließen, der dann ebenfalls zur Eisensättigung führt. Beispielsweise zeigt ein für 60 Hz ausgelegter Transformator bei 50 Hz ausgeprägte Sättigungserscheinungen. Aus wirtschaftlichen Gründen läßt man in der Praxis eine geringe Sättigung zu, was dann zu einem nichtsinusförmigen Magnetisierungsstrom führt (s. 7.7).

Aus Sicht der Primärspannungsquelle nimmt der Eingangswiderstand eines Transformators mit steigender sekundärseitiger Belastung ständig ab, wodurch der Transformator zunehmend mehr Primärstrom aufnimmt,

$$\underline{I}_1 = \underline{I}_0 + \Delta\underline{I}_1 \quad . \tag{7.8}$$

Die Abnahme des Eingangswiderstands entsteht durch Transformation der sekundärseitigen Lastimpedanz auf die Unterspannungsseite, wo sie der Reaktanz X_{1_h} parallel geschaltet wird. Vernachlässigt man im Nennbetrieb – und erst Recht im Kurzschluß – den Leerlaufstrom $\underline{I}_0$ gegenüber dem zusätzlich aufgenommenen Primärstrom $\Delta\underline{I}_1$, so verhalten sich die Ströme $\underline{I}_1$ und $\underline{I}_2$ näherungsweise umgekehrt proportional zum Windungszahlenverhältnis,

$$\frac{\underline{I}_1}{\underline{I}_2} = \frac{n_2}{n_1} = \text{ü} \quad . \tag{7.9}$$

Alternativ läßt sich Gleichung (7.9) auch als *Gleichgewicht der Durchflutungen der Primär- und Sekundärseite (Amperewindungen)* darstellen,

$$n_1\underline{I}_1 = n_2\underline{I}_2 \quad . \tag{7.10}$$

Dies ist eine kanonische Formulierung des *Magnetischen Gleichgewichts.*

Die Aufrechterhaltung des magnetischen Gleichgewichts läßt sich mit Hilfe des Ampereschen Gesetzes $\oint \vec{\underline{H}} d\vec{r} = \underline{I}$ auch mathematisch formulieren. Im Leerlauf gilt

$$\oint_c \vec{\underline{H}} d\vec{r} = \underline{I}_{\text{tot}} = n_1\underline{I}_\mu \quad , \tag{7.11}$$

wobei die Kontur C sich über den Umfang des Wicklungsfensters, mit anderen Worten, längs des Flußpfades im Eisenkreis erstreckt. Das Produkt $n_1\underline{I}_\mu$, das heißt der Gesamtstrom durch das Wicklungsfenster, wird als *Durchflutung* bzw. *Amperewindungszahl* bezeichnet.

Soll der Fluß $\underline{\phi}_\mu$ auch bei Belastung aufrechterhalten werden, muß gelten

$$\oint_c \underline{\vec{H}} d\vec{r} = n_1 \underline{I}_\mu + n_1 \Delta \underline{I}_1 - n_2 \underline{I}_2 \quad , \tag{7.12}$$

wobei $\Delta \underline{I}_1$ der bei Belastung über den Magnetisierungsstrom $\underline{I}_\mu$ hinaus zusätzlich aufgenommene primärseitige Strom ist.

Da $n_1 \Delta \underline{I}_1$ und $n_2 \underline{I}_2$ sich gegenseitig bedingen bzw. kompensieren, herrscht im Wicklungsfenster eines Transformators bei *Leerlauf* und bei *Belastung* stets die gleiche Durchflutung $n_1 \underline{I}_\mu$ des Magnetisierungsstroms und damit im Eisenkreis auch der gleiche Fluß $\underline{\phi}_\mu = \underline{\phi}_{1h}$. Bei Vernachlässigung des Magnetisierungsstroms lautet (7.12) dann mit $\Delta \underline{I}_1 = \underline{I}_1$:

$$\oint_c \underline{\vec{H}} d\vec{r} = n_1 \underline{I}_1 - n_2 \underline{I}_2 = 0 \tag{7.13}$$

bzw.

$$n_1 \underline{I}_1 = n_2 \underline{I}_2 \quad . \tag{7.14}$$

Die Existenz der sekundärseitigen Streureaktanz $X_{2\sigma}$ bewirkt, daß sich die Sekundärspannung $\underline{U}_2$ bei beispielsweise induktiver Belastung über den bereits im Leerlauf vorhandenen primären Spannungsabfall an R_1 und $X_{1\sigma}$ hinaus weiter um den Spannungsabfall an R_2 und $X_{2\sigma}$ belastungsabhängig verringert. Die tatsächliche Sekundärspannung kann sich daher von der mittels des Übersetzungsverhältnisses des idealen Transformators (Windungszahlenverhältnis) errechneten Spannung beträchtlich unterscheiden. Beispielsweise würde ein Transformator, dessen Primär- und Sekundärwicklung wie in Bild 7.4 tatsächlich auf verschiedenen Schenkeln angeordnet wären, auf Grund der großen Streuung im Nennbetrieb ohne weiteres einen Spannungsabfall von 50 % besitzen. Bei realen, in Elektroenergiesystemen eingesetzten Transformatoren sind daher Primär- und Sekundärwicklung stets in unmittelbarer Nachbarschaft auf ein und demselben Schenkel angeordnet. Die Streuung wird dann im wesentlichen vom isolationsbedingten Abstand beider Wicklungen bestimmt.

Der maßgebliche Einfluß des Abstands zwischen Primär- und Sekundärwicklung legt die Frage nahe, warum man nicht gleich Primär- und Sekundärwicklung in enger Nachbarschaft nebeneinander wickelt und auf den schwergewichtigen Eisenkreis verzichtet. Dies wäre grundsätzlich möglich. Hier darf jedoch nicht übersehen werden, daß dem Eisenkreis neben seiner Funktion als Flußpfad noch die wesentliche Aufgabe der Minimierung des Magnetisierungsstroms $\underline{I}_\mu$ zukommt. Eisenlose

Transformatoren hätten beliebig hohe Magnetisierungsströme zur Folge bzw. benötigten beliebig hohe Windungszahlen, um diese zu vermeiden (Kupferverluste). Die Größe des Eisenquerschnitts wird daher bei Leistungstransformatoren stets so gewählt, daß sich unter Berücksichtigung der Materialkosten und der Betriebsweise für die Eisen- und Kupferverluste ein Kostenminimum einstellt.

7.2 Kurzschlußersatzschaltbild

7.2.1 Ersatzschaltbilder mit umgerechneten Größen

Für die Praxis wird das Ersatzschaltbild 7.12 vereinfacht, indem man die Sekundärgrößen $\underline{U}_2$ und $\underline{I}_2$ mit Hilfe des Übersetzungsverhältnisses auf die Primärseite umrechnet. Aus Gleichung (7.14) folgt für einen idealen, unterspannungsseitig gespeisten Transformator

$$n_1 \underline{I}_1 = n_2 \underline{I}_2 = n_1 \underline{I}'_2 \qquad \text{bzw.} \quad \underline{I}'_2 = \frac{n_2}{n_1} \underline{I}_2 = \text{ü} \underline{I}_2 = \underline{I}_1 \tag{7.15}$$

und für die Spannungen eines *idealen* Transformators sinngemäß

$$n_2 \underline{U}_1 = n_1 \underline{U}_2 = n_2 \underline{U}'_2 \qquad \text{bzw.} \quad \underline{U}'_2 = \frac{n_1}{n_2} \underline{U}_2 = \frac{\underline{U}_2}{\text{ü}} = \underline{U}_1 \quad . \tag{7.16}$$

Beim *realen* Transformator werden nur die Hauptspannungen $\underline{E}_{1h}$ und $\underline{E}_{2h}$ exakt mit ü transformiert (s. Bild 7.12). Es gilt dann lediglich $\underline{I}'_2 \approx \underline{I}_1$ und $\underline{U}'_2 \approx \underline{U}_1$. Wegen $\underline{E}_{1h} = \underline{E}'_{2h}$ können die beiden Hauptreaktanzen parallel geschaltet werden. Primär- und Sekundärseite sind dann galvanisch gekoppelt, Bild 7.13.

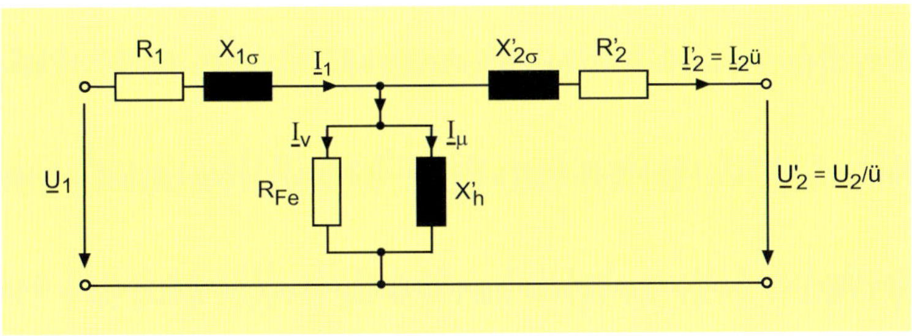

Bild 7.13. T-Ersatzschaltbild eines Einphasentransformators mit auf die Primärseite umgerechneten Sekundärgrößen.

Die Ströme $\Delta\underline{I}_1$ und $\underline{I}_2'$ im Querzweig heben sich gegenseitig auf, es verbleibt nur der Magnetisierungsstrom $\underline{I}_\mu$ und der Eisenverluststrom $\underline{I}_v$. Da dieser bei großen Transformatoren ohnehin nur in der Größenordnung von 1 % des Nennstroms liegt, kann man bezüglich des Betriebsverhaltens für den Nennbetrieb und erst recht für den Kurzschlußfall den Querzweig gänzlich vernachlässigen, was in den Gleichungen (7.15) und (7.16) bereits impliziert ist. Im Längszweig fließt dann der einheitliche Strom $\underline{I}_1 = \underline{I}_2'$. Man erhält so das sehr einfache *Kurzschlußersatzschaltbild*, das nach obigen Überlegungen auch im *Nennbetrieb* gilt, Bild 7.14.

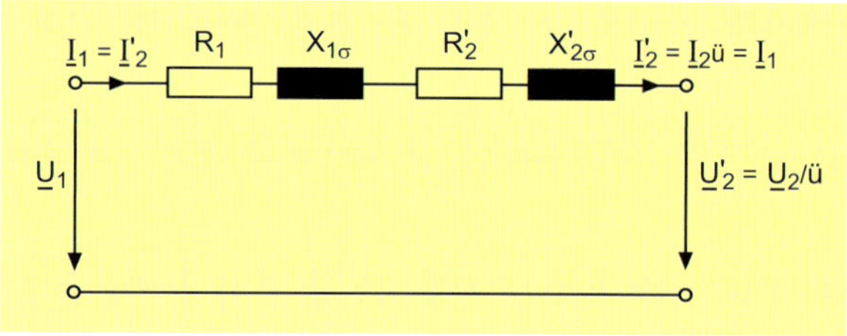

Bild 7.14. Kurzschlußersatzschaltbild mit auf die Primärseite umgerechneten Sekundärgrößen.

Faßt man den primären und sekundären Wicklungswiderstand und die beiden Streureaktanzen zu jeweils einem Element zusammen,

$$R_k = R_1 + R_2' \qquad \text{bzw.} \qquad X_k = X_{1_\sigma} + X_{2_\sigma}' \quad , \tag{7.17}$$

wobei in erster Näherung gilt $R_1 = R_2'$ und $X_{1\sigma} = X_{2\sigma}'$, erhält man ein kompakteres Kurzschlußersatzschaltbild, Bild 7.15.

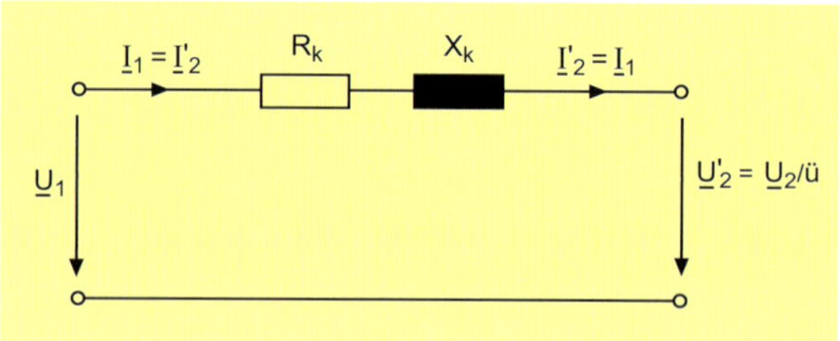

Bild 7.15. Kompaktes Kurzschlußersatzschaltbild mit auf die Primärseite umgerechneten Sekundärgrößen.

Unter Verwendung der Kurzschlußimpedanz $\underline{Z}_k = R_k + jX_k$ erhält man schließlich das in der Praxis verwendete kompakte Ersatzschaltbild gemäß Bild 7.16.

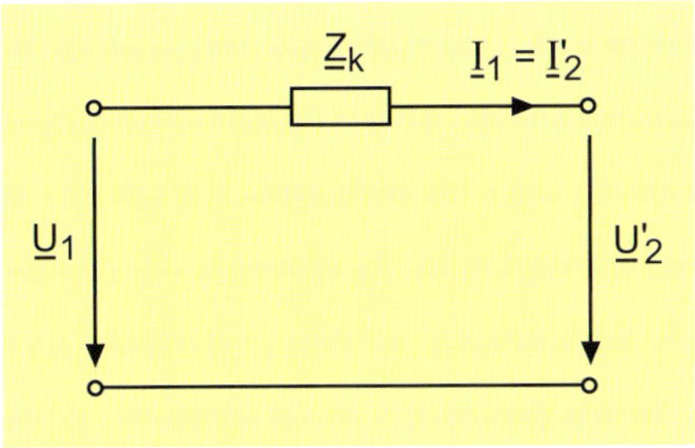

Bild 7.16. Kurzschlußersatzschaltbild mit *Kurzschlußimpedanz* $\underline{Z}_k$. Sekundärgrößen auf die Primärseite bezogen bzw. umgerechnet.

Erfolgt die Einspeisung von der Oberspannungsseite wird diese damit zur Primärseite, ändert sich am Ersatzschaltbild und der Indizierung nichts. Lediglich $\underline{Z}_k$ nimmt einen höheren Wert an.

Es gibt offensichtlich eine *unterspannungsseitige* Kurzschlußimpedanz $\underline{Z}_{k_{US}} = R_{k_{US}} + jX_{k_{US}}$ und eine *oberspannungsseitige* Kurzschlußimpedanz $\underline{Z}_{k_{OS}} = R_{k_{OS}} + jX_{k_{OS}}$. Näherungsweise gilt $\underline{Z}_{k_{US}} = \underline{Z}_{k_{OS}}/\text{ü}^2$.

Wegen des Bezugs der Sekundärseite auf die Primärseite herrscht, bis auf den Spannungsabfall $\underline{U}_k$ über der Kurzschlußimpedanz $\underline{Z}_k$, auf beiden Seiten die *gleiche Spannung* $\underline{U}_1 \approx \underline{U}'_2$. Damit ein Transformator in einem Schaltplan durch seine Kurzschlußimpedanz ersetzt werden kann und auf der Sekundärseite wieder die Spannung $\underline{U}_2$ herrscht, muß man Bild 7.16 um einen *idealen Übertrager* ergänzen, Bild 7.17.

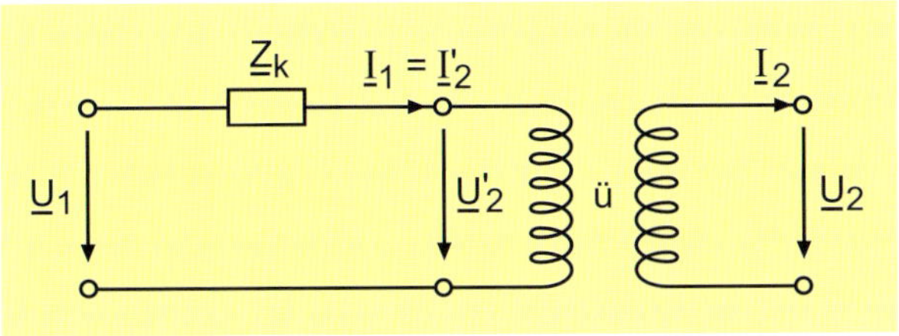

Bild 7.17. Kurzschlußersatzschaltbild mit idealem Übertrager.

Hiervon wird allerdings nur selten Gebrauch gemacht. Man bleibt beim Ersatzschaltbild 7.16 und rechnet stattdessen auch alle weiteren sekundärseitigen Impedanzen mit $ü^2$ auf die Primärseite um.

Alternativ wird der ideale Überträger in Bild 7.17 entbehrlich, wenn man auf pu-Größen übergeht, Bild 7.18.

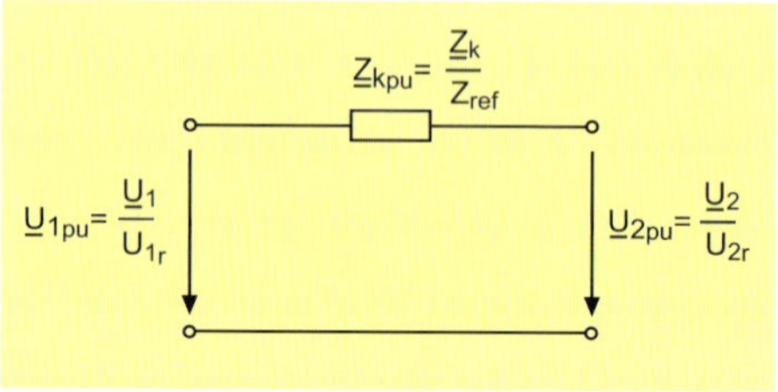

Bild 7.18. Kurzschlußersatzschaltbild in pu-Größen.

Bei Netzberechnungen über mehrere Spannungsebenen hinweg stellt das Kurzschlußersatzschaltbild in pu-Größen eine wesentliche Vereinfachung dar. In pu-Werten angegebene Kurzschlußimpedanzen von Transformatoren können über mehrere Netzebenen hinweg problemlos galvanisch verbunden werden, wenn für Z_{ref} die für das ganze Netz gewählte Bezugsimpedanz eingesetzt wird (s. a. 7.3.1 und Anhang C).

7.2.2 Messung der Kurzschlußimpedanz

Meßtechnisch ermittelt man die Kurzschlußimpedanz $\underline{Z}_k$ im sogenannten *Kurzschlußversuch* am sekundärseitig kurzgeschlossenen Transformator, Bild 7.19.

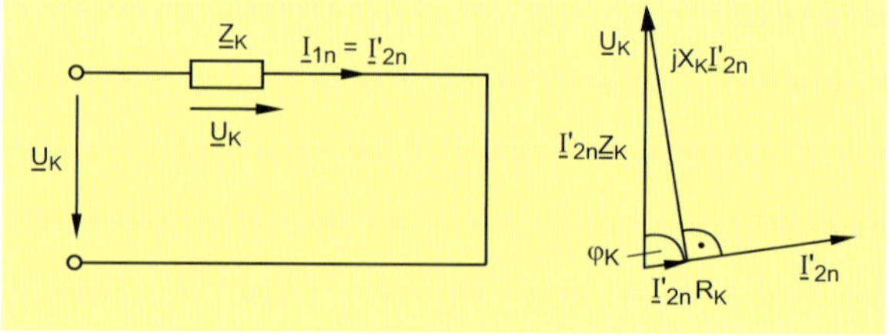

Bild 7.19. *Kurzschlußversuch* zur Messung der Kurzschlußimpedanz.

Die Primärspannung wird bei Null beginnend langsam gesteigert bis sekundärseitig der Nennstrom $\underline{I}_{2n}$ fließt. Die hierfür erforderliche Primärspannung $\underline{U}_1$ wird als Kurzschlußspannung $\underline{U}_k$ bezeichnet.

Mit der Kurzschlußspannung $\underline{U}_k$ berechnet sich die von der Einspeiseseite gemessene Kurzschlußimpedanz $\underline{Z}_k$ zu:

$$\underline{Z}_k = \frac{\underline{U}_k}{\underline{I}'_{2_r}} = R_k + jX_k \quad . \tag{7.18}$$

Die Kurzschlußimpedanz gilt mit guter Näherung auch für den Normalbetrieb, solange eben der Magnetisierungsstrom im Querzweig vernachlässigt werden kann.

Die Kurzschlußspannung $\underline{U}_k$ entspricht dem Spannungsunterschied der Sekundärspannung zwischen Leerlauf und Kurzschluß, mit anderen Worten, dem inneren Spannungsabfall des Transformators (Spannungsabfall $\underline{U}_k$ über der Kurzschlußimpedanz bei starrer Spannung U_1).

Da ein Spannungsabfall von 100 V bei einem Niederspannungstransformator sehr viel, bei einem Hochspannungstransformator sehr wenig bedeuten kann, wird der Betrag der Kurzschlußspannung U_k meist auf die jeweilige Nennspannung bzw. Bemessungspannung bezogen und dann *Relative Kurzschlußspannung* u_k genannt,

$$u_k = \frac{U_k}{U_{1_r}} \qquad \text{bzw. in Prozent} \qquad u_k = \frac{U_k}{U_{1_r}} 100\,\% \quad . \tag{7.19}$$

Beispielsweise liegt die Kurzschlußspannung von Leistungstransformatoren zwischen $u_k = 5$ % und $u_k = 20$ %. Unabhängig von der Transformatorgröße bedeutet dann 5 % einen fast vernachlässigbaren Spannungsabfall, 20 % dagegen eine sicher in Betracht zu ziehende Größe.

Die relative Kurzschlußspannung besitzt den gleichen Wert für die Ober- und Unterspannungsseite, falls als Bezugsgrößen die Bemessungsgrößen der jeweiligen Transformatorseite gewählt werden.

Die Kurzschlußimpedanz $\underline{Z}_k$ von Transformatoren und Generatoren wird ebenfalls meist als *bezogene* bzw. *prozentuale* Impedanz angegeben. Bezieht man den Betrag der Kurzschlußimpedanz $\underline{Z}_k$ auf die im Anhang C.1.4 eingeführte *Bezugsimpedanz* $Z_{\text{ref}} = U_{\text{ref}}/I_{\text{ref}} = U_r/I_r = U_{\text{ref}}^2/S_{\text{ref}} = U_r^2/S_r$, erhält man

$$z_k = \frac{Z_k}{Z_{\text{ref}}} = Z_k \frac{S_{ref}}{U_{ref}^2} \qquad \text{bzw.} \qquad z_k = \frac{Z_k}{Z_{\text{ref}}} 100\,\% \quad . \tag{7.20}$$

Als Bezugsimpedanz Z_{ref} wird die *Nennimpedanz* $Z_{r_1} = U_{r_1}/I_{r_1}$ eingesetzt.

Wie die relative Kurzschlußspannung u_k nimmt auch die relative Kurzschlußimpedanz z_k den gleichen Wert für die Ober- und Unterspannungsseite an, falls als Bezugsgrößen die ober- und unterspannungsseitigen Bemessungsgrößen gewählt werden.

Ferner besitzen die prozentuale Kurzschlußimpedanz z_k und prozentuale Kurzschlußspannung u_k den gleichen Zahlenwert,

$$u_k = \frac{U_k}{U_{1_r}} = \frac{Z_k \cdot I_{1_r}}{U_{1_r}} = \frac{Z_k}{U_{1_r}/I_{1_r}} = \frac{Z_{k_1}}{Z_r} = z_k \quad , \tag{7.21}$$

$$\boxed{u_k = z_k} \quad . \tag{7.22}$$

Hiervon wird im folgenden Abschnitt Gebrauch gemacht.

7.2.3 Berechnung der Kurzschlußimpedanz

In der Praxis wird die Kurzschlußimpedanz $\underline{Z}_K$ oft in umgekehrter Richtung aus z_k bzw. aus den auf dem Typenschild angegebenen *Bemessungsdaten* berechnet. Mit der Definition der unterseitigen Kurzschlußimpedanz $Z_{K_{\text{US}}}$, der relativen Kurzschlußspannung u_K, der unterseitigen Nennspannung $U_{r_{\text{US}}}$ und der Transformatorscheinleistung S_r erhält man nach Erweitern mit $U_{r_{\text{OS}}}$ die auf der Unterspannungsseite meßbare Kurzschlußimpedanz,

$$Z_{k_{\text{US}}} = \frac{U_{k_{\text{US}}}}{I'_{\text{OS}}} = \frac{u_k}{100\,\%} \frac{U_{r_{\text{US}}}}{I'_{\text{OS}}} = \frac{u_k}{100\,\%} \frac{U_{r_{US}}\, U_{r_{US}}}{I'_{\text{OS}}\, U_{r_{\text{US}}}} = \frac{u_k\, U_{r_{\text{US}}}^2}{100\,\%\, S_r} \quad . \tag{7.23}$$

Für den Betrag der oberspannungsseitig gemessenen Kurzschlußimpedanz gilt sinngemäß

$$Z_{k_{\text{OS}}} = \frac{U_{k_{\text{OS}}}}{I'_{\text{US}}} = \frac{u_k}{100\,\%} \frac{U_{r_{\text{OS}}}}{I'_{\text{US}}} = \frac{u_k}{100\,\%} \frac{U_{r_{OS}}\, U_{r_{OS}}}{I'_{\text{US}}\, U_{r_{\text{OS}}}} = \frac{u_k\, U_{r_{\text{OS}}}^2}{100\,\%\, S_r} \quad . \tag{7.24}$$

Im Rahmen der konstruktiven, rechnerischen Auslegung eines Transformators wird die Kurzschlußimpedanz aus den *Spulenabmessungen* und insbesondere der *Streukanalbreite* zwischen Primär- und Sekundärwicklung berechnet, was hier jedoch nicht vertieft werden soll.

Bei Hochspannungstransformatoren und Mittelspannungstransformatoren großer Leistung gilt $X_k \gg R_k$, so daß meist gesetzt wird

$$\underline{Z}_k = jX_k \qquad \text{bzw.} \qquad Z_k = X_k \quad . \tag{7.25}$$

Bei Mittelspannungstransformatoren kleiner Leistung und insbesondere in Niederspannungsnetzen werden Real- und Imaginärteil getrennt berücksichtigt, daß heißt

$$\underline{Z}_k = R_k + jX_k \quad . \tag{7.26}$$

Die *Kurzschlußresistanz* R_k berechnet man aus der im Kurzschlußversuch aufgenommenen wattmetrisch ermittelten Wirkleistung P_k,

$$R_k = R_1 + R_2' = \frac{P_k}{I_{1_r}^2} \quad . \tag{7.27}$$

Damit die Kurzschlußresistanz R_k möglichst genau bestimmt werden kann, wird beim Kurzschlußversuch der Nennstrom eingestellt, so daß die erwärmungsbedingte Erhöhung des Wicklungswiderstands erfaßt wird. Wegen $I_{\text{US}}/I_{\text{OS}} = ü$ fließt beim Kurzschlußversuch sowohl auf der Sekundärseite als auch auf der Primärseite Nennstrom.

Mit R_k berechnet sich die Kurzschlußreaktanz X_k zu

$$X_k = \sqrt{Z_k^2 - R_k^2} \qquad \text{bzw.} \qquad x_k = \sqrt{z_k^2 - r_k^2} \quad . \tag{7.28}$$

7.2.4 Zeigerdiagramme des Kurzschlußersatzschaltbilds

Mit dem Kurzschlußersatzschaltbild läßt sich sehr anschaulich das belastungsabhängige Betriebsverhalten durch Zeigerdiagramme darstellen. Dabei werden für eine rein qualitative Betrachtung die inneren Spannungsabfälle zur Verdeutlichung meist überproportional groß gezeichnet. Dies gilt insbesondere für den ohmschen Spannungsabfall an der Kurzschlußresistanz. Ferner werden die sekundären Größen auf die Primärseite bezogen, damit sie zeichnerisch von gleicher Größenordnung wie die Primärgrößen sind.

Beginnend mit der bezogenen Ausgangsspannung $\underline{U}_2'$ und einem vorgegebenen Belastungsstrom $\underline{I}_2'$ lassen sich vier typische Zeigerdiagramme für *kapazitive*, *ohmsche*, *induktive* und *ohmsch-induktive* Belastung zeichnen, Bild 7.20.

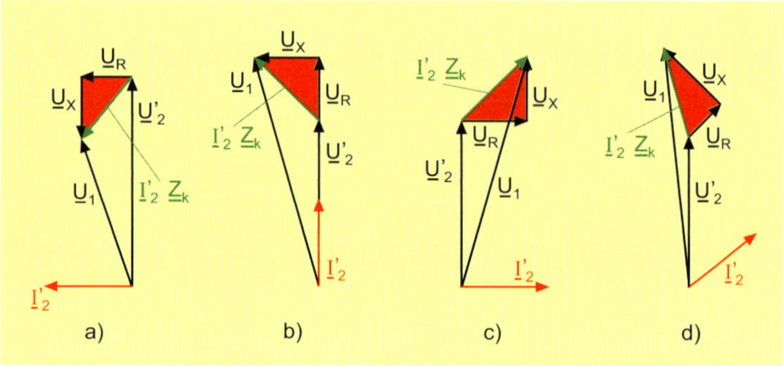

Bild 7.20. Zeigerdiagramme des Kurzschlußersatzschaltbilds für a) rein kapazitive, b) rein ohmsche, c) rein induktive Belastung und d) ohmisch/induktiv gemischte Belastung (nicht maßstäblich, rot eingefärbt: *Kappsches Dreieck*).

Der vorgegebene Belastungsstrom $\underline{I}_2'$ erzeugt an R_k einen in gleicher Richtung verlaufenden ohmschen Spannungsabfall $\underline{U}_R$ und an der Kurzschlußreaktanz X_k einen um 90° gegen den Uhrzeigersinn gedrehten Blindspannungsabfall $\underline{U}_X$. Die Basis des von $\underline{U}_R$ und $\underline{U}_X$ gebildeten Dreiecks, sogenanntes *Kappsches Dreieck*, ist der Spannungsabfall $\underline{U}_k = \underline{I}_2' \underline{Z}_k$ an der Kurzschlußreaktanz.

Für gemischt *ohmsch-kapazitive* Lasten verfährt man entsprechend. Hierbei ist zu beachten, daß bei *kapazitiver* oder gemischt *ohmsch-kapazitiver* Last statt des *Spannungsabfalls* eine *Spannungserhöhung* auftritt. Man spricht daher allgemein vom *Spannungsunterschied*, der positiv oder negativ sein kann.

7.2.5 Kurzschlußersatzschaltbild für Dreiwicklungstransformatoren

Aus wirtschaftlichen Gründen werden auch *Dreiwicklungs-Drehstromtransformatoren* gebaut. Sie besitzen je Phase *eine Primärwicklung* und *zwei Sekundärwicklungen* mit in der Regel unterschiedlichen Windungszahlen. Dreiwicklungstransformatoren kommen bei der *Kraftwerksei-*

genversorgung (Option *zweier Ausgangsspannungen*) und dem Ankoppeln von Kondensatoren zur *Blindleistungskompensation* oder wegen der Aufteilung bzw. Begrenzung der Kurzschlußleistung zum Einsatz. Ferner kann die sogenannte *Tertiärwicklung* als *Ausgleichswicklung* ausgelegt werden und ermöglicht dann eine unsymmetrische Belastung in Stern geschalteter Transformatorwicklungen (s. 7.5.2). Basierend auf drei Kurzschlußmessungen, bei denen jeweils eine Wicklung offen bleibt, ergibt sich dann sinngemäß ein Kurzschlußersatzschaltbild des Dreiwicklungstransformators gemäß Bild 7.21.

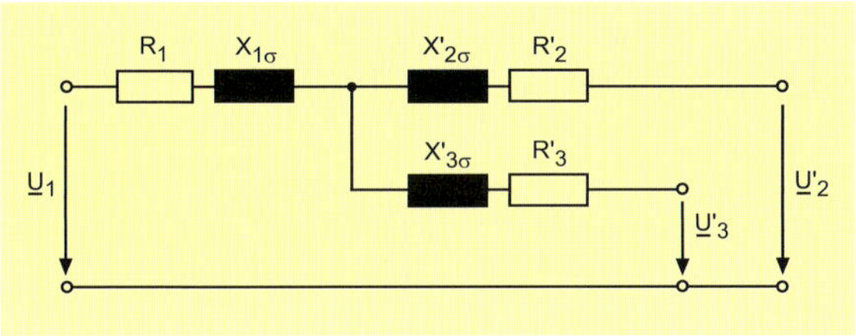

Bild 7.21. Kurzschlußersatzschaltbild eines Dreiwicklungstransformators.

Abschließend sei vermerkt, daß alle oben angestellten Überlegungen nur für das stationäre Betriebsverhalten bei 50 Hz bzw. 60 Hz gelten. Bei schnell veränderlichen Vorgängen wie *Blitzüberspannungen* oder *Schaltüberspannungen* macht sich der Einfluß der *Wicklungskapazitäten* bemerkbar. Für diese nichtstationären Vorgänge existieren aufwendige Kettenleiter- und Leitungsersatzschaltbilder im umfangreichen Fachschrifttum.

7.3 Kaskadierte und parallel geschaltete Transformatoren

7.3.1 Kaskadierte Transformatoren

In Elektroenergiesystemen sind die einzelnen Netzebenen durch Netzkupplungstransformatoren miteinander verbunden. Beispielsweise ist ein Verbraucher $\underline{Z}_V$ an der Sekundärseite eines Verteiltransformators 10 kV/400 V angeschlossen, der seinerseits mit der Sekundärseite eines Netztransformators 10 kV/110 kV verbunden ist, Bild 7.22a. Von beiden Transformatoren sei das Ersatzschaltbild bzw. die oberspannungsseitig gemessene Kurzschlußimpedanz bekannt, Bild 7.22b.

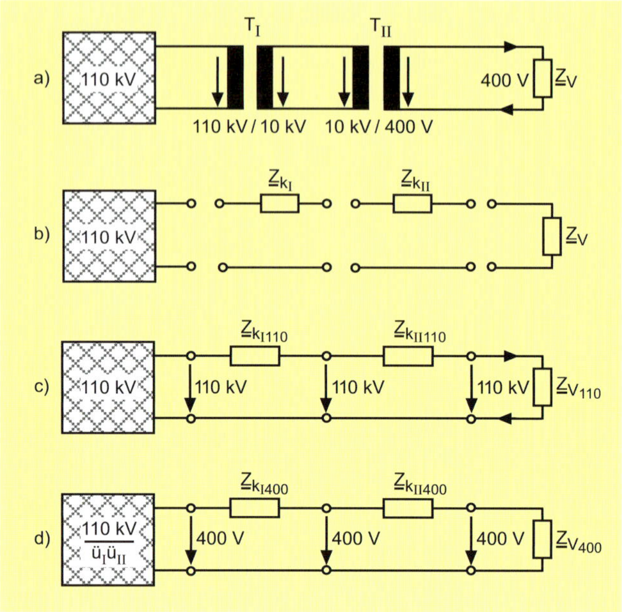

Bild 7.22. Kaskadierte Transformatoren. a) Physikalisches Schaltbild, b) nicht galvanisch eingebundene Kurzschlußimpedanzen, c) Kurzschlußersatzschaltbild umgerechnet auf Spannungsebene 110 kV, d) Kurzschlußersatzschaltbild umgerechnet auf Spannungsebene 400 V.

Um ein Ersatzschaltbild mit *galvanisch* gekoppelten Kurzschlußimpedanzen zeichnen zu können und zur Elimination der Übersetzungsverhältnisse der Transformatoren sind alle Impedanzen und Spannungen auf eine einheitliche Spannungsebene, sogenanntes *Basisnetz*, umzurechnen. Gewöhnlich wird diejenige Spannungsebene als Bezugsspannung gewählt, für die Last- oder Kurzschlußströme berechnet werden sollen. Unter der Annahme, daß beide Kurzschlußimpedanzen mittels Einspeisung auf der Oberspannungsseite gemessen wurden, erhalten wir bei Wahl des 110 kV-Netzes als Basisnetz

$$\underline{Z}_{k_{\mathrm{I}_{110}}} = \text{konst.} \quad \underline{Z}_{k_{\mathrm{II}_{110}}} = \underline{Z}_{k_{\mathrm{II}}} \cdot \ddot{\mathrm{u}}_{\mathrm{I}}^2 \quad \underline{Z}_{V_{110}} = \underline{Z}_V \cdot \ddot{\mathrm{u}}_{\mathrm{I}}^2 \cdot \ddot{\mathrm{u}}_{\mathrm{II}}^2 \quad . \tag{7.29}$$

Ferner rechnen wir noch die Verbraucherspannung $\underline{U}_V = 400\ V$ auf die Bezugsebene 110 kV um

$$\underline{U}_{V_{110}} = \underline{U}_V \cdot \ddot{\mathrm{u}}_{\mathrm{I}} \cdot \ddot{\mathrm{u}}_{\mathrm{II}} \quad . \tag{7.30}$$

Alternativ erhält man bei Wahl des 400 V-Netzes als Basisnetz

$$\underline{Z}_{k_{\mathrm{I}_{400}}} = \underline{Z}_{k_{\mathrm{I}}} \,/\, (\ddot{\mathrm{u}}_{\mathrm{I}}^2 \cdot \ddot{\mathrm{u}}_{\mathrm{II}}^2) \qquad \underline{Z}_{k_{\mathrm{II}_{400}}} = \underline{Z}_{k_{\mathrm{II}}} \,/\, \ddot{\mathrm{u}}_{\mathrm{II}}^2 \qquad \underline{Z}_{V_{400}} = \text{konst.} \quad , \tag{7.31}$$

und

$$\underline{U}_{\mathrm{Netz}_{400}} = \underline{U}_{\mathrm{Netz}} \,/\, (\ddot{\mathrm{u}}_{\mathrm{I}} \cdot \ddot{\mathrm{u}}_{\mathrm{II}}) \quad . \tag{7.32}$$

Erst nach diesen Umrechnungen können die Schnittstellen Netz/$\underline{Z}_{k_{\mathrm{I}}}$ sowie $\underline{Z}_{k_{\mathrm{I}}}$ / $\underline{Z}_{k_{\mathrm{II}}}$ und $\underline{Z}_{k_{\mathrm{II}}}$ / $\underline{Z}_V$ in einem Ersatzschaltbild miteinander galvanisch verbunden gezeichnet werden (Bild 7.22c und d).

Die auf die Bezugsimpedanz $Z_{\mathrm{ref}} = U_r^2 \,/\, S_r$ bezogene Kurzschlußimpedanz eines Transformators besitzt einen konstanten Wert unabhängig davon, ob als Bezugsgröße die primären oder sekundären Bemessungsgrößen genommen werden. Dies bedeutet nicht, daß beim Kaskadieren von Transformatoren einfach deren bezogene Kurzschlußimpedanzen addiert bzw. galvanisch miteinander verbunden werden könnten,

$$\underline{z}_{tot} \neq \underline{z}_{k_1} + \underline{z}_{k_2} \quad . \tag{7.33}$$

Schließlich geht ja in die bezogene Kurzschlußimpedanz die jeweilige *Transformatorleistung* S_r ein. In einem Netz mit mehreren Transformatoren gibt es aber nur eine Bezugsleistung S_{Ref}. Um eine prozentuale Kurzschlußimpedanz eines Transformators auf ein Basisnetz umzurechnen, muß die auf *Bemessungsgrößen* des Transformators bezogene Kurzschlußimpedanz

$$\underline{z}_k = \frac{\underline{Z}_k}{Z_{\mathrm{ref}}} = \underline{Z}_k \frac{S_r}{U_r^2} \tag{7.34}$$

zunächst wieder auf ihren Absolutwert rückgerechnet und dieser dann auf die Referenzgrößen des gewählten Basisnetzes bezogen werden

$$\underline{z}_{k_{\mathrm{Basis}}} = \underline{z}_k \frac{U_r^2}{S_r} \frac{1}{Z_{\mathrm{Basis}}} = \underline{Z}_k \frac{1}{Z_{\mathrm{Basis}}} = \underline{Z}_k \frac{S_{\mathrm{Basis}}}{U_{\mathrm{Basis}}^2} \quad . \tag{7.35}$$

Auch die prozentualen *Kurzschlußspannungen* dürfen nicht einfach addiert werden.

Vielmehr gilt, beispielsweise aus Sicht des Verbrauchers im 400 V-Basisnetz, für die totale bezogene Kurzschlußspannung

$$u_{k_{tot}} = u_k \,/\, \ddot{\mathrm{u}}_{\mathrm{II}} + u_{k_{\mathrm{II}}} \quad . \tag{7.36}$$

Von diesen Überlegungen wird im Rahmen der Lastflußrechnung und der Kurzschlußstromberechnung umfassend Gebrauch gemacht (s. a. Kapitel 17).

7.3.2 Parallelbetrieb von Transformatoren

Bei gestiegenem Leistungsbedarf oder der Forderung zur Aufteilung der Kurzschlußleistung (s. Kapitel 17) sowie zur Erreichung des n-1-Prinzips werden Transformatoren häufig in *Parallelschaltung* betrieben, Bild 7.23.

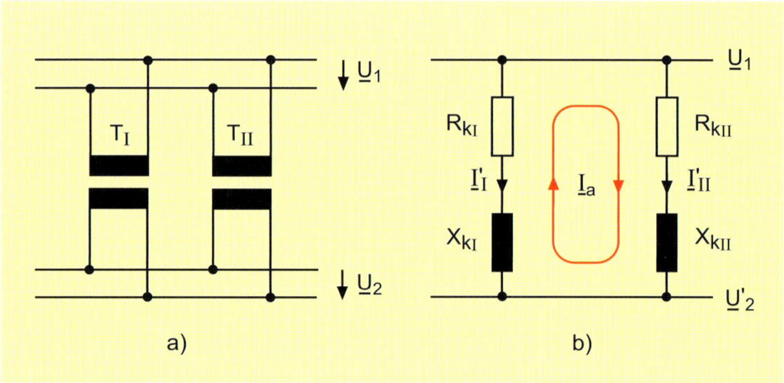

Bild 7.23. Parallel betriebene Transformatoren.

Ein technisch einwandfreier Parallelbetrieb ist an folgende Voraussetzungen geknüpft:

– Beide Übersetzungen und sekundären Leerlaufspannungen müssen den gleichen *Betrag* und die gleiche *Phasenlage* besitzen, da ein etwaiger Spannungsunterschied bereits im Leerlaufbetrieb in der in Bild 7.23b rot gezeichneten Masche einen permanenten Ausgleichstrom verursachen würde. Es können aber auch Transformatoren parallel geschaltet werden, deren Schaltgruppen-Kennzahl sich um 6 unterscheidet, beispielsweise Dyn 5 mit Dyn 11 (s. 7.5.3.1). Bei Parallelschaltung von Dyn 5 mit Yzn 5 ist jedoch zu beobachten, daß die Sternpunktbelastung des Transformators Yzn 5 wegen seiner kleinen Nullimpedanz überproportional mehr Leistung übernimmt.

– Beide Kurzschlußimpedanzen müssen näherungsweise gleich groß sein, damit eine zum Verhältnis zur Nennscheinleistung der beiden Transformatoren proportionale Aufteilung der Last erfolgt. Bei gleichen Sekundärspannungen gilt

$$\frac{\underline{I}_I}{\underline{I}_{II}} = \frac{\underline{Z}_{kII}}{\underline{Z}_{kI}} \quad . \tag{7.37}$$

– Beide Sekundärspannungen müssen auch unter Belastung gleich sein, was bedeutet, daß beide Transformatoren die gleiche relative Kurzschlußspannung besitzen müssen (s. a. Bild 7.23). Alternativ kann man dem Transformator mit der kleineren Kurzschlußspannung eine Drossel vorschalten, die den Gesamtspannungsabfall dem des parallelen Transformators angleicht.

Die obengenannten Bedingungen können nicht perfekt eingehalten werden, da beispielsweise je nach dem Eisen/Kupferverhältnis bei gleicher relativer Kurzschlußspannung die Verhältnisse $R_{kI} \,/\, R_{kII}$ und $X_{kI} \,/\, X_{kII}$ nicht zwingend gleich sein müssen. Generell sollten sich die Leistungen paralleler Transformatoren nicht zu sehr unterscheiden.

7.4 Spartransformatoren

Spartransformatoren kommen in Höchstspannungsnetzen in Form sogenannter *Transformatorbänke* zum Einsatz. Grundsätzlich bestehen sie aus nur einer Wicklung mit einer Anzapfung, Bild 7.24.

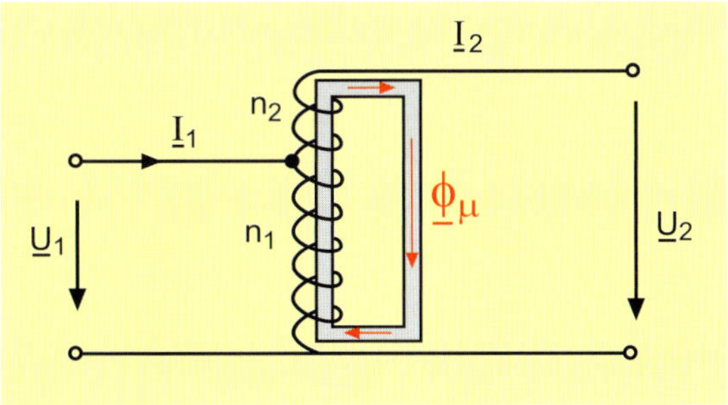

Bild 7.24. Prinzip des Spartransformators.

Die angelegte Spannung $\underline{U}_1$ treibt durch die Wicklung mit der Windungszahl n_1 einen Magnetisierungsstrom $\underline{I}_\mu$, der mit einem Fluß $\underline{\phi}_\mu$ und einer *Selbstinduktionsspannung* $\underline{E}_W$ in jeder Windung verknüpft ist. Der Magnetisierungsfluß $\underline{\phi}_\mu$ durchdringt auch die Windungen n_2 und induziert dort in jeder *Windung* die gleiche Windungsspannung $\underline{E}_W$. Die Höhe der Sekundärspannung beträgt dann $\underline{U}_2 = (n_1 + n_2)\,\underline{E}_W$.

Primär- und Sekundärspannungen entsprechen dem jeweiligen Windungszahlenverhältnis wie bei Volltransformatoren,

$$\frac{\underline{U}_1}{\underline{U}_2} = \frac{n_1}{n_1 + n_2} \quad . \tag{7.38}$$

Da ein Teil der Leistung galvanisch übertragen wird, unterscheidet man zwischen *Durchgangsleistung* $\underline{S}_D$ und *Bauleistung* $\underline{S}_B$. Erstere ist mit der gewohnten Scheinleistung

$$\underline{S}_r = \underline{U}_r \underline{I}_r$$

des Volltransformators vergleichbar, letztere hängt vom Windungszahlenverhältnis ab und ist immer kleiner als die *Durchgangsleistung*. Für ü = 1 wird die gesamte Leistung galvanisch übertragen, die Bauleistung würde dann nur durch den Magnetisierungsstrom bestimmt. Man könnte in diesem Fall sogar auf die Wicklung ganz verzichten und die Bauleistung wäre dann sogar $\underline{S}_B = 0$. Für ü $\neq 0$ verhalten sich die beiden Leistungen im Idealfall (ohne Streuung etc.) gemäß

$$\frac{\underline{S}_B}{\underline{S}_0} = \frac{\underline{U}_1 - \underline{U}_2}{\underline{U}_1} \quad . \tag{7.39}$$

Für den Einsatz von Spartransformatoren spricht offensichtlich der geringere Materialaufwand. Ferner die Tatsache, daß durch die Modularisierung eine durch das Bahnprofil oder andere Transporthindernisse bestimmte Grenzleistung überschritten werden kann.

7.5 Drehstromtransformatoren

7.5.1 Kernbauformen

Abgesehen von den Einphasentransformatoren des 16 2/3 Hz-Systems der Bundesbahn oder einphasigen Verteiltransformatoren (USA) kommen in Elektroenergiesystemen ausschließlich *Drehstromtransformatoren* zum Einsatz. Bei diesen befinden sich die Ober- und Unterspannungswicklungen der drei Phasen auf drei durch *Joche* miteinander verbundenen Schenkeln eines gemeinsamen Eisenkreises. Man unterscheidet *Drei-* und *Fünfschenkeltransformatoren*, Bild 7.25.

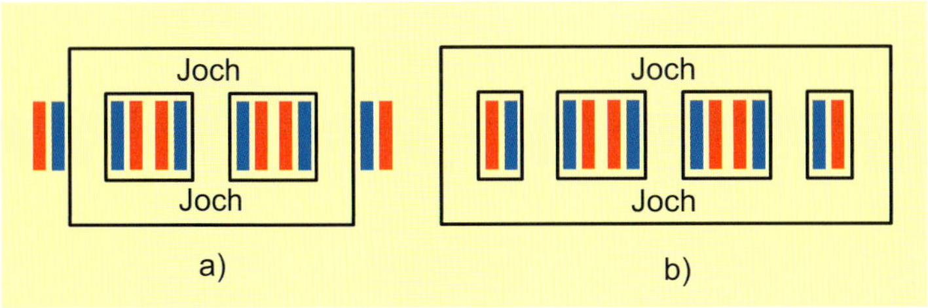

Bild 7.25. a) *Dreischenkel*-Drehstromtransformator, b) *Fünfschenkel*-Drehstromtransformator. Die Unterspannungswicklung (blau) ist unmittelbar auf den Schenkeln des Eisenkerns angeordnet, die Hochspannungswicklung (rot) umgibt, getrennt durch den erforderlichen *Isolationskanal*, die Primärwicklung konzentrisch.

Bei Dreischenkeltransformatoren ergänzen sich im symmetrischem Betrieb die Flüsse der drei Schenkel in den Jochen zu Null.

Fünfschenkeltransformatoren besitzen zwei zusätzliche, *wicklungsfreie* Schenkel, die einen unabhängigen zusätzlichen *Rückschluß* für den magnetischen Fluß bilden, was Auswirkungen auf ihre *Sternpunktbelastbarkeit* und die *Nullimpedanz* hat (s. a. 7.5.2). Ferner besitzen Fünfschenkeltransformatoren einen geringeren Eisenquerschnitt im Joch und erlauben eine niedrigere Bauhöhe (höhere Grenzleistung).

In Höchstspannungsnetzen werden auch drei *Einphasenspartransformatoren* zu einer dreiphasigen *Transformatorbank* zusammengeschaltet, Bild 7.26.

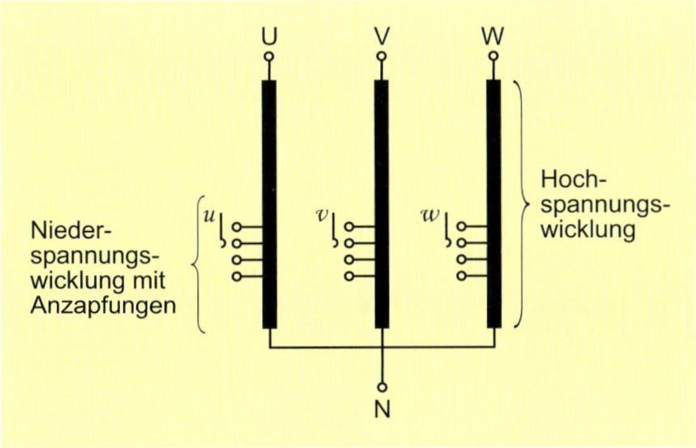

Bild 7.26. Schaltprinzip einer *Transformatorbank* bestehend aus drei einphasigen Spartransformatoren mit Regelanzapfungen (s. a. 7.8).

Für ein gegebenes Transportprofil lassen drei einphasige Spartransformatoren größere Transformatordrehstromleistungen zu, sind kostengünstiger und vereinfachen darüber hinaus die Reservehaltung.

Während beim Dreischenkeltransformator alle drei Flüsse miteinander magnetisch gekoppelt sind und sich im Joch näherungsweise zu Null ergänzen (*erzwungener magnetischer Rückschluß*), unterliegen bei Transformatorbänken die Flüsse der einzelnen Phasen keiner magnetischen Kopplung und können sich daher unabhängig voneinander ausbilden (*freier magnetischer Rückschluß*). In geringerem Umfang gilt dies auch beim Fünfschenkeltransformator auf Grund seiner beiden äußeren, unbewickelten Schenkel. Während also bei Transformatoren mit erzwungenem magnetischem Rückschluß die drei Wicklungsstränge auf der Ober- oder Unterspannungsseite *elektrisch* und *magnetisch* miteinander gekoppelt sind, liegt bei Transformatoren mit freiem magnetischem Rückschluß nur elektrische Kopplung vor. Die Art der magnetischen Kopplung hat wesentlichen Einfluß auf die *Transformatornullimpedanz* (s. 7.5.3.2) und die *Sternpunktbelastbarkeit* (s. 7.5.2.1 und 10.1).

7.5.2 Schaltgruppen

Die Wicklungsstränge der Ober- und Unterspannungsseite von Drehstromtransformatoren können in *Stern-*, *Dreieck-* oder *Zick-Zack-Schaltung* miteinander verbunden werden. Die verschiedenen möglichen Kombinationen werden durch Angabe der sogenannten *Schaltgruppe* gekennzeichnet. Bei Stern/Stern- oder Dreieck/Dreieck-Schaltung entspricht der Betrag des Übersetzungsverhältnisses der ober- und unterspannungsseitigen *Nennspannungen* dem *Windungszahlenverhältnis* der ober- und unterspannungsseitigen Wicklungsstränge. Für andere Schaltungskombinationen unterscheidet sich das Übersetzungsverhältnis vom Windungszahlenverhältnis um die Faktoren $\sqrt{3}$ oder $1/\sqrt{3}$. Ferner tritt in der Regel eine Phasendrehung zwischen Ober- und Unterspannung auf, die das Übersetzungsverhältnis komplex werden läßt, das heißt, $\underline{\ddot{u}} = a + jb$. Bei der Parallelschaltung von Transformatoren ist dann darauf zu achten, daß zwischen ihrer Unter- und Oberspannung die gleiche Phasendrehung herrscht.

Die große Zahl unterschiedlich verschalteter Ober- und Unterspannungswicklungen und deren mögliche Kombinationen hat vielfältige Gründe. Zunächst kommt für *Hochspannungswicklungen*, beispielsweise von *Netzkupplungstransformatoren*, vorrangig die Sternschaltung in Frage, weil dann die Längsisolation der Wicklungen nur für die Spannung $\underline{U}_{\text{Strang}} = \underline{U}_n \,/\, \sqrt{3}$ ausgelegt werden muß, Bild 7.27a. Sinngemäß kommt bei *Hochstromwicklungen*, beispielsweise auf der Primärseite von Maschinentransformatoren, vorrangig die Dreieckschaltung in Frage, weil dann die Leiterquerschnitte nur für den Strom $\underline{I}_{\text{Strang}} = \underline{I}_n \,/\, \sqrt{3}$ ausgelegt werden müssen, Bild 7.27b.

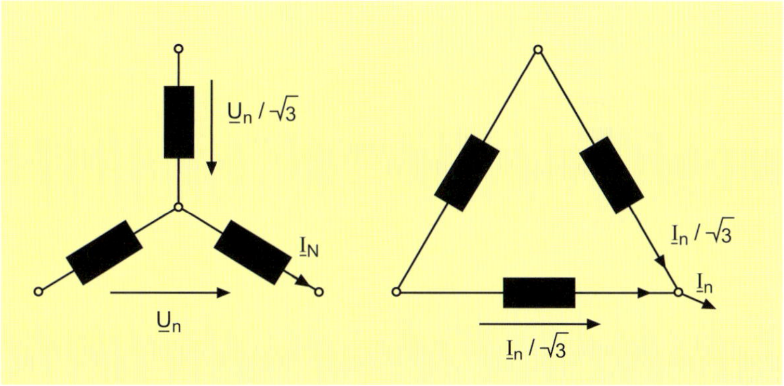

Bild 7.27. Stern- und Dreieckschaltung von Transformatorwicklungen.

Geht man andererseits von drei Wicklungssträngen mit *eingeprägter Strangspannung* $\underline{U}_{\text{Strang}}$ aus, die einmal in Stern, einmal in Dreieck geschaltet werden, so gilt für die Spannung an den außen zugänglichen Klemmen eines Betriebsmittels für die *Sternschaltung*

$$\underline{U}_{\text{Stern}} = \sqrt{3}\,\underline{U}_{\text{Strang}} \tag{7.40}$$

und für die *Dreieckschaltung*

$$\underline{U}_{\text{Dreieck}} = \underline{U}_{\text{Strang}} \quad . \tag{7.41}$$

Es gibt noch eine Reihe weiterer triftiger Gründe für die eine oder andere Schaltung bzw. Kombinationen der Schaltungen der Primär- und Sekundärwicklungen, die beispielsweise mit der *Sternpunktbehandlung* bzw. *Sternpunktbelastbarkeit* oder der Anwendung als *Stromrichtertransformator* zusammenhängen. Bild 7.28 zeigt einige häufig anzutreffende Schaltgruppen. Oberspannungsseitige Zick-Zack-Schaltungen sind nicht aufgeführt, weil für diese in der Energieversorgung kein Bedarf besteht.

Kenngrößen / Schaltgruppe	OS US	Übersetzungsverhältnis	Anwendung
Yy 0	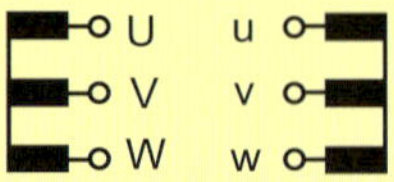	$ü = \frac{n_1}{n_2}$	Transportnetze
Dy 5	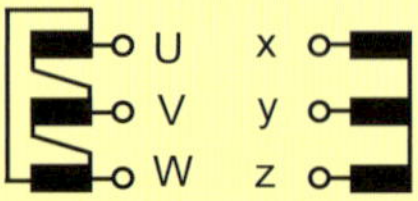	$\underline{ü} = \frac{n_1}{\sqrt{3}\cdot n_2}\, e^{j150°}$	Große Verteiltransformatoren
Yd 5	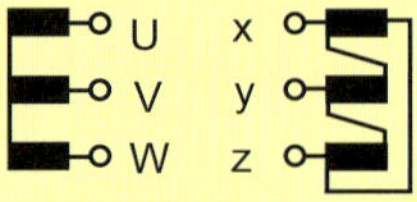	$\underline{ü} = \frac{\sqrt{3}\cdot n_1}{n_2}\, e^{j150°}$	Maschinentransformatoren
Dy 11	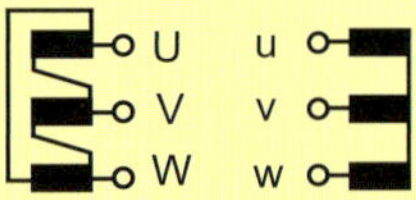	$\underline{ü} = \frac{n_1}{\sqrt{3}\cdot n_2}\, e^{j330°}$	Große Verteiltransformatoren
Yd 11	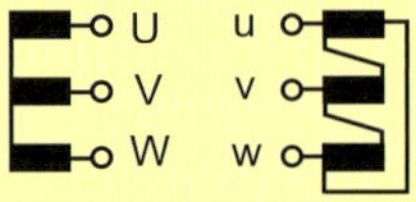	$\underline{ü} = \frac{\sqrt{3}\cdot n_1}{n_2}\, e^{j330°}$	Maschinentransformatoren
Yz 5	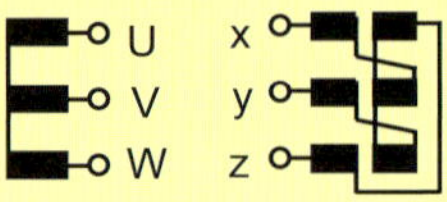	$\underline{ü} = \frac{2\, n_1}{\sqrt{3}\cdot n_2}\, e^{j150°}$	Kleine Verteiltransformatoren

Bild 7.28. Häufig verwendete *Schaltgruppen*; $\underline{ü}$: Übersetzungsverhältnis der an den äußeren Transformatorklemmen liegenden Nennspannungen (verkettete Spannungen) auf der Ober- und Unterspannungsseite. Die Indizes 1 und 2 der Windungszahlen implizieren eine Einspeisung auf der Oberspannungsseite.

Von den zahlreichen möglichen Kombinationen sollen hier *vier* bevorzugte Schaltgruppen vorgestellt und die technischen Gründe für ihre Wahl erläutert werden,

$$\text{Yy0}, \quad \text{Dy5}, \quad \text{Yd5}, \quad \text{Yz5} \quad .$$

Im einzelnen steht Y für *Sternschaltung*, D für *Dreieckschaltung* und Z für *Zick-Zack-Schaltung*, wobei die *Oberspannungswicklung* stets durch Großbuchstaben, die *Unterspannungswicklung* durch Kleinbuchstaben gekennzeichnet wird. Falls der Transformatorsternpunkt einer in Stern geschalteten Wicklung zugänglich ist, wird dies durch Hinzufügen von N bzw. n kenntlich gemacht. Die *Kennzahl* K steht für das Vielfache von 30°, um das die verketteten Spannungen (Zeiger) der *Unterspannungsseite* den gleichnamigen Spannungen (Zeigern) der *Oberspannungsseite* nacheilen.

Letzteres sei am Beispiel der Schaltung Yd5 für ein Übersetzungsverhältnis $ü = n_1/n_2 = 1,5$ veranschaulicht, Bild 7.29 (s. a. Anhang B).

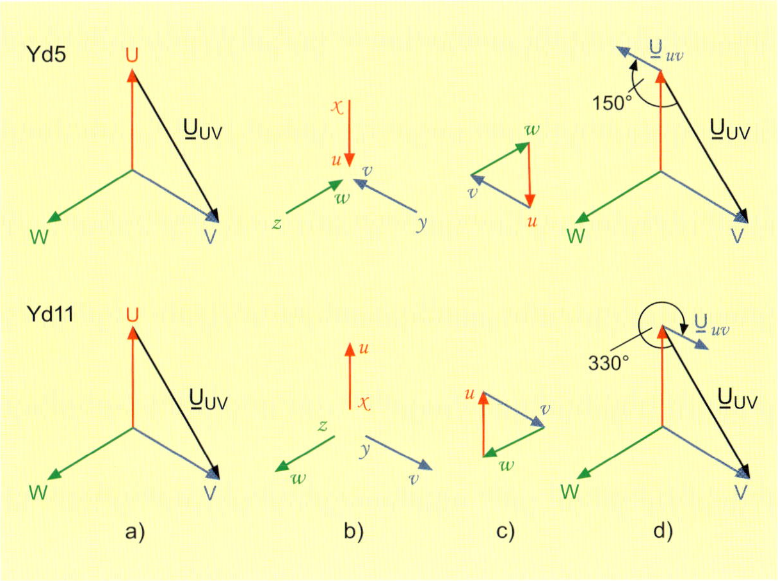

Bild 7.29. Phasendrehung von Drehstromtransformatoren gezeigt am Beispiel der Schaltgruppen Yd5 (oben) und Yd11 (unten). Für Yd5 beträgt die Phasendrehung 150°, für Yd11 330° .

Zwischen den Klemmen U und V der Sternschaltung auf der Oberspannungsseite liegt die *Außenleiterspannung* bzw. *verkettete Spannung* $\underline{U}_{UV}$, Bild 7.29a. Da die induzierten Strangspannungen zweier auf ein und demselben Schenkel angeordneten Wicklungen je nach Wicklungssinn bzw. Polung nur eine Phasenverschiebung von 0° oder 180° haben können, besitzen die *Strangspannungszeiger* der Unterspannungsseite bis auf das Vorzeichen zwingend die gleiche Richtung wie die Strangspannungszeiger auf der Oberspannungsseite, Bild 7.29b oben und unten.

Beim Verbinden der drei Wicklungsstränge der Unterspannungsseite zu einer Dreieckschaltung erhält man das zugehörige Zeigerdiagramm durch *Parallelverschieben* der in Bild 7.29b gezeigten Strangspannungen zu einem Dreieck, Bild 7.29c. Die Strangspannungen der Unterspannungsseite, die ja wegen der Dreieckschaltung mit deren Außenleiterspannungen identisch sind, eilen den Außenleiterspannungen der Oberspannungsseite um 150° bzw. 330° nach. Dies ist in Bild 7.29d durch den Winkel zwischen der Außenleiterspannung $\underline{U}_{UV}$ der Oberspannungsseite und der durch Parallelverschieben entstandenen Außenleiterspannung $\underline{U}_{uv}$ der Unterspannungsseite aus Bild 7.29c ersichtlich. Nach Vertauschen der Wicklungsanschlüsse lassen sich die Schaltgruppen Yd5 und Yd11 parallelschalten.

Es ist davon abzuraten, die Phasenverschiebung bzw. die Kennzahl K über die „*Sternspannungen*" der Ober- und Unterspannungsseite zu definieren, weil dies nur bei Stern/Stern-Schaltung von Ober- und Unterspannungswicklung Sinn macht. Bei Dreieckschaltungen ist ein Sternpunkt bzw. eine Sternspannung *eo ipso* nicht definiert. Zweckmäßiger ist die Definition der Phasendrehung als Winkel zwischen den gleichnamigen *verketteten Spannungen* der Ober- und Unterspannungsseite, um die es beim Parallelschalten von Transformatoren ja tatsächlich geht.

Wenn die Außenleiterspannungen der Ober- und Unterspannungswicklungen eine von 0° oder 180° verschiedene Phasendrehung bzw. eine von Null abweichende Kennzahl aufweisen und damit diese Transformatoren *phasendrehend* sind, dann nicht weil sie etwa hierfür speziell konstruiert wurden, sondern weil schlicht die unterschiedliche Verschaltung der Strangspannungen auf der Ober- und Unterspannungsseite zwangsweise zu einer von 0° verschiedenen Phasenverschiebung der jeweiligen Außenleiterspannungen führt.

Bei allen Schaltgruppen berechnet sich das Übersetzungsverhältnis der ober- und unterspannungsseitigen *Strangspannungen* eines Schenkels, wie vom Einphasentransformator her gewohnt, als Verhältnis der ober- und unterspannungsseitigen Windungszahlen. Da aber für den betrieblichen Einsatz nicht die *Strangspannungen*, sondern die *Klemmenspannungen* bzw. *Außenleiterspannungen* maßgebend sind, kommt bei jeweils nur einer in Stern geschalteten Wicklung noch der Faktor $1/\sqrt{3}$ hinzu, bei der Zick-Zack-Schaltung $2/\sqrt{3}$ (s. Bild 7.28). Besitzen die Transformatoren auf Grund unterschiedlicher Verschaltung der Ober- und Unterspannungswicklungen eine Phasendrehung, wird das Übersetzungsverhältnis komplex. Im Exponenten der e-Funktion taucht dann als Argument je nach Kennzahl das k-fache von 30° auf (s. Bild 7.28). Es gilt dann

$$\underline{U}_{\mathrm{US}} = \frac{1}{\ddot{u}}\,\underline{U}_{\mathrm{OS}}\,\sqrt{K \cdot 30^\circ} \qquad \text{bzw.} \qquad \underline{I}_{\mathrm{US}} = \ddot{u}\,\underline{I}_{\mathrm{OS}}\,\sqrt{K \cdot 30^\circ} \quad . \tag{7.42}$$

Die Phasendrehung spielt in voneinander isoliert betriebenen Strahlennetzen keine Rolle. In vermaschten Netzen und bei der Parallelschaltung von Transformatoren können jedoch nur Transformatoren gleicher Phasendrehung miteinander kombiniert werden (s. a. 7.3.1). Beispielsweise wählt man für die Transformatoren der Transportnetze nicht nur aus isolationstechnischen Gründen, sondern auch wegen des Vermeidens einer Phasendrehung stets die Stern/Stern-Schaltung.

7.5.2.1 Schaltgruppe Yy0

Diese Schaltgruppe ist ideal für Höchstspannungswicklungen, beispielsweise Netzkupplungstransformatoren 380 kV/220 kV. Sie führt jedoch bei unsymmetrischer Belastung, z. B. *Erdschluß* bzw. *Erdkurzschluß* zu starker *Sternpunktverlagerung* (s. a. Kapitel 10). Bild 7.30 zeigt das Ersatzschaltbild eines Transformators der Schaltgruppe Yy0 bei unsymmetrischer Belastung.

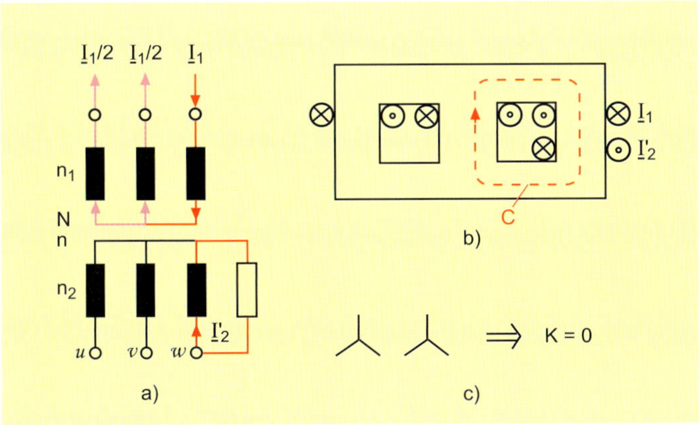

Bild 7.30. Transformator Yy0 mit unsymmetrischer Belastung. a) Ersatzschaltbild, b) Durchflutungen $n_\nu \underline{I}_\nu$, C Integrationsweg, c) Phasenverschiebung zwischen Primär- und Sekundärspannung im symmetrischen Betrieb.

Wie im Abschnitt 7.1 ausführlich erläutert, muß bei einem Transformator im Leerlauf und bei Belastung stets das magnetische Gleichgewicht gewahrt sein. Das heißt, im Eisenkreis herrscht unabhängig vom Belastungszustand immer der gleiche vom Magnetisierungsstrom $\underline{I}_\mu$ hervorgerufene magnetische Fluß $\underline{\phi}_{1h}$. Ein von einem Belastungsstrom $\underline{I}_2$ hervorgerufener zusätzlicher Fluß $\underline{\phi}_{2h}$ wird selbsttätig von einem zusätzlichen Primärfluß $\Delta\underline{\phi}_{1h}$ kompensiert. Bei Vernachlässigung des Magnetisierungsstroms gilt stets $n_1\underline{I}_1 - n_2\underline{I}_2 = 0$ und damit $\Delta\underline{\phi}_{1h} - \underline{\phi}_{2h} = 0$. Hierbei ist $\underline{I}_1$ der über den Magnetisierungsstrom $\underline{I}_\mu$ hinaus *zusätzlich* aufgenommene Primärstrom „$\Delta\underline{I}_1$“ $= \underline{I}_1$ (für $\underline{I}_\mu := 0$). Die Durchflutungen $n_2\underline{I}_2$ des Belastungsstroms und $n_1\underline{I}_1$ des primären Zusatzstroms heben sich gegenseitig auf.

Auch für die Fenster eines Drehstromtransformators (vgl. Bild 7.11) gilt das magnetische Gleichgewicht. Unter Vernachlässigung des Verschiebungsstroms $\underline{I}_\mu$ erhält man also für die Kontur C in Bild 7.30b:

$$\int_c \Delta\underline{\vec{H}} d\vec{r} = -n_1\underline{I}_1 + n_1\underline{I}'_2 - n_1\underline{I}_1/2 = 0 \quad . \tag{7.43}$$

Hieraus folgt

$$n_1\underline{I}_1 = n_1\frac{2}{3}\underline{I}'_2$$

bzw.

$$n_1\frac{\underline{I}_1}{2} = n_1\frac{1}{3}\underline{I}'_2 \quad . \tag{7.44}$$

Nach Kürzen durch n_1 erhalten wir:

$$\underline{I}_1 = \frac{2}{3}\underline{I}'_2 \qquad \text{und} \qquad \frac{\underline{I}_1}{2} = \frac{1}{3}\underline{I}'_2 \quad . \tag{7.45}$$

Die Durchflutung $n_1\,\underline{I}_1$ wird also nur durch $\frac{2}{3}n_1\,\underline{I}'_2$ (statt $n_1\underline{I}'_2$) kompensiert. Man beachte, daß bei Drehstromtransformatoren das magnetische Gleichgewicht sich auf die gesamte Durchflutung eines *Fensters*, nicht auf einen einzelnen *Schenkel* bezieht. In allen drei Schenkeln herrscht damit ein nichtkompensierter Fluß $\underline{\phi} \sim \frac{1}{3}n_1\,\underline{I}'_2$. Alle drei Flüsse sind in Phase und ergänzen sich im Joch daher nicht zu Null. Vielmehr schließen sich diese Flüsse als *Streuflüsse* von Joch zu Joch über den Transformatorkessel. Die Existenz der drei nichtkompensierten gleichphasigen Flüsse hat folgende Konsequenzen:

- Der Rückschluß des Flusses über den Eisenkessel erzeugt in diesem Wirbelströme, führt zu dessen Erwärmung und damit zu zusätzlichen Eisenverlusten.
- Die nicht kompensierten Flüsse in den Phasen U und V induzieren in den Sekundärwicklungen Spannungen $\Delta \underline{U}_u$ und $\Delta \underline{U}_v$, die sich zu den im Leerlauf herrschenden Strangspannungen addieren.
- Ferner wird in der Phase w eine Spannung $-\Delta \underline{U}_w$ induziert, die die Spannung $\underline{U}_{wN}$ verkleinert. Da die Außenleiterspannungen vom Netz festgehalten werden, kommt es zur extremen Verlagerung des Sternpunkts $n \rightarrow n^*$, Bild 7.31.

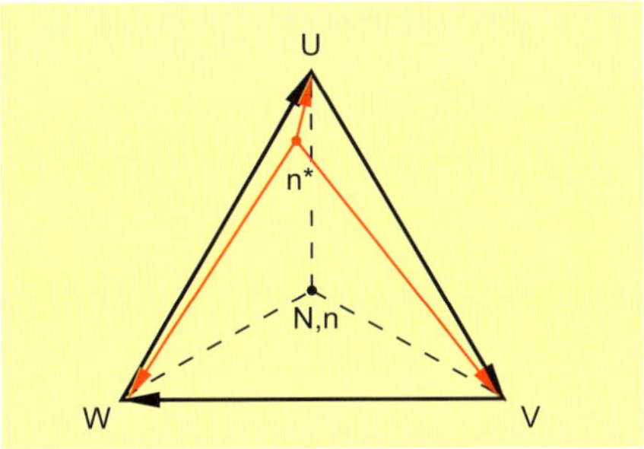

Bild 7.31. Sternpunktverlagerung $n \rightarrow n^*$ bei unsymmetrischer Belastung, gezeichnet für ü = 1.

Die Sternpunktbelastbarkeit von *Dreischenkeltransformatoren* beträgt mit Rücksicht auf die Spannungstoleranz und die dielektrische Beanspruchung der beiden anderen Wicklungen ca. 10 % des Nennstroms. Bei *Fünfschenkeltransformatoren*, *Transformatorbänken* und *Manteltransformatoren* bilden sich auf Grund des geschlossenen Eisenpfades sehr hohe gleichphasige Flüsse aus. Die Spannung $\underline{U}_{nu}$ bzw. $\underline{U}_{n^*u}$ strebt dann gegen Null, die Sternpunktbelastbarkeit dieser Transformatoren beträgt deshalb 0 %.

Selbst im symmetrischen Betrieb ist die Sternschaltung nicht unproblematisch, da die durch 3 teilbaren Oberschwingungen des Magnetisierungsstroms ebenfalls gleichphasige Flüsse hervorrufen. Dies setzt allerdings voraus, daß sich die gleichphasigen Ströme überhaupt ausbilden können, was vom Vorhandensein eines Strompfads zwischen Wicklungs- und Netzsternpunkt abhängt. Beim Fehlen dieses Strompfads (isolierter Sternpunkt) ist andererseits noch nicht viel gewonnen, *da nun der Fluß nicht mehr sinusförmig ist, was zu entsprechenden Oberschwingungen in der Spannung führt.* Zum Netzsternpunkt fließende harmonische Komponenten des Magnetisierungsstroms, wie auch Oberschwingungen in der Spannung, sind in jedem Fall aus Gründen der elektromagnetischen Verträglichkeit zwischen Energie- und Nachrichtenübertragungssystemen unerwünscht.

Eine 100 %ige Sternpunktbelastbarkeit, wie sie in *starr* geerdeten Netzen, Netzen mit Erdschlußspulen oder besonderen EMV-Anforderungen (Elektromagnetischen Beeinflussungen) verlangt wird, läßt sich durch eine dritte Wicklung (*Tertiärwicklung*, s. a. Bild 7.19) erreichen. Man erhält dann die modifizierte Schaltgruppe $Yy0 + d$, Bild 7.32a.

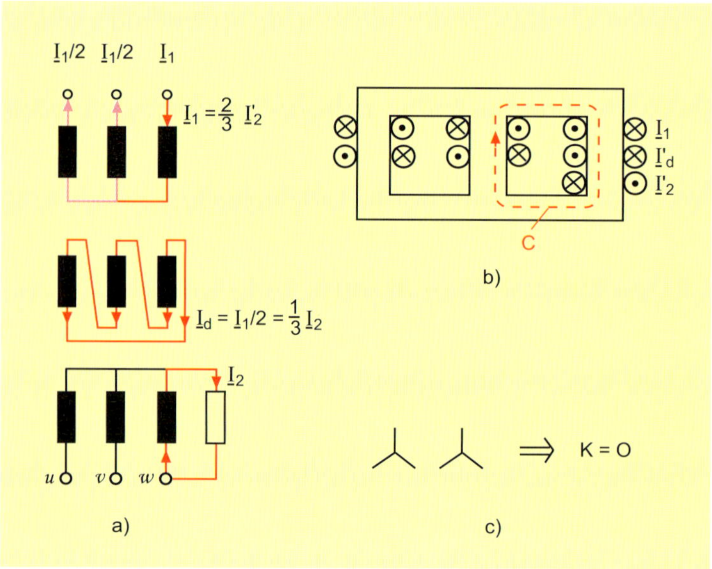

Bild 7.32. Ersatzschaltbild der Schaltgruppe $Yy0{+}d$. a) Ersatzschaltbild mit Tertiärwicklung, b) Durchflutungen, c) Phasenverschiebung zwischen Primär- und Sekundärspannung.

Für die Durchflutungen des rechten Fensters in Bild 7.32 gilt gemäß dem Durchflutungsgesetz für eine Kontur C (Flußpfad um ein Fenster),

$$\oint_C \underline{\vec{H}} d\vec{r} = \sum I = -n_1 \underline{I}_1 - n_1 \underline{I}'_d + n_1 \underline{I}'_2 - n_1 \frac{\underline{I}_1}{2} + n_1 \underline{I}'_d = 0 \quad . \quad (7.46)$$

Primär- und Sekundärdurchflutung heben sich gegenseitig auf, so daß nur der Magnetisierungsstrom übrigbleibt, den wir aber vernachlässigen. Das Durchflutungsintegral nimmt dann den Wert Null an.

Nach Kürzen durch n_1 und Elimination sich kompensierender Terme ergibt sich:

$$\underline{I}_1 - \underline{I}_2' + \frac{\underline{I}_1}{2} = 0 \qquad \text{bzw.} \qquad \underline{I}_1 = \frac{2}{3}\,\underline{I}_2' \quad . \tag{7.47}$$

Dank der Dreieckwicklung heben sich jetzt auch in jedem *Schenkel* die Flüsse auf, was eine 100 %ige Sternpunktbelastbarkeit ermöglicht. Auch die 3. und 9. Oberschwingungen des Magnetisierungsstroms sind jetzt keine Problem mehr, da sie durch die Dreieckwicklung ebenfalls kompensiert werden.

7.5.2.2 Schaltgruppe Dy5

Wenn der Isolationsaufwand nicht im Vordergrund steht, beispielsweise bei großen Verteiltransformatoren, wählt man gleich eine Dreieck/Stern-Schaltung, Bild 7.33.

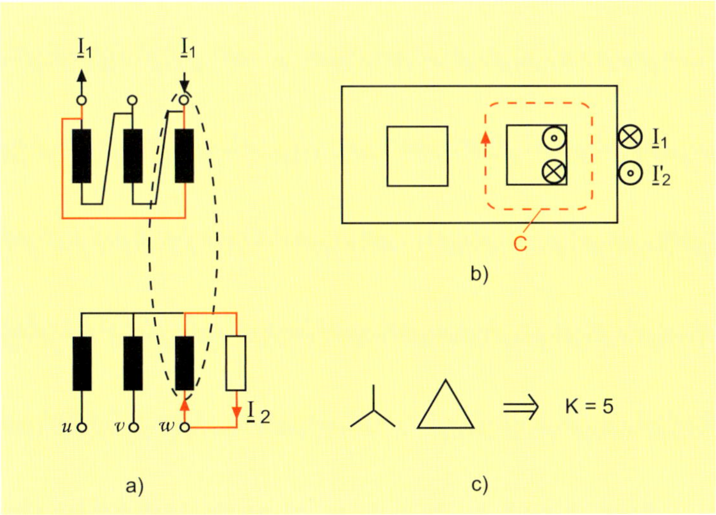

Bild 7.33. a) Ersatzschaltbild der Schaltgruppe Dy5 bei unsymmetrischer Belastung, b) Durchflutungen, c) Phasenverschiebung zwischen Primär- und Sekundärspannung.

Das magnetische Gleichgewicht der unsymetrisch belasteten Phase w ist *eo ipso* gegeben, weil wie beim Einphasentransformator $n_1\underline{I}_1 = n_2\underline{I}_2$ gilt.

In den beiden anderen Phasen treten keine Zusatzflüsse auf. Hieraus resultiert eine 100 %ige Sternpunktbelastbarkeit. Eine etwaige Verlagerung des Sternpunkts tritt nicht auf. Infolge des herausgeführten Sternpunkts stehen zwei Niederspannungen, beispielsweise 400 V zum Anschluß von Drehstromverbrauchern und 230 V zum Anschluß einphasiger Verbraucher, zur Verfügung.

Die Sekundärspannung eilt der Primärspannung um $5 \cdot 30° = 150°$ nach, wie sich aus Bild 7.29 nachvollziehen läßt.

7.5.2.3 Schaltgruppe Yd5

Diese Schaltgruppe wird für *Maschinentransformatoren* gewählt. Wegen der Dreieckwicklung ihrer Unterspannungsseite sind sie hochspannungsseitig voll sternpunktbelastbar. Die Hochspannungswicklung ist *isolationsfreundlich*, die Niederspannungswicklung *stromfreundlich*.

Wieder gilt bei Vernachlässigung des Magnetisierungsstroms für alle Fenster $\int_c \underline{\vec{H}} d\vec{r} = 0$.

Für das Fenster der Phasen S und T erhalten wir dann:

$$\int_c \underline{\vec{H}} d\vec{r} = 0 = n_1\underline{I}'_2 - n_1\underline{I}'_d - n_1\underline{I}_1 + n_1\underline{I}'_d - n_1\frac{\underline{I}_1}{2} \quad . \tag{7.48}$$

Nach Dividieren durch n_1 folgt

$$0 = \underline{I}'_2 - \underline{I}_1 - \frac{\underline{I}_1}{2} \tag{7.49}$$

bzw.

$$\underline{I}'_2 = \frac{3}{2}\underline{I}'_1 \qquad \Rightarrow \qquad \underline{I}_1 = \frac{2}{3}\underline{I}'_2 \quad . \tag{7.50}$$

Auf allen Schenkeln kompensieren sich die Zusatzflüsse perfekt. Beispielsweise erhalten wir in der Phase T für eine Windungszahl $n_1 = 1$

$$\underline{I}_1 + \underline{I}'_d - \underline{I}'_2 = 0 \quad , \tag{7.51}$$

$$\frac{2}{3}\underline{I}'_2 + \frac{1}{3}\underline{I}'_2 - \underline{I}'_2 = 0 \quad . \tag{7.52}$$

Auch hier ist das magnetische Gleichgewicht *eo ipso* stets gewahrt. Diese Schaltgruppe ist daher ebenfalls voll sternpunktbelastbar.

7.5.2.4 Schaltgruppe Yz5

Diese Schaltungsart wird oft als *Zick-Zack-Schaltung* bezeichnet. Sie wird bei kleineren Verteiltransformatoren eingesetzt. Die Sekundärwicklung wird auf jeweils zwei Schenkel mit in Stern geschalteten Wicklungen verteilt, Bild 7.34.

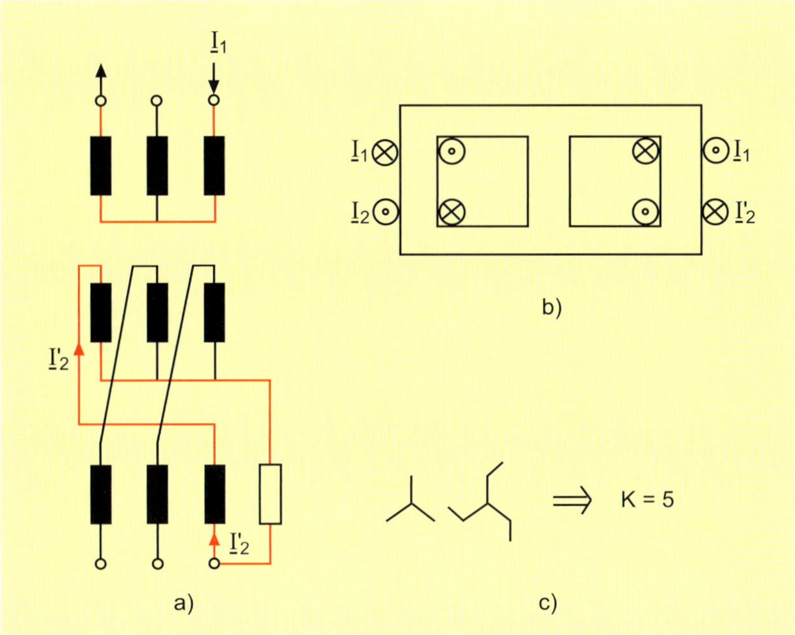

Bild 7.34. Zick-Zack-Schaltung. a) Ersatzschaltbild, b) Durchflutungen, c) Phasendrehung.

In jedem Schenkel ergänzen sich Primär- und Sekundärflüsse zu Null. Die Ober- und Unterspannungswicklungen des mittleren Schenkels bleiben stromlos (abgesehen von $\underline{I}_\mu$). Das magnetische Gleichgewicht ist also für jeden Schenkel gewahrt. Damit findet keine Sternpunktverlagerung mehr statt. Auch die dritte und neunte Oberschwingung des Magnetisierungsstrom stellen kein Problem mehr dar, da sie im Transformator kompensiert werden.

7.5.3 Mit-, Gegen- und Nullimpedanz von Drehstromtransformatoren

Bereits in Kapitel 6 wurde ausführlich auf die *Mit-*, *Gegen-* und *Nullimpedanz* elektrischer Betriebsmittel am Beispiel des *Synchrongenerators* eingegangen. Auf ähnliche Weise lassen sich auch für *Drehstromtransformatoren* Mit-, Gegen- und Nullimpedanzen angeben, wobei jedes Mal die in Abschnitt 7.2 eingeführte Kurzschlußimpedanz gemeint ist. Die Kenntnis der *Mitimpedanz* ist für die *einphasige Darstellung* eines Drehstromtransformators erforderlich, Mit-, Gegen- und Nullimpedanz für die Berechnung *unsymmetrischer Kurzschlußströme* (s. Kapitel 17). Da für nicht rotierende Betriebsmittel Mit- und Gegenimpedanz gleich groß sind, kann man sich bei Transformatoren auf die Bestimmung der *Mitimpedanz* und der *Nullimpedanz* beschränken. Die Ermittlung letzterer erweist sich als sehr vielschichtig.

7.5.3.1 Mitimpedanz von Drehstromtransformatoren

Die Mitimpedanz von Drehstromtransformatoren ist praktisch identisch mit der *Kurzschlußimpedanz* ihres einphasigen Ersatzschaltbilds (s. a. 7.2.1, Bild 7.19). Meßtechnisch bestimmt man die Kurzschlußimpedanz $\underline{Z}_+$, indem die von einem dreiphasigen Prüffeldgenerator bereitgestellte Primärspannung so lange gesteigert wird, bis in der kurzgeschlossenen Sekundärwicklung der Nennstrom fließt, Bild 7.35.

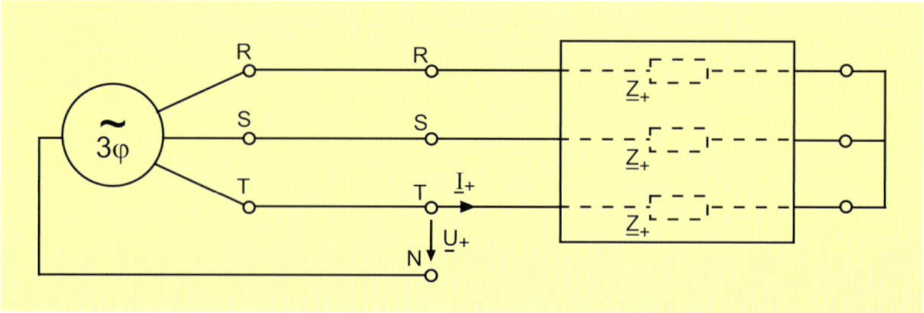

Bild 7.35. Zur Definition und Messung der Kurzschlußimpedanz des Mit- und Gegensystems von Drehstromtransformatoren.

Bei Vernachlässigung des Magnetisierungsstroms fließt dann auf der Primärseite der Strom $\underline{I}_+$ und es stellt sich die *Kurzschlußspannung* $\underline{U}_k = \underline{U}_+$ ein (s. a. 7.2.1). Die Mitimpedanz berechnet sich dann zu

$$\underline{Z}_+ = \frac{\underline{U}_+}{\underline{I}_+} = \frac{\underline{U}_{\text{Strang}}}{\underline{I}_{\text{Strang}}} = \underline{Z}_k \quad . \tag{7.53}$$

Dieser Wert berücksichtigt bereits die magnetische Kopplung zwischen den Wicklungssträngen und ist daher eine „*Betriebsimpedanz*“ (s. 6.11.1).

Je nachdem ob die Oberspannungsseite oder die Unterspannungsseite als Primärwicklung gewählt wird, erhält man zwei unterschiedliche Werte Z_{+OS} und Z_{+US} (s. 7.2.1). Bezieht man beide Größen auf die Nenngrößen der jeweils gewählten Primärseite, ergibt sich ein einheitlicher Wert z_k (bezogene bzw. relative Kurzschlußimpedanz, s. 7.2.1).

In der Praxis errechnet man die Mit- bzw. Kurzschlußimpedanz zu

$$Z_+ = Z_k = \frac{Z_k U_r^2}{100\ \%\, S_r} = \frac{u_k U_r^2}{100\ \%\, S_r} \quad . \tag{7.54}$$

Wählt man für $\underline{U}_r$ die oberspannungsseitige Bemessungsspannung erhält man $Z_{+\mathrm{OS}}$, setzt man für $\underline{U}_r$ die unterspannungsseitige Bemessungsspannung ein, erhält man $Z_{+\mathrm{US}}$. Im übrigen gelten wegen $Z_+ = Z_k$ die bereits im Abschnitt 7.2.1 für die Kurzschlußimpedanzen angestellten Überlegungen.

Da im *symmetrischen* Betrieb der Sternpunkt des speisenden Netzes bzw. Prüfgenerators und etwa herausgeführte Sternpunkte der beiden Transformatorwicklungen gleiches Potential besitzen (s. a. Kapitel 10), ist es unerheblich, ob der Sternpunkt des Generators mit diesen Sternpunkten verbunden wird oder nicht.

Für die Ermittlung der Gegenimpedanz müßte man bei der Einspeisung zwei Phasen vertauschen, erhielte aber für $\underline{Z}_-$ das gleiche Ergebnis wie für $\underline{Z}_+$.

7.5.3.2 Nullimpedanz von Drehstromtransformatoren

Im Gegensatz zur *Mit-* und *Gegenimpedanz* von Drehstromtransformatoren hängt die *Nullimpedanz* von der *Verschaltung* der ober- und unterspannungsseitigen Wicklungsstränge, der jeweiligen *Sternpunktbehandlung* und der *Kerntopologie* ab. Schließlich auch von der Tatsache, ob sie für die *Oberspannungsseite* oder die *Unterspannungsseite* ermittelt wird. Damit sich überhaupt ein *Nullsystem*, das heißt ein in den Transformator hinein- oder herausfließender *Nullstrom* ausbilden kann, muß der Transformator mindestens eine in Stern geschaltete Wicklung besitzen, deren Sternpunkt geerdet ist.

Die grundsätzliche Vorgehensweise wird am Beispiel eines Transformators mit in Stern geschalteter Primärwicklung und Sekundärwicklung erläutert. Bei ersterer sei der Sternpunkt herausgeführt, bei letzterer nicht.

Die meßtechnische Bestimmung der Nullimpendanz erfolgt durch Anlegen einer *einphasigen* Spannungsquelle an die parallelgeschalteten Stränge der Primärwicklung. Die Klemmen u, v, w der Sekundärwicklung sind kurzgeschlossen. Ob die kurzgeschlossenen Klemmen mit dem Generatorsternpunkt N verbunden werden oder nicht (s. Bild 7.35 und 7.36), hat auf das Meßergebnis keinen Einfluß. Eine etwaige Verbindung leistet lediglich die eindeutige Definition des *Gleichtaktpotentials* der Sekundärwicklung. Die Rückleitung der Summe der drei Nullströme $\underline{I}_0$, erfolgt über den *Neutralleiter* bzw. *Sternpunktleiter* des herausgeführten Sternpunkts, Bild 7.36.

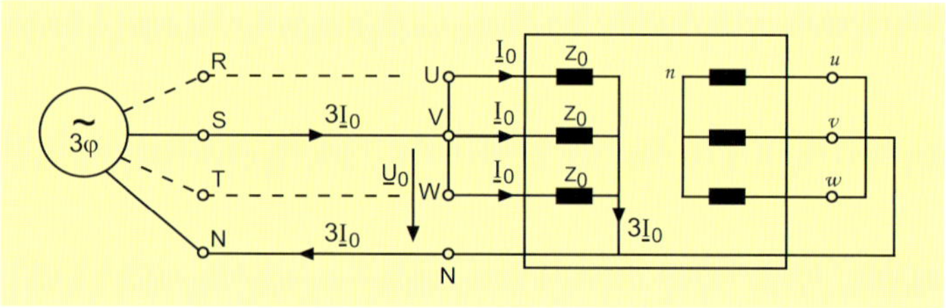

Bild 7.36. Zur Definition und Messung der Nullimpedanz eines Transformators mit primärseitig herausgeführtem Sternpunkt.

Für die Nullimpedanz ergibt sich dann

$$\underline{Z}_0 = \frac{\underline{U}_0}{\underline{I}_0} \quad . \tag{7.55}$$

Sie wird meist als Verhältnis bezogen auf die Mitimpedanz angegeben, beispielsweise

$$z_0 = \frac{Z_0}{Z_+} = 0,15 \quad . \tag{7.56}$$

Um die physikalische Bedeutung der Nullimpedanz leichter verstehen zu können, faßt man die drei parallel geschalteten Spulen auf der Ober- und Unterspannungsseite zu je einer Spule zusammen, Bild 7.37.

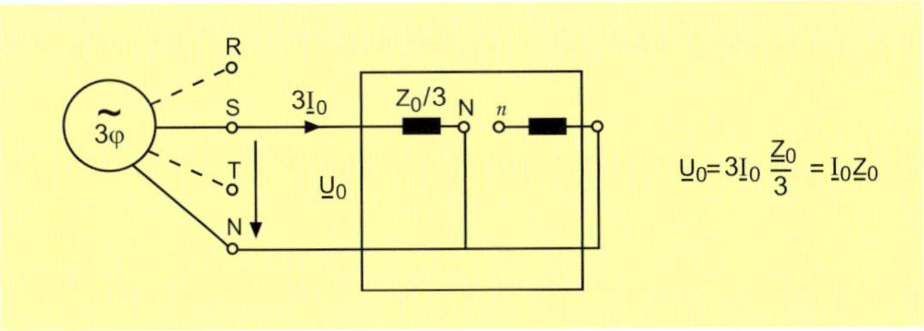

Bild 7.37. Zur physikalischen Bedeutung der Nullimpedanz.

Offensichtlich liegt dann ein sekundärseitig *leerlaufender* Einphasentransformator vor, dessen Primärreaktanz in *Streu-* und *Hauptreaktanz* aufgeteilt werden kann. Unter Vernachlässigung der Wicklungs- und Eisenverluste erhält man dann Bild 7.38.

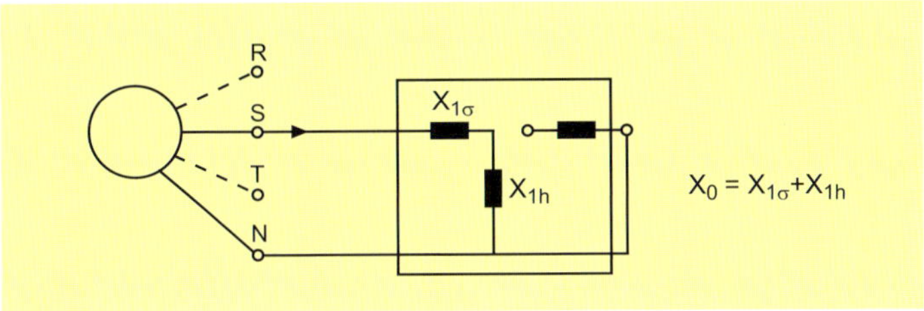

Bild 7.38. Einphasiges Nullsystem-Ersatzschaltbild eines Transformators mit primärseitig herausgeführtem Sternpunkt (vgl. Bild 7.9 bei Vernachlässigung der Wicklungs- und Eisenverluste).

Die leerlaufende Sekundärwicklung tritt primärseitig nicht in Erscheinung. In ihren Strängen wird zwar die sekundäre Leerlaufspannung induziert, mangels eines herausgeführten Sternpunktleiters und wegen der Gleichphasigkeit der Spannungen fließt aber kein Sekundärstrom, $\underline{Z}_{0_{Sek}} = 0$. Es wird daher auch keine Impedanz auf die Primärseite transformiert.

Ist der sekundärseitige Sternpunkt auch herausgeführt, so kann sich auf der Sekundärseite ein Kurzschlußstrom ausbilden, wobei sich die sekundäre Reaktanz auf die Primärseite transformiert. Der Transformator nimmt dann primär mehr Strom auf, die meßbare Nullreaktanz ist wesentlich kleiner. Unterteilt man die Sekundärseite wieder in eine Streu- und Hauptreaktanz, ergibt sich Bild 7.39.

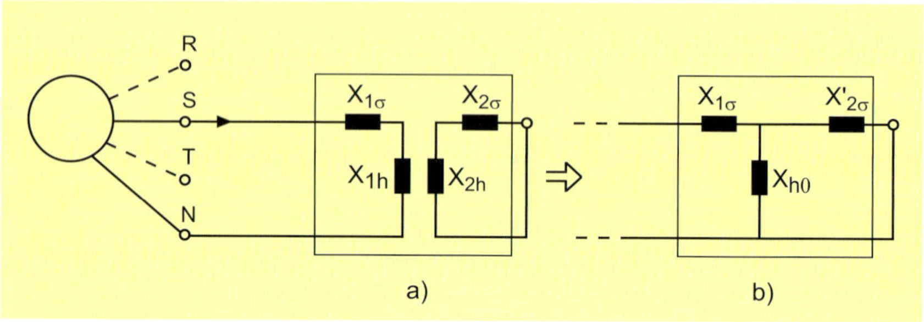

Bild 7.39. a) Ersatzschaltbild des Nullsystems eines Transformators mit primär- und sekundärseitig aufgeteilten Streu- und Hauptreaktanzen, b) auf die Primärseite bezogene sekundäre Streureaktanzen $X'_{2\sigma}$.

Das Nullsystem-Ersatzschaltbild 7.39b entspricht offensichtlich dem T-Ersatzschaltbild der einphasigen Darstellung. Während jedoch für die Bestimmung der *Mitimpedanz* der Magnetisierungsstrom und damit die Hauptimpedanz X_{h_0} vernachlässigt werden können, hängt die Zulässigkeit dieser Vereinfachung im *Nullsystem* von der Kerntopologie ab.

In einem *Dreischenkelkern*-Transformator erzeugt ein Nullstrom in allen drei Schenkeln gleichphasige Flüsse, die sich nicht im Joch zu Null ergänzen, sondern sich über die Isolierräume und die Kesselwand schließen. Aufgrund des großen „*Luftspalts*" des Eisenkreises ist der magnetische Widerstand sehr groß bzw. ist die Nullsystem-Hauptreaktanz X_{h_0} sehr klein. Verglichen mit dem symmetrischen Betrieb hat dies einen hohen Magnetisierungsstrom zur Folge. Anders als im Mit- und Gegensystem darf daher die Hauptreaktanz bzw. der Magnetisierungsstrom *nicht* vernachlässigt werden.

In einem *Fünfschenkelkern*-Transformator können sich gleichphasige Flüsse über die beiden äußeren Schenkel schließen, was mit einer *hohen* Hauptreaktanz einhergeht. Dies hat einen für die Kurzschlußstromberechnung vernachlässigbar kleinen Magnetisierungsstrom im Nullsystem zur Folge. Gleiches gilt für zu einer *Transformatorbank* zusammengeschaltete einphasige Transformatoren. Da auch hier der Eisenkreis in allen Phasen geschlossen ist tritt nur ein vernachlässigbar kleiner Magnetisierungsstrom auf. Die Hauptreaktanz X_{h_0} darf dann ebenfalls wieder vernachlässigt werden.

Nach diesem einführenden Beispiel lassen sich abhängig von der Sternpunktbehandlung beider Wicklungen für Hochspannungstransformatoren ($X \gg R$) die in Bild 7.40 gezeigten gängigen Varianten ableiten.

Schaltgruppe	Nullsystem-ESB	Impedanzwerte
YNyn 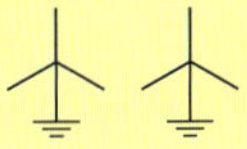	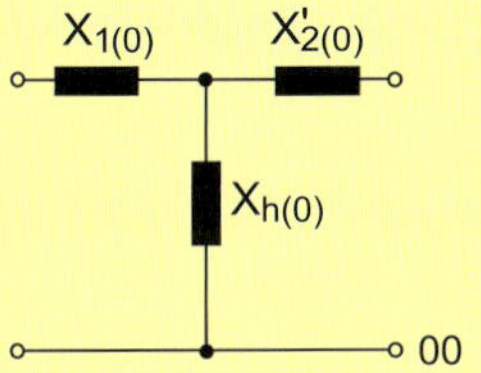	$X_{1(0)}=X'_{2(0)}=\frac{1}{2}X_{k(+)}$ DSK: $X_{h(0)} \approx 5X_{k(+)}$ FSK: $X_{h(0)} \to 4$
YNy 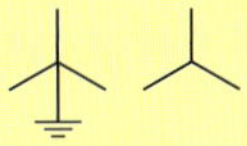	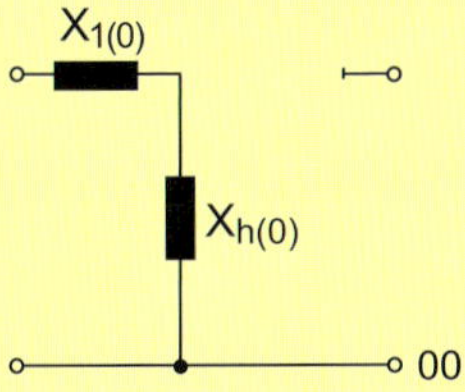	$X_{1(0)}=\frac{1}{2}X_{k(+)}$ DSK: $X_{h(0)} \approx 5X_{k(+)}$ FSK: $X_{h(0)} \to 4$
YNd 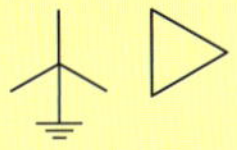	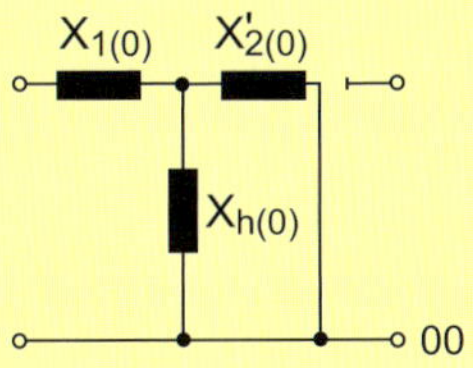	$X_{1(0)}=X'_{2(0)}=\frac{1}{2}X_{k(+)}$ DSK: $X_{h(0)} \approx 5X_{k(+)}$ FSK: $X_{h(0)} \to 4$
Yzn 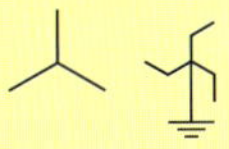	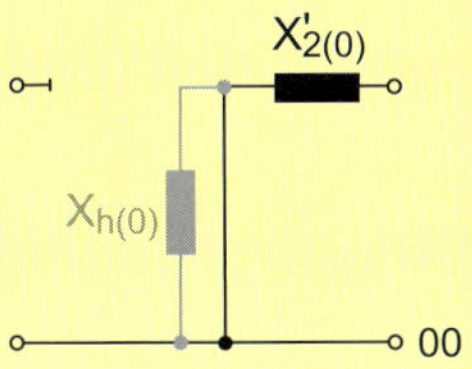	$X'_{2(0)} \approx 0{,}1X_{k(+)}$

Bild 7.40. Nullsystem-Ersatzschaltbild von Zweiwicklungstransformatoren der wichtigsten Schaltgruppen. DSK: Dreischenkelkern, FSK: Fünfschenkelkern.

Abhängig von der Schaltgruppe des Transformators existieren topologisch unterschiedliche Nullsystem-Ersatzschaltbilder:

- *YNyn*: Bei Anlegen einer Nullspannung an die Primärseite fließt durch deren Wicklungen ein gleichphasiger Magnetisierungsstrom, der sich über die Sternpunkterdung schließen kann. In den Windungen der Sekundärspannungsseite werden gleichphasige Sternspannungen induziert. Liegt sekundärseitig eine nicht verschwindende Admittanz zwischen Außenleiter und Erde, so fließt ein Nullstrom, der sich auf die Primärseite transformiert. Insbesondere transformiert sich also auch ein Kurzschluß über den Transformator hinweg. Im Strompfad liegen nur die Nullsystem-Streureaktanzen $X_{1(0)}$ und $X_{2(0)}$.

- *YNy*: Auch hier werden sekundärseitig gleichphasige Strangspannungen induziert. Da der Sternpunkt jedoch nicht geerdet ist, treiben diese Spannungen keinen Strom. Das Nullsystem-Ersatzschaltbild ist folglich auf der Sekundärseite unterbrochen. Primärseitig fließt lediglich der Magnetisierungsstrom der Nullkomponente. Die sekundärseitige „*Unterbrechung*“ bereitet gelegentlich Verständnisschwierigkeiten. Diese lassen sich beseitigen, wenn man sich statt der Unterbrechung eine Impedanz $X_{2(0)} = \infty$ vorstellt.

- *YNd*: Der primärseitige Magnetisierungsstrom induziert sekundärseitig drei gleichphasige Spannungen, die jedoch *im Dreieck kurzgeschlossen* sind. Der im Kreis fließende Kurzschlußstrom ist *unabhängig von der Belastung* des Transformators und transformiert sich auf die Primärseite. Im Nullsystem-Ersatzschaltbild ist der Transformator daher hinter den Streureaktanzen kurzgeschlossen. Entsprechend stellt sich ein hoher Magnetisierungsnullstrom ein. Auf der Sekundärseite ist das Ersatzschaltbild unterbrochen.

- *Yzn*: In einer Zickzack-Wicklung erzeugt ein Nullstrom in den auf einem Schenkel angeordneten Teilwicklungen Nullflüsse, die einander entgegengerichtet sind. Die Magnetisierung des Kerns erfordert also einen unendlich hohen Magnetisierungs-Nullstrom, was einer kurzgeschlossenen Hauptinduktivität im Nullsystem entspricht. Die Streuung zwischen den auf einem Schenkel gelegenen Teilwicklungen ist zudem sehr gering, was eine kleine Streureaktanz zur Folge hat.

Neben der Topologie des Nullsystem-Ersatzschaltbilds hängt auch der Wert der Streureaktanzen im Nullsystem, $X_{1(0)}$ und $X_{2(0)}$, von der Schaltgruppe eines Transformators ab.

Bei Transformatoren mit Dreieckwicklung auf der Primärseite und Sekundärseite erübrigt sich die Messung der Nullimpedanz, da auf beiden Seiten Sternpunkte *eo ipso* nicht existieren. Das heißt, bei Dreieckschaltungen fließen keine Nullströme in den Transformator hinein oder heraus.

Zusammenfassend läßt sich feststellen, daß für alle Transformatoren mit nur *einem* oder *keinem* geerdeten Sternpunkt der Strompfad primär/sekundär für das Nullsystem unterbrochen ist.

Bei der Ermittlung der Nullimpedanz ist der Einfluß einer etwaigen Sternpunktimpedanz $\underline{Z}_E$ im Strompfad zurück zur Quelle zu berücksichtigen (Impedanz der Erdrückleitung oder eines Erdleiters), Bild 7.41.

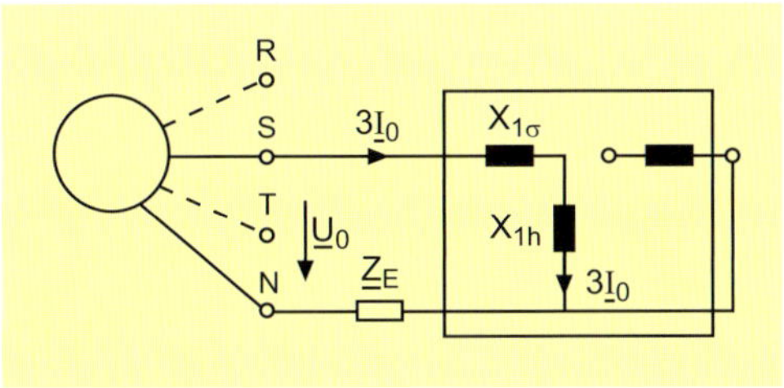

Bild 7.41. Berücksichtigung einer etwaigen Erdimpedanz $\underline{Z}_E$, $Z_0 = X_{1\sigma} + X_{1h}$.

Wegen der Parallelschaltung der drei Stränge fließt in der Rückleitung durch die Erdimpedanz $\underline{Z}_E$ auch der *dreifache* Strom $3\underline{I}_0$. Die Maschengleichung des Meßkreises in Bild 7.41 lautet auf der Primärseite

$$\underline{U}_0 = \underline{I}_0\underline{Z}_0 + 3\underline{I}_0\underline{Z}_E \quad . \tag{7.57}$$

Für die Nullimpedanz der Rückleitung ist daher der dreifache Wert einzusetzen. Die totale Nullimpedanz errechnet sich dann zu

$$\underline{Z}_0 = \frac{\underline{U}_0}{\underline{I}_0} - 3\underline{Z}_E \quad . \tag{7.58}$$

Für Dreiwicklungstransformatoren und Transformatoren mit Dreieckausgleichswicklung ergeben sich in Anlehnung an Bild 7.21 ähnliche Ersatzschaltbilder. Wegen weiterer Erläuterungen, insbesondere auch für die Behandlung von Spartransformatoren wird auf das Schrifttum verwiesen.

7.6 Regeltransformatoren

Regeltransformatoren dienen dem Steuern der *Blind-* und *Wirkleistungsflüsse* in Hochspannungsnetzen mit dem Ziel der Spannungshaltung sowie der gleichmäßigen Leistungsaufteilung bei parallelen Übertragungsleitungen und der Vermeidung von Ausgleichsströmen in den Maschen der Transportnetze (engl.: *loop flows*). Die Blindleistung läßt sich durch den *Unterschied im Betrag* der Knotenspannungen, die Wirkleistung durch den *Phasenwinkel* zwischen den Knotenspannungen am Anfang und Ende einer Leitung beeinflussen. Entsprechend unterscheidet man zwischen *Längsregelung* und *Querregelung*, Bild 7.42.

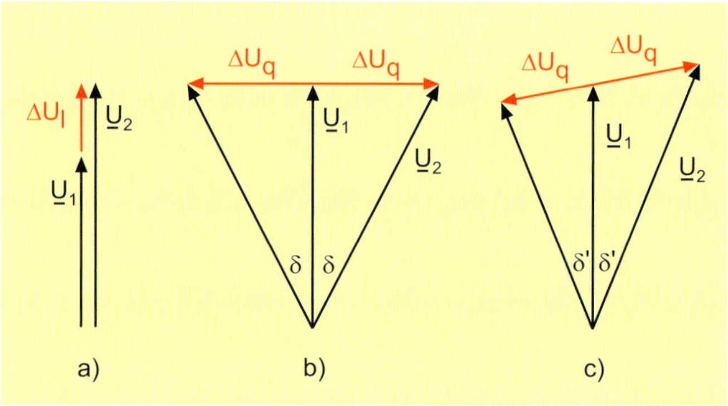

Bild 7.42. a) Steuerung der übertragenen *Blindleistung* durch den Betragsunterschied der Knotenspannungen (*Längsregler*), b) Steuerung der übertragenen *Wirkleistung* durch den Phasenwinkel zwischen den Knotenspannungen (*Querregler*), c) *Schrägregler*.

Grundsätzlich lassen sich eine *Längs-*, *Quer-* oder *Schrägregelung* innerhalb eines Leistungstransformators mit dem gleichen Eisenkreis und entsprechend geschalteten Zusatzwicklungen realisieren, sogenannte *Direktregelung*. Die großen Abmessungen von Grenzleistungstransformatoren, der Isolationsaufwand und insbesondere Anforderungen an eine kombinierte Längs-, Quer- oder Schrägregelung legen, mit Ausnahme der klassischen „Unter Last schaltbaren Transformatoren", den Einsatz von *Zusatztransformatoren* nahe, sogenannte *Indirekte Regelung*. Es gibt nahezu beliebig viele unterschiedliche Realisierungen, die im Einzelfall auf die speziellen Anforderungen eines bestimmten Netzknotens zugeschnitten sind. Wirtschaftliche Lösungen dominieren dabei meist die rein technische Lösung.

7.6.1 Längsregler

7.6.1.1 Unter Last schaltbare Transformatoren

Zur Einstellung eines bestimmten Spannungsunterschieds $\Delta \underline{U}_l$ in Längsrichtung werden gewöhnlich Transformatoren eingesetzt, deren *Windungszahlenübersetzungsverhältnis* gegenüber dem *Übersetzungsverhältnis der Nennspannungen* um bis zu ± 22 % während des Betriebs verändert werden kann.

Bei *direkt* längsregelbaren Transformatoren ist meist die Oberspannungswicklung in eine *Stammwicklung* und eine an ihrem erd- bzw. sternpunktseitigen Ende angeordnete *Regelwicklung* mit Anzapfungen aufgeteilt, Bild 7.43.

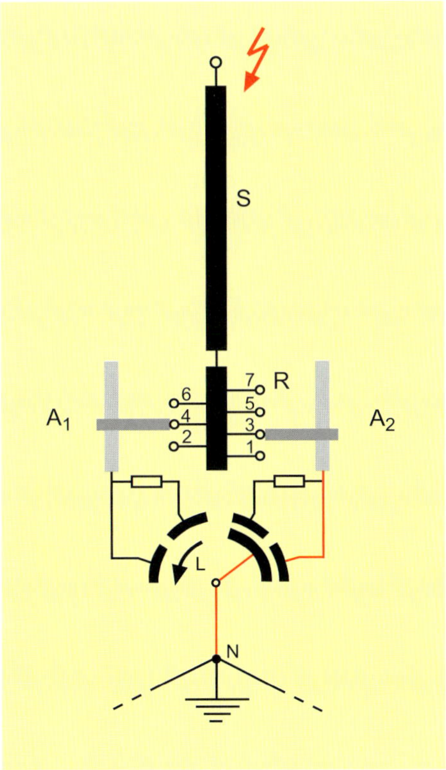

Bild 7.43. Direkt längsgeregelte Wicklung eines unter Last schaltbaren Leistungstransformators mit Stufenschalter. S: Stammwicklung, R: Regelwicklung, A: Anzapfungsvorwähler, L: Lastschalter mit Federspeicher.

Die Änderung des Windungszahlen-Übersetzungsverhältnisses erfolgt direkt durch Umschalten auf die verschiedenen Anzapfungen mittels eines sogenannten *Stufenschalters unterbrechungsfrei unter Last*. Sie werden deshalb auch als „*unter Last schaltbare Transformatoren*“ bezeichnet (engl.: TCUL, *Tap Changing Under Load*). Letztere Eigenschaft bedingt während des Umschaltens von einer Anzapfung auf die nächste zwangsweise einen kurzzeitigen Windungsschluß, während dessen der Kurzschlußstrom durch ohmsche Widerstände begrenzt werden muß. Diese strombegrenzende, unterbrechungsfreie Umschaltung leistet die besondere Bauart des Stufenschalters (engl.: OLTC, *On-Load Tap Changer*).

In der in Bild 7.43 gezeigten Stellung fließt der Strom aus der Stammwicklung über die Anzapfung 3 und den *Wähler* A_2 zum Sternpunkt. Soll beispielsweise auf die Anzapfung 4 geschaltet werden, wird zunächst der Wähler A_1 stromlos auf die Anzapfung 4 gelegt. Anschließend wird der Lastschalter L mit hoher Geschwindigkeit nach links gedreht. In seiner vertikalen Lage verbindet der bewegliche Kontakt die beiden Wähler über die Widerstände R mit dem Sternpunkt. Während dieser Zeit sind die zwischen den Anzapfungen 3 und 4 liegenden Windungen kurzgeschlossen. In der linken Endstellung wird der Begrenzungswiderstand wieder überbrückt.

Während sich die nur stromlos betätigten Wähler im Kessel befinden können, ist der schnelle Lastschalter in einem eigenen Isolierstoffgehäuse untergebracht. Dessen Isolieröl altert infolge der häufigen Schaltlichtbögen und Schaltgasbildung schneller und muß im Vergleich zu dem das Aktivteil umgebenden Isolieröl im Rahmen der Schalterwartung gelegentlich gewechselt werden.

Bild 7.43 deckt nur das Prinzip des Stufenschalters ab. Bei der technischen Realisierung sind auch die kapazitiven Ströme der Wähler sowie zusätzliche spannungsabhängige Widerstände zur Beherrschung der Schaltüberspannungen etc. zu berücksichtigen. Ferner ist die Regelwicklung bei hohen Unterschieden des Übersetzungsverhältnisses in eine *Grobstufe* und eine *Feinstufe* unterteilt. Die Grobstufe wird ebenfalls mittels eines stromlos schaltenden Wählers angewählt und die Feinstufenwicklung für jede neue Grobstufenanzapfung erneut durchlaufen. Man unterscheidet dann auch zwischen *Wähler* (Feinstufe) und *Vorwähler* (Grobstufe). Schließlich kann die Regelwicklung einen Wendeschalter zum Vertauschen ihrer Anschlußklemmen besitzen. Es lassen sich so *positive* und *negative* Spannungsbeiträge einstellen. In modernen Laststufenschaltern kommen zunehmend Vakuumschaltröhren zum Einsatz, die dank des Wegfalls der Ölverrußung und des Kontaktabbrands Wartungsabstände von 15 Jahren zulassen.

7.6.1.2 Längsregler mit Zusatztransformatoren

Bei *indirekt* längsregelbaren Transformatoren wird über *Zusatztransformatoren*, mit eigenem Eisenkreis vergleichsweise geringer Leistung, eine phasengleiche oder um 180° phasenverschobene *Zusatzspannung* in Reihe mit der Ausgangsspannung induziert. Die Zusatztransformatoren können von einer *Tertiärwicklung* des Leistungstransformators oder einer eigenen in Stern oder Dreieck geschalteten Wicklung gespeist werden. Sie sind entweder im gleichen Transformatorkessel oder in einem eigenen Kessel untergebracht. Beispielsweise zeigt Bild 7.44 das Prinzip eines *indirekt* längsgeregelten Transformators.

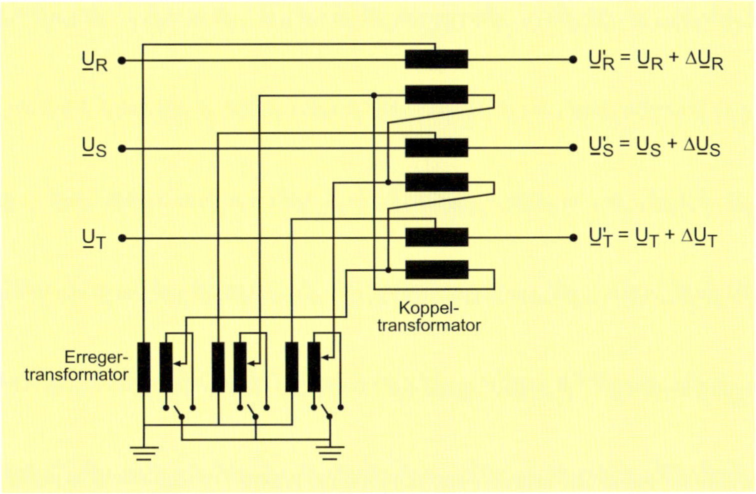

Bild 7.44. Prinzip eines Längsreglers mit Erreger- und Koppeltransformatoren in Sternschaltung.

Die Bauleistung der Zusatztransformatoren ist relativ gering, da ja nur die Scheinleistung

$$S = 3\,\Delta U I^* \tag{7.59}$$

aufgebracht werden muß.

Verteiltransformatoren benötigen in der Regel keine Stufenschalter, da der Spannungsabfall an Ihrer Kurzschlußimpedanz vergleichsweise gering ist und auch immer das gleiche Vorzeichen besitzt. Zur Kompensation dieses mehr oder weniger permanenten Spannungsabfalls wie auch zur teilweisen Kompensation der Spannungsabfälle längs der Leitungen zu den Verbrauchern besitzen Verteiltransformatoren sogenannte *Umsteller*. Mit ihnen läßt sich das Windungszahlenverhältnis über das Übersetzungsverhältnis der beidseitigen Nennspannungen permanent anheben. Dieses Einstellen erfolgt aber nur bei der erstmaligen Inbetriebnahme bzw. wird nur in großen zeitlichen Abständen wiederholt, wenn sich die Netzlast merklich erhöht hat.

Offensichtlich können unter Last schaltbare Transformatoren der beschriebenen Art sowohl den *Betrag der Spannung* als auch durch Umpolen oder Mitteneinspeisung der Regelwicklung deren Vorzeichen ändern, Bild 7.45.

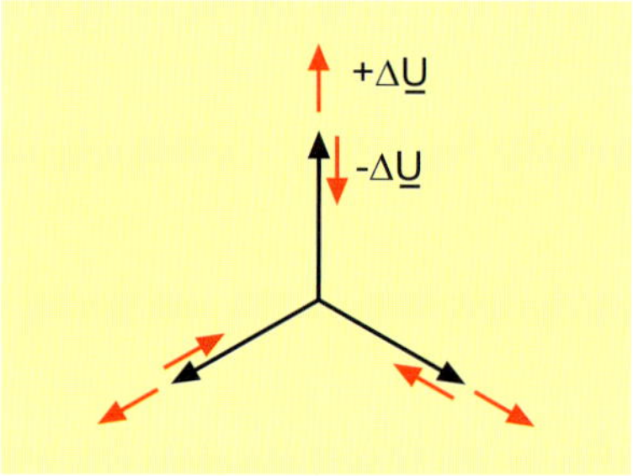

Bild 7.45. Zeigerdiagramm der Spannungen eines unter Last schaltbaren bzw. längsgeregelten Transformators.

Es lassen sich somit nur die *Knotenspannungen* bzw. *Blindleistungsflüsse* steuern. Die für das Engpaßmanagement wichtige Steuerung der *Wirkleistungsflüsse* ermöglichen die in den folgenden Abschnitten beschriebenen *Quer-* und *Schrägregler*.

7.6.2 Querregler

Querregler (engl.: PST, *Phase Shifting Transformers* oder PAR, *Phase Angle Regulators*) können technisch wie Längsregler sowohl ohne als auch mit Zusatztransformatoren realisiert werden. Ein Beispiel für einen Querregler mit nur einem Eisenkreis zeigt Bild 7.46.

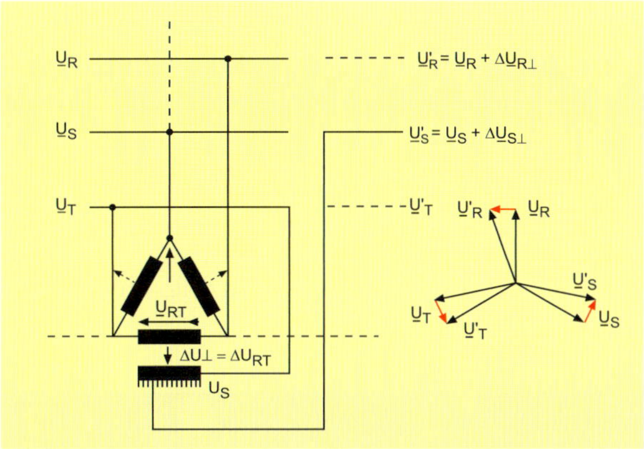

Bild 7.46. Prinzip eines Querreglers mit nur einem Eisenkreis (Regelwicklung nur für eine Phase gezeichnet!).

Die Regelwicklung liegt in Reihe mit der Phase S. Die in ihr induzierte Regelspannung besitzt eine feste Phasendrehung gegenüber den beiden anderen verketteten Spannungen. Je nach Größe der Regelspannung lassen sich durch vektorielle Addition unterschiedliche Phasenwinkel einstellen.

Das Grundprinzip eines Querreglers mit zwei Eisenkreisen (Erregertransformator und Koppeltransformator) zeigt Bild 7.47.

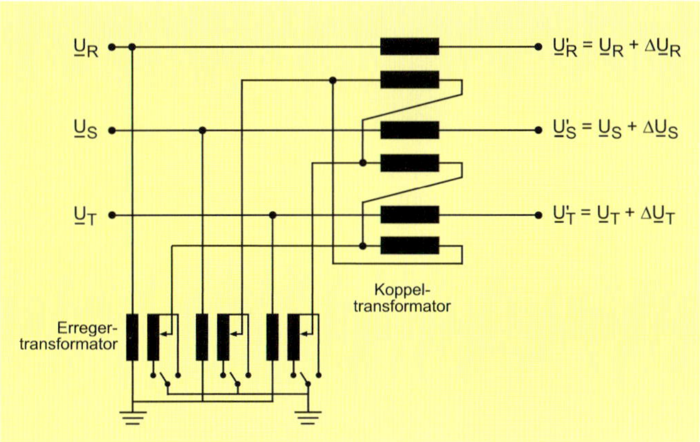

Bild 7.47. Prinzip eines Querreglers mit *Erregertransformatoren* in *Sternschaltung* und *Koppeltransformatoren* in *Dreieckschaltung* (ABB).

Eine Tertiärwicklung des *Haupttransformators* oder ein separater *Erregertransformator* speist die Primärwicklung eines *Koppeltransformators*, dessen Sekundärwicklung in Serie mit einem Außenleiter des zu steuernden Drehstromsystems liegt. Durch geeignete Wahl der Schaltgruppen des Haupt- und Koppeltransformators lassen sich Zusatzspannungen beliebiger Größe und Phasenlage einstellen.

Die Komplexität der technischen Ausführung eines Querreglers läßt Bild 7.48 erahnen.

Bild 7.48. Querregler mit zwei Eisenkreisen, Scheinleistung 1630 MVA, Spannung 400 kV/400 kV, Gewicht 820 t (ABB).

7.6.3 Schrägregler

Weist die Zusatzspannung aufgrund der Wahl der Transformatorschaltgruppen bezüglich $\underline{U}_R$ als auch $\underline{U}'_R$ eine von 90° verschiedene Phasenverschiebung auf, spricht man von *Schrägreglern*. Zum Einsatz kommt die 60° Schrägregelung, die sowohl die Längs- als auch die Querspannung beeinflußt, meist kombiniert mit einer Längsregelung.

7.7 Zeitlicher Verlauf des Magnetisierungsstroms

Trotz zunächst sinusförmiger Eingangsspannung besitzt der Magnetisierungsstrom eines Transformators einen nichtsinusförmigen Verlauf. Wie bereits in 7.1 erläutert, nimmt der Magnetisierungsstrom $\underline{I}_\mu$ stets einen Wert an, bei dem die mit ihm verknüpfte Flußänderung $d\phi_\mu/dt$ bzw. $j\omega\underline{\phi}_\mu$ in der Primärwicklung eine Spannung induziert, die der von außen angelegten Spannung stets das Gleichgewicht hält, sogenanntes *Spannungsgleichgewicht* . Für den idealen Transformator gilt dann:

$$u_{\mathrm{Netz}}(t) = -e_\mu(t) = -\frac{d\phi_\mu(t)}{dt} \qquad \text{bzw.} \qquad \underline{U}_{\mathrm{Netz}} = -\underline{E}_\mu = -j\omega\underline{\phi}_\mu \quad . \tag{7.60}$$

Bei sinusförmiger Netzspannung muß wegen (7.60) auch der Fluß $\underline{\phi}_\mu$ bzw. die von ihm induzierte Spannung $\underline{U}_\mu$ sinusförmig sein. Im Bereich hoher Flußwerte nimmt der Fluß jedoch wegen der Eisensättigung nur noch stark unterproportional mit dem in der Primärwicklung fließenden Strom zu. Um dennoch einen sinusförmigen Flußverlauf zu erzielen, bedarf es in der Nähe des Flußscheitelwerts stark überproportionaler Werte des primären Wicklungsstroms. Der dem Netz entnommene Strom weist daher im Bereich des Scheitels eine deutliche positive Abweichung vom sinusförmigen Verlauf auf. Bild 7.49 zeigt qualitativ zwei typische Verläufe der Magnetisierungskennlinie $B = f(H)$ und die zugehörigen Kurvenformen des Magnetisierungsstroms.

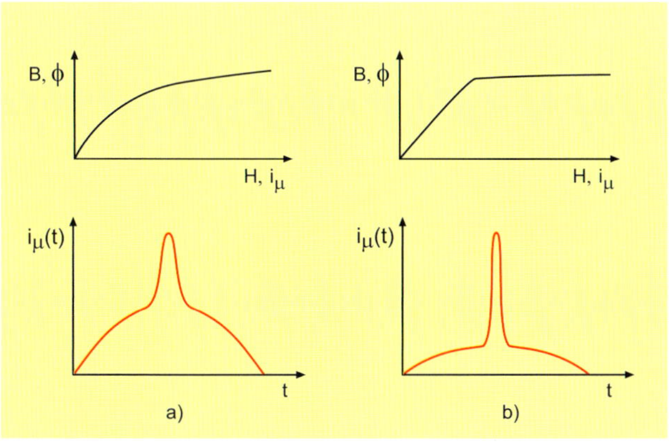

Bild 7.49. Magnetisierungskennlinie und zugehörige Kurvenformen für a) *weiche* und b) *harte* ferromagnetische Werkstoffe (schematisch).

Da die Primärwicklung so lange mehr Strom aufnimmt bis das Spannungsgleichgewicht erreicht ist, kann der Magnetisierungsstrom für eine deutlich über der Nennspannung liegende Eingangsspannung im Bereich der Sättigung beispielsweise auf das Tausendfache ansteigen und liegt damit ein Vielfaches über dem Betriebsstrom.

Der nichtsinusförmige zeitliche Verlauf des Magnetisierungsstroms läßt sich bei gegebener Magnetisierungskennlinie graphisch ermitteln, Bild 7.50.

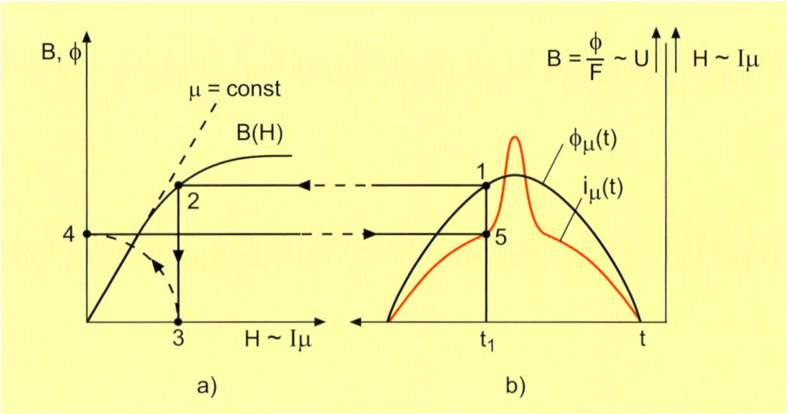

Bild 7.50. Zeitlicher Verlauf des nichtsinusförmigen Magnetisierungsstroms und seine zeichnerische Ermittlung. a) Magnetisierungskennlinie $B = f(H)$ bzw. $\phi = f(i_\mu)$, b) vom Spannungsgleichgewicht geforderter sinusförmiger Fluß $\phi_\mu(t)$ und zugehöriger nichtsinusförmiger Magnetisierungsstrom $i_\mu(t)$.

Eine Parallele zur Abszisse durch einen Wert $\phi_\mu(t_1)$ der sinusförmigen Flußkurve $\phi_\mu(t)$ schneidet ausgehend vom Punkt 1 die Magnetisierungskennlinie B(H) im Punkt 2. Das Lot vom Schnittpunkt 2 auf die Abszisse markiert im Schnittpunkt 3 den erforderlichen Momentanwert $\hat{i}_\mu$ des Magnetisierungsstroms. Ein Viertelkreis mit dem Radius dieses Magnetisierungsstroms trägt diesen auf der Ordinate des linken Diagramms im Punkt 4 ab. Eine weitere Parallele zur Abszisse durch den Punkt 4 ergibt im rechten Diagramm im Punkt 5 den zum Zeitpunkt $t(\phi_{\mu 1})$ erforderlichen Magnetisierungsstrom. Sinngemäß verfährt man mit weiteren Flußzwischenwerten ϕ_μ sowie mit dem Flußscheitelwert $\hat{\phi}_\mu$ und erhält so den nichtsinusförmigen zeitlichen Verlauf des Magnetisierungsstroms.

7.8 Einschaltstoßstrom leerlaufender Transformatoren

Beim Einschalten sekundärseitig leerlaufender Transformatoren tritt ein *Einschaltstoßstrom* auf (engl.: *inrush current*), dessen Höhe sich nach dem Schaltaugenblick richtet und ein Vielfaches des Nennstroms betragen kann. Dieser Strom kann vorgeschaltete Schutzeinrichtungen unbeabsichtigt zum Ansprechen bringen. Die Ursache des Stoßstroms beruht auf dem Sättigungseffekt des Eisenkreises. Wir gehen von dem bereits in Bild 7.6a gezeigten Ersatzschaltbild der Primärwicklung eines idealen, leerlaufenden Transformators aus, Bild 7.51a.

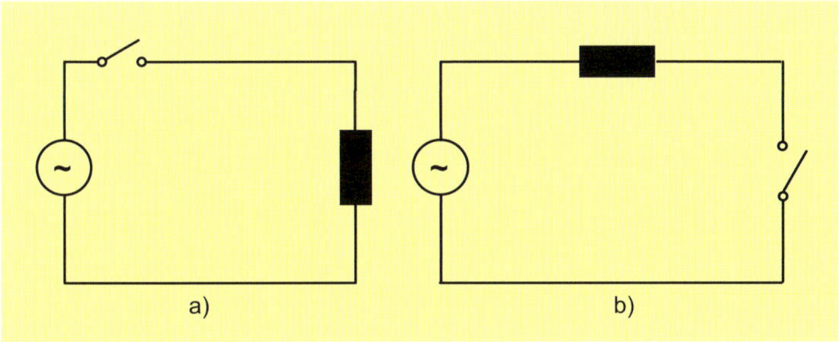

Bild 7.51. Ersatzschaltbild der Primärwicklung eines idealen Transformators. a) Einschalten eines leerlaufenden Transformators am Netz, b) Interpretation des Einschaltvorgangs als „Kurzschluß" der Netzspannung über die Induktivität der Primärwicklung.

Nach Vertauschen der Reihenfolge von Schalter und Induktivität erkennen wir das vertraute einphasige Ersatzschaltbild des Klemmenkurzschlusses eines leerlaufenden Synchrongenerators (s. a. 6.10.2, Bild 6.31). Wenngleich es hier nicht um die Berechnung eines Kurzschlußstroms sondern des *Einschaltstoßstroms* eines Wechselstromkreises mit Induktivität geht, sind die grundsätzlichen Überlegungen doch die gleichen. Es wird im folgenden angenommen, daß der Leser mit Abschnitt 6.10 vertraut ist, so daß hier eine Beschränkung auf das Wesentliche erlaubt sei.

Wie bereits bei der anfänglichen Betrachtung des idealen Transformators erläutert, stehen unter Vernachlässigung des Wicklungswiderstands R_1 die mit dem zeitlich veränderlichen Primärstrom verknüpfte Flußänderung bzw. die von ihr induzierte Spannung $\underline{E}_1 = j\omega L_1 \underline{I}_1 = -j\omega n_1 \underline{\phi}_1$ und die anliegende Netzspannung $\underline{U}_{Netz}$ ständig im Gleichgewicht,

$$\underline{E}_1 = j\omega n_1 \underline{\phi}_1 = -j\omega L_1 \underline{I}_1 = -\underline{U}_{Netz} \quad . \tag{7.61}$$

Wir interessieren uns hier jedoch zunächst nicht für den Strom $\underline{I}_1$, wie in 6.10, sondern für den mit ihm verknüpften Fluß $n_1\underline{\phi}_1$. Das heißt, wir betrachten zunächst die Gleichung

$$-j\omega n_1 \underline{\phi}_1 = \underline{U}_{Netz} \quad . \tag{7.62}$$

Ihre Darstellung im Zeitbereich lautet

$$n_1 \frac{d\phi_1(t)}{dt} = \hat{u}_{Netz} \, cos\left(\omega t + \varphi_{u_{\mathrm{Netz}}}\right) \quad . \tag{7.63}$$

Wie bei den Betrachtungen zum Kurzschluß des Synchrongenerators (s. 6.10) setzt sich die Lösung dieser Gleichung aus einer partikulären Lösung $\phi_{part}(t)$ und einer homogenen Lösung $\phi_{hom}(t)$ zusammen, Bild 7.52.

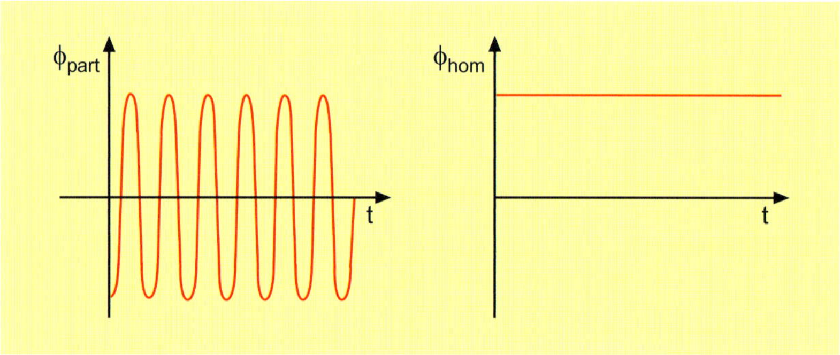

Bild 7.52. Zeitlicher Verlauf der partikulären und der homogenen Lösung der Differentialgleichung 7.63. a) Wechselflußkomponente, b) Gleichflußkomponente.

Im Gegensatz zur exponentiell abfallenden Gleichstromkomponente $i_{hom}(t)$ des Synchrongenerators klingt hier die Gleich*strom*komponente und die mit ihr verknüpfte Gleich*fluß*komponente ϕ_{hom} wegen der vorläufigen Vernachlässigung des Wicklungswiderstandes R_1 nicht exponentiell ab.

Den zeitlichen Verlauf des totalen Flusses ϕ_{tot} erhalten wir durch Überlagerung der beiden Komponenten,

$$\phi_{tot} = \phi_{part} + \phi_{hom} \quad . \tag{7.64}$$

Den zeitlichen Verlauf von ϕ_{tot} zeigt Bild 7.53.

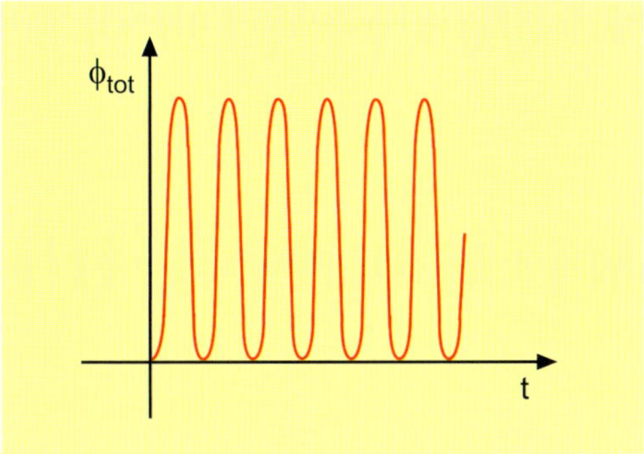

Bild 7.53. Zeitlicher Verlauf des totalen Flusses unter Vernachlässigung des Wicklungswiderstands R_1 (schematisch).

Der Fluß ϕ_{tot} bleibt wegen der konstanten Gleichflußkomponente ständig oberhalb der Zeitachse und besitzt, im Vergleich zum stationären Betrieb, den doppelten Scheitelwert.

Im stationären Betrieb arbeitet der Transformator weitgehend im linearen Bereich der Magnetisierungskennlinie $\phi = f(I_\mu)$ (s. Bild 7.49). Zu einem sinusförmigen Fluß gehört dann ein nahezu sinusförmiger Magnetisierungsstrom. Der doppelte Scheitelwert des Flusses in Bild 7.53 verlangt jedoch wegen des flachen Verlaufs der Sättigungskennlinie des Eisens einen unvergleichlich viel größeren Magnetisierungsstrom, was unter Verwendung des in Bild 7.50 vorgestellten Verfahrens leicht nachvollzogen werden kann.

Der Scheitelwert des *Inrush*-Magnetisierungsstroms kann das Zehnfache oder mehr des *Nennstroms* im stationären Betrieb betragen. Der maximale Scheitelwert tritt wie beim generatornahen Kurzschluß der Synchronmaschine (s. 6.10.2) beim Schalten im *Spannungsnulldurchgang* auf.

Berücksichtigen wir den endlichen Wicklungswiderstand R_1 der Primärwicklung, erhalten wir folgende, der Gleichung (6.27) formal ähnliche Differentialgleichung,

$$n_1 \frac{d\phi_1(t)}{dt} + R_1 i(t) = \hat{u}_{\mathrm{Netz}}\, cos\,(\omega t + \varphi_{u_{Netz}}) \quad . \tag{7.65}$$

Wegen des *nichtlinearen* Zusammenhangs zwischen $\underline{\phi}_1(t)$ und $i_\mu(t)$ ist diese Differentialgleichung jedoch nicht mehr trivial lösbar. Qualitativ ist aber erkennbar, daß bei Berücksichtigung von R_1 die homogene Lösung ebenfalls abklingen wird wie beim Kurzschluß der Synchronmaschine. Entsprechend nimmt dann auch der Einschaltstoßstrom ab, Bild 7.54.

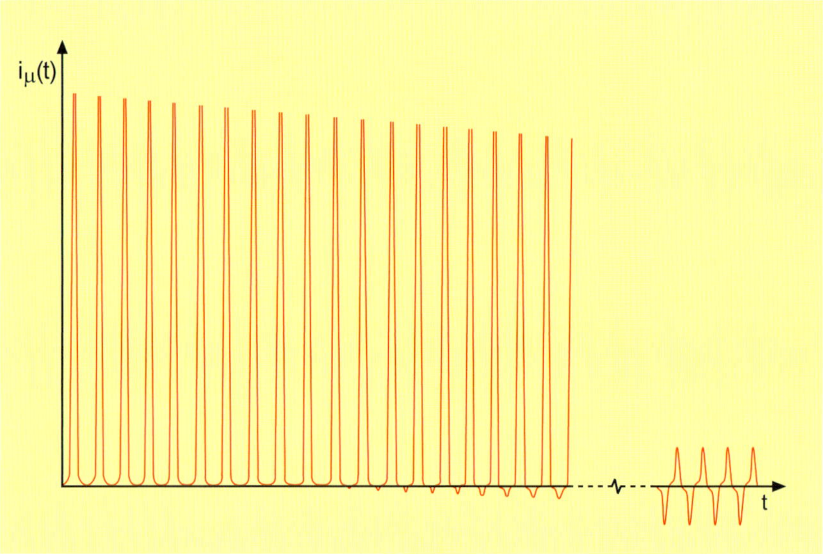

Bild 7.54. Zeitlicher Verlauf des Magnetisierungsstroms bei Berücksichtigung der Dämpfung durch R_1.

Wegen der Größenverhältnisse von R und L kann der Abklingvorgang bei großen Transformatoren im *Minutenbereich* liegen. Die vom Einschaltstromstoß herrührenden magnetostriktiven Kräfte bzw. ihre Auswirkungen sind meist akustisch wahrnehmbar. Zur Vermeidung exzessiver Einschaltströme wird zunächst über einen Vorwiderstand zugeschaltet und erst anschließend der direkte Kontakt hergestellt.

Schließlich sei vermerkt, daß obige Betrachtungen lediglich den Effekt 1. Ordnung berücksichtigen. Durch *Remanenzerscheinungen*, das heißt eine vom letzten Ausschalten herrührende Restmagnetisierung können die Amplituden des Einschaltstroms noch höhere Werte annehmen. Die Berücksichtigung dieses zusätzlichen Effekts soll dem Fachschrifttum vorbehalten bleiben.

Vertiefendes Schrifttum zu Kapitel 7

1. Richter, R.: Kurzes Lehrbuch der elektrischen Maschinen. 1. Auflage, Springer-Verlag, Berlin/Heidelberg/Göttingen, 1949.
2. Bödefeld, Th. und Sequenz, H: Elektrische Maschinen. 1. Auflage, Springer-Verlag, Berlin/Heidelberg, Wien, 1942.
3. Janus, R.: Transformatoren. VDE-Verlag Berlin, Offenbach, 1973.
4. Winders, J. J.: Power Transformators. Marcel Dekker Verlag, New York, 2004.
5. Koettnitz, H. und Pundt, H.: Berechnung elektrischer Energieversorgungsnetze. Band I, VEB-Verlag für Grundstoffindustrie, Leipzig, 1973.
6. Kloeppel, F. und Fiedler, H.: Kurzschluß in Elektroenergiesystemen. VEB-Verlag für Grundstoffindustrie, Leipzig, 1969.
7. Hochrainer, A.: Symmetrische Komponenten in Drehstromsytemen. Springer-Verlag, Berlin, 1957.
8. Denzel, P.: Grundlagen der Übertragung elektrischer Energie. Springer-Verlag, Berlin, 1966.
9. Happoldt, H. und Oeding, D.: Elektrische Kraftwerke und Netze. 5. Auflage, Springer-Verlag, Berlin, 1978.
10. Oeding, D. u. Oswald, B. R.: Elektrische Kraftwerke und Netze. 6. Auflage, Springer-Verlag, Berlin/Heidelberg, 2004.
11. Heuck, K. u. Dettman, K. D.: Elektrische Energieversorgung. 6. Auflage, Vieweg-Verlag, Wiesbaden, 2005.

8. Transport und Übertragung elektrischer Energie

Transport und Übertragung elektrischer Energie erfolgen im Regelfall mit Drehstrom, generisch als *Hochspannungs-Drehstrom-Übertragung* bzw. *HDÜ* bezeichnet (engl.: *High-Voltage AC Transmission*, *HVAC*). In einigen Spezialfällen kommen für Punkt-zu-Punkt-Verbindungen zwischen zwei Netzknoten auch sogenannte *Hochspannungs-Gleichstrom-Übertragungen* bzw. *HGÜ* zum Einsatz (engl.: *High-Voltage DC Transmission*, *HVDC*). Beide Verfahren werden im folgenden kurz vorgestellt. Die sich anschließenden Abschnitte behandeln systemtechnische und betriebliche Aspekte von Drehstromleitungen.

8.1 Hochspannungs-Drehstrom-Übertragung, HDÜ

Transport, Übertragung und Verteilung elektrischer Energie erfolgen in hierarchisch gestuften Spannungsebenen, sogenannten *Netzen*. Als Netz bezeichnet man allgemein die Gesamtheit aller verbundenen Betriebsmittel gleicher Nennspannung. Wie bereits in Kapitel 2 erläutert, unterscheidet man in der Elektroenergieversorgung zwischen

- *Transportnetzen* 220 kV, 380 kV, bei großen Entfernungen auch 765 kV (engl.: *transmission systems*),
- *Übertragungsnetzen* mit Spannungen von 110 kV (engl.: *subtransmission systems*),
- *Mittelspannungsnetzen* 10 kV, 20 kV, im Ausland auch 30 kV (engl.: *primary and secondary distribution systems*),

– *Niederspannungsnetzen* 235 V, 400 V und 690 V (engl.: *low-voltage distribution systems*).

Die vier Spannungsebenen zeigt schematisch Bild 8.1.

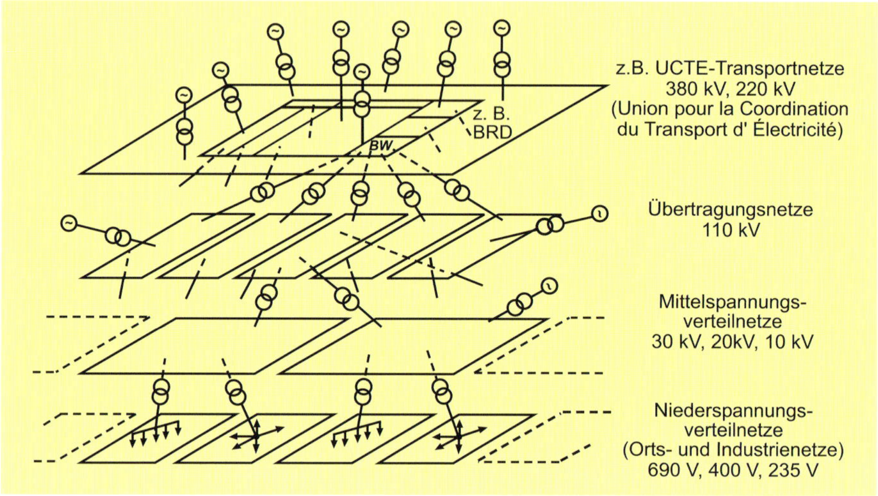

Bild 8.1. Hierarchie der Netzebenen.

Alle Netzebenen sind über Transformatoren miteinander gekoppelt. Gegenstand dieses Kapitels sind die Leitungen und Netze der *Transport-* und *Übertragungsebene*. Die Netze der beiden *Verteilebenen* werden im Kapitel 9 behandelt.

8.1.1 Transportnetze

Von *Transportnetzen* spricht man in der Energieversorgungstechnik vorzugsweise bei der Übertragung großer Mengen elektrischer Energie in wechselnder Richtung *innerhalb* und *zwischen* Regelzonen. Ferner zwischen räumlich weit voneinander entfernten *Erzeuger-* und *Verbraucherschwerpunkten*, sogenannte *Zweipunktverbindungen*. Beispiele sind der Energietransport standortgebundener Wasser- oder Braunkohlekraftwerke zu Ballungsgebieten oder auch preisgünstiger Kernenergie über weite Strecken innerhalb des europäischen Verbundnetzes. Schließlich gibt es auch *kurze* Transportstrecken in Form von Kraftwerkseinspeisungen ins Verbundnetz oder Kuppelleitungen zwischen

Netzen. Abgesehen von den Zweipunktverbindungen sind Transportnetze *vermascht*. Das heißt, jeder Netzknoten wird von mindestens zwei Seiten versorgt. Bei Ausfall einer Leitung kann die andere die volle Leistung übernehmen (n-1 Prinzip).

Die wechselnde Energieflußrichtung rührt daher, daß im Laufe eines Tages unterschiedliche, jeweils am kostengünstigsten arbeitende Kraftwerke zum Einsatz kommen und damit die Energie auch aus unterschiedlichen Richtungen zu den Verbraucherschwerpunkten gelangt. Treibende Kraft für die Ströme in einem Netz sind die *Leistungsdefizite* in den Verbraucherknoten und die *Leistungsüberschüsse* in den Kraftwerksknoten, die durch *Leistungsflüsse* über die Leitungen eines Netzes ausgeglichen werden. Die mit diesem Ausgleich verbundenen Ströme fließen unabhängig von den jeweiligen Eigentumsverhältnissen auf allen möglichen *parallelen* Leitungspfaden zu den Verbraucherschwerpunkten (engl.: *free power flow*). Ihre Aufteilung auf die vorhandenen Pfade erfolgt gemäß dem ohmschen Gesetz für Wechselströme, nach dem Reziprokwert der jeweiligen Leitungsimpedanzen. So kann es ohne äußere Eingriffe schnell zu drohender Überlastung von Leitungen mit niedriger Impedanz kommen, sogenannte *temporäre Netzengpässe*. Ferner können sich in Maschen *Kreisströme* einstellen (engl.: *loop flows*), die zu erhöhten Übertragungsverlusten führen.

Schließlich rufen die Ströme längs der Leitungen *Spannungsabfälle* oder auch *Spannungsüberhöhungen* hervor, die die Knotenspannungen eines Netzes ohne äußere Eingriffe stark von der Nennspannung abweichen lassen.

Es ist Aufgabe des *Netzbetriebs*, die Leistungsflüsse ständig durch geeignete Wahl der *Einspeisungen*, der *Netztopologie*, der Stufenschalterstellungen der *Längs-*, *Quer-* und *Schrägregeltransformatoren* (s. 7.6), durch Zu- und Abschalten von *Kompensationseinrichtungen* (s. 8.3.1) und gegebenenfalls durch FACTS-*Betriebsmittel* (s. 8.5) so zu steuern, daß in allen Netzknoten die Abweichungen der Knotenspannungen von der Nennspannung innerhalb eines vorgegebenen Toleranzbands bleiben und keine Leitungen überlastet werden.

Die *Wirkleistungsflüsse* auf den Leitungen führen im wesentlichen zu Differenzen zwischen den *Phasenwinkeln* der komplexen Knotenspannungen, die *Blindleistungsflüsse* vorrangig zu Differenzen in ihrem *Be-*

trag, mit anderen Worten zu Abweichungen von der Nennspannung, Bild 8.2.

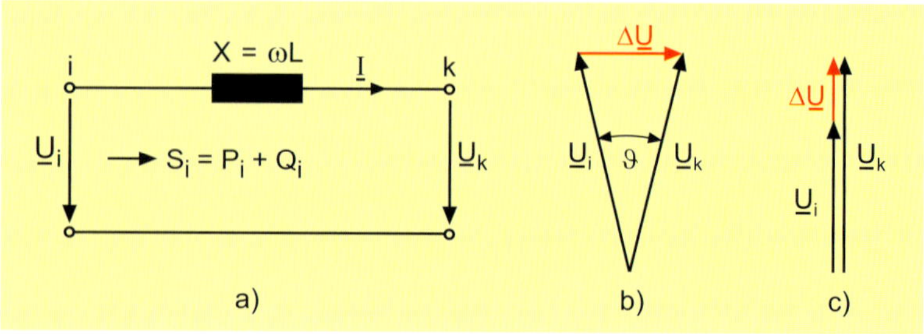

Bild 8.2. Winkel- und Betragsdifferenz der Knotenspannungen $\underline{U}_i$ und $\underline{U}_k$ einer Leitung zwischen zwei Netzknoten i und k. a) Ersatzschaltbild, b) wirkleistungsbedingter *Phasenwinkelunterschied* $\vartheta = \delta_i - \delta_k$, sog. *Leitungswinkel*, c) blindleistungsbedingter *Betragsunterschied*.

Transportnetze bestehen überwiegend aus 220 kV und 380 kV *Drehstrom-Höchstspannungsfreileitungen*. In Ballungsgebieten wie beispielsweise Berlin kommen auch 220 kV und 380 kV *Höchstspannungskabel* zum Einsatz. Bei Höchstspannungskabeln wurden in der Vergangenheit *Öl/Papier-isolierte* Kabel verwendet, heute ausschließlich *kunststoffisolierte* Kabel mit einer Isolierung aus vernetztem Polyäthylen, sogenannte *VPE-Kabel*. Alternativ kommen auch SF_6 *isolierte Rohrleiter* in Frage.

Grundsätzlich erlaubt der Stand der Technik das Ersetzen aller 220 kV und 380 kV Überlandleitungen durch Kabel. Dagegen sprechen jedoch technische, betriebliche und betriebswirtschaftliche Gründe:

- Hochspannungskabel besitzen einen vielfach höheren kapazitiven Ladestrom als Freileitungen, erfordern daher in sehr kurzen Abständen aufwendige *Kompensationsdrosselspulen* (s. a. 8.4).
- Freileitungen sind bei einem Überschlag dank ihrer *selbstheilenden* Isolation praktisch fehlertolerant und meist nach kurzer Unterbrechung von nur wenigen 100 ms wieder zuschaltbar, sogenannte *Kurzunterbrechung* bzw. KU (s. a. Kapitel 18). Kabel werden dagegen bei einem Isolationsfehler an der Fehlerstelle dauerhaft *zerstört*. Die Reparatur verlangt den Ersatz des zerstörten Kabelbereichs durch ein neues Kabelstück, das mittels zweier zusätzlicher *Kabelmuffen* einge-

fügt wird. Die Reparaturzeiten betragen bei Höchstspannungskabeln etwa zwei Wochen und sind sehr kostspielig.

- Freileitungen können wegen ihrer niedrigen Leitertemperaturen kurzzeitig beträchtlich überlastet werden. Kabel dagegen nur in geringem Umfang, da ihre *elektrische* Isolierung gleichzeitig auch als gute *thermische* Isolierung wirkt.
- Höchstspannungskabelstrecken kosten mindestens das 10-fache vergleichbarer Freileitungsstrecken.

Der Vergleich Freileitungen/Kabel ist ein typisches Beispiel dafür, daß nicht alles was physikalisch oder technisch machbar ist in der Praxis auch sinnvoll umgesetzt werden kann. Dies gilt in erhöhtem Maße für die „Hoffnungsträger" *Supraleitende Kabel*, *Transformatoren* und *Generatoren* sowie *Hochtemperaturbrennstoffzellen*.

8.1.2 Übertragungsnetze

Übertragungsnetze dienen der weitläufigen Übertragung elektrischer Energie von den Entnahmeknoten der Transportnetze zu den kleineren Verteilerunternehmen und großen Sondervertragskunden innerhalb einer *Region*. Sie können *vermascht* oder als *Strahlennetze* aufgebaut sein. Im ersten Fall ist wie in den Transportnetzen die Energieflußrichtung unbestimmt, sie übernehmen dann *Transportfunktion*. In letzterem Fall ist die Energieflußrichtung eindeutig zum Verbraucher hin orientiert, sie besitzen dann ausschließlich *Verteilfunktion*. In Übertragungsnetzen mit zahlreichen *dezentralen Erzeugungseinheiten* in Form von *Windkraftanlagen* etc. kann es allerdings auch wieder zu starken Beeinflussungen der Energieflußrichtung kommen.

8.1.3 Höhe der Transport- bzw. Übertragungsspannung

Die Wahl einer Transport- oder Übertragungsspannung erfolgt sowohl im Hinblick auf möglichst niedrige *Leitungsverluste* als auch mit Rücksicht auf die *stabilitätsbedingte* Übertragungskapazität der Leitungen. Beide Aspekte werden im folgenden kurz gestreift.

8.1.3.1 Übertragungsverluste

Die Übertragungsleistung einer Drehstromleitung berechnet sich als Dreifaches der Leistung einer einzelnen Leitung zu

$$P = 3\,U_{\text{Strang}} I_{\text{Strang}} \cos\varphi \quad \text{bzw.} \quad P = 3\frac{U_r}{\sqrt{3}}\, I_r \cos\varphi \quad . \tag{8.1}$$

Löst man (8.1) nach dem Strom auf,

$$I_r = \frac{P}{\sqrt{3}U_r \cos\varphi} \quad ,$$

berechnen sich die Verluste in den 3 Leiterseilen bei Vernachlässigung der Querbeläge zu

$$P_V = 3\,I_r^2 R = 3\,\frac{P^2}{3\,U_r^2(\cos\varphi)^2}\,R = \frac{P^2}{U_r^2(\cos\varphi)^2}\,R \quad . \tag{8.2}$$

Da die Spannung in zweiter Potenz im Nenner steht, ist eine Heraufsetzung der Übertragungsspannung die wirksamste Maßnahme zur Kleinhaltung der Verluste.

Die *Gesamtkosten* für HDÜ-Freileitungsübertragungen bestehen aus *spannungsabhängigen* und *querschnittsabhängigen* Kosten bzw. *Kapitaldienst*, *Verlustkosten*, *Wartungskosten* und *öffentlichen Abgaben* (*Konzessionsabgaben* an Gemeinden, *Ökosteuer* etc.). Sie lassen sich als Kostenfunktion der zu übertragenden Leistung mit der Netzspannung als Parameter berechnen.

Diese Kostenfunktion besitzt für jede Spannung bei einer bestimmten Leistung ein Minimum. Für jede Übertragungsleistung ergibt sich eine optimale Nennspannung

$$U_N = f(P) \quad .$$

Diese Zahl ist lediglich ein Anhaltswert, von dem meist mit Rücksicht auf standardisierte Nennspannungen, Netzauslastung, Netzausbauplanung, Anzahl paralleler Leitungen etc. nach oben oder unten um eine Spannungsstufe abgewichen werden kann.

8.1.3.2 Übertragungskapazität

Die *Übertragungskapazität* einer Wechselspannungsleitung wird durch *Betrag* und *Phase* der Knotenspannungen am Leitungsanfang und Leitungsende sowie durch die *Leitungsreaktanz* bestimmt ($X \gg R$).

Die Berechnung der zwischen zwei Knoten i und k übertragbaren Wirkleistung kann anhand des bereits in Bild 8.2 angegebenen Ersatzschaltbilds erfolgen, Bild 8.3.

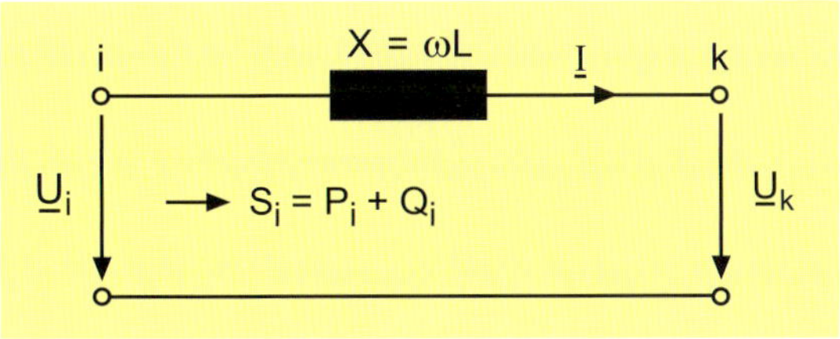

Bild 8.3. Vereinfachtes Ersatzschaltbild einer Hochspannungsfreileitung zwischen zwei Knoten i und k.

Aus der Maschengleichung $\sum \underline{U} = 0$ folgt

$$\underline{U}_i - \underline{U}_k - jX\,\underline{I} = 0 \tag{8.3}$$

und für den komplexen und konjugiert komplexen Leitungsstrom

$$\underline{I} = \frac{\underline{U}_i - \underline{U}_k}{jX} \qquad \text{bzw.} \qquad \underline{I}^* = \frac{\underline{U}_i^* - \underline{U}_k^*}{-jX} \quad . \tag{8.4}$$

Im folgenden bedeuten

$$\underline{U}_i = U_i\, e^{j\delta_i} \qquad \text{und} \qquad \underline{U}_i^* = U_i e^{-j\delta_i} \quad , \tag{8.5}$$

$$\underline{U}_k = U_k\, e^{j\delta_k} \qquad \text{und} \qquad \underline{U}_k^* = U_k e^{-j\delta_k} \quad . \tag{8.6}$$

Mit dem *Leitungswinkel*

$$\vartheta = \delta_i - \delta_k \tag{8.7}$$

und

$$e^{j\vartheta} = \cos\vartheta + j\sin\vartheta \tag{8.8}$$

sowie mit (8.4) und (8.5) ergibt sich für die komplexe Scheinleistung

$$\underline{S}_{ik} = \underline{U}_i \underline{I}^* = \underline{U}_i \frac{\underline{U}_i^* - \underline{U}_k^*}{-jX}$$

$$\underline{S}_{ik} = \frac{\underline{U}_i^2 - U_i U_k e^{j(\delta_i - \delta_k)}}{-jX} \quad ,$$

$$\underline{S}_{ik} = \frac{\underline{U}_i^2 - U_i U_k (\cos\vartheta + j\sin\vartheta)}{-jX} \quad ,$$

$$\underline{S}_{ik} = \frac{\underline{U}_i^2 - U_i U_k \cos\vartheta - jU_i U_k \sin\vartheta}{-jX} \quad .$$

Nach Erweitern mit j erhalten wir

$$\underline{S}_{ik} = \frac{jU_i^2 - jU_iU_k\cos\vartheta + U_iU_k\sin\vartheta}{X} \quad ,$$

bzw.

$$\underline{S}_{ik} = \frac{U_iU_k}{X}\sin\vartheta + j\left[\frac{U_i^2}{X} - \frac{U_iU_k}{X}\cos\vartheta\right] = P_{ik} + jQ_{ik} \quad . \tag{8.9}$$

Die übertragene Wirkleistung wird damit

$$\boxed{P_{ik} = \frac{U_iU_k}{X}\sin\vartheta} \quad . \tag{8.10}$$

Sie ist eine Funktion der *Leitungsreaktanz* X, dem *Betrag der Knotenspannungen* am Anfang und Ende und dem zwischen ihnen herrschenden *Leitungswinkel* ϑ (s. a. 8.5).

Setzt man $U_i \approx U_k = U_r$ erhält man den Maximalwert der Wirkleistung bei $\sin\vartheta = 1$ zu

$$\boxed{P_{ik_{\max}} = \frac{U_r^2}{X}} \quad . \tag{8.11}$$

Gleichung (8.11) ist in Bild 8.4 als Graph dargestellt.

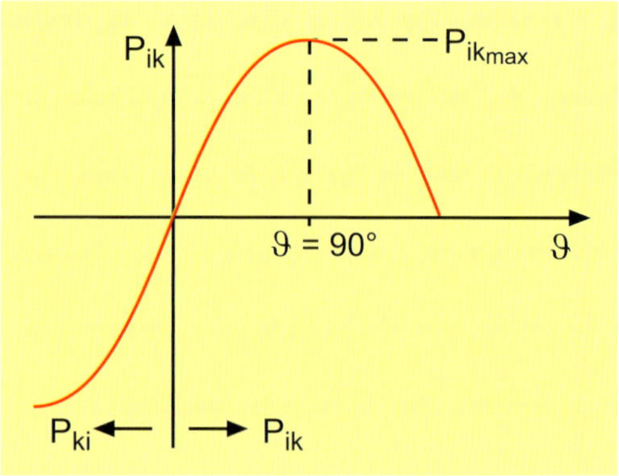

Bild 8.4. Übertragbare Wirkleistung.

Die Richtung des Energieflusses hängt im wesentlichen davon ab, welche der Spannungen am Anfang bzw. am Ende der Leitung der jeweils anderen vorauseilt (s. a. Bild 8.2). Wird die Belastung am Ende der Leitung größer als $P_{\max}$, so „kippt“ die Leitung und verliert den Synchronismus. Dieses Stabilitätsproblem läßt sich im Netzbetrieb mit Hilfe verschiedener Regeleinrichtungen und Steuerung des Energieflusses lösen, wobei im allgemeinen die Leitungswinkel

$$\vartheta_{Betrieb} \leq 30 \ldots 45^\circ$$

betragen (s. 8.4 und 8.5).

Eine Erhöhung der Übertragungskapazität läßt sich gemäß (8.11) nur durch Erhöhung der *Übertragungsspannung* U_r und/oder durch Verringerung der Reaktanz X mittels *Bündelleitern* erreichen. Letzteres löst gleichzeitig die Problematik der *Leitungskorona*. Bei bestehenden Leitungen kommen die in den Abschnitten 8.4 und 8.5 vorgestellten Kompensationsverfahren bzw. FACTS-Regler zum Einsatz.

Neben dem Problem der Stabilität der Wirkleistungsübertragung gibt es auch noch das Problem der *Spannungsstabilität* (s. Kapitel 18). Überschreiten die Blindleistungsflüsse bestimmte Grenzen, kommt es zum *Spannungskollaps*, der häufig in der Vergangenheit für die *Black-outs* außerhalb Deutschlands verantwortlich war.

8.2 Hochspannungs-Gleichstrom-Übertragung, HGÜ

Bei Zweipunktverbindungen über 1.000 km und mehr, wird die elektrische Energie über *Gleichstrom-Freileitungen* transportiert. Ausschlaggebend hierfür sind die geringeren Transportkosten und das Fehlen von Stabilitätsproblemen, wie sie bei langen Wechselstromleitungen auftreten.

Eine HGÜ-Verbindung besteht grundsätzlich aus zwei *Kopfstationen* mit *Vier-Quadranten-Stromrichtern* sowie einer beide Kopfstationen verbindenden *Gleichstromleitung*. Diese Verbindungsleitung kann *monopolar* (unsymmetrisch) oder *bipolar* (symmetrisch) ausgeführt sein. Beispielsweise zeigt Bild 8.5 das grundsätzliche Schaltbild einer *bipolaren* Übertragungsstrecke.

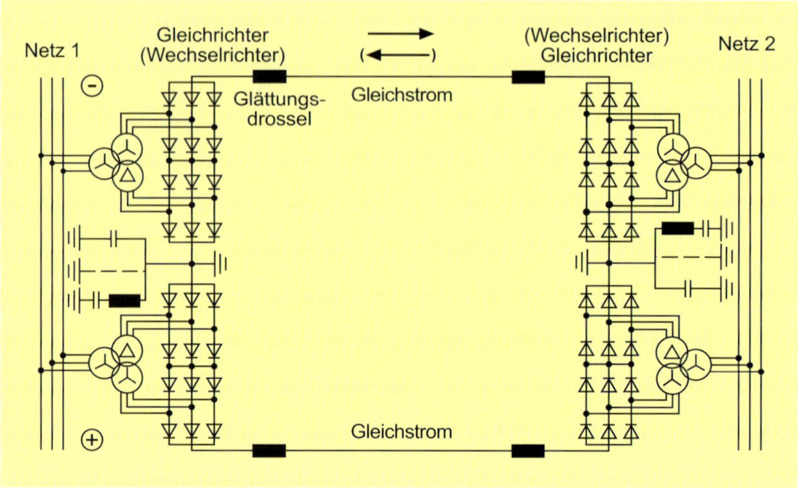

Bild 8.5. Bipolare Hochspannungs-Gleichstrom-Übertragung.

Die Mittelpotentiale der beiden Kopfstationen sind parasitär über das *Erdreich* oder *Seewasser* oder auch über eine explizite Leitung miteinander verbunden. Im Normalbetrieb einer Bipolaranordnung ist diese Leitung, abgesehen von geringen Unsymmetrien, stromlos. Der Strom fließt im einen Leiter hin, im anderen zurück. Beim Ausfall eines Hochspannungsventils oder bei Störungen einer der beiden Hochspannungsleitungen kann die Strecke monopolar weiter betrieben werden, wobei der „*Mittelleiter*" dann zum *Rückleiter* wird. Diese Flexibilität wird durch Hochgeschwindigkeits-SF_6-Leistungsschalter ermöglicht, die die einzelnen Komponenten unter Last schalten können (was bei Gleichströmen und hoher Spannung eine besondere Herausforderung darstellt, s. a. 11.1). Bei von Anfang an *monopolar* angelegten HGÜ-Strecken erfolgt die Stromrückleitung bereits im Normalbetrieb durch das Erdreich oder das Seewasser. Die Ein- und Ausleitung des Stroms der Rückleitung geschieht über großflächige *Koksbett-Elektroden.*

Die Vier-Quadranten-Stromrichter können wahlweise als *Gleichrichter* oder als *Wechselrichter* betrieben werden. Zur Verringerung der Welligkeit sind sie als 12-Puls Stromrichter aufgebaut, bestehend aus je zwei gesteuerten 6-Puls Graetz-Brücken, die von in ⅄ und △ geschalteten *Einphasen-Transformatoren* gespeist werden (Schaltgruppen Yy0 und Yd5, s. a. 7.5.2). Ihre Isolation muß für die kombinierte *Gleich- und*

Wechselfeldbeanspruchung ausgelegt sein, der Eisenkreis den höheren *Harmonischen* der Schaltvorgänge und der *Gleichstromvormagnetisierung* Rechnung tragen.

Die Stromrichterventile bestehen bei neueren Anlagen aus Reihenschaltungen vieler *lichtgetriggerter*, wassergekühlter Thyristoren mit *Sperrspannungen* bis zu 8 kV und einer *Stromtragfähigkeit* von 4 kA. Es werden mehr Thyristoren eingesetzt, als für die gesamte Sperrspannung erforderlich wären. Beim etwaigen Ausfall eines oder weiterer Thyristoren können die intakten Thyristoren dann unschwer den Betrieb bis zum nächsten Revisionstermin aufrechterhalten.

Die Energietransportrichtung wird durch die Differenz des Betrags der Spannungen am Anfang und Ende der Leitung bestimmt, die wiederum eine Funktion der Zündwinkel α und γ sind. Die am Leitungsende 2 ankommende Leistung berechnet sich zu

$$P_2 = I_d \, U_{d_2} = \frac{U_{d_1} - U_{d_2}}{R} \, U_{d_2} \tag{8.12}$$

mit

$$U_{d_1} = U_1 \cos\alpha - I_d \, X_{Ko} \qquad \text{und} \qquad U_{d_2} = \cos\gamma - I_d \, X_{Ko} \quad . \tag{8.13}$$

Hierbei ist X_{Ko} die *Kommutierungsreaktanz* der Stromrichter.

Im *Gleichrichterbetrieb* liegen die Winkel etwa bei $\alpha = 15°$, im *Wechselrichterbetrieb* bei $\gamma = 140°$.

Ferner beträgt die prozeßbedingte *Kommutierungsblindleistung* fast 50 % der Nennleistung. Um diese Leistung nicht den Wechselstromnetzen beider Seiten entnehmen zu müssen, sind in den Kopfstationen umfangreiche Kompensationsanlagen zur Bereitstellung und Regelung der Blindleistung vorgesehen. Zur Reduzierung der gerad- und ungeradzahligen Oberschwingungen sind ferner aus Induktivitäten und Kapazitäten bestehende *Saugkreise* erforderlich.

Den großen Aufwand an additiven Komponenten veranschaulicht der Flächenbedarf für die Hochspannungsschaltanlage im Vergleich zu den Gebäuden für die Stromrichterventile, Bild 8.6.

Bild 8.6. HGÜ-Kopfstation mit Hochspannungs-Freiluftschaltanlage (Celilo/USA-Siemens).

Die Option HGÜ macht bei großen Entfernungen dann Sinn, wenn die Einsparungen beim Leitungsbau und den Leitungsverlusten die Kosten für die Kopfstationen überwiegen und eine Energieentnahme längs der Übertragungsstrecke entbehrlich ist. Daneben kommt die HGÜ aber auch für Seekabel mit Längen > 40 km in Frage, weil die hohen Ladeströme der Kabel in kurzen Abständen Kompensationsdrosselspulen erfordern würden (s. a. 4.10.5 und 8.5.4.3).

Schließlich eignet sich das HGÜ-Prinzip auch zur Kopplung asynchron betriebener Netze, beispielsweise 50 Hz/60 Hz oder auch zur asynchronen Kopplung von Netzen gleicher Frequenz, jedoch unterschiedlicher Qualität der Frequenzhaltung. In beiden Fällen sind dann die Kopfstationen im gleichen Gebäude untergebracht, sogenannte *Kurzkupplungen* (engl.: *back-to-back tie*). Beispielsweise sind die Netze der Ost- und Westküste in USA wegen niederfrequenter Leistungspendelungen auf den Kuppelleitungen über mehrere Back-to-Back HGÜ-Stationen miteinander verbunden.

Bei der Kupplung zweier *synchroner* Wechselstromnetze kann auch die Begrenzung der Kurzschlußleistung oder die Verbesserung der Stabilität im Vordergrund stehen.

8.3 Betriebsverhalten von Leitungen

8.3.1 Elektrisch lange und kurze Leitungen

Die Unterscheidung zwischen *elektrisch langen* und *elektrisch kurzen* Leitungen ist sowohl im *Frequenzbereich* als auch im *Zeitbereich* möglich.

Frequenzbereich (eingeschwungener Zustand)

Legt man an eine unendlich lange Leitung eine sinusförmige Wechselspannung mit einer Frequenz von beispielsweise f = 50 Hz an, erhält man zu einem Zeitpunkt, an dem die Quellenspannung gerade durch Null geht, folgende Momentaufnahme, Bild 8.7.

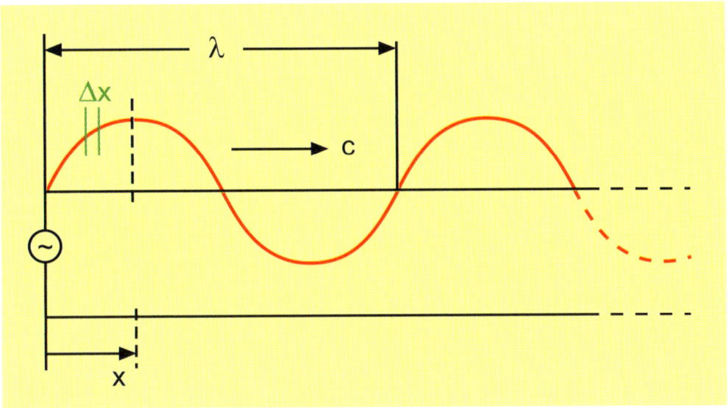

Bild 8.7. Spannungsverteilung auf einer langen Leitung. x: Variable für die Leitungslänge l, λ: Wellenlänge, c: Ausbreitungsgeschwindigkeit im jeweiligen Medium (bei Freileitungen die *Lichtgeschwindigkeit*).

Die Spannung $\underline{U}$ auf der Leitung nimmt in Abhängigkeit vom Ort x verschiedene Werte an und besitzt an einigen Punkten Nulldurchgänge, während gleichzeitig an anderer Stelle die Spannung von Null verschieden ist. Dies liegt daran, daß ein bestimmter Momentanwert an der Quelle sich an einer Stelle x erst nach einer Laufzeit t = x/c bemerkbar macht (c: Lichtgeschwindigkeit im jeweiligen Dielektrikum).

Im Frequenzbereich wird daher eine Leitung als *elektrisch lang* bezeichnet, wenn die komplexe Amplitude der Spannung vom Ort abhängt,

$$\underline{U} = \underline{U}(x) \quad . \tag{8.14}$$

Sie ist *elektrisch kurz*, wenn die komplexe Spannungsamplitude längs der Leitung annähernd konstant ist,

$$\underline{U} \approx \text{const., das heißt } l \ll \lambda \quad . \tag{8.15}$$

In der Nachrichtentechnik gelten Leitungen mit einer Länge von

$$l < \lambda/4 \tag{8.16}$$

als elektrisch kurz. In der Energietechnik dagegen sind die Anforderungen strenger. Soll beispielsweise der Spannungsunterschied $\Delta U < 0,5\ \%$ bleiben, so darf die Leitungslänge $\lambda/60$ nicht überschreiten.

Mit Hilfe der Gleichungen für die Wellenlänge

$$\lambda = c/f$$

und der gegenüber Vakuum reduzierten Lichtausbreitungsgeschwindigkeit in Materie

$$c_{Materie} = \frac{c_{Vakuum}}{\sqrt{\varepsilon_r}} \qquad \text{(für } \mu_r = 1) \tag{8.17}$$

ergibt sich für Freileitungen ($\mu_r = 1$, $\varepsilon_r = 1$, $f = 50\,\text{Hz}$):

$$\lambda_F = \frac{c_0}{f} = \frac{300000\,(km/s)}{50/s} = 6000\,km \tag{8.18}$$

und damit

$$l_{\max} = 100\,km \quad . \tag{8.19}$$

Für Kabel mit $\mu_r = 1$, $\epsilon_r = 4$ erhält man bei 50 Hz:

$$\lambda_K = \frac{c_K}{f} = \frac{300000\,(km/s)\,/\,\sqrt{4}}{50/s} = 3000\,km$$

und damit

$$l_{\max} = 50\,km \quad .$$

Zeitbereich (Transiente Vorgänge)

Schaltet man eine Gleichspannungsquelle auf eine unendlich lange Leitung, so breitet sich der Schaltvorgang als Wanderwelle längs der Leitung aus, Bild 8.8. Die Anstiegszeit der Wanderwelle wird dabei durch die Natur des Schalters, den induktiven Innenwiderstand der Quelle und den *Wellenwiderstand* (s. 8.3.2) der Leitung bestimmt.

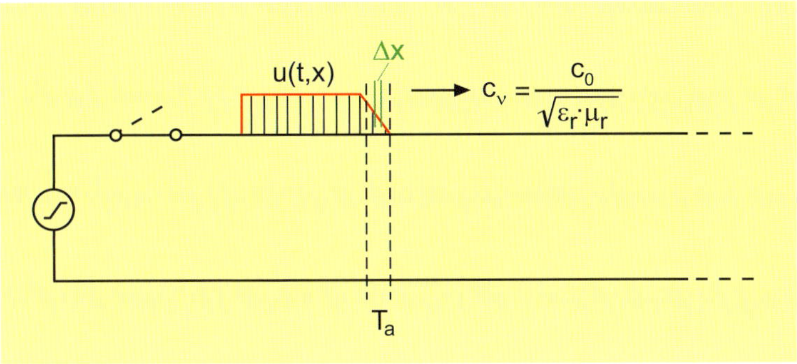

Bild 8.8. Wanderwellenausbreitung auf einer elektrisch langen Leitung.

Im Zeitbereich gilt eine Leitung als *elektrisch lang*, wenn zum betrachteten Zeitpunkt der Augenblickswert der Spannung eine Funktion des Orts längs der Leitung ist,

$$u(t) = u(t, x) \quad , \tag{8.20}$$

das heißt, wenn die Anstiegszeit der Wanderwelle in die Größenordnung der Laufzeit kommt oder sie gar unterschreitet. Bei einer elektrisch langen Leitung kann daher in großer Entfernungen die Spannung zwischen beiden Leitungen noch Null sein, während in der Nähe der Quelle bereits eine Spannung gemessen werden kann. Bei Anstiegszeiten $T_a \leq 10\,\tau$ (τ = Laufzeit der Leitung) wird eine Beschreibung der Vorgänge durch die *Telegraphen-* bzw. *Wellengleichung* erforderlich (s. 8.3.2.

Als *elektrisch kurz* gilt eine Leitung, wenn die Amplitude der Spannung über die gesamte Leitungslänge annähernd konstant, das heißt die Anstiegszeit der Wanderwelle sehr viel größer als die Laufzeit der Leitung ist,

$$T_a \gg \tau = l/v \quad . \tag{8.21}$$

Für Anstiegszeiten $T_a \geq 10\tau$ ergibt sich eine Änderung der Spannungsamplitude zu

$$\Delta U \leq 10\% \quad , \tag{8.22}$$

was die Anwendung der *quasistationären Netzwerktheorie* erlaubt.

Im Zeitbereich ist keine Unterscheidung zwischen Freileitung und Kabel erforderlich, da die unterschiedlichen Ausbreitungsgeschwindigkeiten durch die für Freileitungen und Kabel unterschiedlichen Laufzeiten berücksichtigt werden.

8.3.2 Mathematisches Modell elektrisch langer Leitungen

Die Herleitung der *Leitungsgleichungen* elektrisch langer Leitungen geht von einer einphasigen elektrisch langen, homogenen Leitung aus, das heißt einer homogenen Leitung mit konstanten elektrischen und magnetischen Eigenschaften in Ausbreitungsrichtung. Hin- und Rückleiter besitzen zunächst einen ohmschen Widerstand R. Ferner ist der Strom durch die Leiterschleife (Hin- und Rückleiter) mit einem magnetischen Fluß ϕ verknüpft, der im Ersatzschaltbild durch eine *Induktivität* berücksichtigt wird. Die Spannung zwischen Hin- und Rückleiter baut ein elektrisches Feld auf, das durch eine *Kapazität* dargestellt wird. Schließlich werden Ableitungsverluste durch Korona und Kriechströme entlang Isolatoroberflächen in Form eines *Leitwerts* nachgebildet. Da diese Größen längs der Leitung stetig verteilt sind, führt man Leitungsbeläge ein:

$$\left.\begin{array}{ll} R' = \Delta R/\Delta l & \text{Widerstandsbelag} \\ L' = \Delta L/\Delta l & \text{Induktivitätsbelag} \end{array}\right\} \quad \textit{Längsbeläge}$$

$$\left.\begin{array}{ll} C' = \Delta C/\Delta l & \text{Kapazitätsbelag} \\ G' = \Delta G/\Delta l & \text{Ableitungsbelag} \end{array}\right\} \quad \textit{Querbeläge}$$

Soll die einphasige Leitung ein symmetrisches Drehstromsystem nachbilden, sind für die Leitungskapazität und -induktivität die sogenannten *Betriebsbeläge* zu verwenden (s. 6.11.1 und 8.6). Zu beachten ist, daß in R' und L' die Beläge des Hin- und Rückleiters zusammengefaßt sind.

Ein elektrisch kurzer Teilabschnitt Δx einer Leitung läßt sich durch ein L-Glied nachbilden. Das Element Δx verhalte sich elektrisch kurz, so daß die zeitlich veränderlichen Größen u(t) und i(t) vom Ort unabhängig und nur noch von den konzentrierten Schaltkreiselementen dieses Leitungsabschnittes bestimmt sind. Das Leitungsstück Δx erlaubt eine quasistationäre Behandlung unter Anwendung der *Kirchhoffschen* Regeln, Bild 8.9.

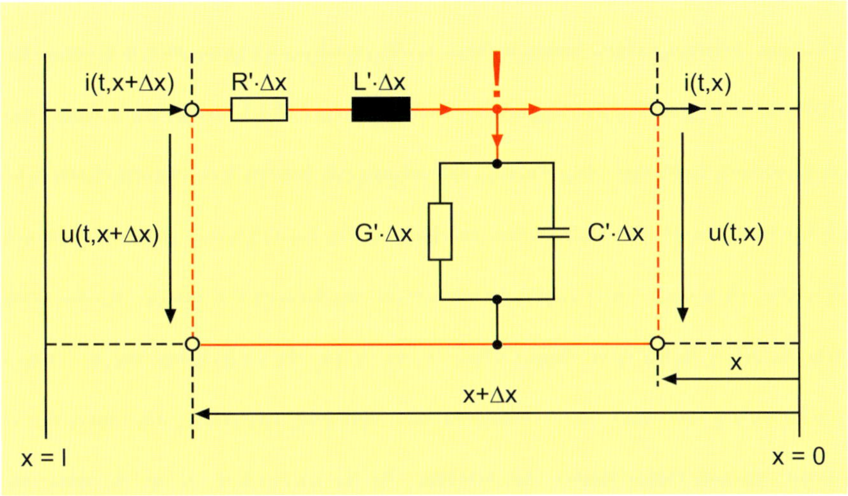

Bild 8.9. Ersatzschaltbild eines Leitungsabschnittes der Länge Δx (L-Glied).

Die *Maschenregel* $\sum U = 0$ liefert für die rot gezeichnete Masche

$$R'\Delta x\, i(t, x + \Delta x) + L'\Delta x \frac{di(t, x + \Delta x)}{dt} + u(t, x) - u(t, x + \Delta x) = 0$$

Division durch Δx ergibt

$$R'i(t, x + \Delta x) + L'\frac{di(t, x + \Delta x)}{dt} + \frac{u(t, x) - u(t, x + \Delta x)}{\Delta x} = 0$$

Bildet man den Grenzwert für $\Delta x \to 0$,

$$\Delta x \to 0 : \qquad R'i(t, x) + L'\frac{di(t, x)}{dt} - \frac{du(t, x)}{dx} = 0 \quad , \tag{8.23}$$

erhält man folgende Spannungsgleichung:

$$\boxed{R'i(t, x) + L'\frac{\partial i(t, x)}{\partial t} = \frac{\partial u(t, x)}{\partial x}} \quad . \tag{8.24}$$

Die *Knotenregel* $\sum I = 0$ liefert bei Anwendung auf den mit dem roten Ausrufungszeichen gekennzeichneten Knoten

$$i(t,x+\Delta x) - i(t,x) - u(t,x)G'\Delta x - \frac{du(t,x)}{dt}C'\Delta x = 0 \,|\, : \Delta x \quad ,$$

$$\frac{i(t,x+\Delta x) - i(t,x)}{\Delta x} - u(t,x)G' - \frac{du(t,x)}{dt}C' = 0 \quad ,$$

$$\Delta x \to 0 : \frac{di(t,x)}{dx} = u(t,x)G' + \frac{du(t,x)}{dt}C' \quad , \tag{8.25}$$

$$\boxed{G'u(t,x) + C'\frac{\partial u(t,x)}{\partial t} = \frac{\partial i(t,x)}{\partial x}} \quad . \tag{8.26}$$

Es ergeben sich damit zwei Gleichungen für die beiden Unbekannten u(t,x) und i(t,x). Differenziert man eine dieser Gleichungen nach x, die andere nach t und setzt beide ineinander ein, so führt dies jeweils zur Elimination von u(t,x) bzw. i(t,x). Man erhält die vollständigen Leitungsgleichungen im Zeitbereich,

$$\frac{\partial^2 u}{\partial x^2} = L'C'\frac{\partial^2 u}{\partial t^2} + (R'C' + L'G')\frac{\partial u}{\partial t} + R'G'u \quad , \tag{8.27}$$

$$\frac{\partial^2 i}{\partial x^2} = L'C'\frac{\partial^2 i}{\partial t^2} + (R'C' + L'G')\frac{\partial i}{\partial t} + R'G'i \quad , \tag{8.28}$$

die eine Berechnung von u(t, x) und i(t, x) für bestimmte *Anfangsbedingungen* (z. B. Spannungssprung am Eingang) und *Randbedingungen* (z. B. Art der Last am Ende) ermöglichen.

Die Lösung der Leitungsgleichungen im Zeitbereich stellt die Grundlage der in der *Hochspannungstechnik* wie in der *Schaltkreistechnik* sehr wichtigen Wanderwellentheorie dar. Unter der Voraussetzung eingeschwungener Zustände ist eine Lösung der Leitungsgleichungen im Frequenzbereich (Laplace-Bereich) möglich.

Die im folgenden vorgenommene Beschränkung auf sinusförmige Erregungen (Frequenzbereich) erlaubt die *komplexe* Darstellung der Leitungsgleichungen, wodurch die partiellen Differentialgleichungen in gewöhnliche Differentialgleichungen übergehen. Beispielsweise läßt sich dann die zeitlich veränderliche Spannung u(t,x) als Zeiger $\underline{U}(x)$ darstellen (s. Anhang A). Da alle Zeiger den gleichen Faktor $e^{j\omega t}$ haben (Lapace-Transformation), fällt aus den angegebenen Leitungsgleichungen die Zeitabhängigkeit heraus.

Für die hier getroffene Annahme sinusförmiger Erregungen ergibt sich die komplexe Darstellung der Leitungsgleichungen mit den Transformationen:

$$u(t,x) \rightarrow \underline{U}(x), \quad i(t,x) \rightarrow \underline{I}(x), \quad \partial/\partial t \rightarrow j\omega \quad \text{und} \quad \partial/\partial x \rightarrow d/dx \tag{8.29}$$

zu

$$\frac{d^2\underline{U}(x)}{dx^2} = L'C'(j\omega)^2\underline{U}(x) + j\omega(R'C' + L'G')\underline{U} + R'G'\underline{U}(x) \tag{8.30}$$

bzw.

$$\frac{d^2\underline{I}(x)}{dx^2} = L'C'(j\omega)^2\underline{I}(x) + j\omega(R'C' + L'G')\underline{I} + R'G'\underline{I}(x) \quad . \tag{8.31}$$

Diese homogenen Differentialgleichungen 2. Ordnung mit konstanten Koeffizienten entsprechen der *Telegraphengleichung* für den eingeschwungenen Zustand, das heißt ihrer Darstellung im Frequenzbereich.

Ausmultiplizeren der Produkte und Ausklammern führt auf:

$$\frac{d^2\underline{U}(x)}{dx^2} = (R' + j\omega L')(G' + j\omega C')\underline{U}(x) = \underline{\gamma}^2\underline{U}(x) \quad , \tag{8.32}$$

$$\frac{d^2\underline{I}(x)}{dx^2(x)} = (R' + j\omega L')(G' + j\omega C')\underline{I}(x) = \underline{\gamma}^2\underline{I}(x) \quad . \tag{8.33}$$

Diese Gleichungen lassen sich mit Hilfe des Exponentialansatzes nach *d' Alembert*

$$\underline{U}(x) = \underline{A}_1 e^{+\underline{\gamma}x} + \underline{A}_2 e^{-\underline{\gamma}x} \tag{8.34}$$

lösen.

Man erhält für die zweite Ableitung von $\underline{U}(x)$

$$\frac{d^2\underline{U}(x)}{dx^2} = \underline{A}_1\underline{\gamma}^2 e^{+\underline{\gamma}x} + \underline{A}_2\underline{\gamma}^2 e^{-\underline{\gamma}x} \stackrel{!}{=} \underline{\gamma}^2\underline{U}(x) \quad . \tag{8.35}$$

Die Übertragungskonstante $\underline{\gamma}$ ergibt sich durch Koeffizientenvergleich zu

$$\underline{\gamma} = \sqrt{(R' + j\omega L')(G' + j\omega C')} = \alpha + j\beta \quad , \tag{8.36}$$

sogenannter *Übertragungsbelag.*

Hierin bedeuten α: *Dämpfungsbelag* (Dämpfung: αl) und β: *Phasenbelag* (Phase: βl).

Aus der in (8.24) angegebenen Maschengleichung

$$\frac{d\underline{U}(x)}{dx} = R'\underline{I} + j\omega L'\underline{I} \tag{8.37}$$

folgt mit dem Exponentialansatz für $\underline{U}(x)$ sinngemäß die Lösung für den Strom

$$\underline{I}(x) = \frac{\underline{\gamma}}{R' + j\omega L'}(\underline{A}_1 e^{+\underline{\gamma}x} - \underline{A}_2 e^{-\underline{\gamma}x}) \quad . \tag{8.38}$$

Der Quotient

$$\frac{R' + j\omega L'}{\underline{\gamma}} = \sqrt{\frac{R' + j\omega L'}{G' + j\omega C'}} = \underline{Z}_0 \tag{8.39}$$

wird als *Wellenwiderstand* bezeichnet.

Die Ermittlung der komplexen Koeffizienten $\underline{A}_1$ und $\underline{A}_2$ erfolgt mit Hilfe der Randbedingungen „Spannung und Strom am Leitungsende“:

$$x = 0, \qquad \underline{U}(x) = \underline{U}_2, \qquad \underline{I}(x) = \underline{I}_2 \quad . \tag{8.40}$$

Man erhält:

$$\underline{U}(x) = 1/2(\underline{U}_2 + \underline{I}_2\underline{Z}_0)e^{+\underline{\gamma}x} + 1/2(\underline{U}_2 - \underline{I}_2\underline{Z}_0)e^{-\underline{\gamma}x} \tag{8.41}$$

$$\underline{I}(x) = 1/2(\underline{I}_2 + \underline{U}_2\underline{Z}_0)e^{+\underline{\gamma}x} + 1/2(\underline{I}_2 - \underline{U}_2\underline{Z}_0)e^{-\underline{\gamma}x} \tag{8.42}$$

und nach Ausmultiplizieren und Zusammenfassen:

$$\boxed{\begin{aligned} \underline{U}(x) &= \underline{U}_2 \cosh \underline{\gamma}x + \underline{I}_2\underline{Z}_0 \sinh \underline{\gamma}x \\ \underline{I}(x) &= \underline{I}_2 \cosh \underline{\gamma}x + \underline{U}_2/\underline{Z}_0 \sinh \underline{\gamma}x \end{aligned}} \quad . \tag{8.43}$$

Unter Verwendung dieser allgemeinen Lösungen für Spannung und den Strom sollen im folgenden einige Spezialfälle betrachtet werden.

8.3.3 Verlustlose Leitung

8.3.3.1 Ausgewählte betriebliche Spezialfälle

Meist werden bei Betrachtungen des Betriebsverhaltens reale Leitungen als verlustlos angenommen (der Wirkwiderstand spielt nur eine Rolle bei der Ermittlung der *Leitungsverluste*). Für verschwindenden Wirkwiderstand der Leitung (R = 0) und hohe Isolationswiderstände ($R_{is} \to \infty$, d. h. $G = 0$) wird die Dämpfung α Null, und es ergibt sich die imaginäre Übertragungskonstante,

$$\underline{\gamma} = j\beta = j\omega\sqrt{L'C'} \quad . \tag{8.44}$$

Mit $v = 1/\sqrt{L'C'}$ wird dann der Phasenbelag:

$$\beta = \omega\sqrt{L'C'} = \omega/v = \frac{2\pi f}{\lambda/T} = \frac{2\pi}{\lambda} \quad . \tag{8.45}$$

Unter Verwendung der *Eulerschen Formel* vereinfachen sich die allgemeinen Leitungsgleichungen für diesen Spezialfall zu:

$$\underline{U}(x) = 1/2(\underline{U}_2 + \underline{I}_2 Z_0)e^{j\beta x} + 1/2(\underline{U}_2 - \underline{I}_2 Z_0)e^{-j\beta x} \tag{8.46}$$

$$\underline{U}(x) = \underline{U}_2 \cos\beta x + j\underline{I}_2 Z_0 \sin\beta x \tag{8.47}$$

$$\underline{U}(x) = \underline{U}_2 \cos\frac{2\pi}{\lambda}x + j\underline{I}_2 Z_0 \sin\frac{2\pi}{\lambda}x \tag{8.48}$$

und

$$\underline{I}(x) = 1/2(\underline{I}_2 + \underline{U}_2 Z_0)e^{j\beta x} + 1/2(\underline{I}_2 - \underline{U}_2 Z_0)e^{-j\beta x} \tag{8.49}$$

$$\underline{I}(x) = \underline{I}_2 \cos\beta x + j\underline{U}_2 Z_0 \sin\beta x \tag{8.50}$$

$$\underline{I}(x) = \underline{I}_2 \cos\frac{2\pi}{\lambda}x + j\underline{U}_2/Z_0 \sin\frac{2\pi}{\lambda}x \quad . \tag{8.51}$$

Bei fehlender Dämpfung wird der Wellenwiderstand reell

$$Z_0 = \sqrt{L'/C'} \quad . \tag{8.52}$$

Die *verlustlose* Leitung ist nicht zu verwechseln mit der *verzerrungsfreien*, verlustbehafteten Leitung, für die gilt:

$$L'/R' = C'/G' \qquad \text{aber auch} \qquad Z_0 = \sqrt{L'/C'} \quad . \tag{8.53}$$

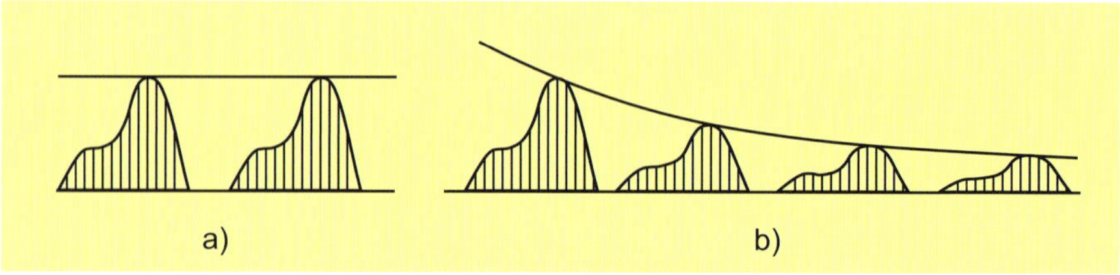

Bild 8.10. Vergleich der Wellenausbreitung auf a) verlustloser, b) verzerrungsfreier Leitung.

Im Gegensatz zur *verlustlosen* Leitung klingt bei der *verzerrungsfreien* Leitung die Amplitude der Welle in Ausbreitungsrichtung mit $e^{-\alpha x}$ ab. Die Impulse auf der Leitung werden dann zwar gedämpft, verändern aber ihre Form nicht. Durch Verstärker (*Repeater*) läßt sich unschwer wieder das ursprüngliche Signal rekonstruieren.

Von der *verzerrungsfreien* Leitung wird in der Nachrichtentechnik oft Gebrauch macht. Die Leitungen werden durch Ferritkerne oder Drosseln beschwert bis die Bedingung (8.53) erfüllt ist.

8.3.3.2 Leerlauf am Leitungsende

Die Leitungsgleichungen vereinfachen sich bei fehlender Dämpfung und Leerlauf am Ende der Leitung ($\underline{I}_2 = 0$) zu:

$$\underline{U}(x) = 1/2\underline{U}_2(e^{\underline{\gamma}x} + e^{-\underline{\gamma}x}) = \underline{U}_2 \cosh \underline{\gamma}x \quad , \tag{8.54}$$

$$\underline{I}(x) = 1/2\underline{U}_2/\underline{Z}_0(e^{\underline{\gamma}x} - e^{-\underline{\gamma}x}) = \underline{U}_2/\underline{Z}_0 \sinh \underline{\gamma}x \quad . \tag{8.55}$$

Mit $\alpha = 0$ und Z_0 (reell) ergibt sich aus obigen Gleichungen bzw. aus (8.48) und (8.51):

$$\boxed{\begin{aligned} \underline{U}(x) &= \underline{U}_2 \cos(2\pi x/\lambda) \\ \underline{I}(x) &= j\underline{U}_2/\underline{Z}_0 \sin(2\pi x/\lambda) \end{aligned}} \quad . \tag{8.56}$$

Für Spannung und Strom ergeben sich aus der Überlagerung der hinlaufenden und reflektierten Welle *stehende Wellen* mit der Wellenlänge $\lambda = 2\pi/\beta$. Den zeitlichen Verlauf der stehenden Wellen für Spannung und Strom zeigt Bild 8.11.

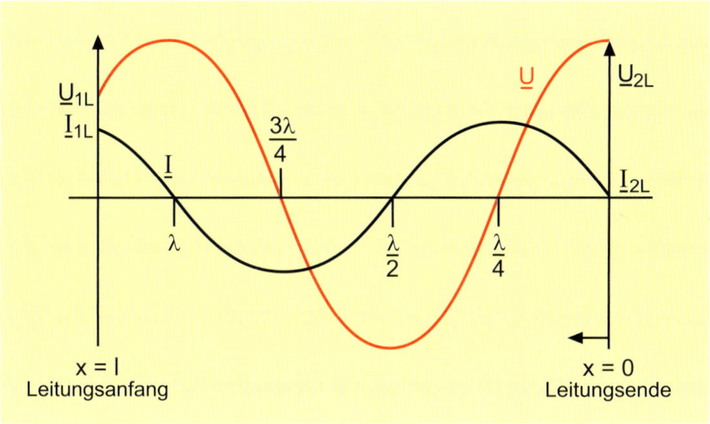

Bild 8.11. Spannungs- und Stromverlauf auf einer verlustlosen Leitung bei Leerlauf am Ende.

Die Phasenverschiebung ist auf der gesamten Leitung konstant und beträgt 90°. Bei sinusförmiger Erregung leerlaufender Leitungen können abhängig von der Leitungslänge am Ende der Leitung Spannungsüberhöhungen vom Mehrfachen (theoretisch unendlich) der Spannung am Anfang der Leitung auftreten, was allgemein als *Ferranti*-Effekt bezeichnet wird.

Beispiel:

> Welche Spannungsüberhöhung tritt am Ende einer 1200 km langen leerlaufenden Leitung auf, die bei einer Frequenz von f = 50 Hz betrieben wird?

Gegeben:

$$f = 50\,Hz \quad \rightarrow \quad \lambda = 6000\ km$$
$$l = 1200\,km \quad \rightarrow \quad x = \lambda/5$$

Spannung am Anfang der Leitung: $\underline{U}_1 = \underline{U}(l) = \underline{U}(\lambda/5)$

Gesucht:

$$\underline{U}_2 = \underline{U}(x)\frac{1}{\cos(2\pi x/\lambda)} \tag{8.57}$$

$$\underline{U}_2 = \underline{U}_1\frac{1}{\cos(2\pi\lambda/5\lambda)} = \underline{U}_1\frac{1}{\cos(2\pi/5)} = 3,2\underline{U}_1 \quad . \tag{8.58}$$

Am Ende der leerlaufenden Leitung ist die Spannung um den Faktor 3,2 höher als am Anfang. In der Praxis jedoch treten wegen der Dämpfung deutlich geringere Spannungserhöhungen auf.

Die Eingangsimpedanz einer leerlaufenden Leitung berechnet sich zu:

$$\underline{Z}_{e_L} = \underline{U}(l)/\underline{I}(l) = -jZ_0 \cot \beta l \quad . \tag{8.59}$$

Für Leitungslängen zwischen $o < x < \lambda/4$ zeigt die leerlaufende Leitung kapazitives Verhalten, d. h. der Strom eilt der Spannung voraus. Für die Leitungslänge $l = \lambda/4$ ist die Leitung in Resonanz und wirkt wie ein Kurzschluß. Induktives Verhalten dagegen zeigt die leerlaufende Leitung für Längen zwischen $\lambda/4$ und $\lambda/2$, Bild 8.12.

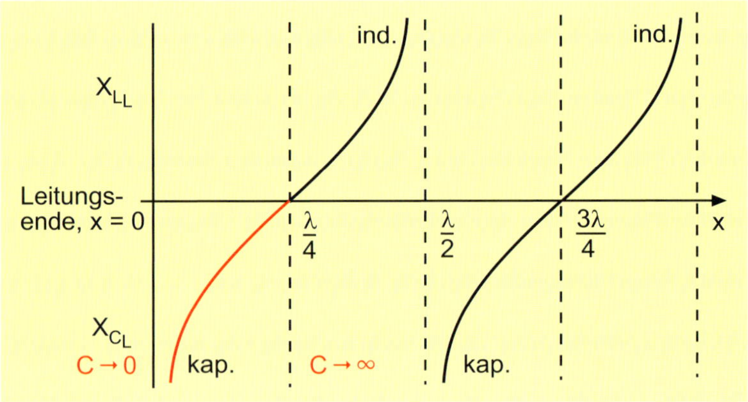

Bild 8.12. Eingangsimpedanz einer leerlaufenden Leitung.

8.3.3.3 Kurzschluß am Leitungsende

Bei fehlender Dämpfung und Kurzschluß am Leitungsende ($\underline{U}_2 = 0$) vereinfachen sich die Leitungsgleichungen zu:

$$\underline{U}(x) = 1/2\underline{I}_2\underline{Z}_0(e^{\underline{\gamma}x} - e^{-\underline{\gamma}x}) = \underline{I}_0\underline{Z}_0 \sinh \underline{\gamma}x \tag{8.60}$$

$$\underline{I}(x) = 1/2\underline{I}_2(e^{\underline{\gamma}x} + e^{-\underline{\gamma}x}) = \underline{I}_0 \cosh \underline{\gamma}x \tag{8.61}$$

Mit $\alpha = 0$ und Z_0 (reell) ergibt sich:

$$\boxed{\begin{aligned}\underline{U}(x) &= j\underline{I}_2\underline{Z}_0 \sin(2\pi x/\lambda)\\ \underline{I}(x) &= \underline{I}_2 \cos(2\pi x/\lambda)\end{aligned}} \tag{8.62}$$

Den zeitlichen Verlauf der stehenden Wellen für Spannung und Strom zeigt Bild 8.13.

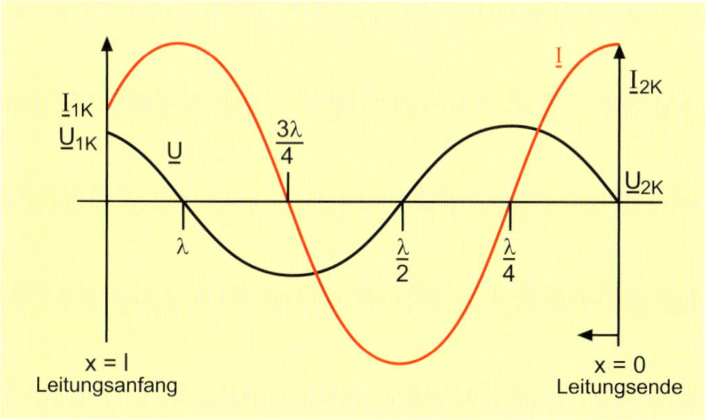

Bild 8.13. Spannungs- und Stromverlauf auf einer verlustlosen Leitung bei Leerlauf am Ende.

Ebenso wie bei leerlaufender Leitung ergeben sich bei kurzgeschlossenem Leitungsende für Spannung und Strom stehende Wellen mit der Wellenlänge $\lambda = 2\pi/\beta$ bei einer konstanten Phasenverschiebung von 90°. Bei kurzgeschlossenem Leitungsende können abhängig von der Leitungslänge gegenüber dem Einspeisestrom starke Überhöhungen des Stromes am Ende der Leitung auftreten ($\underline{I}_2 \gg \underline{I}_1$).

Die Eingangsimpedanz einer kurzgeschlossenen Leitung berechnet sich zu

$$\underline{Z}_{eK}(l) = \underline{U}(l)/\underline{I}(l) = jZ_0 \tan \beta l \quad . \tag{8.63}$$

Die Funktion $Z_{eK}(l)$ bzw. $X_K(l)$ zeigt Bild 8.14.

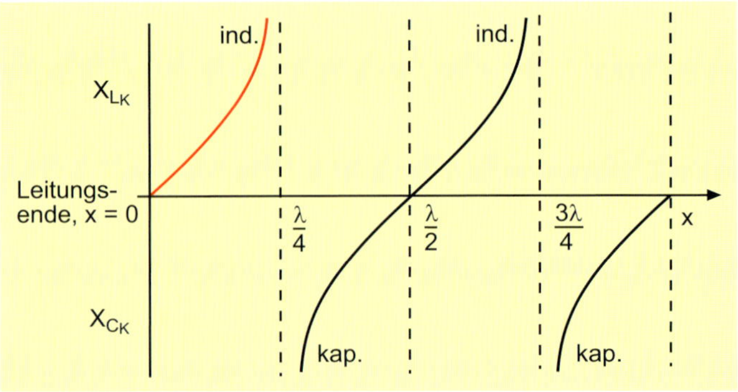

Bild 8.14. Eingangsimpedanz einer kurzgeschlossenen Leitung.

Für Leitungslängen von $0 < x < \lambda/4$ zeigt die kurzgeschlossene Leitung induktives Verhalten, d. h. der Strom eilt der Spannung nach. Für die Leitungslänge $l = \lambda/4$ wird X_{L_K} theoretisch unendlich, d. h. die Leitung wirkt als Leerlauf. Kapazitives Verhalten dagegen zeigt die kurzgeschlossene Leitung für Längen zwischen $\lambda/4$ und $\lambda/2$.

8.3.3.4 Belastung mit dem Wellenwiderstand

Ist eine Übertragungsleitung mit dem Wellenwiderstand abgeschlossen ($\underline{Z}_2 = \underline{Z}_0$), so spricht man vom „*Betrieb mit natürlicher Leistung*". Nun kann man sich die Lastimpedanz am Ende einer Leitung nicht aussuchen, man kann jedoch durch Kompensationsmaßnahmen den Wellenwiderstand der Leitung ändern bzw. an die Lastimpedanz anpassen und zumindest einen Betrieb *nahe der natürlichen Leistung* anstreben.

Durch Einsetzen der Spannung am Ende der Leitung

$$\underline{U}_2 = \underline{I}_2 \underline{Z}_0 \tag{8.64}$$

in die Leitungsgleichungen verschwindet deren 2. Term und der 1. Term verdoppelt sich. Bei Betrieb einer Leitung mit natürlicher Leistung nehmen die Leitungsgleichungen also folgende Form an:

$$\underline{U}(x) = \underline{U}_2 e^{\underline{\gamma} x} = \underline{U}_2 e^{j\beta x} \quad , \tag{8.65}$$

$$\underline{I}(x) = \underline{I}_2 e^{\underline{\gamma} x} = \underline{I}_2 e^{j\beta x} \quad . \tag{8.66}$$

Dies bedeutet, daß für $\alpha = 0$ Spannung und Strom längs der Leitung jeweils konstanten Betrag aufweisen und in Phase sind:

$$|\underline{U}_E| = |\underline{U}_A|$$

$$\measuredangle \underline{U}, \underline{I} = 0 \rightarrow \cos\varphi = 1 \quad \text{Es wird nur Wirkleistung übertragen!}$$

$$\underline{U}/\underline{I} = Z_0 = \text{const.} \tag{8.67}$$

Es existiert nur eine hinlaufende Welle, die am Leitungsende durch den Verbraucher voll absorbiert wird, so daß keine Reflexionen und damit auch keine stehenden Wellen auftreten können. Spannungs- und Stromzeiger erfahren lediglich eine der Entfernung x entsprechende gleich große Phasenwinkeldrehung.

Geht man dagegen von endlicher Dämpfung aus, so klingen die Amplituden mit $e^{-\alpha x}$ ab, d. h. längs der Leitung entsteht ein Spannungsabfall, Bild 8.14, während die Phasengleichheit bestehen bleibt, Bild 8.15.

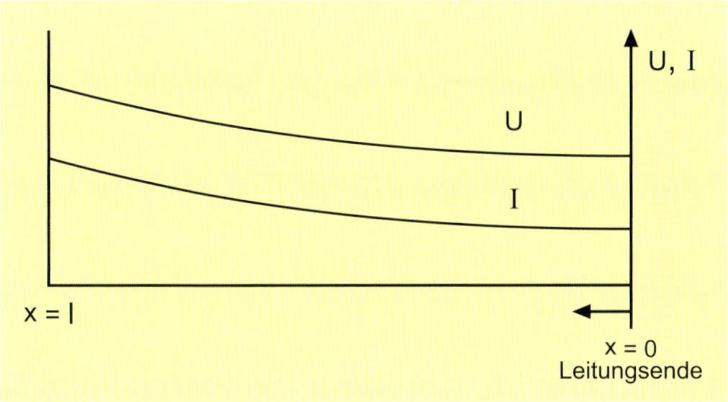

Bild 8.15. Spannung und Strom auf einer mit natürlicher Leistung betriebenen Leitung.

Die *natürliche Leistung* P_{nat} ist ein Vergleichsmaß zur Beurteilung der Übertragungsleistung von Fernleitungen, Bild 8.16 (s. nächste Seite). Für ein dreiphasiges Drehstromsystem berechnet sie sich zu:

$$P_{nat} = 3U_{\text{Strang}}^2/Z_0 = U_N^2/Z_0 \quad . \tag{8.68}$$

Bei Freileitungen ist die natürliche Leistung kleiner als die durch Stromwärmeverluste bedingte thermische Grenzleistung. Lange Freileitungen sind daher thermisch stark überlastbar (beispielsweise bei einem Kurzschluß). Bei Kabeln ist die natürliche Leistung größer als die thermische Grenzleistung. Sie kann jedoch wegen der eingeschränkten thermischen Belastbarkeit oft nicht voll genutzt werden.

Bei langen Leitungen strebt man möglichst den *Betrieb mit natürlicher Leistung* an, da dann keine Blindleistung übertragen werden muß und der Spannungsabfall minimal wird.

U_N / kV	1 Seil	2-er Bündel	4-er Bündel	Kabel
220	130 MW	160 MW	200 MW	1300 MW
380	370 MW	460 MW	600 MW	-
750	-	-	2160 MW	-

Bild 8.16. Natürliche Leistungen.

Betreibt man Leitungen unterhalb ihrer natürlichen Leistung ($P_2 < P_{nat}$), beispielsweise *im Schwachlastbetrieb* oder *Leerlauf*, so wirkt die Übertragungsstrecke bei gebräuchlichen Leitungslängen kapazitiv. Die Leitung nimmt dann mehr kapazitive Blindleistung auf bzw. gibt mehr induktive Blindleistung ab als die Transformatoren verbrauchen (speziell Höchstspannungsnetze). Hierdurch kann es zu Spannungsüberhöhungen am Ende der Leitung kommen. Im Interesse der Spannungshaltung muß dann die kapazitive Blindleistung der Leitung kompensiert werden.

Die Kompensation kapazitiver Blindleistung kann zum einen durch *Paralleldrosseln* erfolgen, die zur Kompensation der Ladeleistung etwa alle 100 km über sekundärseitig regelbare Transformatoren angeschlossen sind, zum anderen durch rotierende Phasenschieber, die sowohl induktive als auch kapazitive Blindleistung abgeben können und zudem stabilitätsfördernd sind (s. 6.6). Denkbar wäre auch der Einsatz von Seriendrosseln, die über eine Erhöhung des Induktivitätsbelags eine Anpassung des Wellenwiderstands $\sqrt{L'/C'}$ bewirken (vgl. *Pupin-Spulen* in der Nachrichtentechnik). In der Praxis werden Seriendrosseln zur Wellenwiderstandsanpassung jedoch nicht eingesetzt, da sie höhere Kosten und eine Verminderung der Stabilität zur Folge haben. Eine Möglichkeit der Blindleistungskompensation in Echtzeit besteht durch den Einsatz statischer Blindleistungskompensatoren bzw. von FACTS-Reglern. Auf sie wird im Abschnitt 8.5 ausführlich eingegangen.

Betreibt man Leitungen oberhalb ihrer natürlichen Leistung ($P_{nat} < P_2 < P_{thermisch}$), wie es vorzugsweise bei kurzen Leitungen der Fall ist, so wirkt die Leitung induktiv und es entsteht ein Spannungsabfall zum Leitungsende hin. Die Kompensation der *Leitungsinduktivität* kann durch *Längskondensatoren*, die den Spannungsabfall vermindern bzw. zu Null machen, durch *Parallelkondensatoren*, die den Verbraucherblindstrom kompensieren und eine Anpassung des Wellenwiderstands $\sqrt{L'/C'}$ bewirken, oder durch *Phasenschieber* sowie *FACTS-Betriebsmittel* erfolgen (s. 8.5).

Ein Beispiel einer HDÜ Zweipunktübertragung zeigt Bild 8.17.

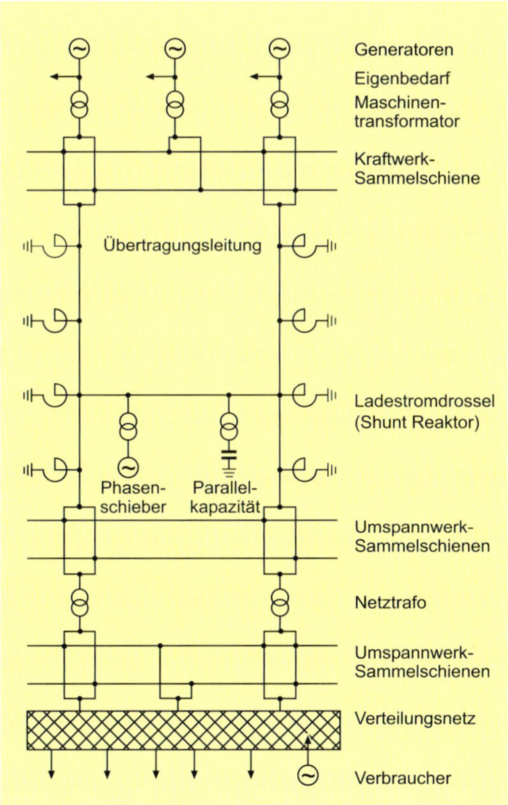

Bild 8.17. Komponenten einer Zweipunktübertragung.

Im Schwachlastbetrieb bei Nacht kompensieren die Ladestromdrosseln die kapazitive Blindleistung der Übertragungsleitung. Bei starker Belastung kann die Parallelkapazität die induktive Blindleistung kompensieren. Der Phasenschieber vermag sowohl induktive als auch kapazitive Blindleistung zu liefern. Während die Ladestromdrosseln für die volle Hochspannung ausgelegt sind, werden Phasenschieber und Kondensatoren meist über die Tertiärwicklung von Transformatoren angekoppelt.

8.3.4 Ersatzschaltbild und Zeigerdiagramm einer elektrisch langen Leitung

Lange Übertragungsleitungen lassen sich näherungsweise durch Aneinanderreihung mehrerer elektrisch kurzer, aus konzentrierten Bauelementen bestehenden π-Gliedern nachbilden. Dafür verteilt man die Querbeläge, das heißt die Leitungskapazität und den Ableitwiderstand aus Bild 8.9 jeweils zur Hälfte an den Anfang und das Ende eines π-Glieds.

Die zur Nachbildung einer langen Leitung als Kettenleiter erforderliche Anzahl der Leitungselemente errechnet sich gemäß der in Kapitel 8.3.1 genannten Näherungsgleichung

$$\Delta U < 0,5\% \quad \text{für} \quad l_{\max} = \lambda/60 \quad \text{und} \quad f = 50Hz \tag{8.69}$$

zu

$$n = \begin{cases} l/100\ \text{km für Freileitungen} \\ l/50\ \ \text{km für Kabel} \end{cases} .$$

Allgemeiner läßt sich die Anzahl der Kettenglieder wie folgt berechnen:

$$n > \frac{|\underline{\gamma} l|}{\sqrt{8\Delta Z/Z_0}} \quad , \tag{8.70}$$

$\Delta Z/Z_0$ ist dabei die vorzugebende zulässige Toleranz im Wellenwiderstand. Die Frequenz ist implizit in der Übertragungskonstante $\underline{\gamma}$ enthalten.

Beispiel: Ersatzschaltbild einer 300 km langen, ohmsch-induktiv belasteten Freileitung,

$$l = 300km \quad \rightarrow \quad 3\,\pi\text{-Glieder} \qquad Z_E = R_E + j\omega L_E \quad .$$

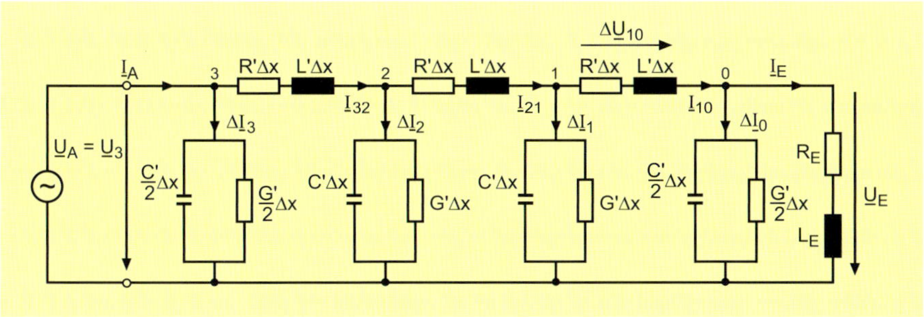

Bild 8.18. Ersatzschaltbild einer langen Leitung.

An den Schnittstellen der π-Glieder addieren sich die hälftigen Querbeläge zur Leitungskapazität $C'\Delta x$ und $G'\Delta x$.

Für *ohmsch-induktive* Belastung $\underline{Z}_E$ soll nun für die Kettenschaltung nach Bild 8.18 das Zeigerdiagramm der Spannungen und Ströme gezeichnet werden, wobei der Übersichtlichkeit wegen alle Spannungsabfälle $\Delta\underline{U}$ gegenüber den Klemmenspannungen $\underline{U}_E, \underline{U}_1$ u.s.w. überproportional skaliert sind, Bild 8.19.

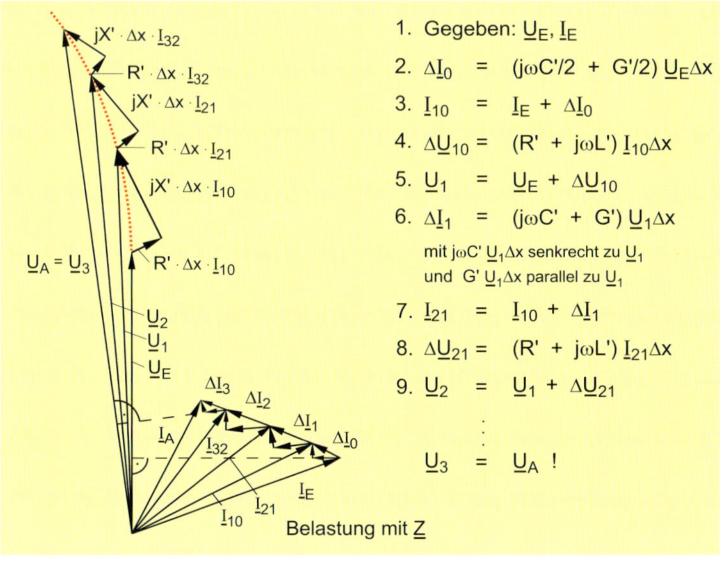

Bild 8.19. Zeigerdiagramm einer elektrisch langen Leitung mit ohmsch-induktiver Last. Rechts: Zeichnungs-Schrittfolge.

Beginnend mit den bekannten Größen am Leitungsende $\underline{U}_E$ und $\underline{I}_E$ läßt sich zunächst aus $\underline{U}_E$ der Querstrom $\Delta\underline{I}_0$ berechnen und damit auch $\underline{I}_{10} = \underline{I}_E + \Delta\underline{I}_0$. Mit $\underline{I}_{10}$ erhält man den Spannungsabfall $\Delta\underline{U}_{10}$ und mit diesem die Spannung $\underline{U}_1$. In gleicher Weise erhält man sinngemäß die Spannungen $\underline{U}_2$, $\underline{U}_3$ und $\underline{U}_A$.

Bei *Leerlauf am Leitungsende* ergibt sich sinngemäß ein Zeigerdiagramm gemäß Bild 8.20.

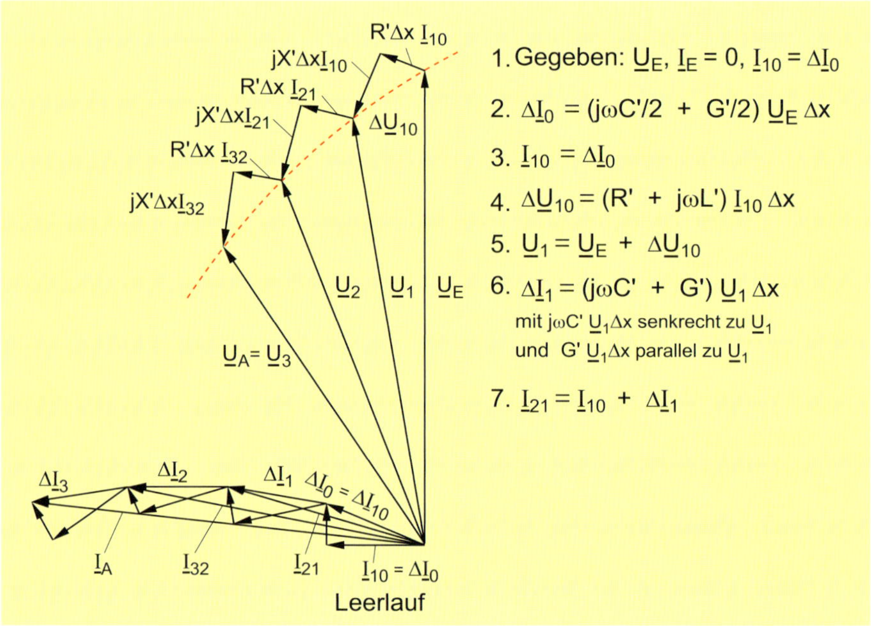

Bild 8.20. Zeigerdiagramm einer elektrisch langen Leitung mit Leerlauf am Ende.

Eine weitere Möglichkeit zur Beschreibung des Verhaltens langer Leitungen besteht in der Bestimmung eines *vereinfachten Ersatzschaltbilds der elektrisch langen Leitung* aus den allgemeinen Leitungsgleichungen

$$\underline{U}(x) = \underline{U}_2 \cosh \underline{\gamma} x + \underline{I}_2 \underline{Z}_0 \sinh \underline{\gamma} x \quad , \tag{8.71}$$

$$\underline{I}(x) = \underline{I}_2 \cosh \underline{\gamma} x + \underline{U}_2 / \underline{Z}_0 \sinh \underline{\gamma} x \quad . \tag{8.72}$$

Für eine Leitung der Länge $x = l$ beschreiben diese Gleichungen für jeweils *eine Frequenz* den Zusammenhang zwischen $\underline{U}_A, \underline{I}_A$ und $\underline{U}_E, \underline{I}_E$,

$$\underline{U}_A = \underline{U}_E \cosh \underline{\gamma} l + \underline{I}_E \underline{Z}_0 \sinh \underline{\gamma} l \quad , \tag{8.73}$$

$$\underline{I}_A = \underline{I}_E \cosh \underline{\gamma} l + \underline{U}_E / \underline{Z}_0 \sinh \underline{\gamma} l \quad . \tag{8.74}$$

Diese Gleichungen lassen sich durch einen Vierpol mit π-Ersatzschaltung erfüllen, Bild 8.21.

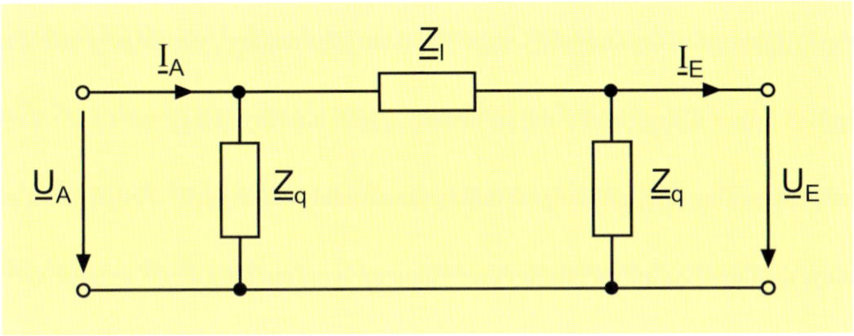

Bild 8.21. Vereinfachtes Ersatzschaltbild einer langen Leitung.

Die Impedanz im Längszweig $\underline{Z}_l$ ergibt sich aus den Vierpolparametern für das π-Ersatzschaltbild und den Leitungsgleichungen für $\underline{U}_A$ und $\underline{I}_A$ zu:

$$\underline{Z}_l = \underline{Z}_0 \sin h \underline{\gamma} l \quad . \tag{8.75}$$

Die Impedanzen in den Querzweigen $\underline{Z}_q$ errechnen sich zu:

$$\underline{Z}_q = \underline{Z}_0 \cot h(\underline{\gamma} l/2) \quad . \tag{8.76}$$

Für die verlustlose Leitung wird:

$$\underline{\gamma} l = j\beta l \quad \text{und} \quad \underline{Z}_0 = Z_0 \quad . \tag{8.77}$$

Damit ergeben sich die Elemente des π-Ersatzschaltbilds für eine verlustlose Leitung ($\alpha = 0$) zu:

$$\underline{Z}_l = jZ_0 \sin \beta l \quad , \tag{8.78}$$

$$\underline{Z}_q = -jZ_0 \cot \beta l/2 \quad . \tag{8.79}$$

Die Eingangsgrößen des Vierpols, Spannung und Strom am Anfang der Leitung, lassen sich für das Ersatzschaltbild 8.21 mit Hilfe der Kirchhoffschen Regeln bestimmen:

$$\underline{U}_A = \underline{U}_E(1 + \underline{Z}_l/\underline{Z}_q) + \underline{I}_E\underline{Z}_l \quad , \tag{8.80}$$

$$\underline{I}_A = \underline{U}_E/\underline{Z}_l \left[2\,\underline{Z}_l/\underline{Z}_q + (\underline{Z}_l/\underline{Z}_q)^2\right] + \underline{I}_E(1 + \underline{Z}_l/\underline{Z}_q) \quad . \tag{8.81}$$

8.3.5 Betriebsverhalten elektrisch kurzer Leitungen

8.3.5.1 Ersatzschaltbild und Zeigerdiagramm

Elektrisch kurze Leitungen lassen sich grundsätzlich durch ein π-Glied nachbilden, in dem die passiven Komponenten nicht *Beläge* sondern die tatsächlichen konzentrierten Leitungsparameter darstellen, Bild 8.22.

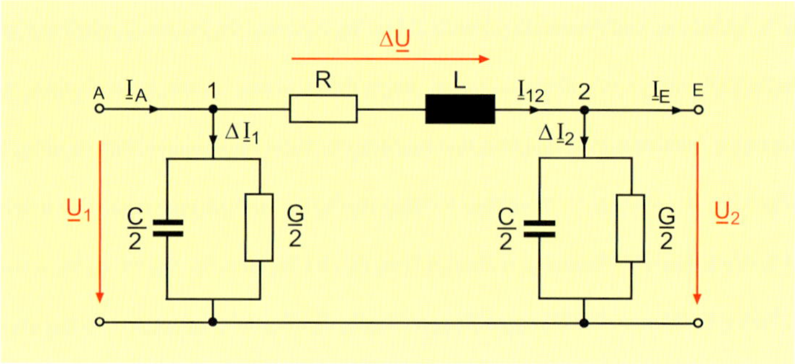

Bild 8.22. π-Ersatzschaltbild einer elektrisch kurzen Leitung.

Je nach Art der Leitung, *Freileitung* oder *Kabel*, und abhängig von der *Spannungsebene* lassen sich einzelne Bauelemente vernachlässigen. Da beispielsweise der Ableitungsstrom $\underline{I}_G$ in Hoch-, Mittel- und Niederspannungsnetzen meist vernachlässigbar ist, wird $G = 0$. Bei Freileitungen ist zumindest in der Nieder- und Mittelspannungsebene die Leitungskapazität vernachlässigbar, während sie bei Kabeln berücksichtigt werden muß. In Niederspannungsnetzen ist der ohmsche Widerstand meist größer als der induktive Widerstand. Mit steigender Nennspannung wächst der Einfluß der Induktivität (größerer Leiterabstand). In Hochspannungsnetzen ist der ohmsche Widerstand meist vernachlässigbar gegenüber der Induktivität. Beim stationären Betrieb von Gleichspannungsleitungen ist nur der ohmsche Widerstand zu berücksichtigen.

Während bei der Berechnung von Wechselspannungsleitungen ebenfalls Hin- und Rückleiter (R, L) zu berücksichtigen sind, ist bei symmetrischem Betrieb von Drehstromnetzen nur die einfache Leitungslänge einzusetzen, da der Sternpunktleiter stromlos ist und häufig, beispielsweise in Hoch- und Mittelspannungsnetzen, gar nicht mitgeführt wird.

Bild 8.23 zeigt das Zeigerdiagramm einer elektrisch kurzen Leitung unter Berücksichtigung aller in Bild 8.22 eingezeichneten Komponenten für einen ohmsch-induktiv gemischten Belastungsstrom $\underline{I}_2$.

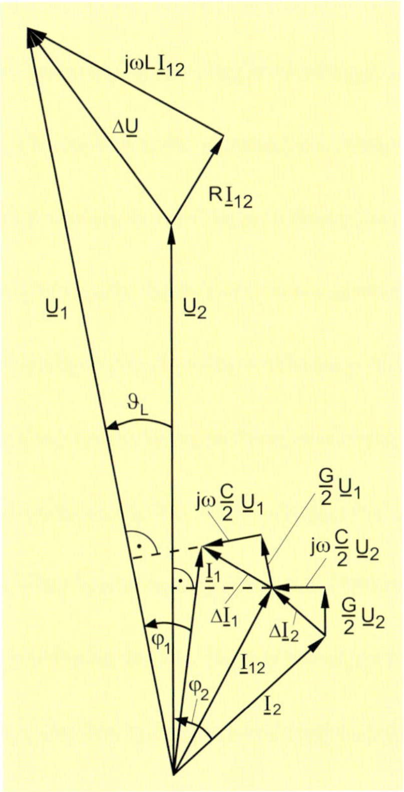

Bild 8.23. Zeigerdiagramm einer elektrisch kurzen Leitung mit ohmsch-induktivem Belastungsstrom $\underline{I}_2$.

Beginnend mit $\underline{U}_2$ und $\underline{I}_2$ berechnet man zunächst mit Hilfe von $\underline{U}_2$ und den Leitwerten $C/2$ und $G/2$ den Strom $\Delta\underline{I}_2$ bzw. seine beiden Komponenten $\Delta I_{2_C} = \underline{U}_2\, j\omega\, C/2$ und $\Delta I_{2_G} = \underline{U}_2\, G/2$. Nach geometrischer

Addition zu $\underline{I}_2$ erhält man $\underline{I}_{12}$ und kann damit den Spannungsabfall $\Delta\underline{U}$ über der Serienimpedanz $R + j\omega L$ berechnen. Aus $\underline{U}_2$ und $\Delta\underline{U}$ ergibt sich dann $\underline{U}_1$.

Beim Zeichnen des Zeigerdiagramms einer am Ende *leerlaufenden* Leitung beginnt man gleich mit $\underline{I}_2 = \Delta\underline{I}_2$ als „kapazitivem Belastungsstrom".

8.3.5.2 Längs- und Querspannungsabfall

Der Betrag ΔU des komplexen Spannungsunterschieds $\Delta\underline{U}$ längs einer Leitung, beispielsweise im Zeigerdiagramm von Bild 8.23, ist nicht identisch mit der Differenz der Beträge der Knotenspannungen am Anfang und Ende der Leitung, sogenannter *wirksamer, meßbarer Spannungsunterschied* ΔU_m. Dies läßt sich sofort erkennen, wenn man um den Ursprung des Zeigerdiagramms einen Kreisbogen mit dem Radius $|\underline{U}_2|$ und um die Pfeilspitze von $\underline{U}_1$ einen Kreisbogen mit dem Radius $|\Delta\underline{U}|$ zeichnet (s. a. 16.3.1).

Zur vereinfachten Berechnung vom ΔU_m hat man die Begriffe *Längs-* und *Querspannungsabfall* eingeführt. Der Einfachheit halber betrachten wir eine Hochspannungsleitung mit vernachlässigbaren Querleitwerten G und C, Bild 8.24.

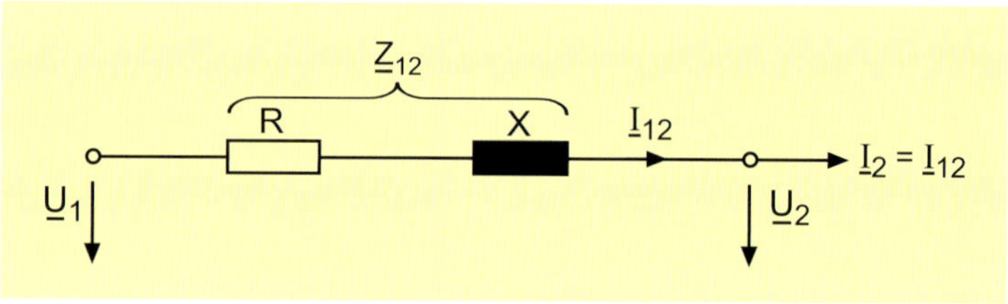

Bild 8.24. Vereinfachte Darstellung einer Leitung durch ihre Längsimpedanz $\underline{Z}_{12} = R + jX$.

Abhängig von der Art der Last fließt auf der Leitung ein *ohmsch/induktiv* gemischter oder auch *ohmsch/kapazitiv* gemischter Strom $\underline{I}_2 = \underline{I}_{12}$. Dieser Strom bewirkt an der Längsimpedanz der Leitung $\underline{Z}_{12} = R+j\omega L$ den komplexen *Spannungsunterschied* $\Delta\underline{U}$. Bei induktiver Last entspricht der Spannungsunterschied dem gewohnten *Spannungsabfall*, bei kapazitiver Last tritt eine *Spannungserhöhung* auf. Das heißt, die

Spannung am Ende der Leitung ist *größer* als die Spannung am Eingang.

Der komplexe Spannungsunterschied berechnet sich aus dem komplexen Laststrom $\underline{I}_2$ und der Scheinimpedanz $\underline{Z}_{12}$ zu

$$\Delta\underline{U} = \underline{U}_1 - \underline{U}_2 = \underline{I}_2\underline{Z}_{12} \quad , \tag{8.82}$$

$$\Delta\underline{U} = (I_{w2} - jI_{B2})(R + jX) \quad , \tag{8.83}$$

$$\Delta\underline{U} = I_{w2}R + I_{B2}X + j(I_{w2}X - I_{B2}R) \quad . \tag{8.84}$$

Dieser Spannungsunterschied $\Delta\underline{U}$ läßt sich in je eine Komponente längs und quer zur Spannung $\underline{U}_2$, die sogenannte *Längsspannung* U_l und *Querspannung* U_q, zerlegen, Bild 8.25.

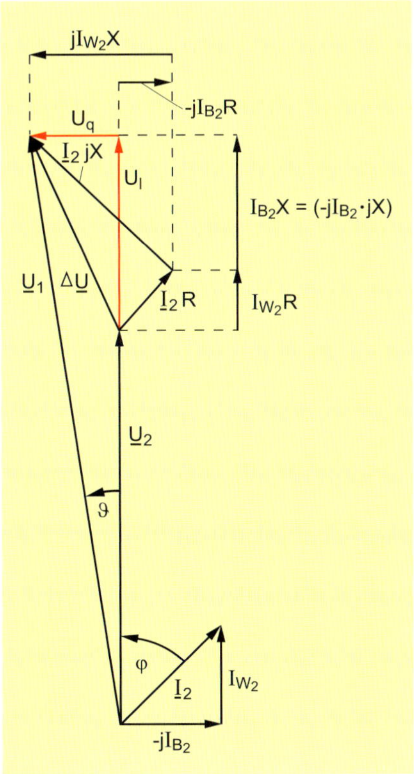

Bild 8.25. Zeigerdiagramm einer elektrisch kurzen Leitung mit *Längs-* und *Querspannung* bei ohmsch/induktiver Belastung.

Die *Längsspannung* U_l berechnet sich für einen induktiven Belastungsstrom $\underline{I}_2 = \underline{I}_{12}$ und dem $\cos\varphi$ am Leitungsende zu

$$U_l = I_{W2}R + I_{B2}X = I_2(R\cos\varphi + X\sin\varphi) \quad . \tag{8.85}$$

Sie beschreibt mit meist ausreichender Genauigkeit den in der Praxis relevanten Unterschied der Beträge der Spannungen $\underline{U}_1$ und $\underline{U}_2$.

Sinngemäß ergibt sich für die *Querspannung* U_q

$$U_q = I_{W2}X - \underline{I}_{B2}R = I_2(X\cos\varphi - R\sin\varphi) \quad . \tag{8.86}$$

Sie ist ein Maß für den Leitungswinkel ϑ bzw. für die übertragene Wirkleistung und wirkt sich besonders stark in Hochspannungsnetzen mit $X \gg R$ aus.

Bei ohmsch/kapazitiver Belastung sind die beiden Vorzeichen in (8.85) und (8.86) zu vertauschen. Ferner gilt näherungsweise

$$|\Delta\underline{U}| = \Delta U \approx \Delta U_m = U_1 - U_2 = \sqrt{(U_2 + U_l)^2 + U_q^2} - U_2 \quad . \tag{8.87}$$

Für Mittel- und Niederspannungsnetze setzt man

$$U_q \ll U_2 + U_l \quad , \tag{8.88}$$

so daß der Spannungsunterschied ΔU_m ungefähr gleich der Längsspannung wird

$$\Delta U_m \approx U_l \quad . \tag{8.89}$$

Für $\cos\varphi = 0.7 \ldots 0.9$ ist der Unterschied zwischen der Längsspannung U_l und ΔU_m vernachlässigbar.

8.4 Blindleistungskompensation in Hochspannungsnetzen

Für den Betragsunterschied zwischen den Knotenspannungen eines *Hochspannungsnetzes* sind im wesentlichen die *Blindleistungsflüsse* bzw. die *Blindstromkomponenten* der Leitungsströme verantwortlich. Die Minimierung dieser Blindleistungsflüsse und damit die Wahrung der Knotenspannungen nahe der Nennspannung ist Sache der Netzbetreiber. Angestrebt wird ein $\cos\varphi$ nahe 1. Mit der Minimierung des Blindleistungsflusses werden auch die vom Blindstrom verursachten Leitungsverluste minimiert. Ein einheitliches Spannungsprofil und geringe

Leitungsverluste gehen daher Hand in Hand. Grundprinzip ist die *lokale* Bereitstellung von Kompensationsblindleistung, dort wo sie benötigt wird (s. a. Kapitel 15). Man unterscheidet zwischen der Kompensation induktiver und kapazitiver Blindleistung.

8.4.1 Kompensation induktiver Blindleistung

8.4.1.1 Parallel-Kompensation

Transformatoren, Asynchronmotoren und andere *induktive* Verbraucher nehmen induktive Blindleistung in Form ihres *Magnetisierungsstroms* $\underline{I}_\mu$ auf (s. a. 7.1). Die Leistungsaufnahme am Netzknoten eines am Hochspannungsnetz angeschlossenen unterlagerten Netzes ist daher meist ohmsch-induktiv. Schaltet man einer induktiven Last lokal eine Kapazität parallel, lassen sich die von der Leitung zu übertragende Blindleistung, der vom Blindstrom verursachte Spannungsabfall und die Verluste der Leitung verringern. Der von der Last geforderte induktive Blindstrom wird dann der parallel geschalteten Kapazität durch ständiges Umladen entnommen. Die Leitung ist im Idealfall blindstromfrei, Bild 8.26.

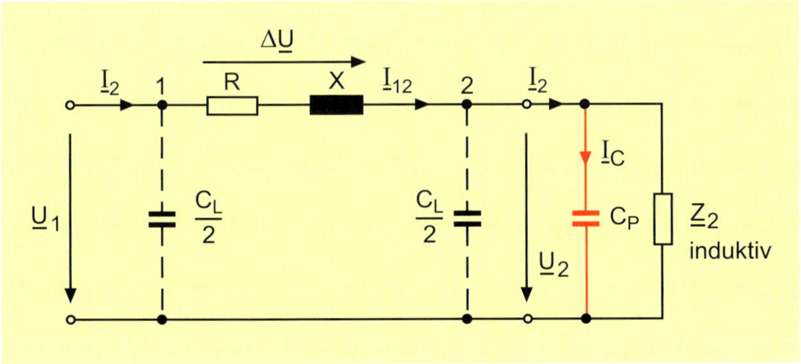

Bild 8.26. Parallelkompensation ohmsch-induktiver Verbraucher.

Der Einfluß der Kompensation geht aus dem Unterschied der Zeigerdiagramme ohne und mit Kompensation anschaulich hervor, Bild 8.27.

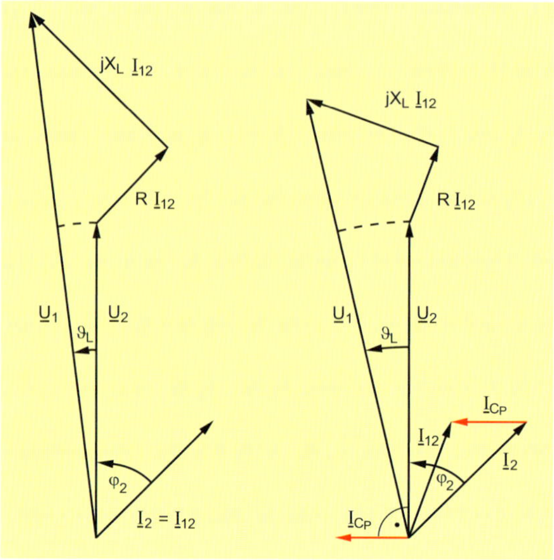

Bild 8.27. Zeigerdiagramme für ohmsch/induktive Belastung ohne und mit Parallelkompensation.

Der Spannungsabfall verringert sich, der Leitungswinkel vergrößert sich. Wohlgemerkt lassen sich durch Parallelkondensatoren nur lastbedingte *Spannungsabsenkungen* in Verbraucherknoten mindern bzw. ein *Spannungsanstieg* bewirken. Bei einem Lastabwurf hat die ausschließlich kapazitive Belastung durch die Kompensationskapazität dann eine deutlich betriebliche Überspannung zur Folge.

Die Parallelkompensation ist lastabhängig. Deshalb werden die Kondensatoren je nach Lastzustand stufig zu- oder abgeschaltet (s. a. 8.5.2.2).

Da die mit der Parallelkompensation verbundene Vergrößerung des Leitungswinkels ϑ_L stabilitätsmindernd wirkt, wird diese Art der Kompensation weniger in Hochspanungsnetzen (Fernleitungen) sondern vorwiegend in *Mittel-* und *Niederspannungsnetzen* eingesetzt (s. 9.5).

8.4.1.2 Reihen-Kompensation

Auf langen Hoch- und Höchstspannungsleitungen tritt bei starker Belastung die Blindleistungsaufnahme der induktiven Leitungreaktanzen in Erscheinung. Sie ist begleitet von hohen induktiven Spannungsabfällen längs der Leitungen.

Zur Wahrung der Nennspannung am Leitungsende und der Erhöhung der Übertragungskapazität kommt dann die stabilitätsfördernde *Reihenkompensation* zum Einsatz. Durch *Serienschaltung* eines *Kondensators* bzw. einer *Kondensatorbank* in die Leitung läßt sich die Wirkung der Leitungsinduktivität teilweise kompensieren und damit der Spannungsabfall auf der Leitung verringern. Die Leitung kann dann nahe ihrer natürlichen Leistung betrieben werden, Bild 8.28.

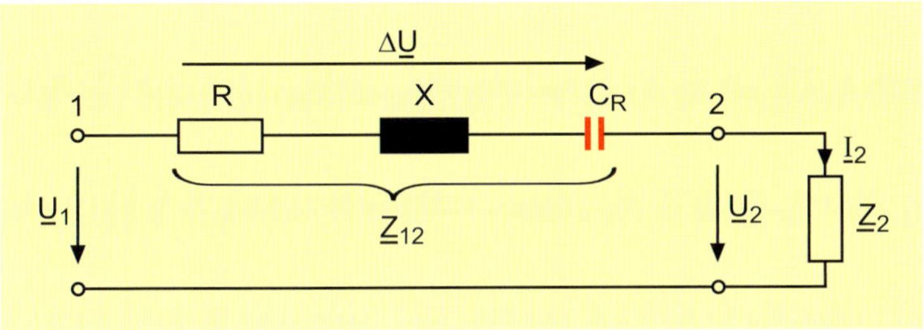

Bild 8.28. Reihenkompensation.

Die Leitungsimpedanz $\underline{Z}_{12}$ beträgt bei Reihenkompensation:

$$\underline{Z}_{12} = R + j\omega L + \frac{1}{j\omega C_R} = R + j\left(\omega L - \frac{1}{\omega C_R}\right) \quad . \tag{8.90}$$

Damit wird

$$\Delta\underline{U} = I_2(\cos\varphi_2 - j\sin\varphi_2)\left[R + j\left(\omega L - \frac{1}{\omega C_R}\right)\right] \quad . \tag{8.91}$$

In Hochspannungsnetzen ist die Spannungshaltung vorrangig, so daß zur Berechnung von X_C die Längsspannung Null gesetzt werden kann:

$$U_l = I_{2W}R + I_{2B}(X_L - X_C) \overset{!}{=} 0 \tag{8.92}$$

$$R_2\cos\varphi_2 = -(\omega L - 1/\omega C_R)\sin\varphi_2$$

$$U_l = 0 \rightarrow C_R = \frac{1}{\omega(\omega L + R\cot\varphi_2)} \quad \text{(Vorzeichen von } \varphi_2 \text{ beachten!)}$$

In der Praxis wird aus Stabilitätsgründen und zwecks Verhinderung des „*subsynchronen Resonanz-Problems*" lediglich ein Kompensationsgrad von maximal 50 % gewählt (s. 8.5.3.1).

Der Einfluß der Reihenkompensation geht aus dem Unterschied der Zeigerdiagramm ohne und mit Reihenkompensation hervor, Bild 8.29.

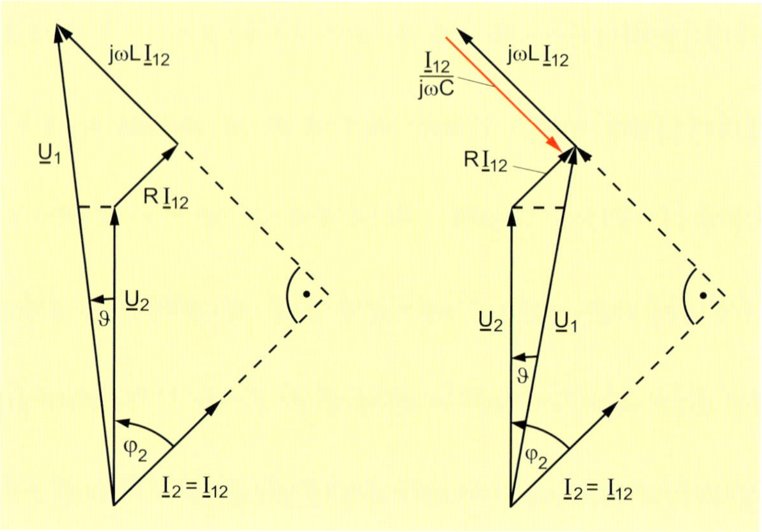

Bild 8.29. Zeigerdiagramme ohne und mit Reihenkompensation.

In Höchstspannungsnetzen stehen die stabiltätsfördernden Eigenschaften im Vordergrund, so daß hier die Querspannung auf Null zu setzen ist.

$$U_q = I_{2W}(X_L - X_C) - I_B R \stackrel{!}{=} 0$$

$$R \sin \varphi_2 = (\omega L - 1/\omega C_R) \cos \varphi_2$$

$$U_q = 0 \rightarrow C_R = \frac{1}{\omega(\omega L - R \tan \varphi_2)} \tag{8.93}$$

Der Kondensator muß gegen Überspannungen, wie sie im Kurzschlußfall durch den hohen Kurzschlußstrom hervorgerufen werden, geschützt werden. Hierzu wird dem Kondensator ein *Überspannungsableiter*, eine *Schutzfunkenstrecke* und ein *Bypass-Leistungsschalter* parallel geschaltet. Letzterer schützt den Kondensator bei einem Isolationsfehler vor hohen Kurzschlußströmen. Ferner ist er zum An- und Abfahren der Leitung erforderlich.

8.4.2 Kompensation kapazitiver Blindleistung

Parallel-Kompensation

In Hoch- und Höchstspannungsnetzen können zu Schwachlastzeiten oder bei leerlaufenden Leitungen bedingt durch die kapazitive Ladeleistung Spannungsüberhöhungen und Stabilitätsprobleme auftreten. Durch den Einsatz von *Paralleldrosseln* lassen sich diese Effekte verhindern (s. a. 8.3.3.4), Bilder 8.30 und 8.31.

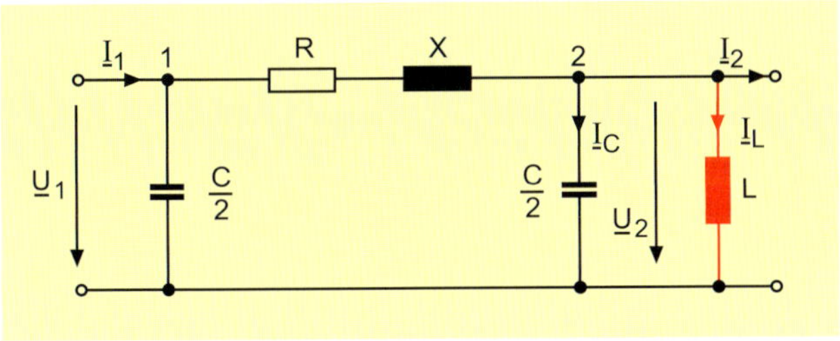

Bild 8.30. Parallelkompensation leerlaufender Leitungen.

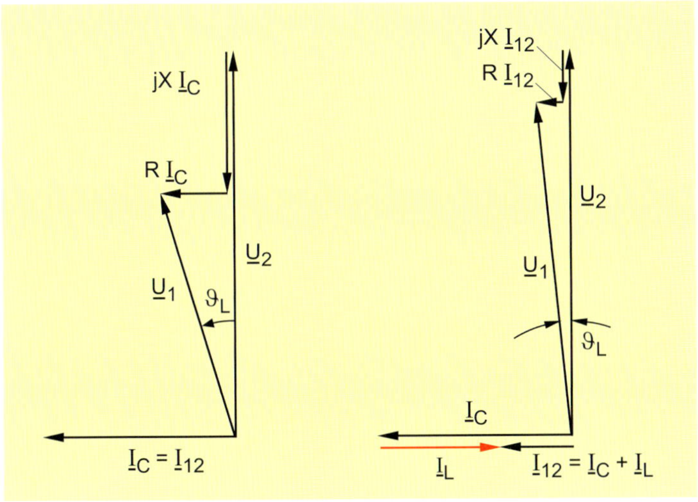

Bild 8.31. Zeigerdiagramm einer leerlaufenden Leitung ohne und mit induktiver Parallelkompensation.

Durch den Einbau einer Paralleldrossel $X = U_N/(\sqrt{3}I_{DrN})$ vermindert sich sowohl die Spannungsüberhöhung als auch der Leitungswinkel.

Reihendrossel

Der prinzipiell denkbare Einsatz einer *Reihendrossel* zu Kompensationszwecken wird nicht praktiziert. Reihendrosseln finden dagegen vielfältige Verwendung zur Kurzschlußstrombegrenzung, Anpassung parallel geschalteter Transformatoren sowie einer etwaigen Impedanzanpassung paralleler Strompfade.

8.5 FACTS (Flexible AC-Transmission Systems)

FACTS ist das englische Akronym für *Flexible AC-Transmission Systems*. Frei übersetzt handelt es sich um Transportnetze, die dank des Einsatzes von *FACTS-Betriebsmitteln* bzw. *FACTS-Reglern* höhere statische und dynamische Übertragungskapazität besitzen und damit weniger anfällig gegen *Netzengpässe* (engl.: *power flow congestion*) sind.

Wie in 8.1.1 erläutert wurde, bilden sich die Ströme bzw. Leistungsflüsse in Transportnetzen ohne äußere Eingriffe zunächst selbstregulierend nach dem ohmschen Gesetz für Wechselströme aus. Es müssen größere Reserven an Übertragungskapazität vorgehalten werden, um auch beim Ausfall einer Leitung eine Überschreitung der Übertragungskapazität anderer Leitungen ausschließen zu können.

FACTS-Regler erlauben eine instantane, gezielte Steuerung der Leitungsströme, insbesondere bei Störungen, und kommen daher mit geringeren Reserven aus. Die Steuerung geschieht durch Veränderung der *Leitungslängs-* und *Leitungsquerimpedanzen* sowie durch Einkopplung von *Reihenspannungen* in *Leitungen* und Injektion von *Querströmen* in *Netzknoten*. FACTS-Regler bewirken damit grundsätzlich das Gleiche wie die im vorigen Abschnitt beschriebenen *Kompensationsmittel* und die im Kapitel 7 vorgestellten *Längs-*, *Quer-* und *Schrägregeltransformatoren*. Während diese klassischen Betriebsmittel jedoch nur mit vergleichsweise geringer Schalthäufigkeit zu diskreten Zeitpunkten *zu-* und *abgeschaltet* bzw. *geschaltet* werden, arbeiten FACTS-Regler „*online*" in *Echtzeit*. Sie erlauben so den Betrieb des Netzes nahe seiner technischen Belastbarkeit und seiner Stabilitätsgrenzen. Bei der Nachrüstung bestehender Netze ist dies gleichbedeutend mit einer Erhöhung der Übertragungskapazität.

Die Echtzeitfähigkeit ermöglichen Stromrichter mit leistungselektronischen Bauelementen, die eine Schnittstelle zwischen dem *Drehstromnetz* und den jeweiligen Reaktanzen oder auch einem *Energiespeicher* bilden.

FACTS-Regler ermöglichen

- im *stationären* Betrieb durch Steuerung der Leistungsflüsse die Erhöhung bestehender Übertragungskapazitäten einzelner Leitungen. Der Bau neuer Übertragungsleitungen ist meist aus wirtschaftlichen und ökologischen Gründen nicht realisierbar. Die Erhöhung der Übertragungskapazität ist insbesondere in einem deregulierten Markt von Bedeutung, in dem die Orte der Erzeugung sich laufend ändern.
- die Vermeidung von Maschenströmen (engl.: *loop flows*) und damit die Reduzierung der Netzverluste. Hierdurch wird zusätzliche Übertragungskapazität freigesetzt.
- mehr Freiheitsgrade bei der Auswahl kostenoptimaler Kraftwerke im Rahmen der Kraftwerkseinsatzplanung.
- bei Störungen die Wahrung der Verfügbarkeit von Übertragungssystemen. Zum Beispiel können nach großen Lastabwürfen Überspannungen an Leitungen auftreten, die zu einer Abschaltung der Leitung führen. FACTS-Regler wirken dieser Überspannung entgegen und können die Abschaltung verhindern.
- den stabilen Betrieb langer Kuppelleitungen zwischen Netzen durch Dämpfung niederfrequenter *Leistungspendelungen.*
- die Beherrschung des *Subsynchronous Resonance Phänomens*, SSR (s. 8.5.3.1).
- beim Einsatz in industriellen Mittelspannungsnetzen die Erhöhung der Spannungsqualität durch *unterbrechungsfreien Betrieb* mit konstanter *Netzfrequenz* und konstanter *Spannung* sowie die Aufteilung der Kurzschlußleistung.

Im folgenden wird zunächst eine Klassifizierung aktueller FACTS-Regler vorgenommen. In den weiteren Abschnitten werden die ihnen zugrundeliegenden Schaltungen erläutert.

8.5.1 Klassifizierung von FACTS-Betriebsmitteln

FACTS-Betriebsmittel sind entweder in *Parallel-* oder in *Serienschaltung* in das Netz eingebunden, Bild 8.32a,b. Weiterhin existieren FACTS-Betriebsmittel, die eine *Kombination aus Serien- und Parallelschaltung* darstellen, Bild 8.32c. Schließlich gibt es auch Kombinationen zweier *paralleler* oder zweier *serieller* FACTS-Regler.

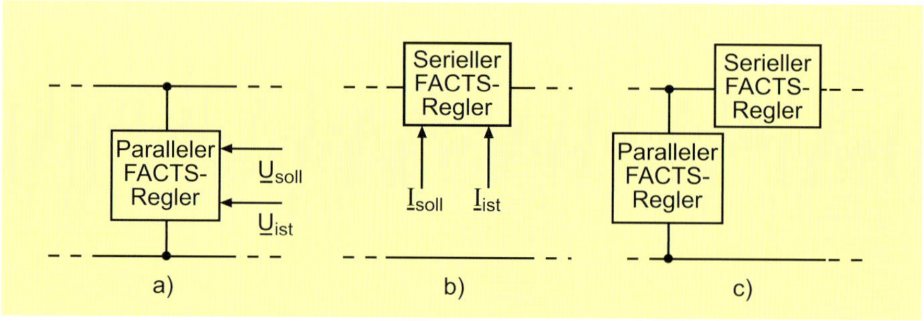

Bild 8.32. Grundsätzliche Schaltungsvarianten von FACTS-Reglern. a) Parallel geschalteter FACTS-Regler, b) in Reihe geschalteter FACTS-Regler, c) Kombi-FACTS-Regler.

Parallel geschaltete FACTS-Regler lassen sich nochmals unterteilen in

- TCR (*engl.: Thyristor-Controlled Reactor*)
- TSC (*engl.: Thyristor-Switched Capacitor*)
- SVC (*engl.: Static* VA_r *Compensator*)
- STATCOM (*engl.: Static Synchronous Compensator*).

Bei *seriengeschalteten* FACTS-Reglern unterscheidet man

- TCSC (*engl.: Thyristor-Controlled Series Capacitor*)
- TSSC (*engl.: Thyristor-Switched Series Capacitor*)
- TCSR (*engl.: Thyristor-Controlled Series Reactor*)
- TSSR (*engl.: Thyristor-Switched Series Reactor*)
- SSSC (*engl.: Static Synchronous Series Compensator*).

Kombinierte FACTS-Regler bestehen aus beliebigen Verschaltungen von Reglern beider Gruppen. Ein typisches Beispiel ist der *Unified Power Flow Controller* UFPC. Letzter ist eine Kombination aus einem parallel eingebundenen STATCOM und einem seriellen SSSC (s. 8.5.4). Diese Kombination ermöglicht sowohl die Regelung der Beträge und Phasenwinkel der Knotenspannungen als auch der Übertragungsimpedanz. Blind- und Wirkleistungsflüsse als auch Knotenspannungen lassen sich voneinander unabhängig regeln. Die Kombination zweier STATCOMs erlaubt ferner eine Kurzkupplung zwischen Netzen (s. 8.5.4.3). Schließlich gibt es auch die Kombination zweier Serienregler in getrennten Leitungen über einen Gleichstromzwischenkreis, auf den hier jedoch nicht eingegangen werden soll.

8.5.2 Parallel geschaltete FACTS-Regler

Parallel geschaltete FACTS-Regler speisen entweder *induktive* oder *kapazitive* Blindleistung in Netzknoten ein und dienen im ungestörten Betrieb der *Spannungsregelung* im jeweiligen Netzknoten. Die Führungsgröße des Reglers ist dann die *Knoten-* bzw. *Sammelschienenspannung* (synonyme Begriffe s. Kapitel 11). Bei transienten Störungen können sie durch Aufschaltung *zusätzlicher Führungsgrößen* $w_{\mathrm{zus.}}$, beispielsweise des Wirkleistungsflusses, auch stabilitätserhöhend wirken. So begrenzen sie Überspannungen beim Lastabwurf und dämpfen niederfrequente Leistungspendelungen.

Der Strom durch die Regler ist um 90° gegenüber der Netzspannung phasenverschoben. Es findet daher kein Wirkleistungsaustausch statt. Eingespeiste *induktive* Blindleistung erniedrigt die Knotenspannung (s. a. Bild 8.17), eingespeiste *kapazitive* Blindleistung stützt die Knotenspannung bei starker Last.

Parallel geschaltete FACTS-Regler werden über Transformatoren angekoppelt, um die Stromrichterventile nicht für die volle Spannung auslegen zu müssen. Um die *Parallelschaltung* explizit zum Ausdruck zu bringen, sind diese Transformatoren im folgenden als Einphasentransformatoren dargestellt. Die technische Realisierung beinhaltet selbstverständlich *Drehstromtransformatoren*, deren Schaltgruppen so gewählt werden, daß auf der Netzseite möglichst wenige Oberschwingungen auftreten. Verbleibende Oberschwingungen werden durch Filter gedämpft.

8.5.2.1 Thyristor-Controlled Reactor, TCR

Der TCR besteht je Phase im wesentlichen aus einer Induktivität und einem Thyristorventil mit antiparallel geschalteten Thyristoren. Die Thyristoren werden über ein Zündgerät von einem elektronischen Regler gesteuert, Bild 8.33.

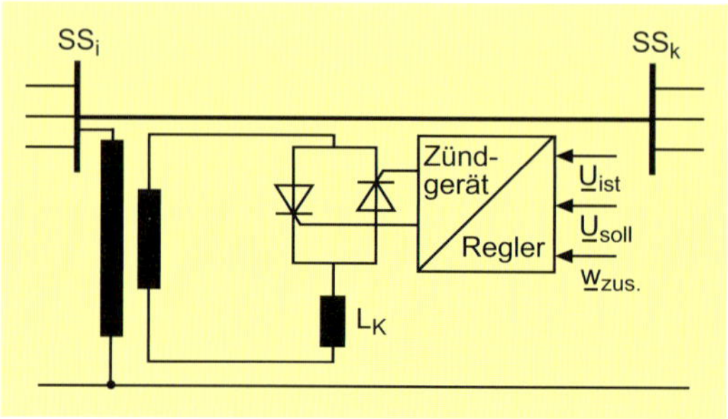

Bild 8.33. *Thyristor-Controlled Reactor*, TCR, SS: Sammelschienen bzw. Netzknoten.

Der durch die Induktivität L_K fließende Strom i_{TCR} ist eine Funktion des bestimmten Integrals über der Spannung bzw. dem *Zündwinkel*

$$\begin{aligned} i_{\mathrm{TCR}}(t) &= \frac{1}{L_K}\ \omega t \int_{\alpha}^{\omega t} \sqrt{2}\ U_{ef}\ \sin \omega t\ dt \\ &= \frac{\sqrt{2}\ U_{ef}}{\omega L}(\cos\alpha - \cos\omega t) \quad . \end{aligned} \tag{8.94}$$

Den zeitlichen Verlauf dieses Stroms zeigt Bild 8.34.

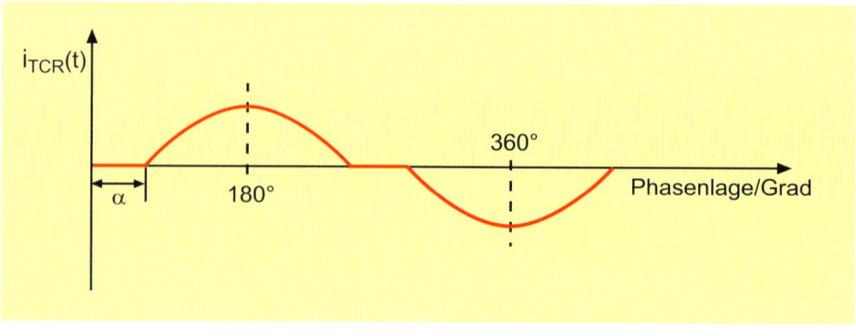

Bild 8.34. Kurvenform des Stroms $i_{\mathrm{TCR}}(t)$.

Der nur während eines Bruchteils einer Halbschwingung fließende Strom entspricht sinngemäß einer „veränderlichen“ Induktivität, die mit dem Quadrat des Übersetzungsverhältnisses auf die Primärseite des Koppeltransformators transformiert wird.

Betrachten wir nur die Grundschwingung erhalten wir mittels Fouriertransformation den komplexen Effektivwert

$$\underline{I}_{\mathrm{TCR}} = \frac{U_{ef}}{j\omega L\pi}[2(\pi - \alpha) + \sin 2\alpha] \quad . \tag{8.95}$$

Die eingespeiste Blindleistung läßt sich damit über eine Verzögerung der Zündwinkels α stufenlos steuern bzw. regeln.

Naturgemäß hat die verzögerte Zündung und der dadurch bedingte nichtsinusförmige Verlauf der Spannung einen hohen Oberschwingungsgehalt des Blindstroms zur Folge, was zusätzliche Filterkreise erforderlich macht. In dreiphasigen Anordnungen wird jedoch bereits durch Wahl geeigneter Schaltgruppen der Koppeltransformatoren ein Großteil der Oberschwingungen unterdrückt.

8.5.2.2 Thyristor-Switched Capacitor, TSC

Der TSC besteht im wesentlichen aus einer *Kondensatorbank* und mehreren Thyristorventilen mit antiparallel geschalteten Thyristoren, Bild 8.35.

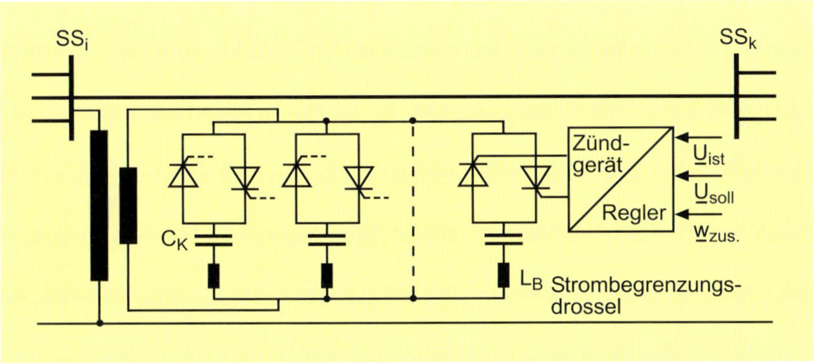

Bild 8.35. *Thyristor-Switched Capacitor*, TSC, SS: Sammelschienen bzw. Netzknoten.

Kondensatoren wirken bei Schaltvorgängen zunächst wie ein Kurzschluß. Im Gegensatz zu Spulen können sie daher nicht mit Hilfe verzögerter Zündwinkel nach Gutdünken geschaltet werden, da hierbei exzessive Überströme durch den Kondensator fließen würden. Es kommt jeweils nur ein Zuschalten im Stromnulldurchgang bzw. im Scheitelwert der um 90° nacheilenden Wechselspannung in Frage. Die Kompensationskondensatoren führen damit entweder den vollen Ladestrom oder keinen Strom. Die jeweils zugeschaltete Kapazität wird mit dem Quadrat des Übersetzungsverhältnisses des Koppeltransformators auf dessen Primärseite transformiert. Um die Höhe der Blindleistung beeinflussen zu können, ist die Gesamtkapazität C_S in mehrere parallele, individuell zuschaltbare Kondensatoren aufgeteilt, sogenannte *Kondensatorbank*. Die Regelung der Blindleistung ist nur in Stufen möglich. Daher der Name *Thyristor „Switched" Capacitor*.

Beim Zuschalten eines neuen Kondensators zu den bereits vorhandenen Kondensatoren treten hohe Ausgleichsströme innerhalb der Kondensatoren auf, die durch die in Bild 8.35 eingezeichneten *Strombegrenzungsdrosseln* L_B begrenzt werden.

8.5.2.3 Static VA$_r$ Compensator, SVC

Der klassische *Static VA$_r$ Compensator* (SVC) stellt eine *Kombination* aus TCR und TSC dar und dient im stationären Betrieb der Spannungshaltung im jeweiligen Netzknoten, Bild 8.36.

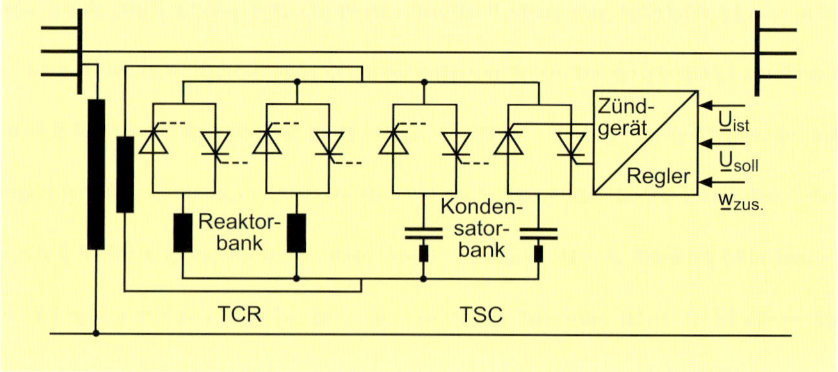

Bild 8.36. *Static VA$_r$ Compensator*, SVC.

Dieser FACTS-Regler kann sowohl kapazitive als auch induktive Blindleistung *stetig regelbar* ins Netz einspeisen. Die Blindleistungssprünge der nur gestuft geschalteten Kondensatoren werden durch den TCR ausgeregelt. Die Existenz des Reglers wird gelegentlich durch die synonyme Bezeichnung *Static* VA_r *System*, *SVS*, zum Ausdruck gebracht. Die Anordnung eines SVC erfolgt vorzugsweise in der Nähe der Last oder in der Leitungsmitte.

8.5.2.4 STATCOM

Das angestrebte Ziel, Blindleistung *stetig* veränderlich bereitzustellen, läßt sich auch durch Einsatz einer Stromrichterschaltung mit *abschaltbaren* Thyristoren und einem *kapazitiven Energiespeicher* erreichen (engl.: *Voltage-Source Converter*, *VSC*). Diese Klasse der *fortgeschrittenen FACTS-Regler* kommt ohne eine Vielzahl Blindleistung bereitstellender Kondensatoren und Induktivitäten aus. Ein typischer Vertreter ist der Pulsstromrichter *STATCOM*. Er generiert ein dreiphasiges Spannungssystem mit variabler Spannungsamplitude, dessen Spannungen um 90° gegenüber den entsprechenden Leitungsströmen phasenverschoben sind. Es findet mit anderen Worten nur ein Blindleistungsaustausch statt.

Den grundlegenden Aufbau des STATCOM zeigt schematisch Bild 8.37.

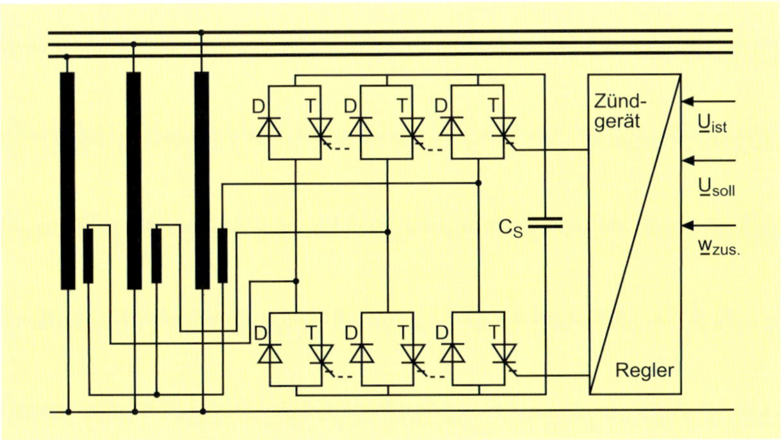

Bild 8.37. Grundsätzlicher Aufbau des STATCOM. C_S: Energiespeicher-Kondensator, T: GTO-Thyristor (engl.: *Gate Turn Off*), D: Diode.

Mit Hilfe eines auf hohe Gleichspannung aufgeladenen Energiespeicherkondensators C_S generiert eine 6-Puls-Stromrichterschaltung durch *Pulsweitenmodulation* drei regelbare, um 120° versetzte, näherungsweise sinusförmige Wechselspannungen. Dieses Drehspannungssystem wird über die Kurzschlußreaktanz X_k der Koppeltransformatoren dem Drehspannungssystem der Leitung parallel geschaltet. Den Thyristoren der Brückenschaltung ist jeweils eine Diode antiparallel geschaltet, die einen Energiefluß auch vom Netz in den Stromrichter erlaubt.

Durch eine Änderung der Amplitude der synthetisierten Spannung U_{kon} kann - ähnlich wie beim Phasenschieber (s. 6.6) - Blindleistung zwischen dem STATCOM und dem Netz ausgetauscht werden. Falls die Amplitude der *transformierten* Spannung $U'_{\mathrm{Konverter}}$ größer als die Netzspannung ist, fließt Strom vom Konverter in das Netz und der Konverter erzeugt *kapazitive* Blindleistung. Ist die Amplitude der transformierten Spannung kleiner, stellt die Konverterschaltung *induktive* Blindleistung bereit.

Der abgegebene bzw. aufgenommene Blindstrom berechnet sich aus der Spannungsdifferenz und der Transformatorkurzschlußreaktanz X_k zu

$$I_q = \frac{U_{\mathrm{Netz}} - U'_{\mathrm{Konverter}}}{X_k} \tag{8.96}$$

Durch entsprechende elektrische Auslegung des STATCOM können die erzeugten Spannungsformen sehr gut an die Sinusform angenähert werden, so daß nur kleine Filter zur Beseitigung der Oberschwingungen erforderlich sind. Beispielsweise erreicht man durch vier dreistufige Zwölfpulsbrücken eine 48-stufige Ausgangsspannungsform.

Durch temporäres Zulassen einer von 90° verschiedenen Phasenverschiebung wird in geringem Umfang auch *Wirkleistung* zur Auf- und Entladung des Energiespeicherkondensators ausgetauscht. Mit dem Ladezustand des Kondensators wird ferner die Amplitude der erzeugten Spannung geregelt. Schließlich lassen sich auf diese Weise die beim Umladen entstehenden Kondensatorverluste decken. Der STATCOM selbst besitzt keine explizite äußere Spannungsversorgung.

Es ist grundsätzlich möglich, beim Ersatz des Kondensators durch einen *supraleitenden Energiespeicher*, *Brennstoffzellen* oder *wieder aufladbare Batterien* in größerem Umfang auch einen merklichen Wirkleistungsaustausch zu bewerkstelligen.

Im Gegensatz zum SVC ist der STATCOM auch in der Lage, bei kleinen Spannungen noch maximalen induktiven oder kapazitiven Blindstrom in das Netz einzuspeisen, Bild 8.38.

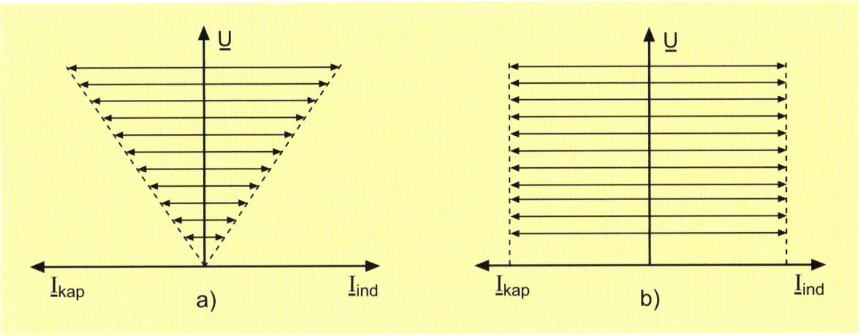

Bild 8.38. Stationäre U/I Betriebsbereiche. a) SVR, b) STATCOM (schematisch).

8.5.3 Seriengeschaltete FACTS-Betriebsmittel

Seriengeschaltete FACTS-Regler dienen im stationären Betrieb der gezielten Steuerung der *Leistungsflüsse* einzelner Leitungen, beispielsweise zur gleichmäßigen Aufteilung der Lastströme auf zwei parallele Strompfade. Ferner der Erhöhung oder Verringerung des Spannungsunterschieds längs der Leitungen. Sie werden in Reihe mit den Phasen einer Leitung auf Hochspannungspotential angeordnet und über Lichtleiter von einer auf Erdpotential befindlichen *Zünd-/Regel-Einheit* angesteuert bzw. geregelt. Die Führungsgröße für den Regler ist im ungestörten Betrieb der *Leitungsstrom.* Bei transienten Netzstörungen wirken seriengeschaltete FACTS-Regler infolge zusätzlich aufgeschalteter Führungsgrößen stabilitätserhöhend. Vielfach werden sie zur Dämpfung von Leistungspendelungen auf langen Koppelleitungen eingesetzt.

8.5.3.1 Thyristor-Controlled Series Capacitor, TCSC

Leitungen mit in Serie geschalteten Kondensatoren kommen seit vielen Jahren im Rahmen der *Reihenkompensation* zum Einsatz (s. 8.4.1.2). Dieses erfolgreiche Konzept ist in Verbindung mit Leistungselektronik noch flexibler geworden und führte zur Entwicklung des *Thyristorgesteuerten Serienkondensators*, TCSC (Thyristor-Controlled Series Capacitor).

Ein TCSC besteht aus der Parallelschaltung eines Kondensators und einer thyristorgesteuerten Drossel, Bild 8.39.

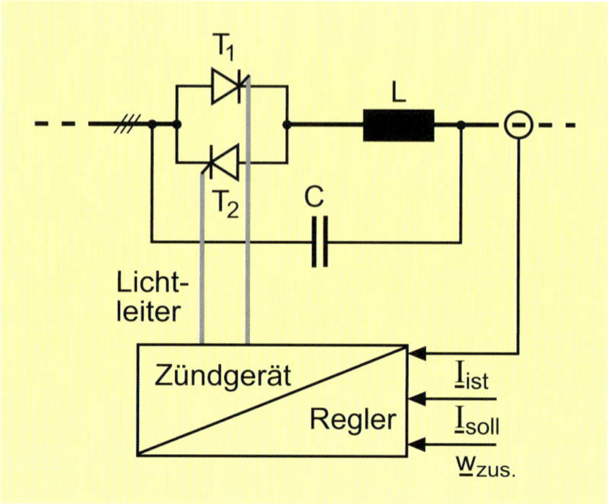

Bild 8.39. *Thyristor Controlled Series Capacitor*, TCSC. In praktischen Anwendungen werden mehrere dieser einfachen Schaltungen in Reihe geschaltet, um die erforderliche Spannung zu erreichen.

Die thyristorgesteuerte Reaktanz verhält sich abhängig vom Schaltwinkel α wie eine kontinuierlich veränderliche Induktivität. Bei unverzögert gezündeten Thyristoren wird die Kapazität C über die Induktivität quasi kurzgeschlossen. Im Strompfad liegt im wesentlichen die Induktivität L, bei nicht gezündeten Thyristoren die Kapazität C. Das Verhalten des TCSC entspricht einem abstimmbaren parallelen LC-Schwingkreis, bestehend aus einer konstanten kapazitiven Reaktanz X_C und einer variablen induktiven Reaktanz $X_L(\alpha)$. Die wirksame Reaktanz berechnet sich zu

$$X_{TCSC} = \frac{X_C \cdot X_L(\alpha)}{X_L(\alpha) + X_C} \tag{8.97}$$

und kann *induktiv* oder *kapazitiv* sein.

Da die übertragene Leistung einer Leitung gemäß Gleichung (8.10) proportional zur Leitungsreaktanz ist, läßt sich auf diese Weise der Leistungsfluß steuern. Der TCSC selbst liefert keine Wirkleistung, da einerseits der an ihm vom Leitungsstrom herrührende Spannungsunterschied senkrecht zum Leitungsstrom liegt und außerdem keine explizite äußere Energieversorgung erfolgt.

Neben der Erhöhung der Übertragungskapazität ist eine weitere wichtige *Anwendung* des TCSC die Verhinderung niederfrequenter Wirkleistungspendelungen über lange Leitungen gekoppelter Elektroenergiesysteme.

Eine Problematik *konventioneller* Kompensation mit Reihenkondensatoren liegt im Auftreten eines elektrischen Reihen-Schwingkreises, bestehend aus dem Reihenkondensator und der Induktivität des Stromkreises. Stimmt die Resonanzfrequenz dieses Schwingkreises mit einer der Resonanzfrequenzen des mechanischen Drehschwingers *Turbosatzwelle* überein, entstehen bei Kurzschlüssen exzessive Torsionsbeanspruchungen der Generatorwelle, die bei mehrfachem Auftreten zur Zerstörung des Wellenstrangs führen können. Dieses Phänomen wird als SSR (*engl.: Subsynchronous Resonance*) bezeichnet. Durch den Einsatz eines TCSC läßt sich dieses Problem beherrschen (s. 18.1.2).

8.5.3.2 Static Synchronous Series Compensator, SSSC

Der SSSC bzw. S^3C induziert in den Leitungszug über einen Transformator eine gesteuerte Quellenspannung, deren Höhe genau dem Spannungsabfall einer gleichwertigen Reihenkapazität entspricht, Bild 8.40.

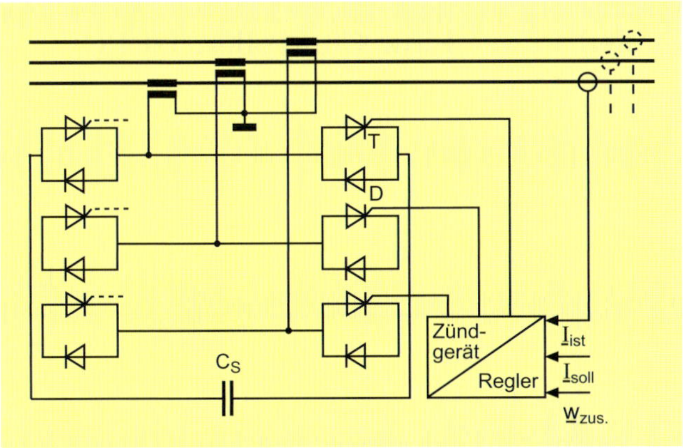

Bild 8.40. *Static Synchronous Series Compensator*, SSSC bzw. S^3C.

Während der TCSC des vorigen Abschnitts auf Hochspannungspotential liegt und über Lichtleiter angesteuert werden muß, befindet sich der SSSC auf Erdpotential.

Die Spannung wird wie beim STATCOM mittels einer vielpulsigen Stromrichterschaltung und einem kapazitivem Energiespeicher synthetisiert. Wie beim STATCOM findet nur ein Blindleistungsaustausch statt, da Spannung und Strom wieder um 90° phasenverschoben sind. Durch temporäres Zulassen einer von 90° verschiedenen Phasenverschiebung erfolgt jedoch in geringem Umfang auch ein Wirkleistungsaustausch zum Auf- und Entladen des Kondensators sowie für die Deckung der Umlade- und Stromrichterverluste statt. Der SSSC besitzt wie der STATCOM keine äußere Spannungsversorgung, könnte jedoch wie dieser bei geeignetem Ersatz der Speicherkapazität grundsätzlich auch Wirkleistung einspeisen.

8.5.4 Kombinierte FACTS-Regler

Kombinierte FACTS-Betriebsmittel ermöglichen die gleichzeitige Einspeisung von *Blind-* und *Wirkleistung* und damit die Regelung aller die Übertragungskapazität bestimmender Parameter: *Knotenspannungsbeträge*, *Leitungsreaktanz* und *Leitungswinkel* ϑ. Diese Eigenschaften ermöglichen eine unabhängige, gezielte Steuerung der Wirk- und Blindleistungsflüsse und eine optimale Spannungshaltung. Der typische Vertreter ist der *Unified Power-Flow Controller*, UPFC.

8.5.4.1 Unified Power Flow Controller, UPFC

Der UPFC besteht aus der Kombination eines STATCOM und eines SSSC, Bild 8.41.

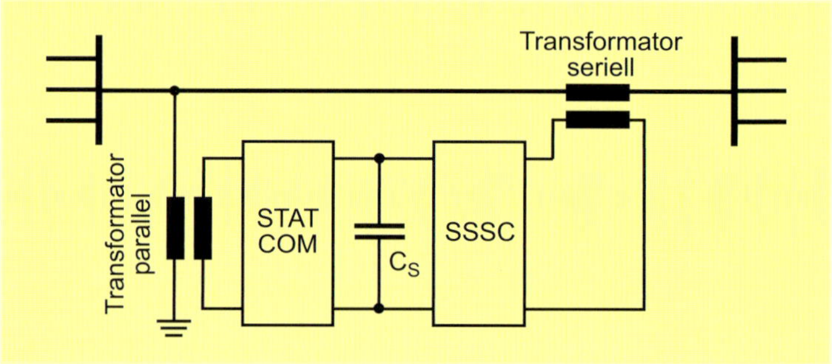

Bild 8.41. Schematischer Aufbau eines UPFC. Zündeinrichtung/Regler nicht gezeichnet.

Beide Pulsstromrichter sind miteinander galvanisch verbunden und nutzen gemeinsam den gleichen Energiespeicherkondensator.

Der SSSC führt die Hauptfunktion des UPFC aus, die Erzeugung eines Spannungssystems mit *regelbarer Amplitude und regelbarer Phasenlage* in Serie mit einer bestimmten Übertragungsleitung. Die Phasenverschiebung bezüglich des Leitungsstroms kann hier merklich von 90° abweichen. Die dann in die Leitung eingespeiste Wirkleistung bezieht der SSSC vom STATCOM, der sie wiederum über seinen Netzknoten aus dem gesamten Netz aufnimmt. Der STATCOM kann selbstverständlich auch seine klassischen Funktionen der Erzeugung oder Absorption von Blindleistung zur Leitungskompensation ausüben.

Der UPFC ermöglicht die getrennte, automatisch geregelte, gleichzeitige Einspeisung induktiver oder kapazitiver *Blindleistung* und/oder auch *Wirkleistung*, letzteres ohne *zusätzliche* äußere Energiequelle.

Die Regelung der diversen voneinander abhängigen Stellgrößen erfolgt entweder über separate Regler oder eine Mehrgrößenregelung, sogenanntes *MIMO-System* (engl.: *Multiple Input, Multiple Output*).

8.5.4.2 Dynamic Power-Flow Controller, DFC

Eine preiswerte Alternative zum UPFC zeigt Bild 8.42 auf.

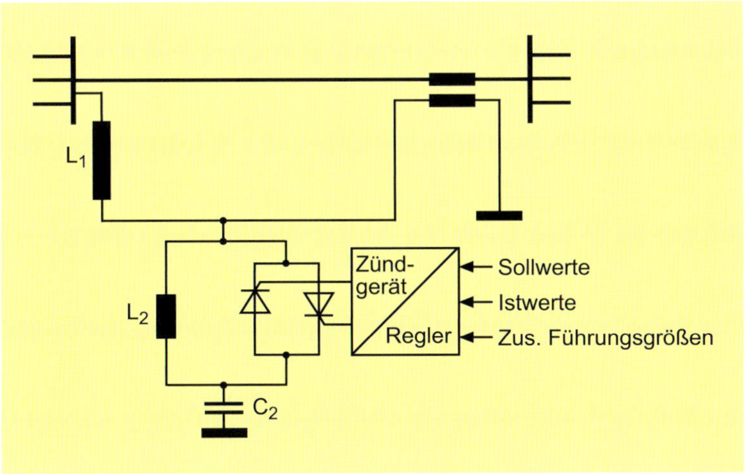

Bild 8.42. *Dynamic Power-Flow Controller*, DFC.

Das Wirkungsprinzip beruht im wesentlichen auf einem komplexen Spannungsteiler, gebildet aus der Primärreaktanz X_1 (L_1) und der Sekundärreaktanz X_2 ($L_2 + C_2$). Die Induktivität L_2 ist wie beim TCR (s. 8.5.2.1) in ihrer Größe stellbar. Bei verzögerungsfrei gezündeten Thyristoren ist L_2 kurzgeschlossen und die Sekundärreaktanz ist rein kapazitiv. Die Spannung an der Sekundärreaktanz X_2 speist die Primärwicklung des Koppeltransformators. Das System verhält sich grundsätzlich wie ein klassischer *Schrägregler* (s. 7.6.3) bzw. Transformator mit komplexem Übersetzungsverhältnis, arbeitet jedoch in Echtzeit und unterliegt keiner vergleichbaren Alterung.

8.5.4.3 FACTS HGÜ-Kupplungen

Die im UPFC und SSSC verwendeten selbstgeführten Stromrichter können auch als *FACTS-Kupplungen* zwischen Netzen eingesetzt werden (engl.: *High-Voltage DC Voltage-Source Converter, HVDC VSC*), Bild 8.43.

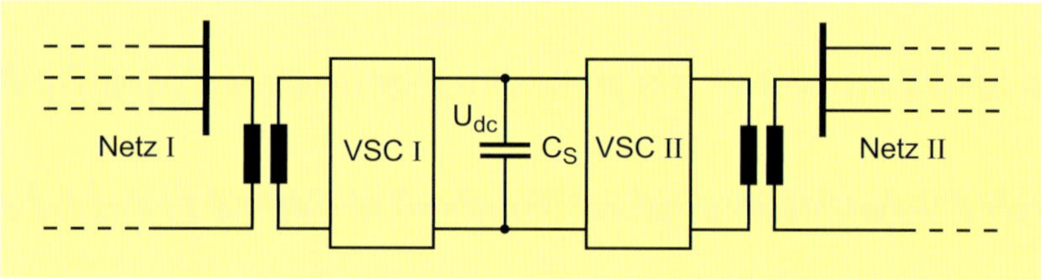

Bild 8.43. FACTS HGÜ-Kupplung zweier Netze über zwei selbstgeführte Pulstromrichter mit Gleichspannungszwischenkreis (HVDC VSC).

Bei der gesteuerten Wirkleistungsübertragung vom Netz I zum Netz II wirkt der VSC I als Gleichrichter und regelt die Gleichspannung U_{dc} auf einen konstanten Wert. Der VSC II arbeitet als Wechselrichter und steuert bzw. regelt die übertragene Wirkleistung.

Die Netze können unterschiedliche Frequenz, Spannungsqualität und aufgrund ihrer galvanischen Trennung unterschiedliche Sternpunktbehandlung aufweisen. Auch lassen sich wegen Netzausbaus nicht mehr beherrschbare Kurzschlußleistungen durch Aufteilung und Kopplung über FACTS-Kupplungen beherrschen. Als Leistungshalbleiter kommen abschaltbare Thyristoren (engl.: *Gate Turn Off Thyristor*, GTOs) und IGBTs (engl.: *Integrated-Gate Bipolar Transistors*) zum Einsatz.

FACTS-Kupplungen leisten offensichtlich zunächst das Gleiche wie eine HGÜ-Kurzkupplung. Darüber hinaus können sie jedoch dank der *selbstgeführten* Pulsstromrichter (im Gegensatz zu den *netzgeführten* HGÜ-Stromrichtern mit gewöhnlichen Thyristoren) auch Blindleistung bereitstellen und kommen daher mit wesentlich geringerem Aufwand für Kompensationsreaktanzen aus (vgl. Bild 8.6).

Derzeitige Anwendungen bieten in Verbindung mit zu Lande verlegten Gleichstromkabeln eine Alternative zur Erhöhung der Übertragungskapazität eines *Übertragungskorridors*, wenn klassische Freileitungen nicht mehr genehmigungsfähig sind. Ferner gibt es Kurzkupplungen zur Leistungsflußsteuerung bzw. -regelung zwischen Verteilnetzen und zur Spannungsversorgung von Inselnetzen.

8.5.5 FACTS-Regelung

Im stationären Netzbetrieb verhalten sich FACTS-Regler wie die klassischen *Kompensationseinrichtungen* (s. 8.4) und *Regeltransformatoren* (s. 7.6). Ihre Sollwerte werden im Rahmen des Netzbetriebs *zentral* von der Netzleitstelle vorgegeben. Die während des Übergangs vom ungestörten in den gestörten Netzzustand auftretenden dynamischen Ausgleichsvorgänge werden *lokal* durch Aufschalten weiterer Führungsgrößen $w_{\mathrm{zus.}}(t)$ auf die Regeleinrichtungen beherrscht.

Die stabile Regelung der diversen voneinander abhängigen Stellgrößen eines kombinierten FACT-Reglers erfordert zur Entkopplung eine Priorisierung - beispielsweise *Wirkleistungsfluß vor Blindleistungsfluß* etc. - bzw. den Einsatz einer *Mehrgrößenregelung.*

Die Einbindung mehrerer FACTS-Regler in einem Netz erhöht die Wahrscheinlichkeit des Auftretens von Regelschwingungen. Um diese zu vermeiden, müssen die Regler bei einem drohenden Netzengpaß oder bei einer Verletzung des n-1 Prinzips in koordinierter Weise derart reagieren, daß sich alle benachbarten Leitungen proportional am von der ausfallenden Leitung verursachten Defizit beteiligen und sich konzertiert den Grenzen ihrer individuellen Übertragungskapazität nähern.

Die klassische, risikolose Alternative besteht in der Bereitstellung ausreichend redundanter Übertragungskapazität in Form zusätzlicher, niedrig belasteter Drehstromleitungen, wie dies vor der Deregulierung des Strommarktes der Fall war.

Der Aufwand der praktischen Realisierung eines FACTS-Betriebsmittels, hier eines SVC (s. 8.5.2.3), zeigt Bild 8.44.

Bild 8.44. Statischer Blindleistungskompensator SVC im EON-Netz bei Lübeck-Siems, Leistung 200 MVA (Siemens).

Neben dem grundsätzlichen elektrischen Wirkungsprinzip eines FACTS-Betriebsmittels gilt es zahlreiche weitere technische Gesichtspunkte zu berücksichtigen. So wird die in Bild 8.36 gezeigte Grundschaltung durch Saugkreisfilter ergänzt, die die 5., 7. und 11. Oberschwingung des TCR reaktiv dämpfen. Ferner liefern die Kapazitäten der Filter eine feste kapazitive Blindleistungskomponente des SVC.

Zur Dämpfung magnetostriktiver Geräusche sind die Drosseln des TCR in einem schalldämmenden Gebäude untergebracht. Der Anpaßtransformator ist mit einer schalldämpfenden Verkleidung akustisch isoliert. Die Lüftungsöffnungen für die Zu- und Abluft zur Abführung der Verlustwärmen (Stromrichter 380 kW, Drosseln 680 kW) sind mit zusätzlichen Schalldämpfern versehen.

Wegen der starken Magnetfelder der Drosselspulen müssen die Betonarmierungen des Fundaments schleifenfrei ausgeführt sein. Andernfalls würden sich in den Kurzschlußwindungen Kreisströme ausbilden und eine unzulässige Erwärmung des Betons bewirken.

Die Anlagen sind unbemannt und werden von der Systemführung ferngesteuert und fernüberwacht (s. Kapitel 15).

8.6 Berechnung der Betriebsimpedanzen von Mehrleitersystemen

Bei der Vorstellung der Methode der symmetrischen Komponenten im Rahmen der mathematischen Modellierung der Synchronmaschine wurde das Konzept der *Betriebsbeläge* eingeführt (s. 6.11). Die Berechnung von Betriebsbelägen gestaltet sich umso schwieriger, je mehr Phasen berücksichtigt werden müssen. Beispielsweise kommen bei Freileitungen zu den drei Hauptleitern noch *Erdseile* für den Blitzschutz oder weitere *Drehstromsysteme* auf der gleichen Trasse sowie die Berücksichtigung des *Erdrückleiters* hinzu. Alle parallel verlaufenden Leiter sind *elektrisch* über *Teilkapazitäten* und *magnetisch* über *Gegeninduktivitäten* miteinander gekoppelt. Anstelle zahlloser komplexer Formeln für die Betriebsbeläge der verschiedensten Mastkopfbilder empfiehlt sich ein generell anwendbares systematisches Vorgehen mit Hilfe der Matrizenrechnung.

8.6.1 Berechnung von Betriebsimpedanzen in Längsrichtung

Die grundsätzliche Vorgehensweise wird an einem Drehstromsystem mit einem *Blitzschutzseil* und *Erdrückleitung* erläutert, Bild 8.45.

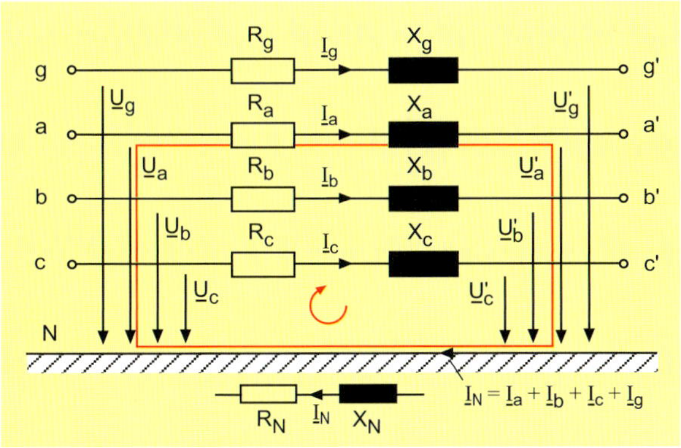

Bild 8.45. Ersatzschaltbild einer kurzen Leitung mit Blitzschutzseil und Erdrückleitung.

Die drei Außenleiter des Drehstromsystems tragen die Indizes a, b, c, das Blitzschutzseil den Index g (engl.: *ground*), die Erdrückleitung den Index N (Neutralleiter bzw. engl.: *neutral*). Die Größen am Ende der Leitung werden durch ein *Auslassungszeichen* gekennzeichnet. Für die Summe aller Spannungen der den Außenleiter a enthaltenden Masche erhalten wir dann

$$\begin{aligned} 0 = \; & -\underline{U}_a + R_a\underline{I}_a + jX_a\underline{I}_a + jX_{ab}\underline{I}_b + jX_{ac}\underline{I}_c + jX_{ag}\underline{I}_g \\ & -jX_{aN}\underline{I}_N + \underline{U}'_a + R_N\underline{I}_N + jX_N\underline{I}_N - jX_{aN}\underline{I}_a - jX_{bN}\underline{I}_b \\ & -jX_{cN}\underline{I}_c - jX_{gN}\underline{I}_g \quad . \end{aligned} \tag{8.98}$$

Man substituiert $\underline{I}_N$ durch die Summe der vier anderen Stromleiter und bringt beide Spannungen $\underline{U}_a$ und $\underline{U}'_a$ auf die linke Gleichungsseite. Nach Zusammenfassen der Produkte mit dem gleichen Leiterstrom ergibt sich für den Spannungsunterschied zwischen Anfang und Ende der Leitung

$$\begin{aligned} \underline{U}_a - \underline{U}'_a = & (R_a + R_N)\underline{I}_a + j(X_a + X_N - 2X_{aN})\underline{I}_a \\ & + R_N\underline{I}_b + j(X_{ab} + X_N - X_{aN} - X_{bN})\underline{I}_b \\ & + R_N\underline{I}_c + j(X_{ac} + X_N - X_{aN} - X_{cN})\underline{I}_c \\ & + R_N\underline{I}_g + j(X_{ag} + X_N - X_{aN} - X_{gN})\underline{I}_g \quad . \end{aligned} \tag{8.99}$$

Faßt man noch die Widerstände und Reaktanzen zu Impedanzen zusammen, erhält man

$$\underline{U}_a - \underline{U}'_a = \underline{Z}_{aa}\underline{I}_a + \underline{Z}_{ab}\underline{I}_b + \underline{Z}_{ac}\underline{I}_c + \underline{Z}_{ag}\underline{I}_g \quad , \tag{8.100}$$

wobei Z_{aa} die Impedanz des Leiters a einschließlich der Erdrückleitung darstellt, während $\underline{Z}_{ab}$, $\underline{Z}_{ac}$ und $\underline{Z}_{ag}$ jeweils die Gegenimpedanz zwischen zwei Leitern mit Erdrückleitung ist.

Für die anderen Maschen erhält man entsprechend

$$\begin{aligned} \underline{U}_b - \underline{U}'_b &= \underline{Z}_{bb}\underline{I}_b + \underline{Z}_{ba}\underline{I}_a + \underline{Z}_{bg}\underline{I}_g + \underline{Z}_{bc}\underline{I}_c \\ \underline{U}_c - \underline{U}'_c &= \underline{Z}_{cc}\underline{I}_c + \underline{Z}_{cb}\underline{I}_b + \underline{Z}_{ca}\underline{I}_a + \underline{Z}_{cg}\underline{I}_g \\ \underline{U}_g - \underline{U}'_g &= \underline{Z}_{gg}\underline{I}_g + \underline{Z}_{gb}\underline{I}_b + \underline{Z}_{ga}\underline{I}_g + \underline{Z}_{gc}\underline{I}_c \quad . \end{aligned} \tag{8.101}$$

Umordnen der Terme derart, daß alle Produkte mit $\underline{I}_a$ $\underline{I}_b$, $\underline{I}_c$, $\underline{I}_g$ übereinander stehen,

$$\begin{aligned}
\underline{U}_a - \underline{U}'_a &= \underline{Z}_{aa}\underline{I}_a + \underline{Z}_{ab}\underline{I}_b + \underline{Z}_{ac}\underline{I}_c + \underline{Z}_{ag}\underline{I}_g \\
\underline{U}_b - \underline{U}'_b &= \underline{Z}_{ba}\underline{I}_a + \underline{Z}_{bb}\underline{I}_b + \underline{Z}_{bc}\underline{I}_c + \underline{Z}_{bg}\underline{I}_g \\
\underline{U}_c - \underline{U}'_c &= \underline{Z}_{ca}\underline{I}_a + \underline{Z}_{cb}\underline{I}_b + \underline{Z}_{cc}\underline{I}_c + \underline{Z}_{cg}\underline{I}_g \\
\underline{U}_g - \underline{U}'_g &= \underline{Z}_{ga}\underline{I}_a + \underline{Z}_{gb}\underline{I}_b + \underline{Z}_{gc}\underline{I}_c + \underline{Z}_{gg}\underline{I}_g \quad ,
\end{aligned} \tag{8.102}$$

führt auf die Matrixgleichung

$$\begin{bmatrix} \underline{U}_a - \underline{U}'_a \\ \underline{U}_b - \underline{U}'_b \\ \underline{U}_c - \underline{U}'_c \\ ---- \\ \underline{U}_g - \underline{U}'_g \end{bmatrix} = \begin{bmatrix} \underline{Z}_{aa} & \underline{Z}_{ab} & \underline{Z}_{ac} & | & \underline{Z}_{ag} \\ \underline{Z}_{ba} & \underline{Z}_{bb} & \underline{Z}_{bc} & | & \underline{Z}_{bg} \\ \underline{Z}_{ca} & \underline{Z}_{cb} & \underline{Z}_{cc} & | & \underline{Z}_{cg} \\ -- & -- & -- & | & -- \\ \underline{Z}_{ga} & \underline{Z}_{gb} & \underline{Z}_{gc} & | & \underline{Z}_{gg} \end{bmatrix} \begin{bmatrix} \underline{I}_a \\ \underline{I}_b \\ \underline{I}_c \\ - \\ \underline{I}_g \end{bmatrix} \tag{8.103}$$

bzw. in Kurzschreibweise

$$\boxed{\Delta\underline{\mathbf{U}}_{a,b,c,g} = \underline{\mathbf{Z}}\,\underline{\mathbf{I}}_{a,b,c,g}} \quad . \tag{8.104}$$

Zur Reduktion des *Vierleitersystems* auf ein *Dreileitersystem* wird die Matrixgleichung partitioniert, wobei vier Untermatrizen $\underline{\mathbf{Z}}_1, \underline{\mathbf{Z}}_2, \underline{\mathbf{Z}}_3, \underline{\mathbf{Z}}_4$ entstehen. Unter der Annahme $\Delta\underline{U}_g := 0$ (das Erdseil ist an jedem Mast geerdet) vereinfacht sich (8.103) nach Partitionieren zu

$$\begin{bmatrix} \Delta\underline{\mathbf{U}}_{abc} \\ 0 \end{bmatrix} = \begin{bmatrix} \underline{\mathbf{Z}}_1 & \underline{\mathbf{Z}}_2 \\ \underline{\mathbf{Z}}_3 & \underline{\mathbf{Z}}_4 \end{bmatrix} \begin{bmatrix} \underline{\mathbf{I}}_{abc} \\ \underline{\mathbf{I}}_g \end{bmatrix} \quad . \tag{8.105}$$

Die Zerlegung von (8.105) in zwei Matrixgleichungen liefert:

$$\Delta\underline{\mathbf{U}}_{abc} = \underline{\mathbf{Z}}_1\,\underline{\mathbf{I}}_{abc} + \underline{\mathbf{Z}}_2\,\underline{\mathbf{I}}_g \quad , \tag{8.106}$$

und

$$0 = \underline{\mathbf{Z}}_3\underline{\mathbf{I}}_{abc} + \underline{\mathbf{Z}}_4\underline{\mathbf{I}}_g \quad . \tag{8.107}$$

Um Gleichungen nur in abc-Größen zu erhalten, eliminieren wir $\underline{I}_g$, indem (8.107) zunächst nach $\underline{I}_g$ aufgelöst

$$\underline{\mathbf{I}}_g = \underline{\mathbf{Z}}_4^{-1}\,(-\underline{\mathbf{Z}}_3\underline{\mathbf{I}}_{abc}) \quad , \tag{8.108}$$

und in (8.106) substituiert wird,

$$\Delta\underline{\mathbf{U}}_{abc} = \underline{\mathbf{Z}}_1\underline{\mathbf{I}}_{abc} + \underline{\mathbf{Z}}_2\underline{\mathbf{Z}}_4^{-1}(-\underline{\mathbf{Z}}_3\underline{\mathbf{I}}_{abc}) \quad . \tag{8.109}$$

Nach Ausklammern von $\underline{\mathbf{I}}_{abc}$ erhalten wir die übliche Partitionierungsgleichung,

$$\boxed{\Delta\underline{\mathbf{U}}_{abc} = (\underline{\mathbf{Z}}_1 - \underline{\mathbf{Z}}_2\,\underline{\mathbf{Z}}_4^{-1}\,\underline{\mathbf{Z}}_3)\,\underline{\mathbf{I}}_{abc}} \tag{8.110}$$

bzw.

$$\boxed{\Delta\underline{\mathbf{U}}_{abc} = \underline{\mathbf{Z}}^*\,\underline{\mathbf{I}}_{abc}} \quad . \tag{8.111}$$

Hat man durch Lösen von 8.111 erst einmal $\underline{\mathbf{I}}_{abc}$ ermittelt, erhält man für $\underline{I}_g$

$$\underline{I}_g = -\frac{1}{\underline{Z}_{gg}}(\underline{Z}_{ga}\underline{I}_a + \underline{Z}_{gb}\underline{I}_b + \underline{Z}_{gc}\underline{I}_c) \quad . \tag{8.112}$$

Ist die Freileitung symmetrisch aufgebaut, was bei entsprechendem Auskreuzen der Leiter gegeben sein soll, sind jeweils alle Selbstimpedanzen und alle Gegenimpedanzen untereinander gleich, das heißt

$$\underline{Z}_{aa} = \underline{Z}_{bb} = \underline{Z}_{cc} = \underline{Z}_S \tag{8.113}$$

und

$$\underline{Z}_{ab} = \underline{Z}_{ac} = \underline{Z}_{bc} = \underline{Z}_M \quad . \tag{8.114}$$

Hiermit vereinfacht sich (8.111) zu

$$\begin{vmatrix} \Delta\underline{U}_a \\ \Delta\underline{U}_b \\ \Delta\underline{U}_c \end{vmatrix} = \begin{bmatrix} \underline{Z}_S & \underline{Z}_M & \underline{Z}_M \\ \underline{Z}_M & \underline{Z}_S & \underline{Z}_M \\ \underline{Z}_M & \underline{Z}_M & \underline{Z}_S \end{bmatrix} \begin{vmatrix} \underline{I}_a \\ \underline{I}_b \\ \underline{I}_c \end{vmatrix} \quad , \tag{8.115}$$

oder in Kurzform,

$$\boxed{\Delta\underline{\mathbf{U}}_{abc} = \underline{\mathbf{Z}}_{abc}\,\underline{\mathbf{I}}_{abc}} \quad . \tag{8.116}$$

Es verbleibt noch die Aufgabe der Bestimmung der Koeffizienten der Matrix in (8.115), das heißt der Selbst- und Gegenimpedanzen. Hier stehen drei Optionen zur Verfügung:

- Carson-Formel,
- Tabellenbücher,
- Messung der Impedanzen.

8.6.1.1 Carson-Formel

Carson hat schon sehr früh zwei Formeln für die Berechnung der *Selbstinduktivität* eines Leiters gegenüber Erde und der *Gegeninduktivität* zweier benachbarter Leiter über dem Erdboden angegeben:

$$\underline{Z}_{ii} = \underline{Z}_i + 2j\omega ln\frac{r_{ii}}{r_i} + J_{ii} \quad , \tag{8.117}$$

$$\underline{Z}_{ij} = 2j\omega ln\frac{r'_{ij}}{r_{ij}} + J_{ij} \quad . \tag{8.118}$$

Die Definition der Größen geht aus Bild 8.46 hervor, das drei Leiterseile a, b, c sowie ein Bildschutzseil g und die zugehörigen Spiegelleiter bezüglich der Erdoberfläche darstellt.

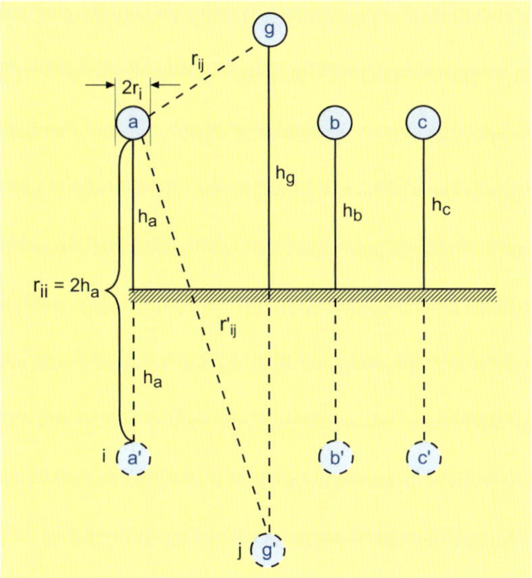

Bild 8.46. Zur Berechnung der Selbst- und Gegeninduktivität von Leitern über dem Erdboden unter Verwendung von *Bild-* bzw. *Spiegelleitern.*

Es bedeuten im einzelnen:

$\underline{Z}_i$ Ohmscher Widerstand und innere Induktivität

r_i Leiterradius

r_{ii} Abstand zum eigenen Bildleiter

r_{ij}	Abstand zum j-ten Leiter
r'_{ij}	Abstand zum j-ten Bildleiter
J_{ii} und J_{ij}	Zusatzterme zur Berücksichtigung der endlichen Leitfähigkeit der Erde gemäß einer von Carson angegebenen Formel. $J_{ii}, J_{ij} = 0$ bei perfekter Erde.

Aus (8.117) und (8.118) und den in Bild 8.46 definierten Abständen lassen sich somit alle Matrixelemente berechnen. Alternativ kann man die Betriebsinduktivitäten auch Tabellenbüchern entnehmen.

8.6.1.2 Tabellenbücher

Tabellenbücher für die Berechnung der Betriebsparameter von Leitungen enthalten meist typische Mastkopfbilder und die zugehörigen Formeln zur Berechnung der jeweiligen Betriebsimpedanzen. Tabellenbücher sind in einfachen Fällen hilfreich, aber nicht universell verwendbar, da nicht für alle Mastkopfbilder Tabellen existieren. Dies gilt insbesondere für Trassen, auf denen bis zu fünf Systeme auf einem *Gestänge* angeordnet sind.

8.6.1.3 Messung der Impedanzen

Schließlich lassen sich die Impedanzen auch meßtechnisch ermitteln, was zwar in der Praxis selten vorkommt, aber zumindest zur Veranschaulichung beiträgt. Zur Messung der Impedanzen schließt man alle Leiter am Leitungsende kurz und legt an den Eingang des jeweils betrachteten Leiters eine Spannung $\underline{U}_{\text{Test}}$ an, Bild 8.47.

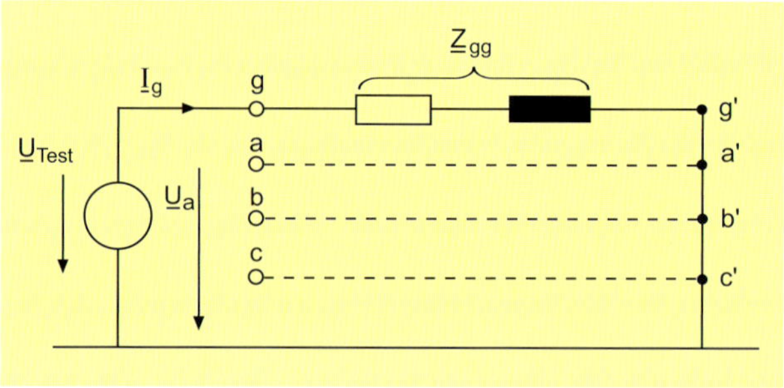

Bild 8.47. Messung der Leitungsimpedanzen.

Für die Selbst- und Gegenimpedanzen des Leiters a erhält man dann

$$\underline{Z}_{gg} = \frac{\underline{U}_{\text{Test}}}{\underline{I}_g} \qquad \underline{Z}_{bg} = \frac{\underline{U}_b}{\underline{I}_g}$$
$$\underline{Z}_{ag} = \frac{\underline{U}_a}{\underline{I}_g} \qquad \underline{Z}_{cg} = \frac{\underline{U}_c}{\underline{I}_g} \quad . \tag{8.119}$$

Auf gleiche Weise verfährt man mit allen anderen Leitern.

In der Matrixgleichung des Dreileitersystems sind, wie bei der Synchronmaschine (s. a. 6.2), alle drei Phasen miteinander elektrisch und magnetisch gekoppelt,

$$\Delta\underline{\mathbf{U}}_{abc} = \underline{\mathbf{Z}}_{abc}\,\underline{\mathbf{I}}_{abc} \quad . \tag{8.120}$$

Das bedeutet im vorliegenden Fall, daß der Spannungsabfall längs eines Leiters sowohl vom eigenen Leiterstrom als auch von den Strömen in den beiden anderen Außenleitern bestimmt wird. Wie bei der Synchronmaschine wird daher mit Hilfe der Methode der *Symmetrischen Komponenten* (6.11.2) eine Entkopplung, das heißt eine Diagnonalisierung der Matrix vorgenommen. In der Annahme, daß der Leser mit dieser Methode vertraut ist, können wir uns hier kurzfassen.

In Gleichung (8.120) sind

$$\Delta\underline{\mathbf{U}}_{abc} = T\Delta\underline{\mathbf{U}}_{0+-} \qquad \underline{\mathbf{I}}_{abc} = T\,\underline{\mathbf{I}}_{0+-} \tag{8.121}$$

$$T\Delta\underline{\mathbf{U}}_{0+-} = \underline{\mathbf{Z}}_{abc}T\,\underline{\mathbf{I}}_{0+-} \qquad |T^{-1} \tag{8.122}$$

$$\Delta\underline{\mathbf{U}}_{0+-} = \underbrace{T^{-1}\underline{\mathbf{Z}}_{abc}T}_{\underline{\mathbf{Z}}_{0+-}}\,\underline{\mathbf{I}}_{0+-} \tag{8.123}$$

$$\Delta\underline{\mathbf{U}}_{0+-} = \underline{\mathbf{Z}}_{0+-}\underline{\mathbf{I}}_{0+-} \tag{8.124}$$

In Anlehnung an 6.11.2 ergibt sich für die Impedanz im Bildbereich

$$\underline{Z}_{0+-} = \begin{bmatrix} \underline{Z}+2M & & \\ & \underline{Z}-M & \\ & & \underline{Z}-M \end{bmatrix} = \begin{bmatrix} \underline{Z}_0 & & \\ & \underline{Z}_+ & \\ & & \underline{Z}_- \end{bmatrix} \tag{8.125}$$

Diese Form erst erlaubt uns die einphasige Darstellung des Mehrleitersystems.

Die Impedanzen $\underline{Z}_0$, $\underline{Z}_+$, $\underline{Z}_-$ lassen sich ähnlich wie beim Synchrongenerator direkt meßtechnisch erfassen, Bild 8.48.

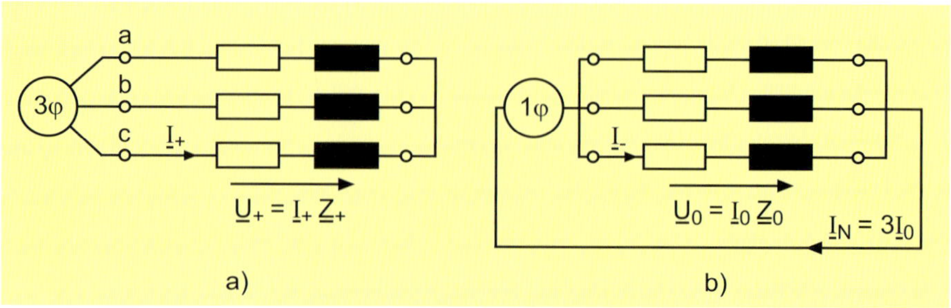

Bild 8.48. Messung der Impedanzen $\underline{Z}_0$, $\underline{Z}_+$, $\underline{Z}_-$. a) Messung der *Mitimpedanz*, b) Messung der *Nullimpedanz*.

Für $\underline{Z}_+$ und $\underline{Z}_-$ erhält man gleiche Werte

$$\underline{Z}_+ = \frac{\underline{U}_{\text{Strang}_+}}{\underline{I}_{\text{Strang}_+}} \qquad \text{bzw.} \qquad \underline{Z}_- = \frac{\underline{U}_{\text{Strang}_-}}{\underline{I}_{\text{Strang}_-}} \quad . \tag{8.126}$$

Für $\underline{Z}_0$ erhält man

$$\underline{Z}_0 = \frac{U_{\text{Strang}_0}}{I_{\text{Strang}_0}} \quad . \tag{8.127}$$

Wegen der fehlenden teilweisen Kompensation der magnetischen Felder beträgt die Nullimpedanz ein Mehrfaches der Mitimpedanz.

Besitzt die in Bild 8.48 als ideal angenommene Rückleitung eine Impedanz $\underline{Z}_N$ (Erdseil, Kabelmantel, Erdimpedanz), so ergibt sich für die Nullimpedanz

$$\underline{Z}_0 = \underline{Z}_{00} + 3\,\underline{Z}_N \quad , \tag{8.128}$$

wobei $\underline{Z}_{00}$ die Nullimpedanz der Leitung gemessen mit idealem Rückleiter ist. Es ist im Einzelfall zu prüfen, ob in einem gegebenen Wert für $\underline{Z}_0$ die Impedanz $3\,\underline{Z}_N$ bereits implizit enthalten ist oder nicht.

Die Angabe einer Nullimpedanz von Leitungen ist nur in geerdet betriebenen Netzen möglich (Generator-, Transformatorsternpunkte geerdet, s. a. Kapitel 10). In isoliert betriebenen Netzen ist die Rückleitung offen, das heißt eine Nullimpedanz ist in obigem Sinn nicht existent bzw. $\underline{Z}_0 = \infty$ (s. a. 10.4).

8.6.2 Berechnung der Betriebskapazitäten

Die Betriebskapazitäten werden auf ähnliche Weise wie die Betriebsinduktivitäten bestimmt, wobei jedoch für die Berechnung der Teilkapazitäten zunächst die *Leiterpotentiale* φ und die zugehörigen *Potentialkoeffizienten* P ermittelt werden müssen, Bild 8.49.

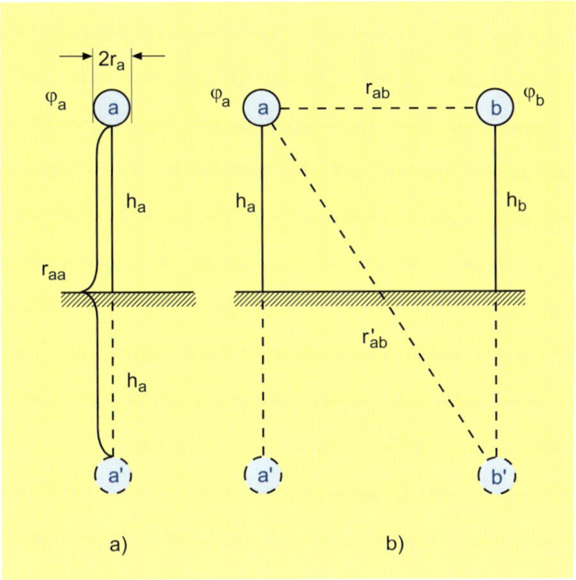

Bild 8.49. Zur Berechnung der Kapazität von Leitern in der Höhe h_a über dem Erdboden. a) ein Leiter a mit Bildleiter a', b) zwei Leiter a, b mit Bildleitern a', b'.

Berechnung des Potentials φ_a *und des zugehörigen Potentialkoeffizienten* P_a *eines Leiters* a *in der Höhe* h_a:

Das Potential an der Oberfläche eines Leiters a mit dem Radius r_a in der Höhe h_a über dem Erdboden gemäß Bild 8.49a berechnet sich gemäß der *Potentialtheorie* zu

$$\varphi_a = \frac{Q_a}{2\pi\varepsilon l} ln \frac{2h_a}{r_a} = \frac{Q_a}{2\pi\varepsilon l} ln \frac{r_{aa}}{r_a} = \tag{8.129}$$

$$= \frac{Q_a}{l} \frac{1}{2\pi\varepsilon} ln \frac{r_{aa}}{r_a} = \tag{8.130}$$

$$\varphi_a = \frac{Q_a}{l} P_a \quad . \tag{8.131}$$

Hierin ist Q_a/l die zunächst unbekannte Linienladung des Leiters a bezogen auf die Leiterlänge l. Der Potentialkoeffizient P_a dient der verkürzten Schreibweise und ist letztlich ein Geometriefaktor.

Berechnung der Potentiale φ_a und φ_b sowie der Potentialkoeffizienten P zweier Leiter a, b mit den Radien r_a, r_b und der Höhe h_a, h_b über dem Erdboden:

Das Potential eines Leiters eines *Mehrleitersystems* berechnet sich aus der Überlagerung der Potentiale aller anderen Leiter,

$$\varphi_a = \varphi_{aa} + \varphi_{ab} \tag{8.132}$$

$$\varphi_a = \frac{Q_a}{2\pi\varepsilon l} ln \frac{r_{aa}}{r_a} + \frac{Q_b}{2\pi\varepsilon l} ln \frac{r'_{ab}}{r_{ab}} \tag{8.133}$$

$$\varphi_a = \frac{Q_a}{l} P_{aa} + \frac{Q_b}{l} P_{ab} \quad . \tag{8.134}$$

Sinngemäß erhält man

$$\varphi_b = \frac{Q_b}{l} P_{bb} + \frac{Q_a}{l} P_{ba} \quad . \tag{8.135}$$

Mit Hilfe der Potentialfunktionen vom Typ (8.134), (8.135) läßt sich für beliebige Mehrleiteranordnungen zunächst ein lineares Gleichungssystem zur Berechnung der Leiterladungen Q aufstellen. Aus diesem Gleichungssystem werden anschließend gemäß dem Zusammenhang zwischen Kapazität, Spannung und Ladung eines Kondensators

$$Q = CU \tag{8.136}$$

die Kapazitäten bestimmt. Gleichzeitig werden die Potentialdifferenzen zwischen den Leitern und Erde, beispielsweise $\varphi_a - \varphi_N$, durch die Leiter-/Erdspannungen ersetzt,

$$\varphi_a - \varphi_N = U_a \quad \text{bzw.} \quad \varphi_a = U_a \quad \text{für} \quad \varphi_N = 0 \quad . \tag{8.137}$$

Zur Vertiefung und weiteren grundsätzlichen Vorgehensweise betrachten wir eine Drehstromfreileitung mit einem geerdeten Blitzschutzseil über dem Erdboden, Bild 8.50.

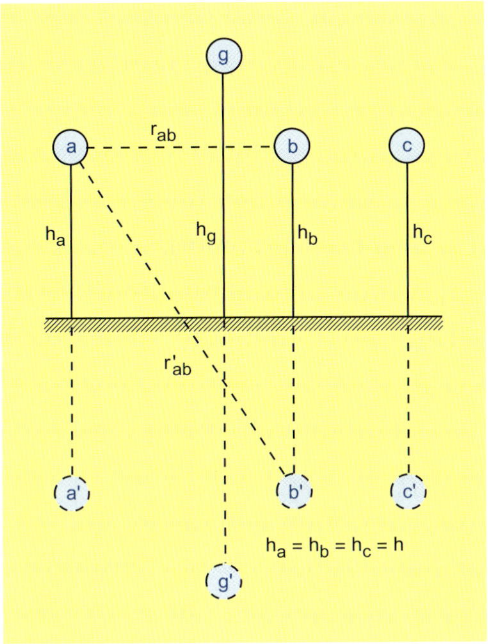

Bild 8.50. Zur Berechnung der Betriebskapazitäten mehrerer Leiter über dem Erdboden.

Die Potentiale der vier Leiter berechnen sich aus der Überlagerung der einzelnen Potentialfunktionen

$$\begin{aligned}\varphi_a &= \varphi_{aa} + \varphi_{ab} + \varphi_{ac} + \varphi_{ag} \\ \varphi_b &= \varphi_{bb} + \varphi_{ba} + \varphi_{bc} + \varphi_{bg} \\ \varphi_c &= \varphi_{cc} + \varphi_{ca} + \varphi_{cb} + \varphi_{cg} \\ \varphi_g &= \varphi_{gg} + \varphi_{ga} + \varphi_{gb} + \varphi_{gc} \quad .\end{aligned} \tag{8.138}$$

Stellt man die Potentiale gemäß (8.133) dar, erhalten wir

$$\varphi_a = \frac{1}{2\pi\varepsilon l}\left[Q_a ln\frac{2h}{r} + Q_b ln\frac{r'_{ab}}{r_{ab}} + Q_c ln\frac{r'_{ac}}{r_{ac}} + Q_g ln\frac{r'_{ag}}{r_{ag}}\right] \tag{8.139}$$

Ermittelt man diese Gleichung für alle Leiter und führt die verkürzte Schreibweise mit Potentialkoeffizienten gemäß (8.131) ein, ergibt sich

$$\begin{aligned}
\varphi_a &= P_{aa}Q_a + P_{ab}Q_b + P_{ac}Q_c + P_{ag}Q_g \\
\varphi_b &= P_{ba}Q_a + P_{bb}Q_b + P_{bc}Q_c + P_{bg}Q_g \\
\varphi_c &= P_{ca}Q_a + P_{cb}Q_b + P_{cc}Q_c + P_{ag}Q_g \\
\varphi_g &= P_{ga}Q_a + P_{gb}Q_b + P_{gc}Q_c + P_{gg}Q_g \quad .
\end{aligned} \tag{8.140}$$

Setzt man für das Potential der Erdoberfläche $\varphi_g = \varphi_N = 0$ an und stellt die zeitveränderlichen Potentiale im Frequenzbereich dar, gehen diese über in die Knotenspannungen $\underline{U}_a$, $\underline{U}_b$, $\underline{U}_c$. Aus (8.140) erhält man die Matrixgleichung

$$\begin{vmatrix} \underline{U}_a \\ \underline{U}_b \\ \underline{U}_c \\ -- \\ \underline{U}_g \end{vmatrix} = \begin{bmatrix} P_{aa} & P_{ab} & P_{ac} & | & P_{ag} \\ P_{ba} & P_{bb} & P_{bc} & | & P_{bg} \\ P_{ca} & P_{cb} & P_{cc} & | & P_{cg} \\ -- & -- & -- & | & -- \\ P_{ga} & P_{gb} & P_{gc} & | & P_{gg} \end{bmatrix} \cdot \begin{bmatrix} \underline{Q}_a \\ \underline{Q}_b \\ \underline{Q}_c \\ -- \\ \underline{Q}_g \end{bmatrix} \quad . \tag{8.141}$$

Nach Partitionieren erhalten wir wieder zwei separate Matrixgleichungen mit den Teilmatrizen $\mathbf{P}_1, \mathbf{P}_2, \mathbf{P}_3, \mathbf{P}_4$ (s. a. 8.6.1),

$$\underline{\mathbf{U}}_{abc} = \mathbf{P}_1 \underline{\mathbf{Q}}_{abc} + \mathbf{P}_2 \underline{Q}_g \quad , \tag{8.142}$$

$$0 = \mathbf{P}_3 \underline{\mathbf{Q}}_{abc} + \mathbf{P}_4 \underline{Q}_g \quad . \tag{8.143}$$

Elimination von $\underline{Q}_g$ ergibt

$$\underline{\mathbf{U}}_{abc} = (\mathbf{P}_1 - \mathbf{P}_2 \mathbf{P}_4^{-1} \mathbf{P}_3) \underline{\mathbf{Q}}_{abc} \tag{8.144}$$

bzw.

$$\underline{\mathbf{U}}_{abc} = [\mathbf{P}^*_{abc}]\, \underline{\mathbf{Q}}_{abc} \qquad \text{oder} \qquad \underline{\mathbf{Q}}_{abc} = [\mathbf{P}^*_{abc}]^{-1}\, \underline{\mathbf{U}}_{abc} \quad . \tag{8.145}$$

Gemäß dem Zusammenhang zwischen Ladung, Spannung und Kapazität eines Kondensators, $Q = CU$, erhalten wir für (8.145) durch Koeffizientenvergleich

$$\underline{\mathbf{Q}}_{abc} = [\mathbf{C}_{abc}]\, \underline{\mathbf{U}}_{abc} \quad . \tag{8.146}$$

Die Kapazitätsmatrix wird also durch Invertieren der Potentialkoeffizientenmatrix erhalten,

$$[\mathbf{C}_{abc}] = [\mathbf{P}^*_{abc}]^{-1} \quad . \tag{8.147}$$

Um weiter den Zusammenhang zwischen den Knotenspannungen und den kapazitiven Ladeströmen zu erhalten, ersetzen wir die Ladungen $\underline{Q}$ noch durch die Ströme $\underline{I}$

$$\underline{I} = j\omega\underline{Q} \qquad \text{bzw.} \qquad \underline{Q} = \frac{1}{j\omega}\underline{I} \tag{8.148}$$

und erhalten schließlich

$$j\omega\,[\mathbf{C}_{abc}]\,\underline{\mathbf{U}}_{abc} = \underline{\mathbf{I}}_{abc} \tag{8.149}$$

mit

$$\mathbf{C}_{abc} = \begin{bmatrix} C_{aa} & -C_{ab} & -C_{ac} \\ -C_{ba} & C_{bb} & -C_{bc} \\ -C_{ca} & -C_{cb} & C_{cc} \end{bmatrix} \quad . \tag{8.150}$$

Unter der Annahme symmetrisch angeordneter, das heißt *ausgekreuzter* Leitungen, vereinfacht sich (8.150) zu

$$\mathbf{C}_{abc} = \begin{bmatrix} C & -C' & -C' \\ -C' & C & -C' \\ -C' & -C' & C \end{bmatrix} \quad . \tag{8.151}$$

Der Ladestrom eines Leiters wird offensichtlich über die Teilkapazitäten auch von den Ladeströmen der benachbarten Leiter beeinflußt.

Mit Hilfe der *Methode der Symmetrischen Komponenten* führen wir deshalb auf gleiche Weise wie in 6.11.2 und 8.6.1 für die Kapazitätsmatrix eine Entkopplung bzw. Diagonalisierung der Kapazitätsmatrix durch,

$$\mathbf{C}_{0+-} = \begin{bmatrix} C - 2C' & & \\ & C + C' & \\ & & C + C' \end{bmatrix} = \begin{bmatrix} C_0 & & \\ & C_+ & \\ & & C_- \end{bmatrix} \quad , \tag{8.152}$$

was die einphasige Darstellung des Problems erlaubt.

Die Potentialkoeffizienten werden mit Hilfe der beiden nachstehenden Gleichungen ermittelt,

$$P_{ii} = \frac{1}{2\pi\varepsilon} ln \frac{r_{ii}}{r_i} \quad , \tag{8.153}$$

$$P_{ij} = \frac{1}{2\pi\varepsilon} ln \frac{r'_{ij}}{r_{ij}} \quad . \tag{8.154}$$

Hierin bedeuten:

$r_{ii} =$ Distanz zum eigenen Bildleiter

$r'_{ij} =$ Distanz zum j-ten Bildleiter

$r_{ij} =$ Entfernung zum j-ten Leiter

Beachtenswert ist die grundsätzliche Symmetrie zu den Carson-Formeln.

In der Praxis geht man in der nachstehenden Reihenfolge vor:

- Ermittlung der Potentialkoeffizienten,
- Bestimmung der Eigen- und Teilkapazitäten,
- Transformation mit Hilfe der Methode der symmetrischen Komponenten wie in 8.6.1.

Das vorgestellte Verfahren zur Ermittlung der Betriebskapazitäten ist auf beliebig viele Drehstromsysteme einer Trasse anwendbar und eignet sich sowohl für Einfachleiter als auch für Bündelleiter und für beliebig viele Erdseile.

Vertiefendes Schrifttum zu Kapitel 8

1. Bergen, R.: Power System Analysis. Prentice Hall, Englewood Cliffs, New York, 1986.
2. Cegrell, Th.: Power System Control Technology. Prentice Hall, Englewood Cliff, New York, 1986.
3. Dkar, R. N.: Computer Aided Power System, Operations and Analysis. Tata Mc. Graw Hill Publ. Comp., New Delhi, 1982.
4. Glover, Duncan u. Sarma, M.: Power System Analysis and Design. PWS Publ. Company, Boston, 1994.
5. Das, J. C.: Power System Analysis. Marcel Decker Verlag, New York, 2004.
6. Happolt, H. und Oeding, D.: Elektrische Kraftwerke und Netze. Springer-Verlag, Berlin, Heidelberg, 2004.
7. Acha, E. et al.: FACTS - Modelling and simulation in Power Networks. John Wiley & Sons Inc., New York, 2004.

8. Mathur, Mohan R. and Varma, Rajiv K.: Thyristor-based FACTS controllers for electrical transmission systems. IEEE Press, John Wiley & Sons Inc. Publication, 2002.
9. Song, Y. H. et al.: Flexible ac transmission systems (FACTS). Institution of Electrical Engineers, London, 1999.
10. Gönen, T.: Modern Power System Analysis. John Wiley & Sons Inc., New York, 1988.
11. Gross, Ch.: Power System Analysis. John Wiley & Sons Inc., New York, 1986.
12. Wood, A., Bruce, F. und Wollenberg, B.: Power Generation and Control. John Wiley & Sons Inc., New York, 1996.
13. Saccomanno, F.: Electric Power Systems. John Wiley & Sons Inc., New York, 2003.
14. Weedy, B. M. und Cory, B. J.: Electric Power Systems. John Wiley & Sons Inc., New York, 1999.
15. Schwab, A.: Begriffswelt der Feldtheorie. 6. Auflage, Springer-Verlag, Heidelberg/Berlin, 2002.
16. Hochrainer, A.: Symmetrische Komponenten in Drehstromsystemen. Springer-Verlag, Berlin/Heidelberg, 1957.
17. Denzel, P.: Grundlagen der Übertragung elektrischer Energie. Springer-Verlag, Berlin/Heidelberg, 1966.
18. Oeding, D. u. Oswald, B. R.: Elektrische Kraftwerke und Netze. 6. Auflage, Springer-Verlag, Berlin/Heidelberg, 2004.
19. Heuck, K. u. Dettman, K. D.: Elektrische Energieversorgung. 6. Auflage, Vieweg-Verlag, Wiesbaden, 2005.

9. Verteilung elektrischer Energie

Von *Verteilung* spricht man bei der Weiterleitung elektrischer Energie aus den 220 kV-/380 kV-Transportnetzen zu diversen *Verteilerunternehmen*, und letztlich zu den *Sonderabnehmern* und *Endverbrauchern*. In *Umspannwerken* (s. 14.2) wird die Hochspannung zunächst auf 110 kV heruntertransformiert und über mehrere 110 kV-Netze auf die diversen Regionen einer Regelzone verteilt. In den *Umspannstationen* der Regionen wird die Hochspannung von 110 kV je nach Lastdichte bzw. Größe des Versorgungsgebiets auf die sogenannte *Mittelspannung* von 10 kV, 20 kV oder 30 kV heruntertransformiert. Von dort fließt die elektrische Energie über Mittelspannungskabel zu den *Ortsnetzstationen* in den einzelnen Straßenfluchten eines Wohngebiets oder auch eines Gewerbegebiets (Bild 8.3b). In den Ortsnetzstationen wird die Mittelspannung schließlich auf 400 V heruntertransformiert und dann wahlweise über Dachständer-Freileitungen oder Erdkabel zu den anliegenden Gebäuden geleitet. In diesen betreibt der überwiegende Teil der Endverbraucher eine Vielzahl von Haushaltsgeräten, Lampen, Heizeinrichtungen und Informationssystemen etc., die aus der Niederspannungsebene versorgt werden.

Großverbraucher wie Industriebetriebe, Kaufhäuser und Verwaltungsgebäude beziehen ihre elektrische Energie direkt aus dem Mittelspannungsnetz und besitzen eigene Netzstationen mit Transformatoren, deren Sekundärseite in sogenannte *Niederspannungshauptverteiler* (engl.: *power center*) einspeist. Von dort gehen Niederspannungskabel zu sogenannten *Unterverteilern* und *Kleinverteilern*. Hauptverteiler, Unterverteiler und Kleinverteiler sowie die sie verbindenden Leitungen bilden das betriebs- bzw. hauseigene Niederspannungsnetz.

Abnehmer sehr großer Leistung, wie beispielsweise Großkliniken, Raffinerien, Flughäfen und Fabriken, beziehen die elektrische Energie direkt aus dem 110 kV-Hochspannungsnetz und nehmen die Verteilung auf ihrem Gelände mittels eines eigenen ausgedehnten Mittelspannungsnetzes mit internen Netzstationen selbst vor.

Da bei Großverbrauchern die Kosten der Stromverteilung auf die vielen Einzellasten vom Abnehmer selbst getragen werden, ergibt sich für die aus dem Mittel- bzw. Hochspannungsnetz bezogene Energie grundsätzlich ein niedrigerer Preis je Kilowattstunde.

Aufgrund ihrer flächendeckenden Versorgung haben Mittelspannungs- und Niederspannungsnetze ausschließlich Verteilungsfunktion. Die überlagerte 110 kV-Ebene besitzt in Ballungszentren mit hoher Lastdichte ebenfalls die Funktion eines Verteilungssystems, kann aber auch die Funktion eines Übertragungsnetzes zwischen den Einspeisepunkten des Verbundsystems und lokalen Kraftwerken auf der 110 kV-Ebene und den regionalen Lastschwerpunkten und Umspannwerken besitzen (s. 9.2).

Im folgenden werden zunächst die grundsätzlichen *Netzformen* bzw. *Netztopologien* erläutert, anschließend ihre technische Ausprägung in *110 kV-Netzen*, *Mittel-* und *Niederspannungsnetzen* vorgestellt.

9.1 Netztopologien

Man unterscheidet zwischen *Strahlennetzen*, *Ringnetzen* und *Maschennetzen*. Diese Netze können je nach Spannungsebene, landschaftlichen Gegebenheiten, Lageplänen, Fabrik-Layout, Versorgungssicherheit etc. ein sehr unterschiedliches Aussehen haben. Auf den genannten Grundformen aufbauend gibt es eine Vielfalt weiterer, von der jeweiligen Verteilung der Lastdichte abhängiger Modifikationen wie Netze mit *durchlaufenden Verteilerkabeln*, *offene* und *geschlossene Netze* mit *Gegenstationen*, *Netze* mit *Stützpunkten* etc. Darüber hinaus besitzen alle Netze definierte betriebliche *Trennstellen*, mittels derer einzelne Netzteile für die Beseitigung von Störungen, Wartung und Instandhaltung spannungsfrei geschaltet werden können, was jedesmal eine Topologieänderung zur Folge hat. Im folgenden werden zunächst die grundsätzlichen Topologien vorgestellt.

9.1.1 Strahlennetze

In Strahlennetzen verlaufen die Versorgungsleitungen (engl.: *feeder*) strahlenförmig von der Einspeisung weg, sogenannte *Stichleitungen*.

Beispielsweise versorgen die abgehenden Leitungen bzw. Strahlen die Häuser einer Straße in Niederspannungsnetzen der öffentlichen Versorgung, Bild 9.1a. In der Industrie bilden die Strahlen hierarchisch gestaffelte Niederspannungsnetze mit *Haupt-*, *Unter-* und *Kleinverteilern*, Bild 9.1b.

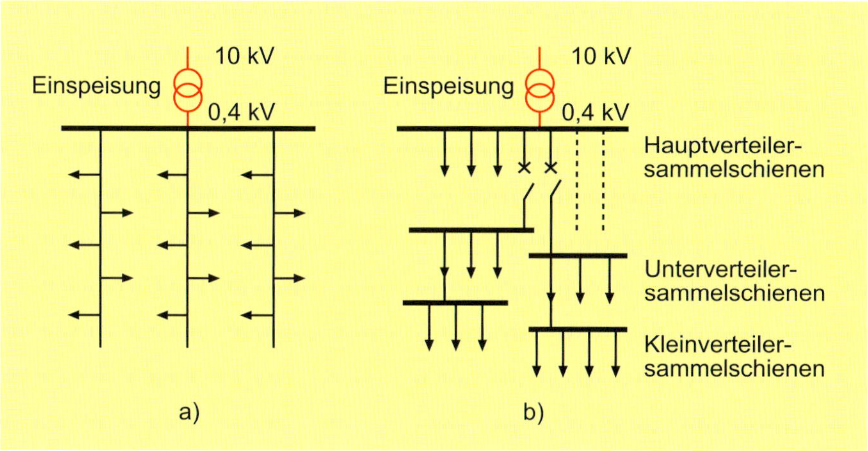

Bild 9.1. Strahlennetztopologien. a) Niederspannungsstrahlennetz der öffentlichen Versorgung, b) Niederspannungsstrahlennetz der Industrie mit *Haupt-*, *Unter-* und *Kleinverteilern.*

In letzterem Fall speisen die Sammelschienen höherer Ebenen sowohl die nachgelagerten Verteilerebenen als auch direkt Verbraucher hoher Leistung.

Die *Vorzüge* der Strahlennetze bestehen in ihrem geringen Planungsaufwand, ihrer großen Übersichtlichkeit bei der Fehlersuche und den geringen Anforderungen an den Netzschutz. Ihr *Nachteil* liegt im Ausfall aller Verbraucher eines Strahls im Fall eines Kurzschlusses. Nachteilig sind ferner die mit zunehmendem Abstand von der Einspeisung größer werdenden *Spannungsabfälle*, die höheren *Leitungsverluste* sowie die erschwerte Einhaltung der *Nullungsbedingungen* (s. 10.4).

9.1.2 Ringnetze

Ringnetze ermöglichen die betriebsmäßige Verbindung der Enden zweier Strahlen, die dann „*Halbringe*" genannt werden. Im Kurzschlußfall wird der betroffene Halbring automatisch vom Netzschutz abgeschaltet (s. Kapitel 12). Alle am Halbring angeschlossenen Verbraucher sind dann zunächst ohne Strom. Nach manuellem Heraustrennen des vom Kurzschluß betroffenen Leitungsstücks und Zuschalten betrieblich vorgesehener Querverbindungen können die restlichen Verbraucher von dem jeweils ungestörten Strahl weiterversorgt werden. Typische Anwendungen der Ringtopologie findet man in Niederspannungsstraßennetzen, Mittelspannungsnetzen und 110 kV-Netzen, die mehrere Umspannstationen bzw. Netzstationen versorgen, Bild 9.2.

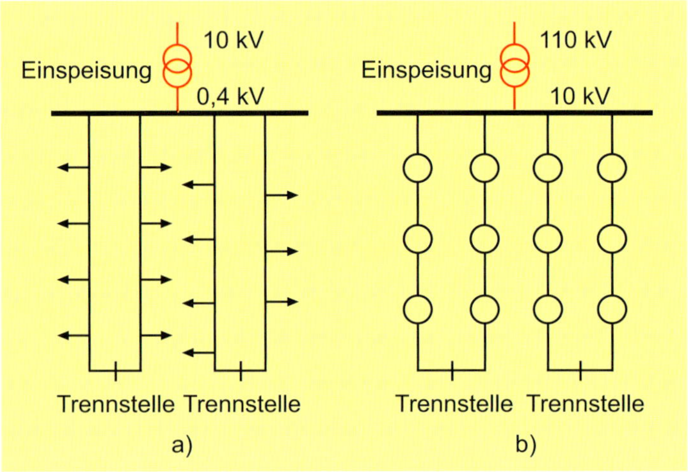

Bild 9.2. Ringnetztopologien. a) Niederspannungsstraßennetze, b) Mittelspannungsringe zur Versorgung von Netzstationen.

Eine besondere Variante sind sogenannte *Dreibeinnetze*, bei denen von der einspeisenden Sammelschiene ein drittes Kabel zu einer Umspannstation in der Mitte des Rings verläuft.

Der Vorteil der Ringnetze besteht in ihrer höheren Versorgungssicherheit, bei permanent geschlossenen Ringen auch in der verbesserten Spannungshaltung sowie in geringeren Verlusten. Nachteilig ist der höhere Anspruch an die Qualifikation des Wartungspersonals.

9.1.3 Maschennetze

Maschennetze weisen das bei der Ringtopologie erläuterte Prinzip der zweiseitigen Versorgung in Vollendung auf. Knoten und Zweige werden mehrfach versorgt, woraus die große Versorgungszuverlässigkeit resultiert. Alle Zweige bzw. Abgänge sind durch Sicherungen geschützt. Bei einem Kurzschluß bleiben die Wirkungen auf einen kleinen Bereich begrenzt, Bild 9.3.

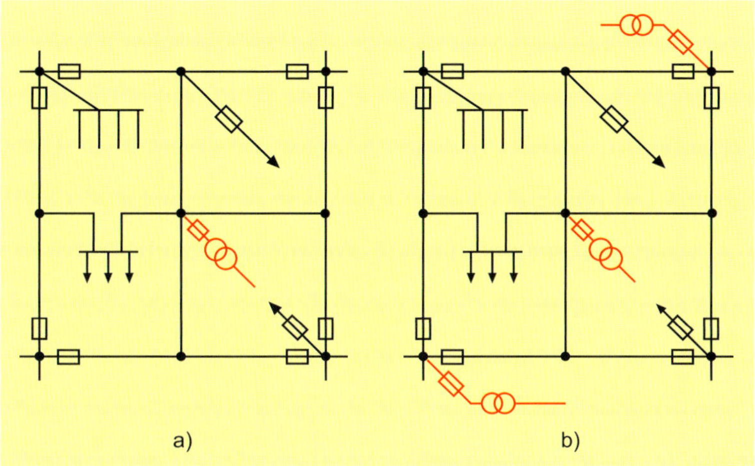

Bild 9.3. Maschennetztopologien. a) Einfach gespeistes Maschennetz, b) mehrfach gespeistes Maschennetz.

Bei geringen Ausdehnungen wird ein Maschennetz von nur einem, möglichst zentral angeordneten Verteiltransformator eingespeist, Bild 9.3a. Im Falle eines seltenen Transformatorausfalls sind dann alle Verbraucher betroffen. Aus diesem Grund wird ein *Reservetransformator* vorgesehen. Bei größeren Maschennetzen erfolgt die Einspeisung durch mehrere Transformatoren in die Knoten höchster Lastdichten, Bild 9.3b.

Beim Ausfall eines Transformators verteilt sich die Last auf die verbleibenden Transformatoren, was durch geringe Überdimensionierung aller Transformatoren und Ausnutzung der thermischen Überlastbarkeit aufgefangen werden kann.

Werden alle Transformatoren hochspannungsseitig von nur einem Strang versorgt, spricht man von *einsträngig* gespeisten Netzen. Werden die Transformatoren hochspannungsseitig aus unterschiedlichen Leitungen versorgt, spricht man von *mehrsträngig* gespeisten Netzen.

In mehrfach gespeisten Maschennetzen tritt das Problem auf, daß bei einem Isolationsfehler auf der Mittelspannungsseite des betroffenen Transformators zwar hochspannungsseitig abgeschaltet wird, der Fehler aber rückwärts von der Niederspannungsseite weiter gespeist werden kann. Die hierbei auftretende Umkehr der Stromrichtung wird durch sogenannte *Maschen-Schutzrelais* erfaßt, die zum Ansprechen auf der Niederspannungsseite der Transformatoren angeordneter *Maschen-Schutzschalter* führen.

Über mehrere Transformatoren gespeiste Maschennetze besitzen eine optimale Versorgungszuverlässigkeit, optimale Spannungshaltung bzw. Spannungsqualität beim Einschalten großer Lasten und minimale Leitungsverluste. Nachteilig sind ihre hohen Investitionskosten, ihr hoher Projektions- und Wartungsaufwand, höchste Ansprüche an die Ausbildung des Bedienungspersonals und höhere Kurzschlußströme. Letztere lassen sich dank der hohen Spannungsqualität durch höhere Kurzschlußspannungen der Transformatoren beherrschen.

Generell läßt sich sagen, daß mit zunehmender Lastdichte die verschiedenen Netztopologien in der Reihenfolge *Strahlennetze*, *Ringnetze*, *einfach* und *mehrfach* gespeiste sowie *einsträngig* und *mehrsträngig* versorgte *Maschennetze* zum Einsatz kommen. Die Entscheidung wird im Rahmen aufwendiger *Netzplanungstätigkeit* gefällt. Ausgelöst durch den Kostendruck der Strommarktliberalisierung herrscht ein Trend zur *Entmaschung*, das heißt, der Reduzierung einer Vielzahl kleinerer Maschen zugunsten weniger größerer Maschen, mit dem Ziel der Kostenverringerung. Das erhöhte Risiko wird in Kauf genommen.

9.2 110 kV-Verteilnetze

110 kV-Hochspannungsnetze (engl.: *subtransmission level*) beziehen aus den 220 kV-/380 kV-Transportnetzen elektrische Energie und verteilen diese auf *regionaler* Ebene zu den Verbraucherschwerpunkten. Man unterscheidet zwischen 110 kV-*Überlandnetzen*, 110 kV-*Stadtnetzen* und 110 kV-*Industrienetzen*. Erstere verteilen die Energie großräumig innerhalb einer Region, die beiden letzteren versorgen die Mittelspannungsnetze in Städten und Großunternehmen hoher Lastdichte. In ländlichen Regionen sind die 110 kV-Netze als *Freileitungsnetze*, in *Ballungsgebieten* überwiegend als *Kabelnetze* ausgeführt. Ihrer unterschiedlichen Funktion und den örtlichen Gegebenheiten entsprechend, besitzen 110 kV-Netze sehr unterschiedliche Ausdehnungen und Topologien.

Die Größe von 110 kV-Netzen wird durch die von den vorhandenen Leistungsschaltern beherrschbare Kurzschlußleistung sowie der Einhaltung der *Löschbedingungen* begrenzt (s. 10.2). Innerhalb einer Regelzone gibt es daher meist mehrere 110 kV-Netze, die als *Netzgruppen* bezeichnet werden. Die Netzgruppen sind bezüglich der Einspeisungen voneinander galvanisch getrennt, können aber im Störungsfall durch Querverbindungen direkt oder auf der Mittelspannungsebene miteinander gekoppelt werden. Eine leitende Verbindung zwischen den Netzen über Sternpunkte mit *Petersenspule* oder *starrer* bzw. *niederohmiger Erdung* und Erde (s. Kapitel 10) gilt in diesem Kontext nicht als galvanische Verbindung. Beispielsweise liegen innerhalb der Regelzone der Energie Baden-Württemberg AG acht 110 kV-Netzgruppen mit der Funktion von Verteilnetzen, deren Versorgungsgebiete durch unterschiedliche Farben gekennzeichnet sind, Bild 9.4.

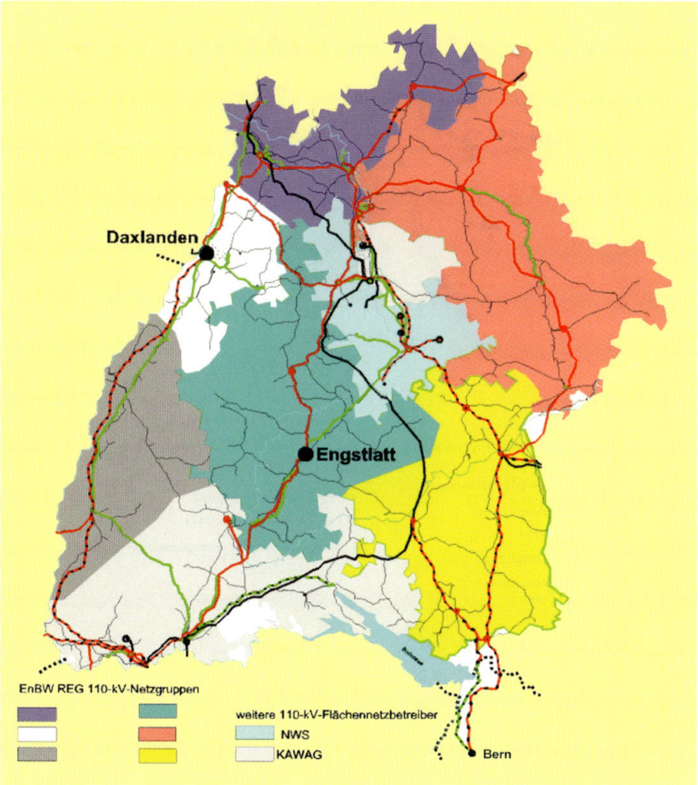

Bild 9.4. 110 kV-Netzgruppen der Regelzone der EnBW.

Sechs Netzgruppen gehören der ENBW *Regional AG*, die beiden anderen den *Neckarwerken* (NWS) und den *Kraftwerksanlagen* Alt-Württemberg AG (KAWAG) an.

Die Leitungen der 110 kV-Netzgruppen versorgen die in ihrer Region liegenden Umspannwerke, aus denen die lokalen Mittelspannungsnetze gespeist werden.

110 kV-Netze können abschnittsweise auch *Übertragungsaufgaben* mit ungerichtetem Leistungsfluß wahrnehmen. Beispielsweise zeigt Bild 9.5 das 110 kV-Netz von Berlin.

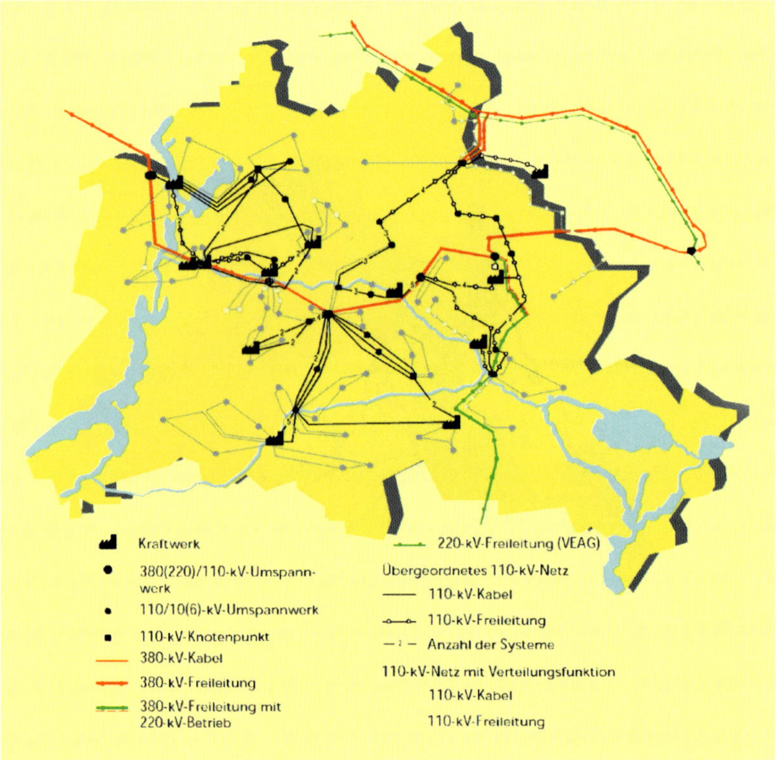

Bild 9.5. 110 kV-Netze (hellgrau) von Berlin mit Einspeisungen aus den vorgelagerten 380 kV-/220 kV-Netzen.

Die *hellgrau* gezeichneten 110 kV-Leitungen dienen ausschließlich der Verteilung und weisen in der Regel einen *monoton gerichteten* Energiefluß auf. Die *schwarz* gezeichneten 110 kV-Leitungen verbinden die lokalen Kraftwerke und Umspannwerke untereinander und weisen einen *ungerichteten Energiefluß* auf.

110 kV-Hochspannungsnetze werden als *offene* oder *geschlossene* Ringe, als *Dreibeinnetze* und als *Strahlennetze* betrieben. Die Einspeisung der 110 kV-Hochspannungsnetze erfolgt in den Lastzentren über 380 kV-/110 kV- bzw. 220 kV-/110 kV-Umspannwerke, die im Innern von Städten aufgrund des geringen Grundflächenbedarfs und der besseren städtebaulichen Anpassung an die Umgebung als gasisolierte Innenraum-Hochspannungsschaltanlagen ausgeführt werden (vgl. Kapitel 11). Bezüglich der Sternpunktbehandlung von 110 kV-Verteilnetzen wird auf Kapitel 10 verwiesen.

9.3 Mittelspannungsnetze

Mittelspannungsnetze beziehen ihre Energie aus einem vorgelagerten 110 kV-Netz. Sie verteilen die Einspeiseleistungen der Umspannwerke kostengünstig zu den zahlreichen Ortsnetzstationen und Großabnehmern. Darüber hinaus betreiben Sondervertragskunden mit hoher Last auch eigene Mittelspannungsnetze. Generell unterscheidet man *Mittelspannungs-Ortsnetze*, *Mittelspannungs-Industrienetze*, *Mittelspannungs-Gebäudenetze* und *Eigenbedarfsanlagen* in Kraftwerken. Bezüglich der *Einspeisung* in die Mittelspannungsnetze über die leistungsstarken Mittelspannungsschaltanlagen in den 110 kV-/10 kV-Umspannwerken spricht man von *primärer Verteilung* (sogenannte *Leistungsschalteranlagen*). Bezüglich der *Abgabe* elektrischer Energie aus dem Mittelspannungsnetz in das Niederspannungsnetz über die leistungsschwächeren Mittelspannungsschaltanlagen der Netzstationen spricht man von *sekundärer Verteilung* (sogenannte *Lasttrennschalteranlagen*) (s. a. 11.3).

Die in der Vergangenheit häufig vorzufindende Mittelspannungsstufung bis zu 60 kV wurde inzwischen auf die Spannungsebenen 10 kV im städtischen Bereich und 20 kV in ländlichen Gegenden vereinheitlicht, wodurch die Kosten für mehrfache Umspannung der elektrischen Energie sowie Investitions-, Verlust- und Instandhaltungskosten minimiert werden konnten. Im Ausland und in der Industrie gibt es vielfach auch 30 kV-Netze.

9.3.1 Mittelspannungs-Ortsnetze

Die Mittelspannungskabel der Ortsnetze versorgen die in öffentliche Niederspannungsnetze einspeisenden *Ortsnetzstationen* und die Transformatorstationen der Großabnehmer bzw. Sondervertragskunden (s. a. 11.5). Die einfachste Netzform ist das *Strahlennetz*, in dem *Stichleitungen* mehrere Ortsnetzstationen versorgen, Bild 9.6a.

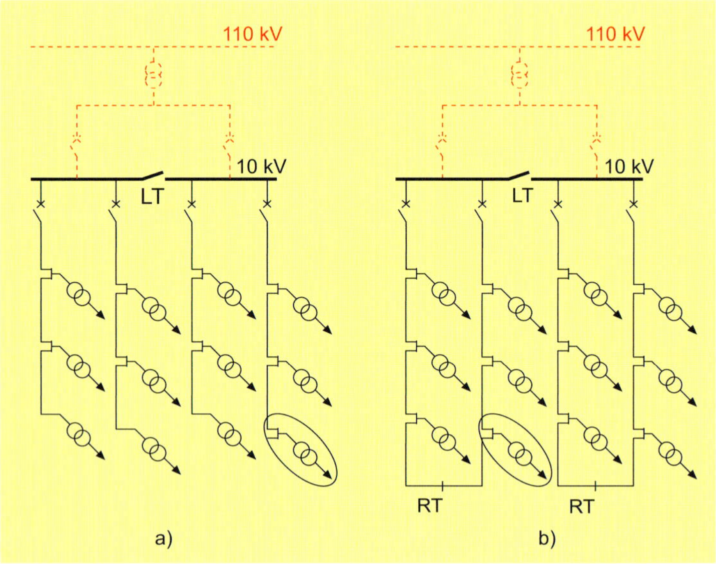

Bild 9.6. Mittelspannungs-Ortsnetze. a) Strahlennetz mit Stichleitungen, b) Ringnetz mit Trennstelle. LT: Sammelschienen-Längstrennung; RT: Ringtrennstelle.

Ausgehend von der 10 kV-Seite des Transformators einer 110 kV-/ 10 kV-Umspannstation werden über die 10 kV-Sammelschiene und zwischengeschaltete *Leistungsschalter* die einzelnen Strahlen versorgt. Jeder Strahl speist wiederum mehrere Ortsnetzstationen, die ihrerseits Endverbraucher im Umkreis von typischerweise 250 – 500 Metern versorgen. Je nach Transformatorleistung liegt die Zahl der versorgten Wohneinheiten zwischen 30 und 500.

Die Ortsnetzstationen enthalten im einzelnen einen *Transformator* von 100 bis 630 kVA, einen oder zwei mittelspannungsseitige *Lasttrennschalter* LT mit HH-Sicherungen und eine Niederspannungsverteilung bzw. -schaltanlage mit NH-Sicherungen, Bild 9.7.

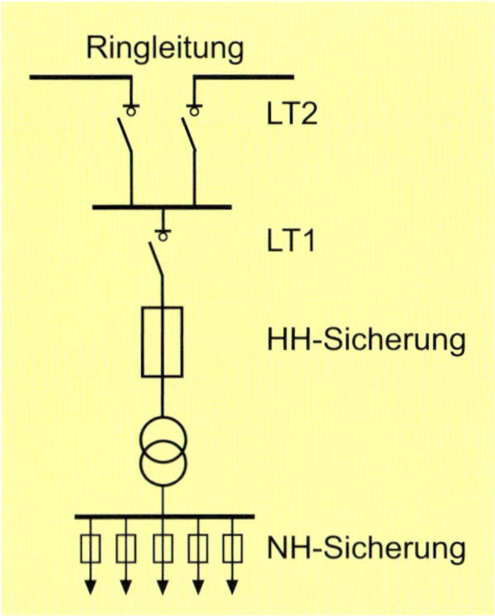

Bild 9.7. Topologie einer Ortsnetzstation (s. a. 11.5, Bild 11.44).

Die HH-Sicherung übernimmt den Kurzschlußschutz des Transformators, die NH-Sicherung den selektiven Schutz der abgehenden Leitungen.

Für die einspeiseseitige Einbindung in eine *Ringleitung* des Mittelspannungsnetzes enthält die Mittelspannungsschaltanlage zwei Lasttrennschalter LT1 und LT2. Bei einem Fehler im Ring kann der Lasttrennschalter in Richtung der betroffenen Ringhälfte geöffnet und die Netzstation über die gesunde Ringhälfte weiter versorgt werden.

Die auf der Mittelspannungsseite angeordneten Sammelschienen und Schaltgeräte werden gesamtheitlich als *Mittelspannungsschaltanlage* bezeichnet. Sinngemäß werden die Sammelschienen und Sicherungen auf der Niederspannungsseite als *Niederspannungsschaltanlage* oder auch nur als *Niederspannungsverteilung* bezeichnet (s. Kapitel 11).

Für die Betriebsüberwachung können neben Strom- und Spannungsmessern für die Laststromüberwachung auch ein *Maximum-Strommesser* (Strommesser mit Bimetall-Schleppzeiger), Kurzschluß- und Spannungsanzeiger vorgesehen sein.

Zur Erhöhung der Versorgungszulässigkeit werden offene *Ringnetze* bevorzugt, bei denen die Enden von je zwei Strahlen bzw. Stichleitungen, jetzt *Halbringe* genannt, miteinander verbunden werden können,

Bild 9.6b. Im Normalbetrieb ist die Verbindung geöffnet, die Ringnetze werden daher wie Strahlennetze betrieben, was den Netzschutz wesentlich vereinfacht (s. a. 12.3.1.3). Bei einer Störung wird das betroffene Betriebsmittel herausgetrennt und die betrieblich vorgesehene Trennstelle geschlossen. Alle ungestörten Ortsnetzstationen lassen sich dann weiter versorgen. Bei einem Kabelfehler können alle Stationen nach Heraustrennen der Fehlerstelle weiter versorgt werden.

Beim Ringnetz mit *Gegenstation* (benachbarte Umspannwerke) münden die von der Einspeisung abgehenden Kabelstränge an ihren Enden wieder in einer Schaltanlage, der sogenannten *Gegenstation*, Bild 9.8.

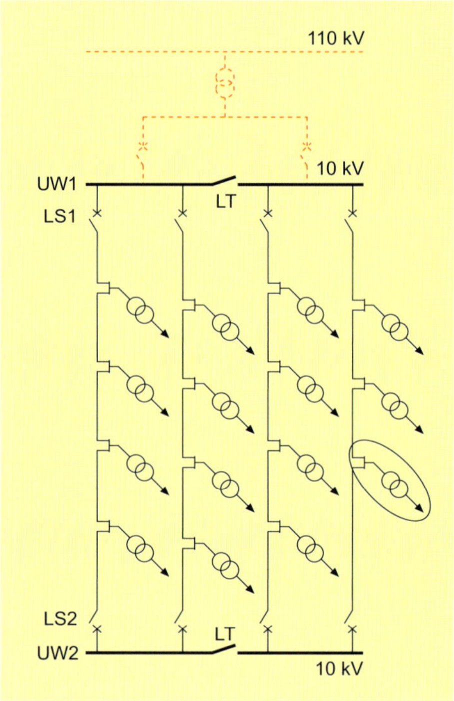

Bild 9.8. Mittelspannungs-Ortsnetz (Ringnetz mit Gegenstation). LT: Sammelschienen-Längstrennung; LS: Leistungsschalter.

Ob ein Ringnetz oder ein Netz mit Gegenstation gewählt wird, ist von der Ausdehnung des zu versorgenden Bereichs, der Lage der Einspeisung und der durch die Netz- und Abnehmerstationen bedingten Trassenführung der Kabel abhängig. Für Versorgungsbereiche hoher Lastdichte und zentraler Lage des Umspannwerks sind Ringnetze vorteilhaft. Langgestreckte Bereiche und eine Randlage des Umspannwerks sowie Kabeltrassen, die annähernd in einer Richtung verlaufen, legen die Verbindung mit einer Gegenstation nahe.

Die Verwendung mehrerer Speisekabel ist angebracht, wenn vom Umspannwerk ein entfernter Teilbereich ohne zwischengeschaltete Lastabnahme zu versorgen ist und die Belastung den wirtschaftlichen Einsatz einer höheren Spannung noch nicht rechtfertigt. Bei Veränderungen der Lastsituation und notwendigem Einsatz eines zweiten Transformators ist zu erwägen, diesen unmittelbar im Lastschwerpunkt aufzustellen. Das Hochspannungskabel führt dann bis in das Lastzentrum.

9.3.2 Mittelspannungs-Industrienetze

Industrienetze zeichnen sich durch eine kleinere räumliche Ausdehnung mit generell hoher Lastdichte und einem hohen Anteil motorischer Verbraucher aus. Die Verbraucher bilden *Lastschwerpunkte*, beispielsweise größere *Werksareale* oder *Fabriken*, die in drei Varianten aus dem vorgelagerten 110 kV-Netz versorgt werden, Bild 9.9.

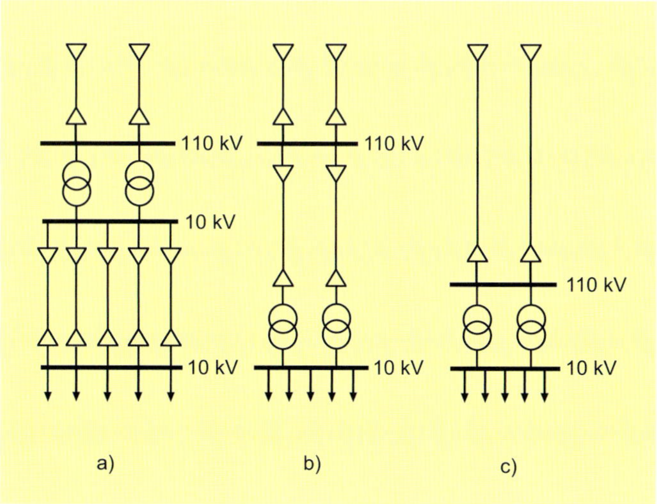

Bild 9.9. Versorgung eines Lastschwerpunkts. a) Umspannstation außerhalb des Lastschwerpunkts, b) über getrennte Kabel versorgte Transformatoren in den Lastschwerpunkt verlagert, c) gesamte Umspannstation im Lastschwerpunkt (Schwerpunktstation), s. a. Kapitel 11.

Bei der ersten Variante befindet sich die Umspannstation außerhalb des Lastschwerpunkts und der Energietransport erfolgt über Speisekabel der Mittelspannungsebene. Eine zweite Variante sieht die Verlagerung des Transformators in den Lastschwerpunkt vor, wobei die Hochspannungsschaltanlage außerhalb des Lastzentrums verbleibt. Die Energie wird über Speisekabel der Hochspannungsebene transportiert. Bei der dritten Variante wird die Hochspannungsebene bis zum Lastzentrum geführt, was eine komplette Verlagerung der Umspannstation in den Lastschwerpunkt beinhaltet. In letzterem Fall wird die Umspannstation als *Schwerpunktstation* bezeichnet. Schwerpunktstationen bestehen aus einer hochspannungsseitigen Schaltanlage, einem Transformator und einer unterspannungsseitigen Schaltanlage (s. a. Kapitel 11).

Infolge der in Lastschwerpunkten zusammengefaßten Verbraucher bieten in Industrienetzen die *Schwerpunktnetze* optimale Kostenverhältnisse durch Anschluß der Transformatoren mit Stichkabeln über Lasttrennschalter und Sicherungen direkt an die *Übergabestation* (s. 11.3.2), Bild 9.10 und Bild 9.11.

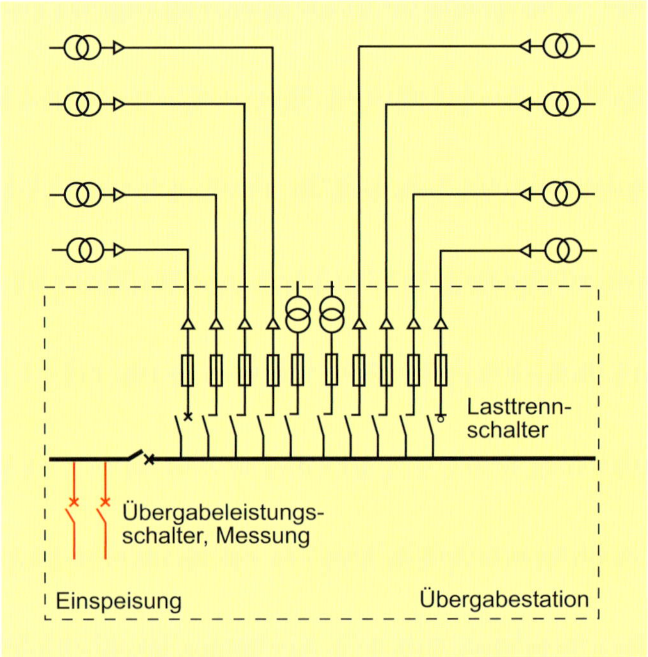

Bild 9.10. Mittelspannungs-Industrienetz (Schwerpunktnetz).

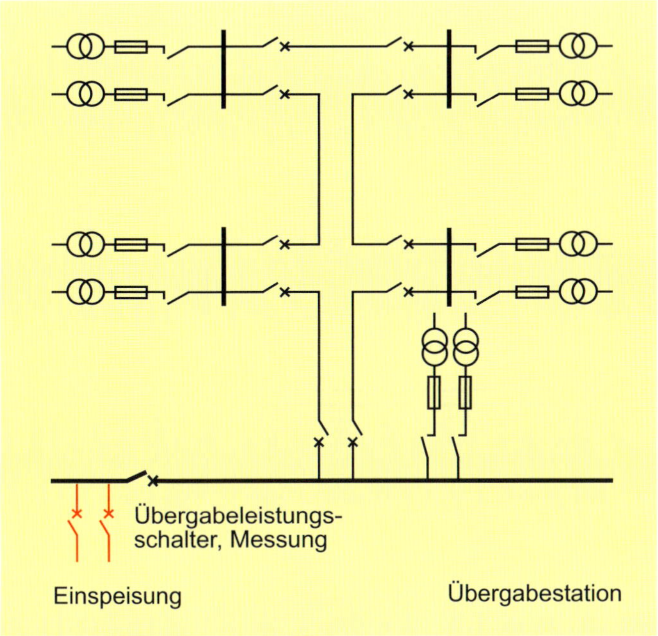

Bild 9.11. Mittelspannungs-Industrienetz (Ringnetz).

Meist wird wegen der besonderen Übersichtlichkeit und der einfachen Betriebsweise in Industriebetrieben ein reines *Strahlennetz* gewählt, das durch geeignete Netztrennungen in den Schaltanlagen als Doppelnetz aufgebaut ist, wodurch eine hohe Betriebssicherheit gewährleistet wird, Bild 9.12.

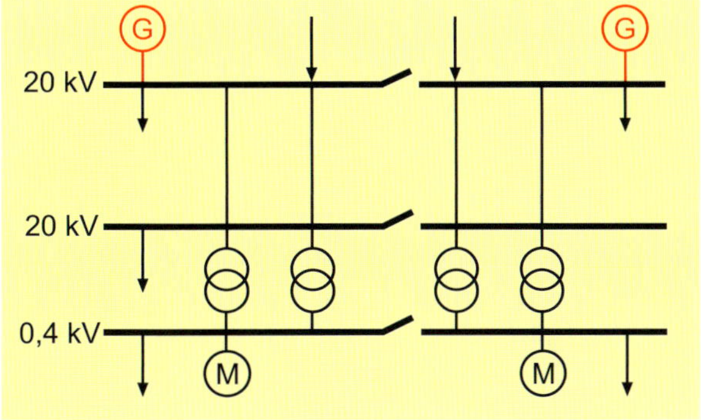

Bild 9.12. Mittelspannungs-Industrienetz (Symmetrisch aufgebautes Strahlennetz mit Umschaltmöglichkeit).

Abschließend zeigt Bild 9.13 ein reales Industrienetz.

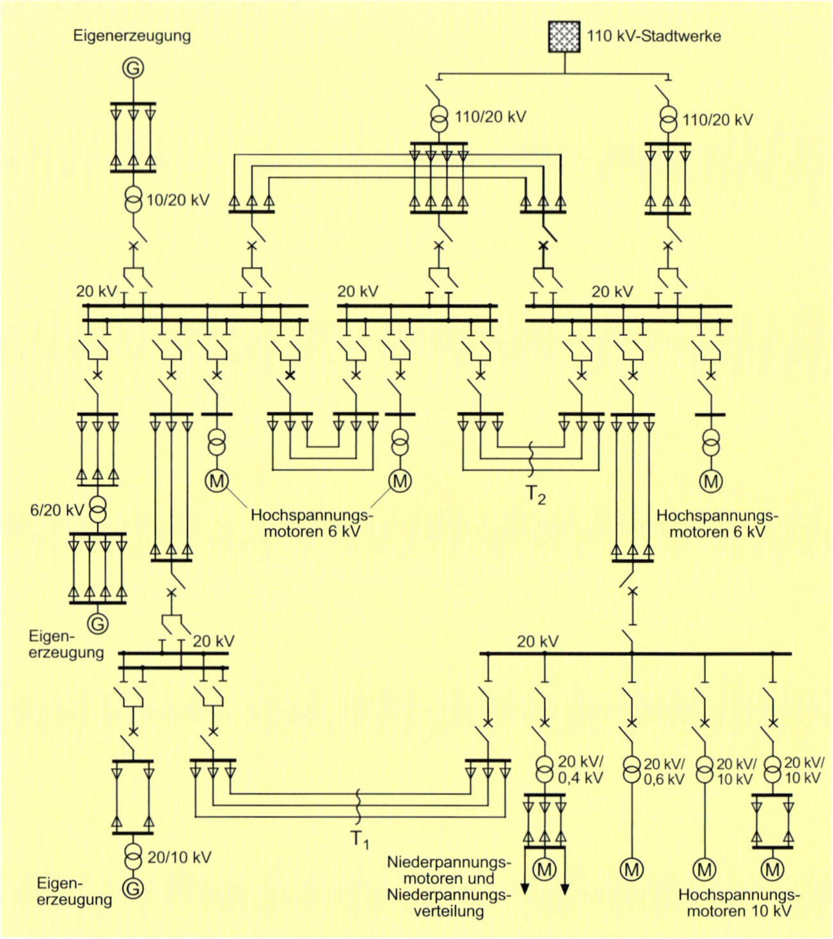

Bild 9.13. Reales Mittelspannungs-Industrienetz einer Papierfabrik (vereinfacht und leicht verfremdet, Stora Enso). T_1, T_2: Trennstellen, im störungsfreien Betrieb offen.

Der Strombedarf wird zu 4/5 aus dem Netz der Stadtwerke, zu 1/5 aus eigenen Generatoren gedeckt. Die Einspeisungen erfolgen auf eine 20 kV-Doppelsammelschiene mit drei Abschnitten. Die Sammelschienenabschnitte sind über mehrere Längskupplungen miteinander verbunden. Die Längskupplungen T_1 und T_2 sind im Normalbetrieb geöffnet (offen betriebenes Ringnetz). Bemerkenswert ist die Vielzahl aus Verfügbarkeitsgründen parallel geschalteter Kabel.

9.3.3 Mittelspannungsnetze in Großgebäuden bzw. Gebäudekomplexen

Mittelspannungsnetze in *Großgebäuden* und *Gebäudekomplexen* unterscheiden sich, wie Industrienetze von öffentlichen Versorgungsnetzen, durch eine hohe Lastdichte sowie kurze Entfernungen zwischen der Einspeisung und den dezentral aufgestellten Stationen. Analog zu den Industrienetzen werden Ring- und Schwerpunktnetze bevorzugt (s. a. 9.3.2).

Bei *Großgebäuden* befinden sich die Übergabestation bzw. die Verteiltransformatoren meist im Untergeschoß. Vor dort aus gehen *Steigleitungen* zu den einzelnen Stockwerken bzw. Stockwerksverteilern, sogenannte *Hauptstromversorgung*, Bild 9.14a.

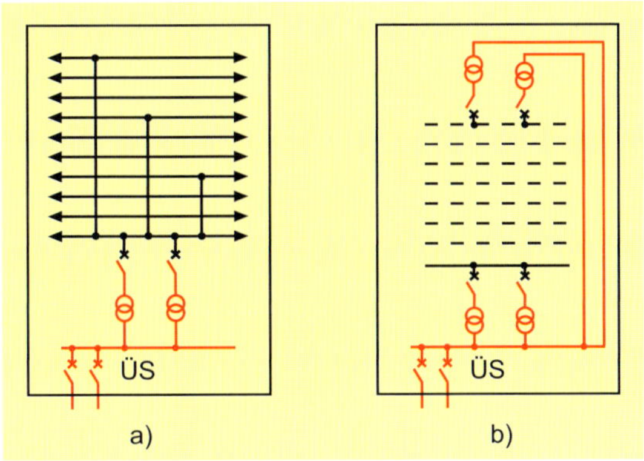

Bild 9.14. Mittelspannungsnetze in Großgebäuden. a) Verteiltransformatoren im Untergeschoß, b) Verteiltransformatoren im Unter- und Dachgeschoß, ÜS: Übergabestation.

Bei erhöhter Leistungsdichte im Dachgeschoß infolge von Aufzügen, Klimatisierung, Kantine etc. ziehen sich Mittelspannungskabel durch alle Stockwerke und versorgen zusätzliche Verteiltransformatoren im Dachgeschoß, Bild 9.14b. In sehr hohen Gebäuden können zusätzliche Verteiltransformatoren auch in Zwischengeschossen aufgestellt sein.

Bei ausgedehnten *Gebäudekomplexen* werden mehrere Schwerpunktnetze für einzelne Gebäude vorgesehen. Die einzelnen Schwerpunktstationen werden dann über ein geschlossen betriebenes Ringnetz versorgt, Bild 9.15.

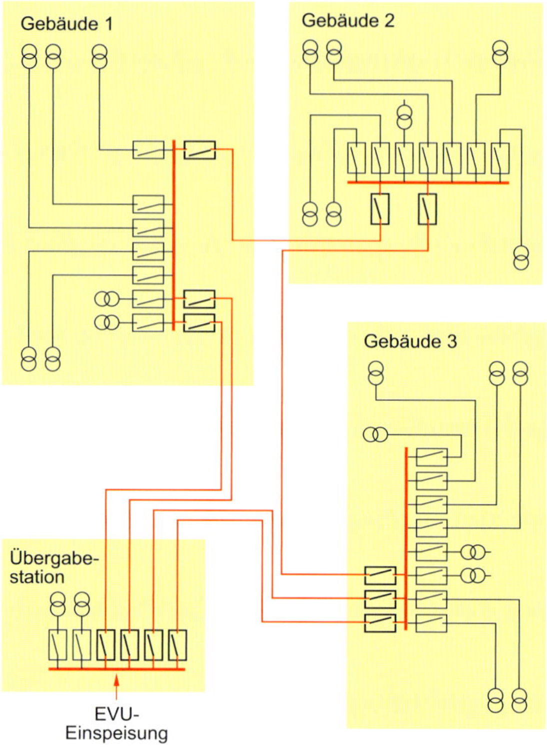

Bild 9.15. Mittelspannungs-Gebäudenetz mit Ringtopologie (Speisenetz mit mehreren Schwerpunktnetzen).

9.3.4 Eigenbedarfsnetze

Dampfkraftwerke besitzen zahlreiche leistungsstarke Antriebe mit einem erheblichen *Eigenbedarf* an elektrischer Energie. Typische Beispiele sind Kesselspeisepumpen 15 MW, Saugzuggebläse 5 MW, Verbrennungsluftgebläse 2 MW, Kühlmittelpumpen bei Kernkraftwerken 5 MW etc. (s. a. 4.2). Wegen der großen Leistungen kommen überwiegend Hochspannungsmotoren zum Einsatz, die mit Nennspannungen von 6 kV und 10 kV betrieben werden (ca. 80 % bis 90 % der Eigenbedarfsleistung). Die restlichen Antriebe besitzen Nennspannungen von 380 V, 500 V und 600 V, mit anderen Worten, es gibt auch Niederspannungsnetze unterschiedlicher Spannungen. Die Eigenbedarfsleistung liegt bei Dampfkraftwerken zwischen 5 % und 10 % der Nennleistung, in Gasturbinenkraftwerken bei ca. 1 %. Die Eigenbedarfsdeckung ist in jedem Betriebszustand mit hoher Verfügbarkeit sicherzustellen und erfolgt über sogenannte *Eigenbedarfsnetze*.

Die beiden grundsätzlichen Schaltungen einer Eigenbedarfsanlage sehen entweder einen *Anfahrtransformator* oder einen *Generatorschalter* vor. Beim Eigenbedarfsnetz mit *Anfahrtransformator* versorgt jeder Kraftwerksblock im Normalbetrieb seine Antriebe und andere Hilfseinrichtungen, wie Leittechniksysteme, Lagerölpumpen etc. vom eigenen Generator. Die Einspeisung erfolgt über einen *Eigenbedarfstransformator* ET auf die *Mittelspannungssammelschiene* des Eigenbedarfsnetzes, Bild 9.16.

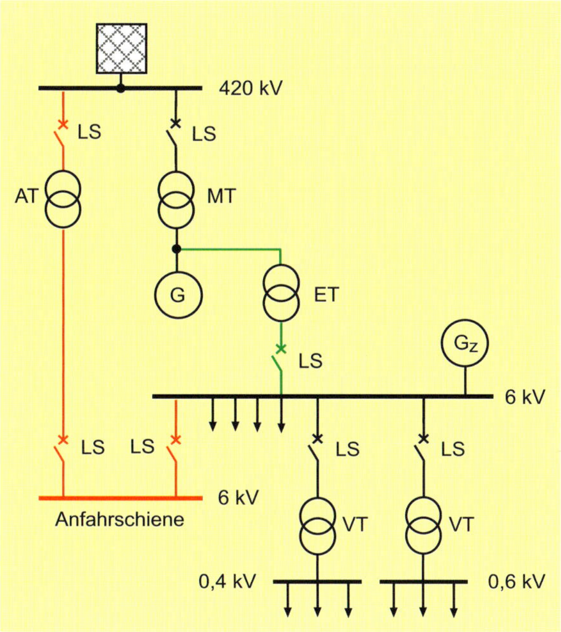

Bild 9.16. Eigenbedarfsnetz eines Kraftwerks mit *Anfahrtransformator*. AT: Anfahrtransformator, MT: Maschinentransformator, ET: Eigenbedarfstransformator, VT: Verteiltransformator, LS: Leistungsschalter, G_Z: Notstromversorgung.

Während des *An-* und *Abfahrens* des Blocks steht der Generator nicht zur Verfügung. Die Mittelspannungssammelschiene wird dann über den *Anfahrtransformator* AT aus dem Netz gespeist. Alternativ erfolgt die Versorgung von benachbarten Blöcken. In letzterem Fall ist die Eigenbedarfsdeckung auch bei einem Zusammenbruch des Netzes gewährleistet. Im Fall eines *Generatorfehlers* wird die Versorgung des Eigenbedarfsnetzes analog zum Anfahrbetrieb über den Anfahrtransformator und das Verbundnetz sichergestellt. Über 80 % aller Dampfkraftwerke weisen diese Eigenbedarfstopologie auf.

Beim Eigenbedarfsnetz mit *Generatorschalter* erfolgt im Normalbetrieb die Versorgung des Eigenbedarfs ebenfalls direkt vom Generator. Zwischen dem Generator und dem Maschinentransformator liegt jedoch noch ein sogenannter *Generatorschalter* GS_1, der auch für die Synchronisierung verwendet wird, Bild 9.17.

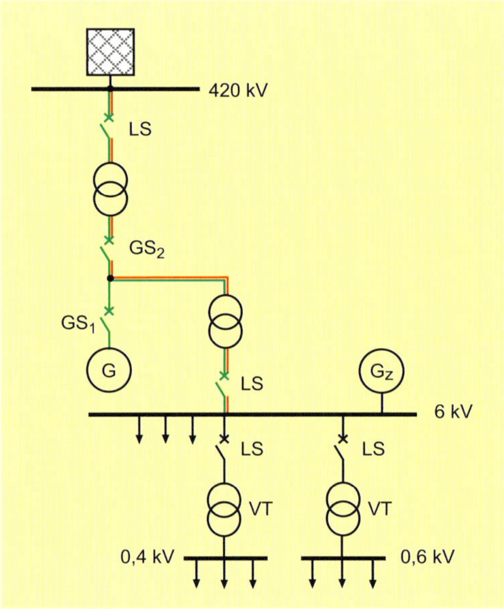

Bild 9.17. Eigenbedarfsnetz eines Kraftwerks mit *Generatorschalter*. GS: Generatorschalter, MT: Maschinentransformator, ET: Eigenbedarfstransformator, VT: Verteiltransformator, LS: Leistungsschalter, G_Z: Notstromversorgung.

Der Generatorschalter GS_1 ermöglicht während des An- und Abfahrens und im Fall eines Generatorfehlers die Versorgung des Eigenbedarfs aus dem Netz.

Bei einem Netzfehler wird das Kraftwerk vom Netz getrennt. Der Generator liefert dann nach wie vor den Eigenbedarf. Soll dies auch noch bei einem Fehler im Blocktransformator möglich sein, wird ein zweiter Generatorschalter GS_2 erforderlich. Der Vorzug von Eigenbedarfsnetzen mit Generatorschalter besteht in der Entbehrlichkeit des teueren Anfahrtransformators.

Im Falle eines Totalausfalls der Mittelspannungsversorgung stehen bei beiden Schaltungsvarianten zusätzliche Hilfsgeneratoren in Form von Notstromaggregaten zur Verfügung, die die Mittelspannungsschiene nach Abschalten aller Großverbraucher weiter notversorgen. Aufgrund der vielfältigen Ausführungen ist diese Notstromversorgung in den Bildern 9.16 und 9.17 als Black Box G_z dargestellt.

Sie ermöglicht bei einem gleichzeitigen Ausfall des Netzes, des Generators und auch einer separaten Fremdversorgung (Nachbar-Block) eine *Not-Stillsetzung* des Blocks. In dieser Phase speist die *Notstromversorgung* die leittechnischen Einrichtungen, die Lagerölpumpen, Dichtölpumpen (bei wasserstoffgekühlten Generatoren) und weitere sicherheitsrelevante Einrichtungen.

Schließlich kann die Deckung des Eigenbedarfs, elektrisch völlig getrennt vom Hauptnetz, durch die Verwendung einer oder mehrerer Hausmaschinen vorgenommen werden. Diese Lösung geht von der Tatsache aus, daß die meisten elektrischen Störungen durch das Fremdnetz hereingetragen werden.

Die Planung von Eigenbedarfsanlagen für Kraftwerke ist aufgrund der hohen Anforderungen an die Verfügbarkeit und Kurzschlußfestigkeit eine eigenständige Disziplin. Es gibt zahlreiche Varianten der beiden Grundschaltungen. Sie unterscheiden sich in der Begrenzung der Kurzschlußleistung durch Mehrfachsammelschienen, zwei Eigenbedarfstransformatoren und Dreiwicklungstransformatoren, ferner stoßfreie Eigenbedarfsumschaltung bei Störungen und spezielle Schutzeinrichtungen etc. Eigenbedarfsnetze für Kernkraftwerke werden gar drei- oder mehrfach redundant (mehrsträngig) ausgeführt.

9.4 Niederspannungsnetze

9.4.1 Niederspannungs-Ortsnetze

In Ortsnetzen ist das Niederspannungsnetz ($U_N = 400\ V$) als Strahlennetz, Ringnetz oder Maschennetz, gegebenenfalls auch als Kombination verschiedener Topologien aufgebaut. Versorgungssicherheit, Spannungshaltung und Lastausgleich sind im Maschennetz dank der Speisung der Netzknoten von mehreren Seiten günstiger, besonders dort, wo zahlreiche Abnehmer unterschiedlicher Leistung und mit unterschiedlichen Belastungsarten vorhanden sind, Bild 9.18.

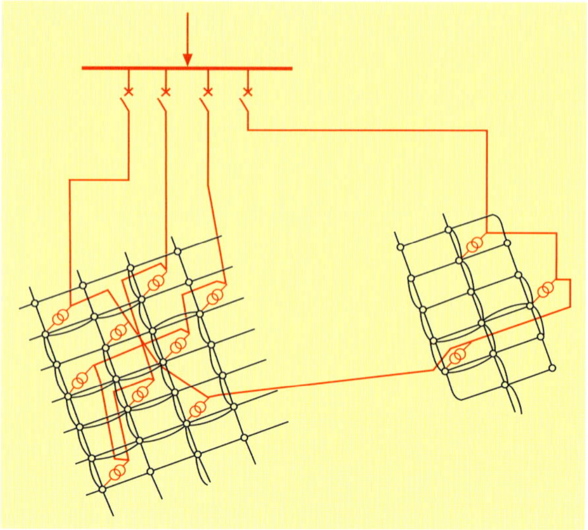

Bild 9.18. Niederspannungs-Ortsnetz mit mehrsträngiger Versorgung (Maschennetz).

Bei kleinen Maschennetzen erfolgt die Einspeisung durch einen einzigen Transformator im Zentrum (einseitig gespeistes Netz), bei grösseren Maschennetzen durch weitere Transformatoren auch in anderen Knoten. Niederspannungsnetze werden heute wegen der einfachen und übersichtlichen Betriebsweise weitgehend als Strahlennetze betrieben, Bild 9.19, wobei jede Ortsnetzstation ihr eigenes Versorgungsgebiet hat.

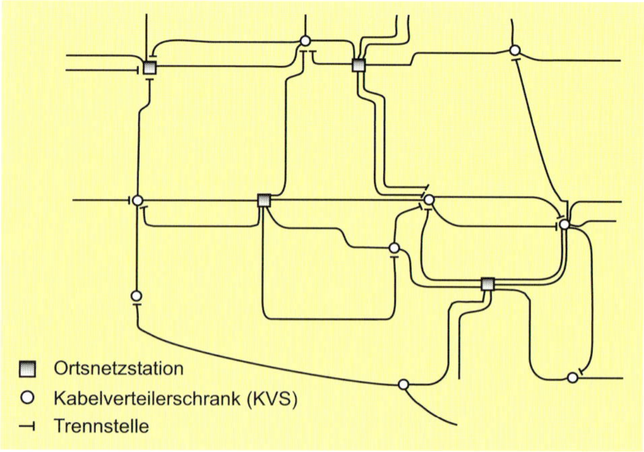

Bild 9.19. Niederspannungs-Ortsnetz (Strahlennetz).

An den durch Straßenkreuzungen sich ergebenden *Netz-Knotenpunkten* werden die Kabel in *Kabelverteilerschränken* so zusammengeführt, daß jede Strecke betriebsmäßig leicht abgetrennt werden kann und daß im Störungsfall nur fehlerhafte Strecken über Sicherungen abgeschaltet werden, Bild 9.20.

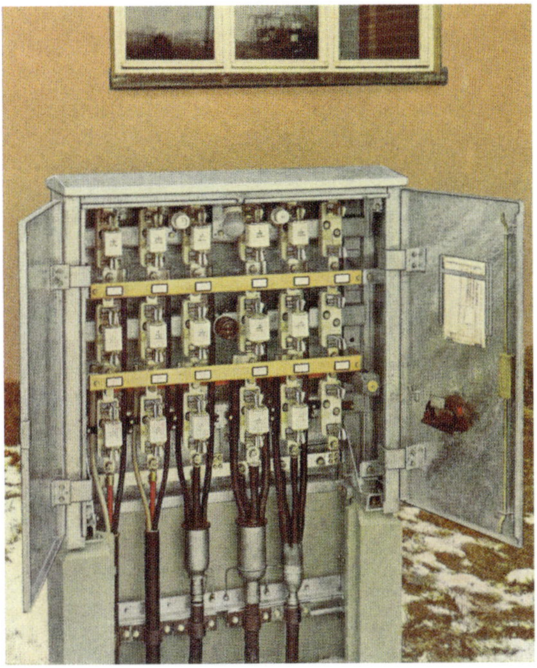

Bild 9.20. Kabelverteilerschrank.

In diese Schaltschränke werden die Sicherungen als Schaltorgane für das Netz eingebaut. Die Anordnung der Sicherungen entspricht der in Ortsnetzstationen. Typisch gehen von einem Kabelverteilschrank vier bis acht Niederspannungskabel ab.

9.4.2 Niederspannungs-Industrienetze

Für Industrienetze wird eine hohe Verfügbarkeit verlangt, da Versorgungsunterbrechungen zu kostspieligen Produktionsausfällen mit hohen *Stromausfallkosten* führen können (s. 19.5.3). Bei der Planung der industriellen Verteilungsnetze und der elektrischen Einrichtungen innerhalb der einzelnen Anlagen werden in den verschiedenen Industriezweigen unterschiedliche Prioritäten gesetzt. Fragen wie *Fremdbezug* oder *Eigenerzeugung* der elektrischen Energie, kontinuierliche oder diskontinuierliche Produktion, Versorgung von Großantrieben etc. haben einen großen Einfluß auf den Netztyp, wobei sowohl 400 V- als auch 500 V- und 700 V-Netze Anwendung finden.

Bei hohen Belastungen in Industrienetzen sind die Transformatoren mit Rücksicht auf kurze Stromwege auf der Niederspannungsseite möglichst nahe an den Lastschwerpunkten zu betreiben. Abhängig von der Art des Industriebetriebs kommen *Strahlen-*, *Ring-* und *Maschennetze* zum Einsatz. Beispielsweise zeigt Bild 9.21 ein einfaches Industriestrahlennetz, das mehrere Hallen versorgt.

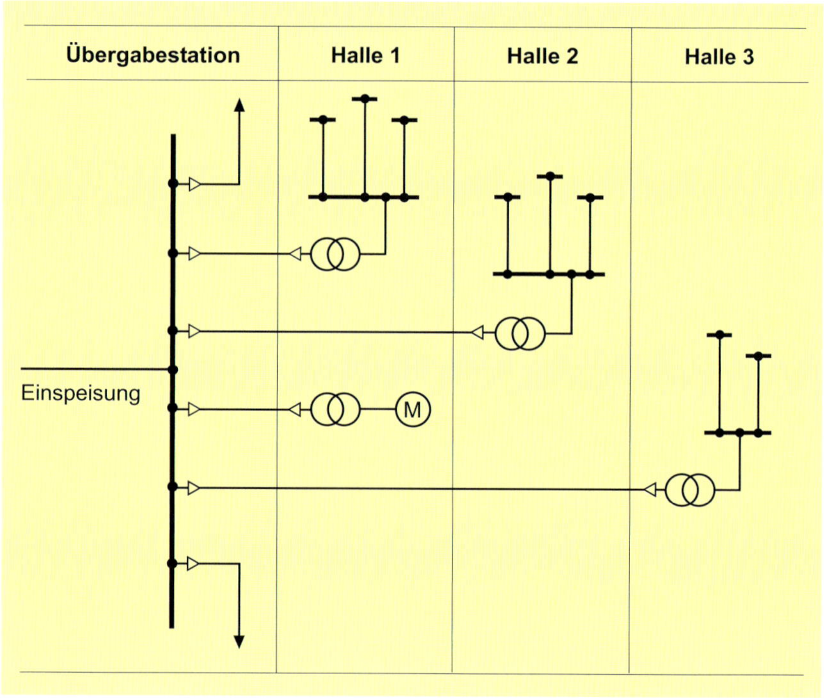

Bild 9.21. Niederspannungs-Industrienetz (Strahlennetz). Schaltgeräte nicht gezeichnet.

In größeren Industrieunternehmen ist das Strahlennetz wenig geeignet, da die Unterverteilungen nur von einer Seite gespeist werden. Bei Unterbrechung der Zuleitung einer Unterverteilung fallen alle daran angeschlossenen Verbraucher aus und können erst nach Beseitigung des Fehlers wieder in Betrieb genommen werden.

Zur Erhöhung der Zuverlässigkeit der Versorgung kann das Strahlennetz mit Umschaltmöglichkeiten in den Unterverteilungen als *Doppelnetz* ausgeführt sein, Bild 9.22.

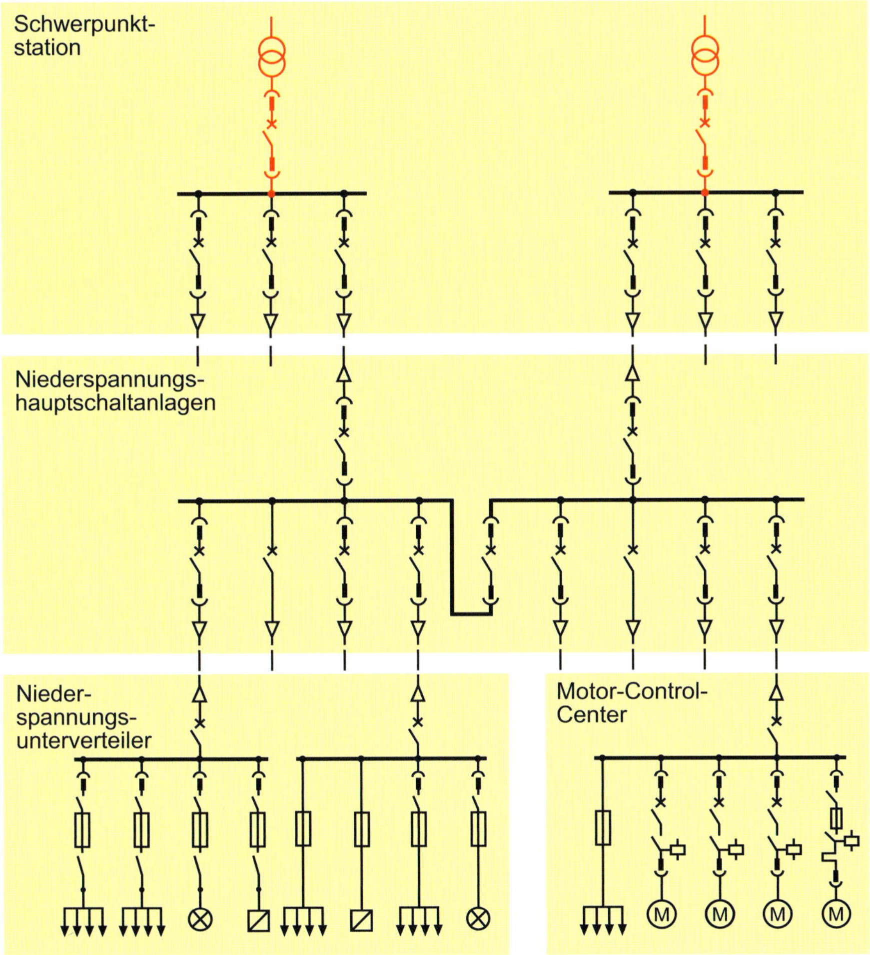

Bild 9.22. Niederspannung-Industrienetz (Strahlennetz mit Umschaltmöglichkeiten).

Im Gegensatz zu Strahlennetzen besitzen Ring- und Maschennetze Vorteile hinsichtlich Spannungshaltung und Lastausgleich. Ringnetze bieten eine erhöhte Betriebssicherheit durch Einspeisung jeder Unterverteilung von zwei Seiten, die sich durch ein Überstromschutzorgan in der Mitte des Rings weiter vergrößern läßt, Bild 9.23.

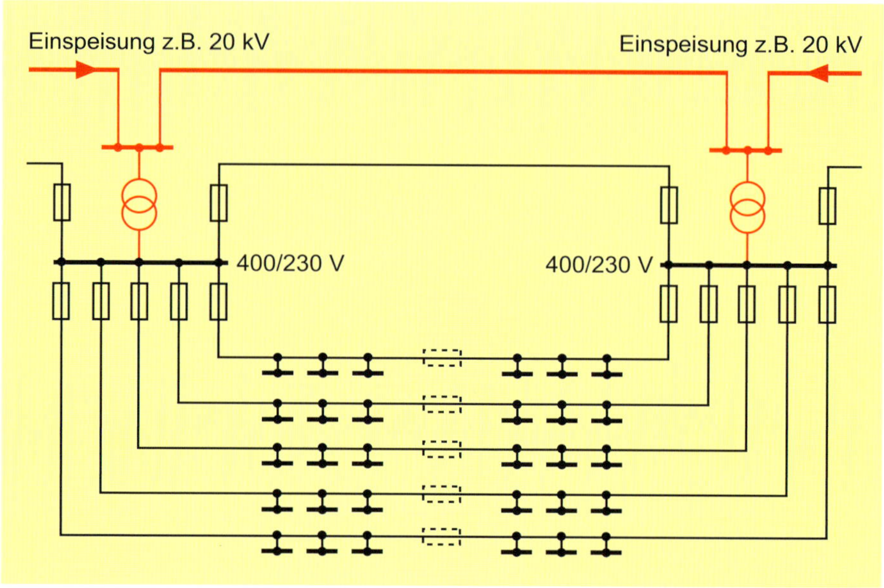

Bild 9.23. Niederspannungs-Industrienetz (Ringnetz).

In einem Maschennetz werden die Kabel in Form von Netzmaschen zusammengeschlossen. Das Netz wird an mehreren Knotenpunkten über Transformatoren eingespeist, Bild 9.24.

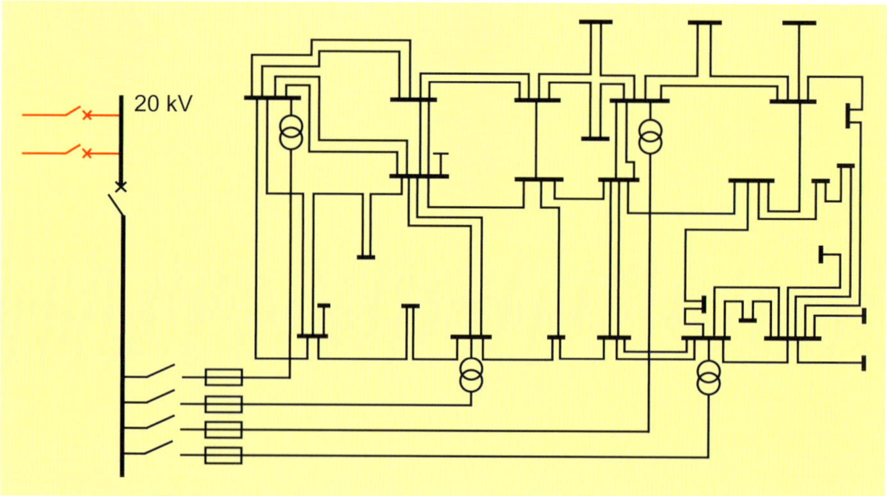

Bild 9.24. Niederspannungs-Industrienetz (Maschennetz).

Durch den Zusammenschluß mehrerer Transformatoren in einem Netzverband und relativ kurzen Entfernungen zwischen den Transformatoreinspeisungen bleibt der Spannungsfall im Gesamtnetz klein. Starke Lastschwankungen haben nur unbedeutende Spannungseinbrüche zur Folge.

9.4.3 Großgebäudenetze

Große Gebäude werden meist als Sonderabnehmer aus dem Mittelspannungsnetz versorgt und speisen über eigene Transformatoren das interne Niederspannungsnetz ($U_N = 400\ V$). Die Art des Versorgungssystems ist abhängig von der Gebäudeausdehnung, den Längen der Versorgungsleitungen und den Belastungen. Es wird unterschieden zwischen *vertikaler Versorgung* (Steigleitungen) und *horizontaler Versorgung* (Versorgung innerhalb der einzelnen Stockwerke). Alternativ spricht man bei den Steigleitungen auch von *Hauptkabeln* bzw. der *Hauptstromversorgung*, Bild 9.25.

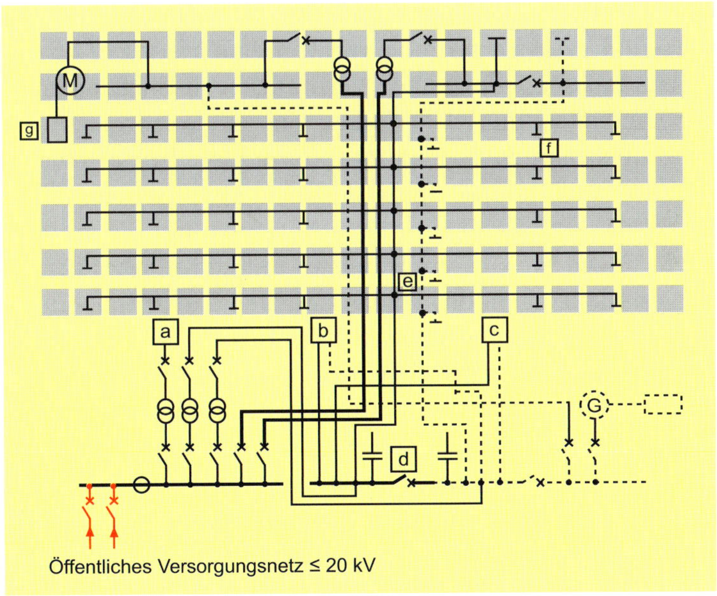

Bild 9.25. Niederspannungsnetz in einem Gebäude mit 7 Stockwerken. a) Kältemaschinen, b) Heizung, Lüftung, Druckerhöhungspumpen, c) Rauchabzug, Feuerlöschpumpen, d) zentrale Blindleistungskompensation mit selbststätiger Regelanlage, e) Stockwerkverteiler, f) Unterverteiler, g) Aufzüge.

Auf jedem Stockwerk befinden sich von den Steigleitungen gespeiste *Stockwerk-* bzw. *Etagenverteiler*, von denen aus jeweils ein Stockwerk über ein Strahlennetz horizontal versorgt wird, sogenannte *Verbraucherstromversorgung*. Auf jedem Stockwerk gibt es nochmals mehrere Unterverteiler für *abgeschlossene* Bereiche, beispielsweise Wohnungen und Büros.

Darüber hinaus ist eine kurze Entfernung zwischen Einspeisung und Lastschwerpunkt anzustreben. Hieraus ergibt sich eine dezentrale Aufstellung der Transformatoren unmittelbar in den Lastschwerpunkten, z. B. Stockwerksgruppen oder Umformeranlagen für Aufzüge und Anlagenteile der Klimaanlage im Dachgeschoß (s. a. 9.3.3). Bei Versorgungsunterbrechungen gibt es für sicherheitsrelevante Verbraucher eine *Sicherheitsstromversorgung*, darüber hinaus für andere wichtige Verbraucher auch ein *Ersatznetz* und eine *Ersatzstromversorgung* (Dieselaggregat, unterbrechungsfreie Stromversorgung USV).

9.4.4 Bordnetze

Die bisherigen Betrachtungen beschränkten sich auf die klassische Energieverteilung zur Versorgung von Gebäuden oder Industriebetrieben. Daneben müssen jedoch auch Verbraucher in Flugzeugen, Schiffen und Kraftfahrzeugen mit elektrischer Energie versorgt werden. Diese Aufgabe übernehmen sogenannte *Bordnetze*. In der Terminologie der Verbundtechnik könnte man sie auch als *Inselnetze* bezeichnen (s. a. Kapitel 13). Die Struktur dieses Netztyps und die an ihn gestellten Anforderungen werden im Kontext anhand eines Flugzeugbordnetzes dargestellt. Gegenüber konventionellen Elektroenergiesystemen der öffentlichen Versorgung müssen luftfahrttaugliche Systeme hohen Anforderungen hinsichtlich geringen Gewichts und geringen Volumens bei höchster Zuverlässigkeit und geringem Wartungsaufwand genügen. Grundsätzlich unterscheidet man zwischen *Gleichstrom-Bordnetzen* (bei älteren und kleineren Flugzeugtypen) und *Drehstrom-Bordnetzen*, die heute nahezu ausnahmslos Anwendung finden, mit installierten Leistungen bis zu 500 KW. Als Bordnetzspannungen haben sich 28 V Gleichstrom und 115 V/220 V Drehstrom von 400 Hz durchgesetzt. Wegen der geringen Leitungslängen halten sich die Spannungsabfälle auch bei 400 Hz noch im Rahmen (s. a. 6.2.1).

Drehstromnetze werden durch Gleichstromnetze kleinerer Leistung ergänzt. Sogenannte *Trafogleichrichter* versorgen für Gleichstrom ausgelegte Verbraucher und bewerkstelligen die Ladung der Batterie, die als Energiequelle in Notfällen in jedem Bordnetz vorhanden ist.

Einen entscheidenden Einfluß auf das Bordnetz eines Flugzeugs haben Art und Anzahl der Triebwerke, wobei die Frage des Anlassens besonders wichtig ist. Bei Stillstand des Flugzeugs und seiner Triebwerke übernimmt das an Bord befindliche Hilfsstromaggregat (engl.: *Auxiliary Power Unit, APU*) die Energieversorgung. Die Anlaß-Energie wird einer Batterie oder einer Bodenstromversorgung und auch dem Generator des ersten angelassenen Triebwerks entnommen.

Als Beispiel soll das Bordnetz einer Boeing 747 beschrieben werden, Bild 9.26.

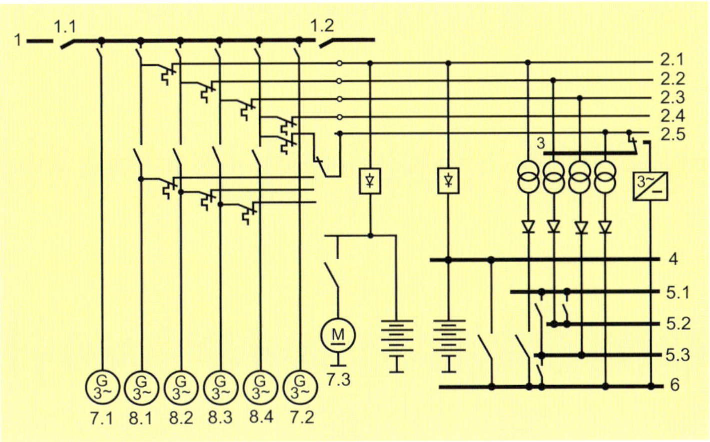

Bild 9.26. Bordnetz einer Boeing 747. 1: Hauptsammelschiene, 1.1: Erster Bodenstromanschluß, 1.2: Zweiter Bodenstromanschluß, 2: Verbrauchersammelschienen, 3: Wechselstrom-Notsammelschiene, 4: Batteriesammelschiene, 5: Gleichstrom-Sammelschienen, 6: Gleichstrom-Notsammelschienen, 7: Hilfsstromaggregate, 7.3: Anlasser für Hilfsstromaggregate, 8: Triebwerksgeneratoren.

Die vier Triebwerke sind mit je einem 60-KVA-Drehstromgenerator ausgerüstet. Darüber hinaus treibt ein Hilfsstromaggregat (APU) zwei weitere Generatoren von je 60 KVA an. Je zwei der vier von den Triebwerken angetrieben Generatoren können parallel auf die kuppelbaren Hauptsammelschienen arbeiten. Ein Parallellauf der Bordstromversorgungen mit dem Generator des Hilfsstromaggregats ist ebenso möglich wie ein Parallellauf mit den Triebwerksgeneratoren.

9.5 Blindstromkompensation in Mittel- und Niederspannungsnetzen

Transformatoren, Asynchronmotoren und induktive Schaltgeräte für Leuchtstofflampen etc. nehmen *Magnetisierungsstrom* zum Aufbau des magnetischen Flusses in ihren Eisenkreisen auf (s. a. 7.1). Dieser Strom ist um 90° gegenüber der Netzspannung phasenverschoben. Er bildet mit der Netzspannung keine Wirkleistung und wird daher *Blindstrom* I_B genannt. Der Blindstrom I_B bildet zusammen mit dem *Wirkstrom* I_W den insgesamt vom Netz aufgenommenen *Scheinstrom* $\underline{I}_S$, die Ströme zusammen mit der Netzspannung die zugehörigen Leistungen, Bild 9.27.

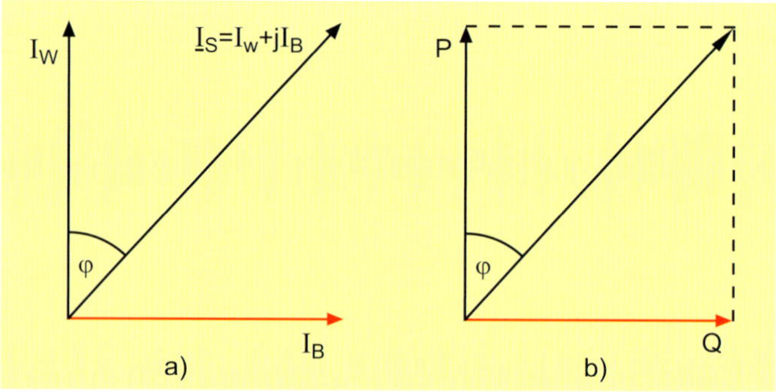

Bild 9.27. a) Stromzeigerdiagramm mit den Komponenten I_W und I_B des Scheinstroms $\underline{I}_S$, b) Leistungs-Zeigerdiagramm mit Wirkleistung P, Blindleistung Q und komplexer Scheinleistung $\underline{S}$.

Aus dem Leistungs-Zeigerdiagramm, Bild 9.27b, folgt für die vom Netz bezogene Wirk- und Blindleistung bei bekannter Scheinleistung S

$$P = S\ \cos\varphi \qquad \text{und} \qquad Q = S\ \sin\varphi \quad . \tag{9.1}$$

Der cos des Winkels φ zwischen Wirkstrom und Scheinstrom ist ein Maß für die aufgenommene Blindleistung und wird *Leistungsfaktor* genannt.

Das Produkt aus der Netzspannung und dem um 90° nacheilenden Blindstrom führt zwar zu keiner Wirkleistung beim Abnehmer, verursacht aber beim Netzbetreiber zusätzliche *Investitionskosten* für Betriebsmittel zur Bereitstellung der Blindleistung sowie zusätzliche

Energiekosten für die vom Blindstrom verursachten Leitungsverluste. Die vom Scheinstrom hervorgerufenen Leitungsverluste $|\underline{I}_S|^2 R$ sind nämlich größer als die Verluste $I_W^2 R$ bei reiner Wirkleistungsaufnahme, s. Bild 9.27.

Da der Blindleistungsbedarf aufgrund der vielen Asynchronmotoren und stromrichtergespeisten Antriebe unschwer 30 % oder mehr der bezogenen Wirkleistung betragen kann, installieren die Stromversorgungsunternehmen separate *Blindstromzähler* und stellen den Blindstrombezug auch in Rechnung. Alternativ können die Abnehmer eigene Blindstromkompensationseinrichtungen aufstellen und die benötigte Blindleistung selbst bereitstellen.

In letzterem Fall erfolgt die Kompensation induktiver Blindleistung durch Parallelschalten von Leistungskondensatoren zu den induktiven Verbrauchern. Der induktive Blindstrom wird dann lokal den parallel geschalteten Leistungskondensatoren C_K entnommen, Bild 9.28.

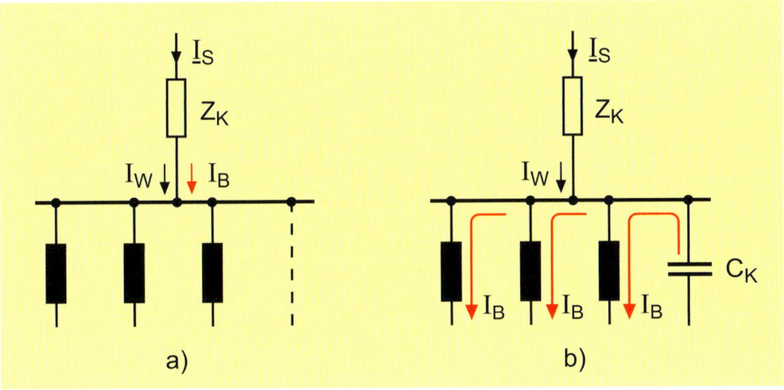

Bild 9.28. Parallelkompensation induktiver Blindleistung. a) Ohne Kompensation, der Blindstrom wird vom Versorgungsunternehmen geliefert, b) mit Kompensation durch eine lokale Kompensationskapazität C_K. Z_K Kurzschlußimpedanz des vorgeschalteten Transformators.

Man unterscheidet zwischen der *Einzelkompensation* individueller Verbraucher und der *Zentralkompensation* für einen ganzen Unternehmensbereich.

Bei der *Einzelkompensation* kann einem einzelnen Verbraucher ein Leistungskondensator fester Größe parallel geschaltet werden, da der Magnetisierungsstrom $\underline{I}_\mu$ unabhängig von der Wirkleistungsaufnahme näherungsweise konstant bleibt. Man spricht daher auch von *Festkompensation.* Bei der *Zentralkompensation* wird einer Gruppe von Verbrauchern zentral im *Verteilerschrank*, bzw. bei Mittelspannung in einem eigenen *Schaltfeld*, eine in Stufen veränderliche Kondensatorbank je nach Anzahl der im Betrieb befindlichen Verbraucher parallel geschaltet. Die Anpassung der Kompensationskapazität erfolgt durch einen *Blindleistungsregler*, dem ein zulässiger Leistungsfaktor-Sollwert vorgegeben wird, beispielsweise $\cos\varphi \geq 0,9$. Bei länger andauernden Abweichungen vom Sollwert schaltet der Regler Kondensatoren zu bzw. ab.

Man unterscheidet ferner zwischen Blindstromkompensation in Netzen mit nur *geringem Stromrichteranteil* und Netzen mit *hohem Stromrichteranteil* ($>$ 20 %).

9.5.1 Netze mit geringem Stromrichteranteil

In Netzen mit geringem Stromrichteranteil ($<$ 20 %) ist die Netzspannung praktisch sinusförmig, Oberschwingungen bewirken eine vernachlässigbar kleine Amplitude. Es kann daher mit gewöhnlichen Leistungskondensatoren kompensiert werden. Die Berechnung des Werts der Kompensationskapazität ergibt sich aus folgenden Überlegungen.

Das Zeigerdiagramm der Leistungen in Bild 9.27b liefert die Beziehung

$$Q = P \tan\varphi \quad . \tag{9.2}$$

Zur Verbesserung eines vorliegenden Leistungsfaktors $\cos\varphi_1$ auf einen Leistungsfaktor $\cos\varphi_2$ berechnet sich die erforderliche Kompensationsblindleistung zu

$$Q_C = P \tan\varphi_1 - P \tan\varphi_2 = P\,(\tan\varphi_1 - \tan\varphi_2) \quad . \tag{9.3}$$

Den Winkel φ_1 erhält man mit Gleichung (9.1) aus gemessenen Werten der ohne Kompensation bezogenen Blindleistung Q_1 und Wirkleistung P_1. Alternativ läßt sich die benötigte Blindleistung aus der empirischen Gleichung

$$Q_C = 0,3\; a\; S \tag{9.4}$$

abschätzen, in der a den *Gleichzeitigkeitsfaktor* und S die installierte *Scheinleistung* aller Verbraucher ist.

Aus der Definition der Blindleistung eines Kondensators

$$Q_C = U^2 \omega C \tag{9.5}$$

folgt die erforderliche Kompensationskapazität mit $\omega = 2\pi f$ zu

$$C = \frac{Q_C}{U^2 2\pi f} \quad . \tag{9.6}$$

In Drehstromsystemen berechnet sich für die *Sternschaltung* die Kapazität einer Phase zu

$$C_\curlywedge = \frac{Q_C}{U^2 2\pi f} = \frac{Q_C}{(U_r/\sqrt{3})^2 2\pi f} = \frac{3Q_C}{U_r^2 2\pi f} \quad . \tag{9.7}$$

Für die *Dreieckschaltung* gilt je Phase

$$C_\Delta = \frac{Q_C}{U_r^2 2\pi f} \quad . \tag{9.8}$$

Aus (9.7) und (9.8) folgt für gleiche Blindleistung

$$C_\curlywedge = 3C_\Delta \qquad \text{bzw.} \qquad C_\Delta = \frac{C_\lambda}{3} \quad . \tag{9.9}$$

9.5.2 Netze mit hohem Stromrichteranteil

In Netzen mit hohem Stromrichteranteil (> 20 %) weicht die Netzspannung merklich von der Sinusform ab, besitzt mit anderen Worten einen erheblichen Oberschwingungsanteil. Die Leistungskondensatoren können dann mit der Kurzschlußreaktanz vorgeschalteter Transformatoren *Reihenschwingkreise* mit inakzeptabel höheren Überströmen bzw. Überspannungen bilden.

Zur Vermeidung dieser Resonanzeffekte werden den Kondensatoren *Drosseln* vorgeschaltet. Sie werden daher auch als *verdrosselte Kondensatoren* bezeichnet. Ihre Resonanzfrequenz wird unter die Frequenz der 5. Oberschwingung gelegt, so daß die Kondensatoren bei Frequenzen > 250 Hz rein induktiv wirken und beim Zuschalten weiterer Induktivitäten keine Resonanzen mehr entstehen können. Bezüglich der Grundschwingung von 50 Hz wirken sie jedoch nach wie vor als Kapazitäten.

Aufgrund der 180° Phasenverschiebung der Spannungsabfälle an der Induktivität und am Kondensator tritt an letzterem die Summe der Beträge aus induktivem und kapazitivem Spannungsabfall auf. Verdrosselte Kondensatoren müssen daher für höhere Spannungen ausgelegt werden. Bei geeigneter Abstimmung können sie gleichzeitig als *Filterkreise*, genauer gesagt *Saugkreise*, für diskrete Stromoberschwingungen ausgelegt werden.

In Netzen mit *Rundsteuereinrichtungen*, in denen Nachrichten zum Lastmanagement mit diskreten, höheren Frequenzen übertragen werden (s. 14.5.1), können verdrosselte Kompensationskondensatoren als *Saugkreise* für Rundsteuersignale wirken und den Signalpegel lokal stark absenken. Um diesen Effekt zu vermeiden, müssen den verdrosselten Kondensatoren dann zusätzliche *Sperrkreise*, bestehend aus der Parallelschaltung einer Induktivität und einer Kapazität, vorgeschaltet werden.

Statt mit Kapazitäten läßt sich die Blindleistung auch mit rotierenden Phasenschiebern erzeugen (s. 6.6). Aus diesem Grund werden in großen Industriebetrieben nicht selten Synchronmotoren als Antriebe eingesetzt, die unabhängig von der abgegebenen Antriebswirkleistung über die Variation ihres Erregerstroms die Blindleistungsgrundlast kompensieren können.

Schließlich sei erwähnt, daß es in Übertragungs- und Verteilnetzen auch den Fall der Kompensation *kapazitiver* Blindleistung in Form der *Erdschlußkompensation* mit Petersen-Spulen gibt. Hierauf wird ausführlich im Kapitel 10 eingegangen.

Vertiefendes Schrifttum zu Kapitel 9

1. VDEW: Technische Richtlinien für Niederspannungsfreileitungsnetze. VDEW-Verlag, Frankfurt a. M., 1961.
2. Siemens AG: Applikationshandbuch für Totally Integrated Power. Bereich Automation and Drives sowie Power Transmission and Distribution, 2001.
3. Gremmel, H.: ABB Schaltanlagen Handbuch. 1. Auflage, Cornelsen Lehrbuch Verlag, Berlin, 1999.

4. Heinhold, L. und Stubbe, R. (Hrsg.): Kabel und Leitungen für Starkstrom. 5. Auflage, Wiley-VCH Verlag, Weinheim, 1999.
5. Seip, G. (Hrsg.): Elektrische Installationstechnik. Siemens AG, Erlangen, 1993.
6. Happold, H. und Oeding, D.: Elektrische Kraftwerke und Netze. 6. Auflage, Springer-Verlag, Berlin, 2004.
7. Kiok, M., Rittmayer, E. und Petrossian, E.: Internationales Symposium, Zürich „Energieversorgung von Ballungsgebieten". Sonderdruck Tagungsband, 1992.
8. VDE: Eigenbedarf in Kraftwerken. ETG-Fachbericht 13, VDE-Verlag Berlin, Offenbach, 1984.
9. Nagel, H.: Systematische Netzplanung. VDE-Verlag Berlin, Offenbach, 1994.
10. Albert, K. el al.: Elektrischer Eigenbedarf. 2. Auflage, VDE-Verlag Berlin, Offenbach, 1996.
11. Kaufmann, W.: Planung öffentlicher Elektizitätsverteilungssysteme. VDE-Verlag Berlin, Offenbach, 1995.
12. Weßnigk, Klaus-Dieter: Kraftwerkselektrotechnik. 1. Auflage, VDE-Verlag, 1998.
13. VDEW: Planung und Betrieb von städtischen Mittelspannungsnetzen. VDEW-Verlag, Frankfurt a. M., 1991.
14. VDEW: Planung öffentlicher Elektrizitätsverteilungssysteme. VDEW-Verlag, Frankfurt a. M., 1995.
15. VDEW: Richtlinie für die Wiedereinschaltung in elektrischen Netzen. VDEW-Verlag, Frankfurt a. M., 2001.
16. Oeding, D. u. Oswald, B. R.: Elektrische Kraftwerke und Netze. 6. Auflage, Springer-Verlag, Berlin/Heidelberg, 2004.
17. Heuck, K. u. Dettman, K. D.: Elektrische Energieversorgung. 6. Auflage, Vieweg-Verlag, Wiesbaden, 2005.

10. Sternpunktbehandlung

In *symmetrisch* betriebenen Drehstromsystemen ergänzen sich die Ströme der drei Phasen stets zu Null. Etwaige Strompfade zwischen den Sternpunkten der Generatoren, Transformatoren und Verbraucher, beispielsweise *Kabelmäntel*, *Blitzschutzerdseile* oder das *Erdreich*, sind dann stromlos.

Beim Auftreten von *Unsymmetrien*, beispielsweise bei ein- oder zweipoligen Kurzschlüssen, ergänzen sich die Ströme eines Betriebsmittels nicht mehr zu Null. Es fließt dann ein Nullstrom $\underline{I}_R + \underline{I}_S + \underline{I}_T = I_N = I_0$ über die oben erwähnten Strompfade zu den Sternpunkten der Spannungsquellen zurück. Als Spannungsquellen sind hierbei die *Synchrongeneratoren*, in *Stern geschaltete Wicklungen von Transformatoren* sowie in Mittelspannungsnetzen etwaige *Sternpunktbildner* (s. 7.5.2.4) zu verstehen.

Ständerwicklungen von Synchrongeneratoren werden zur Unterbindung der schädlichen Auswirkungen gleichphasiger Oberschwingungsströme grundsätzlich in Sternschaltung ohne Neutralleiter betrieben (s. 6.8). Ihr Sternpunkt ist daher nicht oder nur über eine sehr hochohmige Impedanz zur Gewinnung von Schutzsignalen geerdet. Zur Diskussion stehen damit nur in Stern geschaltete Wicklungen von Transformatoren. Wenn man von *Sternpunktbehandlung* oder auch von der *Betriebsweise* eines Netzes spricht, geht es im wesentlichen um die Frage, ob Transformatorsternpunkte

- *isoliert* betrieben oder
- über eine *Kompensationsreaktanz*,
- eine *niederohmige Impedanz* oder
- *starr* geerdet werden.

Die Entscheidung für die eine oder andere Option berücksichtigt Kriterien wie Netzgröße, Spannungsebene, Überspannungsbeanspruchungen, Beeinflussungsfragen, Verfügbarkeit sowie im Erdungssystem hervorgerufene Potentialanhebungen in Form von *Berührungs-*, *Schritt-* und *Erderspannungen*. Letztlich geht es immer um die Größe des Fehlerstroms bei einem Isolationsversagen gegen Erde.

10.1 Netze mit isolierten Sternpunkten

In symmetrischen Netzen mit isolierten Sternpunkten, sogenannte *isoliert betriebene Netze*, besitzen die Sternpunkte und die geerdete Umgebung praktisch das gleiche Potential φ_E, das heißt *Erdpotential*. Dies liegt in den symmetrischen Erdkapazitäten C_E zwischen den Phasenleitern und Erde begründet, Bild 10.1.

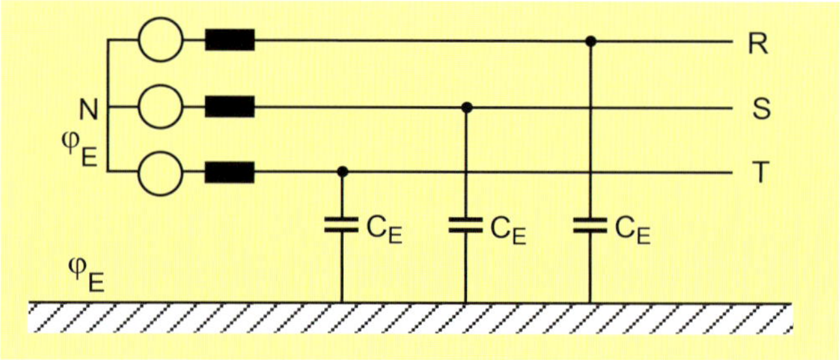

Bild 10.1. Netz mit isoliertem Sternpunkt.

Die Ströme durch die Erdkapazitäten ergänzen sich im Erdreich zu Null, wobei für das Erdreich ein Potential $\varphi_E = 0$ angenommen wird. Da sich in symmetrischen Drehstromsystemen die drei Phasenspannungen ebenfalls stets zu Null ergänzen, besitzt auch der Sternpunkt N das Potential $\varphi_E = 0$. Damit werden, auch ohne leitende Verbindung zwischen Sternpunkt und Erde, alle Isolationen gegenüber Erde permanent mit Sternspannung beansprucht. Hier ist anzumerken, daß im Gegensatz zu Kabeln die Kapazitäten von Freileitungen wegen der unterschiedlichen Nähe der Leiter zum Erdboden und benachbarten Systemen keine perfekt symmetrischen Leistungskapazitäten besitzen und daher in Freileitungsnetzen stets eine geringe Potentialdifferenz zwischen N und Erde herrscht.

Über die rein kapazitive Symmetrierung des Sternpunkts hinaus tragen zum Potential $\varphi_N = \varphi_E$ auch noch die symmetrischen hochohmigen Impedanzen der Spannungswandler, Überspannungsableiter und alle Arten von Ableitwiderständen der Isolationen bei.

Im Falle eines Isolationsversagens zwischen einem Leiter und Erde kann sich in isoliert betriebenen Netzen mangels einer Rückleitung zum Sternpunkt der Einspeisung kein *Kurzschlußstrom* ausbilden. Es fließt dann lediglich ein sehr kleiner kapazitiver *Erdfehlerstrom* $\underline{I}_{FE}$ über die Erdkapazitäten C_E der Leitungen. Man spricht vom *Erdschluß*, Bild 10.2.

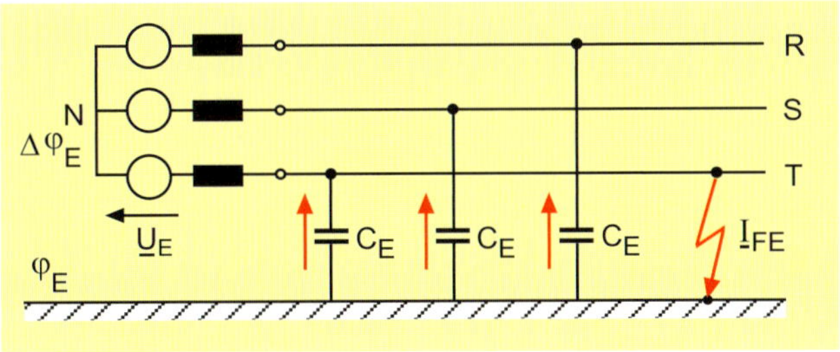

Bild 10.2. *Erdschluß* in einem isoliert betriebenen Netz.

Die Längsimpedanzen der Leitungen und Kabel sind klein gegen die verteilten Leitungskapazitäten C_E, so daß diese als konzentrierte Bauelemente dargestellt werden können.

Die Berechnung des Erdfehlerstroms erfolgt mit Hilfe des *Verfahrens der Ersatzspannungsquelle*, das im Rahmen der Berechnung von Kurzschlußströmen in Kapitel 17 ausführlich erläutert wird. Bei diesem Verfahren ersetzt man die treibenden Spannungen $\underline{U}_E$ durch eine Ersatzspannungsquelle $\underline{U}_F = \underline{U}_n/\sqrt{3}$ am Fehlerort. Die treibenden Quellenspannungen der Einspeisung setzt man zu Null und berücksichtigt nur den jeweiligen Innenwiderstand der Spannungsquelle. Da diese Innenwiderstände, wie auch die Leitungsimpedanzen, sehr klein gegen die kapazitiven Reaktanzen $1/j\omega C_E$ sind (s. a. 10.4), reduziert sich das Ersatzschaltbild 10.2 auf die sehr einfache Schaltung gemäß Bild 10.3a. Vernachlässigt man noch die Durchgriffskapazitäten C_D zwischen den Außenleitern, die ja durch die passiv gemachten Spannungsquellen kurzgeschlossen sind, vereinfacht sich die Schaltung weiter zu Bild 10.3b.

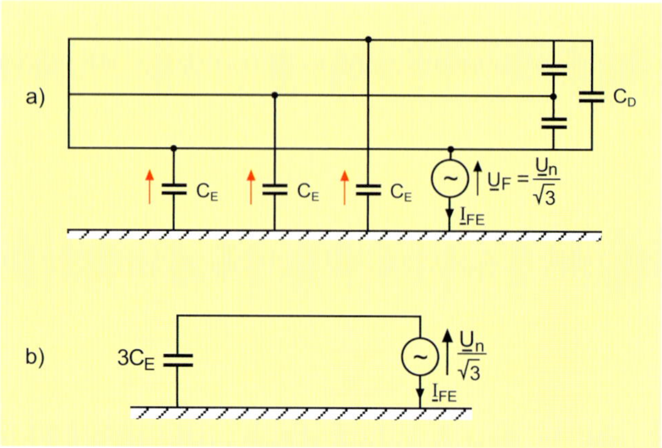

Bild 10.3. Erdschluß in der Phase T eines Netzbezirks mit freiem Sternpunkt. a) Ersatzschaltbild mit passivierten Quellenspannungen, vernachlässigten Innenwiderständen und Leitungsimpedanzen, b) finales Ersatzschaltbild der drei parallel geschalteten Phasen zur Berechnung des Erdschlußfehlerstroms.

Die Erdschlußimpedanz $\underline{Z}_k$ des Strompfads zum Sternpunkt besteht also lediglich aus den drei parallel geschalteten Erdkapazitäten C_E bzw. deren kapazitiver Reaktanz,

$$\underline{Z}_k = \frac{1}{3\mathrm{j}\omega C_E} \quad . \tag{10.1}$$

Mit dieser Reaktanz berechnet sich der *Betrag* des Erdschlußstroms unter Annahme einer perfekten Erde unabhängig vom Fehlerort zu

$$I_{FE} = \frac{U_n}{\sqrt{3} \cdot Z_k} = \frac{U_n}{\sqrt{3}} \cdot 3\omega C_E = \sqrt{3} U_n \omega C_E \quad . \tag{10.2}$$

Seine Höhe richtet sich offensichtlich nach der Größe der Erdkapazitäten C_E und somit nach der Ausdehnung des Netzes.

Alternativ läßt sich zur Berechnung von $\underline{I}_{FE}$ der Erdschluß als Sonderfall des einpoligen Kurzschlusses interpretieren, worauf in 10.4 eingegangen wird.

In kleinen Mittelspannungsnetzen liegt der Erdschlußfehlerstrom meist bei wenigen Ampere, so daß die Brennspannung des Lichtbogens die treibende Spannung übersteigt und der Fehlerstrom in einem der nachfolgenden Nulldurchgänge von selbst erlischt. In größeren Netzen benötigt der Lichtbogen des Erdschlußfehlerstroms eine geringere Brennspannung, löscht nicht mehr selbsttätig und muß durch Schalthandlungen unterbrochen werden. Wegen des im Vergleich zu den Betriebsströmen nach wie vor sehr kleinen Fehlerstroms kann das Netz jedoch in der Regel bis zur Beseitigung des Erdschlusses im Minutenbereich weiterbetrieben werden. Eine sofortige Versorgungsunterbrechung läßt sich so vermeiden.

Da ein Erdschluß die Sternspannung des betroffenen Leiters auf sehr kleine Werte zusammenbrechen läßt, kommt es zur sogenannten *Sternpunktverlagerung.* Das Potential des verlagerten Sternpunkts N' erhöht sich um die vor dem Erdschluß vorhandene Sternspannung $\underline{U}_T \leq \underline{U}_n/\sqrt{3}$ gegenüber Erde, Bild 10.4.

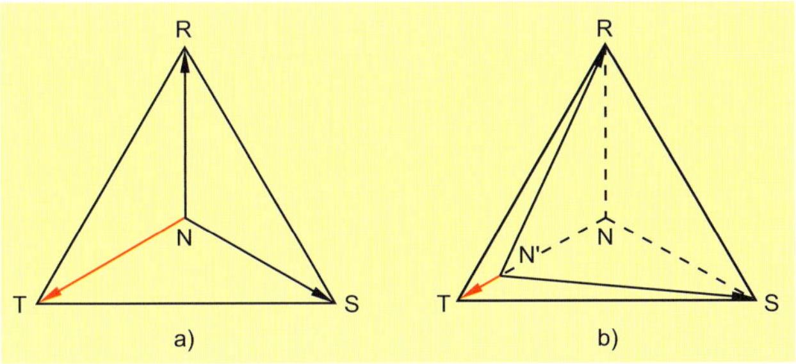

Bild 10.4. Sternpunktverlagerung bei einem Erdschluß. a) Sternspannungen und Außenleiterspannungen im ungestörten Betrieb, b) Sternpunktverlagerung bei einem Erdschluß der Phase T, Sternpunktverlagerung $|\underline{U}_{NN'}| \leq |U_{TR}| \,/\, \sqrt{3}$.

Bei einem satten Erdschluß (widerstandslose Verbindung) wird die Sternspannung $U_T = 0$. Die Sternspannungen der beiden nicht betroffenen Stränge nehmen dann praktisch den Wert der von den Außenleitern eingeprägten *verketteten Spannung* an,

$$|\underline{U}_R| = |\underline{U}_S| = |\underline{U}_{ST}| = |\underline{U}_{TR}| \quad . \tag{10.3}$$

Während der Fehlerzeit führt die Sternpunktverlagerung also zu einer Überspannungsbeanspruchung der beiden nicht betroffenen Phasen des gesamten Netzes vom maximal $\sqrt{3}$-fachen der Nennspannung. Man spricht von *betriebsfrequenter Spannungsüberhöhung.* Zusätzlich zur betriebsfrequenten Überspannung treten durch Ausgleichsvorgänge noch *transiente Überspannungen* bis zum 2,5fachen der Nennspannung auf.

Die Spannungsverlagerung des Sternpunkts N wird zur Erdschlußerfassung mittels sogenannter *Erdschlußmelderelais* genutzt (s. a. 12.4.2.2).

Da zwischen der Überspannung und dem kapazitiven Fehlerstrom eine Phasenverschiebung von 90° besteht, herrscht beim selbsttätigen Löschen des Fehlerstroms im Nulldurchgang die maximale Spannung an der Fehlerstelle. Dies kann bei höheren Erdschlußströmen zu *Rückzündungen* bzw. *intermittierenden Erdschlüssen* führen.

Obwohl kleine Erdschlußströme für begrenzte Zeit toleriert werden können, bemüht man sich um eine schnellstmögliche Fehlerklärung, da ein länger anstehender Erdschluß durch die von ihm verursachte Sternpunktverlagerung oder aufgrund seiner thermischen Wirkungen zu einem weiteren Erdschluß führen kann, sogenannter *Doppelfehler*.

Im Falle eines *überspannungsbedingten* weiteren Isolationsversagens kann der zweite Erdschluß an einer beliebigen anderen Stelle des Netzes an einem bislang nicht betroffenen Außenleiter auftreten. Da das Netz dann bereits durch den ersten Fehler unsymmetrisch geerdet ist, stellt der zweite Erdschluß praktisch einen einpoligen Kurzschluß dar, der einen hohen Kurzschlußstrom hervorruft.

Liegen die Orte der beiden Erdschlüsse infolge *thermischer Auswirkungen* des ersten Erdschlusses nahe beieinander, geht der Doppelerdschluß in einen zweipoligen Kurzschluß über. Der Kurzschlußstrom beim Doppelerdschluß ist stets kleiner oder gleich wie beim einpoligen Kurzschluß. Seine Bestimmung ist deshalb nur für die Überprüfung des Netzschutzes und, weil der Fehlerstrom über das Erdreich fließt, für Beeinflussungsfragen von Bedeutung.

Der Vorteil des *isolierten Betriebs* kommt nur für *Mittelspannungsnetze* und spezielle *Niederspannungsnetze* in Frage. Ein typisches Beispiel sind Industrienetze sowie Eigenbedarfsnetze in Kraftwerken. 110 kV-Netze und erst recht 220 kV- sowie 380 kV-Netze werden wegen der höheren Gefahr des Rückzündens nicht isoliert betrieben.

10.2 Über Kompensationsreaktanzen geerdete Netze

Mit zunehmender Netzgröße bzw. Erdkapazität nimmt der Fehlerstrom bei einem Erdschluß Werte an, die ihn nicht mehr selbst verlöschen lassen. Das Auftreten eines Doppelfehlers wird zunehmend wahrscheinlicher. Um dennoch die Vorzüge des isolierten Betriebs wahren zu können, geht man zum Betrieb mit *Erdschlußkompensation* über, bei dem hohe kapazitive Erdschlußfehlerströme durch eine oder mehrere an die Sternpunkte der Transformatoren angeschaltete Drosselspulen, sogenannte *Petersenspulen*, kompensiert werden, Bild 10.5.

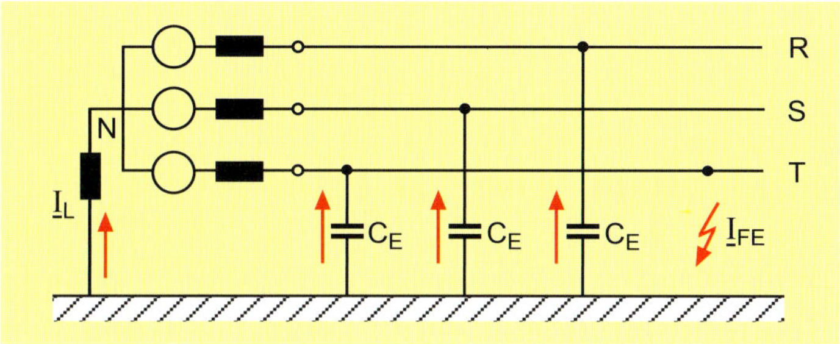

Bild 10.5. Netzbetrieb mit Erschschlußkompensation.

Der Parallelresonanzkreis, bestehend aus der totalen Induktivität aller Petersenspulen und der Gesamterdkapazität, wird auf Netzfrequenz abgestimmt, so daß der induktive Strom $\underline{I}_L$ den kapazitiven Strom durch die Erdkapazitäten praktisch vollständig kompensiert. In der Praxis verbleibt ein kleiner *Restfehlerstrom* $\mathrm{I}_{\mathrm{Rest}}$, der wie bei isolierten Sternpunkten von selbst verlöscht. Man spricht daher auch von *gelöschten* Netzen. Als Obergrenze für den Restfehlerstrom gelten in *110 kV-Netzen* 130 A, bei *Mittelspannungsnetzen* ca. 30 A, sogenannte *Löschbedingung.*

Mit den gleichen Überlegungen wie beim isolierten Netz läßt sich auch hier ein einfaches Ersatzschaltbild angeben, Bild 10.6.

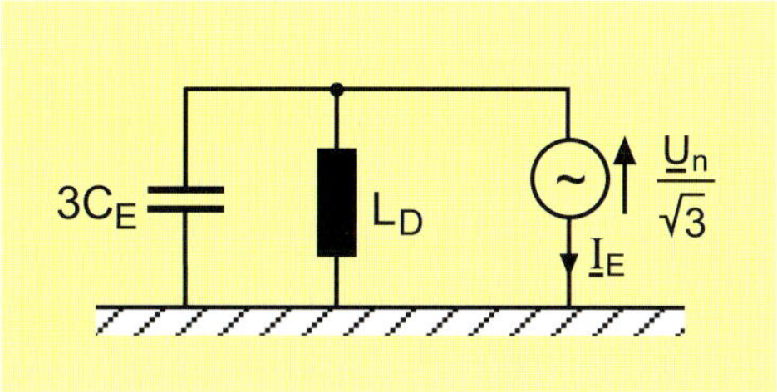

Bild 10.6. Finales Ersatzschaltbild eines gelöscht betriebenen Netzes.

Der Parallelkreis aus C_E und L_D verhält sich wie ein *Sperrkreis* in der Hochfrequenztechnik. Unter der Voraussetzung, daß der induktive Strom durch die Drossel entgegengesetzt gleich groß wie der kapazitive Fehlerstrom I_{FE} sein soll,

$$\underline{I}_{FE} \stackrel{!}{=} \underline{I}_{L_D} \qquad (10.4)$$

bzw.

$$\frac{3\,\underline{U}\omega C_E}{\sqrt{3}} = \frac{\underline{U}}{\sqrt{3}\omega L} \quad , \qquad (10.5)$$

erhält man

$$X_{L_D} = \omega L_D = \frac{1}{3\,\omega C_E} \quad . \qquad (10.6)$$

Zur Abstimmung auf Resonanz besitzen die Petersenspulen entweder Anzapfungen oder sie sind als *Tauchkernspulen* mit variabler Induktivität ausgebildet. Die Resonanzabstimmung erfolgt im Rahmen der *Netzführung* entsprechend der aktuellen Topologie. De facto wird nicht exakt auf Resonanz abgestimmt, da die Verlagerungsspannung beim Erdschluß maximal würde, beispielsweise in einem 110 kV-Netz 63 kV. Zu ihrer Begrenzung nimmt man eine *Überkompensation* vor. Beim Ausfall einer Leitung, was einer Verkleinerung der Netzkapazität C_E entspräche, bewegt man sich dann nicht auf die Resonanz *zu* sondern von ihr *weg*.

Sind die Leiterseile nicht ausgekreuzt, kann sich bei ausgedehnten Netzen bereits im Normalbetrieb eine nicht mehr tolerierbare Verlagerungsspannung >10 % einstellen. Zur ihrer Begrenzung werden diese Netze im Normalfall mit beträchtlicher *Resonanzverstimmung* betrieben, was jedoch im Erdschlußfall größere Erdschlußströme zur Folge hat. Zur Wahrung der Löschbedingungen ist dann eine Änderung der Abstimmung erforderlich. Statt häufiger manueller Abstimmungskorrekturen werden heute mehrere automatische *Verstimmungsgradregler* eingesetzt, die sequentiell von einem Zufallsgenerator gesteuert die Abstimmung in jedem Betriebszustand optimieren.

Bezüglich der Sternpunktverlagerung und der erhöhten Verfügbarkeit verhalten sich gelöschte Netze wie isolierte Netze. Die gelöschte Betriebsweise ist überwiegend in 110 kV-Freileitungsnetzen zu finden. Mit ihr lassen sich die meist *einpoligen* Lichtbogenfehler (80 %) in Freileitungsnetzen perfekt beherrschen, ohne daß es zu einer Versorgungsunterbrechung kommt.

In Kabelnetzen kommt es wegen der kleinen Abstände und der damit verbundenen niedrigen Brennspannung des Lichtbogens nur zu einer Begrenzung des Fehlerstroms, nicht aber zum Selbstlöschen.

Nähert man sich infolge Netzausbaus der jeweiligen *Restfehlerstromgrenze*, muß auf *starre Erdung* umgestellt werden (s. 10.3). Wegen der dann auftretenden hohen Kurzschlußströme ist die Kurzschlußfestigkeit der Netzbetriebsmittel entsprechend zu ertüchtigen. Ferner ist zu überprüfen, ob die vorhandene Erdungsanlage bei den hohen Kurzschlußströmen noch die Anforderungen bezüglich Erderspannungen und Schrittspannungen im Hinblick auf die Sicherheit von Personen erfüllt. Schließlich können die höheren Kurzschlußströme bei parallel verlaufenden Kommunikationsleitungen zu elektromagnetischen Verträglichkeitsproblemen führen. Der Nachteil isolierter Netze und gelöschter Netze besteht in der aufwendigen *Fehlerortung* und der höheren Ansprechspannung allfälliger Überspannungsableiter.

10.3 Netze mit geerdeten Sternpunkten

Ist einer oder sind mehrere Sternpunkte der Transformatoren eines Netzes *unmittelbar*, daß heißt widerstandslos, oder *niederohmig* geerdet, spricht man von *geerdeten* Netzen, Bild 10.7.

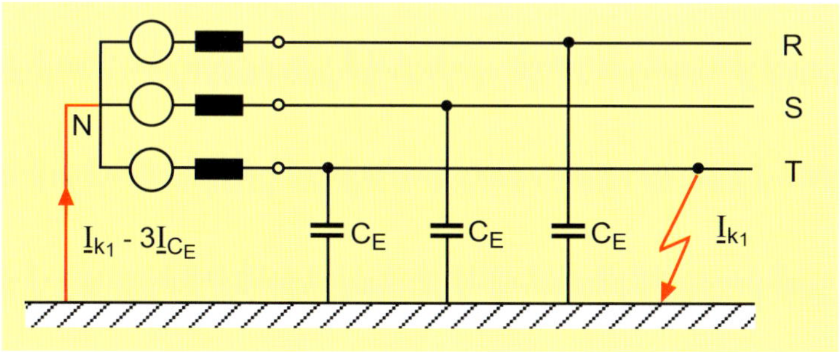

Bild 10.7. Netz mit unmittelbar geerdetem Sternpunkt.

Ein Isolationsversagen führt bei dieser Betriebsweise sofort zu einem stromstarken *einpoligen Kurzschluß* bzw. *Erdkurzschluß* (s. 17.3), der zur Begrenzung der mechanischen und thermischen Wirkungen des

Kurzschlußstroms durch Sicherungen oder Leistungsschalter in Echtzeit unterbrochen werden muß. Sternpunktverlagerungen bzw. betriebliche Überspannungen treten nicht auf.

Zur Begrenzung der Kurzschlußströme auf das Schaltvermögen der vorhandenen Leistungsschalter kann die Erdung auch über einen ohmschen Widerstand R_N von einigen Ohm erfolgen. Die dann wieder auftretende Sternpunktverlagerung richtet sich nach der Größe dieses Widerstands und berechnet sich zu

$$\underline{U}_{NN'} = \underline{I}_N R_N \quad . \tag{10.7}$$

Die Wirksamkeit der Sternpunkterdung bezüglich der dabei wieder auftretenden Sternpunktverlagerung wird gekennzeichnet durch den *Erdfehlerfaktor*

$$\delta = \frac{|\underline{U}_{LE}|}{|\underline{U}|} \quad . \tag{10.8}$$

Er ist das Verhältnis aus der größten an den gesunden Außenleitern auftretenden betrieblichen Leiter-Erde-Spannung und der vor Fehlereintritt am Fehlerort herrschenden Leiter-Erde-Spannung.

Der Maximalwert des Erdfehlerfaktors beträgt $\sqrt{3} = 1,73$ (in isolierten und gelöschten Netzen). Ab einem Unterschreiten von $\delta = 1,4$ spricht man in niederohmig geerdeten Netzen von *wirksamer Erdung*. Die Spannungsanhebung im Kurzschluß bleibt dann unter der zulässigen maximalen Berührungsspannung (s. a. Kapitel 12).

Gelegentlich ist auch noch der Begriff *Erdungsziffer* ϵ anzutreffen. Sie setzt die Leiter-Erde-Spannung der gesunden Phasen ins Verhältnis zur *Nennspannung* U_n eines Netzes. Sie ist bei gleicher Betriebsart um den Faktor $\sqrt{3}$ kleiner als der Erdfehlerfaktor. Der Grenze $\delta \leq 1,4$ für den Bereich wirksamer Erdung entspricht dann $\epsilon \leq 0,8$.

Die unmittelbare oder niederohmige Sternpunkterdung kommt in den *Transportnetzen* und größeren 110 kV-Netzen mit hohem Kabelanteil bzw. in reinen *Kabelnetzen* zum Einsatz. Nachteilig bei niederohmig geerdeten Netzen sind die Versorgungsunterbrechungen beim Ansprechen der Leistungsschalter. Da Erdschlüsse jedoch in der Regel durch Blitzschlag oder Wind initiiert werden und sofort nach dem Abschalten erlöschen, kann nach etwa 0.4 s wieder zugeschaltet werden. Man spricht von *Kurzunterbrechung* (KU) bzw. *Automatischer Wiedereinschaltung* (AWE). Die Antriebe der Leistungsschalter sind dann mindestens so auszulegen, daß nach erfolglosem Wiedereinschalten nochmals endgültig abgeschaltet werden kann (Aus-Ein-Aus). Die Abschaltung erfolgt in der Regel dreipolig, in geerdeten Hoch- und Höchstspannungsnetzen aus Stabilitätsgründen auch einpolig (s. a. 12.3.4).

10.4 Sternpunktbehandlung in der Begriffswelt der Methode der symmetrischen Komponenten

Der Erdschluß kann als Spezialfall des einpoligen Kurzschlusses aufgefaßt werden. Für letzteren berechnet sich, wie im Kapitel 17 und im Anhang E gezeigt, der Fehlerstrom zu

$$I''_{k_1} = \frac{cU_n/\sqrt{3}}{\frac{1}{3}|\underline{Z}_0 + \underline{Z}_+ + \underline{Z}_-|} = \frac{\sqrt{3}cU_n}{|\underline{Z}_0 + \underline{Z}_+ + \underline{Z}_-|} \quad . \tag{10.9}$$

Bei fehlender Rückleitung zum Sternpunkt gilt zunächst $\underline{Z}_0 = \infty$. Es existiert aber, gemäß Bild 10.3, parallel ein *parasitärer*, von den parallel liegenden Erdstreukapazitäten C_E der Leitungen gebildeter Strompfad mit der Impedanz

$$\underline{Z}_k = \frac{1}{3\mathrm{j}\omega C_E} \quad . \tag{10.10}$$

Dieser Strompfad übernimmt beim Erdschluß die Funktion des Neutral- bzw. „Rückleiters“ des Drehstromsystems. Es gilt dann für die *Stranggröße* $\underline{Z}_0$ (s. 8.6.1.3)

$$\underline{Z}_0 = 3\underline{Z}_k = \frac{1}{\mathrm{j}\omega C_E} \quad . \tag{10.11}$$

Wie ebenfalls bereits in 10.1 erläutert wurde, gilt im Erdschlußfall

$$|\underline{Z}_+| = |\underline{Z}_-| \ll |\underline{Z}_0| = |\frac{1}{\mathrm{j}\omega C_E}| \quad . \tag{10.12}$$

Mit diesen Überlegungen berechnet sich der Erdschlußstrom aus Gleichung (10.9) zu

$$I_{FE} = \frac{cU_n/\sqrt{3}}{\frac{1}{3}\,|Z_0|} = \frac{\sqrt{3}cU_n}{|\underline{Z}_0|} \quad , \tag{10.13}$$

was in 10.1 bereits auf anderem Wege hergeleitet wurde.

Veranschaulicht man (10.9) bzw. (10.13) in einem Ersatzschaltbild, erhält man wegen der Reihenschaltung von $\frac{1}{3}\underline{Z}_+$, $\frac{1}{3}\underline{Z}_-$ und $\frac{1}{3}\underline{Z}_0$ Bild 10.8.

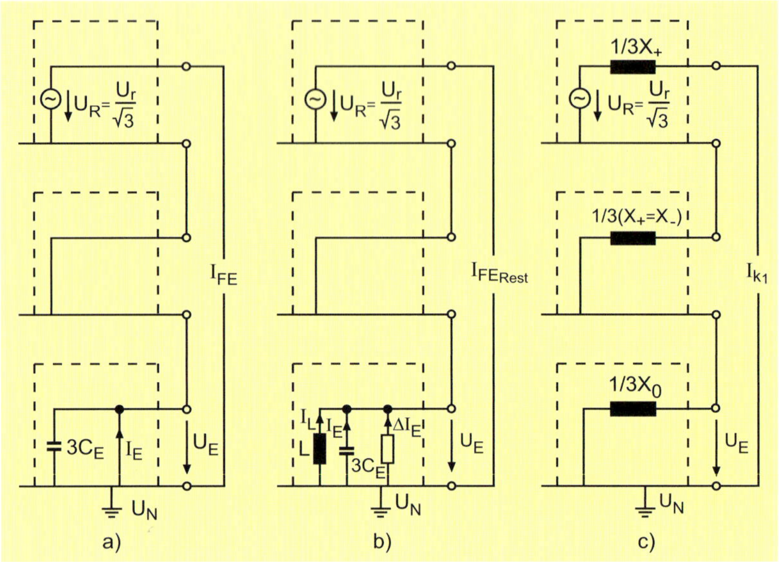

Bild 10.8. Ersatzschaltbilder für die diversen Betriebsweisen von Netzen in der Begriffswelt der Methode der symmetrischen Komponenten. a) isolierte Netze, b) kompensierte Netze, c) niederohmig geerdete Netze. U_R: Spannung des Bezugsleiters R, U_r: Verkette Spannung bzw. Nennspannung, U_E: Verlagerungsspannung (Beträge).

Da der Strom in einem Stromkreis im wesentlichen durch die größte Impedanz bestimmt wird und damit die in Reihe mit C_E liegenden Leitungs- und Generatorreaktanzen vernachlässigt werden können, tritt in isolierten Netzen, Bild 10.8a, die Nullimpedanz des parasitären Rückleiters in Form der Kapazität $3C_E$ auf. Man beachte, daß sich die Ersatzschaltbilder in Bild 10.8 von den üblicherweise im Rahmen der Behandlung unsymmetrischer Fehler verwendeten Ersatzschaltbildern dadurch unterscheiden, daß durch die Reihenschaltung der Komponentennetzwerke nicht der Strom $\underline{I}_0$ fließt sondern der Strom $\underline{I}_{FE} = 3\underline{I}_0$ und damit auch nicht die Strangimpedanz $\underline{Z}_0 = 1/\mathrm{j}\omega C_E$ sondern die Nulleiterimpedanz $\underline{Z}_N = \underline{Z}_k = 1/3\mathrm{j}\omega C_E$ auftritt.

In *kompensierten* Netzen tritt als Nulleiterimpedanz der Sperrkreis, gebildet aus der totalen Induktivität der Petersen-Spulen und der totalen

Netzkapazität, auf. Ihm parallel liegt ein Dämpfungswiderstand R_D, herrührend von den endlichen Eisen- und Kupferverlusten der Spule, Bild 10.8b.

Bei *niederohmiger* Erdung wird der Nulleiterstrom allein durch die bislang vernachlässigten Leitungs- und Transformatorreaktanzen bestimmt. Im Strompfad tritt dann die Summe von jeweils einem Drittel der Mitreaktanz X_+, Gegenreaktanz X_- und Nullreaktanz X_0 auf, Bild 10.8c.

Zusammenfassend läßt sich feststellen: Ist die Sternpunktimpedanz *hochohmig*, sei es durch isolierten oder auch kompensierten Betrieb, erzeugt der Nulleiterstrom einen hohen Spannungsabfall an der Sternpunktimpedanz. Die Sternpunktverlagerung bzw. die Potentialanhebung des Sternpunkts ist groß. Sinngemäß erzeugt bei *niederohmiger* Erdung der Nulleiterstrom einen geringen Spannungsabfall an der totalen Sternpunktimpedanz. Die Sternpunktverlagerung bzw. die Potentialanhebung des Sternpunkts ist klein. *Spannungsabfall*, *Sternpunktverlagerung* und *Potentialanhebung* sind im Kontext synonyme Begriffe.

Die oben angestellten Überlegungen machten von mehreren idealisierenden Vereinfachungen Gebrauch. Wegen der genauen Berechnung der Erdschlußströme wird auf das ausführliche Schrifttum verwiesen.

10.5 Sternpunktbehandlung in Niederspannungsnetzen

Für die *Sternpunktbehandlung in Niederspannungsnetzen* gelten die gleichen Überlegungen wie in Mittel- und Hochspannungsnetzen (mit Ausnahme der Erdschlußkompensation, s. 10.2). Darüber hinaus wird jedoch in Niederspannungsnetzen auch das Zusammenwirken mit der schutz- bzw. erdungstechnischen Behandlung der *Verbraucheranlagen* im Hinblick auf den *Schutz von Personen* berücksichtigt, weswegen man auch von Niederspannungs*systemen* spricht. In diesem Kapitel wird jedoch ausschließlich die Topologie der verschiedenen Netze behandelt. Die eigentlichen Schutzaspekte sind Gegenstand des Kapitels *Netzschutz* (s. 12.7).

Aus Sicht der Niederspannungsversorgung unterscheidet man grundsätzlich zwischen *geerdeten* Netzen und *isolierten* Netzen. Bei ersteren ist der Sternpunkt geerdet, sie werden deshalb als *T-Netze* (franz.: *terre* für Erde) bezeichnet. Sinngemäß bezeichnet man Netze mit isoliertem Sternpunkt als *I-Netze* (franz.: *isolé*). Durch Hinzufügen eines zweiten Buchstabens wird ferner eine Aussage über die erdungstechnische Behandlung berührbarer, im Normalbetrieb nicht Spannung führender leitfähiger Teile in den *Verbraucheranlagen* gemacht. Diese Teile, beispielsweise das Gehäuse eines Asynchronmotors oder eines Warmwasserbereiters, werden oberbegrifflich *Körper* genannt. Man unterscheidet N-Körper und T-Körper. Erstere sind mit dem Sternpunkt des Versorgungsnetzes verbunden (franz.: *neutre*), letztere nur mit dem lokalen Erder. Entsprechend unterscheidet man zwischen TN-, TT- und IT-Netzen. Bei den TN-Netzen gibt es nochmals die Varianten TN-C und TN-S, wobei der dritte Buchstabe jeweils für die Ausführung des Neutralleiters bzw. Schutzleiters steht. Mischformen aus TN-C- und TN-S-Netzen werden als TN-C-S-Netze bezeichnet. Bild 10.9 zeigt die für die Praxis bedeutenden grundsätzlichen Optionen.

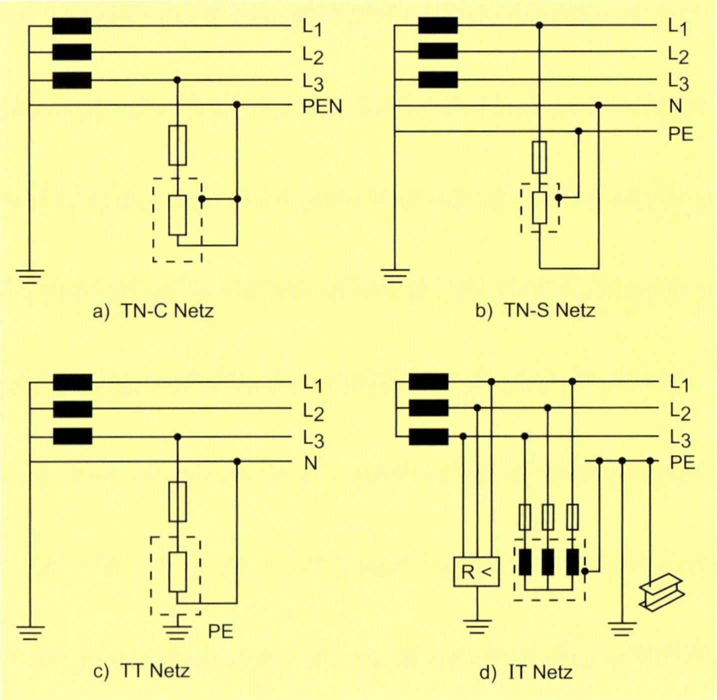

Bild 10.9. Optionen für die Erdung von Niederspannungsnetzen. a) TN-C-Netz, b) TN-S-Netz, c) TT-Netz, d) IT-Netz (weitere Erläuterungen im nachstehenden Text).

10.5.1 TN-Netze

In TN-Netzen wird der Sternpunkt N der Transformatoren in der Transformatorstation über den sogenannten *Betriebserder* geerdet, Bild 10.9a, b. Die Versorgungsleitungen L_1, L_2, L_3 zu den Abnahmestellen werden unter Mitführung eines am Sternpunkt angeschlossenen vierten Leiters verlegt. TN-Netze stellen an der Abnahmestelle sowohl die verkettete Spannung als auch die Sternspannung zur Verfügung. Einphasige Verbraucher können dann zwischen einem der Außenleiter und dem mitgeführten vierten Leiter angeschlossen werden. Übernimmt der vierte Leiter neben dem Führen der Betriebsströme einphasiger Verbraucher gleichzeitig die Erdung von deren Körpern, wird das Netz als TN-C-Netz bezeichnet, wobei C für „*combiné*“ steht, Bild 10.9a. Der vierte Leiter wird dann PEN genannt (engl.: *Protective Earth Neutral*). Der PEN wird in Verbraucheranlagen mit der lokalen Erde und allen anderen quasi auf Erdpotential befindlichen Teilen (Wasserleitung, Heizung etc.) über eine *Potentialausgleichsschiene* verbunden, Bild 10.10.

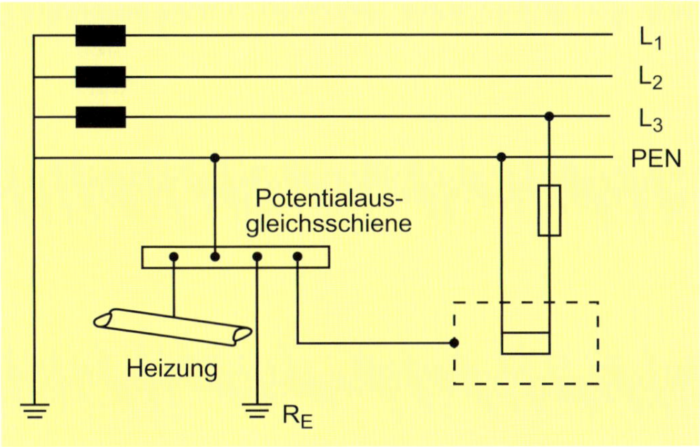

Bild 10.10. Am Transformator und in der Verbraucheranlage geerdeter PEN.

Es existiert kein gesonderter *Schutzleiter* zwischen Verteiltransformator und Verbraucheranlage. Diese Betriebsweise wird *Klassische Nullung* genannt, weil der vierte Leiter früher auch als *Nulleiter* bezeichnet wurde.

Parallel zum PEN-Leiter kann in *Verbraucheranlagen* von der Potentialausgleichsschiene ausgehend ein gesonderter *Schutzleiter* PE (engl.:

Protective Earth) zur Erdung der Körper verlegt werden, Bild 10.9b. TN-Netze mit gesonderten PE-Leitern werden als TN-S-Netze bezeichnet, wobei S für „*séparé*" steht. Man spricht auch von „*moderner Nullung*". Der PE-Leiter führt keine Betriebsströme und stellt daher am Verbraucher „*unverseuchtes*" Erdpotential zur Verfügung.

Im Fall der PEN-Philosophie fließen Betriebsströme auch über die Kabelmäntel von Koaxialkabeln und über andere geerdete Gebäudeteile zur Stromquelle zurück, sogenannte *Gebäudeströme*. Dies führt auf Grund der Spannungsabfälle längs des PEN-Leiters zu Spannungsunterschieden zwischen den Schutzkontakten von Steckdosen und auch zu Spannungsunterschieden zwischen geerdeten Gebäudeteilen, was in medizinisch genutzten Räumen nicht toleriert werden kann. Ferner erzeugen die über die Kabelmäntel fließenden Ströme über den Kopplungswiderstand der Koaxialkabel Störspannungen in Informationssystemen.

Die Mischform TN-C-S tritt auf, wenn beispielsweise das *EVU-Verteilnetz*, das gewöhnlich als TN-C-Netz mit 4 Leitern ausgebildet ist, und das Niederspannungsnetz der *Verbraucheranlage*, das heute in der Regel als TN-S-Netz mit 5 Leitern ausgebildet ist, ganzheitlich betrachtet werden, Bild 10.11.

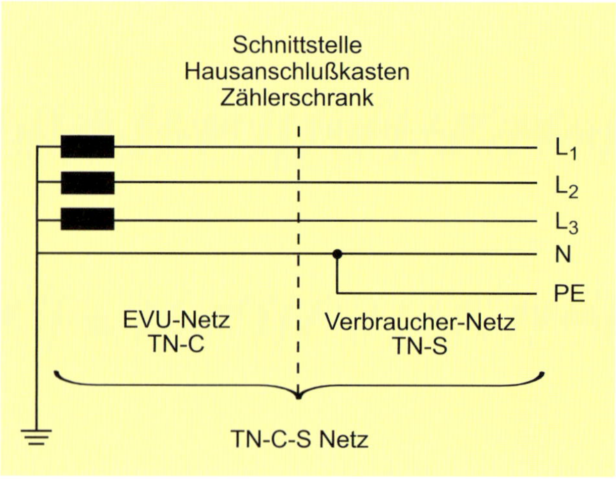

Bild 10.11. TN-C-S-Netz.

TN-Netze sind die in der öffentlichen Versorgung am häufigsten angetroffenen Netzform, wobei den TN-S-Netzen wegen ihrer EMV-Freundlichkeit der Vorzug zu geben ist.

10.5.2 TT-Netze

In TT-Netzen werden die Körper aller Verbraucher mit einem lokalen Erdungssystem verbunden. Ebenso ist der Sternpunkt des Transformators in seiner Ortsnetzstation über seinen Betriebserder lokal geerdet. Eine galvanische Verbindung zwischen dem Betriebserder des Sternpunkts und der lokalen Erdung der Körper in der Verbraucheranlage besteht nur in undefinierter Weise über das Erdreich. Der vierte Leiter wird jetzt *Neutralleiter* genannt. Im Gegensatz zum PEN-Leiter wird der Neutralleiter isoliert verlegt und nur am Transformatorsternpunkt geerdet. Ferner ist der PEN-Leiter des TN-Netzes sowohl am Transformatorsternpunkt als auch in den Verbraucheranlagen, und damit beispielsweise in Wohngebieten, unterwegs an jedem Hausanschlußkasten eines Gebäudes geerdet. TT-Netze werden dort verwendet, wo sie vom lokalen EVU vorgeschrieben sind (Frankreich, Italien). In TT-Netzen liegt die Verantwortung für die Schutzfunktion bei der Verbraucheranlage. Sie muß einen eigenen Erder beistellen. TT-Netze sind überwiegend historisch bedingt und entsprechen nicht dem Stand der Technik.

10.5.3 I-Netze

In I-Netzen bzw. IT-Netzen ist der Transformatorsternpunkt nicht geerdet (und auch kein anderer Punkt des Drehstromsystems). Alle Körper sind dagegen untereinander und mit leitenden Gebäudeteilen, Rohrleitungen, Erdern und dergleichen durch ein *Schutzleitungssystem* verbunden, Bild 10.9d. Bei einem Isolationsversagen tritt dann nur ein *Erdschluß* auf (s. a. 10.1). Die Höhe des Erdschlußstroms stellt sich gemäß den vorhandenen Streukapazitäten ein. Auch bei einem totalen Versagen der Isolation (widerstandsloser Erdschluß) fließen nur geringe Fehlerströme, da der Fehlerstrom sich nur über *Streukapazitäten* schließen kann. Der Netzbetrieb muß daher nicht sofort unterbrochen werden. Dennoch ist eine rasche Fehlerbeseitigung anzustreben, ehe es zu einem Doppelfehler kommt. Bei einem Isolationsversagen geht das IT-Netz praktisch in ein TN-Netz, gegebenenfalls auch ein TT-Netz, über.

Das Anbahnen eines Erdschlusses muß mit einem *Isolationsüberwachungsgerät* überwacht werden (in Bild 10.9d links unten). Dieses Gerät überlagert im Regelfall der Isolation gegen Erde eine Gleichspannung und erkennt frühzeitig ein Absinken des Isolationswiderstands, beispielsweise infolge von Kriechströmen längs isolierender Oberflächen. Das Unterschreiten eines bestimmten Werts wird dem Betriebspersonal *optisch* und *akustisch* gemeldet.

IT-Netze kommen wegen ihrer geringen Fehlerströme in *medizinisch* genutzten Räumen, im *Bergbau*, in *Verkehrsmitteln* und in der *Industrie* zum Einsatz. Ferner bei speziellen Anforderungen an den *Brandschutz* (nur geringe thermische Wirkungen des Fehlerstroms).

In allen Netzsystemen müssen Erdungswiderstände so niedrig sein, daß der nach Erde fließende Fehlerstrom maximal einen *Spannungsabfall* bzw. eine maximale *Berührungsspannung* von 50 V hervorrufen kann, sogenannte *Nullungsbedingung* (s. a. 12.7). Im Fehlerfall hat die Abschaltung in Endstromkreisen mit Steckdosen und festinstallierten Handgeräten innerhalb 0,4 sec., für ortsfeste Verbraucher und Verteilungsstromkreise innerhalb 5 sec. zu erfolgen.

Vertiefendes Schrifttum zu Kapitel 10

1. Schlabbach, J.: Sternpunktbehandlung, VDE-Verlag Berlin, Offenbach, 2002.
2. Happoldt, H. und Oeding, D.: Elektrische Kraftwerke und Netze. Springer-Verlag, Heidelberg, Berlin, 5. Auflage, 1978.
3. Greumel, H.: ABB-Schaltanlagenhandbuch, 10. Auflage, Cornelsen/Girardet-Verlag, Berlin, 1999.
4. Heuck, K. und Dettmann, K.-D.: Elektrische Energieversorgung. Vieweg-Verlag, Wiesbaden, 1999.
5. Haubrich, H. J. und Seele, W.: Kriterien zur Wahl der Sternpunktbehandlung. Elektrizitätswirtschaft (1983), S. 823 – 828.
6. Rudolph, W.: Einführung in die DIN VDE 0100. VDE-Verlag GmbH, Berlin, Offenbach, 1999.
7. Rudolph, W. und Winter, O.: EMV nach VDE 0100. VDE-Verlag GmbH, Berlin, Offenbach, 2000.

8. Hofheinz, W.: Protective Measures with Insulation Monitoring. VDE-Verlag GmbH, Berlin, Offenbach, 1993.
9. Biegelmeyer, G. et al.: Schutz gegen gefährliche Körperströme. 1. Auflage, VDE-Verlag, Offenbach, 1998.
10. Brandes, W. , Moser, A. und Schmitt, O.: Technische Aspekte bei wachsendem Kabelanteil in 110 kV-Netzen. Elektrizitätswirtschaft (1997), S. 622 – 626.
11. Brandes, W. H. und Haubrich, J.: Sternpunktverlagerung durch Mehrfachleitungen in erdschlußkompensierten 110 kV-Netzen. Betriebliche Erfahrungen und Abhilfemaßnahmen. Elektrizitätswirtschaft (1983), S. 400 – 405.
12. Adler, T., Gels, H. B. und Gerhardt, W.: Schutz, Erdung und Beeinflussung bei der Umstellung der Sternpunktbehandlung in 110 kV-Netzen. Elektrizitätswirtschaft (1983), S. 98 – 104.
13. Krefter, K. H.: Daten und Fakten für das Errichten elektrischer Anlagen in Gebäuden. VDE-Verlag GmbH, Berlin, Offenbach, 2000.
14. Hochrainer, A.: Symmetrische Komponenten in Drehstromsystemen. Springer-Verlag, Berlin/Heidelberg, 1957.
15. Denzel, P.: Grundlagen der Übertragung elektrischer Energie. Springer-Verlag, Berlin/Heidelberg, 1966.
16. Oeding, D. u. Oswald, B. R.: Elektrische Kraftwerke und Netze. 6. Auflage, Springer-Verlag, Berlin/Heidelberg, 2004.

11. Schaltanlagen

Schaltanlagen, genauer gesagt ihre *Sammelschienen*, bilden die „Knoten“ der Hoch-, Mittel- und Niederspannungsnetze, Bild 11.1. Die in den Knoten ankommenden und abgehenden Leitungen werden oberbegrifflich als *Abzweige* bezeichnet. Man unterscheidet Abzweige für *Einspeisungen*, *Abgänge* und *Kupplungen* zu anderen Netzknoten. Wegen der Vielzahl der Abzweige und des für die großen Leitungsquerschnitte benötigten Anschlußraums werden die „*Knoten*“ als *Sammelschienen* realisiert, Bild 11.1b. Praktisch alle Abzweige einer Schaltanlage werden über *Schaltgeräte* (11.1) mit dem Netzknoten verbunden, daher auch der Begriff *Schaltanlage*, Bild 11.1c.

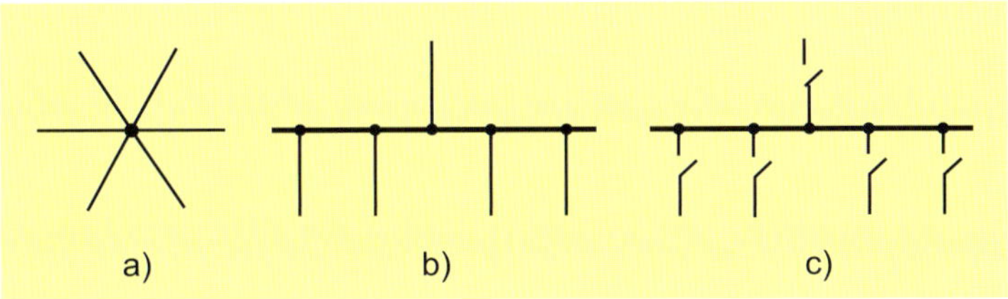

Bild 11.1. a) Netzknoten aus Sicht der Graphentheorie, b) technische Realisierung in Form einer *Sammelschiene*, c) Schaltanlage bestehend aus *Sammelschiene*, *Abzweigen* und *Schaltgeräten*.

In den Schaltanlagen erfolgt die eigentliche Stromverteilung und das Zusammenfassen von Lasten bzw. Verbrauchern. Schaltanlagen ermöglichen die Änderung der Netztopologie bei Störungen sowie das *Freischalten* und *Erden* von Betriebsmitteln bei geplanten Wartungs- und Instandhaltungsarbeiten. Alle Komponenten einer Schaltanlage sind für die gleiche Spannung bemessen. Man spricht z. B. von einer 10 kV- oder 380 kV-Schaltanlage und unterscheidet generisch zwischen *Niederspannungs-*, *Mittelspannungs-* und *Hochspannungsschaltanlagen*.

Schaltanlagen und die in ihnen integrierten *Netzschutzeinrichtungen* sind die Grundlage des *selektiven* Schutzes bei Störungen (s. Kapitel 12). Sie begrenzen die Auswirkungen von Isolationsfehlern auf den Ort ihrer Entstehung und ermöglichen so die Aufrechterhaltung des Netzbetriebs in den nicht gestörten Teilen eines Elektroenergiesystems.

Speisen die abgehenden Abzweige von Mittel- und Hochspannungsschaltanlagen Transformatoren, im Kontext auch *Umspanner* genannt, an deren Unterspannungsseite wiederum eine Schaltanlage (der nächst niedrigeren Spannungsebene) liegt, spricht man von *Umspannstationen* (engl.: *substation*), in Transportnetzen wegen der größeren Leistungen auch von *Umspannwerken*. Umspannwerke bzw. -stationen bestehen mindestens aus einer *oberspannungsseitigen Schaltanlage*, einem *Transformator* und einer *unterspannungsseitigen Schaltanlage*. Umspannstationen zwischen Mittelspannungsnetz und Niederspannungsnetz werden im EVU-Bereich meist als *Verteilstationen* oder *Ortsnetzstationen*, in Industrienetzen als *Übergabestation* oder bei dezentraler Anordnung in den Lastschwerpunkten als *Schwerpunktstationen* bezeichnet (s. Kapitel 9).

Ferner unterscheidet man bei Schaltanlagen zwischen *Primärtechnik* und *Sekundärtechnik*. Erstere beinhaltet alle energietechnischen Komponenten wie Schaltgeräte, Sammelschienen etc., letztere alle *Hilfseinrichtungen* zur Fernsteuerung, Vor-Ort-Bedienung, Messung, Kommunikation, Überwachung, Automatisierung und zum Netzschutz, beispielsweise *Strom-* und *Spannungswandler* sowie *Strom-* und *Spannungssensoren* zur Meßwerterfassung, digitale *Netzschutzrelais*, eingebettete *Rechner* jeder Art (engl.: *embedded systems*) etc. Im folgenden geht es ausschließlich um die Primärtechnik. Die Sekundärtechnik wird in den Kapiteln „*Netzleittechnik*“ (s. Kapitel 14) und „*Schutztechnik*“ (s. Kapitel 12) behandelt. Die wichtigsten Vertreter der Primärtechnik sind die sogenannten *Schaltgeräte*. Sie werden wegen ihrer fundamentalen Bedeutung der Behandlung der eigentlichen Schaltanlagen vorangestellt.

11.1 Schaltgeräte

Schaltgeräte sind die wichtigsten Komponenten in Schaltanlagen. Sie haben die Aufgabe Strompfade zu erstellen oder zu unterbrechen, beispielsweise beim *Ein-* und *Ausschalten* von Betriebsmitteln oder beim

Verändern der Netztopologie. Schaltgeräte bewirken in geöffnetem Zustand eine *Längsisolation* zwischen Teilen von Strompfaden, die sich auf unterschiedlichen Potentialen befinden (s. 11.1.4). Während das *Schließen* der Schaltkontakte vergleichsweise unproblematisch ist, entsteht bei ihrem *Öffnen* ein starker Lichtbogen, nach dessen Löschung erst der Stromkreis vollständig unterbrochen ist. Bei *Wechselstromschaltern* erlischt der Lichtbogen selbstständig, wenn der Strom durch Null geht. Es muß lediglich dafür gesorgt werden, daß die Leitfähigkeit der Schaltstrecke so schnell abklingt, daß der Lichtbogen nicht wiederzündet. Dies hört sich zwar einfach an, stellt aber in der Praxis eine erhebliche technische Herausforderung dar. Neben Leistungsschaltern mit *Lichtbogenlöschung im Stromnulldurchgang* gibt es auch Leistungsschalter mit *Strombegrenzung*. Sie unterbrechen den Stromkreis bereits sehr früh vor dem Nulldurchgang, so daß der Kurzschlußstrom seinen Maximalwert erst gar nicht erreicht. Strombegrenzende Schalter verlangen nach erhöhter mechanischer Öffnungsgeschwindigkeit der Kontakte, Erhöhung der *Brennspannung* mittels Segmentierung des Lichtbogens in Teillichtbögen durch mehrere Lichtbogenkammern oder durch sogenannte *Deion-Bleche* (an denen jedesmal ein zusätzlicher Anoden- und Kathodenfall auftritt), forcierte Kühlung des Lichtbogens und erhöhten Druck.

Bei *Gleichspannungsschaltern* bleibt der beim Öffnen entstehende Lichtbogen zunächst stehen und reißt erst dann ab, wenn die zur Aufrechterhaltung des Lichtbogens erforderliche Brennspannung die an den Kontakten von außen eingeprägte Spannung übersteigt. Der hohe Aufwand zur Lichtbogenlöschung in Gleichstromschaltern gab mit den Ausschlag zum frühen Übergang von Gleichstromsystemen auf Wechselstromsysteme um die Jahrhundertwende. Gleichstromschalter auf Basis von Halbleiterbauelementen, beispielsweise Halbleiter-Schütze und HGÜ-Ventile, entbehren eines Lichtbogens.

Je nach Aufgabenstellung und wirtschaftlichen Überlegungen kommen unterschiedliche Schaltgeräte zum Einsatz, die im folgenden näher erläutert werden. Ihr Einsatz erfolgt vorrangig anhand folgender Kenngrößen:

- Spannung des Netzes, in dem ein Schaltgerät eingesetzt werden soll (Problem der Lichtbogenlöschung),
- Maximaler Dauerbetriebsstrom (je nach Verbraucherleistung bzw. Erwärmung der Strombahn),

- Maximal zu beherrschender Kurzschlußstrom, sogenanntes *Nennausschaltvermögen* (je nach Netzinnenwiderstand bzw. Kurzschlußleistung eines Netzes, s. Kapitel 17),
- Im Stromnulldurchgang löschend oder *strombegrenzendes* Ausschalten (s. a. 11.1.1),
- Schalthäufigkeit (Betriebsart, mechanischer Verschleiß, Kontaktabbrand),
- Zusatzanforderungen wie integrierter oder nichtintegrierter Schutz, Automatisierungsfähigkeit etc.

Die Bedeutung der diversen Kriterien erhellen die folgenden Ausführungen, wobei *Sicherungen* wegen ihrer hohen Vertrautheit als erstes erläutert werden.

11.1.1 Sicherungen

Sicherungen ermöglichen grundsätzlich das Unterbrechen sowohl von *Überlastströmen* als auch von *Kurzschlußströmen*. Der Ausschaltvorgang wird durch das Durchschmelzen eines dünnen Leiters bewirkt, daher auch der Name *Schmelzsicherung*. Da das Durchschmelzen auf Grund des geringen Querschnitts im Kurzschlußfall sehr früh erfolgt, besitzen Sicherungen ein hohes Ausschaltvermögen und unterbrechen den Strompfad noch bevor der Kurzschlußstrom seinen Maximalwert erreicht hat, sogenanntes *strombegrenzendes Schalten*. Im Unterschied zu Leistungsschaltern können Sicherungen einen Überlast- oder Kurzschlußstrom jedoch nur einmal abschalten und müssen dann durch eine neue Sicherung ersetzt werden. In hochautomatisierten Verteilanlagen findet man deshalb ausschließlich Leistungsschalter.

Bei *Niederspannung* wird zwischen den im Installationsbereich üblichen *Schraubsicherungen* und sogenannten *Niederspannungs-Hochleistungssicherungen* mit *Messerkontakten* (NH-Sicherungen) unterschieden. Bei *Hochspannung* kommen *Hochspannungs-Hochleistungssicherungen* (HH-Sicherungen) zum Einsatz. Sicherungen treten immer in Kombination mit einem mechanischen, kontaktbestückten *Sicherungshalter* bzw. *-behälter* auf, der ihr gefahrloses Auswechseln ermöglicht. Schraubsicherungen können berührungsgeschützt und unverwechselbar (*Paßschrauben* bzw. *Paßringe*) auch von nicht unterwiesenen Personen ausgetauscht werden, NH- und HH-Sicherungen nur von unterwiesenem

Fachpersonal. Beispiele für Schraubsicherungen aus dem Installationsbereich sowie NH- und HH-Sicherungen zeigt Bild 11.2.

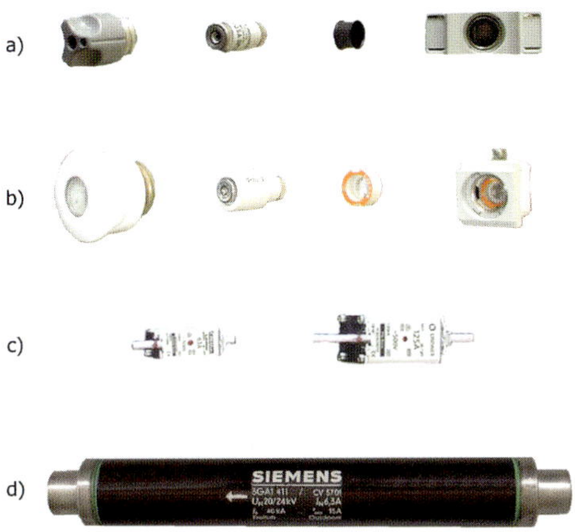

Bild 11.2. Bauformen von Sicherungen. a) Schraubsicherung *Neozed*, b) Schraubsicherung *Diazed*, c) NH-Sicherungen mit Messerkontakten, d) HH-Sicherung.

NH-Sicherungen mit Messerkontakten werden mittels spezieller Sicherheitshandgriffe aus Isolierstoff eingesetzt bzw. ausgewechselt.

Sicherungen können auch in Verbindung mit mechanisch bewegten Lasttrennschaltern als sogenannte *Sicherungs-Lasttrennschalter* ausgeführt werden. So gibt es für den Sicherungstyp Neozed sogenannte *Minized-Lasttrennschalter*, Bild 11.3.

Bild 11.3. *Minized*-Lasttrennschalter in Schraubtechnik und Schubladentechnik (Siemens).

Bei ausreichenden Schutzmaßnahmen gegen Schaltlichtbögen und berührungssicheren Isoliergriffen können auch NH-Sicherungen als bewegliches Schaltelement für gelegentliches allpoliges Schalten in sogenannten *Sicherungs-Lasttrennschaltern* für Ströme bis zu 1250 A eingesetzt werden. Die schnelle Löschung des Lichtbogens des Betriebsstroms wird durch sogenannte *Deion-Bleche* am Messerkontakt-Gegenpol erreicht, die eine Aufteilung des Schaltlichtbogens in mehrere Teillichtbögen mit jeweils eigenem *Anoden-* und *Kathodenfall* bewirken, Bild 11.4a.

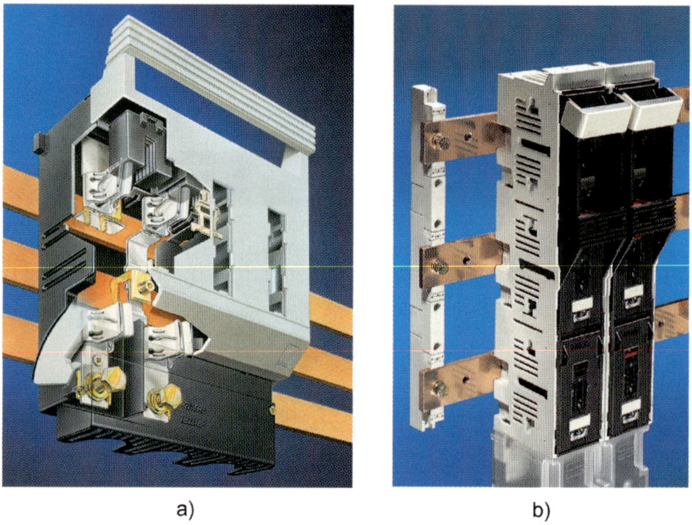

Bild 11.4. a) Sicherungs-Lasttrennschalter, b) Sicherungs-Lasttrennleiste (Rittal).

Sicherungs-Lasttrennschalter genügen gleichzeitig der Forderung nach einer *sicheren Trennstelle* (s. 11.1.4).

Sicherungs-Lasttrennleisten erfüllen die gleiche Aufgabe wie Sicherungs-Lasttrennschalter, kombinieren jedoch die drei NH-Sicherungen in Längsrichtung, Bild 11.4b.

Sicherungs-Lasttrennschalter und Sicherungs-Lasttrennleisten werden in den Niederspannungsschaltanlagen der sekundären Verteilung eingesetzt (s. a. Bild 11.22, mittleres Feld). Durch ihre offene Trennstrecke eignen sie sich besonders zum Freischalten von Netzteilen und Anlagen bei Wartungs- und Instandsetzungsarbeiten.

HH-Sicherungen werden nur in stromlosem Zustand, das heißt nach vorherigem Freischalten und Erden eines Abzweigs mittels spezieller *Aufnahmebehälter* eingesetzt, Bild 11.5.

Bild 11.5. Aufnahmebehälter für HH-Sicherungen in einer Mittelspannungsschaltanlage der *sekundären Verteilung* (Siemens) (s. 11.3.2).

Das Ansprechverhalten von Sicherungen, das heißt der funktionale Zusammenhang zwischen Abschaltzeit und Höhe des *Überlaststroms*, wird durch *Zeit/Strom-Kennlinien* dargestellt, Bild 11.6.

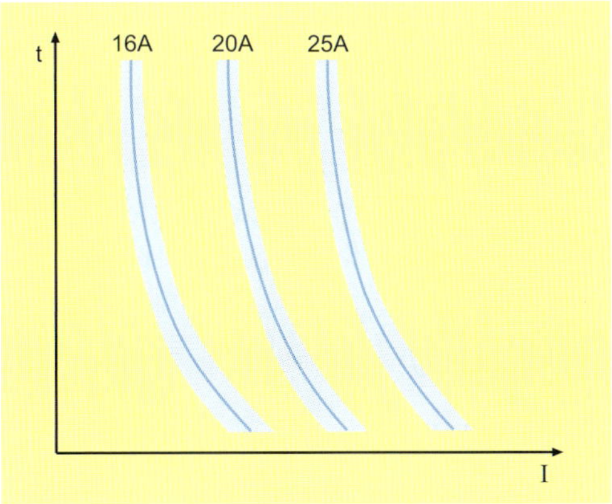

Bild 11.6. Grundsätzlicher Verlauf der Zeit/Strom-Kennlinien $t = f(I)$ für Schmelzsicherungen. Parameter Bemessungsstrom I_r.

Für Ströme kleiner oder gleich dem Bemessungsstrom I_r ist die Ansprechzeit unendlich groß. Nach Überschreiten des Bemessungsstroms wird mit zunehmender Höhe des Überlaststroms die Abschaltzeit immer kürzer. Bei Kurzschlußströmen schalten Sicherungen quasi in Echtzeit strombegrenzend ab. Die Zeit/Strom-Kennlinien besitzen eine gewisse Bandbreite bzw. einen Toleranzbereich, der die Zeiten festlegt, wann bei einem bestimmten Strom die Abschaltung frühestens erfolgen darf bzw. spätestens erfolgen muß.

In der Regel liegen zwischen Endverbraucher und der Einspeisung eines Netzes *mehrere Sicherungen in Reihe.* Damit bei Überlastung einer Leitung jeweils nur die dem Fehlerort am nächsten liegende, vorgeschaltete Sicherung anspricht (*Selektivität*, s. a. 12.1), dürfen sich die Kennlinienbänder in Reihe liegender Sicherungen nicht berühren.

Im *Kurzschlußfall* überschreitet in allen im Kurzschlußstrompfad liegenden Sicherungen der Strom sehr früh den Bemessungsstrom, was die Gefahr des gleichzeitigen Ansprechens zweier oder mehrerer in Reihe liegender Sicherungen mit sich bringt. Um auch dann noch eine hohe Selektivität zu erreichen, müssen sich die *Schmelzleiter* merklich in ihrer *Wärmekapazität* unterscheiden. Im Kurzschlußfall bewirkt der Überstrom eine adiabatische Erwärmung des Schmelzleiters, wobei die Zeit bis zum Erreichen der Schmelztemperatur eine Funktion von dessen *Wärmekapazität*, genauer gesagt von dessen *Leiterquerschnitt* und von der *spezifischen Wärme* des Leitermaterials abhängt. Bei hoher Wärmekapazität steigt die Temperatur des Schmelzleiters langsamer an, was zu einer zeitlichen Verzögerung führt, die auch im Kurzschlußfall Selektivität gewährleistet.

Ein Maß für die Wärmekapazität des Schmelzleiters ist das sogenannte *Grenzlastintegral*, das auch zur Spezifikation der Pulsbelastbarkeit von Halbleitern und Impulsstrommeßwiderständen verwendet wird.

$$\int i^2 dt = q^2 c\,\vartheta \tag{11.1}$$

mit q = Leiterquerschnitt,
c = spezifische Wärme des Leitermaterials,
ϑ = Übertemperatur.

Für ein- und denselben Bemessungsstrom besitzen Sicherungen mit *niedrigem* Grenzlastintegral eine vergleichsweise kurze Ansprechzeit, mit *hohem* Grenzlastintegral eine große Ansprechzeit. Damit auch im Kurzschlußfall Selektivität gewährleistet ist, dürfen sich daher auch die *Grenzlastintegral-Kennlinienbänder* nicht berühren (s. a. 12.1).

Nenn- bzw. Bemessungsströme von Sicherungen oberhalb 16 A sind zur Gewährleistung der Selektivität im Verhältnis von ca. 1,6 gestuft. Generelle Selektivität ist zu erwarten, wenn sich die Bemessungsstromstärken in Reihe liegender Sicherungen um mindestens zwei Stufen unterscheiden.

Neben ihrem spezifischen Kennlinienfeld werden Sicherungen auch mittels zweier Buchstaben nach *Betriebsklassen* eingeteilt. Der erste Buchstabe – g oder a – steht für eine von zwei *Funktionsklassen*. Sicherungen der Funktionsklasse „g" sind *Ganzbereichssicherungen*, das heißt, sie schalten sowohl alle über dem Nennstrom liegenden Überlastströme als auch Kurzschlußströme sicher ab. Sicherungen der Klasse „a" sind *Teilbereichssicherungen*, das heißt, sie schalten nur Überlastströme, die ein Mehrfaches des Nennstroms betragen, und Kurzschlußströme erfolgreich ab. Der zweite Buchstabe – L, M, R, B, TR – steht für das zu schützende *Betriebsmittel* bzw. *Schutzobjekt*, Bild 11.7.

Funktionsklasse		Schutzobjekt	
g	*Ganzbereichssicherungen* (können Strömme vom kleinsten Schmelzstrom bis zum Nenn-Ausschaltstrom ausschalten)	L M	Kabel- und Leitungsschutz Schaltgeräteschutz (Motorschutz)
a	*Teilbereichssicherungen* (können Ströme oberhalb eines definierten Vielfachen ihres Nennstroms bis zum Nenn-Ausschaltstrom ausschalten)	R B TR	Halbleiterschutz Bergbauanlagenschutz Transformatorenschutz
Übliche Betriebsklassen: gL, aM, aR, gR, gB, gTR			

Bild 11.7. Betriebsklassen für Schmelzsicherungen.

NH-Sicherungen können je nach Kennlinie als *Ganzbereichssicherungen* oder *Teilbereichssicherungen* ausgelegt sein. HH-Sicherungen eignen sich ausschließlich zum *Kurzschlußschutz*. Für ein sicheres Löschen des Lichtbogens nach dem Ansprechen ist ein *Mindestkurzschlußstrom* erforderlich. Andernfalls besteht nach dem Abschalten die Gefahr eines Wiederzündens bzw. eines stehenden Lichtbogens. HH-Sicherungen muß daher immer ein *Überlaststromschutz* (NH-Sicherungen auf der Niederspannungsseite) nachgeordnet sein. Da Sicherungen grundsätzlich nur einphasig abschalten, erhalten HH-Sicherungen einen Schlagstift, der beim Ansprechen und Unterbrechen des Kurzschlußstroms den in Reihe liegenden Lasttrenner *allpolig* auslöst. Der Haupteinsatzbereich von HH-Sicherungen ist der Kurzschlußschutz von Verteiltransformatoren in Ortsnetz- und Schwerpunktstationen sowie von Hochspannungsmotoren. Als Vorsicherung von Spannungswandlern in Mittelspannungsanlagen schützen HH-Sicherungen die Schaltanlage vor einem etwaigen Wandler-Isolationsfehler.

Die früher übliche verbale Unterscheidung in *träge*, *flinke* und *trägflinke* Sicherungen wird heute nur noch bei *Gerätesicherungen*, sogenannten G-Sicherungen, verwandt.

11.1.2 Lastschalter

Lastschalter (engl.: *load breaker*) schalten Verbraucher, elektrische Betriebsmittel und ganze Anlagenteile *ein* und *aus*. Typische Beispiele in Niederspannungsnetzen sind *Lichtschalter*, *Geräteschalter* in Haushaltsgeräten, *Ein/Aus-Schalter* von Motoren von Werkzeugmaschinen etc. Lastschalter können Betriebsströme problemlos schalten und sind für eine hohe Schalthäufigkeit ausgelegt. Niederspannungs-Lastschalter werden meist manuell betätigt und besitzen infolge moderater Federspeicherunterstützung des eigentlichen Schaltvorgangs eine vergleichsweise geringe Öffnungsgeschwindigkeit der Kontakte. Das Unterbrechen eines Kurzschlusses ist ihnen daher nicht möglich. Der Lichtbogen würde stehen bleiben und der Schalter beim Abschalten eines Kurzschlusses explosionsartig thermisch-mechanisch zerstört werden.

Mittelspannungslastschalter besitzen zur Löschung des Lichtbogens des normalen Betriebsstroms ähnliche Merkmale wie die nachstehend beschriebenen Leistungsschalter, bedürfen aber nach wie vor eines vorgelagerten Schaltgeräts, das auch das Abschalten von Kurzschlußströmen beherrscht, beispielsweise *Sicherungen* oder *Mittelspannungsleistungsschalter* (s. 11.1.3, 11.1.1).

Besitzen Lastschalter zusätzlich eine bestimmten Anforderungen entsprechende Luft-, Gas- oder Vakuum-Trennstrecke in Reihe mit den Schalterpolen, die ein mögliches Durch- bzw. Überschlagen der Isolation der geöffneten Pole zuverlässig ausschließt, spricht man von *Lasttrennschaltern*, Bild 11.8.

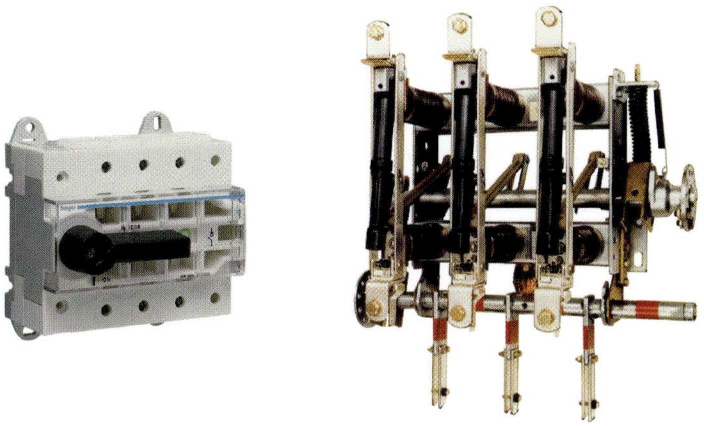

a) b)

Bild 11.8. a) *Niederspannungslasttrennschalter* 400 V/160 A mit sichtbarer Trennstrecke (*Hager*), b) *Mittelspannungslasttrennschalter* 24 kV/630 A (Siemens).

Zugegebenermaßen besitzt ein Mittelspannungslasttrennschalter für Informationstechniker nicht den Charme eines integrierten Schaltkreises auf einer elektronischen Leiterplatte, dafür schaltet er statt 3 V bis zu 24.000 V, führt statt Milliampere Dauerströme von 630 A und kann Kurzschlußströme bis 40.000 A abschalten.

Früher mußte die Trennstrecke direkt sichtbar sein. Heute sind auch sogenannte *Anzeigeeinrichtungen* erlaubt, wenn sie unmittelbar mit den Schaltkontakten mechanisch kraftschlüssig verbunden sind und zweifelsfrei den Schaltzustand erkennen lassen.

Lasttrennschalter mit höherem Schaltvermögen werden als *Vakuum-Lasttrennschalter* realisiert, in denen mangels eines Gases zwischen den Elektroden kein gewöhnlicher Lichtbogen, sondern nur ein löschfreundlicher *Metalldampflichtbogen* brennen kann. Schließlich seien noch *Dreistellungs-Lasttrennschalter* erwähnt, die nach Unterbrechen des Strompfads den spannungslosen Kontakt zur Sicherheit des Wartungspersonals zwangsläufig mit Erde verbinden.

11.1.3 Leistungsschalter

Leistungsschalter schalten Verbraucher, elektrische Betriebsmittel und ganze Anlagenteile *ein* und *aus*, darüber hinaus beherrschen sie auch das *Abschalten von Kurzschlußströmen.* Der maximal schaltbare Kurzschlußstrom hängt vom *Löschprinzip* ab und ist für jeden Leistungsschalter genau spezifiziert. Leistungsschalter sind eine von mehreren Optionen um beispielsweise Lastschalter vor den Auswirkungen von Kurzschlußströmen zu schützen. Bei Niederspannungsleistungsschaltern erfassen integrierte Sensoren den zeitlichen Verlauf etwaiger Überströme und lösen die Leistungsschalter beim Auftreten von *Kurzschlußströmen unverzögert*, das heißt quasi in *Echtzeit*, oder aus Gründen der Selektivität, nach einer im Rahmen des koordinierten Netzschutzes definiert einstellbaren Verzögerungszeit aus (s. Kapitel 12). Beim Auftreten länger dauernder *Überlastströme* kleineren Effektivwertes erfolgt die Auslösung *verzögert.* Bild 11.9a zeigt den grundsätzlichen Verlauf der stromabhängigen Schutzkennlinie eines Niederspannungsleistungsschalters mit integriertem *stromabhängig verzögertem* Überlastauslöser (blau) und integriertem *unverzögertem magnetischen* Überstromauslöser (rot).

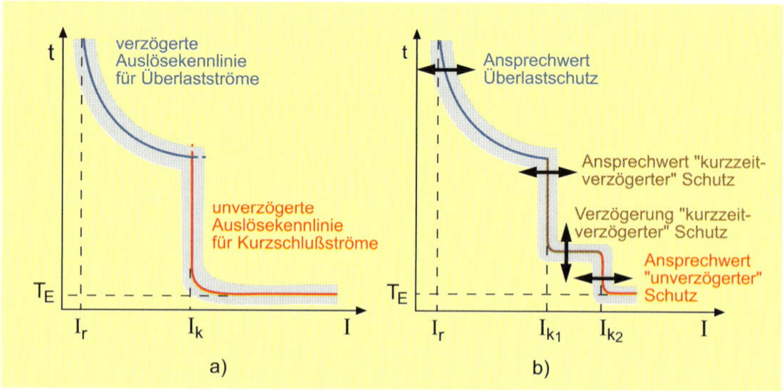

Bild 11.9. Schutzkennlinien. a) Grundsätzlicher Verlauf der Schutzkennlinien eines Niederspannungsleistungsschalters. Blaue Kennlinie für stromabhängig *verzögerte* Auslösung, rote Kennlinien für *unverzögerte* Auslösung beim Überschreiten eines einstellbaren Mindestkurzschlußstroms. b) Schutzkennlinie mit zusätzlichem „*kurzzeitverzögerten Schutz*" (Selektivität, s. a. 12.1).

Bis zur Höhe des Bemessungsstroms I_r ist die Auslösezeit unendlich groß. Beim Überschreiten des Bemessungsstroms, sogenannter *Überlaststrom*, nimmt die Auslösezeit mit zunehmendem Überlaststrom stetig ab. Der zeitliche Verlauf dieser Kennlinie wird im einfachsten Fall durch einen *Bimetallauslöser* realisiert, der sich bei größeren Überlastströmen schneller erwärmt, früher krümmt und damit auch früher auslöst. Steigt der Überstrom infolge eines Kurzschlusses sehr schnell an, würde das Bimetall auf Grund seiner Wärmekapazität zu spät ansprechen. Zur Vermeidung der daraus resultierenden thermischen Überbeanspruchung des Schalters durch den Schaltlichtbogen existiert parallel zum *thermischen* Auslöser ein *magnetischer* Auslöser, der beim Erreichen seiner Ansprechschwelle I_k das Öffnen des Schalters „*unverzögert*" veranlaßt, sogenannter *Schnellauslöser*. Die Auslösezeit besitzt eine untere Grenze, die durch Trägheits- und Federkräfte bestimmte *Eigenzeit* T_E. Mit Ausnahme der im Installationsbereich üblichen Leitungsschutzschalter lassen sich die beiden Kennlinien unabhängig voneinander in vertikaler und horizontaler Richtung durch nachträgliches Parametrieren verschieben und damit für jede Anwendung optimal auslegen. Manche Überstromauslöser unterscheiden noch zwischen *kurzzeitverzögertem Schutz* und bis auf die Eigenzeit *unverzögertem Schutz*, s. Bild 11.9b. Der kurzzeitverzögerte Schutz dient der Vermeidung des gleichzeitigen Ansprechens zweier in Reihe liegender Schutzorgane im Fall hoher Kurzschlußströme (*dynamische Selektivität*). Die vorgestellten Kennlinien werden im Kapitel Netzschutz (s. Kapitel 12) im Rahmen der AMZ- und UMZ-Prinzipien noch weiter erläutert.

Niederspannungsleistungsschalter finden bis zu Netzspannungen von 1 kV Verwendung und können je nach Baugröße bzw. Schaltvermögen Betriebsströme bis 6.300 A führen sowie, je nach Bauart, Kurzschlußströme über 300 kA abschalten. Die Öffnungsgeschwindigkeit der Schaltkontakte ist sehr hoch. Sie können manuell betätigt oder, falls dafür explizit eingerichtet, auch fernbedient werden. Wegen ihrer integrierten Auslöser werden sie auch als *Leistungsselbstschalter* bezeichnet. Zur Überwachung der Netzspannung können Selbstschalter *Unterspannungsauslöser* enthalten.

Die wohl bekanntesten Leistungsselbstschalter sind die auch im Wohnbereich eingesetzten *Leitungsschutzschalter* (LS-Schalter), vielfach auch als *Sicherungsautomaten* bezeichnet. Sie schützen die in den Wänden verlegten Installationsleitungen vor zu hoher Erwärmung und Zerstörung beim Anschluß zu vieler Lasten. Ferner dienen sie dem Schutz bei „*indirektem Berühren*". Leitungsschutzschalter arbeiten im Überlastbereich mit *Bimetallauslösern*, die dem thermischen Verhalten der Leitungen angepaßt sind. Bei exzessiven Überströmen, das heißt im Kurzschlußfall, bewirkt ein *elektromagnetischer* Auslöser eine sofortige Abschaltung. Leitungsschutzschalter können im 230/400V-Netz Kurzschlußströme bis 10 kA (max. Nennausschaltstrom) schalten. Sie werden 1- bis 4polig gebaut. Die Staffelung der Nennströme reicht von 6 A bis 63 A. Es gibt vier *Auslösecharakteristiken* A, B, C und D, die mit Ausnahme von A genormt sind. Die Charakteristiken unterscheiden sich bezüglich ihrer Auslösetoleranz gegenüber *Einschaltstromspitzen*, beispielsweise Anlaufstromspitzen von Asynchronmotoren oder *Inrush-Strömen* von Transformatoren. Das Ansprechverhalten für Überlastströme ist bei allen Charakteristiken grundsätzlich gleich. Leitungsschutzschalter bis 25 A Nennstrom werden in drei *Energiebegrenzungsklassen* eingeteilt, denen maximal zulässige *Grenzlastintegrale* $\int i^2 dt$ in A^2s zugeordnet sind. Das Grenzlastintegral eines Leitungsschutzschalters ist ein Maß für seine Fähigkeit des *strombegrenzenden* Schaltens. Zur Gewährleistung der Selektivität muß das Grenzlastintegral von Leitungsschutzschaltern geringer sein als das Grenzlastintegral der jeweils in Richtung Einspeisung vorgelagerten Sicherung.

Ähnlich wie Leitungsschutzschalter *Leitungen* gegen Überlast- und Kurzschlußströme schützen, übernehmen *Motorschutzschalter* den Schutz von *Motoren*. Motorschutzschalter sind ebenfalls mechanisch wirkende Leistungsschalter mit einem *thermischen* Auslöser für Überlastströme und einem *elektromagnetischen* Auslöser für Kurzschlußströme. Im Gegensatz zu Leitungsschutzschaltern mit abhängig vom Bemessungsstrom fest eingestellten thermischen Auslösekennlinien läßt sich die thermische Auslösung eines Motorschutzschalters individuell auf das thermische Verhalten der jeweiligen Motorwicklungen einstellen. Ein Leitungsschutz ist dann nicht mehr gewährleistet.

Mit Rücksicht auf die hohen Anlaufströme von Motoren löst der elektromagnetische Auslöser erst beim 8- bis 11fachen Nennstrom aus. Motorschutzschalter sprechen, wie Leitungschutzschalter, nur im Störungsfall an. Das betriebliche häufige Ein- und Ausschalten eines Motors erfolgt über den dem Motorschutzschalter nachgeordneten Lastschalter, beispielsweise in Form eines *Leistungsschützes*.

Eine zum Schutz des Menschen bei *direktem* oder *indirektem Berühren spannungsführender Teile* wichtige Variante von Niederspannungsleistungsschaltern sind sogenannte *Fehlerstromschutzschalter* (FI-Schalter). Sie sind grundsätzlich wie Leitungsschutzschalter aufgebaut, besitzen jedoch als Auslöser einen Summenstromwandler. Er spricht an, wenn hin- und rückfließender Strom zu einem Verbraucher auf Grund eines Isolationsfehlers unterschiedliche Werte annehmen. Das Ansprechen erfolgt bei einem Differenzstrom von $\geq$ 10 mA oder auch $\geq$ 30 mA, der Gefahrenzone für elektrische Unfälle. Klassische FI-Schalter detektieren nur Wechselfehlerströme, *allstromsensitive* FI-Schalter sprechen auch bei Gleichfehlerströmen an, wie sie in Versorgungsnetzen mit Stromrichterschaltungen auftreten können (s. a. 12.7.4). Typische Niederspannungsleistungschalter zeigt Bild 11.10.

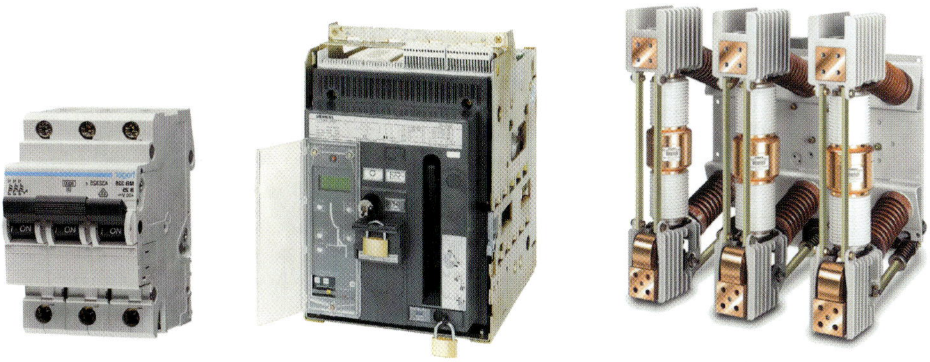

a) b) c)

Bild 11.10. Beispiele für Niederspannungs- und Mittelspannungsleistungsschalter. a) Dreipoliger Leitungsschutzschalter 63 A (Hager), b) Niederspannungsleistungsschalter 3.200 A (Siemens), c) Mittelspannungs-Vakuumschalter 24 kV für Betriebsströme bis 2.500 A und Kurzschlußausschaltstrom von 40 kA (Siemens).

High-End-Niederspannungsleistungsschalter besitzen mikroprozessorgesteuerte Auslöser sowie eine Profibus-Kommunikationsschnittstelle.

Mittel- und *Hochspannungsleistungsschalter* werden unter Verwendung von Hilfsantrieben immer nah- oder ferngesteuert bedient und besitzen separate, über Stromwandler an Sammelschienen und Abzweige angekoppelte Überstromauslöser. Sie unterscheiden sich abhängig von der Spannungsebene im Löschprinzip und dem Schaltmedium. Mittelspannungsleistungsschalter werden als *ölarme Leistungsschalter*, *Vakuumschalter* oder als *SF_6-Schalter* realisiert, Hochspannungsleistungsschalter nur als SF_6-Schalter.

Bei Hochspannungsleistungsschaltern unterscheidet man auf *Hochspannungspotential* liegende Leistungsschalter (engl.: *live tank breaker*) und auf *Erdpotential* liegende *Kesselschalter* (engl.: *dead tank breaker*, vorwiegend im außereuropäischen Ausland). Beide Ausführungen werden von allen im Hochspannungsbereich tätigen Unternehmen angeboten. Bei der ersten Bauform besteht das Schaltergehäuse aus Porzellan und befindet sich von Stützisolatoren getragen auf Hochspannungspotential, Bild 11.11a. Bei letzteren ist der Schalter in einem auf Erdpotential befindlichen metallischen Kessel untergebracht. Die Ausleitung der Hochspannung führenden Schalterpole erfolgt über Hochspannungsdurchführungen, Bild 11.11b.

a) b)

Bild 11.11. Beispiele für Hochspannungsleistungsschalter. a) *Live-tank breaker* 245 kV, b) *Dead-tank breaker* 400 kV (Siemens).

Als eigentliche Schalter kommen heute in beiden Fällen je nach Spannungshöhe meist sogenannte SF_6-*Blaskolbenschalter* oder SF_6-*Selbstblasschalter* zum Einsatz. Der beim Auseinanderziehen der Kontakte entstehende Schaltlichtbogen wird durch eine starke SF_6-Gasströmung gekühlt bzw. gelöscht.

Der Antrieb der beweglichen Schalterkontakte erfolgt entweder über mechanische Federspeicher oder hydraulisch. Infolge der großen mechanischen Kräfte und hohen Schaltgeschwindigkeiten sowie wegen des Abbrands beim Abschalten von Kurzschlußströmen, weisen Leistungsschalter merkliche Alterungserscheinungen auf. Ihre Funktionssicherheit ist daher in regelmäßigen Wartungsintervallen zu überprüfen und durch geeignete Wartungsmaßnahmen sicherzustellen. Hochspannungsleistungsschalter treten immer in der Kombination *Trenner*, *Leistungsschalter*, *Trenner* auf. Der eingangsseitige Trenner ermöglicht die Wartung eines Schalters im spannungslosen Zustand, der abgangsseitige Trenner sichert vor einem unbeabsichtigten Überschlag einer geöffneten, gealterten Schaltstrecke (s. 11.1.4).

11.1.4 Trennschalter

Bei Schaltanlagen spricht man von *Querisolation* und *Längsisolation*. Die Querisolation isoliert *strom-* bzw. *spannungsführende* Leiter *gegeneinander* und *gegenüber geerdeten* Leitern. Die Längsisolation gewährleistet eine nachhaltige, sichere Unterbrechung eines Strompfads und wird durch *Trennschalter* mit bestimmten Mindesttrennabständen zwischen den Kontakten erreicht (s. a. Bild 11.12). Die Schaltstellung muß entweder durch Sichtkontakt auf die Trennstrecke oder durch direkt mit den Kontakten gekoppelten Anzeigevorrichtungen zweifelsfrei erkennbar sein.

Die für den Eleven der elektrischen Energietechnik wohl geläufigste, *sichtbare Trennstrecke* entsteht beim Herausziehen eines Steckers aus der hinlänglich bekannten Steckdose. Bei höheren Spannungen bedarf es spezieller Trennschalter, die oft nur *Trenner* genannt werden. Trenner schalten *stromlose* Betriebsmittel und Anlagenteile für Wartungsarbeiten zu und ab. Ferner ermöglichen sie *Topologieänderungen* in Schaltanlagen mit Mehrfachsammelschienen. Über Streukapazitäten und Streuinduktivitäten eingekoppelte parasitäre Ströme, Restladungen (engl.: *trapped charge*) etc. werden beim Ein- und Ausschalten beherrscht. Trenner ermöglichen die Aufteilung von Netzen und gewährleisten bei geöffneten Schalterpolen des Leistungsschalters die zum Personenschutz erforderliche sichere Trennstrecke. Sie müssen mit dem Schaltzustand des vorgelagerten Leistungsschalters gegen Öffnen im stromführenden Zustand verriegelt sein.

Beispiele für Mittelspannungs- und Hochspannungstrennschalter zeigt Bild 11.12.

a)

b)

c)

d)

Bild 11.12. a) Mittelspannungstrennschalter für Spannungen bis 36 kV und 3.000 A je nach Ausführung (Siemens), b) Hochspannungstrennschalter mit rotierender Kontaktbrücke, sogenannter *Drei-Säulen-Drehtrenner* oder *Schwenktrenner* (Siemens), c) Hochspannungs-Hebeltrennschalter für Spannungen bis 800 kV und Ströme bis 4.000 A (Ruhrtal), d) Hochspannungstrennschalter in Panthographenbauweise (ABB).

Dient ein Trennschalter dem Erden zuvor spannungsfrei geschalteter Teile bei Wartungsarbeiten, bezeichnet man ihn als *Erdungsschalter* bzw. *Erder*. Die vordergründig einfache Mechanik von Hochspannungstrennschaltern darf nicht darüber hinwegtäuschen, daß es sich hier im Detail um anspruchsvolle Technik handelt. Die Kontakte dürfen beim Einschalten infolge kapazitiver Ladeströme nicht verschweißen. Bei Vereisung im Winter müssen die Losbrechkräfte den Eispanzer aufbrechen können. Ferner müssen Erdungsschalter erdbebensicher sein.

Die vor und nach Mittel- und Hochspannungsleistungsschaltern eingesetzten Trenner werden häufig durch *fahrbare Leistungsschalter* realisiert, die beim mechanischen Ausfahren aus der Betriebsposition automatisch zwei Trennstellen schaffen, Bild 11.13.

Bild 11.13. Inhärente Trennerfunktion bei einem fahrbaren Leistungsschalter (Siemens).

Ist ein Trennerpol permanent mit Erde verbunden, spricht man von *Erdungstrennern* bzw. *Erdungsschaltern.* Sie dienen dem zeitweisen Erden von Anlagenteilen bei Wartungsarbeiten und Instandsetzungen. Erdungsschalter sind ebenfalls mit den Leistungsschaltern zu verriegeln, damit ein Leistungsschalter nicht auf ein geerdetes Anlagenteil geschaltet werden kann. Häufig sind Lastschalter und Erdungstrenner in sogenannten *Dreistellungs-Lasttrennschaltern* kombiniert. Sie besitzen konstruktionsbedingt eine inhärente Verriegelung der beiden Schalterstellungen *Ein* und *Geerdet.*

11.1.5 Kurzschlußstrombegrenzer

Kurzschlußstrombegrenzer (engl.: *fault current limiter*, FCL) kommen zum Einsatz, wenn durch Netzerweiterungen die ursprüngliche Bemessungskurzschlußleistung überschritten wird. Ihr Ansprechen bewirkt eine Aufteilung des Netzes in zwei Teilnetze mit entsprechend niedrigerer Kurzschlußleistung. Ferner erlauben Kurzschlußstrombegrenzer auch bei *Neuanlagen* dank ihrer hohen, strombegrenzenden Schaltgeschwindigkeit und der daraus folgenden geringeren thermischen, mechanischen und dynamischen Beanspruchungen eine wirtschaftlichere Auslegung. Darüber hinaus führen sie dank der höheren zulässigen Kurzschlußleistung zur Begrenzung von Spannungseinbrüchen durch den Anlaufstrom direkt eingeschalteter Asynchronmotoren und leisten damit einen Beitrag zur *Spannungsqualität* (engl.: *power quality*). Schließlich verringeren sich die lastabhängigen Verluste auf Grund des geringeren Gesamtinnenwiderstands parallel geschalteter Transformatoren.

Man unterscheidet zwischen *pyrotechnischen*, *leistungselektronischen* und *supraleitenden* Strombegrenzern.

Pyrotechnische Strombegrenzer:

Bei pyrotechnischen Strombegrenzern, klassisch als I_S*-Begrenzer* bezeichnet, unterbricht eine *Sprengladung* im Innern eines rohrförmigen Leiters den betrieblichen Strompfad und kommutiert den Strom auf eine parallel geschaltete *Hochleistungssicherung*, die den Kurzschlußstrom in weniger als einer Millisekunde strombegrenzend abschaltet, Bild 11.14a.

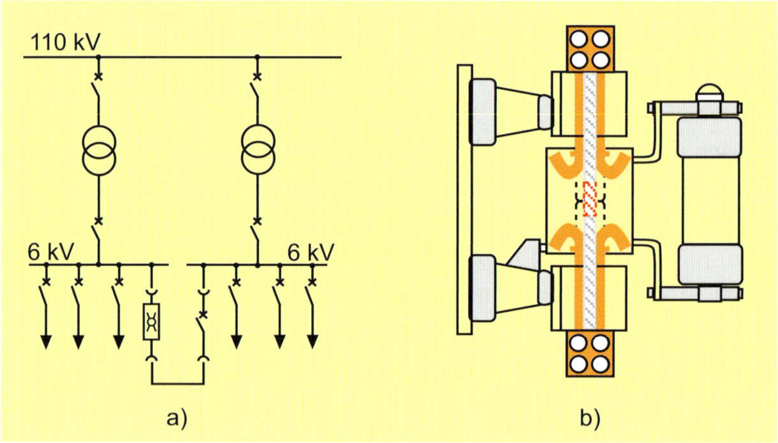

Bild 11.14. Klassischer I_S-Begrenzer. a) Anwendungsbeispiel (*ABB-Calor-Emag*), b) Wirkungsweise (Aufgesprengter rohrförmiger Betriebsstromleiter nach Abschaltung).

Eine typische Anwendung ist der Einsatz in der Längskupplung zweier Sammelschienenabschnitte, Bild 11.14b.

I_S-Begrenzer werden entweder fest in einem Schaltfeld einer Mittelspannungsschaltanlage eingebaut oder wie Leistungsschalter auf einem Schaltwagen angeordnet, Bild 11.15.

Bild 11.15. I_S-Begrenzer in einer Mittelspannungsschaltanlage auf einem Schaltwagen montiert, mit inhärenter, beidseitiger Trennerfunktion (ABB-Calor-Emag).

I_S-Begrenzer sind naturgemäß nur für einmaliges Ansprechen ausgelegt und erst nach Erneuerung der Sprengkapsel des aufgesprengten Strompfads und der HH-Sicherung wieder einsetzbar. Anstelle der vollständigen Unterbrechung des Strompfads wird der Strom häufig auch nur auf eine parallele strombegrenzende Drossel kommutiert.

Leistungselektronische Strombegrenzer:

Sie sind vorzugsweise für Niederspannungsnetze aber auch für Mittelspannungsnetze gedacht und bestehen im wesentlichen aus antiparallel geschalteten Thysistoren, denen im Kurzschlußfall die Zündimpulse vorenthalten werden. Eine Weiterentwicklung sind *Hybridschalter*, die aus der Kombination eines mechanischen und eines leistungselektronischen Schalters bestehen. Letztere erlauben ein lichtbogenfreies Öffnen des mechanischen Schalters.

Supraleitende Kurzschlußstrombegrenzer:

Bei Hochtemperatur-Supraleitenden Strombegrenzern (engl.: *High-Temperature-Superconducting Fault-Current-Limiters*, HTSC-FCL) unterscheidet man zwischen *induktiven* und *resistiven* Strombegrenzern, Bild 11.16.

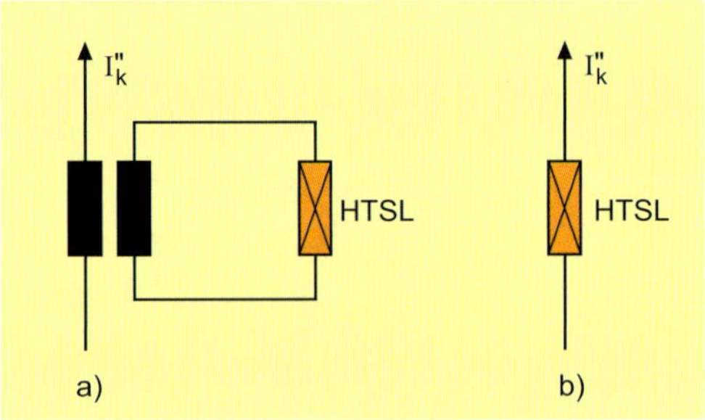

Bild 11.16. a) Induktiver Strombegrenzer, b) Resistiver Strombegrenzer. (HTSL: Hochtemperatur-Supraleiter).

Beim *induktiven* Strombegrenzer transformiert sich der vom HTSL bewirkte Kurzschluß auf die Primärseite und reduziert im Normalbetrieb die primäre Impedanz auf vernachlässigbare kleine Werte. Im Kurzschlußfall verliert der HTSL auf Grund des mit dem Kurzschlußstrom verknüpften hohen Magnetfelds seine supraleitende Eigenschaft, so daß die primäre Impedanz stark ansteigt und den Strom begrenzt. Die Strombegrenzung des direkt im Strompfad angeordneten *resistiven* Strombegrenzers wird unmittelbar durch den Verlust des supraleitenden Regimes infolge des hohen Magnetfelds des Kurzschlußstroms bewirkt. In der Energieversorgung hat bislang nur der I_S-Begrenzer größere Bedeutung erlangt.

11.1.6 Schaltgeräteübersicht

Wegen der Vielfalt der Schaltgeräte und ihren unterschiedlichen Einsatzmöglichkeiten sind die einzelnen Funktionen der Bauarten in Bild 11.17 mit ihren Schaltsymbolen dargestellt.

Schaltgerät	Schaltet Betriebs-ströme	Unterbricht Kurzschluß-ströme	"Trennt" sicher	Symbole
Lastschalter	+	–	–	
Trennschalter	–	–	+	
Lasttrennschalter	+	–	+	
Lastschalter mit Sicherung	+	+	–	
Trennschalter mit Sicherung	–	+	+	
Lasttrennschalter mit Sicherung	+	+	+	
Sicherungs-lastschalter	+	+	–	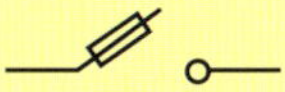
Sicherungs-trennschalter	–	+	+	
Sicherungslast-trennschalter	+	+	+	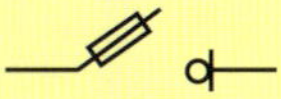
Leistungsschalter	+	+	–	
3-Stellungs-Lasttrennschalter	+	–	+	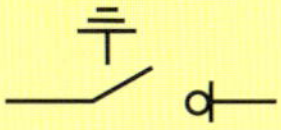
IS-Begrenzer	–	+	–	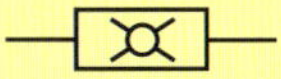

Bild 11.17. Schaltgeräteübersicht mit Schaltsymbolen.

Die Auswahl von Schaltgeräten erfordert einen technisch wirtschaftlichen Kompromiß unter Würdigung vieler Gesichtspunkte wie Anlagenbetriebsweise, Verfügbarkeit, Wirtschaftlichkeit, etc.

11.2 Niederspannungsschaltanlagen

Niederspannungsschaltanlagen, auch *Niederspannungs-Schaltgerätekombinationen* genannt, bilden die Schnittstelle zwischen Elektroenergiesystemen und der großen Zahl der Endabnehmer. Von den Sammelschienen der Niederspannungsschaltanlagen aus werden die verschiedenen Verbraucher und die zu ihnen führenden Leitungen mit Energie *versorgt*, *geschaltet*, *geschützt* und *überwacht*. Man unterscheidet zwischen Niederspannungsschaltanlagen bis 63 A (Wohn-Installationsbereich), bis 630 A (Gewerbe- oder Industrie-Installationsbereich) und bis 6.300 A (Hauptschaltanlagen in der Großindustrie). Alle drei Gattungen werden im folgenden näher erläutert.

11.2.1 Niederspannungsschaltanlagen im Wohn-Installationsbereich

Als einfachstes Beispiel einer *Niederspannungsschaltanlage* sei zur Einführung die familiäre *Niederspannungsunterverteilung* in einer Wohnung bzw. einem Wohnhaus betrachtet, sogenannter *Wohn-Installationsbereich*, Bild 11.18.

Bild 11.18. Niederspannungs-„Schaltanlage“ in einem Wohnhaus, in der Installationstechnik als *Kleinverteiler* bzw. *Zählerschrank* bezeichnet.

Der über ein Kabel im Keller oder über Leitungen auf dem Dachständer am *Hausanschlußkasten* ankommende Drehstrom speist in der Niederspannungsverteilung drei *Sammelschienen* L_1, L_2, und L_3, von denen aus über einzelne *Leitungsschutzschalter* (engl.: *molded circuit breaker* MCB) oder *Sicherungen* (engl.: *fuses*) die verschiedenen Licht- und anderen Stromkreise versorgt werden, Bild 11.19.

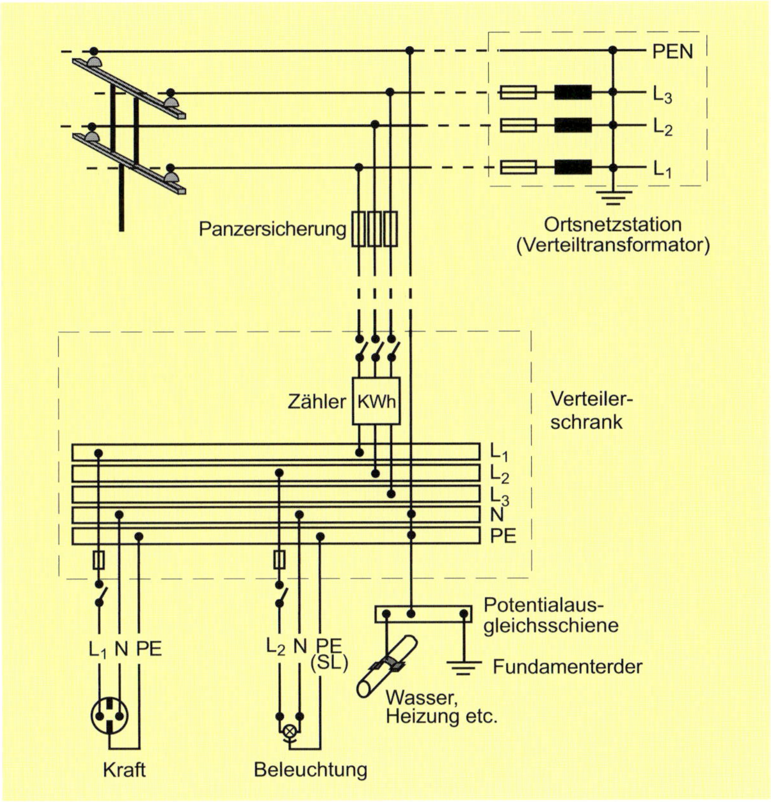

Bild 11.19. Schaltanlagentopologie einer „Niederspannungsschaltanlage" in einem Wohnhaus.

Die Leitungsschutzschalter sind *Leistungsschalter*, die sowohl thermische *Überlastströme* als auch im Fehlerfall *Kurzschlußströme* detektieren und unterbrechen können, (s. a. 11.1.3). Parallel zu den Sammelschienen L_1, L_2 und L_3 gibt es im Installationsbereich je nach Netzart (s. a. 10.5) eine weitere Sammelschiene für den PEN-Leiter oder, wie in Bild 11.19 gezeigt, zwei *getrennte Sammelschienen* für N und PE.

Die Verantwortlichkeit des lokalen Elektrizitätsversorgungsunternehmens endet in der Regel an den ausgangsseitigen Zählerklemmen. Die Beschaltung der Sammelschienen liegt in der Verantwortlichkeit des Abnehmers bzw. des von ihm beauftragten Elektroinstallateurs.

Die Aufteilung der Einspeisung über Sammelschienen auf mehrere einzelne *Abgänge* unter Verwendung von *Niederspannungsleistungsschaltern* oder *Sicherungen* dient der *Selektivität* (s. a. 12.5). Die Selektivität bewirkt, daß das Auftreten eines Kurzschlusses in einem der vielen Haushaltsgeräte oder Beleuchtungskörper nicht gleich zu einem Stromausfall im ganzen Haus führt. Lediglich der betroffene Stromkreis wird abgeschaltet. Die Kenntlichmachung des betroffenen *Abzweigs* erfolgt bei Leitungsschutzschaltern an Hand der Stellung des Betätigungshebels, bei Sicherungen durch *Kennmelder* (farbige Plättchen auf der Rückseite der Schraubsicherungen oder *Anzeiger* bei NH-Sicherungen). Mit Rücksicht auf die in Privathaushalten meist verlegten Leitungsquerschnitte, beträgt der Bemessungsstrom 63 A.

Die Versorgung von Wohngebäuden erfolgt über das *Niederspannungsortsnetz* aus *Ortsnetzstationen* bzw. *Verteilstationen*, die in Abständen von wenigen 100 Metern plaziert sind. Ortsnetzstationen bestehen aus einer *Mittelspannungsschaltanlage* (Einspeisung), einem *Verteiltransformator* und einer *Niederspannungsschaltanlage* mit NH-Sicherungen (s. a. Bild 11.44). Zwischen den Ortsnetzstationen und den Abnehmern sind zur Unterverteilung meist noch mehrere *Kabelverteilerschränke* angeordnet (s. 9.4.1).

11.2.2 Niederspannungsschaltanlagen bis 630 A

Bei größerem Energiebedarf und größeren Einzellasten, beispielsweise in Gewerbebetrieben, Großküchen und bei der Unterverteilung elektrischer Energie in der Industrie gibt es *Verteiler* bis ca. 630 A Bemessungsstrom. Sie besitzen größere Sammelschienenquerschnitte und im Hinblick auf die höheren installierten Leistungsquerschnitte auch Schaltgeräte für höhere Betriebsströme. Wegen der stark variierenden Zahl der Abgänge und Lasten etc. sind diese Schaltanlagen bzw. Unterverteilungen oft modular aufgebaut. Sie reichen von Einzelkästen bis hin zu schrankartigen Verteilersystemen und können schutzisoliert in Isolierstoffkapselung oder berührungssicher als modulare Gußgehäusesysteme ausgeführt sein. Beispielsweise zeigt Bild 11.20 ein isolierstoffgekapseltes Niederspannungsverteilersystem.

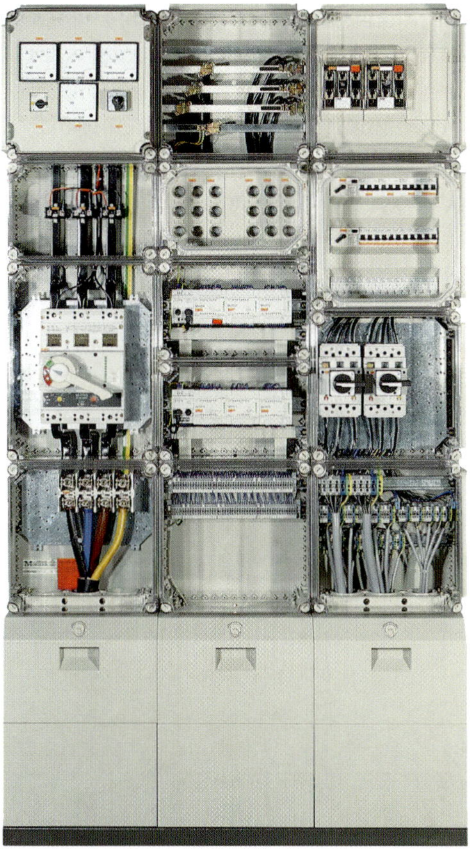

Bild 11.20. Modular aufgebautes schutzisoliertes Isolierstoff-Niederspannungsverteilersystem für Betriebsströme bis 630 A (Moeller).

Wegen der höheren Ströme kommen neben Schraubsicherungen und Leitungsschutzschaltern auch *Niederspannungshochleistungssicherungen* mit *Messerkontakten* zum Einsatz (NH-Sicherungen), die oft mit einem *Lasttrennschalter* zu einem *Sicherungslasttrennschalter* kombiniert werden.

11.2.3 Niederspannungsschaltanlagen über 630 A

Industrieunternehmen mit hoher Lastdichte beziehen ihre elektrische Energie auf Mittelspannungsniveau oder auch direkt aus der 110 kV-Ebene. Sie besitzen dann eine *Übergabestation* mit EVU-seitiger Hochspannungsschaltanlage, einem Transformator und, bei mehreren Abgangsfeldern der Kundenanlage, einen *Übergabeleistungsschalter* (s. a. 11.5). Ferner gibt es im Kontrollbereich des EVU eine plombierte Meßeinrichtung für Verrechnungszwecke. Die Unterspannungsseite des Transformators speist zunächst die kundeneigene *Niederspannungshauptschaltanlage* (engl.: *power center*), von dort aus erfolgt die eigentliche Niederspannungsverteilung über Haupt- und Unterverteiler bzw. über Kabel und Leitungen in einem hierarchisch aufgebauten *Niederspannungsverteilsystem*, Bild 11.21.

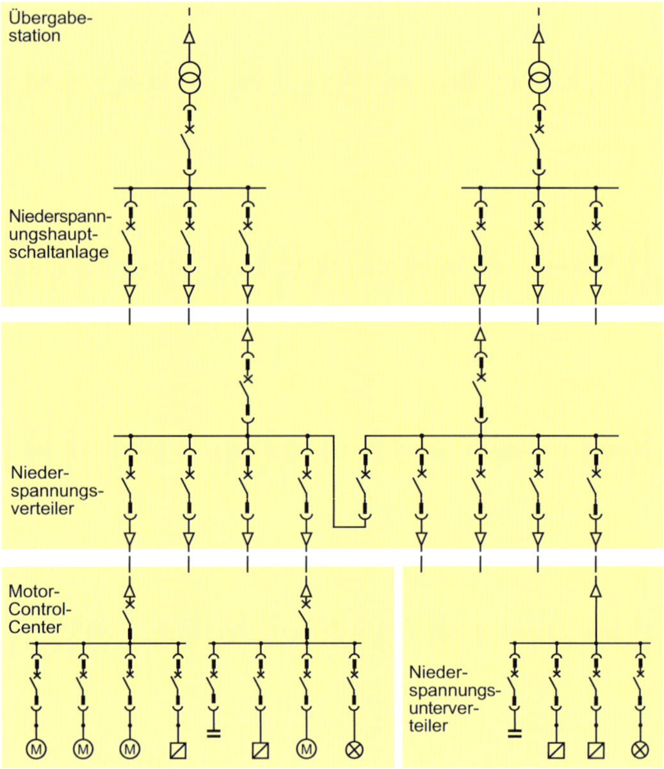

Bild 11.21. Über Kabel bzw. Leitungen gekoppelte, hierarchisch gestufte Niederspannungsschaltanlage in der Großindustrie. Die üblicherweise in der Unterverteilung eingesetzten *Punkt-* und *Linienverteiler* sind zur Wahrung der Übersichtlichkeit nicht explizit gezeichnet.

Je nach tolerierbarer Dauer von Betriebsunterbrechungen sind die Leistungsschalter wie im Installationsbereich *fest eingebaut* oder in *Einschubtechnik* ausgeführt.

Niederspannungshauptschaltanlagen werden für Einspeiseströme bis zu 6.300 A und Kurzschlußströme bis zu 375 kA ausgelegt. Hauptleistungsschalter, Hauptverteiler und Unterverteiler können bei mittleren Betriebsgrößen in einer Schaltfeldgruppe angeordnet oder räumlich getrennt aufgestellt sein, Bild 11.22.

Bild 11.22. Niederspannungsschaltanlage in der Großindustrie (Siemens).

Im ersten Feld links befindet sich der *Einspeiseleistungsschalter*, im zweiten Feld die nachgeordneten Leistungsschalter in Einschubtechnik, im mittleren Feld sind die bereits in 11.1.1 erwähnten *Sicherungstrennleisten* für einzelne Abgänge zu erkennen.

Bei den Unterverteilern unterscheidet man noch zwischen *Punkt-* und *Linienverteilern*. Bei ersteren sind die Sammelschienen zentral im Verteiler angeordnet, von wo aus alle Leitungen zu den Verbrauchern sternförmig abgehen. Bei letzteren sind die Sammelschienen räumlich über größere Areale von Fertigungsbetrieben verteilt, Verbraucher lassen sich praktisch an jeder Stelle im Verlauf der Sammelschienen anschließen.

Im Gegensatz zu den fest eingestellten Schutzkennlinien der Leitungsschutzschalter im Installationsbereich können die Leistungsschalter im Industriebereich mit Hilfe parametrierbarer Überstromrelais individuell den jeweiligen Verbraucherleistungen und -charakteristiken angepaßt werden. Nachgeordnete Leistungsschalter gewährleisten damit nicht nur den Leitungsschutz, sondern auch den *Geräte-* bzw. *Betriebsmittelschutz.* Zunehmend kommen *fernbedien-* und *-parametrierbare* Leistungsschalter zum Einsatz (s. a. 11.1).

Abschließend sei bemerkt, daß die Begriffe *Niederspannungsschaltanlagen* und *Niederspannungsverteiler* nicht scharf definiert sind und in der Praxis oft synonym benutzt werden. Die Begriffe *Verteiler* und *Unterverteiler* finden meist bei kleineren Einspeise-, Last- und Kurzschlußströmen Verwendung, der Begriff *Niederspannungsschaltanlagen* vorrangig bei hohen Einspeise-, Last- und Kurzschlußströmen.

Dient eine Niederspannungsschaltanlage überwiegend dem Schalten diverser Motoren, spricht man von einem *Motor-control-center.*

11.3 Mittelspannungsschaltanlagen

Mittelspannungsschaltanlagen erfüllen grundsätzlich die gleiche Funktion wie *Niederspannungsschaltanlagen*, lediglich auf höherem Leistungsniveau. Ihre Abgänge versorgen vorwiegend Verteiltransformatoren oder nachgelagerte Mittelspannungsschaltanlagen bzw. Netzstützpunkte, die ihrerseits Verteiltransformatoren speisen. Typische Einsatzgebiete sind die öffentliche Stromversorgung, Industrieanlagen, Hochhäuser, Gebäudekomplexe, Flughäfen etc.

Gegenüber Niederspannungsschaltanlagen unterscheiden sich Mittelspannungsschaltanlagen in folgenden Aspekten:

- Die Leitungen, Sammelschienen und Leistungsschalter sind für Spannungen von 1 kV bis 36 kV, in Sonderfällen bis 52 kV, ausgelegt. In der Bundesrepublik sind 10 kV und 20 kV am häufigsten vertreten. Man spricht beispielsweise von einer 10 kV-*Mittelspannungsschaltanlage.*
- Die Schaltgeräte von Mittelspannungsschaltanlagen sind nicht wie die Leitungsschutzschalter und Sicherungen in Niederspannungsverteilern dicht nebeneinander aufgereiht, sondern auf Grund ihrer Baugröße und ihrer Hilfseinrichtungen sowie des Platzbedarfs für die Kabelanschlüsse in eigenen, voneinander abgeschotteten *Schaltfeldern* bzw. *–zellen* (engl.: *cubicle, bay*) untergebracht. Jedem einzelnen *Leitungsschutzschalter* einer Niederspannungsschaltanlage im Installationsbereich entspricht bei Mittelspannungsschaltanlagen entweder

ein *Leistungsschalter* oder ein *Lastschalter mit Sicherungen* für den Kurzschlußschutz in einem *eigenen Feld*, Bild 11.23.

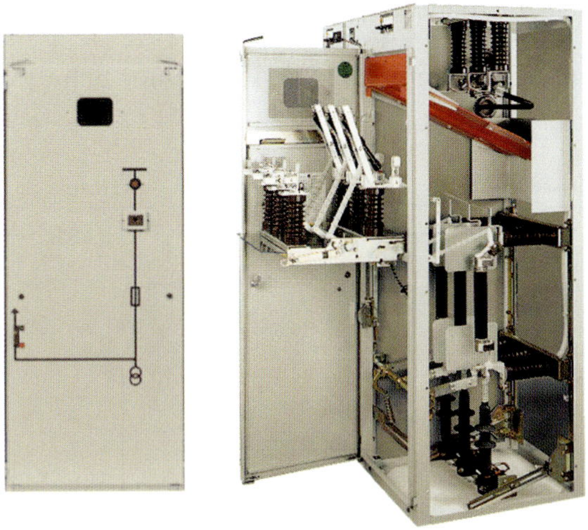
a) b)

Bild 11.23. Schaltfeld einer klassischen, *luftisolierten* Mittelspannungsschaltanlage mit einem Lastrennschalter und HH-Sicherungen (Moeller), a) Frontansicht mit Blind- bzw. Übersichtsschaltbild, b) Innenleben.

Alle Felder einer Mittelspannungsschaltanlage sind in Querrichtung durch monolithische oder modulare *Einfach-* oder *Doppelsammelschienen* miteinander verbunden. Die Sammelschienensysteme können durch *Längskupplungen* unterteilt oder, bei Doppelsammelschienen, über *Querkupplungen* miteinander verbunden sein.

Abhängig von der Zahl der Abzweige reicht die Baugröße von einem einzelnen Schaltfeld bis zu einer nach oben offenen Zahl an Schaltfeldern bzw. Schaltzellen. Je nach kundenspezifischen Anforderungen stehen luftisolierte und SF_6-isolierte Mittelspannungsschaltanlagen zur Wahl. Letztere zeichnen sich durch ihre kompakte Bauweise, hohe Berührungssicherheit und dank Unempfindlichkeit gegenüber Klimaeinflüssen und Verschmutzung durch eine hohe Wartungsfreiheit über die Gesamtlebensdauer aus.

Je nach Einsatzgebiet und Funktionalität gibt es bei Mittelspannungsschaltanlagen neben reinen Abgangsfeldern mit Leistungsschaltern, Lastschaltern oder zusätzlichen Sicherungen *Einspeisefelder*, *Kuppelfelder* für Doppelsammelschienen oder Sammelschienenabschnitte, *Transformatorfelder*, *Motorschaltfelder*, *Verrechnungsfelder*, *Blindstromkompensationsfelder*, *Erdschlußspulenfelder* etc.

Bild 11.24 zeigt typische Topologien einzelner Schaltfelder.

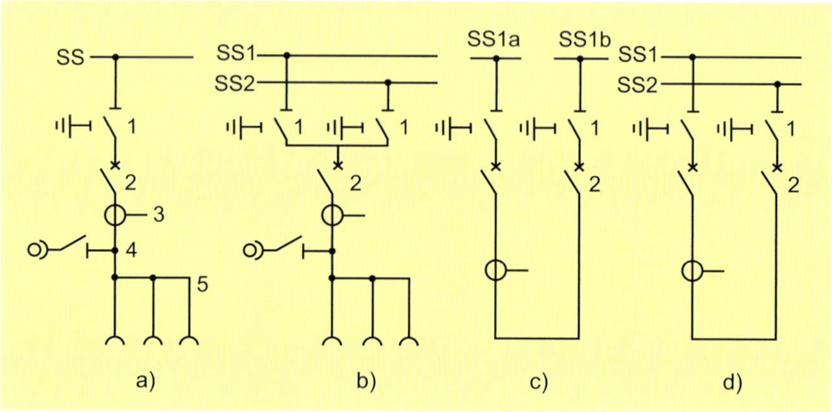

Bild 11.24. Typische *Schaltfeldtopologien* für a) Einspeise-/Abgangsfeld bei nur einer Sammelschiene, b) Einspeise-/Abgangsfeld für Doppelsammelschienen, c) *Längskupplung* zwischen zwei Sammelschienenabschnitten und d) *Querkupplung* zweier Sammelschienen (einphasige Darstellung).

Einspeisekabel und *Abgangskabel* werden meist von unten in die Schaltanlage eingeführt und deswegen im Übersichtsschaltbild oft auch in gleicher Richtung in Bezug auf die Sammelschiene eingezeichnet. *Einspeisefelder* und *Abgangsfelder* sind von der Topologie her gesehen praktisch gleich. Sie unterscheiden sich lediglich in den meist größeren Querschnitten bei den Einspeisefeldern.

– Zum Schutz des Betriebspersonals bei Wartungs- und Umbauarbeiten an Schaltern und Wandlern läßt sich in jedem Abzweig die Verbindung zur Sammelschiene durch einen Trenner auftrennen, sogenannter *Sammelschienentrenner* (Bild 11.24, Objekt 1). Zur weiteren Erhöhung der Personensicherheit besitzt dieser Trenner einen zusätzlichen *Erdungskontakt* (*Dreistellungsschalter*), mittels dessen der Abzweig auch noch dauerhaft geerdet werden kann, sogenannter *Erdungstrennschalter*. Ringleitungen bzw. Maschennetze erfordern wegen der Möglichkeit der Rückspeisung einen weiteren Erdungstrennschalter, sogenannter *Abgangstrenner* (in Bild 11.24 nicht eingezeichnet). Der Leistungsschalter kann fest eingebaut oder in *Einschubtechnik* bzw. *Wagentechnik* realisiert sein. Bei ausfahrbaren Leistungsschaltern in Wagentechnik bilden die Steckkontakte auf beiden Seiten inhärent eine „*sichere Trennstrecke*". Separate Trennschalter können damit entfallen. Bei Verwendung wartungsfreier Vakuumschalter und Wandler (Sensoren) wird selbst die Einschubtechnik entbehrlich.

– Die ankommenden und abgehenden Mittelspannungskabel sind an den Enden mit *Kabelendverschlüssen* ausgerüstet. Kabelendverschlüsse sind nach dem Stand der Technik als vollisolierte *Mittelspannungssteckverbindungen* ausgeführt, die über eine *Außen-* oder *Innenkonusverbindung* gesteckt werden. Häufig gibt es mehrere parallel geschaltete Steckanschlüsse zum gleichzeitigen Anschluß mehrerer paralleler Kabel oder auch von Überspannungsableitern.

– Während bei Niederspannungsleistungsschaltern die Sensoren für Überstrom und Kurzschlußstrom entweder im Leitungsschutzschalter integriert oder in Form von Überstromrelais realisiert sind, müssen die *Auslösesignale* bei Mittelspannungsschaltanlagen zunächst über *Strom-* und *Spannungswandler* sowie *nachgeschaltete Schutzrelais* gewonnen werden. Die Wandler sind in klassischen Anlagen in separaten *Meßfeldern* zusammengefaßt, in dem gegebenenfalls auch die Wandler für die Erfassung von Betriebsströmen und -spannungen enthalten sind. Sie sind heute oft in Form von *Sensoren* integraler Bestandteil eines Schaltfeldes, wodurch eigene Meßfelder entbehrlich werden.

– Schließlich zeichnen sich Mittelspannungsschaltanlagen durch ihren beträchtlichen Aufwand für den Personenschutz bei etwaigen stromstarken *Störlichtbögen* aus. Typische Merkmale sind Stahlkapselung, Abschottung unterschiedlicher *Funktionsräume* für Sammelschienen, Leistungsschalter und Kabelanschlußraum, Berührungsschutz-Barrieren sowie *Druckentlastungsöffnungen* bzw. *-kanäle* (s. a. 11.6). Bei Schaltanlagen mit Leistungsschalterwagen bestehen umfangreiche mechanische und elektrische Verriegelungen, die beispielsweise ein Ausfahren des Wagens bei geschlossenem Leistungsschalter verhindern, ein Einschalten in ausgefahrener Position nicht zulassen oder die Betätigung des Erdungsschalters in der eingefahrenen Position sperren.

Grundsätzlich unterscheidet man zwischen Mittelspannungsschaltanlagen für die *Primärverteilung* und für die *Sekundärverteilung.*

11.3.1 Mittelspannungsschaltanlagen der Primärverteilung

Mittelspannungsschaltanlagen der *Primärverteilung* werden beispielsweise auf der Unterspannungsseite von 110 kV/10 kV ... 36 kV Umspannstationen eingesetzt. Sie können für Ströme bis zu 7.500 A (Transformatorleistungen 63 MVA) ausgelegt sein, verwenden zur Beherrschung der Kurzschlußströme *Leistungsschalter* und werden daher auch als *Leistungsschalteranlagen* bezeichnet.

Die Betriebsströme der Sammelschienen reichen bis 2.500 A. Als Mittelspannungsleistungsschalter kommen heute fast ausnahmslos *Vakuumschalter* zum Einsatz (11.1.3). Anstelle der klassischen Bedienungselemente und Blindschaltbilder auf der Frontseite erfolgt die Vor-Ort-Bedienung über ein spezielles Feldleitgerät mit LCD-Display (s. a. 14.3). Bild 11.25 zeigt eine kompakte Mittelspannungsschaltanlage mit SF_6-Druckgas-Isolierung.

Bild 11.25. Kompakte Mittelspannungsschaltanlage mit *SF_6-Isolierung* und digitaler Feldleittechnik. Schaltfeldbreite ca. 0,6 m (Siemens).

Leistungsschalteranlagen der primären Verteilung besitzen grundsätzlich die gleiche Topologie wie Niederspannungsschaltanlagen. Im einfachsten Fall gibt es eine Einspeisung auf eine Sammelschiene und mehrere Abgänge, Bild 11.26a.

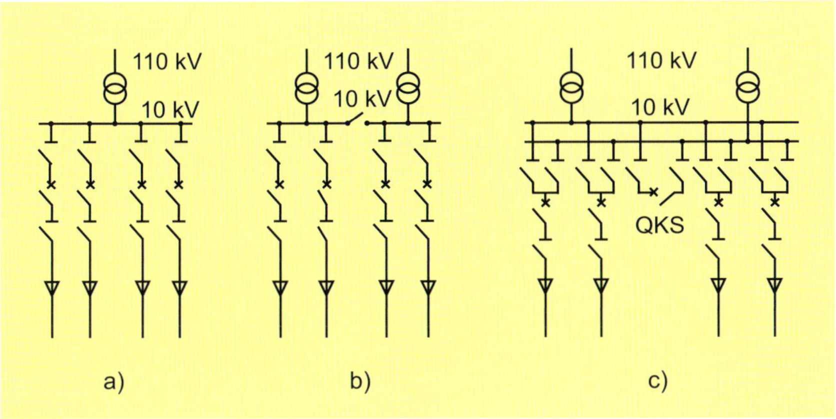

Bild 11.26. a) Monolitische Einfachsammelschiene mit einer Einspeisung, b) unterteilte Einfachsammelschiene mit zwei Einspeisungen, c) Doppelsammelschiene mit zwei Einspeisungen. QKS: Querkupplungsschalter.

In luftisolierten Schaltanlagen sind die Leistungsschalter in der Regel ausfahrbar mit inhärenter Trennerfunktion ausgeführt (s. a. Bild 11.13).

In gekapselten SF_6-isolierten Anlagen sind die Sammelschienentrenner meist *Dreistellungstrennschalter* mit gleichzeitiger Erdungsschalterfunktion: *Ein/Aus/Erdung vorbereitet*. Die tatsächliche Erdung eines Kabelabzweigs erfolgt einschaltfest in der Trennerstellung „*Erdung vorbereitet*“ durch Einschalten des Leistungsschalters.

Erreicht die Kurzschlußleistung das Schaltvermögen der Leistungsschalter oder bestehen hohe Kundenanforderungen an die Verfügbarkeit, wird die Einspeisung entweder auf zwei *Abschnitte* einer *Einfachsammelschiene* oder auf eine *Doppelsammelschiene* verteilt, Bild 11.26b und c. Die Doppelsammelschienensysteme sind durch einen Querkupplungsschalter miteinander verbunden und können offen oder geschlossen betrieben werden. Bei Bedarf werden auch Doppelsammelschienensysteme mit Längsstrennung ausgeführt.

Der Ausfall einer der beiden Einspeisungen führt bei Verwendung von Leistungssschaltern und entsprechender Überlastbarkeit der Transformatoren zu keiner Betriebsunterbrechung. Die zwei Sammelschienenabschnitte der Einfachsammelschiene werden im ungestörten Betrieb mit offener Trennstelle betrieben, beim Ausfall einer Einspeisung über die Längskupplung miteinander verbunden. Bei allen drei Varianten führen jedoch Wartungsarbeiten an einem Leistungsschalter zu einer Versorgungsunterbrechung des betreffenden Abgangs.

Können Versorgungsunterbrechungen durch Ausfall oder Revision eines Leistungsschalters nicht toleriert werden, sind die in Bild 11.27 gezeigten Topologien möglich.

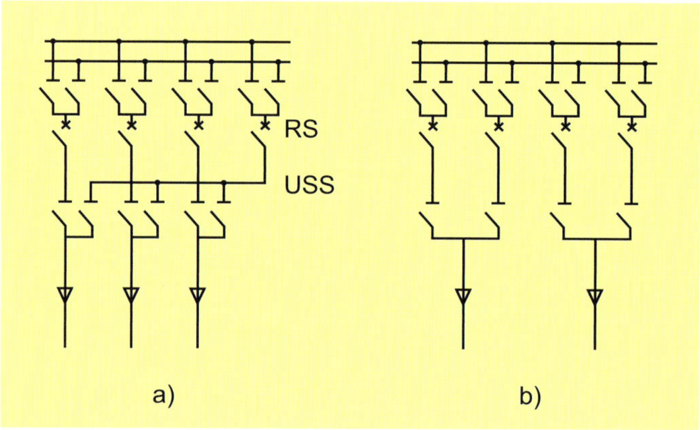

Bild 11.27. Schaltanlagentopologien für Schalterrevisionen ohne Betriebsunterbrechnung. a) Topologie mit *Umgehungsammelschiene* USS, b) Zwei-Leistungsschaltertopologie je Abgang.

In Bild 11.27a ermöglicht die *Umgehungssammelschiene USS in Verbindung mit dem Reserve-Leistungsschalter* RS die unterbrechungsfreie Stromversorgung. In Bild 11.27b leisten die gleiche Funktion zwei parallele *Trenner/Leistungsschalter/Trenner* Kombinationen. Letzteres ist die vielseitigste, aber auch teuerste Option. Dazwischen existieren zahlreiche Varianten, beispielsweise eine Topologie gemäß Bild 11.27b, bestückt jedoch mit jeweils nur einem ausfahrbahren Leistungsschalter in einem der parallelen Zweige.

Schließlich können Felder von Mittelspannungsschaltanlagen neben den oben dargestellten *Leistungs-* und *Lastschaltern* noch die bereits erwähnten *Trenn-* und *Erdungsschalter* (s. Bild 11.24), *Strom-* und *Spannungswandler* bzw. *-sensoren* für Schutzzwecke sowie *Überspannungsableiter* etc. aufweisen, Bild 11.28.

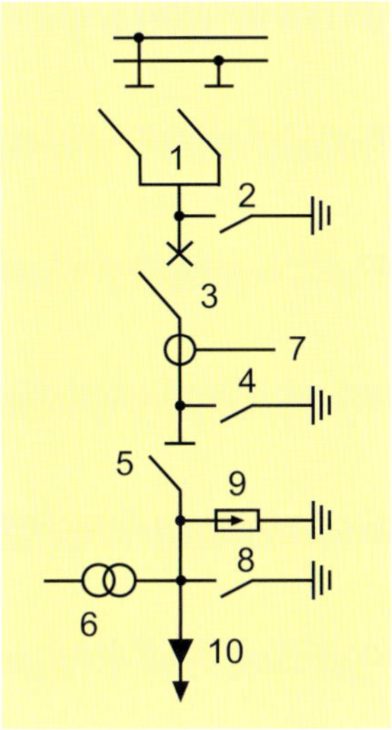

Bild 11.28. Typisches Abgangsfeld einer 2-Sammelschienen-Schaltanlage der primären Verteilung. 1 Sammelschienen-Trenner der Sammelschienen I und II, 2 Erdungsschalter, 3 Leistungsschalter, 4 Erdungsschalter, 5 Abgangstrennschalter, 6 Spannungswandler, 7 Stromwandler, 8 Erdungsschalter, 9 Überspannungsableiter, 10 Kabelendverschluß des Abgangskabels.

Die Erdungsschalter 2, 4 und 8 dienen der zusätzlichen Sicherung des Betriebspersonals bei Wartungsarbeiten.

Die Wahl der Schaltanlagentopologie von Leistungsschalteranlagen der primären Verteilung richtet sich im Einzelfall nach den betrieblichen Anforderungen bzw. den Kosten einer Versorgungsunterbrechung im Vergleich zu den zusätzlichen Investitionskosten einer hochverfügbaren Anlage. Grundsätzlich können in Mittelspannungsschaltanlagen Leistungsschalter und Lasttrennschalter Verwendung finden, so lange in Richtung Einspeisung der Kurzschlußschutz durch mindestens einen vorgelagerten Leistungsschalter gewährleistet ist. Beispielsweise können diese Funktion *Sicherungen* oder, bei Mehrfach-Sammelschienen, der *Querkupplungsschalter* übernehmen. In letzterem Fall erleiden dann aber alle anderen von der freigeschalteten Sammelschiene versorgten Abnehmer ebenfalls eine Versorgungsunterbrechung.

Die von den Mittelspannungsanlagen der Primärverteilung abgehenden Kabel führen in Form von Stich- und Ringleitungen zu den Mittelspannungsschaltanlagen der dezentral in Lastschwerpunkten angeordneten Ortsnetz- und Schwerpunktstationen der *Sekundärverteilung* (s. a. 11.3.2, 11.5 und Kapitel 9).

11.3.2 Mittelspannungsschaltanlagen der Sekundärverteilung

Mittelspannungsschaltanlagen der *Sekundärverteilung* kommen auf der Oberspannungsseite von Ortsnetzstationen und Schwerpunktstationen der Industrie bei Transformatorleistungen bis zu 1 MVA zum Einsatz. Die Abzweigströme sind in der Regel auf 630 A begrenzt und werden mit luftisolierten oder SF_6 isolierten *Lasttrennschaltern* geschaltet. Sie werden daher auch als *Lasttrennschalteranlagen* bezeichnet. Explizite Trennschalter vor und nach dem Lastschalter werden damit entbehrlich. Der Kurzschlußschutz wird durch HH-Sicherungen bewirkt (s. 11.1.1). *Lasttrennschalteranlagen* begegnet man in begehbarer und nicht begehbarer fabrikfertig montierter Ausführung bzw. als *Einbaustationen*, Bild 11.29.

Bild 11.29. Abangsfelder einer SF_6 isolierten Mittelspannungsschaltanlage der Sekundärverteilung (Elpro).

Die Topologie von *Lastschalteranlagen* der sekundären Verteilung in *Ortsnetzstationen* ist vergleichsweise einfach. Es gibt jeweils eine *Stich-*

oder *Ringeinspeisung* sowie einen Transformatorabgang für die Hochspannungsseite des *Verteiltransformators*, Bild 11.30.

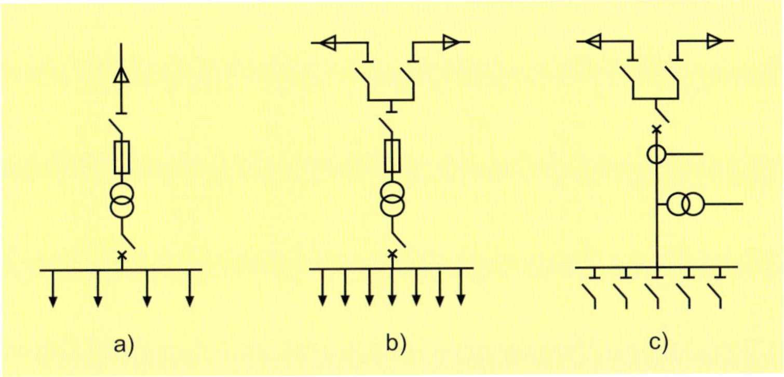

Bild 11.30. Topologie von Mittelspannungsschaltanlagen der sekundären Verteilung. a) *Sticheinspeisung*, b) *Ringeinspeisung* von Ortsnetzstationen, c) Ringeinspeisung einer Übergabestation, die mehrere Unterstationen speist (s. a. Bild 11.46).

Bei Sondervertragskunden gibt es je nach betrieblichen Anforderungen eine beliebige Anzahl weiterer Abgangsfelder.

11.4 Hochspannungsschaltanlagen

Hochspannungsschaltanlagen verbinden je nach Höhe der Betriebsspannung die Betriebsmittel von Transport- oder Übertragungsnetzen gleicher Nennspannung und bedienen die Kuppelleitungen zu benachbarten Elektroenergiesystemen eines Verbundsystems. Darüber hinaus bilden sie die Schnittstellen auf der Ober- und Unterspannungsseite von *Umspannstationen* und *Umspannwerken* (s. a. 11.5). Die Bemessungsspannungen reichen bis 800 kV.

Man unterscheidet zwischen *Freiluft-* und *Innenraumschaltanlagen* (engl.: *indoor, outdoor switchgear*). Bei letzteren unterscheidet man nochmals zwischen *klassischen Innenraumschaltanlagen*, die wie Freiluftschaltanlagen überwiegend Luft als Isoliermedium verwenden, und gekapselten, mit SF_6 (*Schwefelhexafluorid*) druckgasisolierten Schaltanlagen. Letztere finden nach Ertüchtigung für Freiluftaufstellung zunehmend auch in Freiluftschaltanlagen Verwendung. Gekapselte, druckgasisolierte Schaltanlagen zeichnen sich durch einen wesentlich geringeren Raumbedarf, hohe Betriebssicherheit gegen Umwelteinflüsse, optimalen Personenschutz und lange Wartungsintervalle aus.

11.4.1 Freiluftschaltanlagen

Freiluftschaltanlagen kommen in der Peripherie von Stadtgebieten oder auf dem Land zum Einsatz, wo der Platzbedarf eine geringere Rolle spielt, Bild 11.31.

Bild 11.31. Typische Freiluftschaltanlage (EnBW).

Hochspannungsschaltanlagen sind wie Mittelspannungsschaltanlagen in *Felder* unterteilt. Während bei Mittelspannungsschaltanlagen die Feldbreite bei einem Meter oder weniger liegt, beträgt die Feldbreite beispielsweise einer 123 kV-Freiluftschaltanlage 10 m, bei 420 kV sogar 18 m. Diese Feldbreiten geben Anlaß für zahlreiche unterschiedliche Bauweisen mit unterschiedlichem Platzbedarf. Man unterscheidet zwischen „*halbhoher*“ bzw. *klassischer* Bauweise sowie *Reihen-Längs-* und *Reihen-Querbauweise*, *Hochbauweise*, *Diagonalbauweise* etc. Bild 11.32 zeigt beispielhaft eine Seitenansicht einer Schaltanlage in *halbhoher* Bauweise und die Sicht aus der Vogelperspektive.

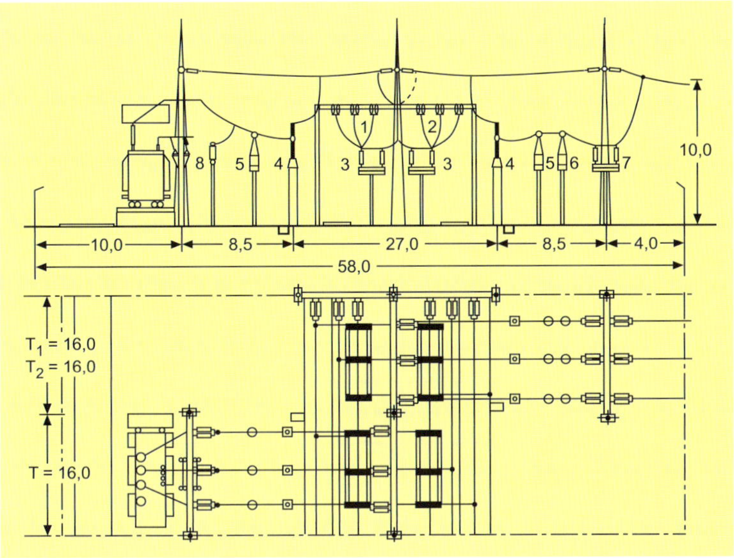

Bild 11.32. 245 kV-Freiluftschaltanlage mit Doppelsammelschienen (klassische Bauweise). 1 Drehstromsammelschiene I, 2 Drehstromsammelschienen II, 3 Sammelschienentrennschalter, 4 Leistungsschalter, 5 Stromwandler, 6 Spannungswandler, 7 Abgangstrennschalter, 8 Überspannungsableiter. Zahlenangaben in Metern (ABB).

Schalter, Trenner und Wandler sind auf *Gerätetischen* angeordnet (erste Ebene). In der darüber liegenden Ebene befinden sich die Sammelschienen und in der obersten die ankommenden und gegebenenfalls abgehenden Hochspannungsfreileitungen.

Bei mäßigen Nennströmen und Kurzschlußleistungen werden die Sammelschienen mit *Leiterseilen* realisiert, wie sie auch bei Hochspannungsfreileitungen Verwendung finden. Hohe Nennströme und Kurzschlußleistungen verlangen *Leiterseilbündel* oder *Rohrsammelschienen*. Beispielsweise sind die Freiluftschaltanlagen der 420 kV-Transportnetze meist mit Rohrsammelschienen ausgeführt.

Bild 11.33 zeigt schematisch die Komplexität einer 420 kV-Hochspannungsschaltanlage des deutschen Verbundnetzes mit 3 Sammelschienensystemen und Umgebungssammelschiene. Die Beherrschung der Stromkräfte im Kurzschlußfall sowie der seismischen Kräfte in erdbebengefährdeten Gebieten stellt bei diesen Anlagen mit ihren großen Abmessungen eine besondere Herausforderung dar.

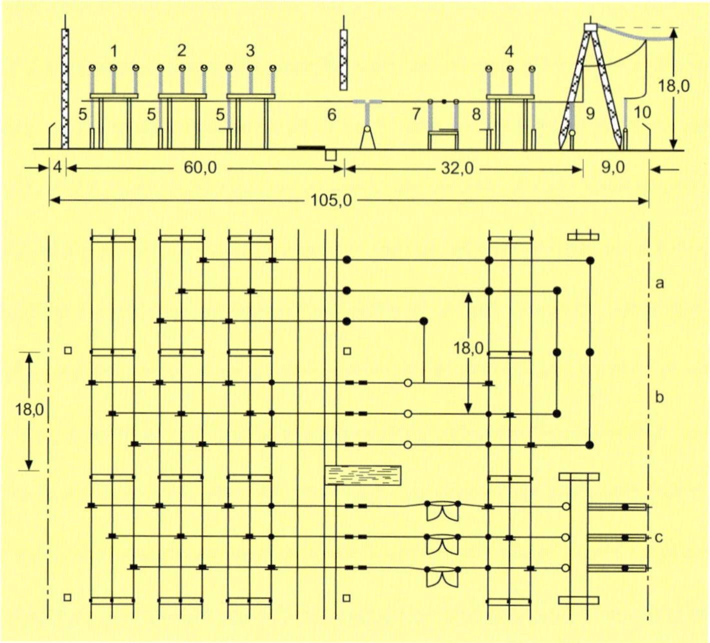

Bild 11.33. 420 kV-Hochspannungsschaltanlage im deutschen Verbundnetz. 1,2,3 Dreifachsammelschiene, 4 Umgehungssammelschiene, 5 Sammelschienentrennschalter, 6 Leistungsschalter, 7 Abgangstrennschalter, 8 Umgehungstrennschalter, 9 Stromwandler, 10 Spannungswandler. Zahlenangaben in Metern (ABB).

Die zahllosen Varianten von Hochspannungsschaltanlagen unterscheiden sich in ihrer Topologie, in der räumlichen Anordnung der Trennschalter (Reihe/Parallel), dem Integrationsgrad (beispielsweise fahrbare Leistungsschalter), dem Aufwand für die Abspannportale, dem geforderten Funktionsumfang bzw. den Betriebsweisen bei Störungen oder Revisionen etc. (s. 11.4.3). Der Vielfalt sind keine Grenzen gesetzt, jede Schaltanlage ist im Detail betrachtet ein Unikat.

11.4.2 Gekapselte Hochspannungsschaltanlagen für Innenraumaufstellung

Bei begrenztem Raum und/oder hohen Anforderungen an Verschmutzungs- und Klimaunempfindlichkeit werden Hochspannungsschaltanlagen *druckgasisoliert* bis 800 kV ausgeführt. Als Isoliergas dient SF_6 (*Schwefelhexafluorid*), das auf Grund seiner elektronegativen Eigenschaften bereits bei Atmosphärendruck eine etwa 3fach höhere dielektrische Festigkeit besitzt als Luft, Bild 11.34.

Bild 11.34. Gekapselte SF_6-isolierte 110 kV-Schaltanlage mit Doppelsammelschiene (ABB).

Bild 11.35 zeigt schematisch das Innenleben der oben abgebildeten SF_6-isolierten Hochspannungsschaltanlage.

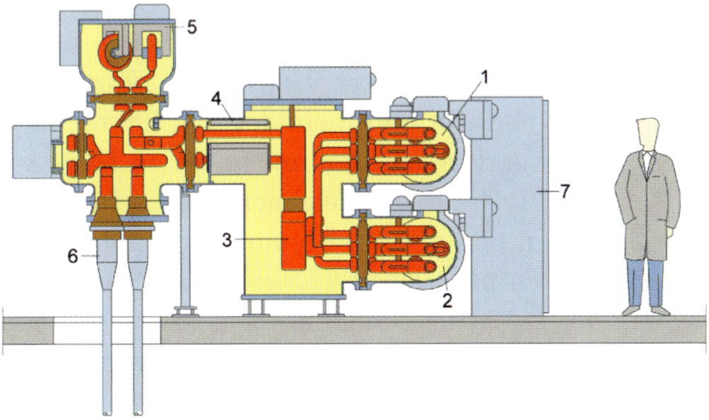

Bild 11.35. Querschnittszeichnung der in Bild 11.34 abgebildeten SF_6-isolierten Hochspannungsschaltanlage (ABB). 1,2 Doppelsammelschienen mit kombiniertem Trenn-/Erdungsschalter, 3 Leistungsschalter, 4 Stromwandler, 5 Spannungswandler, 6 Kabelabgang mit kombiniertem Trenn-/Erdungsschalter, 7 Steuerschrank (ABB).

SF_6-isolierte Schaltanlagen sind nach dem Baukastenprinzip aus modularen Komponenten aufgebaut, die beliebige Konfigurationen ermöglichen. Die Breite der Schaltfelder reicht je nach Spannung von 1 m bis etwa 5 m. Der Gasdruck liegt zwischen 300 kPa und 600 kPa bzw. 3 bis 6 bar. Marginale Leckraten erlauben bei anfänglich über dem Bemessungsdruck liegenden Gasdrücken eine Sammelschienenwartungsfreiheit von über 30 Jahren. Wie bei Mittelspannungsschaltanlagen sind die einzelnen Felder zur Begrenzung des Schadens bei Störlichtbögen geschottet. Bis zu Spannungen von etwa 170 kV kommen *dreiphasig* gekapselte Sammelschienen zum Einsatz. Anlagen für höhere Spannungen werden mit *einphasig* gekapselten Sammelschienen ausgeführt.

Wie bereits erwähnt, spricht man bei den einzelnen Feldern einer Schaltanlage generell von *Abzweigen*, unbeschadet der Tatsache, ob es sich um *Einspeisungen* oder *Abgänge* handelt. So kann auch bei gekapselten Anlagen eine Einspeisung oder ein Abgang über äußerlich gleich aussehende Feldanschlußflächen erfolgen. Die *Energieflußrichtung* zeigt einmal zur Sammelschiene hin, das andere Mal von der Sammelschiene weg. Es gibt spezielle *Kabel-* und *Freileitungsabgänge*, ferner im Gasraum angeordnete *Strom-* und *Spannungswandler* sowie *Trenn-* und *Erdungsschalterkomponenten*. Bei Doppelsammelschienen liegen vor dem Leistungsschalter zwei parallel abgehende Sammelschienentrenner zu je einer der beiden Sammelschienen. Das zentrale Element eines Feldes ist immer der *Leistungsschalter*.

Während bei klassischen Hochspannungsschaltanlagen die Bedienungs- bzw. Leittechnikfelder (Feldrechner, s. Kapitel 14) räumlich getrennt in einem Gebäude untergebracht sind, befindet sich bei modernen gekapselten Anlagen die Sekundärtechnik unmittelbar in bzw. an der Kapselung. Den Stand der Technik kennzeichnen gekapselte Schaltanlagen, in denen die klassischen Strom- und Spannungswandler durch lineare, eisenfreie *Stromsensoren* mit *Rogowskispulen* und *Spannungssensoren*, basierend auf der *Pockelszelle*, zum Einsatz kommen. Im Hinblick auf eine hohe elektromagnetische Verträglichkeit finden für die Informationsübertragung zunehmend Lichtleiter Verwendung.

Heute werden *gekapselte Hochspannungsschaltanlagen* auch in Freiluftausführung in *hochintegrierten Schaltanlagen* auf begrenztem Raum eingesetzt. Sie liegen preislich zwischen Freiluftschaltanlagen und gekapselten Anlagen in Innenräumen, Bild 11.36.

Bild 11.36. Gekapselte Schaltanlage für Freiluftaufstellung (Siemens).

In Bild 11.36 erfolgt die Einspeisung über zwei 110 kV-Kabel, die in einer H-Schaltung (s. 11.4.3) und über abgangsseitige SF_6/Freiluftdurchführungen zwei Verteiltransformatoren 110 kV/10 kV versorgen. Die H-Schaltung ist mit fünf Leistungsschaltern ausgerüstet, die sich in den waagerechten Mittelstücken befinden. In anderen Anwendungen können die Leistungsschaltermodule beidseitig wahlweise mit Abgängen für Freileitungs-, Kabel- oder SF_6-Rohrleiter ausgerüstet sein.

11.4.3 Topologie von Hochspannungsschaltanlagen

Die Topologie von Hochspannungsschaltanlagen baut auf den möglichen Topologien von Mittelspannungsschaltanlagen auf. Hochspannungsschaltanlagen verbinden Transportnetze unterschiedlicher Spannungsebenen über Netzkupplungstransformatoren oder speisen über

Transformatoren Übertragungsnetze für die regionale Energieverteilung. In Transportnetzen kommt zur reinen *Verteil-* und *Netzkupplungsfunktion* noch die *Durchleitungsfunktion* hinzu. Beispielsweise zeigt Bild 11.37 die grundsätzliche Topologie einer Schaltanlage mit Durchleitungsfunktion.

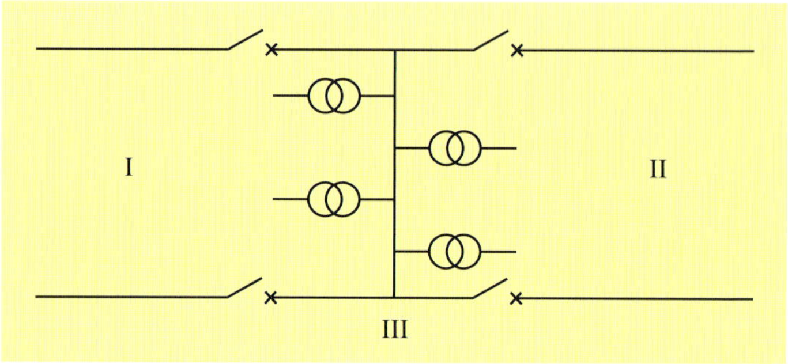

Bild 11.37. Grundsätzliche Topologie einer Hochspannungsschaltanlage mit Durchleitungsfunktion.

Die Schaltanlage besteht im wesentlichen aus zwei ankommenden und zwei abgehenden parallelen Drehstromfreileitungssystemen für 380 kV oder 220 kV und einer Sammelschiene für den Anschluß von Netzkupplungstransformatoren, beispielsweise 220 kV/380 kV, oder Transformatoren zur Versorgung von *Lastschwerpunkten* 220 kV/110 kV bzw. 380 kV/110 kV. Aufgrund der hohen Durchgangsleistungen werden sehr hohe Anforderungen an die Verfügbarkeit gestellt.

Hochspannungsschaltanlagen werden zur Wahrung des n-1 Prinzips (s. a. Kapitel 1) in der Praxis grundsätzlich als Mehrfachsammelschienenanlagen oder Leistungsschalteranlagen konzipiert, deren Leistungsschalter ohne Betriebsunterbrechung einzelner Abzweige gewartet werden können. Darüber hinaus wird generell eine hohe Flexibilität zur Beherrschung von Netzstörungen verlangt.

Allgemein unterscheidet man bei Hochspannungsschaltanlagen zwischen klassischen

- *Sammelschienenanlagen*,
- *Leistungsschalteranlagen* und
- *Kompaktanlagen.*

Bild 11.38 zeigt das Grundprinzip klassischer Sammelschienenanlagen mit Unterteilung in einzelne Abzweigfelder und Mehrfachsammelschienen.

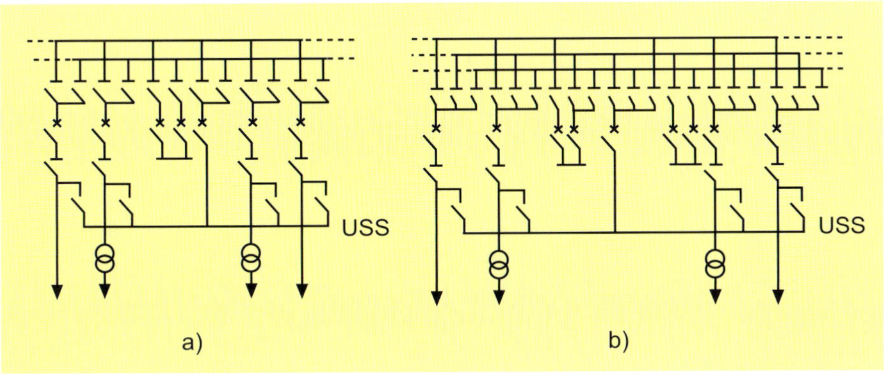

Bild 11.38. Topologien klassischer Sammelschienenschaltanlagen mit Mehrfach-Sammelschienen, zwei Einspeisefeldern, zwei Abgangsfeldern. a) 2-Sammelschienensystem mit Umgehungssammelschiene, b) 3-Sammelschienensystem mit Umgehungssammelschiene.

Jedem Abzweig ist *ein* Leistungsschalter zugeordnet. Die Trennschalter ermöglichen die Anwahl bestimmter Sammelschienen sowie die Freischaltung der Leistungsschalter und ihren Wandlern für Wartungszwecke. Während der Wartungsarbeiten wird der betroffene Abzweig über eine Kupplungssammelschiene USS weiter versorgt.

Hochspannungsschaltanlagen für sehr hohe Ansprüche an Versorgungssicherheit oder exzessiv hohe Kurzschlußleistungen können sogar vier oder fünf Sammelschienen aufweisen. Mehrfachsammelschienen erlauben ferner den Betrieb getrennter Netze, beispielsweise Stadt/Land/Region, und von Netzen mit unterschiedlicher Sternpunktbehandlung (s. a. Kapitel 10). Bei einem Sammelschienenkurzschluß kann nach kurzer Betriebsunterbrechung, das heißt nach Beendigung der Schaltvorgänge der Trenner, durch Umschalten auf ungestörte Sammelschienen die Versorgung wiederhergestellt werden.

Eine Wiederherstellung der Versorgung quasi in Echtzeit leistet die *2-Leistungsschaltertopologie* mit *zwei* Leistungsschaltern je Abgang, Bild 11.39.

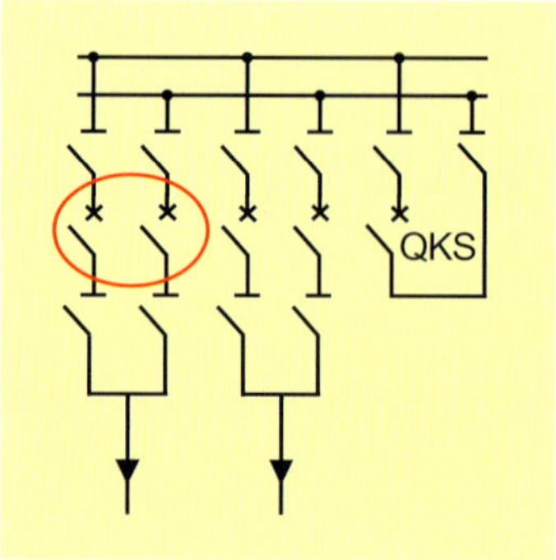

Bild 11.39. 2-Leistungsschaltertopologie. QKS: Sammelschienen-Querkuppelschalter. Die beiden gezeichneten Abzweige können Einspeisungen oder Abgänge sein.

Der Sammelschienen-Querkupplungsschalter QKS erlaubt auch beim Ausfall der Einspeisung einer Sammelschiene die Aufrechterhaltung der Versorgung aller Abgänge.

Neben den bisher vorgestellten klassischen *Sammelschienen*-Topologien gibt es noch sogenannte *Leistungsschalter*-Topologien. Leistungsschalteranlagen beherrschen Netzstörungen in Echtzeit, leisten mit anderen Worten auch im Störungsfall eine unterbrechungsfreie Stromversorgung, Bild 11.40.

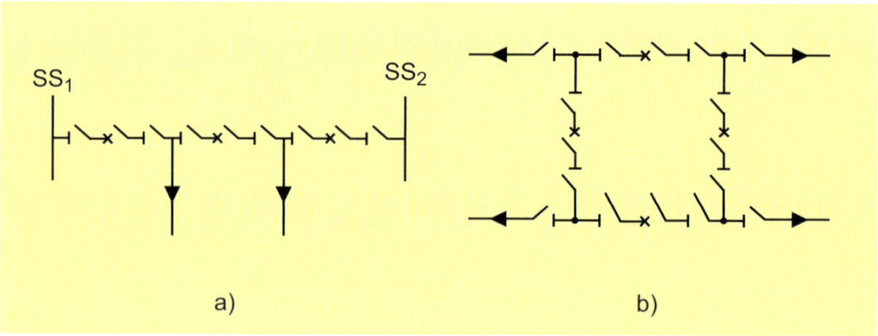

Bild 11.40. *Leistungsschalter-Topologien.* a) 1-1/2-Leistungsschalter-Topologie. Die beiden gezeichneten Abzweige sind die Einspeisungen. Die Abgänge gehen von der Sammelschiene SS_1 und SS_2 weg. b) Ringschaltung.

Die 1-1/2-Leistungsschaltermethode benötigt nur 1-1/2-Leistungsschalter je Abgang und besitzt dennoch optimale Flexibilität und Wartungsfreundlichkeit, Bild 11.40a. Im Normalbetrieb sind alle Leistungsschalter geschlossen. Bei einem Kurzschluß lassen sich alle Abgänge ohne Betriebsunterbrechung weiter versorgen. Die beiden Freileitungsabgänge lassen sich über den mittleren Leistungsschalter auch bei spannungsfreien Sammelschienen durchschalten. Wartungsarbeiten können an jedem Leistungsschalter, Wandler etc. ebenfalls ohne Betriebsunterbrechung durchgeführt werden.

Die Ringschaltung benötigt nur *einen* Leistungsschalter je Abzweig und erlaubt dennoch die Revision aller Leistungsschalter ohne Betriebsunterbrechung, Bild 11.40b. Sie eignet sich jedoch nur für eine geringe Zahl an Abzweigen und ist oft in Kraftwerkschaltanlagen anzutreffen.

Zur Veranschaulichung der technischen Realisierung obiger Schemata zeigt Bild 11.41 nochmals eine Hochspannungsschaltanlage eines Transportnetzes mit mehr Details.

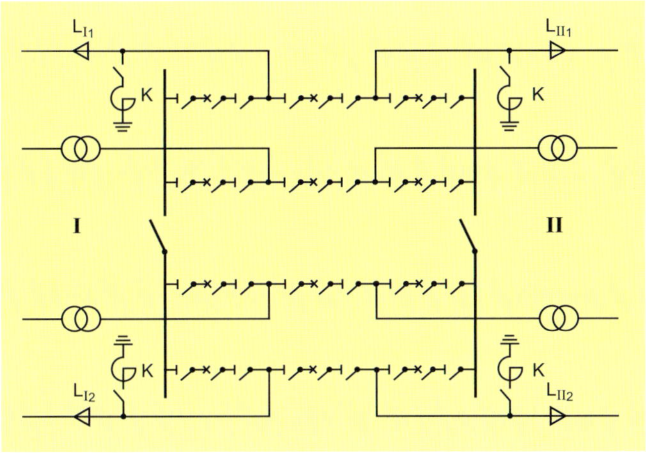

Bild 11.41. Hochspannungsschaltanlage eines Transportnetzes mit 1-1/2-Leistungsschalter-Topologie s. a. Bild 11.37. L_{I_1}, L_{I_2}: Doppelfreileitungssystem aus Richtung I, L_{II_1}, L_{II_2}: Doppelfreileitungssystem aus Richtung II. T_1, T_2, T_3, T_4: Transformatoren 380 kV/110 kV bzw. 220 kV/110 kV zur Versorgung eines Ballungsgebiets, K: Kompensationsdrosselspulen zur Leitungskompensation.

Schließlich gibt es für die Versorgung einzelner *Lastschwerpunkte* die in Bild 11.42 und Bild 11.43 dargestellten Topologien.

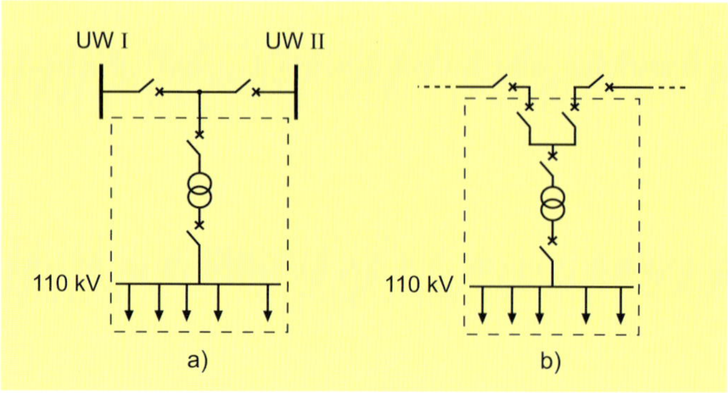

Bild 11.42. Schaltanlagentopologie für einfach gespeiste Lastschwerpunkte. a) Stichstation, b) Ringstation.

Eine höhere Versorgungszuverlässigkeit bieten zweifach gespeiste Lastschwerpunkte, Bild 11.43.

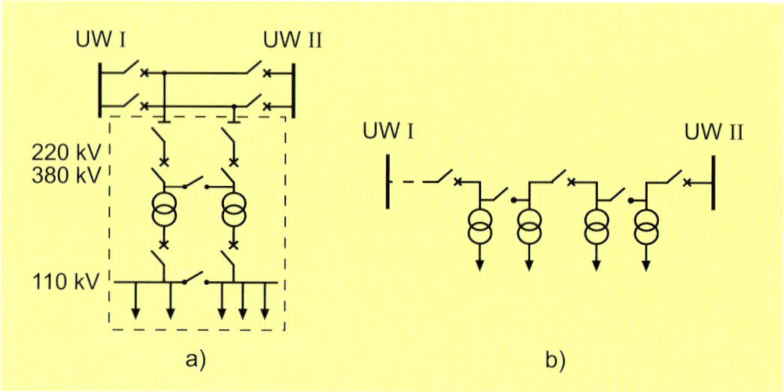

Bild 11.43. Schaltanlagentopologie für zweifach gespeiste Lastschwerpunkte. a) H-Schaltung, b) Ringeinspeisung mehrerer H-Schaltungen.

Bei geringen Anforderungen an die Dauer von Betriebsunterbrechungen können statt Leistungsschaltern auch Lastschalter zum Einsatz kommen.

Neben den oben vorgestellten schematischen Topologien richtet sich die räumliche und technische Gestaltung von Höchstspannungsschaltanlagen auch nach der Zahl der ankommenden bzw. abgehenden Leitungen und ihrer geographischen Lage (s. 11.4.1).

11.5 Umspannstationen

Wie bereits eingangs erläutert, bestehen *Umspannstationen* aus einer *oberspannungsseitigen Schaltanlage*, einer *unterspannungsseitigen Schaltanlage* und mindestens einem dazwischenliegenden *Transformator*, sogenannter *Umspanner*. Die am häufigsten vorkommenden Umspannstationen sind die *Ortsnetzstationen*, in denen die Mittelspannung von 10 kV oder 20 kV über *Verteiltransformatoren* auf die Niederspannung von 400 V abgespannt wird, um dann ganze Straßenzüge, Wohnblocks und Gewerbebetriebe zu versorgen (s. a. Kapitel 9).

In Ortsnetzstationen sind auf engstem Raum, begehbar oder auch nicht begehbar, eine *Mittelspannungsschaltanlage*, eine *Niederspannungsschaltanlage* und ein *Verteiltransformator* untergebracht, sogenannte *Kompaktstationen*. Mittelspannungs- und Niederspannungsschaltanlagen können diametral auf Vor- und Rückseite oder von einer Seite aus zugänglich angeordnet sein, Bild 11.44.

Bild 11.44. Ortsnetzstation mit (links) Niederspannungs- und (rechts) Mittelspannungsschaltanlage der sekundären Verteilung (Siemens).

Eine den Ortsnetzstationen in öffentlichen Netzen vergleichbare Aufgabe nehmen in der Industrie, in Großgebäudekomplexen oder in ausgedehnten Bordnetzen auf Schiffen sogenannte *Schwerpunktstationen* wahr (s. a. 9.3.1 und 9.3.2). Sie befinden sich in den Lastzentren und werden über Stich- oder Ringleitungen versorgt. Sinngemäß bestehen auch sie aus Mittelspannungsschaltanlage, Transformator und Niederspannungsschaltanlage, Bild 11.45.

Bild 11.45. Netzstation in der Industrie, sogenannte *Transformator-Schwerpunktstation*, vgl. Kapitel 9 (Siemens).

Häufig wird auf der Mittelspannungsseite von Transformator-Schwerpunktstationen auf Schaltgeräte verzichtet und das Einspeisekabel direkt an den Verteiltransformator angeschlossen. Eine eventuell notwendige Freischaltung im Kurzschlußfall erfolgt dann mittels des *Sicherungslasttrennschalters* am Kabelanfang bzw. an den Abgängen einer vorgelagerten zentralen *Lastschalteranlage* der sekundären Verteilung oder *Leistungsschalteranlage* der primären Verteilung (s. 11.3.2). Für diese Fälle wird am Eingang der Station aus Sicherheitsgründen ein *einschaltfester* Arbeitserder vorgesehen. Schließlich unterscheiden sich Industriekompaktstationen von Ortsnetzstationen in der erheblich höheren Transformatorleistung, integrierten Einrichtungen zur Schwerpunkt-Blindleistungskompensation und durch einen Leistungsschalter auf der Niederspannungsseite.

Eine besondere Ausprägung von Umspannstationen sind die sogenannten *Übergabestationen* (s. a. 11.2.3). Sie werden bei *Sonderabnehmern* bzw. *Sondervertragskunden* als Schnittstelle zum öffentlichen Netz eingesetzt, beispielsweise in der Automobilproduktion, Chemischen Industrie, in Hochhäusern, Müllverbrennungsanlagen, Kraftwerken, Flughäfen oder Kliniken. Sie können Eigentum des Sonderabnehmers oder des lokalen/regionalen Versorgungsnetzbetreibers sein. Übergabestationen bestehen im wesentlichen aus einer Mittelspannungsschaltanlage mit Lasttrennschaltern auf der Einspeiseseite und Sicherungslasttrennschaltern in den Abgangsfeldern sowie einem oder mehreren Transformatoren. Ferner zusätzlichen Kabelabgängen, falls der Abnehmer in seinen Lastschwerpunkten nachgeschaltete Mittelspannungsanlagen der sekundären Verteilung betreibt, sogenannte *Unterstationen.* Abhängig von der zu versorgenden Last erfolgt die Einspeisung aus einem 10 kV- oder 20 kV-Mittelspannungsnetz, bei hoher Lastdichte auch aus dem 110 kV-Netz. Übergabestationen besitzen in der Regel zwei Einspeisefelder auf der Mittelspannungsseite, ein oder mehrere Abgangsfelder sowie ein nieder- oder mittelspannungsseitiges *Meßfeld* mit einem Stromzähler für Abrechnungszwecke. Bild 11.46 zeigt zwei einfache Grundschaltungen von Übergabestationen.

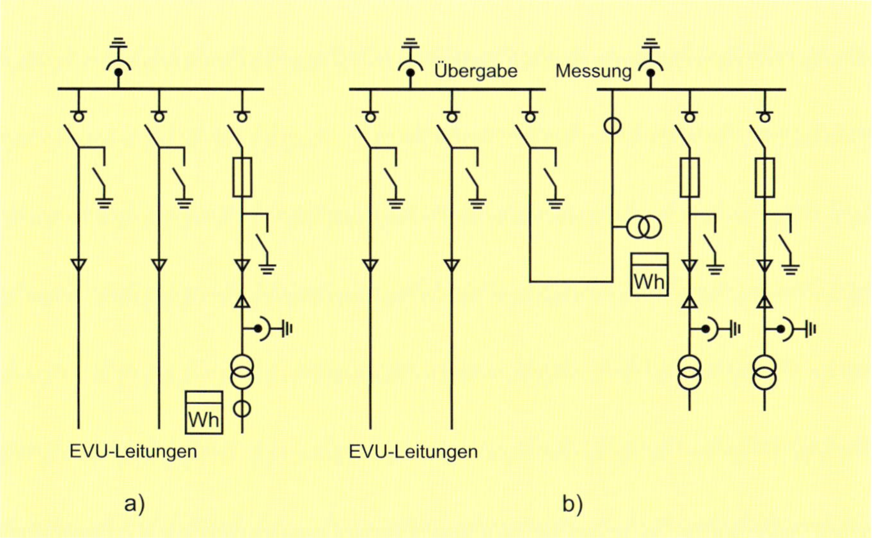

Bild 11.46. Grundschaltungen für Übergabestationen. a) *Niederspannungsseitige* Messung des Stromverbrauchs bei nur einem Transformatorabgang, b) *mittelspannungsseitige* Messung des Stromverbrauchs bei mehreren Abgängen (VDEW).

Planung und Ausführung von Übergabestationen erfolgen in gegenseitiger Abstimmung zwischen dem Energieversorgungsunternehmen und dem Sondervertragskunden. Neben der reinen topologischen Anordnung müssen Fragen über Netzrückwirkungen, *Leistungsschalter* oder *Lastschalter mit Sicherungen*, Anschlußmöglichkeiten für *Kabelfehlerortungsgeräte*, *Kurzschlußanzeiger*, *Spannungsanzeiger*, etc. geklärt werden. Die *Meßeinrichtungen* werden immer vom Elektrizitätsversorgungsunternehmen gestellt und sind, wie bei den Niederspannungsschaltanlagen im Installationsbereich, *plombiert*.

Umspannstationen zwischen *Transport-* und *Übertragungsnetzen* sowie zwischen *Übertragungs-* und *Mittelspannungsnetzen* bestehen ebenfalls grundsätzlich aus einer ober- und unterspannungsseitigen Schaltanlage und zwischengeschalteten Transformatoren. Große Umspannstationen mit zahlreichen Abzweigen, Transformatoren und mehreren Spannungsebenen werden als *Umspannwerke* bezeichnet. In großen Umspannwerken können bis zu fünf Spannungsebenen vorhanden sein.

11.6 Sicherheitstechnische, mechanische, thermische, informationstechnische und andere Anforderungen an Schaltanlagen

Schaltanlagen sind grundsätzlich so zu gestalten, daß eine *gefahrlose Bedienung* gewährleistet ist. *Personensicherheit* hat absoluten Vorrang. Durch geeignete Abstände, Kapselung, Abschottung und Abdeckung ist das Annähern an Hochspannung führende Teile (*Berührsicherheit*) sowie eine Exposition gegenüber *Störlichtbögen* zu verhindern. Bei Wartungs- und Instandsetzungsarbeiten ist durch *Trennung* und *Erdung* sicherzustellen, daß eine Gefährdung des Personals ausgeschlossen ist. Die Erfüllung dieser Anforderungen beinhaltet eine Vielzahl konstruktiver Maßnahmen, insbesondere bezüglich des Schutzes gegen Störlichtbögen. Um deren Ursachen weitgehend auszuschließen, müssen Schaltanlagen zahllosen Anforderungen hinsichtlich *Temperatur*, *Luftdruck-* und *Luftfeuchte*, *Tauwasserbildung*, *Korrosion*, *Staubbelastung* bis hin zum *Termitenbefall* (Export) genügen. Falls es tatsächlich infolge Isolationsversagens zu einem Störlichtbogen kommt, entsteht im Schaltanlagen-Innenraum eine explosionsartige Drucksteigerung und extreme Hitzeentwicklung. Daher müssen Schaltanlagenwände vielfältige konstruktive mechanische Bedingungen erfüllen und mit *Druckentlastungsklappen* bzw. *-kanälen* versehen sein. Gekapselte Schaltanlagen sind mit *Berstscheiben* ausgerüstet.

Weitere Anforderungen sind *Wartungsfreundlichkeit*, geringer *Platzbedarf*, *Langzeitintegrität von Kontaktverbindungen*, Begrenzung der *Erwärmung* stromführender Teile etc. Gekapselte Schaltanlagen sind praktisch wartungsfrei.

Der während eines Isolationsversagens fließende Kurzschlußstrom führt ferner zu starken magnetischen Kräften zwischen Leitern, die durch eine ausreichende *mechanische Festigkeit* der Konstruktion beherrscht werden müssen. Die verwendeten Schaltgeräte müssen für auftretende Bemessungsströme und die am Eingangsort verbundene Kurzschlußleistung ausgelegt sein. Aufwendige mechanische und elektrische (logische) Verriegelungen vermeiden Fehlbedienungen.

Freiluftschaltanlagen für Transportnetze sind nicht mehr für Blitzstoßspannungen sondern für Schaltstoßspannungen auszulegen. Ferner machen Freiluftschaltanlagen ein weitflächiges Erdungsnetz, aufwendige Blitzschutzeinrichtungen, mechanische Festigkeitsberechnungen etc. erforderlich.

In modernen Schaltanlagen werden im Rahmen der Zustandsüberwachung (engl.: *condition monitoring*) über die klassischen Meßwerte für Ströme und Spannungen hinaus zahlreiche zusätzliche Meßgrößen erfaßt, dokumentiert und visualisiert. Typische Beispiele sind der Gasdruck in gekapselten SF_6- und luftisolierten Schaltanlagen, Schalthäufigkeit mechanisch bewegter Teile in Schaltern, akustische Emmissionen, Teilentladungsmessungen, permanente Zustandserfassung von Transformator-Isolierölen usw. Die Aufzeichnung von Trendkurven und deren Auswertung geben wichtige Hinweise für eine wirtschaftlich optimale, *zustandsorientierte Instandhaltung* (s. a. 19.7).

Eine äußerst wichtige Thematik, die heute als integraler Bestandteil der Schaltanlagentechnik behandelt wird, ist die *Schutztechnik*. Sie erkennt frühzeitig das Auftreten von Kurzschlußströmen, Überspannungen, Unterspannungen etc. und begrenzt durch intelligentes Freischalten den Schaden auf die eigentliche Fehlerstelle. Wegen ihrer großen Bedeutung ist ihr ein eigenes Kapitel gewidmet (s. Kapitel 12).

Moderne Schaltgeräte und Schaltanlagen besitzen hohe lokale Intelligenz und umfassende Kommunikationsfähigkeit über Bussysteme. Sie erlauben eine *zentrale Programmierung*, *Bedienung*, *Beobachtung*, *Fehlerdiagnose*, *Zustandsüberwachung*, *Informationen über Störungen*, *allfällige Wartungsintervalle* etc. Alle Informationen einer Schaltanlage können heute über SMS auf Mobiltelefone der Bedien- und Wartungsmannschaften übertragen werden.

Schließlich müssen Schaltanlagen und ihre Komponenten unterschiedlichsten *nationalen* und *internationalen Normen* genügen. Die hohe Komplexität von Schaltanlagen insbesondere in Verbindung mit dem Netz- und Betriebsmittelschutz haben die Schaltanlagentechnik innerhalb der elektrischen Energietechnik zu einer eigenständigen Disziplin werden lassen.

Vertiefendes Schrifttum zu Kapitel 11

1. ABB: Schaltanlagen. 10. Auflage, Cornelsen Verlag, Düsseldorf, 2001.
2. Brand, K. P. et al.: Substation Automation Handbook. 1. Auflage, Consulting Lohmann, Brenngarten Switzerland, 2003.
3. Seip, G.: Elektrische Installationstechnik. 4. Auflage, Wiley-VCH Verlag, 2000.
4. Fleck, H.: Mittelspannungsschaltanlagen. 1. Auflage, Verlag Technik, Berlin, 1992.
5. Schlabbach, J.: Betriebsmittel und Auswirkungen der elektrischen Energietechnik. 1. Auflage, VDE-Verlag, 1994.
6. Fehling, H.: Elektrische Starkstromanlagen. X. Auflage, VDE-Verlag, 1984.
7. Böhme, H.: Mittelspannungstechnik. 1. Auflage, Verlag Technik, Berlin, 1992.
8. VDEW: Technische Richtlinie Transformatorenstationen am Mittelspannungsnetz. VDEW-Verlag, Frankfurt a. M., 1998.
9. VDEW: Gasisolierte metallgekapselte Leistungsschalteranlagen bis 36 kV. VDEW-Verlag, Frankfurt a. M., 2004.

12. Netzschutz

Netzschutz gliedert sich in den *Überspannungsschutz* und die sogenannte *Schutztechnik*. Der Überspannungsschutz verhindert das *Isolationsversagen* von Betriebsmitteln infolge von *Überspannungsbeanspruchungen*. Er wird bereits bei der Planung von Netzen im Rahmen der *Isolationskoordination* durch Einbau von *Überspannungsableitern* realisiert. Der Überspannungsschutz zählt zur sogenannten *Primärtechnik*, bedarf keiner späteren Anpassung und soll deshalb hier nicht näher betrachtet werden.

Die *Schutztechnik* dient dem Schutz von Betriebsmitteln und Verbrauchern vor Überströmen und anderen äquivalenten Beanspruchungen durch Erkennen anormaler Betriebszustände und Veranlassen geeigneter Korrekturmaßnahmen. Kritische Zustände mit bedrohlichem Potential für zerstörende Wirkungen, beispielsweise zeitweise *Überlastungen*, führen lediglich zu Meldungen bzw. Warnungen an die Warte bzw. das Betriebspersonal (*Prävention*). Auf *Kurzschlüsse* dagegen reagiert die Schutztechnik in Verbindung mit Sicherungen oder Leistungsschaltern mit *schnellstmöglichem* Heraustrennen der betroffenen Schutzobjekte aus dem Netz. Insbesondere bei Transformatoren, Generatoren, großen Motoren sowie zur Wahrung der Stabilität von Transport- und Übertragungsnetzen (s. Kapitel 18) sind kürzeste *Fehlerklärungszeiten* essentiell. Das Ansprechen des Schutzes hat mit möglichst hoher *Selektivität* zu erfolgen, damit die Versorgung nicht betroffener Netznutzer aufrechterhalten bleibt.

Der Schutzvorgang läuft im Fehlerfall ohne das Zutun von Personen *vollautomatisch* ab. Die Schutztechnik ist daher, ähnlich wie die Kraftwerk- und Netzleittechnik, eine besondere Ausprägung der Automatisierungstechnik.

12.1 Schutztechnik-Grundlagen

Man unterscheidet vorrangig den Schutz gegen *Überströme*, das heißt *Überlastströme* und *Kurzschlußströme*, sowie gegen *Erdschlußströme*.

- *Überlastströme* fließen beispielsweise beim Anschluß mehrerer Verbraucher an eine Leitung unzureichenden Querschnitts, bei der Überlastung von Transformatoren oder mechanisch überlasteten Motoren oder beim Überschreiten der Transportkapazitäten von Freileitungen und Kabeln (s. 15.1). Hier setzt der Schutz anfänglich nur eine Meldung ab oder veranlaßt nach Überschreiten einer bestimmten Beanspruchungsdauer ein Freischalten des betroffenen Objekts durch *Sicherungen* oder Schalter mit *thermischem Auslöseverhalten.*

- *Kurzschlußströme* entstehen infolge überspannungs-, alterungs- oder verschmutzungsbedingten Isolationsversagens von Leitungen, Maschinen, Wandlern etc. (s. a. Kapitel 17). Hier wird der Schutz sofort angeregt und löst nach seiner *Eigenzeit* bzw. *Schnellzeit* oder auch nach einer definierten Zeitverzögerung einen ihm zugeordneten Leistungsschalter aus.

- *Erdschlußströme* entstehen bei einem Isolationsversagen zwischen Außenleitern und Erde in *isoliert betriebenen Netzen.* Sie sind zwar keine Überströme, ihre *thermischen* und *potentialverlagernden* Wirkungen können aber durch *Doppelerdschluß* zu Kurzschlußströmen führen (s. Kapitel 10 und 17). Bis zum etwaigen Eintreten letzteren Ereignisses erfolgt zunächst nur eine Meldung (s. 12.3.4).

Daneben gibt es auch noch Schutzeinrichtungen für *Schieflast*, *Leistungspendelungen*, *Unterspannung*, *Unterfrequenz*, *Erwärmung*, *Strömungsstillstand* von Fluiden etc. Im Kontext liegt der Schwerpunkt auf Überlast- und Kurzschlußströmen.

Schutzgeräte und *Schutzeinrichtungen* überwachen und messen Ströme, aber auch andere physikalische Größen wie *Spannungen*, *Impedanzen*, *symmetrische Komponenten*, *Leistungsflußrichtung*, *Temperaturen* etc. Alle diese Größen werden oberbegrifflich als *Schutzkriterien* bezeichnet. Überschreiten oder unterschreiten Schutzkriterien einstellbare Grenzwerte, sogenannte *Schutzanregung*, trennen die Schutzeinrichtungen automatisch fehlerbehaftete Teile selektiv aus dem Netz heraus.

In *Niederspannungsnetzen* erkennen die Leistungsschalter dank ihrer *integrierten* Überstromerfassungseinrichtungen Überströme selbsttätig und sprechen im Bedarfsfall automatisch an. Als Überstromsensoren dienen vom Betriebsstrom durchflossene *Bimetall-* und *Magnet-Auslöser*, sogenannte *Primärauslöser*. Typische Beispiele sind die bekannten *Leitungsschutzschalter* im Installationsbereich (s. a. 11.1.3).

Ferner erkennen auch *Schmelzsicherungen* dank ihres physikalischen Wirkungsprinzips Überströme selbsttätig und schalten bei Erreichen der Schmelztemperatur autonom ab. Sie kommen in Nieder- und Mittelspannungsnetzen zum Einsatz. In letzteren allerdings ausschließlich zur Begrenzung von Kurzschlußströmen, da das Ansprechverhalten von Sicherungen wegen ihres unbekannten Erwärmungszustands infolge unterschiedlicher Vorbelastungen durch Betriebsströme nur unscharf definiert ist (s. a. 11.1.1).

In *Hochspannungs-* und *Mittelspannungsnetzen* ist die Verwendung von Primärauslösern aufgrund der höheren Spannungen im allgemeinen nicht mehr möglich. Die Überwachung und Messung von Strömen, Spannungen und Impedanzen erfolgt dann mittels zwischengeschalteter *Strom-* und *Spannungswandler* (engl.: *instrument transformers*). Sie stellen sogenannten *Sekundärrelais* bzw. *Schutzrelais* den Prozeßgrößen proportionale, leistungsstarke *Signale* auf Niederspannungsniveau zur Verfügung, sogenannte *Sekundärtechnik*. Die Sekundärrelais generieren bei Anregung *Aus-Befehle* an die Leistungsschalter.

Die *Grobanpassung* der Sekundärrelais an die zu erwartenden Überströme erfolgt durch Wahl geeigneter Übersetzungsverhältnisse der Wandler. Eine *Feinanpassung* erreicht man durch die Parametrierung der *Auslösekennlinie* der Schutzgeräte. Strom- und Spannungswandler werden in dieser Einführung als ideale, lineare Anpassungsglieder betrachtet und nicht mehr explizit erörtert. Es soll aber nicht verschwiegen werden, daß die *nichtlinearen* Sättigungseigenschaften von Wandlern, ihre *Sprungantwort* bei *Ausgleichsvorgängen* und ihre *Bebürdung* im fachspezifischen Schrifttum ausführlich gewürdigt werden.

Schutzeinrichtungen müssen folgenden Anforderungen genügen:

– *Sicherheit*

  Eine Netzschutzeinrichtung muß in der Lage sein, Fehler sicher zu erkennen und das Abschalten zuverlässig zu gewährleisten. Zur Gewährleistung der Sicherheit wird der Schutz eines Netzes immer *funktionsredundant* ausgeführt. Das bedeutet, daß beim Ausfall eines Schutzgeräts die Schutzfunktion durch vorgelagerte Schaltgeräte bzw. parallel arbeitende Fehlererfassungseinrichtungen übernommen wird. Entsprechend unterscheidet man zwischen *Hauptschutz* und *Reserveschutz* (s. a. Bild 12.1 und 12.3.2).

– *Vermeidung von Über- und Unteransprechen*

Der Schutz soll weder kurzzeitig erhöhte Betriebsströme, wie sie etwa beim Einschalten von Transformatoren und Motoren auftreten, fälschlicherweise abschalten (*Überansprechen*), noch sollen Kurzschlüsse unerkannt bleiben (*Unteransprechen*). Der Schutz bedarf daher einer genauen Anpassung seiner Auslösecharakteristik an die aktuelle Netzkonfiguration, die regelmäßig zu überprüfen ist. Die zur treffenden Einstellung des Schutzes erforderliche Kenntnis maximaler und minimaler Kurzschlußströme wird durch eine vorherige Kurzschlußstromberechnung erlangt (s. Kapitel 17).

– *Schnelligkeit*

Der Hauptschutz muß bei Kurzschlußströmen in kürzest möglicher Zeit wirken, um mechanische und thermische Schäden am Schutzobjekt auf ein Minimum zu begrenzen. Dabei kommt es auf möglichst kurze *Fehlerklärungszeiten* an. Die *totale* Fehlerklärungszeit setzt sich aus den Zeitdauern für die *Detektion* eines Fehlers, die Generierung eines *Auslösebefehls* an das Schaltorgan und der Dauer des eigentlichen *Schaltvorgangs* des Leistungsschalters inklusive *Lichtbogenlöschdauer* zusammen. Ihr *Minimalwert* liegt unter 100 ms, ihr *Maximalwert* kann im Rahmen des Reserveschutzes durch verzögerte Generierung des Auslösebefehls auch in der Größenordnung mehrerer Sekunden liegen. Optimal sind strombegrenzende Schaltgeräte, die eine Stromkreisunterbrechung bewirken, bevor der Stoßkurzschlußstrom seinen Maximalwert erreicht.

– *Selektivität*

Die Schutzeinrichtung soll nur die fehlerbehaftete Komponente des Netzes heraustrennen. Diese Selektivität wird durch geeignetes Anpassen des Auslöseverhaltens in Reihe liegender Schutzorgane erreicht, sogenannte *Schutzkoordination*.

Zur Veranschaulichung des Begriffs *Selektivität* zeigt Bild 12.1 ein Niederspannungs-Strahlennetz mit einem Kurzschluß an einem Verbraucher V.

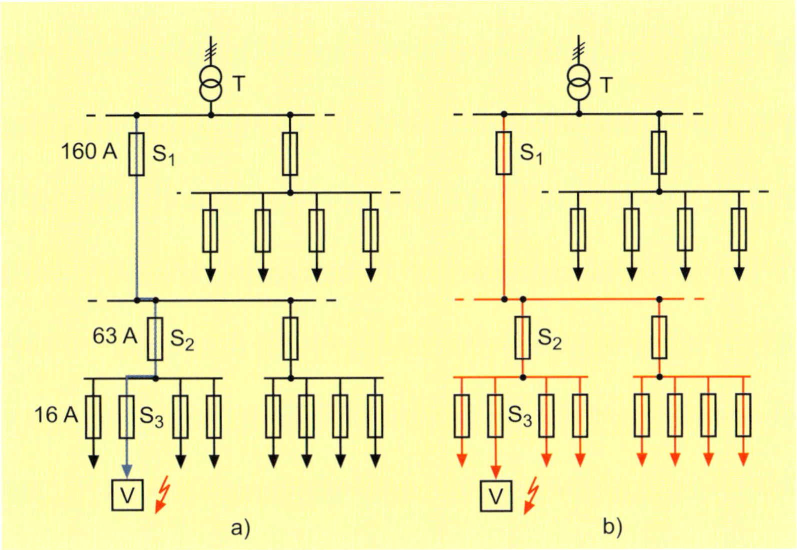

Bild 12.1. Veranschaulichung des Begriffs *Selektivität* am Beispiel eines Niederspannungs-Strahlennetzes. a) Kurzschlußstrombahn des fehlerhaften Verbrauchers V, Kurzschlußstrombahn (blau), b) vom Kurzschluß betroffene Verbraucherstromkreise (rot). Der Einfachheit halber sind als Schutzorgane lediglich Sicherungen vorgesehen.

Der Kurzschlußstrom fließt in den Leitungen zwischen dem *Verbraucher* V und der *Einspeisung* T durch *mehrere* Sicherungen, die sich durch gestaffelte *Nennbetriebsströme* unterscheiden, Bild 12.1a.

Dank der Staffelung 16 A/63 A/160 A wird die dem Verbraucher am nächsten liegende Sicherung S_3 zuerst ansprechen und die Kurzschlußstrombahn unterbrechen. Alle dem defekten Verbraucher vorgelagerten Verbraucher und Unterverteiler werden dann weiter versorgt. Würde bei nicht vorhandener Stromstaffelung die Sicherung S_1 ansprechen, wären alle rot gekennzeichneten Verbraucher von der Störung betroffen, Bild 12.1b.

Die *Schutzzone* der Sicherung S_3 beinhaltet nur den Verbraucher V. Die Schutzzone von S_2 umfaßt den Verbraucher V und die gesamte

Unterverteilung. Die Schutzzone von S_1 erstreckt sich schließlich über alle in Bild 12.1b rot eingezeichneten Betriebsmittel und Verbraucher. Je größer die Schutzzone, desto geringer die Selektivität. Die Sicherung S_2 stellt für S_3 einen *Reserveschutz* bzw. *Backup-Schutz* dar, S_1 einen *Reserveschutz* für S_2 und S_3.

In Niederspannungsnetzen sind gewöhnlich nicht nur mehrere *Sicherungen* sondern auch *Leistungsschalter* mit in Richtung Einspeisung zunehmenden Nennströmen in Reihe geschaltet, sogenannte *Schaltgerätekombinationen*, Bild 12.2.

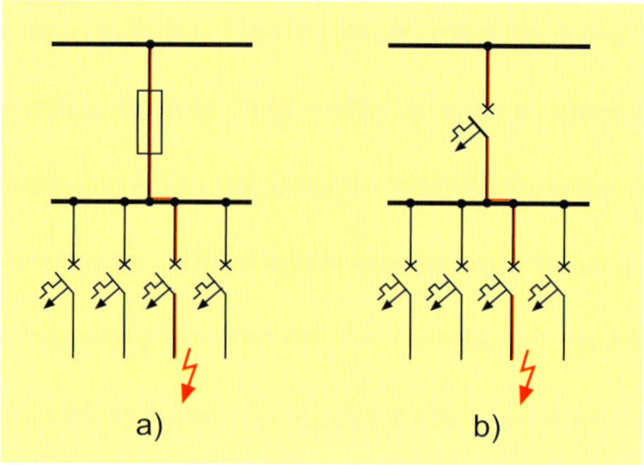

Bild 12.2. Typische Schaltgerätekombinationen. a) Sicherung dem Leistungsschalter vorgelagert, b) kaskadierte Leistungsschalter.

Es sind unter anderem zwei typische Anwendungsfälle zu unterscheiden.

Sicherung dem Leistungsschalter vorgelagert:

Ist der zu erwartende Kurzschlußstrom größer als das *Ausschaltvermögen* eines Leistungsschalters muß dem Leistungsschalter eine Sicherung vorgeschaltet werden, Bild 12.2a.

Ein bekanntes Beispiel ist die *Panzersicherung* im Hausanschlußkasten, sogenannte *Hausanschlußsicherung*, mit zahlreichen nachgeschalteten *Leitungsschutzschaltern* in den Wohnungsunterverteilungen. *Kleine* und *mittlere Kurzschlußströme* schalten die Leitungsschutzschalter selektiv ab. Hohe Kurzschlußströme eines metallischen Kurzschlusses werden von der Sicherung *strombegrenzend* abgeschaltet, um die Zerstörung der Leistungsschalter zu verhindern (Selektivitätseinbuße). Damit die Sicherung sicher zuerst abschaltet, muß ihr *Grenzlastintegral* unter dem äquivalenten Grenzlastintegral der nachgeordneten Leitungsschutzschalter liegen.

Kaskadierte Leistungsschalter:

Bei hohen Kurzschlußströmen sprechen die Schnellauslöser in Reihe liegender Schalter praktisch gleichzeitig an. Um auch dann noch Selektivität zu gewährleisten, werden die Schnellauslöser vorgelagerter Schalter definiert *kurzzeitverzögert*. Bei nachgeschalteten Sicherungen mit hohen Nennströmen muß der Leistungsschalter ebenfalls eine *Kurzzeitverzögerung* ermöglichen (s. 11.1.3).

Kaskadierte Leistungsschalter sind so auszuwählen, daß der Zeitabstand zwischen ihren Auslösekennlinien, sogenannte *Staffelzeit*, mit Sicherheit nur den der Fehlerstelle am nächsten liegenden Schalter ansprechen läßt. Die an einem Leistungsschalter einzustellende *Verzögerungszeit* muß also gleich der Summe aller in Richtung Verbraucher vorgelagerten Staffelzeiten sein. Für Niederspannungsleistungsschalter betragen die Staffelzeiten ca. 100 ms (s. a. 12.5).

12.2 Schutzgerätetechnik

Die beiden im vorigen Abschnitt erwähnten Beispiele zeigen, daß bereits in Niederspannungsstrahlennetzen Selektivität nicht trivial ist. Insbesondere sind Sicherungen und mit Bimetallauslösern ausgerüstete Leistungsschalter nur bedingt zur *Überlasterfassung* geeignet, da ihr Ansprechverhalten stark von der Vorbelastung bzw. der durch sie hervorgerufenen Erwärmungszustände abhängt (s. a. 11.1.1). Um die thermischen Reserven der Betriebsmittel voll ausschöpfen zu können, ist eine *Erfassung* und *Speicherung* der Vorbelastung unabdingbar. Aus diesem Grund, und auch um in vermaschten Netzen eine hohe Selektivität zu erzielen, kommen heute in Mittel- und Hochspannungsnetzen intelligente *Sekundärrelais* zum Einsatz, die *rechnen* und *speichern* können, und neben einer *Stromstaffelung* auch eine *Zeitstaffelung* bzw. *Zeitverzögerung* erlauben (s. a. 12.5). Diese Sekundärrelais sind klassisch über *Strom-* und *Spannungswandler* mit den zu schützenden Abzweigen einer Schaltanlage verbunden. Zunehmend kommen in der digitalen Schutztechnik statt aufwendiger klassischer Strom- und Spannungswandler auch kompakte, leistungsarme *Sensoren* in Form *kapazitiver* und *ohmscher Spannungsteiler* oder *Rogowskispulen* etc. zum Einsatz. Sie stellen die gleiche Information auf *Signalniveau* zur Verfügung, Bild 12.3.

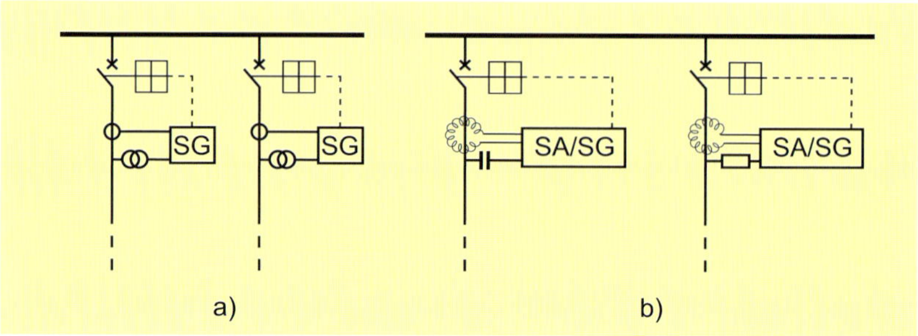

Bild 12.3. Ankopplung von Schutzgeräten in den Abzweigen einer Sammelschiene über a) klassische Strom- und Spannungswandler, b) Sensoren: Links kapazitiver, rechts ohmscher Spannungsteiler mit Rogowskispule. SA: Signalaufbereitung, SG: Schutzgerät.

Ursprünglich beruhten klassische Schutzrelais, sogenannte *Primärrelais*, auf einer aufwendigen *elektro-* bzw. *magneto-mechanischen* Auslösemechanik in Form elektromechanischer Analogrechner mit beweg-ten Teilen, die einen hohen Wartungsaufwand erforderten. Die *Eigenzeiten* bzw. minimalen *Kommandozeiten* lagen zwischen 50 ms und 100 ms. Die Nachfolgegeneration bediente sich *elektronischer* Relais, war an einen konkreten Hardwareaufbau gebunden und erforderte je nach Schutzprinzip unterschiedliche Relaisbauarten. Die Eigenzeiten lagen deutlich niedriger im Millisekundenbereich. Das Fehlen beweglicher Teile führte zum Begriff *statischer Schutz*.

Die Mikroprozessortechnik ermöglichte flexibel einsetzbare *digitale Schutzrelais* (engl.: *numerical relays*) mit nur wenigen Varianten. Sie sind ähnlich wie speicherprogrammierbare Steuerungen aufgebaut, das heißt sie bestehen aus einem Netzteil, einem Mikro-Prozessor, Speicher und einer oder mehreren I/O-Baugruppen (s. a. Kapitel 5, Kapitel 14 und Bild 5.5). Die spezifische Schutzfunktion wird als *Software* realisiert. Es können mehrere Schutzprinzipien mit ein- und demselben Gerät realisiert bzw. auch in einem Gerät kombiniert werden. Die vorhandenen Strom- und Spannungswandlerklemmen sowie die Steuerkontakte der zugehörigen Leistungsschalter lassen sich bei Nachrüstungen kompatibel mit den digitalen Schutzrelais verbinden.

Während Primärauslöser die zur Auslösung benötigte mechanische Energie direkt aus den *Überströmen* beziehen und Primärrelais, das heißt elektromagnetische mechanische Relais, ihre Energie zur Signalverarbeitung und Auslösung des Leistungsschalters über *Wandlerströme* erhalten, benötigen die elektronisch und digital wirkenden Sekundärrelais zusätzlich eine *Hilfsenergiequelle*.

Schutzgeräte besitzen immer eine *Meßeinheit* und verwenden die gleichen Kontakte wie die *Netzleittechnik* (s. Kapitel 14). Es bietet sich deshalb an, die Teilfunktionen *Schutz* und *Leiten* in einem *Feldleit-* und *Schutzgerät* mit *Kommunikationsfähigkeit* zu kombinieren. Das Schutzgerät erhält eine Datenschnittstelle, mit der Prozess- und Schutzdaten an andere Schutzgeräte und die Leittechnik übermittelt werden können sowie eine *Bedieneinheit* für die Vor-Ort-Bedienung, Bild 12.4.

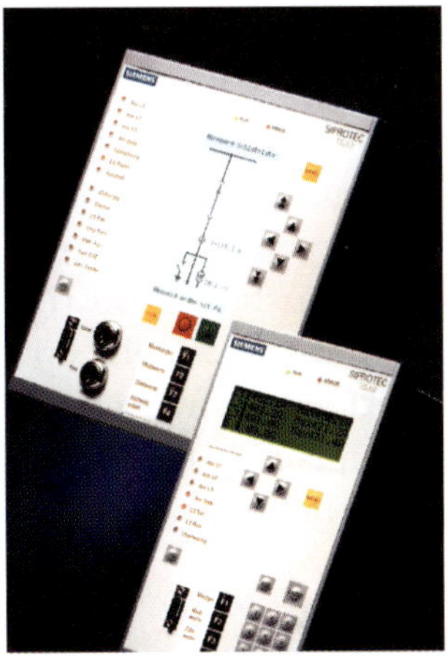

Bild 12.4. Benutzerschnittstellen. Oben: Kombiniertes Steuer-, Überwachungs- und Schutzgerät für Felder von Mittelspannungsschaltanlagen (Siemens). Unten: Reines Schutzrelais (Siemens).

Die makroskopischen Anforderungen an digitale Schutzgeräte, wie *Selektivität*, *Backup-Schutz* etc., sind grundsätzlich die gleichen wie an ihre Vorgängergenerationen. Die Signalverarbeitung erfolgt jedoch nicht mehr analog sondern involviert alle Methoden der digitalen Signalerfassung und -verarbeitung. Ihre *Kommunikationsfähigkeit* über Lichtleiter ermöglicht sowohl die Kommunikation von Schutzgeräten untereinander als auch die Fernparametrierung und -diagnose. Insbesondere erlaubt die Fernparametrierung gegebenenfalls eine *adaptive* Einstellung der Schutzgeräte je nach Netzkonfiguration bzw. Netzauslastung. Durch ständige *Selbstüberwachung* bieten digitale Schutzgeräte Vorteile bezüglich Wartung und Verfügbarkeit. Schließlich ermöglichen sie die Aufzeichnung von Störungsabläufen und deren nachträgliche Analyse.

12.3 Schutzprinzipien und -kriterien

Die Schutztechnik läßt sich nach ihr zugrunde liegenden *Schutzprinzipien* strukturieren. Schutzprinzipien sind Grundschaltungen, die eine spezifische Detektion beliebiger Netzfehler leisten und *Kriterien* für die Abschaltung der betroffenen Betriebsmittel bereitstellen. Hierbei ist zunächst unerheblich, ob ihre technische Realisierung *elektromechanisch*, *elektronisch* oder *digital* erfolgt. Bei genauem Hinsehen wird natürlich deutlich, daß digitale Netzschutzrelais eine erheblich größere Funktionalität und Flexibilität besitzen.

Alternativ läßt sich die Schutztechnik auch aus Sicht der zu schützenden Betriebsmittel unterteilen, man spricht dann beispielsweise vom *Leitungsschutz*, *Transformatorschutz*, *Generatorschutz*, *Sammelschienenschutz*, *Blockschutz* etc. Bei diesen Betriebsmittteln kommen die unterschiedlichen Schutzprinzipien einzeln oder in Kombination zum Einsatz. In diesem Abschnitt folgen wir ersterem Schlüssel und legen den Schwerpunkt auf die grundsätzlichen *Schutzprinzipien*. Der Schutz einzelner Betriebsmittel wird in 12.4 behandelt.

Aus der Vielzahl der Schutzprinzipien werden im folgenden vorgestellt der

- *Überstromschutz*,
- *Distanzschutz*,
- *Vergleichsschutz*,
- *Erdschlußschutz*.

12.3.1 Überstromschutz

Der Überstromschutz in *Niederspannungsstrahlennetzen* wurde bereits einführend in den vorigen Abschnitten behandelt. Bei den dort verwendeten *Sicherungen* und *Primärauslösern* hängt im Fall von *Überlastströmen* die Ansprechzeit von der Höhe des Überlaststroms ab, im *Kurzschlußfall* erfolgt das Ansprechen unverzögert nach der Eigenzeit des Schaltorgans. Selektivität wurde in beiden Fällen durch eine Staffelung nach steigenden Nennbetriebsströmen in Richtung Einspeisung erreicht. Unverzögerte Auslöser neigen jedoch bei hohen *Anlaufströmen* von Asynchronmotoren und *Inrush-Strömen* von Transformatoren zum *Überansprechen*. Dem wird häufig durch Wahl eines hohen Ansprechstroms begegnet, was wiederum ein *Unteransprechen* begünstigt. Die Lösung dieser Problematik, insbesondere in Mittel- und Hochspannungsnetzen, leisten im Rahmen der *Sekundärtechnik* sogenannte *verzögerte Schutzrelais*, deren Ansprechstrom viel niedriger eingestellt werden kann, sogenannte *Maximalstrom-Zeitrelais*. Sie erlauben neben der *Stromstaffelung* auch eine *Zeitstaffelung*. Man unterscheidet zwei Prinzipien:

12.3.1.1 Abhängiges Maximalstrom-Zeitrelais (AMZ-Relais)

Das Kriterium zur Unterscheidung zwischen *Normalbetrieb* und *Überlastbetrieb* ist der Strom selbst. Das AMZ-Schutzprinzip entspricht daher in seinem Ansprechverhalten im wesentlichen dem Durchschmelzverhalten von Sicherungen. Die Zeitverzögerung ist umso kürzer, je höher der Überstrom ist (engl.: *IT-Relais, inverse time relay*). Während jedoch bei der Sicherung die Strom/Zeit-Kennlinie eine inhärente physikalische Eigenschaft des Schmelzdrahts und des Wärmewiderstands der Sicherung ist, läßt sich die Kennlinie eines AMZ-Relais beliebig parametrieren und der Erwärmungskennlinie des Schutzobjekts anpassen. Typische Kennlinien zeigt Bild 12.5.

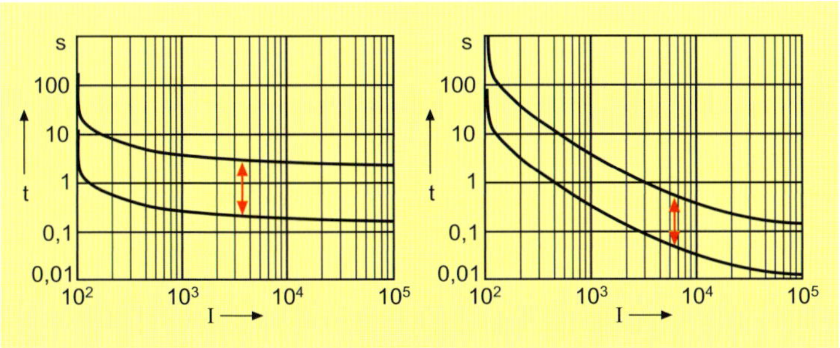

Bild 12.5. AMZ-Kennlinien.

Damit bei Einschaltströmen keine Auslösung erfolgt, läßt sich die Überlaststromstufe während des Zuschaltens für eine wählbare Zeit unterdrücken, sogenannte *Rush-Stabilisierung.* Nach Ablauf dieser Zeit geht das Relais in den normalen Schutzbetrieb über.

AMZ-Schutz wird vorwiegend für den Schutz von *Antrieben*, *Transformatoren* und *Kabeln* verwendet, bei denen ein *Überlastschutz* mit einem *Kurzschlußschutz* zu kombinieren ist. In der ersten Generation arbeiteten AMZ-Geräte vorwiegend mit einstellbaren Bimetallauslösern für Überlastströme und einem elektromagnetischen Schnellauslöser für den Kurzschlußschutz, vergleichbar mit *klassischen Motorschutzschaltern* in Niederspannungsnetzen, s. 11.1.4 und 11.1.5).

Die Koordination bzw. Staffelung mehrerer in Reihe liegender AMZ-Relais ist wegen der nichtlinearen Kennlinien nicht trivial. Einfachere Koordination bieten sogenannte *begrenzt abhängige Maximalstrom-Zeitrelais* mit horizontaler Kennlinie im Hochstrombereich. Die angesprochene Problematik entfällt gänzlich beim Einsatz sogenannter *unabhängiger Maximalstrom-Zeitrelais.*

12.3.1.2 Unabhängiges Maximalstrom-Zeitrelais (UMZ-Relais)

UMZ-Relais bestehen aus der Kombination eines *Überstromrelais* mit einem *Zeitrelais*, Bild 12.6.

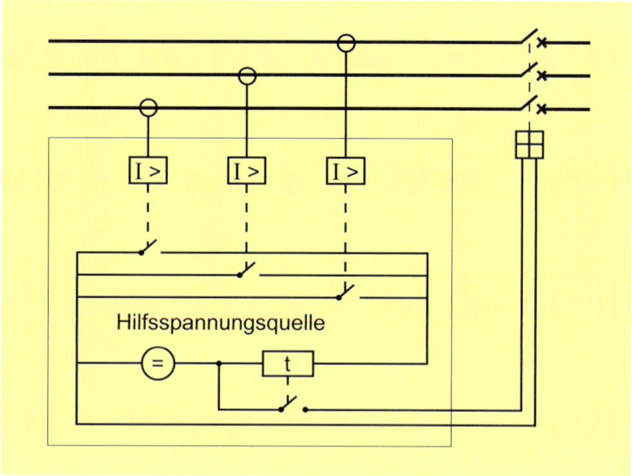

Bild 12.6. Wirkungsweise eines einstufigen UMZ-Relais.

Nach Anregung infolge des Überschreitens eines bestimmten Ansprechstroms $I > I_A$, gleichviel um welchen Betrag, erfolgt nach einer einstellbaren Zeitverzögerung die Generierung eines Auslösesignals für den korrespondierenden Leistungsschalter.

Formal haben UMZ-Geräte die gleichen Charakteristiken wie die elektromagnetischen Schnellauslöser der Primärtechnik, besitzen jedoch eine *einstellbare* Verzögerung. UMZ-Schutzgeräte (engl.: *DTR – Definite Time Relay*) sind in mehrstufiger Ausführung erhältlich. Das Ansprechverhalten eines zweistufigen UMZ-Relais veranschaulicht Bild 12.7.

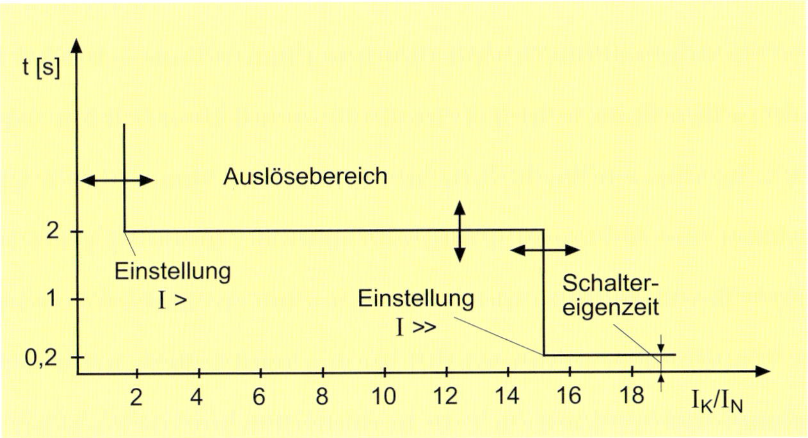

Bild 12.7. Zweistufige UMZ-Schutzkennlinie.

Die Einstellung erfolgt bei *einstufiger* Ausführung durch Vorgabe eines *Strom/Zeit-Paares*, z. B. 1,2 A/0,8 s. Das UMZ-Relais löst dann beispielsweise bei einem Strom, der das 1,2fache des Betriebsstromes übersteigt, nach 0,8 Sekunden aus. In *zwei-* oder *dreistufiger* Ausführung läßt sich ein kombinierter Überlast- und Kurzschlußschutz durch Staffelung der Abschaltzeit bzw. durch zwei oder drei Strom/Zeitpaare realisieren. Die wesentlich höheren Ströme im Kurzschlußfall werden in kürzerer Zeit abgeschaltet. *Auslösestrom* und *Auslösezeit* sind unabhängig voneinander einstellbar.

Die zwei- oder mehrstufige Ausführung ist eine gestufte, grobe Näherung der Kennlinie eines AMZ-Relais, ermöglicht jedoch eine einfachere

Koordination mehrerer in Reihe liegender Relais. UMZ-Relais kommen vorrangig in Mittelspannungsnetzen zum Einsatz.

Mit dem UMZ-Gerät ist bereits eine *automatische Wiedereinschaltung* (AWE) bzw. *Kurzunterbrechung* (KU) realisierbar (engl.: *autoreclosure*). Diese Funktion dient zur automatischen Fehlerklärung bei Überschlagen auf Freileitungen infolge von *Blitz-* und *Schaltüberspannungen*. Die Leistungsschalter beiderseits einer fehlerhaften Leitung werden aus- und nach ca. 300 ms wieder automatisch zugeschaltet. Das Aus-Kommando kommt vom *Schutz*, das Ein-Kommando von der sogenannten *Einschaltautomatik*. Sollte der Fehler dann immer noch bestehen, erfolgt die endgültige Abschaltung. Durch die Freischaltung wird der Lichtbogen im Nulldurchgang gelöscht und der Betrieb kann nach Entionisierung bzw. Abkühlung der Überschlagstrecke automatisch fortgesetzt werden (s. a. 10.3). Die Energie des Energiespeichers für den Leistungsschalterantrieb reicht mindestens für die Schaltfolge *Aus-Ein-Aus*. Es gibt aber auch Leistungsschalter für mehrmalige AWE. Meist erfolgt die AWE dreipolig. In starr geerdeten Hoch- und Höchstspannungsnetzen, in denen überwiegend *einpolige Erdkurzschlüsse* auftreten, wird zur Verbesserung der Stabilität zunächst nur *einpolig* unterbrochen, endgültig jedoch *dreipolig* abgeschaltet.

12.3.1.3 UMZ-Schutz mit Richtungskriterium

Bei Ringleitungen, mehrfach gespeisten Leitungen und parallel geschalteten Betriebsmitteln läßt sich allein durch Zeitstaffelung keine Selektivität erreichen. Beispielsweise müßte bei beidseitig gespeisten *Einfachleitungen* eine gegenläufige Staffelung vorgesehen werden. Dies führte aber dazu, daß bei einem Kurzschluß die beiden an den Leitungsenden angeordneten Relais immer zuerst ansprechen und damit alle von der Leitung versorgten Verbrauchern nicht selektiv abgeschaltet würden. Ebenso würden bei einfach gespeisten *parallelen Leitungen* beide Leitungen abgeschaltet. Als weiteres Kriterium wird daher in diesen Fällen zusätzlich die *Richtung des Kurzschlußleistungsflusses* herangezogen (s. a. 12.3.3). Beispielsweise speist bei zwei parallelen Freileitungen oder Transformatoren beim Kurzschluß in einem der beiden Zweige auch der gesunde Zweig in die Fehlerstelle ein. Es wird dann der UMZ-Schutz beider Zweige angeregt, was die beabsichtigte Redundanz der Parallelleitung obsolet machen würde, Bild 12.8.

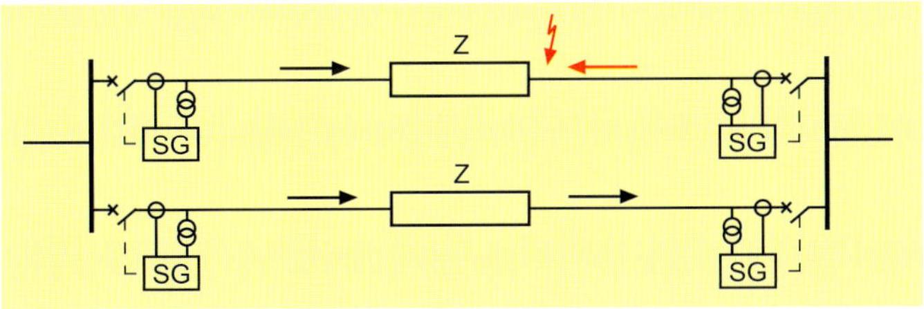

Bild 12.8. Erläuterung des UMZ-Schutzes mit zusätzlicher Richtungsanregung am Beispiel einer Doppelfreileitung. Z: Leitungs- oder Transformator-Kurzschlußimpedanz.

Zur Erreichung von Selektivität überlagert man den UMZ-Auslösesignalen beider Leitungen ein *Leistungsrichtungssignal*, das *unverzögert* und nur dann generiert wird, wenn die Kurzschlußleistung von der Sammelschiene weg führt, in Bild 12.8 von der rechten Sammelschiene. Es wird dann nur der obere Pfad aufgetrennt. Bei externen Fehlern wird in beiden Pfaden kein Richtungssignal generiert. Der *UMZ-Schutz mit Richtungskriterium* schützt daher in einfach gespeisten Netzen hoch selektiv das betroffene Schutzobjekt. Der grundsätzliche Nachteil des gestaffelten UMZ-Schutzes besteht in den großen Kommandozeiten bei Kurzschlüssen nahe der Einspeisung. Dieses Problem löst der *Distanzschutz*, der beim Eintreten eines Kurzschlusses in seiner Nahzone bzw. ersten Schutzzone in Eigenzeit selektiv anspricht (s. 12.3.2).

12.3.2 Distanzschutz

Der Distanzschutz wird am häufigsten zum Schutz von *Leitungen* in vermaschten bzw. mehrfach gespeisten Netzen eingesetzt. Er arbeitet hoch selektiv wie *Vergleichsschutzeinrichtungen* (s. 12.3.3), kommt aber ohne Hilfsleitungen zwischen Anfang und Ende des Schutzobjekts aus. Er besitzt darüber hinaus Reserveschutzfunktion über die eigene erste Schutzzone hinaus.

Das Schutzkriterium ist die *Distanz* bzw. Impedanz zum Kurzschlußort. Bei einem Kurzschluß werden Teile der Leitungsimpedanz oder Verbraucherimpedanzen kurzgeschlossen, wodurch sich aus Sicht eines Sammelschienenabzweigs diese Impedanz verkleinert. Da für einen metallischen Kurzschluß die Impedanz im Grundsatz der Leitungslänge proportional ist, läßt sich bei Feststellung einer Impedanzerniedrigung auf einfache Weise der *Kurzschlußort* bestimmen. Die Anregung des Distanzschutzrelais erfolgt durch das Eintreten eines Kurzschlußstroms. Dieser stößt eine Impedanzmessung an, deren Ergebnis

$$\underline{Z} = R + jX = \frac{\underline{U}}{\underline{I}} \tag{12.1}$$

beim Unterschreiten einer einstellbaren *Ansprech-* bzw. *Kippimpedanz* $\underline{Z}_A$ die Generierung eines Auslösesignals für den korrespondierenden Leistungsschalter bewirkt. Die Ansprechimpedanz bzw. die ihr äquivalente *Schutzzone* wird zu etwa 80 % bis 90 % der gesamten Leitungslänge gewählt. Der Distanzschutz schützt daher in seiner Funktion als *Hauptschutz* hochselektiv den größten Teil des von ihm überwachten Leitungsabzweigs. Die verbleibenden 10 % bis 20 % werden nach Verstreichen der ersten Staffelzeit (s. unten) bzw. sofort vom Distanzschutzrelais am anderen Leitungsende oder im Rahmen eines *Signalvergleichsschutzes* abgedeckt (s. 12.3.3.3).

Die Ortskurve der Spitze eines gemessenen Impedanzzeigers $\underline{Z}$ ist bei einem metallischen Kurzschluß in der komplexen Zahlenebene ein Kreis um den Ursprung (Relais-Einbauort) mit dem Radius $|\underline{Z}| = U/I$. Die zur eingestellten *Ansprech-* bzw. *Kippimpedanz* $\underline{Z}_A$ gehörende Ortskurve stellt die Grenze zwischen *Normalbetrieb* und *gestörtem Betrieb* dar, in Bild 12.9 rot gezeichnet.

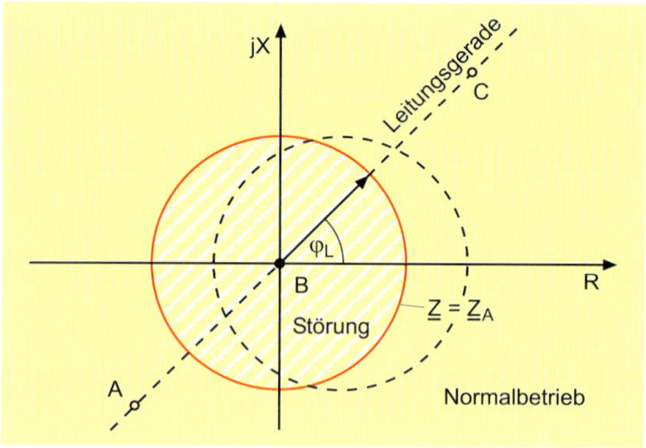

Bild 12.9. Impedanzortskurve $\underline{Z}_A = f(r_A, \varphi_L)$ eines Distanzschutzes (Prinzip). φ_L: Leitungswinkel, A, B, C: Stationssammelschienen.

Alle außerhalb des Kreises liegenden Impedanzwerte bedeuten Normalbetrieb, alle innerhalb des Kreises liegenden Impedanzwerte indizieren einen Fehler und generieren ein Auslösesignal. Nichtmetallische Kurzschlüsse mit einem *endlichen Lichtbogenwiderstand* verlangen ein Verschieben der Kreise nach rechts (strichlierter Auslösekreis).

Die Ortskurve der *Leitungsimpedanz* ist durch ein konstantes Verhältnis X/R gekennzeichnet und damit im X/R-Diagramm eine Gerade mit dem Leitungswinkel $\varphi_L = \arctan X/R$. Etwaige Stationen A, B, C lassen sich auf dieser Geraden gemäß ihrer Entfernung bzw. Impedanz zu B auftragen.

Ein Distanzschutz mit einem Ansprechkreis gemäß Bild 12.9 ist richtungsunabhängig und spricht sowohl bei Fehlern in den Abzweigen zu den Stationen A als auch zu C an. Damit der Distanzschutz selektiv nur Fehler in dem von ihm zu schützenden Abzweig, beispielsweise BC, erfaßt, ist noch eine *Richtungskomponente* erforderlich. Sie bewirkt, daß nur Fehler detektiert werden, bei denen die Kurzschlußleistung von B nach C fließt. Jeder Abzweig erfordert mit anderen Worten seinen eigenen Distanzschutz mit Richtungsabhängigkeit, die den *Impedanzkreis* auf einen *Halbkreis* reduziert (s. a. 12.3.3). Sinngemäß besitzt eine Leitung zwischen zwei Netzstationen an beiden Enden je ein Distanzschutzrelais.

Häufig stellt man das Ansprechverhalten nicht mit der *Impedanzortskurve* (Ohm) sondern der *Admittanzkurve* (Mho) dar. Sie manifestiert sich in Kreisen durch den Nullpunkt und einem Kreismittelpunkt im 1. Quadranten, Bild 12.10.

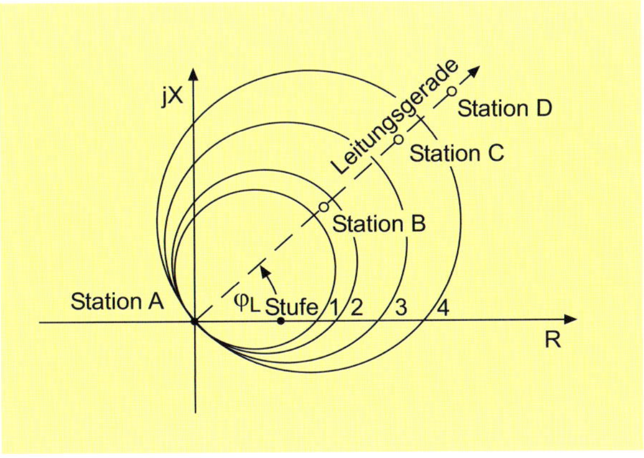

Bild 12.10. Mho-Kennlinie eines Distanzschutzes.

Längs der Leitungsgerade liegende Netzstationen A, B, C, D sind durch Berechnung der wirksamen Netzimpedanz bzw. -admittanz zum Relais-Einbauort als Punkt auf der Geraden darstellbar. Die Schnittpunkte zwischen Kreisen unterschiedlicher Ansprechimpedanzen und der berechneten Betriebsimpedanzgeraden werden für die Zeitstaffelung des Distanzschutzes herangezogen.

Schließlich sei erwähnt, daß sich auch *Reaktanz-* und *Widerstandsortskurven* in Form paralleler Geraden zur Ordinate und Abszisse einstellen lassen. Auf diese Weise läßt sich ein reines *Reaktanzrelais* herstellen, das unempfindlich gegen einen etwaigen Lichtbogenwiderstand ist. Aus diesen Elementen lassen sich bei digitalen Schutzrelais auch *polygonförmige* Ortskurven zusammenstellen, die vorzugsweise für Transportnetze in Frage kommen, jedoch über den Rahmen dieser Einführung hinausgehen.

In der Regel sind Distanzschutzrelais *mehrstufig* ausgeführt und besitzen mehrere gestaffelt einstellbare Kippimpedanzen (konzentrische Kreise im Impedanz-Ortskurvendiagramm, s. Bild 12.9). Ein zum Zeitpunkt der Anregung ebenfalls angestoßenes Zeitrelais schaltet mit fortschreitender Zeit auf zunehmend größere Kreise um. Die *Auslösekennlinie* von Distanzschutzrelais wird daher im Impedanz/Zeitdiagramm in einem treppenförmigen Verlauf dargestellt, Bild 12.11.

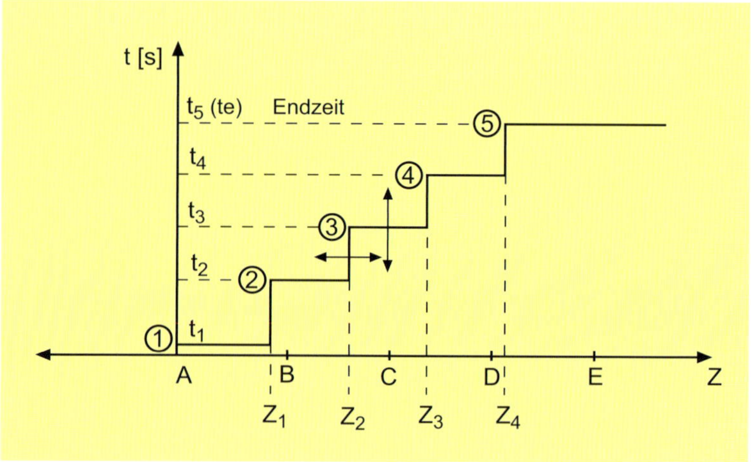

Bild 12.11. Impedanz/Zeit-Kennlinie des Distanzschutzes.

Die stufenförmige Charakteristik der Auslösekennlinie sorgt dafür, daß Netzfehler umso schneller abgeschaltet werden, je geringer ihre Entfernung zum Einbauort des Relais ist. Das dem Fehlerort am nächsten liegende Relais erhält die kürzeste Kommandozeit (kleinste Ansprechimpedanz $\underline{Z}_A$).

Distanzschutzgeräte besitzen als Grundstufe eine Überstromanregung und wirken daher bei räumlich nahen Fehlern wie UMZ-Relais ohne Zeitverzögerung. Die mit der Zeit stufig zunehmende Ansprechimpedanz vergrößert den vom Distanzrelais abgedeckten Schutzbereich über die eigene Leitung hinaus. Durch die verzögerte Auslösung bei räumlich weiter entfernten Fehlern lassen sich Distanzschutzrelais als wirksamer *Reserveschutz* beim Versagen entfernter Schutzeinrichtungen im Leitungszug einsetzen.

Bild 12.12 zeigt schematisch die Einbauorte der Stromwandler für die diversen Schutzrelais einer Energieübertragungskette.

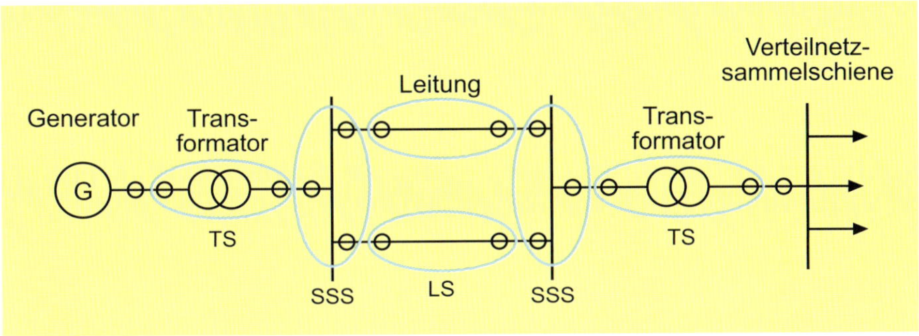

Bild 12.12. Stromwandlereinbauorte für die Netzschutzrelais einer Energieübertragungskette mit übergreifender, zeitlich gestaffelter Reserveschutzfunktion.

Da der Kurzschlußstrom in *Schwachlastzeiten* kleiner als der maximale Betriebsstrom zu *Höchstlastzeiten* sein kann, würde eine ausschließliche Überstromanregung im Grenzfall ein Unteransprechen bewirken. Distanzschutzrelais werden daher durch eine *Unterimpedanzanregung* ergänzt. Sie stößt bereits bei Strömen knapp unter dem maximal möglichen Betriebsstrom eine Impedanzmessung an. Liegt diese Impedanz unter dem Wert der ungestörten Leitungsimpedanz spricht der Schutz an.

12.3.3 Vergleichsschutz

Vergleichsschutzeinrichtungen vergleichen Größen am Eingang und Ausgang des zu schützenden Objekts, beispielsweise an beiden Enden einer *Generatorwicklung*, einer *Leitung* oder der Primär- und Sekundärseite von *Transformatoren*. Dabei kann man Ströme und Spannungen direkt vergleichen oder auch aus ihnen abgeleitete Größen bzw. Signale. Man unterscheidet:

– *Meßgrößenvergleichsschutz*,

– *Phasenvergleichsschutz*,

– *Signalvergleichsschutz*.

Da der Vergleichsschutz nur auf Fehler zwischen den beiden verglichenen Netzknoten reagiert, arbeitet er naturgemäß hoch selektiv und ermöglicht kürzeste Reaktionszeiten. Im Vergleich zum Distanzschutz bietet er ferner einen 100 %-tigen Schutz (s. a. 12.3.2).

12.3.3.1 Meßgrößenvergleichsschutz

Der *Meßgrößenvergleichsschutz*, auch *Differentialschutz* genannt, vergleicht direkt die über Wandler gemessenen Ströme oder Spannungen am Ein- und Ausgang eines Schutzobjekts. Ein typisches Beispiel ist der Vergleich der Strangströme am Eingang und Ausgang einer Generatorwicklung oder eines kurzen Leitungsstücks, Bild 12.13.

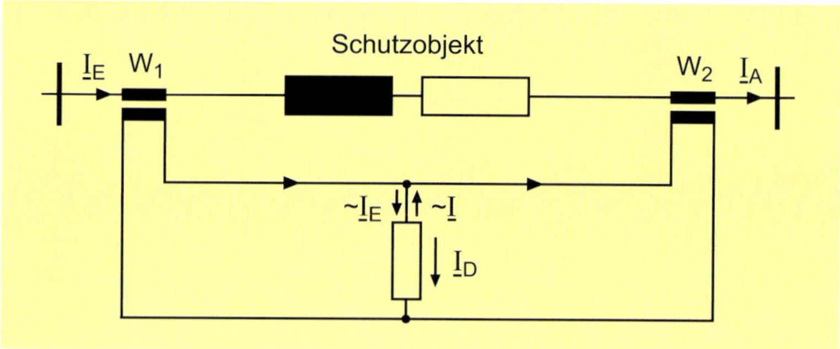

Bild 12.13. Stromvergleichsschutz für ein kurzes Leitungsstück. W_1, W_2: Stromwandler, $\underline{I}_D$: Auslösestrom bzw. Differenzstrom.

Im ungestörten Betrieb ist der Differenzstrom $\underline{I}_D = 0$, der Schutz wird nicht angeregt. Ereignet sich auf dem Leitungsstück ein Kurzschluß, wird $\underline{I}_E \neq \underline{I}_A$ und damit $\underline{I}_D \neq 0$, der Schutz spricht an. Bei einseitiger Speisung des Fehlers nimmt der Differenzstrom den Wert $\underline{I}_D = \underline{I}_E - \underline{I}_A$ an, bei zweiseitiger Speisung $\underline{I}_D = \underline{I}_E + \underline{I}_A$.

Für alle Fehler außerhalb des Schutzobjekts erfolgt keine Auslösung. Der Differentialschutz arbeitet daher ausschließlich selektiv und entbehrt damit der Eignung als Reserveschutz (s. a. 12.3.2). Er ist ferner immun gegen *Leistungspendelungen*, da $\underline{I}_A$ und $\underline{I}_E$ stets gleichphasig pendeln.

Das Differentialschutzprinzip wird am häufigsten zum Schutz von Transformatoren bei *inneren Fehlern* (s. 12.4.2) oder im Rahmen eines *Sammelschienenschutzes* (s. 12.4.5) eingesetzt. In letzterem Fall wird aus dem Summenstrom aller *Abzweige* einer Sammelschiene ein Differenzsignal gebildet und im Fall $\Sigma I_\nu \neq 0$ die Einspeisung abgeschaltet.

Bei größeren Abständen zwischen Aus- und Eingang eines Schutzobjekts, beispielsweise bei längeren Leitungen, ist ein direkter Vergleich der Wandlerströme wegen der großen erforderlichen Leitungsquerschnitte, der *Bebürdung* der Stromwandler und möglicher elektromagnetischer Störbeeinflussungen nicht mehr möglich bzw. nicht mehr sinnvoll. Es kommt dann der sogenannte *Leitungsvergleichsschutz* zum Einsatz, bei dem den Ein- und Ausgangsströmen äquivalente Hilfsgrößen verglichen werden. *Beide Leitungsenden* werden mit einem Differentialschutzrelais ausgerüstet, die über Hilfsleitungen (engl.: *pilot wires*) oder Nachrichtenkanäle miteinander kommunizieren, Bild 12.14.

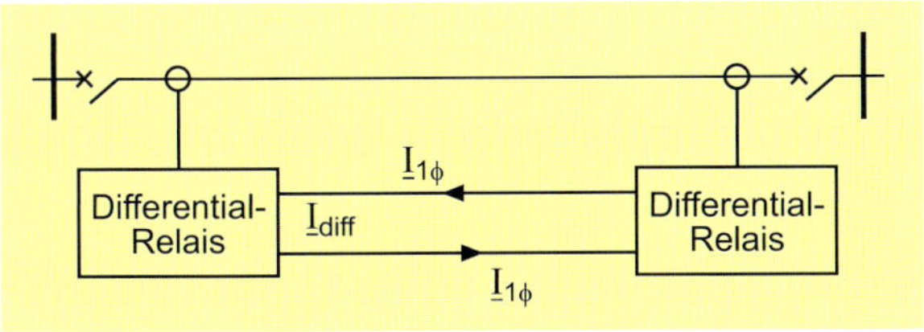

Bild 12.14. Leitungsvergleichsschutz mit Differentialschutzrelais.

In jedem Differentialschutzrelais generiert ein Mischwandler aus den drei Leiterströmen einen *einphasigen* Wechselstrom $I_{1\phi}$, der über zwei

Hilfsleitungen zwischen beiden Relais fließt. Ein dritter Hilfsleiter führt im Fehlerfall einen etwaigen Differenzstrom $\underline{I}_{\text{diff}}$, der an beiden Enden unter Berücksichtigung eines Falschstromstabilisierung ein Auslösesignal generiert. Die Überwachung der einwandfreien Funktion der Hilfsleitungen erfolgt mit überlagertem Gleichstrom oder Strömen im Tonfrequenzbereich.

Beim sogenannten *Spannungsvergleichsschutz* erzeugt man mittels zweier Widerstände zwei den Strömen $\underline{I}_{1\phi}$ proportionale Spannungen, die über Hilfsleitungen miteinander verglichen werden. Die Überwachung der Leitungen kann hier ohne Fremdspannungen erfolgen.

Da sich bei sehr großen Leitungslängen analoge Größen wegen Störbeeinflussungen nur bedingt vergleichen lassen, geht man bei Hoch- und Höchstspannungsleitungen zum *Phasenvergleichsschutz* und *Signalvergleichsschutz* über.

12.3.3.2 Phasenvergleichsschutz

Der *Phasenvergleichsschutz* kommt in Hoch- und Höchstspannungsnetzen im Rahmen des sogenannten *Leitungsvergleichsschutzes* zum Einsatz (s. 12.4). Er vergleicht nicht die *Amplituden* zweier Meßgrößen sondern deren *Phasenlage*. Hierzu wandelt man die Halbschwingungen der Wechselströme am Ein- und Ausgang des Schutzobjekts in Rechteckimpulse um, die sich unter Berücksichtigung des Leitungswinkels ϑ in erster Näherung im *Normalbetrieb* um 0°, bei einem *Kurzschluß* auf der Leitung um 180°, unterscheiden. Der Phasenvergleichsschutz spricht hoch selektiv und in Eigenzeit an, wenn die Stromrichtungen an beiden Leitungsenden von den Sammelschienen weg zeigen. Der Vergleich verlangt *Richtfunk* oder *TFH-Kanäle* (*Trägerfrequenztelefonie auf Hochspannungsfreileitungen*) oder *Glasfaserstrecken* längs der Leitung.

12.3.3.3 Signalvergleichsschutz

Der *Signalvergleichsschutz* vergleicht weder Meßgrößen noch daraus abgeleitete Größen (Phasenverschiebung) sondern *binäre Zustände* von Relaiskontakten am Ein- und Ausgang des Schutzobjekts. Typische

Vergleichsgrößen sind *Anregung* Ja/Nein, *Richtungszustand* oder *Auslösekommando*.

Für die Signalübertragung können alle möglichen Übertragungswege genutzt werden: HF-Übertragung, Trägerfrequenzetelefonie, Lichtwellenleiterverbindungen usw.

Der am meisten angewendete Signalvergleichsschutz ist der *Richtungsvergleich*. Bei einer zweiseitig gespeisten Leitung fließt bei einem Kurzschluß in Leitungsmitte die Energie aus beiden Richtungen zu (s. a. 12.3.1.3). Die Abschaltung des Fehlers bedingt aus diesem Grund die Auslösung *zweier* Leistungsschalter. Hier hat sich die sogennannte *Mitnahmeschaltung* bewährt, bei der das Schutzgerät des gegenüberliegenden Schalters von der Auslösung des Schutzes erfährt. Die Auslösung des gegenüberliegenden Leistungsschalters erfolgt bei Anregung des eigenen Schutzkreises und zeitgleichem Einlaufen der Auslösemeldung der Gegenstation in das Schutzgerät, was einen Reserveschutz für das Relais am anderen Leitungsende bewirkt.

Ferner kann der Signalvergleichsschutz als Reserveschutz in der Kombination mit den *Distanzschutzgeräten* arbeiten (s. 12.3.2). Die Richtungsmessung und der Fehlerabstand werden dabei an die jeweilige Gegenstation gesendet. Beim Versagen des *Hauptschutzes*, beispielsweise bedingt durch den Ausfall eines UMZ-Schutzgeräts, löst durch Signalvergleich zusätzlich das Distanzschutzgerät derjenigen Seite aus, deren Hauptschutz versagt hat. Dieses Prinzip bietet den Vorteil, daß selbst beim Versagen des Hauptschutzes die Leitung weiterhin einseitig bis kurz vor der Fehlerstelle weiterversorgt werden kann.

12.3.4 Erdschlußmeldung

Als Erdschluß bezeichnet man ein Isolationsversagen zwischen einem Außenleiter und Erde in isoliert oder gelöscht betriebenen Netzen (s. Kapitel 10). Es fließt dann nur ein vergleichsweise kleiner Erdschlußstrom, dessen Existenz der Warte lediglich *gemeldet* wird und von dort aus *geortet* werden muß. Ferner hebt sich das Potential des im Normalbetrieb praktisch *Erdpotential* besitzenden Sternpunkts an, was zur sogenannten *Verlagerungsspannung* führt. Erdschlußstrom und Verlagerungsspannung werden zur Detektion und Ortung benutzt. In kleinen Netzen wird oft nur die Existenz eines Erdschlusses durch Messung der Verlagerungsspannung erfaßt und gemeldet.

Erdschlußrelais arbeiten entweder nach dem *wattmetrischen* Prinzip oder detektieren den hochfrequenten Ladestrom der Wiederzündimpulse des Lichtbogens an der Fehlerstelle.

- *Wattmetrische Relais* erfassen den nach Beendigung des transienten Ausgleichsvorgangs verbleibenden stationären Erdschlußstrom und die zugehörigen Verlagerungsspannungen nach Betrag und Phase. Aus beiden wird die Energieflußrichtung errechnet und damit der Fehlerort eingekreist. Das genaue Arbeitsprinzip hängt von der Art der Sternpunktbehandlung ab.
- Beim *Erdschlußwischerrelais* wird der transiente Ausgleichsvorgang beim Zünden eines Erdschlusses zur Detektion benutzt. Da der transiente Ausgleichsstrom an mehreren Stellen im Netz auftritt, werden in der Regel mehrere Relais gleichzeitig angeregt. Der Ausgleichsstrom weist von allen Meßstellen zur Fehlerstelle hin und wird zur Fehlerortung herangezogen. Wischerrelais erfassen nur den Zündvorgang und machen keine Aussage über die Dauer eines stationären Erschlußstroms.

Erdschlußrelais lösen beim Ansprechen keinen Leistungsschalter aus, sondern geben lediglich eine *Meldung* an die Schaltwarte, sogenannte *Melderelais.*

12.4 Schutztechnik aus Sicht einzelner Betriebsmittel

Während im Abschnitt 12.3 eine Strukturierung der Schutztechnik nach dem Schlüssel „Schutzprinzipien und -kriterien“ erfolgte, wird hier die gleiche Thematik aus Sicht des einzelnen Betriebsmittels betrachtet. Hierbei können wir uns häufig sehr kurz fassen und auf 12.3 verweisen, da die Schnittmenge beider Sichtweisen sehr groß ist.

12.4.1 Leitungsschutz

Für den Schutz von Leitungen gegen Kurzschlußströme eignen sich grundsätzlich sowohl der *UMZ-Schutz* als auch der *Vergleichsschutz* und *Distanzschutz.* Häufig kommen Kombinationen von zwei oder mehr Schutzprinzipien zur Anwendung, um eine optimale Begrenzung der durch Kurzschlußströme bewirkten thermischen und mechanischen Auswirkungen bei gleichzeitig hoher Selektivität und Zuverlässigkeit zu erreichen. In *Niederspannungsnetzen* kommt ausschließlich der Überstromschutz, in *Mittelspannungsnetzen* kommen Überstrom-, Differential- und Distanzschutz, in *Hoch-* und *Höchstspannungsnetzen* zusätzlich alle Vergleichsschutzprinzipien zur Anwendung.

Beim Leitungsschutz ist zwischen dem Schutz

- einseitig gespeister Einfach- und Parallelleitungen, das heißt *Strahlennetzen* und
- mehrfach gespeisten Einfach- und Parallelleitungen, das heißt *Ringleitungen* und *Maschennetzen*

zu unterscheiden.

12.4.1.1 Strahlennetze

Strahlennetze mit Einfachleitungen stellen die geringsten Anforderungen an die Schutztechnik dar. Gewöhnlich kommen zeitlich gestaffelte UMZ-Relais und nach Nennbetriebsströmen gestaffelte Sicherungen zum Einsatz, die letztlich auch eine Zeitstaffelung beinhalten (s. Kapitel 11 und 12.1). Strahlennetze mit parallel geschalteten Leitungen verlangen zur Wahrung der Redundanz-Nutzung die Kopplung der UMZ-Relais mit Energierichtungsrelais (s. 12.3.1.3).

12.4.1.2 Ringleitungen und Maschennetze

Wie bereits in 12.3.1.3 erläutert, verlangen Ringleitungen zwingend die Ergänzung zeitlich gegenläufig gestaffelter UMZ-Relais durch Energierichtungsrelais. Diese arbeiten in der Regel unverzögert, sind jedoch zur Erhaltung der Selektivität zumindest teilweise mit einem Zeitglied auszurüsten. Die Problematik des gestaffelten UMZ-Schutzes besteht darin, daß bei Kurzschlüssen nahe der Einspeisung, wo die höchsten Kurzschlußströme auftreten, die eingestellten Verzögerungszeiten am größten sind. Abhilfe schafft in Industrienetzen ein Leitungsdifferentialschutz, der dank hoher Selektivität kürzeste Fehlerklärzeiten ermöglicht. Einen weiteren Ausweg bietet der *Distanzschutz*, dessen Relais, wie schon der Name impliziert, den dem Fehlerort am nächsten liegenden Leistungsschalter auslösen (s. 12.3.3). Je höher die Spannungsebene, desto sophistischer der Distanzschutz (s. 12.3.2). Zur Verringerung der Fehlerklärungszeit wird gegebenenfalls ein hochselektiver *Leitungsvergleichsschutz* unterlagert.

12.4.2 Transformatorschutz

Zum Schutz von Transformatoren großer Leistung wird eine Kombination aus *Überstromschutz*, *Differentialschutz* und *Buchholzschutz* eingesetzt. Bei *Überlastströmen* eines Verteiltransformators löst ein UMZ-Relais den sekundärseitigen Lasttrennschalter oder Leistungsschalter aus. Im Kurzschlußfall spricht ebenfalls der Leistungsschalter an, im Fall eines sekundärseitigen Lasttrennschalters die primärseitige Hochspannungssicherung.

Bei Fehlern im Transformatorinnern, beispielsweise Wicklungs- oder Eisenschluß, spricht entweder die primärseitige *Sicherung* an oder es löst ein *Differentialschutz* oder *Buchholzrelais* einen Leistungsschalter aus.

12.4.2.1 Transformatordifferentialschutz

Der *Transformatordifferentialschutz* dient der selektiven Erfassung innerer Fehler in Transformatoren und arbeitet nach dem bereits in 12.3.3.1 erläuterten Vergleichsstromprinzip. Er unterscheidet sich vom Differentialschutz für *Leitungen* oder *Generatorwicklungen* durch die unterschiedlich großen Ströme auf der Primär- und Sekundärseite der Transformatoren sowie in einer etwaigen Phasendrehung der Außenleiterstöme bei phasendrehenden Schaltgruppen. Der Transformatordifferentialschutz erfordert daher noch Zwischenwandler zum Ausgleich von Übersetzungsverhältnissen und Phasendrehungen, damit *betrags-* und *phasengleiche* Ströme verglichen werden.

Aufgrund des nur auf der Einspeiseseite fließenden *Leerlaufstroms* $\underline{I}_0$ sowie des geringfügig unterschiedlichen *Fehlwinkels* und der bezogenen *Übersetzungsverhältnisse* der Stromwandler besitzt der Differenzstrom $\underline{I}_D$ bereits im Normalbetrieb einen von Null verschiedenen Wert, sogenannter *Falschstrom*. Der Falschstrom legt grundsätzlich eine untere Grenze für die Ansprechschwelle fest. Unter Last schaltbare Transformatoren mit variablem Übersetzungsverhältnis bedingen eine Erhöhung dieser Ansprechschwelle. Ferner fließen bei einem Kurzschluß außerhalb des Transformators durch die Wandler Ströme, die bei unterschiedlichem Sättigungsverhalten weitere Falschstrombeiträge leisten und eine Schutzauslösung provozieren können, ohne daß ein innerer Fehler vorliegt. Die Ansprechschwelle für I_D ist daher weiter zu erhöhen, was die Empfindlichkeit des Schutzes bei inneren Fehlern herabsetzt. Um ein Überansprechen zu vermeiden, besitzen alle Stromdifferentialrelais eine *Falschstromstabilisierung*, die die Ansprechschwelle der Relais mit zunehmendem Betriebsstrom höher setzt.

Die Kombination aus *Differenzstromprinzip* und *Falschstromstabilisierung* führt zu zwei Kennlinien. Einer *Auslöselinie*, deren Überschreitung zur Schutzauslösung führt und einer *Haltelinie*, deren Unterschreitung eine Sperrung der Schutzfunktion bewirkt, Bild 12.15.

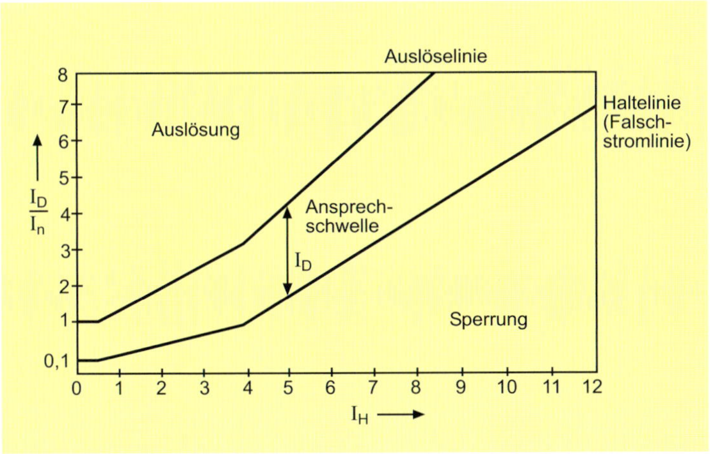

Bild 12.15. Stromabhängige Ansprechschwelle eines Differentialschutzes.

Schließlich fließt beim Einschalten eines Transformators (s. 7.8) der *Inrush-Strom* nur auf der *Einspeiseseite*, nicht aber auf der *Lastseite*, was wiederum zu Fehlauslösungen führen kann. Die Erkennung von Inrushströmen bzw. deren Stabilisierung erfolgt über ihre ausgeprägte zweite und fünfte Oberschwingung.

12.4.2.2 Buchholzrelais

Buchholzrelais sind hydromechanische, zweistufige Relais zur Erfassung von Isolationsschäden im Innern ölisolierter Transformatoren. Bei Teilentladungen im Isolieröl kommt es immer zu Gasbildung. Das Gas steigt im Transformatorkessel nach oben, verdrängt das Öl im Buchholzrelais und bewirkt eine mechanische Verlagerung eines *Schwimmers*, Bild 12.16.

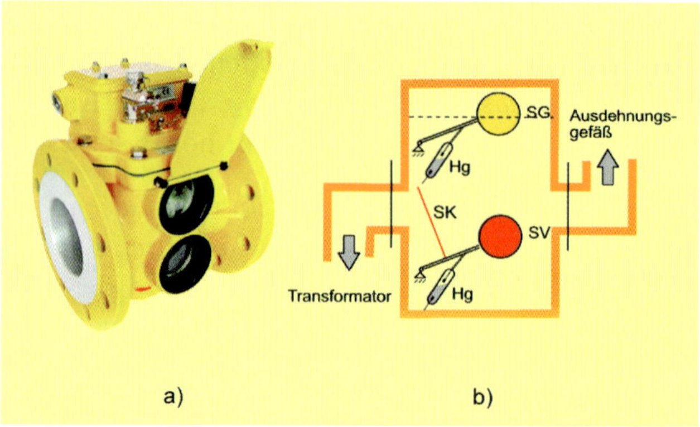

Bild 12.16. Buchholz-Schutzrelais (EMB). Links: Technische Realisierung. Rechts: Schematische Darstellung. SG: Schwimmer für Gasbildung, SV: Schwimmer für Ölverlust, SK: Stauklappe, Hg: Quecksilberschaltröhren.

Der Schwimmer betätigt einen Kontakt und veranlaßt damit zunächst nur eine *Warnmeldung* in der Warte. Erst ein bei einem *Durchschlag* auftretender stromstarker Lichtbogen bewirkt im Öl eine Druckwelle, die über eine *Stauklappe* den Kurzschlußschutz anregt und eine sofortige Abschaltung des Transformators einleitet. Schließlich meldet ein zweiter Schwimmer einen etwaigen Ölverlust.

12.4.3 Generatorschutz

Generatoren stehen ganz am Anfang der Stromversorgungskette der Stromerzeuger und dürfen bei Fehlern im Netz nur als allerletztes Betriebsmittel abgeschaltet werden (engl.: *last line of defense*). Bei Fehlern am Generator selbst sind sie jedoch in Eigenzeit abzuschalten. Wegen der vielen möglichen Fehlerarten kommen mehrere der bereits erwähnten Schutzprinzipien zur Anwendung.

Der Generatorschutz besteht zunächst aus einem *Überstromschutz* gegen Kurzschlußströme und Überlastströme. Da der *Überstromschutz* die größte Staffel- bzw. Kommandozeit im Netz besitzt, wird ihm zum schnellen Abschalten bei Kurzschlüssen im Bereich der Generatorklemmen und des Blocktransformators ein *Distanzschutz* überlagert. Dieser Distanzschutz reagiert bei Fehlern am Generator in Eigenzeit, bei Fehlern im Blocktransformator etc. mit seiner gestuften Kennlinie als Reserveschutz.

Ein *Differentialschutz* vergleicht die Ströme am Ein- und Ausgang der Ständerwicklungsstränge und spricht bei Fehlern zwischen den Wicklungen an. *Windungsschlüsse* führen zu keinem Differenzstrom zwischen Ein- und Ausgang, sondern zu einer Verringerung der Spannung des betroffenen Strangs und damit zu einer Spannungsverlagerung des Wicklungssternpunkts. Als Kriterium für Windungsschlüsse dient die Spannungsdifferenz zwischen dem verlagerten Generatorsternpunkt bei *einsträngigen* Ständerwicklungen und dem Sternpunkt eines symmetrischen *Sternpunktbildners*. Bei parallel geschalteten Ständerwicklungssträngen kommt ein *Querdifferentialschutz* zur Anwendung.

Schließlich sind noch Schutzeinrichtungen zur Erfassung von *Erdschlüssen* in der Ständer- und Läuferwicklung erforderlich, wobei beim Ständererdschlußschutz zwischen *Sammelschienenbetrieb* (*ohne* Blocktransformator) und *Blockbetrieb* (*mit* Blocktransformator) zu unterscheiden ist. Im Sammelschienenbetrieb sind Generator und Netz miteinander galvanisch verbunden. Schutzkriterium ist die bei einem Erdschluß auftretende Nullsystem-Leistung S_0. Die Richtung von S_0 erlaubt im Sammelschienenbetrieb (mehrere parallele Generatoren) gleichzeitig die Identifikation des betroffenen Generators. Im *Blockbetrieb* sind Generator und Netz über den Blocktransformator galvanisch getrennt. Ein Erdschluß erzeugt eine Verlagerungsspannung des Sternpunkts, die über einen Spannungswandler zwischen Sternpunkt und Erde, der gleichzeitig den Erdschlußstrom auf niedrige Werte begrenzt, erfaßt wird (s. a. Kapitel 10).

Bei einem Läufererdschluß reicht aufgrund der isoliert betriebenen Erregerwicklung zunächst eine Meldung aus. Wegen der Gefahr eines Doppelerdschlusses sieht man entweder zusätzlich einen *Doppelerdschlußschutz* vor oder schaltet sofort ab.

12.4.4 Blockschutz

Bei großen Leistungen wird der Generatorschutz nicht isoliert betrachtet, sondern als Teil der Systemkette *Turbine*, *Generator*, *Maschinentransformator* und *Eigenbedarf*, sogenannter *Kraftwerksblock*. Grundsätzlich besitzt jede Blockkomponente ihren eigenen Schutz, die einzelnen Schutzgeräte sind jedoch wirkungsmäßig miteinander verknüpft. Gegenüber dem Schutz und der Abschaltung einer Netzeinspeisung ist der Blockschutz wesentlich komplexer.

Der Blockschutz besteht einschließlich des bereits besprochenen Generatorschutzes aus folgenden Schutzeinrichtungen:

– *Zweistufiger gerichteter UMZ-Schutz*, der bei Fehlern im Generator in Eigenzeit, bei Fehlern im Netz mit der größten Staffelzeit anspricht.

– *Differentialschutz* getrennt für den *Generator*, den *Blocktransformator* und den *Eigenbedarfstransformator*. Die Aufteilung des Differentialschutzes in verschiedene Systeme erlaubt den Weiterbetrieb des Eigenbedarfs bei Fehlern im Blocktransformator und der Generatoreinspeisung.

– *Distanzschutz*

  Die Einstellung einer Minimalimpedanz zwischen dem Sternpunkt und den Generatorklemmen stellt ein Kriterium zur Unterscheidung äußerer und innerer Fehler zur Verfügung. Über die Distanzschutzfunktion können die Abschaltzeiten in Abhängigkeit der Fehlerentfernung gestaffelt werden. Es kommen eine *Überstrom-* und *Unterimpedanzanregung* zum *Einsatz* (s. 12.3.2).

– *Schieflastschutz*

  Bei unsymmetrischer Belastung eines Generators fließt im Ständer ein Gegensystemstrom $\underline{I}_-$, der ein *Gegendrehfeld* $b_-(x,t)$ erzeugt. Dieses Drehfeld läuft mit doppelter Frequenz über den Läufer hinweg und ruft in allen soliden Läuferteilen durch Wirbelströme eine zusätzliche Erwärmung hervor. Generatoren mit massivem Läufer *ohne* Dämpferwicklung erlauben nur eine geringe Schieflast, Generatoren *mit* Dämpferwicklung und *geblechtem Läufer* die höchste. Der Schieflastschutz ist ein relativ langsam wirkender Schutz, der vor der Schutzauslösung des Schalters mehrere *Warnmeldungen* abgibt. Das Schutzkriterium ist der Betrag des Gegensystemstroms $\underline{I}_-$, der durch Zerlegung der unsymmetrischen Belastung in symmetrische Komponenten erhalten wird.

– *Unterfrequenzschutz*

  Unterfrequenz resultiert, wie in 13.1 beschrieben, aus einem Wirkleistungsdefizit im Netz. Unterfrequenz kann zu Schäden an den Turbinenschaufeln durch Vibrationen, zur Verringerung der Aggregateleistung des Eigenbedarfs und damit reduzierter Kraftwerksleistung sowie zusätzlicher Erwärmung durch höhere Magnetisierungsströme führen. Sinkt die Netzfrequenz unter 47,5 Hz, wird der Block vom Netz getrennt. Eine Auslösung des Blockschutzes bei externen Fehlern hat zum Ziel, den Kraftwerkseigenbedarf unter allen Umständen aufrechtzuerhalten, um nach der Beseitigung des Netzfehlers die Energieversorgung möglichst schnell wieder aufbauen zu können.

– *Untererregungsschutz*

Der Untererregungsschutz überwacht die Einhaltung der durch das Grenzbelastungsdiagramm des Synchrongenerators vorgegebene Stabilitätsschranken für den Erregerstrom I_E (s. a. 6.7, Bild 6.20). Die Annäherung an diese Schranken löst zunächst eine *Meldung* aus, ein Überschreiten das *Abschalten* des Blocks.

– *Spannungssteigerungsschutz*

Der Spannungssteigerungsschutz reagiert beim Überschreiten eines vorgewählten Betriebsspannungsgrenzwerts zunächst mit einer *Meldung*, beim Überschreiten eines zweiten Grenzwerts, beispielsweise bei fehlerhafter Spannungsregeleinrichtung während des Anfahrens oder nach einem Lastabwurf, mit *Entregen* und *Abschalten* des Generators.

– *Rückleistungsschutz*

Nach Absperren der Dampfzufuhr einer Turbine arbeitet der Synchrongenerator als Motor und *schleppt* die Turbine im Kompressorbetrieb, was zu deren weiteren Erwärmung führt. Der Rückleistungsschutz verhindert unzulässig langes Schleppen durch rechtzeitiges Abtrennen des Generators vom Netz. Die Auslösung des Leistungsschalters darf jedoch erst erfolgen, wenn sichergestellt ist, daß die Dampfzufuhr tatsächlich vollständig abgestellt ist, da sonst der Turbosatz wieder beschleunigen würde. Als Zusatzkriterium für die Auslösung des Rückleistungsschutzes dient die gesicherte Meldung, daß das *Schnellschlußventil* geschlossen ist. Gleichzeitig muß gesichert sein, daß die Generatorentregung veranlaßt ist.

– *Kraftwerksentkupplungsschutz*

Bei einem kraftwerksnahen Kurzschluß entfällt die bremsende Wirkleistungsbelastung des Generators, so daß der Turbosatz beschleunigt. Beim Wiederkehren der Spannung im Netz können aufgrund des dann vorhandenen voreilenden Polradwinkels bzw. des dadurch bedingten größeren vektoriellen Spannungsunterschieds zwischen der Polradspannung und der Netzspannung beträchtliche Wirkleistungssprünge bzw. mit ihnen verknüpfte sprungförmige Drehmomentänderungen auftreten. Diese führen zu hohen mechanischen *Torsionskräften* an der Turbinenwelle und den stirnseitigen *Läuferwicklungsköpfen*. Falls eine Überschreitung der zulässigen mechanischen Grenzbeanspruchung zu erwarten ist, trennt der *Kraftwerksentkupplungsschutz* das Kraftwerk vom Netz. Schutzkriterium ist der beim Kurzschlußeintritt meßbare negative Wirkleistungssprung.

12.4.5 Sammelschienenschutz

Kurzschlüsse an Sammelschienen führen zu sehr hohen Kurzschlußströmen und müssen daher in kürzester Zeit abgeschaltet werden. Dabei muß der Sammelschienenschutz (SSS) zwischen einem Kurzschluß direkt an der Sammelschiene und einem Kurzschluß in einem Abzweig unterscheiden können. Bei einfach gespeisten Sammelschienen läßt sich ein SSS bereits mit einem unverzögerten UMZ-Relais, das logisch mit den verzögerten UMZ-Relais der einzelnen Abzweige verknüpft ist, erreichen, Bild 12.17.

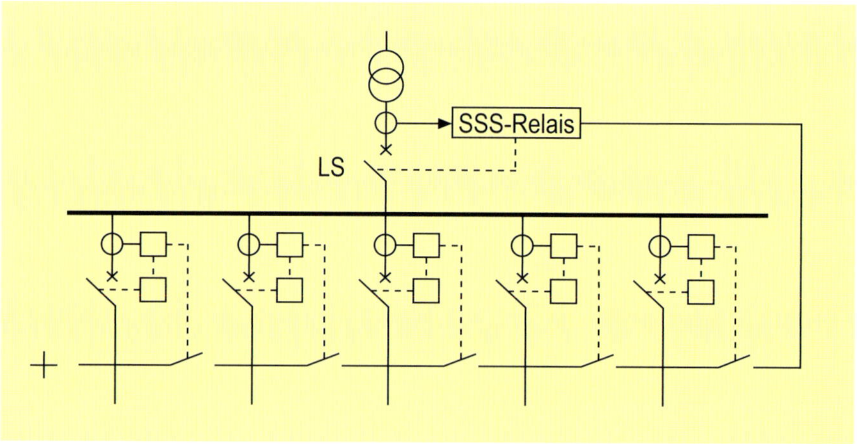

Bild 12.17. Sammelschienenschutz mit UMZ-Relais für einfach gespeiste Sammelschienen.

Die Kontakte für den Auslösebefehl des Leistungsschalters LS liegen in Reihe mit *Ruhestromkontakten* der UMZ-Relais aller Verbraucherabzweige. Bei einem Sammelschienenkurzschluß wird nur das SSS-Relais angeregt und der Leistungsschalter geöffnet.

Ein Kurzschluß in einem Abzweig regt dagegen sowohl das SSS-Relais als auch das Relais des betroffenen Abzweigs an. Letzteres reagiert mit einem Auslösebefehl für den Leistungsschalter seines Abzweigs, darüber hinaus aber auch mit dem Öffnen seiner Ruhestromkontakte, die eine Weitergabe des Auslösebefehls des SSS-Relais an den Einspeiseleistungsschalter verhindern.

In vermaschten Netzen, in denen bei einem Sammelschienenkurzschluß alle Abzweige auf den Kurzschluß einspeisen, müssen die Leistungsschalter aller Abzweige geöffnet werden. Dies läßt sich erreichen, indem die *Richtungsrelais* der in vermaschten Netzen ohnehin vorhandenen Distanzrelais in allen Abzweigen abgefragt werden. Der Schutz wird angeregt, wenn alle Richtungsrelais einen Stromfluß in Richtung Sammelschiene anzeigen. Um ein Überansprechen zu verhindern, wird das definitive Auslösesignal an die Leistungsschalter mit der Indikation eines Spannungseinbruchs an der Sammelschiene verknüpft.

Bei *Mehrfachsammelschienenanlagen* läßt sich jeder Sammelschiene vorteilhaft ein eigener *Differentialschutz* zuordnen, der die Sammelschienen selektiv schützt (s. 12.3.3.1). Beim Ansprechen eines Differentialschutzes wird der Kuppelschalter zur betroffenen Sammelschiene geöffnet. Schließlich eignet sich der Sammelschienenschutz auch als *Schalterversagerschutz* im Fall des Nichtöffnens eines Abzweigschalters.

12.4.6 Schaltanlagenschutz

Unter *Schaltanlagenschutz* versteht man die Menge aller Schutzeinrichtungen einer Schaltanlage bzw. in deren Abzweigen. Jedem Abzweig bzw. Schaltfeld sind Schutzrelais zugeordnet, deren Funktionen sich nach dem jeweils angeschlossenen Betriebsmitteln, im wesentlichen *Freileitungen*, *Kabel*, *Transformatoren* richten. Der Umfang der Maßnahmen richtet sich nach der Bedeutung der Schaltanlage für die Zuverlässigkeit der Stromversorgung. Er reicht von einer Mindestausstattung bis zu einer nach oben offenen Optionalausstattung, Bild 12.18.

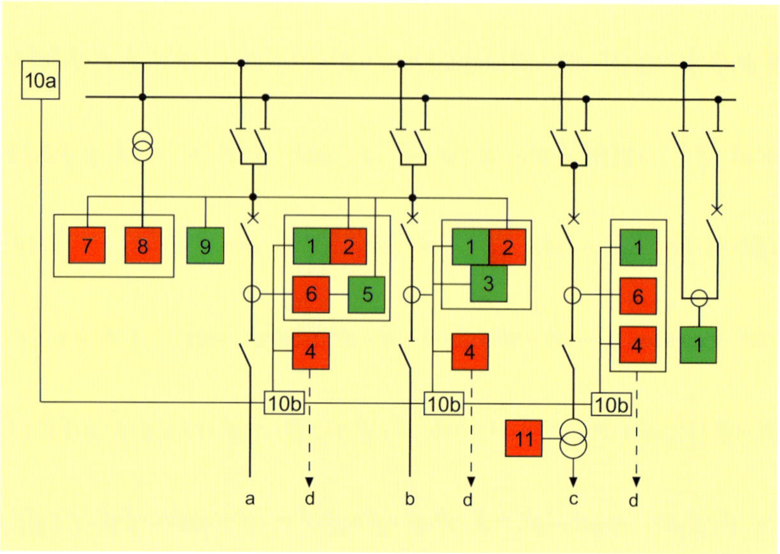

Bild 12.18. Schaltanlagenschutz. 1: Überstromzeitschutz, 2: Distanzschutz, 3: AWE bzw. KU, 4: Differentialschutz, 5: Erdschlußschutz, 6: Überlastschutz, 7: Frequenzmessung, 8: Spannungsmessung, 9: Erdschlußrelais, 10: Sammelschienenschutz, 10a: Zentraleinheit, 10b: Feldeinheit, 11: Buchholzschutz. Rot: Mindestausstattung, Grün: Optionalausstattung (ABB).

Die Schutzrelais der Abzweige sind von der Frontseite des jeweiligen Schaltfeldes parametrierbar bzw. bedienbar (s. a. Bilder 11.25 und 12.4). Sie kommunizieren untereinander und mit dem Stationsrechner über einen Anlagenbus.

12.5 Schutzkoordination

Schutzkoordination befaßt sich mit der Wahrung der *Selektivität*. Dieser Begriff wurde bereits eingangs dieses Kapitels anhand des einfachen Beispiels eines über Sicherungen geschützten Strahlennetzes mit mehreren Verteilebenen erläutert (s. 12.1). In der Praxis liegen jedoch häufig *Ringleitungen* oder *mehrfach eingespeiste, vermaschte Netze* vor, in denen Selektivität wesentlich schwieriger zu gewährleisten ist. Fehler müssen dann nicht nur *detektiert*, sondern auch *lokalisiert* werden. Um die Selektivität im gesamten Netz zu garantieren, muß das Ansprechverhalten der einzelnen Schutzeinrichtungen des Netzes zeitlich koordiniert werden, sogenannte *Schutzstaffelung* (engl.: *grading*). Im Falle eines Fehlers soll nur diejenige Schutzeinrichtung eine Abschaltung veranlassen, die dem Fehlerort am nächsten ist. Dies wird durch *Zeit-* oder *Stromstaffelung* der Schutzgeräte und geeignete Wahl der Schutzprinzipien erreicht. Dabei werden die Kennlinien der Schutzgeräte so aufeinander abgestimmt, daß eine gleichzeitige Auslösung verhindert wird.

Die Schutzkoordination erfolgt durch Erstellung eines *Staffelplans.* Voraussetzung für die Aufstellung des Staffelplans ist eine Kurzschlußstromberechnung, die den *kleinsten* als auch den *größten* zu erwartenden Kurzschlußstrom liefert (s. Kapitel 17). Der Schutz wird so koordiniert, daß er auch im Falle des Auftretens des kleinsten Kurzschlußstroms sicher auslöst.

12.5.1 Stromstaffelung im Strahlennetz

Zur graphischen Veranschaulichung der Koordination mehrerer Schutzgeräte in Strahlennetzen bedient man sich der bereits im Kapitel 11 bei Sicherungen vorgestellten Zeit/Strom-Diagramme in logarithmischer Darstellung, die im Rahmen der Schutztechnik dann auch als *Strom-Staffeldiagramme* bezeichnet werden. Zunächst wird der mögliche Kurzschlußstrom der zu untersuchenden Fehlerstelle berechnet und als Parallele zur Ordinate in das Stromstaffeldiagramm eingetragen, Bild 12.19.

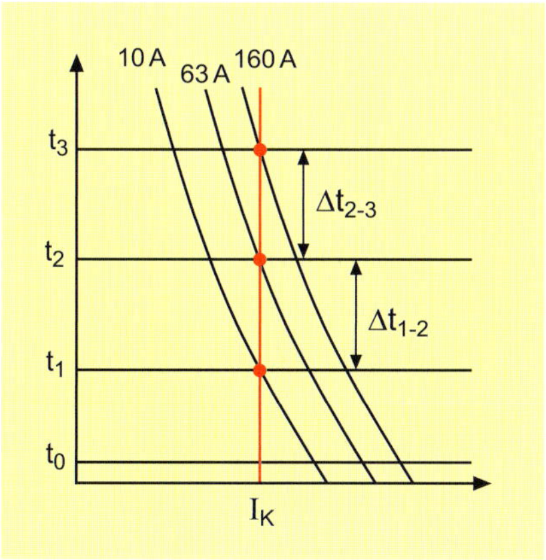

Bild 12.19. Strom-Staffeldiagramm in logarithmischer Darstellung. t_0: Eigenzeit.

Die Schnittpunkte mit den Auslösekennlinien definieren die Staffelzeiten. Wenn sich die Kennlinien nicht überschneiden, arbeitet der Schutz selektiv. Wegen der Toleranzen der Strom-Zeit-Kennlinien soll aus Sicherheitsgründen zwischen den Kennlinien ein zeitlicher Abstand von 100 bis 500 ms liegen. Bei Sicherungen wird dies durch Wahl des jeweils nächst höheren genormten Nennstroms erreicht. Da bei hohen Kurzschlußströmen Schmelzzeit und Löschzeit von Sicherungen nahezu gleich groß werden, muß gegebenenfalls eine Nennstromstärke übersprungen werden. Die *Stromstaffelung* bewirkt aufgrund der unterschiedlichen Grenzlastintegrale $\int i^2 dt$ ihrer gestaffelten Sicherungen oder Bimetallauslöser in gewisser Weise auch eine *Zeitstaffelung*. Sie gewährleistet jedoch nur in einfachen Fällen ausreichende Selektivität. Für einen optimalen, selektiven Schutz bei sehr hohen Kurzschlußströmen muß man zu einer definierten Zeitstaffelung übergehen.

12.5.2 Zeitstaffelung im Strahlennetz

Bei sehr hohen Kurzschlußströmen können alle UMZ-Relais angeregt werden. Daher muß die individuelle *Kommandozeit* der Schutzgeräte, das heißt die Zeit, die zwischen Anregung und Generierung eines Auslösebefehls verstreicht, *zeitlich gestaffelt* werden. Das von der Einspeisung elektrisch am *weitesten* entfernte Schutzgerät erhält die *kürzeste* Kommandozeit, das der Einspeisung am nächsten liegende hingegen die *längste* Kommandozeit. Damit wird erreicht, daß im Fall eines Kurzschlusses stets das dem Fehler am nächsten vorgelagerte Schutzgerät zuerst auslöst. Diese Forderung läßt sich in Strahlennetzen ohne weiteres realisieren. Die Schutzgeräte mit höherer Staffelzeit wirken im Fall des Versagens der dem Fehler am nächsten liegenden Schutzeinrichtung als *Reserveschutz* und erhöhen damit die Betriebssicherheit (s. a. 12.1, Bild 12.1). Meist wird an den Einspeisestellen aus dem übergeordneten Netz ein Distanzschutzrelais zur Fehlerortung eingesetzt, das gleichzeitig als Reserveschutz für den ersten Leitungsabschnitt dient. Die Schutzstaffelung muß die Eigenzeiten der vorgeschalteten Schutzgeräte und Leistungsschalter berücksichtigen, da sonst der Reserveschutz zu früh auslöst. Der zeitliche Mindestabstand zwischen zwei Schutzschaltungen hängt von den Eigenzeiten der Schalter ab und liegt bei modernen Leistungsschaltern in der Größenordnung von 0,35 sec. Mit jedem zusätzlichen Schutzgerät in der Strecke steigt damit die kürzeste Abschaltzeit um diesen Betrag. Ein Zeitstaffelung für ein einfaches Strahlennetz zeigt Bild 12.20.

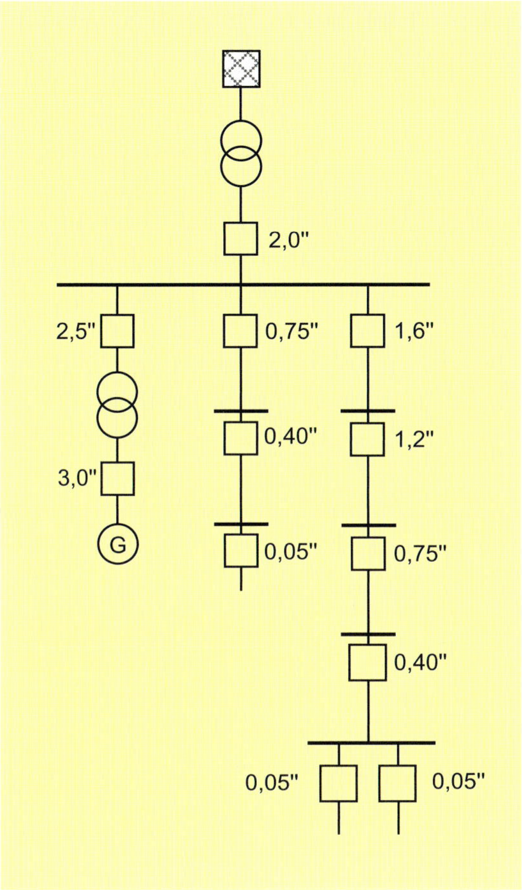

Bild 12.20. Zeitstaffelung im Strahlennetz. Bei einem Kurzschluß am Ende einer der beiden Stichleitungen schaltet das unterste Relais zuerst, während alle anderen Relais keine Auslösung veranlassen.

Bei der Angabe der Staffelzeiten in Bild 12.20 ist berücksichtigt, daß der in das Netz einspeisende Generator bzw. dessen Überstromschutzrelais die längste Abschaltzeit erhalten soll, damit die Netzversorgung möglichst lange aufrechterhalten werden kann. Aus dem Bild ist ebenfalls ersichtlich, daß die Auslösezeiten zur Einspeisung hin ansteigen. Das Problem einer einfachen, richtungsunabhängigen Zeitstaffelung liegt darin, daß die Abschaltzeiten dort am höchsten sind, wo die Kurzschlußströme den größten Wert annehmen. Dieser Nachteil läßt sich durch den Einsatz *richtungsabhängiger* UMZ-Schutzgeräte bzw. durch die Kombination mit anderen Schutzprinzipien ausgleichen.

12.5.3 Schutzkoordination in Ring- und Maschennetzen mit UMZ-Schutz

In Ringleitungen und Maschennetzen stellt sich das Problem der *beidseitigen Speisung der Fehlerstelle*. Im Fehlerfall müssen bei einem Fehler grundsätzlich zwei Leistungsschalter ausgelöst werden, um das fehlerbehaftete Leitungsstück aus dem Netz herauszutrennen. Bereits bei der einfachen Ringleitung ist ein selektives Heraustrennen allein mit dem Kriterium Überstrom nicht mehr möglich. Bei Fehlern auf mehrfach gespeisten Leitungen wird daher als zusätzliches Auslösekriterium die Energieflußrichtung betrachtet. Richtungsabhängige Relais lassen für beide Energieflußrichtungen unterschiedliche Staffelzeiten zu. Für Maschennetze hat sich die sogenannte *gegenläufige Staffelung* bewährt. Dabei steigen die Staffelzeiten für die nicht richtungsabhängigen UMZ zur Einspeisung hin an, während die Staffelzeiten der richtungsabhängigen UMZ zur Einspeisung hin abnehmen, Bild 12.21.

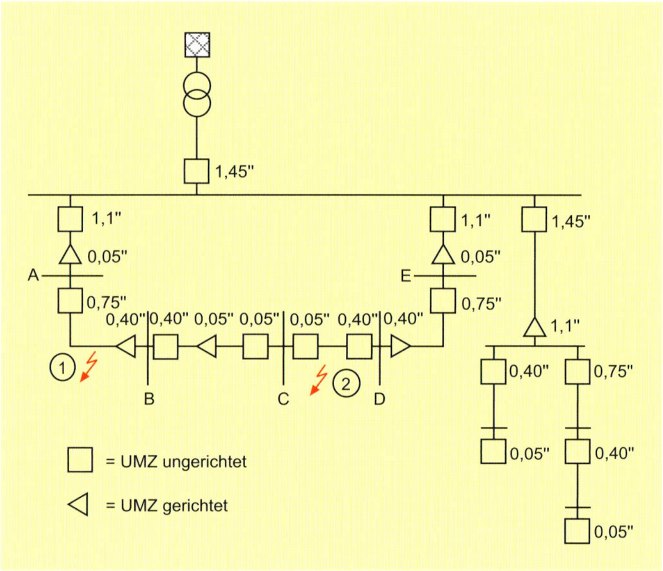

Bild 12.21. Zeitstaffelung im gemischten Netz. In der Ringleitung wird die gegenläufige Staffelung verwendet. Die Staffelzeit Δt beträgt 350 ms (moderne Leistungsschalter). t_0 = 0,05 ms entspricht unverzögerter Auslösung.

Bei einem Kurzschluß an der Stelle 1 schaltet das richtungsabhängige UMZ-Relais in Station B die Leitung von rechts in 0,4 Sekunden ab, während das Relais in der Station A die endgültige Abschaltung nach 0,75 Sekunden veranlaßt. Die Station A wird also über den linken Zweig, die Stationen B und E werden durch den rechten Zweig weiter versorgt. Bei einem Kurzschluß an der Fehlerstelle 2 spricht das UMZ in Station C Richtung Station D zuerst an, während das richtungsabhängige UMZ-Relais in C Richtung B keine Auslösung veranlaßt. Der Fehler wird durch das UMZ in D Richtung C nach 0,4 Sekunden getrennt. Die Stationen C und D bleiben weiterhin am Netz. Wie man sieht, bewirkt die gegenläufige Staffelung, daß die Netzstationen bis kurz vor die Fehlerstelle weiterversorgt werden.

Dennoch steigen die Abschaltzeiten der UMZ-Relais zur Einspeisung hin an. Dieser systembedingte Nachteil des UMZ-Prinzips kann durch den Einsatz von Distanzrelais kompensiert werden.

Um die Selektivitätsproblematik bei Ringleitungen zu umgehen, werden die Ringe meist offen betrieben und erst im Fehlerfall zur Aufrechterhaltung der Versorgung vorübergehend geschlossen. In vermaschten Netzen ist dies nicht möglich.

12.5.4 Zeitstaffelung mit Distanzrelais

Für den Schutz der Leitungen in Hochspannungsnetzen sind Distanzschutzeinrichtungen die Regel. Sie können ähnlich den UMZ-Schutzgeräten zeitlich gestaffelt werden.

Die zeitliche Staffelung des Distanzrelais in der ersten Station A erfolgt derart, daß die Stufe mit der schnellsten Auslösezeit(Schnellauslösung) auf einen Impedanzwert von 85-90 Prozent der minimalen Impedanz des ersten Leitungsabschnitts (A-B) eingestellt wird. Die nächste Stufe des Distanzschutzes wird zeitlich um 0,35 – 0,5 Sekunden verzögert und auf einen Impedanzwert, der etwa der räumlichen Mitte des zweiten Leitungsabschnitts (B-C) entspricht. Die dritte Stufe läßt sich dann wiederum etwa auf die Hälfte des Impedanzwertes C-D einstellen. Man erhält die folgende Einstellwerte für die Impedanzen:

$$Z_1 = 0.85 Z_{AB} \tag{12.2}$$

$$Z_2 = 0,85\,(Z_{AB} + 0,85 \cdot Z_{BC}) \tag{12.3}$$

$$Z_3 = 0,85\,(Z_{AB} + Z_{BC} + 0,85 \cdot Z_{CD}) \tag{12.4}$$

Diese Einstellung bewirkt, daß das Relais in A als Hauptschutz für den überwiegenden Teil der Strecke A–B in Schnellzeit wirkt und für Fehler am Ende der Leitung und auf der Sammelschiene B in der ersten verzögerten Stufe. Es sind bis zu 5 Stufen üblich, wobei das Relais in A für die Stationen C und D als übergeordneter Reserveschutz wirkt.

Das Relais in B wird derart gestaffelt, daß sich die Auslösekennlinie des Relais B nicht mit der des Relais A schneidet. Im Diagramm bedeutet dies, daß zwischen der Auslösekennlinie der Relais ein Mindestabstand von 0,5 Sekunden erhalten bleiben soll. Dies läßt sich dadurch erreichen, daß der Schutz in B wieder auf einen Impedanzwert von ca. 85–90 Prozent der Strecke B–C eingestellt wird. Die nachfolgenden Stufen sollen dann wiederum unter der Auslösekennlinie des Relais A liegen, was bedeutet, daß der Impedanzwert für die 2. Stufe in B so gewählt wird, das er bei 60–70 Prozent der Strecke C–D liegt. Ist ein Relais in C vorgesehen, dann soll dessen Kennlinie wieder unterhalb der des Relais B liegen. Für Fehler auf der Strecke C–D wirken dann insgesamt drei Schutzstufen, weil jedes Relais als Reserveschutz für alle nachfolgenden Strecken wirkt, Bild 12.22.

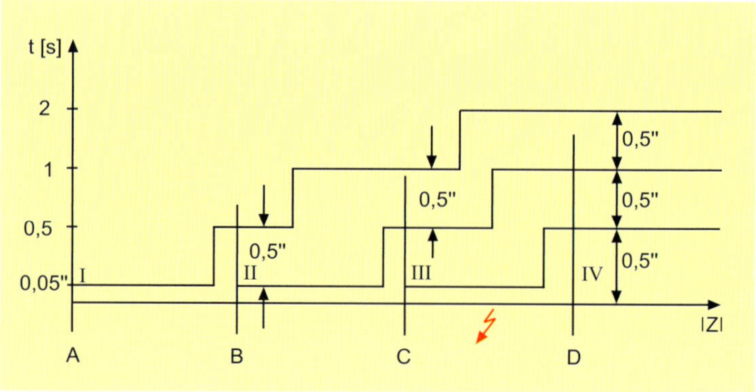

Bild 12.22. Zeitstaffelung der Relais I–IV in den Stationen A–D bei einseitiger Speisung.

Bei zweiseitig gespeisten Leitungen und Maschennetzen sind Distanzrelais für beide Richtungen einer Leitung vorzusehen. Für die Abschaltung des Fehlers müssen immer zwei Leistungsschalter ansprechen. Durch Richtungsvergleich sind die Auslösezeiten der Fehlerrichtung anzupassen. Die Staffelung erfolgt derart, daß von beiden Seiten die vorhergehend beschriebenen Eigenschaften der Distanzschutzstaffelung erhalten bleiben, Bild 12.23.

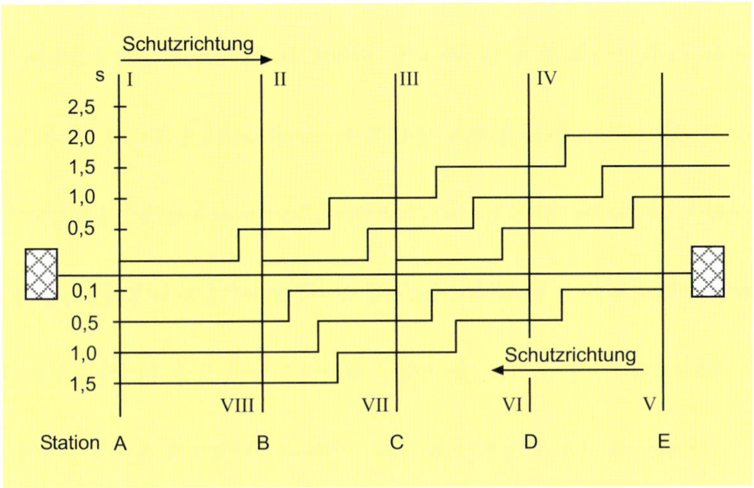

Bild 12.23. Zeitstaffelung des Distanzschutzes bei zweiseitiger Speisung.

Wie man aus den vorhergehenden Beispielen sieht, führt der Einsatz des reinen Distanzprinzips in der Mitte der Leitungen zu einem Mehrfachschutz des Systems. Dies ist im allgemeinen nicht unbedingt erforderlich. In der Praxis werden daher Kombinationen aus verschiedenen Prinzipien eingesetzt.

12.6 ANSI Schutz Codes

Im beruflichen Alltag wird der Leser vergeblich die Begriffe *Distanzschutz*, *Differentialschutz* etc. in Schaltplänen, Ausschreibungen oder Pflichtenheften suchen. Aufgrund des weitgehend exportorientierten Anlagengeschäfts haben sich alle Hersteller auf international einheitliche *Gerätefunktions-Codes* nach dem USA Industrie Standard ANSI C 37.2 geeinigt (engl.: ANSI *American National Standards Institute*).

Diese Codes beschreiben in kompakter Form eindeutig die Funktion/Funktionen des jeweiligen Schutzrelais. Eine schematische Darstellung eines Schaltanlagenschutzes besitzt dann folgendes Aussehen, Bild 12.24.

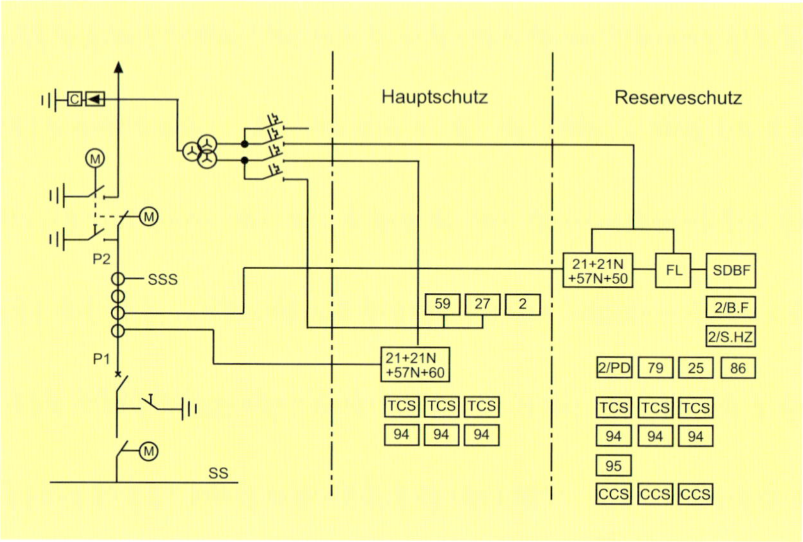

Bild 12.24. In der Praxis verwendete schematische Darstellung des Schaltanlagenschutzes eines Abzweigs, Projektierung mit ANSI Schutzfunktions-Codes (IDS). Erläuterungen der Zahlen s. Anhang F.

12.7 Schutz in Niederspannungsnetzen

Wie in Mittel- und Hochspannungsnetzen müssen auch in Niederspannungsnetzen Leitungen, Kabel und elektrische Geräte gegen zu hohe Erwärmungen durch Kurzschlußströme und betriebsmäßige Überlastungen geschützt werden. Für die Erreichung hoher Selektivität gelten vergleichbare Überlegungen wie in Mittel- und Hochspannungsnetzen. Die Anforderungen sind jedoch weniger aufwendig und lassen sich mit einfachen *Primärauslösern* und/oder Sicherungen befriedigen.

Neben den technischen bzw. betrieblichen Anforderungen kommt in Niederspannungsnetzen zusätzlich der *Schutz von Personen* gegen gefährliche *Körperströme*, mit anderen Worten der Schutz vor einem *elektrischen Schlag* hinzu. Hierbei spielen Fragen der Sternpunktbehandlung eine große Rolle. Auf letztere wurde bereits ausführlich im Kapitel 10 eingegangen.

Die Gefährdung durch Körperströme wird durch eine Begrenzung, besser Vermeidung, möglicher *Berührungsspannungen* im Schadensfall erreicht. VDE 0100 unterscheidet den *Schutz gegen direktes* und *indirektes Berühren*:

- Schutz gegen *direktes Berühren* aktiver bzw. Spannung führender Teile, sogenannter *Basisschutz*, ist gegeben, wenn ein direktes Berühren aktiver Teile eines Stromkreises durch Betriebsisolierung, Bauart, Lage oder Abstand verhindert wird. Typische Beispiele sind die Isolierstoffummantelung von Leitungen, Isolierstoffgehäuse von Handbohrmaschinen etc. Man spricht auch von *erster Schutzebene*.

- Schutz *bei indirektem Berühren* ist gegeben, wenn die beim Berühren spannungsführender Gehäuse bzw. *Körper* erfahrene *Berührungsspannung* U_T im Fehlerfall unter 50 $\mathrm{V_{ef}}$ *Wechselspannung* bzw. 120 V *Gleichspannung* bleibt. Bis zu diesen Spannungen begrenzt der *Hautwiderstand* den Körperstrom auf Werte, die das Auslösen von Herzkammerflimmern unwahrscheinlich erscheinen lassen. Bei höheren möglichen Berührungsspannungen muß im Falle eines Isolationsversagens automatisch und in Echtzeit eine Abschaltung der Stromversorgung durch ein *Überstromschutzorgan* (Sicherung oder Leitungsschutzschalter) erfolgen, sogenannter *Fehlerschutz* bzw. *zweite Schutzebene* (s. 12.7.1 und 12.7.2). Um ein möglichst schnelles Abschalten zu erreichen, wird *gezielt* ein hoher Fehlerstrom bzw. Kurzschlußstrom angestrebt.

- Man spricht von *Zusatzschutz bei direktem und indirektem Berühren*, wenn bereits sehr kleine Fehlerströme eine Schutzeinrichtung zum Ansprechen bringen, sogenannte *dritte Schutzebene*. Der Zusatzschutz ist grundsätzlich optional, in Naßräumen, im Außenbereich sowie in TT-Netzen heute jedoch zwingend vorgeschrieben.

Berührungsspannungen $> 50\,V_{\mathrm{ef}}$ dürfen nur begrenzte Zeit anstehen. Dabei gilt, je höher die mögliche Berührungsspannung, desto kürzer muß die Abschaltzeit des Schutzorgans sein, beispielsweise

$$\begin{aligned}
&\text{Berührungsspannung} \quad \leq 230\,V \quad \rightarrow \quad t_a < 0,4\,s, \\
&\text{Berührungsspannung} \quad \leq 400\,V \quad \rightarrow \quad t_a < 0,2\,s.
\end{aligned}$$

Ferner unterscheidet man zwischen *Fehlerspannung* U_F und *Berührungsspannung* U_T. Erstere ist die mit einem hochohmigen Spannungsmesser *ohne Berührung* meßbare Spannung zwischen einem spannungsführenden Körper und der Bezugserde. Letztere ist die beim Berühren vom menschlichen Körper erfahrene Spannung. Die hier gewählten Definitionen sind nachstehend am Beispiel eines TT-Netzes veranschaulicht, Bild 12.25.

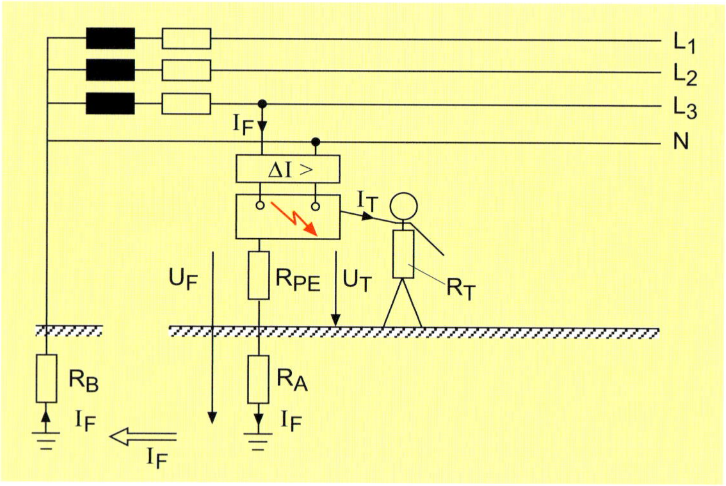

Bild 12.25. Zur Definition von *Fehlerspannung* U_F und *Berührungsspannung* U_T sowie von *Fehlerstrom* I_F und *Körperstrom* I_T. R_B: Betriebserdungswiderstand, R_A: Erdungswiderstand der lokalen Bezugserde, R_T: Körperwiderstand des Menschen.

Die Beträge der Fehler- und Berührspannung hängen von den Erdungsverhältnissen, mit anderen Worten von den Widerständen R_A und R_B sowie dem Schutzleiterwiderstand R_{PE}, ab. Faßt man die diversen Widerstände als Spannungsteilerschaltungen auf, so erhält man unter Vernachlässigung der Widerstände des Außenleiters und des Schutzleiters R_{PE} sowie mit $R_T \gg R_{PE}$ für die Fehlerspannung

$$U_F = \frac{R_A}{R_A + R_B} \cdot \frac{U_n}{\sqrt{3}} \quad . \tag{12.5}$$

Unter den genannten Voraussetzungen ist die Berührungsspannung praktisch gleich Null. Kann der Schutzleiterwiderstand R_{PE} nicht vernachlässigt werden, berechnet sich die Berührungsspannung mit (12.5) zu

$$U_T = \frac{R_{PE}}{R_{PE} + R_A} \cdot U_F \quad . \tag{12.6}$$

Sie nähert sich mit zunehmenden R_{PE} dem Wert der Fehlerspannung.

Im *worst case* eines unterbrochenen Schutzleiters, $R_{PE} \to \infty$, berechnet sich diese Fehlerspannung zu

$$U_F = \frac{R_T + R_A}{R_T + R_A + R_B} \cdot \frac{U_n}{\sqrt{3}} \tag{12.7}$$

und die Berührungsspannung zu

$$U_B = \frac{R_T}{R_T + R_A} \cdot U_F \quad . \tag{12.8}$$

Unter Berücksichtigung der Größenverhältnisse der einzelnen Widerstände nimmt die Berührungsspannung praktisch den Wert der Phasenspannung an.

Der für das Ansprechen des Überstromschutzorgans maßgebliche Fehlerstrom I_F berechnet sich bei vorhandenem Schutzleiter zu

$$I_F = \frac{1}{R_A + R_B} \cdot \frac{U_n}{\sqrt{3}} \quad , \tag{12.9}$$

bei fehlendem Schutzerder zu

$$I_F = \frac{1}{R_A + R_B + R_T} \cdot \frac{U_n}{\sqrt{3}} \quad . \tag{12.10}$$

In letzterem Fall kann der Fehlerstrom so klein werden, daß das vorgeschaltete Überstromschutzorgan erst nach Sekunden oder Minuten, im worst case nicht einmal ein 300 mA Fehlerstromschutzschalter abschalten würde!

In den folgenden Abschnitten wird erläutert, wie der Schutz des Menschen in verschiedenen Netzsystemen realisiert wird.

12.7.1 Nullung (TN-Netze)

Die Nullung ist die am häufigsten in der öffentlichen Stromversorgung angewandte Schutzmaßnahme. Der *Neutralleiter* bzw. *Nulleiter* (historisch) des Verteiltransformators ist in der Ortsnetzstation geerdet, daher der Name TN-Netz. Hierin kennzeichnet der erste Buchstabe T die Erdung des Sternpunkts des Verteiltransformators (franz.: *Terre*), der zweite Buchstabe N die Existenz eines von diesem Sternpunkt ausgehenden, in allen Verbraucheranlagen zusätzlich geerdeten Leiters N, mit dem alle leitfähigen, im Normalbetrieb nicht spannungsführenden Körper der Verbraucheranlage verbunden werden (s. a. 10.5.1). Er wird als sogenannter *PEN-Leiter* (engl.: *Protective-Earth-Neutral*) in einem *Vierleiterkabel* zu den einzelnen Hausanschlüssen der Verbraucheranlagen mitgeführt und dort mit den Sammelschienen N und PE sowie mit dem Fundamenterder und der Potentialausgleichsschiene verbunden, Bild 12.26.

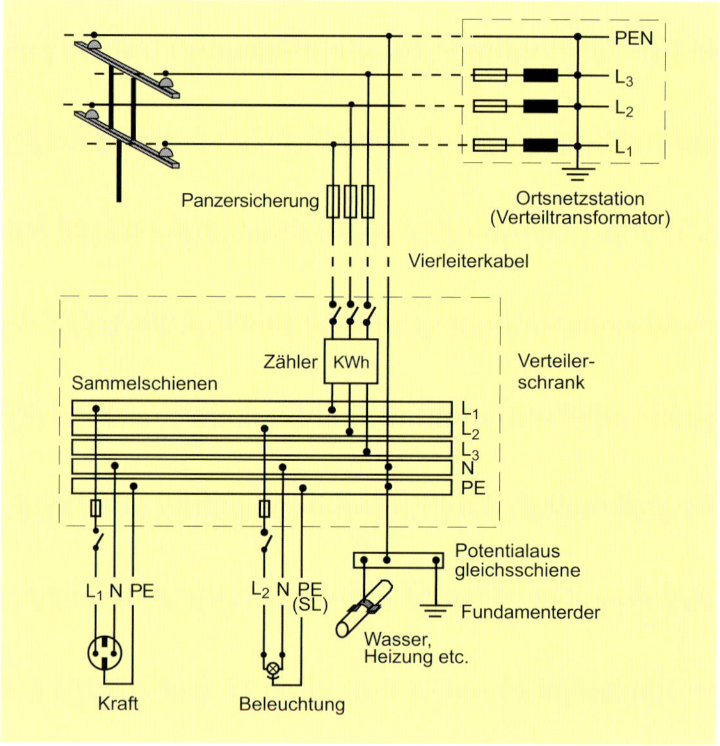

Bild 12.26. Schutzmaßnahme *Nullung* (Moderne Nullung).

Der vierte Leiter dient als *Rückleiter* für einphasige Belastungen und gleichzeitig als *Schutzleiter* zur Erdung metallischer Körper in Verbraucheranlagen.

In modernen Niederspannungsnetzen wird die Doppelfunktion PEN innerhalb der Verbraucheranlage auf zwei separate Leiter mit den Bezeichnungen PE und N aufgeteilt. Der Leiter N dient ausschließlich als Rückleiter für die einphasigen Betriebsströme, der Leiter PE ausschließlich als Schutzleiter für Fehlerströme bei Isolationsschäden. Er ist im Normalbetrieb stromlos, sogenannte *Moderne Nullung*.

In alten *Verbraucheranlagen* diente der PEN-Leiter, beispielsweise in Steckdosen, gleichzeitig als Rückleiter für den Betriebsstrom als auch zur Erdung der Schutzkontakte der Steckdose. Letzteres wurde durch eine interne Brücke bewirkt, sogenannte *Klassische Nullung*. Dies barg beim irrtümlichen Vertauschen der beiden Leiter die Gefahr, daß alle normalerweise spannungsfreien Körper unter Spannung gesetzt werden, weswegen man zur *Modernen Nullung* überging.

Die eigentliche Schutzwirkung der Nullung liegt nicht in der schieren Existenz eines vierten Leiters, sondern in seinem synergistischen Zusammenwirken mit den *Leitungsschutzschaltern* und *Sicherungen* des Netzes. Bei einem Zusammenbruch der Isolation zwischen einem aktiven Leiter und einem mit PE verbundenen Körper fließt sowohl bei der *klassischen* als auch bei der *modernen Nullung* ein Kurzschlußstrom, der den Leitungsschutzschalter ansprechen läßt und damit erst den Schutz gefährdeter Personen bewirkt. Alternativ spricht man daher auch vom *Schutz durch automatische Ausschaltung mit Überstromschutzgeräten*.

Die Impedanz des Leiters PE gegenüber der *fernen Erde* bzw. *Bezugserde* muß jedoch so niedrig sein, daß es zu einem merklichen Kurzschlußstrom kommt, der den Schutzschalter bzw. die Sicherung auch zuverlässig ansprechen läßt. Außerdem darf die Berührungsspannung am „geerdeten Körper" 65 V nicht übersteigen, sogenannte *Nullungsbedingung*. Diese läßt sich in TN-Netzen leicht einhalten, da der PEN nicht nur in der Ortsnetzstation sondern, wie Bild 12.26 zeigt, auch in allen Verbraucheranlagen lokal mit Erde verbunden wird. Ein rechnerischer Nachweis erübrigt sich damit.

In Bild 12.26 handelt es sich sowohl beim *EVU-Verteilnetz* in der oberen Bildhälfte als auch beim Niederspannungsnetz der Verbraucheranlage in der unteren Bildhälfte um TN-Netze. Die Tatsache, daß im EVU-Verteilnetz PE und N in einem Leiter kombiniert sind, kennzeichnet man durch den Zusatzbuchstaben C (franz.: *Combinée*), man spricht also von einem TN-C-Netz. Bei der Verbraucheranlage spricht man von einem TN-S-Netz, weil die PE- und N-Leiter separat geführt werden (franz.: *Séparée*).

12.7.2 Schutzerdung (TT-Netze)

Beim Prinzip *Schutzerdung* sind metallische Gehäuse nur lokal geerdet, mit anderen Worten nicht über einen expliziten Schutzleiter an den geerdeten Transformatorsternpunkt angeschlossen (in der BRD in ländlichen Gegenden oder in Frankreich und Italien). Der lokale Erder und der Transformatorsternpunkt sind lediglich über das Erdreich in undefinierter Weise miteinander verbunden, Bild 12.27.

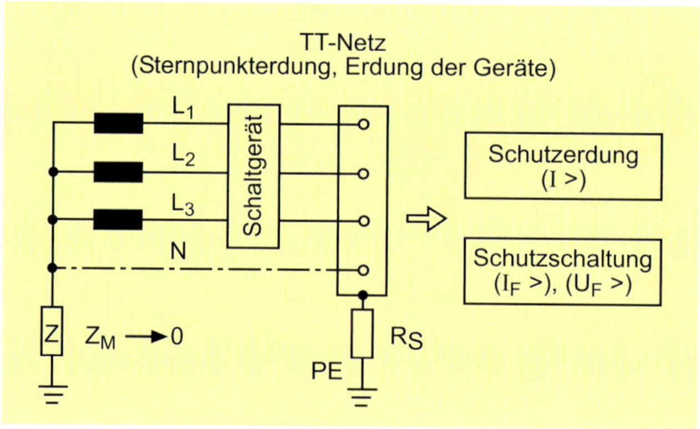

Bild 12.27. Schutzerdung mit Einzelerder. PE: Schutzleiter, R_S: Erdungswiderstand (s. a. 10.5.1)

Ein Isolationsversagen zwischen einem spannungsführenden Leiter und einem geerdeten Gehäuse führt zu einem Überstrom, der ein Auslösen und Ansprechen des Leitungsschutzschalters bzw. das Schmelzen einer Sicherung innerhalb einer vorgegebenen Mindestzeit bewirken soll (s. 12.7). Der *Leitungsschutz* fungiert also auch hier gleichzeitig als *Personenschutz*. Damit eine sichere Abschaltung gewährleistet ist, darf der Schutzerdungswiderstand R_S am geschützten Betriebsmittel nicht größer sein als

$$R_S \leq \frac{U_r/\sqrt{3}}{I_A}$$

I_A Abschaltstrom des Überstromschutzorgans gemäß Zeit-/Strom-Diagramm bei einer Abschaltzeit $\leq 0,2s$

Die Abschaltzeiten ergeben sich je nach Höhe des Fehlerstroms aus der Zeit-/Stromkennlinie des Schutzorgans.

Die erforderlichen niedrigen Erdungswiderstände von nur wenigen Ohm sind mit lokalen Einzelerdern wirtschaftlich nicht zu erreichen. Deshalb bedient man sich des Wasserleitungsnetzes und schließt daran auch den Sternpunkt des Transformators an.

Moderne Trinkwasseranschlüsse mit Kunststoffrohren tragen nicht mehr zu einer Verringerung des Erdungswiderstands bei. Im allgemeinen sind die auftretenden Berechnungsspannungen deutlich größer als in TN-Netzen mit ihren vielfach geerdeten niederohmigen Schutzleitern. Es werden deshalb in TT-Netzen als vorrangige Schutzmaßnahme grundsätzlich *Fehlerstromschutzschalter* eingebaut (s. a. 12.7.4). Aus diesem Grund wird dieses Schutzprinzip auch *Schutz durch automatische Ausschaltung mit Fehlerstromschutzschaltern* genannt. Beim Versagen eines Fehlerstromschutzschalters ist in der Regel ein Personenschutz nicht mehr sicher gewährleistet.

12.7.3 Schutzleitungssystem (IT-Netze)

Während beim Prinzip *Schutzerdung* sowohl der Transformatorsternpunkt als auch die Verbrauchergehäuse geerdet werden, ist im Fall des Prinzips *Schutzleitung* der Sternpunkt des Transformators isoliert, sogenannte *IT-Netze*, Bild 12.28.

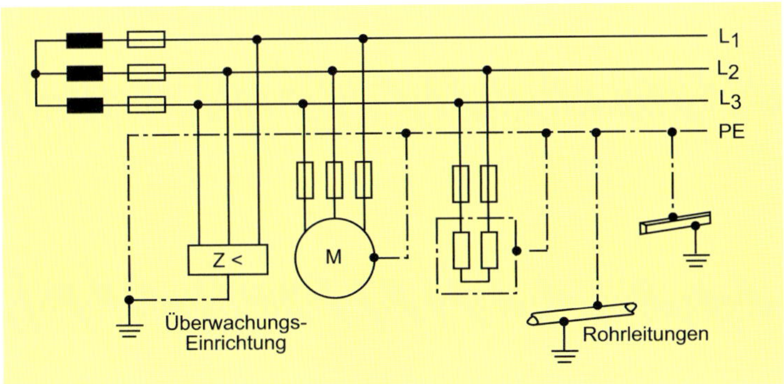

Bild 12.28. IT-Netz mit Schutzleitungssystem und isoliertem Transformatorsternpunkt.

IT-Netze basieren auf dem Schutzleitungssystem (s. a. 10.5.3). Das Schutzleitungssystem findet man vorwiegend in Operationssälen und Fabrikationsanlagen, wo eine sofortige Stromabschaltung bei Fehlereintritt vermieden werden muß, sowie in explosionsgefährdeten Räumen. Bei Auftreten eines Isolationsfehlers fließt in kleinen Anlagen ein ungefährlicher kapazitiver Erdschlußstrom. Der Fehler wird durch eine *Isolationsüberwachungseinrichtung* gemeldet.

IT-Netze besitzen durch kleinere Fehlerströme ein geringeres Brandrisiko, erfordern jedoch geschultes Personal für den Betrieb, da Fehlerstellen mitunter schwer zu finden sind (keine Anzeige durch ausgelöste Sicherungen).

12.7.4 Fehlerstrom-(FI)-Schutzschaltung

Der FI-Schutzschalter (engl.: RCD, *Residual Current Device*) beruht auf dem *Differentialschutzprinzip* (s. a. 12.3.3). Die in ein Betriebsmittel oder einen Verbraucher über die Außenleiter und den Neutralleiter hinein- und herausfließenden Ströme müssen sich sowohl für symmetrische als auch für unsymmetrische Belastung zu Null addieren. Heben sich die Stromdurchflutungen infolge eines Lecktroms zur Erde nicht mehr gegenseitig auf, wird die verbleibende Differenz durch eine Sensorwicklung detektiert und der Stromkreis allpolig abgeschaltet, Bild 12.29.

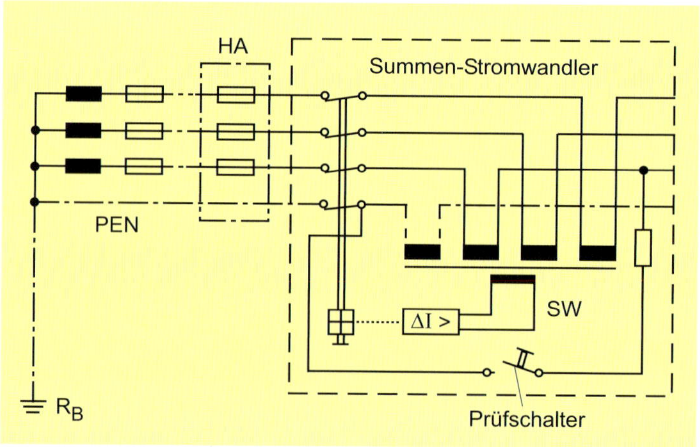

Bild 12.29. FI-Schutzschaltung. SW: Sensorwicklung, HA: Hausanschluß mit Panzersicherung.

In *wirksam* geerdeten Netzen, in denen die Spannung des Neutralleiters auch im Fehlerfall immer unter der maximal zulässigen Berührungsspannung bleibt, beispielsweise in TN-Netzen, genügt ein dreipolig abschaltender FI-Schalter. In TT-Netzen ist bei nicht wirksamer Erdung ein *vierpolig* abschaltender FI-Schalter erforderlich.

Fehlerstromschutzschalter werden für Nennfehlerströme $I_{\Delta N}$ ab 0,01 A angeboten. Sie garantieren, bei $I_{\Delta N} \leq 30mA$, einen Schutz sowohl bei *indirektem* als auch *direktem* Berühren. Höhere Ansprechströme, beispielsweise 300 mA, gewährleisten Schutz nur bei *indirektem* Berühren. Die höheren Ansprechströme kommen zum Einsatz, wenn betrieblich bedingt hohe Leckströme auftreten, beispielsweise in der Landwirtschaft oder mineralisch isolierten Leitungen, deren Isolationsfestigkeit durch Feuchtigkeit beeinträchtigt wird (z. B. Elektrospeicherheizungen). Für Verbraucher mit beweglichen Zuleitungen (Rasenmäher etc.) werden zwischen Stecker und Steckdose geschaltete portable FI-Schutzschalter empfohlen.

12.7.5 Fehlerspannungs-(FU)-Schutzschaltung

Wird im TT-Netz als Schutzorgan ein *Fehlerspannungsschutzschalter* eingesetzt, spricht man von einer *FU-Schutzschaltung*. Sie verhindert das Bestehen zu hoher Berührungsspannungen durch allpoliges Abschalten, Bild 12.30.

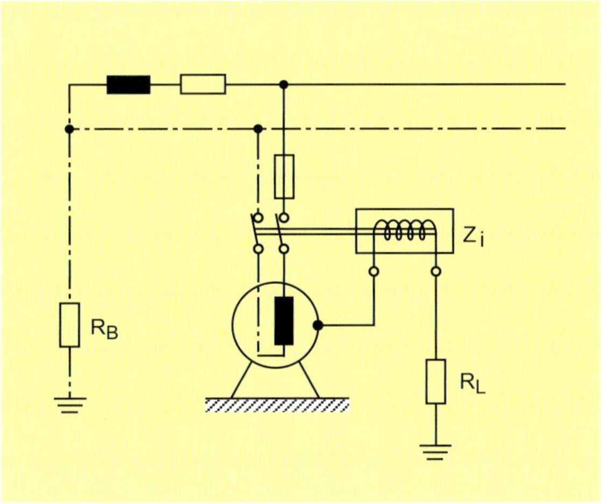

Bild 12.30. FU-Schutzschaltung. R_B: Betriebserdung, R_L: Lokale Erde.

Wegen der hohen Impedanz Z_i der Auslösespule toleriert dieses Prinzip vergleichsweise große Erdungswiderstände R_H. Die Funktionssicherheit von FU-Schaltern ist jedoch bei bereits anderweitig geerdeten Gehäusen stark eingeschränkt (die Spule wird dann praktisch kurzgeschlossen). Fehlerspannungsschutzschalter sind daher nur noch historisch und in Deutschland nicht mehr zugelassen.

12.7.6 Schutztrennung

Unter Schutztrennung versteht man die galvanische Trennung eines Verbrauchers vom speisenden Netz mittels eines *Trenntransformators* oder *Motorgenerators*.

Trenntransformatoren sind durch das Symbol ⚮ gekennzeichnet. In Fällen, in denen die Schutztrennung zwingend vorgeschrieben ist, darf nur ein Verbraucher mit höchstens 16 A Nennstrom pro Trenntransformator angeschlossen werden. Damit ergeben sich als Leistungsgrenzen:

$$\text{bei Zweileiteranschluß}: S = 250\ \text{V} \cdot 16\ \text{A} = 4\,\text{kVA} \tag{12.11}$$

$$\text{bei Dreileiteranschluß}: S = \sqrt{3} \cdot 380\,\text{V} \cdot 16\ \text{A} = 10,5\,\text{kVA} \tag{12.12}$$

Beim Auftreten zweier Fehler im Sekundärkreis des Trenntransformators kann eine Durchströmung des Menschen nicht verhindert werden, Bild 12.31.

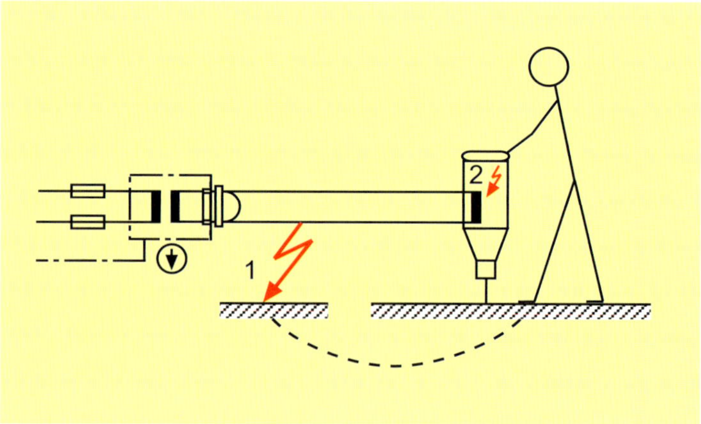

Bild 12.31. Trenntransformator (ortsfest) mit Erdschluß (1) im Sekundärkreis und Körperschluß (2) im Verbraucher.

12.7.7 Schutzisolierung

Zusätzlich zur normalen Betriebsisolierung wird eine weitere Isolierung zwischen der Betriebsisolierung und Erde angebracht. Sie verhindert das Entstehen gefährlicher Fehlerströme, Bild 12.32.

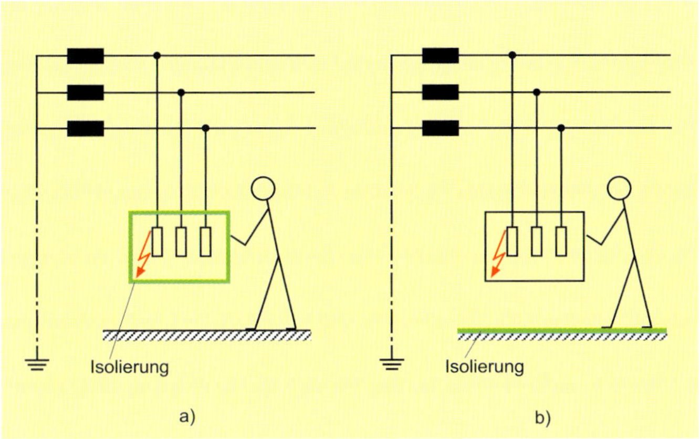

Bild 12.32. Schutzisolierung. a) Isolierstoffgehäuse, b) Standortisolierung.

Hier verhindert

- die zusätzliche Isolierung des Betriebsmittels und/oder
- die Isolierung des Standorts (alle in Hand- und Fußbereich angeordneten geerdeten Teile sind zu isolieren)

einen Stromfluß durch den Menschen.

Die *Schutzisolierung* der Betriebsmittel wird bevorzugt angewendet. Sie ist die einfachste und wirkungsvollste Schutzmaßnahme und wird vor allem bei Kleingeräten angewendet, beispielsweise *Handmixer*, *Bohrmaschinen*, *Rasenmäher*.

Die Schutzmaßnahmen zur Verhütung elektrischer Unfälle, die den anerkannten Regeln der Elektrotechnik entsprechen (und an denen sich die Rechtssprechung orientiert) sind im VDE-Vorschriftenwerk aufgeführt. Auch die Unfallverhütungsvorschriften der Berufsgenossenschaften stützen sich im wesentlichen auf die einschlägigen VDE-Bestimmungen. Alle Betriebsmittel, die vom VDE auf die Einhaltung seiner Bestimmungen geprüft wurden, tragen das VDE-Zeichen. Die oben vorgestellten Schutzmaßnahmen sind in der VDE-Bestimmung 0100 „Bestimmungen für das Errichten von Starkstromanlagen mit Nennspannungen bis 1.000 V“ enthalten.

Die in diesem Kapitel angestellten Betrachtungen lassen die Komplexität der Schutztechnik lediglich andeutungsweise erahnen. Insbesondere ist zu berücksichtigen, daß fehlerhafte Schutzkoordination, Schutzversagen, Über- oder Unteransprechen etc. jedes Mal große finanzielle Auswirkungen haben kann. Schutzrelais und deren Einstellung können zwar in simulierter Umgebung ausgetestet werden, ihre korrekte Funktion muß sich letztlich aber unter realen Bedingungen im Netz erweisen. Während bei der Softwareentwicklung oder beim experimentellen Schaltungsentwurf anfänglich nahezu beliebig viele Fehler gemacht werden dürfen, verlangt die Schutztechnik in Transportnetzen eine Null-Fehler-Philosophie. Die Schutztechnik ist daher wie die Schaltanlagentechnik eine anspruchsvolle, eigenständige Disziplin, die mit ihr befaßte Ingenieure voll ausfüllt. Zur Vertiefung wird der Leser auf das umfangreiche Schrifttum verwiesen.

Vertiefendes Schrifttum zu Kapitel 12

1. Hubensteiner, H. et al.: Schutztechnik in elektrischen Netzen, Bd. 1, Grundlagen und Ausführungsbeispiele. VDE-Verlag, Berlin/Offenbach, 1997.
2. Müller, L. u. Malta, W.: Selektionsschutz elektrischer Anlagen. 3. Auflage, VWEW-Verlag, Frankfurt a. M., 2001.
3. VDEW: VDEW-Ringbuch Schutztechnik. VWEW-Verlag, Frankfurt a. M., 1989 - 2000.
4. Schossig, W.: Netzschutztechnik. 2. Auflage, VWEW-Verlag, Frankfurt a. M., 2002.
5. Elmore, W. A.: Protective Relaying, Theory and Applications. 2. Auflage, Marcel Dekker Verlag, 2003.
6. Blackburn, J. L.: Protective Relaying. 2. Auflage, Marcel Dekker Verlag, 1997.
7. Ungrad, H. et al.: Schutztechnik in Elektroenergiesystemen. 1. Auflage, Springer-Verlag, Berlin, Heidelberg, 1991.
8. Clemens, H. und Rothe, K.: Relaisschutz in Elektroenergiesystemen. 3. Auflage, VDE-Verlag, Frankfurt a. M., 1991.

9. Doemeland, W: Relaisschutztechnik. 6. Auflage, VDE-Verlag, Frankfurt a. M., 1997.
10. Gremmel, H.: Schaltanlagen. 10. Auflage, Cornelsen Verlag, Berlin, 1999.
11. Krefter, K. H.: DIN VDE 0100, Daten und Fakten für das Einrichten von Gebäuden. 1. Auflage, VDE Schriftenreihe Normen verständlich, Band 105, VDE-Verlag, Berlin/Offenbach, 2000.
12. Hotopp, R. et al.: Schutzmaßnahmen gegen elektrischen Schlag. 11. Auflage, VDE Schriftenreihe Normen verständlich, Band 9, VDE-Verlag, Berlin/Offenbach, 1998.
13. Biegelmeier, G. et al.: Schutz in elektrischen Anlagen/Schutzeinrichtungen. VDE-Verlag, Offenbach, 1999.

13. Frequenz- und Spannungsregelung

Im stationären Betrieb eines Hochspannungsnetzes mit Nennfrequenz f_N und einem bestimmten Spannungsprofil U_{Ni} (Spannungen der einzelnen Netzknoten) herrscht Gleichgewicht zwischen erzeugter und aufgenommener *Wirkleistung* sowie erzeugter und aufgenommener *Blindleistung*. Störungen des jeweiligen Gleichgewichts führen zu unerwünschten Frequenzänderungen Δf bzw. Spannungsänderungen ΔU. Beispielsweise bewirkt eine Zunahme des Wirkleistungsverbrauchs bei unveränderter Primärenergiezufuhr in den Kraftwerken eine Drehzahl- bzw. Frequenzabsenkung, eine Zunahme des Blindleistungsverbrauchs eine Verringerung der Knotenspannungen um die Spannungsabfälle längs der Leitungs- und Generatorreaktanzen. Unter den Regelgrößen eines Elektroenergiesystems versteht man daher zunächst die einheitliche *Frequenz* des Netzes und die *Spannungen der einzelnen Netzknoten*, im Verbundnetz zusätzlich die nach bestimmten Vereinbarungen zwischen den Partnern über Kuppelleitungen ausgetauschten Wirk- bzw. Blindleistungen, sogenannte *Übergabeleistungen.*

Störgröße der Frequenz- und Spannungsregelung ist die von den Abnehmern initiierte, über den Tagesverlauf veränderliche Netzlast. Dieses Verhalten läßt sich bereits an einem einzelnen Generator erläutern. Beispielsweise sinkt die *Drehzahl* eines im Alleinbetrieb arbeitenden Synchrongenerators und der ihn antreibenden Turbine bei *Wirkbelastung* ab und damit auch die *Frequenz* der erzeugten Spannung $f = n\,p/60$. Ebenso verringert sich die *Klemmenspannung* bei induktiver *Blindleistungsabgabe* aufgrund der *Ankerrückwirkung* (s. a. 6.2.2). Mit Hilfe von Regeleinrichtungen lassen sich die Drehzahl der Turbine über die Primärenergiezufuhr (z. B. Wasser-, Dampfventil), die Klemmenspannung über die Gleichstromerregung des Läufers $U_K = \text{g}(E_p)$ unabhängig von der Belastung konstant halten, Bild 13.1.

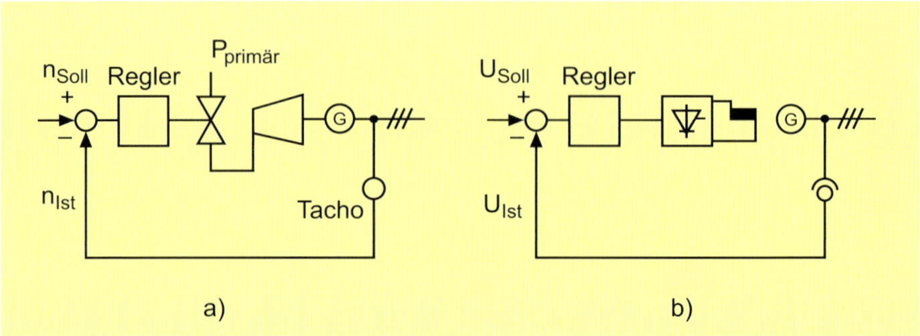

Bild 13.1. Prinzip der Drehzahl- bzw. Frequenzregelung und der Spannungsregelung eines Generatorsatzes. a) Frequenzregelung, b) Spannungsregelung.

Das lastabhängige *Beharrungsverhalten* eines Generatorsatzes, mit anderen Worten die Funktion *Regelgröße* = *f* (*Störgröße*), auch *Störverhalten* oder *Maschinenkennlinie* genannt, für ungeregelten und geregelten Betrieb zeigt Bild 13.2.

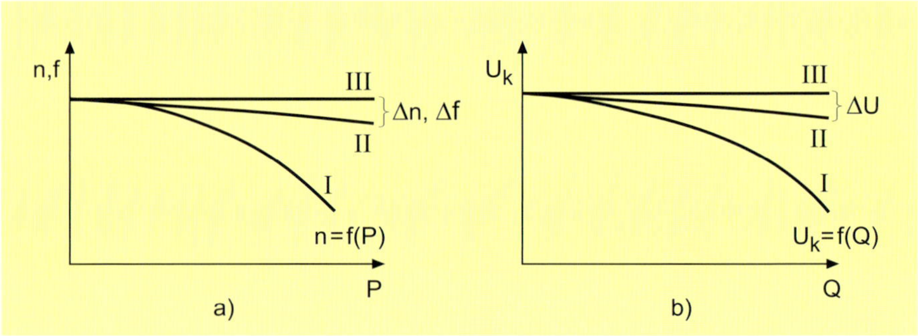

Bild 13.2. Unterschiedliches Beharrungsverhalten eines Generatorsatzes im Alleinbetrieb. a) Frequenzverhalten, b) Spannungsverhalten.

I. *Natürliche Kennlinien* ($P_{mech} = \text{const}, \; E_p = \text{const}$)

Die *natürlichen* Kennlinien zeigen die stationären Betriebszustände eines Generatorsatzes für konstant gehaltene Antriebsleistung P_{mech} und konstant gehaltene Polradspannung E_p *im ungeregelten Be-*

trieb. Drehzahl und Klemmenspannung sind stark lastabhängig. Jedem Belastungswert P ist über die Funktion $n = f(P)$ eine eindeutige Drehzahl zugeordnet. Ebenso ist jeder Blindleistung Q über die Funktion $U_K = f(Q)$ eine eindeutige Klemmenspannung U_K zugeordnet.

II. *Regelung mit Proportionalverhalten* ($\Delta f_\infty \neq 0, \quad \Delta U_\infty \neq 0$)
Bei einem Proportionalregler ist die Ausgangsgröße zu jedem Zeitpunkt der Eingangsgröße proportional

$$x_a(t) = K\, x_e(t) \quad . \tag{13.1}$$

Die Regelgröße weist daher im Beharrungszustand immer eine endliche Regelabweichung Δn_∞ bzw. ΔU_∞ auf, da die Proportionalverstärkung aus Stabilitätsgründen nicht beliebig hoch gewählt werden kann. Jedem Belastungswert ist ein eindeutiger Funktionswert über eine *Geradengleichung* mit der Steigung

$$\frac{\Delta n}{\Delta P} = -\frac{1}{K_P} \qquad \frac{\Delta U_K}{\Delta Q} = -\frac{1}{K_Q} \quad , \tag{13.2}$$

zugeordnet (s. 13.1.1), daher der Name Proportionalverhalten.

III. *Regelung mit Integralverhalten* ($\Delta f_\infty = 0, \Delta U_\infty = 0$)
Ergänzt man eine Regelung mit Proportionalverhalten um einen I-Anteil, so läßt sich deren endliche Abweichung auch bei stabiler P-Verstärkung zum Verschwinden bringen, da die Regeldifferenz am Eingang verschwindet,

$$x_a(t) = K \int x_e(t)dt \quad . \tag{13.3}$$

Eine Regelung mit für t $\to \infty$ verschwindender Regelabweichung ist für den Alleinbetrieb ideal, eignet sich aber nicht für das Parallelarbeiten mehrerer Maschinen, da hier einer bestimmten Drehzahl bzw. Klemmenspannung nicht eindeutig ein zugehöriger Belastungszustand zugeordnet werden kann. Der in den Kennlinien I und II enthaltene funktionelle Zusammenhang von Regelgröße und Störgröße ist nicht gegeben (s. 13.1.2).

Beim Betrieb eines Synchrongenerators am „starren“ Netz werden Frequenz und Klemmenspannung in erster Näherung vom Netz festgehalten, das vom einzelnen Generator aus betrachtet als *Konstantspannungsquelle* mit sehr kleinem Innenwiderstand (Parallelschaltung aller anderen Generatoren) wirkt, d. h. $df/dP \approx 0$, $dU/dQ \approx 0$.

Eine Erhöhung der Primärenergiezufuhr durch Drehzahlsollwertverstellung äußert sich in diesem Fall nicht in einer entsprechenden Drehzahländerung, sondern in einer Zunahme des Winkels zwischen Läufer- und Ständerdrehfeld, sogenannter *Polradwinkel* (s. 6.2.2). Je weiter das Polrad dem Ständerdrehfeld vorauseilt, desto größer ist die abgegebene Wirkleistung. Gleichzeitig wandert $\underline{E}_p$ mit veränderlichem Polradwinkel, je nach eingestelltem Erregerstrom I_E, auf konzentrischen Kreisbögen. Der Winkel ϑ variiert je nach abgegebener Wirkleistung um wenige 10°, Bild 13.3.

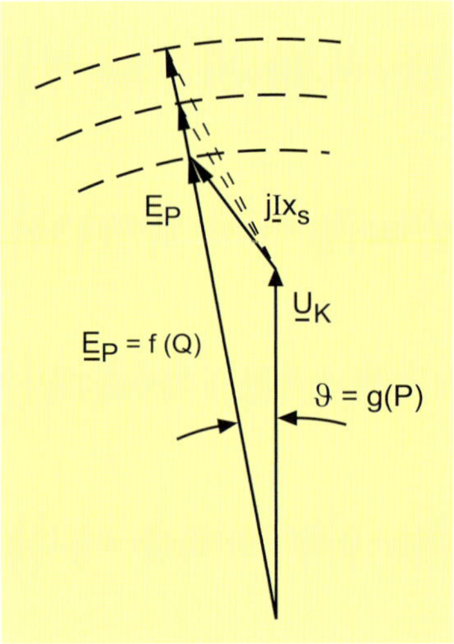

Bild 13.3. Ortskurven der Polradspannung eines Synchrongenerators am starren Netz. ϑ: Polradwinkel.

In ähnlicher Weise bewirkt eine Erhöhung des Erregerstroms (durch Spannungssollwertverstellung) keine wesentliche Zunahme der Klemmenspannung, sondern lediglich der abgegebenen Blindleistung. Die Zeigerspitze der Polradspannung $\underline{E}_p$ wandert in diesem Fall bei sich nur geringfügig änderndem Polradwinkel ϑ, abhängig vom eingestellten Erregerstrom I_E, radial von einer Kreisbahn zur nächsten. *Spannungsregelung* und *Drehzahlregelung* sind daher bei nicht zu großen Leistungsänderungen in erster Näherung *statisch entkoppelt.*

Da ein reales Netz nicht ganz starr ist, führt eine Erhöhung des Wirkleistungsverbrauchs zu einer gerade noch wahrnehmbaren *Frequenzabsenkung* Δf (fallende Drehzahl-/Leistungskennlinie der Turbine), eine Erhöhung des Blindleistungsbedarfs zu einer kleinen *Spannungsabsenkung* ΔU (fallende Spannungs-/Leistungskennlinie der Generatoren bei induktiver Belastung). Ersteres Fehlersignal sorgt über den Drehzahlregler durch Primärenergiezufuhr für eine Erhöhung der Wirkleistungsabgabe, letzteres über den Spannungsregler für eine höhere Blindleistungsabgabe. Der reinen *Drehzahl-* und *Spannungsregelung* des *Alleinbetriebs* kommt daher beim *Betrieb am Netz* die Wahrung der *Wirkleistungs-* und *Blindleistungsbilanz* zu.

Quasistatische Laständerungen ΔP beeinflussen nur die *Winkel* der Knotenspannungen, mit anderen Worten die Wirkleistungsflüsse und letztlich die Frequenz des Netzes. Quasistatische Blindleistungsänderungen ΔQ beeinflussen nach korrektivem Eingriff auf den Erregerstrom I_E die Höhe der Polradspannung $\underline{E}_P$. Dank dieser Entkopplung lassen sich *stationäre Frequenzregelung* und *stationäre Spannungsregelung* getrennt betrachten.

Da beim Betrieb am Netz eine *Drehzahlsollwertverstellung* einer Änderung der abgegebenen *Wirkleistung* und eine *Spannungssollwertverstellung* einer Änderung der abgegebenen *Blindleistung* entspricht, gehen Drehzahl- und Spannungsregelung des *Alleinbetriebs* beim *Betrieb am Netz* in eine

Wirkleistungs- bzw. *Blindleistungsregelung*

über. *Drehzahlsollwertverstellungen* verändern den *Wirkleistungsfluß*, *Spannungssollwertverstellungen* verändern den *Blindleistungsfluß*.

Hierdurch kann die Wirkleistungs- und Blindleistungsbalance trotz Schwankungen der Störgröße konstant gehalten werden. Gleichzeitig bewirkt dies die Konstanz von Frequenz und Spannung.

Meist gibt es für die Wirkleistungsregelung zwei praktisch identische Regler. Einer arbeitet während des An- und Abfahrens als *Drehzahlregler*, der andere während des Betriebs am Netz als *Wirkleistungsregler* (s. 13.1.2).

Wenngleich Drehzahl und Frequenz einander streng proportional sind, wird die lokal wirkende *Drehzahlregelung* der Generatoren gewöhnlich nicht als *Frequenzregelung* bezeichnet. Letzterer Begriff ist für die von einem übergeordneten zentralen *Netzregler* je Elektroenergiesystem vorgenommene Regelung der einheitlichen Frequenz des Netzes reserviert. Im folgenden werden *Frequenzhaltung* und *Spannungshaltung* getrennt betrachtet, wobei der Schwerpunkt auf der *Frequenzhaltung* liegt.

Bei der Behandlung des dynamischen Verhaltens ist jedoch eine Rückwirkung der Spannungsregelung auf die Frequenzregelung zu berücksichtigen (s. Kapitel 18).

13.1 Frequenzregelung

13.1.1 Alleinbetrieb

Die Drehzahl eines allein betriebenen Generatorsatzes und damit auch die Frequenz der Generatorspannung sinken, wenn aufgrund erhöhter Wirkleistungsabgabe ins Netz ein stärkeres *Bremsmoment* auf die Turbinenwelle ausgeübt wird. Durch Öffnen der Einlaßorgane, mit anderen Worten, durch Erhöhung der Fluidströme (Dampf, Wasser, Gas) bzw. der Primärenergiezufuhr kann die Drehzahlabsenkung verhindert werden.

Bild 13.4 veranschaulicht dies an einer Dampfturbinenregelung, die entweder im *Gleitdruck-* oder *Festdruckbetrieb* arbeiten kann.

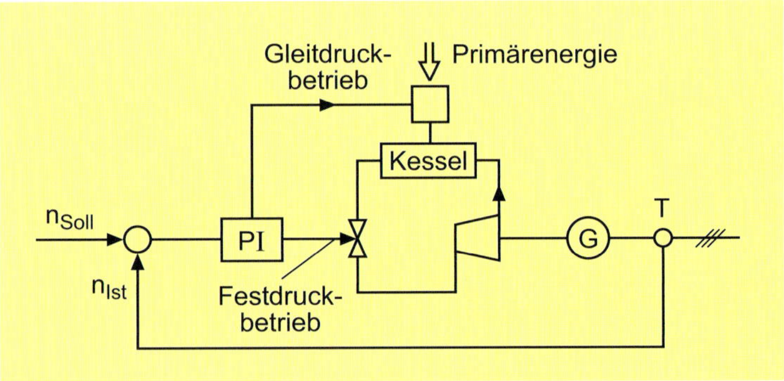

Bild 13.4. Prinzip der Drehzahlregelung einer Dampfturbine. PI: Regler mit Proportional-/Integralverhalten.

Im *Gleitdruckbetrieb* wird die Turbinenleistung bei konstanter Öffnung der Einlaßventile allein durch Änderung der Primärenergiezufuhr geregelt (Frischdampfdruck gleitet mit der Leistung), was dank geringerem

Drosselverlust einen höheren Wirkungsgrad ermöglicht. Im *Festdruckbetrieb* erfolgt die Leistungsregelung bei konstantem Dampfdruck durch sequentielles Öffnen oder Schließen mehrerer paralleler Dampfeinlaßventile (s. a. 4.3.2.2). Der *kombinierte Gleitdruck-/ Festdruckbetrieb* fährt im Teillastbereich mit Gleitdruck-, im Vollastbereich (z. B. > 80 %) mit Festdruckregelung.

Bei Ausregelung der Lastschwankungen mit einem *Proportionalregler* mit *Proportionalverhalten* verbleibt eine endliche Regelabweichung, die zu einer *bleibenden Drehzahlabsenkung* Δn führt und gegebenenfalls auch das sequentielle Öffnen einzelner Ventile erkennen läßt, Bild 13.5a. Ergänzt man den Regler um einen I-Anteil, bleibt die Drehzahl exakt konstant, sogenanntes *Integralverhalten*, Bild 13.5b.

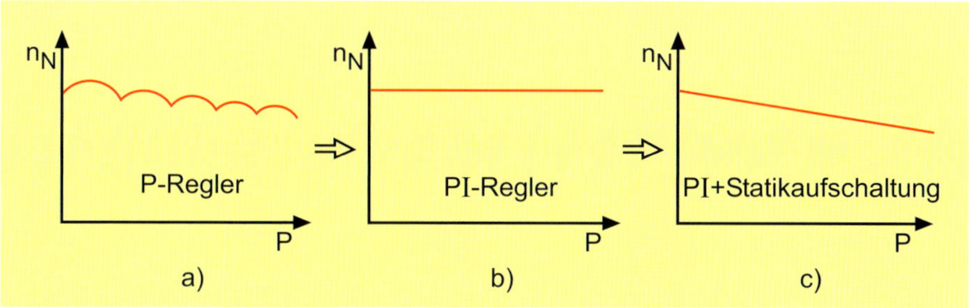

Bild 13.5. Kennlinien verschiedener Drehzahlregelungen.

Durch die wirkleistungsabhängige Beeinflussung des Istwertsignals (*Statikaufschaltung*) läßt sich auch der PI-Regelung Proportionalverhalten vorschreiben (sogenannte *PI-Regelung mit Ausgleich*), sofern dies beispielsweise für den Parallelbetrieb erforderlich ist, Bild 13.5c.

Für Regelungen mit *Integralverhalten* bzw. *Proportionalverhalten* werden aus historischen Gründen oft die synonymen Begriffe *astatische* bzw. *statische* Regelung verwendet. Letztere ermöglicht die „ *statische*“, genauer gesagt die *stabile* Lastaufteilung im Parallelbetrieb.

Als Maß zur Kennzeichnung des Proportionalverhaltens verwendet man in der Kraftwerkstechnik ferner die Begriffe *Leistungszahl* und *Statik* (engl.: *Droop*). Sie werden aus der absoluten bzw. relativen Drehzahl-/Wirkleistungskennlinie definiert, Bild 13.6a,b.

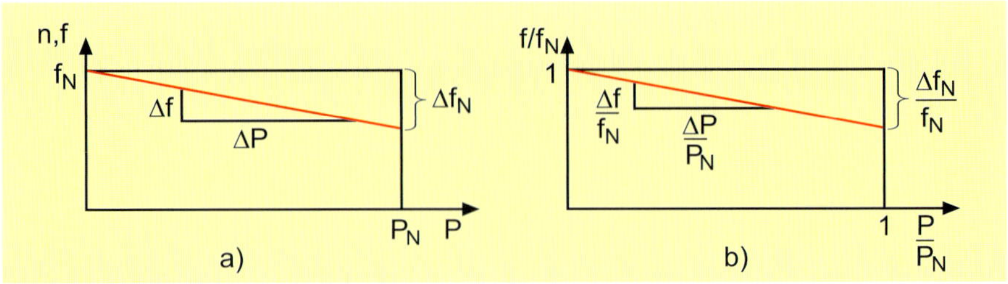

Bild 13.6. a) *Absolute* und b) *relative* Drehzahl/Wirkleistungskennlinie zur Definition von *Leistungszahl* und *Statik*.

Aufgrund des Proportionalverhaltens gelten die *Geradengleichungen*

$$f(P) = -\underbrace{\boxed{\frac{\Delta f_N}{P_N}}}_{K^{-1}} P + f_N \quad \text{bzw.} \quad \frac{f(P/P_N)}{f_N} = -\underbrace{\boxed{\frac{\Delta f_N/f_N}{1}}}_{S} \frac{P}{P_N} + 1 \tag{13.4}$$

Aus ihren Steigungen folgt

$$\boxed{\text{Leistungszahl } K = \frac{\Delta P}{\Delta f} = \frac{P_N}{\Delta f_N}} \quad \text{und} \quad \boxed{\text{Statik } S = \frac{\Delta f_N}{f_N} 100\,\%} \tag{13.5}$$

Der negative Reziprokwert der Leistungszahl und die negative Statik entsprechen der *Steigung* der Kennlinien. In der Nomenklatur der Regelungstechnik wird die Leistungszahl als *Übertragungsbeiwert*, die Statik als *Proportionalgrad* bezeichnet. Letzterer ist der *normierte Regelgrößenbereich*, wenn Stell- bzw. Störgröße von 0 bis 100 % durchfahren werden.

Die Statik ist ein von Maschinengröße und -drehzahl unabhängiges Maß zur Kennzeichnung des Beharrungsverhaltens. Statik und Leistungszahl lassen sich ineinander umrechnen,

$$K = \frac{P_N}{\Delta f_N} = \frac{P_N\, 100\,\%}{f_N\, S} \quad \text{bzw.} \quad S = \frac{P_N}{f_N\, K} 100\,\% \quad . \tag{13.6}$$

Mit der Leistungszahl kann der Einfluß eines Wirklastsprungs ΔP auf die Frequenz berechnet werden. Beispielsweise erhält man für die Leistungszahl eines Generators mit $P_N = 30\,MW$ und $S = +5\,\%$

$$K = \frac{30\,\mathrm{MW}}{50\,\mathrm{Hz}\,0{,}05} = 12\,\frac{\mathrm{MW}}{\mathrm{Hz}} \quad , \tag{13.7}$$

und damit für einen Lastsprung $\Delta P = 1\,\mathrm{MW}$ die Frequenzabsenkung

$$\Delta f = -\frac{1}{K}\Delta P = -\frac{1\,\mathrm{Hz}}{12\,\mathrm{MW}}\,1\,\mathrm{MW} = -0{,}08\,\mathrm{Hz} \quad . \tag{13.8}$$

13.1.2 Parallelbetrieb

Von Ausnahmen abgesehen, arbeiten Synchrongeneratoren nicht im Alleinbetrieb, sondern parallel in einem Netz, dem sie bei Gleichheit von *Frequenz*, *Phasenfolge*, *Betrag* und *Phasenwinkel* der Spannung stoßfrei zugeschaltet werden können, sogenannte *Synchronisation*. Für Drehzahlregelungen mit *Integralverhalten* (astatische Kennlinie) wäre die Aufteilung der Wirkleistung wegen der fehlenden Zuordnung Drehzahl/Wirkleistung unbestimmt. Im Parallelbetrieb zweier Generatoren ließe sich keine der jeweiligen Nennleistung der Generatoren entsprechende Lastverteilung aufrechterhalten, vielmehr würde meist ein Generator entlastet, der andere überlastet, Bild 13.7.

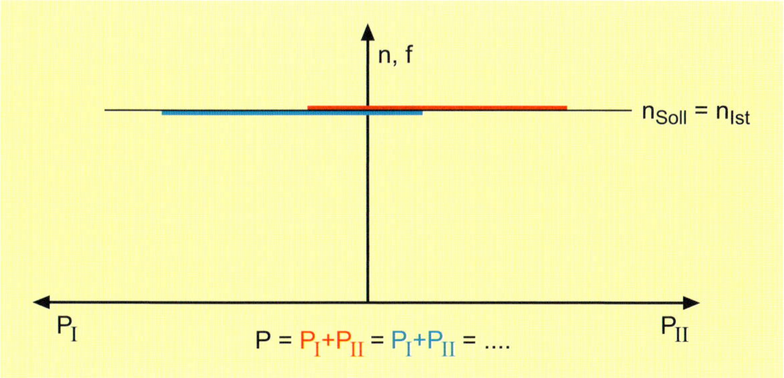

Bild 13.7. Nicht eindeutige Lastaufteilung im Parallelbetrieb zweier Generatoren mit astatischer Kennlinie (Integralverhalten, Statik $S_{\mathrm{I}} = S_{\mathrm{II}} = 0$).

Mit Rücksicht auf eine definierte Lastaufteilung schreibt man im Parallelbetrieb den Regelungen *Proportionalverhalten* vor, was je nach Randbedingungen durch den Einsatz von P-Reglern oder PI-Reglern mit Störgrößenaufschaltung am Reglereingang erreicht wird (in der Kraftwerkstechnik *Statisierung* bzw. *Statikaufschaltung* genannt), Bild 13.8.

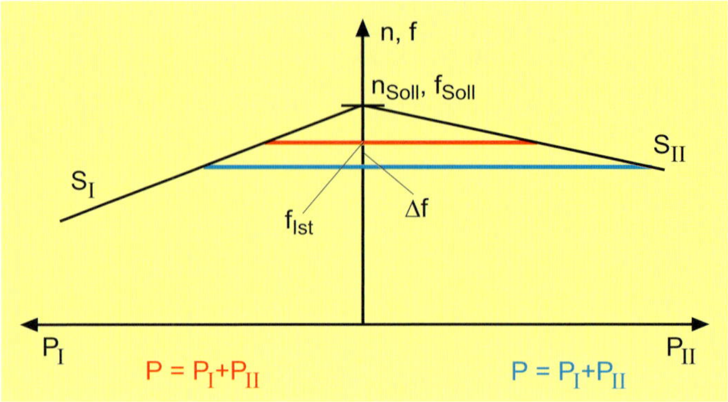

Bild 13.8. Eindeutige Lastaufteilung im Parallelbetrieb zweier Generatoren mit *statischer* Kennlinie (Proportionalverhalten, $S_{\mathrm{I}}, S_{\mathrm{II}} = g(f)$).

Bei einem Wirklastsprung ΔP von P nach P' sinkt die Frequenz um Δf ab, beide Generatoren beteiligen sich gemäß ihrer Leistungszahl bzw. Statik mit P_{I} bzw. P_{II} definiert an der zusätzlichen Last.

Durch Drehzahlsollwertverstellung (Parallelverschiebung der Kennlinien), beispielsweise am Generator II, läßt sich wieder die vor dem Lastzuwachs vorhandene Frequenz einstellen, Bild 13.9.

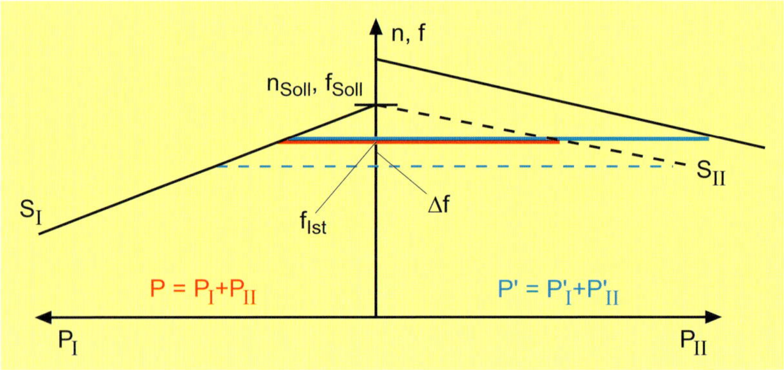

Bild 13.9. Wiederherstellung der ursprünglichen Frequenz nach einem Lastsprung durch Sollwertverstellung am Drehzahlregler.

In letzterem Fall übernimmt dann Generator II allein die zusätzliche Last ΔP, Generator I gleitet auf seiner Kennlinie zum alten Arbeitspunkt zurück.

Je flacher die Kennlinie, desto größer die Leistungsbeteiligung der Maschine. Spitzenkraftwerke besitzen eine sehr flache, Grundlastkraftwerke eine sehr steile Kennlinie, z. B.

Statik	Spitzenlast	Mittellast	Grundlast
S	2,5 %	4 %	6 %

Die Überlagerung der f/P-*Kennlinien* aller Generatoren ergibt die *Erzeugerkennlinie*, die aller *Leistungszahlen* die *totale Leistungszahl* K_E,

$$\begin{aligned} \Delta P_I &= -K_I \Delta f \\ \Delta P_{II} &= -K_{II} \Delta f \\ \Delta P_\nu &= -K_\nu \Delta f \\ \Delta P_{\text{tot}} &= -K_E \Delta f \qquad \text{und} \qquad K_E = \sum_{\nu=1}^{N} K_\nu \quad . \end{aligned} \tag{13.9}$$

In die totale Leistungszahl K_E gehen nur Kraftwerksgeneratoren ein, deren Drehzahlregelung Proportionalverhalten aufweisen (K $\neq$ 0). Grundlastkraftwerke, die mit Öffnungsbegrenzung gefahren werden, z. B. Laufwasserkraftwerke und auf konstanten Vordruck geregelte Dampfkraftwerke, die unabhängig von Drehzahlschwankungen praktisch konstante Leistung abgeben, besitzen die Leistungszahl K = 0, leisten also keinen Beitrag zur Frequenzhaltung.

Reale Meßwerte der Leistungszahl eines Elektroenergiesystems unterscheiden sich von der auf obige Weise rechnerisch ermittelten Leistungszahl, da auch die Last frequenzabhängig ist und daher rotierende Verbraucher bei einer Frequenzabsenkung ins Netz rückspeisen. Beispielsweise nehmen Arbeitsmaschinen bei kleiner werdender Drehzahl weniger Wirkleistung auf und tragen so zur Frequenzhaltung bei. Das Ausmaß dieses sogenannten *Selbstregeleffekts* hängt wesentlich von der Natur der Last ab (Anteil ohmscher Verbraucher, Synchronmotoren, Asynchronmaschinen, drehzahlgeregelte Antriebe etc.) und wird durch die *Lastkennlinie* beschrieben, aus der ähnlich wie oben eine *Lastleistungszahl* K_L und eine *Laststatik* S_L abgeleitet werden können, die die Frequenzabhängigkeit der Last kennzeichnen. Im Gegensatz zu den Erzeugern besitzen ΔP_L und Δf_L bei den Lasten gleiches Vorzeichen, das heißt es gilt

$$\Delta P_L = K_L \, \Delta f \quad . \tag{13.10}$$

Erst die Summe aller *Erzeugerkennlinien* und der *Lastkennlinien* ergibt die *Netzkennlinie* und erst die Summe aus totaler Leistungszahl K_E der Erzeuger und totaler Leistungszahl K_L der Lasten ergibt die Netzleistungszahl:

$$K_N = K_E + K_L \quad . \tag{13.11}$$

Während die Erzeugerkennlinien für eine bestimmte Regler-/Statikeinstellung fest vorgegeben sind, hängt die Netzkennlinie von der Anzahl der momentan eingesetzten Maschinen und der momentanen Lastzusammensetzung ab, ist also zeitlich veränderlich. So liegt die Leistungszahl des europäischen Verbundnetzes

im Sommer etwa bei	16.000 MW/Hz,
im Winter etwa bei	18.000 MW/Hz.

Die Netzleistungszahl erlaubt die Berechnung der Frequenzabsenkung im Verbundnetz beim Ausfall eines großen Generators:

z. B. $K_N = 10.000\,MW/Hz$, Generatorausfall 1.000 MW

$$\Delta f = -\frac{1}{K_N}\,\Delta P = -\frac{1.000\,MW}{10.000\,MW/Hz} = -0,1\,Hz.$$

Wie bereits erwähnt, geht die reine Drehzahlregelung des Alleinbetriebs beim Betrieb am Netz in eine Drehzahl-/Wirkleistungsregelung über. Dies legt die Verwendung getrennter *Drehzahl-* und *Leistungsregler* nahe, deren Ausgänge zur Führungsgröße für die Öffnungsregelung der Turbine überlagert werden, Bild 13.10.

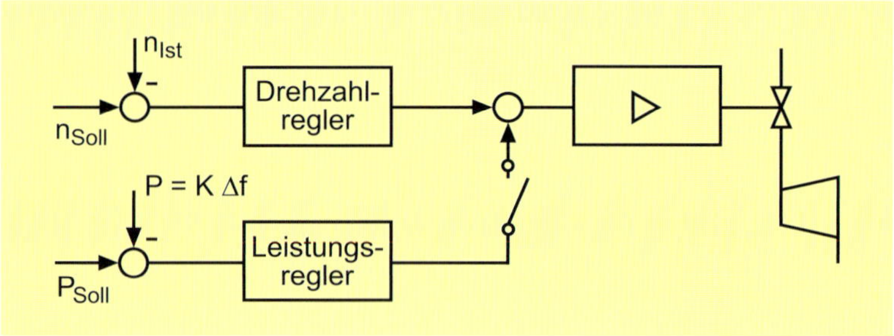

Bild 13.10. Drehzahl/Wirkleistungsregelung.

Beim An- und Abfahren, Synchronisieren, Lastabwurf etc., wenn der Leistungsregler kein Signal liefert, ist allein der *Drehzahlregler* wirksam, beim Betrieb am Netz ist der *Leistungsregler* im Eingriff. Seine Führungsgröße entsteht im einzelnen durch Überlagerung von Leistungssollwert P_0 und Frequenzeinfluß $K_E\,\Delta f$ sowie einem im Bild 13.10 nicht berücksichtigten Netz- bzw. Frequenzreglersignal, dessen Bedeutung im folgenden erläutert wird. Sowohl Drehzahl- als auch Leistungsregler in Bild 13.10 werden als *Primärregler* bezeichnet.

13.1.3 Netzfrequenzregler

Jede Leistungsänderung ΔP führt gemäß dem Proportionalverhalten der Primärregelung zu einer bleibenden Frequenzänderung Δf im Netz,

$$\Delta f = -\frac{\Delta P}{K_N} \quad . \tag{13.12}$$

Ein übergeordneter Frequenzregler, sogenannter *Sekundärregler*, vergleicht ständig die Ist-Frequenz mit einem 50-Hz-Normal und setzt die Differenz Δf in eine Drehzahlsollwert- bzw. ihr gleichwertige Wirkleistungssollwertverstellung für eine oder mehrere Regelturbinen bzw. Kraftwerke um, was sich in einer *vertikalen Parallelverschiebung* der f/P-Kennlinien dieser Maschinen äußert. Durch die Sekundärregelung stellt sich wieder die Nennfrequenz f_N ein, außerdem wird die während der Primärregelung zunächst von allen Maschinen getragene Leistungsänderung ΔP exklusiv auf die *Regelmaschinen* verlagert, die restlichen Maschinen gleiten auf ihrer Statikkennlinie zu ihren ursprünglichen Arbeitspunkten zurück, s. Bild 13.9.

Als Regelkraftwerke kommen vorzugsweise Speicher- und Pumpspeicherkraftwerke sowie moderne Dampfkraftwerke in Frage, da der Anteil der Wasserkraftwerke prozentual abnimmt. Die für die Primärregelung verantwortlichen Drehzahl- bzw. Leistungsregler befinden sich immer bei der Maschine und werden deshalb auch *Maschinenregler* bzw. *Primärregler* genannt. Jeder Generatorsatz hat seinen eigenen lokalen *Primärregler* bzw. *Drehzahlregler* und *Wirkleistungsregler*.

Der für die Sekundärregelung verantwortliche Frequenzregler ist nicht an ein bestimmtes Kraftwerk gebunden, sondern befindet sich meist im Lastverteiler und gibt von dort über TFH (*Trägerfrequenztelefonie auf Hochspannungsfreileitungen*), Funk oder Kabelwege den lokalen Primärreglern mehrerer Kraftwerke, sogenannte *Regelkraftwerke*, neue Sollwerte vor. Da er für ein ganzes Netz zuständig ist, wird er meist

Netzregler genannt. Die von ihm vorgenommene *Sekundärregelung* wird als *Netzregelung* bzw. *Frequenzregelung* bezeichnet. Die Stellglieder dieser Frequenzregelung sind die *Regelkraftwerke*.

Die Verteilung der Regelleistung für die einzelnen Regelkraftwerke erfolgt von Hand oder rechnergestützt nach kostenoptimalen Gesichtspunkten, wobei die Kosten für Erzeugung und Übertragung minimal sein müssen, sogenannte *Tertiärregelung*. Hierauf wird im Abschnitt 15.1.1.2 ausführlich eingegangen.

Zusammenfassend seien die Aufgaben der *Primär-*, *Sekundär-* und *Tertiärregelung* nochmals einander gegenübergestellt:

Primärregelung:

Maschinen-/Drehzahlregelung → Wirkleistungsbalance

Sekundärregelung:

Netzregelung (Lastverteiler) → Frequenz

Tertiärregelung:

Momentanoptimierung → Wirtschaftlich optimale Stromerzeugung und Verteilung (*economic dispatch*)

Die Beteiligung der einzelnen Regelungen an der Bewältigung eines Wirkleistungssprungs läuft *zeitlich gestaffelt* ab. Unmittelbar beim Zuschalten einer Verbraucherlast ΔP_V erhöhen sich die Generatorwirkleistungen unter Polradwinkeländerungen anteilig um diesen Betrag. Wegen der vergleichsweise großen Zeitkonstanten der Öffnungsglieder der Turbinen und der zunächst nur geringen Frequenzänderung folgt die Erhöhung der Antriebsleistung der Turbinen verzögert. Der erhöhte Wirkleistungsbedarf wird daher anfänglich aus der kinetischen Energie der rotierenden Maschinen auf Kosten einer *Drehzahl-* bzw. *Frequenzabsenkung* im gesamten Netz gedeckt. Im Rahmen der *Primärregelung* bewirkt die zunehmende Frequenzabsenkung bei allen proportional geregelten Maschinen des Netzes eine Erhöhung der Fluidströme (Dampf, Wasser) bis sich wieder ein Gleichgewicht einstellt. Dieser Vorgang besitzt je nach Turbinen- bzw. Kraftwerksart Zeitkonstanten zwischen 1 und 20 Sekunden. Beispielsweise leisten im Gleitdruckbetrieb arbeitende Grundlastkraftwerke wegen der großen thermischen Zeitkonstanten ihrer Dampferzeuger einen frequenzstützenden Beitrag erst im Verlauf 1 Minute, festdruckgeregelte Kraftwerke einen merklichen Beitrag bereits nach 1 bis 3 Sekunden. Letzterer Vorgang ist allerdings zeitlich begrenzt, da die Dampfausspeicherung durch Kesselbauart und -größe limitiert ist.

Aufgrund des Proportionalverhaltens verbleibt eine endliche Frequenzabweichung, die im Rahmen der *Sekundärregelung* mit Zeitkonstanten im Minutenbereich ausgeregelt wird. Schließlich fragt in regelmäßigen Abständen ein Prozeßrechner im Lastverteiler die momentan erzeugten Leistungen ab und vergleicht diese mit den aus einer Optimierungsrechnung erhaltenen Sollwerten (s. a. Kapitel 15). Im Rahmen der *Tertiärregelungen* werden die auftretenden Regeldifferenzen in den verschiedenen Kraftwerken bei der Bildung der Führungsgröße berücksichtigt.

13.1.4 Verbundbetrieb

Die in den beiden vorangegangenen Abschnitten besprochenen Betriebsarten – *Alleinbetrieb* und *Parallelbetrieb* – fallen beide unter den Oberbegriff *Inselbetrieb*, dessen wesentliches Merkmal darin besteht, daß die Aufgabe der Sekundärregelung allein in der *Konstanthaltung* der *Netzfrequenz* liegt.

Mehrere über Kuppelleitungen miteinander verbundene *Inselnetze* bilden einen *Verbundbetrieb*, dessen unverzichtbare Vorzüge bereits im Kapitel 1 ausführlich dargelegt wurden. Im Verbundbetrieb sorgt die Sekundärregelung nicht nur für konstante Netzfrequenz, sondern auch für die Konstanz der über die Kuppelleitungen nach bestimmten Vereinbarungen ausgetauschten Leistungen. Konstante *Austauschleistungen* sind eine Voraussetzung für den eingangs erwähnten *Fahrplanbetrieb*, außerdem verhindern sie die Überlastung und eventuelle Abschaltung schwacher Kuppelleitungen.

Die einfache Frequenzregelung des Inselbetriebs geht im Netzverbund in die kombinierte *Frequenz-/Austauschleistungsregelung* über, die oft vereinfacht *Frequenz-/Wirkleistungsregelung* genannt wird. Sie bewirkt einerseits, daß jedes Regionalnetz seine eigenen Belastungsschwankungen deckt, ermöglicht jedoch andererseits die Wahrnehmung des Vorzugs des Verbundbetriebs. Eine von einer Belastungsschwankung herrührende Frequenzänderung wird gemäß der Leistungszahl des gesamten Verbundnetzes kompensiert, ist mithin wesentlich geringer. Die

Wirkungsweise der Frequenz-/Wirkleistungsregelung erhellt die nachstehende Betrachtung eines aus zwei Inselnetzen bestehenden Verbundnetzes, Bild 13.11.

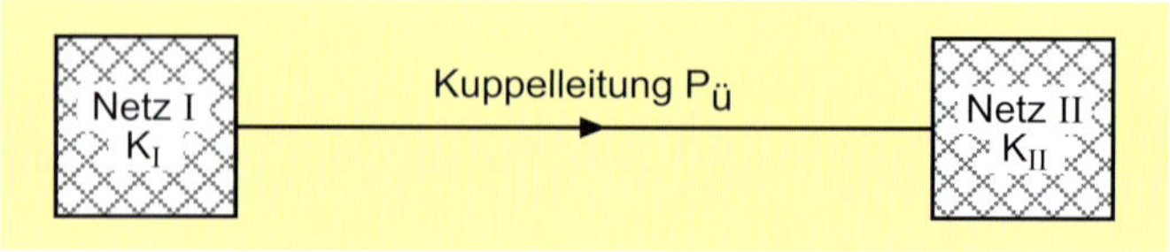

Bild 13.11. Einfaches Verbundnetz zur Erläuterung des Prinzips der *Frequenz-/Wirkleistungsregelung*.

Im stationären Betrieb bei Nennfrequenz liefert Netz I eine vertraglich vereinbarte Austauschleistung $P_{Ü}$ über die Kuppelleitung an Netz II.

Der Ausfall eines Kraftwerks, beispielsweise im Netz II, führt zu einem Leistungsdefizit ΔP_{II} gefolgt von einer Frequenzabsenkung im gesamten Verbundnetz. Die Laständerung ΔP_{II} wird zunächst von allen Generatoren des Netzverbunds im Rahmen der Primärregelung gemäß ihrer Statik anteilig übernommen. Aufgrund des Proportionalverhaltens verbleibt jedoch nach Beendigung des Primärregelvorgangs eine endliche Frequenzabweichung

$$\Delta f = -\Delta P_{\mathrm{II}}/(K_{\mathrm{I}} + K_{\mathrm{II}}) \quad . \tag{13.13}$$

Da sich die Leistungszahlen der Teilnetze addieren, ist die Frequenzabsenkung geringer als im Inselbetrieb.

Ferner hat sich die Übergabeleistung durch den Regelbeitrag des Netzes I erhöht um

$$\Delta P_{\mathrm{ü}} = \frac{K_{\mathrm{I}}}{K_{\mathrm{I}} + K_{\mathrm{II}}} \Delta P_{\mathrm{II}} \quad . \tag{13.14}$$

Liegt im Netz I keine eigene Laständerung vor, so ist $\Delta P_{\mathrm{ü}}$ identisch mit ΔP_{I}. Eliminiert man aus den obigen beiden Gleichungen ΔP_{II}, so erhält man

$$\Delta P_{\mathrm{ü}} = \frac{K_{\mathrm{I}}}{K_{\mathrm{I}} + K_{\mathrm{II}}} (-\Delta f(K_{\mathrm{I}} + K_{\mathrm{II}})) = -K_{\mathrm{I}} \Delta f \tag{13.15}$$

bzw.

$$\Delta P_{\mathrm{ü}} + K_{\mathrm{I}} \Delta f = 0$$

und wegen $\Delta P_{ü} = \Delta P_{I}$

$$\Delta P_{I} + K_{I}\Delta f = 0 \quad . \tag{13.16}$$

Zählt man $P_{ü}$-*Lieferung* positiv, $P_{ü}$-*Bezug* negativ, so sind Laständerungen im eigenen Netz durch gleiche Vorzeichen für Δf und $\Delta P_{ü}$ gekennzeichnet ($P_{ü}$ wird noch negativer), Laständerung im Fremdnetz durch unterschiedliche Vorzeichen.

Es gilt also für das Netz I:

Störung im eigenen Netz: $\Delta P_{ü} + K_{I}\Delta f \neq 0$,

Störung im Fremdnetz: $\Delta P_{ü} + K_{I}\Delta f = 0$.

Gibt man auf die Eingänge der Netzregler der beiden Netze die Summe aus Übergabeleistung $\Delta P_{ü}$ und gewichteter Frequenzänderung $K\,\Delta f$, wobei der Gewichtungsfaktor K mit der Leistungszahl des jeweiligen Netzes übereinstimmen muß, so wird im Rahmen der Sekundärregelung immer nur der Netzregler wirksam, in dessen Netz die Leistungsänderung entstanden ist, bei allen anderen Netzreglern heben sich $\Delta P_{ü}$ und $K\,\Delta f$ gegenseitig auf.

Bei mehreren Kuppelleitungen steht $\Delta P_{ü}$ für die Summe aller Übergabeleistungsänderungen. Frequenz und Übergabeleistung werden mit anderen Worten dann gleichzeitig konstant gehalten, wenn die Kennlinie des zugehörigen Regionalnetzes übereinstimmt, weswegen die Frequenz-/Wirkleistungsregelung häufig auch *Netzkennlinien-Regelung* genannt wird.

Durch unterschiedliche Neigung der Reglerkennlinie kann die Betonung wahlweise auf eine Verbesserung der Frequenzhaltung (flachere Kennlinie) oder auf die Konstanz der Übergabeleistung gelegt werden. Reine *Frequenzregelung* (z. B. Inselbetrieb) erhält man durch Abschalten des Leistungseingangs ($\Delta P_{ü}$), reine *Übergabeleistungsregelung* (z. B. Industriekraftwerke) durch Abschalten des Frequenzeingangs Δf.

Abschließend zeigt Bild 13.12 nochmals das Zusammenwirken von *Primär-*, *Sekundär-* und *Tertiärregelung* in der Frequenz-/Wirkleistungsregelung.

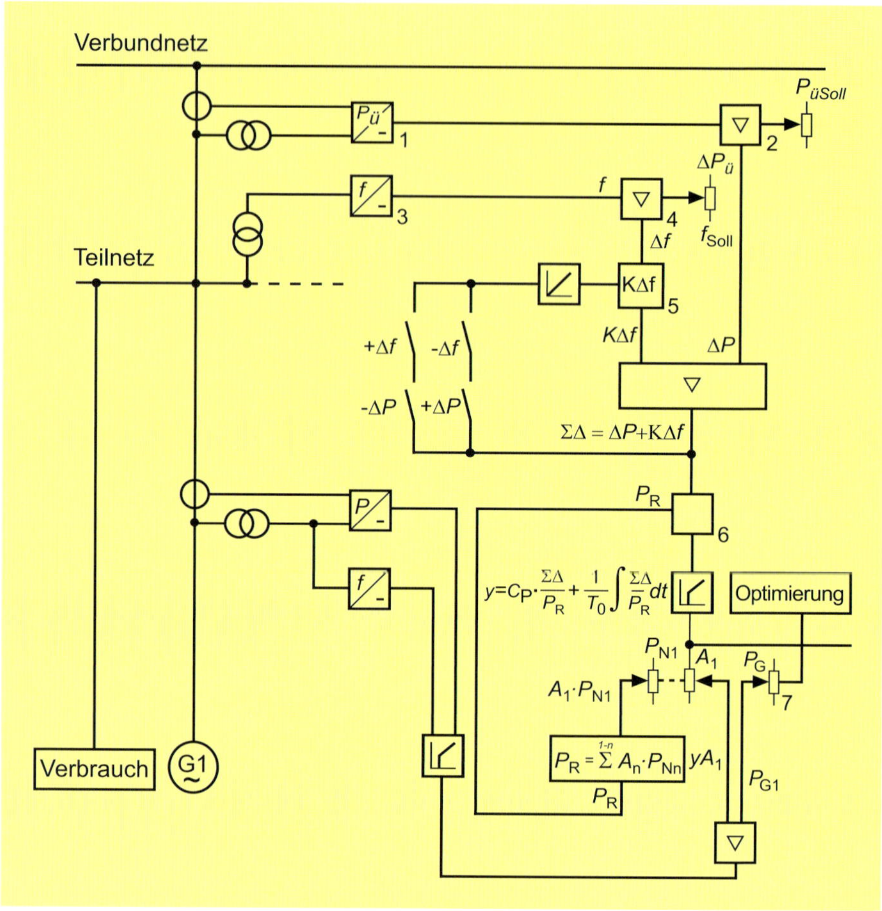

Bild 13.12. Zusammenwirken von Primär-, Sekundär- und Tertiärregelung eines Elektroenergiesystems. Der Übersichtlichkeit wegen sind Fernübertragungseinrichtungen von Meßwerten und Kraftwerkssignalen sowie Schalt- und Überwachungsfunktionen nicht dargestellt (Siemens).

Im stationären, störungsfreien Betrieb deckt der Generator G1 den Bedarf des Teilnetzes, außerdem liefert er die vom Meßumformer 1 erfaßte Übergabeleistung $P_{ü}$ ins Verbundnetz. Abweichungen von dem am Sollwertpotentiometer $P_{üSoll}$ eingestellten Wert erzeugen an der Vergleichsstelle 2 ein Differenzsignal $\Delta P_{ü}$.

Die Netzfrequenz wird vom Meßumformer 3 erfaßt und in der Vergleichsstelle 4 mit dem Frequenzsollwert f_{Soll} verglichen. Belastungsschwankungen erzeugen ein Differenzsignal Δf, das im Multiplikator 5 mit der momentan zutreffenden Leistungszahl K gewichtet wird (Frequenzeinfluß). Die Linearkombination aus Frequenzabweichung $K\Delta f$ und Leistungsabweichung ΔP bildet die Eingangsgröße für den Netzregler 6. Das auf die Regelleistung bezogene Ausgangssignal des Netzreglers wird am Potentiometer 7 mit der gewünschten Regelbeteiligung des Generators 1 gewichtet und bildet schließlich zusammen mit dem Grundlastsollwert $P_{\text{ü}_{\text{Soll}}}$ die Führungsgröße für den primären Leistungsregler. Regelbeteiligung und Grundlasteinstellung werden nach technischen und wirtschaftlichen Gesichtspunkten optimal von Hand oder rechnergestützt im Rahmen der *Tertiärregelung* festgelegt.

Die technische Realisierung der Frequenz-/Wirkleistungsregelung erfolgt wahlweise mit einem analog oder digital arbeitenden Netzregler. Der Einsatz *neuronaler Netze* als Filter für das Reglereingangssignal beruhigt die Stellvorgänge in den Regelkraftwerken und reduziert den Verschleiß bzw. steigert die Wirtschaftlichkeit.

13.1.5 Beschreibung des dynamischen Verhaltens der Frequenzregelung

Die vorangegangenen Betrachtungen waren im wesentlichen den grundsätzlichen Mechanismen der Drehzahl- und Frequenzregelung gewidmet und berücksichtigten im Hinblick auf ein leichteres Verständnis der Zusammenhänge nur das qualitative *Beharrungsverhalten.* Im folgenden wird nun das dynamische Verhalten untersucht, wobei wir uns wegen der stark nichtlinearen Systemeigenschaften auf kleine Abweichungen ΔP von einem stationären Leistungsgleichgewicht beschränken, mit anderen Worten auf das *Kleinsignalverhalten* (s. a. Kapitel 18). Dies ermöglicht eine Beschreibung der Vorgänge durch lineare (linearisierte) Differentialgleichungen mit konstanten Koeffizienten und damit auch durch lineare Übertragungsglieder. Außerdem betrachten wir das dynamische Verhalten nur für einen Zeitraum unter einer Minute, klammern also die Problematik *dynamischer Kesselmodelle*, die bei Stabilitätsbetrachtungen über mehrere 10 min zum Tragen kommen, der Übersichtlichkeit wegen aus.

Für die ersten Sekunden nach einem Lastsprung läßt sich in Anlehnung an Bild 13.1a ein Generatorsatz im Frequenzbereich durch das in Bild 13.13 dargestellte Strukturbild beschreiben.

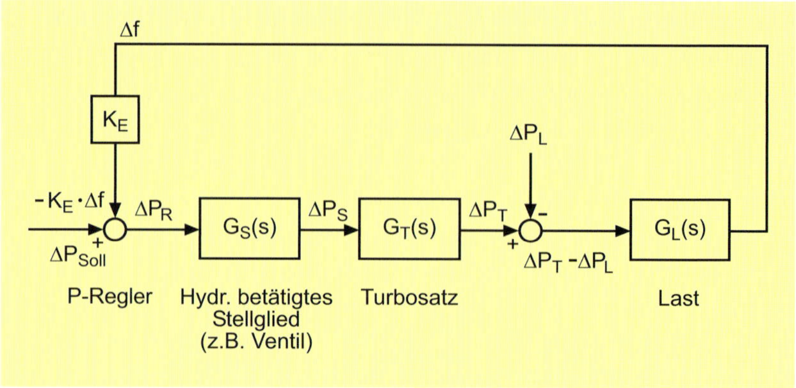

Bild 13.13. Vereinfachtes Strukturbild der Drehzahl-/Wirkleistungsregelung eines Generatorsatzes (s. a. Bild 13.1a). ΔP_L: Störgröße Laständerung.

In obigem Bild bedeuten $G_s(s)$ die Übertragungsfunktion des hydraulisch betätigten Stellglieds bzw. Ventils,

$$G_S(s) = \frac{\Delta P_S(s)}{\Delta P_R(s)} = \frac{1}{1 + sT_S} \qquad T_S \leq 0,1s \quad , \tag{13.17}$$

$G_T(s)$ die Übertragungsfunktion der Turbine, z. B. für eine einfache Dampfturbine ohne Zwischenüberhitzung (vgl. Kapitel 4),

$$G_T(s) = \frac{\Delta P_T(s)}{\Delta P_S(s)} = \frac{1}{1 + sT_T} \qquad T_T \;\; 0,1 \ldots 0,5s \quad , \tag{13.18}$$

$G_L(s)$ die Übertragungsfunktion des Netzes. Letztere beschreibt den Zusammenhang zwischen beschleunigender bzw. verzögernder Momenten- bzw. Leistungsdifferenz und zugehöriger Frequenzänderung,

$$G_L(s) = \frac{\Delta f(s)}{\Delta P_T - \Delta P_L} = \frac{\Delta P/K_L}{\Delta P_T - \Delta P_L} = \frac{1/K_L}{1 + sT_L} \quad . \tag{13.19}$$

Der Faktor $1/K_L$ im Zähler von (13.19) trägt der Tatsache Rechnung, daß die Ausgangsgröße hier keine Leistung ist wie in (13.17) und (13.18), sondern die Frequenz Δf. Laständerungen ΔP_L durch Zu- und Abschalten von Verbrauchern, oder Antriebsmomentänderungen ΔP_T durch Sollwertverstellungen ΔP_{Soll} stören das Gleichgewicht zwischen mechanischem Antriebsmoment der Turbine und dem vom Ankerdrehfeld auf den Läufer magnetisch übertragene Bremsmoment und führen zu einer Leistungsdifferenz $\Delta P_T - \Delta P_L$, die den Generator entweder zu beschleunigen oder zu verzögern versucht. Je nach

Frequenzabhängigkeit der Last, die durch die Systemfunktion $G_L(s)$ und die Leistungszahl K_L im Arbeitspunkt beschrieben wird, resultiert hieraus eine positive oder negative Frequenzänderung Δf. Mit dem Proportionalbeiwert K_E multipliziert, ergibt sie am Vergleichsglied der Regeleinrichtung eine Leistungsgröße $\Delta P = K_E \Delta f$. Die am Reglerausgang auftretende Differenz $\Delta P_{\text{Soll}} - K_E \Delta f \neq 0$ bewirkt eine Verstellung des Öffnungsglieds und stellt das Momentengleichgewicht wieder her.

Unter Anwendung des in der Regelungstechnik üblichen Beschreibungsverfahrens für *lineare* Systeme können wir aus Bild 13.13 folgende Gleichung im *Frequenzbereich* ablesen:

$$\left[\left(\Delta P_{\text{Soll}}(s) - K_E \Delta f(s)\right) G_S(s) G_T(s) - \Delta P_L(s)\right] G_L(s) = \Delta f(s) \quad . \tag{13.20}$$

Da Führungsgrößenänderungen mit Rücksicht auf die Entkopplung von Primär- und Sekundärregelung sowie eine maximal zulässige Leistungssteigerungsgeschwindigkeit (z. B. 0,02 P_N/min) vergleichsweise langsam verlaufen und kaum Einfluß auf die Dynamik der Turbinenenwelle nehmen, kann man im betrachteten Zeitraum $\Delta P_{soll} = 0$ setzen. Für das reine *Störverhalten* erhält man dann durch Umformen obiger Gleichung

$$\Delta f(s) = -\frac{G_L(s)}{1 + K_E G_L(s)\, G_S(s)\, G_T(s)} \Delta P_L(s) \quad . \tag{13.21}$$

Ersetzen der Übertragungsfunktionen $G(s)$ durch die Ausdrücke auf der rechten Seite der Gleichungen (13.17), (13.18) und (13.19) führt auf

$$\Delta f(s) = -\frac{\dfrac{1/K_L}{1 + sT_L}}{1 + K_E \cdot \dfrac{1/K_L}{1 + sT_L} \cdot \dfrac{1}{1 + sT_S} \cdot \dfrac{1}{1 + sT_T}} \Delta P_L(s) \quad . \tag{13.22}$$

Für einen Lastsprung $\Delta P(t)$ im *Zeitbereich* bzw. $\Delta P_L(s) = \dfrac{\Delta P_L}{s}$ im *Frequenzbereich* erhält man dann

$$\Delta f(s) = -\frac{\dfrac{1/K_L}{1 + sT_L}}{1 + K_E \cdot \dfrac{1/K_L}{1 + sT_L} \cdot \dfrac{1}{1 + sT_S} \cdot \dfrac{1}{1 + sT_T}} \frac{\Delta P_L}{s} \quad . \tag{13.23}$$

Diese Gleichung beschreibt für kleine Störungen das dynamische Verhalten des Generatorsatzes im *Frequenzbereich.*

Aus ihr können wir zunächst das Beharrungsverhalten nach einem Lastsprung $\Delta P_L(t) = \text{const}$ ermitteln. Der *Endwertsatz der Laplace-Transformation* führt zu dem bereits bekannten Ergebnis (s. 13.1.2)

$$\Delta f(\infty) = \Delta f_{Stat} = \lim_{s \to 0} (s\Delta f(s)) = -\frac{1/K_L}{1 + K_E/K_L} \Delta P_L$$
$$= -\frac{1}{K_L + K_E} \Delta P_L = -\frac{1}{K_N} \Delta P_L \quad . \tag{13.24}$$

Für die Berechnung der *Sprungantwort* im *Zeitbereich* treffen wir wegen $T_L \gg T_S, T_T$ die Vereinfachung $T_S = T_T = 0$ und erhalten

$$\Delta f(s) = -\frac{\dfrac{1/K_L}{1 + sT_L}}{1 + K_E \dfrac{1/K_L}{1 + sT_L}} \frac{\Delta P_L}{s}$$

$$= -\Delta P_L \frac{\dfrac{1}{K_E\, K_L}}{\dfrac{1}{K_E} + \dfrac{1}{K_L}} \left(\frac{1}{s} - \frac{1}{s + \dfrac{1/K_E + 1/K_L}{T_L/K_E}} \right) \tag{13.25}$$

bzw.

$$\Delta f(s) = -\Delta P_L\, K_1 \left(\frac{1}{s} - \frac{1}{s + K_2} \right) \quad . \tag{13.26}$$

Die Transformation von (13.26) in den Zeitbereich liefert die Sprungantwort

$$\Delta f(t) = -\Delta P_L\, K_1 \left(1 - e^{-K_2 t} \right) \quad . \tag{13.27}$$

Sie ist im Bild 13.14 für einen Lastabwurf -ΔP zusammen mit der ausführlichen Lösung für

$$T_T \neq 0 \qquad \text{und} \qquad T_s \neq 0 \tag{13.28}$$

dargestellt.

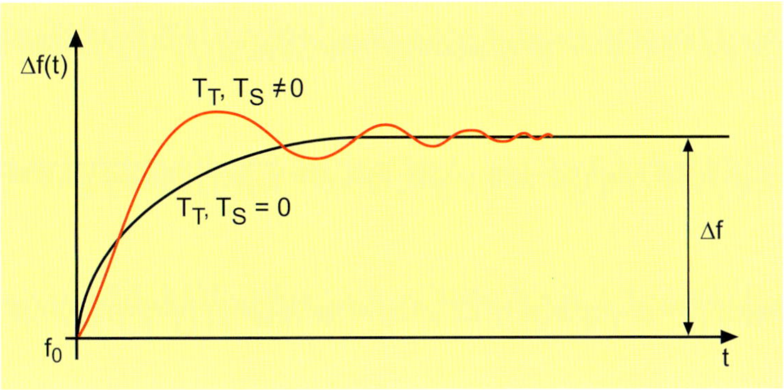

Bild 13.14. Sprungantwort der Netzfrequenz nach einem Lastabwurf $\varDelta P_V$.

Die Änderungsgeschwindigkeit der Frequenz erhält man als Differentialquotient der Sprungantwort.

Die obigen Betrachtungen gelten für einen Generatorsatz oder auch für eine Gruppe eng gekoppelter Generatorsätze mit vergleichbaren Übergangsfunktionen, sogenannte *kohärente Generatoren*. Bei sehr unterschiedlichen Zeitkonstanten ist die Übergangsfunktion nach den Regeln für das Parallelschalten von Übertragungsgliedern nach Bild 13.15 zu ermitteln.

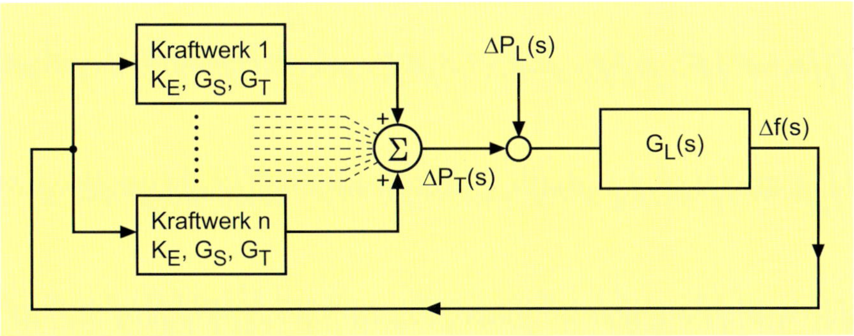

Bild 13.15. Regelkreis-Struktur eines Netzes mit mehreren Kraftwerken.

Wie bereits in 13.1.1 erläutert wurde, verbleibt nach Abklingen des Ausregelvorgangs der Primärregelung eine endliche stationäre Regelabweichung $\varDelta f_{Stat}$. Sie wird durch die *Sekundärregelung*, einem Netzregler mit *Integralverhalten*, beseitigt, Bild 13.16.

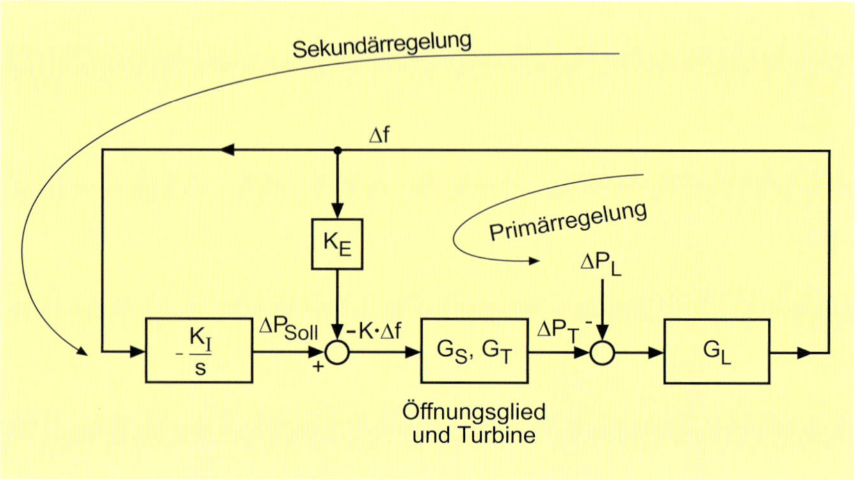

Bild 13.16. Wirkungsmäßig gekoppelte, jedoch zeitlich *entkoppelte* Primär- und Sekundärregelung.

Bei einem Integralregler stellt die Ausgangsgröße das Integral der Eingangsgröße dar. Wir erhalten im Zeit- und im Frequenzbereich

$$P_{\text{Soll}}(t) = K_I \int \Delta f(t) dt \quad \text{bzw.} \quad \Delta P_{\text{Soll}}(s) = -\frac{K_I}{s} \Delta f(s) \quad . \tag{13.29}$$

Die Ausgangsgröße ΔP_{Soll} nimmt daher so lange zu, wie der Integrand von Null verschieden ist. Auf diese Weise beseitigt der *Sekundärregler* die vom Proportionalverhalten der Primärregelung verbliebene endliche Frequenzabweichung und regelt die Frequenz nach kurzer Zeit wieder auf ihren Nennwert ein. Primär- und Sekundärregelung werden durch ausreichende *zeitliche Staffelung* voneinander entkoppelt.

Allfällige Frequenzabweichungen von der Nennfrequenz 50 Hz können über einen längeren Zeitraum monoton positiv oder negativ sein und sich zu einem *Gangfehler* der am Netz hängenden *Synchronuhren* akkumulieren

$$\Delta t = \frac{1}{f} \int_{Z_0}^{t} \Delta f(t)\, dt \quad . \tag{13.30}$$

Dieser Gangfehler nimmt in manchen Ländern beträchtliche Werte im Minuten- oder gar Stundenbereich an.

In modernen Elektroenergiesystemen wird beim Überschreiten eines bestimmten Gangfehlers in der Größenordnung einiger Sekunden durch Sollwertverstellung für einen bestimmten Zeitraum eine in entgegengesetzter Richtung liegende Abweichung von der Normalfrequenz eingestellt, bis der akkumulierte Fehler kompensiert ist, sogenannte *Quartärregelung*.

Die Ermittlung des gemeinsamen dynamischen Verhaltens von Primär- und Sekundärregelung kann wie oben vorgenommen werden. Das heißt, man leitet anhand des erweiterten Strukturbildes den Zusammenhang zwischen Δf und ΔP_V ab und erhält durch Anwendung der inversen Laplace-Transformation die Sprungantwort im Zeitbereich.

Ein etwas ausführlicheres Strukturbild einer *Dampfturbinenregelung*, in der auch Überwachungs- und Begrenzungseinrichtungen für große Leistungsexkursionen berücksichtigt sind, zeigt Bild 13.17.

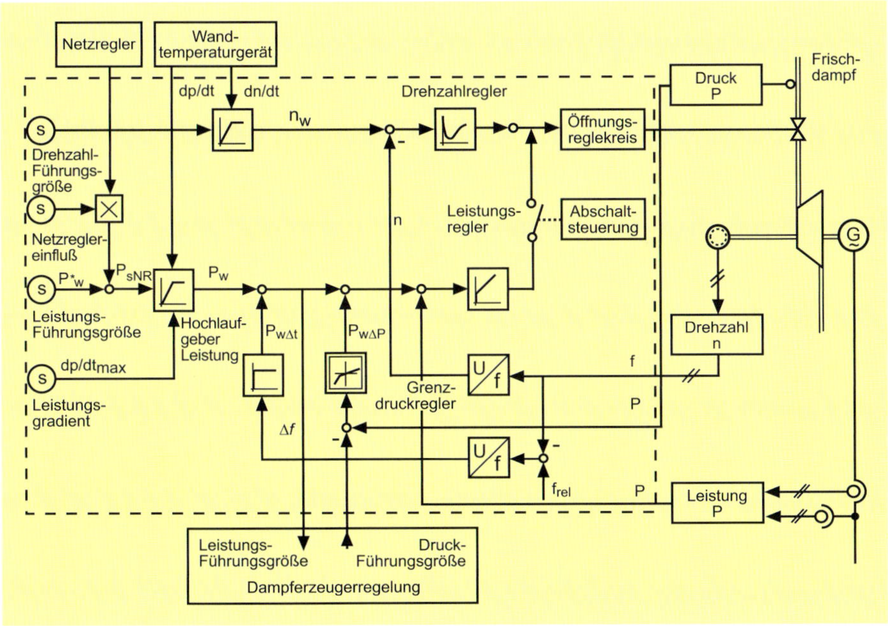

Bild 13.17. Strukturbild einer Dampfturbinenregelung (Siemens).

Die Funktion der einzelnen Blöcke ist teilweise selbsterklärend bzw. geht aus dem vorangegangenen Text hervor.

Abschließend seien noch einige Zahlen der Frequenzregelung im Europäischen Verbundnetz genannt.

Frequenzkonstanz im UCTE-Netz:

Permanentes Rauschen	$\pm$	5 mHz
Ansprechschwelle Wasser-kW-Regler	$\approx$	2 mHz
Ansprechschwelle Dampf-kW-Regler	$\approx$	5 mHz
Regulierung des Gangfehlers mit	$<$	50 mHz (über Stunden).

Großstörungen:

49,8 Hz	Alle Reserven werden angefahren
49,0 Hz	Frequenzanhebung durch 10 – 15 % Lastabwurf
48,7 Hz	Frequenzanhebung durch weitere 10 – 15 % Lastabwurf
48,4 Hz	Frequenzanhebung durch weitere 10 – 15 % Lastabwurf
47,5 Hz	Frequenzanhebung durch Inselbetrieb

Nur während ca. 30 h/a beträgt die Abweichung mehr als 100 mHz.

13.2 Spannungsregelung

13.2.1 Spannungsqualität

Grundsätzlich wäre es wünschenswert, wenn in allen Knoten eines Netzes die Nennspannung U_N herrschte. Aufgrund der Spannungsabfälle längs der Leitungen zwischen den Knoten schwanken die Knotenspannungen jedoch innerhalb eines bestimmten Toleranzbands. In *Hochspannungsnetzen* können die tatsächlichen Knotenspannungen betrieblich bedingt bis zu 15 %, in *Verteilnetzen* bis zu 10 % nach oben oder unten abweichen. Bei den *Abnehmern* sollte die Spannung andererseits möglichst gleich der Nennspannung sein. Um dieses Ziel zu erreichen, sind in den *vorgelagerten* Netzen unter Umständen explizit von der Nennspannung abweichende Knotenspannungen erforderlich.

Das Ausmaß des Einhaltens der *Nennspannung* bei den Abnehmern ist Teil der sogenannten *Spannungsqualität*. Spannungsqualität wiederum bildet zusammen mit der *Zuverlässigkeit* und *Service-Qualität* die

Versorgungsqualität (engl.: *power quality*, s. a. Kapitel 1). Die Spannungsqualität richtet sich nach folgenden Kriterien:

- Effektivwert der Knotenspannung,
- Frequenzkonstanz,
- Spannungseinbrüche (engl.: *dips*),
- Flicker,
- Spannungssymmetrie,
- Oberschwingungsgehalt,
- Transiente Überspannungen etc.

Im Kontext dieses Abschnitts ist das wichtigste Kriterium der *Effektivwert der Knotenspannungen.*

13.2.2 Spannungsregelung in Übertragungs- und Transportnetzen

Wie bereits eingangs erwähnt, mutiert die *Spannungsregelung* von Synchrongeneratoren beim Betrieb in einem starren Netz zu einer *Blindleistungsregelung*. Daher gibt es auch hier wieder zwei praktisch identische Regler, einen für die *Spannungsregelung* beim Anfahren bzw. vor dem *Synchronisieren* und einen Regler für die *Blindleistungsregelung* beim Betrieb am Netz (s. a. 13.1.2). Dem Blindleistungsregler kommt die stetige Wahrung der *Blindleistungsbalance* unabhängig von Laständerungen zu. Dabei herrscht in den Generatorenknoten meist eine von der Nennspannung verschiedene Spannung.

Während die Frequenz eines Verbundnetzes aufgrund seiner *quasistatischen* Eigenschaften in jedem Netzknoten den gleichen Wert besitzt und sich daher im Rahmen der *Sekundäregelung* durch *einen* zentralen *Netzregler* regeln läßt, wird die Menge aller Knotenspannungen (*Spannungsprofil*) zunächst nur *dezentral* geregelt. Lokal bewirkte Knotenspannungsänderungen machen sich nur im gestellten Netzknoten und den unmittelbar in seiner Nachbarschaft befindlichen Netzknoten bemerkbar.

Während sich ferner bei einem Generatorausfall *alle* verbleibenden Generatoren eines Verbundnetzes an der Deckung des *Wirkleistungsdefizits* beteiligen, muß die Deckung des begleitenden *Blindleistungsdefizits* von *lokalen* Blindleistungserzeugern geleistet werden. Ein Generatorausfall bewirkt zwar nur eine geringe Frequenzabsenkung, jedoch eine große lokale Spannungsänderung. Sinngemäß muß die erforderliche *Blindleistungsreserve* auch an allen kritischen Netzknoten *lokal* vorgehalten werden (ca. 10 %).

Trotzdem unterscheidet man auch bei der Spannungsregelung zwischen

- *Primärregelung*,
- *Sekundärregelung*,
- *Tertiärregelung*.

Unter *Primärregelung* versteht man hier die *lokale* bzw. *dezentrale* automatische Spannungsregelung unter Last schaltbarer Transformatoren durch *Spannungsregler*.

Die *Sekundärregelung* erfolgt ausschließlich *zentral* von der Netzleitstelle aus und gibt, wie bei der Sekundärregelung der Frequenz, den *dezentralen Spannungsreglern* geeignete Sollwerte vor bzw. gibt Schaltbefehle an die Leistungsschalter von Kompensationsanlagen. Dies geschieht je nach Automatisierungsgrad entweder *online* über *Fernwirklinien* (s. 14.4) oder *offline* über telefonische Anweisungen an das lokale Schaltpersonal. Es existiert jedoch kein zentraler *Spannungsregler*.

Die *Tertiärregelung* schließlich leistet wie bei der Frequenzregelung die *wirtschaftliche Optimierung*, hier die Minimierung der Blindleistungsverluste mittels sogenannter *Optimal Power Flow IT-Systeme* (s. 13.2.4). Gleichzeitig leistet die Optimum-Power-Flow-Rechnung die Optimierung der Sicherheitsabstände zur *Spannungsstabilitätsgrenze* (s. a. 18.2). OPF-Rechnungen erfolgen *online* oder *offline* sowie *open-* oder *closed loop*.

13.2.3 Stellglieder der Spannungs-/Blindleistungsregelung

Wie schon mehrfach erwähnt, hängen die Knotenspannungen und die Blindleistungsflüsse auf den Leitungen eng zusammen. Die Knotenspannungen lassen sich daher sowohl *direkt* regeln als auch *indirekt* über die Steuerung der Blindleistungsflüsse. Insgesamt kann man drei Klassen von *Stellgliedern* unterscheiden.

Die Stellglieder der ersten Klasse beeinflussen *direkt* die Höhe der *Knotenspannungen*:

- *Unter Last schaltbare Transformatoren* mit veränderlichem Übersetzungsverhältnis (s. 7.6),

und

- *Längsregler* mit transformatorisch eingekoppelten in Phase liegenden Zusatzspannungen (s. 7.6).

Die zweite Klasse steuert die *Blindleistungsflüsse* und damit nur *indirekt* die Knotenspannungen:

- Synchrongeneratoren mit variabler Erregung (s. 6.2),
- Rotierende Phasenschieber mit variabler Erregung (s. 6.6),
- FACTS-Betriebsmittel (s. 8.5).

Die Klemmenspannung der Synchrongeneratoren, Phasenschieber und FACTS-Konverter wird in erster Näherung vom starren Netz festgehalten. Eine Sollwertverstellung der Spannungsregler bewirkt praktisch nur eine Änderung der Blindleistungsflüsse.

Die dritte Klasse schließlich reduziert Blindleistungsflüsse durch *Kompensation* (s. 8.4):

- *Reihen-* und *Paralleldrosselspulen*,
- *Shunt-* und *Reihenkondensatoren.*

Damit letztlich beim Abnehmer Nennspannung herrscht, sind Absprachen über mehrere Netzebenen erforderlich.

13.2.4 Spannungs-/Blindleistungsoptimierung

Bei der Kraftwerkseinsatzplanung werden die Fahrpläne der Kraftwerke mittels sogenannter *Optimal Power Flow* IT-Systeme (OPF) so bestimmt, daß alle relevanten Netzgrößen innerhalb ihres zulässigen Toleranzbands liegen (s. 15.1.1.2). Insbesondere müssen im Kontext die in die Netzknoten *injizierten* bzw. ihnen *entnommenen* Blindleistungen, die Knotenspannungen sowie die Blindleistungsflüsse auf den Leitungen den folgenden Ungleichungen genügen,

$$Q_{i_{\min}} \leq Q_i \leq Q_{i_{\max}} \quad , \tag{13.31}$$

$$U_{i_{\min}} \leq U_i \leq U_{i_{\max}} \quad , \tag{13.32}$$

$$Q_{ij_{\min}} \leq Q_{ij} \leq Q_{ij_{\max}} \quad . \tag{13.33}$$

Im Rahmen der Spannungs-/Blindleistungsoptimierung werden daher auch im Normalbetrieb periodisch OPF-Rechnungen durchgeführt. Falls Netzgrößen den Grenzen ihrer Toleranzbänder zu nahe kommen, werden neue Sollwerte für Q_i, U_i und Q_{ij} derart festgelegt, daß die aktuellen Werte möglichst wieder mittig in den Toleranzbändern liegen (s. a. 13.1.2). Die Grenzen von (13.31) entnimmt man den *Grenzbelastungsdiagrammen* der Generatoren (s. 6.7). Erreicht ein Generator seine Blindleistungsgrenzen, geht ein Stellbefehl an den Stufenschalter des zugehörigen Blocktransformators, der den Generatorbetriebspunkt wieder in die Mitte des Toleranzbands führt. Dies kann sich in Grenzsituationen nachhaltig auf die *Spannungsstabilität* auswirken (s. 18.2). Unter Last schaltbare Transformatoren besitzen daher eine zuschaltbare Sperre, die bei starken, störungsbedingten Spannungsabsenkungen ein Höherschalten blockiert. Unter Umständen ist auch eine Wirkleistungsreduzierung des Generators zu Gunsten einer erhöhten Blindleistungserzeugung erforderlich.

Es stellt sich ein Minimum der Leitungsverluste ein, wenn das *Spannungsprofil* möglichst einheitlich ist bzw. die Knotenspannungen möglichst gleich groß sind. Dies bedeutet, daß über die Leitungen nur geringe Blindleistungen ausgetauscht werden und damit die zugehörigen Blindströme nur geringe Leistungsverluste $I_B^2\,R$ verursachen.

Im gestörten Netzbetrieb, insbesondere während transienter Ausgleichsvorgänge mit großen Polradwinkeländerungen bis hin zu 90°, kommt der Spannungsregelung für den Erhalt der Stabilität eine weit über die hier angestellten Überlegungen hinausgehende Bedeutung zu. Wegen weiterer Information hierzu wird auf 6.9.4 und 18.2 verwiesen.

13.3 Begrenzungsregelungen

Regeleinrichtungen besitzen bestimmungsgemäß die Aufgabe, ihre Regelgröße unbeschadet etwaiger *Störgrößeneinflüsse* konstant zu halten oder bei geänderten Sollwertvorgaben, sogenannte *Führungsgrößenregelungen*, die Regelgröße exakt auf den neuen Sollwert einzuregeln. Diese Automatik birgt aber auch die Gefahr, daß beispielsweise bei extremen Störgrößeneinflüssen oder gar einem Ausfall der Rückführung eines Istwertsignals Stellglieder unbegrenzt öffnen und dadurch möglicherweise andere Prozeßglieder überlastet bzw. zerstört werden. Um dieses zu vermeiden, sprechen gewöhnlich als „*last line of defense*" *Schutzeinrichtungen* an (s. a. Kapitel 12), die den betroffenen Teilprozeß definitiv abschalten, was möglicherweise auch zu einem Totalausfall des Gesamtprozesses führen kann. Zur Erhöhung der Verfügbarkeit ist letzteres aber möglichst zu vermeiden. *Begrenzungsregelungen* erfassen das Überschreiten etwaiger Grenzzustände und regeln bzw. steuern vorgelagerte Betriebsmittel nur so weit aus, daß ein Ansprechen der Schutzeinrichtungen im Vorfeld vermieden werden kann.

In der Kraftwerkstechnik zählen *Überdruckbegrenzungsregelungen* und *Mindestlastbegrenzungsregelungen* seit Jahren zum Stand der Technik. In der Spannungsregelung der Generatoren gibt es *Erregerstrom-Begrenzungsregelungen* mit einer Obergrenze (Erwärmung, Spannungsstabilität) und einer Untergrenze (Wirkleistungsstabilität) etc.

In der *Netztechnik* haben Begrenzungsregelungen seit Einführung der Deregulierung, insbesondere für die *Netzbetreiber*, zunehmend Bedeutung erlangt.

Vor der Deregulierung der Strommärkte wurden nur die *Kraftwerke* möglichst in ihrem Bestpunkt, das heißt nahe ihrer Grenzleistung, betrieben. *Kuppel-* und *Transportleitungen* waren dagegen nur schwach ausgelastet und verursachten nur selten Kapazitätsprobleme. Heute verlangt der regelzonenüberschreitende Stromhandel auch den Betrieb von *Leitungen* nahe ihrer Transportgrenzen, seien sie thermisch oder aus Sicht ihrer Spannungsstabilität bedingt. Während jedoch Kraftwerksausfälle unschwer durch Zuschalten bzw. Anfahren anderer Kraftwerke kompensiert werden konnten, ist dies bei ortsfesten Übertragungsleitungen nicht so einfach möglich. Mangels vergleichbarer Übertragungsreserven paralleler Leitungen kann die Abschaltung einer thermisch überlasteten Leitung schnell zur Überlastung anderer nahe ihrer Grenzleistung betriebener Leitungen führen, was in stark ausgelasteten Transitnetzen infolge eines Domino-Effektes die Wahrscheinlichkeit eines Totalausfall bzw. *Blackout* steigen läßt.

Hier greift zunächst das *schnelle Netzengpaßmanagement* ein, das die Ergebnisse am Vortag ermittelter Ausfall-Sicherheitsrechnungen (engl.: *day-ahead-congestion forecasting*, s. a. 15.1.2) auswertet bzw. verwertet.

Beispielsweise steuert die *Netzführung* zunächst manuell die Leistungsflüsse derart, daß keine Leitung überlastet wird. Sollte dies nicht möglich sein, muß sowohl auf der Lieferantenseite als auch auf der Bezugsseite die Transitleistung reduziert werden. Letzteres ist durch Erhöhung der lokalen Kraftwerksleistung auf der Bezugsseite sowie durch Reduzierung der Last möglich. Sollten die manuellen Maßnahmen des schnellen Netzengpaßmanagements nicht ausreichen, setzen im zweiten Schritt *Begrenzungsregelungen* ein, die durch automatische Abschaltung der Pumpleistung von Speicherkraftwerken im Pumpbetrieb, Erhöhung der Erzeugungsleistung im Turbinenbetrieb etc. sowie durch automatischen Lastabwurf bei Unterfrequenz ein Ansprechen des Netzschutzes verhindern.

Vertiefendes Schrifttum zu Kapitel 13

1. Sacomanno, F.: Power Systems, Analysis and Control. IEEE/Wiley, Piscataway N. J., 2003.
2. Anderson, P. u. Fouad, A.: Power System Control and Stability. IEEE/Wiley, Piscataway N. J., 2002.
3. Kundur, P.: Power System Stability and Control. 1. Auflage, McGraw-Hill, New York, 1993.
4. Wood, A. u. Wollenberg, B.: Power Generation, Operation and Control. 2. Auflage, John Wiley & Sons Inc., 1996.
5. Welfonder, E. et al.: Regelungs- und Optimierungskonzepte für den koordinierten Kraftwerks- und Netzbetrieb. VDI Bericht 1245, VDI-Verlag, Düsseldorf, 1996.
6. Elgerd, O.: Electric Energy Systems Theory. 2. Auflage, MacGraw-Hill College, New York, 1982.
7. Handschin, E.: Elektrische Energieübertragungssysteme. 2. Auflage, Hüthig-Verlag, Heidelberg, 1987.
8. UCPTE: Spielregeln zur primären und sekundären Frequenz- und Wirkleistungsregelung in der UCPTE. UCPTE-Verlag, Luxemburg, 1998.

9. Lerch, E.: Sichere und zuverlässige Systemführung von Kraftwerk und Netz im Zeichen der Deregulierung. VDI-Berichte 1747, VDI-Verlag, Düsseldorf, 2003.

14. Netzleittechnik

Die *Transport-*, *Übertragungs-* und *Verteilnetze* von Elektroenergiesystemen werden mit Hilfe von *Netzleitsystemen* geführt. Netzleitsysteme weisen gegenüber gewöhnlichen Prozeßleitsystemen zwei zusätzliche Komplexitätsgrade auf. Erstens handelt es sich um *mehrere*, hierarchisch den einzelnen Spannungsebenen zugeordnete, miteinander kommunizierende Prozeßleitsysteme mit jeweils eigener Warte, sogenannte *Netzleitstellen*. Zweitens macht die extreme räumliche Dispersion der einzelnen Prozeßleitsysteme und ihrer Prozeßkomponenten die Einführung einer zusätzlichen Technologie, der sogenannten *Fernwirktechnik*, erforderlich (s. 14.4). Bild 14.1 zeigt die grundsätzliche Struktur des Netzleitsystems eines einzelnen 110 kV-Netzes.

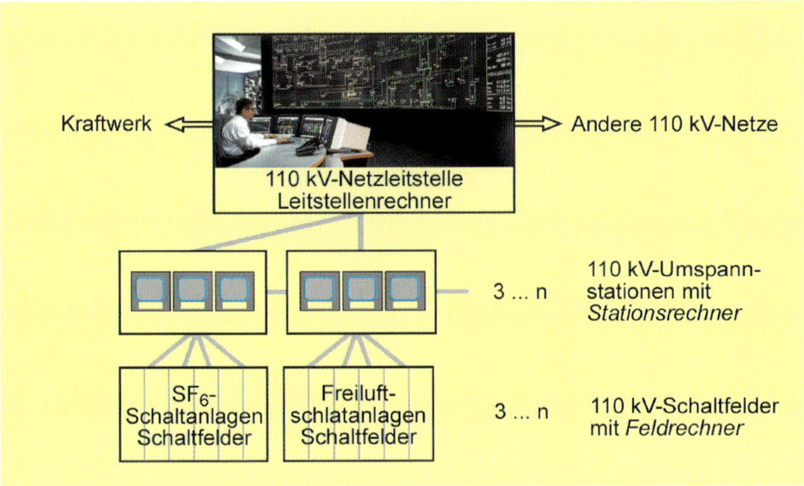

Bild 14.1. Grundsätzliche Struktur eines Netzleitsystems eines 110 kV-Netzes mit *Netzleitstelle* (*Leitstellenrechner*), *Umspannstationen* (*Stationsleitrechner*) und Schaltfeldern (*Feldrechner*).

Die Netzleitstelle kommuniziert über sogenannte *Fernwirklinien* (s. 14.4) mit den in ihrem Netz befindlichen *Umspannstationen*, im folgenden zur Vereinfachung nur *Stationen* genannt (s. a. Kapitel 11). In diesen stehen die *Schaltanlagen* bzw. *Schaltgeräte*, die von der Warte der Netzleitstelle aus *ferngesteuert* und deren Schaltzustände etc. der Netzleitstelle gemeldet werden. Die Kommunikation zwischen einer Netzleitstelle und ihren Stationen erfolgt über einen in der Netzleitstelle befindlichen *Netzleitstellenrechner* und in den Stationen befindliche *Stationsleitrechner*. Ein Stationsleitrechner bildet zusammen mit Vorder- und Hintergrundrechnern die sogenannte *Stationsleittechnik*. Stationsleitrechner ihrerseits kommunizieren mit den jedem einzelnen Schaltfeld ihrer Station zugeordneten *Feldrechnern*, sogenannte *Feldleittechnik*. Die Kommunikation zwischen Stationsleittechnik und Feldleittechnik erfolgt wahlweise über weitere *Fernwirklinien* oder über ein *lokales Bussystem* (engl.: LAN, *Local Area Network*). Die Feldrechner sind meist integraler Bestandteil eines Schaltfeldes, bei Freiluftschaltanlagen sind sie getrennt in einem separaten Gebäude untergebracht.

Netzleitstellen bilden zusammen mit der *Stationsleittechnik* ihrer Stationen und der *Feldleittechnik* der in ihren Stationen vorhandenen *Felder* eine 3-schichtige Pyramidenstruktur, Bild 14.2.

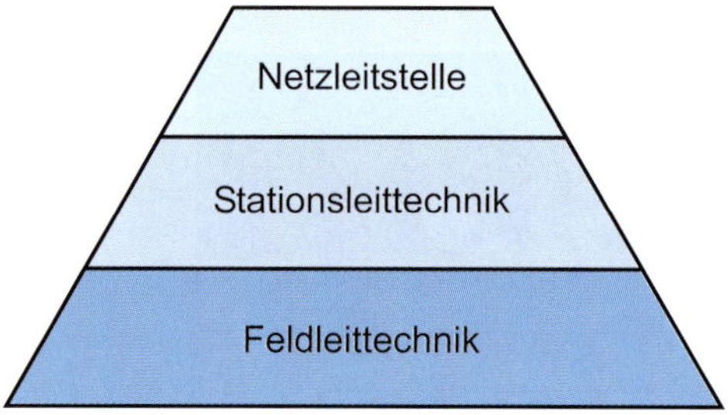

Bild 14.2. Pyramidenstruktur eines Netzleitsystems einer Spannungsebene.

Den drei Schichten kommen aus steuerungstechnischer Sicht primär die folgenden Aufgaben zu:

- *Netzleitstelle*: *Fernsteuerung* und *Fernüberwachung* der Umspannstationen, Absprachen mit Kraftwerken

- *Stationsleittechnik*: *Nahsteuerung* und *Nahüberwachung* in den Umspannstationen
- *Feldleittechnik*: *„Vor-Ort"-Steuerung* und *„Vor-Ort"-Überwachung* einzelner Schaltfelder

Die Gesamtheit der Netzleitstellen *aller* Netze eines Elektroenergiesystems bzw. einer Regelzone bilden eine übergeordnete *Pyramidenstruktur*, Bild 14.3.

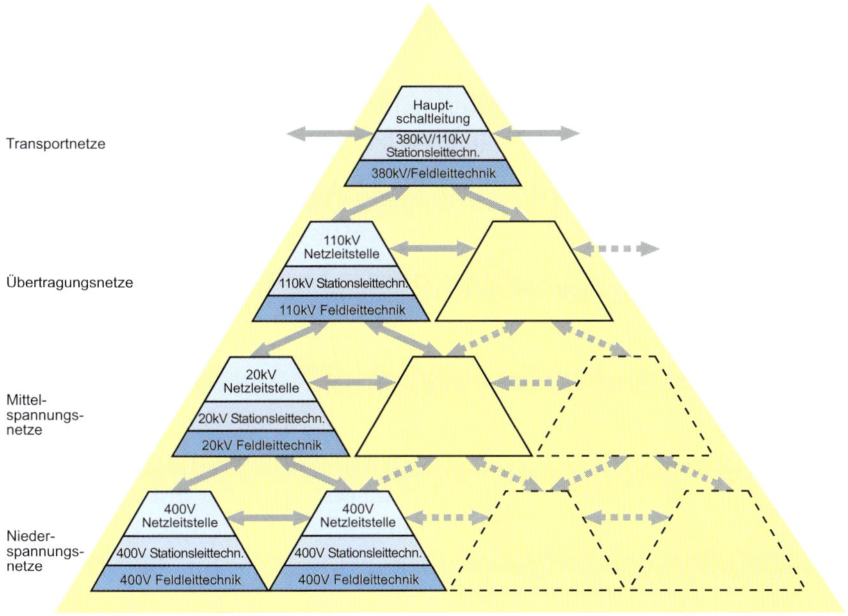

Bild 14.3. Formale hierarchische Pyramidenstruktur der Netzleittechnik eines Elektroenergiesystems bzw. einer Regelzone.

Die hierarchisch am höchsten angesiedelte Netzleitstelle wird *Hauptschaltleitung* genannt. Sie führt das Transportnetz und kommuniziert mit ihren 380 kV/220 kV/110 kV-Umspannstationen, Kraftwerken und den Netzleitstellen ihr nachgelagerter 110 kV/20 kV-Umspannstationen. Ferner kommuniziert sie mit benachbarten Netzleitstellen von Transportnetzbetreibern außerhalb der eigenen Regelzone. Befinden sich innerhalb einer Regelzone mehrere voneinander unabhängig betriebene 110 kV-Netze, können auf dieser Ebene mehrere parallele

Netzleitstellen vorhanden sein. Der gegenwärtigen Trend geht jedoch dahin, möglichst viele Netze von nur einer Netzleitstelle aus zu führen.

Die Netzleitstellen der 110 kV- und 60 kV-Übertragungsnetze werden auch *Hauptnetzleitstellen* genannt, die der Mittelspannungsebene *Bezirksleitstellen.* In der öffentlichen Versorgung existieren keine *Niederspannungs-Netzleitstellen.* Die Niederspannungsnetze werden über die Bezirksleitstellen indirekt mitgeführt. In ausgedehnten Industrienetzen sind gelegentlich auch kleine Leitstellen für Niederspannungsnetze anzutreffen. In der öffentlichen Versorgung sind die 400 V-Netzleitstellen in Bild 14.3 nur formaler Natur.

Das Ausmaß der Vernetzung der Netzleitstellen untereinander hängt von betrieblichen Notwendigkeiten, Eigentumsverhältnissen, der historischen Entwicklung des jeweiligen Elektroenergiesystems und insbesondere dem Stand der Technik zum Zeitpunkt der Beschaffung der Systeme ab.

Eine Besonderheit in obiger hierarchischer Struktur bilden die zahlreichen *Umspannstationen.* Wie in 11.5 ausführlich erläutert, bestehen sie mindestens aus einer *oberspannungsseitigen Schaltanlage*, einem *Transformator* und einer *unterspannungsseitigen Schaltanlage.* Sie gehören daher auch mindestens zwei Netzebenen an. Eine Netzleitstelle besitzt in der Regel *Schalthoheit* nur für die oberspannungsseitigen Schaltanlagen einer in ihrem Bereich liegenden Umspannstation. Sollen Schaltungen auf der Unterspannungsseite vorgenommen werden, ist die Netzleitstelle der Unterspannungsseite zu beauftragen, die für ihr Netz selbst die Schalthoheit besitzt. Leitet eine Netzleitstelle Netze zweier Spannungsebenen, beispielsweise ein 110 kV-Netz sowie ihm unterlagerte Mittelspannungsnetze, besitzt sie auch für diese Netze Schalthoheit. Im Störungsfall kann aber auch die Netzleitstelle eines unterlagerten Netzes Schalthoheit für Schalthandlungen im vorgelagerten Netz erhalten.

Der Informationsfluß von der Prozeßebene in Richtung Hauptschaltleitung läuft über die zwischengeschalteten Netzleitstellen. Auf allen Ebenen wird eine Informationsverdichtung vorgenommen, die eine Beschränkung der übertragenen Daten auf relevante Informationen realisiert. Auf diese Art und Weise wird vermieden, daß die oberste Ebene von einer zu großen Datenflut überschwemmt wird. In den folgenden drei Abschnitten werden die drei Schichten der Pyramidenstruktur eines Netzleitsystems gemäß Bild 14.2 näher betrachtet.

14.1 Netzleitstellen

Am Beispiel der Netzleitstelle auf der obersten Hierarchieebene einer Regelzone, sogenannte *Hauptschaltleitung*, werden die Funktionen und Komponenten von Netzleitstellen näher erläutert. Netzleitstellen unterlagerter Netze unterscheiden sich im wesentlichen durch einen verminderten Funktionsumfang und eine unterschiedliche Netzführungsstrategie.

Vorrangige Aufgabe einer Hauptschaltleitung ist das *Führen* (s. 15.1) der ihr zugeordneten Transportnetze, mit dem Ziel der kostengünstigen Beschaffung und Bereitstellung elektrischer Energie bei Wahrung einer konstanten *Frequenz* und näherungsweise gleichen *Spannung* in allen Netzknoten. Hierfür verfügt die Netzleitstelle über bestimmte Funktionen, die sich, wie bei anderen Prozeßleitsystemen auch, in *SCADA-Funktionen* sowie *höherwertige Entscheidungs- und Optimierungsfunktionen* unterteilen lassen (s. a. Kapitel 5). SCADA-Funktionen (engl.: *SCADA – Supervisory Control And Data Aquisition*) sind die rudimentären Funktionen des *Überwachens* und *Meldens* der Prozeßzustände einerseits und des *Steuerns* und *Regelns* andererseits in weiträumig verteilten Prozessen. Von fundamentaler Bedeutung ist das Antwortverhalten, das im Bereich von Bruchteilen einer Sekunde liegt, so daß es sich um einen *Quasi-Echtzeitbetrieb* handelt. Die grundsätzlichen SCADA-Funktionen sind in den verschiedenen Netzleitstellen gleich, Unterschiede gibt es jedoch in den höherwertigen Entscheidungs- und Optimierungsfunktionen, die vor allem in den höheren Spannungsebenen bzw. im Zusammenhang mit Kraftwerkseinspeisungen von Bedeutung sind (s. 14.1.2).

14.1.1 SCADA-Funktionen

Im Rahmen der Netzführung (s. Kapitel 15) fallen folgende typische SCADA-Funktionen an:

Von der Netzleitstelle zum Netz:

- *Steuerbefehle*, beispielsweise zum Ein- und Ausschalten von Leistungsschaltern, Trennern etc.

- *Regelbefehle* vom Typ „Höher“, „Tiefer“ (Regeltransformatoren) oder „Sollwertänderungen“ (z. B. für Primärregler von Turbinen in Kraftwerken)

Vom Netz zur Netzleitstelle:

- *Meldungen*, beispielsweise über den Betriebsmittelzustand, z. B. „Leistungsschalter Ein“, „Erder Ein“, „Schutz ausgelöst“, „SF_6 Gasdruck gefallen“, „Öltemperatur Transformator 1 zu hoch“, „Erdschluß“ etc.
- *Meßwerte*, z. B. Spannungen, Ströme, Frequenz, Temperaturen, Durchhang von Freileitungsseilen, etc.

Zwischen Netzleitstelle und Kraftwerken:

- Aufforderungen zu Wirk- und Blindleistungsänderungen
- Sollwerte für Sekundärregelung

Hinzu kommen eine *Mindest-Visualisierung* des Prozeßzustands (Netzwerktopologie und Zustandsgrößen) und die Dokumentation bzw. Archivierung des Prozeßgeschehens.

Die Aufgabe des Bedienpersonals ist die Ausführung und Überwachung von Schalthandlungen und die Auswertung von Prozeßdaten. Der aktuelle Zustand des Netzes, wie er aus den Meldezuständen der Eingabe- und Ausgabebaugruppen (engl.: *I/O*), intern abgeleiteten Systemmeldungen und aktuellen Meß- und Zählwerten erkennbar ist, wird als *Prozeßabbild* bezeichnet. Das Prozeßabbild wird in Form von sogenannten *Fließbildern* dargestellt, in denen der Zustand der Schaltgeräte und die aktuellen Meß- und Zählwerte abgebildet sind. Bei Veränderungen der Werte erfolgt online eine Aktualisierung des angezeigten Prozeßwerts. Die Bedienung des Prozesses erfolgt ebenfalls aus den Bildern heraus.

Zusätzlich zur Darstellung in Bildern führt das System *Ereignislisten*, in denen Veränderungen des Prozeßzustands chronologisch in Textform dargestellt sind, sogenanntes *Meldebuch*. Handelt es sich um kritische Informationen, die *Warn-* und *Störungszustände* anzeigen, sind diese quittierpflichtig und werden zusätzlich zum *Meldebuch* in das *Störmeldebuch* eingetragen. Der Bediener muß sie dort durch eine Bedienhandlung quittieren. Das Störmeldebuch enthält alle anstehenden Störzustände und die bereits nicht mehr aktiven, aber unquittierten Störzustände.

Neben den *ereignisorientiert* gespeicherten Schaltzuständen des Netzes werden Meß- und Zählwerte *kontinuierlich* in wählbaren Zeitrastern von 1 Sekunde bis 15 Minuten gespeichert. Das System führt selbständig eine Verdichtung der Archive nach wählbaren Verarbeitungsmustern auf Stunden-, Tages-, Wochen- und Monatswerte durch. Wählbar sind *Mittelwertbildung*, *Extremwertspeicherung* und *Summierung*. Die in den Archiven abgelegten Daten dienen als Grundlage der Energiebedarfsrechnung und der Kundenabrechnung. Alle gespeicherten Daten lassen sich in Grafiken und Betriebsprotokollen darstellen. Durch Aufbereitung mittels eines kommerziellen Tabellenkalkulationsprogramms können sie anderen Unternehmenseinheiten zugänglich gemacht werden.

Bei großen Netzleitstellen stellt sich das Problem, die Information optisch adäquat darstellen zu können. Hier kommt heute die *Rückprojektionstechnik* zum Einsatz, bei der das Bild auf eine dem Bediener gegenüberliegende Wand projiziert wird.

Bild 14.4. Warte mit Rückprojektionssystem und Bildschirmen. (Hersteller: PSI, Betreiber: Neckarwerke, Stuttgart)

Die neuste Entwicklung auf diesem Gebiet stellen Leitwarten dar, bei denen auf Monitore ganz verzichtet wird, Bild 14.5.

Bild 14.5. Moderne Warte mit *Rückprojektionssystem* und *Geo-Informations-System* (GIS, s. a. 14.1.2 und 14.1.4).

Geo-Informations-Systeme verknüpfen die elektrische Schaltungstopologie mit geographischer Information und leisten so einen wesentlichen Beitrag zur *Fehlerortung* und *schnellen Störungsbeseitigung* durch das mobile Instandsetzungspersonal.

Bei nicht besetzten oder nur zeitweise besetzten Leitwarten sind Alarmsysteme mit Störungsmanagementfunktionen integriert. Im Falle einer in das Netzleitsystem einlaufenden Störungsmeldung wird das diensthabende Personal des Bereitschaftdienstes über verschiedene Medien nach einem zeitlich und hierarchisch gestaffelten *Alarmplan* über den Anlagenzustand informiert, bis ein Diensthabender sich über Telefon in das System einwählt (z. B. durch einen PIN-Code, der in die Wähltastatur eingegeben wird) und den Alarm quittiert, oder aber Schalthandlungen vornimmt, die über eine in einem Laptop integrierte *Fernwarte* bzw. ein Bedienterminal mit Modemkopplung zur Leitstelle ausgeführt werden.

Der diensthabende Schaltberechtigte kann schon vom Büro, von zu Hause aus oder unterwegs über Modem-Verbindung das Ereignisprotokoll und den Störschrieb des Schutzgeräts fernauslesen, in das Leitsystem eingreifen und geeignete Gegenmaßnahmen einleiten.

14.1.2 Höherwertige Entscheidungs- und Optimierungsfunktionen HEO

Neben den direkten SCADA-Funktionen der Netzführung ermöglichen Netzleitsysteme noch sogenannte *höherwertige Entscheidungs-* und *Optimierungsfunktionen*, die der wirtschaftlichen Optimierung der Netzführung, der Verfügbarkeit und der Sicherheit des Betriebspersonals dienen, beispielsweise

- Aussagekräftige farbliche Echtzeitvisualisierung durch *Topologieerfassung* und Berechnung des Schaltzustands des Netzes aus den Stellungsmeldungen der Schaltgeräte mit anschließender *farblicher* Darstellung des Betriebszustands der Leitungen und Sammelschienen.
- *Prognostizierung* des Energieverbrauchs, Erstellung der Kraftwerkseinsatzplanung und automatische Einhaltung bestimmter vertraglich geregelter Bezugsleistung durch Vorgabe von Reglersollwerten sowie Zu- und Abschalten eigener Erzeuger und Großverbraucher.
- *Leistungsflußrechnung*: Online-Berechnung der Leistungsflüsse und der Wirk- und Blindstromverteilung. Anschließende topologische Einfärbung der Leitungszüge nach den Kriterien „*Regelbetrieb*", „*überlastet*" usw.
- *Kurzschlußstromberechnung*: Online-Berechnung der Kurzschlußströme und -leistungen für Netzsicherheitsbetrachtungen sowie zur Überwachung der korrekten Einstellung, gegebenenfalls Adaption des Netzschutzes.
- *Lastbeeinflussung* durch *Tonfrequenz-* und *Funkrundsteuerung* (s. 14.5).
- *Estimationsrechnung*: Pflege einer integren Datenbasis des aktuellen Netzzustands. Ausgangsbasis für alle anderen Netzrechnungen.
- *Ausfallvariantenrechnung* in Form von Simulationsrechnungen für geplante Topologieänderungen oder Störungsszenarien.
- *Verriegelungsprüfung*: Zur Vermeidung von Fehlschaltungen ermittelt das Netzleitsystem die Zulässigkeit einer bestimmten Schalthandlung, sogenannter *Schaltfehlerschutz*.
- *Fehlersuche*: Durch Auswertung der chronologischen Abfolge von Schutzauslösemeldungen und der Meßwerte von Distanzrelais kann

eine Fehlersuche realisiert werden. Fehlerhafte Zweige werden gesondert eingefärbt.

- *Wide Area Monitoring*: Neueste Entwicklungen ermöglichen eine satellitengestützte *synchrone* Erfassung der Phasenwinkel der Knotenspannungen und Ströme ganzer Verbundsysteme und dienen als *Frühwarnsystem* bei sich anbahnenden Großstörungen. Ferner unterstützen sie die Wiedersynchronisation von Inselnetzen nach einer Netzaufspaltung.
- *Trainingssimulation*: für die Schulung des Leitstellenpersonals bezüglich Reaktionen auf Überlastsituationen und unerwartete Störungen.

Während SCADA-Funktionen für den Betrieb eines Prozesses bzw. Netzes essentiell sind, haben die Hintergrundfunktionen eher optionalen Charakter.

14.1.3 Rechnerstruktur und Datenbanksystem

Netzleitsysteme bestehen aus einem Leitrechner, mehreren HMI-Rechnern (engl.: *Human Machine Interface*) für das *Bedienen* und *Beobachten* bzw. *Steuern* und *Überwachen* sowie im Rahmen ihrer höherwertigen Entscheidungs- und Optimierungsfunktionen aus *Funktionsrechnern* für dezidierte Aufgaben, Bild 14.6.

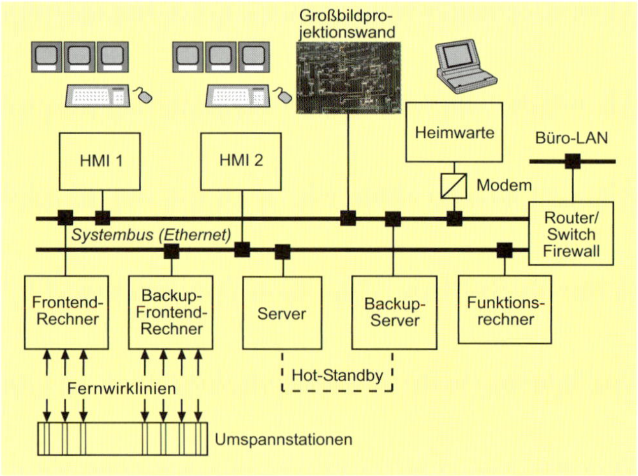

Bild 14.6. Rechnerstruktur der Netzleitwarte.

Zu den Aufgaben des Servers zählt die Verwaltung der *Datenbank* und das Führen des *Prozeßabbilds* sowie die Datenbereitstellung für die HMI-Prozesse.

Funktionsrechner werden eingesetzt für Lastfluß-und Kurzschlußstromberechnung, Energiebedarfs- und Energiebezugsrechnung, Systempflege, Rundsteuereinrichtungen, Training des Betriebspersonals usw. Bei der Systempflege können die Bediener auf die Möglichkeit zurückgreifen, Stationsleitrechner und Feldrechner Online mit neuen Parametersätzen zu versehen (sogenanntes *down-line-load*), so daß bei Umparametrierungen nicht zwingend Personal vor Ort sein muß.

Netzleitstellen haben je nach Versorgungsunternehmen unterschiedliche Hardwarestrukturen. Bei großen Unternehmen werden in der Regel Netzleitsysteme auf Basis von Workstations unter UNIX verwendet, während sich auf der Ebene der kleinen und mittleren Unternehmen PC-basierte Leitsysteme unter Windows (oder vergleichbar) durchgesetzt haben.

Es ist üblich, den Leitrechner aus Sicherheitsgründen voll redundant auszuführen (*Hot-Standby-Prinzip*). Dazu setzt man zwei in Hard- und Softwareausbau identische Rechner ein, die beide von den Fernwirkköpfen (s. 14.4) die gleiche Informationsmenge beziehen. Während einer der Rechner die Prozeßführung übernimmt (sogenannter *Leitrechner*), läuft der andere Rechner parallel im *Mithörbetrieb*. Eine Überwachungsfunktion nimmt bei Ausfall des Leitrechners die Umschaltung der Prozeßführung auf den bisherigen *Hot-Standby-Rechner* vor, der damit zum Leitrechner wird. Nach der Fehlerbeseitigung und dem erneuten Hochlaufen des Rechner wird der ehemalige Leitrechner dann zum *Hot-Standby-Rechner*. Das System läßt sich mit dieser Funktion praktisch unterbrechungsfrei betreiben und erreicht eine Verfügbarkeit von mehr als 99,5 %, man spricht von einem ausfallsicheren *Doppelrechnersystem*. Um die gleiche Sicherheit auf Seiten der Prozeßankopplung zu erreichen und den Datendurchsatz über den als *Engstelle* wirkenden *Fernwirkkopf* zu erhöhen, läßt sich auch der *Fernwirkkopf* mehrfach ausführen.

Auf kommunaler Ebene und in Industrieunternehmen sind *Verbundleitstellen* üblich, bei denen sich mehrere Versorgungsarten in einem gemeinsamen Leitsystem kombinieren lassen. Üblich sind Verbundsysteme mit der Struktur *Elektro/Gas/Fernwärme/Wasser/Abwasser*. Die Protokollierung des Betriebsablaufs läuft in diesem Fall über *getrennte Ereignislisten*, bedient wird an voneinander verschiedenen Bedienplätzen, bei denen eine bedienerorientierte Freigabe durchgeführt wird, damit Bediener einer Versorgungsart keine Schalthandlungen in anderen Bereichen durchführen können.

Die Kopplung mit der untergeordneten Ebene ist wiederum in einem gesonderten Rechner, dem *Fernwirkkopf* oder *Front-Endrechner* (FER) zentralisiert. Der Front-Endrechner dient der Umsetzung der proprietären Protokolle der Stationsleitrechner auf das Protokoll der Leitstelle bzw. Ethernet des lokalen Netzes. Ferner übernimmt er das *Polling*, das heißt die zyklische Abfrage und die Synchronisation der angeschlossenen Stationsleitrechner der Umspannstationen.

14.1.4 Schnittstellen zu anderen Systemen

Netzleitsysteme übernehmen in wachsendem Maß Datenakquisitionsaufgaben und -zubringerdienste für *Energie-Managementsysteme*. Dazu zählen:

- *Energiebedarfsabrechnung*
- *Zählerfernauslesesysteme*
- *Absprachen über Fahrpläne*
- *Durchleitungskostenberechnung*
- *Vergütungsberechnung*
- *Wartung*
- *Instandhaltung*
- *GIS (Geo-Informations-Systeme)*

Mehr und mehr wird die Netzleittechnik als Kommunikationsknoten der Infrastruktur betrachtet. Einerseits werden Daten des Netzleitsystems in anderen Anwendungen weiterverarbeitet, andererseits verfügen moderne Netzleitsysteme über Kopplungen zu Datenverarbeitungssystemen des Büro-LAN der Versorgungsunternehmen. Auf der Büro-LAN-Seite können Bediener in Abhängigkeit ihrer Zugriffsrechte die für sie relevanten Daten *online* aus dem Leitsystem beziehen. Auf diese Weise kann die *Netzbetriebsführung* räumlich von der *Energiebereitstellungsrechnung* getrennt werden (s. Kapitel 15). Mit Hilfe der Kopplungsschnittstellen lassen sich die Netzdaten für Leistungsabrechnungssysteme auf ORACLE-Datenbanken, SAP-Systemen zur *Instandhaltungsbeschaffung* und *Personaleinsatzplanung* der Netzunterhaltung sowie *Energiekontrollsystemen* mit *Spot-Markt-Beschaffungsrechnungen* verfügbar machen. Zunehmend werden Daten des Netzleitsystems auch direkt in Bilanzierungs- und Produktoptimierungsprozessen der Industrie und deren Datenverarbeitungssystemen verwendet. In der aktuellen Entwicklung sind Kopplungen zum World-Wide-Web sowie File-Transfer-Prozesse über Internet. In Zukunft soll darüber die Kommunikation zwischen verschiedenen Netzleitstellen realisiert werden, die bislang noch mit proprietären Protokollen arbeiten.

Heutige Leitsysteme lassen sich über die EXCEL-Schnittstelle parametrieren und verwalten. Dies trägt zur transparenten und effizienten Datenhaltung in komplexen Energieversorgungsnetzen bei, in denen leicht mehrere 100.000 Datenpunkte anfallen. Ein weiterer Schritt in diese Richtung ist die Integration der *Geo-Informations-Systeme* (GIS) in das Störfallmanagement. Geo-Informations-Systeme erlauben die Darstellung der Netztopologie vor einem geographischen Hintergrund (s. a. Bild 14.5). Damit läßt sich im Falle einer Störung durch die Kombination der Fehlerberechnung mit dem GIS vom Leitsystem aus die exakte geografische Position des Fehlers angeben und der räumlich nächsten Entstörmannschaft zuweisen.

14.2 Stationsleittechnik

In der *Stationsleittechnik* (engl.: *substation automation system*) empfängt der *Stationsleitrechner* vom Netzleitstellenrechner *Befehle* und *Überwachungstelegramme*. Ferner sendet er an die Netzleitstelle *Meldungen* und leitet die Informationen ereignisabhängig an die Feldrechner. In großen Schaltanlagen kann durch Anschluß eines PCs an den Stationsleitrechner eine *Stationsleitstelle* eingerichtet werden, über die das Steuern der Anlage *feldübergreifend erfolgen* kann. Der Leitrechner archiviert alle Meß- und Zählwerte, Systemzustände und Systemfehler mit Zeitstempel. Er beherbergt das Datenmodell der Station und enthält ferner eine eigene Speicherstruktur für die *Störschriebauswertung* der in der Schaltanlage vorhandenen Schutzgeräte.

Das Aussehen eines typischen Stationsleitrechners zeigt Bild 14.7.

Bild 14.7. Stationsleitrechner (IDS).

Über den Stationsleitrechner erfolgt der Aufrufbetrieb der Feldrechner und die Kommunikationsüberwachung zwischen Feld und Netzleitebene. Eine weitere Aufgabe des Stationsleitrechners ist die Zeitsynchronisation der Feldrechner, die über eine in den Stationsleitrechner eingebaute DCF-77-Funkuhr vorgenommen wird. Da die Zeitauflösung bis in den Millisekundenbereich exakt sein muß, sind die Telegrammlaufzeiten zwischen Stationsleitrechner und Feldrechnern zu berücksichtigen.

Neben den Aufgaben der Kommunikationsüberwachung nimmt der Stationsleitrechner die *feldübergreifende Verriegelung* wahr. Damit es bei Reparaturarbeiten nicht zu Unfällen kommt, müssen *Vor-Ort-* und *Fernbedienmodus* gegeneinander verriegelt werden. Bei Anwesenheit von Personal vor Ort wird die Schalthoheit auf die Ortssteuerebene verlegt und die Netzleitstelle kann in dieser Zeit nicht fernschalten. Ferner können bestimmte kritische Netztopologien durch die Verriegelung zwischen den Feldern verhindert werden.

Die Kommunikationsstruktur eines Stationsleitrechners zeigt Bild 14.8.

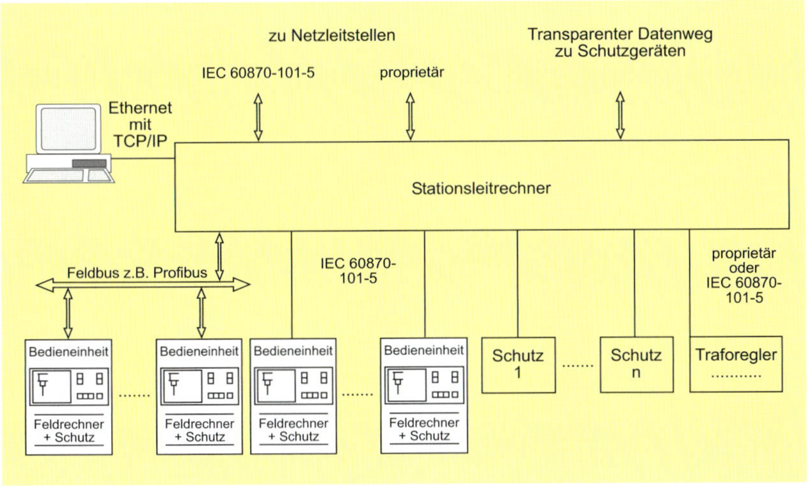

Bild 14.8. Kommunikationsstruktur Stationsebene.

Wie bei SCADA-Systemen üblich, wird aus jedem Schaltfeld der Schaltanlage durch *Rückmelde-* und *Befehlskontakte* in Form von Hilfskontakten der *Prozeßzustand* zur Verfügung gestellt. Die Hilfskontakte sind in der Schaltanlage an eine unterbrechungsfreie Stromversorgung 60 – 230 V_{DC} angeschlossen, so daß über die Leittechnik im Fall eines Spannungsausfalls Informationen bezogen und Umschaltungen in beschränktem Maß durchführbar sind. Die Hilfskontakte für die Schaltgeräte, Antriebe und Hilfsbetriebe sind entweder über konventionelle Leittechnik mit Hilfe von Kupferverbindungen mit der Leitstelle verbunden oder aber zunehmend direkt im Feld mit digitalen Feldgeräten verdrahtet. Neben den binären Größen lassen sich Meßwerte wie Strom, Spannung und Frequenz erfassen. Das Feldgerät übernimmt dabei die

Datenaufnahme, Datenspeicherung und die ereignisgesteuerte Datenübertragung zum Stationsleitrechner bzw. zur Netzleitstelle.

Die Überwachung und Steuerung der Anlagen und Schaltgeräte wird bei unbemannten Anlagen von der Netzleitstelle vorgenommen. Bei Wartungs- und Reparaturarbeiten befindet sich nach wie vor Personal vor Ort, das auch steuernd eingreifen können soll. Zu diesem Zweck wird, je nach Unternehmensstrategie eine Vor-Ort-Bedienebene eingeführt bzw. aufrechterhalten, die eine Bedienung der Anlage erlaubt. Diese kann entweder durch Feldgeräte direkt am Schaltfeld oder durch eine Nahsteuerstelle in Form eines Stationsleitsystems auf Basis eines Industrie-PCs realisiert werden.

14.3 Feldleittechnik

Schaltanlagen bestehen aus zahlreichen *Schaltfeldern* für die verschiedenen Abzweige (s. Kapitel 11). Jedes Schaltfeld, im folgenden nur noch *Feld* genannt, besitzt bei hohem Automatisierungsgrad einen eigenen *Feldrechner* (engl.: *switchbay control unit*). Über ihn erfolgt der Prozeßanschluß und die Realisierung der Schutzfunktionen. Meist ist auf dieser Ebene die *Vor-Ort-* bzw. auch die *Notbedienung* des Feldes bei Ausfall der übergeordneten Leittechnik angesiedelt. Der Feldrechner wird auf Mittelspannungsebene direkt in das Feld eingebaut (s. a. 11.3.1). Ab der Spannungsebene 110 kV schreiben Unfallverhütungsvorschriften einen eigenen, vom Schaltraum abgesetzten Bedienraum vor. Die Bedienung erfolgt über das in das Feldgerät integrierte Display und die Bedientasten bzw. über funkgebundene Handgeräte. Im Schaltfeld selbst befindet sich nur noch der eigentliche Rechner, während die in jedem Schaltfeld vorzusehenden Displays durch das Handgerät ersetzt werden.

Schaltgeräte besitzen spezifische Aufgaben und lassen sich in der Regel nicht in beliebiger Reihenfolge schalten. Unkoordiniertes Schalten kann unter Umständen zu großen Schäden mit Personengefährdung führen, etwa wenn ein Erder auf eine spannungsführende Leitung geschaltet wird. Aus diesem Grund wird auf Feldebene eine Schaltverriegelung (engl.: *interlock*) programmiert, die die Ausführung unzulässiger Schalthandlungen blockiert. Alle Feldrechner sind so konzipiert, daß sie bei einem Ausfall der übergeordneten Leittechnik *autark* arbeiten. Der Feldrechner enthält eine Koppelschnittstelle zur Stations-

und Netzleitebene und eine Selbstüberwachungsfunktion. Die Feldgeräte werden entweder über eine RS 232-Schnittstelle oder aber über Lichtwellenleiter (LWL) mit dem Stationsleitrechner verbunden.

Alle in den Feldgeräten durch äußere Sensoren erfaßten Stellungsmeldungen sowie die Analogeingänge zur Messung von Strom, Spannung und Frequenz werden in Melderichtung der höheren Hierarchieebene verfügbar gemacht. Dabei ist in den Feldgeräten einstellbar, wann eine Übertragung der Daten erfolgen soll (z. B. bei Stellungswechsel des Leistungsschalters, Überschreitung eines Schwellwertes bei der Analogwerterfassung etc.).

14.4 Fernwirktechnik

Fernwirktechnische Einrichtungen (engl.: *SCADA*) dienen der *Fernsteuerung* und *Fernüberwachung* geographisch weiträumig verteilter Systeme. Typische Beispiele sind Elektroenergiesysteme, Eisenbahnwesen, Pipeline-Netze. Die Steuer- und Überwachungsfunktionen können von einer *zentralen* Warte oder mehreren *hierarchisch gestuften* Warten aus wahrgenommen werden. In Elektroenergiesystemen stellt die *Fernwirktechnik* an den Enden eines Übertragungswegs zwischen Netzleitstelle und der jeweiligen Umspannstation, sogenannte *Fernwirklinie*, je einen sogenannten *Fernwirkkopf* als Schnittstelle bereit, Bild 14.9.

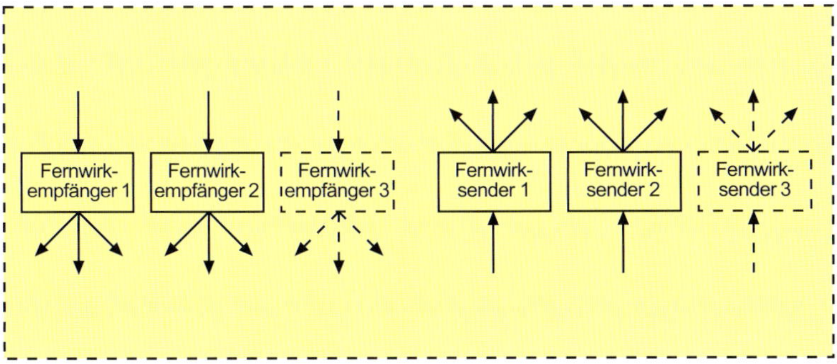

Bild 14.9. Fernwirkkopf.

Der Fernwirkkopf besteht aus einer Reihe von *Sendern* und *Empfängern* zur Kommunikation zwischen den Rechnern der Leitstelle und ihrer

Umspannstationen. Er ist hardwaremäßig als Flachbaugruppe (Leiterplatte) realisiert. Die Signale bzw. Zustände im Prozeß werden zyklisch abgefragt, binär codiert und von den Fernwirksendern ereignisorientiert zu den Fernwirkempfängern übertragen.

Wie eingangs erwähnt, kommen unterschiedliche Kommunikationsmedien zur Datenübertragung über weite Entfernungen zum Einsatz, beispielsweise *Telefonstandleitungen*, *Glasfaserverbindungen*, das *Internet*, *Bündelfunk* oder *Trägerfrequenztelefonie auf Hochspannungsfreileitungen (TFH)*. Die Übertragung erfolgt im Falle von Telefonverbindungen nach einem der üblichen mehrkanaligen Puls Code Modulationsverfahren (PCM), braucht also am Anfang und am Ende der Übertragungsstrecke jeweils ein Modem bzw. erfolgt zunehmend mit Hilfe von *Wide Area Networks*.

Zwischen Netzleitstelle und Stationsleitsystemen kann das Fernwirknetz entweder *sternförmig* oder *ringförmig* aufgebaut werden. Es ist üblich, redundante Kommunikationswege einzurichten, z. B. einen sogenannten Erstweg über Festdrahtverbindung und einen Zweitweg über Modem oder Bündelfunk, so daß die Stationsleitrechner auch bei Ausfall eines der Übertragungsmedien erreichbar bleiben.

Da der mit dem Leitsystem direkt gekoppelte Fernwirkkopf in großen Systemen als Kommunikationsknoten stark belastet ist, werden bei hoher Komplexität digitale Kommunikationssysteme mit dynamischem Multiplexer eingesetzt, die einen hohen Datenfluß ermöglichen.

Hersteller von Fernwirk- und Netzleitsystemen arbeiteten bis vor kurzem ausschließlich mit eigenen, sogenannten proprietären Protokollen. Da spätestens auf der Netzleitebene verschiedene Gerätetypen zu kombinieren sind, stellt sich die Aufgabe, *offene* Kommunikationsstrukturen für Fremdgeräte zu erstellen, in denen Feldleitgeräte des Herstellers A mit Netzleitstellen des Herstellers B kommunizieren können (Fremdkopplung).

Schließlich gibt es bei älteren Netzleitstellen oftmals proprietäre Protokolle, die zwischen den Betreibern direkt vereinbart wurden. Aufgrund der gestiegenen Anforderungen an die Kommunikation zwischen den Netzleitstellen erfolgte seit der Liberalisierung des Strommarktes auch auf diesem Gebiet eine Standardisierung.

14.5 Tonfrequenz- und Funkrundsteuerung

Rundsteuerungen dienen vorrangig der *Lastführung* bzw. dem *Lastmanagement*, das heißt der wirtschaftlich optimalen Anpassung der Erzeugung an den Bedarf. Dies wird durch Zu- und Abschalten von Verbrauchern des Niederspannungsnetzes erreicht (engl.: *load shaving*). Darüber hinaus leisten Rundsteuerungen auch das *Tarifmanagement* durch Steuerung etwaiger *Mehrtarifzähler*. Weitere Funktionen sind die *Beleuchtungssteuerung* (Straßenbeleuchtung etc.) sowie Einzelsteuerungen. *Rundsteueranlagen* werden von den Netzleitstellen geführt. Grundsätzlich unterscheidet man zwischen der klassischen *Tonfrequenzrundsteuerung* und der aktuellen *Funkrundsteuerung*.

14.5.1 Tonfrequenzrundsteuerung

Bei der Tonfrequenzrundsteuerung erfolgt die Laststeuerung durch Telegramme mit Tonfrequenzen zwischen 100 Hz und 1.400 Hz, die als *Tonfrequenzdrehstromsysteme* dreiphasig direkt über die Energieversorgungsnetze versandt werden. Die Tonfrequenzsignale lassen sich entweder *kapazitiv* (*Paralleleinspeisung*) oder *induktiv* (*Serieneinspeisung*) auf allen Ebenen des Netzes ankoppeln, Bild 14.10.

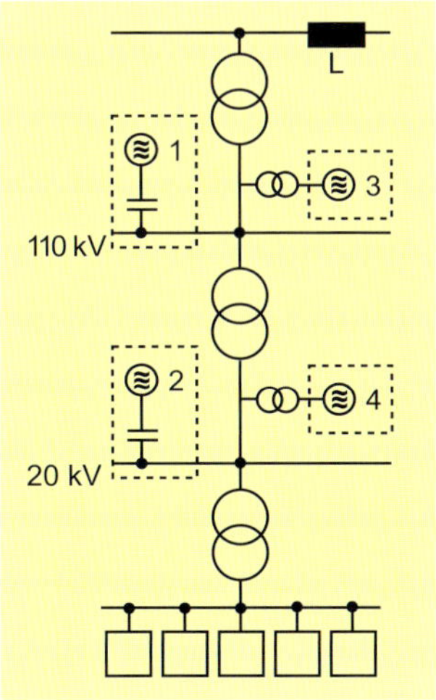

Bild 14.10. Ankopplungsmöglichkeiten und Schaltungen für die Tonfrequenzrundsteuerung (einphasige Darstellung). 1,2: parallele Ankopplung mittels *Koppelkondensator*, 3,4: induktive Ankopplung mittels *Koppeltransformator*, L: Sperrdrossel für gerichtete Übertragung.

In der Regel erfolgt die Einspeisung auf der Mittelspannungsebene, in ausgedehnten Netzen hoher Lastdichte auch auf der 110 kV-Ebene.

Jedes Energieversorgungsunternehmen benutzt dabei eine eigene Tonfrequenz, die ihm durch Absprachen zugeteilt wird. Die Sendeleistungen reichen von mehreren 10 kVA bis über 1 MVA. Ein in der Nähe des zu schaltenden Verbrauchers befindlicher *Rundsteuerempfänger* schaltet nach Empfang des Telegramms die Stromversorgung eines Verbrauchers oder einer Verbrauchergruppe zu oder ab. Das Verfahren verhindert ein Übersprechen von Rundsteuersendungen auf benachbarte Netzbezirke. Der Leistungspegel der Rundsteuersignale ist für informationstechnische Verhältnisse extrem hoch und beträgt 1 % bis 3 % der 50 Hz-Netzleistung. Der hohe Leistungspegel ist notwendig um der *reaktiven* und *dissipativen* Signaldämpfung durch die verlustbehafteten Induktivitäten und Kapazitäten der Transformatoren, Kompensationsanlagen, Kabel und Verbraucher entgegenzuwirken.

Die Auswahl der zu schaltenden Verbrauchergruppen erfolgt durch ein *kodiertes Rundsteuertelegramm*. Nach einem Startimpuls, der alle Empfänger auf Empfangsbereitschaft schaltet, folgen Tonfrequenzimpulse unterschiedlicher Länge mit der festgelegten Tonfrequenz. Während der Telegrammsendung dient die Netzfrequenz als Referenzraster für die Synchronisierung. Durch die zeitliche Lage und Länge der Impulse innerhalb des Telegramms wird die Information kodiert. Der Rundsteuerempfänger ist so programmiert, daß er nur auf die spezifische Tonfrequenz des Energieversorgungsunternehmens und auf ein bestimmtes Impulsmuster reagiert. Durch Variation der Impulsmuster lassen sich die Rundsteuerempfänger verschiedenen Verbrauchergruppen zuordnen. Die zeitliche Koordination der Telegrammsendungen erfolgt durch einen in der Netzleitstelle befindlichen *Rundsteuercontroller*, der in Abhängigkeit des ermittelten Lastprofils und der momentanen Versorgungssituation durch Sendung der verschiedenen Rundsteuertelegramme die Verbrauchergruppen zu- und abschaltet.

Die Rundsteuertechnik ist durch eine *Broadcast-Situation* gekennzeichnet, bei der es einige wenige Sender und mehrere hunderttausend Empfänger gibt. Im Gegensatz zur *Fernwirktechnik* (s. 14.4), bei der die erfolgreiche Kommunikation individuell überwacht wird, ist in der Rundsteuertechnik zunächst nicht sicher, ob die Information den Empfänger auch erreicht. Wegen der vergleichsweise hohen Frequenzen kommt es nämlich in ausgedehnten Netzen zu konstruktiven und destruktiven Interferenzerscheinungen infolge stehender Wellen und damit zu merklichen Pegelschwankungen. Im Energieversorgungsnetz sind daher an geeigneten Stellen *Kontrollempfänger* plaziert, die an die Netzleitstelle rückmelden, ob eine bestimmte Tonfolge im Netz zu empfangen war.

14.5.2 Funkrundsteuerung

Wegen des hohen Leistungsbedarfs der Tonfrequenzrundsteuerung und ihrer beträchtlichen Investitions- und Unterhaltskosten kommen heute neue Systeme zum Einsatz, die nicht mehr das Energieversorgungsnetz als Übertragungsweg nutzen, sondern mittels *Langwellensende-* und *-empfangseinrichtungen* die Telegramme per Funk übertragen oder sich Einrichtungen der Mobilkommunikation bedienen, sogenannte *Funkrundsteuerung*. Die Sender sind nicht mehr EVU-eigen, vielmehr nutzen alle EVUs zwei von der Telekom betriebene *Langwellensender*, die die Telegramme für ganz Deutschland ausstrahlen. Die Netzleitstellen aller Netzbetreiber versenden ihre Daten per ISDN oder über das Internet an einen Zentralrechner, der den Zugriff auf die beiden Langwellensender koordiniert und steuert. Die Trägerfrequenzen liegen bei 129,1 kHz und 139,0 kHz. Im Gegensatz zum Mobilfunk dringen die Langwellen tief in das Erdreich ein und sind daher in Kellerräumen gut zu empfangen. Vorzüge der Funkrundsteuerung sind höhere Wirtschaftlichkeit sowie die flächendeckende Einsatzhoheit über mehrere Regelzonen hinweg. Abgesehen von der unterschiedlichen technischen Realisierung verfolgen die neuen Systeme letztlich die gleichen Ziele.

Funkrundsteuerung wird künftig an Bedeutung gewinnen, da sie auch von Industriebetrieben und Kommunen genutzt werden kann. Ferner gibt es im liberalisierten Strommarkt einen Trend weg von der groben Unterscheidung *Tag-/Nachtstrom* hin zu einer zeitnahen Tarifumschaltung im Stunden- oder gar 15 Minuten-Takt mit zeitvariablen Preisen bei allen Endabnehmern.

Vertiefendes Schrifttum zu Kapitel 14

1. Rumpel, D. u. Sun, J. R.: Netzleittechnik. 1. Auflage, Springer-Verlag, Berlin/Heidelberg, 1998.
2. Handschin, E. u. Petroianu, A.: Energy Management Systems. 1. Auflage, Springer-Verlag, Berlin/Heidelberg, 1991.

3. Tietze, E.-G.: Netzleittechnik. Bd. 1 und 2, VWEW-Verlag, Frankfurt a. M., 2002.
4. VDEW: VDEW-Ringbuch Netzleitsysteme in Elektrizitätsversorgungsunternehmen. VWEW-Verlag, Frankfurt a. M., 1991.
5. VDEW: Digitale Stationsleittechnik-Empfehlungen. VWEW-Verlag, Frankfurt a. M., 1994.
6. Cegrell, T.: Power System Control. 2. Auflage, Prentice Hall, Englewood Cliffs, N. J., 1986.
7. Bitzer, B.: Automatisierung in elektrischen Energieversorgungsunternehmen. 1. Auflage, Hüthig-Verlag, Heidelberg, 1991.

15. Netzbetrieb

Die komplexe Aufgabe des *Netzbetriebs* teilen sich die beiden großen Themenkomplexe *Netzführung* und *Netzbereitstellung*, Bild 15.1.

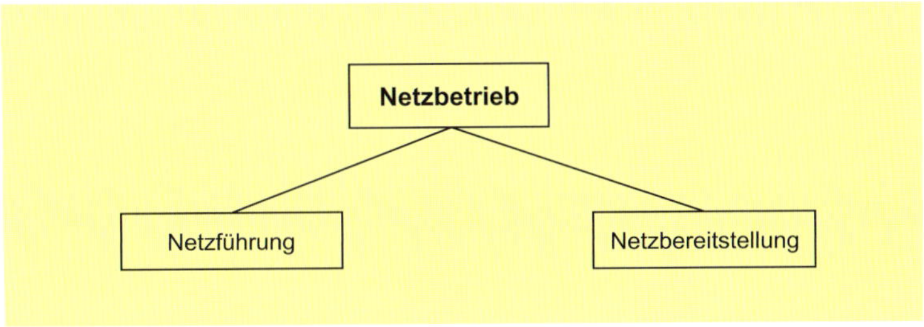

Bild 15.1. Zur Definition des Begriffs *Netzbetrieb*.

Die *Netzführung* leistet 24 Stunden rund um die Uhr, jahraus/jahrein die praktisch unterbrechungsfreie Stromversorgung aller Verbraucher eines Elektroenergiesystems. Die allen vertraute Zuverlässigkeit der Stromversorgung täuscht allzu leicht über die Tag und Nacht geleistete verantwortungsvolle Arbeit der mit der Netzführung betrauten Ingenieure und Techniker und die enormen Investitionen *„hinter der Steckdose"* hinweg. Von den Abnehmern nicht bemerkt, kommt es hinter den Kulissen ständig zu betrieblich bedingten *Abweichungen vom Normalbetrieb* oder sogar zu *Betriebsmittelausfällen*, die von den Operateuren in der Warte ein korrektives Eingreifen in den Prozeß verlangen. Ihre vielfältigen Aufgaben werden in 15.1 näher vorgestellt.

Die *Netzbereitstellung* hält das Netz betriebsbereit vor und macht so die Leistungsflüsse von den Erzeugern zu den Endabnehmern erst physikalisch möglich. Sie wird heute *Asset Management* genannt und gliedert sich in die kurz-, mittel- und langfriste *Netzplanung*, in *Netzaus-* und *Netzumbau*, *Inspektion*, *Wartung* und *Instandsetzung* aller *Leitungen* und *Umspannstationen* etc. (s. 19.7). Hier werden Grundsatzentscheidungen gefällt und Instandhaltungsstrategien festgelegt. Die operative Netzbereitstellung, sogenannter *Asset Service*, wird unternehmensintern durchgeführt, teilweise aber auch an Fremdfirmen vergeben.

Messung, *Abrechnung* und *Bilanzkreismanagement*, sogenannte *Netzwirtschaft*, werden nicht explizit behandelt bzw. in Kapitel 19 nur gestreift. Ferner wird nicht auf das ungeheure Mengengerüst an IT-Systemen und Kommunikationseinrichtungen eingegangen, die heute das Führen räumlich ausgedehnter Netze per Mausklick gestatten, da diese bereits im Kapitel 14 einführend erwähnt wurden.

Im folgenden werden wir die Funktionen der *Netzführung* und *Netzbereitstellung* vorrangig aus Sicht der *Transport-* bzw. *Übertragungsnetze* erläutern. Die in unterlagerten Netzen auftretenden Netzbetriebsfunktionen sind darin entweder als Untermenge enthalten, oder sie sind gänzlich anderer Natur. So gibt es in den Regional- und Verteilnetzen nur wenig *Kraftwerkskoordinationsaufgaben*, dafür beispielsweise umfangreiche *Lastführungsaufgaben* oder die fortwährende *Erdschlußspulenabstimmung* in kompensierten Verteilnetzen, die im Gegensatz zu den Transportnetzen ja meist nicht starr geerdet sind (s. a. 15.1.4 und Kapitel 10).

15.1 Netzführung

Transportnetze sind ständigen Änderungen unterworfen und dürfen keine Sekunde aus den Augen gelassen werden. Man unterscheidet vier typische Betriebszustände:

- *Normalbetrieb*,
- *gefährdeter Betrieb*,
- *gestörter Betrieb*,
- *Netzaufspaltung*.

Im *Normalbetrieb* genügen die Wirk- und Blindleistungsflüsse den von der operativen Planung ermittelten Werten. Frequenz- und Knotenspannungen liegen im geforderten Toleranzbereich. Das n-1 Prinzip ist gewährleistet, das heißt ein Ausfall eines Betriebsmittels führt zu keiner Überlastung der verbleibenden Betriebsmittel, Kurzschlüsse werden beherrscht. Das Netz befindet sich also in einem *robusten* Zustand. Das Wartenpersonal überwacht, daß dieser robuste Zustand aufrechterhalten wird und alles *nach Plan* verläuft. Betrieblich bedingte spontane Abweichungen des *Gleichgewichts zwischen erzeugter und verbrauchter Wirk- und Blindleistung* werden durch automatische Regelung oder manuell vom Wartenpersonal kompensiert (s. 15.1.1.4). Es existiert ausreichend *Reserveleistung*. Schließlich werden für Wartungs- und Reparaturarbeiten Netzteile gezielt freigeschaltet und nach Beendigung der Arbeiten wieder zugeschaltet.

Im *gefährdeten Betrieb* (engl.: *alert*) werden alle Abnehmer wie gewohnt versorgt, sie nehmen den gefährdeten Zustand nicht wahr. Aufgrund zuvor vorhandener Redundanzen wird noch kein Betriebsmittel überlastet. Das n-1 Prinzip ist jedoch nicht mehr überall gewährleistet (es sei denn, es herrschte zuvor bereits ein n-2 oder n-3 Prinzip). Das System ist daher *verwundbar*, der Ausfall eines weiteren Betriebsmittels kann zu einer größeren Betriebsstörung führen. Das Wartenpersonal nimmt nach Klärung des Sachverhalts gegebenenfalls *korrektive Schalthandlungen* vor, erteilt Befehle für Sollwertveränderungen dezentraler Regler, veranlaßt Stufenschalteränderungen unter Last schaltbarer Transformatoren, sorgt für Ersatz eventuell ausgefallener *Reserveleistung* etc.

Im *gestörten Betrieb* (engl.: *emergency*) kommt es bei Überlastung oder Ausfall einzelner Betriebsmittel zu *Versorgungsausfällen*. Alle Anstrengungen gelten der schnellstmöglichen Wiederherstellung des *gefährdeten Betriebs* und anschließenden *Normalbetriebs*. Ein Domino-Effekt kann den Ausfall weiterer Betriebsmittel zur Folge haben und zu regionalen Versorgungsausfällen führen. Das Wartenpersonal versucht, die Störung räumlich zu begrenzen und zu beseitigen.

Im Zustand der *Netzaufspaltung* schließlich zerfällt das Netz in Inseln (*zerstörtes* Netz), bis hin zu einem überregionalen *Blackout* (s. a. 18.2). Das Wartenpersonal betreibt *Netzrekonstitution* bzw. *Versorgungswiederaufbau*. Die schnellstmögliche Wiederherstellung des *Normalbetriebs* beim Übergang in andere Betriebszustände ist wegen des hohen Zeitdrucks die größte Herausforderung für die Netzführung.

Neben der Bekämpfung von Betriebsstörungen sorgt die Netzführung von Transportnetzen ferner ständig für die Wahrung des Gleichgewichts zwischen der verbraucherinitiierten veränderlichen Netzlast und einer gleich großen Erzeugerleistung. Schließlich sorgt sie auch für eine adäquate Blindleistungskompensation. Sie übernimmt damit auch die Verantwortung für die *Frequenz-* und *Spannungshaltung* im Netz.

Grundlage der Bewerkstelligung all dieser und weiterer Aufgaben ist zunächst die Existenz einer *zentralen* Warte, von der aus das gesamte Netz *überwacht* und *ferngesteuert* werden kann (s. a. Kapitel 14).

In der Warte gibt es in der Regel *zwei* Arbeitsplätze mit unterschiedlichen Funktionen, die mit zwei gleichwertig ausgebildeten Ingenieuren besetzt sind, Bild 15.2.

Bild 15.2. Warte eines Transport- bzw. Übertragungsnetzbetreibers (EnBW).

Die Ingenieure wechseln periodisch ihren Arbeitsplatz, um im Notfall beide Funktionsbereiche auch allein abdecken zu können.

Wegen der unterschiedlichen Anforderungen beider Funktionsbereiche unterteilt man die Netzführung in die eigentliche *Netzführungsfunktion* und die Gewährleistung der *Wirkleistungsbalance* (s. a. 15.1.2). Oberbegrifflich werden beide Funktionen in klassischen Netzen unter dem Begriff *Lastverteilung*, in liberalisierten Strommärkten unter dem Begriff *Systemführung* subsummiert, Bild 15.3.

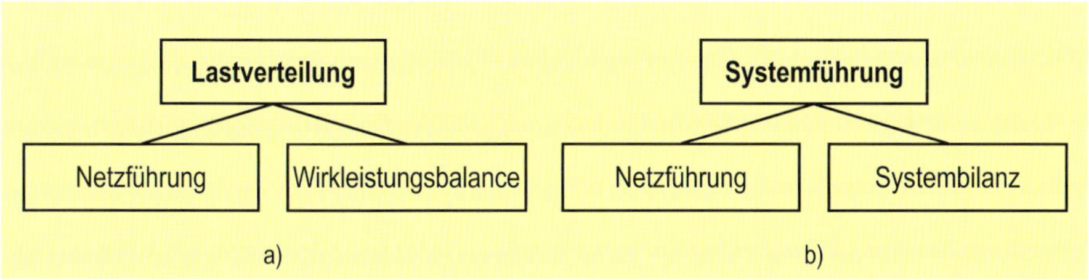

Bild 15.3. a) Klassische Transportnetzführung, sogenannte *Lastverteilung*, b) Transportnetzführung in liberalisierten Strommärkten, sogenannte *Systemführung*.

Während die Netzführungsfunktion in beiden Marktvarianten etwa gleich geartet ist, gibt es markante Unterschiede bezüglich der Wahrung des *Wirkleistungsgleichgewichts* bzw. der *Systembilanz*. Aus didaktischen Gründen werden wir zunächst die den meisten Lesern vertrautere klassische Vorgehensweise erläutern, die in nicht geringem Umfang auch in einem liberalisierten Strommarkt für Erzeugungsunternehmen und das neue Geschäftsgebiet *Stromhandel* nach wie vor große Bedeutung besitzt.

15.1.1 Transportnetzführung in der klassischen Stromversorgung, sogenannte Lastverteilung

Die Vorplanung der *Lastverteilung* ermittelt im voraus, welche Lasten innerhalb eines bestimmten Planungszeitraums, beispielsweise während der 24 Stunden des folgenden Tags, auftreten werden, sogenannte *Lastprognose*. Zur Last zählen neben den Abnehmern des eigenen Vorsorgungsgebiets auch die über Kuppelleitungen zu anderen Transportnetzen langfristig vereinbarten Stromlieferungen. Ist der Lastverlauf prognostiziert, verteilt die Betriebsplanung diese Last auf eine Teilmenge im Kraftwerkspark vorhandener Kraftwerke. Ausgewählt werden solche Kraftwerke, die bezüglich der Brennstoffkosten (Ölpreis, Kohlepreis, Erdgaspreis) und vom Wirkungsgrad momentan am wirtschaftlichsten arbeiten und gleichzeitig die geringsten Emissionen verursachen (engl.: *unit commitment*). Die Auswahl ist eingeschränkt, da sich ja ständig einige Kraftwerke in der Revision befinden oder ihre Primärversorgung begrenzt ist, z. B. Speicher- und Laufwasserkraftwerke.

Im zweiten Schritt erfolgt die Erstellung von *Fahrplänen* für jedes Kraftwerk, wer wann welche Leistung zu liefern hat (engl.: *load scheduling*). Für die Lastverteilung wird sogenannte *Optimum Power Flow Software* (OPF) eingesetzt, die den Kraftwerkseinsatz so plant, daß gleichzeitig alle eingangs genannten Randbedingungen eingehalten werden (s. a. 15.1.1.2). Wegen ihrer Aufgabe der Verteilung der Gesamtlast auf die einzelnen Kraftwerke werden in der klassischen Stromversorgung die zentralen Steuerstellen der Transportnetze *Lastverteiler* genannt. Die Akteure tragen die Berufsbezeichnung *Lastverteileringenieure.*

15.1.1.1 Lastprognose

Die Lastprognose basiert zunächst auf archivierten *Tagesbelastungskurven* bzw. *Lastganglinien* $P = f(T)$ der Vergangenheit. Historische Tagesbelastungskurven besitzen eine erkennbare Ordnung bzw. Periodizität, aus der sich Prognosen für die Kraftwerkseinsatzplanung ableiten lassen, sogenannte *Vergleichstagsmethode.* Da die mit größeren Leistungsschwankungen verbundenen *An-* und *Abfahrvorgänge* den mittleren Wirkungsgrad thermischer Kraftwerke verringern und der Einsatz von Spitzenlastkraftwerken meist höhere Kosten verursacht, muß die Lastprognose mit möglichst großer Genauigkeit erfolgen.

Die konventionelle, *manuelle* Lastprognose basiert auf Tagesbelastungskurven vergangener gleichnamiger Wochentage, einem witterungsbedingten Zu- und Abschlag und der Erfahrung des Lastverteilerpersonals. Die *rechnergestützte* Lastprognose bedient sich der *Regressionsanalyse* (Auffinden des funktionellen Zusammenhangs zwischen Zufallsvariablen) und ermittelt aus historischen Daten für alle Einflußgrößen, wie Wochentag, Langzeittrend, Wetter etc., sogenannte *Regressionskoeffizienten*, aus denen zusammen mit den aktuellen Eingangsgrößen, insbesondere der Wettervorhersage (Außentemperatur, Windgeschwindigkeit, Bedeckungsgrad), *Tagesbelastungskurven* synthetisiert werden. Neuere Prognoseverfahren bedienen sich auch *Neuronaler Netze.*

Man unterscheidet zwischen *kurzfristiger* Lastprognose (Vorhersage der Tagesbelastungskurven im beispielsweise viertelstündigen Raster bis zu einer Woche im voraus) und *sehr kurzfristiger* Lastprognose für die

Momentanoptimierung des Kraftwerkseinsatzes (Vorhersage des Lastverlaufs im 5-Minutenraster bis zu ca. 2 Stunden im voraus). In letzterem Fall wird die prognostizierte Last noch um eine aus der aktuellen Lastentwicklung abgeleitete Komponente korrigiert, Bild 15.4.

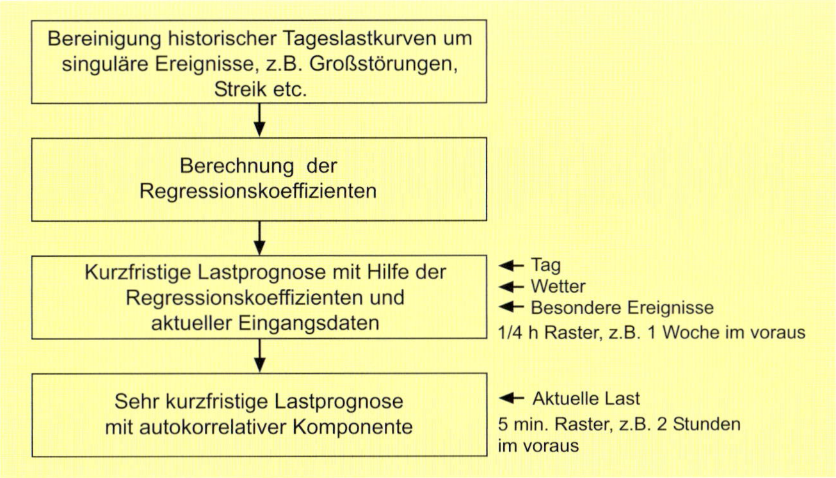

Bild 15.4. Schema der kurzfristigen und sehr kurzfristigen Lastprognose.

Tageslastprognosen sind mit einem stochastischen Fehler behaftet, der um den Istverlauf der Belastungskurve näherungsweise normal verteilt ist. Sein Betragsmittel lag in der Vergangenheit in der Größenordnung von nur wenigen Prozent. Die stark schwankende, nicht deterministisch vorhersagbare Leistungsdarbietung von Windkraftanlagen hat die Prognoseunsicherheit grundlegend verändert und verlangt heute häufige signifikante Aktualisierungen der Prognose sowie stochastische Prognoseverfahren.

Ein Teil der in mehreren Tagesbelastungsdiagrammen $P = f(T)$ enthaltenen Informationen läßt sich in einer sogenannten *Leistungsdauerlinie* (engl.: *Load Duration Curve, LDC*) darstellen. Hierunter versteht man eine Funktion, deren unabhängige Variable (Abszisse) die Zeiten angibt, während der in einer bestimmten Periode, z. B. ein Jahr, die Last oberhalb des zugehörigen Ordinatenwerts lag,

$$T(P) = \sum_{P \geq P_i} \Delta T(P_i) \quad . \tag{15.1}$$

Anschaulich erkennt man die darin enthaltene Aussage beispielsweise bei der Konstruktion der Leistungsdauerlinie für ein einzelnes *Tagesbelastungsdiagramm*. Bild 15.5 zeigt zunächst eine *Tagesbelastungskurve* $P = f(T)$, die den Verlauf der Netzlast über 24 h abbildet (schwarze Kurve). Beginnend bei $P_{\max}$ wird die Fläche unter der Tagesbelastungskurve zunächst durch horizontale Geraden $P_i = \text{const}$ unterteilt (grün strichliert). Anschließend werden für jede Gerade P_i die Strecken $\Delta T(P \geq P_i)$ aufsummiert und die Summe von der Ordinate ausgehend nach rechts aufgetragen (grün). Die Verbindung aller rechten Endpunkte a der aufgetragenen Strecken liefert die Leistungsdauerlinie $T(P)$.

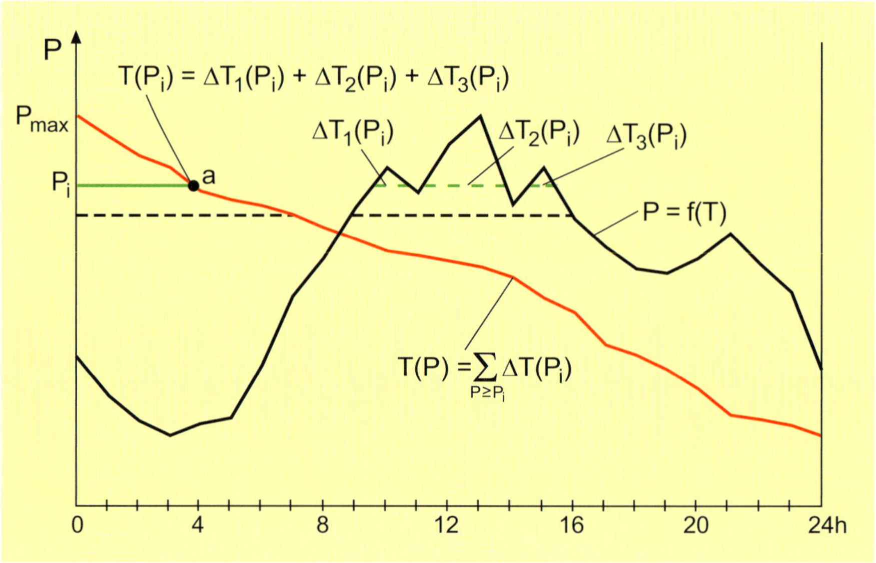

Bild 15.5. Zeichnerische Ermittlung der Leistungsdauerlinie für eine einzelne Tagesbelastungskurve (Relativwerte). $P = f(T)$: *Tagesbelastungskurve* (schwarz), $T(P)$: geordnete Tagesbelastungskurve, sogenannte *Leistungsdauerlinie* (rot).

Akkumuliert man die *Leistungsdauerlinien* eines Jahres, erhält man eine *Jahres-Leistungsdauerlinie* $T(P)_{8760}$, die auch als Zeitfunktion $P_a(T)$ interpretiert werden kann.

Leistungsdauerlinien ordnen die Momentanleistung nach ihrer zeitlichen Inanspruchnahme und tragen deshalb auch die Bezeichnung „*Geordnetes Belastungsdiagramm*“.

Die Fläche unter der Leistungsdauerlinie $P(T)$ eines *Tages*, mit anderen Worten das bestimmte Integral $\int_0^{24\,h} P(T)dT$, ergibt die während dieser Zeitspanne gelieferte/verbrauchte elektrische Energie.

Sinngemäß ergibt das Integral über der *akkumulierten* Leistungsdauerlinie eines Jahres $\int_0^{8760\,h} P_a(T)dT$ die während 365 Tagen gelieferte/verbrauchte elektrische Energie, Bild 15.6.

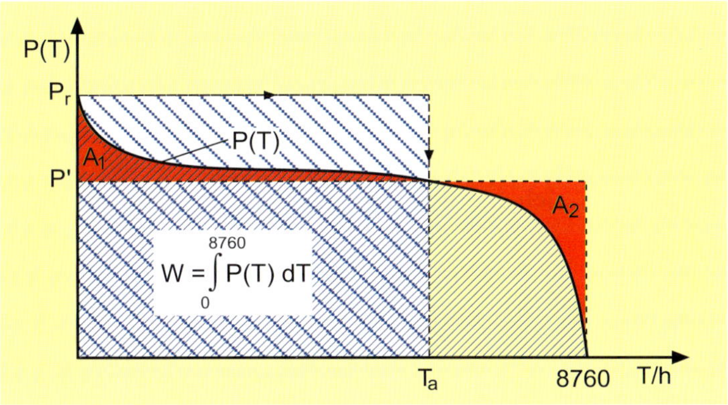

Bild 15.6. Leistungsdauerlinie $T(P)_{8760}$ bzw. $P_a(T)$ eines Jahres. Der Leistungswert, für den die beiden rot angelegten Flächen gleich groß werden, ist die mittlere Jahresleistung P', $P_{\max}$ entspricht hier der Nennleistung P_r. T_a ist die Jahresnutzungsdauer.

Hätte man beispielsweise ein Kraftwerk ständig mit $P_r = const$ betrieben, wäre diese Energie bereits zum Zeitpunkt T_a, sogenannnte *Jahresbenutzungsdauer*, erhalten worden,

$$\int_0^{8760\,h} P_a(T)dT = \int_0^{T_a} P_r dT = P_r\, T_a \quad . \tag{15.2}$$

Die Jahresnutzungsdauer

$$T_a = \frac{\int_0^{8760\,h} P_a(T)dT}{P_r} \tag{15.3}$$

ist ein Maß für die *Auslastung* des Kraftwerks. Das Verhältnis der mittleren Jahresleistung zur maximalen Leistung berechnet man als *Nutzungsgrad*

$$m = \frac{P'}{P_r} = \frac{T_a}{8760\,h} \quad . \tag{15.4}$$

Er liegt bei Grundlastkraftwerken bei 0,95, bei der Leistungsnutzung einer Stadt bei 0,5 und eines einzelnen Haushalts bei ca. 0,1.

Die Leistungsdauerlinie bildet unter anderem die wesentliche Grundlage für die Ermittlung des *Brennstoffbedarfs* und der *Brennstoffkosten* eines Jahres.

Beispielsweise erhält man bei einer Jahresbenutzungsdauer $T_a = 5.000\,h$ und einer maximalen Jahreslast $P_{\max} = 10\ GW$, die jährlich erzeugte elektrische Energie zu

$$W_{el} = T_a\,P_{\max} = 5.000\,h \cdot 10^7\,kW = 50 \cdot 10^9\,kWh \quad . \tag{15.5}$$

Bei einem mittleren Brennstoffverbrauch $B = 10.000\,Btu/kWh$ (s. Bild 3.7) errechnet sich hieraus der jährliche Brennstoffverbrauch B_a zu

$$B_a = W_{el}{\cdot}B = 50{\cdot}10^9\,kWh{\cdot}\frac{10.000\,Btu}{kWh} = 50{\cdot}10^{13}\,Btu = 1,8{\cdot}10^7 t\,\mathrm{SKE} \quad . \tag{15.6}$$

Mit einem Steinkohlepreis beispielsweise von 50 €$/t$ SKE berechnen sich hieraus die jährlichen Brennstoffkosten zu

$$K = 1,8 \cdot 10^7 t\,\mathrm{SKE}\frac{50\,€}{t\,\mathrm{SKE}} = 900\,\mathrm{Mio.}\,€ \quad , \tag{15.7}$$

und schließlich die Kosten je kWh zu

$$K_{KW} = K\,/\,W_{el} = \frac{900\,\mathrm{Mio.}\,€}{50 \cdot 10^9\,kWh} = 1,8\ \mathrm{Cent}\,/\,kWh \quad . \tag{15.8}$$

Hier ist zu beachten, daß (15.8) lediglich die reinen Brennstoffkosten beinhaltet. Die *Gesamtkosten* je kWh am Anschlußpunkt des *Endabnehmers* bzw. *Letztverbrauchers* berücksichtigen noch die *fixen* und betrieblich bedingten weiteren *variablen* Kosten der Erzeugungseinrichtungen, der *Netznutzung*, der beträchtlichen *staatlichen Abgaben* sowie internalisierte *externe Kosten* (s. a. 19.5.1).

Bezieht man die unabhängige Variable einer Leistungsdauerlinie auf den betrachteten Zeitraum, d. h. $T/8760\,h = L$, $0 \leq Lt \leq 1$, so kann L als Wahrscheinlichkeit interpretiert werden, mit der eine bestimmte Last erreicht bzw. überschritten wird. Durch Vertauschen der Achsen erhält man schließlich Bild 15.7a, in dem die Leistungsdauerlinie die komplementäre Verteilungsfunktion L(P) des Bedarfs darstellt.

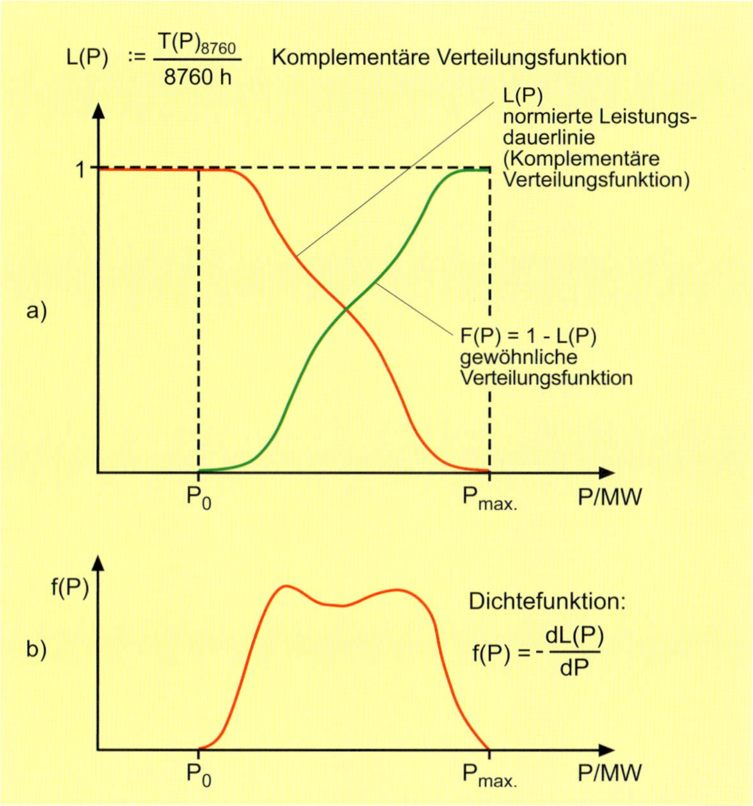

Bild 15.7. a) Komplementäre Verteilungsfunktion L(P): Wahrscheinlichkeit mit der eine bestimmte Last erwartet werden kann. Gewöhnliche Verteilungsfunktion $F(P) = 1 - L(P)$: Wahrscheinlichkeit, daß eine bestimmte Last nicht eintritt; b) Dichtefunktion $f(P) = -dL(P)/dP$.

Gemäß der Definition der *komplementären Verteilungsfunktion* erhält man aus ihr die *gewöhnliche Verteilungsfunktion* zu

$$F(P) = 1 - L(P) \tag{15.9}$$

sowie die zur Leistungsdauerlinie gehörige *Dichtefunktion* zu

$$f(P) = -\frac{dL(P)}{dP} = -L'(P) \quad , \tag{15.10}$$

s. Bild 15.7b. Von diesen Sachverhalten wird bei der optimalen Erzeugung und der Planung der Versorgungssicherheit Gebrauch gemacht (s. a. 16.2.3).

15.1.1.2 Lastverteilung

Ist die Netzlast prognostiziert, werden mit den an der Erzeugung beteiligten Kraftwerken jeweils am Vortag *Fahrpläne* für die nächsten 24 Stunden abgesprochen, die festlegen, welches Kraftwerk wann welchen Anteil an der Deckung dieser Netzlast übernimmt (engl.: *load scheduling*). Die Zuweisung bestimmter Leistungen erfolgt nach kostenminimalen Gesichtspunkten bei gleichzeitiger Wahrung der eingangs genannten Randbedingungen (engl.: *economic dispatch*).

Jedes Kraftwerk ist durch eine *Kostenfunktion* $K_\nu = f(P)$ charakterisiert, die die stündlichen Betriebskosten in €$/h$ in Abhängigkeit von der erzeugten Leistung P für jeden Arbeitspunkt darstellt, Bild 15.8a. Die *erste Ableitung* dieser Kostenfunktion wird *inkrementale Kostenfunktion* $K' = f'(P)$ genannt. Sie stellt die *inkrementalen Zuwachsraten* in €$/kWh$ über der Leistung P dar, Bild 15.8b.

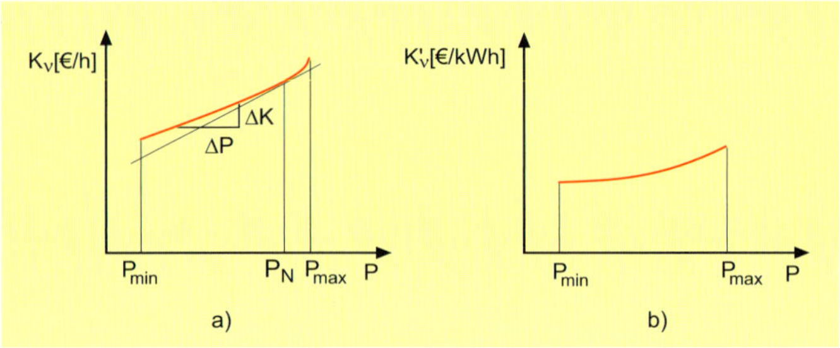

Bild 15.8. Leistungsabhängige Kostenfunktionen eines Kraftwerks. a) Kostenfunktion $K_\nu = f(P)$, b) inkrementale Kostenfunktion $K'_\nu = f'(P)$.

Der Zweck beider Funktionen geht aus den folgenden Überlegungen hervor, die eine Vorstellung der grundsätzlichen Vorgehensweise der kostenoptimalen Lastverteilung vermitteln.

Die leistungsabhängigen Gesamtkosten $K_{tot}(P_{\text{Last}})$ eines Erzeugungsunternehmens mit n Kraftwerken ergeben sich aus der Summe der *Kostenfunktionen* $K_\nu(P_\nu)$ der eingesetzten Kraftwerke

$$K_{\text{tot}}(P_{\text{Last}}) = K_1(P_1) + K_2(P_2) + K_3(P_3) + \ldots + K_n(P_n) \quad , \tag{15.11}$$

$$K_{\text{tot}} = \sum_{\nu=1}^{n} K_\nu(P_\nu) \quad . \tag{15.12}$$

Aufgabe der wirtschaftlichen Lastverteilung ist die Minimierung der *Zielfunktion* K_{tot} unter Wahrung der Randbedingung

$$P_{\text{Last}} = \sum_{\nu=1}^{n} P_{\nu} \quad . \tag{15.13}$$

Letztere resultiert aus der Forderung, daß die Summe aller Kraftwerksleistungen stets im Gleichgewicht mit der momentanen Netzlast sein muß.

Zur Ermittlung der *minimalen* Gesamtkosten bildet man nun die Differenz

$$P_{\text{Last}} - \sum_{\nu=1}^{n} P_{\nu} = \phi(P_{\nu}) \quad , \tag{15.14}$$

multipliziert diese mit dem *Lagrange-Multiplikator* λ und addiert das Produkt $\lambda\,\phi\,(P_{\nu})$ zur Zielfunktion K_{tot}, was auf die sogenannte *Lagrangefunktion* führt,

$$\mathcal{L} = K_{tot} + \lambda\,\phi\,(P_{\nu}) \quad . \tag{15.15}$$

Das Kostenminimum wird mittels einer *Extremwertrechnung* erhalten, in der jeweils die erste partielle Ableitung der Lagrangefunktion für jede Leistung P_{ν} zu Null gesetzt wird,

$$\frac{d\mathcal{L}}{dP_{\nu}} = \frac{dF_{\nu}(P_{\nu})}{dP_{\nu}} - \lambda \stackrel{!}{=} 0 \quad , \tag{15.16}$$

bzw.

$$\frac{dF_{\nu}\,(P_{\nu})}{d\,P_{\nu}} = \lambda \quad . \tag{15.17}$$

Gegenüber der gewohnten Extremwertrechnung existiert hier die besondere Problematik, daß für jedes Kraftwerk *Obergrenzen* $P_{\max}$ und *Untergrenzen* $P_{\min}$ existieren, die nicht über- oder unterschritten werden dürfen. Die Obergrenzen können unter der Nennleistung liegen, beispielsweise mangelndes Wasserangebot bei Wasserkraftwerken oder mangelndes Kühlwasser bei thermischen Kraftwerken. Die Untergrenzen thermischer Kraftwerke können durch die *Feuerung* oder Randbedingungen für die Aufrechterhaltung einer ausreichenden Strömung in den Rohren des Dampferzeugers gegeben sein. Wie auch immer, es gelten daher noch die beiden Ungleichungen,

$$P_{\nu_{\min}} \leq P_{\nu} \leq P_{\nu_{\max}} \quad . \tag{15.18}$$

Unter Berücksichtigung dieser Ungleichungen und der Nebenbedingung (15.13) führt die Lösung des Gleichungssystems (15.17) zunächst auf λ und damit auf die Leistungs-Sollwerte für die einzelnen Kraftwerke. Das Minimum stellt sich ein, wenn die *inkrementalen Zuwachskosten* der *inkrementalen Kostenfunktionen* K_ν gemäß Bild 15.8b gleich groß und vom Wert λ sind.

In die Optimierung geht ferner die *geographische Lage* der Kraftwerke bezüglich der Lastzentren ein, da die Übertragungsentfernungen die *Leitungsverluste* P_V beeinflussen. Sie können berücksichtigt werden, indem man zu (15.14) die Leitungsverluste P_V hinzufügt,

$$P_{\text{Last}} + P_V - \sum P_\nu = \phi\, P_\nu \stackrel{!}{=} 0 \quad . \tag{15.19}$$

Die Lösung des hieraus resultierenden Gleichungssystems verlangt die Einbindung der *Leistungsflußgleichungen* (s. 16.1.5) in das Optimierungsproblem, sogenannter „*Optimal Power Flow*" bzw. OPF. Optimal Power Flow Software erlaubt nicht nur die Berücksichtigung der Ungleichung (15.18), sondern auch weiterer Ungleichungen für die optimale *Blindleistungs-* und *Knotenspannungsplanung*,

$$Q_{i_{\min}} \leq Q_i \leq Q_{i_{\max}} \quad , \tag{15.20}$$

$$U_{i_{\min}} \leq U_i \leq U_{i_{\max}} \quad , \tag{15.21}$$

sowie für die *Wirk-* und *Blindleistungsflüsse* zwischen Netzknoten i, j,

$$P_{ij_{\min}} \leq P_{ij} \leq P_{ij_{\max}} \quad , \tag{15.22}$$

$$Q_{ij_{\min}} \leq Q_{ij} \leq Q_{ij_{\max}} \quad , \tag{15.23}$$

oder auch *Transformatordurchgangsleistungen*,

$$P_{T_{\nu_{\min}}} \leq P_{T_\nu} \leq P_{T_{\nu_{\max}}} \quad . \tag{15.24}$$

Für alle Größen gibt es offenbar optimale Sollwerte, die in der Mitte eines zulässigen Toleranzbands liegen. Dieses Konzept läßt sich auch auf *Störfälle* erweitern, indem noch zusätzliche *Sicherheits-Nebenbedingungen* vorgeschrieben werden (s. a. 14.1.4).

15.1.1.3 Kraftwerksauswahl

In vorigem Abschnitt wurde vorausgesetzt, daß die einzusetzenden Kraftwerke bereits bekannt bzw. am Netz waren. Aufgrund der starken tageszeitlichen Schwankungen des Stromverbrauchs sind aber zur Höchstlastzeit mehr Kraftwerke am Netz als zu Niedriglastzeiten. Beginnend mit dem Kraftwerk mit den geringsten variablen Kosten (Grundlastkraftwerk bzw. -werke) werden so lange weitere Kraftwerke zugeschaltet, bis die Kosten die aktuellen *Marktpreise* erreichen und im Rahmen des *Stromhandels* (s. 19.3) Energie billiger *zugekauft* werden kann.

Gerade die Identifikation der jeweils kostengünstigsten Kombination im Kraftwerkspark verfügbarer Kraftwerke ist das noch komplexere Optimierungsproblem (engl.: *unit commitment*). Dies gilt insbesondere für den *hydrothermischen Verbundbetrieb.* Der begrenzte Vorrat gespeicherter Wasserkraft legt einen Verkauf nur zu Zeiten höchster Strompreise nahe.

Die Kraftwerksauswahl muß die geplante Nichtverfügbarkeit von Kraftwerken (Revision, Instandhaltung) berücksichtigen und für etwaige unvorhergesehene Kraftwerksausfälle entsprechende *Regelreserven* vorsehen. Ferner ist die Auswahl der Kraftwerke so durchzuführen, daß keines der Kraftwerke seine maximale Leistung P_{max} überschreiten oder seine minimal zulässige Leistung P_{min} unterschreiten muß, keine Betriebsmittel überlastet und keine unzulässigen Kurzschlußleistungen entstehen, das n-1 Prinzip stets gewahrt ist und sowohl *statische* als auch *transiente* Stabilität gegeben sind. In diesem Optimierungsproblem ist die Fahrplanerstellung als Untermenge enthalten. Mit welchen Methoden all dies zu erreichen ist, geht über den Rahmen dieser Einführung hinaus.

Es sei nochmals betont, daß obige Ansätze zum *economic dispatch* und *unit commitment* nur eine Ahnung von der Vorgehensweise vermitteln sollen. Die reale Optimierung ist überaus komplex und verlangt nach dem gesamten Spektrum der Optimierungsverfahren der „*Linearen*“ und „*Dynamischen Programmierung*“ etc. des Wirtschaftsingenieurwesens. Die komplexen Methoden der optimalen Lastverteilung sind in liberalisierten Märkten nur noch für Erzeugungsunternehmen interessant. In diesen Märkten werden die Kraftwerke eines Erzeugungsunternehmens bzw. auch unterschiedlicher Eigner nicht mehr nach den obengenannten Optimierungsmethoden eingesetzt. Es geht alles nur noch über den Preis im Wettbewerb.

15.1.1.4 Netzführung in der Schaltwarte

Im Normalbetrieb herrschen im Netz die im „Back Office“ der *Netzführung* mittels *Optimal Power Flow* (OPF, s. 15.1.1.2) bestimmten *Wirk-* und *Blindleistungsflüsse*, *Knotenspannungen*, *Betriebsmittelauslastungen* etc. Die *Lastverteileringenieure* überwachen die Einhaltung dieser Größen innerhalb der jeweiligen Toleranzbänder $X_{i_{\min}} \leq X_i \leq X_{i_{\max}}$. Das Wegwandern von Netzgrößen an die Grenzen der jeweiligen Toleranzbänder läßt sie frühzeitig drohende Überlastungen von Betriebsmitteln erkennen und rechtzeitig korrektive Maßnahmen zum Rückgängigmachen etwaiger Grenzwertüberschreitungen ergreifen. Beispiele für korrektive Maßnahmen sind dezentrale Sollwertänderungen in Regelkraftwerken (s. 13.1.3), Befehle an Stufenschalter *unter Last schaltbarer Transformatoren* und an Leistungsschalter von *Kompensationsanlagen* etc., falls letztere nicht bereits im *closed-loop*-Betrieb automatisch erfolgen.

Bei massiven Störungen, wie beispielsweise Kurzschlüssen, nimmt die Netzführung durch Schalthandlungen erforderliche Topologieänderungen vor und veranlaßt eine Störungsbeseitigung. Die Vielzahl der bei größeren Störungen nahezu zeitgleich eintreffenden *Meldungen*, sogenannter *Meldeschwall*, stellt an das Wartenpersonal hohe Anforderungen. *Intelligente Alarmprozessoren* analysieren und filtern deshalb die Meldungen mittels Expertensystemen und präsentieren nur relevante, konzentrierte Informationen.

Schließlich schaltet die Netzführung planmäßig einzelne Betriebsmittel oder Netzteile für allfällige Wartungsarbeiten oder für den Netzaus- und -umbau spannungsfrei und *erdet* die freigeschalteten Betriebsmittel. Schaltungen dürfen nur durch *Schaltberechtigte* auf Anweisung ausgeführt werden. Netzleitstellen der Transportebene werden wegen ihrer Anweisungsbefugnis häufig auch *Schaltleitung* bzw. *Hauptschaltleitung* genannt (s. a. Kapitel 14).

Voraussetzung für die Ausübung all dieser Aktivitäten von einer zentralen *Warte* bzw. einem zentralen *Leitstand* aus ist die Existenz eines SCADA-Systems (engl.: *Supervisory Control And Data Acquisition*), wie es bereits in Kapitel 5, *Kraftwerkleittechnik*, und im Kapitel 14, *Netzleittechnik*, erläutert wurde. Ferner die Existenz *höherwertiger Entscheidungs- und Optimierungsfunktionen*, sogenannter *EMS-Funktionen*, wie sie im nächsten Abschnitt vorgestellt werden. Die Kombination aus SCADA-Funktionalität und EMS-Funktionalität wird häufig als *Energiemanagementsystem*, EMS, bezeichnet.

Die nachstehende Aufzählung faßt nochmals die komplexen Aufgaben der Lastverteileringenieure in der Warte ohne Anspruch auf Vollständigkeit zusammen:

- Überwachung des Einhaltens der Ungleichungen,
  - $P_{i_{\min}} \leq P_i \leq P_{i_{\max}}$
  - $Q_{i_{\min}} \leq Q_i \leq Q_{i_{\max}}$
  - $U_{i_{\min}} \leq U_i \leq U_{i_{\max}}$
  - $P_{ij_{\min}} \leq P_{ij} \leq P_{ij_{\max}}$
  - $Q_{ij_{\min}} \leq Q_{ij} \leq Q_{ij_{\max}}$
  - $P_{T_{\nu_{\min}}} \leq P_{T_\nu} \leq P_{T_{\nu_{\max}}}$
- Verteilen der Netz-Wirkleistung auf die in Betrieb befindlichen Generatoren derart, daß überall möglichst geringe Polradwinkel auftreten (Polradwinkeloptimierung) und gleichzeitig ein wirtschaftliches Optimum erreicht wird,
- Verteilen der Netz-Blindleistung auf die in Betrieb befindlichen Generatoren derart, daß alle Generatoren eine ausreichende Blindleistungs-Stellreserve besitzen (Spannungsoptimierung),
- Ändern der Stufenstellungen der Netztransformatoren (falls nicht automatisiert) mit dem Ziel der Spannungsoptimierung und möglichst großer Spannungsstabilität (s. 18.2),
- Überwachung von Meldungen der Verletzung obiger Ungleichungen bzw. des Überschreitens von Sicherheitsabständen zu obigen Grenzwerten (Frühwarnsystem),
- Überwachung der Meldungen von *Schalteinrichtungen*,

- Störungsidentifikation, z. B. *Erdschlußsuche* und Strategie zur Störungsbeseitigung,
- Präventive und korrektive Schalthandlungen nach vorheriger Prüfung etwaiger daraus resultierender kritischer Zustände bzw. Grenzwertverletzungen,
- Übergabeleistungsmanagement,
- Wahrung des n-1 Prinzips,
- Operatives Netzengpaßmanagement in Echtzeit bei Störungen,
- Lastabschaltungen zur Beseitigung kritischer Netzzustände oder gar Störungen,
- Zulassung kurzzeitiger Überlastung zuvor thermisch nicht ausgelasteter Transformatoren und Kabel,
- Ausgabe von Schaltanweisungen an Unterstationen oder das mobile Schaltpersonal für das Freischalten und Wiedereinschalten von Netzteilen bei Wartungs- und Reparaturarbeiten etc.,
- Dokumentation, Archivierung (von Schalthandlungen, Störungen nach Uhrzeit, Häufigkeit, Kosten, Schadensstatistik etc.).

Die *optimale* Verteilung der Lasten, das vorausschauende Erkennen bedrohlicher Situationen, die Vermeidung etwaiger Fehlhandlungen und vieles andere mehr wird durch die später im Abschnitt 15.1.3 behandelten EMS-Funktionen wirkungsvoll unterstützt. Sie kommen vorrangig im „*Back Office*“ der Netzführung zum Einsatz.

15.1.2 Transportnetzführung im liberalisierten Strommarkt, sogenannte Systemführung

In liberalisierten Strommärkten mutiert der *Lastverteiler* zur *Systemführung*. Sinngemäß tragen die *Lastverteileringenieure* jetzt die Berufsbezeichnung *Systemführungsingenieure*. Die Funktionen der Systemführung sind nach wie vor in zwei Aufgabenbereiche aufgeteilt, Bild 15.9.

Netzführung	**Systembilanz**
Überwachung und Steuerung	Fahrplanmanagement
Wahrung der n-1 Sicherheit	Einsatz von Regelenergie
Abschaltplanung	Leistungsfrequenzregelung
Engpaßmanagement durch Topologieänderungen	Windenergieausgleich
Spannungs- und Blindleistungsoptimierung	Engpaßmanagment durch Re-Dispatching
Störungserfassung und -behebung	Planung von Systemdienstleistungen
Netztrekonstruktion	

Bild 15.9. Funktionsaufteilung der Systemführung in liberalisierten Märkten.

Der eigentliche *Netzführer* nimmt etwa die gleichen Aufgaben wahr, wie vor der Liberalisierung. Der zweite Systemführungsingenieur befaßt sich jedoch nicht mehr mit der Lastprognose, die ja jetzt vom Stromhandel und dem Bilanzkreisverantwortlichen durchgeführt wird. Er wahrt die *Systembilanz*, indem er das Fahrplanmanagement der von den Bilanzkreisverantwortlichen eingereichten Fahrpläne übernimmt.

In einem liberalisierten Strommarkt kommen zur klassischen Last der dem lokalen *Stromvertrieb* treu gebliebenen Abnehmer und zu den mittel- und langfristig vereinbarten Lieferungen über die Kuppelleitungen zu Nachbarnetzen zusätzlich die im Rahmen des *Stromhandels* und der freien *Lieferantenwahl* initiierten Stromlieferungen hinzu, die sich autonom längs der Strompfade mit den geringsten Impedanzen über das Netz verteilen (s. a. 19.3). Die zunächst ohne Wissen des Übertragungsnetzbetreibers zustande kommenden Stromlieferverträge stellen neue Anforderungen an die *Transportnetzführung* und haben zu einer Umverteilung der Aufgaben in den Unternehmen geführt, verbunden mit einem zusätzlichen ungeheuren IT-Aufwand für die korrekte Abrechnung zwischen den Marktteilnehmern, insbesondere mit den Haushaltskunden.

Die klassische Lastprognose und Kraftwerkseinsatzplanung wird heute nicht mehr in der Vorplanung der *Lastverteilung* sondern vom neuen Geschäftsbereich *Stromhandel* durchgeführt (s. a. 19.2.1). Er bildet zusammen mit dem Schwesterunternehmen *Stromerzeugung* und dem *Stromvertrieb* ein entflochtenes Elektrizitätsversorgungsunternehmen, das die dem Unternehmen treu gebliebenen Kunden wie schon vor der Liberalisierung in gewohnter Weise versorgt. Der Strom kommt jedoch nicht mehr fast vollständig aus den Kraftwerken der eigenen Region, sondern kann in größerem Stil auch aus ganz Deutschland und Europa zugekauft sein. Alternativ kann auch ein Stromüberschuß produziert und an Abnehmer außerhalb des klassischen Versorgungsgebiets verkauft werden.

Nach wie vor jedoch ist die *Transportnetzführung* für die Wahrung des Gleichgewichts zwischen erzeugter und verbrauchter Wirk- und Blindleistung verantwortlich. Man spricht im liberalisierten Strommarkt von der *Wahrung der Systembilanz*, weswegen ja auch statt *Lastverteilung* der Begriff *Systemführung* geprägt wurde. Da die Transportnetzführung jedoch keine Lastprognosen mehr erstellt, muß ihr die Wahrung der Systembilanz auf andere Weise ermöglicht werden. *Übertragungsnetznutzer* werden deshalb in *Bilanzkreise* mit je einem *Bilanzkreisverantwortlichen* zusammengefaßt, sogenanntes *Bilanzkreisprinzip* (s. 19.2.2).

Bilanzkreise sind abrechnungstechnische Konstrukte zwischen *Netznutzern* und *Übertragungsnetzbetreibern*, die eine Bilanzierung zwischen *Einspeiseleistungen* und im Viertelstunden-Raster zeitgleichen *Entnahmeleistungen* ermöglichen. Zugleich führen sie zu einer Durchmischung verschiedener Lasten. Nicht mehr die *Transportnetzführung* sondern die *Bilanzkreisverantwortlichen* müssen bereits im Vorfeld durch geeignete Strombeschaffungsmaßnahmen planerisch ein Gleichgewicht zwischen erzeugter und verbrauchter Wirkleistung für ihre Bilanzkreise gewährleisten. Die Bilanzkreisverantwortlichen ermitteln daher für den Folgetag *eigene* Einspeisungen und Entnahmen sowie mit *anderen Bilanzkreisen* vereinbarte Leistungsim- und -exporte in Form von *Tageslastdiagrammen* bzw. viertelstündlich gerasterten *Fahrplänen* und reichen diese am Vortag bis spätestens 14:30 Uhr bei der Systemführung ein. Einspeisungen und Entnahmen müssen innerhalb eines jeden viertelstündlichen Fensters gleich groß sein.

Die eingereichten Fahrpläne werden von der Systemführung im sogenannten *Fahrplanmanagement* auf Plausibilität geprüft. Importe und Exporte eines Bilanzkreises müssen mit Exporten und Importen der

Bilanzkreise der korrespondierenden Stromhandelspartner glatt gestellt sein. Die Systemführung sorgt lediglich für den Ausgleich etwaiger Abweichungen. Die technische Durchführbarkeit der Transite wird im Rahmen des *Day-Ahead-Congestion Forecast* (DACF) geprüft (s. 15.1.1.4). Anschließend werden die Fahrpläne entweder akzeptiert und bestätigt, oder nach Rücksprache modifiziert. Der Netzbetreiber ist zur Akzeptanz von Fahrplänen nur in so weit verpflichtet, wie dies technisch bzw. im Rahmen des Engpaßmanagements möglich ist.

Der zeitkritische, intereuropäische Datenaustausch zur Einreichung, Überprüfung und Bestätigung der Fahrpläne erfordert standardisierte Datenformate und umfangreiche, komplexe IT-Lösungen. Anfänglich wurde das Excel-basierte KISS (engl.: *Keep It Small and Simple*) verwendet. Heute kommt das XML basierte (engl.: *EXtensible Markup Language*) ESS zum Einsatz. ESS (engl.: *ETSO Scheduling System*) ist eine standardisierte, herstellerunabhängige Plattform für den gesamten europäischen Markt. Als Übertragungswege dienen das *Internet*, *E-Mail* bzw. *ISDN FTP*. Die Entwicklung ist derzeit noch im Fluß.

Damit ein Bilanzkreisverantwortlicher überhaupt Fahrpläne erstellen kann, benötigt er vom Netzbetreiber bzw. dem Stromvertrieb zunächst die Tageslastkurven seiner eigenen Entnahmen. Bei den Sondervertragskunden mit *Lastprofilzählern* sind diese bekannt. Kleinkunden ohne eigene viertelstündige Lastmessung werden *verbrauchertypische* (Haushalt, Gewerbe, etc.) *standardisierte Lastprofile* zugeordnet. Bei letzteren unterscheidet man nochmals zwischen *synthetischen* und *analytischen* Lastprofilen. *Synthetische Lastprofile* werden aus verbrauchertypischen, historischen Daten synthetisiert. Ihr Aussehen hängt vom Wochentag und der Jahreszeit ab (s. 15.1.1.1). Bei den *analytischen Lastprofilen* nutzt der Verteilnetzbetreiber die totale Last seines Netzes und subtrahiert davon die gemessenen bzw. bekannten Einzellasten und die Netzverluste. Das *Differenzlastprofil* wird mit Gewichtungsfaktoren verrechnet auf die Händler aufgeteilt. Zu den eigenen Entnahmen addiert der Stromhandel die Entnahmen zu anderen Bilanzkreisen und erstellt damit die Gesamtlastprognose des Bilanzkreises für den nächsten Tag. Die Strombeschaffung erfolgt gestückelt aus verschiedenen, sich durch die zeitliche Dauer der Stromlieferungen sowie durch die Preiskonditionen unterscheidenden Einspeisungen derart, daß die Lastprognose gedeckt wird, Bild 15.10.

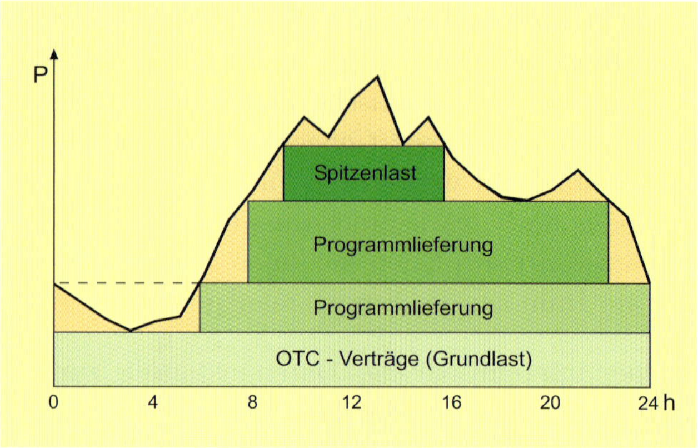

Bild 15.10. Gestückelte Strombeschaffung von verschiedenen Lieferanten zur Deckung des prognostizierten Bedarfs.

Die zwischen den Rechtecklieferungen noch offenen Fehlbeträge ordert der Bilanzkreisverantwortliche am Spot- und Intradaymarkt derart, daß die Abweichung von der Lastprognose im viertelstündlichen Mittel minimal wird. Hierbei können Handelsverbindungen zu Bilanzkreisen innerhalb der eigenen aber auch fremder Regelzonen oder gar anderer Handelsgebiete aufgenommen werden.

Bei der Abwicklung aller Fahrpläne der Bilanzkreise und damit des Gesamtfahrplans der Regelzone treten infolge von Abweichungen vom prognostizierten Lastverlauf oder Ausfalls von Erzeugungskapazität ständig Störungen der *Wirkleistungsbalance* (s. 13.1) auf. Diese muß der Übertragungsnetzbetreiber im Rahmen seiner Dienstleistung *Frequenzhaltung* durch Einsatz von *Regelenergie* ausgleichen. Die hierfür benötigte Regelenergie bezieht er nach vorheriger öffentlicher Ausschreibung von inner- und außerhalb seiner Regelzone liegenden Kraftwerken (s. a. 19.3). Darüber hinaus tauscht er auch seine Gesamtfahrpläne mit den anderen Regelzonen aus, damit auch Regelzonen überschreitende Stromtransporte abgeglichen und von den Übertragungsnetzbetreibern sicher gewährleistet werden können (s. a. 19.2).

Alle Regelenergiearten müssen an jedem Tag unterbrechungsfrei für vereinbarte Zeitfenster von den liefernden Kraftwerken zur Verfügung stehen. Ferner sind Regelenergiearten durch ihre *Energieänderungsrate* gekennzeichnet, die Einfluß auf die Wertigkeit der Energie in Geldeinheiten hat.

Die *Primärregelenergie* ist von ihren Bietern innerhalb von 30 Sekunden bereitzustellen (s. 13.1.3). Die prozentuale Beteiligung der einzelnen Kraftwerke erfolgt anhand der mit dem Netzbetreiber abgestimmten Statik der individuellen Primärregelungen. Die Primärregelleistung einer Erzeugungseinheit muß mindestens 2 % der Blocknennleistung betragen.

Sekundärregelenergie ist innerhalb fünf Minuten von den Bietern bereitzustellen. Die Leistungsänderungsgeschwindigkeit muß bei thermischen Kraftwerken 2 % / Minute, bei Wasserkraftwerken 2 % / Sekunde betragen. Jede zur Sekundärregelenergie beitragende Erzeugungseinheit ist online mit der Netzführung des jeweiligen Netzbetreibers verbunden.

Tertiärregelenergie bzw. *Minutenreserve* löst schließlich die Sekundärregelenergie ab und ist innerhalb 15 Minuten bereitzustellen. Sie muß, um aus dem Frequenzrauschen deutlich herauszuragen, mindestens +/- 30 MW betragen. Die Lieferung erfolgt von ihren Bietern im 15 Minuten Fahrplanraster.

Die Kosten für die Regelenergie werden an die Bilanzkreisverantwortlichen entsprechend der individuellen Über- oder Unterschreitung ihrer Leistungsbilanz weitergereicht. Überschreitungen führen zu Forderungen an die jeweiligen Bilanzkreisverantwortlichen, Unterschreitungen zu Erstattungen. Wegen weiterer Details zur Funktion von Bilanzkreisen wird auf 19.2.2 verwiesen.

Für integrierte, horizontal entflochtene Stromkonzerne beinhaltet die Kraftwerkseinsatzplanung im liberalisierten Strommarkt die Erreichung von *Deckungsbeiträgen* auch mittels *Stromhandel*, wobei jedoch auf strikte Einhaltung der operationellen Entflechtung der Unternehmen zu achten ist. So dürfen Personen, die mit Leitungsaufgaben im *Netzbetrieb* betraut sind, keinen betrieblichen Einrichtungen angehören, die für die Sparten *Erzeugung* oder *Vertrieb* zuständig sind usw.

15.1.3 EMS-Funktionen

Während SCADA-Funktionen ein Netz überhaupt erst von einer *zentralen Warte* aus führbar machen, besitzen die *höherwertigen Entscheidungs-* und *Optimierungsfunktionen*, sogenannte *EMS-Funktionen*, mehr fakultativen Charakter und dienen der Wahrung einer hohen *Sicherheit*, *Verfügbarkeit* und *Wirtschaftlichkeit* des Netzbetriebs.

Die wichtigsten EMS-Funktionen umfassen vorrangig:

- *Lastprognose*,
- *Optimaler Lastfluß* (engl.: *optimal power flow*),
- *Zustandsschätzung*,
- *Netzsicherheitsrechnungen* (n-1 Prüfung).

Während die ersten beiden Funktionsbereiche bereits in den vorigen Abschnitten vorgestellt wurden, soll nachstehend noch auf die *Zustandsschätzung* und *Netzsicherheitsrechnungen* eingegangen werden.

Zustandsschätzung

Die operative Netzführung braucht für die Beurteilung des Netzzustands eine zuverlässige Datenbasis. Diese wird von der sogenannten *Zustandsschätzung* (engl.: *state estimation*) bereitgestellt. Sie beschreibt mit hoher Genauigkeit den aktuellen Netzzustand und ermöglicht aussagekräftige *Leistungsflußrechnungen*, *Kurzschlußstromberechnungen*, *Stabilitätsrechnungen*, *Netzsicherheitsrechnungen* und damit die Erlangung von Frühwarnsignalen potentieller nichtnormaler Betriebszustände.

Typische Daten sind die *Knotenspannungen* und *Phasenwinkel* in allen Netzknoten (sogenannte *Zustandsgrößen*), die *Wirk-* und *Blindleistungen* in den Netzknoten, die aktuelle *Netztopologie*, die *Betriebsmittelparameter*, *Stufenstellungen* der *Regeltransformatoren*, *Netztopologie* und deren *Visualisierung* etc. Bei der Vielzahl der Eingangsparameter, *Meßwerte* und *Zählwerte* sind naturgemäß auch fehlerbehaftete oder gänzlich fehlende Daten dabei, die die Ergebnisse anschließender Simulationsrechnungen obsolet machen können. Typische Beispiele sind Übertragungsfehler oder Sensorausfälle. Die rudimentäre Aufgabe der Zustandsschätzung besteht daher im Erkennen fehlender bzw. fehlerhafter Daten und ihrer Unterdrückung bzw. Substitution durch geschätzte „*richtige*“ Werte. Die eigentliche Schätzung erfolgt durch numerische *Estimationsalgorithmen*, im wesentlichen sogenannte *Kalman-Filter*. Diese *statistischen Filter* berechnen aus stochastischen, teilweise vielfach *redundanten* Eingangsdaten optimale Schätzwerte in Form von *Wahrscheinlichkeitsdichte-Funktionen*, die eine Aussage über den wahrscheinlichsten Wert der realen Zustandsgröße liefern.

Anschaulich zeigt Bild 15.11 die Datengewinnung und -haltung mit Zustandsschätzung.

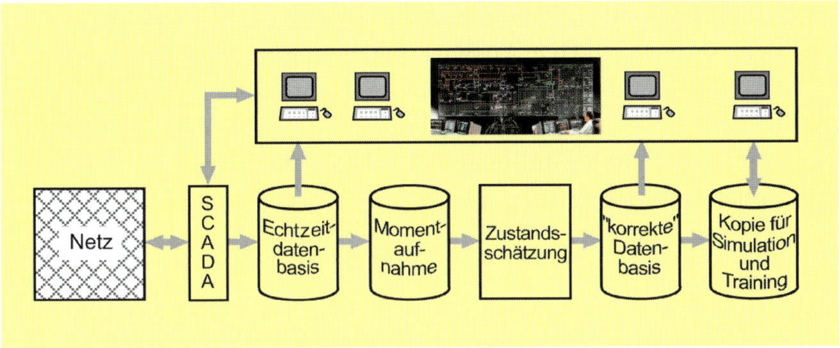

Bild 15.11. Datengewinnung und Datenhaltung mit Zustandsschätzung.

Die über die Fernwirklinien des SCADA-Systems herankommenden Informationen werden zunächst in einer *volatilen* Echtzeitdatenbank gespeichert. In regelmäßigen Abständen wird von dieser Datenbasis eine Momentaufnahme gefertigt und mittels des Zustandsschätzers eine mit hoher Wahrscheinlichkeit korrekte Datenbasis erstellt. Von dieser Datenbasis werden Kopien zur Information der Netzführung, für Simulationsrechnungen, Training des Wartenpersonals etc. angefertigt.

Netzsicherheitsrechnungen

Die Netze der Elektroenergiesysteme sind ständig Risiken ausgesetzt, beispielsweise Kraftwerksausfällen infolge von Materialschäden oder Fehlern durch alterungsbedingtes Isolationsversagen elektrischer Betriebsmittel bei *betrieblichen* oder *atmosphärischen* Überspannungen. Solche Ereignisse führen zu Überlastungen oder Kurzschlüssen, die vom Netzschutz durch Heraustrennen der betroffenen Betriebsmittel beherrscht werden. Der hiermit verbundene Ausfall eines Betriebsmittels (engl.: *forced outage* oder *contingency*) kann dann zur Überlastung anderer Betriebsmittel und dem Verlust des n-1 Prinzips führen. Damit es nicht so weit kommt, werden planerisch, und erst recht während aktueller Störungen, *Netzsicherheitsrechnungen* durchgeführt.

Ferner sind bei der Netzführung auch Bedienungsfehler ebenso leicht denkbar wie Fehler bei der Entwicklung einer elektronischen Schaltung und deren Austestung. Im Gegensatz zu letzteren würden jedoch *Fehlhandlungen* in der Warte zu ungleich viel größeren *Schäden an Betriebsmitteln*, hohen *Stromausfallkosten bei den Abnehmern* und zur *Gefährdung von Wartungspersonal* in den Schaltanlagen führen. Zur Vermeidung dieser nachteiligen Folgen werden ständig alle falschen Eingriffe in den Prozeß sowie negative Auswirkungen ungünstiger Schalthandlungen im Vorfeld planerisch untersucht und antizipiert. Geplante Aktionen mit negativem Simulationsergebnis kommen nicht zur Ausführung. Etwaige falsche Schalthandlungen werden schaltungstechnisch *verriegelt*, sogenannter *Schaltfehlerschutz*.

Man unterscheidet im wesentlichen fünf Arten von Sicherheitsrechnungen:

- *Online-Lastflußrechnung*,
- *Online-Kurzschlußstromberechnung*,
- *Ausfallrechnung*,
- *Schaltungsimulation*,
- *Leistungsflußprognose*.

Die *Online-Lastflußrechnung* überprüft in periodischen Abständen die Auslastung der Betriebsmittel und gibt bei drohender Überlastung gegebenenfalls *Grenzwertüberschreitungs*-Alarme, die das Wartenpersonal zu korrektiven Eingriffen veranlassen.

Die *Kurzschlußstromberechnung* untersucht für unterschiedliche Topologien, ob die in ihnen möglichen Kurzschlußleistungen durch die Leistungsschalter beherrscht werden. Diese Rechnung kann zum Beispiel das Ergebnis haben, daß zu dicht beieinander liegende Kraftwerke im Rahmen der Kraftwerkseinsatzplanung nicht parallel geschaltet werden dürfen, u.s.w.

Die *Ausfallrechnung* (engl.: *contingency analysis*) simuliert Kraftwerksausfälle, Betriebsmittelausfälle etc. in einer der Bedeutung der einzelnen Betriebsmittel entsprechenden priorisierten Reihenfolge und überprüft, ob das n-1 Kriterium und andere Grenzwerte eingehalten werden.

Bei negativem Ergebnis plant der Systemoperator zusätzliche Reserven ein und/oder unternimmt präventive Schalthandlungen.

Die *Schaltungssimulation* untersucht bei Anwahl einer bestimmten *Schalthandlung* bzw. *Schaltfolge* deren Auswirkungen nach endgültigem Ausführen. Bei negativem Ergebnis wird die Schalthandlung blockiert. Es müssen die Ursachen erforscht und mögliche Alternativen überlegt werden.

Die *Leistungsflußprognose* untersucht anhand der eingereichten Fahrpläne die Auslastung der Betriebsmittel und Erzeugungseinheiten vorausschauend für den nächsten Tag (engl.: „*Day Ahead Congestion Forecasting*"). Es werden mögliche Überlastungen von Transportleitungen ermittelt und geeignete Maßnahmen zur Bewältigung der Transite festgelegt, sogenanntes *Engpaßmanagement*. Typische daraus resultierende Maßnahmen sind die Leistungsflußumlenkung durch Querregler, die Reduzierung der Erzeugung in der Exportregelzone, Steigerung der Erzeugung in der Importregelzone, Fahrplanänderungen etc.

Die Begriffe *sicher/unsicher* werden umgangssprachlich meist als absolute Aussagen verstanden. In der Technik stellt jedoch *Sicherheit* keine absolute sondern eine variable Größe dar, deren Wert zwar *sehr nahe* bei 100 Prozent aber auch darunter liegen kann. Absolute Sicherheit technischer Systeme gibt es nicht. Man kann Netze jedoch so *robust* gestalten, daß ihre Verwundbarkeit minimal, etwaiges Versagen sehr unwahrscheinlich oder zumindest vergleichbar mit anderen unvermeidlichen Risiken wird. Vor der Liberalisierung der Strommärkte war dies das erklärte Ziel. Heute ist zum Überleben im Wettbewerb eine *Minimierung der Kosten* vorrangig, was zwangsläufig eine höhere *Risikobereitschaft* erfordert.

15.1.4 Netzbetrieb in Verteilnetzen

Auch der Netzbetrieb in den *Verteilnetzen* bzw. unterlagerten *Spannungsebenen* gliedert sich in *Netzführung* und *Netzbereitstellung*. Erstere befaßt sich mit dem ersten Funktionsbereich der Führung von Transportnetzen, das heißt überwiegend mit der *Überwachung* des Netzes und seiner *Steuerung* während tagesüblicher Änderungen des Lastverlaufs, der Erkennung von *Störungen* und ihrer Behebung sowie mit der

Schaltplanung für Instandhaltungsarbeiten. Vom zweiten Funktionsbereich der *Netzführung* in Transportnetzen bleibt nur eine vereinfachte Lastprognose für Leistungsflußrechnungen vor Topologieänderungen im Rahmen von Revisionsarbeiten. Der Netzbereitstellung kommen etwa die gleichen Aufgaben zu wie in Transportnetzen zuzüglich der technischen Pflege der Umspannstationen (s. a. 15.2).

Wegen des geringeren Aufgabenumfangs kommt die Netzführung von Verteilnetzen mit nur *einem* Netzführer aus. Die Komplexität der Netzführung von Verteilnetzen wird jedoch mit zunehmender Zahl *dezentraler Erzeugungseinrichtungen* und steigenden Anforderungen an die *Störungsbehebungszeit* zunehmen.

Da Verteilnetze häufig nicht *starr geerdet* sondern *kompensiert* betrieben werden, besteht ferner eine häufige Aufgabe in der Ortung hochohmiger Kurzschlüsse bzw. Erdschlüsse. Diese Aufgabe wird durch die Fernmeldung lokaler Kurzschlüsse über GSM-Modem und Informationsübertragung über das Mobilfunknetz beschleunigt werden können.

Ferner kommen in Mittelspannungsnetzen umfangreiche Aufgaben der Lastführung hinzu. Unter Lastführung (engl.: *Load-Management*) versteht man alle Maßnahmen, die zu einer Vergleichmäßigung bzw. Einebnung der Tagesbelastungskurve und damit zu einem wirtschaftlicheren Betrieb führen, Bild 15.12.

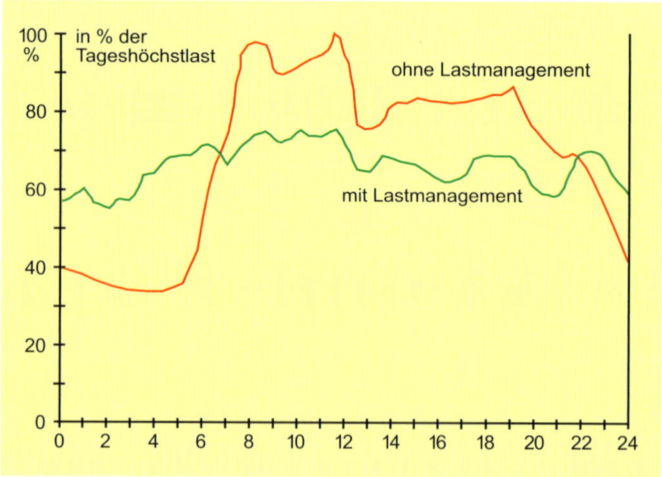

Bild 15.12. Lastlinien mit und ohne Lastmanagement.

Der günstige Einfluß der Lastführung auf die maximale Last des Lastmanagements ist unschwer zu erkennen.

Es stehen mehrere Optionen zur Verfügung:

- Auffüllen des Oberbeckens von Pumpspeicherkraftwerken unter Einsatz billigen Nachtstroms.
- Tarifliche Anreize (zeitvariable Strompreise) zur innerbetrieblichen Verlagerung des Zuschaltens energieintensiver Verbraucher auf Tageszeiten geringer Last bzw. günstigere Tarife, sogenannte *indirekte Lastführung*. Weitere Maßnahmen sind zeitlich gestaffelte *Vorrangsschaltungen*, *Maximumwächteranlagen* etc.
- Vom Elektrizitätsversorgungsunternehmen über *Rundsteuereinrichtungen* (s. 14.5) ferngesteuerte Zu- und Abschaltung von Lasten nach vertraglicher Vereinbarung, sogenannte *direkte Lastführung*.

15.2 Netzbereitstellung

Wie eingangs bereits erwähnt, zählen zur *Netzbereitstellung* die kurz-, mittel- und langfristige *Netzplanung*, der *Netzaus-* und *Netzumbau*, *Inspektion*, *Wartung* und *Störungsbeseitigung*, gegebenenfalls *Instandsetzung* von Leitungen und Umspannstationen. Die früher ebenfalls vorgenommene Planung von *Erzeugungskapazität* wird im liberalisierten Strommarkt von der Sparte *Erzeugung* bzw. den Bilanzkreisverantwortlichen selbst wahrgenommen.

Die *Netzplanung* befaßt sich mit der langfristigen Planung der Anpassung des Netzes an die ständig wachsende Last und künftige Leistungstransite sowie die Untersuchung von Optionen zur Vermeidung von Netzengpässen. Ferner verlangt der hohe Kostendruck derzeit Überlegungen zur Ablösung von Spannungsebenen, beispielsweise von 220 kV-Netzen bzw. des *Rückbaus* vorhandener Anlagen bei Vorliegen mehrfach redundanter Sicherheit im Form eines n-2 oder n-3 Prinzips.

Im Rahmen der Netzplanung werden verschiedene Ausbauvarianten und Einspeisungen mittels *Leistungsflußrechnungen* mathematisch simuliert und die jeweilige Auslastung der Betriebsmittel analysiert. Darüber hinaus werden *Kurzschluß-*, *Stabilitäts-* und *Überspannungsberech-*

nungen durchgeführt. Schließlich erfolgt im Rahmen der Netzplanung auch die *Schutzauslegung* und *-simulation*.

Basierend auf gegenwärtigen und künftigen Lastflüssen sowie der weiteren Kostenentwicklung resultiert die Planungstätigkeit in Aussagen, wo künftig Übertragungskapazitäten erforderlich sein werden. Ferner, wo welche Schaltanlagen zu errichten und wo welche Transformatorleistungen und Leitungstypen einzusetzen sind, ob Maschen- oder Strahlennetze erstellt und wie sie betrieben werden sollen, wie Sternpunkte behandelt, wo Kompensationseinrichtungen und FACTS-Betriebsmittel eingesetzt werden sollen und vieles andere mehr. Hierbei spielen nicht nur *technische* sondern vor allem auch *wirtschaftliche* Gesichtspunkte eine Rolle, insbesondere die geldmäßige Bewertung verschiedener Alternativen mittels der betriebswirtschaftlichen *Investitionsrechnung* (s. 19.6).

Die größte Herausforderung der Netzplanung für Transport- und Übertragungsnetze stellen jedoch die der technischen Planung folgenden, sie auch begleitenden *öffentlich-rechtlichen Genehmigungsverfahren* dar, die eine Anzeige beim *Energiereferat des Wirtschaftsministeriums* und die Einholung von Stellungnahmen gemäß *Raumordnungsgesetz* verlangen. Nach Abschluß des Raumordnungsverfahrens erfolgen privatrechtliche Verhandlungen mit Grundstückseigentümern, Ausschreibungen zur Auftragsvergabe etc. Wegen der großen Vorlauf- und Bauzeiten neuer Trassen, Kraftwerke und Umspannwerke reicht der Planungshorizont bis zu zehn Jahren oder weiter.

Ferner obliegt der Netzbereitstellung die *Störungsbeseitigung*, *Inspektion*, *Wartung* und gegebenenfalls *Instandsetzung* des vorhandenen Netzes anhand einer *risikoorientierten Instandhaltungsstrategie* (s. a. *Asset Management* 19.7). Typische *Inspektionsarbeiten* sind das Abgehen von Freileitungen, die Überwachung von Ölständen, Maximumwächtern für Temperaturen und Ströme etc. Typische *Revisionsarbeiten* sind Transformatoröl-Untersuchungen, Schaltstückwechsel bei Schaltgeräten etc.

Eine große Herausforderung stellt die schnelle *Ortung* und *Beseitigung* von Netzstörungen dar. Die häufigsten Fehler in nicht geerdeten Netzen sind *Erdschlußfehler*, die mittels besonderer Verfahren in kürzester Zeit geortet und behoben werden müssen (s. 10.1 und 12.3.4). Für all diese Aufgaben ist eine ständig zu aktualisierende Einsatzplanung für das mobile Personal erforderlich (engl.: *work force management*). Moderne Netzleitsysteme besitzen hierzu im Rahmen ihrer höherwertigen Entscheidungs- und Optimierungsfunktionen ein *Einsatzleitsystem*.

Unter der Annahme, daß ein Netz bereits existiert, zählen zur Netzbereitstellung, ohne Anspruch auf Vollständigkeit, folgende Tätigkeiten:

- Netzausbauplanung,
- Netzumbauplanung,
- Operativer Netzausbau,
- Operativer Netzumbau bzw. Netzrückbau,
- Bewirtschaftung der Leitungen und Umspannwerke,
- Netzinspektion,
- Netzwartung,
- Netzinstandsetzung (Störungsdienst),
- Prüfen von Fernwirk- und Rundsteuereinrichtungen,
- Auslegen, Einstellen und Prüfen von Schutzeinrichtungen,
- Bereithaltung und Einsatz von Personal zur Störungsbeseitigung,
- Schalthandlungen vor Ort auf Anweisung und in Abstimmung mit der Netzführung,
- Ersatzteilvorhaltung.

Ein Teil dieser Aktivitäten wird entweder von eigenen Fachabteilungen oder von Herstellern bzw. externen Service-Unternehmen abgewickelt.

Da es sich bei der Netzplanung im wesentlichen um wirtschaftliche Fragen handelt und ihre technischen Aspekte, wie *Leistungsflußrechnung*, *Kurzschlußstromberechnung*, *Stabilitätsrechnungen*, bereits Gegenstand anderer Kapitel dieses Buches sind, wird wegen weiterer Details auf das umfangreiche Schrifttum verwiesen.

Der Vollständigkeit halber sei erwähnt, daß es auch noch eine *Jahresplanung* gibt, die sich mit den Bestellmengen der Primärenergieträger und der Bewirtschaftung hydraulischer Jahresspeicher befaßt, sie gehört jedoch nicht zu den Aufgaben der Transportnetzführung, sondern wird von der Abteilung *Netzwirtschaft* wahrgenommen.

Vertiefendes Schrifttum zu Kapitel 15

1. Nagel, H.: Rationaler Netzbetrieb. 1. Auflage, VDE-Verlag, Frankfurt a. M, 2003.
2. Willis, H. L.: Spatial Electric Load Forecasting. Marcel Dekker Verlag, New York, 2004.
3. Rumpel, D., und Sun, J. R.: Netzleittechnik -Informationstechnik für den Betrieb elektrischer Netzes, 1. Auflage, Springer-Verlag Berlin, Heidelberg, 1989.
4. Handschin, E. und Petroianu, A.: Energy Management Systems. Operation and Control of Electric Energy Transmission Systems, Springer-Verlag Berlin, Heidelberg, New York, 1991.
5. Dittmer, M.: Lastmanagement bei zeitvariabler Elektrizitätspreisbildung in Industriebetrieben, Springer-Verlag Berlin, Heidelberg, 1989.
6. Wood, A. J. u. Wollenberg, B. F.: Power Generation, Operation, and Control. 2. Auflage, Wiley-Interscience, 1996.
7. Bunn, D.: Comparative Models for Electrical Load Forecasting. 1. Auflage, John Wiley & Sons, 1985.
8. Edelmann, H. u. Theilsiefje, K.: Optimaler Verbundbetieb in der elektrischen Energieversorgung. 1. Auflage, Springer-Verlag, Berlin/Heidelberg, 1974.
9. Lerch, E.: Sichere und zuverlässige Systemführung von Kraftwerk und Netz im Zeichen der Deregulierung. VDI-Berichte 1747, VDI-Verlag, Düsseldorf, 2003.
10. Nagel, H.: Systematische Netzplanung. 1. Auflage, VWEW-Verlag, Frankfurt a. M., 2002.
11. Sullivan, R. L.: Power System Planning. 1. Auflage, MacGraw-Hill, 1977.

12. Vardi, J. und Avi-Itzhall, B.: Electric Energy Generation - Economics, Reliability and Rates. 1. Auflage, MTT-Press, Cambridge, 1981.

13. VDEW: Aktivierung und Planung von Netzen für allelektrische Versorgung. VWEW-Verlag, Frankfurt a. M., 1970.

14. Heuck, K. u. Dettman, K. D.: Elektrische Energieversorgung. 6. Auflage, Vieweg-Verlag, Wiesbaden, 2005.

16. Berechnung von Netzen und Leitungen im stationären Betrieb

Die Berechnung von Netzen und Leitungen im stationären Betrieb erfolgt heute fast ausschließlich im Rahmen der sogenannten *Leistungsflußrechnung*. Vor dem Aufkommen der Digitalrechner wurden Knotenspannungen und Zweigströme mittels analoger *Netzmodelle* (spezielle Analogrechner) bestimmt.

Unter *Leistungsflußrechnung* (engl.: *power-flow analysis*) versteht man die rechnergestützte Ermittlung der *Wirk-* und *Blindleistungsflüsse* eines Netzes aus vorgegebenen Einspeiseleistungen und Belastungen. Die Kenntnis der Leistungsflüsse ermöglicht der *Netzplanung* eine optimale Netzgestaltung bezüglich Kleinhaltung der Spannungsabfälle und Auswahl der Leitungsquerschnitte. Dem *Netzbetrieb* erlaubt sie eine nach wirtschaftlichen und technischen Gesichtspunkten optimale Netzführung.

Eine einfache Leistungsflußrechnung (*Grundfallrechnung*) liefert im einzelnen die

- *Knotenspannungen* und *Ströme* der Betriebsmittel nach Betrag und Phase,
- *Wirk-* und *Blindleistungsflüsse* auf den Leitungen,
- *Übertragungsverluste* in Leitungen und Transformatoren.

Die Grundfallrechnung bildet die Grundlage für weiterführende Rechnungen, wie *Ausfallrechnung* (engl.: *contingency analysis*), *Optimierungsrechnung*, *Netzwerkreduktion*, *Stabilitätsuntersuchungen* etc.

Gelegentlich, beispielsweise beim Anschluß neuer, leistungsstarker Verbraucher, bei lokalen Netzertüchtigungen etc., werden Leitungsquerschnitte und Spannungsabfälle auch noch manuell mit dem Taschenrechner bestimmt. Aus diesem Grund wird im Anschluß an die modernere Leistungsflußrechnung auch der manuellen Leitungsberechnung ein Unterkapitel gewidmet.

16.1 Leistungsflußrechnung

Elektroenergiesysteme sind komplexe, mehrphasige Netzwerke, in denen zwischen den einzelnen Strängen der Betriebsmittel *kapazitive* und *magnetische* Kopplungen bestehen. Im Ersatzschaltbild werden diese durch *Kapazitäten* und *Gegeninduktivitäten* berücksichtigt. Die mathematische Modellierung führt dann auf gekoppelte lineare Gleichungssysteme. Zur Vereinfachung der Berechnungen wird das Mehrphasensystem zunächst durch eine *Ähnlichkeitstransformation* entkoppelt, wodurch sich die Aufgabenstellung im symmetrischen Betrieb auf die Berechnung eines *einphasigen Netzes* reduziert. Im folgenden wird angenommen, daß die Entkopplung gemäß den in 6.11.2 angestellten Überlegungen bereits erfolgt ist und die Leitungsbeläge des einphasigen Ersatzschaltbilds *Betriebsbeläge* darstellen (s. 6.11.1).

Während bei gewöhnlichen Problemen der Netzwerktheorie Spannungs- bzw. Stromquellen sowie passive lineare Bauelemente vorgegeben sind, stellen sich bei Leistungsflußrechnungen Lasten nicht als Bauelemente, sondern als konstante *Leistungen* dar, die aus *Lastprognosen* oder *Messungen* bekannt sind. Beispielsweise hält ein Asynchronmotor die konstant geforderte mechanische Antriebsleistung bei verringerter Netzspannung durch eine höhere Stromaufnahme aufrecht. Ähnlich nimmt auch eine Vielzahl thermisch gesteuerter Warmwasserbereiter bei geringerer Netzspannung und dadurch bedingten längeren Aufheizzeiten infolge des erhöhten Gleichzeitigkeitsfaktors im Mittel mehr Strom auf. In beiden Fällen führen die konstanten elektrischen Leistungen auf *nichtlineare* Gleichungssysteme mit *komplexen Variablen* und *komplexen Matrizen.* Sie entziehen sich schon in vergleichsweise einfachen praktischen Fällen einer manuellen Berechnung.

Auf der Grundlage der beiden Kirchhoffschen Gesetze lassen sich jedoch rechnergestützt für beliebige Netze mathematische Modelle in Form *linearer* Gleichungssysteme aufstellen. Sie enthalten alle *bekannten Informationen* über Topologie, Zweigimpedanzen und -admittanzen sowie Speisespannungen und Belastungen. Ihre Lösung liefert die *unbekannten* Zweigströme und -spannungen.

Als Ergebnis des *Knotenverfahrens* erhält man beispielsweise die unbekannten *Knotenspannungen*, aus deren Differenz sich die Zweigspannungen und über das ohmsche Gesetz auch die Zweigströme berechnen lassen. Als Ergebnis des Maschenverfahrens erhält man die *Maschenströme*, aus deren Überlagerung sich die Zweigströme und über das ohmsche Gesetz die Zweigspannungen ergeben. In schwach vermaschten Netzen kommt dem Maschenverfahren eine gewisse Bedeutung zu. Es liefert eine geringere Zahl zu lösender Gleichungen und gestattet, kleine Netze auch manuell zu berechnen. Dessen ungeachtet beruht der weitaus überwiegende Teil der Berechnungsverfahren für Netze der Energietechnik auf dem *Knotenverfahren*, das unmittelbar die an den Knoten vorgegebenen bzw. gesuchten Größen zueinander in Beziehung setzt.

Das Knotenverfahren führt auf die sogenannte *Knotenadmittanzmatrix*, aus der sich die *Knotenhybridmatrix* und die *Knotenimpedanzmatrix* ableiten lassen. Die Analyse eines Netzes nach dem Knotenverfahren führt auf ein lineares Gleichungssystem mit den Knotenspannungen als Unbekannten und den Belastungen als Eingangsgrößen. Die Elemente der zugehörigen Knotenmatrix sind die *Admittanzen* des Netzwerks, daher der Name *Knotenadmittanzmatrix*. Da den folgenden Betrachtungen ausschließlich das *Knotenverfahren* zugrunde liegt, wird bei der nachstehend erläuterten Admittanzmatrix die Vorsilbe „Knoten“ weggelassen.

16.1.1 Mathematisches Netzmodell mit Admittanzmatrix

Zur Aufstellung der Admittanzmatrix werden zunächst alle *Betriebsimpedanzen* der einphasigen Netzdarstellung in Admittanzen umgewandelt, der Mittelpunktsleiter (Neutralleiter N) mit der Ziffer 0 gekennzeichnet und alle anderen Knoten von 1 bis n numeriert. Einschließlich des Neutralleiters besitzt das Netz dann $n + 1$ Knoten. Jedem Knoten wird eine Knotenspannung gegen einen gemeinsamen *willkürlichen* Bezugspunkt zugeordnet, der nicht dem Netz angehört, mit ihm auch nicht über passive Komponenten verbunden ist, beispielsweise ein lokaler Erder. Die von einem Knoten abfließenden Ströme werden positiv gezählt und durch die Knotenspannungen der beiden Enden des Strompfades sowie die im Strompfad liegende Admittanz ausgedrückt. Der Belastungsstrom in einem Knoten „i“ wird mit $\underline{I}_{ii}$ bezeichnet, Bild 16.1.

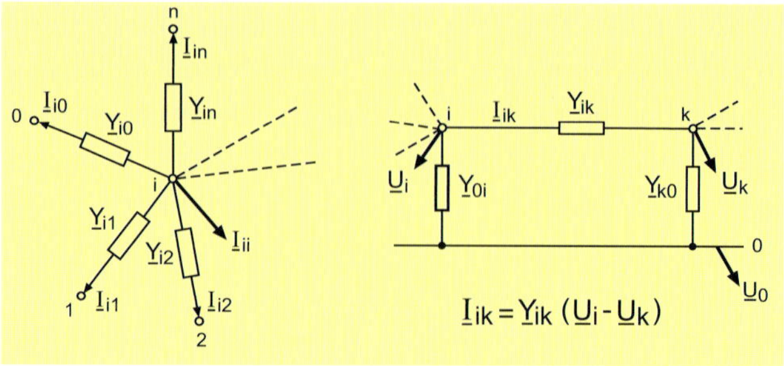

Bild 16.1. Zur Entstehung der Knotengleichungen. $\underline{U}_i$, $\underline{U}_k$, $\underline{U}_0$: Knotenspannungen gegen einen willkürlichen Bezugspunkt.

Mit k als Laufvariable ergibt die Knotenregel:

$$\sum_{k=0}^{n} \underline{I}_{ik} = \underline{I}_{i0} + \underline{I}_{i1} + \underline{I}_{i2} + \ldots + \underline{I}_{ii} + \ldots + \underline{I}_{in} = 0 \qquad (16.1)$$

bzw. mit

$$\underline{I}_{ik} = \underline{Y}_{ik}(\underline{U}_i - \underline{U}_k) \qquad (16.2)$$

$$\underline{Y}_{i0}(\underline{U}_i - \underline{U}_0) + \underline{Y}_{i1}(\underline{U}_i - \underline{U}_1) + \ldots + \underline{I}_{ii} + \ldots + \underline{Y}_{in}(\underline{U}_i - \underline{U}_n) = 0 \quad (16.3)$$

Ausmultiplizieren und Zusammenfassen liefert:

$$\underline{U}_i(\underline{Y}_{i0} + \underline{Y}_{i1} + \cdots + \underline{Y}_{in}) - \underline{Y}_{i0}\underline{U}_0 - \underline{Y}_{i1}\underline{U}_1 - \ldots - \underline{Y}_{in}\underline{U}_n = -\underline{I}_{ii} \quad . \qquad (16.4)$$

In obigen Gleichungen taucht bei den Admittanzen der Index ii nicht auf, da i mit sich selbst keine Admittanz besitzt. Der Index ii kann daher zur Kennzeichnung des negativen Werts der Summe aller vom Knoten i ausgehenden Admittanzen, sogenannte *negative Umlaufadmittanz*, verwendet werden.

$$-\underline{Y}_{ii} = \sum_{k=0, k\neq i}^{n} \underline{Y}_{ik} \qquad (16.5)$$

Nach Multiplikation mit (-1) und Ordnen nach Indizes der Spannungen ergibt sich:

$$\underline{Y}_{i0}\underline{U}_0 + \underline{Y}_{i1}\underline{U}_1 + \underline{Y}_{i2}\underline{U}_2 + \ldots + \underline{Y}_{ii}\underline{U}_i + \ldots + \underline{Y}_{in}\underline{U}_n = \underline{I}_{ii} \quad , \qquad (16.6)$$

die „Knotengleichung des Knotens i“. Wiederholungen dieses Verfahrens für alle Knoten liefern das folgende lineare algebraische Gleichungssystem:

$$\begin{array}{l}
\underline{Y}_{00}\underline{U}_0 + \underline{Y}_{01}\underline{U}_1 + \underline{Y}_{02}\underline{U}_2 + \ldots + \underline{Y}_{0i}\underline{U}_i + \ldots + \underline{Y}_{0n}\underline{U}_n = \underline{I}_{00} \\
\underline{Y}_{10}\underline{U}_0 + \underline{Y}_{11}\underline{U}_1 + \underline{Y}_{12}\underline{U}_2 + \ldots + \underline{Y}_{1i}\underline{U}_i + \ldots + \underline{Y}_{1n}\underline{U}_n = \underline{I}_{11} \\
------------------------------ \\
------------------------------ \\
\underline{Y}_{n0}\underline{U}_0 + \underline{Y}_{n1}\underline{U}_1 + \underline{Y}_{n2}\underline{U}_2 + \ldots + \underline{Y}_{ni}\underline{U}_i + \ldots + \underline{Y}_{nn}\underline{U}_n = \underline{I}_{nn}
\end{array}$$

Für die Reihenfolge der *Indizes* der Koeffizienten gilt: *Zeilen zuerst, Spalten später.* Zur Wahrung der Übersicht geht man bei großer Knotenzahl zur Matrizenschreibweise über:

$$\begin{bmatrix} \underline{Y}_{00} & \underline{Y}_{01} & \underline{Y}_{02} & \cdots & \underline{Y}_{0i} & \cdots & \underline{Y}_{0n} \\ \underline{Y}_{10} & \underline{Y}_{11} & \underline{Y}_{12} & \cdots & \underline{Y}_{1i} & \cdots & \underline{Y}_{1n} \\ \cdot & \cdot & \cdot & & \cdot & & \cdot \\ \cdot & \cdot & \cdot & & \cdot & & \cdot \\ \underline{Y}_{n0} & \underline{Y}_{n1} & \underline{Y}_{n2} & \cdots & \underline{Y}_{ni} & \cdots & \underline{Y}_{nn} \end{bmatrix} \begin{bmatrix} \underline{U}_0 \\ \underline{U}_1 \\ \cdot \\ \cdot \\ \cdot \\ \underline{U}_n \end{bmatrix} = \begin{bmatrix} \underline{I}_{00} \\ \underline{I}_{11} \\ \cdot \\ \cdot \\ \cdot \\ \underline{I}_{nn} \end{bmatrix} \tag{16.7}$$

bzw. in Vektorschreibweise:

$$\underline{\mathbf{Y}} \cdot \underline{\mathbf{U}} = \underline{\mathbf{I}} \tag{16.8}$$

$\underline{\mathbf{Y}}$ stellt die *quadratische* Admittanzmatrix (Koeffizientenmatrix), $\underline{\mathbf{U}}$ den Vektor der Knotenspannungen, $\underline{\mathbf{I}}$ den Vektor der Knotenströme dar.

Die Koeffizientenmatrix ist

(n+1)ter Ordnung $\Rightarrow$ (n + 1 Knoten)

quadratisch $\Rightarrow$ (Zeilenzahl gleich Spaltenzahl)

symmetrisch $\Rightarrow$ $(\underline{Y}_{ik} = \underline{Y}_{ki})$

singulär $\Rightarrow$ $(\det \underline{Y} = 0)$.

Letztere Eigenschaft bedeutet, daß die Summe aller Elemente einer Zeile oder Spalte dieser Matrix den Wert Null annimmt (Summenprobe),

$$\sum_{i=0}^{n} \underline{Y}_{ik} = 0 \qquad \text{und} \qquad \sum_{k=0}^{n} \underline{Y}_{ki} = 0 \quad . \tag{16.9}$$

Diese Aussage impliziert, daß von den n + 1 Gleichungen des Systems nur n voneinander unabhängig sind, das Gleichungssystem in dieser Form also nicht eindeutig lösbar ist. Man benutzt jedoch diese Eigenschaft zur Überprüfung der korrekten Dateneingabe.

Die *Diagonalelemente* stellen die negative *Umlaufadmittanz* der einzelnen Knoten dar, die zu einem Diagonalelement gehörenden *Nichtdiagonalelemente* die *Admittanzen* zwischen den zugehörigen Netzknoten. Es ist daher nicht verwunderlich, daß die Zeilen- und Spaltensummen jeweils den Wert Null ergeben, da ja die Umlaufadmittanzen aus den restlichen Admittanzen einer Zeile definiert sind.

Nicht jeder Knoten ist mit allen anderen Knoten eines Netzes verbunden, deshalb besitzen viele Nichtdiagonalelemente den Wert Null. Die Knotenadmittanzmatrix ist mit anderen Worten *spärlich* besetzt (engl.: *sparse matrix*). Den Grad der Besetztheit kennzeichnet die *Spärlichkeit* S, der Quotient aus der Zahl Z der Nullelemente und dem Quadrat der Matrixordnung, $S = Z/n^2$. Die Spärlichkeit kann bei realen Problemen über 95 % betragen. Die Eigenschaft der Spärlichkeit wird später im Rahmen der Lösungsverfahren für große lineare Gleichungssysteme noch eine große Rolle spielen.

Wählt man statt eines willkürlichen netzunabhängigen Bezugsknotens einen *Netzknoten* als Bezugspotential, so sind statt p Knotenspannungen nur $p - 1$ Knotenspannungen zu berechnen, die *singuläre* Matrix geht in eine *reguläre* Matrix (det $\underline{Y} \neq 0$) über. Dies allein wird sich bei nummerischen Lösungen jedoch als nicht ausreichend erweisen, weswegen noch weitere Überlegungen angestellt werden müssen. Hierauf wird im folgenden näher eingegangen, wobei zwischen *Vier-* und *Dreileiternetzen* (Drehstromsysteme mit und ohne Sternpunktleiter, sogenannte *geerdet* oder *isoliert* betriebene Netze, s. a. Kapitel 10) unterschieden wird.

16.1.1.1 Vierleiternetze (Netze mit Sternpunktleiter)

Zur Veranschaulichung betrachten wir ein Vierleitersystem in einphasiger Darstellung, bei dem zur Vereinfachung Längs- und Querwiderstände der Leitungen lediglich Resistanzen (Widerstandsleitwerte) sein sollen.

Der Bezugspunkt für alle Knotenspannungen sei der Sternpunkt, womit die Spannung U_0 gleich Null wird, Bild 16.2.

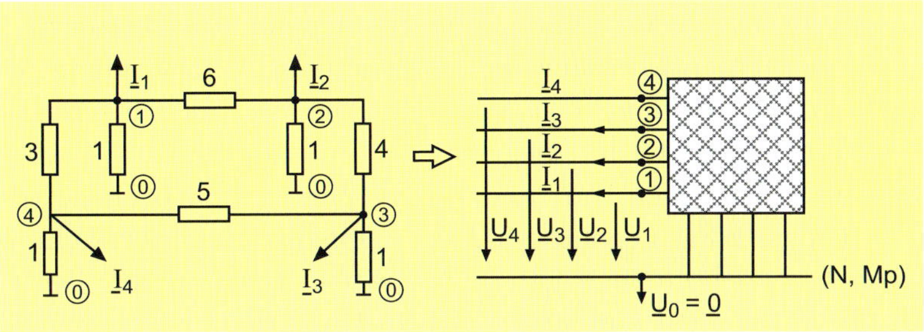

Bild 16.2. Vierleiternetz in einphasiger und symbolischer Darstellung. Im obigen Beispielnetz stellen die Zahlenwerte bereits Admittanzen dar. Bei der symbolischen Darstellung sind die Werte der einzelnen Bauelemente in einer zusätzlichen Liste enthalten.

Die Wahl $\underline{U}_0 = \underline{0}$ macht die Knotengleichung des Knotens 0 entbehrlich (Streichen der ersten Zeile!). Die quadratische Form der Matrix kann durch gleichzeitiges Streichen der ersten Spalte gewahrt werden, da alle Produkte ihrer Elemente mit $\underline{U}_0$ den Wert Null ergeben. Damit lautet die reguläre oder verkürzte Matrix:

$$\begin{bmatrix} \underline{Y}_{11} & \underline{Y}_{12} \cdots & \underline{Y}_{1i} \cdots & \underline{Y}_{1n} \\ \underline{Y}_{21} & \underline{Y}_{22} \cdots & \underline{Y}_{2i} \cdots & \underline{Y}_{2n} \\ \cdot & \cdot & \cdot & \cdot \\ \cdot & \cdot & \cdot & \cdot \\ \cdot & \cdot & \cdot & \cdot \\ \underline{Y}_{n1} & \underline{Y}_{n2} \cdots & \underline{Y}_{ni} \cdots & \underline{Y}_{nn} \end{bmatrix} \begin{bmatrix} \underline{U}_1 \\ \underline{U}_2 \\ \cdot \\ \cdot \\ \cdot \\ \underline{U}_n \end{bmatrix} = \begin{bmatrix} \underline{I}_1 \\ \underline{I}_2 \\ \cdot \\ \cdot \\ \cdot \\ \underline{I}_n \end{bmatrix} \tag{16.10}$$

Aufgrund ihres systematischen Aufbaus kann die Admittanzmatrix ohne explizites Aufstellen der Knotengleichungen allein durch Inspektion des Netzes hingeschrieben werden, wobei den Zahlenwerten implizit die Einheit *Siemens* (engl.: *Mho*) zugeordnet sei.

$$\left[\begin{array}{r|rrrr} -4 & 1 & 1 & 1 & 1 \\ \hline 1 & -10 & 6 & 0 & 3 \\ 1 & 6 & -11 & 4 & 0 \\ 1 & 0 & 4 & -10 & 5 \\ 1 & 3 & 0 & 5 & -9 \end{array}\right] \begin{bmatrix} \underline{U}_0 \\ \underline{U}_1 \\ \underline{U}_2 \\ \underline{U}_3 \\ \underline{U}_4 \end{bmatrix} = \begin{bmatrix} \underline{I}_0 \\ \underline{I}_1 \\ \underline{I}_2 \\ \underline{I}_3 \\ \underline{I}_4 \end{bmatrix} \tag{16.11}$$

Die *singuläre* Matrix ermöglicht die Summenprobe. Streichen der ersten Zeilen und Spalte ergibt die *reguläre* Matrix. Sind die Verbraucher nur durch ihre Ströme gegeben, ist die verkürzte Matrix zwar *formal* regulär, sie besitzt jedoch *numerisch* gesehen nahezu singuläres Verhalten, da bei realen Matrizen die Determinante extrem kleine Werte annimmt (engl.: *ill-conditioned matrix*). Dies läßt auch die Summenprobe erkennen. Der Grund liegt in der Tatsache, daß bei fehlenden Verbraucheradmittanzen, mit anderen Worten die Verbraucher durch ihre Belastungsströme gegeben sind, die Elemente $\underline{Y}_{i0}$ der ersten Spalte allein von den hochohmigen Querkapazitäten der Leitungen bestimmt werden und diese nicht viel zur negativen Umlaufadmittanz beitragen,

$$-\underline{Y}_{ii} \approx \sum_{k=0,k\neq i}^{n} \underline{Y}_{ik} - \underline{Y}_{i0} \quad . \tag{16.12}$$

Diese Schwierigkeit beseitigt in einem zweiten Schritt die Vorgabe der *Spannung* eines Netzknotens, z. B. $\underline{U}_1$, was eine weitere Knotengleichung, die des Knotens 1, entbehrlich macht. Die Wahrung der *quadratischen* Eigenschaft der Matrix kann jetzt nicht mehr durch simples Streichen der zugehörigen Spalte erfolgen, da $\underline{U}_1 \neq 0$ ist. Folgende andere Möglichkeiten stehen zur Verfügung:

1. Verlegung der Produkte $\underline{Y}_{i1} \cdot \underline{U}_1$ auf die rechte Seite der Matrizengleichung:

$$\begin{bmatrix} \underline{Y}_{22} \cdots \underline{Y}_{2i} \cdots \underline{Y}_{2n} \\ \underline{Y}_{32} \cdots \underline{Y}_{3i} \cdots \underline{Y}_{3n} \\ \vdots \qquad \vdots \qquad \vdots \\ \underline{Y}_{n2} \cdots \underline{Y}_{ni} \cdots \underline{Y}_{nn} \end{bmatrix} \begin{bmatrix} \underline{U}_2 \\ \underline{U}_3 \\ \vdots \\ \underline{U}_n \end{bmatrix} = \begin{bmatrix} \underline{I}_2 - \underline{Y}_{21} \cdot \underline{U}_1 \\ \underline{I}_3 - \underline{Y}_{31} \cdot \underline{U}_1 \\ \vdots \\ \underline{I}_n - \underline{Y}_{n1} \cdot \underline{U}_1 \end{bmatrix} \tag{16.13}$$

2. Ersetzen aller Elemente der zu streichenden Spalte durch die restlichen Admittanzen der jeweiligen Zeile,

$$\underline{Y}_{i1} = -\underline{Y}_{i0} - \underline{Y}_{ii} - \sum_{k=2,k\neq i}^{n} \underline{Y}_{ik} \quad . \tag{16.14}$$

Nach Ausmultiplizieren und Umstellen werden die Produkte der ersten Spalte wieder auf die rechte Seite gebracht:

$$\begin{bmatrix} \underline{Y}_{22} \cdots \underline{Y}_{2i} \cdots \underline{Y}_{2n} \\ \underline{Y}_{32} \cdots \underline{Y}_{3i} \cdots \underline{Y}_{3n} \\ \vdots \qquad \vdots \qquad \vdots \\ \underline{Y}_{n2} \cdots \underline{Y}_{ni} \cdots \underline{Y}_{nn} \end{bmatrix} \begin{bmatrix} \underline{U}_2 - \underline{U}_1 \\ \underline{U}_3 - \underline{U}_1 \\ \vdots \\ \underline{U}_n - \underline{U}_1 \end{bmatrix} = \begin{bmatrix} \underline{I}_2 - \underline{Y}_{20} \cdot \underline{U}_1 \\ \underline{I}_3 - \underline{Y}_{30} \cdot \underline{U}_1 \\ \vdots \\ \underline{I}_n - \underline{Y}_{n0} \cdot \underline{U}_1 \end{bmatrix} \tag{16.15}$$

Im Spannungsvektor stehen jetzt die Spannungsdifferenzen zur Spannung $\underline{U}_1$. Dadurch wurde der Knoten 1 quasi als Bezugsknoten gewählt, der um die Spannung $\underline{U}_1$ über 0 liegt. Zu einer Lösung $\underline{U}_2 - \underline{U}_1$ muß die Knotenspannung $\underline{U}_1$ addiert werden, um die Phasenspanung $\underline{U}_2$ zu erhalten. Ströme durch die Queradmittanzen, z. B. $\underline{Y}_{20} \cdot \underline{U}_1$, müssen von den Knotenströmen subtrahiert werden.

3. Schließlich kann man die Umlaufadmittanzen auch ohne die Queradmittanzen bilden, d. h.

$$\underline{Y}_{ii} = - \sum_{k=1,k\neq i}^{n} \underline{Y}_{ik} \tag{16.16}$$

und letztere über die durch sie fließenden Ströme im Stromvektor berücksichtigen:

$$\begin{bmatrix} \underline{Y}_{22} & \cdots & \underline{Y}_{2i} & \cdots & \underline{Y}_{2n} \\ \underline{Y}_{32} & \cdots & \underline{Y}_{3i} & \cdots & \underline{Y}_{3n} \\ \vdots & & \vdots & & \vdots \\ \underline{Y}_{n2} & \cdots & \underline{Y}_{ni} & \cdots & \underline{Y}_{nn} \end{bmatrix} \begin{bmatrix} \underline{U}_2 - \underline{U}_1 \\ \underline{U}_3 - \underline{U}_1 \\ \vdots \\ \underline{U}_n - \underline{U}_1 \end{bmatrix} = \begin{bmatrix} \underline{I}_2 - \underline{Y}_{20} \cdot \underline{U}_2 \\ \underline{I}_3 - \underline{Y}_{30} \cdot \underline{U}_3 \\ \vdots \\ \underline{I}_n - \underline{Y}_{n0} \cdot \underline{U}_n \end{bmatrix} \tag{16.17}$$

Alle drei Darstellungen sind gleichwertig!

Die hier durchgeführte Wahrung des quadratischen Charakters der Matrix ist in abgewandelter Form bei allen auf lineare Gleichungssysteme hoher Ordnung führenden Simulationsmethoden erforderlich (engl.: *large scale systems*). In aller Regel ist die aufgestellte Matrix zunächst singulär und muß durch Einbringen von *Randbedingungen* oder *Anfangsbedingungen* in eine reguläre Matrix überführt werden. Typische Beispiele sind die Finite-Elemente-Methoden, die Boundary-Element-Methoden, das Differenzen- und Ersatzladungsverfahren oder verwandte Diskretisierungsverfahren.

16.1.1.2 Dreileiter-Drehstromnetze

Bei dieser Aufgabenstellung wird mangels des Sternpunktleiters ein *Netzknoten fester Spannung* als Bezugspunkt gewählt, z. B. $\underline{U}_1 = \text{const.}$ Die Leitungskapazitäten werden vernachlässigt, die Verbraucher sind durch ihre Belastungsströme gegeben, Bild 16.3.

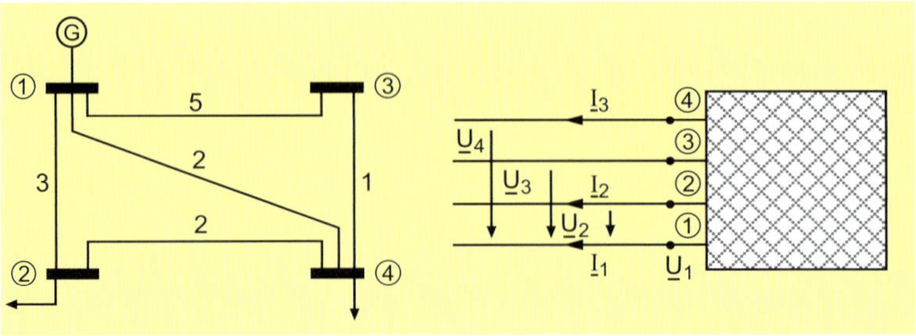

Bild 16.3. Dreileiternetz in einphasiger, symbolischer Darstellung. Links: Schaltplan, rechts: formale Repräsentation.

Für einen beliebigen Bezugspunkt erhält man zunächst die singuläre Matrix:

$$\begin{bmatrix} -10 & 3 & 5 & 2 \\ 3 & -5 & 0 & 2 \\ 5 & 0 & -6 & 1 \\ 2 & 2 & 1 & -5 \end{bmatrix} \cdot \begin{bmatrix} \underline{U}_1 \\ \underline{U}_2 \\ \underline{U}_3 \\ \underline{U}_4 \end{bmatrix} = \begin{bmatrix} \underline{I}_1 \\ \underline{I}_2 \\ 0 \\ \underline{I}_4 \end{bmatrix} \tag{16.18}$$

Mit Wahl des Netzknotens 1 als Bezugsknoten können die erste Zeile und Spalte gestrichen werden. $\underline{U}_{21}$, $\underline{U}_{31}$, $\underline{U}_{41}$ sind dann keine Phasenspannungen mehr, sondern die *Spannungsdifferenzen* gegen den Knoten 1. Die singuläre Matrix geht dann in die verkürzte, reguläre Matrix über

$$\begin{bmatrix} -5 & 0 & 2 \\ 0 & -6 & 1 \\ 2 & 1 & -5 \end{bmatrix} \cdot \begin{bmatrix} \underline{U}_{21} \\ \underline{U}_{31} \\ \underline{U}_{41} \end{bmatrix} = \begin{bmatrix} \underline{I}_2 \\ 0 \\ \underline{I}_4 \end{bmatrix} \quad . \tag{16.19}$$

Anwendung der quadratischen, regulären Admittanzmatrix im Kontext:

1. Die hier vorgestellte Admittanzmatrix erlaubt die Berechnung der Knotenspannungen bei vorgegebenen Knotenströmen (Belastungsströmen) durch Auflösen des linearen Gleichungssystems $\underline{\mathbf{Y}} \cdot \underline{\mathbf{U}} = \underline{\mathbf{I}}$ nach den Knotenspannungsvektoren $\underline{\mathbf{U}} = \underline{\mathbf{Y}}^{-1} \cdot \underline{\mathbf{I}}$. Die Phasenspannung $\underline{U}_2$ erhält man erst durch Addieren der Spannung $\underline{U}_1$.

2. Die Admittanzmatrix erlaubt die einfache Berechnung der Knotenströme bei bekannten Knotenspannungen durch einfaches Einsetzen.

Wohlgemerkt handelt es sich bei den bisherigen Betrachtungen lediglich um die Herleitung und die Berechnung der Knotenspannungen bei vorgegebenen Knotenlastströmen. Die zusätzliche Problematik bei vorgegebenen *Leistungen* wird in 16.1.5 behandelt.

16.1.2 Hybridmatrix $\underline{H}$

Häufig sind in einem Teil der Netzknoten die *Knotenspannungen*, in einem anderen die *Knotenströme* gegeben. Um auch in diesen Fällen die gesuchten Größen durch einfache Matrixmultiplikation berechnen zu können, wird die Admittanzmatrix so umgeformt, daß alle bekannten Größen in dem bei der Matrix stehenden Spaltenvektor auftreten, alle gesuchten Größen den rechts des Gleichheitszeichens stehenden Spaltenvektor bilden. Dies wird durch partielle Inversion der Matrix erreicht. Wir betrachten folgendes Beispielnetz, Bild 16.4.

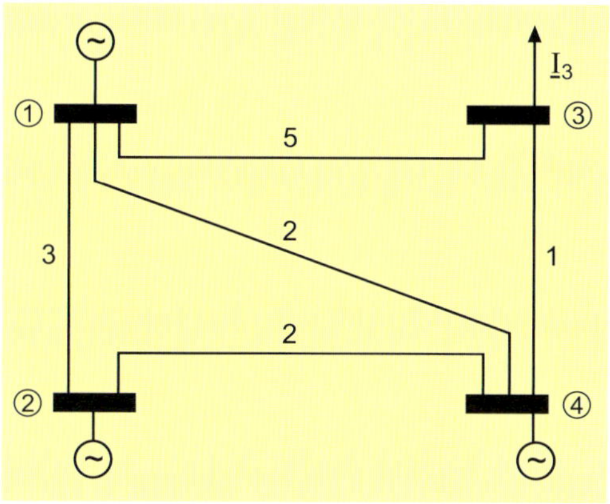

Bild 16.4. Beispielnetz zur Aufstellung der Hybridmatrix.

Gegeben sei: $\underline{U}_1, \underline{U}_2, \underline{I}_3, \underline{U}_4$ Gesucht: $\underline{I}_1, \underline{I}_2, \underline{U}_3, \underline{I}_4$.

Durch Inspektion erhält man zunächst nach dem Bildungsgesetz (16.10) das Gleichungssystem

$$\begin{aligned}
-10\ \underline{U}_1 + 3\ \underline{U}_2 + 5\ \underline{U}_3 + 2\ \underline{U}_4 &= \underline{I}_1 \\
3\ \underline{U}_1 - 5\ \underline{U}_2 \qquad\qquad + 2\ \underline{U}_4 &= \underline{I}_2 \\
5\ \underline{U}_1 \qquad\qquad - 6\ \underline{U}_3 + \ \underline{U}_4 &= \underline{I}_3 \\
2\ \underline{U}_1 + 2\ \underline{U}_2 + \ \underline{U}_3 - 5\ \underline{U}_4 &= \underline{I}_4 \quad .
\end{aligned} \tag{16.20}$$

Hier stehen die gesuchten Ströme $\underline{I}_1$, $\underline{I}_2$ und $\underline{I}_4$ schon auf der richtigen Seite, nicht jedoch die gesuchte Spannung $\underline{U}_3$. Um auch für $\underline{U}_3$ eine finale Bestimmungsgleichung zu erhalten, wird die dritte Gleichung nach $\underline{U}_3$ aufgelöst und in alle anderen substituiert. Anschließendes Ordnen führt auf folgende Gleichungen

$$\begin{array}{rcl} -35/6\,\underline{U}_1 + 3\,\underline{U}_2 - 5/6\,\underline{I}_3 + 17/6\,\underline{U}_4 &=& \underline{I}_1 \\ 3\,\underline{U}_1 - 5\,\underline{U}_2 \qquad\qquad + \;\; 2\;\; \underline{U}_4 &=& \underline{I}_2 \\ 5/6\,\underline{U}_1 \qquad\qquad - 1/6\,\underline{I}_3 + \;1/6\;\underline{U}_4 &=& \underline{U}_3 \\ 17/6\,\underline{U}_1 + 2\,\underline{U}_2 - 1/6\,\underline{I}_3 - 29/6\,\underline{U}_4 &=& \underline{I}_4 \end{array} \quad . \tag{16.21}$$

bzw.

$$\underline{H} \begin{vmatrix} \underline{U}_1 \\ \underline{U}_2 \\ \underline{I}_3 \\ \underline{U}_4 \end{vmatrix} = \begin{vmatrix} \underline{I}_1 \\ \underline{I}_2 \\ \underline{U}_3 \\ \underline{I}_4 \end{vmatrix} \tag{16.22}$$

Die *abhängige* und die *unabhängige* Variable haben ihren Platz in den Spaltenvektoren getauscht, sogenannte *partielle Inversion*. Das Matrixelement, in dem sich die Zeile und Spalte der auszutauschenden Variablen kreuzen, der sogenannte *Angelpunkt* um den sich alles dreht, wird als *Pivot* bezeichnet (engl.: *pivot* = dt.: *Türangel*, *Scharnier*).

Beim Variablentausch mehrerer Zeilen ist das Auflösen der jeweiligen Gleichung und die anschließende Substitution sehr mühsam. Man wendet deswegen die folgenden allgemeinen Regeln für die partielle Inversion an:

1. Subtrahiere von jedem außerhalb der Pivotzeile und -spalte liegendem Element das Produkt der in der gleichen Reihe und Spalte liegenden Elemente der Pivotzeile und -spalte, geteilt durch den Pivot.

2. Ersetze den zu invertierenden Pivot durch seinen Reziprokwert.

3. Dividiere alle nichtdiagonalen Elemente der Pivotspalte durch den zu invertierenden Pivot.

4. Dividiere alle nichtdiagonalen Elemente der Pivotzeile durch den *negativen* zu invertierenden Pivot.

5. Man kann nur Gleichungen invertieren, deren Pivot $\neq 0$ ist, da die Division durch Null nicht definiert ist. Numerische Probleme treten wegen Rundungsfehlern bereits auf, wenn der Pivot nur wenig von

Null verschieden ist (Abhilfe: Reihenfolge der Zeilen vertauschen, das heißt Knoten umnumerieren).

Beispielsweise erhält man für eine $n \times n$ Matrix mit $n = 3$,

$$\begin{bmatrix} \underline{Y}_{11} & \underline{Y}_{12} & \underline{Y}_{13} \\ \underline{Y}_{21} & \underline{Y}_{22} & \underline{Y}_{23} \\ \underline{Y}_{31} & \underline{Y}_{32} & \underline{Y}_{33} \end{bmatrix} = \underline{\mathbf{Y}} \quad , \tag{16.23}$$

deren *dritte* Zeile und Spalte ausgetauscht werden sollen

$$\begin{bmatrix} \underline{Y}_{11} - \frac{\underline{Y}_{13}\underline{Y}_{31}}{\underline{Y}_{33}} & \underline{Y}_{12} - \frac{\underline{Y}_{13}\underline{Y}_{32}}{\underline{Y}_{33}} & \frac{\underline{Y}_{13}}{\underline{Y}_{33}} \\ \underline{Y}_{21} - \frac{\underline{Y}_{23}\underline{Y}_{31}}{\underline{Y}_{33}} & \underline{Y}_{22} - \frac{\underline{Y}_{23}\underline{Y}_{32}}{\underline{Y}_{33}} & \frac{\underline{Y}_{23}}{\underline{Y}_{33}} \\ -\frac{\underline{Y}_{31}}{\underline{Y}_{33}} & -\frac{\underline{Y}_{32}}{\underline{Y}_{33}} & \frac{1}{\underline{Y}_{33}} \end{bmatrix} = \underline{\mathbf{Y}}' \quad . \tag{16.24}$$

Für das Beispiel aus Bild 16.4 erhält man nach obigen Regeln in Zahlen, Bild 16.5.

$$\begin{pmatrix} -10 & 3 & 5 & 2 \\ 3 & -5 & 0 & 2 \\ 5 & 0 & -6 & 1 \\ 2 & 2 & 1 & -5 \end{pmatrix} \begin{pmatrix} U_1 \\ U_2 \\ U_3 \\ U_4 \end{pmatrix} = \begin{pmatrix} I_1 \\ I_2 \\ I_3 \\ I_4 \end{pmatrix}$$

$$= \begin{pmatrix} -10 + 25/6 & 3 & -5/6 & 2 + 5/6 \\ 3 & -5 & 0 & 2 \\ 5/6 & 0 & -1/6 & 1/6 \\ 2 + 5/6 & 2 & -1/6 & -5 + 1/6 \end{pmatrix} \begin{pmatrix} U_1 \\ U_2 \\ I_3 \\ U_4 \end{pmatrix} = \begin{pmatrix} I_1 \\ I_2 \\ U_3 \\ I_4 \end{pmatrix}$$

$$= 1/6 \begin{pmatrix} -35 & 18 & -5 & 17 \\ 18 & -30 & 0 & 12 \\ 5 & 0 & -1 & 1 \\ 17 & 12 & -1 & -29 \end{pmatrix} \begin{pmatrix} U_1 \\ U_2 \\ I_3 \\ U_4 \end{pmatrix} = \begin{pmatrix} I_1 \\ I_2 \\ U_3 \\ I_4 \end{pmatrix}$$

Bild 16.5. Zahlenbeispiel zu partiellen Inversion.

Wendet man diese Regeln auf alle Zeilen einer Matrixgleichung $\underline{\mathbf{Y}} \cdot \underline{\mathbf{U}} = \underline{\mathbf{I}}$, erhält man die Kehrmatrix $\underline{\mathbf{Y}}^{-1} = \underline{\mathbf{Z}}$, sogenannte *Impedanzmatrix* (s. a. 16.1.3).

Der Rechenaufwand für den Austausch zweier Variablen erfordert $n \mathrm{x} n = n^2$ Operationen. Die Inversion einer ganzen Matrix verlangt dann bei n Zeilen n^3 Operationen. Der Rechenaufwand wächst also in der dritten Potenz mit der Matrixgröße an. Dies ist der Grund dafür, daß die klassische Inversion großer Matrizen in der Praxis weniger Bedeutung hat und die Lösung der Gleichungssysteme mit effizienteren Verfahren durchgeführt wird (s. Anhang G).

Die Inversion einer *singulären* Matrix ist nicht möglich, da in der letzten zu invertierenden Zeile das Diagonalelement zwangsweise Null wird. Auch Vertauschen der Reihenfolge schafft keine Abhilfe. Nur die *reguläre* Matrix läßt sich vollständig invertieren. Häufig wird die Hybridmatrix auch *Betriebsmatrix* genannt, weil sich für einen bestimmten Betriebsfall die gesuchten Größen durch einfaches „Einsetzen" ohne zusätzlichen mathematischen Aufwand berechnen lassen (*Betriebsfallrechnung*).

16.1.3 Impedanzmatrix

Die Impedanzmatrix entsteht aus der singulären Admittanzmatrix, indem sämtliche Zeilen und Spalten, bis auf die des Bezugsknotens, etwa nach dem im vorigen Abschnitt beschriebenen Verfahren invertiert werden, d. h. durch vollständige Inversion der regulären Matrix. Sie stellt die Kehrmatrix $\underline{\mathbf{Z}} = \underline{\mathbf{Y}}^{-1}$ der Admittanzmatrix dar und entspricht einem vollständigen Variablenaustausch. Entsprechend lautet die Matrixgleichung eines Netzes jetzt:

$$\underline{\mathbf{Z}} \cdot \underline{\mathbf{I}} = \underline{\mathbf{U}} \quad . \tag{16.25}$$

Die Impedanzmatrix erlaubt die direkte Berechnung der Knotenspannungen durch Multiplikation *gegebener Knotenströme* mit den Matrixelementen. Im Spannungsvektor stehen die Differenzen der einzelnen Knotenspannungen U_i zur Knotenspannung U_0 des Bezugsknotens. Die Hauptanwendung der Hybrid- und Impedanzmatrizen liegt in der Kurzschluß- und Leistungsflußrechnung. Gegenüber der Admittanzmatrix erlauben sie eine schnellere Konvergenz bei iterativen Lösungsverfahren. Nachteilig ist ihr größerer Speicherplatzbedarf, da alle Elemente von Null verschieden sind. Gewöhnlich erstellt man die Impedanzmatrix nicht durch Inversion der Admittanzmatrix, sondern schrittweise durch sequentielles Anfügen von Netzwerkzweigen an einen Startknotenpunkt. Auf diese Weise lassen sich auch Netzänderungen einfach berücksichtigen, ohne daß jeweils die ganze Admittanzmatrix invertiert werden müßte (s. Anhang G).

16.1.4 Berechnung der Knotenspannungen und Leitungsströme bei vorgegebenen Belastungsströmen

Als mathematisches Modell eines Netzes mit *vorgegebenen Belastungsströmen* erhält man mittels des Knotenverfahrens die Matrixgleichung

$$\begin{bmatrix} \underline{Y}_{11} \cdots \underline{Y}_{12} & \underline{Y}_{1i} \cdots \underline{Y}_{1n} \\ \underline{Y}_{21} \cdots \underline{Y}_{22} & \underline{Y}_{2i} \cdots \underline{Y}_{2n} \\ \cdot \quad\quad \cdot & \cdot \quad\quad \cdot \\ \cdot \quad\quad \cdot & \cdot \quad\quad \cdot \\ \cdot \quad\quad \cdot & \cdot \quad\quad \cdot \\ \underline{Y}_{n1} \cdots \underline{Y}_{n2} & \underline{Y}_{ni} \cdots \underline{Y}_{nn} \end{bmatrix} \begin{bmatrix} \underline{U}_1 \\ \underline{U}_2 \\ \cdot \\ \cdot \\ \cdot \\ \underline{U}_n \end{bmatrix} = \begin{bmatrix} \underline{I}_1 \\ \underline{I}_2 \\ \cdot \\ \cdot \\ \cdot \\ \underline{I}_n \end{bmatrix} \tag{16.26}$$

bzw.

$$\underline{\mathbf{Y}} \cdot \underline{\mathbf{U}} = \underline{\mathbf{I}} \quad . \tag{16.27}$$

Die gesuchten Knotenspannungen erhält man durch Inversion der Matrix $\underline{\mathbf{Y}}$ oder mittels effizienterer Lösungsverfahren, wie sie im Anhang G einführend beschrieben sind,

$$\underline{\mathbf{U}} = \underline{\mathbf{Y}}^{-1} \cdot \underline{\mathbf{I}} \quad . \tag{16.28}$$

Sind die Knotenspannungen bekannt, lassen sich Leitungsströme, Transformatorströme etc. durch einfache Multiplikation berechnen, Bild 16.6.

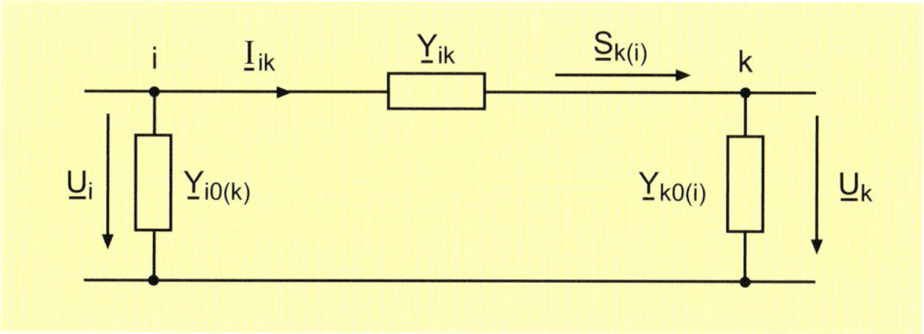

Bild 16.6. Berechnung der Leitungsströme zwischen zwei Knoten i, k aus den Knotenspannungen $\underline{U}_i, \underline{U}_k$ und der Zweigadmittanz $\underline{Y}_{ik}$.

Beispielsweise beträgt der vom Knoten i ausgehende Leitungsstrom

$$\underline{I}_{ik} = \underline{Y}_{ik}(\underline{U}_i - \underline{U}_k) + \underline{U}_i \cdot Y_{i0(k)} \quad . \tag{16.29}$$

Mit diesem Strom erfolgt anschließend die Berechnung des Leistungsflusses von i nach k (in i gemessen),

$$\underline{S}_{ik} = \underline{U}_i \cdot \underline{I}^*_{ik} = \underline{U}_i(\underline{U}_i - \underline{U}_k)^* \cdot \underline{Y}_{ik} + \underline{U}_i\underline{U}^*_i \cdot \underline{Y}_{i0(k)} \quad . \tag{16.30}$$

Führt man obige Berechnungen für alle Zweige des Netzes durch, ist die Grundaufgabe der Netzberechnung für bekannte Belastungsströme gelöst. Das Ergebnis läßt erkennen, ob die Knotenspannungen innerhalb des vorgegebenen Toleranzbereichs liegen und ob die Leitungsströme bzw. -flüsse unter den thermischen Grenzwerten der jeweiligen Betriebsmittel bleiben und auch weiteren Grenzbedingungen genügen (s. 15.1.1.4).

16.1.5 Berechnung der Knotenspannungen bei vorgegebenen Knotenleistungen (Leistungsflußrechnung)

Die bislang angestellten Betrachtungen gingen von der Annahme bekannter Knotenströme aus und führten auf *lineare* Gleichungssysteme

$$\underline{\mathbf{Y}} \cdot \underline{\mathbf{U}} = \underline{\mathbf{I}} \quad . \tag{16.31}$$

Die Knotenströme $\underline{\mathbf{I}}$ stehen jedoch in der Regel nicht zur Verfügung, da sie von der spannungs- und frequenzabhängigen Stromaufnahme der Lasten abhängen und die Knotenspannungen $\underline{U}_i$ am Anfang nicht bekannt sind (s. a. 16.1). Man kann sie jedoch zunächst näherungsweise aus den bekannten *Knotenleistungen* $\underline{S}_i$ und einem groben Schätzwert für die jeweiligen Knotenspannungen berechnen. Als solchen kann man beispielsweise die Nennspannung annehmen. Für den Strom im Knoten i erhält man dann

$$\underline{I}_{ii} = \frac{\underline{S}^*_i}{\underline{U}^*_i} = \frac{P_i - jQ_i}{\underline{U}^*_i} \quad . \tag{16.32}$$

Hiermit nehmen die im Kapitel 16.1.1 aufgestellten Knotengleichungen folgende Form an

$$\frac{P_i - jQ_i}{\underline{U}_i^*} = \underline{I}_{ii} = \underline{Y}_{i1}\underline{U}_1 + \underline{Y}_{i2}\underline{U}_2 + \ldots + \underline{Y}_{in}\underline{U}_n \tag{16.33}$$

bzw.

$$\underline{S}_i^* = P_i - jQ_i = \underline{Y}_{i1}\underline{U}_1\underline{U}_i^* + \underline{Y}_{i2}\underline{U}_2\underline{U}_i^* \ldots = \underline{U}_i^* \sum_{k=1}^{n} \underline{Y}_{ik}\underline{U}_k \quad . \tag{16.34}$$

Im Gegensatz zur Netzberechnung bei vorgegebenen Belastungsströmen sind die *Leistungsflußgleichungen* (16.33) und (16.34) *nichtlinear*. Es es treten *Produkte der Knotenspannungen* auf. Das nichtlineare Gleichungssystem der Leistungsflußgleichungen kann daher nur noch iterativ oder iterativ in Verbindung mit direkten Verfahren gelöst werden.

Bei der Iteration berechnet man beispielsweise aus einem geschätzten Knotenspannungsvektor $\underline{\mathbf{U}}^{(0)}$ und den bekannten Knotenleistungen $\underline{\mathbf{S}}$ gemäß (16.32) einen Startvektor der Knotenströme

$$\underline{\mathbf{I}}^{(0)} = \frac{\underline{\mathbf{S}}^*}{\underline{\mathbf{U}}^{*(0)}} \tag{16.35}$$

für das lineare Gleichungssystem $\underline{\mathbf{Y}} \cdot \underline{\mathbf{U}} = \underline{\mathbf{I}}$.

Mittels einer im Vorfeld invertierten Admittanzmatrix läßt sich dann mit dem Startvektor $\underline{\mathbf{I}}^{(0)}$ ein verbesserter Spannungsvektor $\underline{\mathbf{U}}^{(1)}$ exakt berechnen,

$$\underline{\mathbf{U}}^{(1)} = \underline{\mathbf{Y}}^{-1} \cdot \underline{\mathbf{I}}^{(0)} \quad . \tag{16.36}$$

Mit dem verbesserten Spannungsvektor läßt sich anschließend ein verbesserter Stromvektor $\underline{\mathbf{I}}^{(1)}$ ermitteln usw. Dieses Verfahren wird so lange fortgesetzt, bis eine vorgewählte Genauigkeitsschranke erreicht ist:

$$P_{i_{spez}} - Re\{\underline{U}_i \cdot \underline{I}_i^*\} \leq \Delta P_i = 0,01 \ldots 10\,\mathrm{MW} \tag{16.37}$$

$$Q_{i_{spez}} - Im\{\underline{U}_i \cdot \underline{I}_i^*\} \leq \Delta Q_i = 0,01 \ldots 10\,\mathrm{MVar} \quad . \tag{16.38}$$

Die iterative Berechnung des Stromvektors aus den jeweils verbesserten Knotenspannungen wird als „äußere Iteration“ bzw. *Stromiteration* bezeichnet.

Das Flußdiagramm in Bild 16.7 veranschaulicht nochmals die Vorgehensweise bei der *Stromiteration*.

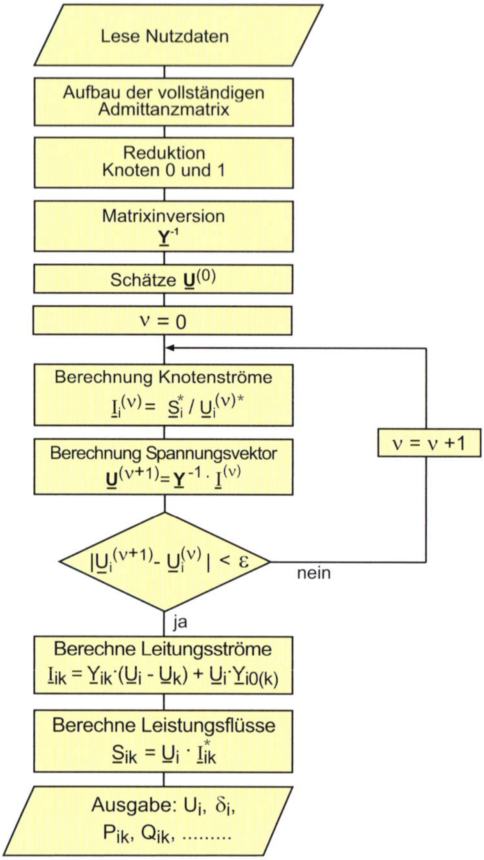

Bild 16.7. Flußdiagramm „Leistungsflußrechnung mit Matrixinversion und Stromiteration", Netz mit einem Einspeiseknoten (P,U-Knoten).

In der modernen Leistungsflußrechnung finden die *Gauß-Seidel-Iteration* und vorrangig das *Newton-Raphson-Verfahren* Verwendung (s. Anhang G). Das Gauß-Seidel-Verfahren erfordert einen *geringen*, das Newton-Raphson-Verfahren einen *hohen* Programmieraufwand. Da das Gauß-Seidel-Verfahren mit wachsender Knotenzahl zunehmend schlechter konvergiert, das Newton-Raphson-Verfahren dagegen unabhängig von der Systemgröße nach 4 – 5 Iterationsschritten zur Lösung führt, arbeiten große, leistungsfähige Programme mit dem Newton-Raphson-Algorithmus. Letzterer erfordert einen die endgültigen Knotenspannungen möglichst genau annähernden Startvektor. Ist dieser nicht verfügbar, führt man zunächst eine grobe Iteration nach Gauß-Seidel durch und geht dann auf Newton-Raphson über.

16.1.6 Behandlung unterschiedlicher Netzknoten

Abhängig von der Natur eines Netzknotens erfahren die einzelnen Leistungsflußgleichungen eine unterschiedliche Behandlung. Jeder Netzknoten ist durch vier Größen gekennzeichnet: Wirkleistung P, Blindleistung Q, Spannungsbetrag $|\underline{U}|$ und zugehöriger Phasenwinkel δ. Man unterscheidet im wesentlichen drei Arten von Netzknoten, an denen je zwei der genannten Größen bekannt, die beiden anderen gesucht sind, Bild 16.8.

Knotenart	**Gegeben**	**Gesucht**
Lastknoten: (auch P, Q-Knoten, Lastknoten, ca. 80 % bis 90 % aller Knoten)	+P, $+Q_{ind}$ oder $-Q_{kap}$	$\lvert\underline{U}\rvert$, δ
Speiseknoten: (auch Generatorknoten, Spannungsgeregelter Knoten)	-P, $\lvert\underline{U}\rvert$	Q, δ
Bilanzknoten: (auch Slack-Knoten, Swing-Knoten, Bezugsknoten)	$\lvert\underline{U}_1\rvert$, $\delta_1 = 0$	P, Q

Bild 16.8. Knotenarten.

Lastknoten: In den Lastknoten sind P und Q durch die Lasten festgelegt und in erster Näherung konstant. Die Gleichungen werden mit den Rekursionsformeln in Anhang G behandelt.

Speiseknoten: In den Einspeiseknoten sind die *Wirkleistung* über die Primärregelung der Turbine und die *Spannung* über den Spannungs- bzw. Blindleistungsregler vorgegeben. Aus der Leistungsflußgleichung des betreffenden Knotens wird mit Hilfe der spezifizierten Knotenspannung und dem aktuellen Knotenspannungsvektor zunächst die Blindleistung des Speiseknotens berechnet.

$$Q_i = -\mathrm{Im}\left\{\underline{U}_i^* \sum_{k=1}^{n} \underline{Y}_{ik}\underline{U}_k\right\} \quad . \tag{16.39}$$

Nach jedem Iterationsschritt muß die Blindleistung Q_i die Bedingung $Q_{i_{\min}} \leqslant Q_i \leqslant Q_{i_{\max}}$ erfüllen, da sonst der Generator entweder außer Tritt fallen oder seine Erregerwicklung thermisch überlastet würde. Sollte die Blindleistung die Belastungsgrenze überschreiten, wird diese per definitionem auf die jeweilige Grenzblindleistung des Generators festgesetzt, womit der spannungsgeregelte Knoten in die Kategorie der Lastknoten überwechselt und wie diese rechnerisch behandelt wird.

Bilanzknoten (engl.: *slack bus*): Da die Summe aller eingespeisten und abgenommenen Leistungen Null ergeben muß, die im Netz dissipierte Leistung (Netzverluste) aber zu Beginn der Rechnung noch nicht feststeht, bedarf es der Einführung eines *Bilanzknotens*, dessen Leistung sich am Ende der Rechnung in Höhe seiner Einspeiseleistung zuzüglich der Netzverluste I^2R der Betriebsmittel ergibt,

$$\sum P_{Speise} + \sum P_{Last} + \sum P_{Verluste} + P_{Slack} = 0 \quad . \tag{16.40}$$

Als Bilanzknoten bzw. Bezugsknoten wird die Sammelschiene eines leistungsstarken Kraftwerks gewählt. Die Gleichung des Bilanzknotens wird nicht iteriert, da seine Knotenspannung mit der Bezugsknotenspannung identisch, also bereits bekannt ist. Als Ergebnis erhält man jedoch die in das Netz eingespeiste *Wirk-* und *Blindleistung.*

Abschließende Bemerkungen

Die vorangegangenen Abschnitte zeigen nur die Wurzeln der Leistungsflußrechnung auf, die praktische Leistungsflußrechnung ist im Detail sehr anspruchsvoll. Sie hat unter Wahrung gewisser Randbedingungen zu erfolgen, z. B. Einhaltung eines endlichen Spannungstoleranzbands für die Knotenspannungen und Nichtüberschreitung der durch die Belastungsdiagramme der Synchrongeneratoren vorgegebenen Leistungen (s. 6.7 und 16.2.2). Ferner sind die aktuellen komplexen Übersetzungsverhältnisse im Netz befindlicher Regeltransformatoren zu berücksichtigen, die neben den Generatoren zur Lenkung der Leistungsflüsse herangezogen werden. Änderungen ihres Schaltzustands verlangen ständig nach einer Änderung der Admittanzmatrix. Ferner arbeitet die reale Leistungsflußrechnung mit pu–Größen, die auch die Leistungsflußrechnung mit Netzen unterschiedlicher Spannungsebenen erleichtern (s. Anhang C). Schließlich sind die Schnittstellen zu anderen Netzen zu berücksichtigen.

16.2 Varianten der Leistungsflußrechnung

16.2.1 Schnelle Leistungsflußrechnung

Bei Störungen benötigt das Netzführungspersonal weniger eine *genaue Lösung* als eine *schnelle Entscheidungshilfe*, um frühzeitig optimale korrektive Maßnahmen ergreifen zu können. Hierfür wurden zahlreiche Algorithmen entwickelt, die unter anderem auf der schwachen Kopplung zwischen der P/f- und der Q/U-Wechselwirkung beruhen (s. Kapitel 13) und unter dem Begriff *schnelle Leistungsflußrechnung* subsummiert werden (engl.: *fast decoupled load flow*).

Beispielsweise führt das Newton-Raphson-Verfahren (s. G.2.1.3) auf ein Gleichungssystem, dessen Matrix die partiellen Ableitungen der *Wirk-* und *Blindleistungen* nach den *Spannungswinkeln* δ und den *Knotenspannungsbeträgen* U enthält,

$$\begin{bmatrix} \Delta P_2^{(0)} \\ \vdots \\ \Delta P_n^{(0)} \\ \vdots \\ \Delta Q_2^{(0)} \\ \vdots \\ \Delta Q_n^{(0)} \end{bmatrix} = \left[\begin{array}{ccc|ccc} \left(\frac{\partial P_2}{\partial \delta_2}\right)^{(0)} & \cdots & \left(\frac{\partial P_2}{\partial \delta_n}\right)^{(0)} & \left(\frac{\partial P_2}{\partial U_2}\right)^{(0)} & \cdots & \left(\frac{\partial P_2}{\partial U_n}\right)^{(0)} \\ \vdots & & \vdots & \vdots & & \vdots \\ \left(\frac{\partial P_n}{\partial \delta_2}\right)^{(0)} & \cdots & \left(\frac{\partial P_n}{\partial \delta_n}\right)^{(0)} & \left(\frac{\partial P_n}{\partial U_2}\right)^{(0)} & \cdots & \left(\frac{\partial P_n}{\partial U_n}\right)^{(0)} \\ \vdots & & \vdots & \vdots & & \vdots \\ \hline \vdots & & \vdots & \vdots & & \vdots \\ \left(\frac{\partial Q_2}{\partial \delta_2}\right)^{(0)} & \cdots & \left(\frac{\partial Q_2}{\partial \delta_n}\right)^{(0)} & \left(\frac{\partial Q_2}{\partial U_2}\right)^{(0)} & \cdots & \left(\frac{\partial Q_2}{\partial U_n}\right)^{(0)} \\ \vdots & & \vdots & \vdots & & \vdots \\ \left(\frac{\partial Q_n}{\partial \delta_2}\right)^{(0)} & \cdots & \left(\frac{\partial Q_n}{\partial \delta_n}\right)^{(0)} & \left(\frac{\partial Q_n}{\partial U_2}\right)^{(0)} & \cdots & \left(\frac{\partial Q_n}{\partial U_n}\right)^{(0)} \end{array}\right] \begin{bmatrix} \Delta \delta_2^{(0)} \\ \vdots \\ \Delta \delta_n^{(0)} \\ \vdots \\ \Delta U_2^{(0)} \\ \vdots \\ \Delta U_n^{(0)} \end{bmatrix} \tag{16.41}$$

Da die *Wirkleistungsflüsse* überwiegend von den *Spannungswinkeln* δ, die *Blindleistungsflüsse* überwiegend vom *Betrag der Knotenspannungen* U abhängen, kann man näherungsweise die Ableitungen der linken oberen und rechten unteren Teilmatrix vernachlässigen bzw. zu Null annehmen.

Weitere Vernachlässigungen führen zu einer Konstanz der beiden verbleibenden Teilmatrizen, wodurch sie lediglich einmal aufgestellt werden müssen. Durch diese Maßnahmen wird die für eine Iteration benötigte Rechenzeit erheblich verringert. Es existieren eine Vielzahl weiterer, die schwache Kopplung zwischen Spannung und Frequenz nutzender Algorithmen, wegen der auf das Schrifttum verwiesen wird.

16.2.2 Optimale Leistungsflußrechnung

Die optimierte Leistungsflußrechnung (engl.: OPF, *Optimum Power Flow*) bezieht betrieblich bedingte Grenzen für maximal und minimal *zulässige* sowie wirtschaftlich *optimale* Leistungsflüsse in den Rechengang ein und führt zu einem unbestimmten Gleichungssystem.

Bei der Kraftwerkseinsatzplanung werden die Wirk- und Blindleistungen der Kraftwerke und die dezentral bereitgestellten Blindleistungen mittels OPF-Rechnungen derart ermittelt, daß ein Optimum an Wirtschaftlichkeit und Sicherheit erreicht wird. Die Zielfunktion ist derart zu optimieren, daß Wirk- und Blindleistungen, und damit die Knotenspannungen und Leistungswinkel, möglichst mittig zwischen folgenden Grenzen liegen.

$$
\begin{aligned}
P_{i_{\min}} &\leq P_i \leq P_{i_{\max}} \\
Q_{i_{\min}} &\leq Q_i \leq Q_{i_{\max}} \\
U_{i_{\min}} &\leq U_i \leq U_{i_{\max}} \\
P_{ik_{\min}} &\leq P_{ik} \leq U_{ik_{\max}} \\
Q_{ik_{\min}} &\leq Q_{ik} \leq Q_{ik_{\max}}
\end{aligned}
\qquad (16.42)
$$

und ferner die Turbinenleistung

$$
P_{T_{\min}} \leq P_T \leq P_{T_{\max}} \qquad (16.43)
$$

innerhalb der betrieblich bedingten Schranken bleibt (s. 4.3.1.2).

16.2.3 Probabilistische Leistungsflußrechnung

In der klassischen Leistungsflußrechnung wird einer Menge deterministischer *Eingangsgrößen* eine Menge deterministischer *Ausgangsgrößen* zugeordnet. Auch bei der klassischen Ausfall-Simulationsrechnung (s. 15.1.3) werden in jedem Rechengang nur deterministisch diskrete Betriebsmittel als ausgefallen angenommen. In beiden Fällen wird also die Wahrscheinlichkeit der Variablen zu 1 festgestellt. Sowohl in der kurz- als auch in der langfristigen Planung ist es jedoch wünschenswert, auch unerwartete Nichtverfügbarkeiten berücksichtigen zu können. Dies leistet die *probabilistische Leistungsflußrechnung.*

Bei der probabilistischen Leistungsflußrechnung werden die Eingangsgrößen mit Hilfe von *Monte-Carlo-Methoden* oder anderen Verfahren als stochastische Zufallsgrößen in Form von *Wahrscheinlichkeitsdichten* definiert (s. a. 15.1.1.1, Bild 15.7). Diese Variablen werden einer Leistungsflußrechnung unterworfen, die einen Satz von Wahrscheinlichkeitsdichten für die Ausgangsgrößen, das heißt für Knotenspannungen, Leitungsströme, Leistungsflüsse liefert. Es lassen sich so Aussagen gewinnen, mit welcher Wahrscheinlichkeit thermische Überlastungen von Transformatoren und Leitungen zu erwarten sind, Knotenspannungen außerhalb des vorgegebenen Spannungsbands liegen und Stabilitätsgrenzen erreicht werden. Diese Informationen sind nicht nur für die langfristige Netzplanung erforderlich sondern auch für die Betriebsführung von großem Wert bei der vorausschauenden Beurteilung von Störungen und der Einleitung optimaler korrektiver Maßnahmen.

16.3 Manuelle Berechnung von Leitungsströmen in kleinen Netzen

Leistungsflußberechnung wird erfolgreich in allen Gebieten der Netzplanung und -erweiterung eingesetzt. Sie erfordert jedoch die Vertrautheit mit dem jeweils vorliegenden Anwendungspaket und setzt viel Know-how und Erfahrungswissen des Benutzers voraus. In vielen Fällen ist die Verwendung solch aufwendiger Methoden nicht notwendig. Insbesondere bei der Dimensionierung von Niederspannungsleitungen, die ja fast ausschließlich als Strahlennetze vorliegen oder zumindest als solche betrieben werden und bei der Bestimmung der optimalen Lage von *Trennstellen* in vermascht aufgebauten Netzen, wird daher oft auf *klassische Methoden der Leitungsbemessung* zurückgegriffen. Sie sollen in den folgenden Abschnitten zumindest einführend vorgestellt werden.

Die grundlegende Aufgabe besteht darin, nach Wahl des Leitermaterials (Kupfer, Aluminium) die notwendigen *Leiterquerschnitte* einzelner Teilabschnitte für *vorgegebene Lastströme* zu berechnen, um die zugehörigen Spannungsabfälle innerhalb eines tolerierbaren Bereichs zu halten. Leitermaterial und Querschnitte von Freileitungen und Kabeln sowie deren Dauerstrombelastbarkeit sind genormt. Ein berechneter Wert wird stets auf den nächst höheren genormten Querschnitt aufgerundet. Häufig vorkommende Aufgabenstellungen werden mit ihren Berechnungsverfahren in den nächsten Abschnitten vorgestellt. Vorausgesetzt werden dabei immer symmetrisch belastete Netze und symmetrische Leitungen, die sich durch ein einphasiges Ersatzschaltbild mit $\underline{Z}_b = R_b + j\,X_b$ beschreiben lassen. Leiterkapazitäten und Ableitströme werden also hier vernachlässigt, was bei Hochspannungsleitungen natürlich nicht mehr zulässig ist (s. Kapitel 8).

16.3.1 Die an einem Ende belastete Leitung

Die einfachste Konfiguration ist die an *einem Ende eingespeiste Leitung*, bei der *ein Verbraucher am anderen Ende* versorgt wird. Auf diesen Fall lassen sich auch Berechnungen bei Leitungen mit mehreren Abnehmern sowie geschlossene Netze zurückführen.

Das einphasige Ersatzschaltbild der einfach belasteten Leitung ist in Bild 16.9 dargestellt.

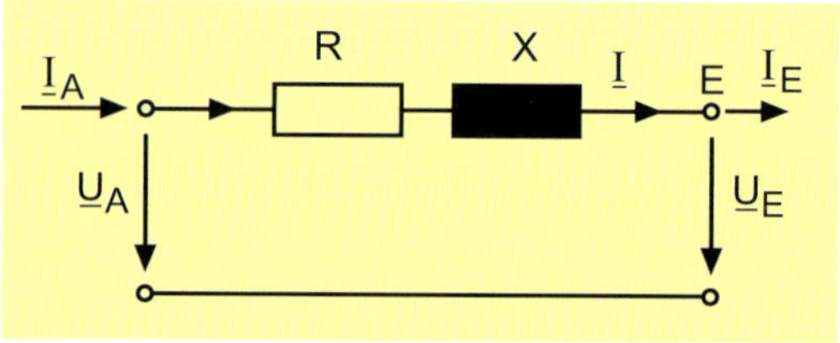

Bild 16.9. Einphasiges Ersatzschaltbild einer am Ende belasteten Leitung. R_b, X_b: Betriebswerte (s. 6.11.2, 8.3.5 und 8.6.1).

Alle Größen am Leitungsanfang werden mit A und alle am Leitungsende mit E indiziert. Für den Leitungsstrom gilt

$$\underline{I}_A = \underline{I}_E = \underline{I} \quad , \tag{16.44}$$

wobei $\underline{I}$ der in die Last fließende Strom sein soll.

Unter Annahme einer induktiven Last mit dem Leistungsfaktor $\cos\varphi_E = \cos\varphi_{ind}$ erhält man das zugehörige Zeigerdiagramm aus dem konstanten Laststrom $\underline{I}_E$ und der am Ende verlangten Spannung $\underline{U}_E$ durch geometrische Addition der ohmschen und induktiven Spannungsabfälle längs der Leitung zur Spannung $\underline{U}_E$, Bild 16.10.

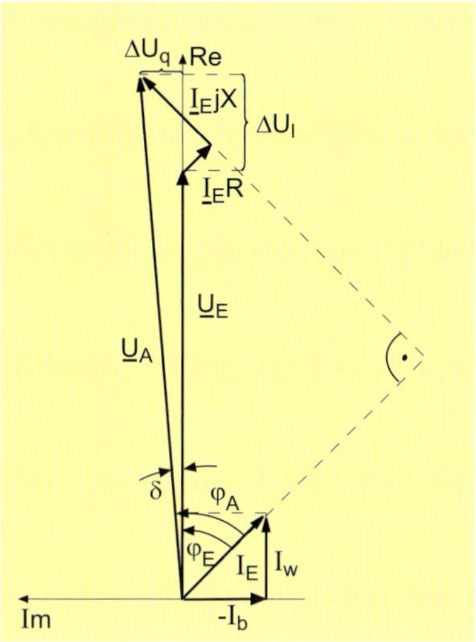

Bild 16.10. Zeigerdiagramm der an einem Ende belasteten Leitung.

Der *vektorielle* Spannungsabfall $\Delta\underline{U}$ berechnet sich mit $\underline{I}_E = \underline{I} = I_w - j\, I_b$ zu

$$\begin{aligned}\Delta\underline{U} &= \underline{I}\,\underline{Z} = (I_w - j\, I_b)\,(R + j\, X) \\ &= I_w R + I_b\, X + j\;(I_w X - I_b R) \quad . \end{aligned} \tag{16.45}$$

Sein Betrag $|\Delta\underline{U}|$ ist nicht identisch mit der Differenz der Beträge der Knotenspannungen an beiden Leitungsenden. Beispielsweise können die Beträge beider Knotenspannungen gleich groß, der Betrag $|\Delta\underline{U}|$ des komplexen Spannungsabfalls jedoch von Null verschieden sein, Bild 16.11.

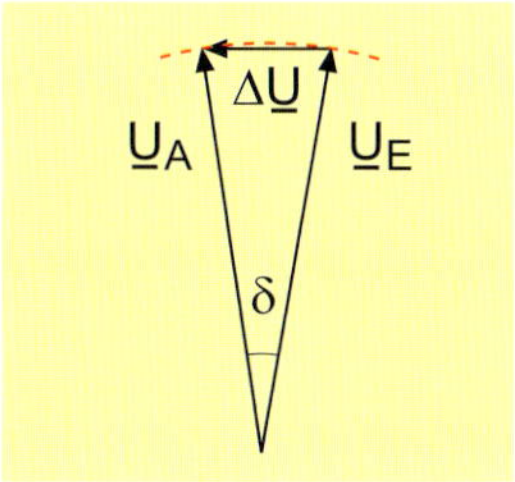

Bild 16.11. Zum Unterschied zwischen dem Betrag des komplexen Spannungsabfalls und der Differenz der Beträge der beiden Knotenspannungen.

Da es in der Praxis um die Beträge der Spannungen in den einzelnen Netzknoten geht, teilt man den komplexen Spannungsabfall $\Delta \underline{U}$ in einen *Längsspannungsabfall* ΔU_l und einen *Querspannungsabfall* ΔU_q auf (s. a. 8.3.5.2). Ersterer ist für den Unterschied der Beträge der Knotenspannungen maßgebend, letzterer für den Leitungswinkel zwischen beiden Spannungen.

$$\Delta U_l = I_w R + I_b X = I\,(R \cos\varphi_E + X \sin\varphi_E) \tag{16.46}$$

$$\Delta U_q = I_w X - I_b R = I\,(X \cos\varphi_E - R \sin\varphi_E) \tag{16.47}$$

Die am Leitungsanfang anliegende Spannung besitzt den Betrag

$$U_A = \sqrt{(U_E + \Delta U_l)^2 + \Delta U_q^2} \tag{16.48}$$

und der *Leitungswinkel* δ ergibt sich aus der Differenz der Phasenwinkel der Spannungen am Anfang und Ende der Leitung zu

$$\delta = \varphi_A - \varphi_E = \arcsin\left(\frac{\Delta U_q}{U_A}\right) \tag{16.49}$$

Der absolute Spannungsabfall längs einer Leitung, beispielsweise $\Delta U_l = 20\ V$, bedeutet für eine Niederspannungsleitung sehr viel, für eine Mittelspannungsleitung sehr wenig. Um eine bedeutsamere Aussage machen zu können, bezieht man den absoluten Spannungsabfall auf die Nennspannung bzw. die Spannung am Leitungsanfang. Der prozentuale Spannungsunterschied zwischen den Beträgen der beiden Knotenspannungen an den Leitungsenden beträgt dann

$$\Delta U_{\%} \approx \frac{\Delta U_l}{U_A} \cdot 100\ \% \tag{16.50}$$

Hier ist anzumerken, daß auch ein reiner Blindstrom, beispielsweise bei kapazitiver Last, Leitungsverluste $3 I_c^2\, R_b$ verursacht.

Die Leitungsverluste berechnen sich mit dem Betrag des Leitungsstroms zu

$$P_R = 3\, I_c^2\, R_b \quad . \tag{16.51}$$

Sie werden gewöhnlich auf die Summe der Wirkleistungen aller von der Leitung versorgten Verbraucher bezogen:

$$P_{R\%} = \frac{P_R}{\sum P_V} \cdot 100\ \% \quad . \tag{16.52}$$

Der Zusammenhang zwischen dem ohmschen Widerstand der Leitung und den Leitungsparametern (Länge l_{AE}, Querschnitt q und spezifische Leitfähigkeit κ) ist gegeben durch

$$R_b = \frac{2 \cdot l_{AE}}{\kappa \cdot q} \tag{16.53}$$

Der Faktor 2 ergibt sich aus der Gesamtlänge von Hin- und Rückleiter.

16.3.2 Die mehrfach belastete Leitung

Die Berechnung der Spannungsabfälle längs einer *mehrfach belasteten, einseitig gespeisten Leitung* unterscheidet sich nicht wesentlich von der oben vorgestellten Berechnung einer Leitung mit einem Abnehmer. Jeder Leitungsabschnitt wird als eine Leitung mit nur einem Abnehmer betrachtet und so kann man die Lösung schrittweise erarbeiten. Bei der Berechnung der Stromverteilung kann zunächst näherungsweise angenommen werden, daß die Spannung entlang der ganzen Leitung konstant bzw. gleich der Nennspannung ist. Dadurch vereinfacht sich die Berechnung wesentlich. Betrachtet wird die Leitung in Bild 16.12 mit ihrem Zeigerdiagramm 16.13. Die Leistung der Verbraucher V_2 und V_3 sei bekannt.

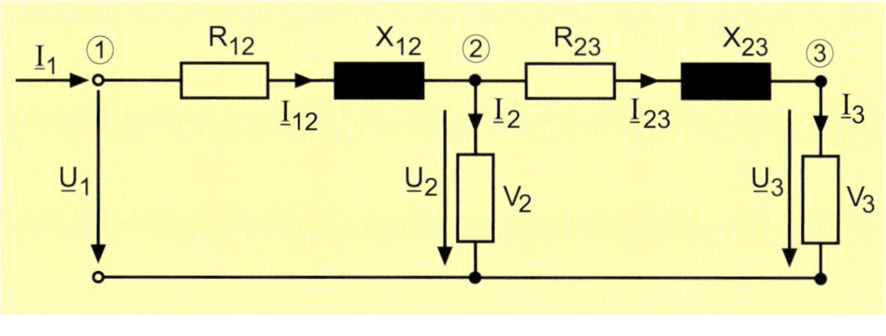

Bild 16.12. Einphasiges Ersatzschaltbild der Leitung mit mehreren Abnehmern.

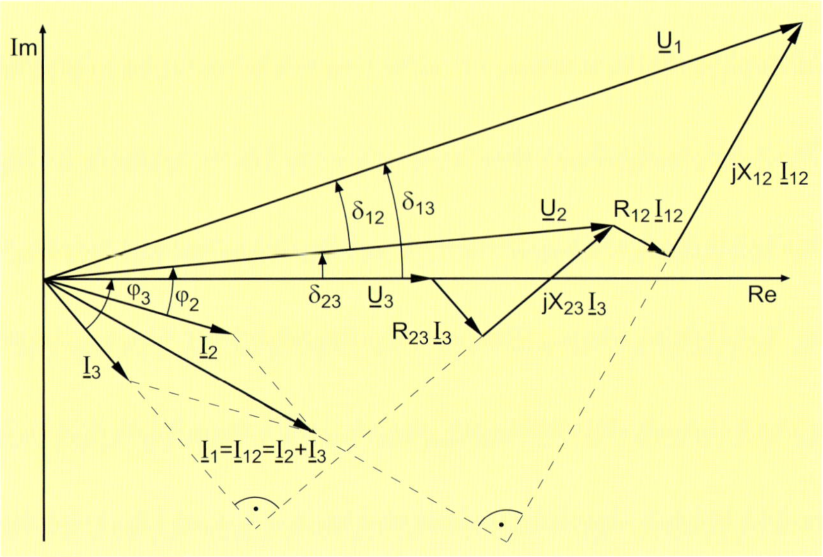

Bild 16.13. Zeigerdiagramm der Leitung mit mehreren Abnehmern.

Der Betrag des Stroms $I_3 = I_{23}$ ergibt sich sofort aus der Verbraucherleistung zu

$$I_3 = \frac{P_3}{U_3 \cos \varphi_3} \quad . \tag{16.54}$$

Der Strom läßt sich in seine *Längskomponente* und *Querkomponente* $I_{3,l} = I_3 \cdot \cos \varphi_3$ und $I_{3,q} = I_3 \sin \varphi_3$ aufteilen.

Damit berechnet sich der Spannungsabfall zwischen den Knoten 2 und 3 zu

$$\begin{aligned} \Delta U_{l,23} &= I_{23} \cdot (R_{23} \cos \varphi_{23} + X_{23} \sin \varphi_{23}) \\ \Delta U_{q,23} &= I_{23} \cdot (X_{23} \cos \varphi_{23} - R_{23} \sin \varphi_{23}) \quad . \end{aligned}$$

Für Betrag und Phase der Spannung am Knoten 2 ergibt sich somit

$$\begin{aligned} U_2 &= \sqrt{(U_3 + \Delta U_{l,23})^2 + (\Delta U_{q,23})^2} \\ \delta_{23} &= \arcsin\left(\frac{\Delta U_{q,23}}{U_3}\right) \quad . \end{aligned} \tag{16.55}$$

Sind der Betrag der Spannung U_2 und der Leitungswinkel δ_{23} gegeben, kann man den Betrag des Verbraucherstroms I_2 sowie dessen Längs- und Querkomponente berechnen:

$$I_2 = \frac{P_2}{U_2 \cos\varphi_2}$$
$$I_{l,2} = I_2 \cdot \cos(\varphi_2 - \delta_{23})$$
$$I_{q,2} = I_2 \cdot \sin(\varphi_2 - \delta_{23})$$

Wie man im Zeigerdiagramm 16.13 erkennen kann, ergibt sich der Strom zwischen den Knoten 1 und 2 nach Betrag und Phase zu

$$I_{12} = \sqrt{(I_{l,2} + I_{l,3})^2 + (I_{q,2} + I_{q,3})^2}$$
$$\varphi_{12} = \arctan \frac{I_{q,2} + I_{q,3}}{I_{l,2} + I_{l,3}}$$

Längs- und Querspannungsabfall zwischen den Knoten 1 und 2 ergeben sich damit zu

$$\Delta U_{l,12} = I_{12} \cdot (R_{12} \cos\varphi_{12} + X_{12} \sin\varphi_{12})$$
$$\Delta U_{q,12} = I_{12} \cdot (X_{12} \cos\varphi_{12} - R_{12} \sin\varphi_{12})$$

Damit folgt für die Spannung am Einspeisepunkt:

$$U_1 = \sqrt{(U_3 + \Delta U_{l,23} + \Delta U_{l,12})^2 + (\Delta U_{q,23} + \Delta U_{q,12})^2}$$
$$\delta_{13} = \arcsin\left(\frac{\Delta U_{q,23} + \Delta U_{q,12}}{U_3}\right) \tag{16.56}$$

und die am Anfang eingespeiste Wirk- und Blindleistung berechnet sich zu

$$P_1 = U_1 \cdot I_{12} \cos\varphi_1$$
$$Q_1 = U_1 \cdot I_{12} \sin\varphi_1$$

Der maximale Spannungsabfall dieser Konfiguration tritt zwischen den Knoten 1 und 3 auf. Bezogen auf die Einspeisespannung berechnet sich der prozentuale Spannungsabfall zu

$$\Delta U_{\%} = \frac{U_1 - U_3}{U_1} \cdot 100\,\% \quad . \tag{16.57}$$

Die Winkel im Zeigerdiagramm sind nicht maßstäblich gezeichnet. In der Realität sind die Leitungswinkel δ_{ij} kleiner. Für mehrere Verbraucher an diskreten Stellen der Leitung wird diese Methode wiederholt angewendet.

16.3.3 Die beidseitig gespeiste Leitung, gleiche Versorgungsspannung

Es wird zunächst der einfache Fall einer Leitung *mit gleicher Versorgungsspannung* an den Punkten A und B betrachtet, Bild 16.14.

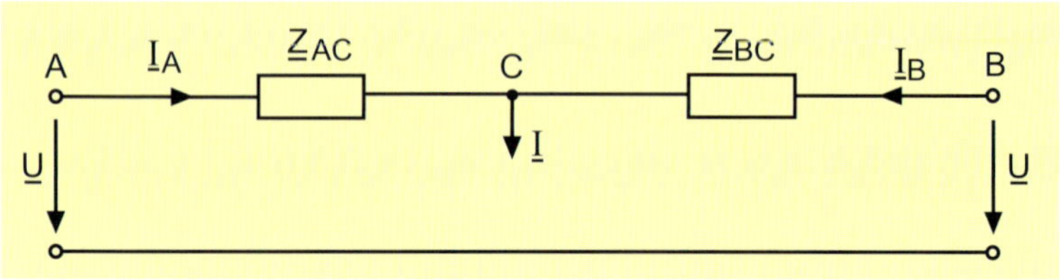

Bild 16.14. Einphasiges Ersatzschaltbild der beidseitig mit gleicher Spannung gespeisten Leitung mit einem Verbraucher.

Der Verbraucher am Punkt C entnimmt der Leitung den Strom $\underline{I}$. Es gelten wegen der Knotengleichung am Punkt C und der Maschengleichung A–C–B–A:

$$\begin{aligned} \underline{I} &= \underline{I}_A + \underline{I}_B \\ \underline{I}_A \cdot \underline{Z}_{AC} &= \underline{I}_B \cdot \underline{Z}_{BC} \quad . \end{aligned} \tag{16.58}$$

Aufgelöst nach den Strömen an den Versorgungspunkten ergibt sich für die Verteilung des Gesamtstroms diese Abhängigkeit von den Leitungsimpedanzen:

$$\begin{aligned} \underline{I}_A &= \underline{I}\frac{\underline{Z}_{BC}}{\underline{Z}_{AC} + \underline{Z}_{BC}} \\ \underline{I}_B &= \underline{I}\frac{\underline{Z}_{AC}}{\underline{Z}_{AC} + \underline{Z}_{BC}} \quad . \end{aligned} \tag{16.59}$$

Bei einer Leitung mit n Abnehmern und gleicher Spannung links und rechts, Bild 16.15, gilt:

$$\underline{I}_A = \frac{\underline{I}_n \cdot \underline{Z}_{nB} + .. + \underline{I}_2 \cdot (\underline{Z}_{23} + .. + \underline{Z}_{nB}) + \underline{I}_1 \cdot (\underline{Z}_{12} + \underline{Z}_{23} + .. + \underline{Z}_{nB})}{\underline{Z}_{A1} + \underline{Z}_{12} + .. + \underline{Z}_{nB}}$$

$$\underline{I}_B = \frac{\underline{I}_1 \cdot \underline{Z}_{A1} + \underline{I}_2 \cdot (\underline{Z}_{A1} + \underline{Z}_{12}) + .. + \underline{I}_n \cdot (\underline{Z}_{A1} + \underline{Z}_{12} + .. + \underline{Z}_{n-1,n})}{\underline{Z}_{A1} + \underline{Z}_{12} + .. + \underline{Z}_{nB}}$$

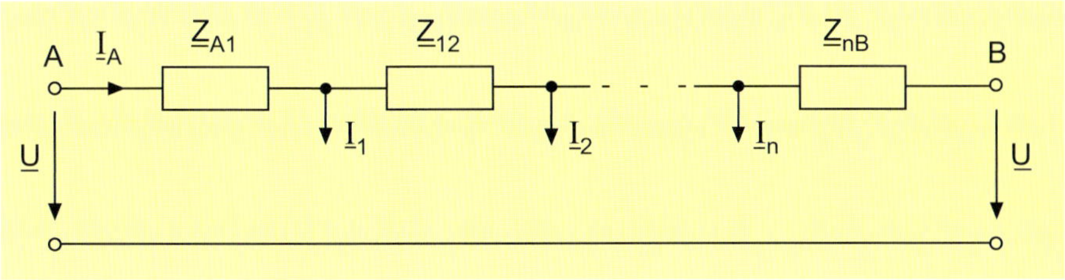

Bild 16.15. Einphasiges Ersatzschaltbild der beidseitig mit gleicher Spannung gespeisten Leitung mit n Verbrauchern.

Diese Leitungskonfiguration besitzt genau einen Verbraucherknoten tiefsten Potentials. Man kann die zweiseitig gespeiste Leitung auch durch zwei einfach gespeiste Ersatzleitungen darstellen, deren jeweils am Ende anliegenden Verbraucher sich zu einem vereinigen.

16.3.4 Die beidseitig gespeiste Leitung bei unterschiedlichen Versorgungsspannungen

Die Strom- und Spannungsverteilung einer Leitung mit unterschiedlichen Versorgungsspannungen kann in *drei Schritten* berechnet werden. Das Verfahren wird an der Konfiguration mit einem Verbraucher demonstriert, Bild 16.16.

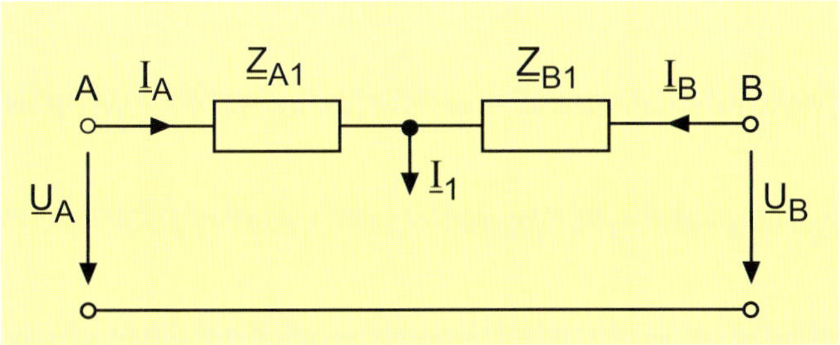

Bild 16.16. Einphasiges Ersatzschaltbild einer beidseitig mit unterschiedlichen Spannungen gespeisten Leitung.

- Zunächst geht man von gleicher Versorgungsspannung an beiden Einspeiseknoten $\underline{U}_A = \underline{U}_B$ aus und geht wie in 16.3.3 vor. Man erhält so *eine Lösungskomponente* der Gesamtlösung mit den Einspeiseströmen $\underline{I}_{A0}$ und $\underline{I}_{B0}$.

– Im zweiten Schritt berechnet man den *Ausgleichsstrom* $\underline{I}_{AB}$, der durch den Unterschied in der Speisespannung fließt. Der Ausgleichsstrom wird folgendermaßen berechnet:

$$\underline{I}_{AB} = \frac{\underline{U}_A - \underline{U}_B}{\underline{Z}_{A1} + \underline{Z}_{B1}} \tag{16.60}$$

– Schließlich führt die *Überlagerung* der beiden Lösungen zur gesamten Stromverteilung

$$\underline{I}_A = \underline{I}_{A0} + \underline{I}_{AB}$$
$$\underline{I}_B = \underline{I}_{B0} - \underline{I}_{AB} \quad .$$

Die Stromverteilung einer beidseitig gespeisten Leitung mit *mehreren Abnehmern* bei unterschiedlichen Speisespannungen läßt sich unter Anwendung dieses Überlagerungsprinzips ebenfalls leicht berechnen.

16.3.5 Vereinfachungen in der Berechnung

Falls bei Leitungen mit mehreren Abnehmern alle Verbraucher fast ausschließlich Wirkleistung verbrauchen, d. h. $\cos\varphi \approx 1$, kann man die *Querspannungsabfälle* in der Berechnung vernachlässigen und es genügt, nur mit den *Längsspannungsabfällen* zu rechnen. Diese Vereinfachung tritt ideal bei reinen *Gleichstromnetzen* (s. 9.4.4) auf, die als Spezialfall in den hier angestellten Überlegungen enthalten sind.

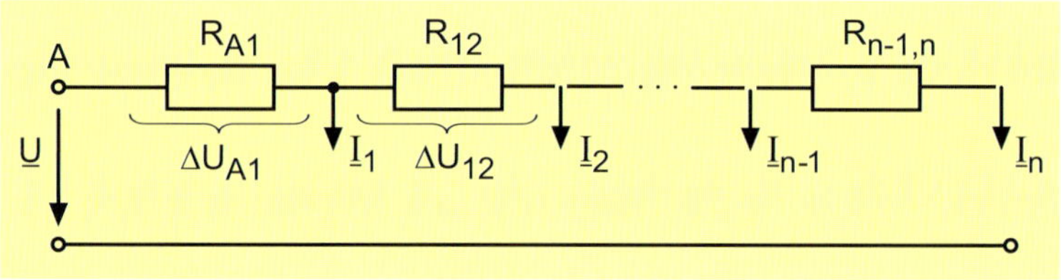

Bild 16.17. Einphasiges Ersatzschaltbild der einseitig gespeisten Leitung mit ausschließlich Wirkleistungsverbrauchern.

Bei einer Leitung mit mehreren Wirkleistungsverbrauchern und einseitiger Speisung, Bild 16.17, sind nur die ohmschen Widerstände der Leitungsabschnitte R_{ij} zu berücksichtigen. Der Spannungsabfall $\Delta U_{l,An}$ zwischen der Einspeisung und dem letzten Verbraucher, Knoten A und

n, setzt sich zusammen aus den Längsspannungsabfällen der einzelnen Teilleiterabschnitte. Am ersten Teilleiterabschnitt $A-1$ fließt der gesamte Strom aller Verbraucher, am zweiten Teilabschnitt $1-2$ die Summe aller Ströme von Verbraucher 2 bis n, u.s.w. Dies führt zu folgender Schreibweise:

$$\begin{aligned} \Delta U_l &= \Delta U_{A1} + \Delta U_{12} + \cdots + \Delta U_{n-1,n} \\ &= R_{A1} \cdot (I_1 + I_2 + \cdots + I_n) + R_{12} \cdot (I_2 + I_3 + \cdots + I_n) \\ &\quad + \cdots + R_{n-1,n} \cdot I_n \\ &= I_1 R_{A1} + I_2(R_{A1} + R_{12}) + \cdots + I_n(R_{A1} + R_{12} + \cdots + R_{n-1,n}) \end{aligned} \tag{16.61}$$

Falls es sich um eine homogene Leitung handelt, kann man den gesamten Längsspannungsabfall auch durch die Längen der Teilleiterabschnitte ausdrücken. Mit (16.53) gilt:

$$\Delta U_l = \frac{1}{\kappa \cdot q} (I_1 \cdot l_{A1} + I_2 \cdot l_{A2} + \cdots + I_n \cdot l_{An}) \tag{16.62}$$

16.3.6 Berechnung der Stromverteilung in Netzen

Niederspannungsnetze liegen entweder als *Strahlen-*, *Ring-* oder *Maschennetze* vor (s. a. 9.1).

16.3.6.1 Strahlennetze

Ein einfaches Beispiel zeigt Bild 16.18.

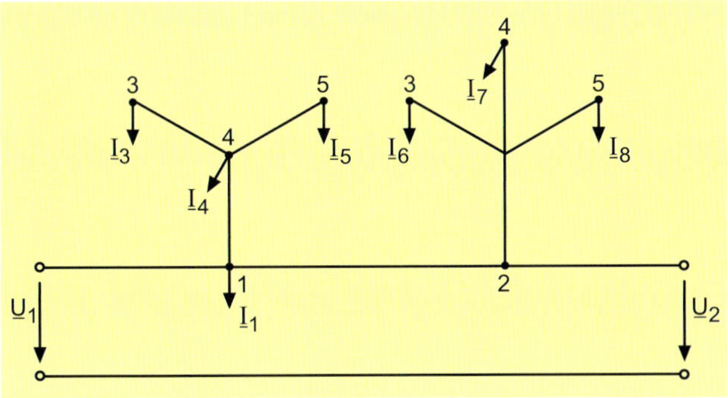

Bild 16.18. Einfaches Strahlennetz.

Das Strahlennetz sei beidseitig mit *ungleichen* Spannungen $\underline{U}_A$ und $\underline{U}_E$ gespeist. Die Ströme an den Knoten 1 und 2 lassen sich durch Zusammenfassen aller zu- und abfließenden Ströme berechnen und das System auf die in Bild 16.19 gezeigte zweiseitig gespeiste Leitung reduzieren, die in Kap. 16.3.4 behandelt wurde.

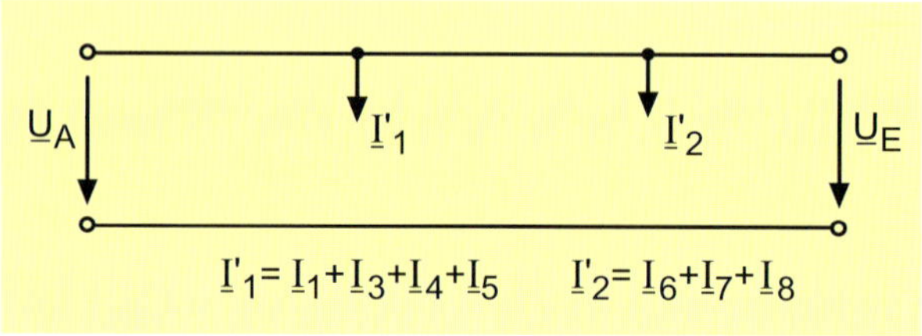

Bild 16.19. Vereinfachtes Netz, entstanden aus einem Strahlennetz.

16.3.6.2 Ringnetze

Ringnetze lassen sich ebenfalls auf bereits bekannte Strukturen zurückführen. Stellt man sich das Ringnetz in Bild 16.20a an der Einspeisestelle aufgetrennt vor, so erhält man die in Bild 16.20b dargestellte beidseitig gespeiste Leitung mit *gleicher* Speisespannung, deren Berechnung bereits aus 16.3.3 bekannt ist.

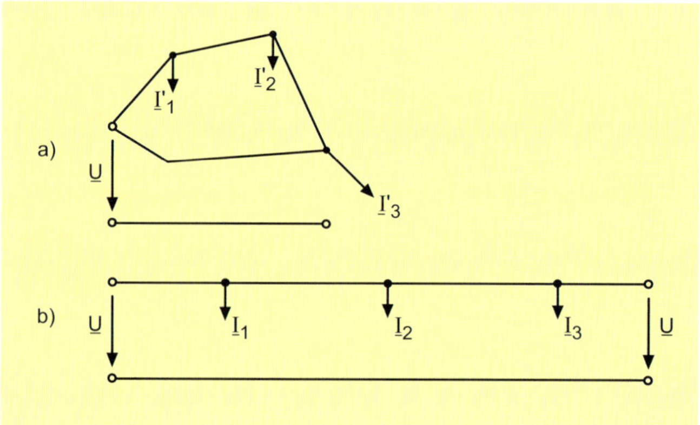

Bild 16.20. Umwandlung eines Ringnetzes in eine beidseitig mit gleicher Spannung gespeiste Leitung.

16.3.6.3 Maschennetze

Die Strom- und Spannungsverteilung größerer vermaschter Netze sind nicht mehr manuell zu bestimmen. Kleine vermaschte Netze lassen sich jedoch häufig durch die *Stern-Dreieck-Umwandlung* oder die Ausnutzung von *Symmetrien* stark vereinfachen. Dies soll am Beispiel eines Drehstromnetzes (380/220 V) mit drei Einspeisungen gleicher Spannung verdeutlicht werden, Bild 16.21.

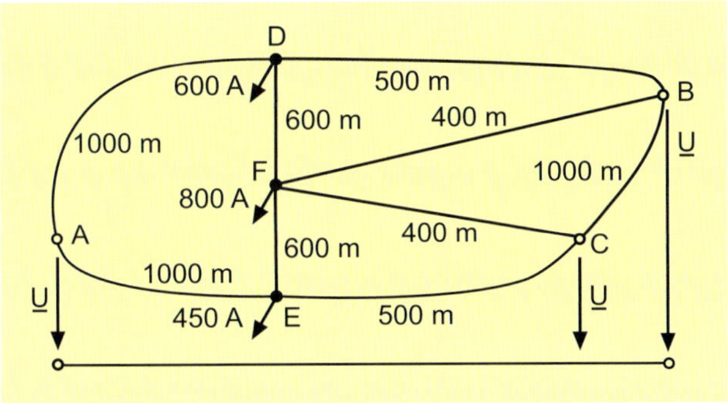

Bild 16.21. Einfaches Maschennetz mit drei Einspeisungen.

Die Einspeisung erfolgt in den Knoten A, B und C und die Verbraucher liegen in den Knoten D, E und F an.

Die Belastungen sind im Bild als Strangströme bzw. Außenleiterströme der abgehenden Leitungen zu verstehen, die Verbraucher entnehmen dem Netz nur Wirkleistung, das heißt $\cos\varphi = 1$. Die Spannungen an allen Einspeisungen seien gleich und im Netz sollen Kupferkabel ($\kappa = 51 \frac{m}{\Omega\, mm^2}$) verlegt werden. Querspannungsabfall und Kabelkapazitäten sollen vernachlässigt werden.

1. Schritt: Netzvereinfachung

Zur Berechnung der *Stromverteilung* wird das Netz zunächst auf Symmetrien untersucht. Es sind zunächst keine Symmetrien erkennbar. Man kann jedoch das Netz vereinfachen, indem man feststellt, daß die Punkte B und C auf gleichem Potential liegen. Dies hat zur Folge, daß über die Leitung von B nach C kein Strom fließt. Diese Punkte können daher zu einem Knoten G zusammengefaßt werden. Die von F nach B und C führenden Leitungen lassen sich dann zu einer Ersatzleitung von

200 m Länge zusammenfassen. Die Ersatzlänge einer aus zwei parallel geschalteten Leitungen der Längen l_1 und l_2 gebildeten Ersatzleitung erhält man aus

$$\frac{1}{l_{\text{ers}}} = \frac{1}{l_1} + \frac{1}{l_2} \qquad \text{bzw.} \qquad l_{\text{ers}} = \frac{l_1 \cdot l_2}{l_1 + l_2} \quad . \tag{16.63}$$

Es ergibt sich so das in Bild 16.22 dargestellte vereinfachte Netz mit der *Ersatzleitung* von 200 m zwischen F und G.

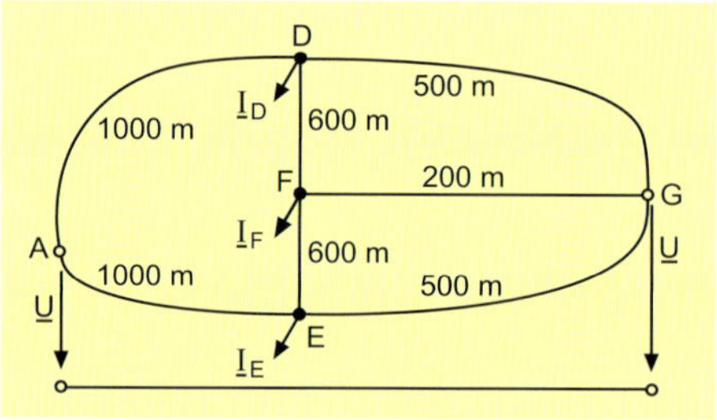

Bild 16.22. Vereinfachtes Maschennetz, Stufe 1.

Weiterhin kann der Speisepunkt A auch noch mit dem Speisepunkt G zum neuen Speisepunkt H zusammengelegt werden. Dazu ermittelt man mit (16.63) die Länge der Ersatzleitung der Leitungen von A nach B und von D nach G. Entsprechend verfährt man mit den Leitungen zwischen A und E und zwischen E und G. Es erfolgt damit eine Einspeisung nur noch im neuen Knoten H. Die gemäß (16.63) ermittelten Ersatzlängen der Kabel sind Bild 16.23 zu entnehmen.

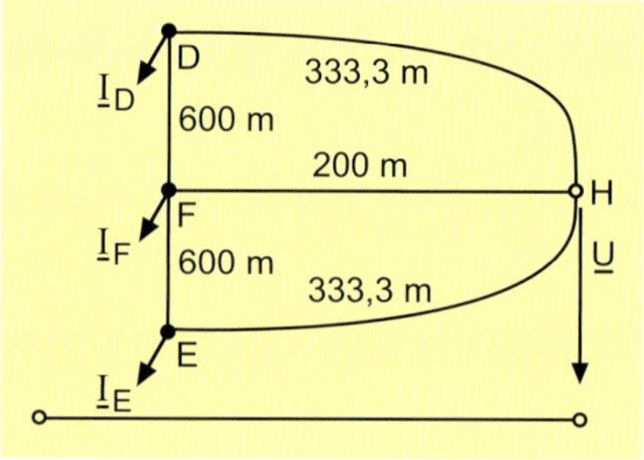

Bild 16.23. Vereinfachtes Maschennetz, Stufe 2.

Der Strom I_D wird nun auf die Knoten F und H nach der *Stromteiler-regel* verlegt. Man erhält dann für die verlegten Strom-Anteile:

$$I_{D(F)} = \frac{600\,A \cdot 333,3\,\mathrm{m}}{600\,\mathrm{m} + 333,3\,\mathrm{m}} = \frac{600\,A \cdot 333,3\,\mathrm{m}}{933,3\,\mathrm{m}} = 214,3\,A$$

$$I_{D(H)} = 600\,A - 214,3\,A = 385,7\,A$$

Ebenso wird mit dem Strom I_E verfahren. Die Verlegung auf die Knoten F und H führt zu:

$$I_{E(F)} = \frac{450\,A \cdot 333,3\,\mathrm{m}}{933,3\,\mathrm{m}} = 160,7\,A$$

$$I_{E(H)} = 450\,A - 160,7\,A = 289,3\,A \quad .$$

Der resultierende Verbraucherstrom im Speiseknoten H beträgt dann

$$I_H = I_{D(H)} + I_{E(H)} = 675\,A \quad . \tag{16.64}$$

Die Ströme $\underline{I}_D$ und $\underline{I}_E$, im Knoten F zusammengefaßt, betragen

$$I'_F = I_F + I_{D(F)} + I_{E(F)} = 1175\,A \quad , \tag{16.65}$$

Bild 16.24.

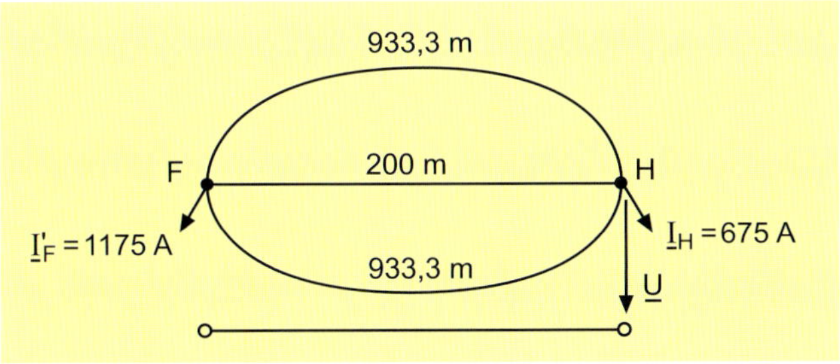

Bild 16.24. Weiter vereinfachtes Maschennetz, Stufe 3.

Der totale Verbraucherstrom beträgt dann

$$I_V = I'_F + I_H = 1850\,A \quad , \tag{16.66}$$

was auch der Summe aller in Bild 16.21 eingezeichneten realen Verbraucherströme entspricht. Die parallelen Leitungen werden schließlich zu einer Leitung mit der Ersatzlänge von 140 m zusammengefaßt. Damit ist die Netzvereinfachung beendet und man erhält als Ersatznetz ein einseitig gespeistes Kabel, Bild 16.25.

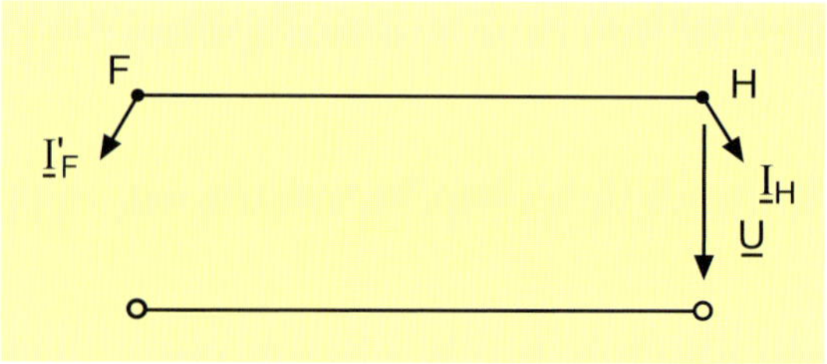

Bild 16.25. Vereinfachtes Maschennetz, Stufe 4.

Der für die Leitung H nach F relevante Strom beträgt $I_L = 1175\,A$. Die Länge dieser Ersatzleitung ergibt sich mit (16.63) zu $l_L = 140\ m$.

2. Schritt: Netzwiederaufbau

Zur Ermittlung der Stromverteilung in den einzelnen Kabelabschnitten kehrt man die Reihenfolge der Vorgehensweise von Schritt 1 um. Das heißt die 1.175 A werden auf die einzelnen Teilleiter umgelegt.

Zunächst verteilt man den über die Ersatzleitung in Bild 16.25 fließenden Strom I_L auf die drei Ersatzleitungen in Bild 16.24.

Hierbei gilt für die Produkte aus Strom und Leitungslänge

$$I_{HF(i)}\, l_{HF(i)} = I_L\, l_L \quad . \tag{16.67}$$

Nach Umformung erhält man für die erste Leitung von H nach F in Bild 16.24:

$$I_{HF(1)} = I_L \cdot \frac{l_L}{l_{HF(1)}} = 1175\,\mathrm{A} \cdot \frac{140\ \mathrm{m}}{933{,}3\,\mathrm{m}} = 176{,}3\,\mathrm{A} \tag{16.68}$$

und entsprechend für die beiden anderen Leitungen $I_{HF(2)} = 822{,}5\,\mathrm{A}$ und $I_{HF(3)} = 176{,}3\,\mathrm{A}$. Nun müssen, um die Teilströme in Bild 16.23 zu erhalten, die Umverteilungen der Knotenströme der Knoten D und

E rückgängig gemacht werden. Das heißt, daß die Ströme I_D bzw. I_E wieder aus den Knoten D bzw. E fließen. Es gilt

$$I_{HD} = I_{HF(1)} + I_{D(H)} = 176,3\,\mathrm{A} + 385,7\,\mathrm{A} = 526\,\mathrm{A} \quad , \tag{16.69}$$

man läßt also den nach H verlegten Stromanteil von I_D zurück nach D fließen. Ebenso läßt man den nach H verlegten Stromanteil von I_E nach E zurückfließen und erhält als Ergebnis $I_{HE} = 465,6\,\mathrm{A}$. Der von D nach F weiterfließende Strom ergibt sich aus der Differenz

$$I_{DF} = I_{HD} - I_D = 562\,\mathrm{A} - 600\,\mathrm{A} = -38\,\mathrm{A} \quad , \tag{16.70}$$

da die Summe aller Knotenströme Null sein muß. Sinngemäß erhält man $I_{EF} = 15,6\,\mathrm{A}$. Im nächsten Schritt spaltet man den Knoten H wieder in den Knoten A und G auf. Daraus ergibt sich Bild 16.22. Mit (16.67) und (16.68) erhält man wieder

$$I_{AD} = I_{HD} \cdot \frac{l_{HD}}{l_{AD}} = 562\,\mathrm{A} \cdot \frac{333,3\,\mathrm{m}}{1000\,\mathrm{m}} = 187,3\,\mathrm{A} \quad . \tag{16.71}$$

Für die anderen Ströme ergibt sich entsprechend:

$$I_{GD} = I_{HD} \cdot \frac{l_{HD}}{l_{GD}} = I_{HD} - I_{AD} = 374,7\,\mathrm{A} \quad . \tag{16.72}$$

Genauso verfährt man im unteren Zweig mit den Strömen zwischen G und A und erhält $I_{AE} = 155,2\,\mathrm{A}$ und $I_{GE} = 310,4\,\mathrm{A}$.

Um das Originalmaschennetz aus Bild 16.21 wieder zu erhalten, muß nur noch der Knoten G durch Einfügen der stromlosen Leitung mit den Knoten B und C ersetzt werden. Der Strom von G nach F teilt sich in diesem einfachen Fall gleichmäßig auf die beiden 400 m langen Leitungen von B nach F bzw. zwischen C und F auf:

$$\begin{aligned} I_{BF} = I_{CF} &= \frac{1}{2} \cdot I_{GF} = \frac{1}{2} \cdot I_{HF} = \frac{1}{2} \cdot I_{HF(2)} \\ &= \frac{1}{2} \cdot 822,5\,\mathrm{A} = 411,3\,\mathrm{A} \quad . \end{aligned} \tag{16.73}$$

Die von den Knoten A, B und C aufgenommenen Speiseströme ergeben sich aus der Summe der jeweiligen abfließenden Leitungsströme. Man erhält schließlich die komplette Stromverteilung gemäß Bild 16.26.

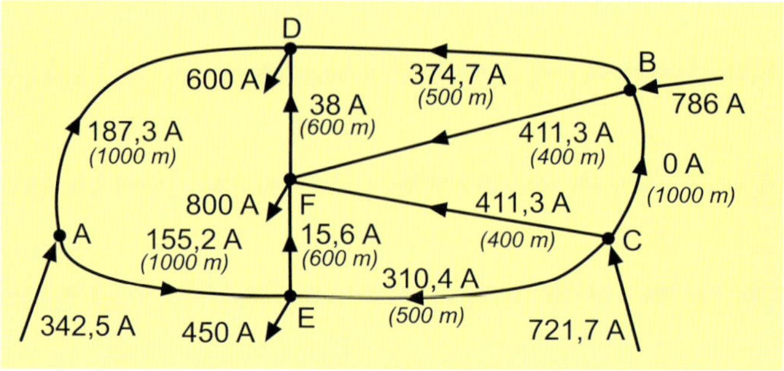

Bild 16.26. Stromverteilung im Maschennetz.

Es bleibt anzumerken, daß beim Rechnen mit gerundeten Werten, wie hier geschehen, Rundungsfehler nach dem Komma auftreten können, die bei einer Überprüfung von Bild 16.26 mit der Knotenregel offensichtlich werden. Die sich hierdurch ergebenden Unstimmigkeiten in der Größenordnung von wenigen Zehntel A sind vernachlässigbar.

Die Spannungen U_A, U_B und U_C sind als Speiseknoten per definitionem gleich der Nennspannung. Betrachtet man nun die Stromflüsse der verbleibenden Knoten, so erkennt man, daß der Strom von Knoten E nach F und wiederum von Knoten F nach D fließt. Hieraus kann man schließen, daß die Spannung im Knoten D am niedrigsten ist.

Als nächstes soll für einen gegebenen maximal zulässigen Spannungsabfall von 6 % der benötigte Kabelquerschnitt berechnet werden. Hierzu betrachtet man die Leitung zwischen Knoten A (Speiseknoten) und Knoten D (niedrigstes Potential).

Aus dem maximal zulässigen prozentualen Spannungsabfall

$$\Delta U_{\%} = \frac{\Delta U \cdot \sqrt{3}}{U_n} \cdot 100\,\% = 6\,\% \quad , \tag{16.74}$$

folgt der absolute Spannungsabfall

$$\Delta U = 0,06 \cdot \frac{380\,V}{\sqrt{3}} = 13,16\,V \quad . \tag{16.75}$$

Der Querschnitt läßt sich jetzt für die Leitung von A nach D berechnen zu

$$q = \frac{I_{AD} \cdot l_{AD}}{\Delta U \cdot \kappa}$$

$$= \frac{187,33\,A \cdot 1000\,\mathrm{m}}{13,2\,V \cdot 51\frac{\mathrm{m}}{\Omega\,\mathrm{mm}^2}}$$

$$= 278,3\,\mathrm{mm}^2 \quad .$$

Der nächsthöhere *genormte Querschnittswert* beträgt $q = 300\,mm^2$.

Vertiefendes Schrifttum zu Kapitel 16

1. Handschin, E.: Elektrische Energieübertragungssysteme. 2. Auflage, Hüthig-Verlag, Heidelberg, 1987.
2. Oeding, D. u. Oswald, B. R.: Elektrische Kraftwerke und Netze. 6. Auflage, Springer-Verlag, Berlin/Heidelberg, 2004.
3. Stiefel, E.: Einführung in die numerische Mathematik. 5. erweiterte Auflage, B. G. Teubner, Stuttgart, 1976.
4. Arrilaga, J. u. Arnold, C.: Computer Analysis of Power Systems. John Wiley, New York, 1990.
5. Koettnitz, H. u. Pundt, H.: Berechnung elektrischer Energieversorgungsnetze. Deutscher Verlag für Grundstoffindustrie VEB, Leipzig, 1968.
6. Schultheiß, F. u. Weßnigk, K.: Berechnung elektrischer Energieversorgungsnetze, Übertragungsberechnung. Deutscher Verlag für Grundstoffindustrie VEB, Leibzig, 1971.
7. Glover, J. u. Sarma, M.: Power System Analysis and Design. 3. Auflage, PWS Publishing Company, Boston, 2002.
8. Anders, G.: Probability Concepts in Electric Power Systems. 1. Auflage, John Wiley, New York, 1990.
9. Krishmasamy, S.: Probabilistic Methods Applied to Electric Power Systems. 1. Auflage, Pergamon Press, 1986.
10. Heuck, K. u. Dettman, K. D.: Elektrische Energieversorgung. 6. Auflage, Vieweg-Verlag, Wiesbaden, 2005.

17. Kurzschlußstromberechnung

Beim Versagen der Isolation zwischen den Leitern eines Drehstromsystems infolge Alterung, betrieblicher oder atmosphärischer Überspannungen etc. kommt es an der Fehlerstelle zu einem Lichtbogen, der die Verbraucherimpedanzen praktisch kurzschließt. Über die Fehlerstelle und in den zu- und abgehenden Leitungen fließen *Kurzschlußströme*, deren Höhe und zeitlicher Verlauf sich nach den im Strompfad liegenden Leitungsimpedanzen und den komplexen Generatorinnenwiderständen richtet. Die möglichen Fehlerströme müssen während der Planung eines Netzes und der Auslegung seiner Komponenten sowie für Sicherheitsbetrachtungen und den Netzschutz rechnerisch ermittelt werden.

Kurzschlußströme verursachen:

- hohe magnetische Kräfte zwischen den Leitern, und damit starke mechanische Beanspruchungen,
- exzessive Erwärmung von Betriebsmitteln, die bei fortdauerndem Kurzschluß thermisch zerstört würden,
- unmittelbare thermische Wirkungen des Lichtbogens (z. B. Entzündung organischer Materialien, Schmelzen von Metallen etc.),
- unmittelbare mechanische Wirkungen des Lichtbogens durch die explosionsartige Druckerhöhung beim Aufheizen des Lichtbogengases,
- gefährliche Schritt- und Berührungsspannnungen sowie elektromagnetische Beeinflussungen von Nachrichtensystemen.

In der Kurzschlußstromberechnung werden sowohl der *maximale* Kurzschlußstrom als auch der *minimale* Kurzschlußstrom ermittelt. Ersterer wird für die Berechnung der maximalen mechanischen Beanspruchungen, der thermischen Wirkungen und der Auswahl des *Kurzschlußstrom-Schaltvermögens* der Leistungsschalter benötigt. Letzterer ist für die treffende Einstellung der *Überstromauslöser* der Leistungsschalter und die Schutzmaßnahme *Nullung* entscheidend (s. a. 12.7). Sowohl *größter* als auch *kleinster* Kurzschlußstrom hängen vom augenblicklichen Netzzustand, mit anderen Worten von der aktuellen Netztopologie sowie von Zahl und Ort der in Betrieb befindlichen Kraftwerke, von der Verbrauchersituation und der Kurzschlußart ab. Im Rahmen der Netzführung werden daher ständig Kurzschlußstromberechnungen durchgeführt und der sichere Zustand des Netzes überprüft.

Das Isolationsversagen kann zwischen zwei oder allen drei Phasen, oder auch zwischen einer oder mehreren Phasen und Erde erfolgen. Von allen Kurzschlußarten läßt sich nur der *dreipolige Kurzschlußstrom* dank seiner *Symmetrie* aus dem im störungsfreien Betrieb verwendeten einphasigen Ersatzschaltbild berechnen, sogenannter *symmetrischer Fehler*. Er liefert für fast alle praxisrelevanten Szenarien die höchsten Fehlerströme. Alle anderen Fehlerarten, sogenannte *unsymmetrische Fehler*, verlangen die Zerlegung des *unsymmetrischen* Drehstromsystems mit Hilfe der *Methode der symmetrischen Komponenten* in drei *symmetrische* einphasige Netzwerke, sogenannte *Mit-*, *Gegen-* und *Nullsysteme* (s. a. Kapitel 6.11.2 und Anhang E).

Im folgenden werden zunächst die in der klassischen Kurzschlußstromberechnung nach VDE 0102 und IEC 60909 verwendeten Begriffe und die grundsätzliche Vorgehensweise erklärt. Die vorgestellte Methodik wird zunächst anhand des *symmetrischen* dreipoligen Kurzschlusses und seines einphasigen Ersatzschaltbilds erläutert. Anschließend folgt in eigenen Abschnitten die Behandlung *unsymmetrischer* Fehlerfälle. Der treffenden Ermittlung der Kurzschlußimpedanzen bzw. -reaktanzen elektrischer Betriebsmittel ist ein eigener Abschnitt gewidmet. Schließlich werden die Unterschiede zwischen der *klassischen* Kurzschlußstromberechnung und der *digitalen* Kurzschlußstromberechnung herausgestellt.

Die in diesem Kapitel vermittelten Grundlagen besitzen wohlgemerkt nur einführenden Charakter. Für die Durchführung einer praxisrelevanten Berechnung ist das Vorliegen der Vorschrift DIN VDE 0102 (bzw. IEC 60909-0) „*Berechnung von Kurzschlußströmen in Drehstromnetzen*“ unerläßlich.

17.1 Begriffswelt und Methodik der Kurzschlußstromberechnung

Der zeitliche Verlauf eines Kurzschlußstroms wird durch elektromagnetische *Ausgleichsvorgänge* in den Synchrongeneratoren und im Netz bestimmt, die sich bei der mathematischen Modellierung oder in Ersatzschaltbildern in Form *nichtlinearer*, *zeitvarianter* Impedanzen auswirken. Es handelt sich mit anderen Worten um *transiente, nichtsinusförmige* Vorgänge, die mathematisch nur durch eine Zeitfunktion $i_k(t)$ beschrieben werden können, Bild 17.1.

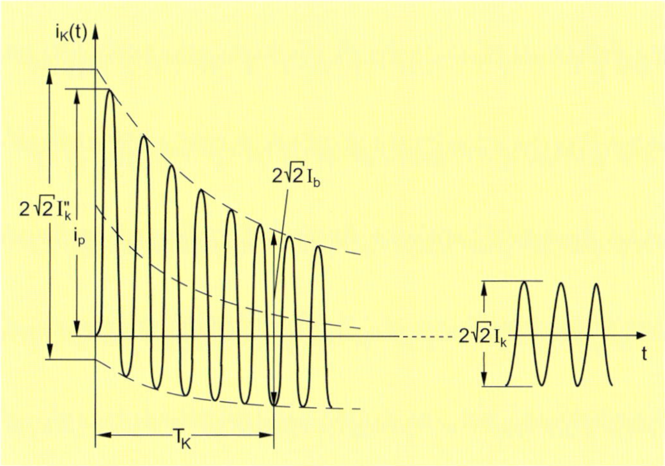

Bild 17.1. Grundsätzlicher zeitlicher Verlauf des Kurzschlußstroms nach Eintritt eines generatornahen Kurzschlusses im Spannungsnulldurchgang. Definitionen gemäß DIN VDE 0102. Die wichtigste Größe ist I_k''. Die untere Einhüllende geht nicht durch den Nullpunkt, was für die exakte Definition von I_k'' wichtig ist.

In der weit verbreiteten Kurzschlußstromberechnung nach VDE 0102 bzw. IEC 60909 wird die Zeitfunktion $i_k(t)$ nicht mathematisch streng durch das Aufstellen und Lösen des zugehörigen Differentialgleichungssystems ermittelt; auch nicht bei der sogenannten *Digitalen Kurzschlußstromberechnung* (s. 17.6). Stattdessen berechnet man auf heuristische Weise zunächst einen sogenannten *Anfangs-Kurzschlußwechselstrom* I_k''. Dieser Anfangs-Kurzschlußwechselstrom ist definiert als *Effektivwert* einer harmonisch angenommenen *Wechselstromkomponente* des zu erwartenden Kurzschlußstroms im Augenblick des Kurzschlußeintritts. Ist der Anfangs-Kurzschlußwechselstrom I_k'' ermittelt, ergeben sich hieraus durch Multiplikation mit entsprechenden Faktoren alle weiteren für die Praxis relevanten Größen.

Aus systemtheoretischer Sicht ist die Charakterisierung eines transienten Vorgangs durch harmonische Größen bzw. Effektivwerte eigentlich nicht vertretbar. Die Vermischung von Zeit- und Frequenzbereichsgrößen macht eine formal einwandfreie Darstellung unmöglich. Die nachstehend beschriebene heuristische Vorgehensweise wird jedoch wegen ihrer Einfachheit und hinreichenden Genauigkeit in der Praxis nach wie vor bevorzugt. Da sie Grundlage der aktuellen Normen ist, wird ihr auch in diesem Kapitel gefolgt.

17.1.1 Berechnung des Anfangs-Kurzschlußwechselstroms I_k''

Für die Berechnung des Effektivwerts I_k'' eines dreiphasigen, *symmetrischen* Kurzschlusses wird, wie in 17.2.2 später noch ausführlich erläutert werden wird, die *Kurzschlußstrombahn* einer Phase durch Zusammenfassen ihrer in Reihe und parallel geschalteten Teilimpedanzen sowie durch Stern/Dreieck- und Dreieck/Sternumwandlung auf ein finales *einphasiges* Ersatzschaltbild reduziert, Bild 17.2.

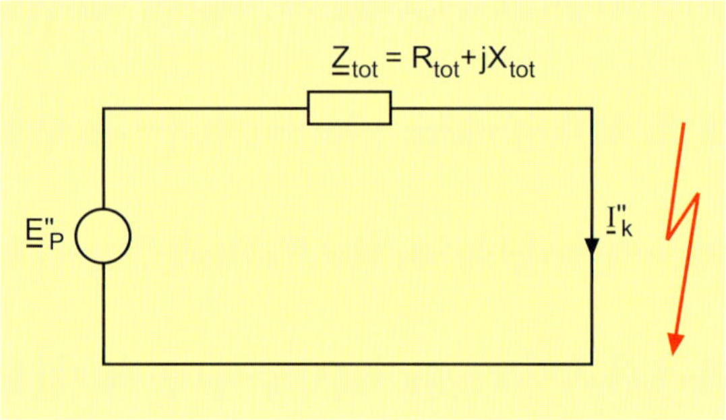

Bild 17.2. Finales einphasiges Ersatzschaltbild der Kurzschlußstrombahn zur Berechnung des Effektivwerts I_k''. $\underline{E}_P''$: treibende Spannung, $\underline{Z}_{tot}$: zusammengefaßte Impedanz der Kurzschlußstrombahn, $\underline{I}_k''$: *komplexer* Effektivwertzeiger.

Nach Erstellen des Ersatzschaltbilds läßt sich unter Annahme stationärer Verhältnisse mit Hilfe der komplexen Wechselstromrechnung zunächst der komplexe Effektivwertzeiger

$$\underline{I}_k'' = \frac{\underline{E}_P''}{\underline{Z}_{tot}} \tag{17.1}$$

ermitteln. Da man sich jedoch nur für den *Effektivwert* I_k'' interessiert, vereinfacht man (17.1) zu

$$\boxed{I_k'' = \frac{E_P''}{Z_{tot}} = \frac{E_P''}{\sqrt{R_{tot}^2 + X_{tot}^2}}} \quad . \tag{17.2}$$

Für die Berechnung von I_k'' unsymmetrischer Fehler ist diese Berechnung drei Mal, jeweils für das Mit-, Gegen- und Nullsystem, durchzuführen (s. 17.3).

Mit der Berechnung von I_k'' für die jeweiligen Ersatzschaltbilder ist die *Grundaufgabe der Kurzschlußstromberechnung* gelöst. Alle weiteren interessierenden Größen lassen sich aus I_k'' durch Multiplikation mit geeigneten Faktoren ableiten, was im folgenden erläutert wird.

17.1.2 Berechnung aus I_k'' abgeleiteter Kurzschlußstromgrößen

17.1.2.1 Berechnung des Stoßkurzschlußstroms i_p

Hierbei handelt es sich um den höchsten zu erwartenden *Momentanwert* des Kurzschlußstroms, gemäß Bild 17.1. Er ist maßgebend für die mechanische Beanspruchung der Betriebsmittel, z. B. biegesteifer Leiter in Schaltanlagen, und berechnet sich aus dem Anfangs-Kurzschlußwechselstrom I_k'' zu

$$i_p = \sqrt{2}\kappa I_k'' \quad . \tag{17.3}$$

Die *Stoßziffer* κ läßt sich für alle Kurzschlußarten aus der Näherungsgleichung

$$\kappa = 1,02 + 0,98 \cdot \mathrm{e}^{-3R_{\mathrm{tot}}/X_{\mathrm{tot}}} \tag{17.4}$$

bestimmen. R_{tot} und X_{tot} repräsentieren jeweils den totalen Wirk- und Blindwiderstand der gesamten Kurzschlußbahn gemäß Bild 17.2. Wird der Kurzschluß von mehreren Quellen gespeist, so verwendet man für

κ einheitlich den Wert für die Kurzschlußbahn mit dem kleinsten Verhältnis $R_{\text{tot}}/X_{\text{tot}}$. Ist eine höhere Genauigkeit erforderlich, so stehen nach DIN VDE 0102 weitere Verfahren zur Bestimmung eines resultierenden Wertes für κ zur Verfügung.

17.1.2.2 Ausschaltwechselstrom I_b

Der Ausschaltwechselstrom ist der *Effektivwert* der symmetrischen Wechselstromkomponente des zu erwartenden Kurzschlußstroms *im Augenblick der Kontakttrennung* der ansprechenden Schalteinrichtung bzw. Schaltstrecke. Er berechnet sich zu

$$I_b = \mu I_k'' \quad . \tag{17.5}$$

Der *Abklingfaktor* μ hängt vom Mindestschaltverzug des Leistungsschalters sowie vom Verhältnis I_k''/I_{rG} des Generators ab (I_{rG} Generatorbemessungsstrom bzw. -nennstrom). Die Bestimmungsgleichungen für μ sind in DIN VDE 0102 nachzulesen. Es gilt $0,5 < \mu < 1$.

Die Berechnung von I_b ist nur bei einer abklingenden Wechselstromkomponente, d. h. bei *generatornahem* Kurzschluß erforderlich, ansonsten gilt $I_b = I_k''$.

17.1.2.3 Dauerkurzschlußstrom I_k

Der Dauerkurzschlußstrom ist der Effektivwert des Kurzschlußstroms, der nach Abklingen aller Ausgleichsvorgänge bestehen bleibt. Die obere und untere Grenze wird gemäß

$$I_k = \lambda_{max/min} I_{rG} \tag{17.6}$$

abgeschätzt. Für die Bestimmung der Maximal- und Minimalwerte des *Dauerfaktors* λ sind die in DIN VDE 0102 angegebenen Diagramme zu verwenden. Parameter ist die gesättigte synchrone Generatorreaktanz $x_{d,\text{gesättigt}}$ (s. 6.2.3). Die Berechnung von I_k ist ebenfalls nur bei *generatornahem* Kurzschluß erforderlich, ansonsten gilt $I_k = I_k''$.

Selbstverständlich könnte der Dauerkurzschlußstrom auch durch eine gesonderte Kurzschlußstromberechnung bestimmt werden, bei der für die Kurzschlußimpedanz der Generatoren anstelle der subtransienten Reaktanzen X_d'' die synchronen Reaktanzen X_d eingesetzt werden.

17.1.2.4 Thermisch wirksamer Kurzschlußstrom I_{th}

Der thermisch wirksame Kurzschlußstrom ist eine Hilfsgröße und entspricht dem Effektivwert eines äquivalenten betriebsfrequenten Wechselstroms, der innerhalb der Kurzschlußdauer T_k die gleiche thermische Wirkung besitzen würde wie der Kurzschlußstrom. Mit anderen Worten, die sogenannten *Grenzlastintegrale* von $i_{th}(t) = \sqrt{2} I_{th} \sin \omega t$ und $i_k(t)$ über die Kurzschlußdauer T_k sind gleich,

$$\int_0^{T_k} i_k^2(t) dt = T_k I_{th}^2 \quad . \tag{17.7}$$

Die Bestimmung von I_{th} erfolgt mit Hilfe tabellierter Parameter m und n gemäß VDE 0102,

$$I_{th} = I_k'' \cdot \sqrt{m+n} \quad . \tag{17.8}$$

Hierbei berücksichtigt m die Wärmewirkung des Gleichstromglieds des Kurzschlußstroms und ist abhängig vom Mindestschaltverzug des Leistungsschalters sowie von der Stoßziffer κ. Der Parameter n berücksichtigt die Wärmewirkung des Wechselstromanteils und hängt sowohl vom Mindestschaltverzug als auch vom Verhältnis Anfangs-Kurzschlußwechselstrom zu Dauerkurzschlußstrom I_k''/I_k ab.

17.2 Der symmetrische Kurzschluß

Bei einem symmetrischen Kurzschluß werden am Fehlerort alle drei Phasen eines Netzes, beispielsweise durch einen *Lichtbogen*, leitend miteinander verbunden, Bild 17.3.

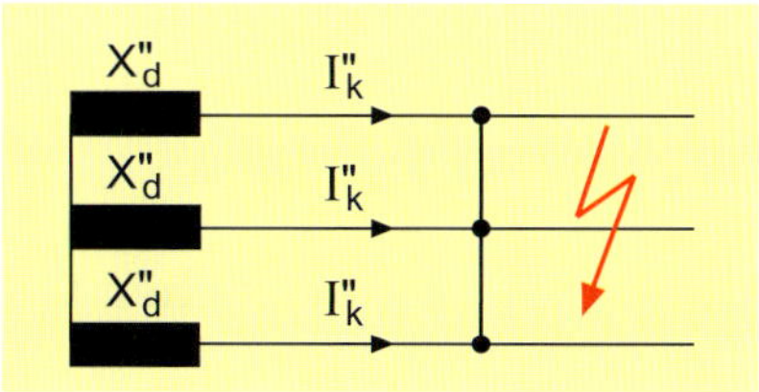

Bild 17.3. Dreipoliger, symmetrischer Kurzschluß. X_d'': Innenwiderstand der dreiphasigen, den Kurzschlußstrom speisenden Spannungsquelle.

Bei der Berechnung des Effektivwerts I_k'' sind zunächst drei Aufgabenstellungen zu unterscheiden,

- *von einem einzelnen Generator gespeister Kurzschluß*,
- *aus einem vorgelagerten Netz gespeister Kurzschluß*,
- *mehrfach gespeister Kurzschluß*.

Ausgangspunkt ist in jedem Fall ein *Netzschaltplan* mit *Betriebsmittelsymbolen* und eine Datenbasis mit den Betriebsmitteldaten. Die eigentliche Kurzschlußberechnung gliedert sich in vier Schritte.

1. Mit Hilfe der Betriebsmitteldaten werden die den Betriebsmittelsymbolen entsprechenden Impedanzen errechnet und in einem *einphasigen* elektrischen Ersatzschaltbild dargestellt. Schalter und Trenner werden hierbei wegen ihrer geringen Impedanz nicht berücksichtigt. In Anwesenheit von Transformatoren, das heißt bei Kurzschlußstromberechnungen über mehrere Spannungsebenen hinweg, sind alle Impedanzen und insbesondere die Kurzschlußimpedanzen der Transformatoren auf die Spannungsebene umzurechnen, in der der Kurzschlußstrom berechnet werden soll.
2. Durch Zusammenfassen in Reihe liegender und parallel geschalteter Impedanzen sowie mittels Stern/Dreieck- und Dreieck/Sternumwandlungen (falls erforderlich) wird das Ersatzschaltbild auf das in Bild 17.2 bereits gezeigte finale Ersatzschaltbild mit nur einer Impedanz reduziert.
3. Aus diesem finalen Ersatzschaltbild folgt, wie bereits oben gezeigt, unmittelbar der Effektivwert I_k''.
4. Aus I_k'' werden alle weiteren Größen abgeleitet.

Zur Einführung und in Anlehnung an 6.10 „*Der Synchrongenerator im Kurzschluß*“ wird zunächst das Grundprinzip der Berechnung von I_k'' für einen *von einem einzelnen Generator gespeisten symmetrischen Kurzschluß* vorgestellt.

17.2.1 Berechnung von I_k'' bei einfacher Generatorspeisung

Ein Wasserkraftgenerator mit 10 kV Nennspannung speise über eine Freileitung die Sammelschiene einer 10 kV-Schaltanlage. Von der Sammelschiene speist ein *Verteiltransformator* 10 $kV/400\ V$ über eine 400 V Sammelschiene mehrere Verbraucher. Der Kurzschluß trete an der 400 V Sammelschiene auf, Bild 17.4

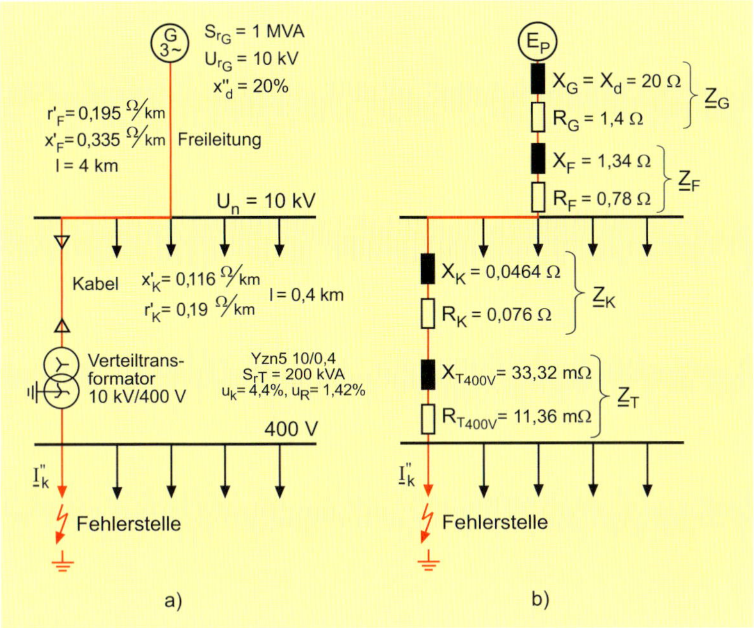

Bild 17.4. Einphasige Darstellung eines generatorgespeisten Mittel- und Niederspannungsstrahlennetzes. a) *Netzschaltplan* mit Betriebsmittelsymbolen, b) Einphasiges netzwerktheoretisches *Ersatzschaltbild* mit Generatorpolradspannung E_P.

Die Längsimpedanzen der rot eingezeichneten Kurzschlußstrombahn, das heißt der Betriebsmittel Generator, Freileitung, Kabel und Transformator, seien $\underline{Z}_G$, $\underline{Z}_F$, $\underline{Z}_K$ und $\underline{Z}_T$.

Zur Erhöhung der Übersicht wird Bild 17.4b auf die reine *Kurzschlußstrombahn* reduziert, Bild 17.5.

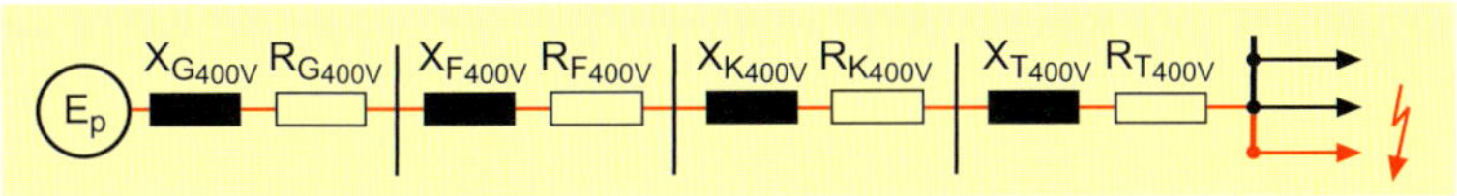

Bild 17.5. Einphasiges Ersatzschaltbild der Kurzschlußstrombahn mit Betriebsmittelimpedanzen.

Zunächst berechnet man die totale komplexe Impedanz $\underline{Z}_{tot}$ der Kurzschlußstrombahn bestehend aus der Serienschaltung von $\underline{Z}_G$, $\underline{Z}_F$, $\underline{Z}_K$ und $\underline{Z}_T$.

Da nach dem Kurzschlußstrom an einem 400 V-Abzweig gefragt ist, werden alle Impedanzen auf die 400 V-Spannungsebene umgerechnet. Um ferner den Transformator durch sein Kurzschlußersatzschaltbild ersetzen zu können, muß auch seine Kurzschlußimpedanz bezogen auf seine Sekundärseite angegeben werden (s. a. 7.2.1).

Gemäß 7.3.1 und Anhang C werden dabei die in Bild 17.4b angegebenen Impedanzen des Mittelspannungsnetzes durch das Quadrat des Übersetzungsverhältnisses dividiert und zu der auf die Sekundärseite des Verteiltransformators bezogenen Kurzschlußimpedanz $\underline{Z}_{T_{400\mathrm{V}}}$ addiert (s. 7.2.1)

$$\begin{aligned}\underline{Z}_{tot_{400\mathrm{V}}} &= \underline{Z}_G/\text{ü}^2 + \underline{Z}_F/\text{ü}^2 + \underline{Z}_K/\text{ü}^2 + \underline{Z}_{T_{400\mathrm{V}}} \\ &= \Sigma R + \Sigma jX = R_{tot} + jX_{tot} \quad .\end{aligned} \tag{17.9}$$

Im folgenden werden wir die Impedanzen der einzelnen Betriebsmittel zahlenmäßig aus den Netzdaten ermitteln. Hierzu bedienen wir uns der im späteren Abschnitt 17.5 angegebenen Berechnungsvorschriften für Kurzschlußimpedanzen von Betriebsmitteln.

Kurzschlußimpedanz des Generators:

Die für I_k'' maßgebliche *absolute* Kurzschlußreaktanz X_G des Generators berechnet sich aus seiner bezogenen subtransienten Reaktanz x_d'', der Bemessungsspannung und der Bemessungsleistung zu

$$\begin{aligned}X_G = X_d'' &= \frac{x_d'' \cdot {U_{r_G}}^2}{100\,\% \cdot S_{r_G}} \\ &= \frac{20\,\%}{100\,\%} \cdot \frac{(10\ \mathrm{kV})^2}{1\ \mathrm{MVA}} = 20\ \Omega \quad .\end{aligned} \tag{17.10}$$

Der ohmsche Anteil der Kurzschlußimpedanz wird für $U_{r_G} \geq 1$ kV und $S_{r_G} \leq 100$ MVA gemäß der Tabelle 17.23 im Abschnitt 17.4.1 bestimmt

$$R_G = 0{,}07 \cdot X_G = 1{,}4\ \Omega \quad . \tag{17.11}$$

Damit ergibt sich die absolute Generatorimpedanz zu

$$\underline{Z}_G = R_G + \mathrm{j}X_G = (1{,}4 + \mathrm{j}20)\ \Omega \quad . \tag{17.12}$$

Transformiert auf 400 V ergibt sich hieraus mit ü = 10 kV/400 V die auf 400 V *transformierte Generatorimpedanz* $\underline{Z}_{G_{400\mathrm{V}}}$ zu

$$\underline{Z}_{G_{400\mathrm{V}}} = \frac{\underline{Z}_G}{\ddot{\mathrm{u}}^2} = (2,24 + \mathrm{j}32)\ m\Omega \quad . \tag{17.13}$$

Impedanz der Freileitung:

Mit dem in Bild 17.4a angegebenen Widerstandsbelag r'_F und Reaktanzbelag x'_F sowie der Leitungslänge $l = 4$ km ergibt sich für die absolute Freileitungsimpedanz $\underline{Z}_F$

$$\begin{aligned} \underline{Z}_F &= R_F + \mathrm{j}X_F = l \cdot (r'_F + \mathrm{j}x'_F) \\ &= 4\ \mathrm{km} \cdot (0,195 + \mathrm{j}0,335)\ \frac{\Omega}{\mathrm{km}} \\ &= (0,78 + \mathrm{j}1,34)\ \Omega \quad . \end{aligned} \tag{17.14}$$

Transformiert auf 400 V ergibt sich hieraus mit ü = 10 kV/400 V die auf 400 V transformierte Freileitungsimpedanz zu

$$\underline{Z}_{F_{400\mathrm{V}}} = \frac{\underline{Z}_F}{\ddot{\mathrm{u}}^2} = (1,25 + \mathrm{j}2,14)\ m\Omega \quad . \tag{17.15}$$

Impedanz des Kabels:

Mit den in Bild 17.4a angegebenen Widerstands- und Reaktanzbelägen r'_K und x'_K und der Kabellänge $l = 0,4$ km ergibt sich für die absolute Kabelimpedanz $\underline{Z}_K$

$$\begin{aligned} \underline{Z}_K &= R_K + \mathrm{j}X_K = l \cdot (r'_K + \mathrm{j}x'_K) \\ &= 0,4\ \mathrm{km} \cdot (0,19 + \mathrm{j}0,116)\frac{\Omega}{\mathrm{km}} \\ &= (0,076 + \mathrm{j}0,0464)\ \Omega \quad . \end{aligned} \tag{17.16}$$

Transformiert auf 400 V ergibt sich hieraus mit ü = 10 kV/400 V die auf 400 V transformierte Kabelimpedanz zu

$$\underline{Z}_{K_{400\mathrm{V}}} = \frac{\underline{Z}_K}{\ddot{\mathrm{u}}^2} = (0,122 + \mathrm{j}0,074)\ m\Omega \quad . \tag{17.17}$$

Kurzschlußimpedanz des Verteiltransformators:

Die Kurzschlußimpedanz des Verteiltransformators besitzt zwei absolute Werte, je nachdem von welcher Seite aus man in den Transformator hineinsieht. Hier ermitteln wir die absolute Kurzschlußimpedanz aus Sicht der 400V Unterspannungsseite, die dann nicht mehr weiter transformiert werden muß. Sie berechnet sich gemäß Gleichung (17.75) in Abschnitt 17.4.3 aus den Bemessungsdaten *Nennspannung*, *Scheinleistung* und *relative Kurzschlußspannung* zu

$$Z_{T_{400\mathrm{V}}} = \frac{u_k \cdot U_{rT_{\mathrm{US}}}^2}{100\ \%\ S_{rT}} = \frac{4,4\ \% \cdot (400\mathrm{V})^2}{100\ \% \cdot 200\ \mathrm{kVA}} = 35,2\ m\Omega \quad . \tag{17.18}$$

Mit $Z_{T_{400\mathrm{V}}} = \sqrt{R_{T_{400\mathrm{V}}}^2 + X_{T_{400\mathrm{V}}}^2}$ und $u_R = 1,42\ \%$ erhalten wir für den *Kurzschlußwiderstand* und die *Kurzschlußreaktanz*

$$R_{T_{400\mathrm{V}}} = Z_{T_{400\mathrm{V}}} \frac{u_R}{u_K} = 11,36\ m\Omega \tag{17.19}$$

$$X_{T_{400\mathrm{V}}} = \sqrt{Z_{T_{400\mathrm{V}}}^2 - R_{T_{400\mathrm{V}}}^2} = 33,32\ m\Omega \quad . \tag{17.20}$$

Nachdem jetzt alle Impedanzen der Betriebsmittel auf die 400V-Ebene transformiert vorliegen, läßt sich die totale Impedanz $\underline{Z}_{\mathrm{tot}_{400\mathrm{V}}}$ des finalen Kurzschlußersatzschaltbilds gemäß Bild 17.6 durch Addition von (17.13), (17.15), (17.17), (17.19) und (17.20) angeben:

$$\begin{aligned}
\underline{Z}_{\mathrm{tot}_{400\mathrm{V}}} &= \Sigma R_{\mathrm{tot}_{400\mathrm{V}}} + \Sigma \mathrm{j} X_{tot_{400\mathrm{V}}} \\
&= \underline{Z}_{G_{400\mathrm{V}}} + \underline{Z}_{F_{400\mathrm{V}}} + \underline{Z}_{K_{400\mathrm{V}}} + \underline{Z}_{T_{400\mathrm{V}k}} \\
&= (2,24 + \mathrm{j}32)\ m\Omega + (1,25 + \mathrm{j}2,14)\ m\Omega + \\
&+ (0,122 + \mathrm{j}0,074)\ m\Omega + (11,36 + \mathrm{j}33,32)\ m\Omega \\
&= (14,97 + \mathrm{j}67,53)\ m\Omega = 69,17\ m\Omega \cdot e^{\mathrm{j}77,50^\circ}
\end{aligned} \tag{17.21}$$

Da I_k'' berechnet werden soll, sind sowohl die *subtransienten Reaktanzen* X_d'' als auch die *subtransiente Polradspannung* E_P'' maßgebend. Man erhält so das finale einphasige Ersatzschaltbild, Bild 17.6.

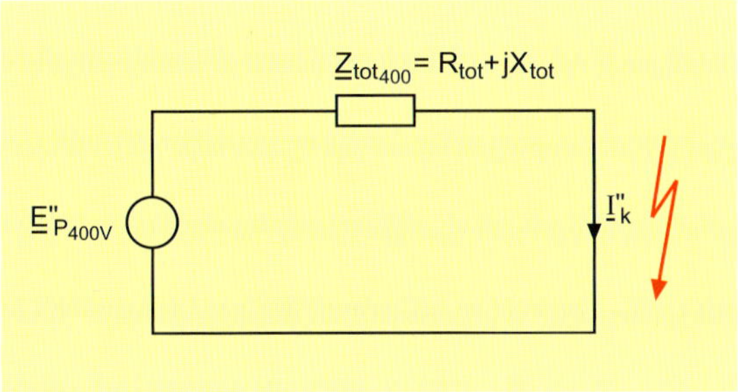

Bild 17.6. Für die Berechnung des Anfangs-Kurzschlußwechselstroms $\underline{I}_k''$ reduziertes finales Ersatzschaltbild des Schaltbilds in Bild 17.5.

Die treibende subtransiente Polradspannung $\underline{E}_P''$ beträgt beim Kurzschluß eines *leerlaufenden* Generators

$$\underline{E}_P'' = \underline{E}_P = \underline{U}_{rG} \,/\, \sqrt{3} \quad , \tag{17.22}$$

bei *Vorbelastung* mit einem betrieblichen Generatorstrom $\underline{I}_G$

$$\underline{E}_P'' = \underline{U}_{rG}/\sqrt{3} + \underline{I}_G\, jX_d'' \quad . \tag{17.23}$$

Der Spannungsunterschied liegt in der Größenordnung von 10 % bis 15 %. Um die explizite Berechnung von $\underline{I}_G$ zu vermeiden, setzt man meist $E_P'' = 1,1\ U_{rG}/\sqrt{3}$ (s. a. 17.2.3.1) bzw. umgerechnet auf 400 V $\underline{E}_{P_{400V}}'' = \underline{E}_P''/\underline{\ddot{u}}$.

Mit Hilfe des ohmschen Gesetzes für Wechselstrom läßt sich $\underline{I}_k''$ nun sehr einfach angeben,

$$\underline{I}_k'' = \frac{\underline{E}_{P_{400V}}''}{\underline{Z}_{\text{tot}_{400V}}} = \frac{1,1\ \underline{U}_{rG_{400V}}}{\sqrt{3}\ \underline{Z}_{\text{tot}_{400V}}} \quad . \tag{17.24}$$

Da man sich nur für den Effektivwert I_k'' interessiert, *wird nur mit den Beträgen gerechnet*, das heißt

$$I_k'' = \frac{1,1\ U_{rG_{400V}}}{\sqrt{3}\sqrt{R_{\text{tot}}^2 + X_{\text{tot}}^2}} = \frac{1,1 \cdot 400V}{\sqrt{3} \cdot 69,17\ m\Omega} = 3,67\ \text{kA} \quad . \tag{17.25}$$

Damit ist die *Grundaufgabe der Kurzschlußstromberechnung* gelöst. Alle weiteren interessierenden Größen lassen sich aus I_k'' gemäß 17.1.2.1 bis 17.1.2.4 durch Multiplikation mit geeigneten Faktoren ableiten.

17.2.2 Berechnung von I_k'' bei Netzeinspeisung

Die im einführenden Beispiel betrachtete Einspeisung eines Mittel- und Niederspannungsnetzes durch einen einzelnen Generator wurde nur gewählt, um an die im Kapitel 6 vorgestellte Berechnung des Anfangs-Kurzschlußwechselstroms I_k'' für den symmetrischen dreipoligen Kurzschluß einer Synchronmaschine anzuschließen. In der Praxis erfolgt die Einspeisung von *Regional-*, *Orts-* oder *Industrienetzen* über eine sogenannte *Netzeinspeisung.* Hierunter versteht man die Versorgung eines Netzes über eine Stichleitung von einem Netzknoten eines vorgelagerten Netzes, Bild 17.7.

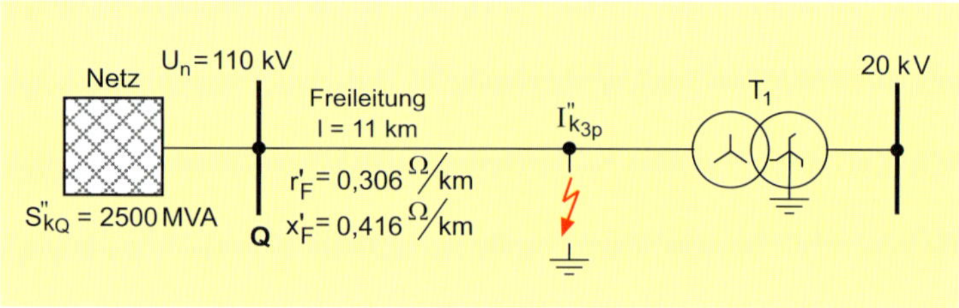

Bild 17.7. Einfaches Berechnungsbeispiel für einen dreipoligen Kurzschluß bei *Netzeinspeisung.* Q: Einspeiseknoten.

Gegeben sei ein 110 kV-Netz, das über eine 11 km lange Freileitung einen Transformator 110 kV/20 kV speist (Einspeiseknoten Q). Auf der Primärseite des Transformators T_1 trete ein dreipoliger Kurzschluß auf. Es stellt sich die Frage, wie die Kurzschlußstromquelle, das heißt das *Netz,* im Ersatzschaltbild repräsentiert werden soll. Dies geschieht gewöhnlich durch eine Quellenspannung $\underline{U}_Q$ hinter einer Impedanz $\underline{Z}_Q = \mathrm{j}X_Q$, Bild 17.8.

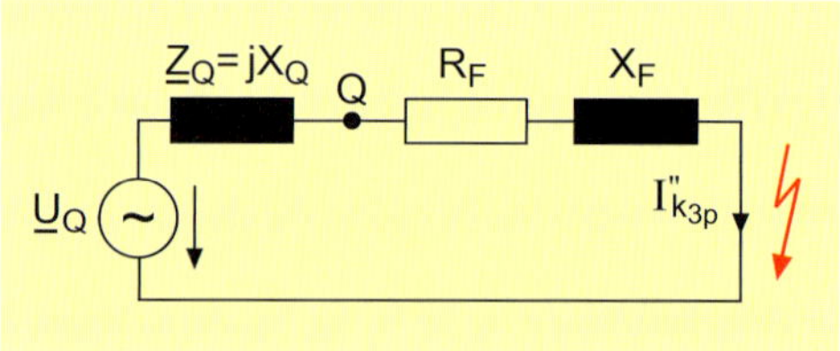

Bild 17.8. Einphasiges Ersatzschaltbild des Netzschaltplans in Bild 17.7 bis zur Fehlerstelle. Repräsentanz des Netzes durch eine Quellenspannung $\underline{U}_Q$ und einen Innenwiderstand $\underline{Z}_Q = \mathrm{j}X_Q$.

Die *Netzimpedanz* $\underline{Z}_Q$ berechnet man aus der sogenannten *Kurzschlußleistung* S''_{kQ} sowie der Quellenspannung U_Q des Netzknotens.

Bei der *Kurzschlußleistung* handelt es sich formal um eine *Scheinleistung*, die sich aus dem Anfangs-Kurzschlußwechselstrom I''_{kQ} an einem Knoten Q eines Netzes und der dortigen Netzspannung U_Q berechnet,

$$S''_{kQ} = \sqrt{3}\,U_Q I''_{kQ} \quad . \tag{17.26}$$

Die Kurzschlußleistung ist nur eine *fiktive, rechnerische Größe*, da an keiner Stelle des Netzes gleichzeitig der Anfangs-Kurzschlußwechselstrom I''_k fließt und eine Spannung $U_Q \approx U_n$ herrscht. Sie ist jedoch ein Maß für den Innenwiderstand des Netzes. Je größer die Kurzschlußleistung, desto höher ist der mögliche Kurzschlußstrom und desto kleiner ist der Innenwiderstand der Kurzschlußstromquelle. Die Kurzschlußleistung erlaubt die Repräsentation eines Netzes durch eine Quellenspannung und eine Netzimpedanz, die quasi den Innenwiderstand der Kurzschlußstromquelle „*Netz*“ vom Knoten Q aus gesehen darstellt. Sie wird vom Versorgungsunternehmen bereits bei der Netzplanung aus einer Kurzschlußstromberechnung ermittelt und ist für alle relevanten Netzknoten bekannt.

Ersetzt man in (17.26) den Strom I''_{kQ} durch $1{,}1\,U_Q/(\sqrt{3}\,Z_Q)$,

$$S''_{kQ} = \sqrt{3}\,U_Q\,\frac{1{,}1\,U_Q}{\sqrt{3}\,Z_Q} \quad , \tag{17.27}$$

ergibt sich die Netzimpedanz zu

$$Z_Q = 1{,}1\,\frac{U_Q^2}{S''_{kQ}} \quad . \tag{17.28}$$

Am Fehlerknoten in Bild 17.7 liegt vor Eintritt des Kurzschlusses die Nennspannung an. Um den Spannungsabfall zwischen Speiseknoten Q und Fehlerknoten zu kompensieren, erfolgt wieder eine Anhebung der Speisespannung U_Q um den Spannungsfaktor 1,1, was eine „*worst case*“ Abschätzung ermöglicht.

Mit den im Netzplan Bild 17.7 angegebenen Daten ermitteln wir zunächst die Betriebsmittelimpedanzen des Netzwerkersatzschaltbilds.

Netzimpedanz $\underline{Z}_Q$

Die äquivalente Netzimpedanz $\underline{Z}_Q$ der Einspeisung berechnet sich aus den Zahlenwerten für die Kurzschlußleistung S''_{k_Q} und der Nennspannung U_{n_Q} zu

$$Z_Q = \frac{1,1U_{n_Q}^2}{S''_{k_Q}} = \frac{1,1(110 \text{ kV})^2}{2500 \text{ MVA}} = 5,324\ \Omega \quad . \tag{17.29}$$

In Mittel- und Hochspannungsnetzen kann wegen $R \ll X$ von einer rein induktiven Netzimpedanz ausgegangen werden, das heißt $\underline{Z}_Q = \mathrm{j}X_Q$ bzw. $X_Q = 5,324\Omega$.

Kurzschlußimpedanz der Kurzschlußbahn:

Mit den in Bild 17.12 angegebenen Widerstands- und Reaktanzbelägen und der Leitungslänge $l = 11$ km ergibt sich für die Freileitungsimpedanz

$$\begin{aligned} \underline{Z}_F &= R_F + \mathrm{j}X_F = l \cdot (r'_F + \mathrm{j}x'_F) \qquad (17.30) \\ &= 11 \text{ km}(0,306 + \mathrm{j}0,416)\ \Omega/\text{km} \\ &= (3,366 + \mathrm{j}4,576)\ \Omega \quad . \end{aligned}$$

Da der Kurzschluß auf der 110 kV-Ebene erfolgt, ist ein Bezug auf ein Basisnetz entbehrlich.

Durch die Reihenschaltung von $\underline{Z}_Q$ und $\underline{Z}_F$ ergibt sich eine Gesamtimpedanz der Kurzschlußbahn von

$$\begin{aligned} \underline{Z}_{tot} &= R_{tot} + \mathrm{j}X_{tot} = \Sigma R + \Sigma jX = R_F + \mathrm{j}(X_Q + X_F) \qquad (17.31) \\ &= (3,366 + \mathrm{j}9,9)\ \Omega = \sqrt{3,366^2 + 9,9^2}\ \Omega \cdot \mathrm{e}^{\mathrm{j}71,2^\circ} \\ &= 10,46\ \Omega \cdot \mathrm{e}^{\mathrm{j}71,2^\circ} \quad . \end{aligned}$$

Mit diesen Ergebnissen erhalten wir das Ersatzschaltbild 17.9a und daraus das finale Ersatzschaltbild 17.9b.

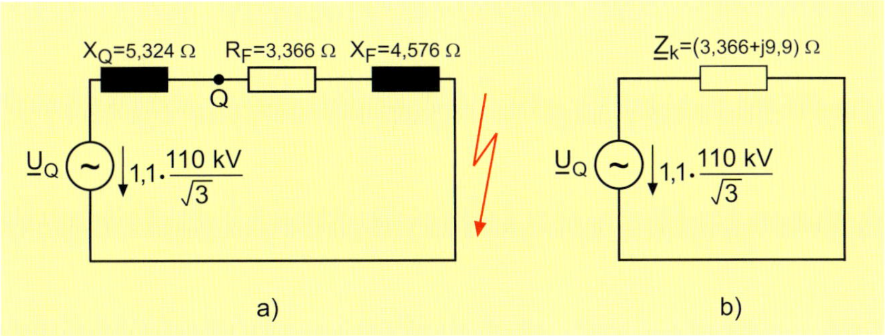

Bild 17.9. a) Ersatzschaltbild mit Betriebsmittelimpedanzen, b) finales Ersatzschaltbild.

Der *Anfangs-Kurzschlußwechselstrom* I_k'' am Fehlerort berechnet sich aus dem finalen Ersatzschaltbild mit den Beträgen von (17.31) über das ohmsche Gesetz zu

$$I_k'' = \frac{1,1U_n}{\sqrt{3}Z_{tot}} = \frac{1,1 \cdot 110\ \text{kV}}{\sqrt{3} \cdot 10,46\ \Omega} = 6,679\ \text{kA} \quad . \tag{17.32}$$

Damit ist wieder die Grundaufgabe der Kurzschlußstromberechnung gelöst.

Hinter *Netzeinspeisungen* verbergen sich gewöhnlich ausgedehnte vermaschte Netze mit einer sehr hohen Kurzschlußleistung und zahlreichen Generatoren. In diesen Fällen gilt ein Kurzschluß grundsätzlich als *generatorfern* (s. 6.10.1 und 17.1.2.2). Die der Lösung der Grundaufgabe folgende weitere Auswertung von I_k'' gestaltet sich dann sehr einfach.

Für den *Stoßkurzschlußstrom* i_p ergibt sich mit Gleichung (17.4) eine Stoßziffer von

$$\kappa = 1,02 + 0,98 \cdot \mathrm{e}^{-3R_{\text{tot}}/X_{\text{tot}}} = 1,02 + 0,98 \cdot \mathrm{e}^{-3 \cdot 3,366/9,9} = 1,373 \tag{17.33}$$

und damit

$$i_p = \sqrt{2}\kappa I_k'' = \sqrt{2} \cdot 1,373 \cdot 6,679\ \text{kA} = 12,97\ \text{kA} \quad . \tag{17.34}$$

Der *Ausschaltwechselstrom*, der *Dauerkurzschlußstrom* und I_k'' sind gleich groß,

$$I_b = I_k = I_k'' = 6,679\ \text{kA} \quad . \tag{17.35}$$

17.2.3 Berechnung von I_k'' bei mehrfacher Einspeisung

In ausgedehnten Netzen gibt es in der Regel mehrere Einspeisungen aus überlagerten oder parallelen Netzen und einem oder mehreren zusätzlichen Generatoren, sogenannter „*mehrfach gespeister Kurzschluß*“. Hinzu kommen bei genauerer Betrachtung die zahlreichen Synchron- und Asynchronmotoren, die im Kurzschlußfall ebenso als Generatoren wirken und ins Netz *rückspeisen*. Es läßt sich dann nicht mehr auf Anhieb eine einfache Ersatzschaltung wie in den beiden bislang betrachteten Beispielen der Abschnitte 17.2.1 und 17.2.2 angeben. Selbstverständlich lassen sich mittels im Schrifttum ausführlich behandelter netzwerktheoretischer Methoden der Kurzschlußstrom I_k'' an der Fehlerstelle und die ihn speisenden Teilkurzschlußströme auch bei mehrfacher Einspeisung exakt berechnen. Aus Vereinfachungsgründen geht man jedoch auf das sogenannte „*Verfahren der Ersatzspannungsquelle*“ über, das auf dem *Thevenin-Theorem* beruht. Diese Vorgehensweise führt letztlich wieder auf das aus Bild 17.2 gewohnte, einfache finale Ersatzschaltbild. Die mit ihm erreichbare Genauigkeit ist für die Praxis meist ausreichend.

17.2.3.1 Das Verfahren der Ersatzspannungsquelle

Die in den Abschnitten 17.2.1 und 17.2.2 errechneten Ergebnisse ändern sich nicht, wenn man die treibende Spannungsquelle in den Ersatzschaltbildern 17.6, 17.8 und 17.10a innerhalb des Stromkreises an den Ort des Kurzschlusses verschiebt und ihr dort den Namen „*Ersatzspannungsquelle*“ gibt, Bild 17.10b.

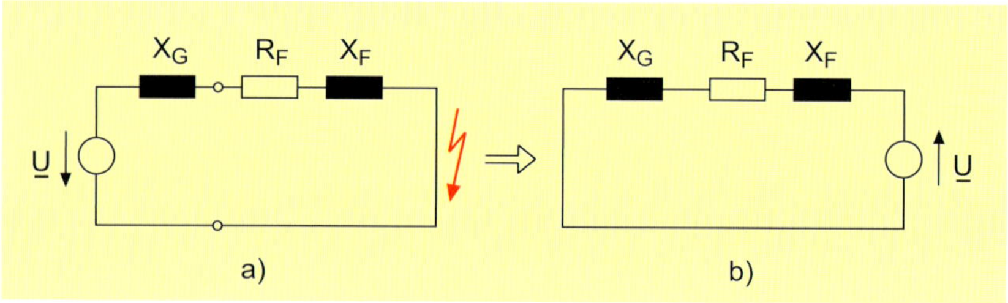

Bild 17.10. a) Ersatzschaltbild mit Quellenspannung der Kurzschlußstromquelle, b) Ersatzschaltbild mit äquivalenter *Ersatzspannungsquelle*.

Auf dieser Äquivalenz, die sich auch auf Netze mit mehreren Spannungsquellen verallgemeinern läßt, beruht das *Verfahren der Ersatz-*

spannungsquelle. Gemäß dem Thevenin-Theorem fügt man *an der Fehlerstelle* eine ideale *Ersatzspannungsquelle* ein, deren Spannung der Knotenspannung an der Fehlerstelle vor dem Kurzschlußeintritt entspricht. Gleichzeitig werden die inneren Quellenspannungen aller Netzeinspeisungen, Synchron- und Asynchrongeneratoren *passiviert,* das heißt *überbrückt* bzw. *kurzgeschlossen* ($U_{Q_\nu} := 0$). Letzteres gilt auch für Synchron- und größere Asynchron*motoren*, die im Kurzschlußfall wie Generatoren wirken und die in ihnen gespeicherte kinetische Energie ins Netz rückspeisen. Die Maschinenimpedanzen bleiben alle erhalten.

Die Knotenspannung am Fehlerknoten vor Kurzschlußeintritt kann mit einer Leistungsflußrechnung ermittelt werden. Zur Vereinfachung setzt man jedoch meist die *Nennspannung* an der Fehlerstelle ein, multipliziert mit dem sogenannten *Spannungsfaktor* c_{max} bzw. c_{min}, je nachdem ob der größte oder kleinste Kurzschlußstrom berechnet werden soll.

Der Spannungsfaktor c berücksichtigt, daß die den Kurzschlußstrom treibenden Spannungen sich von der Netznennspannung unterscheiden (s. a. Gleichung (17.23)). Die Werte von c_{max} und c_{min} entsprechen einer Abschätzung nach oben und unten für die über- bzw. untererregten Betriebszustände der Generatoren *vor* Kurzschlußeintritt, mit anderen Worten dem Unterschied zwischen Polradspannung und Nennspannung. In Bild 17.11 sind die Werte c_{max} und c_{min} für verschiedene Spannungsebenen aufgelistet.

Niederspannungsnetz ($U_n \leq$ 1 kV)		
- mit Spannungstoleranz + 6 %	c_{min} = 0,95	c_{max} = 1,05
- mit Spannungstoleranz + 10 %	c_{min} = 0,95	c_{max} = 1,10
Mittel- und Hochspannungsnetze		
mit 1 kV < $U_n \leq$ 380 kV	c_{min} = 1,00	c_{max} = 1,10

Bild 17.11. Spannungsfaktor c gemäß VDE 0102.

Die Einführung einer Ersatzspannungsquelle ermöglicht auch bei komplexen Netzen eine einfache Ersatzschaltung gemäß Bild 17.6 aufzustellen. Zur Wahrung ausreichender Genauigkeit sind dann jedoch zusätzliche Korrekturfaktoren anzuwenden, auf die im Abschnitt 17.4 noch ausführlich eingegangen wird.

17.2.3.2 Rechenbeispiel zum Verfahren der Ersatzspannungsquelle

Die Vorteile des *Verfahrens der Ersatzspannungsquelle* lassen sich an einem einfachen Netz mit zwei Einspeisungen, hier einer *Netz-* und einer *Generatoreinspeisung*, demonstrieren, Bild 17.12.

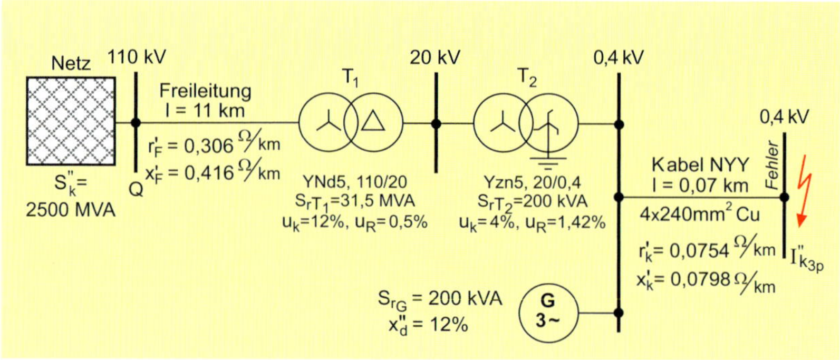

Bild 17.12. Rechenbeispiel und Netzschaltplan für ein Netz mit zwei Kurzschlußstromquellen.

Ein 110 kV-Regionalnetz speise über eine Freileitung eine 110 kV/20 kV-Umspannstation (Transformator T_1). Von der 20 kV-Sammelschiene dieser Station wird unter anderem eine 20 kV/0,4 kV-Ortsnetzstation versorgt (Transformator T_2). An der 0,4 kV-Sammelschiene speist als zweite Kurzschlußstromquelle noch ein lokaler Wasserkraftgenerator ein.

Der Fehlerort mit einem dreipoligen Kurzschluß befinde sich auf der Sekundärseite des Verteiltransformators T_2 am Ende eines Kabelabzweigs der 0,4 kV-Sammelschiene einer Niederspannungshauptschaltanlage.

Da sich der Kurzschlußstrompfad über drei Spannungsebenen erstreckt, müssen zunächst alle Impedanzen, wie in 17.2, auf die Spannungsebene des Fehlerknotens, das heißt 400 V, mittels der Übersetzungsverhältnisse der Transformatoren umgerechnet werden. Aufgrund zweier kaskadierter Transformatoren sind hierbei *zwei* Übersetzungsverhältnisse ü$_1$ und ü$_2$ zu berücksichtigen. Als Ergebnis erhalten wir für die auf 400 V bezogenen Impedanzen des Kurzschlußpfads.

Das Netzwerk-Ersatzschaltbild mit transformierten Impedanzen und Ersatzspannungsquelle zeigt Bild 17.13.

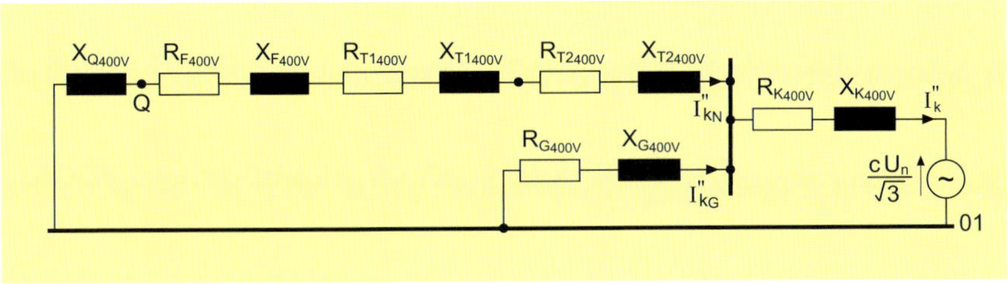

Bild 17.13. Ersatzschaltbild mit Ersatzspannungsquelle und kurzgeschlossener Einspeisung $\underline{U}_Q$.

Mit den Netzdaten aus Bild 17.13 erhalten wir für die einzelnen Betriebsmittelimpedanzen der oberen Netzeinspeisung die im folgenden errechneten Zahlenwerte.

Transformierte Impedanz der Netzeinspeisung $\underline{Z}_Q$:

Die Spannungstoleranz des Netzes auf der 0,4 kV-Ebene sei +10 %, so daß für die Berechnung des maximalen Kurzschlußstromes ein Spannungsfaktor $c_{\max} = 1,1$ einzusetzen ist. Mit der Kurzschlußleistung des 110 kV-Netzes erhalten wir für den Betrag der Netzimpedanz $\underline{Z}_Q$ auf der 110 kV-Ebene gemäß (17.28)

$$Z_Q = X_Q = \frac{1,1\,U_Q^2}{S''_{k_Q}} = \frac{1,1\,(110\text{ kV})^2}{2500\text{ MVA}} = 5,324\ \Omega \quad . \tag{17.36}$$

Transformiert auf die 0,4 kV-Ebene erhalten wir

$$\begin{aligned} Z_{Q_{400\text{V}}} &= \frac{Z_Q}{\text{ü}_{T_1}^2 \cdot \text{ü}_{T_2}^2} = 5,324\ \Omega \cdot \left(\frac{20\text{ kV}}{110\text{ kV}}\right)^2 \left(\frac{0,4\text{ kV}}{20\text{ kV}}\right)^2 \\ &= 5,324\ \Omega \left(\frac{0,4\text{ kV}}{110\text{ kV}}\right)^2 = 70,4\ \mu\Omega \quad . \end{aligned} \tag{17.37}$$

Im nächsten Schritt berechnen wir die Werte aller im Kurzschlußstrompfad zwischen dem Einspeiseknoten und dem Fehlerort liegenden, auf die 400 V-Ebene transformierten Impedanzen. Anschließend addieren wir ihre Real- und Imaginärteile, unter Berücksichtigung der Reaktanz des Generators an der 0,4 kV-Sammelschiene, zur totalen wirksamen Impedanz $Z_{tot_{400\mathrm{V}}}$ aus Sicht der Ersatzspannungsquelle.

Transformierte Impedanz $\underline{Z}_{F_{400\mathrm{V}}}$ *der Freileitung*:

Die absolute Freileitungsimpedanz wurde bereits in 17.2.2 berechnet und beträgt gemäß Gleichung (17.30)

$$\underline{Z}_F = (3,366 + \mathrm{j}4,576)\,\Omega \quad , \tag{17.38}$$

bzw. transformiert

$$\underline{Z}_{F_{400\mathrm{V}}} = \underline{Z}_F \left(\frac{0,4\ \mathrm{kV}}{110\ \mathrm{kV}}\right)^2 = (44,51 + \mathrm{j}60,51)\ \mu\Omega \quad . \tag{17.39}$$

Transformierte Impedanz $\underline{Z}_{T_{1_{400\mathrm{V}}}}$ *des Transformators* T_1:

Die Kurzschlußimpedanz des Transformators T_1 berechnet sich aus seinen Bemessungsdaten *Nennspannung*, *Scheinleistung* und *Relative Kurzschlußspannung* (s. a. 17.4.3) zu

$$\begin{aligned} Z_{T_{1_{400\mathrm{V}}}} &= \frac{u_{kT_1} U^2_{rT_{1\mathrm{US}}}}{100\ \% \cdot S_{rT_1}} \left(\frac{0,4\ \mathrm{kV}}{U_{rT_{1\mathrm{US}}}}\right)^2 \\ &= \frac{12\ \% \cdot (0,4\ \mathrm{kV})^2}{100\ \% \cdot 31,5\ \mathrm{MVA}} = 609,52\ \mu\Omega \quad . \end{aligned} \tag{17.40}$$

Mit $u_{R_{T1}} = 0,5\,\%$ und mit $Z_{T_{1_{400\mathrm{V}}}} = \sqrt{R^2_{T_{1_{400\mathrm{V}}}} + X^2_{T_{1_{400\mathrm{V}}}}}$ erhält man

$$\begin{aligned} R_{T_{1_{400\mathrm{V}}}} &= Z_{T_{1_{400\mathrm{V}}}} \frac{u_{R_{T_1}}}{u_{k_{T_1}}} = 25,4\ \mu\Omega \\ X_{T_{1_{400\mathrm{V}}}} &= \sqrt{Z^2_{T_{1_{400\mathrm{V}}}} - R^2_{T_{1_{400\mathrm{V}}}}} = 608,99\ \mu\Omega \quad . \end{aligned} \tag{17.41}$$

Transformierte Impedanz $\underline{Z}_{T_{2_{400\mathrm{V}}}}$ *des Transformators* T_2:

Sinngemäß erhalten wir für den Transformator T_2 die transformierte Impedanz und ihre Komponenten zu

$$\begin{aligned} Z_{T_{2_{400\mathrm{V}}}} &= \frac{4\ \% \cdot (0,4\ \mathrm{kV})^2}{100\ \% \cdot 200\ \mathrm{kVA}} = 32\ \mathrm{m}\Omega \\ R_{T_{2_{400\mathrm{V}}}} &= Z_{T_{2_{400\mathrm{V}}}} \frac{u_{R_{T_2}}}{u_{k_{T_2}}} = 11,36\ \mathrm{m}\Omega \\ X_{T_{2_{400\mathrm{V}}}} &= \sqrt{Z^2_{T_{2_{400\mathrm{V}}}} - R^2_{T_{2_{400\mathrm{V}}}}} = 29,92\ \mathrm{m}\Omega \quad . \qquad (17.42) \end{aligned}$$

Es verbleiben jetzt noch die Berechnung der Impedanzen des Generators und des Kabels zum Verbraucher.

Impedanz $\underline{Z}_G$ *des Generators:*

Die Kurzschlußreaktanz des Generators berechnet sich aus der bezogenen subtransienten Reaktanz x''_d, der Bemessungsspannung und der Bemessungsleistung (s. a. 17.4.1) zu

$$X_G = X''_d = \frac{x''_d \cdot U^2_{rG}}{100\ \% \cdot S_{rG}} = \frac{12\ \%}{100\ \%} \cdot \frac{(0,4\ \mathrm{kV})^2}{200\ \mathrm{kVA}} = 96\ \mathrm{m}\Omega \quad (17.43)$$

Mit $U_{rG} \leq 1$ kV wird der ohmsche Anteil der Kurzschlußimpedanz gemäß Bild 17.23 bestimmt,

$$R_G = 0,15 \cdot X_G = 14,4\ \mathrm{m}\Omega \quad . \qquad (17.44)$$

Impedanz $\underline{Z}_K$ *des Kabels*:

Mit den in Bild 17.12 angegebenen Widerstands- und Reaktanzbelägen und der Kabellänge $l = 0,07$ km ergibt sich für die Kabelimpedanz $\underline{Z}_K$

$$\begin{aligned} \underline{Z}_K &= R_K + \mathrm{j}X_K = l \cdot (r'_K + \mathrm{j}x'_K) \qquad (17.45) \\ &= 0,07\ \mathrm{km}\ (0,0754 + \mathrm{j}0,0798)\ \Omega/\mathrm{km} = (5,28 + \mathrm{j}5,59)\ \mathrm{m}\Omega \\ &= 7,69\ \mathrm{m}\Omega \cdot \mathrm{e}^{\mathrm{j}46,63^\circ} \quad . \end{aligned}$$

Die Gesamtimpedanz von der 110 KV- bis zur ersten 0,4 kV-Sammelschiene ergibt sich durch Reihenschaltung der transformierten Kurzschlußimpedanzen zu

$$\begin{aligned}\underline{Z}_{Netz_{400\mathrm{V}}} &= \Sigma R + \Sigma \mathrm{j} X \\ &= \mathrm{j}X_{Q_{400\mathrm{V}}} + R_{F_{400\mathrm{V}}} + \mathrm{j}X_{F_{400\mathrm{V}}} + R_{T_{1_{400\mathrm{V}}}} + \mathrm{j}X_{T_{1_{400\mathrm{V}}}} + \\ &+ R_{T_{2_{400\mathrm{V}}}} + \mathrm{j}X_{T_{2_{400\mathrm{V}}}} \\ &= (11,43 + \mathrm{j}30,66)\ \mathrm{m}\Omega = 32,72\ \mathrm{m}\Omega \cdot \mathrm{e}^{\mathrm{j}69,55^\circ} \quad .\end{aligned} \tag{17.46}$$

Nach Addition der transformierten Widerstände und Reaktanzen der verschiedenen Betriebsmittel des Strompfades in Richtung Netzeinspeisung reduziert sich das Netzwerk-Ersatzschaltbild auf einen *Stromteiler*, der aus zwei Strompfaden mit den Impedanzen $\underline{Z}_{\mathrm{Netz}}$ und $\underline{Z}_G$ besteht.

Ermitteln wir noch die aus Sicht der Ersatzspannungsquelle wirksame totale Kurzschlußimpedanz $Z_{tot_{400\mathrm{V}}}$ durch Zusammenfassen der Parallelschaltung von $\underline{Z}_G$ und $\underline{Z}_{\mathrm{Netz}}$ sowie Addition des Ergebnisses zu $\underline{Z}_K$

$$\underline{Z}_{tot_{400\mathrm{V}}} = \frac{\underline{Z}_G\ \underline{Z}_{\mathrm{Netz}_{400\mathrm{V}}}}{\underline{Z}_G + \underline{Z}_{\mathrm{Netz}_{400\mathrm{V}}}} + \underline{Z}_K = 31,67\ \mathrm{m}\Omega \cdot \mathrm{e}^{\mathrm{j}66,46^\circ} \quad , \tag{17.47}$$

erhalten wir wieder das angestrebte finale Ersatzschaltbild mit nur einer Impedanz, Bild 17.14.

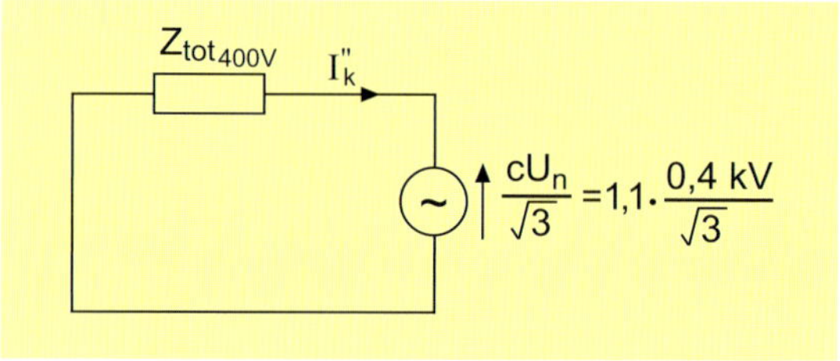

Bild 17.14. Finales Ersatzschaltbild zur Berechnung von I_k'' mit Hilfe des Verfahrens der Ersatzspannungsquelle.

Vermaschte, komplexere Netze erfordern beim Zusammenfassen eine Vielzahl von *Reihen-* und *Parallelschaltungen*, *Stern/Dreieck-* und

Dreieck/Stern-Umwandlungen etc. ehe man wieder das einfache finale Ersatzschaltbild erhält.

Aus Bild 17.14 erhält man schließlich mittels des ohmschen Gesetzes

$$I_k'' = \frac{1,1 \cdot 400 \text{ V}}{\sqrt{3} \cdot 31,67 \text{ m}\Omega} = 8,02 \text{ kA} \quad . \qquad (17.48)$$

Die beiden Teilkurzschlußströme I_{k_G}'' im Generator und $I_{k_{\text{Netz}}}''$ berechnen sich unter der Annahme, daß die Impedanzwinkel von $\underline{Z}_{\text{Netz}}$ und $\underline{Z}_G$ etwa gleich groß sind, zu

$$I_{k_G}'' = I_k'' \frac{Z_G \, Z_{\text{Netz}_{400\text{V}}}}{Z_G + Z_{\text{Netz}_{400\text{V}}}} \cdot \frac{1}{Z_G} = I_k'' = 2,01 \text{ kA} \qquad (17.49)$$

und

$$I_{k_{Netz}}'' = |\, \underline{I}_k'' - \underline{I}_{k_G}''| \approx I_k'' - I_{k_G}'' = 6,01 \text{ kA} \quad . \qquad (17.50)$$

Für die Bestimmung des vom Generator gespeisten Anteils des *Stoßkurzschlußstromes* i_{p_G} muß für die Strompfade zwischen Generator bzw. Netzeinspeisung und Kurzschlußort jeweils eine individuelle Stoßziffer gemäß (17.4) berechnet werden.

$$\begin{aligned} \kappa_G &= 1,02 + 0,98 \cdot \mathrm{e}^{-3(R_G+R_K)/(X_G+X_K)} \qquad (17.51) \\ &= 1,02 + 0,98 \cdot \mathrm{e}^{-3 \cdot 19,68/101,6} = 1,57 \end{aligned}$$

Damit ergibt sich der maximale Kurzschlußstrom des Generators zu

$$i_{p_G} = \sqrt{2}\kappa_G I_{k_G}'' = \sqrt{2} \cdot 1,57 \cdot 2,01 \text{ kA} = 4,46 \text{ kA} \quad . \qquad (17.52)$$

Für den Stoßkurzschlußstrom des Netzes gilt sinngemäß

$$\begin{aligned} \kappa_N &= 1,02 + 0,98 \cdot \mathrm{e}^{-3(R_{\text{Netz}}+R_K)/(X_{\text{Netz}}+X_K)} \qquad (17.53) \\ &= 1,02 + 0,98 \cdot \mathrm{e}^{-3 \cdot 16,71/36,25} = 1,27 \quad . \end{aligned}$$

Damit ergibt sich der maximale Kurzschlußstrom des Netzes zu

$$i_{p_N} = \sqrt{2}\kappa_G I_{k_{\text{Netz}}}'' = \sqrt{2} \cdot 1,27 \cdot 6,01 \text{ kA} = 10,79 \text{ kA} \quad . \qquad (17.54)$$

Am Kurzschlußort ergibt sich dann der aufsummierte Stoßkurzschlußstrom zu

$$i_p = i_{p_N} + i_{p_G} = 4,46\ \text{kA} + 10,79\ \text{kA} = 15,25\ \text{kA} \quad . \tag{17.55}$$

Das Verfahren der Ersatzspannungsquelle kommt in der Praxis in allen Kurzschlußstromberechnungen „von Hand“ zum Einsatz und wird auch in den weiteren Beispielen angewendet. Es bildet ferner die Grundlage der digitalen Kurzschlußstromberechnung, wie in Abschnitt 17.6 gezeigt werden wird.

17.3 Unsymmetrische Fehler

Es gibt im wesentlichen vier unsymmetrische Fehlerarten, Bild 17.15.

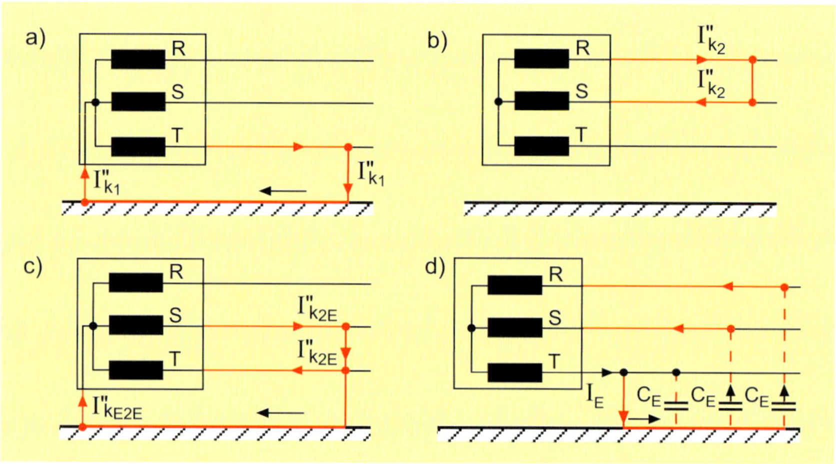

Bild 17.15. Unsymmetrische Fehlerarten: a) einpoliger Kurzschluß, b) zweipoliger Kurzschluß ohne Erdberührung, c) zweipoliger Kurzschluß mit Erdberührung, d) einpoliger Erdschluß.

Der *einpolige Kurzschluß*, auch *Erdkurzschluß* genannt, tritt in geerdeten Netzen, beim *direkten Kurzschließen* eines Leiters mit Erde (*metallischer Kurzschluß*) oder bei einem *Isolationsversagen* zwischen einem Leiter und Erde (*Lichtbogenkurzschluß*) auf, Bild 17.15a. Typische Ursachen für Lichtbogen-Kurzschlüsse bei Freileitungen sind beispielsweise unkontrollierter Baumwuchs oder durch Blitzeinschlag ausgelöste Überspannungen.

Der *zweipolige Kurzschluß* tritt zwischen zwei Außenleitern auf, wobei man zwischen zweipoligem Kurzschluß *mit* und *ohne Erdberührung* unterscheidet, Bild 17.15b und c. In letzterem Fall interessiert man sich weniger für die Ströme in den Außenleitern sondern für den nach Erde fließenden Strom $I''_{k_{E2E}}$, der für die Gefährdung von Personen durch Schrittspannungen oder die elektromagnetische Beeinflussung von Kommunikationsleitungen maßgeblich ist.

In nicht starr geerdeten Netzen kann der sogenannte *Erdschluß*, Bild 17.15d, auftreten. Ereignet sich letzterer gleichzeitig an zwei unterschiedlichen Stellen im Netz, spricht man vom *Doppelerdschluß* bzw. *Doppelfehler*. Erdschlüsse sind grundsätzlich anderer Natur als Kurzschlüsse und wurden bereits im Kapitel 10 behandelt.

Die Problematik der Berechnung unsymmetrischer Fehler besteht darin, daß man nicht mehr mit der gewohnten einphasigen Darstellung rechnen kann. Unsymmetrische Drehstromsysteme lassen sich jedoch mit Hilfe der *Methode der symmetrischen Komponenten* in drei *symmetrische* Systeme umwandeln, die als *Mit-*, *Gegen-* und *Nullsystem* bezeichnet werden (s. a. 6.11.1, 6.11.2 und Anhang E). Beim Mit- und Gegensystem handelt es sich ebenfalls um Drehstromsysteme, beim Nullsystem um ein gleichphasiges System, Bild 17.16

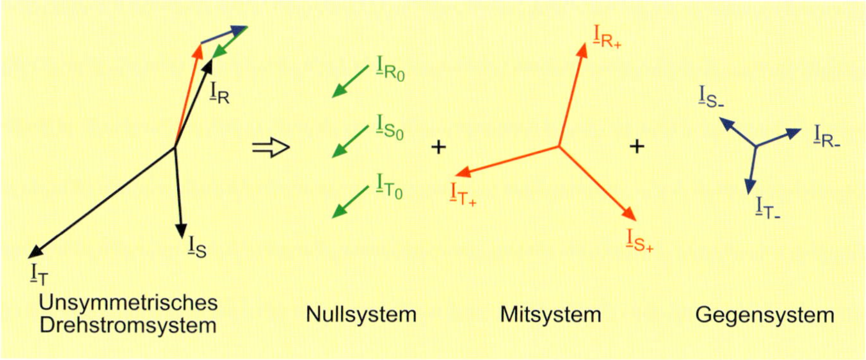

Bild 17.16. Unsymmetrisches Drehstromsystem $\underline{I}_R$, $\underline{I}_S$, $\underline{I}_T$ und seine Zerlegung in symmetrische Komponenten.

Mathematisch bestehen zwischen den symmetrischen und den unsymmetrischen Spannungen und Strömen folgende Beziehungen:

$$\begin{aligned} \underline{I}_0 &= \tfrac{1}{3}(\underline{I}_R + \underline{I}_S + \underline{I}_T) & \underline{U}_0 &= \tfrac{1}{3}(\underline{U}_R + \underline{U}_S + \underline{U}_T) \\ \underline{I}_+ &= \tfrac{1}{3}(\underline{I}_R + \underline{a}\underline{I}_S + \underline{a}^2\underline{I}_T) & \underline{U}_+ &= \tfrac{1}{3}(\underline{U}_R + \underline{a}\underline{U}_S + \underline{a}^2\underline{U}_T) \\ \underline{I}_- &= \tfrac{1}{3}(\underline{I}_R + \underline{a}^2\underline{I}_S + \underline{a}\underline{I}_T) & \underline{U}_- &= \tfrac{1}{3}(\underline{U}_R + \underline{a}^2\underline{U}_S + \underline{a}\underline{U}_T) \end{aligned} \tag{17.56}$$

$$\begin{aligned} \underline{I}_R &= (\underline{I}_0 + \underline{I}_+ + \underline{I}_-) & \underline{U}_R &= (\underline{U}_0 + \underline{U}_+ + \underline{U}_-) \\ \underline{I}_S &= (\underline{I}_0 + \underline{a}^2\underline{I}_+ + \underline{a}\underline{I}_-) & \underline{U}_S &= (\underline{U}_0 + \underline{a}^2\underline{U}_+ + \underline{a}\underline{U}_-) \\ \underline{I}_T &= (\underline{I}_0 + \underline{a}\underline{I}_+ + \underline{a}^2\underline{I}_-) & \underline{U}_T &= (\underline{U}_0 + \underline{a}\underline{U}_+ + \underline{a}^2\underline{U}_-) \quad . \end{aligned}$$

$$, \tag{17.57}$$

wobei $a = 1 < 120° = -\frac{1}{2} - j\frac{\sqrt{3}}{2}$ und $a^2 = 1 < 240° = -\frac{1}{2} - j\frac{\sqrt{3}}{2}$.

Den Mit-, Gegen- und Nullsystemen lassen sich Ersatzschaltbilder zuordnen, Bild 17.17.

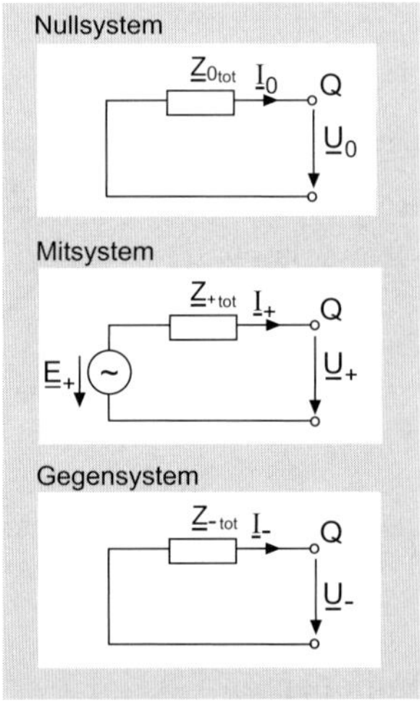

Bild 17.17. Finale Ersatzschaltbilder mit den totalen Impedanzen $\underline{Z}_0$, $\underline{Z}_+$ und $\underline{Z}_-$ (der Index „tot“ wird hier und im folgenden nicht mehr mitgeführt). Wegen der Wurzeln der drei Ersatzschaltbilder wird auf 6.11 und Anhang E.1 verwiesen.

Die Impedanz $Z_{+_{\text{tot}}}$ des Mitsystems ist identisch mit der Impedanz $\underline{Z}_{\text{tot}}$ des bei der Berechnung symmetrischer Kurzschlüsse verwendeten finalen *einphasigen* Ersatzschaltbilds. Die Ersatzschaltbilder des Gegen- und Nullsystems enthalten die totale *Gegenimpedanz* $\underline{Z}_{-_{\text{tot}}}$ und die totale *Nullimpedanz* $\underline{Z}_{0_{\text{tot}}}$. Bei unsymmetrischen Fehlern sind drei totale Impedanzen $\underline{Z}_{\text{tot}}$, je einmal für das *Mit-*, *Gegen-* und *Nullsystem*, zu ermitteln. Anschließend setzt man diese Werte in die im folgenden Abschnitt angegebenen fehlerartabhängigen Bemessungsformeln ein. Der interessierte Leser kann ihr Zustandekommen im Anhang E erfahren.

Die üblicherweise in Abhandlungen über die Berechnung unsymmetrischer Fehler zu findende fehlerartabhängige Verkopplung der drei Komponentensysteme zu einem einzigen Ersatzschaltbild ist zwar aus physikalischer Sicht interessant, für die praktische Kurzschlußstromberechnung jedoch entbehrlich und eher geeignet, vom Wesentlichen abzulenken. Die jeweilige Kopplung ergibt sich zwingend bei der Herleitung besagter Formeln und ist in ihnen bereits implizit berücksichtigt. Auf die Wiedergabe der Varianten der verschalteten Mit-, Gegen- und Nullsysteme wird daher in diesem Buch verzichtet.

Wie einfach die Berechnung unsymmetrischer Fehler sein kann, zeigt der folgende Abschnitt.

17.3.1 Berechnungsformeln für unsymmetrische Fehler

Bereits bei der Berechnung *symmetrischer* Kurzschlußströme wurde die Aufgabenstellung auf eine einfache finale Gleichung reduziert,

$$I_k'' = \frac{E_P''}{Z_{\text{tot}}} \quad . \tag{17.58}$$

Das eigentliche Problem lag im geeigneten Zusammenfassen der Impdeanzen aller Betriebsmittel zu Z_{tot}.

Die Berechnung *unsymmetrischer* Kurzschlußströme erfolgt nach dem gleichen Schema, im Nenner steht jetzt lediglich eine Impedanz, die sich abhängig von der Art des Fehlers aus den totalen *Mit-*, *Gegen-* und *Nullimpedanzen* der symmetrischen Komponentennetzwerke zusammensetzt. Für die verschiedenen Fehlerarten existieren folgende finale Gleichungen:

Einpoliger Kurzschluß:

$$I''_{k1} = \frac{\sqrt{3}cU_n}{|\underline{Z}_0 + \underline{Z}_+ + \underline{Z}_-|} \tag{17.59}$$

Zweipoliger Kurzschluß ohne Erdberührung:

$$I''_{k2} = \frac{c\,U_n}{|\underline{Z}_+ + \underline{Z}_-|} \tag{17.60}$$

Zweipoliger Kurzschluß mit Erdberührung:
(Kurzschlußstrom nach Erde)

$$I''_{k_{E2E}} = \frac{\sqrt{3}cU_n}{|\underline{Z}_+ + \underline{Z}_0 + \underline{Z}_0\frac{\underline{Z}_+}{\underline{Z}_-}|} \tag{17.61}$$

Für die praktische Kurzschlußstromberechnung sind allein diese Formeln ausreichend. Der Schwerpunkt der Aufgabenstellung liegt auf der Ermittlung von $\underline{Z}_{+_{\text{tot}}}, \underline{Z}_{-_{\text{tot}}}$ und $\underline{Z}_{0_{\text{tot}}}$.

17.3.2 Berechnungsbeispiel „Unsymmetrische Kurzschlußströme"

Für das in Bild 17.18 gezeigte Netz sind die Anfangs-Kurzschlußwechselströme I''_{k1} für den *einpoligen Kurzschluß* und I''_{k2E} und I''_{k2} für den *zweipoligen Kurzschluß* mit und ohne Erdberührung an der 0,4 kV Drehstromsammelschiene zu berechnen.

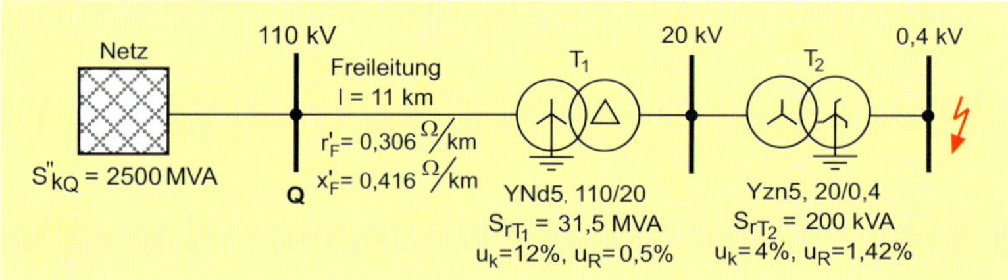

Bild 17.18. Berechnungsbeispiel unsymmetrischer Kurzschlußströme an einer 0,4 kV Sammelschiene. Q: Einspeisung.

Da sowohl der *einpolige* als auch der *zweipolige* Kurzschlußstrom *mit* und *ohne* Erdberührung berechnet werden soll, sind zunächst die Impedanzen $\underline{Z}_+$, $\underline{Z}_-$ und $\underline{Z}_0$ aller Komponentensysteme zu ermitteln, um sie anschließend in die einfachen Formeln (17.59), (17.60) und (17.61) einsetzen zu können. Die Ermittlung von $\underline{Z}_+$, $\underline{Z}_-$ und $\underline{Z}_0$ erfolgt durch Aufstellen der in Bild 17.17 gezeigten Ersatzschaltbilder der Komponentensysteme.

17.3.2.1 Aufstellen der Ersatzschaltbilder des Mit-, Gegen- und Nullsystems

Die Ersatzschaltbilder des Beispielnetzes im Mit-, Gegen- und Nullsystem sind in Bild 17.19 dargestellt. Hierbei wurde für die *Netzeinspeisung* von den Überlegungen in Abschnitt 17.2.2, für die *passiven Betriebsmittel* von den Überlegungen in 6.11 und Anhang E.1 Gebrauch gemacht. Für den Spannungsfaktor $c_{\max}$ ist gemäß Bild 17.11 der Wert $1,1$ einzusetzen.

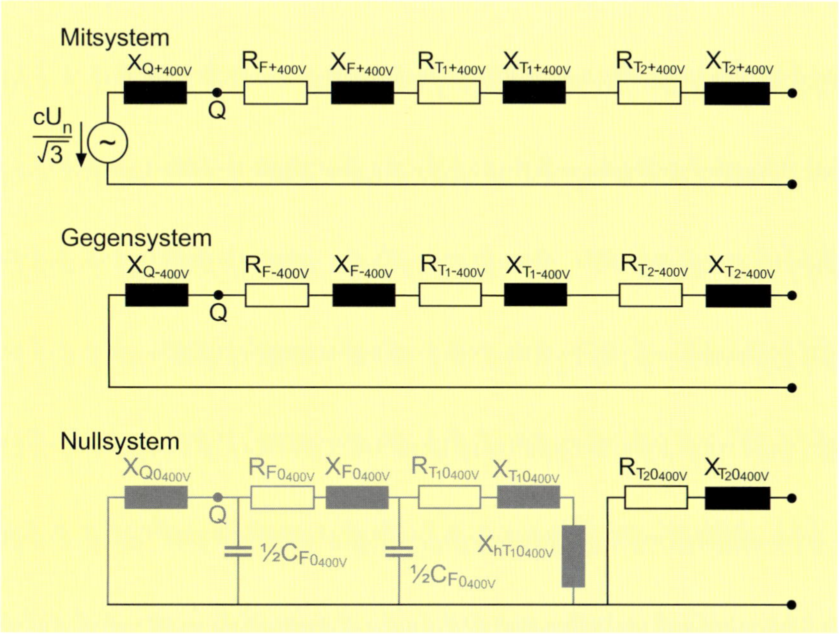

Bild 17.19. Ersatzschaltbilder des Mit-, Gegen- und Nullsystems des Netzes aus Bild 17.18, bezogen auf die Spannungsebene 400V des Kurzschlußorts.

17.3.3 Berechnung der Mit- und Gegenimpedanzen

Im folgenden werden die Mitimpedanzen der im Kurzschlußkreis vorhandenen Betriebsmittel berechnet. Die Gegenimpedanzen besitzen den gleichen Wert, da sich in unserem Beispielnetz nur passive Betriebsmittel befinden (s. 6.11.3).

Die Impedanzen von Einspeisung, Freileitung und Generatoren wurden bereits in 17.2.3.2 berechnet

$$\begin{aligned} Z_{Q_{400\text{V}}} &= X_{Q_{400\text{V}}} = 70,4\ \mu\Omega \\ \underline{Z}_{F_{400\text{V}}} &= (44,51 + \text{j}60,51)\ \mu\Omega \\ \underline{Z}_{T_{1_{400\text{V}}}} &= (25,4 + \text{j}608,99)\ \mu\Omega \\ \underline{Z}_{T_{2_{400\text{V}}}} &= (11,36 + \text{j}29,92)\ \text{m}\Omega \quad . \end{aligned} \tag{17.62}$$

17.3.4 Berechnung der Nullimpedanzen

Es verbleibt noch die Bestimmung der Nullimpedanzen der Betriebsmittel in der Kurzschlußbahn.

Die in Bild 17.19 grau gezeichneten Elemente des Nullsystems bleiben stromlos und brauchen daher nicht berücksichtigt zu werden. Für die Nullimpedanz des Transformators 2 wird der entsprechende Näherungswert aus Bild 7.40, letzte Zeile, verwendet,

$$\begin{aligned} Z_{T_{2_{0_{400\text{V}}}}} &\approx 0,1\ Z_{T_{2+400\text{V}}} = 0,1\ Z_{T_{2_{400\text{V}}}} = 3,2\ \text{m}\Omega \\ R_{T_{2_{0_{400\text{V}}}}} &= Z_{0_{T_{2_{400\text{V}}}}} \cdot \frac{u_{R_{T_2}}}{u_{K_{T_2}}} = 1,136\ \text{m}\Omega \\ X_{T_{2_{0_{400\text{V}}}}} &= \sqrt{Z^2_{T_{2_{0_{400\text{V}}}}} - R^2_{T_{2_{0_{400\text{V}}}}}} = 2,992\ \text{m}\Omega \quad . \end{aligned} \tag{17.63}$$

17.3.5 Berechnung der finalen Impedanzen Z_+, Z_- und Z_0

Die Impedanzen der Kurzschlußbahn im Mit- und Gegensystem berechnen sich durch Reihenschaltung der einzelnen Mit- bzw. Gegenimpedanzen. Die Impedanzen des Mit- und Gegensystems sind für die Berechnung des Anfangs-Kurzschlußwechselstroms I''_k identisch. Wir erhalten

$$\underline{Z}_{+400\mathrm{V}} = \underline{Z}_{-400\mathrm{V}} = (11,43 + \mathrm{j}30,66)\ \mathrm{m}\Omega = 32,72 \cdot \mathrm{e}^{\mathrm{j}69,55°}\ \mathrm{m}\Omega \quad . \tag{17.64}$$

Die Impedanz $\underline{z}_{0k}$ der Kurzschlußbahn des Nullsystems besteht lediglich aus der Nullimpedanz von Transformator 2,

$$\underline{Z}_{0_{400\mathrm{V}}} = \underline{Z}_{0T_{2_{400\mathrm{V}}}} = (1,136 + \mathrm{j}2,992)\,\mathrm{m}\Omega = 3,2 \cdot \mathrm{e}^{\mathrm{j}69,21°}\mathrm{m}\Omega \quad . \tag{17.65}$$

17.3.5.1 Einpoliger Kurzschluß

Für einen einpoligen Kurzschluß gemäß Bild 17.20

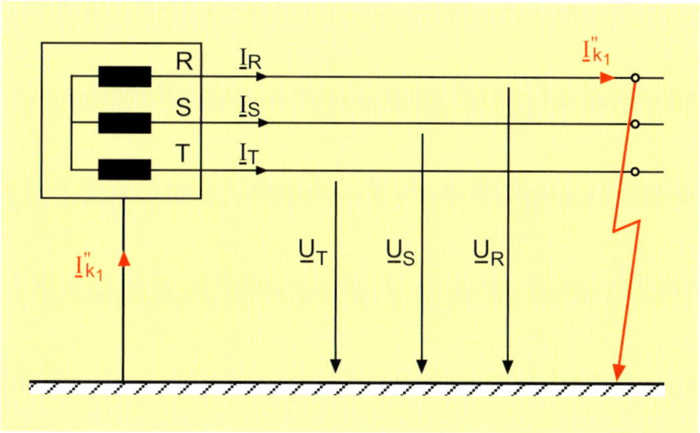

Bild 17.20. Einpoliger Kurzschluß bzw. Erdkurzschluß im Fehlerort.

berechnet sich der Kurzschlußstrom I''_{k_1} gemäß (17.59) zu

$$I''_{k_1} = \frac{\sqrt{3}\,c\,U_n}{|\underline{Z}_{0_{400\mathrm{V}}} + \underline{Z}_{+400\mathrm{V}} + \underline{Z}_{-400\mathrm{V}}|}$$

$$\approx \frac{\sqrt{3} \cdot 1,1 \cdot 400\ \mathrm{V}}{(2,992 + 32,72 + 32,72)\ \mathrm{m}\Omega} = 11,14\ \mathrm{kA} \quad . \tag{17.66}$$

17.3.5.2 Zweipoliger Kurzschluß ohne Erdberührung

Für einen zweipoligen Kurzschluß ohne Erdberührung gemäß Bild 17.21

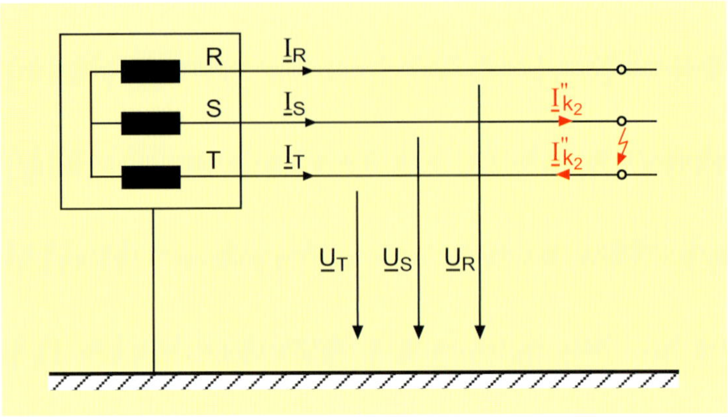

Bild 17.21. Zweipoliger Kurzschluß ohne Erdberührung.

erhält man für I''_{k_2}

$$I''_{k_2} = \frac{cU_n}{|\underline{Z}_{+400\text{V}} + \underline{Z}_{-400\text{V}}|} \tag{17.67}$$

$$= \frac{1,1 \cdot 400 \text{ V}}{(32,72 + 32,72) \text{ m}\Omega} = 6,724 \text{ kA} \tag{17.68}$$

17.3.5.3 Zweipoliger Kurzschluß mit Erdberührung

Für einen zweipoligen Kurzschluß mit Erdberührung gemäß Bild 17.22

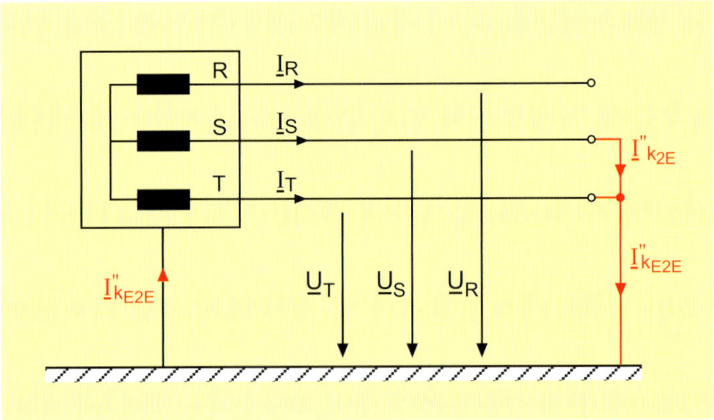

Bild 17.22. Zweipoliger Kurzschluß mit Erdberührung.

erhält man für $I''_{k_{E2E}}$ nach Gleichung (17.61):

$$I''_{k_{E2E}} = \frac{\sqrt{3}\, c\, U_n}{\left| \underline{Z}_{+400\text{V}} + \underline{Z}_{0_{400\text{V}}} + \underline{Z}_{0_{400\text{V}}} \frac{\underline{Z}_{+400\text{V}}}{\underline{Z}_{-400\text{V}}} \right|}$$

$$= \frac{\sqrt{3} \cdot 1,1 \cdot 400 \text{ V}}{\left| 32,72 \text{ m}\Omega + 2,992 \text{ m}\Omega + 2,992 \text{ m}\Omega \frac{32{,}72 \text{ m}\Omega}{32{,}72 \text{ m}\Omega} \right|}$$

$$= 19,69 \text{ kA} \quad . \tag{17.69}$$

Mit der Berechnung der Ströme I''_{k_1}, I''_{k_2} und $I''_{k_{E2E}}$ ist die Grundaufgabe der Berechnung unsymmetrischer Fehlerströme gelöst. Die daraus abgeleiteten Größen werden wie beim symmetrischen Kurzschluß ermittelt (s. 17.1).

In diesem Berechnungsbeispiel führt also der zweipolige Kurzschluß mit Erdberührung zum größten Fehlerstrom. Dies liegt an der extrem kleinen Nullimpedanz $Z_{0_{400\text{V}}} \approx 0,1 \cdot Z_{+400\text{V}}$.

17.4 Kurzschlußimpedanzen elektrischer Betriebsmittel

Wie die oben durchgerechneten Beispiele gezeigt haben, sind vor der eigentlichen Kurzschlußstromberechnung die im Kurzschluß wirksamen Betriebsmittelimpedanzen zu ermitteln. Beim *symmetrischen Kurzschluß* handelt es sich um die Mitimpedanzen $\underline{Z}_+$, beim unsymmetrischen Fehler müssen zusätzlich auch die Gegen- und Nullimpedanzen $\underline{Z}_-$ und $\underline{Z}_0$ ermittelt werden. Hierzu werden im folgenden für einzelne Betriebsmittel Hinweise zur Ermittlung ihrer Impedanz gegeben.

Bei allen *nichtrotierenden*, symmetrisch aufgebauten Betriebsmitteln sind Mit- und Gegenimpedanz gleich groß. Sie entsprechen der *Betriebsimpedanz* des Betriebsmittels,

$$\underline{Z}_+ = \underline{Z}_- = \underline{Z} \quad . \tag{17.70}$$

Bei *rotierenden* Betriebsmitteln hingegen unterscheiden sich Mit- und Gegenimpedanz. Hierauf wurde bereits in 6.11.3 eingegangen. Da aber bei der Berechnung des Anfangs-Kurzschlußwechselstroms I''_k symmetrischer Kurzschlüsse $\underline{Z}_{G_+} = \mathrm{j}X''_d$ gesetzt wird und X''_{d_+} und X''_{d_-} sich nur gering unterscheiden, ist bei der Berechnung unsymmetrischer Anfangs-Kurzschlußwechselströme $\underline{I}''_k$ *auch bei Generatoren* die Identität $\underline{Z}_+ = \underline{Z}_-$ in guter Näherung gültig.

Die *Nullimpedanz* von Betriebsmitteln unterscheidet sich im allgemeinen von der jeweiligen Mit- und Gegenimpedanz. Maßgeblich für die Nullimpedanzen ist jeweils die *Schaltgruppe* und die *Sternpunktbehandlung* der Transformatoren. Auf beides wurde bereits in 7.5.3.2 ausführlich eingegangen.

In den folgenden Abschnitten sind die Berechnungsvorschriften für die Mit-, Gegen- und Nullimpedanzen der wichtigsten Betriebsmittel inklusive etwaiger *Korrekturfaktoren* zusammengestellt. Letztere werden erforderlich, wenn große induktive Lastströme an den vorwiegend induktiven Kurzschlußimpedanzen von Generatoren und Transformatoren zu so großen Spannungsabfällen führen, daß die Quellenspannungen mehr als 10 % über der Netznennspannung liegen. Damit die mit dem Spannungsfaktor c_{max} ermittelten Werte für die Kurzschlußströme dennoch auf der sicheren Seite liegen, werden sogenannte Impedanzkorrekturfaktoren für Generatoren, Transformatoren und Kraftwerksblöcke eingeführt. In Abschnitt 17.4.8 erfolgt eine Übersicht in Tabellenform, in der die Impedanzen als Absolut-, p.u.- und %/MVA-Werte angegeben sind.

17.4.1 Generatoren

Das Kurzschlußersatzschaltbild der Synchronmaschine wurde ausführlich in Kapitel 6 hergeleitet. Für die Berechnung des Anfangs-Kurzschlußwechselstroms wird stets die subtransiente Reaktanz X''_d verwendet,

$$\underline{Z}_G = R_G + jX''_d \quad . \tag{17.71}$$

Sie wird gewöhnlich aus der in Prozent angegebenen bezogenen subtransienten Reaktanz x''_d (s. Anhang C) errechnet,

$$X_G = X''_d = \frac{x''_d \cdot U^2_{r_G}}{100\,\% \cdot S_{r_G}} \quad . \tag{17.72}$$

Für den Wirkanteil der Generatorimpedanz ist nicht der Gleichstromwiderstand des Ankers, sondern ein wirksamer Widerstand R_G einzusetzen. Er ist abhängig von der Bemessungsspannung U_{r_G} und der Bemessungsleistung S_{r_G} des Generators, s. 17.23.

$U_{rG} \leq 1$ kV		$R_G = 0{,}15 \cdot X''_d$
$U_{rG} \geq 1$ kV	$S_{rG} \leq 100$ MVA	$R_G = 0{,}07 \cdot X''_d$
$U_{rG} \geq 1$ kV	$S_{rG} \geq 100$ MVA	$R_G = 0{,}05 \cdot X''_d$

Bild 17.23. Wirksamer ohmscher Generatorwiderstand R_G nach DIN VDE 0102.

Für die Berechnung des Anfangs-Kurzschlußwechselstroms bei direktem Anschluß eines Generators an eine Sammelschiene ohne zwischengeschalteten Transformator (z. B. in Niederspannungs- oder Industrienetzen) ist die Generatorimpedanz nach DIN VDE 0102 noch mit einem Korrekturfaktor

$$K_G = \frac{U_n}{U_{r_G}} \cdot \frac{c_{\max}}{1 + x''_d \sin \varphi_{r_G}} \tag{17.73}$$

zu multiplizieren. Hierbei sind U_n die Nennspannung des Netzes, in das der Generator einspeist, und φ_{r_G} der Phasenwinkel zwischen $\underline{U}_{r_G}$ und $\underline{I}_{r_G}$. Für den Spannungsfaktor ist auch bei der Berechnung des minimalen Kurzschlußstroms der Wert $c_{\max}$ einzusetzen.

Generatoren, die über einen Blocktransformator einspeisen, werden zusammen mit diesem als eine Einheit betrachtet, s. Abschnitt 17.4.4.

17.4.2 Netzeinspeisung

In der Regel wird eine Netzeinspeisung durch die Anfangs-Kurzschlußwechselstromleistung S''_{k_Q} (s. Abschnitt 17.2.2) und die Nennspannung U_{n_Q} am Anschlußpunkt Q des Netzes charakterisiert. Diese Werte liegen als Ergebnisse einer Kurzschlußstromberechnung im überlagerten Netz vor und sind vom Energieversorgungsunternehmen zu erfragen. Aus ihnen kann die Netzinnenimpedanz mit

$$Z_Q = \frac{c_{\max} U_{n_Q}^2}{S''_{k_Q}} = \frac{c_{\max} U_{n_Q}}{\sqrt{3} I''_{k_Q}} \tag{17.74}$$

berechnet werden. Für den Spannungsfaktor $c_{\max}$ ist nach Bild 17.11 für Mittel- und Hochspannungsnetze der Wert 1,1 einzusetzen. Gemäß DIN VDE 0102 kann bei Netzeinspeisungen einer Nennspannung von über 35 kV von einer rein induktiven Kurzschlußimpedanz des Netzes ausgegangen werden, d. h. $\underline{Z}_Q = \mathrm{j}X_Q$. Für $U_{nQ} \leq 35$ kV kann bei fehlenden genaueren Angeben $R_Q = 0,1 \cdot X_Q$ und $X_Q = 0,995 \cdot Z_Q$ angenommen werden.

17.4.3 Transformatoren

Die Kurzschlußimpedanz eines Transformators läßt sich aus seinen Bemessungsdaten *Nennspannung*, *Nennleistung* und *relative Kurzschlußspannung* bestimmen (s. a. 7.2.3):

$$\begin{aligned} Z_T &= \frac{u_k \cdot U_r^2}{100\% \cdot S_r} \\ R_T &= \frac{u_R \cdot U_r^2}{100\% \cdot S_r} \\ X_T &= \sqrt{Z_T^2 - R_T^2} \quad . \end{aligned} \tag{17.75}$$

Je nachdem, ob für U_r die Bemessungspannung der Ober- oder Unterspannungsseite eingesetzt wird, ist die Impedanz auf die entsprechende Seite des Transformators bezogen (s. a. 7.2). Für überschlägige Berechnungen der größten und kleinsten Kurzschlußströme nach DIN VDE 0102 wird davon ausgegangen, daß sich der Stufenschalter auf der Hauptanzapfung befindet.

Bei *Dreiwicklungstransformatoren* müssen aus den drei gemessenen Kurzschlußimpedanzen

$$\begin{aligned} Z_{AB} &= \frac{u_{k_{AB}} \cdot U_{r_A}^2}{100\% \cdot S_{r_{AB}}} \\ Z_{BC} &= \frac{u_{k_{BC}} \cdot U_{r_A}^2}{100\% \cdot S_{r_{BC}}} \\ Z_{CA} &= \frac{u_{k_{CA}} \cdot U_{r_A}^2}{100\% \cdot S_{r_{CA}}} \end{aligned} \tag{17.76}$$

die drei Impedanzen des Kurzschlußersatzschaltbildes (s. Kapitel 7)

$$\underline{Z}_A = \frac{1}{2}(\underline{Z}_{AB} - \underline{Z}_{BC} + \underline{Z}_{CA})$$
$$\underline{Z}_B = \frac{1}{2}(\underline{Z}_{AB} + \underline{Z}_{BC} - \underline{Z}_{CA}) \tag{17.77}$$
$$\underline{Z}_C = \frac{1}{2}(-\underline{Z}_{AB} + \underline{Z}_{BC} + \underline{Z}_{CA})$$

bestimmt werden. Die Impedanzen werden hier exemplarisch auf die Seite A des Transformators bezogen. Ansonsten ist in Gleichung 17.76 anstelle von U_{r_A} entsprechend U_{r_B} oder U_{r_C} einzusetzen.

Für die Impedanzkorrektur kann nach DIN VDE 0102 vereinfachend ein Faktor von

$$K_T = 0,95 \frac{c_{\max}}{1 + 0,6 \cdot u_k} = 0,95 \frac{c_{\max}}{1 + 0,6 \cdot Z_k} \tag{17.78}$$

verwendet werden, wobei wiederum für den Spannungsfaktor auch bei der Berechnung des minimalen Kurzschlußstroms der Wert $c_{\max}$ einzusetzen ist (s. a. 7.2.2).

17.4.4 Kraftwerksblöcke

In Blockkraftwerken bilden die Generatoren mit dem zugehörigen Blocktransformator eine Einheit, da sie aufeinander abgestimmt geplant wurden und in ihrer Konfiguration praktisch nicht mehr verändert werden. Die zusammengefaßte Impedanz eines Kraftwerksblocks wird auf die *Oberspannungsseite* bzw. Netzseite bezogen,

$$\underline{Z}_{\mathrm{KB}} = K_{\mathrm{KB}} \cdot (\ddot{u}_{T_r}^2 \underline{Z}_G + \underline{Z}_{T_{\mathrm{OS}}}) \quad . \tag{17.79}$$

Hierbei ist $\ddot{u}_{T_r}$ das Bemessungsübersetzungsverhältnis $U_{rT_{\mathrm{OS}}}/U_{rT_{\mathrm{US}}}$ und $\underline{Z}_{T_{\mathrm{OS}}}$ die auf die Oberspannungsseite bezogene Kurzschlußimpedanz des Transformators. Der Korrekturfaktor K_{KB} berechnet sich für Kraftwerksblöcke mit Stufenschalter nach

$$K_{\mathrm{KB}} = \frac{U_{n_Q}^2}{U_{r_G}^2 \ddot{u}_{T_r}^2} \cdot \frac{c_{\max}}{1 + |x_d'' - x_T| \cdot \sin\varphi_{r_G}} \quad . \tag{17.80}$$

Hierin ist U_{n_Q} die Nennspannung des Netzes, in das der Kraftwerksblock einspeist, d. h. die Netznennspannung auf der Oberspannungsseite des Blocktransformators. Auch hier ist bei der Berechnung des minimalen Kurzschlußstroms der Wert $c_{\max}$ einzusetzen.

17.4.5 Freileitungen und Kabel

Die Kurzschlußimpedanz von Freileitungen und Kabeln läßt sich aus den Materialdaten, den Querschnitten und den Mittenabständen der Leiter berechnen (s. Kapitel 8). Ihre Werte sind gewöhnlich in Form von Wirk- und Blindwiderstandsbelägen Kabel- bzw. Leitungs-Handbüchern zu entnehmen bzw. werden beim Hersteller erfragt. In Beiblatt 4 zur Vorschrift DIN VDE 0102 finden sich ebenfalls entsprechende Tabellen. Widerstands- und Reaktanzbelag sind dann nur noch mit der Länge l zu multiplizieren,

$$\underline{Z}_L = R_L + \mathrm{j}X_L = l \cdot (r' + \mathrm{j}x') \quad . \tag{17.81}$$

Die für die Berechnung unsymmetrischer Kurzschlüsse erforderliche Querkapazität von Leitungen und Kabeln berechnet sich sinngemäß zu

$$C_L = l \cdot c'_E \quad , \tag{17.82}$$

wobei c'_E die Erdkapazität pro Längeneinheit ist. Im Nullsystem wird das π-Ersatzschaltbild der Leitung verwendet, d. h. es wird jeweils vor und nach dem Längszweig der Impedanz $\underline{Z}_L = R_L + \mathrm{j}X_L$ eine Kapazität $C_L/2$ zwischen Phase und Neutralleiter eingefügt, siehe z. B. Bild 8.22.

17.4.6 Motoren

Bei der Berechnung des Anfangs-Kurzschlußwechselstroms I''_k werden Synchron*motoren* und -*phasenschieber* grundsätzlich wie Synchron*generatoren* behandelt, da sie die in den rotierenden Massen gespeicherte mechanische Energie beim Abfall der Netzfrequenz, mit anderen Worten im untersynchronen Betrieb, in das Netz zurückspeisen.

Bei der Berechnung des Beitrags von Asynchronmotoren ist die Anlaufimpedanz des Motors einzusetzen. Sie berechnet sich aus den Bemessungswerten S_r, U_r, und I_r sowie dem Verhältnis I_{an}/I_r zwischen Anlauf- und Bemessungsstrom des Motors,

$$Z_M = \frac{1}{I_{an}/I_r} \cdot \frac{U_r^2}{S_r} \quad . \tag{17.83}$$

Asynchronmotoren müssen jedoch nur dann berücksichtigt werden, wenn die Summe der Bemessungsströme aller Motoren 1 % des Anfangs-Kurzschlußwechselstroms im Netz ohne Berücksichtigung der Motoren übersteigt. Außerdem können Gruppen von Asynchronmotoren einschließlich ihrer Anschlußleitungen zu einem Ersatzmotor zusammengefaßt werden. Details hierzu sind in der Norm zu finden.

Der Kurzschlußstrom von Asynchronmotoren klingt wegen der rasch sinkenden Drehzahl schneller ab als der von Synchronmaschinen. Ihr Anteil zum Dauerkurzschlußstrom ist daher nur bei unsymmetrischen Fehlern zu beachten. Für den Beitrag I_{bASM} eines Asynchronmotors zum gesamten Ausschaltstrom wird zusätzlich zum Abklingfaktor μ ein Faktor q eingeführt, der abhängig von Motorleistung pro Polpaar und Mindestschaltverzug die Abnahme der Drehzahl berücksichtigt:

$$I_{b_{\mathrm{ASM}}} = q \cdot \mu I_k'' \quad . \tag{17.84}$$

Für die Bestimmung des Faktors q sei ebenfalls auf die Norm verwiesen.

17.4.7 Sonstige Betriebsmittel

Neben den oben aufgeführten häufigsten Betriebsmitteln können in Netzen noch weitere Betriebsmittel vorkommen, deren Berücksichtigung an dieser Stelle nur qualitativ erwähnt wird:

- *Kurzschlußstrombegrenzungsdrosseln* sind als Teile der Kurzschlußimpedanz zu behandeln. Bei symmetrischem Aufbau sind Mit-, Gegen- und Nullimpedanz identisch.

- *Stromrichter* mit einer aktiven Gleichspannung auf der Gleichrichterseite (z. B. Gleichstrommotor) speisen im Kurzschlußfall zurück ins Netz. Ihr Einfluß wird nur für den dreipoligen Kurzschluß und nur bei selbstgeführten Stromrichtern, bei denen Rückspeisung mit Wechselstrom erfolgt, berücksichtigt. Stromrichter und Gleichspannungsmotor werden dann zu einem Ersatzmotor gemäß Abschnitt 17.4.6 mit einem geringeren Verhältnis I_{an}/I_r zusammengefaßt.

- Der Entladestrom von *Parallelkondensatoren* wird bei der Berechnung der Stoßkurzschlußströme vernachlässigt. Für die Berechnung der Kurzschlußimpedanz wird dieses Betriebsmittel ebenfalls nicht berücksichtigt.

- *Reihenkondensatoren* werden bei der Berechnung der Kurzschlußströme vernachlässigt, wenn sie mit parallelgeschalteten Spannungsbegrenzungseinrichtungen versehen sind, die im Kurzschlußfall ansprechen.

17.4.8 Übersicht der Betriebsmittelimpedanzen

Eine Übersicht über die Impedanzen der wichtigsten Betriebsmittel als Absolut-, p.u.- und %/MVA-Werte zeigt Bild 17.24, jeweils transformiert auf die Fehlerstelle. Dabei wird vorausgesetzt, daß die Übersetzungsverhältnisse der Transformatoren gleich den Verhältnissen der Netznennspannungen sind, mit anderen Worten für die Nennübersetzungen $ü_r$ gelten. Die in den vorangegangenen Abschnitten definierten Korrekturfaktoren sind ggf. zusätzlich zu berücksichtigen.

Betriebsmittel	Absolut	pu	% / MVA
Generator	$X_{Gt} = x''_d \dfrac{U^2_{nKS}}{S_{rG}}$	$z_{Gt} = x''_d \dfrac{S_{Bez}}{S_{rG}}$	$z_{Gt} = \dfrac{x''_d}{S_{rG}}$
Transformator	$Z_{Tt} = u_k \dfrac{U^2_{nKS}}{S_{rT}}$	$z_{Tt} = u_{kT} \dfrac{S_{Bez}}{S_{rT}}$	$z_{Tt} = \dfrac{u_{kT}}{S_{rT}}$
Netzeinspeisung	$Z_{Qt} = \dfrac{cU^2_{nKS}}{S_{kQ}}$	$z_{Qt} = c \dfrac{S_{Bez}}{S''_{kQ}}$	$z_{Qt} = \dfrac{c}{S''_{kQ}}$
Leitung	$Z_{Lt} = Z_L \dfrac{U^2_{nKS}}{U^2_{nB}}$	$z_{Lt} = Z_L \dfrac{S_{Bez}}{U^2_{nB}}$	$z_{Lt} = \dfrac{Z_L\,100\%}{U^2_{nB}}$
Drossel	$Z_{Drt} = u_{Dr} \dfrac{U^2_{nKS}}{S_{rDr}}$	$z_{Drt} = u_{Dr} \dfrac{S_{Bez}}{S_{rDr}}$	$z_{Drt} = \dfrac{u_{Dr}}{S_{rDr}}$

Bild 17.24. Berechnungvorschriften für auf den Kurzschlußort transformierte Betriebsmittelimpedanzen. $U_{n_{KS}}$ ist die Netznennspannung am Kurzschlußort, U_{n_B} ist der Nennwert der Spannungsebene, in der sich das entsprechende Betriebsmittel befindet.

17.5 Kurzschlußstromberechnung mit bezogenen Größen

In der Praxis der Netz- und Kurzschlußstromberechnungen wird meist nicht mit den absoluten Impedanzwerten sondern mit bezogenen Impedanzen gerechnet. In letzterem Fall fallen die Übersetzungsverhältnisse der Transformatoren heraus, wie im folgenden Abschnitt ersichtlich wird. Das am meisten verbreitete Verfahren ist dabei das *Relativwertverfahren*, aus dem englischen Sprachraum her als *per–unit-* oder kurz *p.u.–Verfahren* bekannt. Neben dem p.u.–Verfahren kommt auch noch das *%/MVA–Verfahren* zur Anwendung.

Alle bezogenen Impedanzen berechnen sich unabhängig von der jeweiligen Spannungsebene, in der sich das betreffende Betriebsmittel befindet.

17.5.1 Das per–unit–Verfahren

Wie im Anhang C beschrieben, werden beim per-unit-Verfahren die elektrischen Größen $\underline{U}$, $\underline{I}$, $\underline{Z}$ und $\underline{S}$ jeweils auf eine *dimensionsgleiche Bezugsgröße* U_{Bez}, I_{Bez}, Z_{Bez} bzw. S_{Bez} bezogen. Die resultierenden *dimensionslosen* Größen werden mit den Kleinbuchstaben $\underline{u}$, $\underline{i}$, $\underline{z}$ bzw. $\underline{s}$ gekennzeichnet, z. B.

$$\underline{u} = \frac{\underline{U}}{U_{Bez}} \quad . \tag{17.85}$$

In der Regel werden eine *Bezugsspannung* und eine *Bezugsscheinleistung* gewählt, Bezugsstrom und -impedanz berechnen sich dann zu

$$I_{Bez} = \frac{S_{Bez}}{U_{Bez}} \text{ und } Z_{Bez} = \frac{U_{Bez}^2}{S_{Bez}} \quad . \tag{17.86}$$

I_{Bez} und Z_{Bez} werden allerdings häufig gar nicht explizit berechnet, vielmehr erhält man mit obigen Beziehungen direkt

$$\underline{i} = \underline{I}\frac{U_{Bez}}{S_{Bez}} \text{ und } \underline{z} = \underline{Z}\frac{S_{Bez}}{U_{Bez}^2} \quad . \tag{17.87}$$

Bei der Kurzschlußstromberechnung wird lediglich *eine einzige globale* Basis von Bezugsgrößen gewählt, auf die sämtliche Betriebsmittel des zu untersuchenden Netzes bezogen werden. Die Wahl der Bezugsgrößen kann im Prinzip willkürlich erfolgen. Zweckmäßig ist jedoch, als Bezugsspannung die Nennspannung am Kurzschlußort zu nehmen. Als Bezugsscheinleistung wird beispielsweise die Bemessungsscheinleistung des größten Transformators im Netz oder eine Zehnerpotenz derselben Größenordnung gewählt, z. B. 100 MVA. Durch die geschickte Wahl der Basis läßt sich erreichen, daß die Impedanzen und Ströme in leicht handzuhabenden Größenordnungen liegen.

Es sei an dieser Stelle darauf hingewiesen, daß bezogene *Kenngrößen* einzelner Betriebsmittel, z. B. die relative Kurzschlußspannung u_k eines Transformators oder die bezogene subtransiente Reaktanz x''_d eines Generators, stets auf eine Basis bezogen sind, die sich aus den *Bemessungsgrößen* des jeweiligen Betriebsmittels zusammensetzt. Bei einer

Kurzschlußstromberechnung in per-unit-Größen müssen diese Kenngrößen zuvor auf die gewählte globale Basis umgerechnet werden.

Den transformierten Wert der Quellenimpedanz Z_Q bei Netzeinspeisung mit $\underline{U}_Q$ erhält man beispielsweise zu

$$z_{Q_t} = \frac{Z_{Q_t}}{Z_{Bez}} = \frac{1,1\,U_{nQ}^2}{S''_{kQ}} \frac{1}{\text{ü}_{T_1}^2 \cdot \text{ü}_{T_2}^2} \frac{S_{Bez}}{U_{Bez}^2} =$$

$$= 1,1 \frac{S_{Bez}}{S''_{kQ}} \frac{U_{nQ}^2}{U_{Bez}^2} \frac{1}{\text{ü}_{T_1}^2 \cdot \text{ü}_{T_2}^2} \quad . \tag{17.88}$$

Da die Übersetzungsverhältnisse der Transformatoren mit den Verhältnissen der Nennspannungen übereinstimmen, vereinfacht sich obige Gleichung zu

$$z_{Q_t} = 1,1 \frac{S_{Bez}}{S''_{kQ}} \quad . \tag{17.89}$$

Diese beiden Beispiele lassen erkennen, daß beim Rechnen mit *Nenn-* bzw. *Bemessungsübersetzungen* (synonyme Begriffe) die bezogenen Impedanzen der Betriebsmittel unabhängig von der Bezugsspannung U_{Bez} sind. Diese Tatsache ist insbesondere dann von großem Vorteil, wenn in einem ausgedehnten Netz Kurzschlußströme und Teilkurzschlußströme auf mehreren Spannungsebenen zu berechnen sind. Desweiteren fällt auf, daß die Bezugsscheinleistung S_{Bez} stets im Zähler der Ausdrücke für die bezogenen Betriebsmittelimpedanzen steht. Bei der Berechnung von I''_k könnte man sie also wieder herauskürzen. Genau dieser Umstand wird beim %/MVA-Verfahren ausgenutzt, welches im folgenden Abschnitt kurz skizziert wird.

17.5.2 Das %/MVA–Verfahren

Das %/MVA-Verfahren, das als Abwandlung des per-unit-Verfahrens angesehen werden kann, wurde speziell für die Netzberechnung entwickelt. Es macht sich zunutze, daß bei der per-unit-Rechnung die Wahl der Bezugsscheinleistung S_{Bez} völlig willkürlich ist. Folglich wird anstelle von S_{Bez} nun der *dimensionlose Wert* 1 eingesetzt. Dies hat zur Folge, daß die bezogenen Größen, die ansonsten analog zu den p.u.-Werten gebildet werden, *nicht mehr dimensionslos* sind. Insbesondere die bezogenen Impedanzen, die sich nun gemäß

$$z = Z\frac{1}{U_{Bez}^2} \tag{17.90}$$

berechnen, können nun in der Einheit %/MVA angegeben werden, woraus sich auch der Name des Verfahrens ableitet. Im Unterschied zum p.u.-Verfahren kann hier kein Einfluß mehr auf die Größenordnung der resultierenden bezogenen Impedanzen und Ströme genommen werden.

Wird exemplarisch die Kurzschlußimpedanz eines Transformators T_1 betrachtet, so beträgt die bezogene Reaktanz

$$z_{T_1} = Z_{T_1}\frac{1}{U_{Bez}^2} = u_k\frac{U_{rT_{1\text{US}}}^2}{S_{rT_1}\cdot U_{Bez}^2} \quad . \tag{17.91}$$

Bezogen auf die Kurzschlußstelle ergibt sich die transformierte Impedanz zu

$$z_{T_1} = u_k\frac{U_{rT_{\text{US}}}^2}{S_{rT}\cdot U_{Bez}^2}\frac{1}{\ddot{\text{u}}_{T_2}^2} \quad . \tag{17.92}$$

Da in unserem Beispiel die Übersetzungsverhältnisse der Transformatoren mit den Verhältnissen der Nennspannungen übereinstimmen, so vereinfacht sich Gleichung (17.92) zu

$$z_{T_{1_t}} = \frac{u_k}{S_{rT_1}} \quad . \tag{17.93}$$

Für die bezogenen Impedanzen von Generatoren, Netzeinspeisungen, Drosseln etc. ergeben sich analoge Ausdrücke.

Die Berechnungvorschriften für den Anfangs-Kurzschlußwechselstrom $\underline{I}_k''$ bei einem symmetrischen Kurzschluß für das Absolutwert-, per-unit- und %/MVA-Verfahren sind in Bild 17.25 nochmals zusammengefaßt.

Absolut	pu	% / MVA
$I_k'' = \frac{cU_n}{\sqrt{3}Z_k}$	$I_k'' = \frac{cS_{Bez}}{\sqrt{3}U_n z_k}$	$I_k'' = \frac{c}{\sqrt{3}U_n z_k}$

Bild 17.25. Berechnungvorschriften für den Anfangs-Kurzschlußwechselstrom für das Absolutwert-, per-unit- und %/MVA-Verfahren.

Der Vorteil des %/MVA-Verfahrens besteht darin, daß sich die transformierten bezogenen Impedanzen ausschließlich aus Betriebsmitteldaten berechnen lassen und damit universell gültig sind.

17.6 Digitale Kurzschlußstromberechnung

Die bisher vorgestellte Methode der Berechnung des Kurzschlußstroms I''_K durch aufwendiges Zusammenfassen der Impedanzen eines Netzes zu einer totalen bzw. finalen Kurzschlußimpedanz läßt sich wesentlich einfacher mittels eines Digitalrechners durchführen.

Hierbei kann I''_K grundsätzlich wie in der Leistungsflußberechnung durch Aufstellen und Lösen eines linearen Gleichungssystems basierend auf der *Knotenadmittanzmatrix* (s. 16.1) ermittelt werden, was im folgenden Abschnitt gezeigt wird.

17.6.1 Berechnung des Anfangs-Kurzschlußwechselstroms I''_k aus der Knotenadmittanzmatrix

Befindet sich der Kurzschlußort eines symmetrischen Kurzschlusses im Knoten i, ergibt sich bei Vernachlässigung der Betriebsströme in Anlehnung an 16.1 das Gleichungssystem (17.94).

$$\begin{bmatrix} \underline{Y}_{11} & \cdots & \underline{Y}_{1n} \\ \underline{Y}_{21} & \cdots & \underline{Y}_{2n} \\ \vdots & & \vdots \\ \underline{Y}_{i1} & \cdots & \underline{Y}_{in} \\ \vdots & & \vdots \\ \underline{Y}_{n1} & \cdots & \underline{Y}_{nn} \end{bmatrix} \begin{bmatrix} \underline{U}_1 \\ \underline{U}_2 \\ \vdots \\ \frac{-cU_n}{\sqrt{3}} \\ \vdots \\ \underline{U}_n \end{bmatrix} = \begin{bmatrix} 0 \\ 0 \\ \vdots \\ \underline{I}''_{ki} \\ \vdots \\ 0 \end{bmatrix} \quad . \tag{17.94}$$

Bei dieser Darstellung wird durch Verwendung von $U_i = -cU_n/\sqrt{3}$ und Annahme nur eines Belastungsstroms I''_K im Knoten i implizit vom Verfahren der Ersatzspannungsquelle Gebrauch gemacht.

Die Elemente der Admittanzmatrix entsprechen beim symmetrischen Kurzschluß den Mitimpedanzen der Betriebsmittel.

Nach Matrixinversion erhält man

$$\begin{bmatrix} \underline{U}_1 \\ \underline{U}_2 \\ \vdots \\ \frac{-cU_n}{\sqrt{3}} \\ \vdots \\ \underline{U}_n \end{bmatrix} = \begin{bmatrix} \underline{Z}_{11} \cdots \underline{Z}_{1n} \\ \underline{Z}_{21} \cdots \underline{Z}_{2n} \\ \vdots \qquad \vdots \\ \underline{Z}_{i1} \cdots \underline{Z}_{in} \\ \vdots \qquad \vdots \\ \underline{Z}_{n1} \cdots \underline{Z}_{nn} \end{bmatrix} \begin{bmatrix} 0 \\ 0 \\ \vdots \\ \underline{I}''_{ki} \\ \vdots \\ 0 \end{bmatrix} . \tag{17.95}$$

Auf die ausführliche Herleitung dieser Gleichung wird hier verzichtet, es sei jedoch nochmals darauf hingewiesen, daß die Elemente der Impedanzmatrix $\underline{Z}$ nicht einfach den Kehrwerten der Elemente der Admittanzmatrix entsprechen (s. a. 16.1).

Da sowohl die Knotenspannung des Knotens n als auch die Nennspannung den Index n tragen, wird zur Unterscheidung in (17.94) und (17.95) ausnahmsweise anstelle der Nennspannung U_n die Bemessungsspannung U_r verwendet, was jedoch bei der Berechnung des Kurzschlußstroms fallspezifisch durch einen Faktor c' berichtigt werden muß.

Aus der i-ten Zeile von Gleichung (17.95) folgt der Anfangs-Kurzschlußwechselstrom an der Fehlerstelle:

$$-\frac{c' U_r}{\sqrt{3}} = \underline{Z}_{ii} \cdot \underline{I}''_{ki} \qquad \Rightarrow \qquad \underline{I}''_{ki} = -\frac{c' U_r}{\sqrt{3}\underline{Z}_{ii}} \tag{17.96}$$

Die übrigen Zeilen des Gleichungssystems (17.95) liefern die Knotenspannungen im Netz:

$$\underline{U}_\nu = \underline{Z}_{ki} \cdot \underline{I}''_{ki} \tag{17.97}$$

Somit sind alle Knotenspannungen bekannt. Mit Hilfe der Impedanzen der Netzzweige können anschließend noch alle Teilkurzschlußströme im Netz bestimmt werden.

Das Problem obiger Vorgehensweise liegt darin, daß für jede Fehlerstelle, für die I''_K ermittelt werden soll, eine erneute Inversion der Admittanzmatrix erforderlich ist. Da jedoch der Aufwand für die komplette *Inversion* der Knotenadmittanzmatrix für die Berechnung des Kurzschlußstroms in nur einem Fehlerknoten in keinem Verhältnis steht, werden in Anhang G noch effektivere, direkte Lösungsverfahren vorgestellt, die auf einfache Weise den Kurzschlußstrom in *jedem* Netzknoten zu berechnen gestatten.

Vertiefendes Schrifttum zu Kapitel 17

1. Balzer, G. et al.: Kurzschlußstromberechnung nach VDE 102. 1. Auflage, VDE-Verlag, Berlin/Offenbach, 2001.
2. Oeding, D. u. Oswald, B. R.: Elektrische Kraftwerke und Netze. 6. Auflage, Springer-Verlag, Berlin/Heidelberg, 2004.
3. Schlabbach, J. u. Cichowski, R. R.: Kurzschlußstromberechnung. VDE-Verlag, Berlin/Offenbach, 2004.
4. Spring, E.: Elektrische Energienetze. 1. Auflage, VDE-Verlag Berlin/Offenbach, 2003.
5. Heuck, K. u. Dettman, K. D.: Elektrische Energieversorgung. 6. Auflage, Vieweg-Verlag, Wiesbaden, 2005.
6. Pistora, G.: Berechnung des einpoligen Kurzschlußstroms nach DIN VDE 0102-2 mit Excel. 2. Auflage, VDE-Verlag, Berlin/Offenbach, 1999.
7. Kosikci, I.: Kurzschlußstromberechnung in elektrischen Anlagen. Expert-Verlag, Renningen, 2000.
8. Pistora, G.: Berechnung von Kurzschlußströmen und Spannungsabfällen. 1. Auflage, VDE-Verlag, Berlin/Offenbach, 2004.
9. Funk, G.: Der Kurzschluß im Drehstromnetz. 1. Auflage, Oldenbourg-Verlag, München, 1962.
10. Gremmel, H.: ABB Schaltanlagen Handbuch. 10. Auflage, Cornelius/Girardet-Verlag, Berlin, 1999.

18. Stabilität von Elektroenergiesystemen

Im *stationären* Betriebszustand eines Elektroenergiesystems herrscht an jedem Generator und auch im gesamten Netz ein *Gleichgewicht* zwischen erzeugter und verbrauchter *Wirkleistung* sowie ein Gleichgewicht zwischen erzeugter und verbrauchter *Blindleistung*, sogenannte *Wirkleistungs-* und *Blindleistungsbalance* (s. Kapitel 13). Laständerungen, Kurzschlüsse oder Erzeugungsausfälle stören diese Gleichgewichte und führen zu elektromechanischen Ausgleichsvorgängen der Generatoren sowie meist aperiodischen Änderungen der Knotenspannungen bzw. Spannungen an den Sammelschienen. Stellt sich nach Beseitigung der Störung wieder ein stationärer Gleichgewichtszustand ein, bezeichnet man ein *Netz* als *stabil*. Ein Verlust der Stabilität tritt also dann ein, wenn ein *nicht beherrschbares* Ungleichgewicht zwischen der jeweils erzeugten und verbrauchten Leistung entsteht.

Stabilität gilt in weiterem Sinn auch dann noch als gegeben, wenn einzelne von der Störung betroffene Betriebsmittel vom Netzschutz (s. Kapitel 12) selektiv herausgetrennt werden und ihr bisheriger Beitrag zum Gleichgewichtszustand von anderen Betriebsmitteln aufgefangen werden kann.

Erfreulicherweise besitzen parallel geschaltete Generatoren naturgemäß einen Hang zum Synchronismus. Eilt ein Generator vor, vergrößert sich sein Polradwinkel und er übernimmt automatisch einen größeren Teil der Netzlast. Er wird dadurch stärker abgebremst, während die entlasteten Generatoren beschleunigt werden. Dieses Phänomen hält die Generatoren bei kleinen Störungen zunächst im Synchronismus zusammen. Werden manche Generatoren jedoch nahe ihrer Stabilitätsgrenze (s. 18.1.1) betrieben oder treten große Störungen im Netz auf, kann der Synchronismus verloren gehen. Verliert ein Generator den Synchronismus, kommt es zu Ausgleichsvorgängen bezüglich der abgegebenen Leistung, der Ständerströme und der Klemmenspannung. Der

Generatorschutz (s. 12.4.3) trennt dann den Generator vom Netz, was wiederum die verbleibenden Generatoren ihrer Stabilitätsgrenze näher bringt.

Zur Beantwortung der Frage nach der Stabilität eines Elektroenergiesystems erstellt man ein mathematisches Modell in Form eines *nichtlinearen Differentialgleichungssystems hoher Ordnung*, dessen Auflösung Aussagen über seine Stabilität erlauben. Die Lösungsverfahren für dieses Gleichungssystem hängen von der Größe der Störungen ab. Bei *kleinen* Störungen, ist eine Linearisierung des Systems um den Arbeitspunkt zulässig, bei *großen* Störungen muß das Gleichungssystem numerisch gelöst werden. In der Begriffswelt der Systemtheorie und Regelungstechnik spricht man in ersterem Fall von *Kleinsignalstabilität*, in letzterem von *Großsignalstabilität.*

Elektroenergiesysteme stellen mit großem Abstand die komplexesten von menschlicher Hand geschaffenen nichtlinearen Regelstrecken dar. Zur Reduzierung ihrer Komplexität unterscheidet man zwischen Stabilität bezüglich der Wahrung des *Wirkleistungsgleichgewichts* einerseits und des *Blindleistungsgleichgewichts* andererseits. Erstere bezeichnet man kurz als *Polradwinkelstabilität*, letztere als *Spannungsstabilität*, Bild 18.1.

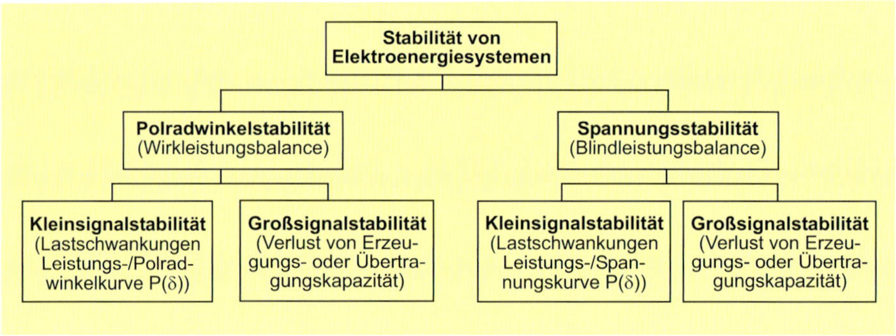

Bild 18.1. Strukturierung des regelungstechnischen Stabilitätsbegriffs, angewandt auf Elektroenergiesysteme.

Ferner unterscheidet man noch zusätzlich zwischen *Kurzzeit-* und *Langzeiteffekten.* Bei ersteren stellt sich eine etwaige Instabilität innerhalb weniger Sekunden nach Eintritt einer Störung ein, bei letzteren erst nach 10 Sekunden bis hin zu Minuten und Stunden. Letzteres gilt insbesondere für das Phänomen der Spannungsstabilität bzw. des *Spannungskollapses* eines ganzen Netzes (engl.: *black out*).

Im folgenden werden die oben eingeführten Begriffe näher erläutert, wobei der Schwerpunkt auf der Polradwinkelstabilität liegen wird.

18.1 Polradwinkelstabilität

Im Normalbetrieb bzw. stationären Zustand drehen sich alle Generatoren eines Elektroenergiesystems, bezogen auf gleiche Polpaarzahl, mit gleicher Drehzahl. Sie laufen mit anderen Worten alle *synchron*, so als wären sie über zahlreiche tordierbare Wellen mechanisch miteinander gekoppelt. Diese Wellen existieren nur virtuell. Real manifestieren sie sich in Form der Freileitungen, über die alle Generatoren elektrisch miteinander verbunden sind. Die vielen hundert oder gar tausend Generatoren eines Verbundsystems bilden so ein schwingungsfähiges System gekoppelter, nichtlinearer, rotierender Drehschwinger.

Im stationären Zustand herrscht an jedem Drehschwinger bzw. Generator ein Gleichgewicht zwischen dem *Turbinenantriebsmoment* und dem ihm entgegen wirkenden elektrischen bzw. magnetischen *Bremsmoment* infolge der Belastung des Generators mit einer Lastimpedanz. Abhängig vom Leistungsniveau, auf dem dieses Gleichgewicht herrscht, nehmen die Polradwinkel der Generatoren unterschiedliche Werte an. Je höher das Leistungsniveau, desto größer der Polradwinkel, um den der Läufer dem Ständerdrehfeld vorauseilt. Untereinander besitzen die Generatoren konstante Winkeldifferenzen. Bei Störungen des Gleichgewichts bewegen sich die Polradwinkel entweder aperiodisch aufeinander zu oder entfernen sich voneinander, können aber auch oszillieren und sogenannte *Pendelschwingungen* ausführen. Nehmen die Polradwinkeldifferenzen nach einer Störung unkontrolliert zu und fallen einzelne Generatoren außer Tritt bzw. verlieren den Synchronismus, ist das System instabil. Nehmen die Polradwinkeldifferenzen nach einer Störung wieder ab, ist das System stabil. Entscheidende Größe für die Beurteilung der Stabilität eines oder mehrerer über ein Netz gekoppelter Generatoren ist daher ihr jeweiliger Polradwinkel $\delta(t)$ im Vergleich zu den Polradwinkeln aller anderen Generatoren.

Für ein intimes Verständnis der Polradwinkelstabilität müssen zunächst zwei fundamentale Konzepte erläutert werden, die sogenannte *Leistungs-/Polradwinkelkurve* (s. 18.1.1) und die *Bewegungsgleichung* eines Synchrongenerators (s. 18.1.2).

18.1.1 Leistungs-/Polradwinkelkurve

Die *Leistungs-/Polradwinkelkurve* beschreibt die zwischen den Klemmen eines Generators und einem *starren* Netz im stationären Betrieb übertragbare Wirkleistung (s. a. 6.4 und 8.1.3.2). Starres Netz bedeutet im Kontext ein Netz mit hoher *Kurzschlußleistung* (s. 17.2.2) und praktisch *konstanter Spannung* an der Einspeisestelle, Bild 18.2.

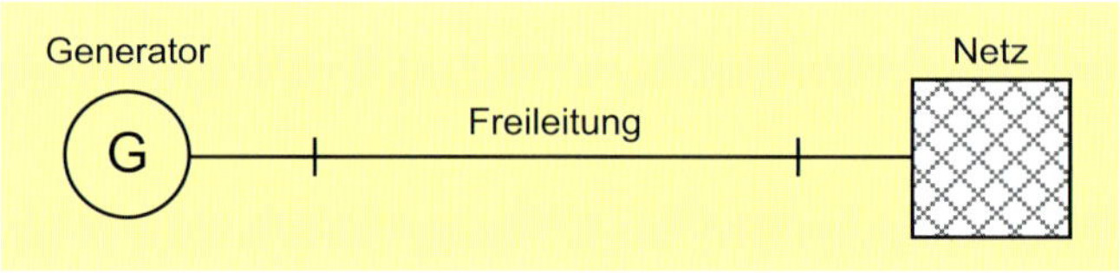

Bild 18.2. Symbolische Darstellung einer Generatoreinspeisung in ein starres Netz.

In einem einphasigen Ersatzschaltbild wird der Generator durch die Polradspannung $\underline{E}_P = E_P\angle\delta$ hinter seiner synchronen Reaktanz X_S modelliert, die verlustlos angenommene Leitung durch ihre Reaktanz X_L. Das starre Netz läßt sich durch eine Quellenspannung mit der *Bezugsphase* 0° nachbilden, $\underline{U}_{\text{Netz}} = U_{\text{Netz}}\angle 0°$. Der Polradwinkel δ wird auf den Phasenwinkel 0° der Netzspannung bezogen, Bild 18.3.

Bild 18.3. Einphasiges Ersatzschaltbild zu Bild 18.2. Ohmsche Widerstände wegen $X \gg R$ vernachlässigt.

Faßt man die beiden Reaktanzen zur Reaktanz X_{res} zusammen, so läßt sich das Ersatzschaltbild weiter vereinfachen, Bild 18.4.

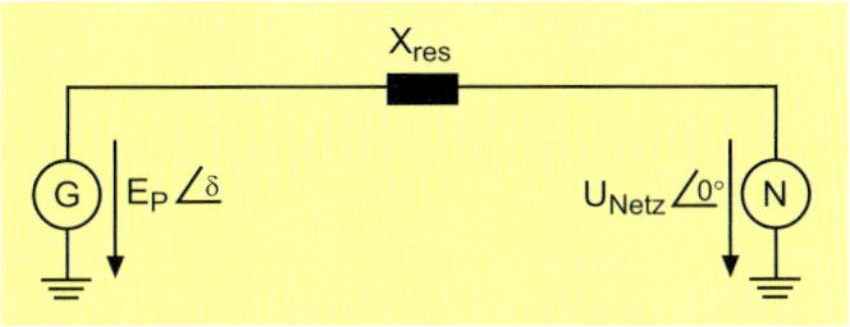

Bild 18.4. Ultimatives einphasiges Ersatzschaltbild einer Generatoreinspeisung in ein starres Netz.

Unter der Voraussetzung einer konstanten Polradspannung E_P, Netzlast $X_{\text{res}} = \text{const}$ und einer konstanten Netzspannung U_{Netz} berechnet sich die von einem Synchongenerator mit Vollpolläufer in das Netz eingespeiste Wirkleistung abhängig vom Winkel δ zwischen den beiden Knotenspannungen nach der bereits in 6.4 hergeleiteten Gleichung zu

$$P_{\text{el}}(\delta) = \text{Re}\,[\underline{E}_P \underline{I}^*] = \frac{E_P \cdot U_{\text{Netz}}}{X_{\text{res}}} \sin\delta \quad . \tag{18.1}$$

Die Funktion $P_{\text{el}}(\delta)$ bezeichnet man als *Leistungs-/Polradwinkelkurve*, Bild 18.5.

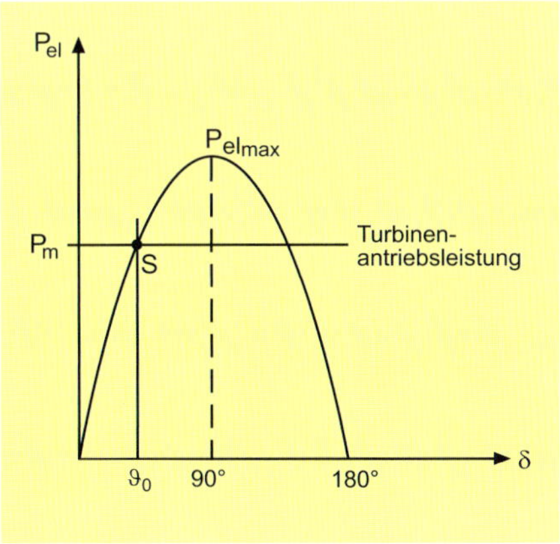

Bild 18.5. Übertragbare elektrische Wirkleistung in Abhängigkeit vom Winkel δ, Erläuterung siehe Text.

Neben der Leistungs-/Polradwinkelkurve ist in Bild 18.5 auch die über die Turbinenwelle in den Generator eingespeiste mechanische Leistung $P_m = \text{const}$ dargestellt. Der jeweilige *Arbeits-* bzw. *Betriebspunkt* S ergibt sich als Schnittpunkt der Kurven $P_m = \text{const}$ und $P_{\text{el}} = f(\delta)$. Die *maximal übertragbare Wirkleistung* ergibt sich für einen Winkel von $\delta = 90°$ zu

$$P_{\text{el}_{\text{max}}} = \frac{E_P \cdot U_{\text{Netz}}}{X_{\text{res}}} \quad . \tag{18.2}$$

$P_{\text{el}_{\text{max}}}$ wird als *statische Stabilitätsgrenze* bezeichnet.

18.1.2 Bewegungsgleichung eines Synchrongenerators

Der zeitliche Verlauf des Polradwinkels $\delta(t)$ eines einzelnen Synchrongenerators wird durch seine *Bewegungsdifferentialgleichung* beschrieben. Ihre Herleitung beruht auf dem *Erhaltungssatz für Drehmomente*, $\sum M = 0$ (s. a. (6.140)),

$$J\frac{d^2\delta}{dt^2} - M_m + M_{\text{el}} + M_D = 0 \quad . \tag{18.3}$$

Hierin bedeuten

$J\frac{d^2\delta}{dt^2}$ das beim Beschleunigen oder Abbremsen der trägen Masse eines Drehschwingers auftretende *Trägheitsdrehmoment* (vgl. *Trägheitskraft* $m\,d^2x/dt^2$),

M_m das mechanische *Antriebsmoment* der Turbine,

M_{el} das von den Ständerströmen herrührende, dem Antriebsmoment entgegenwirkende *Bremsmoment* (synchrones Moment),

M_D das beim Vorhandensein einer Dämpferwicklung oder in massiven Eisenteilen fließender Wirbelströme entstehende *Dämpfungsdrehmoment*,

δ der Polradwinkel des Rotors, bezogen auf eine synchron mitdrehende Referenzachse,

J *Trägheitsmoment* einer rotierenden Masse, hier Generator- und Turbinenläufer.

Für die nachstehenden grundsätzlichen Betrachtungen werden wir das Dämpfungsmoment als Effekt 2. Ordnung nicht weiter berücksichtigen,

$$J\frac{d^2\delta}{dt^2} = M_m - M_{\mathrm{el}} = M_S \quad . \tag{18.4}$$

Die Differenz zwischen M_m und M_{el} bezeichnet man als *synchronisierendes Moment* M_S. Wann immer $M_S \neq 0$ wird der Generatorläufer entweder beschleunigt oder verzögert. Er besitzt dann eine, wenn auch kleine Rotationsgeschwindigkeit $\omega = d\delta/dt$ gegenüber dem rotierenden Bezugssystem ω_0.

Erweitern wir (18.4) mit der Winkelgeschwindigkeit ω_0 des rotierenden Bezugssystems, wandeln sich die Drehmomente in Leistungen um,

$$J\omega_0\frac{d^2\delta}{dt^2} = P_m - P_{\mathrm{el}} = P_S \quad . \tag{18.5}$$

Dies ist die Bewegungsdifferentialgleichung eines *nichtlinearen* Drehschwingers, gekennzeichnet dadurch, daß die Rückstellkraft bzw. das synchronisierende Moment nicht proportional zur Auslenkung δ sondern eine *Funktion* von δ ist, wie sie aus der Leistungs-/Polradwinkelkurve hervorgeht,

$$J\omega_0\frac{d^2\delta}{dt^2} = P_m - P_{\mathrm{el_{max}}} \cdot \sin\delta = P_S \quad . \tag{18.6}$$

Diese Gleichung besitzt keine analytische Lösung, vielmehr muß die Differentialgleichung numerisch integriert werden. Als Lösung erhält man den Polradwinkel als Funktion der Zeit $\delta(t)$, sogenannte *Polradwinkelkurve* (engl.: *swing curve*). Die Polradwinkeldifferenz gegenüber dem Polradwinkel eines starren Netzes oder den Polradwinkeln anderer Generatoren ist entscheidend für die Stabilität (s. 18.1.3 und 18.1.4).

Betrachtet man nur kleine Änderungen um einen Arbeitspunkt, wie dies bei der Untersuchung der *Kleinsignalstabilität* der Fall ist, und substituiert $\delta = \delta_0 + \Delta\delta$ sowie $P_{\mathrm{el}} = P_0 + \frac{dP_{\mathrm{el}}}{dt}$ (nach den linearen Gliedern abgebrochene Taylorreihenentwicklung), läßt sich (18.6) in eine lineare Differentialgleichung umwandeln.

Ohne dies im einzelnen auszuführen, erhält man nach Division durch $J\omega_0$,

$$\frac{d^2 \Delta\delta}{dt^2} + F \Delta\delta = 0 \quad . \tag{18.7}$$

Dies ist die lineare Differentialgleichung zweiter Ordnung eines *ungedämpften* Drehschwingers bzw. auch die auf *Normalform* umgewandelte Differentialgleichung eines *gedämpften* Drehschwingers.

Der konstante Koeffizient F der abhängigen Variablen $\Delta\delta$ gilt nur für den betrachteten Arbeitspunkt und repräsentiert bekanntlich das Quadrat der *Eigenfrequenz* ω_e. Mit dieser Eigenfrequenz pendelt sich der Polradwinkel nach einer kleinen Störung auf den alten oder einen neuen stabilen Wert ein,

$$\frac{d^2 \Delta\delta}{dt^2} + \omega_e^2 \Delta\delta = 0 \quad . \tag{18.8}$$

Sie liegt in der Größenordnung von wenigen Hertz.

Tiefergehende Betrachtung zeigt, daß der Wellenstrang Generator und Mehrgehäuseturbine in sich selbst tordierbar ist und zusätzlich Eigenschwingungen mit einigen 10 Hz ausführen kann. Stimmt eine dieser Eigenfrequenzen, bzw. ihre Komplementärfrequenz zu 50 Hz, mit einer Resonanzfrequenz des Netzes überein, kommt es während und nach Kurzschlüssen zu *subsynchronen Resonanzen* (engl.: *Subsynchronous Resonance*, SSR). Dieses Phänomen tritt überwiegend bei Fernleitungen mit Reihenkondensatoren auf, Bild 18.6.

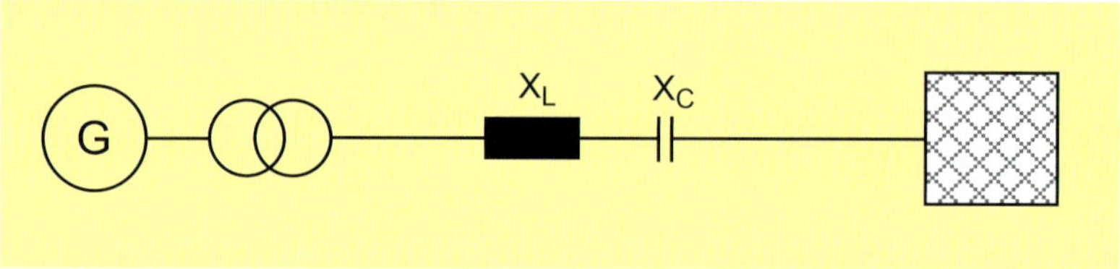

Bild 18.6. Generatoreinspeisung über Fernleitung mit Reihenkompensation (s. 8.5.3.1).

Kleine Ständerspannungen können in dieser Anordnung aufgrund des Saugkreisverhaltens sehr große Ständerströme mit oszillierenden, hohen *Wechseldrehmomenten* hervorrufen, die zu Resonanz-Torsionsschwingungen des Wellenstrangs bis hin zum Bersten der Wellen führen können.

In der Regel hat man es nicht nur mit einem einzelnen Generator an einem starren Netz zu tun, sondern einer Vielzahl von Generatoren bzw. Generatorgruppen, die über Freileitungen miteinander gekoppelt sind und sich daher gegenseitig beeinflussen. Zur Ermittlung ihrer Polradwinkel ist dann für jeden Generator bzw. jede kohärente Generatorgruppe die zugehörige Bewegungsgleichung aufzustellen, wobei P_{el} eines Generators von den Polradwinkeln δ_ν und Winkelgeschwindigkeiten $d\delta_\nu/dt$ aller anderen Generatoren abhängt. Mit $J\,\omega_\nu = L_\nu$ und dem jeweiligen Dämpfkoeffizienten D_ν erhält man so ein Gleichungssystem nichtlinearer gekoppelter Differentialgleichungen.

$$
\begin{aligned}
L_1\frac{d^2\delta_1}{dt^2} + D_1\omega\frac{d\delta_1}{dt} &= P_{m_1} - P_{\mathrm{el}_1}\left(\delta_1, \delta_2 \cdots \delta_n, \frac{d\delta_1}{dt}, \frac{d\delta_2}{dt} \cdots \frac{d\delta_n}{dt}\right)\\
L_2\frac{d^2\delta_2}{dt^2} + D_2\omega\frac{d\delta_2}{dt} &= P_{m_2} - P_{\mathrm{el}_2}\left(\delta_1, \delta_2 \cdots \delta_n, \frac{d\delta_1}{dt}, \frac{d\delta_2}{dt} \cdots \frac{d\delta_n}{dt}\right)\\
\cdots\cdots\cdots\cdots &\quad \cdots\cdots\cdots\cdots\cdots\cdots\cdots\cdots\\
\cdots\cdots\cdots\cdots &\quad \cdots\cdots\cdots\cdots\cdots\cdots\cdots\cdots\\
\cdots\cdots\cdots\cdots &\quad \cdots\cdots\cdots\cdots\cdots\cdots\cdots\cdots\\
L_n\frac{d^2\delta_n}{dt^2} + D_n\omega\frac{d\delta_n}{dt} &= P_{m_n} - P_{\mathrm{el}_n}\left(\delta_1, \delta_2 \cdots \delta_n, \frac{d\delta_1}{dt}, \frac{d\delta_2}{dt} \cdots \frac{d\delta_n}{dt}\right)
\end{aligned}
\tag{18.9}
$$

Die Abhängigkeit der elektrischen Leistungen P_{el_ν} von den Polradwinkeln und Polradwinkelgeschwindigkeiten aller anderen Generatoren wird durch ein zweites Gleichungssystem beschrieben, dessen Gleichungszeilen sich aus der übertragenen Wirkleistung gemäß (18.1)

$$
P_{\mathrm{el}_{ij}} = \mathrm{Re}\,[\underline{U}\,\underline{I}^*] = \mathrm{Re}\,[\underline{U}_i \sum_{j=1}^{n} \underline{Y}_{ij}^*\,\underline{U}_j^*] \tag{18.10}
$$

ergeben.

Die Lösungen des Gleichungssystems (18.9), die Polradwinkel $\delta_1(t)$, $\delta_2(t) \cdots \delta_n(t)$, lassen sich numerisch durch schrittweise Integration erhalten. Ihre Beziehungen untereinander sind entscheidend für das Stabilitätsverhalten (s. 18.1.3 und 18.1.4).

Wachsen die Polradwinkel aller Generatoren beispielsweise mehr oder weniger gleichzeitig an, ist das System stabil, Bild 18.7a.

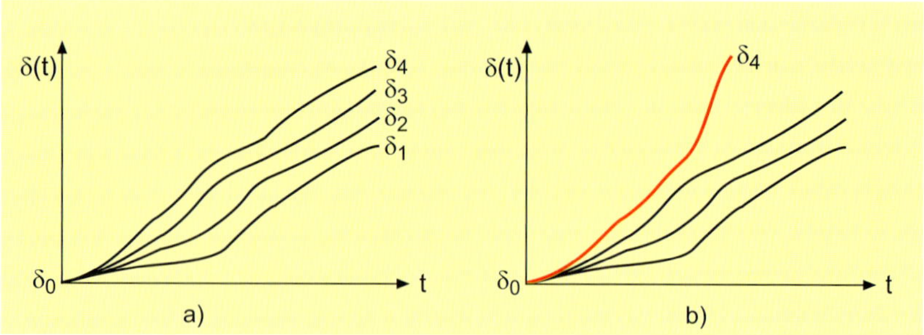

Bild 18.7. Polradwinkelverhalten. a) Stabiles System, b) instabiles System.

Nehmen die Polradwinkel eines oder mehrerer Generatoren einen divergierenden Verlauf an, beispielsweise δ_4 in Bild 18.7b, kommt es bei dem betroffenen Generator zum *Polschlüpfen* bzw. Außertrittfallen und damit verbundenem Verlust des Synchronismus.

Mit den im vorigen und in diesem Abschnitt eingeführten Begriffen können jetzt die Konzepte *Klein-* und *Großsignalstabilität* erläutert werden.

18.1.3 Kleinsignalstabilität

Kleinsignalstabilität, klassisch auch als *statische Stabilität* (engl.: *steady-state stability*) bezeichnet, ist die Grundvoraussetzung für den stabilen Betrieb eines Netzes (auch ohne Ausfall von Betriebsmitteln). Sie beschreibt das Stabilitätsverhalten eines Generators bzw. Netzes bei sehr kleinen, quasistatischen Störungen, wie sie in Form von Lastschwankungen ständig auftreten. Vor Eintritt einer Störung herrscht an jedem Generator das Gleichgewicht $P_m = P_{\mathrm{el}}$ und damit $P_S = 0$. Die Generatorläufer rotieren mit *konstanter Winkelgeschwindigkeit* ω_0 und ihrem der abgegebenen elektrischen Leistung entsprechenden Polradwinkel δ_{ν_0}. Ihre relative Winkelgeschwindigkeit $\omega = d\delta/dt$ gegenüber dem rotierenden Bezugssystem ist Null.

Kleine Störungen des Gleichgewichts führen zu einem synchronisierenden Moment $M_S \neq 0$. Dieses Moment beschleunigt oder verzögert den Rotor und führt zu einer relativen Winkelgeschwindigkeit $\omega \neq 0$. Für $P_m > P_{\mathrm{el}}$ nimmt der Polradwinkel zu, für $P_m < P_{\mathrm{el}}$ nimmt er ab. Kehren die Generatoren nach kleinen Lastschwankungen in den alten

Gleichgewichtszustand zurück oder stellen sich neue stabile Gleichgewichte ein, spricht man von *Kleinsignalstabilität.*

Ursachen von *Kleinsignalinstabilität* sind zu hoch ausgelastete Leitungen und dadurch bedingte mangelnde Stabilitätsreserve, Zuschalten großer Lasten, Frequenz- und Spannungsabhängigkeit der Lasten, geringe Dämpfung, schlechte, unkoordinierte Einstellung der Regler von Generatoren, Transformatoren, HGÜ- und FACTS-Stromrichtern und daraus resultierende *negative* Dämpfung bzw. *Entdämpfung.*

Die Untersuchung der Kleinsignalstabilität kann auf dreierlei Weise geschehen, mittels eines *graphischen* Verfahrens, der Analyse der *Übertragungsfunktionen* der Generatoren und Regler und mit der *Methode der Zustandsvariablen.* Der Anschaulichkeit wegen werden wir uns zunächst mit dem klassischen *graphischen* Verfahren vertraut machen.

18.1.3.1 Graphische Untersuchung der Kleinsignalstabilität

Vor dem Aufkommen schneller Leistungs- und Spannungsregler sowie der Verfügbarkeit leistungsfähiger Rechner wurde Stabilität zunächst *graphisch* veranschaulicht und untersucht. Zur Vereinfachung werden etwaige Leistungs- und Spannungsregler vernachlässigt, das heißt die Antriebsleistung P_m der Turbine und die Polradspannung $\underline{E}_P$ werden während der Störung als konstant angenommen bis eine etwaige manuelle Nachregelung einsetzt. Die Betrachtungen beschränken sich damit auf einen Zeitbereich ≤ 1 Sekunde. Ferner wird eine etwaige Dämpfung vernachlässigt, womit man ja auf der sicheren Seite liegt.

Als Standardbeispiel dient meist ein Generator an einem starren Netz. Dieses Beispiel erscheint angesichts der Untersuchung der Stabilität eines ganzen Netzes zunächst trivial. Es lassen sich jedoch *Zweimaschinenprobleme*, einfache Netze sowie über Kuppelleitungen verbundene Netze eines Verbundsystems häufig auf diese einfache Fragestellung reduzieren.

Betrachtet werde eine Generatoreinspeisung in ein starres Netz gemäß Bild 18.4 in 18.1.1. Vor Eintritt einer Störung herrscht ein Gleichgewichtszustand im Arbeitspunkt S, gekennzeichnet durch eine Turbinenantriebsleistung P_m, abgegebene elektrische Leistung P_{el} und einen Polradwinkel δ, Bild 18.8.

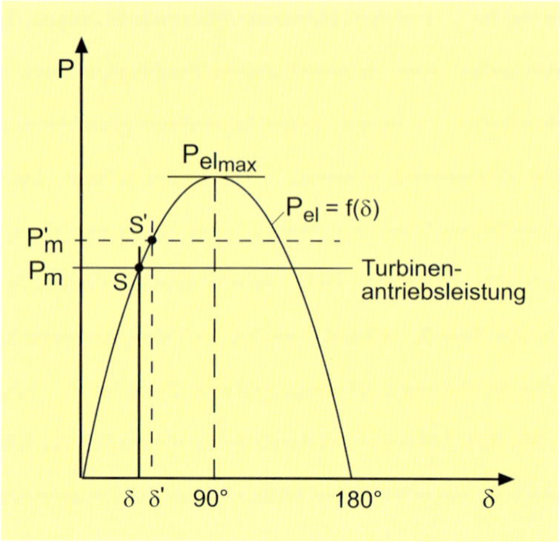

Bild 18.8. Zur Definition des Begriffs der Kleinsignalstabilität.

Eine langsame, manuell veranlaßte Erhöhung der polradwinkelunabhängigen Turbinenantriebsleistung P_m auf P'_m führt zu einem Ausgleichsvorgang, gefolgt von einem neuen Gleichgewichtszustand im Betriebspunkt S' mit einem größeren Polradwinkel δ' sowie einer erhöhten in das Netz eingespeisten Leistung P'_{el}. Weitere Erhöhungen der Antriebsleistung über P'_m hinaus sind grundsätzlich möglich, solange der Polradwinkel einen Wert von 90° nicht überschreitet. Die beim Winkel $\delta = 90°$ übertragene maximale Leistung $P_{\text{el}_{\text{max}}}$ wird als *Stabilitätsgrenze* bezeichnet (s. 18.1.1).

Die Polradwinkeländerung von δ nach δ' kann *aperiodisch* aber auch *oszillatorisch* erfolgen. Letzterer Fall tritt in schwach gedämpften Systemen oder bei nur schwach miteinander gekoppelten Teilbereichen eines Verbundsystems auf. Es kommt zu *Leistungspendelungen* und mit diesen verknüpften *Polradwinkelschwingungen.* Ihre Frequenz läßt sich ebenfalls aus Gleichung (18.8) bestimmen und liegt in der Größenordnung von zehntel Hertz. Erfolgen die Oszillationen aperiodisch gedämpft und bleibt der Winkel im arithmetischen Mittel unter 90°, bezeichnet man die Übertragungsstrecke als statisch stabil. Schaukelt die Winkeldifferenz sich auf, ist das System instabil (s. a. 18.1.4.2).

Wird vom Netz eine Wirkleistung $P > P_{\text{el}_{\text{max}}}$ angefordert, vergrößert sich der Polradwinkel auf Werte $\delta > 90°$. Die übertragbare elektrische

Leistung nimmt jetzt nicht mehr weiter zu sondern ab. Der Generator wird entlastet, was zur Beschleunigung seines Rotors und einem anwachsenden Polradwinkel führt. Die Relativgeschwindigkeit $\omega = d\delta/dt$ des Rotors gegenüber den Generatoren des starren Netzes nimmt stetig zu. Beim Winkel $\delta = 180°$ kommt es zum *Polschlüpfen*, der Generator verliert den Synchronismus und muß vom *Generatorschutz* (s. 12.4.3 und 12.4.4) abgeschaltet werden.

Statische Stabilität verlangt also, daß die Arbeitspunkte des Generators auf der linken Flanke der Sinushalbschwingung mit positiver Steigung liegen, mit anderen Worten

$$\frac{dP_{\mathrm{el}}(\delta)}{d\delta} > 0 \quad . \tag{18.11}$$

Sinngemäß läßt sich Kleinsignalstabilität auch meßtechnisch feststellen. Sie ist gegeben, wenn eine Erhöhung $+\Delta P_m$ der Antriebsleistung auch zu einer Zunahme $+\Delta P_{\mathrm{el}}$ der abgegebenen Leistung führt und umgekehrt. Dieser Test ist natürlich nur für die stark ausgelasteten Generatoren mit großem Polradwinkel interessant.

In der Praxis wird die Antriebsleistung mit Rücksicht auf die *transiente* bzw. *Großsignalstabilität* (s. 18.1.4) auf zulässige Werte $P_{m_{\mathrm{zul}}}$ begrenzt, deren zugehörige Polradwinkel deutlich unter 90° liegen, sogenannte *praktische Stabilitätsgrenze*. Die transiente Stabilitätsgrenze $P_{trans} = P_{m_{\mathrm{zul}}} = P_{\mathrm{el}_{\mathrm{zul}}}$ liegt deutlich unter der statischen Stabilitätsgrenze $P_{\mathrm{el}_{\max}}$ der Leistungs-/Polradwinkelkurve. Transiente Stabilität impliziert daher auch immer statische Stabilität. Insbesondere setzt transiente Stabilität mögliche statische Stabilität nach Klärung einer Störung voraus.

Die Differenz zwischen $P_{m_{\mathrm{zul}}}$ und $P_{\mathrm{el}_{\max}}$ wird als *Stabilitätsreserve* bezeichnet. Es ist Aufgabe der Netzführung, ständig für eine ausreichende Stabilitätsreserve zu sorgen. Dies ist in einem deregulierten Markt sehr schwierig, da einzelne Leitungen viel stärker als bisher ausgelastet werden. Die Folgen sind geringere Stabilitätsreserven und ein signifikant höheres Risiko für einen *Generator-* oder *Netzausfall*.

Abschließend sei nochmals darauf hingewiesen, daß die klassische Stabilitätsbetrachtung wegen der konstant angenommenen Polradspannung E_P eine zu kleine Stabilitätsgrenze $P_{\mathrm{el}_{\max}}$ vortäuscht. Unter Berücksichtigung der heute verfügbaren schnellen Spannungsregler, die mit zunehmender Belastung die Polradspannung E_P erhöhen, ergeben sich Leistungs-/Polradwinkelkurven mit beträchtlich höherem $P_{\mathrm{el}_{\max}}$.

18.1.3.2 Untersuchung der Kleinsignalstabilität anhand von Übertragungsfunktionen

Die graphische Betrachtungsweise der Kleinsignalstabilität versagt sofort, wenn schnelle Leistungs- und Spannungsregler ins Spiel kommen, die die eingangs gemachten Voraussetzungen, *konstante Polradspannung und Antriebsleistung* und damit die sinusförmige Leistungs-/Polradwinkelkurve obsolet machen. Beispielsweise wird beim Absinken der Klemmenspannung die Polradspannung E_P schnellstmöglich vergrößert, um den erhöhten Spannungsabfall an der Generatorreaktanz auszugleichen. Die Leistungs-/Polradwinkelkurve ist dann keine Sinushalbschwingung mehr, vielmehr wird ihr Verlauf von der Spannungsregelung bestimmt, Bild 18.9.

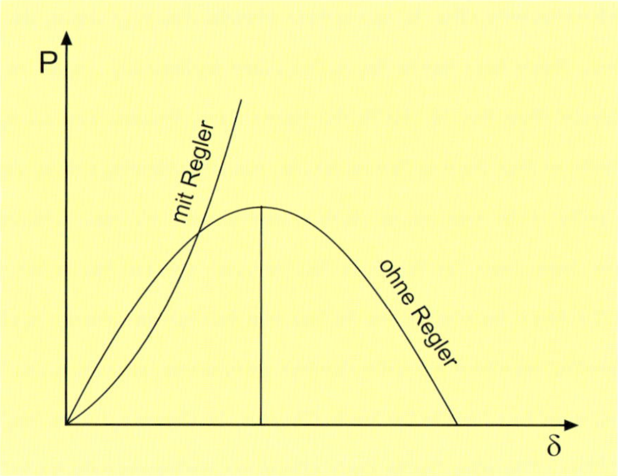

Bild 18.9. Leistungs-/Polradwinkelkurven mit und ohne Spannungsregler.

Um auch beim Vorhandensein von Reglern eine Aussage über die *Kleinsignalstabiltität* treffen zu können, werden die Synchrongeneratoren, ihre Regler, Blindstromkompensationseinrichtungen etc. sowie die Lasten in Form in der Regelungstechnik üblicher *Blockschaltbilder* als vieldimensionale *lineare* Regelkreise dargestellt. Ihr Übertragungsverhalten im *Frequenzbereich* wird dann durch rationale Übertragungsfunktionen vom Typ

$$G(s) = \frac{\underline{X}_a(s)}{\underline{X}_e(s)} = \frac{b_m(s)^m + \cdots + b_1(s)^1 + b_0}{a_n(s)^n \quad + \cdots + a_1(s)^1 + a_0} \tag{18.12}$$

beschrieben, die Eingangsgrößen $\underline{X}_e(s)$ und Ausgangsgrößen $\underline{X}_a(s)$ zueinander in Beziehung setzen. Das Nennerpolynom entspricht gerade der *charakteristischen Gleichung* der zugehörigen Differentialgleichung des *Zeitbereichs.*

Auf (18.12) lassen sich jetzt die bekannten, in linearen Systemen üblichen formalen Stabilitätskriterien nach *Nyquist* und *Routh/Hurwitz* anwenden. Nach ihnen ist Kleinsignalstabilität gegeben, wenn die Realteile der *Lösungen* bzw. *Nullstellen*, *Wurzeln*, *Eigenwerte*, *Pole* (synonyme Begriffe) des *Nennerpolynoms* $\underline{X}_e(s)$ in der *linken Hälfte* der komplexen Zahlenebene liegen.

Das Problem der Stabilitätsanalyse anhand der Nullstellenverteilung in der komplexen Zahlenebene besteht darin, daß bei der rechnergestützten Ermittlung der Nullstellen von Polynomen höherer Ordnung die Rundungsfehler der Nullstellen mit dem Grad der Ordnung stark ansteigen.

Schnelle Spannungsregler können unbeabsichtigt zu einer möglichen Kleinsignalinstabilität beitragen, wenn Regelschwingungen wirkungsmäßig gekoppelter Regler eine *negative Dämpfung* bzw. *Entdämpfung* bewirken. Um diesen Effekt zu begrenzen, kann auf das Vergleichsglied des Spannungsreglers ein zusätzliches Stabilisierungssignal gegeben werden, das netto wieder zu positiver Dämpfung führt, sogenannter *Exciter Power-System-Stabilizer* (EPSS).

Die Spannungsregler und die auf die Erregung wirkende Power-System-Stabilizer der einzelnen Generatoren sind über das Netz gekoppelt und verlangen einen koordinierten Reglerentwurf zur Vermeidung negativer Dämpfung. Power-System-Stabilizer können auch im Frequenz-Wirkleistungsregelkreis installiert werden, was nur einen *lokalen* Reglerentwurf verlangt und höhere Robustheit gegenüber Netz- und Betriebspunktänderungen bietet, sogenannter *Governer Power-System-Stabilizer* (GPSS).

Das dynamische Verhalten bei Störungen im *Zeitbereich* erhält man durch inverse Laplace-Transformation der abhängigen Variablen $\underline{X}_a(s)$

in den Zeitbereich

$$x_a(t) = \mathcal{L}^{-1}\,\underline{X}_a(s) \quad . \tag{18.13}$$

Aus dem Verlauf der *Sprungantwort* des Systems läßt sich dann ebenfalls auf die Stabilität schließen.

18.1.3.3 Methode der Zustandsvariablen

Bei der Untersuchung der Kleinsignalstabilität komplexer Systeme mit vielen Generatoren, Reglern und Berücksichtigung der Spannungs- und Frequenzabhängigkeit der Lasten wird die gewöhnliche Frequenzbereichsanalyse schnell unübersichtlich. Man geht dann zu einer schematisierten Vorgehensweise über, der sogenannten *Methode der Zustandsvariablen.*

Bei dieser im Anhang H ausführlich erläuterten Methode stellt man das zuvor in einem Arbeitspunkt *linearisierte* Differentialgleichungssystem in Matrizenschreibweise dar,

$$\begin{aligned} \dot{\mathbf{x}} &= \mathbf{A}\,\mathbf{x} + \mathbf{B}\,\mathbf{u} \\ \mathbf{y} &= \mathbf{C}\,\mathbf{x} + \mathbf{D}\,\mathbf{u} \quad . \end{aligned} \tag{18.14}$$

Ausgehend von diesem Gleichungssystem bestimmt man die Eigenwerte λ der Matrix $\mathbf{A}$ durch Lösen der zugehörigen *charakteristischen Gleichung*

$$P(\lambda) = \det\left(\mathbf{A} - \lambda\, I\right) \quad . \tag{18.15}$$

Das Aufsuchen der Nullstellen des Polynoms $P(\lambda)$ führt auf die Eigenwerte λ_ν, was bereits in 6.11.2 gezeigt wurde. Die Lage der Eigenwerte in der komplexen Zahlenebene macht eine Aussage über die Stabilität. Liegen sie in der linken Hälfte der komplexen Zahlenebene ist das System stabil (s. a. 18.1.3.2).

Elektroernergiesysteme sind hoch *nichtlineare* Systeme, so daß sich die in den beiden letzten Abschnitten vorgestellten Verfahren auf kleine Störungen beschränken, für die das nichtlineare System um einen Arbeitspunkt linearisiert werden kann. Die Untersuchung der Einflüsse großer Störungen macht die Lösung des nichtlinearen Gleichungssystems (18.9) oder die Anwendung sogenannter *Ljapunov-Methoden* zwingend erforderlich. (s. 18.1.4.1 und 18.1.4.3).

18.1.4 Großsignalstabilität

Großsignalstabilität, klassisch als *transiente Stabilität* bezeichnet, beschreibt die Fähigkeit eines Elektroenergiesystems auch bei *großen*, sprungartigen Störungen, beispielsweise *Änderungen der Netztopologie* durch Abschalten von *Kurzschlüssen*, *Ausfall von Kraftwerken* oder *Übertragungsleitungen* etc., den Synchronismus nicht zu verlieren. Große Störungen führen unmittelbar zu starken Veränderungen der Leistungsflüsse und des Spannungsprofils des Netzes. Betriebsmittel können überlastet, die Rotoren der Synchrongeneratoren durch die plötzliche Veränderung des Wirkleistungsgleichgewichts stark beschleunigt oder abgebremst werden, gegebenenfalls außer Tritt geraten. Ihre Abschaltung durch den *Asynchronschutz* führt zur Verringerung der Stabilitätsreserve der verbleibenden Generatoren. Man bezeichnet ein Netz als *transient stabil*, wenn sich nach Klärung des Fehlers trotz Ausfall eines oder mehrerer Betriebsmittel wieder ein stabiles Gleichgewicht in einem neuen Arbeitspunkt einstellt. Transiente Stabilität liegt daher auch dann noch vor, wenn das von den abgeschalteten Generatoren verursachte Leistungsdefizit von anderen Generatoren aufgefangen werden kann und keine der verbleibenden Transportleitungen überlastet wird.

Während für die Feststellung der *Kleinsignalstabilität* ein einziger Rechengang ausreicht, läßt sich eine Aussage über die *transiente* Stabilität immer nur für ein diskretes *Störungsszenario* herleiten. Ein Szenario ist gekennzeichnet durch den Ort des Auftretens der Störung, die Art der Störung, beispielsweise ein-, zwei- oder dreipoliger Kurzschluß, Erregungsausfall etc. sowie durch die *Anfangsbedingungen* des Elektroenergiesystems bei Eintritt der Störung. Anfangsbedingungen sind die vor Störungseintritt erzeugten bzw. übertragenen *Leistungen* und die *Polradwinkel* aller Generatoren. Da es unendlich viele Szenarien gibt, ist eine der *Kleinsignalstabilität* vergleichbare generelle Aussage über das Vorliegen *transienter Stabilität* nicht möglich. Vielmehr muß man *mehrfache Rechnungen* für die wichtigsten Störszenarien in neuralgischen Punkten des Netzes durchführen. Welche Szenarien wichtig sind, wird durch das Ausmaß der Folgen einer Störung und von der Wahrscheinlichkeit ihres Auftretens bestimmt. Das Netz ist so zu führen, daß es in jedem Betriebszustand für eine im Rahmen der Netzplanung definierte zugehörige Menge von Szenarien transient stabil ist (s. a. Kapitel 15).

Da bei großen Störungen eine Linearisierung in einem Arbeitspunkt nicht mehr möglich bzw. sinnvoll ist, müssen die Lösungen $\delta_1(t), \delta_2(t)$, $\delta_3(t) \cdots \delta_n(t)$ des nichtlinearen Gleichungssystems (18.9) mit Hilfe leistungsfähiger Rechner aufgesucht werden. Das zeitliche Verhalten der Polradwinkel untereinander entscheidet über das etwaige Außertrittfallen eines oder mehrerer Generatoren und damit über die transiente Stabilität.

Alternativ kommen *Ljapunov-Methoden zweiter Art* in Frage, die in einfachen Fällen eine Aussage über die Stabilität auch bei Nichtkenntnis der Lösungen erlauben.

18.1.4.1 Numerische Integration des Bewegungsdifferentialgleichungssystems

Die Ermittlung des zeitlichen Verlaufs der Polradwinkel aller Generatoren erfolgt heute überwiegend durch schrittweise numerische Integration der Schwingungsgleichungen der Generatoren unter Berücksichtigung ihrer Regeleinrichtungen und der Frequenzabhängigkeit der Netzlasten. Der für den zeitlichen Verlauf der Lösung $\delta(t)$ interessierende Zeitbereich wird in äquidistante Zeitschritte von beispielsweise 0,1 Sekunden unterteilt. Während eines Zeitabschnitts werden, mit Ausnahme der abhängigen Variablen, alle Größen als konstant betrachtet. Ausgehend von den Anfangsbedingungen der vor Eintritt der Störung herrschenden Leistungsflüsse $P^{(0)}_{\text{el}_\nu}$ und der Polradwinkel δ_{0_ν} werden die Schwingungsgleichungen im ersten Integrationsschritt nach $\delta^{(1)}$ aufgelöst. Die am Ende des gewählten Zeitabschnitts als Lösung erhaltenen Polradwinkel $\delta^{(1)}$ werden in die während der Fehlerdauer zutreffenden Leistungsflußgleichungen eingesetzt, womit sich neue Werte für die Leistungen $P^{(1)}_{\text{el}}$ ergeben. Diese Vorgehensweise wird für eine dem betrachteten Zeitraum angemessenen Schrittzahl wiederholt. Es sind mit anderen Worten alternierend zwei Gleichungssysteme zu lösen, das System der Bewegungsdifferentialgleichungen und das System der algebraischen Leistungsflußgleichungen des Netzes.

Setzt man in den Bewegungsdifferentialgleichungen (18.9) für die elektrischen Leistungen P_{el_i} die zu den anderen Knoten abgehenden Leistungsflüsse ein, erhalten wir

$$J_i \frac{d^2\delta_i}{dt^2} = P_{m_i} - \text{Re}\,[\underline{U}_i \cdot \sum_{j=1}^{n} \underline{Y}^*_{ij}\underline{U}^*_j] \quad . \tag{18.16}$$

Drückt man die resultierenden Kopplungsadmittanzen $\underline{Y}_{ij}$ sowie die komplexen Spannungen $\underline{U}_i$ durch ihre Real- und Imaginärteile aus, so erhält man ein Differentialgleichungssystem der Ordnung n, welches die *Dynamik aller Polradwinkel* beschreibt:

$$J_i \frac{d^2\delta_i}{dt^2} = P_{m_i} - \sum_{j=1}^{n} U_i U_j \cdot (G_{ij} \cos\delta_{ij} + B_{ij} \sin\delta_{ij}) \qquad (18.17)$$

Die Netztopologie wird durch die resultierenden Admittanzen $\underline{Y}_{ij} = G_{ij} + j \cdot B_{ij}$ zwischen den Knoten i und j erfaßt. Die Admittanzen nehmen für die drei betrachteten Zeiträume *vor*, *während* und *nach* der Störung unterschiedliche Werte an.

In der Praxis erfolgt die *Analyse der transienten Stabilität* für verschiedene Fehlerszenarien durch mehrere Simulationen im Zeitbereich mit variabler Fehlerklärungszeit.

Als Ergebnis erhält man je nach Anfangsbedingungen und Stärke der Störung einen von drei typischen Polradwinkelverläufen $\delta(t)$, Bild 18.10.

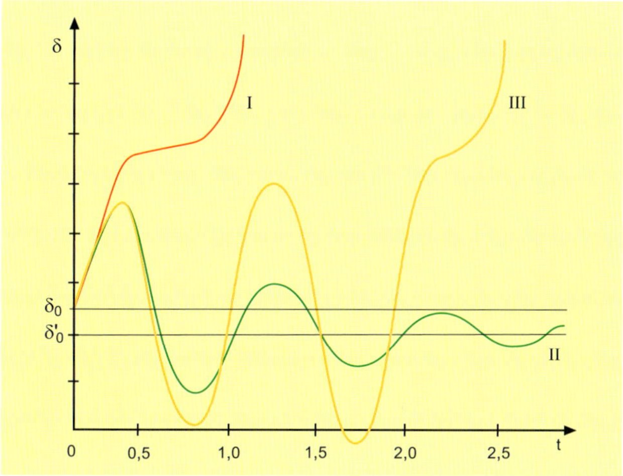

Bild 18.10. Typische Polradwinkelverläufe bei unterschiedlich großen Kurzschlußströmen.

- Der Polradwinkel wächst von δ_0 aus unbegrenzt an (engl.: *first swing stability*, roter Verlauf I).

– Der Polradwinkel pendelt sich periodisch gedämpft auf einen neuen Wert δ_0' ein (grüne Kurve II). Dies kann der Fall sein, wenn beispielsweise der Dauerkurzschlußwechselstrom in der Größenordnung des Nennstroms liegt.

– Der Polradwinkel nimmt oszillatorisch um einen ständig steigenden Mittelwert unbegrenzt zu (gelbe Kurve III).

Letzterer Verlauf stellt sich ein, falls das System nach Ablauf der Störung nicht statisch stabil ist.

Das im Bild 18.10 in zwei Fällen erkennbare instabile Verhalten wird durch frühzeitiges Unterbrechen des Kurzschlusses mittels an beiden Enden des betroffenen Betriebsmittels angeordneter Leistungsschalter vermieden. Je früher die Abschaltung erfolgt, sogenannte *Fehlerklärungszeit*, desto größer die Aussicht, die Stabilität zu bewahren.

Bei Mehrmaschienensystemen müssen die Polradwinkel aller Generatoren ermittelt werden, was unter den Voraussetzungen konstante Polradspannung E_P und Turbinenantriebsleistung P_m sehr leicht möglich ist, unter Berücksichtigung aller Regler und Kompensationseinrichtungen, insbesondere FACTS-Betriebsmitteln und der Frequenzabhängigkeit der Lasten beliebig aufwendig wird.

18.1.4.2 Untersuchung der Großsignalstabilität mit der Methode der Zustandsvariablen

Bei der Darstellung nichtlinearer Systeme im Zustandsraum wird das Vorhandensein transienter Stabilität durch den Verlauf der *Trajektorie des Zustandsvektors* bestimmt (s. a. Anhang H). Anschaulich läßt sich das Prinzip an einem einfachen System mit zwei Zustandsgrößen erläutern. Wandelt man die Schwingungsdifferentialgleichung zweiter Ordnung eines Generators am starren Netz

$$J\omega_0 \frac{d^2\delta}{dt^2} = P_m - P_{\mathrm{el_{max}}} \cdot \sin\delta \tag{18.18}$$

mit Hilfe der *Methode der Zustandsvariablen* (s. Anhang H) in *zwei* Differentialgleichungen erster Ordnung mit den Zustandsgrößen

$$x_1 = \delta \quad \text{und} \quad x_2 = \dot{x}_1 = \dot{\delta} = \omega \tag{18.19}$$

um, erhalten wir eine erste Zustandsgleichung

$$\dot{\delta} = \omega \tag{18.20}$$

und mit

$$\frac{d^2\delta}{dt^2} = \dot{\omega} \quad , \tag{18.21}$$

aus 18.18 eine zweite Zustandsgleichung

$$\dot{\omega} = 1/J_{\omega_0}(M_m - M_{\text{el}} \sin\delta) \quad . \tag{18.22}$$

Ob dieses durch zwei Zustandsgrößen $x_1 = \delta$ und $x_2 = \omega$ beschriebene nichtlineare System transient stabil ist oder nicht, hängt vom Verlauf der Projektion seines Zustandsvektors $\mathbf{x} = f(x_1, x_2)$ in die Zustandsebene ab, die wiederum eine Funktion der Anfangsbedingungen des ungestörten Ruhezustands und der Natur der Störung ist. Im Kontext entspricht die Ruhelage einem Gleichgewichtszustand zwischen erzeugter und verbrauchter Wirk- und Blindleistung (s. 13.1).

18.1.4.3 Ljapunov-Verfahren

Ljapunov-Verfahren der zweiten Art zielen auf die Gewinnung von Aussagen über etwaige transiente Stabilität eines nichtlinearen Systems auch ohne explizite Kenntnis der Lösungen des Gleichungssystems (18.9), mit anderen Worten auch ohne Kenntnis des Verlaufs der Trajektorie.

Man sucht eine stetig differenzierbare Funktion der Zustandsvariablen $V(\mathbf{x})$, sogenannte *Ljapunov-Funktion*, mit folgenden Eigenschaften:

$$\begin{aligned} V(\mathbf{x}) &> 0 \qquad \text{für alle} \qquad |\mathbf{x}| > 0 \\ V(0) &= 0 \\ \lim_{|\mathbf{x}|\to\infty} V(\mathbf{x}) &= \infty \quad . \end{aligned} \tag{18.23}$$

Das System ist bezüglich eines bestimmten Ruhezustands bzw. Zustandsvektors global asymmetrisch stabil, wenn im gesamten Zustandsraum gilt $dV/dt < 0$. Es ist in einem beschränkten Gebiet des Zustandsraums stabil, wenn in diesem Gebiet $dV/dt \leq 0$ gilt. Das beschränkte

Gebiet bezeichnet man als *Einzugsbereich* des untersuchten Ruhe- bzw. Gleichgewichtszustands. Er wir durch die Anfangsbedingungen für die Zustandsdifferentialgleichungen bestimmt.

Das Problem besteht natürlich im Auffinden einer geeigneten Funktion $V(\mathbf{x})$. Vielfach wird hierfür die *Energie* des Systems gewählt, die für $t \to \infty$ gegen Null streben muß. Im verallgemeinerten Sinn geht es nicht zwingend um eine *Energiefunktion* $V(\mathbf{x})$. Vielmehr ist jede beliebige andere Funktion geeignet, die die eingangs genannten Bedingungen erfüllt.

Eine Ausprägung der Ljapunov-Verfahren zweiter Art ist eine klassische graphische Methode, die im Kontext von Netzen als *Flächengleichheitssatz* (engl.: *equal area criterion*) bezeichnet wird. Diese klassische Betrachtung geht von den Voraussetzungen *konstante Antriebsleistung* P_m, *konstante Polradspannung* $\underline{E}_P$ und *Netzspannung* $\underline{U}_{\text{Netz}}$ aus. Als Standardbeispiel betrachten wir wieder einen einzelnen Generator am starren Netz, diesmal über einen Maschinentransformator und eine Doppelleitung mit dem Netz verbunden, Bild 18.11.

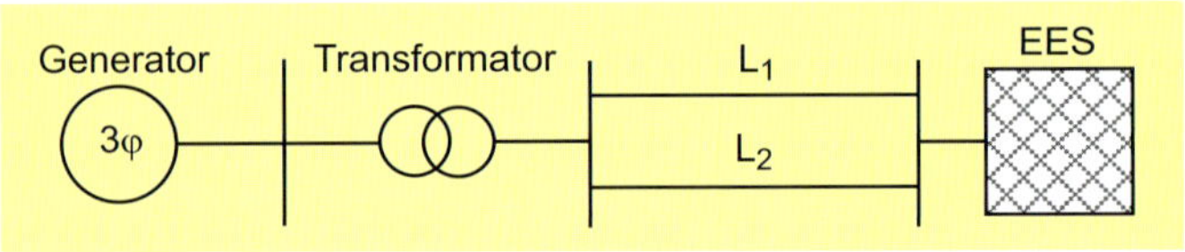

Bild 18.11. Symbolische Darstellung der Konfiguration aus Synchrongenerator, Transformator, Doppelleitung und starrem Netz.

Dieses Übertragungssystem läßt sich durch ein Netzwerkmodell in Form eines einphasigen Ersatzschaltbilds darstellen, Bild 18.12.

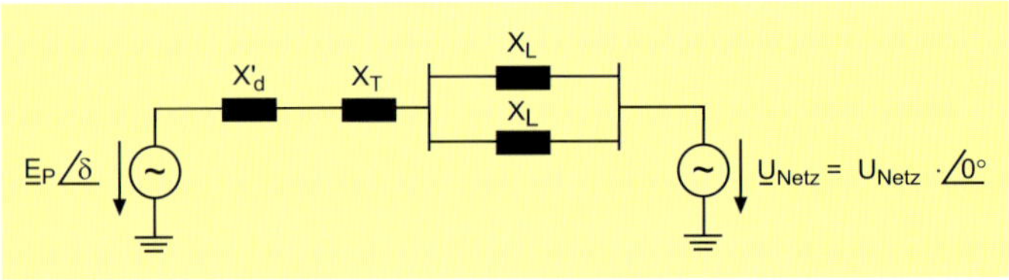

Bild 18.12. Einphasiges Netzmodell zu Bild 18.11. Ohmsche Widerstände wegen $X \gg R$ vernachlässigt.

Faßt man die drei Reaktanzen zu einer *resultierenden Reaktanz* X_{res} zusammen, so läßt sich das Ersatzschaltbild weiter vereinfachen. Es liegt dann wieder das bereits eingangs in 18.1.1 verwendete Schaltbild vor, Bild 18.13.

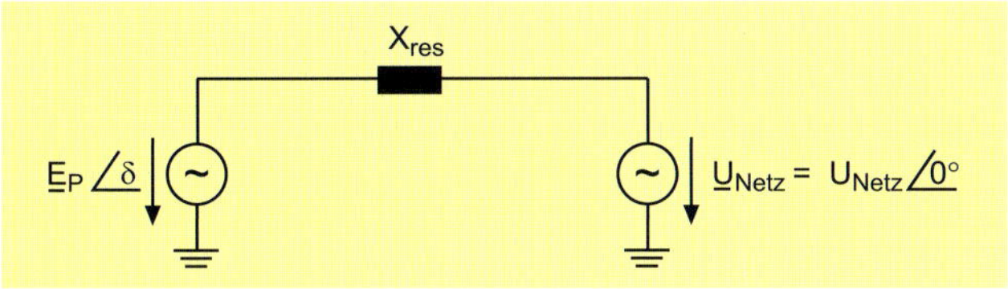

Bild 18.13. Ultimatives einphasiges Ersatzschaltbild der Konfiguration aus Synchrongenerator, Transformator, Doppelleitung und Netz.

Der Flächengleichheitsatz erlaubt nun direkt die Untersuchung der transienten Stabilität auch ohne numerische Integration der Schwingungsgleichungen.

Zunächst soll das Verhalten des Polradwinkels bei einem *Dauerkurzschluß* auf der Mitte einer der beiden Leitungen betrachtet werden, Bild 18.14.

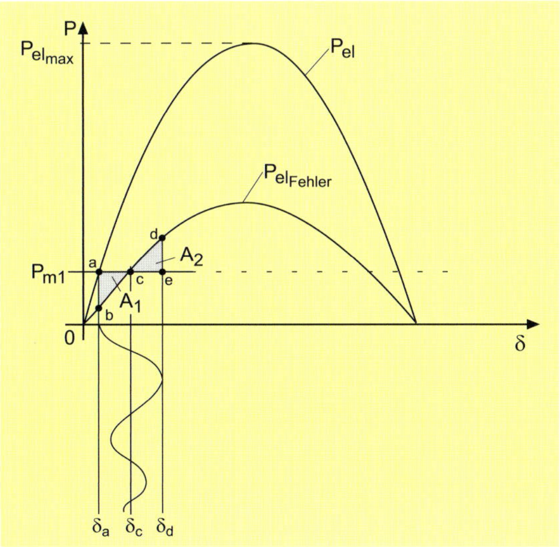

Bild 18.14. Polradwinkel $\delta(t)$ bei einem Dauerkurzschlußstrom.

Im ungestörten Betrieb herrscht im Arbeitspunkt a, das heißt im Schnittpunkt der Kurven P_{m_1} = const und $P_{\text{el}} = E_P U_{\text{Netz}} \sin\delta / X$ das Gleichgewicht $P_{m_1} = P_{\text{el}_a}$ bei einem Polradwinkel δ_a. Bei einem Kurzschluß auf einer der beiden Leitungen wird Wirkleistung nur noch auf der ungestörten Leitung übertragen. Wegen der niedrigeren Speisespannung stellt sich eine *neue Leistungs-/Polradwinkelkurve* $P_{\text{el}_{\text{Fehler}}}$ ein. Die vom Generator abgegebene Wirkleistung fällt bei zunächst noch konstantem Polradwinkel δ_a dramatisch auf den neuen Arbeitspunkt b auf der Kurve $P_{\text{el}_{\text{Fehler}}}$ ab. Da in diesem Arbeitspunkt die mechanische Leistung P_{m_1} größer ist als $P_{\text{el}_{\text{Fehler}}}$ beschleunigt der Läufer und der Schnittpunkt b wandert auf der neuen Leistungs-/Polradwinkelkurve $P_{\text{el}_{\text{Fehler}}}$ in Richtung c. Der Schnittpunkt c wäre ein stabiler Betriebspunkt, weil jetzt wieder ein Gleichgewicht $P_{m_1} = P_{\text{el}}$ herrscht. Da jedoch der Rotor immer noch mit erhöhter Relativgeschwindigkeit $\omega > \omega_0$ rotiert, wächst der Polradwinkel noch weiter an und bewegt sich auf den Punkt d zu. Längs des Kurvenstücks c – d gilt $P_{\text{el}} > P_m$, die Leistungsdifferenz besitzt jetzt ein umgekehrtes Vorzeichen. Die relative Rotorwinkelgeschwindigkeit ω und das Anwachsen des Rotorwinkels verlangsamen sich. Beim Maximalwert δ_d des Rotorwinkels nimmt die Relativgeschwindigkeit in d den Wert Null an, das heißt $d\delta/dt = 0$. Für einen mitrotierenden Beobachter kommt der Rotor in d praktisch zum Stillstand. Ab hier kehrt sich das Vorzeichen der relativen Geschwindigkeit um, der Polradwinkel nimmt wieder ab. Er bewegt sich auf c zu und pendelt sich aperiodisch gedämpft auf den neuen stabilen Arbeitspunkt c ein.

Die Polradwinkelexkursion in Richtung d dauert so lange an, bis die beiden Flächen A_1 und A_2 gleich groß sind. Dies ergibt sich aus folgender Überlegung:

Ausgehend von der Bewegungsdifferentialgleichung (18.6)

$$J\omega_0 \frac{d^2\delta}{dt^2} = P_m - P_{\text{el}_{\text{Fehler}}} \quad , \tag{18.24}$$

dividiert man beide Seiten zunächst durch $J\omega_0$ und erweitert mit $d\delta/dt$,

$$\frac{d\delta}{dt}\frac{d^2\delta}{dt^2} = \frac{1}{J\omega_0}(P_m - P_{\text{el}_{\text{Fehler}}})\frac{d\delta}{dt} \quad , \tag{18.25}$$

bzw.

$$\frac{d}{dt}\left(\frac{d\delta}{dt}\right)^2 = \frac{1}{J\omega_0}(P_m - P_{\text{el}_{\text{Fehler}}})\frac{d\delta}{dt} \quad . \tag{18.26}$$

Anschließende Integration nach der Zeit liefert

$$\int_{t_a}^{t_d} \frac{d}{dt}\left(\frac{d\delta}{dt}\right)^2 dt = \frac{1}{J\omega_0}\int_{t_a}^{t_d} (P_m - P_{\mathrm{el}_{\mathrm{Fehler}}})\frac{d\delta}{dt}\,dt \quad , \tag{18.27}$$

bzw.

$$\left(\frac{d\delta}{dt}\right)^2 = \frac{1}{J\omega_0}\int_{\delta_a}^{\delta_d} (P_m - P_{\mathrm{el}_{\mathrm{Fehler}}})\,d\delta \quad . \tag{18.28}$$

Teilt man die rechte Seite in zwei Integrale auf,

$$\left(\frac{d\delta}{dt}\right)^2 = \frac{1}{J\omega_0}\int_{\delta_a}^{\delta_c} (P_m - P_{\mathrm{el}_{\mathrm{Fehler}}})\,d\delta + \frac{1}{J\omega_0}\int_{\delta_c}^{\delta_d} (P_m - P_{\mathrm{el}_{\mathrm{Fehler}}})\,d\delta \quad , \tag{18.29}$$

lassen sich die Differenzen der Flächen unter den jeweiligen Leistungsfunktionen $P_m = \mathrm{const}$ und $P_{\mathrm{el}_{\mathrm{Fehler}}}(\delta)$ als Flächen A_1 und A_2 interpretieren. Die Differenzfläche A_1 entspricht wegen $P_m > P_{\mathrm{el}}$ einer *Beschleunigungsphase*, die Differenzfläche A_2 entspricht wegen $P_m < P_{\mathrm{el}}$ einer *Verzögerungsphase.*

Dividiert man in (18.29) die Leistungen durch ω_0 werden sie wieder in Drehmomente überführt,

$$\left(\frac{d\delta}{dt}\right)^2 = \frac{1}{J}\int_{\delta_a}^{\delta_c} (M_m - M_{\mathrm{el}_{\mathrm{Fehler}}})\,d\delta + \frac{1}{J}\int_{\delta_c}^{\delta_d} (M_m - M_{\mathrm{el}_{\mathrm{Fehler}}})\,d\delta \quad . \tag{18.30}$$

In Analogie zur Linearbewegung entsprechen die Integranden der kinetischen Energie eines rotierenden Körpers,

$$W_{\mathrm{kin}_{\mathrm{lin}}} = \int F\,d\,s \quad \Rightarrow \quad W_{\mathrm{kin}_{\mathrm{rot}}} = \int M\,d\,\delta \quad . \tag{18.31}$$

Die Integrale in (18.30) stellen daher die während der Beschleunigungsphase aufgenommene und die während der Verzögerungsphase abgegebene kinetische Energie dar.

Im Punkt d der maximalen Auslenkung des Polradwinkels gilt $d\delta/dt = 0$. Daraus folgt

$$\int_{\delta_a}^{\delta_c} (M_m - M_{\mathrm{el}_{\mathrm{Fehler}}})\, d\delta = \int_{\delta_c}^{\delta_d} (M_m - M_{\mathrm{el}_{\mathrm{Fehler}}})\, d\delta \qquad (18.32)$$

bzw. $A_1 = A_2$.

Die Beschleunigungs- und Verzögerungsenergie sind gleich groß bzw. ergänzen sich beide zu Null.

Der Zusammenhang des Flächensatzes und den Ljapunov-Stabilitätskriterien liegt darin begründet, daß auch hier die anfänglich injizierte *Beschleunigungsenergie* durch eine gleich große *Verzögerungsenergie* zu Null gemacht werden muß. Ist dies nicht möglich, ist das System instabil.

Nach diesen einführenden Überlegungen lassen sich jetzt Modifikationen des Bilds 18.14 betrachten. Liegt beispielsweise das anfängliche Leistungsgleichgewicht auf dem höheren Niveau P_{m_2}, kann der Polradwinkel sogar auf die abfallende Seite der Sinushalbschwingung auswandern, ohne daß das System zwingend instabil wird, Bild 18.15.

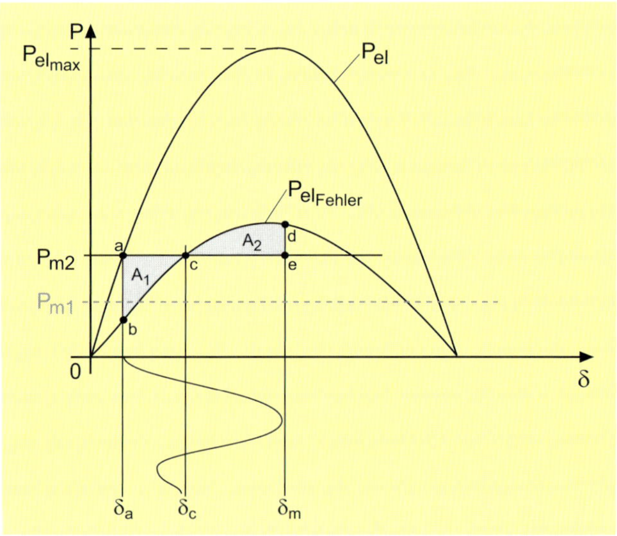

Bild 18.15. Grenzfall stabilen Verhaltens für $A_1 = A_2$, $P_{m_2} \equiv P_{m_{\mathrm{trans}}}$.

Eine Rückkehr zu einem stabilen Gleichgewicht in c ist dann immer noch möglich, sofern $A_1 = A_2$ gewährleistet ist. Die höchstmögliche Antriebsleistung P_m, bei der die zur Verzögerung verfügbare Energie gerade noch die Bedingung $A_2 = A_1$ erfüllt ist, wird als *transiente Stabilitätsgrenze* $P_{m_{\text{trans}}}$ bezeichnet.

Die transiente Stabilitätsgrenze $P_{m_{\text{trans}}} = P_{\text{el}_{\text{trans}}}$ wird erst dann überschritten, wenn $A_2 < A_1$ gilt. Der stabile Arbeitspunkt c wird dann in der Verzögerungsphase nicht mehr erreicht. Es kommt schon früher wieder zu einem beschleunigenden Moment, das den Polradwinkel über d hinaus unbegrenzt anwachsen läßt, Bild 18.16.

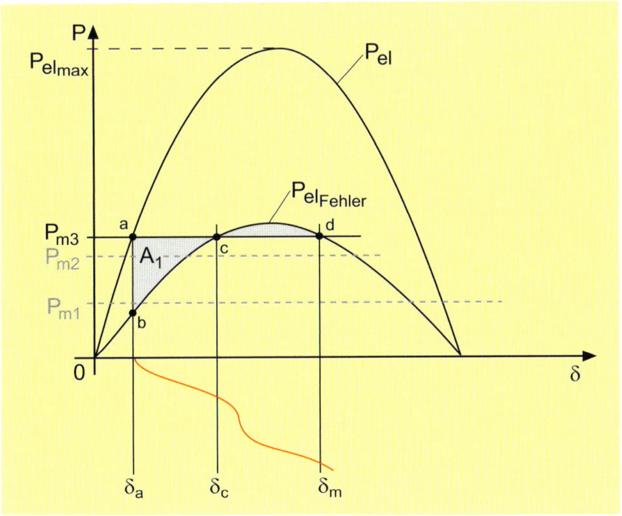

Bild 18.16. Transiente Stabilitätsgrenze überschritten, $P_{m_3} > P_{\text{trans}}$.

Der Generator verliert den Synchronismus mit dem Netz und muß vom *Generatorschutz* abgeschaltet werden (s. 12.4.3).

Der Winkel δ_c, bei dem A_2 gerade noch den Wert A_1 erreicht, bezeichnet man als *kritischen Fehlerklärungswinkel*. Um bei vorgegebenen maximalen Fehlerklärungswinkeln bzw. zugehörigen *Fehlerklärungszeiten* (Leistungsschalter- und Schutzrelaiseigenzeit) die Stabilitätsgrenze $P_{m_{\text{Grenze}}}$ zu ermitteln, verschiebt man die Gerade $P_m = const$ so weit nach oben, bis die Bedingung $A_2 = A_1$ gerade noch erfüllt ist.

In der Regel wird der Dauerkurzschlußstrom, auch wenn er nur in der Größenordnung des Bemessungsstroms der Leitung liegt, vom Netzschutz erkannt und das fehlerhafte Betriebsmittel mittels Leistungsschaltern aus dem Netz herausgetrennt. Diesen Fall zeigt Bild 18.17.

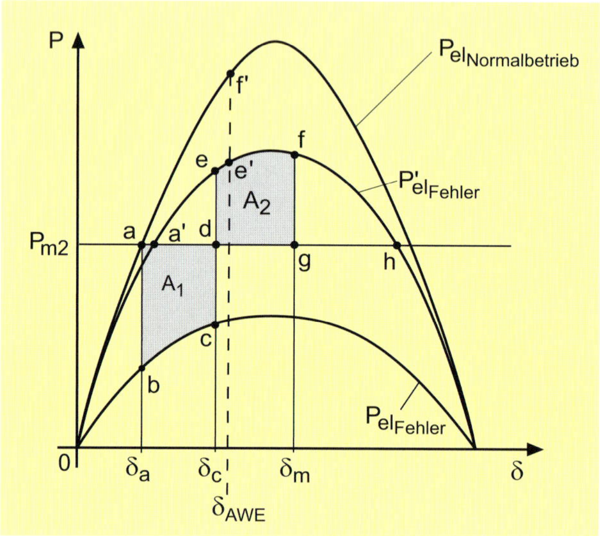

Bild 18.17. Polradwinkelverlauf mit Fehlerklärung beim Winkel δ_c.

Beim Kurzschlußeintritt stellt sich zunächst die Leistungs-/Polradwinkelkennlinie $P_{\text{el}_{\text{Fehler}}}$ ein, die übertragene elektrische Leistung fällt auf den Arbeitspunkt b ab. Anschließend wächst der Polradwinkel von δ_a auf δ_c. Wird beim Winkel δ_c, das heißt im Arbeitspunkt c, der Kurzschluß durch Leistungsschalter beidseitig abgeschaltet, ergibt sich eine dritte Leistungswinkelkurve $P'_{\text{el}_{\text{Fehler}}}$. Sie besitzt wegen der nun höheren Reaktanz X im Nenner von (18.1) einen Verlauf, wie er auch beim Freischalten einer der beiden Leitungen ohne Kurzschluß herrschen würde.

Die abgegebene Wirkleistung springt von c auf e. Längs e – f verlangsamen sich die Relativgeschwindigkeit und das Anwachsen des Polradwinkels wieder, um in f zum Stillstand zu kommen. Nach Erreichen von f bzw. δ_m wird der Polradwinkel wieder kleiner und oszilliert letztlich aperiodisch gedämpft um den neuen Arbeitspunkt a'. Je früher die Abschaltung des Kurzschlusses erfolgt, desto höher die transiente Stabilitätsgrenze $P_{m_{\text{trans}}}$.

Bei der sogenannten *Automatischen Wiedereinschaltung* AWE bzw. *Kurzunterbrechung* KU (s. 12.3.1.2) wird das fehlerhafte Betriebsmittel herausgetrennt und nach Beiseitigung der Störung innerhalb weniger zehntel Sekunden wieder zugeschaltet.

Der Arbeitspunkt springt von e' nach f' und wandert von dort in den ursprünglichen Arbeitspunkt a zurück. Mit AWE läßt sich also fast die statische Stabilitätsgrenze erreichen. Kurze Fehlerklärungszeiten und frühe AWE erhöhen die Großsignalstabilität beträchtlich.

Um das Grundsätzliche des Flächensatzes auf Anhieb verständlich zu machen, wurde für die Leistungs-/Polradwinkelkurven $P_{\mathrm{el}_{\mathrm{Fehler}}}$ ebenfalls ein sinusförmiger Verlauf angenommen. Genau genommen müssen diese Kurven, insbesondere bei Schenkelpolgeneratoren, jedoch aus der *transienten Leistungsformel*

$$P_{\mathrm{el}_{\mathrm{trans}}} = \frac{E_P' U_{\mathrm{Netz}}}{X_d'} \sin\delta + \frac{|E_P'|^2}{2} \left(\frac{1}{X_q} - \frac{1}{X_d'} \right) \sin 2\delta \qquad (18.33)$$

ermittelt werden und besitzen dann einen *schiefsymmetrischen* Verlauf. Bild 18.18 zeigt beispielhaft einen typischen Verlauf für den Fall eines dreipoligen Klemmenkurzschlusses am Generator. Die Leistung-/Polradwinkelkurve $P_{\mathrm{el}_{\mathrm{Fehler}}}$ fällt in diesem Fall mit der Abszisse zusammen.

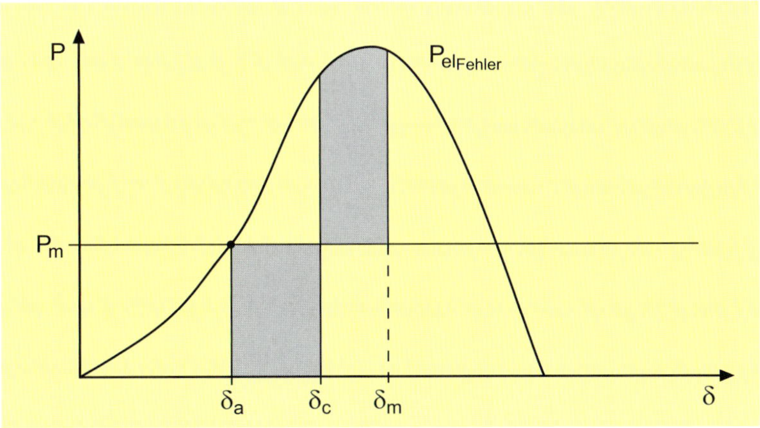

Bild 18.18. Typischer Verlauf einer transienten Polradwinkelkurve bei einem Generatorklemmenkurzschluß.

Der Anwendung des Flächengleichheitssatzes auf Mehrmaschinensysteme sind in der Praxis Grenzen gesetzt. Er läßt sich lediglich in Fällen einsetzen, in denen der betrachtete Netzausschnitt eine longitudinale Struktur besitzt und mehrere einspeisende Generatoren sich durch eine äquivalente Maschine substituieren lassen. In allen anderen Fällen führt nur die Lösung des Gleichungssystems (18.9) mit Hilfe sehr leistungsfähiger Rechner zum Erfolg (s. a. 18.1.4.1).

Eine strenge, umfassende mathematische Betrachtung der Polradwinkelstabilität nichtlinearer Systeme geht weit über den Rahmen dieses Buches hinaus und bleibt dem weiterführenden Schrifttum vorbehalten.

18.2 Spannungsstabilität

Spannungsstabilität ist die Fähigkeit eines Elektroenergiesystems, während und nach Störungen die Knotenspannung an den Sammelschienen im Netz innerhalb eines festgelegten Toleranzbandes zu halten. Diese Systemeigenschaft ist eng verknüpft mit der Wahrung des *Blindleistungsgleichgewichts*, das heißt der Deckung des lokalen Blindleistungsbedarfs aller Verbraucher und Betriebsmittel.

In stark belasteten, ausgedehnten Netzen können Netzstörungen, Erzeugungsausfall oder -rückgang (Windparks, große Photovoltaikanlagen), unerwarteter Lastzuwachs etc. zu erhöhtem Blindleistungsbedarf führen, der möglicherweise nicht mehr gedeckt werden und zu starken Spannungsabsenkungen führen kann. Nehmen die Spannungsabweichungen im Laufe einer Störung progressiv zu, spricht man vom *Verlust der Spannungsstabilität.* Diese kann auch ohne Verlust der Polradwinkelstabilität eintreten. Häufig ist für Netzzusammenbrüche (engl.: *black-out*) ein kaskadenförmig ablaufender Verlust der Spannungsstabilität in den *Transportnetzen* verantwortlich. Man spricht dann vom *Spannungskollaps.*

Das Phänomen der Spannungsstabilität sei an einem einfachen Beispiel eines starrem Netzes mit konstanter Spannung, einer Stichleitung und einer an ihrem Ende befindlichen Last erläutert, Bild 18.19.

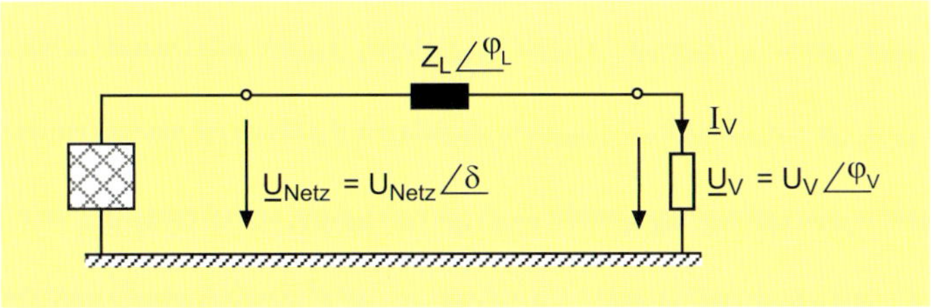

Bild 18.19. Ersatzschaltbild eines Übertragungssystems zur Veranschaulichung des Phänomens Spannungsstabilität bzw. -instabilität.

Ohne auf die Berechnung im einzelnen einzugehen, erhält man für die *Verbraucherspannung* U_V, den Verbraucherstrom I_V und die übertragene *Wirkleistung*

$$I_V = \frac{1}{\sqrt{F}} \frac{U_{\text{Netz}}}{Z_L}, \quad U_V = \frac{1}{\sqrt{F}} \frac{Z_V}{Z_L} U_{\text{Netz}}, \quad P_V = \frac{Z_V}{F} \left(\frac{U_{\text{Netz}}}{Z_L}\right)^2 \cos\varphi_V$$

$$\text{mit} \qquad F = 1 + \left(\frac{Z_V}{Z_L}\right)^2 + 2\left(\frac{Z_V}{Z_L}\right)\cos\left(\varphi_L - \varphi_V\right) \quad . \qquad (18.34)$$

Stellt man diese Größen in bezogener Form in einem Diagramm dar, erhält man Bild 18.20.

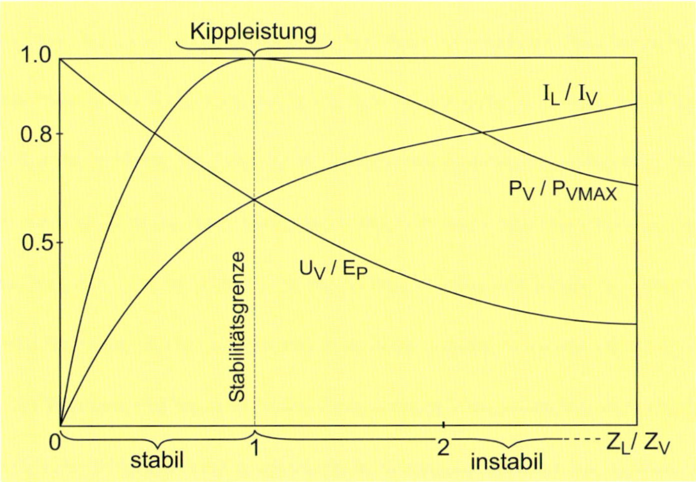

Bild 18.20. Verbraucherspannung, -strom und -leistung in Abhängigkeit von der Verbraucherimpedanz Z_V (Relativwerte). $I_R = U_{\text{Netz}}/Z_L$.

Mit zunehmender Last, das heißt kleiner werdender Impedanz $\underline{Z}_V$, steigen im stabilen Bereich der Verbraucherstrom und die Verbraucherleistung an, während gleichzeitig die Spannung am Verbraucher abnimmt. Die Stabilitätsgrenze, das heißt *Kippleistung*, wird erreicht, wenn die Verbraucherimpedanz den Betrag der Leitungsreaktanz erreicht hat, $Z_L/Z_V = 1$. Nimmt die Verbraucherimpedanz noch weiter ab, sinkt die übertragene Leistung wieder unter die Kippleistung ab, ähnlich dem Verhalten der übertragenen Wirkleistung beim Überschreiten der Stabilitätsgrenze $\delta = 90°$.

Alternativ läßt sich das Phänomen der Spannungsinstabilität auch in einem $U_V = f(P_V)$-Diagramm erkennen, Bild 18.21.

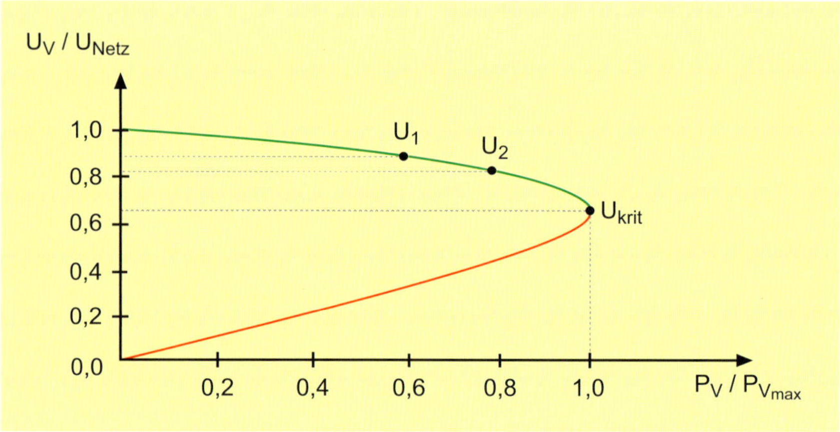

Bild 18.21. Abhängigkeit der Verbraucherspannung von der übertragenen Wirkleistung ($\cos\varphi$ induktiv).

Nur oberhalb der kritischen Spannung U_{krit} ist ein stabiler Betrieb möglich. Das Erreichen dieser Spannungsgrenze ist betrieblich zu vermeiden. Die Betriebsführung erhält daher bereits sehr viel früher, schon bei einer vorwählbaren Spannung $U_1 > U_{\text{krit}}$ ein *Alarmsignal*, das den Netzführer zu korrektiven Maßnahmen veranlaßt. Nähert sich die Spannung einem weiteren Grenzwert $U_2 > U_{\text{krit}}$ wird ein Lastabwurf eingeleitet. Hierfür wäre es beim Erreichen von U_{krit} bereits zu spät.

Die Funktion $U_V = f(P_V)$ hängt auch vom $\cos\varphi$ ab. Bild 18.22 zeigt mehrere Kurvenverläufe für *induktive* und *kapazitive* Leistungsfaktoren.

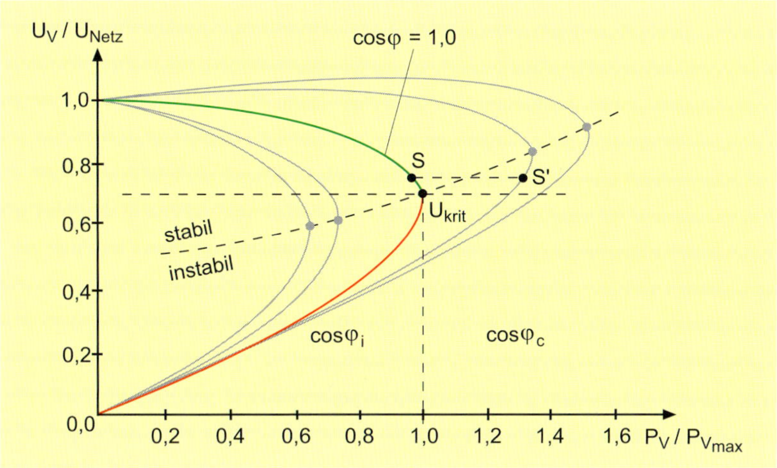

Bild 18.22. Abhängigkeit der Verbraucherspannung von der übertragenen Wirkleistung. Parameter Leistungsfaktor $\cos\varphi$.

Die Ortskurve der kritischen Punkte der Kurvenschar legt den stabilen Betriebsbereich abhängig vom jeweiligen Leistungsfaktor fest. Ändert sich der Leistungsfaktor in Richtung höherer von der Last aufgenommener induktiver Blindleistung kann das System sehr schnell in den instabilen Bereich fallen (gestrichelte Linie S, S', parallel zur Abszisse).

Eine Erhöhung des Übersetzungsverhältnisses eines zwischengeschalteten, unter Last schaltbaren Transformators, mit dem Ziel, die Verbraucherspannung anzuheben, macht die Situation nur schlechter. Die Verbraucherimpedanz $\underline{Z}_V$ transformiert sich mit dem Quadrat des jetzt höheren Übersetzungsverhältnisses auf die Primärseite und macht sich dort als weiter verringerte Impedanz $\underline{Z}_V$ bemerkbar. Die übertragene Wirkleistung und die Verbraucherspannung sinken weiter ab. Unterschreiten die Knotenspannungen das untere Ende des Spannungstoleranzbandes, ist das System spannungsinstabil.

Ähnlich wie bei der Polradwinkelstabilität läßt sich die Stabilität meßtechnisch ermitteln. Wird in einem Netzknoten kapazitive Kompensationsblindleistung eingespeist und sinkt die Knotenspannung dadurch weiter ab, ist das System instabil. Steigt die Knotenspannung an, ist das System stabil. Auch hier ist diese Messung nur an bekannt kritischen Sammelschienen erforderlich.

Die Analyse der *Spannungsstabilität* entzieht sich eines vergleichbaren rechnerischen Vorgehens, wie es bei der Untersuchung der *Polradwinkelstabilität* erläutert wurde. Vielmehr werden Momentaufnahmen (engl.: *snapshots*) des Systemzustands periodisch ermittelt und ausgewertet. Die Auswertung liefert Indizes, die der Netzführung eine Abschätzung der Sicherheitsreserve für diesen Zustand erlauben.

Das Eintreten der Spannungsinstabilität wird primär von den Blindleistung begrenzenden und Klemmenspannung kontrollierenden Reglern der Generatoren, von der Spannungsabhängigkeit der Verbraucherimpedanzen und der Blindleistungskompensationsanlagen sowie von spannungsregelnden Betriebsmitteln (Stufentransformatoren) ultimativ bestimmt. Der Verlust der Spannungsstabilität und insbesondere der sogenannte *Spannungskollaps* und damit verbundene Netzzusammenbruch sind in der Regel eine komplexe Folge vieler Ereignisse (Regler- und Schalthandlungen etc.).

Der Vollständigkeit halber sei erwähnt, daß sich die Frage der Spannungsinstabilität auch im Fall exzessiver *Spannungserhöhungen* durch kapazitive Lasten infolge schwach ausgelasteter oder leerlaufender Leitungen stellt (s. 8.3). Dies gilt insbesondere für Netze mit Hochspannungskabeln, deren hohe kapazitive Ladeleistung von einigen wenigen in Betrieb befindlichen Generatoren aufgenommen werden muß. Die Bereitstellung kapazitiver Blindleistung findet ihre Grenze in der statischen Stabilität und dem Einsetzen der *Erregerstrom-* bzw. *Polradwinkelbegrenzung* (s. a. 12.4.4). Wenn gewöhnlich von Spannungsstabilität gesprochen wird, geht es jedoch meist um zu *niedrige*, nicht zu *hohe* Knotenspannungen.

18.3 Netzzusammenbrüche

Als Netzzusammenbruch (engl.: *black out*) bezeichnet man einen großflächigen Versorgungsausfall, beispielsweise in einer Großstadt, Region oder weiten Teilen eines Landes. Bei dem bisher größten Netzzusammenbruch in Nordamerika waren etwa 50 Millionen Einwohner für Stunden, teilweise Tage, ohne Strom. Auch in Europa haben sich 2003 Netzzusammenbrüche in *England*, *Dänemark/Schweden* und *Italien* ereignet.

Das Auftreten von Netzzusammenbrüchen hat seit der Liberalisierung der Strommärkte zugenommen, da die vom Stromhandel (s. 19.3) initiierten neuen Leistungsflüsse zu stärkerer Belastung einzelner Leitungen geführt haben und die Sicherheitsabstände zu den Stabilitätsgrenzen kleiner geworden sind.

Von den Verbrauchern unbemerkt, hat sich ferner auch die Zahl des Auftretens *kritischer Netzzustände* erhöht, bei denen Netze zwar noch einwandfrei funktionieren, aber in neuralgischen Punkten keine Reserve mehr existiert, das n-1 Sicherheitsprinzip damit verletzt ist (s. a. Kapitel 1 und 15.1). Man kann in Anlehnung an die „near misses“ in der Luftfahrt von *Beinahe-Netzzusammenbrüchen* sprechen. Wegen des bereits in Kapitel 1 erwähnten großen volkswirtschaftlichen Schadens, gilt es Netzzusammenbrüche unter allen Umständen zu vermeiden.

Normalerweise sind die Transport- und Übertragungsnetze durch das n-1 Sicherheitsprinzip sehr robust und gegen einzelne, selbst massive Störungen gut geschützt. Im Anschluß an den Ausfall eines maßgeblichen Betriebsmittels, wie einer Kraftwerkseinspeisung, Transportleitung oder eines Netztransformators, geht der Betrieb ohne von außen erkennbare Beeinträchtigung weiter. Die Netze sind ab jetzt jedoch *verwundbar* (s. 15.1). Ihre transiente Stabilität ist bei weiteren Störungen in Frage gestellt. Abschaltung überlasteter Leitungen, Kurzschlüsse durch einen Isolationsschaden oder unkontrollierte Kreisströme (engl.: *loop flows*) können bei stärkerer Netzlast zu Überlastung und Ausfall weiterer Betriebsmittel führen.

Ein großräumiger Netzzusammenbruch ist ein sich zeitlich kaskadenförmig entwickelnder Prozeß in Form eines unglücklichen Zusammenwirkens von Polradwinkel- und Spannungsinstabilität sowie Überansprechens von Schutzeinrichtungen. Der Zeitraum für die Entwicklung eines Netzzusammenbruchs reicht je nach Situation von *wenigen Minuten* bis hin zu *mehreren Stunden* beim finalen Kollaps. Der vollständige Wiederaufbau der Stromversorgung kann mehrere Tage dauern.

Die Entwicklung eines Netzzusammenbruchs in einem deregulierten Umfeld beschreibt folgendes Szenario:

- Einzelne oder mehrere Transportleitungen eines Elektroenergiesystems sind stark ausgelastet, Erzeuger und Verbraucher sind weit voneinander entfernt. Blindleistungsreserven sind minimal, da für die Übertragung der Wirkleistung bereits viel Blindleistung bereitgestellt wird.

- Durch den Ausfall einer Übertragungsleitung übertragen die anderen Leitungen eine höhere Leistung und die Spannungen an den Enden der Leitung fallen. Bei absinkender Spannung wird gezielt Blindleistung in die betroffenen Netzknoten injiziert (s. a. 8.4). Die Kompensation extremer Spannungsabsenkungen überschreitet aber die verbliebenen Blindleistungsreserven. Hinzu kommt, daß die von Kondensatorbänken in Parallelschaltung bereitgestellte Blindleistung quadratisch mit der Knotenspannung abnimmt.
- Die Spannungsregler der Generatoren reagieren auf den Abfall der Knotenspannungen mit erhöhter Blindleistungsabgabe, wodurch die Knotenspannungen wieder ansteigen. Die verbleibenden Leitungen werden dadurch wieder stärker belastet.
- Einige Generatoren erreichen das Limit ihrer Blindleistungsabgabe, die Erregerstrom-Begrenzungsregelungen reduzieren die maximal abgegebene Blindleistung auf ihren zulässigen Dauerwert. Die Knotenspannungen werden wieder kleiner.
- Die kleiner werdenden Spannungen werden auf der Verbraucherseite von den Meßaufnehmern der Stufentransformatoren zwischen Übertragungs- und Verteilnetz erkannt. Die Schalthandlungen der Stufentransformatoren führen zu einer Erhöhung der verbraucherseitigen Spannungen auf ihren Sollwert. Die Leistungsaufnahme der Verbraucher steigt dadurch wiederum an.
- Der durch die Schalthandlungen der Stufentransformatoren erhöhte Leistungsbedarf der Verbraucher führt zu einer weiteren Belastung der ohnehin schon ausgelasteten Übertragungsleitungen und zu weiteren Leitungsausfällen. Einzelne Kraftwerke werden sequentiell abgeschaltet, Leistungsflüsse kehren sich um.
- In manchen Netzknoten fallen Knotenspannungen unkontrolliert weiter, das Elektroenergiesystem fällt kaskadenartig in den *Spannungskollaps*. Das Verbundnetz zerfällt nach gezieltem Auftrennen von Kuppelleitungen in Teilbereiche mit synchronem, fast normalem Betrieb und andere Netze mit totalem Black-Out.

Alternativ können kritische Netzsituationen auch durch starken Leistungsrückgang von Windparks mit entsprechendem Ausfall von Wirk- und Blindleistung ausgelöst werden. Ferner kann ein Zerfallen eines großen Verbundsystems in einzelne, weiter stabil betriebene Teilnetze durch unbegrenzt aufklingende Leistungspendelungen auf Kuppelleitungen zwischen Netzblöcken auftreten.

Netzinstabilität liegt letztlich in mangelnden Reserven an Erzeugungs- und Übertragungskapazität sowohl bezüglich der Wirkleistung als auch der Blindleistung sowie in der Komplexität des koordinierten Zusammenwirkens der zahlreichen Betriebsmittel, Regler und Schutzeinrichtungen.

Die wesentlichen Maßnahmen zur Sicherung transienter Stabilität ist die Wahrung möglichst großer Abstände zu den jeweiligen transienten Stabilitätsgrenzen P_{trans}, schnelle Fehlerklärungszeiten sowie sofortige Reduzierung der Turbinenantriebsleistungen durch Schnellschluß- und Bypassventile. Alternativ können für kurze Zeiten Bremswiderstände den Generatoren zugeschaltet werden, die das Anwachsen des Polradwinkels verlangsamen. Einem Netzzusammenbruch entgegenwirkende Maßnahmen bestehen in:

- lokaler Erzeugung statt Energietransport über große Entfernungen,
- erhöhter Übertragungskapazität von Fernleitungstrassen durch Zubau von Leitungen oder Erhöhung der Übertragungsspannung,
- Erhöhung lokaler Blindleistungsreserven in kritischen Knoten,
- frühes Blockieren der Stufenschalter unter Last schaltbarer Transformatoren,
- Blindleistungsbegrenzung von Generatoren, um sie möglichst lange am Netz betreiben zu können,
- gezieltem Einsatz von Hochspannungsgleichstrom-Netzkupplungen, FACTS-Betriebsmitteln,
- Lastabwurf, nicht nur bei Unterfrequenz sondern auch bei Unterspannung,
- niedrige Generatorimpedanzen (Nachteil: hohe Kurzschlußströme),
- verbesserte Monitoringsysteme,
- verbesserte Kommunikation zwischen Netzleitstellen,
- strikte Einhaltung ausreichender Sicherheitsabstände zu den Stabilitätsgrenzen.

Die Wahrung der Netzstabilität ist weniger eine technische als eine wirtschaftliche Fragestellung, bei der Investitionskosten für ausreichende Reserven gegenüber den Stromausfallkosten bei einem Kollaps abzuwägen sind. Ausschließlich aus wirtschaftlichen Gründen werden heute Netze in immer geringerem Abstand zu ihren Stabilitätsgrenzen betrieben. Die Deregulierung, infolge derer Kraftwerke und Netze heute nicht mehr zuverlässigkeitsorientiert sondern im Wettbewerb mit anderen Stromerzeugern ausgelegt, revisioniert und betrieben werden müssen, ist aus dieser Sicht kontraproduktiv. Nicht umsonst verfolgte das erste Energiewirtschaftsgesetz die Vermeidung *volkswirtschaftlich schädlicher Auswirkungen des Wettbewerbs* (s. 19.1).

Vertiefendes Schrifttum zu Kapitel 18

1. Saccomanno, F.: Electric Power Systems Analysis and Control. IEEE Computer Society Press/John Wiley, 2003.
2. Anderson, P. u. Fouad, A.: Power System Control and Stability. 2. Auflage, IEEE Computer Society Press/John Wiley, Piscataway/New York, 2002.
3. Padiyar, K. R.: Power System Dynamics: Stability and Control. John Wiley & Sons Ltd. (Asia), Singapore, 1999.
4. Kundur, P.: Power System Stability and Control. McGraw-Hill Professional Publishing, New York, 1994.
5. Kimbark, E: Power System Stability. Bd. I bis II, IEEE Press, 1995.
6. Föllinger, O.: Nichtlineare Regelungen. Bd. I und II, 7. Auflage, Oldenburg-Verlag, München, Wien, 1993.
7. Ludyk, G.: CAE von Dynamischen Systemen. 1. Auflage, Springer-Verlag, Heidelberg, 1990.
8. Kneubühl, F. K.: Lineare und nichtlineare Schwingungen und Wellen. 1. Auflage, Teubner-Verlag, Stuttgart, 1995.
9. Hahn, W.: Theory and Application of Ljapunov's Direct Method. Englewood Cliffs, N. J., Prentice Hall, 1963.
10. Leonhard, W.: Einführung in die Regelungstechnik. 3. Auflage, Vieweg-Verlag, Braunschweig/Wiesbaden, 1985.
11. Hahn, W.: Stability of Motion. 1. Auflage, Springer-Verlag, Berlin/Heidelberg, 1967.

12. Willems, J. L.: Stabilität dynamischer Systeme. 1. Auflage, Oldenbourg-Verlag, München, 1973.

13. Schäfer, W.: Theoretische Grundlagen der Stabilität technischer Systeme. 1. Auflage, Vieweg-Verlag, Braunschweig/Wiesbaden, 1976.

14. Oeding, D. u. Oswald, B. R.: Elektrische Kraftwerke und Netze. 6. Auflage, Springer-Verlag, Berlin/Heidelberg, 2004.

19. Wirtschaftliche Aspekte in Elektroenergiesystemen

19.1 Energiewirtschaftsgesetz

Wegen der großen volkswirtschaftlichen Bedeutung einer sicheren Energieversorgung wurde in Deutschland bereits im Jahr 1935 das *Energiewirtschaftsgesetz* EnWG durch die damalige Reichsregierung erlassen. Der Ordnungsrahmen des damaligen Gesetzes stellte den Aufbau einer funktionierenden und flächendeckenden Energieversorgung in den Vordergrund.

> *„Um die Energiewirtschaft als wichtige Grundlage des wirtschaftlichen und sozialen Lebens im Zusammenhang aller beteiligten Kräfte der Wirtschaft und der öffentlichen Gebietskörperschaften einheitlich zu führen und im Interesse des Gemeinwohls die Energiearten wirtschaftlich einzusetzen, den notwendigen öffentlichen Einfluß in allen Angelegenheiten der Energieversorgung zu sichern, volkswirtschaftlich schädliche Auswirkungen des Wettbewerbs zu verhindern, einen zweckmäßigen Ausgleich durch Verbundwirtschaft zu fördern und durch all dies die Energieversorgung so sicher und billig wie möglich zu gestalten, hat die Reichsregierung das folgende Gesetz beschlossen, das hiermit verkündet wird (RGB1/S. 1451, 13.12.1935)"*

Schon 1935 galt es, die Energiewirtschaft im Interesse des Gemeinwohls auszurichten. Es wurde erkannt, daß die Energiewirtschaft dazu verpflichtet werden muß, nicht nur *lukrative Ballungsgebiete* sondern auch dünnbesiedelte *ländliche Regionen* mit Strom zu versorgen.

Zur Realisierung einer flächendeckenden Versorgung mußten mögliche Wettbewerbsverzerrungen infolge unterschiedlich guter Ertragsaussichten ausgeschlossen werden. Um dem regionalen Energieversorger, in dem *Stromerzeugung*, *Stromtransport* und *Stromverteilung* vereinigt waren, diese Aufgabe zu ermöglichen, wurde eine Verbundwirtschaft mit Monopol-Charakter aufgebaut, die durch geschlossene Versorgungsgebiete, sogenannte *Demarkationsgebiete*, geprägt wurde. Diese Struktur hat über Jahrzehnte eine hohe Versorgungszuverlässigkeit bewiesen.

19.2 Liberalisierung der Strommärkte

Im Zuge der Errichtung des europäischen Binnenmarkts sollte auch die europäische Stromwirtschaft reformiert und einem Ländergrenzen überschreitenden wettbewerbsorientierten Markt angepaßt werden. Das Inkrafttreten der Elektrizitätsbinnenmarkt-Richtlinie 96/92/EG am 19. Februar 1997 zur Öffnung des europäischen Strommarktes gab den Anlass zur Schaffung eines neuen Ordnungsrahmens für den Elektrizitätsmarkt und führte damit im April 1998 zur Neuregelung des Energiewirtschaftsgesetzes entsprechend den europäischen Vorgaben:

> *„Zweck des Gesetzes ist eine möglichst sichere, preisgünstige und umweltverträgliche leitungsgebundene Versorgung mit Elektrizität und Gas im Interesse der Allgemeinheit (§ 1 EnWG, 24.04.1998).“*

Sein Inhalt bedeutet für die Verbraucher im Klartext, daß sie unabhängig von ihrer tatsächlichen lokalen Netzanbindung ihren *Stromlieferanten* innerhalb Deutschlands oder gar Europas frei wählen können. Die Stromlieferanten verloren ab sofort ihr Monopol und sahen sich einem ungewohnten Wettbewerb mit anderen Elektrizitätsversorgungsunternehmen ausgesetzt. Sie mußten ihre Übertragungs- und Verteilnetze *diskriminierungsfrei allen Marktteilnehmern* für die Durchleitung zur Verfügung stellen. Die klassischen Demarkationsgebiete der Elektrizitätsversorgungsunternehmen wurden aufgehoben. Mit der Durchleitungspflicht und dem freien Netzzugang sollten ein Wettbewerb um jeden Stromendverbraucher und damit niedrigere Strompreise ermöglicht werden.

Man versuchte zunächst, die gesetzlichen Vorgaben durch eigene, selbstverpflichtende Verordnungen der Energieversorgungsunternehmen zu erfüllen. Der *Bundesverband der Deutschen Industrie* (BDI), der *Verband der Industriellen Energie- und Kraftwirtschaft* (VIK) und die

Vereinigung Deutscher Elektrizitätswerke (VDEW) verabschiedeten im Mai 1998 die selbstverpflichtende, nicht gesetzlich verankerte *Verbändevereinbarung I* (VV I) zur Regelung der *Netznutzung* auf Basis des sogenannten *Verhandelten Netzzugangs* sowie den *Grid Code* zur Festlegung der Netz- und Systemregeln der deutschen Übertragungsnetzbetreiber.

Dieses Modell wurde nach zwei Jahren Strommarktliberalisierung in der *Verbändevereinbarung II* bzw. *II plus* aufgrund der bis dahin gewonnenen Erfahrungen in ein verbessertes *transaktionsunabhängiges Punktmodell* abgeändert. *Transaktionsunabhängig* bedeutet, daß das Netznutzungsentgelt unabhängig von der räumlichen Entfernung der Transaktionspartner ist, *Punktmodell* impliziert, daß das im *Anschlußpunkt* bezahlte Netzentgelt die Nutzung auch aller vorgelagerten Spannungsebenen einschließt.

Ergänzt wurden die Verbändevereinbarungen durch einen *Transmission Code* mit *Netz-* und *Systemregeln* der Übertragungsnetzbetreiber, einen *Distribution Code* mit Regeln für den Zugang zu Verteilnetzen und einem *Metering Code* über die Messung der Lastprofile und Zählung der gelieferten elektrischen Energie bzw. Arbeit.

Die mangelnde Akzeptanz der neuen Vereinbarungen seitens mancher Netznutzer führte zu einer 2005 in Kraft getretenen *zweiten Novellierung* des Energiewirtschaftsgesetzes mit erweitertem Zweck:

> *„Zweck des Gesetzes ist eine möglichst sichere, preisgünstige und umweltverträgliche leitungsgebundene Versorgung mit Elektrizität und Gas im Interesse der Allgemeinheit (§ 1, Abs. 1 EnWG, 13.07.2005).“*

> *„Die Regulierung der Elektrizitäts- und Gasversorgungsnetze dient den Zielen der Sicherstellung eines wirksamen und unverfälschten Wettbewerbs bei der Versorgung mit Elektrizität und Gas sowie der Sicherung eines langfristig angelegten leistungsfähigen und zuverlässigen Betriebs von Energieversorgungsnetzen (§ 1, Abs. 2 EnWG, 13.07.2005).“*

Begleitet wurde das neue Gesetz von einer *Stromnetzzugangsverordnung* (Strom-NZV) und einer *Stromnetzentgeltverordnung* (Strom-NEV), die den inhärenten Monopolcharakter des Netzbetriebs durch einen *gläsernen Netzbetreiber* zu kompensieren suchen. Nach dem aktuellen Gesetz müssen die den Netznutzern abverlangten Nutzungsentgelte für Regelenergie und andere Systemdienstleistungen (s. 19.5.1.2) sowie für Investitionen und Instandhaltung von allen Netzbetreibern nach einheitlichen Vorgaben für die betriebliche *Kostenarten-*, *Kostenstellen-* und *Kostenträgerrechnung* ermittelt werden (s. 19.5.1.2). Erhöhte Netznutzungsentgelte müssen transparent nachvollziehbar sein.

Ferner erfolgt eine Überwachung der Umsetzung und des Praktizierens dieser Vorgaben durch eine *staatliche Regulierungsbehörde*. Hierzu wurden zunächst der bereits bestehenden staatlichen *Regulierungsbehörde* RegTP (*Regulierungsbehörde für Telekommunikation und Post*) auch die Regulierung der *Elektrizitäts-* und *Gasnetze* übertragen. In der Zukunft wird eine *Bundesagentur Netze* (BNetzA), der dann zusätzlich auch die Regulierung der Bahnnetze zukommen wird, die Regulierungsfunktion für alle Netze ausüben. Im Kontext geht es um folgende Regulierungsfunktionen:

– Mißbrauchsüberwachungen *bestehender* Netznutzungsentgelte (lat.: *ex post*-Regulierung),

– Genehmigung künftiger Netznutzungsentgelt-Erhöhungen (lat.: *ex ante*-Regulierung).

Die Bundesagentur soll als Schiedsrichter einen fairen Wettbewerb unter allen Marktteilnehmern gewährleisten, beispielsweise durch *Benchmarking* von Netznutzungsentgelten (*Vergleichsmarktprinzip*) etc. Zur Wahrung der gewohnten Versorgungszuverlässigkeit und Motivation der Netzbetreiber zu Effizienzsteigerungen und Modernisierungsinvestitionen ist eine sogenannte *Anreizregulierung* vorgesehen (s. a. Kapitel 1).

19.2.1 Netzzugang im deutschen Strommarkt

Der Netzzugang und die anschließende Nutzung eines Netzes erfordert ein umfangreiches Vertragswesen. Man unterscheidet zwischen

– *Netzanschlußvertrag*,

– *Anschlußnutzungsvertrag*,

– *Netznutzungsvertrag*,

– *Lieferantenvertrag*,

– *Lieferantenrahmenvertrag*,

– *Bilanzkreisvertrag*.

Ein Abnehmer, sei es ein Tarif- oder Sondervertragskunde, muß zunächst für seine physikalische Anbindung an ein Netz mit dem betreffenden Netzbetreiber einen *Netzanschlußvertrag* abschließen, Bild 19.1a.

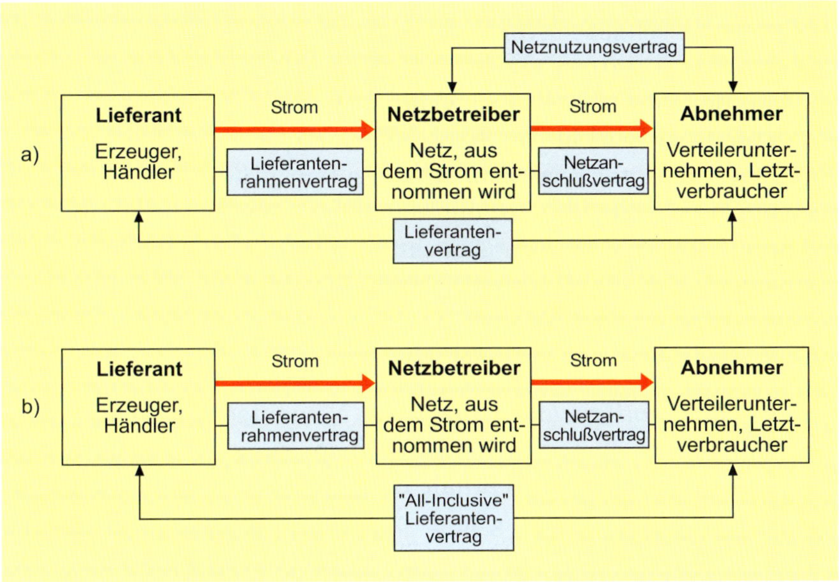

Bild 19.1. Transaktionsunabhängiges Punktmodell des Netzzugangs. a) Sondervertragskunden, Großkunden, Verteilerunternehmen schließen separate Netznutzungsverträge ab, b) Abnehmer schließt einen „*All inclusive-Vertrag*“ ab.

Der Netzanschlußvertrag regelt die Bedingungen, zu denen ein Grundstück bzw. Anwesen an das Stromnetz angeschlossen wird. Die wesentliche technische Größe ist die geforderte elektrische Leistung (*Netzanschlußleistung*) bzw. der maximale Strom, nach dem die *Querschnitte des Anschlusses* und der *Nennstrom der Hausanschlußsicherung* ausgelegt werden müssen. Bei Haushalts- und Gewerbekunden ist die Schnittstelle der *Hausanschlußkasten* mit der *Panzersicherung* (s. 11.2.1), bei *Sondervertragskunden* die *Übergabestation* (s. 11.5). Wird der Grundstücksanschluß von mehreren Parteien genutzt, muß jede Partei einen *Anschlußnutzungsvertrag* abschließen. Beide Verträge ändern sich nicht bei einem Lieferantenwechsel.

Ferner muß jeder Abnehmer mit dem Netzbetreiber, aus dessen Netz er Strom bezieht, auch einen *Netznutzungsvertrag* abschließen, Bild 19.1a.

Vertragsinhalte sind beispielsweise die *benötigte Leistung*, *Netznutzungsentgelt* etc. Letzteres schließt auch die Netznutzungsentgelte vorgelagerter Netze ein, falls der Lieferant in eine höhere Spannungsebene einspeist (s. a. 19.5.1.2).

Darüber hinaus schließen Abnehmer mit ihrem *Lieferanten* einen *Stromliefervertrag* ab. Letzterer regelt die Bedingungen des Strombezugs, insbesondere den *Strompreis*. Zur Vereinfachung des Vorgehens für den Letztverbraucher wird in den Stromliefervertrag in der Regel der Netznutzungsvertrag integriert, zum sogenannten *„All-inclusive"-Lieferantenvertrag*. Der Lieferant bezahlt dann dem Netzbetreiber auch das Netznutzungsentgelt für den Abnehmer, so daß letzterer beim Lieferantenwechsel jeweils nur *einen* Vertrag abzuschließen hat, Bild 19.1b. Lediglich Verteilerunternehmen und große Sondervertragsabnehmer schließen beide Verträge getrennt ab.

Stromerzeugungsunternehmen sind auch Netznutzer. Sie schließen mit dem Netzbetreiber, in dessen Netz die Einspeisung erfolgt, einen *Lieferantenrahmenvertrag* ab. Er enthält Bedingungen des Netzanschlusses, der Einspeisung, Netznutzung und regelt die Netznutzungsentgelte.

Schließlich schließen sogenannte *Bilanzkreisverantwortliche* mit ihren Übertragungsnetzbetreibern einen *Bilanzkreisvertrag* ab (s. 19.2.2). Typische Bilanzkreisverantwortliche sind beispielsweise Stromhändler, Stadtwerke oder große Industrieunternehmen.

19.2.2 Bilanzkreise und Bilanzierungsgebiete

Die in einem liberalisierten Strommarkt zunächst ohne Kenntnis der *Netzführung* (s. 15.1.2) zustande kommenden Stromhandelsgeschäfte, genauer gesagt *Energiehandelsgeschäfte*, erfordern die Einrichtung sogenannter *Bilanzkreise* und *Bilanzierungsgebiete*. In Bilanzkreisen und Bilanzierungsgebieten werden prognostizierte bzw. bestellte *kalkulatorische* Leistungen mit tatsächlich gelieferten *physikalischen* Leistungen verglichen bzw. bilanziert. Dies ermöglicht der Netzführung die planerische Wahrung des Gleichgewichts zwischen erzeugter und verbrauchter elektrischer Energie als auch deren *buchhalterische Verrechnung* (s. a. Kapitel 13 und 3.2.2).

Alle Netznutzer, das heißt alle einspeisenden *Kraftwerke*, *Stromhändler* und *Lieferanten* müssen entweder einen eigenen Bilanzkreis bewirtschaften oder zumindest einem fremden Bilanzkreises angehören. Hierbei versteht man unter Stromhändlern Unternehmen, die mit Strom als Ware Handel treiben. Sie kaufen Strom für einen bestimmten Lieferzeitraum auf eigene Rechnung bei Erzeugern (Kraftwerken), von anderen Händlern oder an der Börse und verkaufen ihn an ihre Geschäftspartner weiter. *Lieferanten* schließlich sind Unternehmen, die Strom auf dem Großhandelsmarkt einkaufen und an private Endverbraucher und industrielle Großabnehmer (die früheren *Sondervertragskunden*) weiter verkaufen.

Die Bilanzkreismitglieder benennen gegenüber dem Übertragungsnetzbetreiber einen *Bilanzkreisverantwortlichen BKV*. Er ist in der Regel keine Person sondern ein Unternehmen. Ein Bilanzkreisverantwortlicher kann mehrere Bilanzkreise führen. Innerhalb einer Regelzone können hundert oder mehr Bilanzkreise existieren. Jeder Bilanzkreis erhält vom Übertragungsnetzbetreiber als *Bilanzkreiskoordinator* einen EIC (engl.: *ETSO Identification Code*), ähnlich einer Kontonummer bei einer Bank. Der EIC erlaubt eine eindeutige Kennzeichnung aller Marktakteure.

Netzbetreiber bewirtschaften ein *Bilanzierungsgebiet*, mit anderen Worten ein ihnen gehörendes oder von ihnen gepachtetes physikalisches Netz. Dies ermöglicht ihnen ihre Netzbilanz aufzustellen bzw. auszugleichen. Lieferanten können auch anstelle eines *Bilanzkreises* ein *Bilanzkonto* bewirtschaften. Der Unterschied zum Bilanzkreis besteht darin, daß der Saldo des Bilanzkontos einem Bilanzkreis zugeordnet werden muß. Weiterhin können keine Energiehandelsgeschäfte darüber abgewickelt werden. Auf dem Bilanzkonto werden Entnahmen und Einspeisungen (Kraftwerke) bilanziert. Das Bilanzierungsgebiet und das Bilanzkonto werden ebenfalls vom Übertragungsnetzbetreiber über einen EIC identifiziert.

Ähnlich wie eine finanzielle Bilanz *Aktiva* und *Passiva*, oder ein Bankkonto Soll und Haben, einander gegenüberstellt, stellen Bilanzkreise *Einspeiseleistungen* und *Ausspeiseleistungen* mit der Einheit *MW* einander gegenüber. Ihre Momentanwerte müssen aus physikalischen Gründen bzw. aus Sicht der Frequenzregelung stets in instantanem Gleichgewicht sein (s. Kapitel 13). Für Abrechnungszwecke ist dagegen ein *kaufmännisches* Gleichgewicht zwischen zuvor für einen bestimmten Zeitraum vertraglich vereinbarten *Energiemengen* (Dimension *MWh*) mit den dann tatsächlich gelieferten Energiemengen maßgeblich. Die während einer Viertelstunde geflossenen Energiemengen erhält man jeweils aus dem Produkt der Einspeise- bzw. Ausspeiseleistungen multipliziert mit dem Faktor 4.

Ein Bilanzkreis besteht zumindest aus einer Einspeisung und Ausspeisung. Abhängig von der Zahl und Natur der Einspeisungen und Ausspeisungen sowie des Betriebs innerhalb einer Regelzone oder über mehrere Regelzonen hinweg können Bilanzkreise sehr unterschiedlich strukturiert sein, Bild 19.2.

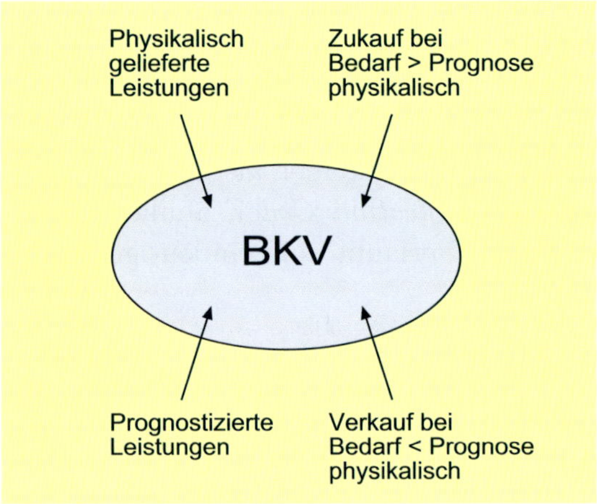

Bild 19.2. Beispiel eines Bilanzkreises.

Der Bilanzkreisverantwortliche erstellt zunächst für seinen Bilanzkreis eine Lastprognose, die prognostizierte Leistung in Bild 19.2. Hierzu stellen ihm die Bilanzkreismitglieder ihre individuellen Lastprognosen zur Verfügung. Für Sondervertragskunden mit Lastprofilzählern ist dies sehr genau möglich. Kleinkunden mit Vollversorgung durch nur einen Lieferanten besitzen jedoch gewöhnlich nur einfache *Jahresarbeitsstromzähler*. Hier stehen *standardisierte Lastprofile* für die diversen Abnehmergruppen (Haushalte, Gewerbe, unterbrechbare Verbraucher, Landwirtschaft etc.) sowie für verschiedene Wochentage und Jahreszeiten als Lastprognosen zur Verfügung.

Ferner erstellt der Bilanzkreisverantwortliche durch geeignete Strombeschaffung (Eigenerzeugung, Zukauf, s. a. 19.3) in *viertelstündigem*

Raster planerisch ein Gleichgewicht zwischen prognostizierten Ausspeisungen/Entnahmen und den zu liefernden physikalischen Strommengen. Die Strombeschaffung erfolgt strukturiert zunächst in *Grund-* und *Spitzenlast* (engl.: *base* und *peak*), Bild 19.3.

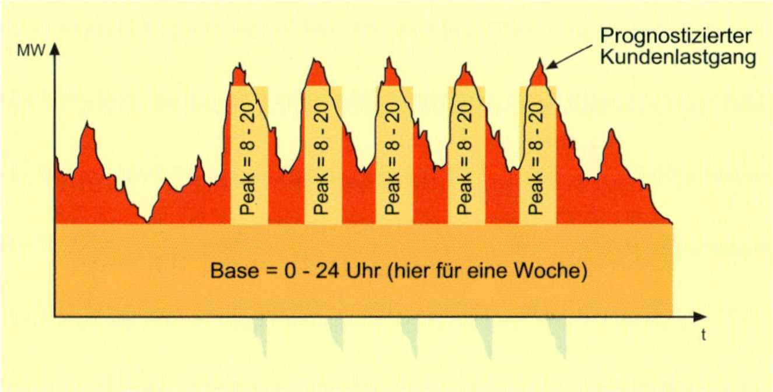

Bild 19.3. Strukturierte Beschaffung von Grund- und Spitzenleistung.

Die noch verbleibenden Freiflächen zwischen dem prognostizierten Kundenlastgang und den peak-Blöcken werden meist über die Börse im *Day-ahead-Handel* bzw. im *Intradayhandel* in Form mehrerer schmalerer Rechtecke stundenweise aufgefüllt (s. a. 19.3). Sinngemäß werden Leistungsüberschüsse (grüne Spitzen unterhalb der Abszisse) an der Börse zeitnah verkauft.

Die so erstellte Gesamtlastprognose und die Quellen ihrer physikalischen Erfüllung teilt der Bilanzkreisverantwortliche der Systemführung des Übertragungsnetzbetreibers in Form viertelstündlich gerasterter *Fahrpläne* am Vortag bis 14:30 Uhr mit (s. 15.1.2). In der Systemführung wird die Stimmigkeit der Fahrpläne im sogenannten *Fahrplanmanagement* geprüft und gegebenenfalls auch bestätigt. Sollte der Netzbetreiber Engpässe in seinem Übertragungsnetz besitzen, sind die Fahrpläne für diese Netzbereiche genehmigungspflichtig bzw. muß entsprechende Netzkapazität vorher erworben werden. Falls netztechnisch möglich, können Fahrpläne mit einem 3/4-stündlichen Vorlauf für jedes 1/4-Stundenintervall geändert werden.

Für Abbuchungszwecke werden die gelieferten Energiemengen aus der über eine Viertelstunde bestellten Leistung, multipliziert mit dem Faktor 4, ermittelt. Einspeisungen und Entnahmen sollten innerhalb eines Viertelstundentakts gemittelt im Gleichgewicht sein,

$$\sum_{0}^{15\text{ min}} \text{Einspeisungen} = \sum_{0}^{15\text{ min}} \text{Entnahmen} \quad . \qquad (19.1)$$

Durch Unterschiede zwischen tatsächlichem Verbrauch und prognostizierter Last oder durch sprungförmiges Zu- und Abschalten von Lieferungen oder Entnahmen verbleibt in der Regel in den Bilanzkreisen eine mehr oder weniger große Differenz, die in ihrer Summe vom Übertragungsnetzbetreiber (Bilanzkreiskoordinator) in Form physikalischer Regelenergie aus Regelkraftwerken gedeckt wird. Der auf einen einzelnen Bilanzkreis entfallende Anteil der Regelenergie wird als sogenannte *Ausgleichsenergie* dem jeweiligen Bilanzkreisverantwortlichen viertelstündlich *in Rechnung gestellt*, gegebenenfalls auch *gutgeschrieben*. Hierdurch wird eine ausgeglichene Bilanz erreicht. In beiden Kontenspalten stehen dann als Saldo die gleichen Bilanzsummen. Getrennt zu führende Bilanzkreise für *Verlustenergie* und *erneuerbare Energien* werden hierbei wie normale Bilanzkreise behandelt.

Falls im Tagesverlauf frühzeitig erkennbar ist, daß Prognose und bestellte physikalische Lieferung signifikant auseinander driften, wird der Bilanzkreisverantwortliche versuchen, überschüssige Energielieferungen zu verkaufen oder fehlende Energie am *Spotmarkt* bzw. *Intraday-Handel* kurzfristig zu beschaffen (s. 19.3). Er kann so die Ausgleichsenergie optimieren. Das heißt, er kann versuchen, Zahlungen für Ausgleichsenergie zu vermeiden und Gutschriften für gelieferte Ausgleichsenergie zu erzielen, was jedoch dem Streben nach einer ausgeglichenen Bilanz widerspricht.

Da Übertragungsnetzbetreiber keine eigenen Erzeugungseinheiten besitzen, müssen sie die Regelenergie für den Ausgleich *kaufen*. Der Kauf von Regelenergie muß vom Netzbetreiber öffentlich *ausgeschrieben* werden. Die Kosten für die Regelenergie sind offenzulegen und werden den Bilanzkreisverantwortlichen in Rechnung gestellt. Diese geben sie im Rahmen der Ausgleichsenergieverrechnung anteilig an die Partner des Bilanzkreises weiter.

Bei der Regelenergie wird zwischen *Primärregelenergie*, *Sekundärregelenergie* und *Minutenreserve* unterschieden (s. 13.1.5), Bild 19.4.

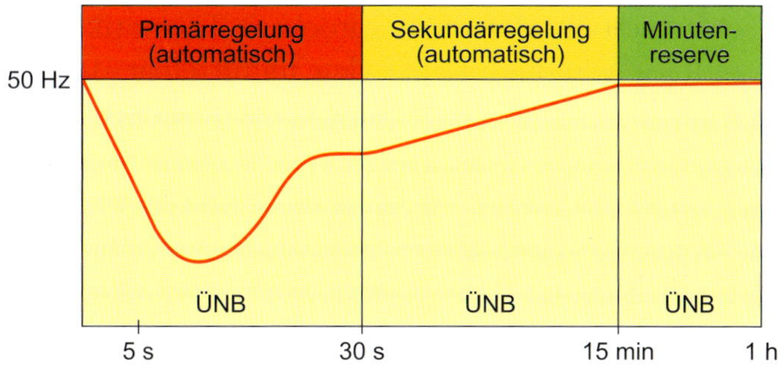

Bild 19.4. Zeitliche Staffelung der Regelenergie bei einer Frequenzabsenkung (Zeitachse nicht linear geteilt).

Primärregelenergie wird dezentral von denjenigen Kraftwerken aufgebracht, die ihren Primärregler gemäß bestehender Primärregelenergielieferverträge überhaupt eingeschaltet haben (s. a. 13.1).

Sekundärregelenergie wird zentral von den Netzreglern der einzelnen Regelzonen initiiert. Das ΔP-Randintegral über alle Kuppelleitungen einer Regelzone wird zusammen mit der Frequenzabweichung Δf, also

$$\Delta P + K\Delta f \quad , \tag{19.2}$$

als Sollwertänderungen an die Kraftwerke gegeben, mit denen Lieferverträge über Sekundärregelenergie abgeschlossen wurden. Sinngemäß gilt dies für die Minutenreserve.

Das Bilanzieren erfolgt in Anlehnung an die geläufige betriebswirtschaftliche Bilanz. Dort wird die Differenz zwischen dem *Betriebsvermögen* auf der einen Seite und dem *Fremdkapital* auf der anderen Seite durch den bis dato unbekannten Posten *Eigenkapital* ausgeglichen, derart, daß sich unter dem Schlußstrich links und rechts die gleiche Bilanzsumme ergibt. Die *Ausgleichsenergie* eines Bilanzkreises entspricht somit dem Posten *Eigenkapital* einer betriebswirtschaftlichen Bilanz.

Von all dem merken die Endverbraucher nichts. Die überwiegende Zahl der Endkunden erhält ihre Stromrechnung vom örtlichen Stadtwerk. Endkunden, deren Lieferanten die Hochspannungsnetze und unterlagerte Netze lediglich zur *Durchleitung* nutzen, erhalten ihre Stromrechnung von ihrem jeweiligen Stromlieferanten. Dessen Firmensitz kann grundsätzlich irgendwo in Europa liegen.

Schließlich sei festgestellt, daß die besprochene Thematik sehr komplex ist und ihr intimes Verständnis nur den unmittelbar damit befaßten Akteuren vorbehalten bleibt. Ferner findet sich die Begriffsnomenklatur auch noch im Wandel.

19.3 Stromhandel

Stromhandel gibt es im Prinzip seit den Anfängen des Verbundgedankens und der Gründung reiner Verteilerunternehmen. Beispielsweise tauschten *Verbundunternehmen* seit eh und je Stromlieferungen über die Kuppelleitungen zwischen ihren Netzen aus, kaufen *Verteilerunternehmen* elektrische Energie zum Großhandelspreis ein und vertreiben sie über ihre Verteilernetze an ihre Endkunden. Die Fluktuation der Handelspartner war jedoch minimal.

Im liberalisierten Strommarkt bedeutet Stromhandel *wesentlich* mehr. Eine Kilowattstunde kann heute von *Stromhändlern* bereits mehrfach ge- und verkauft worden sein kann, ehe sie letztmalig vom Endverbraucher *gekauft* und *verbraucht* wird. Ferner ist auf der Großhandelsebene der Strompreis volatil und kann je nach Tageszeit bzw. Angebot und Nachfrage stark schwanken, Bild 19.5.

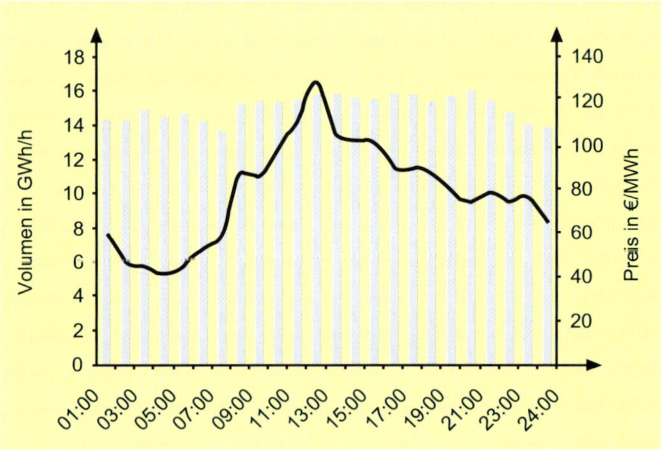

Bild 19.5. Beispiel für die Volatilität des Strompreises am Stromgroßhandelsmarkt. Die Balken stehen für das Handelsvolumen, die durchgezogene Linie für den tageszeitabhängigen Strompreis.

Das Handelsvolumen an Terminmärkten kann ein Vielfaches der physikalischen Leistungsflüsse betragen. Da bei jeder Handelstransaktion Geld verdient wird, darf es nicht erstaunen, daß private Endverbraucher vom liberalisierten Strommarkt nicht viel verspüren.

Angebot und Nachfrage im Stromgroßhandel finden auf *Marktplätzen* statt, Bild 19.6.

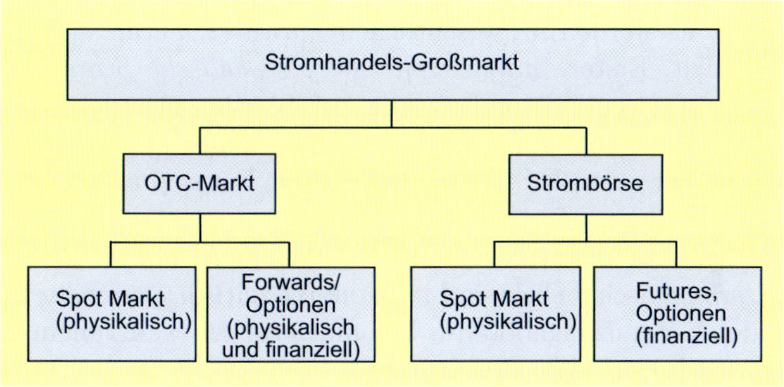

Bild 19.6. Stromhandelsmarktplätze und gehandelte Produkte.

Bei Strommärkten im innerdeutschen und grenzüberschreitenden Stromhandel unterscheidet man zwischen außerbörslichen *OTC Märkten* und *Strombörsen*. Auf ersteren werden Stromhandelsgeschäfte entweder direkt zwischen zwei Partnern, quasi über den „Ladentisch" (engl.: *Over The Counter*, OTC), abgewickelt oder über die elektronische Plattform eines Maklers (engl.: *broker*). An Strombörsen läuft der Handel nicht über persönliche Anwesenheit der beteiligten Partner, sondern ausschließlich in Datenform, mit elektronischer Kommunikation der Teilnehmer über das Internet.

Abhängig vom zeitlichen Abstand zwischen *Vertragsabschluß* und *Lieferung* lassen sich Strommärkte einteilen in

- *Terminmärkte*,
- *Spotmärkte*,
- *Intradaymärkte*.

Bei *Regelenergiemärkten* in

- *Minutenreservemärkte*,
- *Sekundärregelenergiemärkte*,
- *Primärregelenergiemärkte*.

} *Nur für Übertragungsnetzbetreiber relevant*

Terminmärkte dienen im wesentlichen der *Preisabsicherung* (engl.: *hedging*) oder der *Spekulation*. Zwischen Kauf und Lieferung liegen *Monate* bzw. *Jahre*. Es werden im wesentlichen *Forwards*, *Futures* und *Optionen* gehandelt. Erstere implizieren eine *physikalische Stromlieferung*. Bei *Futures* wird eine Stromlieferung auf Termin gehandelt, der Ausgleich erfolgt aber nur finanziell. Ein Futurekäufer *erhält* Geld, wenn zum Termin der aktuelle Strompreis *über* dem Futurepreis liegt. Er *verliert* Geld, wenn zum Termin der aktuelle Preis *unter* dem Futurepreis liegt. Es geht im wesentlichen darum, *Preisänderungsrisiken* abzusichern. *Optionen* schließlich sind im Kontext zeitlich begrenzte Rechte, Kauf- oder Verkaufsangebote für Stromlieferungen wahrzunehmen. Es besteht jedoch keine Verpflichtung.

Spotmärkte ermöglichen den Kauf oder Verkauf von Stromlieferungen, in der Regel für den *Folgetag*. Die Dauer der Stromlieferungen reicht von Stunden bis zu Tagen.

Intradaymärkte ermöglichen einen untertäglichen Stromhandel zur kurzfristigen Bestellung und Lieferung. Die Dauer der Lieferungen reicht von einer Viertelstunde bis hin zu mehreren Stunden. Die Stromlieferungen gehen im wesentlichen an Bilanzkreisverantwortliche zur Optimierung der Ausgleichsenergie ihrer Bilanzkreise.

Bezüglich der Märkte für Regelenergie erlauben die *Minutenreservemärkte* den Übertragungsnetzbetreibern den Kauf der zum *Bilanzausgleich* erforderlichen Energie für den *Folgetag*. Die Anforderung der Lieferung erfolgt kurzfristig eine Viertelstunde vor Lieferung, die Dauer der Lieferung reicht von einer Viertelstunde bis zu einem Tag. Anbieter sind reale und virtuelle Kraftwerke.

Sekundärregelenergiemärkte und *Primärregelenergiemärkte* dienen den *Übertragungsnetzbetreibern* zum Kauf schnell verfügbarer Regelenergie von hierfür geeigneten Kraftwerken zur Wahrnehmung ihrer Systemdienstleistung *Frequenzhaltung*. Der Kauf der Regelenergie erfolgt Monate vor Lieferung. Die Lieferung selbst erfolgt in *Echtzeit*, das heißt ohne vorherige Anforderung. Zur Kontrolle der Lieferung müssen die Leistungen mindestens +/- 30 MW betragen, um aus dem Frequenzrauschen herauszuragen. Ob der Lieferant dies überhaupt zu leisten vermag, wird im Vorfeld technisch abgeklärt.

Termin-, Spot- und Intradaymärkte können in Form von *Strombörsen* realisiert sein, beispielsweise die EEX in Leipzig (engl.: *European Energy Exchange*). Sekundär- und Primärregelenergiemärkte sind nur bedingt börsentauglich, da die beiden Energiearten nicht allein durch ihren Preis sondern auch durch weitere technische Attribute, wie Leistungsänderungsrate etc., definiert sind.

In Elektrizitätsversorgungsunternehmen reicht das Spektrum des Stromhandels heute von der klassischen Form bilateral vereinbarter, langfristiger Bezugs- oder Lieferverträge (geringes Risiko, es sei denn, der Marktpreis fällt unter den Vertragspreis) über eine proaktive Bezugs- und Absatzoptimierung mit bewußter Inkaufnahme gewisser Risiken bis hin zum Stromhandel als *eigenständigem Geschäftsfeld* mit umfassendem *Risikomanagement*. Letzteres quantifiziert Risiken in Geldbeträgen, die in die planerische Kalkulation einfließen. Während der klassische Stromhandel auch noch technische Aspekte berücksichtigt, geht es am Terminmarkt um spekulative Handelsaktivitäten. Für letzteren Personenkreis ist Strom schlicht nur eine *Ware*, wie jede andere Ware auch. Im Gegensatz zu letzteren ist Strom aber nicht lagerfähig.

Bei der heute im Geschäftsbereich *Stromhandel* angesiedelten *Kraftwerkseinsatzplanung* (s. 15.1.2) bzw. Strombeschaffungsplanung und Primärenergiebeschaffung ist zu entscheiden, in welchem Umfang künftige Liefer- und Bezugsverträge durch *Eigenerzeugung* und/oder *Handeln am Spotmarkt* erfüllt werden sollen, sogenanntes *Portfoliomanagement*. Neben *klassischen Prognosen zum Lastverlauf* am nächsten Wochentag geht es in letzterem Fall um *Preisprognosen an Spot- und Regelenergiemärkten*. Bei den hierbei eingegangenen Risiken ist auch zu entscheiden, in welchem Umfang das Unternehmen *Hedging* betreibt, das heißt Risiken durch andere Termingeschäfte und Reserven an Eigenerzeugung abdeckt.

Aufgrund der Natur des heutigen Stromhandels entsteht bei der Ermittlung der zur Stromerzeugung verwendeten Primärenergien ein Posten „*Strom unbekannter Herkunft*“ (ca. 20 %), mit dessen Ungewißheit sich auch Besteller „grünen Stroms“ abfinden müssen.

Die Leistungsflüsse aller Kraftwerke fließen quasi in einen großen See (das Übertragungsnetz), aus dem an einer beliebigen anderen Stelle eine Entnahme erfolgt. Dem in ein 110 kV-Netz fließenden Strom ist, wenn überhaupt, nur aus Kaufverträgen anzusehen, aus welchen Kraftwerken er stammt. Dennoch müssen Stromverkäufer ihren Kunden gegenüber möglichst genau angeben, wie sich die von ihnen gelieferten physikalischen Einspeisungen zusammensetzen, insbesondere bezüglich des Anteils an erneuerbaren Energien.

Schließlich ist der Stromhandel nicht auf die deutschen nationalen Regelzonen beschränkt. Eine Vorstellung vom Stromhandel der Bundesrepublik mit ihren Nachbarländern vermitteln die in 2007 ausgetauschten *physikalischen* Strommengen, Bild 19.7.

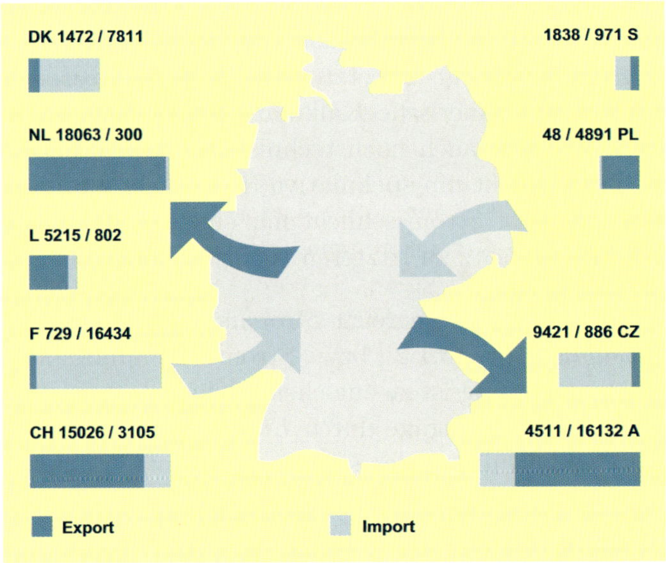

Bild 19.7. Grenzüberschreitender physikalischer Stromaustausch der Bundesrepublik in Mio. kWh (BDEW 2007). Die Im- und Exporte erfolgen zu unterschiedlichen Zeiten.

Das Handelsvolumen ist seit Beginn des liberalisierten Strommarkts ständig gestiegen und wird auch in Zukunft noch weiter zunehmen.

19.4 CO_2 Emissionshandel

In Erfüllung des Kyoto-Protokolls, in dessen Folge eine *EG-Richtlinie Emissionshandel* sowie ein nationales *Treibhausgasemissionshandelsgesetz* TEHG geschaffen wurden, muß Deutschland seine CO_2-Emissionen bis zum Jahr 2012 um 21 % reduzieren. Die CO_2-Emissionen stammen zu über 60 % aus mit Kohle und Öl befeuerten Kraftwerken der öffentlichen Stromversorgung sowie aus Eigenerzeugungsanlagen. Alle Betreiber solcher Anlagen müssen beim *Umweltbundesamt* Emissionsrechte über bestimmte Mengen an Emissionen beantragen. Unternehmen, die dank zahlreicher Erneuerungsinvestitionen alte Kraftwerke durch moderne Kraftwerke höheren Wirkungsgrads ersetzt haben und deshalb unter der ihnen zugeteilten Emissionsgrenze bleiben, können die nicht genutzten *Emissionszertifikate* an andere Unternehmen verkaufen, deren CO_2-Emissionen oberhalb der ihnen zugestandenen Grenze liegen. Damit lassen sich zusätzliche Erlöse erzielen. Kauf und Verkauf von Emissionszertifikaten erfolgt entweder in bilateralen Geschäften (OTC-Handel) innerhalb ganz Europas oder beispielsweise über die Leipziger Strombörse EEX (engl.: *European Energy Exchange*). Die Funktion des CO_2-Emissionshandels wird in der Regel von der gleichen Geschäftseinheit ausgeübt, die sich auch mit dem Stromhandel befaßt.

Überschreitungen der jeweiligen Obergrenze werden mit einem bestimmten Eurobetrag je Tonne CO_2-Ausstoß geahndet. Bei der Kraftwerkseinsatzplanung ist daher künftig auch zu entscheiden, ob aus eigenen Kohlekraftwerken mit hohem CO_2-Ausstoß stammender und mit zusätzlichen Emissionskosten belasteter Strom nicht kostengünstiger über den Stromhandel zugekauft wird. Das Ziel des Emissionshandels ist letztlich die Schaffung von Anreizen für Erzeugungsunternehmen, ihren Kraftwerkspark zu modernisieren.

19.5 Stromkosten und Strompreise

Stromkosten und *Strompreise* sind zwei sehr unterschiedliche Begriffe. Bei den *Stromkosten* sind die Herstellungskosten bzw. Gestehungskosten der Stromerzeugung gemeint. Sie werden von der betrieblichen *Kostenrechnung* ermittelt und müssen vom Stromerzeugungsunternehmen selbst bezahlt werden. Diese Kosten werden sowohl planerisch als auch im Rahmen einer Nachkalkulation durch Umlage des Gesamtaufwands auf die Zahl der erzeugten kWh ermittelt und in € /kWh angegeben. Im Stromhandel werden sie auch als Einkaufskosten bzw. Beschaffungskosten bezeichnet.

Die *Strompreise* setzen sich aus den *Stromkosten* zuzüglich eines *Gewinnzuschlags* zusammen, dessen Höhe bzw. Durchsetzbarkeit am Markt heute vom Wettbewerb nach oben begrenzt wird. In einem liberalisierten Strommarkt richten sich die Preise auf der *Großhandelsebene* vorrangig nach *Angebot* und *Nachfrage* und können in weiten Grenzen variieren. Der auf klassische Art ermittelte Strompreis hat dann nur noch wenig mit dem *börslichen* Preis zu tun. Um im Wettbewerb zu überleben und einen durchaus legitimen Gewinn zu erzielen, sind für Stromversorger eines liberalisierten Strommarkts minimale Kosten und eine proaktive Teilnahme am Stromhandel essentiell.

19.5.1 Kalkulation der Stromkosten

Stromkosten sind in der Elektrizitätswirtschaft alle Kosten, die bei der *Erzeugung*, dem *Transport* und der *Verteilung* elektrischer Energie anfallen und bestehen daher aus mehreren Komponenten. Man unterscheidet:

- *Stromerzeugungskosten* (bei Zukauf *Beschaffungskosten*),
- *Netznutzungskosten*,
- *Konzessionsabgaben*,
- *Erneuerbare Energien* (Belastungsumlage),
- *Kraft-Wärmekopplungszuschlag*,
- *Vertriebskosten*,
- *Stromsteuer* (Ökosteuer),
- *Mehrwertsteuer* (Vorsteuer).

Die Summe all dieser Posten macht die *Grenzkosten* aus, die um einen am Markt erzielbaren Gewinnzuschlag erhöht werden müssen, wenn ein *Deckungsbeitrag* erwirtschaftet werden soll. Liegt der Marktpreis dauerhaft unter den Grenzkosten, ist der Betrieb eines Stromversorgungsunternehmens betriebwirtschaftlich nicht sinnvoll.

Im folgenden sollen die ersten beiden Kostenarten näher betrachtet werden.

19.5.1.1 Stromerzeugungskosten

Aus Sicht der betriebswirtschaftlichen Kostenrechnung setzen sich die Erzeugungskosten für ein bestimmtes Produkt, im Kontext das Produkt Strom, aus *fixen Kosten* und *variablen Kosten* zusammen. In der Elektrizitätswirtschaft werden die *fixen Kosten* auch als *Leistungskosten* je kW, die *variablen Kosten* auch als *Arbeitskosten* je kWh bezeichnet. Beide Begriffspaare sind mehr oder weniger synonym. Ein wesentlicher Unterschied stellt sich jedoch ein, wenn den Leistungskosten ein *Leistungspreis* und den Arbeitskosten ein *Arbeitspreis* zugeordnet wird (s. 19.5.2).

Fixe Kosten der Stromerzeugung sind *unabhängig von der gelieferten Strommenge* konstant und fallen bereits an, wenn noch gar kein Strom fließt. Sie beinhalten die Annuität (Zins und Tilgung) für das in den Kraftwerken und elektrischen Netzen gebundene Kapital, Abschreibungskosten für die Wertminderung der Erzeugungseinrichtungen und elektrischen Anlagen, Betriebskosten zur Aufrechterhaltung der Betriebsbereitschaft sowie Lohnkosten für die Stammbelegschaft (s. 19.6). Je höher die installierte *Leistung* von Erzeugungseinrichtungen oder die Übertragungskapazität von Leitungen und Kabeln, desto höher der Kapitaleinsatz und desto höher die fixen Kosten bzw. Leistungskosten.

Variable Kosten sind *abhängig* von der gelieferten Energiemenge, die auch als *elektrische Arbeit* bezeichnet wird, daher auch der Name *Arbeitskosten.* Sie entstehen nur, wenn Strom erzeugt wird und hängen im wesentlichen von den Kosten der verwendeten Primärenergieträger ab. Hinzu kommen noch Betriebskosten für Instandhaltung, zusätzliches Bedienpersonal und Betriebshilfsmittel. Je größer die gelieferte Strommenge, desto höher die variablen Kosten.

Die Stromerzeugungskosten eines bestimmten Zeitraums, beispielsweise eines Jahres, setzen sich folglich aus den *fixen Kosten* bzw. *Leistungskosten* K_L als Sockelbetrag und den mit der erzeugten Strommenge proportional anwachsenden *variablen Kosten* bzw. *Arbeitskosten* K_A zusammen.

$$K_a = K_L + K_A \; [€/a] \quad . \tag{19.3}$$

Diesen Zusammenhang veranschaulicht Bild 19.8.

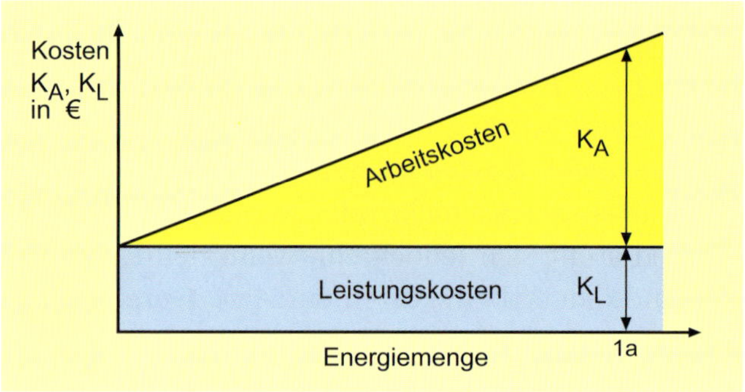

Bild 19.8. Fixe und variable Stromerzeugungskosten.

Bezieht man die Stromerzeugungskosten K_a eines Jahres auf die erzeugte Anzahl an Kilowattstunden erhält man die *spezifischen Kosten* k in € /kWh. Sie sind abhängig von der Anlagenauslastung des Energieversorgungsunternehmens. Je größer die erzeugte Strommenge, desto geringer die Kosten je kWh und desto geringer der darin enthaltene Anteil der fixen Kosten, Bild 19.9.

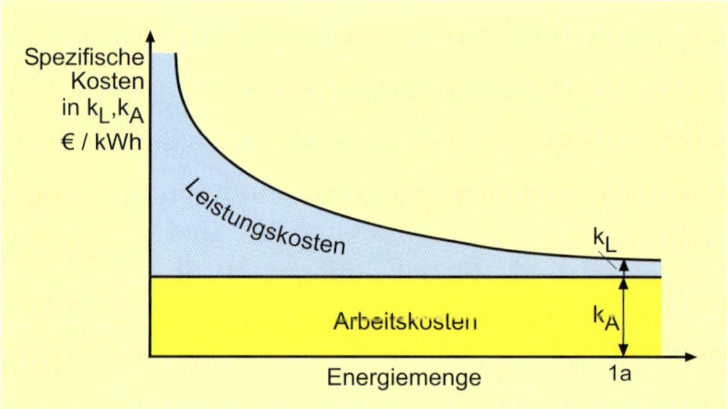

Bild 19.9. Spezifische Stromerzeugungskosten abhängig vom Auslastungsgrad.

Je höher also die *Jahresnutzungsdauer* T_a (s. a. 15.1.1.1) eines Kraftwerks, desto niedriger sind die Stromerzeugungskosten je kWh. Läuft ein Kraftwerk nur während der Hälfte eines Jahres, sind die spezifischen *Leistungskosten* in € /kWh doppelt so hoch, da die Kosten K_L auf eine kleinere Zahl von kWh umgelegt werden müssen.

Die *Leistungskosten je Kilowattstunde* erhält man nach Division der Jahresleistungskosten K_L durch die Anzahl erzeugter Kilowattstunden. Gemäß Gleichung (19.3) entspricht diese der Fläche unter der Leistungsdauerlinie und besitzt den Wert $P_r\,T_a$,

$$K_L/kWh = \frac{K_L\,[€]}{\int_0^{8760} P(T)dT\,[kWh]} = \frac{K_L\,[€]}{P_r\,T_a\,[kWh]} \quad . \tag{19.4}$$

Die *Arbeitskosten je Kilowattstunde* erhält man aus den Brennstoffkosten K_{Br} je Brennwert in kWh dividiert durch den thermischen Gesamtwirkungsgrad η_{KW} des jeweiligen Kraftwerks,

$$K_A/kWh = \frac{K_{Br}\,[€]}{\text{Brennwert}\,[kWh]\,\eta_{KW}} \quad . \tag{19.5}$$

Weil die spezifischen Stromerzeugungskosten je kWh wesentlich von der Art des eingesetzten Primärenergieträgers und der Jahresnutzungsdauer T_a abhängen, können Stromerzeugungskosten sehr unterschiedliche Werte annehmen.

Beispielsweise ergeben sich als grobe Anhaltswerte für ein Kernkraftwerk mit $T_a = 7.000\,h$ und ein Steinkohlekraftwerk mit $T_a = 4.000\,h$ folgende Unterschiede:

$$K_{\text{Kern}} = 2,25\frac{\text{Cent}}{kWh} + 0,45\,\frac{\text{Cent}}{kWh} = 2,7\,\frac{\text{Cent}}{kWh} \quad . \tag{19.6}$$

$$K_{Stk} = 2,25\,\frac{\text{Cent}}{kWh} + 1,2\,\frac{\text{Cent}}{kWh} = 3,5\frac{\text{Cent}}{kWh} \quad . \tag{19.7}$$

Würde man die Benutzungsdauer T_a für das Steinkohlekraftwerk auch auf 7.000 Stunden erhöhen, wären die Erzeugungskosten beispielsweise bei 2,6 Cent/kWh. Bemerkenswert ist die dominante Rolle des Leistungspreises. Erneuerbare Energien reduzieren lediglich die Brennstoffkomponente, ihre Leistungskosten sind am höchsten.

Die obigen Betrachtungen und Berechnungen ergeben nur grobe Anhaltswerte. Im Einzelfall werden die Kosten mit spitzem Bleistift unter Berücksichtigung zahlreicher weiterer Parameter und des Unterschieds zwischen bilanziellen und kalkulatorischen Abschreibungen etc. präzise ermittelt. Die Kosten gemäß (19.6) und (19.7) werden meist synonym als *Selbstkosten*, *Gestehungskosten* oder *Grenzkosten* bezeichnet. Sie ergeben, um einen Gewinnzuschlag erhöht, den *Strompreis* ab Kraftwerk. In einem liberalisierten Strommarkt mit vielen Anbietern und umfassendem Stromhandel richtet sich der Strompreis ab Kraftwerk bzw. am Markt vorrangig nach *Angebot und Nachfrage*. Er ist dann mit der hier durchgeführten Rechnung nur noch lose gekoppelt.

19.5.1.2 Ermittlung von Netznutzungsentgelten

Im vorangegangenen Abschnitt wurde in die Berechnung der *Stromerzeugungskosten ab Kraftwerk* eingeführt. Für die Weiterleitung des Stroms an die Endverbraucher über Stromnetze fallen zusätzlich noch *Netzkosten* an, die sich ebenfalls aus *Leistungskosten* und *Arbeitskosten* zusammensetzen, wobei erstere jedoch bei weitem überwiegen, so daß meist nur ein Leistungspreis verrechnet wird.

Übertragungs- und *Verteilnetzbetreiber* errichten und betreiben elektrische Netze, die gewaltige Summen für *Abschreibungen*, für Personalkosten bei der *Netzführung*, *Wartung*, *Instandsetzung nach Störungen*, wie auch für *Netzausbau* und *-umbau* erfordern.

Ferner erbringen *Transportnetzbetreiber* sogenannte *Systemdienstleistungen*:

- *Frequenzhaltung* (Bereitstellung von Regelenergie),
- *Spannungshaltung* (Bereitstellung von Blindleistung),
- *Störungsbeseitigung*,
- *Netzwiederaufbau*.

Darüber hinaus decken die Netzbetreiber auch die *Netzverluste*. Schließlich entstehen Kosten für *Meßleistungen* und das *Abrechnungswesen* mit den Kunden.

Zur Deckung ihrer Kosten und Erwirtschaftung einer angemessenen Eigenkapitalverzinsung müssen daher Netzbetreiber von den Netznutzern ein *Netznutzungsentgelt* verlangen. Die Höhe dieses Entgelts hängt von der Spannungsebene, der Abnahme- bzw. Einwohnerdichte, der Natur der Abnehmer (Industrie, Haushalte etc.) sowie von der Versorgungsqualität ab. Hat ein Netzbetreiber beim Bau und Unterhalt seines Netzes durch mehrfache Redundanz und großzügige Dimensionierung eine hohe *Versorgungsqualität* angestrebt, fallen im Vergleich zu Netzen mit geringerer Versorgungsqualität höhere Kosten an. Netznutzungsentgelte können daher trotz vordergründig gleicher Leistung abhängig von der Versorgungsqualität und der jeweiligen Auslastung unterschiedlich hoch sein.

Zum Nachweis ihrer Angemessenheit müssen Nutzungentgelte gemäß einer *staatlichen Stromnetzentgeltverordnung* (Strom-NEV) mittels einer transparenten betrieblichen *Kostenarten-*, *Kostenstellen-* und *Kostenträgerrechnung* ermittelt und veröffentlicht werden. Hierzu werden die anfallenden Kosten zunächst nach *Kostenarten* (z. B. Zinsen, Netzverluste, Regelenergie, Abschreibungen) sortiert. Die Beträge der diversen *Kostenarten* werden anschließend den *Haupt-* und *Nebenkostenstellen*, das heißt den Orten ihrer Entstehung z. B. Netze und Umspannstationen etc. verursachungsgerecht über einen Umlageschlüssel zugeordnet. Schließlich werden die in den *Kostenstellen* anfallenden Kosten verursachungsgerecht auf die sogenannten *Kostenträger* umgelegt. Kostenträger sind diejenigen, die die Kosten tragen bzw. für sie aufkommen, mit anderen Worten die unmittelbar am Netz angeschlossenen Kunden sowie nachgelagerte Netze, die vorgelagerte Netze nutzen. Netze sind gleichzeitig *Kostenstellen* bezüglich der in ihnen anfallenden Kosten und auch *Kostenträger* bezüglich der auf sie vom vorgelagerten Netz abgewälzten Kosten.

Die spezifischen Netznutzungsentgelte pro kW Übertragungsleistung sind im Höchstspannungsnetz am niedrigsten, im Niederspannungsnetz wegen der zusätzlichen Inanspruchnahme vorgelagerter Netze und der damit verbundenen Kostenabwälzung am höchsten. Die Regulierungsbehörde überwacht, daß diese Prozesse nach einheitlichen Bewertungsmaßstäben und transparenten Aufteilungsschlüsseln durchgeführt werden.

Das von einem Netznutzer zu entrichtende Netznutzungsentgelt hängt von der Spannungsebene auf der ein Nutzer angeschlossen ist, vom Lastprofil und der Struktur des benutzten Netzes ab. Die Höhe des Netznutzungsentgelts ist jedoch *unabhängig von der Entfernung* zu seinem Partner. Er kann also Strom aus ganz Deutschland oder gar Europa ordern. Je niedriger die Spannungsebene des Abnahmepunkts ist, desto höher sind die spezifischen Leistungskosten, denn vom Einspeise- bis zum Abnahmepunkt werden Betriebsmittel mehrerer Netzebenen in Anspruch genommen. Netznutzungskosten werden in € /kW und Jahr genutzter Übertragungskapazität des Netzes angeben. In Einzelfällen wird das Netznutzungsentgelt auch pro Monat festgestellt und auch monatlich abgerechnet. Alternativ werden Netznutzungsentgelte auch nach Division durch 8760 in Euro pro kWh angegeben. Aktuelle Werte finden sich im Internet.

Ähnlich wie die Stromerzeugungspreise ab Kraftwerk ergeben sich Netznutzungsentgelte aus den Netzkosten zuzüglich eines Gewinnzuschlags.

19.5.2 Kalkulation der Strompreise

Gemäß den beiden vorangegangenen Abschnitten 19.5.1.1 und 19.5.1.2 ergeben sich die totalen *Stromkosten* bis zu einer Abnahmestelle aus den *Stromerzeugungskosten* und den *Netzkosten*. Beide enthalten grundsätzlich einen *Leistungskostenanteil* und einen *Arbeitskostenanteil*, wenngleich bei den Netznutzungskosten der Leistungsanteil dominiert. Am Netzanschlußpunkt entstehen ferner zusätzliche Kosten für *Zählung*, *Messung* und *Verrechnung*.

Entsprechend der Zusammensetzung der totalen Stromkosten aus *Leistungskosten* K_L in € /kW und *Arbeitskosten* K_A in € /kWh setzt sich auch der *Strompreis* E grundsätzlich aus einem *Leistungspreis* E_L und einem *Arbeitspreis* E_A zusammen.

Bei der Ermittlung der Netznutzungsentgelte werden die Leistungskosten entsprechend der Durchmischung aller Netznutzer mit *Gleichzeitigkeitsgraden* verknüpft und hieraus *Leistungspreise* und *Arbeitspreise* für die Netznutzung ermittelt. Letztlich berechnet sich der Leistungspreis E_L aus der mittleren Leistung P_m des Stromkunden multipliziert mit einem den Gewinnzuschlag enthaltenden spezifischen Leistungspreis e_L in Euro/kW,

$$\textit{Leistungspreis} \qquad E_L = e_L \cdot P_m \quad . \tag{19.8}$$

Analog wird der Arbeitspreis E_A aus der bezogenen elektrischen Arbeit A_{el} multipliziert mit einem ebenfalls einen Gewinnzuschlag enthaltenden spezifischen Arbeitspreis e_A in Euro/kWh errechnet,

$$\textit{Arbeitspreis} \quad E_A = e_A \cdot A_{el} \quad . \tag{19.9}$$

Unter Annahme einer Nutzungsdauer T_n während der die bestellte Leistung in Anspruch genommen wird, ergibt sich dann der totale Strompreis je kWh zu

$$E = E_A + \frac{E_L}{T_n} \left[\frac{\text{Cent}}{\text{kWh}}\right] \quad . \tag{19.10}$$

Zur Bestimmung der mittleren Leistung werden entsprechend der Größe des Stromverbrauchs eines Kunden unterschiedliche Verfahren angewendet. Bei *Großkunden* ist es üblich, mit Hilfe einer Leistungsmessung einen fünfzehnminütigen Mittelwert zu erfassen. Aus den drei höchsten Monatswerten wird dann die mittlere maximale Leistung bestimmt. Zeitweise Überschreitungen der vereinbarten Maximalleistung sind sehr kostspielig, weswegen größere Unternehmen meist ein internes *Lastmanagement* betreiben (s. 15.1.1.4).

Da bei *Kleinverbrauchern* eine Leistungsmessung unverhältnismäßig hohe Kosten verursachen würde, zahlen sie einen sogenannten *Grundpreis* und einen *Arbeitspreis*. Ersterer beinhaltet die Zählermiete, die Verwaltungsgebühren der Abrechnung und eine von der Strombelastbarkeit des Hausanschlusses und ihrer Nutzfläche abhängigen Komponente. Dieser Grundpreis ist zwar seiner Natur nach auch ein „Fixkostenpreis“, hat aber aus sozial- und tarifpolitischen Gründen nur noch wenig mit dem aus Kostenrechnung ermittelten Leistungspreis zu tun. Der Arbeitspreis für die gelieferte elektrische Energie bzw. Arbeit wird generell mit Hilfe des bekannten Stromzählers erfaßt.

Vor der Liberalisierung des Strommarktes wurde der Preis als Summe aus Stromkosten und Gewinn festgelegt.

$$\text{Preis} = \text{Kosten} + \text{Gewinn} \tag{19.11}$$

Bei Tarifkunden mußte dieser Preis durch eine landeseigene Aufsichtsbehörde genehmigt werden. Im professionellen Bereich der Sondervertragskunden wurde und wird auch heute noch der Preis unter Profis ausgehandelt. Im liberalisiertem Strommarkt können selbst Haushalte durch Wahl eines preisgünstigeren Lieferanten ihre Stromkosten reduzieren, wobei die Unterschiede jedoch vergleichsweise gering sind und deshalb ein Lieferantenwechsel weniger häufig stattfindet.

In einem freien Markt kann der Preis nicht mehr gemäß (19.11) frei gestaltet werden sondern wird durch den Markt bzw. die Wettbewerber vorgegeben. Es gilt daher

$$\text{Marktpreis} - \text{Kosten} = \text{Gewinn} \tag{19.12}$$

Um einen Gewinn erzielen zu können, müssen Stromerzeuger ihre Kosten soweit minimieren, daß sie ständig unter dem aktuellen Marktpreis bleiben, sogenanntes *Target-costing*-Prinzip. Der Marktpreis ist sehr volatil und wird durch Angebot und Nachfrage bzw. die *Grenzkosten* des *teuersten* bzw. *letzten* von der Last verlangten Kraftwerks bestimmt.

Daß Strompreise Letztverbrauchern im Haushaltsbereich und Gewerbe nach wie vor sehr hoch erscheinen, insbesondere im Vergleich zu anderen Ländern, liegt weniger daran, daß Stromerzeugung und Netznutzung überteuert wären, sondern daß auf die oben ermittelten Basiskosten, wie beim Benzinpreis auch, noch eine Reihe staatlicher bzw. staatlich verordneter Zuschläge (ca. 40 %) erfolgen, Bild 19.10.

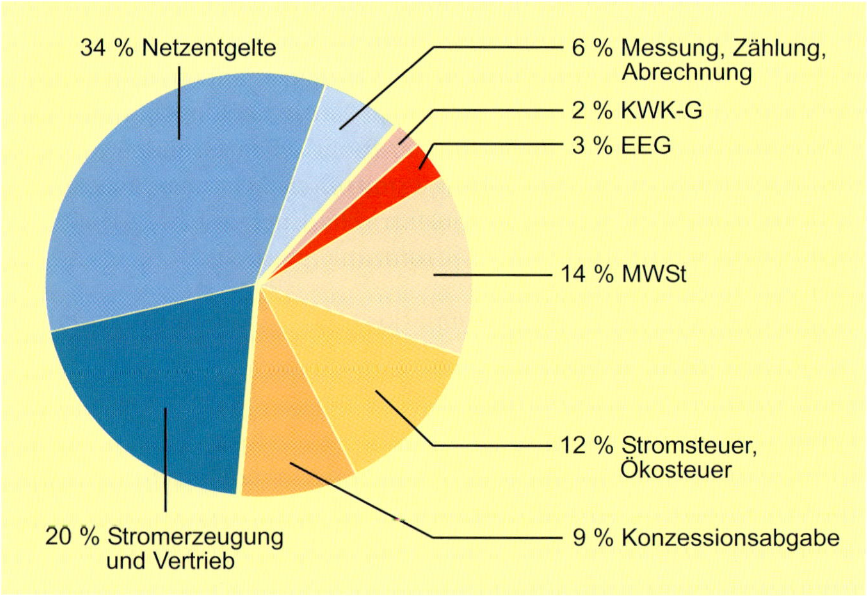

Bild 19.10. Zusammensetzung des Strompreises für Haushaltskunden (Stand: 2004/2005, VDN). Es handelt sich um Anhaltswerte.

Die in Bild 19.10 angegebene Mehrwertsteuer entspricht nicht dem gesetzlichen Wert von 16 %, sondern ihrem prozentualen Anteil an 100 % des Strompreises.

Neben den durch das *Kraft-Wärmekopplungsgesetz* (KWKG) und das *Eneuerbare-Energien-Gesetz* (EEG) bedingten Umlagekosten sowie der Mehrwertsteuer und der *Strom-* bzw. *Ökosteuer* müssen die Netzbetreiber auch *Konzessionsabgaben* an die Gemeinden für die Nutzung öffentlicher Verkehrswege und Grundstücke in beträchtlicher Höhe leisten. In Großstädten liegen die Konzessionsabgaben in der Größenordnung der Stromerzeugungskosten.

Die vorangegangenen Betrachtungen zielen lediglich auf ein Verständnis des Unterschieds zwischen *Stromkosten* und *Strompreisen* sowie auf die Unterscheidung zwischen *Leistungs-* und *Arbeitspreisen.* Im Detail ist die Ermittlung kostendeckender Strompreise eine sehr anspruchsvolle Aufgabe, über die ein umfassendes Schrifttum existiert. Eine gute Zusammenfassung findet der Leser im ersten Buch des Schrifttums am Ende dieses Kapitels.

19.5.3 Stromausfallkosten

Eine Grundvoraussetzung für den Erfolg eines jeden Industrieunternehmens ist eine zuverlässige Stromversorgung. Versorgungsausfälle führen zu

- Produktionsausfällen und damit zu Erlösminderungen,
- Materialverlustkosten infolge Ausschuß,
- Kosten für die Wiederinstandsetzung von Produktionseinrichtungen,
- Kosten für die Entsorgung und die Beseitigung etwaiger Umweltschäden,
- Kosten für den Wiederanlauf der Produktion.

Die Komponente *Produktionsausfälle* bzw. *Erlösminderungen* kann branchenunabhängig auf gleiche Weise ermittelt werden. Sie soll deshalb im folgenden näher betrachtet werden. Die weiteren Ausfallkostenkomponenten sind branchenspezifische, meist fixe Kosten und lassen sich nur von der betroffenen Branche selbst wirklichkeitsnah ermitteln.

Zur Ermittlung von Stromausfallkosten wurden zahlreiche *betriebswirtschaftliche* Verfahren entwickelt, die sich in *Proxy-Methoden*, *Anteil-Bewertungsmethoden* und *Marktbasierende Methoden* unterteilen lassen. Allen gemeinsam ist eine gewisse Praxisferne. Eine einfache, sehr genaue Methode für wohl die meisten Unternehmen interessierenden Erlösminderungen basiert auf der sogenannten *Kurzfristigen Erfolgsrechnung*.

Ähnlich wie die *Gewinn- und Verlustrechnung des Jahresabschlusses* einmal im Jahr den Jahresüberschuß des gesamten Unternehmens ausweist, gibt die *Kurzfristige Erfolgsrechnung* Antwort auf die Frage, „*Wie groß war das Betriebsergebnis im vergangenen Quartal, Monat, Woche, Tag, Stunde für einzelne Produkte oder Leistungen?*“. Sie ermöglicht somit eine Erfolgskontrolle für einzelne Produkte in Echtzeit und ist daher eines der wichtigsten Werkzeuge der Unternehmensführung.

Die *Kurzfristige Erfolgsrechnung* stellt für einen bestimmten Abrechnungszeitraum die nach einer *Deckungsbeitragsrechnung* ermittelten Kosten einzelner *Produkte* bzw. *Sparten* den Erlösen dieser Einheiten gegenüber. Hierbei sind zu den Erlösen gegebenenfalls auch innerbetrieblich erbrachte Leistungen zu zählen. Sie ist im wesentlichen eine in kurzen Abständen erstellte *partielle Gewinn- und Verlustrechnung* für Teilbereiche bzw. *einzelne Produkte* eines Unternehmens, die nach der Ermittlung des *Betriebsergebnisses* abgebrochen wird. Dies bedeutet auch, daß in der Kurzfristigen Erfolgsrechnung nur *Kosten* und *Leistungen* bzw. *Erlöse* einander gegenübergestellt werden, während in der Gewinn- und Verlustrechnung der Überschuß der *Erträge* über die *Aufwendungen* ermittelt wird. Zu den Erträgen zählen beispielsweise auch *Mieteinnahmen*, zum Aufwand *Zinsen* für langfristige Darlehen, die beide unabhängig von einer Stromunterbrechung anfallen und deshalb im Kontext nicht von Interesse sind.

Ist das Betriebsergebnis je Stunde für den vom Versorgungsausfall betroffenen Produktbereich bekannt, was in gut geführten Unternehmen mit einer funktionierenden *Kosten-Leistungsrechnung* kein grundsätzliches Problem darstellt, lassen sich die bei einem Stromausfall bzw. Erlösausfall anfallenden Kosten/h als Stromausfallkosten/h angeben.

Mit diesen Kosten lassen sich dann auch die Kosten je nicht gelieferter kWh berechnen. Hierzu dividiert man die Stromausfallkosten/h durch die im Normalbetrieb aufgenommene elektrische Leistung,

$$\frac{\text{Stromausfallkosten } [\text{€ }/\text{h}]}{P_{el}[\text{kW}]} = \text{Stromausfallkosten } [\text{€ }/\text{kWh}] \quad . \tag{19.13}$$

Wohlgemerkt handelt es sich hier nur um die Stromausfallkosten durch Produktionsausfall. Hinzu kommen gegebenenfalls die weiteren oben aufgeführten Kosten spezieller Branchen.

Die Kenntnis möglicher Stromausfallkosten ermöglicht der Unternehmensleitung Entscheidungen über etwaige Investitionen für höhere Redundanz in der Stromversorgung, beispielsweise durch mehrfache Einspeisungen, unterbrechungsfreie Stromversorgung (USV) für sensible Teilbereiche des Unternehmens, beispielsweise in der Halbleiterfertigung oder dem IT-Systembereich.

Wegen weiterer Erläuterungen zur Stromausfallkostenrechnung und insbesondere der Begriffe *Deckungsbeitragsrechnung*, *Kosten-Leistungsrechnung*, *Kurzfristige Erfolgsrechnung* etc. wird auf die beiden letzten im Schrifttum erwähnten Literaturangaben verwiesen.

19.6 Methoden zur Investitionsrechnung

Die Finanzierung von Kraftwerken und Netzen erfolgt nach den in der Betriebswirtschaft geläufigen finanzmathematischen Methoden zur Wirtschaftlichkeitsprüfung von Investitionsentscheidungen. Das Grundprinzip aller dieser Methoden ist die Vergleichsmöglichkeit der zu verschiedenen Zeiten anfallenden Einnahmen und Ausgaben bezüglich eines Investitionsobjekts. Dazu werden alle Zahlungen durch das Verfahren der *Abzinsung (Diskontierung)* bzw. *Aufzinsung* auf einen Bezugszeitpunkt umgerechnet und können dann unmittelbar addiert bzw. subtrahiert werden. Im Falle der Aufzinsung werden alle Einnahmen und Ausgaben mit dem entsprechenden Aufzinsungsfaktor multipliziert. Dabei wird im einfachsten Fall unterstellt, daß alle Zahlungen am Ende eines Jahres erfolgen. Der Aufzinsungsfaktor berücksichtigt außerdem den jährlichen Zinsfuß p [%] und die Zeit n [a], über die aufgezinst werden soll,

$$(1 + \frac{p}{100\,\%})^n = q^n \quad . \tag{19.14}$$

Für die *Investitionsrechnung* stehen nun verschiedene Rechenverfahren zur Verfügung, von denen die beiden geläufigsten, die *Kapitalwertmethode* und die *Annuitätswertmethode*, kurz vorgestellt werden sollen.

Bei der *Kapitalwertmethode* wird mit Hilfe des Kapitalwerts eine Aussage über die wirtschaftliche Zweckmäßigkeit einer Investition getroffen. Ist der Kapitalwert negativ ist die Investition unwirtschaftlich. Bei einem Kapitalwert von Null rechnet sich die Investition inklusive des kalkulierten Zinsfußes. Ein positiver Kapitalwert entspricht dann einem Ertrag.

Im einfachsten Fall wird unterstellt, daß die Anschaffungsausgabe A_0 am Anfang des Jahres getätigt wird und alle anderen Zahlungen am Ende eines Jahres erfolgen. Die jährlichen Einnahmen E_n und Ausgaben A_n werden mittels Abzinsungsfaktor einzeln auf den Bezugszeitpunkt Null abgezinst. Für den Kapitalwert K_0 ergibt sich dann:

$$K_0 = -A_0+(E_1-A_1)q^{-1}+(E_2-A_2)q^{-2}+...+(E_n-A_n)q^{-n}+R_n q^{-n} \quad . \tag{19.15}$$

R_n ist der Restwert der Anlage am Ende des betrachteten Zeitraumes.

Mit der *Annuitätswertmethode* wird nicht wie bei der Kapitalwertmethode die Wirtschaftlichkeit einer Investition über den gesamten Betrachtungszeitraum betrachtet, vielmehr werden die durchschnittlichen Einnahmen und Ausgaben pro Zeitabschnitt (meistens ein Jahr) bewertet. Der Kapitalwert, dessen Berechnung mittels der oben beschriebenen Kapitalwertmethode erfolgt, wird mit Hilfe der aus der Rentenrechnung bekannten Regeln umgewandelt. Dazu ist ein *Annuitätsfaktor* notwendig, welcher aus entsprechenden Tabellen zu entnehmen ist oder folgendermaßen berechnet werden kann:

$$\text{Annuitätsfaktor} = \frac{q^n(q-1)}{q^n-1} \quad . \tag{19.16}$$

Die Annuität des jährlichen Überschusses ergibt sich aus der Multiplikation von Kapitalwert und Annuitätsfaktor

$$\text{Annuität} = K_0 \cdot \frac{q^n(q-1)}{q^n-1} = K_0 \frac{q^n \cdot p/100\,\%}{q^n-1} \quad . \tag{19.17}$$

Sollten die jährlichen Einnahmen und Ausgaben aus einer Anschaffung konstant sein, ist es möglich auf die Berechnung des Kapitalwerts zu verzichten. In diesem Fall stellen die Einnahmenüberschüsse bereits jährliche Durchschnittswerte dar und es ist nur noch notwendig die Anschaffungsausgabe auf durchschnittliche Jahresraten zu überführen:

$$E - A \geqslant \left(A_0 - R_n \cdot q^{-n}\right) \cdot \frac{q^n(q-1)}{q^n - 1} \quad . \tag{19.18}$$

Sollte der Einnahmenüberschuß gleich oder größer der umgerechneten Differenz aus Anschaffungsausgabe und Restwert sein, ist die Investitionsentscheidung als positiv zu bewerten.

Mit Hilfe dieser finanzmathematischen Methoden kann ein Energieversorgungsunternehmen entscheiden, ob und wie eine Investition finanziert werden kann und auf welche Investitionen aus wirtschaftlicher Sicht verzichtet werden sollte.

Zur Bestimmung der Annuität von Betriebsmitteln in Energieversorgungsunternehmen sind zusätzlich zur Anschaffungsausgabe noch jährliche Betriebskosten zu berücksichtigen. Ein Teil dieser Kosten sind die jährlichen allgemeinen Betriebskosten B_{all}, auch *betriebsgebundene Kosten* genannt. Zu ihnen zählen hauptsächlich Bedienungs- und Verwaltungskosten, Wartungskosten sowie Steuern und Versicherungen, Bild 19.11.

Hochspannungsnetz	**% von der Anschaffungsausgabe**
Instandsetzung und Instandhaltung	2,5 %
Bedienung	1,0 %
Allgemeine Verwaltung	0,5 %
Steuern, Versicherung	0,5 %
Summe von B_{all}	0,5 %

Bild 19.11. Jährliche allgemeine Betriebskosten (Anhaltswerte).

Obige Kosten haben gemeinsam, daß sie durch Verträge für mindestens ein Jahr gebunden sind und sich *prozentual* von der Anschaffungsausgabe angeben lassen. Der andere Teil der Betriebskosten sind *spezielle Betriebskosten* B_s, auch als *verbrauchsgebundene Kosten* bezeichnet. Für die Annuität eines Betriebsmittels ergibt sich damit nach (19.17):

$$\text{Annuität} = K_0 \cdot \left(\frac{q^n(q-1)}{q^n - 1} + B_{all} \right) + B_s \quad . \tag{19.19}$$

In gleicher Weise wie für ein einzelnes Betriebsmittel lässt sich auch die Annuität für komplexe Systeme, wie Kraftwerke oder Versorgungsnetze bestimmen.

19.7 Asset Management

Unter Asset Management versteht man im Kontext die optimale Nutzung der „*assets*" eines Energieversorgungsunternehmens mit dem globalen Ziel einer *Kostenminimierung* bzw. *Gewinnmaximierung* bei gleichbleibender oder gar erhöhter Verfügbarkeit. Der Begriff *asset* stammt aus dem angloamerikanischen Sprachraum und steht für die *Vermögenswerte* eines Unternehmens. Im Deutschen werden die Vermögenswerte bilanztechnisch in *Anlagegüter* und *Umlaufvermögen* unterteilt. Anlagegüter dienen der langfristigen betrieblichen Nutzung ($>$ 1 Jahr) und beinhalten im Kontext *Immobilien*, *Kraftwerke* und die *Betriebsmittel* eines Netzes. Das Umlaufvermögen dient der kurzfristigen Nutzung und beinhaltet alle Vermögenswerte in Bargeld bzw. kurzfristig in Bargeld umwandelbare Werte, also Forderungen, Kontenbestände, Aktien etc. Die assets, das heißt das Anlage- und Umlaufvermögen stehen auf der Aktivseite einer Unternehmensbilanz.

Asset Management im weitesten Sinn befaßt sich sowohl mit der optimalen Nutzung der *Anlagegüter* als auch des *Umlaufvermögens* derart, daß die Bedürfnisse aller *Stakeholder*, vorrangig *Eigner* und *Kunden*, angemessen berücksichtigt werden. Während die optimale Nutzung des Umlaufvermögens und der Anlagegüter in Form von Immobilien überwiegend den *finanztechnischen* Abteilungen eines Unternehmens obliegt, zählt das Asset Management der *technischen Anlagegüter* zum Aufgabenbereich der *Ingenieure*. Wenn im folgenden von *assets* die Rede ist, sind die *technischen Betriebsmittel* im Kraftwerks- und Netzbereich gemeint, also Turbinen, Dampferzeuger, Kraftwerkleittechnik, Netzleittechnik, Transformatoren und Schalter sowie Wandler, IT-Systeme, Schutztechnik, Freileitungs- und Kabelnetze etc. In diesem Kontext wird Asset Management vorrangig im Sinn von *Instandhaltungsmanagement* verstanden. Da Instandhaltung ein großer Kostenblock ist, werden gerade hier immense Kostenreduktionspotentiale gesehen.

Heute stehen wegen des Überlebens im Wettbewerb nicht mehr eine hohe *Verfügbarkeit um jeden Preis* sondern die Minimierung der *Kosten* im Vordergrund. Die Ausnutzung der Betriebsmittel erfolgt bis an ihre physikalischen Grenzen, die prospektive Lebensdauer wird möglichst bis zum letzten Moment ausgekostet, Wartungsintervalle werden gestreckt. Um die erhöhten Risiken überschaubarer zu halten, bedarf es einer *Instandhaltungsstrategie*, die diejenigen Betriebsmittel bevorzugt, die bei einem Ausfall den größten Schaden anrichten würden. Asset Management ist eine Managementfunktion, die die erhöhte Ausnutzung bei gleichbleibender oder gar erhöhter Verfügbarkeit kontrolliert anstrebt. Dabei geht es nicht mehr nur um immaterielle Kriterien, wie hohe Versorgungszuverlässigkeit, Modernisierungszustand etc. Vielmehr müssen alle Objekte und Maßnahmen in *Geldeinheiten* bewertet werden, um ihren Beitrag zum Unternehmensergebnis transparent machen zu können.

Technische Anlagegüter bzw. Betriebsmittel *altern*, je nach Betriebsmittel und Betriebsweise auch noch mit unterschiedlicher Geschwindigkeit. Mit zunehmendem Alter nimmt die Ausfallwahrscheinlichkeit zu. Sie müssen daher nach einer gewissen Zeit *instandgesetzt* oder *ersetzt* werden.

Man unterscheidet im wesentlichen vier Instandhaltungsstrategien:

- *Ereignisorientierte Instandhaltung*
- *Zeitorientierte Instandhaltung*
- *Zustandsorientierte Instandhaltung*
- *Zuverlässigkeitsorientierte Instandhaltung*

Ereignisorientierte Instandhaltung (engl.: *CM, Corrective Maintenance* oder *IBM, Incident-Based Maintenance*) wird erst nach Bekanntwerden des Ausfalls eines Betriebsmittels durchgeführt. Das betroffene Teil bzw. Betriebsmittel wird entweder instandgesetzt oder ersetzt. Dies ist die elementarste Strategie, sie kommt nur bei geringen Ansprüchen an *Power Quality* in Frage und wenn die Stromausfallkosten sehr gering sind.

Zeitorientierte Instandhaltung (engl.: *TBM, Time-Based Maintenance*) tauscht in regelmäßigen Abständen typische Verschleißteile präventiv aus, auch wenn sie noch funktionsfähig sind, nutzt also die maximale Lebensdauer nicht aus. Sie kommt bei hohen Ansprüchen an die Verfügbarkeit zum Einsatz und ist sehr *kostenintensiv*.

Zustandsorientierte Instandhaltung (engl.: *CBM, Condition-Based Maintenance*) führt regelmäßige *Inspektionen* oder *Zustands-Fernüberwachung* (engl.: *Condition Monitoring*) durch und tauscht Teile oder ganze Betriebsmittel bei hohem Verschleiß- oder Alterungszustand aus. Sie verursacht zunächst geringere Kosten, kann aber bei unerwartetem vorzeitigem Ausfall zu hohen Folgekosten führen.

Zuverlässigkeitsorientierte Instandhaltung (engl.: *RCM, Reliability-Centered Maintenance*) tauscht Teile und/oder Betriebsmittel nach zwei Kriterien aus

- *Verschleiß-* bzw. *Alterungszustand*,
- *Bedeutung für die Zuverlässigkeit*.

Zunächst stellt man durch Inspektionen oder auch kontinuierliche Zustandsüberwachung den Verschleißzustand und, soweit möglich, die voraussichtliche *Restlebensdauer* fest. Anschließend wird die Entscheidung über einen Austausch noch von der Höhe des Risikos für die Zuverlässigkeit des Systems abhängig gemacht. Bei geringer Bedeutung toleriert bzw. riskiert man einen höheren Alterungszustand, bei großer Bedeutung nicht. Die Beurteilung der Erfüllung des ersten Kriteriums liegt in der Verantwortung des *Asset Managers*, letzteres in der Verantwortung des *Netzplaners*. Zuverlässigkeitsorientierte Instandhaltung stellt einen guten Kompromiß zwischen Versorgungszuverlässigkeit und Instandhaltungskosten dar. Sie ist die kostengünstigste Strategie und entspricht im liberalisierten Strommarkt dem Stand der Technik.

Generell verlangt zuverlässigkeitsorientiertes Asset Management zunächst eine Priorisierung der Betriebsmittel nach ihrer relativen Bedeutung bezüglich Kosten und Einfluß auf die Verfügbarkeit und Zuverlässigkeit. Hieraus ergeben sich Hinweise zur Auswahl der bedeutensten Betriebsmittel und für die Priorisierung diagnostischer Inspektionstechniken und zustandsorientierter Wartungskriterien. Weitere Kriterien sind die Häufigkeit des Vorkommens bestimmter Betriebsmittel, Risiko ihres Ausfalls etc. Beispielsweise sind die Folgen des Ausfalls eines *Netztransformators* von größerer Auswirkung als der Ausfall eines

Verteiltransformators, andererseits sind die Risiken beim Netztransformator und die Häufigkeit ihres Vorkommens geringer.

Von größter Wichtigkeit ist die Dokumentation bzw. Verfügbarkeit und leichte Zugänglichkeit sowohl historischer Daten als auch von Echtzeit-Daten für jedes Betriebsmittel in einer *Störungsstatistik*. Die Störungsstatistik gibt Auskunft sowohl über Fehlerschwerpunkte als auch Fehlerhäufigkeiten und Fehlerursachen einzelner Komponenten. Hierbei spielt das Alter der Betriebsmittel eine geringere Rolle als ihr tatsächlicher Zustand. Dieser läßt sich durch moderne Diagnoseverfahren und/oder permanente Zustandsüberwachung (engl.: *condition monitoring*) erfassen. Permanente Zustandsüberwachung erlaubt die Ermittlung spezieller Alterungstrends komplexer, kostenintensiver Betriebsmittel. Typische Kandidaten für eine permanente Zustandsidentifikation sind *Transformatoren* (Auslastungsprofil, Temperaturen etc., Geräusche, Teilentladungen, Feuchtigkeitsgehalt, Gasanalyse), *Stufenschalter* (Zahl der Schaltspiele, zugehörige Spannungen und Ströme), *Leistungsschalter* (Zahl der Schaltspiele, zugehörige Ströme).

Die gesammelten Informationen erlauben eine Schätzung des Alterungsverhaltens, wobei verschiedene typische Alterungsverläufe derart kombiniert werden, daß sie die Störungsstatistik abbilden. Die Kenntnis des Alterungsverhaltens wiederum erlaubt die Festlegung von *Lebensdauern* und *Restlebensdauern*.

Neben dem Vorbeugen und Beseitigen von Schäden durch Verschleiß bzw. Alterung kommt dem Asset Management noch die Aufgabe zu, Betriebsmittel auch bei geringer Ausfallwahrscheinlichkeit zu ersetzen, wenn neuere technische Entwicklungen die gleiche Funktion bei geringeren Kosten oder höherer Zuverlässigkeit ermöglichen (*Modernisierung*). Ferner gehört hierher auch die optimale Netzaus- und -umbauplanung.

Schließlich zählt zu den assets der dispositive Faktor eines Unternehmens. Er taucht zwar nicht in der Bilanz auf, ist aber entscheidend für den Geschäftserfolg. Typische Beispiele sind gut eingespielte, kostengünstige *Geschäftsprozesse*, die Fähigkeit neue *Einsparpotentiale* zu erkennen und zu nutzen sowie permanente *Modernisierungs-* und *Rationalisierungsmaßnahmen* durchzuführen. So werden künftig mehrere Kraftwerke oder Netze von einer Warte aus gefahren werden,

Bedienungs- und Wartungspersonal auch von zuhause den Systemzustand erfragen können etc.

Zusammenfassend leistet Asset Management die Minimierung der Summe aus

- *Kosten* durch alterungsbedingte Wartung und Instandsetzung,
- *Kosten* bei einem Versorgungsausfall (engl.: *non-compliance cost*),
- *Kapitalkosten* für Erhaltungs- und Modernisierungsinvestitionen,
- „*Verborgenen Kosten*" (engl.: *hidden cost*) infolge ineffizienter Geschäftsprozesse,

und ist damit eine entscheidende Managementfunktion zur Erreichung der strategischen Ziele eines Unternehmens.

Vertiefendes Schrifttum zu Kapitel 19

1. Zander, W. et al.: Praxis-Handbuch Energiebeschaffung. Deutscher Wirtschaftsdienst-Verlag, 2004.
2. Zander, W. et al.: Strombeschaffung im liberalisierten Strommarkt. Deutscher Wirtschaftsdienst-Verlag, Amsterdam, 2000.
3. Müller, L.: Handbuch der Elektrizitätswirtschaft. 2. Auflage, Springer-Verlag, Berlin, 2001.
4. Benz, A.: Modernes Service- und Instandhaltungsmanagement. TÜV-Verlag, Köln, 2001.
5. Biedermann, H.: Best Practice und Trends in der Instandhaltung. TÜV-Verlag, Köln, 2000.
6. Rötzel, A.: Instandhaltung. 2. Auflage, VDE-Verlag, Offenbach, 2001.
7. Schwab, A.: Managementwissen für Ingenieure. 3. Auflage, Springer-Verlag, Berlin/Heidelberg, 2003.
8. Boerninck, S.: Auswirkungen der Strommarktliberalisierung auf das deutsche Elektrizitätsnetz. Logos-Verlag, Berlin, 2003.
9. Heuck, K. u. Dettman, K. D.: Elektrische Energieversorgung. 6. Auflage, Vieweg-Verlag, Wiesbaden, 2005.

Anhang

A. Rechnen mit komplexen Größen

A.1 Komplexe Zeigerdarstellung

Wechselspannungen und *-ströme* werden im *Zeitbereich* durch Sinus- bzw. Kosinusfunktionen, sogenannte *harmonische* Funktionen, beschrieben, beispielsweise

$$u(t) = \hat{u}\sin(\omega t + \varphi_u) \quad \text{oder} \quad i(t) = \hat{\imath}\sin(\omega t + \varphi_i) \quad . \tag{A.1}$$

Da sich Sinus- und Kosinusfunktionen gleicher Amplitude lediglich in der Phasenlage um 90° bzw. $\frac{\pi}{2}$ unterscheiden, läßt sich (A.1) auch mit Kosinusfunktionen formulieren,

$$u(t) = \hat{u}\cos(\omega t + \varphi_u^*) \quad \text{und} \quad i(t) = \hat{\imath}\cos(\omega t + \varphi_i^*) \quad , \tag{A.2}$$

wobei $\varphi^* - \varphi = -\dfrac{\pi}{2}$ bzw. $+\dfrac{3}{2}\pi$ ist.

Vielfach wird die Kosinusfunktion bevorzugt, weil sie sich ohne Umschweife in die *Eulersche Beziehung* einsetzen läßt, s. Gleichungen (A.6) und (A.7).

Der funktionale Zusammenhang zwischen Spannungen und Strömen beliebigen zeitlichen Verlaufs ist durch Differentialgleichungen bzw. Integralgleichungen gegeben, beispielsweise bei einer verlustbehafteten Induktivität oder einem verlustbehafteten Kondensator

$$u_L(t) = L\frac{di(t)}{dt} + Ri(t) \quad \text{bzw.} \quad u_C(t) = \frac{1}{C}\int i(t)dt + Ri(t) \quad . \tag{A.3}$$

Für harmonische Funktionen wird die rechnerische Behandlung durch Übergang in den *Frequenzbereich* vereinfacht.

Im Frequenzbereich lassen sich Spannungen und Ströme als sogenannte *Zeiger* (engl.: *phasor*) darstellen. Setzt man die Operatoren $\frac{d}{dt} \Rightarrow j\omega$ und $\int dt \Rightarrow \frac{1}{j\omega}$, gehen die Differentialgleichungen A.3 in einfache *algebraische* Gleichungen über, beispielsweise

$$\underline{U}_L = (R + j\omega L)\underline{I}_L = \underline{Z}_L \underline{I} \quad \text{bzw.} \quad \underline{U}_C = (R + \frac{1}{j\omega C})\underline{I} = \underline{Z}_C \underline{I} \quad . \tag{A.4}$$

Man spricht dann vom „*Ohmschen Gesetz für Wechselströme und Wechselspannungen*“,

$$\underline{U} = \underline{Z}\,\underline{I} \quad . \tag{A.5}$$

Für die *Zeigerdarstellung* ergänzt man (A.1) bzw. (A.2) zunächst um einen Imaginärteil zu einer komplexen Größe.

$$\underline{u}(t) = \hat{u}\,(\cos(\omega t + \varphi_u) + j\sin(\omega t + \varphi_u)) \quad . \tag{A.6}$$

Anschließend erhält man unter Verwendung der *Eulerschen Formel* $\cos\varphi + j\sin\varphi = e^{j\varphi}$ für (A.6) auch

$$\underline{u}(t) = \hat{u}e^{j(\omega t + \varphi_u)} = \hat{u}e^{j\omega t}e^{j\varphi_u} = \underbrace{\hat{u}e^{j\varphi_u}}_{\underline{U}} e^{j\omega t} = \underline{U}e^{j\omega t} \quad . \tag{A.7}$$

Die Größe $\underline{U} = \hat{u}e^{j\varphi_u}$ bezeichnet man als *Komplexe Amplitude* bzw. als *Zeiger*. Dabei ist zu beachten, daß φ_u und $\hat{u}$ Funktionen der Kreisfrequenz ω sind und damit auch $\underline{U}$ bzw. $\underline{U}(\omega)$.

Komplexe Amplituden bzw. Zeiger

- besitzen wie Vektoren Betrag und Richtung,
- können wie Vektoren graphisch addiert und subtrahiert werden,
- lassen sich in der Zeichenebene beliebig translatorisch verschieben,
- drehen sich in der komplexen Zahlenebene entgegen dem Uhrzeigersinn, das heißt mathematisch positiv,
- können einander vor- oder nacheilen, das heißt, unterschiedliche Richtung bzw. Phasenlage gegeneinander besitzen,
- unterscheiden sich von Vektoren dadurch, daß durch sie dividiert werden darf,

– werden in der Regel als sogenannte *Effektivwertzeiger* benutzt, das heißt, ihre Beträge sind dann durch $\sqrt{2}$ geteilt. Da praktisch keine Verwechslungsmöglichkeit besteht spricht man auch dann noch vereinfacht von *Zeigern* (jedoch nicht mehr von *komplexen Amplituden*).

Bild A.1 zeigt beispielsweise zwei Zeiger $\underline{U}$ und $\underline{I}$ mit der Phasenverschiebung φ.

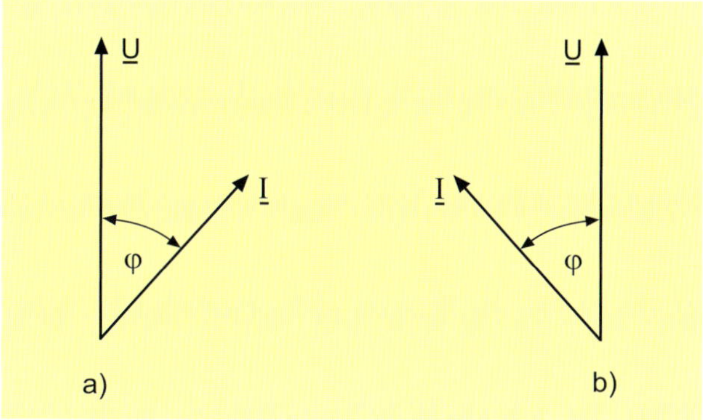

Bild A.1. Zur Veranschaulichung des Zeigerkonzepts. a) vorauseilender Spannungszeiger, b) vorauseilender Stromzeiger.

Vereinbarungsgemäß eilt ein Zeiger $\underline{U}$ einem Zeiger $\underline{I}$ voraus, wenn $\underline{I}$ gegen den Uhrzeigersinn gedreht werden muß um die gleiche Richtung wie $\underline{U}$ einzunehmen, Bild A.1a. Gleichwertig ist die Aussage, daß der Zeiger $\underline{I}$ dem Zeiger $\underline{U}$ *nacheilt*. Sinngemäß eilt in Bild A.1b der Zeiger $\underline{I}$ der Spannung $\underline{U}$ *voraus* bzw. eilt der Zeiger $\underline{U}$ dem Zeiger $\underline{I}$ *nach*.

Der Winkel φ zwischen den Zeigern ist ein Maß für die *Phasenverschiebung*, das heißt für die Zeit um die die Scheitelwerte bzw. Nulldurchgänge zweier harmonischer Funktionen einander vor- oder nacheilen.

Zeiger müssen nicht zwingend von einem gemeinsamen Ursprung ausgehen, wie im Anhang B bei der „*Dreieckschaltung*“ in Drehstromsystemen noch näher erläutert wird.

A.1.1 Komplexe Darstellung von Zweipolen

Bei der Beschreibung sinusförmiger Vorgänge im *Zeitbereich* treten Widerstände, Induktivitäten oder Kapazitäten als individuelle, konstante Koeffizienten in Differentialgleichungen zwischen Spannungen und Strömen in Erscheinung.

In den algebraischen Gleichungen des *Frequenzbereichs* kommen Widerstände, Induktivitäten und Kapazitäten häufig als Kombinationen vor und werden dann als *komplexe Impedanzen* bezeichnet, Bild A.2.

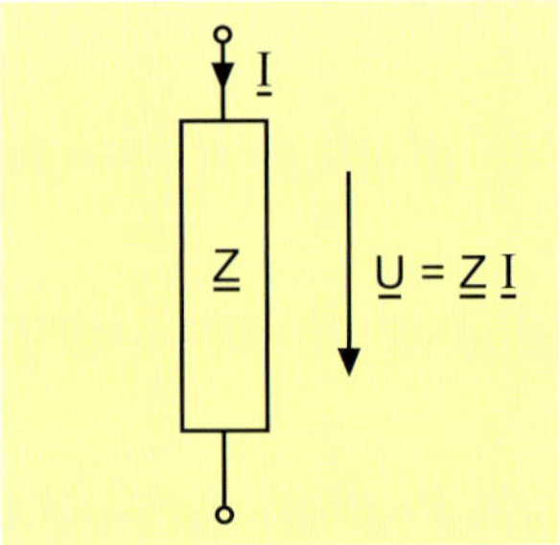

Bild A.2. Allgemeiner Zweipol, bestehend aus einer beliebigen Kombination von Widerständen, Induktivitäten und Kapazitäten.

Die Impedanz eines passiven Zweipols kann im allgemeinen Fall eine beliebige Zusammenschaltung verschiedener Elemente sein, die sich in Summe als reeller Widerstand R und imaginäre Reaktanz X einer komplexen Impedanz $\underline{Z}$ darstellen lassen.

$$\underline{Z} = R + jX = Z(\cos\varphi_Z + j\sin\varphi_Z) = Z \cdot \mathrm{e}^{j\varphi_Z} = Z \cdot \angle\varphi_Z \qquad \text{(A.8)}$$

Eine Impedanz ist demnach durch ihren *Betrag* Z und ihren *Phasenwinkel* φ_Z gekennzeichnet,

$$|\underline{Z}| = Z = \sqrt{R^2 + X^2} \qquad \varphi_Z = \arctan X/R \qquad \text{(A.9)}$$

mit

$$R = Z \cdot \cos\varphi_Z \quad \text{Wirkwiderstand} \qquad \text{(A.10)}$$

$$X = Z \cdot \sin\varphi_Z \quad \text{Blindwiderstand} \quad . \qquad \text{(A.11)}$$

A.1.2 Zählpfeilsysteme

Für die Berechnung elektrischer Netzwerke können Zweipole willkürlich mit Zählpfeilen für Strom und Spannung versehen werden. Ergibt sich aus der Rechnung eine Netzgröße (U, I) positiv, so stimmt die Richtung der Netzgröße mit dem willkürlich gewählten Zählpfeil überein.

Das Ergebnis einer Netzwerkberechnung mit willkürlich gewählten Zählpfeilen gibt den richtigen Bezug der einzelnen Strom- und Spannungsrichtungen untereinander wieder. Es beinhaltet jedoch keine Aussage darüber, ob ein positiv erhaltener Strom auch positiv im physikalischen Sinne ist. Diese Aussage läßt sich erst dann treffen, wenn mindestens eine Spannungs- oder Stromrichtung von Anfang an oder auch nachträglich nicht willkürlich, sondern im physikalisch richtigen Sinne festgelegt wird.

In der Praxis unterscheidet man zwischen *Erzeugern* und *Verbrauchern*. Erzeuger (Quellenspannung E) werden bezüglich Spannung und Strom *gegensinnig*, Verbraucher *gleichsinnig* bepfeilt, Bild A.3.

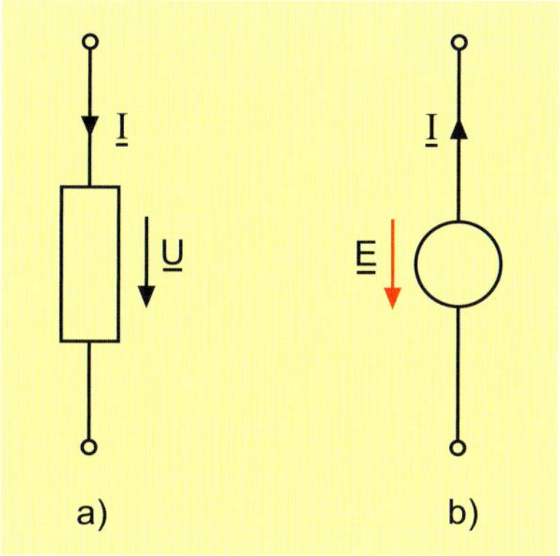

Bild A.3. a) Verbraucher-Zählpfeilsystem, b) Erzeuger-Zählpfeilsystem.

Bei Quellen wird vereinbarungsgemäß *abgegebene* elektrische Wirkleistung positiv, bei Verbrauchern *aufgenommene* elektrische Wirkleistung positiv gezählt.

Grundsätzlich werden Erzeuger nach dem Erzeuger-Zählpfeilsystem bepfeilt und Verbraucher nach dem Verbraucher-Zählpfeilsystem.

In Stromkreisen mit Erzeugern und Verbrauchern legen die physikalischen Gegebenheiten nahe, beide Bepfeilungsarten gleichzeitig anzuwenden, sog. *Erzeuger/Verbraucher-Zählpfeilsystem*, Bild A.4.

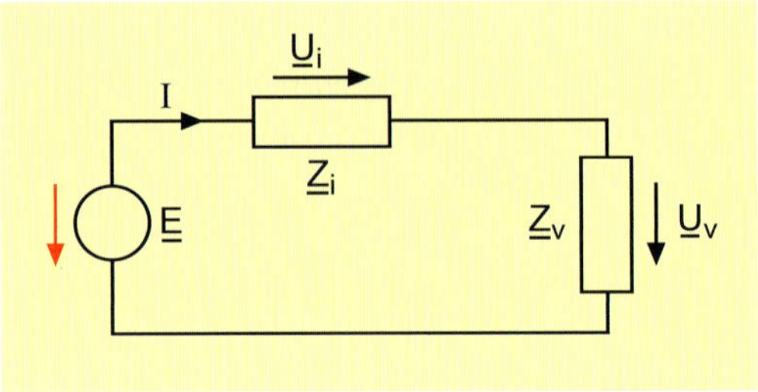

Bild A.4. Erzeuger/Verbraucher-Zählpfeilsystem für eine Spannungsquelle mit Innenwiderstand $\underline{Z}_i$ und eine Verbraucherimpedanz $\underline{Z}_v$.

Bei diesem System gilt auch der Innenwiderstand des Erzeugers als Verbraucher.

A.1.3 Zeigerdiagramme

Ein *Zeigerdiagramm* ist eine graphische Darstellung der komplexen Spannungen und Ströme (Zeiger) einer Schaltung aus R-, L-, C-Elementen für den eingeschwungenen Zustand, d. h. für zeitlich sich sinusförmig ändernde Größen einer festen Frequenz, sogenannte *harmonische* Größen. Insbesondere sind *Spannungs-Zeigerdiagramme* graphische Darstellungen von *Maschengleichungen*, *Strom-Zeigerdiagramme* von *Knotengleichungen*. Die graphische Darstellung erfolgt in einer um 90° gegen den Uhrzeigersinn gedrehten komplexen Zahlenebene, Bild A.5.

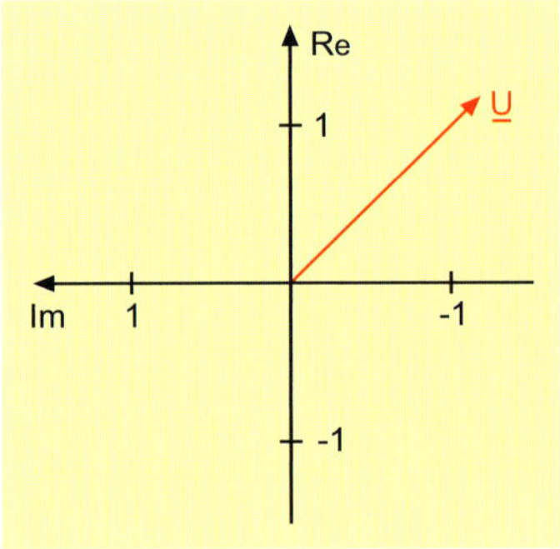

Bild A.5. Festlegung der Achsen zur Erstellung eines Zeigerdiagramms, $\underline{U}$ Beispiel für Spannungszeiger an einer ohmsch/induktiv gemischten Impedanz.

Legt man einen Maßstabsfaktor für Ströme und Spannungen fest, z. B. 1 A $\hat{=}$ 1 Einheit und 100 V $\hat{=}$ 1 Einheit, so sind aus dem Zeigerdiagramm die Phasenwinkel zwischen den einzelnen Spannungen und Strömen sowie ihre Beträge direkt ablesbar (graphische Lösung).

Beim Zeichnen eines Spannungs-Zeigerdiagramms beginnt man in der Regel mit der bekannten Spannung $\underline{U}$ am Verbraucher und legt diese in die positive reelle Achse. Mit Hilfe des ebenfalls bekannten Verbraucherstroms I, der je nach der Natur des Verbrauchers *induktiv* oder *kapazitiv* oder *ohmsch/induktiv* bzw. *ohmsch/kapazitiv* sein kann, läßt sich dann das Zeigerdiagramm vervollständigen. Induktive Ströme werden in Richtung der negativen imaginären Achse, kapazitive Ströme in Richtung der positiven imaginären Achse gezeichnet. Wirkströme besitzen die gleiche Richtung wie die Spannung (reelle Achse). Bei mehreren Impedanzen werden mit dem bekannten Strom zunächst die an den einzelnen Impedanzen hervorgerufenen Spannungsabfälle berechnet und diese zur bekannten Spannung geometrisch addiert.

Zunächst wird für die passiven Zweipole R, L, C die Darstellung von Strömen und Spannungen in Zeigerdiagrammen erläutert, Bild A.6.

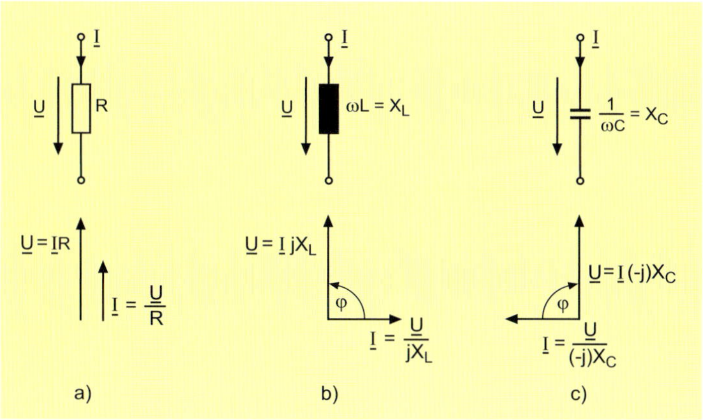

Bild A.6. Zeigerdiagramme passiver Zweipole. a) Widerstand, b) induktiver Blindwiderstand, c) kapazitiver Blindwiderstand (jeweils im Verbraucher-Zählpfeilsystem).

Bei einer Reihenschaltung mehrerer Bauelemente ist der *Strom* durch alle Bauelemente gleich, Bild A.7.

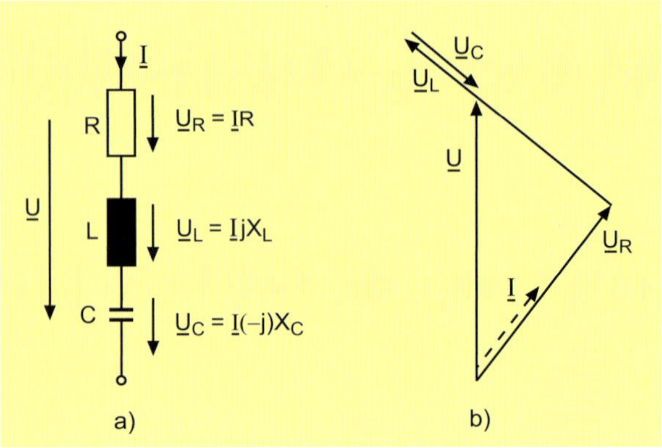

Bild A.7. Zeigerdiagramm einer RLC-Serienschaltung.

Bei einer Parallelschaltung von Bauelementen herrscht an allen Bauelementen die gleiche *Spannung*, Bild A.8.

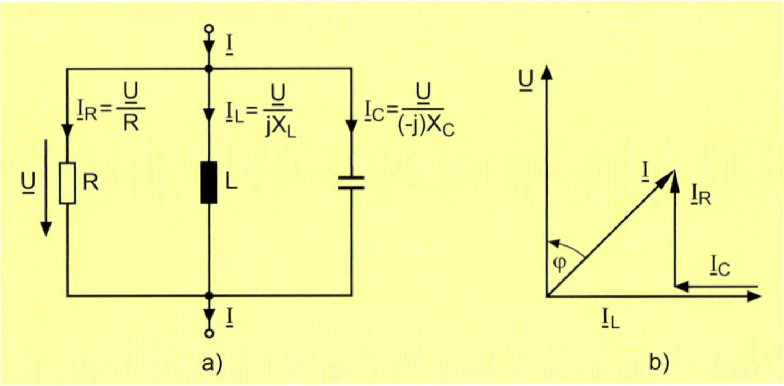

Bild A.8. Zeigerdiagramm einer RLC-Parallelschaltung (Verbraucher-Zählpfeilsystem).

Statt das Vorzeichen des Phasenwinkels φ anzugeben, ist es in der Energietechnik oft üblich, den Leistungsfaktor $\cos\varphi$ verbal mit dem Zusatz *induktiv*, $\cos\varphi_i$ (positives Vorzeichen für φ), bzw. *kapazitiv*, $\cos\varphi_k$ (negatives Vorzeichen für φ) zu versehen. Die Angabe des Leistungsfaktors allein genügt nicht zur Festlegung des Vorzeichens des Phasenwinkels, da die Kosinusfunktion gerade ist.

Abschließend wird eine maßstäbliche Darstellung für das in Bild A.9 dargestellte einfache Netzwerk unter Verwendung des Erzeuger/Verbraucher-Zählpfeilsystems gezeichnet.

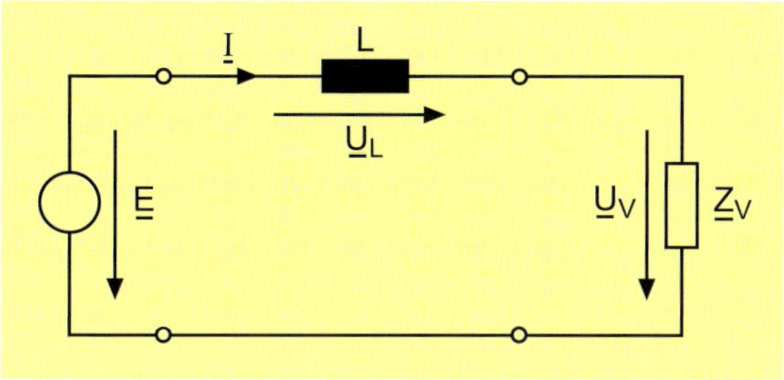

Bild A.9. Einfaches Beispielnetzwerk im Erzeuger/Verbraucher-Zählpfeilsystem.

Folgende Größen sind bekannt:

$$U_V = 660\,V; \;\; Z_V = 220\,\Omega; \qquad \cos\varphi_V = 0,9 \qquad \text{(A.12)}$$

$$f = 50\,Hz; \quad L = 0,225\,\Omega/s \qquad \text{(A.13)}$$

Maßstab: 100 V $\widehat{=}$ 1 Einheit; 1 A $\widehat{=}$ 1 Einheit.

Damit ergibt sich

$$X_L = \omega L = 2\pi f\,L = 314\,s^{-1}\cdot 0,225\,\Omega s = 70,7\,\Omega \qquad \text{(A.14)}$$

$$I = U_V/Z_V = 660\,V/220\,\Omega = 3\,A\,\widehat{=}\,3\,\text{Einheiten} \qquad \text{(A.15)}$$

$$\varphi_V = \arccos 0,9 = 25,8^\circ \quad . \qquad \text{(A.16)}$$

Die Länge des Zeigers $\underline{U}_V$ entspricht 6,6 Einheiten. Der Winkel zwischen $\underline{U}_V$ und $\underline{I}$ beträgt $\varphi_V = +25,8^\circ$.

Der Spannungsabfall an X_L berechnet sich zu

$$U_L = IX_L = 3\,A\cdot 70,7\,\Omega = 212,1\,V\,\widehat{=}\,2,1\,\text{Einheiten} \qquad \text{(A.17)}$$

Der Zeiger $\underline{U}_L$ schließt mit dem Zeiger $\underline{I}$ den Winkel $+90^\circ$ ein und wird an die Spitze des Zeigers $\underline{U}_V$ angetragen. Daraus ergibt sich der Zeiger $\underline{E}$ mit einer Länge von 7,75 Einheiten, d. h. $\underline{E}$ = 775 V. Der Winkel zwischen $\underline{I}$ und $\underline{E}$ beträgt $\varphi_E = +40,0^\circ$, d. h. $\cos\varphi_E = 0,766$, Bild A.10.

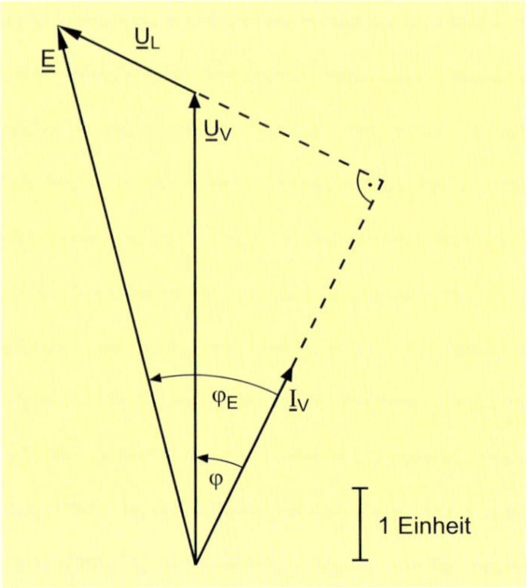

Bild A.10. Zeigerdiagramm des Beispielnetzwerks.

A.1.4 Wechselstromleistung

In Wechselstromkreisen kann die Leistung sowohl unter Verwendung der Zeitbereichsfunktionen u(t) und i(t) als auch der komplexen Frequenzbereichsgrößen $\underline{U}$ und $\underline{I}$ berechnet werden. Im *Zeitbereich* ergibt sich die *zeitabhängige momentane Leistung* $p(t)$ als Produkt der Zeitfunktionen von Spannung $u(t)$ und Strom $i(t)$ zu

$$p(t) = u(t)i(t) \quad . \tag{A.18}$$

Es läge daher nahe, im *Frequenzbereich*, das heißt im stationären Betrieb mit harmonischen Spannungen und Strömen, mit der komplexen Spannung $\underline{U} = Ue^{j\varphi_u}$ und dem komplexen Strom $\underline{I} = Ie^{j\varphi_i}$ das komplexe Produkt

$$\underline{U}\,\underline{I} = Ue^{j\varphi_u}Ie^{j\varphi_i} = UIe^{j(\varphi_u+\varphi_i)} \tag{A.19}$$

zu bilden, um die *komplexe Leistung* $\underline{S}$ zu berechnen. Dies führte jedoch zu einem falschen Ergebnis! Man erhält die komplexe Leistung vielmehr mit Hilfe des *konjugiert komplexen* Stroms $\underline{I}^* = Ie^{-j\varphi_i}$ aus

$$\underline{S} = \underline{U}\,\underline{I}^* = Ue^{j\varphi_u}Ie^{-j\varphi_i} = UIe^{j(\varphi_u-\varphi_i)} = UIe^{j\varphi} = Se^{j\varphi} \quad . \tag{A.20}$$

Der Phasenwinkel $\varphi = \varphi_u - \varphi_i$ ist die Winkel*differenz* zwischen $\underline{U}$ und $\underline{I}$, nicht die *Summe* der einzelnen Phasenwinkel φ_u und φ_i.

Alternativ ergibt sich aus dem Produkt $\underline{U}^*\underline{I}$ die *konjugiert komplexe Leistung* $\underline{S}^*$:

$$\underline{S}^* = \underline{U}^*\,\underline{I} = Ue^{-j\varphi_u}Ie^{j\varphi_i} = UIe^{-j(\varphi_u-\varphi_i)} = UIe^{-j\varphi} = Se^{-j\varphi} \quad . \tag{A.21}$$

Der *Betrag* der komplexen Leistung $|\underline{S}| = S$ wird *Scheinleistung* genannt.

Die komplexe Leistung setzt sich aus der *Wirkleistung* P und der *Blindleistung* Q zusammen.

Aus Gleichung (A.20) erhält man nach Anwendung der *Eulerschen Formel*

$$\underline{S} = S\cos\varphi + jS\sin\varphi = UI\cos\varphi + jUI\sin\varphi = P + jQ \quad . \tag{A.22}$$

Die Wirkleistung P und die Blindleistung Q berechnen sich zu

$$P = U_{eff}I_{eff}\cos\varphi \qquad \text{bzw.} \qquad P = I_{eff}^2 R = \frac{U_{eff}^2}{R} \tag{A.23}$$

und

$$Q = U_{eff}I_{eff}\sin\varphi \qquad \text{bzw.} \qquad Q = I_{eff}^2 X = \frac{U_{eff}^2}{X} \quad . \tag{A.24}$$

Der Kosinus des Phasenwinkels φ in (A.23) wird als *Leistungsfaktor* bzeichnet.

Bei bekannter Wirkleistung P und Blindleistung Q berechnet sich der Betrag der komplexen Leistung, das heißt die *Scheinleistung*, zu

$$|\underline{S}| = S = U_{eff}I_{eff} = \sqrt{P^2+Q^2} \qquad \text{bzw.} \qquad |\underline{S}| = S = I_{eff}^2 Z = \frac{U_{eff}^2}{Z} \quad . \tag{A.25}$$

Alternativ lassen sich unter Verwendung von (A.25) die Wirk- und Blindleistung auch aus bekannter Scheinleistung und Blind- bzw. Wirkleistung berechnen,

$$P = \sqrt{S^2 - Q^2} \qquad \text{bzw.} \qquad Q = \sqrt{S^2 - P^2} \quad . \tag{A.26}$$

Zur Unterscheidung der verschiedenen Leistungsbegriffe werden üblicherweise folgende Einheiten gewählt:

- *Scheinleistung* S: $[S] =$ VA
- *Wirkleistung* P: $[P] =$ Watt
- *Blindleistung* Q: $[Q] =$ Var oder var

B. Rechnen in Drehstromsystemen

B.1 Begriffe und Größen in Drehstromsystemen

B.1.1 Spannungen und Ströme in Drehstromnetzen

Übertragung und Verteilung elektrischer Energie erfolgen überwiegend über symmetrische, dreiphasige Wechselstromnetze, sogenannte *Drehstromsysteme*. Sie werden als *Drei-* oder *Vierleiternetze* ausgeführt. Dreileiternetze bestehen aus drei Außenleitern L_1, L_2, L_3. (Zulässig sind auch 1, 2, 3 oder R, S, T oder *a, b, c*). Da in der rechnergestützten Netzberechnung die Ziffern 1 und 2 bereits durch die Indizierung der Primär- und Sekundärseite von Transformatoren sowie die Benennung der Netzknoten belegt sind, wird in dieser Darstellung der klassischen Phasenkennzeichnung R, S, T der Vorzug gegeben. Vierleiternetze besitzen zusätzlich einen mitgeführten *Neutralleiter* N, sogenannter *Mittelpunktleiter* bzw. *Sternpunktleiter*, Bild B.1.

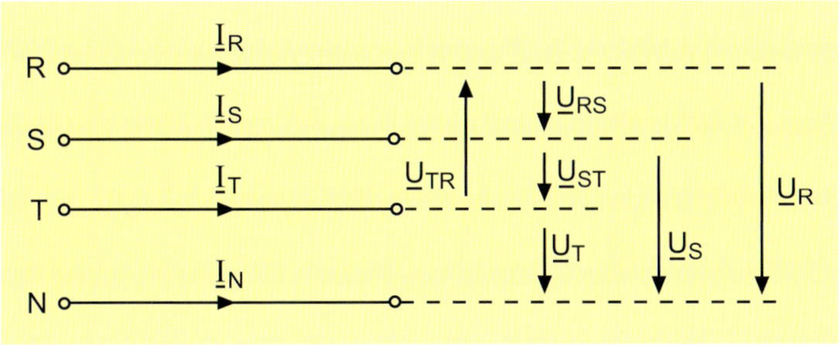

Bild B.1. Spannungen und Ströme eines Drehstromnetzes in komplexer Darstellung.

Die Spannungen zwischen den Außenleitern, $\underline{U}_{RS}$, $\underline{U}_{ST}$, $\underline{U}_{TR}$, nennt man *Außenleiterspannungen* bzw. *verkettete Spannungen*, am treffendsten schlicht *Leiterspannungen* (engl.: *line voltage*). Die Spannungen zwischen jeweils einem Außenleiter und dem *Neutralleiter N* werden *Phasenspannungen* (engl.: *phase voltage*) genannt. Die Leiterspannungen sind durch die Nennspannung U_n eines Netzes, bis auf die unvermeidlichen Spannungsabfälle zwischen den Netzknoten, fest vorgegeben. Für ihre *Beträge* im symmetrischen Betrieb gilt:

$$U_{RS} = U_{ST} = U_{TR} = U_{3\phi} \quad . \tag{B.1}$$

Im *Vierleiternetz* tragen die Außenleiterspannungen die gleichen Bezeichnungen wie in *Dreileiternetzen.* Die zwischen den Außenleitern und dem Neutralleitern auftretenden Phasenspannungen tragen die Bezeichnung $\underline{U}_R$, $\underline{U}_S$, $\underline{U}_T$. Für ihre *Beträge* im symmetrischen Betrieb gilt:

$$U_R = U_S = U_T = U_{1\phi} \quad . \tag{B.2}$$

Zwischen den Leiterspannungen und den Phasenspannungen besteht der Zusammenhang:

$$\begin{aligned} \mathit{Leiterspannung} &= \mathit{Phasenspannung} \cdot \sqrt{3} \\ U_{3\phi} &= \sqrt{3} \cdot U_{1\phi} \end{aligned} \tag{B.3}$$

Während die Nennspannung eines Netzes immer einen festen Wert besitzt, hängen die Ströme im Netz von der Höhe der Belastung in den Netzknoten ab. Beispielsweise gibt es 110 kV-Netze, nicht aber ein 1000 A-Netz.

Elektrische Netze und Betriebsmittel werden durch ihre Nennspannung U_n sowie durch die höchste Spannung für Betriebsmittel U_m gekennzeichnet. Letztere wurde eingeführt, weil beispielsweise in Hochspannungsnetzen in manchen Knoten permanent Spannungen vom 1,15fachen der Nennspannung auftreten können. Betriebsmittel von Hochspannungsnetzen sind daher in der Regel für U_m bemessen. Die Nennspannung U_n bzw. die höchste Spannung für Betriebsmittel U_m ist in Drehstromsystemen immer die verkettete bzw. Außenleiterspannung $U_{3\phi}$.

Neben dem Begriff *Nennspannung* U_n wird heute häufig auch die Bezeichnung *Bemessungsspannung* U_r verwendet (wörtliche Übersetzung des englischen Begriffs *rated voltage*). In diesem Buch werden beide Begriffe synonym verwandt.

Die Ströme in den Leitungen des Netzes, sogenannte *Außenleiterströme* oder schlicht *Leitungsströme*, werden unabhängig von der internen Verschaltung (Stern/Dreieck) der angeschlossenen Erzeuger oder Verbraucher, grundsätzlich mit $\underline{I}_R$, $\underline{I}_S$, $\underline{I}_T$ bezeichnet. Im symmetrischen Betrieb gilt für den Betrag des Netzstroms I_{Netz} (vgl. Bild B.1):

$$I_R = I_S = I_T = I_{\text{Netz}} \quad \text{und} \quad I_N = 0 \quad . \tag{B.4}$$

B.1.2 Spannungen und Ströme von Drehstromerzeugern und -verbrauchern

Drehstromerzeuger und -verbraucher bestehen in der Regel aus drei Impedanzen, sogenannte *Stränge*, die sich auf *zwei* Arten miteinander verbinden und an die Leiter eines Drehstromnetzes anschließen lassen.

In der *Sternschaltung* sind die drei Erzeuger- oder Verbraucherimpedanzen Z an einem ihrer Enden in einem Sternpunkt N zusammengeschlossen. Das jeweils andere Ende ist an den Klemmen U, V, W des Betriebsmittels zugänglich und wird im Fall eines Verbrauchers oder Erzeugers mit den *ankommenden* bzw. *abgehenden* Leitern des Drehstromnetzes verschaltet, Bild B.2a.

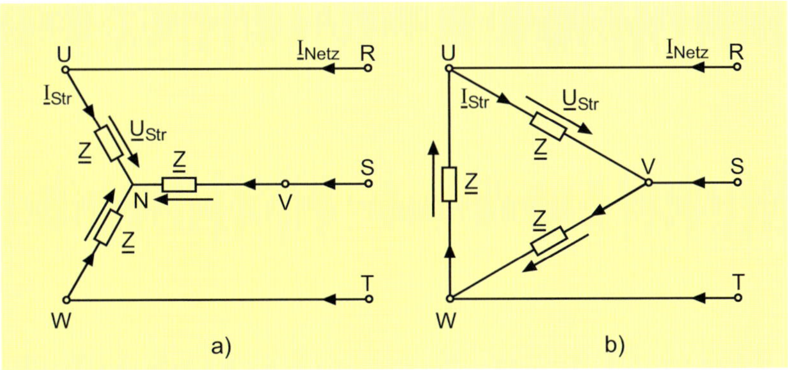

Bild B.2. Symmetrischer Verbraucher am Drehstromnetz. a) Sternschaltung, b) Dreieckschaltung.

In der *Dreieckschaltung* werden die *gleichen* Impedanzen Z zu einem geschlossenen Ring zusammengeschaltet. Die Anschlüsse U, V, W sind wiederum mit den Leitern R, S, T des Drehstromnetzes verbunden, Bild B.2b. Die Spannung über einer Strangimpedanz Z wird *Strangspannung* U_{Str} genannt, der Strom durch einen Strang entsprechend *Strangstrom* I_{Str}.

Bei der *Sternschaltung* ist der Strangstrom offensichtlich mit dem Strom des Netzleiters identisch. Die Spannung über jedem einzelnen Strang ist die *Sternspannung*. Sie ist identisch mit der Phasenspannung und unterscheidet sich um den Faktor $\sqrt{3}$ von der verketteten Spannung des Netzes. Für die Sternschaltung gilt daher:

$$I_{\mathrm{Str}\curlywedge} = I_{\mathrm{Netz}} \qquad \text{und} \qquad U_{\mathrm{Str}\curlywedge} = U_{1\phi} = \frac{U_{3\phi}}{\sqrt{3}} \quad . \tag{B.5}$$

Sternschaltungen sind *isolationstechnisch* gesehen spannungsfreundlich (s. a. 7.5.2).

Bei der *Dreieckschaltung* liegt an jedem Strang die Außenleiter- bzw. verkettete Spannung. Der Strangstrom ist gegenüber dem Netzstrom um den Faktor $\sqrt{3}$ kleiner. Für die Dreieckschaltung gilt dann:

$$U_{\mathrm{Str}\triangle} = U_{3\phi} \qquad \text{und} \qquad I_{\mathrm{Str}\triangle} = \frac{I_{\mathrm{Netz}}}{\sqrt{3}} \quad . \tag{B.6}$$

Dreieckschaltungen sind *erwärmungsmäßig* gesehen stromfreundlich (s. a. 7.5.2).

Die zu beiden Schaltungen für ein- und dieselbe *Netzspannung* (verbraucherorientierte Sicht) gehörenden Zeigerdiagramme zeigt Bild B.3.

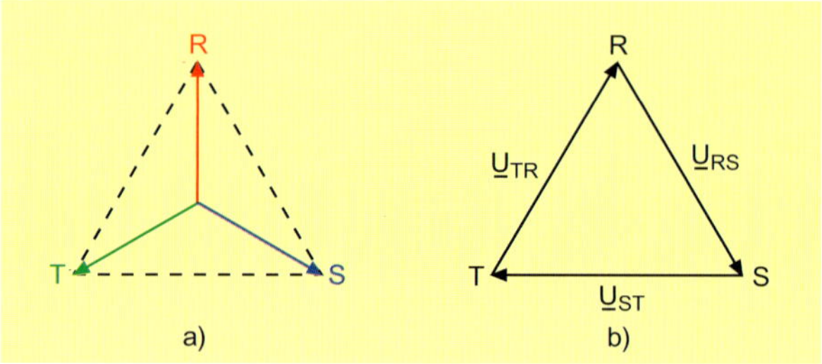

Bild B.3. Zeigerdiagramme eines wahlweise in Stern oder Dreieck geschalteten Verbrauchers an einem Netz mit der Netzspannung $\underline{U}_N = \underline{U}_{RS}$; a) Sternschaltung, b) Dreieckschaltung. Das Zeigerdiagramm der Dreieckschaltung ist die *Einhüllende* des Zeigerdiagramms der Sternschaltung.

Geht man andererseits von der Sicht eines *Erzeugers* mit eingeprägten *Strangspannungen* $\underline{U}_{Str}$ aus, beispielsweise den induzierten Quellenspannungen in den Ständerwicklungen eines Synchrongenerators oder der Sekundärwicklung eines Drehstromtransformators, ergeben sich für Stern- und Dreieckspannung die in Bild B.4 gezeigten Zeigerdiagramme.

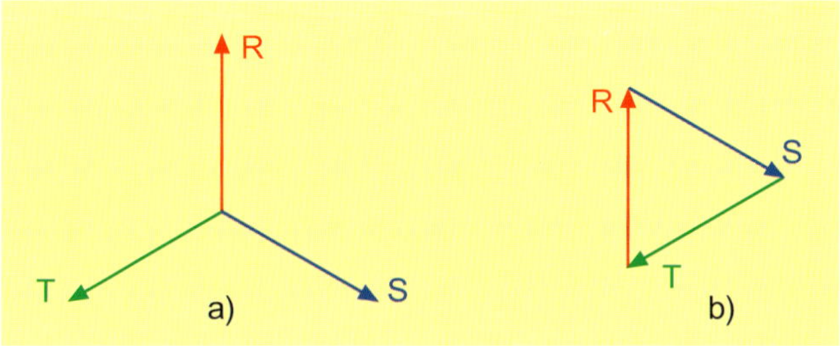

Bild B.4. Zeigerdiagramme dreier Wicklungen gleicher Strangspannung (Betrag), beispielsweise eines Synchrongenerators oder Transformators, wahlweise in Stern oder Dreieck geschaltet; a) Sternschaltung, b) Dreieckschaltung.

Das Zeigerdiagramm der Dreieckschaltung ist jetzt kleiner als die Einhüllende des Zeigerdiagramms der Sternschaltung. Die an den äußeren Klemmen zugänglichen Spannungen unterscheiden sich um den Faktor $\sqrt{3}$. Während sich im Bild B.3a Sternspannungen und Außenleiterspannungen im Phasenwinkel unterscheiden (weswegen in B.3b auch die Farben der Sternschaltung B.3a nicht mehr vorkommen) besitzen in Bild B.4a die Sternspannungen und die Außenleiterspannungen bei Dreieckschaltung, Bild B.4b, den gleichen Betrag und die gleiche Phasenlage. Sie können deshalb auch mit den gleichen Farben repräsentiert werden. Die Tatsache, daß der rote Zeiger in Bild B.4b kleiner wirkt als in Bild B.4a, beruht auf einer optischen Täuschung. Bei der Mehrzahl praktischer Fragestellungen geht man von einer konstanten *Netzspannung* aus (verbraucherorientierte Sicht), für die die Zeigerdiagramme gemäß Bild B.3 gelten (s. a. 7.5.2).

B.2 Drehstromleistung elektrischer Betriebsmittel

Bei elektrischen Drehstrombetriebsmitteln unterscheidet man zwischen *Erzeugern*, *Verbrauchern* und *Übertragungsgliedern*. Erzeuger und Verbraucher sind *dreiphasige Eintore*, die über Übertragungsglieder wie

Kabel, *Leitungen* und *Transformatoren* (*dreiphasige Zweitore*) miteinander verbunden sind.

Dabei geben die Generatoren eine bestimmte Drehstromleistung an die Übertragungsglieder ab, die Verbraucher nehmen eine bestimmte Drehstromleistung am Ausgang der Übertragungsglieder auf. Transformatoren, Leitungen und Kabel *übertragen* diese Leistung bzw. *leiten sie durch*. Man spricht daher treffend vom *Leistungsfluß* oder der *Übertragungsleistung*, Bild B.5.

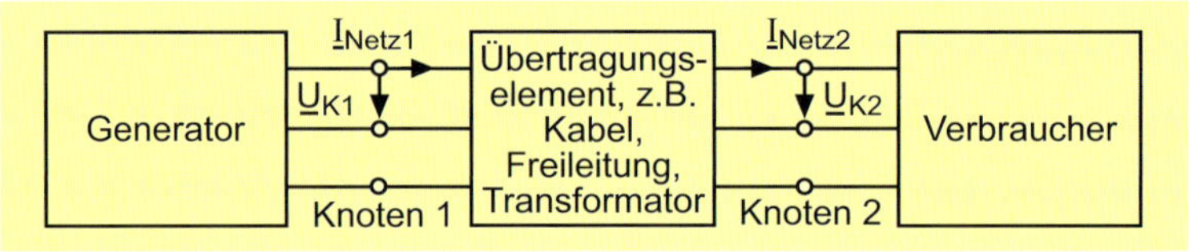

Bild B.5. Erzeuger, Verbraucher und Übertragungselemente eines einfachen Drehstromnetzes mit Netzknoten 1 und 2. $\underline{U}_{K1}$ und $\underline{U}_{K2}$ Leiter- bzw. verkettete Spannungen.

Unbeschadet des jeweils betrachteten Klemmentripels bzw. der betrachteten *Schnittstelle* berechnet sich die erzeugte, übertragene oder aufgenommene Drehstromscheinleistung S aus der lokalen Klemmenspannung U_K und dem lokalen Netzstrom I_{Netz} zu

$$S = \sqrt{3} \cdot U_K \cdot I_{\text{Netz}} \quad . \tag{B.7}$$

Für die Drehstromwirkleistung P und die Drehstromblindleistung Q ergibt sich daraus

$$P = \sqrt{3} \cdot U_K \cdot I_{\text{Netz}} \cdot \cos\varphi = S \cdot \cos\varphi \quad \text{bzw.} \quad P = \sqrt{S^2 - Q^2} \quad . \tag{B.8}$$

und

$$Q = \sqrt{3} \cdot U_K \cdot I_{\text{Netz}} \cdot \sin\varphi = S \cdot \sin\varphi \quad \text{bzw.} \quad Q = \sqrt{S^2 - P^2} \quad . \tag{B.9}$$

Alternativ läßt sich die Drehstromscheinleistung auch aus der dreifachen Summe der *Strangleistungen* eines Erzeugers und Verbrauchers ermitteln:

$$S = 3 \cdot U_{\text{Str}} \cdot I_{\text{Str}} \quad . \tag{B.10}$$

Hierbei ist zu beachten, daß bei Drehstromerzeugern und Drehstromverbrauchern die internen drei Stränge entweder in *Stern* oder in *Dreieck* geschaltet sein können.

B.2.1 Drehstromverbraucher am Drehstromnetz

In einem vorgegebenen Netz bestimmter Nennspannung ist die aufgenommene Drehstromleistung eines Verbrauchers von der Verschaltung der Stränge abhängig. Bei gleicher Netznennspannung ist die Leistung eines in Dreieck geschalteten Verbrauchers um den Faktor 3 größer als in der Sternschaltung:

$$S_{\triangle} = 3 \cdot S_{\curlywedge} \quad . \tag{B.11}$$

Die unterschiedliche Leistungsaufnahme in Stern bzw. Dreieck geschalteter Verbraucher wird im folgenden eingehend erläutert. Hierzu betrachtet man zunächst einen symmetrischen Verbraucher in Stern- und in Dreieckschaltung an einem Drehstromnetz fester Spannung, z. B. einem 380V-Netz, Bild B.6.

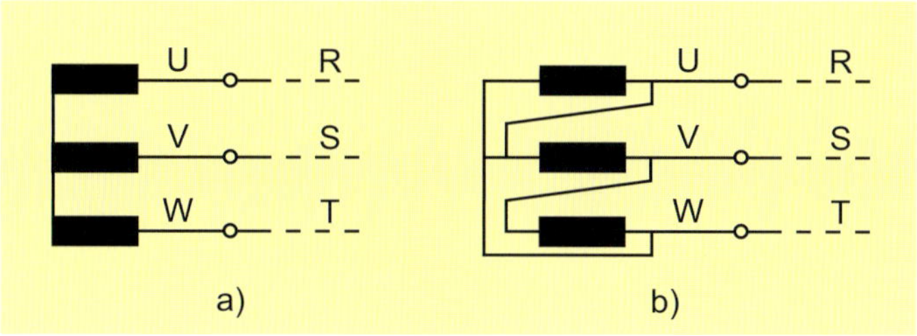

Bild B.6. Verschaltung der Stränge von Erzeugern und Verbrauchern in Drehstromsystemen. a) Sternschaltung, b) Dreieckschaltung.

Ein in *Stern* geschalteter Verbraucher nimmt bei gegebener Netzspannung entsprechend Gleichung B.10 folgende Scheinleistung auf (vgl. a. Bild B.2a):

$$S_{\curlywedge} = 3 \cdot U_{\mathrm{Str}\curlywedge} \cdot I_{\mathrm{Str}\curlywedge} = 3 \cdot \frac{U_n}{\sqrt{3}} \cdot I_{\mathrm{Str}_{\curlywedge}} = 3 \cdot \frac{U_n}{\sqrt{3}} \cdot \frac{U_n}{\sqrt{3}} \frac{1}{Z} = \frac{U_n^2}{Z} \quad . \tag{B.12}$$

Wirk- und Blindleistung der komplexen Scheinleistung berechnen sich zu

$$P_{\curlywedge} = \frac{U_n^2}{Z} \cdot \cos\varphi \quad \text{bzw.} \quad Q_{\curlywedge} = \frac{U_n^2}{Z} \cdot \sin\varphi \quad . \tag{B.13}$$

Für einen in *Dreieck* geschalteten Verbraucher, vgl. Bild B.2b, erhält man

$$S_\triangle = 3 \cdot U_{\text{Str}_\triangle} \cdot I_{\text{Str}_\triangle} = 3 \cdot U_n \cdot I_{\text{Str}_\triangle} = 3 \cdot U_n \cdot \frac{U_n}{Z} = 3 \cdot \frac{U_n^2}{Z} \quad . \tag{B.14}$$

Wirk- und Blindleistung berechnen sich dann zu

$$P_\triangle = 3 \cdot \frac{U_n^2}{Z} \cdot \cos\varphi \quad \text{bzw.} \quad Q_\triangle = 3 \cdot \frac{U_n^2}{Z} \cdot \sin\varphi \quad . \tag{B.15}$$

Aus den Gleichungen B.12 und B.14 geht hervor, daß die aufgenommene Scheinleistung eines in Stern geschalteten Verbrauchers bei vorgegebener Nennspannung dreimal kleiner ist als in Dreieckschaltung (s. a. B.2.2).

Damit ist bei Dreieckschaltung des Verbrauchers die Übertragungsleistung des Netzes ebenfalls 3 mal so groß wie bei Sternschaltung.

Bei fester Nennspannung werden folglich sowohl die Leitungsströme des Netzes als auch die Strangströme des Verbrauchers durch die Schaltung des Verbrauchers beeinflußt.

Für das Verhältnis der Netzströme erhält man zunächst aus Gleichung B.7

$$S_\triangle = \sqrt{3} \cdot U_n \cdot I_{\text{Netz}_\triangle} \quad \text{bzw.} \quad S_\curlywedge = \sqrt{3} \cdot U_n \cdot I_{\text{Netz}_\curlywedge} \quad . \tag{B.16}$$

Mit Gleichung B.11 folgt daraus

$$\frac{S_\triangle}{S_\curlywedge} = \frac{I_{\text{Netz}_\triangle}}{I_{\text{Netz}_\curlywedge}} = 3 \quad \text{bzw.} \quad I_{\text{Netz}_\triangle} = 3 \cdot I_{\text{Netz}_\curlywedge} \quad . \tag{B.17}$$

Der Netzstrom ist bei einem Verbraucher in Dreieckschaltung 3mal höher als bei einem in Stern geschalteten Verbraucher.

Für die Bestimmung des Verhältnisses der Strangströme geht man von Gleichung B.10 aus:

$$S_\triangle = 3 \cdot U_n \cdot I_{\text{Str}_\triangle} \quad \text{bzw.} \quad S_\curlywedge = 3 \cdot \frac{U_n}{\sqrt{3}} \cdot I_{\text{Str}_\curlywedge} = \sqrt{3} \cdot U_n \cdot I_{\text{Str}_\curlywedge} \quad . \tag{B.18}$$

Mit der Beziehung B.11 erhält man

$$\frac{S_\triangle}{S_\curlywedge} = \frac{\sqrt{3} \cdot I_{\text{Str}_\triangle}}{I_{\text{Str}_\curlywedge}} = 3 \quad \text{bzw.} \quad I_{\text{Str}_\triangle} = \sqrt{3} \cdot I_{\text{Str}_\curlywedge} \tag{B.19}$$

Der Strangstrom beider Schaltungen unterscheidet sich um den Faktor $\sqrt{3}$.

B.2.2 Stern-Dreieck-Anlaufschaltung

Auf dem Leistungsschild von Asynchronmotoren sind zwei Nennspannungen angegeben, mit denen sich der Motor mit Nennleistung betreiben läßt, beispielsweise 400 V/230 V. Damit der Motor sowohl bei Sternschaltung als auch bei Dreieckschaltung die *gleiche Nennleistung* abgeben kann, muß er in Sternschaltung an ein 400 V-Netz angeschlossen werden und in Dreieckschaltung an ein 230 V-Netz.

Anwendung findet die unterschiedliche Leistungsaufnahme in der sogenannten *Stern-Dreieck-Anlaufschaltung* zur Reduzierung des Anlaufstroms direkt eingeschalteter Asynchronmotoren. Beim Einschalten in Sternschaltung liegt an den Wicklungssträngen eine um $\sqrt{3}$ kleinere Spannung, die den Einschaltstoßstrom des Magnetisierungsstroms um ein Vielfaches, den Betriebstrom um $\sqrt{3}$ *kleiner* ausfallen läßt (s. Kapitel 7.8). Nach Hochlaufen des Motors wird dann auf Dreieckschaltung umgeschaltet. Damit ein Asynchronmotor an einem 400 V-Netz mit Stern-Dreieck-Anlaufschaltung betrieben werden kann, müssen auf seinem Typenschild sinngemäß die Nennspannungen 700 V/400 V stehen. Am Ende der Anlaufphase in Sternschaltung gibt der Motor dabei nur $\frac{1}{3}$ seiner Nennleistung ab.

C. Rechnen mit bezogenen Größen

Für das Betriebsverhalten maßgebliche Parameter elektrischer Maschinen werden meist in % angegeben, um eine von der Maschinengröße unabhängige Aussage machen zu können. Beispielsweise bedeutet ein Spannungsabfall von 100 V bei einem Niederspannungstransformator sehr viel, bei einem Hochspannungstransformator sehr wenig. Man bezieht daher den Spannungsabfall auf die Nennspannung. Unabhängig von der Transformatorgröße bedeutet dann 5 % einen fast vernachlässigbaren Spannungsabfall, 20 % dagegen eine sicher in Betracht zu ziehende Größe.

Das Rechnen mit prozentualen Größen wird problematisch, wenn diese, wie bei Netzberechnungen, z. B. miteinander multipliziert werden. Aus diesem Grund verwendet man in der rechnergestützten Netzberechnung und insbesondere bei durch Transformatoren gekoppelten Netzen unterschiedlicher Spannungen meist *Relativgrößen* bzw. *pu-Größen* (engl.: *per unit*). Eine Ausnahme bildet das %/MVA-Verfahren, das jedoch ausschließlich in der Kurzschlußstromberechnung Anwendung findet. Anfänglich erscheinen bezogene Größen als zusätzliche Komplikation, wenig später wird man sie nicht mehr missen wollen.

Das Rechnen mit bezogenen Größen bietet folgende Vorteile:

- Alle Spannungen des Systems besitzen im stationären Betrieb näherungsweise dimensionslose Werte vom Betrag $1 \pm 0,15$ - unabhängig von der jeweiligen Spannungsebene. Bezogene Ströme nehmen auf beiden Seiten eines Transformators den gleichen Wert an. Transformatoren können daher mit ihrer Kurzschlußimpedanz als *Zweige* im Ersatzschaltbild dargestellt werden (s. a. 7.2).

- Artgleiche Betriebsmittelparameter liegen innerhalb eines engen Bereichs, so daß abweichende Größen sofort als falsch erkannt werden können.
- Es muß nicht zwischen Außenleiterspannungen und Sternspannungen sowie drei- und einphasiger Leistung unterschieden werden. Das heißt, die Faktoren $\sqrt{3}$ und 3 tauchen seltener auf.
- Auf die Bemessungsdaten eines Betriebsmittels bezogene Impedanzen oder bezogene innere Spannungsabfälle erlauben eine von der Maschinengröße unabhängige Aussage über deren Innenwiderstand. Dies ermöglicht bei nicht bekannten Maschinendaten die Durchführung überschlägiger Rechnungen mit Hilfe tabellierter Kenngrößen.

Zur Umrechnung physikalischer Größen in Relativgrößen bezieht man die betrachtete Größe auf ihre zugehörige *reelle Referenzgröße*,

$$\text{Bezogene Größe} = \frac{\text{Wahre Größe (z. B. } \underline{U}, \underline{S}, \underline{I}, \underline{Z})}{\text{Referenzgröße (z. B. } U_{\text{Ref}}, S_{\text{Ref}}, I_{\text{Ref}}, Z_{\text{Ref}})} \tag{C.1}$$

Die Referenzgröße, beispielsweise 380 kV, besitzt die gleiche Dimension wie die wahre Größe und ist reell. Auf die Referenzgröße bezogene *komplexe* Größen sind *dimensionslos* und besitzen den *gleichen Phasenwinkel* wie die wahre Größe.

Eine bezogene Größe - beispielsweise eine Spannung vom Wert 1,0 - kann in verschiedenen gleichwertigen Schreibweisen dargestellt werden:

$$\begin{aligned} U &= 1,0\,pu \\ U_{pu} &= 1,0 \\ u &= 1,0 \end{aligned} \tag{C.2}$$

Die Kennzeichnung *pu* kann wahlweise als *Faktor* oder als *Index* verwendet werden, solange die Identität der Größen erhalten bleibt.

Häufig werden bezogene Größen unter Verzicht auf den Zusatz *pu* durch kleine Buchstaben gekennzeichnet. Für die Schreibweise der bezogenen Spannung mit dem Wert $\underline{U}_{pu} = 1,0$ ergibt sich dann $\underline{u} = 1,0$.

C.1 Referenzgrößen

Im allgemeinen werden *vier* Referenz- bzw. *Bezugsgrößen*, U_{Ref}, S_{Ref}, I_{Ref} und Z_{Ref}, benötigt. Zwei dieser Größen dürfen anfänglich frei gewählt werden, die beiden anderen ergeben sich dann rein rechnerisch. In der Regel werden die *Spannung* U_{Ref} und die *Scheinleistung* S_{Ref} als Referenzgrößen herangezogen.

Für die Referenzspannung und Referenzleistung wählt man meist die *Nennspannungen* bzw. die *Nennleistungen* von Betriebsmitteln bzw. Netzen.

Mit $U_{\mathrm{Ref}} = Z_{\mathrm{Ref}} \cdot I_{\mathrm{Ref}}$ und $S_{\mathrm{Ref}} = U_{\mathrm{Ref}} \cdot I_{\mathrm{Ref}}$ ergeben sich daraus zwingend die abgeleiteten Referenzgrößen für Ströme und Impedanzen

$$I_{\mathrm{Ref}} = \frac{S_{\mathrm{Ref}}}{U_{\mathrm{Ref}}} \qquad \text{und} \qquad Z_{\mathrm{Ref}} = \frac{U^2_{\mathrm{Ref}}}{S_{\mathrm{Ref}}} \quad . \tag{C.3}$$

Darüber hinaus muß zwischen Bezugsgrößen einphasiger und dreiphasiger Systeme unterschieden werden, was in den folgenden Abschnitten näher erläutert wird.

C.1.1 Bezogene Spannungen

Außenleiterspannungen werden immer auf die *Außenleiter*-Referenzspannung, Sternspannungen auf die *Stern*-Referenzspannungen bezogen. Im pu-System verschwindet dann der Unterschied zwischen Aussenleiter- und Sternspannung.

Bezogene Außenleiterspannungen berechnen sich zu

$$\underline{u} = \frac{U}{U_{3\phi\mathrm{Ref}}} \quad , \tag{C.4}$$

wobei $U_{3\phi\mathrm{Ref}}$ die *Nennspannung* (verkettete Spannung) oder die *Bemessungsspannung* der zugehörigen Spannungsebene sein kann. Beispielsweise lautet die Außenleiterspannung $\underline{U}_1 = 405\ \mathrm{kV}\angle 10°$ als bezogene Größe

$$\underline{u}_1 = \frac{405\ \mathrm{kV}\angle 10°}{380\ \mathrm{kV}} = 1,07\angle 10° \quad , \tag{C.5}$$

weicht also um 7 % nach oben vom Referenzwert ab.

Bei Netzberechnungen in der entkoppelten *einphasigen* Darstellung werden einphasige Knotenspannungen immer auf die Stern-Referenzspannung $U_{1\phi\mathrm{Ref}} = U_{3\phi\mathrm{Ref}}/\sqrt{3}$ bezogen

$$\underline{u} = \frac{U}{U_{1\phi\mathrm{Ref}}} = \frac{U}{U_{3\phi\mathrm{Ref}}/\sqrt{3}} \quad . \tag{C.6}$$

Die Sternspannung $\underline{U}_1 = 405\ \text{kV}/\sqrt{3}\angle 10°$ lautet dann als bezogene Größe

$$\underline{u}_1 = \underline{U}_{1pu} = \frac{405\ \text{kV}/\sqrt{3}\angle 10°}{380\ \text{kV}/\sqrt{3}} = 1,07\angle 10° \quad , \tag{C.7}$$

besitzt also den gleichen Wert wie die pu-Außenleiterspannung.

C.1.2 Bezogene Leistungen

Als Referenzwert für dreiphasige Systemleistungen gilt grundsätzlich die dreiphasige Scheinleistung $S_{3\phi\text{Ref}}$, das heißt

$$\underline{s}_{3\phi} = \frac{\underline{S}_{3\phi}}{S_{3\phi\text{Ref}}} \quad , \tag{C.8}$$

wobei $S_{3\phi\text{Ref}}$ in der Größenordnung der Scheinleistung des gesamten Netzes, des größten Kraftwerks, des Netzkupplungstransformators etc. sein kann, z. B. 100 MVA oder 1000 MVA.

In der einphasigen Darstellung des Drehstromsystems gilt die einphasige Leistung $S_{1\phi\text{Ref}} = S_{3\phi\text{Ref}}/3$ als Referenzleistung:

$$\underline{s}_{1\phi} = \frac{\underline{S}_{1\phi}}{S_{1\phi\text{Ref}}} = \frac{\underline{S}_{1\phi}}{S_{3\phi\text{Ref}}/3} \tag{C.9}$$

Wie bei der Spannung verschwindet auch bei der Leistung im pu-System der Unterschied zwischen ein- und dreiphasiger Leistung. Weiter gilt allgemein wegen $S_{\text{Ref}} \equiv P_{\text{Ref}} \equiv Q_{\text{Ref}}$ (*per definitionem*)

$$\underline{s} = \left(\frac{P}{S_{\text{Ref}}} + j\frac{Q}{S_{\text{Ref}}}\right) \quad . \tag{C.10}$$

C.1.3 Bezogene Ströme

Durch die Festlegung von Referenzgrößen U_{Ref} und S_{Ref} für Spannung und Leistung ist die Referenzgröße für Ströme nicht mehr frei wählbar. In der einphasigen, entkoppelten Darstellung gilt dann als Bezugsgröße für Ströme

$$I_{\text{Ref}} = \frac{S_{1\phi\text{Ref}}}{U_{1\phi\text{Ref}}} \tag{C.11}$$

und für die bezogenen Ströme

$$\underline{i} = \frac{\underline{I}}{I_{\text{Ref}}} = \underline{I} \cdot \frac{U_{1\phi\text{Ref}}}{S_{1\phi\text{Ref}}} \quad . \tag{C.12}$$

C.1.4 Bezogene Impedanzen

Durch die Festlegung der Referenzgrößen U_{Ref} und S_{Ref} ist weiter die Referenzgröße Z_{Ref} für Impedanzen nicht mehr frei wählbar. In der einphasigen Darstellung des Drehstromsystems ergibt sich die Referenzimpedanz pro Phase:

$$Z_{\mathrm{Ref}} = \frac{U_{1\phi\mathrm{Ref}}}{I_{\mathrm{Ref}}} \qquad \text{bzw.} \qquad Z_{\mathrm{Ref}} = \frac{U_{1\phi\mathrm{Ref}}^2}{S_{1\phi\mathrm{Ref}}} \tag{C.13}$$

Damit berechnet sich eine bezogene Impedanz zu:

$$\underline{z} = \frac{\underline{Z}}{Z_{\mathrm{Ref}}} = \underline{Z} \cdot \frac{I_{\mathrm{Ref}}}{U_{1\phi\mathrm{Ref}}} = \underline{Z} \cdot \frac{S_{1\phi\mathrm{Ref}}}{U_{1\phi\mathrm{Ref}}^2} \tag{C.14}$$

Für die Admittanzen gilt sinngemäß

$$Y_{\mathrm{Ref}} = \frac{1}{Z_{\mathrm{Ref}}} \quad . \tag{C.15}$$

Meist liegen die Parameter elektrischer Maschinen bereits als Relativgrößen vor – bezogen auf Maschinen-Nennspannung U_n und Maschinennennscheinleistung S_n (bzw. Bemessungsspannung U_r und Bemessungsscheinleistung S_r), beispielsweise

$$z = Z \cdot \frac{S_n}{U_n^2} \quad . \tag{C.16}$$

Bei bekannter, auf Bemessungsgrößen bezogener Impedanz z berechnet sich der Betrag des Absolutwerts zu

$$Z = z \cdot \frac{U_n^2}{S_n} \quad . \tag{C.17}$$

Da der Betrag der bezogenen *Kurzschlußimpedanz* eines Transformators identisch ist mit seiner relativen *Kurzschlußspannung* $z_k = u_k$, wird in Gleichung C.17 statt z die auf dem Typenschild angegebene relative Kurzschlußspannung u_k eingesetzt:

$$Z = u_k \cdot \frac{U_n^2}{S_n} \tag{C.18}$$

Für Netzberechnungen werden Maschinenimpedanzen nicht auf die Bemessungsgrößen des jeweiligen Betriebsmittels sondern auf die einheitliche Bezugsimpedanz Z_{Ref} des gewählten *Basisnetzes* bezogen. Hierzu rechnet man bezogene Maschinenimpedanzen zunächst auf ihre Absolutwerte zurück und bezieht diese dann auf die Referenzimpedanz des Basisnetzes

$$\underline{z}_{\text{neu}} = \left(\underline{z}_{\text{alt}} \cdot \frac{U_n^2}{S_n}\right) \left(\frac{S_{1\phi\text{Ref}}}{U_{1\phi\text{Ref}}^2}\right) = \underline{Z}_{\text{alt}} \left(\frac{S_{1\phi\text{Ref}}}{U_{1\phi\text{Ref}}^2}\right) \quad . \tag{C.19}$$

Man beachte, daß für die Ermittlung bezogener Maschinenimpedanzen die *Drehstromgröße* $U_{3\phi n}$ (verkettete Spannung) und die *Drehstromleistung* $S_{3\phi n}$ herangezogen werden, während für Netzberechnungen die *einphasige* Bezugsgröße $U_{1\phi\text{Ref}}$ und $S_{1\phi\text{Ref}}$ verwendet werden.

Bezogene Maschinenimpedanzen erlauben eine Aussage, ob ein Transformator streuungsarm aufgebaut ist oder nicht. Weiter nimmt die absolute Kurzschlußimpedanz eines Transformators beim Kurzschlußversuch abhängig von der Einspeiseseite zwei unterschiedliche Zahlenwerte an. Die bezogene Kurzschlußimpedanz besitzt dagegen unabhängig von der Einspeiseseite nur einen Zahlenwert. Letzterer ist außerdem unabhängig von der jeweiligen Schaltgruppe (Stern/Stern, Stern/Dreieck, Dreieck/Dreieck).

Bei der Berechnung über Transformatoren gekoppelter Netze sind zunächst die absoluten Impedanzen aller Netze mit Hilfe der Quadrate der jeweiligen aktuellen Übersetzungsverhältnisse auf ein *Basisnetz* umzurechnen. Anschließend werden diese Impedanzen auf die Bezugsgrößen des Basisnetzes bezogen. Ferner werden die Spannungen aller anderen Netze auf das Basisnetz bezogen. Als Basisnetz wird das Netz bzw. die Spannungsebene gewählt, deren Knotenspannungen und Zweigströme berechnet werden sollen, beispielsweise das Netz 3 in Bild C.1. Alternativ wird auch mit der Spannungsebene gerechnet, auf der die Einspeisung erfolgt, Bild C.1.

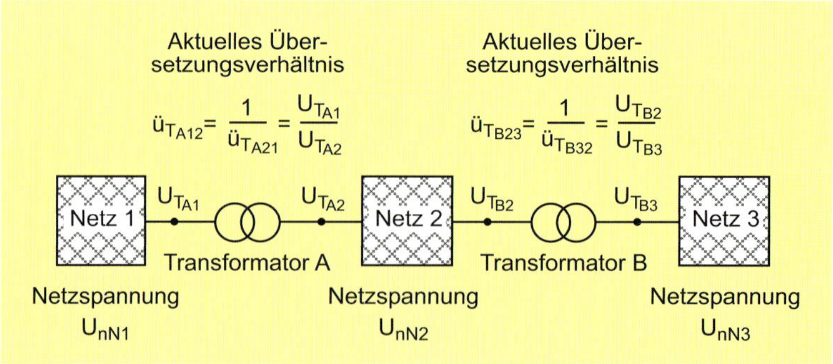

Bild C.1. Prinzip der Umrechnung absoluter und bezogener Impedanzen.

Bei der rechnerischen Behandlung transformatorisch gekoppelter Netze unterschiedlicher Spannungen wählt man gewöhnlich die Sternspannung $U_{1\phi\mathrm{Ref}}$ des gewählten Basisnetzes als Hauptreferenzspannung. Aus dieser werden mit Hilfe der aktuellen Übersetzungsverhältnisse der Transformatoren lokale Referenzspannungen für die anderen Spannungsebenen ermittelt. Sind dabei die Übersetzungen der Transformatoren mit der *Nennübersetzung* identisch, so stimmt in allen Netzteilen die lokale Referenzspannung mit der jeweiligen Nennspannung überein. Bei Transformatoren mit Stufenstellern, deren Übersetzung in der Regel von der Nennübersetzung abweicht, nehmen beide Spannungen unterschiedliche Werte an (mit Ausnahme der Spannungen des Basisnetzes).

C.2 Rechnen mit pu-Größen

Beim Rechnen mit pu-Größen werden alle Knotenspannungen auf die *lokalen* Referenzspannungen bezogen. Die Übersetzungsverhältnisse werden dadurch eliminiert, was den Rechenaufwand wesentlich vereinfacht und die Transparenz erhöht. Dies soll an einem Beispiel erläutert werden.

Gegeben sei die einphasige Darstellung einer Übertragungsstrecke mit drei *Spannungsebenen*, Bild C.2.

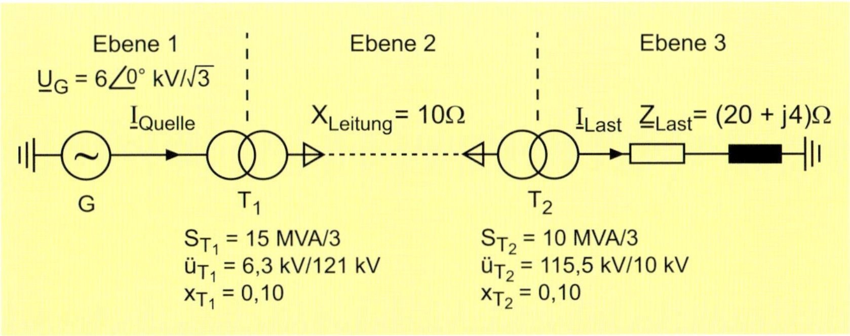

Bild C.2. Einphasige symbolische Darstellung der Übertragungsstrecke (Transformatorresistanzen und Queradmittanzen werden vernachlässigt).

Der Wasserkraftgenerator G speise über seinen Maschinentransformator T_1 eine 110 kV-Leitung, an deren Ende sich ein Verteiltransformator T_2 befindet, der ein Mittelspannungsnetz versorgt. Die aktuellen Übersetzungsverhältnisse der Transformatoren seien $\ddot{u}_{T_1}$ bzw. $\ddot{u}_{T_2}$. Die relativen Kurzschlußreaktanzen sind x_{T_1} und x_{T_2}.

Bild C.3 zeigt das einphasige Ersatzschaltbild der Übertragungsstrecke mit den entsprechenden Impedanzen bzw. Reaktanzen.

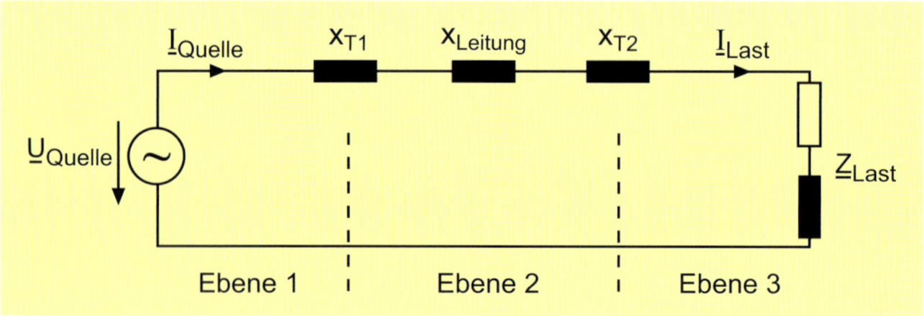

Bild C.3. Ersatzschaltbild mit Impedanzen bzw. Reaktanzen.

Für das Beispielnetzwerk soll im folgenden der Laststrom $\underline{I}_{\text{Last}}$ berechnet werden, vergleiche Bild C.2 bzw. C.3. Hierzu werden, ausgehend von der Referenzleistung $S_{1\phi\,\text{Ref}}$ und der Referenzspannung $U_{1\phi\,\text{Ref1}}$ der Ebene 1 zunächst die Referenzgrößen jeder der drei Spannungsebenen bestimmt, wobei im folgenden der Index 1ϕ weggelassen wird.

Die Referenzleistung der Ebene 1 gilt für das gesamte Netzwerk

$$S_{\text{Ref}} = 15 \text{ MVA}/3 = 5 \text{ MVA} = S_{\text{Ref1}} \quad . \tag{C.20}$$

Die Referenzspannung der Ebene 1 bzw. die Hauptreferenzspannung ist

$$U_{\text{Ref1}} = 6,3 \text{ kV}/\sqrt{3} = 3,64 \text{ kV} \quad . \tag{C.21}$$

Ausgehend von der Referenzspannung U_{Ref} der Ebene 1 ergeben sich für die lokalen Referenzspannungen U_{Ref2} und U_{Ref3} der Ebenen 2 bzw. 3 mit Hilfe der aktuellen Übersetzungen $\ddot{u}_{T_1}$ und $\ddot{u}_{T_2}$ der beiden Transformatoren

$$U_{\text{Ref2}} = \frac{1}{\ddot{u}_{T_1}} U_{\text{Ref1}} = \left(\frac{121 \text{ kV}}{6,3 \text{ kV}}\right) 3,64 \text{ kV} = 69,86 \text{ kV} \tag{C.22}$$

sowie

$$U_{\text{Ref3}} = \frac{1}{\ddot{u}_{T_2}} U_{\text{Ref2}} = \left(\frac{10 \text{ kV}}{115,5 \text{ kV}} \right) 69,86 \text{ kV} = 6,05 \text{ kV} \quad . \tag{C.23}$$

Mit der Referenzspannung U_{Ref} der Netzebene 1 und den aus ihr abgeleiteten lokalen Referenzspannungen der anderen Netze U_{Ref2} und U_{Ref3} sowie einer für alle Netzteile einheitlichen Referenzleistung S_{Ref} werden für alle Teilnetze lokale Referenzströme und Referenzimpedanzen sowie auf die Spannung der Ebene 1 bezogene Impedanzen berechnet.

Die Referenzimpedanzen der jeweiligen Spannungsebene erhält man aus (C.13):

$$Z_{\text{Ref1}} = \frac{(U_{\text{Ref1}})^2}{S_{\text{Ref}}} = \frac{(3,64 \text{ kV})^2}{5 \text{ MVA}} = 2,65 \Omega \quad , \tag{C.24}$$

$$Z_{\text{Ref2}} = \frac{(U_{\text{Ref2}})^2}{S_{\text{Ref}}} = \frac{(69,86 \text{ kV})^2}{5 \text{ MVA}} = 976,07 \Omega \tag{C.25}$$

und

$$Z_{\text{Ref3}} = \frac{(U_{\text{Ref3}})^2}{S_{\text{Ref}}} = \frac{(6,05 \text{ kV})^2}{5 \text{ MVA}} = 7,32 \Omega \quad . \tag{C.26}$$

Für den Referenzstrom der Spannungsebene 3 gilt mit (C.11)

$$I_{\text{Ref3}} = \frac{S_{\text{Ref}}}{U_{\text{Ref3}}} = \frac{5 \text{ MVA}}{6,05 \text{ kV}} = 826,66 \text{ A} \tag{C.27}$$

Nach Erhalt der lokalen Referenzgrößen werden im nächsten Schritt die auf die Spannungen der Ebene 1 bezogenen Impedanzen berechnet.

Die auf die Referenzgrößen bezogene Streureaktanz des Transformators T_1 ist mit der auf die Nenngrößen bezogenen Streureaktanz identisch. Anhand Gleichung (C.19) läßt sich dies auch formelmäßig zeigen.

$$\begin{aligned} x_{T1\text{neu}} &= \left(x_{T1\text{alt}} \cdot \frac{(6,3 \text{ kV})^2}{15 \text{ MVA}} \right) \cdot \left(\frac{S_{\text{Ref}}}{U_{\text{Ref1}}^2} \right) \\ &= \left(x_{T1\text{alt}} \cdot \frac{(6,3 \text{ kV})^2}{15 \text{ MVA}} \right) \cdot \left(\frac{5 \text{ MVA}}{(3,64 \text{ kV})^2} \right) \\ &= 0,10 = x_{T1\text{alt}} \quad . \end{aligned} \tag{C.28}$$

Die auf die Referenzgrößen bezogene Streureaktanz des Transformators T_2 ändert sich. Mit Gleichung (C.19) und $U_{\mathrm{Ref2}} = 69,86$ kV erhält man

$$x_{T2\mathrm{neu}} = \left(x_{T2\mathrm{alt}} \cdot \frac{(115,5\ \mathrm{kV})^2}{10\ \mathrm{MVA}} \right) \cdot \left(\frac{S_{\mathrm{Ref}}}{U^2_{\mathrm{Ref2}}} \right) \tag{C.29}$$

$$= \left(0,10 \cdot \frac{(115,5\ \mathrm{kV})^2}{10\ \mathrm{MVA}} \right) \cdot \left(\frac{5\ \mathrm{MVA}}{(69,86\ \mathrm{kV})^2} \right) \tag{C.30}$$

$$= 0,1367 > x_{T2\mathrm{alt}} \quad .$$

Alternativ ergibt sich diese Reaktanz aus (C.19) auch mit $U_{\mathrm{Ref3}} = 6,05$ kV

$$x_{T2\mathrm{neu}} = \left(x_{T2\mathrm{alt}} \cdot \frac{(10\ \mathrm{kV})^2}{10\ \mathrm{MVA}} \right) \cdot \left(\frac{S_{\mathrm{Ref}}}{U^2_{\mathrm{Ref3}}} \right) \tag{C.31}$$

$$= \left(0,10 \cdot \frac{(10\ \mathrm{kV})^2}{10\ \mathrm{MVA}} \right) \cdot \left(\frac{5\ \mathrm{MVA}}{(6,05\ \mathrm{kV})^2} \right) \tag{C.32}$$

$$= 0,1367 \quad .$$

Die Leitung der Übertragungsstrecke (Ebene 2) besitzt eine bezogene Impedanz von

$$x_{\mathrm{Leitung}} = \frac{X_{\mathrm{Leitung}}}{Z_{\mathrm{Ref2}}} = \frac{10\Omega}{976,07\Omega} = 0,0102 \quad . \tag{C.33}$$

Für die bezogene Impedanz der Last (Ebene 3) folgt

$$\underline{z}_{\mathrm{Last}} = \frac{\underline{Z}_{\mathrm{Last}}}{Z_{\mathrm{Ref3}}} = \frac{(20 + j4)\Omega}{7,32\ \Omega} = 2,732 + j0,546 \quad . \tag{C.34}$$

Hat man alle Betriebsimpedanzen in bezogenen Größen dargestellt und auch die lokalen Referenzspannungen aller Ebenen sowie den Referenzstrom der Ebene 3 ermittelt, erhält man schließlich das Netzwerkersatzschaltbild der Übertragungsstrecke mit bezogenen Größen und den zugehörigen Referenzgrößen, Bild C.4.

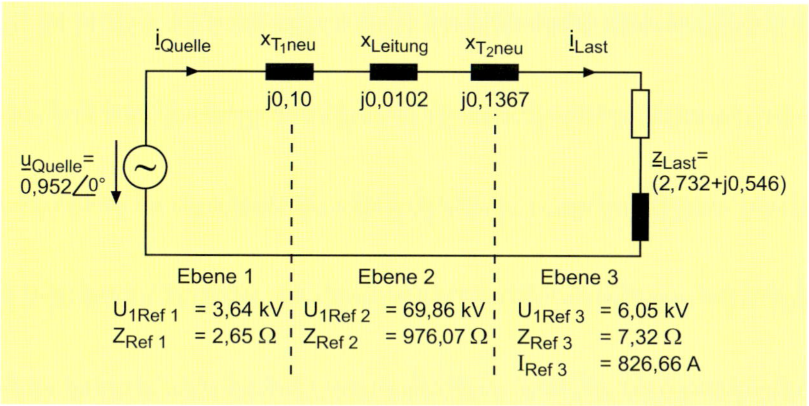

Bild C.4. Einphasiges Ersatzschaltbild der Übertragungsstrecke mit pu-Größen ($S_{\mathrm{Ref}} = 5\,\mathrm{MVA}$).

Der bezogene Laststrom $\underline{i}_{\mathrm{Last}}$ läßt sich dann aus obigem Ersatzschaltbild wie folgt einfach ermitteln:

$$\begin{aligned}\underline{i}_{\mathrm{Last}} = \underline{i}_{\mathrm{Quelle}} &= \frac{\underline{u}_{\mathrm{Quelle}}}{j(x_{T1} + x_{\mathrm{Leitung}} + x_{T2}) + \underline{z}_{\mathrm{Last}}} \\ &= \frac{0,952\ \angle 0^\circ}{j(0,10 + 0,0102 + 0,1367) + (2,732 + j0,546)} \\ &= \frac{0,952\ \angle 0^\circ}{2,732 + j0,7929} \\ &= \frac{0,952\ \angle 0^\circ}{2,845\ \angle 16,18^\circ} \\ &= 0,3346\ \angle\text{-}16,18^\circ \quad .\end{aligned} \tag{C.35}$$

Der absolute Wert des Laststroms $\underline{I}_{\mathrm{Last}}$ ergibt sich aus der bezogenen Größe $\underline{i}_{\mathrm{Last}}$ durch Multiplikation mit dem Referenzstrom I_{Ref3} der Ebene 3

$$\begin{aligned}\underline{I}_{\mathrm{Last}} &= \underline{i}_{\mathrm{Last}} \cdot I_{\mathrm{Ref3}} = (0,3346\,\angle\text{-}16,18^\circ) \cdot 826,66\ \mathrm{A} \\ &= 276,6\ \mathrm{A}\,\angle\text{-}16,18^\circ \quad .\end{aligned} \tag{C.36}$$

Nach Einführung lokaler Referenzgrößen wird der Begriff des Übersetzungsverhältnisses entbehrlich und transformatorisch gekoppelte Netze lassen sich somit einfacher analysieren. Hierin besteht ein wesentlicher Vorzug des Verfahrens „*Rechnen mit pu-Werten*“.

D. Grundbegriffe magnetischer Wechselfelder

D.1 Induktionsgesetz, induzierte und selbstinduzierte Spannung

D.1.1 Induzierte Spannung

Ein sich zeitlich ändernder magnetischer Fluß $\dot{\phi}$, beispielsweise im Eisenkern eines Transformators, *induziert* bzw. *bewirkt* in einer ihn umgebenden Leiterschleife (Drahtwindung) eine *Umlaufspannung* $\overset{\circ}{U}_i$ (engl.: *Circulation voltage*). Die Umlaufspannung kann gemessen werden, wenn man die Leiterschleife auftrennt, Bild D.1.

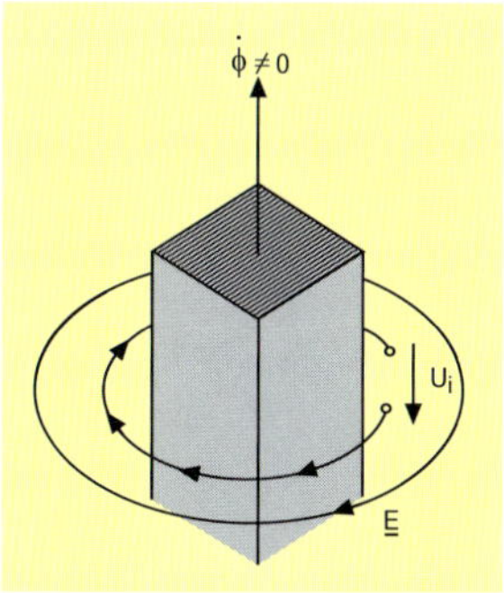

Bild D.1. Eisenkern mit zeitlich veränderlichem Fluß $\dot{\phi}$ und offener Leiterschleife.

Die Induktionswirkung kommt dadurch zustande, daß ein zeitlich veränderlicher magnetischer Fluß $\dot{\phi}$ von einem elektrischen Feld **E** mit in sich *geschlossenen* Feldlinien umgeben ist, sogenanntes *Wirbelfeld.* Der dieses Feld verursachende *Wirbel* (linien- bzw. rohrförmiger Bereich eines Vektorfeldes, der von geschlossenen Feldlinien umgeben ist) ist der in einem Eisenkreis verlaufende zeitlich veränderliche Fluß $\dot{\phi}$. Multipliziert man die elektrische Feldstärke des Wirbelfelds $\mathbf{E}$ in einem Punkt der Leiterschleife mit dem Wegelement $d\mathbf{r}$ (Skalarprodukt), so erhält man die längs $d\mathbf{r}$ induzierte Spannung dU_i zu

$$dU_i = \mathbf{E} \cdot d\mathbf{r} = E \cos\alpha \cdot dr = E_{tan} \cdot dr \quad , \tag{D.1}$$

worin α der Winkel zwischen Feldstärkevektor und der Tangente in r ist.

Die Integration aller Spannungen dU_i längs einer geschlossenen Kontur C ergibt die induzierte *Umlaufspannung* bzw. *Windungsspannung*

$$\overset{\circ}{U}_i = \oint_C dU_i = \oint_C \mathbf{E} \cdot d\mathbf{r} = -\frac{d\phi}{dt} = -\dot{\phi} \quad , \tag{D.2}$$

Sie ist der zeitlichen Änderung des magnetischen Flusses proportional.

Die Beziehung (D.2) trägt den Namen *Induktionsgesetz* bzw. *Faradaysches Gesetz.*

Die Induktionswirkung wird nicht *magnetisch*, sondern über das Wirbelfeld $\mathbf{E}$ *elektrisch* übertragen. Die induzierte Spannung ist eingeprägt. Das heißt, der in einer geschlossenen Leiterschleife fließende Strom hängt bei konstant gehaltener Änderungsgeschwindigkeit des Flusses nur von deren Leitfähigkeit ab.

Für sinusförmige Änderungen der Feldgrößen können wir uns wieder der *komplexen Schreibweise* bedienen (s. Anhang A) und erhalten für das *Induktionsgesetz im Frequenzbereich*

$$\overset{\circ}{\underline{U}}_i = \oint_C \underline{\mathbf{E}} \cdot d\mathbf{r} = -j\omega\underline{\phi} \quad . \tag{D.3}$$

(Der Faktor -j bedeutet eine Drehung um $\pi/2$ gegen die mathematische Umlaufrichtung, d. h. der Fluß eilt der induzierten Spannung um 90° voraus.)

Der Induktionsvorgang läßt sich in einem *Feldmodell* darstellen, das sowohl Größen der *Netzwerktheorie* (hier: die induzierte Spannung) als auch der *Feldtheorie* (hier: der veränderliche Fluß ϕ) aufweist, Bild D.2a. Hilfreicher ist häufig die Verwendung eines *Netzwerkmodells*, in dem Größen der Netzwerktheorie vorkommen (hier: E, U, I), Bild D.2b.

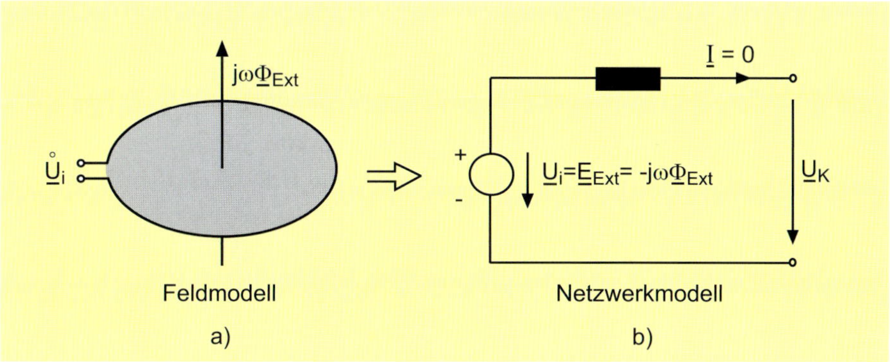

Bild D.2. a) *Feldmodell* und b) *Netzwerkmodell* des Induktionsvorgangs in einer offenen Leiterschleife, $\underline{U}_i$: induzierte Spannung, $\underline{U}_K$: Klemmenspannung.

Im *Netzwerkmodell* wird der Induktionsvorgang durch eine *Quellenspannung* mit zwei Klemmen dargestellt, da die Netzwerktheorie nur Spannungsquellen, Stromquellen, Spannungen und Ströme sowie passive Bauelemente, jedoch keine *Feldgrößen*, wie z. B. magnetische Flüsse kennt.

Die vom externen Feld $\dot{\phi}$ induzierte Quellenspannung wird im folgenden gemäß ihrer Herkunft durch den Buchstaben $\underline{E}_{\text{Ext}}$ gekennzeichnet. Im Erzeuger-Zählpfeilsystem besitzen dann Spannung und Strom einer Quelle unterschiedliche Richtungen, Bild D.2b.

Für die offene Leiterschleife ergibt sich nach Anwendung der zweiten Kirchhoffschen Regel $\sum U = 0$:

$$\underline{U}_K - \underline{E}_{Ext} = 0 \qquad \Rightarrow \qquad \underline{U}_K = \underline{E}_{\text{Ext}} \quad . \tag{D.4}$$

$\underline{E}_{\text{Ext}}$ wurde früher als *Elektromotorische Kraft*, EMK $= -jw\underline{\phi}_{\text{Ext}}$, bezeichnet und in Stromrichtung eingezeichnet. Dies führt zu gleicher Maschengleichung und gleichem Zeigerdiagramm, wenn man die zweite Kirchhoffsche Regel folgendermaßen modifiziert:

$$\sum \text{EMK} = \sum U \quad . \tag{D.5}$$

Für den *Induktionseffekt* ist unerheblich, ob der induzierende Fluß von einem räumlich bewegten Permanentmagneten, einem zweiten benachbarten Stromkreis oder von dem in der Schleife nach Anlegen einer externen Spannung fließenden Strom herrührt. In letzterem Fall spricht man lediglich von *Selbstinduktion*.

D.1.2 Selbstinduzierte Spannung

Bei Belastung einer offenen Leiterschleife gemäß Bild D.1 durch eine Impedanz entsteht ein Stromkreis mit einem Strom $\underline{I}$, dessen Magnetfeld in der Schleife ebenfalls eine Umlaufspannung induziert. Diese *selbstinduzierte* Umlaufspannung läßt sich im Ersatzschaltbild entweder als *Quellenspannung* (aus Sicht des Induktionsgesetzes der Feldtheorie), Bild D.3a, oder als *induktiver Spannungsabfall* $\underline{U}_L$ (aus Sicht der Netzwerktheorie), Bild D.3b, darstellen.

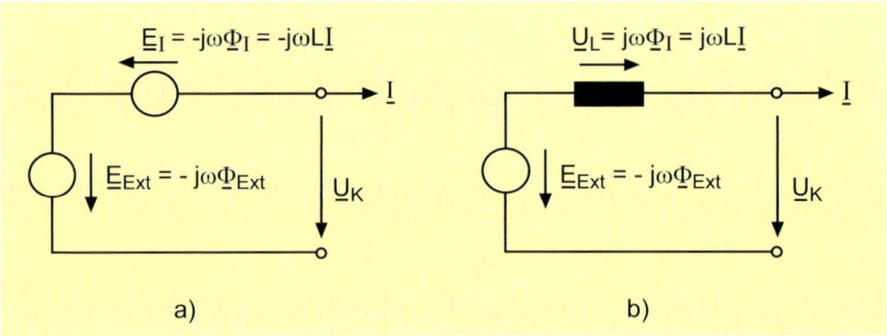

Bild D.3. Netzwerkmodelle des Selbstinduktionsvorgangs bei Belastung mit einem Strom $\underline{I}$. a) Quellenspannung $\underline{E}_{\text{ext}}$, b) Induktiver Spannungsabfall $\underline{U}_L$.

Definition der *Selbstinduzierten Quellenspannung*:

$$\text{Frequenzbereich} \quad \underline{E}\,(j\omega) = -j\omega\underline{\phi}_I = -j\omega L\underline{I} \tag{D.6}$$

$$\text{Zeitbereich} \quad E\,(t) \ = -\frac{d\phi_I}{dt} = -L\frac{di}{dt} \tag{D.7}$$

Definition des *Induktiven Spannungsabfalls* ≡ *Selbstinduktionsspannung*:

$$\text{Frequenzbereich} \quad \underline{U}_L(j\omega) = j\omega\underline{\phi}_I = j\omega L\underline{I} \tag{D.8}$$

$$\text{Zeitbereich} \quad u_L(t) \ = \frac{d\phi_I}{dt} = L\frac{di}{dt} \tag{D.9}$$

D.2 Windungsfluß, Spulenfluß und Flußverkettung einer Wicklung

Die Begriffe *Windungsfluß*, *Spulenfluß* und *Flußverkettung* sind essentielle Voraussetzungen für ein tieferes Verständnis der Wirkungsweise elektrischer Maschinen. Die zeitlichen Ableitungen (D.6) bis (D.9) dieser Flüsse beschreiben über das *Induktionsgesetz* die in den Maschinenwicklungen induzierten Spannungen und verknüpfen so *Feldtheorie* und *Netzwerktheorie*.

Man unterscheidet zwischen *Windungsfluß* und *Spulenfluß*. Beim Anlegen einer externen Spannung $u_{\text{ext}}\,(t)$ an eine *Spule* bzw. *Wicklung* mit n Windungen treibt der Strom $i\,(t)$ durch jede *Windung* mit der Windungsfläche A_W einen *Windungsfluß* ϕ_W, Bild D.4a. Die Summe aller Windungsflüsse durch die Flächen A_W ergeben den totalen *Spulenfluß* ϕ_S durch die Fläche $A_S = n\,A_W$ der Spule, Bild D.4b.

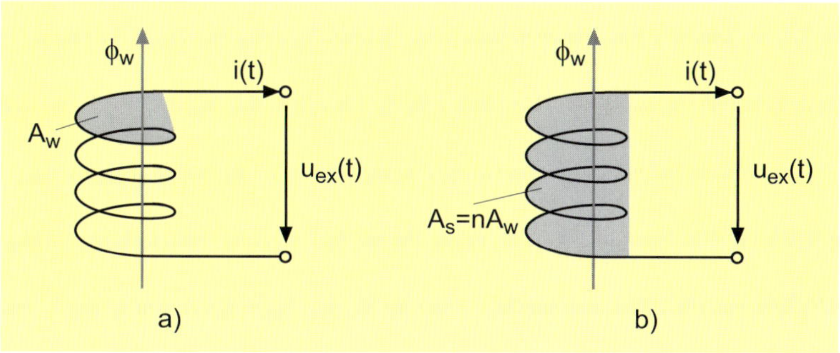

Bild D.4. Zur Veranschaulichung der Begriffe a) *Windungsfluß*, b) *Spulenfluß*.

Man beachte, daß alle Windungen einer Zylinderspule, beispielsweise als Wicklung auf einem Transformatorschenkel, lediglich vom Windungsfluß ϕ_W durchsetzt werden. Im Eisenkreis eines Transformators herrscht also lediglich der *Windungsfluß* ϕ_W.

Der mit dem Strom $i\,(t)$ verknüpfte *Windungsfluß* $\phi_W\,(t)$ erzeugt in jeder der *Windungen* eine selbstinduzierte *Windungsspannung* $u_W\,(t)$, der *Spulenfluß* $\phi_S = n\phi_W\,(t)$ in der gesamten *Spule* eine selbstinduzierte Spannung $u_S\,(t)$. Es gilt

$$\phi_S\,(t) = n\,\phi_W\,(t) \qquad \text{und} \qquad u_S\,(t) = n\,u_W\,(t) \quad . \tag{D.10}$$

Die Spulenspannung ist entgegengesetzt gleich groß $u_{\text{ext}}\,(t)$ und hält dieser das Gleichgewicht, sogenanntes *Spannungsgleichgewicht*.

In Luft und in linearen Eisenkreisen ist der Fluß $\phi_S(t)$ dem ihn treibenden Strom $i(t)$ proportional. Die Proportionalitätskonstante nennt man die *Induktivität* der Spule,

$$\phi_S(t) = n\,\phi_W(t) = L i(t) \qquad \text{bzw.} \qquad \underline{\phi}_S = n\,\underline{\phi}_W = L\underline{I} \quad . \tag{D.11}$$

Zeitbereich *Frequenzbereich*

Bewegt sich die Drahtschleife im magnetischen Feld und/oder ändert sich ihre Fläche A_W, das heißt, ändert sich auch die Induktivität der Spule, erhalten wir für den Fluß

$$\phi_S(t) = L(t)\,i(t) \qquad \text{bzw.} \qquad \underline{\phi}_S = \underline{L}\,\underline{I} \quad . \tag{D.12}$$

Rührt ferner ein Teil des die Schleife durchsetzenden Flusses von Strömen $i_2(t)$ bzw. $\underline{I}_2$ eines benachbarten Stromkreises S_2 her, der sich auch relativ zur Leiterschleife 1 bewegen darf, berechnet sich dieser Beitrag zu

$$\phi_{S_2} = M_{12}(t)\,i_2(t) \qquad \text{bzw.} \qquad \underline{\phi}_{S_2} = \underline{M}_{12}\,\underline{I}_2 \quad . \tag{D.13}$$

Statt der Proportionalitätskonstante L tritt hier die sogenannte *Gegeninduktivität* M zwischen den beiden Leiterschleifen auf.

Bei ν Spulen beträgt der Gesamtfluß in der Spule 1

$$\phi_{\text{tot}} = L_1(t)\,i_1(t) + \sum_{\nu=1}^{n} M_{1_\nu}(t)\,i_\nu(t) \quad , \tag{D.14}$$

bzw.

$$\phi_{\text{tot}} = \underline{L}_1\,\underline{I}_1 + \sum_{\nu=1}^{n} \underline{M}_{1_\nu}\,\underline{I}_\nu \quad .$$

Die Summe aller Produkte vom Typ $L\,I$ bzw. $M\,I$, das heißt den Gesamtfluß ϕ_{tot} durch eine Schleife in Anwesenheit anderer Stromkreise bezeichnet man als *Flußverkettung* ψ.

Die Flußverkettung erlaubt die Berechnung der in einer Leiterschleife oder Spule in Anwesenheit anderer Stromkreise induzierten Spannung, auch bei *zeitvarianten* Induktivitäten $L(t)$ bzw. $M(t)$.

Gemäß dem Induktionsgesetz gilt für die von allen Flüssen induzierte Spannung

$$u(t) = -\frac{d}{dt}\psi(t) = -\frac{d}{dt}\sum \phi_\nu(t) = -\frac{d}{dt}\,\phi_{\text{tot}} \quad , \qquad \text{(D.15)}$$

bzw.

$$\underline{U} = -j\,\omega\underline{\psi} = -j\,\omega\sum \underline{\phi}_\nu = -j\,\omega\underline{\phi}_{\text{tot}} \quad . \qquad \text{(D.16)}$$

Ein typisches Beispiel für L, M = konst. ist die *Windungsspannung* einer Transformatorwicklung.

Der Begriff *Flußverkettung* und die ihn enthaltenden Gleichungen (D.15) und (D.16) sind für das mathematische Modell einer Synchronmaschine essentiell. Mit der üblichen Interpretation einer selbstinduzierten Spannung als *induktivem Spannungsabfall* kommt man bei elektrischen Maschinen nicht weit.

D.3 Magnetische Streuung ($X = X_h + X_\sigma$)

Bei einem realen Transformator verläuft der durch den Spulenquerschnitt tretende *Windungsfluß* ϕ_W nur teilweise im Eisen (*Nutzfluß*, *Hauptfluß* ϕ_h), der Rest der Flußröhren schließt sich unmittelbar in der Luft um die Leiter (*Streufluß* ϕ_σ), Bild D.5.

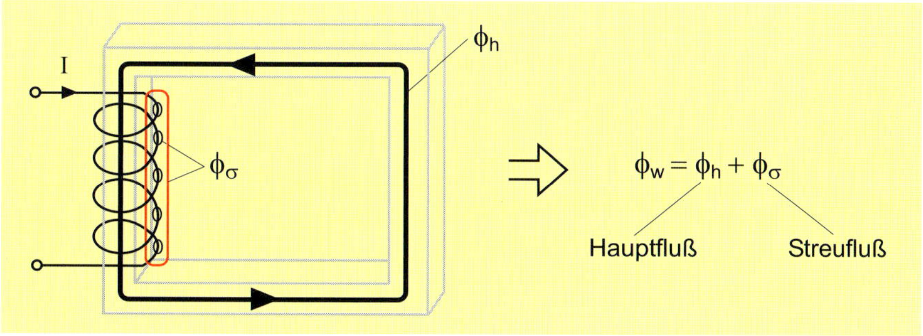

Bild D.5. Haupt- und Streufluß der Primärwicklung eines Transformators. Die Flüsse sind jeweils durch die Seele einer ihrer *Flußröhren* repräsentiert.

Entsprechend ordnet man dem Hauptfluß als Proportionalitätsfaktor eine *Hauptinduktivität* L_h, dem Streufluß eine *Streuinduktivität* L_σ zu.

$$\underline{\phi}_W = \underline{\phi}_h + \underline{\phi}_\sigma = \frac{L_h}{N_1}\underline{I}_1 + \frac{L_\sigma}{N_1}\underline{I}_1 \qquad \text{(D.17)}$$

Dann läßt sich die in einer Spule selbstinduzierte Quellenspannung in eine vom Hauptfluß in der *Hauptinduktivität* L_h und eine vom Streufluß in der *Streuinduktivität* L_σ induzierte Quellenspannung $\underline{E}_h$ bzw. $\underline{E}_\sigma$ zerlegen, Bild D.6a.

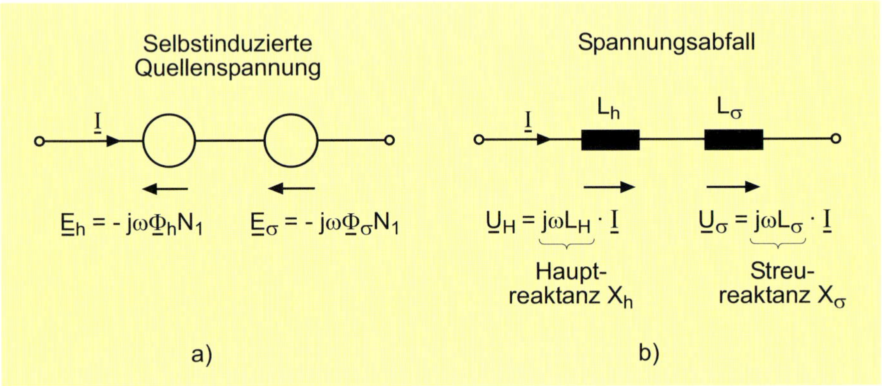

Bild D.6. Alternativen zur Modellierung der in einer stromdurchflossenen Spule selbstinduzierten Spannung unter Berücksichtigung der Streuung. a) Selbstinduzierte Quellenspannung, b) Spannungsabfall.

Alternativ, bei der Darstellung des Selbstinduktionseffekts als Spannungsabfall an der Primärwicklung, unterteilt man in *Haupt-* und *Streuspannungsabfall*, Bild D.6b.

Für die *selbstinduzierte Quellenspannung* erhält man mit anderen Worten

$$\underline{E} = \underline{E}_h + \underline{E}_\sigma = -j\omega\underline{\phi}_h N - j\omega\underline{\phi}_\sigma N \quad , \qquad \text{(D.18)}$$

für den *Spannungsabfall* an der Spule

$$\underline{U}_L = \underline{U}_h + \underline{U}_\sigma = j\omega\phi_h N + j\omega\phi_\sigma N = j\omega L_h \underline{I} + j\omega L_\sigma \underline{I} \quad . \text{(D.19)}$$

Die magnetische Streuung spielt eine große Rolle bei der Beurteilung des Betriebsverhaltens elektrischer Maschinen. Beispielweise besteht der Innenwiderstand eines Transformators bei Belastung im wesentlichen aus seinen primären und sekundären Streureaktanzen $X_{1\sigma}$ und $X_{2\sigma}$. Sinngemäß gilt dies auch für Synchrongeneratoren und alle anderen elektrischen Maschinen.

E. Unsymmmetrische Kurzschlußströme

E.1 Die Methode der symmetrischen Komponenten

Die Berechnung unsymmetrischer Kurzschlüsse erfordert die Einführung der *Methode der symmetrischen Komponenten.* Bereits in Kapitel 6.11 wurde gezeigt, daß sich ein *symmetrisches* Drehstromsystem in drei einphasige, *entkoppelte* Netzwerke, *Mit-*, *Gegen-* und *Nullsystem* genannt, zerlegen läßt, Bild E.1 (s. a. Bild 6.39).

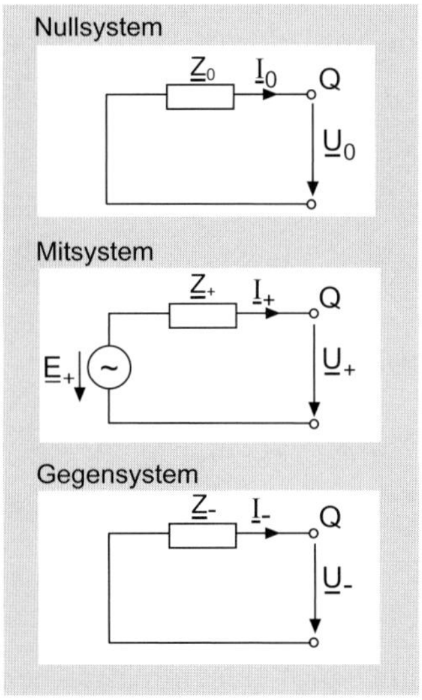

Bild E.1. Darstellung eines symmetrisch gespeisten, symmetrischen Drehstromnetzes durch drei entkoppelte einphasige Netzwerke bzw. Komponentensysteme.

Eine treibende Spannung tritt nur im Mitsystem auf. Die Maschengleichungen der drei Komponentennetzwerke lauten somit

$$0 = \underline{Z}_0 \underline{I}_0 + \underline{U}_0$$
$$\underline{E}_+ = \underline{Z}_+ \underline{I}_+ + \underline{U}_+$$
$$0 = \underline{Z}_- \underline{I}_- + \underline{U}_- \quad . \tag{E.1}$$

Im Fall *symmetrischer* Spannungen und Ströme sind diese Gleichungen nicht miteinander gekoppelt. Ferner ist nur das Mitsystem relevant, weil nur dort die treibende Spannung $\underline{E}_+$ existiert. Dies bedeutet, daß für den *symmetrischen* Kurzschluß nur die mittlere Gleichungszeile nach $\underline{I}_+$ aufzulösen ist. Gegen- und Nullsystem sind stromlos.

Bei *unsymmetrischen* Drehstromnetzen, beispielsweise einem *einpoligen Kurzschluß* oder einem *Erdschluß*, geht der entkoppelte Zustand der drei Netzwerke verloren. Sie treten dann galvanisch miteinander in Verbindung. Nach wie vor gibt es jedoch nur im Mitsystem eine treibende Spannung $\underline{E}_+$, die jetzt auf Grund der galvanischen Kopplung auch Ströme $\underline{I}_-$ und $\underline{I}_0$ im Gegen- und Nullsystem treibt.

Ein graphisches Beispiel für die in einem unsymmetrischen System $\underline{I}_R$, $\underline{I}_S$, $\underline{I}_T$ fließenden Ströme und deren symmetrischen Komponenten $\underline{I}_0$, $\underline{I}_+$, $\underline{I}_-$ im Mit-, Gegen- und Nullsystem zeigt Bild E.2.

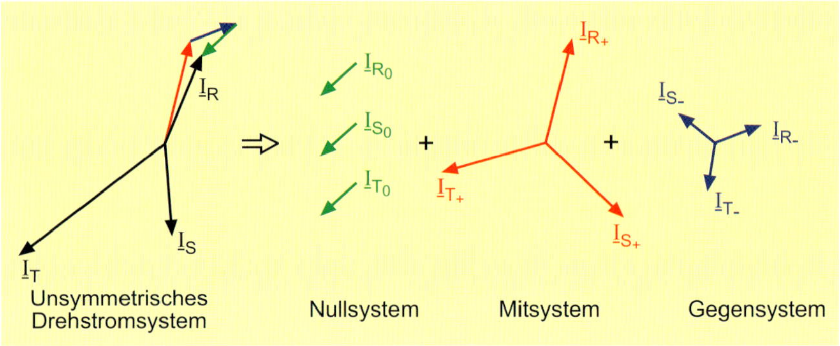

Bild E.2. Zeigerdiagramm eines unsymmetrischen Drehstromsystems $\underline{I}_R$, $\underline{I}_S$, $\underline{I}_T$ und seine symmetrischen Komponenten.

Die Zeigerdiagramme von Mit-, Gegen- und Nullsystem drehen sich in der komplexen Ebene in mathematisch positiver Richtung. Damit ergibt sich im Mitsystem die positive Phasenfolge R–S–T, im Gegensystem dank der umgekehrten Beschriftung der Zeiger die negative Phasenfolge R–T–S. Im Nullsystem besitzen alle drei Zeiger die gleiche

Phasenlage. Die symmetrischen Komponenten $\underline{I}_0$, $\underline{I}_+$, $\underline{I}_-$ besitzen physikalische Bedeutung und sind meßbar.

Für die Beschreibung eines Spannungs- oder Stromsystems im Bildbereich der symmetrischen Komponenten ist aufgrund der festen Phasenbeziehungen zwischen den komplexen Größen die Angabe nur *eines* Stromes bzw. nur *einer* Spannung einer auszuwählenden *Bezugsphase* ausreichend. Die Ströme bzw. Spannungen der beiden anderen Phasen des Mit- und Gegensystems ergeben sich dann jeweils durch Multiplikation mit $\underline{a} = 1\angle 120° = \mathrm{e}^{\mathrm{j}120°}$ und $\underline{a}^2 = 1\angle 240° = \mathrm{e}^{\mathrm{j}240°}$ (s. 6.2.1 und 6.11.2).

Hier wird die Phase R als Bezugsphase gewählt. Damit ist beispielsweise ein beliebiges dreiphasiges Stromsystem durch die Angabe von $\underline{I}_{R_0}$, $\underline{I}_{R_+}$ und $\underline{I}_{R_-}$ eindeutig beschrieben, da sich $\underline{I}_{S_0}$, $\underline{I}_{S_+}$ und $\underline{I}_{S_-}$ sowie $\underline{I}_{T_0}$, $\underline{I}_{T_+}$ und $\underline{I}_{T_-}$ aus konstanten Phasenverschiebungen ergeben.

Im folgenden werden daher nur noch die symmetrischen Komponentengrößen der Bezugsphase R berechnet, für die abgekürzt geschrieben wird

$$\begin{aligned} \underline{I}_{R_0} &= \underline{I}_0 & & & \underline{U}_{R_0} &= \underline{U}_0 \\ \underline{I}_{R_+} &= \underline{I}_+ & &\text{bzw.} & \underline{U}_{R_+} &= \underline{U}_+ \\ \underline{I}_{R_-} &= \underline{I}_- & & & \underline{U}_{R_-} &= \underline{U}_- \quad . \end{aligned}$$

Die Umrechnung der physikalischen Phasenströme und -spannungen in symmetrische Komponenten und umgekehrt erfolgt mit Hilfe der in 6.11.2 ausführlich hergeleiteten linearen Transformationen.

Transformation eines Drehstromsystems in seine symmetrischen Komponenten:

$$\begin{pmatrix} \underline{I}_0 \\ \underline{I}_+ \\ \underline{I}_- \end{pmatrix} = \frac{1}{3} \begin{pmatrix} 1 & 1 & 1 \\ 1 & \underline{a} & \underline{a}^2 \\ 1 & \underline{a}^2 & \underline{a} \end{pmatrix} \begin{pmatrix} \underline{I}_R \\ \underline{I}_S \\ \underline{I}_T \end{pmatrix} \quad \text{und} \quad \begin{pmatrix} \underline{U}_0 \\ \underline{U}_+ \\ \underline{U}_- \end{pmatrix} = \frac{1}{3} \begin{pmatrix} 1 & 1 & 1 \\ 1 & \underline{a} & \underline{a}^2 \\ 1 & \underline{a}^2 & \underline{a} \end{pmatrix} \begin{pmatrix} \underline{U}_R \\ \underline{U}_S \\ \underline{U}_T \end{pmatrix} . \tag{E.2}$$

Rücktransformation symmetrischer Komponenten in einem R, S, T-Drehstromsystem:

$$\begin{pmatrix} \underline{I}_R \\ \underline{I}_S \\ \underline{I}_T \end{pmatrix} = \begin{pmatrix} 1 & 1 & 1 \\ 1 & \underline{a}^2 & \underline{a} \\ 1 & \underline{a} & \underline{a}^2 \end{pmatrix} \begin{pmatrix} \underline{I}_0 \\ \underline{I}_+ \\ \underline{I}_- \end{pmatrix} \qquad \begin{pmatrix} \underline{U}_R \\ \underline{U}_S \\ \underline{U}_T \end{pmatrix} = \begin{pmatrix} 1 & 1 & 1 \\ 1 & \underline{a}^2 & \underline{a} \\ 1 & \underline{a} & \underline{a}^2 \end{pmatrix} \begin{pmatrix} \underline{U}_0 \\ \underline{U}_+ \\ \underline{U}_- \end{pmatrix} . \tag{E.3}$$

Expandieren der Matrizengleichungen führt auf

$$\begin{aligned} \underline{I}_0 &= \tfrac{1}{3}(\underline{I}_R + \underline{I}_S + \underline{I}_T) & \underline{U}_0 &= \tfrac{1}{3}(\underline{U}_R + \underline{U}_S + \underline{U}_T) \\ \underline{I}_+ &= \tfrac{1}{3}(\underline{I}_R + \underline{a}\underline{I}_S + \underline{a}^2\underline{I}_T) & \underline{U}_+ &= \tfrac{1}{3}(\underline{U}_R + \underline{a}\underline{U}_S + \underline{a}^2\underline{U}_T) \\ \underline{I}_- &= \tfrac{1}{3}(\underline{I}_R + \underline{a}^2\underline{I}_S + \underline{a}\underline{I}_T) & \underline{U}_- &= \tfrac{1}{3}(\underline{U}_R + \underline{a}^2\underline{U}_S + \underline{a}\underline{U}_T) \end{aligned} \tag{E.4}$$

beziehungsweise

$$\begin{aligned} \underline{I}_R &= (\underline{I}_0 + \underline{I}_+ + \underline{I}_-) & \underline{U}_R &= (\underline{U}_0 + \underline{U}_+ + \underline{U}_-) \\ \underline{I}_S &= (\underline{I}_0 + \underline{a}^2\underline{I}_+ + \underline{a}\underline{I}_-) & \underline{U}_S &= (\underline{U}_0 + \underline{a}^2\underline{U}_+ + \underline{a}\underline{U}_-) \\ \underline{I}_T &= (\underline{I}_0 + \underline{a}\underline{I}_+ + \underline{a}^2\underline{I}_-) & \underline{U}_T &= (\underline{U}_0 + \underline{a}\underline{U}_+ + \underline{a}^2\underline{U}_-) \ . \end{aligned} \tag{E.5}$$

Bei der Rücktransformation tritt der Faktor 1/3 nicht auf, weil er bei der Bildung der Kehrmatrix der Symmetrierungsmatrix verschwindet. An dieser Stelle sei vermerkt, daß es auch eine Darstellungsweise der Transformationsgleichungen mit einem Faktor $\sqrt{3}$ sowohl vor der *Symmetrierungsmatrix* als auch vor der *Entsymmetrierungsmatrix* gibt (s. a. 6.11.2). Während bei der hier gewählten Schreibweise die Leistung im Bildsystem nur ein Drittel der Leistung im RST-System beträgt, was ja wegen der einphasigen Schreibweise gewollt ist, stimmen beim Faktor $\sqrt{3}$ die Leistungen überein.

Die Gleichungen (E.4) und (E.5) liegen den im Abschnitt 17.3 angegebenen Berechnungsformeln (17.59) bis (17.61) und ihrer in den folgenden Abschnitten gezeigten Herleitung zugrunde.

E.2 Herleitung von Berechnungsformeln für unsymmetrische Kurzschlußströme

In den folgenden Abschnitten wird für die drei wesentlichen unsymmetrischen Kurzschlußarten, den *einpoligen* und den *zweipoligen* Kurzschluß *mit* und *ohne Erdberührung*, je eine allgemeine *Berechnungsformel* für die Anfangskurzschlußwechselströme I''_{k_1}, I''_{k_2} und $I''_{k_{2E}}$ hergeleitet. Unter der Annahme, daß die totalen Impedanzen $\underline{Z}_{0_{tot}}$, $\underline{Z}_{+_{tot}}$ und $\underline{Z}_{-_{tot}}$ der drei Netzwerke bereits bekannt sind, wird stets folgende Vorgehensweise angewandt:

1. Feststellen der für die jeweilige Fehlerart typischen Zustände der drei Phasenströme und der drei Phasenspannungen am Fehlerort durch Inspektion des Ersatzschaltbilds. Man erhält so die *trivialen Fehlerbedingungen.*

2. Einsetzen der trivialen Fehlerbedingungen in die Transformationsvorschriften (E.4). Hieraus folgen Beziehungen für die Ströme und Spannungen im Mit-, Gegen- und Nullsystem. Die Gleichungen bilden zwei lineare Gleichungssysteme, je eines für die Ströme und Spannungen.

3. Einsetzen der bekannt angenommenen Impedanzen $\underline{Z}_{0_{tot}}$, $\underline{Z}_{+_{tot}}$, $\underline{Z}_{-_{tot}}$ des Null-, Mit- und Gegensystems in die Maschengleichungen der Netzwerke des Null-, Mit- und Gegensystems.

4. Auflösen der linearen Gleichungssysteme nach den Komponenten $\underline{I}_0$, $\underline{I}_+$, $\underline{I}_-$ und $\underline{U}_0$, $\underline{U}_+$, $\underline{U}_-$.

5. Rücktransformation in die Spannungen und Ströme des R, S, T-Drehstromsystems mit Hilfe der Gleichungen (E.5), woraus sich schließlich die in 17.3.1 angegebenen Berechnungsformeln (17.59), (17.60) und (17.61) für die Anfangskurzschlußwechselströme ergeben. *Nur diese finalen Berechnungsformeln sind für die praktische Kurzschlußstromberechnung von Bedeutung.*

E.2.1 Berechnungsformel für einpolige Kurzschlußströme

In einem starr geerdeten Netz werde ein einpoliger Kurzschluß zwischen der Phase R und Erde, sogenannter *Erdkurzschluß*, angenommen, Bild E.3.

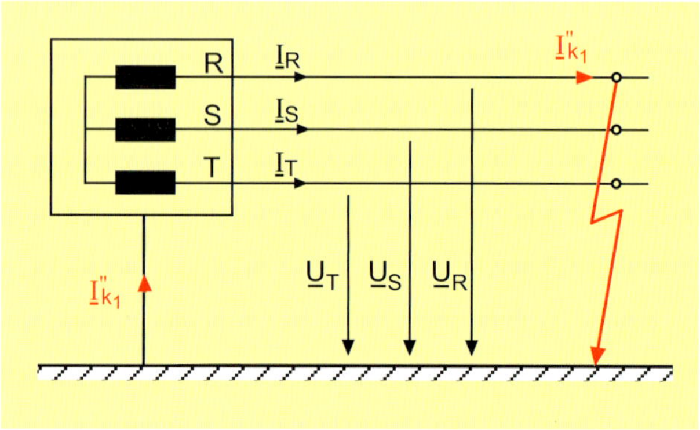

Bild E.3. Einpoliger Kurzschluß bzw. Erdkurzschluß.

Unter Vernachlässigung der betrieblichen Ströme lauten die trivialen Fehlerbedingungen

$$\begin{aligned} \underline{I}_S &= \underline{I}_T = 0 \\ \underline{U}_R &= 0 \quad . \end{aligned} \tag{E.6}$$

Eingesetzt in die Gleichungen (E.4) ergibt sich

$$\begin{aligned} \underline{I}_0 &= \frac{1}{3}(\underline{I}_R + 0 + 0) & \underline{U}_0 &= \frac{1}{3}(0 + \underline{U}_S + \underline{U}_T) \\ \underline{I}_+ &= \frac{1}{3}(\underline{I}_R + 0 + 0) & \underline{U}_+ &= \frac{1}{3}(0 + \underline{a}\underline{U}_S + \underline{a}^2\underline{U}_T) \\ \underline{I}_- &= \frac{1}{3}(\underline{I}_R + 0 + 0) & \underline{U}_- &= \frac{1}{3}(0 + \underline{a}^2\underline{U}_S + \underline{a}\underline{U}_T) \quad . \end{aligned} \tag{E.7}$$

Aus der ersten Spalte von Gleichung (E.7) folgt

$$\underline{I}_0 = \underline{I}_+ = \underline{I}_- = \frac{1}{3}\underline{I}_R \quad . \tag{E.8}$$

Die Addition der drei Gleichungen der rechten Spalte von (E.7) ergibt für die Spannungen

$$\underline{U}_0 + \underline{U}_+ + \underline{U}_- = 0 \quad . \tag{E.9}$$

Einsetzen der Bedingung $\underline{I}_0 = \underline{I}_- = \underline{I}_+$ in die Maschengleichungen (E.1) der Komponentensysteme ergibt

$$\begin{aligned} 0 &= \underline{Z}_0 \underline{I}_+ + \underline{U}_0 \\ \underline{E}_+ &= \underline{Z}_+ \underline{I}_+ + \underline{U}_+ \\ 0 &= \underline{Z}_- \underline{I}_+ + \underline{U}_- \quad . \end{aligned} \tag{E.10}$$

Die anschließende Addition der drei Gleichungen unter Berücksichtigung von $\underline{U}_0 + \underline{U}_+ + \underline{U}_- = 0$ führt auf

$$\underline{E}_+ = \underline{I}_+ (\underline{Z}_0 + \underline{Z}_+ + \underline{Z}_-)$$

und damit auf

$$\underline{I}_+ = \frac{\underline{E}_+}{\underline{Z}_0 + \underline{Z}_+ + \underline{Z}_-} \quad \text{bzw.} \quad I_+ = \frac{c\,U_n \,/\, \sqrt{3}}{|\underline{Z}_0 + \underline{Z}_+ + \underline{Z}_-|} \quad . \tag{E.11}$$

Setzt man die Ströme $\underline{I}_+ = \underline{I}_- = \underline{I}_0$ in die Transformationsgleichungen (E.5) ein, erhalten wir auf Anhieb

$$\underline{I}_R = 3\,\underline{I}_+ \quad \text{bzw.} \quad I''_{k1} = |\underline{I}_R| = |3\underline{I}_+|$$

bzw. mit (E.11)

$$\boxed{I''_{k1} = \frac{cU_n \,/\, \sqrt{3}}{|\underline{Z}_0 + \underline{Z}_+ + \underline{Z}_-|}} \quad , \tag{E.12}$$

wobei im Nenner jeweils die totalen Impedanzen der drei finalen Ersatzschaltbilder des Mit-, Gegen- und Nullsystems stehen.

Die obige Herleitung muß nicht in jeder Kurzschlußstromberechnung erneut durchgeführt werden. Sie dient lediglich der didaktischen Begründung der finalen Gleichung (E.12). Diese Gleichung allein ist für eine Berechnung von I''_{k_1} ausreichend (s. 17.3.1).

E.2.2 Berechnungsformel für zweipolige Kurzschlüsse ohne Erdberührung

In einem starr geerdeten Netz werde ein Kurzschluß zwischen den Phasen S und T angenommen, Bild E.4.

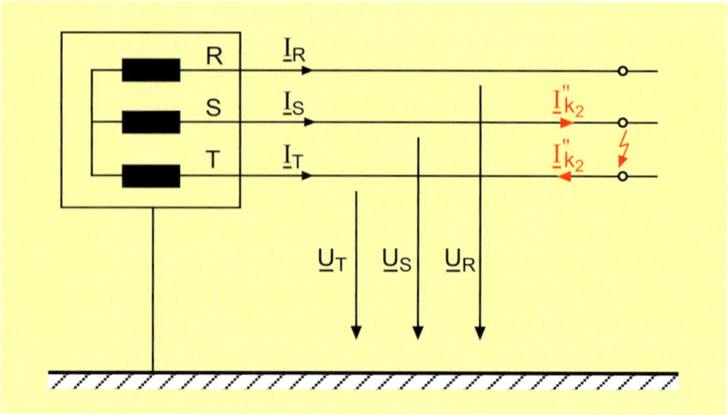

Bild E.4. Zweipoliger Kurzschluß ohne Erdberührung.

Für die Phasenströme und -spannungen gelten bei Vernachlässigung des Betriebsstroms folgende triviale Fehlerbedingungen

$$\underline{I}_S = -\underline{I}_T$$
$$\underline{I}_R = 0$$
$$\underline{U}_S = \underline{U}_T \quad . \tag{E.13}$$

Setzen wir die Beziehungen in die Transformationsgleichungen (E.4) ein, erhalten wir

$$\begin{aligned} \underline{I}_0 &= \tfrac{1}{3}(0 + \underline{I}_S + \underline{I}_T) & \underline{U}_0 &= \tfrac{1}{3}(\underline{U}_R + \underline{U}_S + \underline{U}_T) \\ \underline{I}_+ &= \tfrac{1}{3}(0 + \underline{a}\underline{I}_S + \underline{a}^2\underline{I}_T) & \underline{U}_+ &= \tfrac{1}{3}(\underline{U}_R + \underline{a}\underline{U}_S + \underline{a}^2\underline{U}_T) \\ \underline{I}_- &= \tfrac{1}{3}(0 + \underline{a}^2\underline{I}_S + \underline{a}\underline{I}_T) & \underline{U}_- &= \tfrac{1}{3}(\underline{U}_R + \underline{a}^2\underline{U}_S + \underline{a}\underline{U}_T) \quad . \end{aligned} \tag{E.14}$$

Aus der ersten Zeile von (E.14) links folgt mit $\underline{I}_S = -\underline{I}_T$

$$\underline{I}_0 = \frac{1}{3}(0 - \underline{I}_T + \underline{I}_T) \tag{E.15}$$

bzw.

$$\underline{I}_0 = 0 \quad . \tag{E.16}$$

Die zweite Zeile (E.14) links vereinfacht sich mit $I_S = -I_T$ zu

$$\underline{I}_+ = \frac{1}{3}(0 + a\underline{I}_S - a^2\underline{I}_S) \quad , \tag{E.17}$$

die dritte Zeile ebenso zu

$$\underline{I}_- = \frac{1}{3}(0 + \underline{a}^2\underline{I}_S - a\underline{I}_S) \quad . \tag{E.18}$$

Aus (E.17) und (E.18) folgt durch Addition

$$\underline{I}_+ + \underline{I}_- = 0 \quad \text{bzw.} \quad \underline{I}_+ = -\underline{I}_- \quad . \tag{E.19}$$

Analog folgt aus der Umformung der zweiten und dritten Zeile von (E.14) rechts für die Spannungen in den symmetrischen Komponentensystemen

$$\underline{U}_+ = \underline{U}_- \quad . \tag{E.20}$$

Setzt man die Bedingungen $\underline{I}_0 = 0$, $\underline{U}_+ = \underline{U}_-$ und $\underline{I}_+ = -\underline{I}_-$ in die Maschengleichungen (E.1) der Komponentensysteme ein, erhält man

$$\begin{aligned} 0 &= \underline{U}_0 \\ \underline{E}_+ &= \underline{Z}_+\underline{I}_+ + \underline{U}_+ \\ 0 &= -\underline{Z}_-\underline{I}_+ + \underline{U}_+ \quad . \end{aligned} \tag{E.21}$$

Einsetzen von $\underline{U}_+ = \underline{Z}_-\underline{I}_+$ aus der dritten Zeile in die zweite Zeile ergibt schließlich

$$\underline{E}_+ = \underline{Z}_+\underline{I}_+ + \underline{Z}_-\underline{I}_+ = \underline{I}_+(\underline{Z}_+ + \underline{Z}_-) \tag{E.22}$$

und daraus

$$\underline{I}_+ = \frac{\underline{E}_+}{\underline{Z}_+ + \underline{Z}_-} \quad . \tag{E.23}$$

Setzt man nun die Ströme $\underline{I}_+$, $\underline{I}_-$ und $\underline{I}_0$ gemäß den Gleichungen (E.15), (E.19) und (E.23) in die Gleichungen (E.5) für die Rücktransformation ein,

$$\underline{I}_R = (\underline{0} + \underline{I}_+ + (-\underline{I}_+) \qquad \underline{U}_R = (\underline{0} + \underline{U}_+ + \underline{U}_+)$$

$$\underline{I}_S = (\underline{0} + \underline{a}^2\underline{I}_+ - \underline{a}\underline{I}_+) \qquad \underline{U}_S = (\underline{0} + \underline{a}^2\underline{U}_+ + \underline{a}\underline{U}_+)$$

$$\underline{I}_T = (\underline{0} + \underline{a}\underline{I}_+ - \underline{a}^2\underline{I}_+) \qquad \underline{U}_T = (\underline{0} + \underline{a}\underline{U}_+ + \underline{a}^2\underline{U}_+) \quad , \tag{E.24}$$

erhält man aus der ersten Zeile $\underline{I}_R = 0$ und aus der zweiten und dritten Zeile

$$\underline{I}_S = -\underline{I}_T = -\underline{a}\underline{I}_+ + \underline{a}^2\underline{I}_+ = (\underline{a}^2 - \underline{a})\ \underline{I}_+ \quad . \tag{E.25}$$

Hieraus und mit $\underline{a}^2 = 1\angle 240° = -\frac{1}{2} - \mathrm{j}\frac{\sqrt{3}}{2}$ und $\underline{a} = 1\angle 120° = -\frac{1}{2} - \mathrm{j}\frac{\sqrt{3}}{2}$ berechnet sich der Anfangs-Kurzschlußwechselstrom beim zweipoligen Kurzschluß folglich zu

$$\underline{I}_S = \left(-\frac{1}{2} - \mathrm{j}\frac{\sqrt{3}}{2} + \frac{1}{2} - \mathrm{j}\frac{\sqrt{3}}{2}\right)\ \underline{I}_+ = -\mathrm{j}\frac{\sqrt{3}}{2}\underline{I}_+ \tag{E.26}$$

bzw.

$$\underline{I}_+ = \frac{\mathrm{j}}{\sqrt{3}}\ \underline{I}_S \quad . \tag{E.27}$$

Jetzt können wir $\underline{I}_+$ in (E.23) einsetzen und erhalten damit schließlich

$$\boxed{I''_{k2} = |\underline{I}_S| = \frac{\sqrt{3}\ E_+}{|\underline{Z}_+ + \underline{Z}_-|} = \frac{c\ U_n}{|\underline{Z}_+ + \underline{Z}_-|} \approx \frac{c\ U_n}{2\ Z_+}} \quad . \tag{E.28}$$

E.3 Berechnungsformel für zweipolige Kurzschlüsse mit Erdberührung

In einem starr geerdeten Netz wird ein Kurzschluß zwischen den Phasen S und T sowie zusätzlich ein Kurzschluß zur Erde angenommen, Bild E.5.

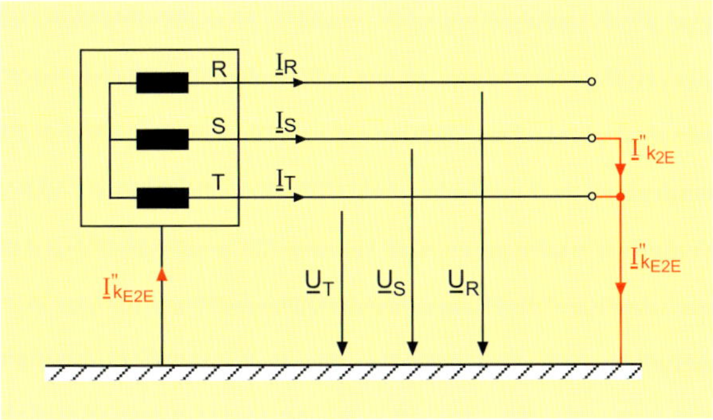

Bild E.5. Zweipoliger Kurzschluß mit Erdberührung. $I''_{k_{2E}}$: zweipoliger Kurzschlußstrom, $I''_{k_{E2E}}$: Erdkurzschlußstrom beim zweipoligen Kurzschluß mit Erdberührung.

Neben den Kurzschlußströmen $I''_{k_{2E}}$ in den Außenleitern ist dann noch der Erdkurzschlußstrom $I''_{k_{E2E}}$ zu ermitteln.

Die triviale Fehlerbedingungen entnimmt man Bild E.5 zu

$$\underline{U}_S = \underline{U}_T = 0$$
$$\underline{I}_R = 0 \quad . \tag{E.29}$$

Eingesetzt in die Gleichungen (E.4) ergibt sich

$$\begin{aligned} \underline{I}_0 &= \tfrac{1}{3}(0 + \underline{I}_S + \underline{I}_T) & \underline{U}_0 &= \tfrac{1}{3}(\underline{U}_R + 0 + 0) \\ \underline{I}_+ &= \tfrac{1}{3}(0 + a\underline{I}_S + a^2\underline{I}_T) & \underline{U}_+ &= \tfrac{1}{3}(\underline{U}_R + 0 + 0) \\ \underline{I}_- &= \tfrac{1}{3}(0 + a^2\underline{I}_S + a\underline{I}_T) & \underline{U}_- &= \tfrac{1}{3}(\underline{U}_R + 0 + 0) \quad . \end{aligned} \tag{E.30}$$

Aus der Addition der drei linken Gleichungen (E.30) folgt wegen $1 + a + a^2 = 0$ oder aus (E.5) mit $\underline{I}_R = 0$

$$\underline{I}_0 + \underline{I}_+ + \underline{I}_- = 0 \quad . \tag{E.31}$$

Für die Spannung ergibt sich aus den rechten Gleichungen

$$\underline{U}_0 = \underline{U}_+ = \underline{U}_- = \frac{1}{3}\underline{U}_R \quad . \tag{E.32}$$

Setzt man die Bedingung $\underline{U}_0 = \underline{U}_+ = \underline{U}_-$ in die Maschengleichungen (E.1) der Komponentensysteme ein,

$$\begin{aligned} 0 &= \underline{Z}_0 \underline{I}_0 + \underline{U}_+ \\ \underline{E}_+ &= \underline{Z}_+ \underline{I}_+ + \underline{U}_+ \\ 0 &= \underline{Z}_- \underline{I}_- + \underline{U}_+ \quad , \end{aligned} \tag{E.33}$$

so ergibt sich durch Gleichsetzen der ersten und dritten Zeile

$$\underline{I}_- = \underline{I}_0 \frac{\underline{Z}_0}{\underline{Z}_-} \quad . \tag{E.34}$$

Einsetzen in Gleichung (E.31) führt auf

$$\underline{I}_0 = -\underline{I}_+ \frac{1}{1 + \frac{\underline{Z}_0}{\underline{Z}_-}} \quad . \tag{E.35}$$

Damit erhält man für den Fehlerstrom im Gegensystem mit Gleichung (E.34)

$$\underline{I}_- = -\underline{I}_+ \frac{1}{1 + \frac{\underline{Z}_-}{\underline{Z}_0}} \quad . \tag{E.36}$$

Setzt man die Gleichung (E.36) in die dritte Zeile von (E.33) ein, so ergibt sich

$$\underline{U}_+ = \underline{I}_+ \frac{\underline{Z}_-}{1 + \frac{\underline{Z}_-}{\underline{Z}_0}} \quad . \tag{E.37}$$

Aus der zweiten Maschengleichung von (E.33) läßt sich damit der Zusammenhang zwischen Fehlerstrom im Mitsystem $\underline{I}_+$ und treibender Spannung $\underline{E}_+$ ableiten,

$$\underline{E}_+ = \underline{Z}_+ \underline{I}_+ + \underline{I}_+ \frac{\underline{Z}_-}{1 + \frac{\underline{Z}_-}{\underline{Z}_0}} = \underline{I}_+ \left(\underline{Z}_+ + \frac{\underline{Z}_- \underline{Z}_0}{\underline{Z}_0 + \underline{Z}_-} \right)$$

und daraus

$$\underline{I}_+ = \frac{\underline{E}_+}{\underline{Z}_+ + \frac{\underline{Z}_- \underline{Z}_0}{\underline{Z}_0 + \underline{Z}_-}} = \frac{c\, U_n}{\sqrt{3} \left(\underline{Z}_+ + \frac{\underline{Z}_- \underline{Z}_0}{\underline{Z}_0 + \underline{Z}_-} \right)} \quad . \tag{E.38}$$

Die Rücktransformation der Ströme $\underline{I}_+$, $\underline{I}_-$ und $\underline{I}_0$ mit Hilfe der Gleichungen (E.5) und eine anschließende Umformung ergibt für die Phasenströme

$$\underline{I}''_{kS} = \frac{c\,U_n}{\sqrt{3}} \frac{\underline{a}^2(\underline{Z}_- + \underline{Z}_0) - \underline{a}\underline{Z}_0 - \underline{Z}_-}{\underline{Z}_+\underline{Z}_- + \underline{Z}_+\underline{Z}_0 + \underline{Z}_-\underline{Z}_0} \tag{E.39}$$

$$= -jcU_n \frac{\underline{Z}_0 + \underline{Z}_-(1 + \underline{a}^2)}{\underline{Z}_+\underline{Z}_- + \underline{Z}_+\underline{Z}_0 + \underline{Z}_-\underline{Z}_0} \tag{E.40}$$

$$\underline{I}''_{kT} = \frac{cU_n}{\sqrt{3}} \frac{\underline{a}(\underline{Z}_- + \underline{Z}_0) - \underline{a}^2\underline{Z}_0 - \underline{Z}_-}{\underline{Z}_+\underline{Z}_- + \underline{Z}_+\underline{Z}_0 + \underline{Z}_-\underline{Z}_0} \tag{E.41}$$

$$= jcU_n \frac{\underline{Z}_0 - \underline{a}^2\underline{Z}_-}{\underline{Z}_+\underline{Z}_- + \underline{Z}_+\underline{Z}_0 + \underline{Z}_-\underline{Z}_0} \quad . \tag{E.42}$$

Für die Beträge ergibt sich der einheitliche Wert

$$I''_{k_{2E}} = |\underline{I}''_{kS}| = |\underline{I}''_{kT}| \tag{E.43}$$

Der Kurzschlußstrom nach Erde, dessen Kenntnis für die Bemessung von *Erdungsanlagen*, Berechnung von *Schrittspannungen* und *Beeinflussungsfragen* erforderlich ist, beträgt

$$\underline{I}''_{k_{E2E}} = \underline{I}''_{kS} + \underline{I}''_{kT} = -\sqrt{3}\,c\,U_n \frac{\underline{Z}_-}{\underline{Z}_+\underline{Z}_- + \underline{Z}_+\underline{Z}_0 + \underline{Z}_-\underline{Z}_0} \tag{E.44}$$

bzw.

$$\boxed{I''_{k_{E2E}} = |\underline{I}''_{k_{E2E}}| = \frac{\sqrt{3}\,c\,U_n}{|\underline{Z}_+ + \underline{Z}_0 + \underline{Z}_0\frac{\underline{Z}_+}{\underline{Z}_-}|}} \quad . \tag{E.45}$$

F. Geräte Funktions-Codes nach ANSI C 37.2 (Auszug)

In den Schaltplänen der Schutztechnik wird der Leser vergeblich nach sinnfälligen Symbolen für die unterschiedlichen Schutzrelais suchen. Vielmehr werden diese durch einheitliche Kästchen dargestellt, die mit einem Funktionscode nach ANSI C 37.2 versehen sind:

Device Number	*Function Description*
2	Time-delay Starting or Closing
15	Speed or Frequency Matching
21	Distance
24	Overexcitation
25	Synchronizing or Synchronism-check
27	Undervoltage
30	Annunciator
32	Directional Power
37	Undercurrent or Underpower
40	Machine Field
46	Reverse-phase or Phase-balance Current
47	Phase-sequence Voltage
49	Machine or Transformer Thermal
50	Instantaneous Overcurrent
51	Ac Time Overcurrent
52	Ac Circiut Breaker
59	Overvoltage
60	Voltage or Current Balance
62	Time-delay Stopping or Opening
63	Gas Pressure or Vacuum
64	Apparatus Ground Detection

Bild F.1. Tabelle der Gerätefunktionsnummern.

Device Number	*Function Description*
67	Ac Directional Overcurrent
68	Blocking
74	Alarm Initiation
78	Phase-angle or Out-of-Step
79	Ac Reclosing
81	Frequency
85	Carrier or Pilot-wire-Recieving
86	Locking-out
87	Differential
94	Tripping Initiation

Bild F.2. Tabelle der Gerätefunktionsnummern (Fortsetzung von F.1).

Device Number	*Function Description*
AC	Alternating Current
B	Bus
BF	Breaker Failure
DC	Direct Current
F	Frequency or Machine Field
G	Generator or Transmission Line Ground
GACT	Ground Auxiliary Current Transformer
GC	Ground Current
GS	Ground Sensor
L	Line
M	Motor
N	Neutral or Ground
R	Reactor or Motor Running
RI	Reclose Initiate
S	Synchronizing or Starting
T	Transformer
TC	Torque Control
V	Voltage
X	Auxiliary

Bild F.3. Tabelle der Buchstabenergänzungen.

G. Lösung linearer und nichtlinearer Gleichungssysteme

Für die Lösung linearer und nichtlinearer algebraischer Gleichungssysteme stehen eine Vielzahl unterschiedlicher Verfahren zur Verfügung, die sich durch Speicherplatzbedarf, Schnelligkeit, Genauigkeit und Programmieraufwand unterscheiden. Man unterscheidet *direkte* und *iterative* Verfahren. Erstere führen, von unvermeidlichen Rundungsfehlern abgesehen, immer auf exakte Lösungen. Letztere ergeben Näherungslösungen, die innerhalb einer vorgegebenen Fehlerschranke mit dem exakten Wert übereinstimmen. In der elektrischen Energietechnik wird von den *direkten* Verfahren überwiegend die *optimal geordnete Dreiecksfaktorisierung* angewandt. Iterative Verfahren kommen bei der Lösung *nichtlinearer Gleichungssysteme* in Verbindung mit der Dreiecksfaktorisierung zum Einsatz. Man unterscheidet im wesentlichen zwischen der *Stromiteration* mit dem Gauß-Seidel-Verfahren und dem *Newton-Raphson-Verfahren.*

Die folgende Darstellung vermittelt einen einführenden Überblick über die in der Netzberechnung angewandten Methoden und erlaubt eine Einordnung der meist isoliert zitierten Verfahren. Der praktische Umgang und die umfassende Bewertung ihrer Zweckmäßigkeit im Einzelfall erfordert eine intime Befassung mit der Materie.

G.1 Direkte Verfahren

Lineare Gleichungssysteme lassen sich analytisch exakt durch Inversion ihrer Koeffizientenmatrix $\underline{\mathbf{Y}}$ lösen,

$$\underline{\mathbf{Y}} \cdot \underline{\mathbf{U}} = \underline{\mathbf{I}} \quad \Rightarrow \quad \underline{\mathbf{U}} = \underline{\mathbf{Y}}^{-1} \cdot \underline{\mathbf{I}} \quad . \tag{G.1}$$

Die unbekannten Knotenspannungen lassen sich dann aus der rechten Gleichung (G.1) durch einfache Multiplikation der bekannt angenommenen Knotenströme mit den Matrixelementen der inversen Matrix erhalten.

Die Inversion kann beispielsweise mit der bereits im Abschnitt 16.1.2 vorgestellten Methode der *partiellen Inversion* durchgeführt werden, indem man den Algorithmus auf alle Zeilen der Admittanzmatrix anwendet. Da der Rechenaufwand für die Inversion jedoch mit n^3 wächst (s. 16.1.2), löst man große Gleichungssysteme nicht mehr durch Matrixinversion sondern mit anderen, effizienteren Lösungverfahren.

G.1.1 Gauß'sches Eliminationsverfahren

Grundsätzlich lassen sich lineare Gleichungssysteme mit n Gleichungen für n Unbekannte dadurch lösen, daß man eine Gleichung nach einer Unbekannten auflöst und diese in die anderen Gleichungen substituiert. Man erhält dann n-1 Gleichungen für n-1 Unbekannte. Im nächsten Schritt löst man eine der n-1 Gleichungen nach einer weiteren Unbekannten auf, substituiert sie in die anderen n-1 Gleichungen und erhält damit n-2 Gleichungen für n-2 Unbekannte. Setzt man diese Vorgehensweise konsequent fort, erhält man schließlich *eine* Gleichung für *eine* Unbekannte, womit sich letztere als Teil-Lösung angeben läßt. Durch *Rückwärtssubstitution* in die vorletzte Gleichung erhält man die zweite Unbekannte und so weiter.

Durch Übergang auf die Matrixschreibweise läßt sich dieses Vorgehen mit Hilfe der *Gauß'schen Elimination* bzw. des *Gauß'schen Algorithmus* schematisieren und der Aufwand in Grenzen halten. Hierbei wird die Matrix $\underline{\mathbf{Y}}$ in (G.1) zunächst um den Spaltenvektor $\underline{\mathbf{I}}$ der Knotenströme erweitert. Anschließend werden, beginnend mit der ersten Zeile, zeilenweise die unter der Diagonalen liegenden Spaltenelemente eliminiert und damit die Zahl der Unbekannten jeweils um 1 reduziert. In der letzten Zeile angekommen bleibt nur noch eine Gleichung für eine Unbekannte übrig. Da auch die Elemente des Stromvektors den Eliminationsschritten unterworfen wurden, erhält man eine äquivalente, neue Matrixgleichung mit *geändertem* Stromvektor $\underline{\mathbf{I}}'$,

$$\underline{\mathbf{Y}}' \cdot \underline{\mathbf{U}} = \underline{\mathbf{I}}' \quad , \tag{G.2}$$

die den *gleichen* Lösungsvektor $\underline{\mathbf{U}}$ besitzt wie die Gleichung $\underline{\mathbf{Y}} \cdot \underline{\mathbf{U}} = \underline{\mathbf{I}}$.

Nach Ermitteln der Unbekannten der letzten Zeile lassen sich durch *Rückwärtssubstitution* anschließend alle anderen Unbekannten berechnen.

Das folgende bekannte Standardbeispiel mit reellen Variablen veranschaulicht die Vorgehensweise. Gegeben sei ein lineares Gleichungssystem

$$\begin{aligned} U_1 + 3U_2 + 1U_3 &= 3 \\ 6U_2 + 2U_3 &= 1 \\ 3U_1 + 4U_2 + U_3 &= 4 \end{aligned} \tag{G.3}$$

bzw. in Matrixschreibweise

$$\begin{bmatrix} 1 & 3 & 1 \\ 0 & 6 & 2 \\ 3 & 4 & 1 \end{bmatrix} \cdot \begin{bmatrix} U_1 \\ U_2 \\ U_3 \end{bmatrix} = \begin{bmatrix} 3 \\ 1 \\ 4 \end{bmatrix} \quad \hat{=} \quad \underline{\mathbf{Y}} \cdot \underline{\mathbf{U}} = \underline{\mathbf{I}} \quad . \tag{G.4}$$

Gesucht sind die Spannungen U_1, U_2, U_3.

Man ergänzt die Matrix $\underline{\mathbf{Y}}$ um den Stromvektor $\underline{\mathbf{I}}$, sogenannte *ergänzte Matrix* $[\underline{\mathbf{Y}}|\,\underline{\mathbf{I}}]$, und multipliziert einzelne Zeilen mit einem geeigneten Faktor derart, daß bei Addition *mit* oder Subtraktion *von* einer anderen Zeile der Koeffizient der ersten Spalte verschwindet, sogenannte *Zeilenoperationen.* In (G.4) multipliziert man beispielsweise die erste Zeile mit dem Faktor 3 und subtrahiert sie von der dritten Zeile,

$$\left[\begin{array}{ccc|c} 1 & 3 & 1 & 3 \\ 0 & 6 & 2 & 1 \\ 3 & 4 & 1 & 4 \end{array}\right] \xrightarrow{Z_3 - 3Z_1} \left[\begin{array}{ccc|c} 1 & 3 & 1 & 3 \\ 0 & 6 & 2 & 1 \\ 0 & -5 & -2 & -5 \end{array}\right] \quad . \tag{G.5}$$

Anschließend multipliziert man die zweite Zeile mit 5/6 und addiert sie zur dritten Zeile,

$$\left[\begin{array}{ccc|c} 1 & 3 & 1 & 3 \\ 0 & 6 & 2 & 1 \\ 0 & -5 & -2 & -5 \end{array}\right] \xrightarrow{Z_3 + \frac{5}{6}Z_2} \left[\begin{array}{ccc|c} 1 & 3 & 1 & 3 \\ 0 & 6 & 2 & 1 \\ 0 & 0 & -\frac{1}{3} & -\frac{25}{6} \end{array}\right] \quad . \tag{G.6}$$

Als Ergebnis erhält man eine *obere Dreiecksmatrix*, mit anderen Worten eine Matrix, deren Elemente unterhalb der Diagonalen alle Null sind.

Teilt man jetzt noch jede Zeile durch einen Faktor derart, daß das Diagonalelement zu 1 wird (falls erforderlich), erhalten wir

$$\left[\begin{array}{ccc|c} 1 & 3 & 1 & 3 \\ 0 & 1 & \frac{2}{6} & \frac{1}{6} \\ 0 & 0 & 1 & -\frac{25}{2} \end{array}\right] , \tag{G.7}$$

das heißt, eine obere Dreiecksmatrix, deren Diagonalelemente alle den Wert 1 besitzen.

Schreiben wir (G.7) ausführlich hin, erhalten wir

$$\begin{array}{lllll} U_1 & + 3U_2 & + 1U_3 & = & 3 \\ 0 & \quad U_2 & + \frac{2}{6}U_3 & = & \frac{1}{6} \\ 0 & \quad 0 & \quad U_3 & = & -\frac{25}{2} \end{array} . \tag{G.8}$$

Die Lösung U_3 steht bereits in der letzten Zeile. Durch Rückwärtssubstitution erhalten wir

$$U_2 = \frac{1}{6} - \frac{25}{6} = -\frac{24}{6} = -4 \text{ und } U_1 = 3 + 12 - \frac{25}{2} = \frac{30}{2} - \frac{25}{2} = \frac{5}{2} , \tag{G.9}$$

und damit den Lösungsvektor $\underline{\mathbf{U}}$

$$\underline{\mathbf{U}} = \begin{bmatrix} \frac{5}{2} \\ -4 \\ -\frac{25}{2} \end{bmatrix} . \tag{G.10}$$

Daß hier U_2 negativ ist, liegt an der willkürlichen Wahl der Koeffizienten der Matrix $\underline{\mathbf{Y}}$ und hat keine physikalische Bedeutung.

In allgemeiner Form erhält man die Lösungen U_i eines linearen Gleichungssystems $\underline{\mathbf{Y}}\,\underline{\mathbf{U}} = \underline{\mathbf{I}}$ durch Anwendung von Zeilenoperationen auf die *ergänzte Matrix* $[\underline{\mathbf{Y}}|\underline{\mathbf{I}}]$ bis eine *obere* Dreiecksmatrix $\underline{\mathbf{Y}}_o^{'}$ erhalten wird,

$$\left[\begin{array}{ccccc|c} Y'_{11} & Y'_{12} & Y'_{13} & \dots & Y'_{1n} & i'_1 \\ 0 & Y'_{22} & Y'_{23} & \dots & Y'_{2n} & i'_2 \\ 0 & 0 & Y'_{33} & \dots & Y'_{3n} & i'_3 \\ \dots & \dots & \dots & \dots & \dots & \dots \\ \dots & \dots & \dots & \dots & \dots & \dots \\ 0 & 0 & 0 & \dots & Y'_{nn} & i'_n \end{array}\right] . \tag{G.11}$$

Beginnend mit $U_i = U_n$ lassen sich durch *Rückwärtssubstitution* alle anderen Teillösungen berechnen, wobei U_k die jeweils zuvor erhaltene Teillösung ist.

Allgemein erhält man die Lösungen bei Rückwärtssubstitution zu

$$U_i = \frac{i'_i - \sum\limits_{k=n}^{i-1} Y'_{ik} U_k}{Y'_{ii}} \tag{G.12}$$

mit $i = n,\ n-1,\ n-2,\ n-3,\ \dots 1$.

Sinngemäß erhält man die Lösungen eines Gleichungssystems mit einer *unteren* Dreiecksmatrix $\underline{\mathbf{Y}}'_u$

$$\left[\begin{array}{ccccc|c} Y'_{11} & 0 & 0 & \dots & 0 & i'_1 \\ Y'_{21} & Y'_{22} & 0 & \dots & 0 & i'_2 \\ Y'_{31} & Y'_{32} & Y'_{33} & \dots & 0 & i'_3 \\ \vdots & \vdots & & \ddots & \vdots & \vdots \\ Y'_{n1} & Y'_{n2} & Y'_{n3} & \dots & Y'_{nn} & i'_n \end{array}\right] \tag{G.13}$$

durch *Vorwärtssubstitution* beginnend mit U_1 zu

$$U_i = \frac{i'_i - \sum\limits_{k=1}^{i-1} Y'_{ik} U_k}{Y'_{ii}} . \tag{G.14}$$

mit $i = 1,\ 2,\ 3,\ \dots n$.

Um Rundungsfehler klein zu halten, werden das Ausgangssystem und jedes reduzierte Gleichungssystem durch geeignete Umstellung der Zeilen normalerweise so angeschrieben, daß jeweils die Zeile mit dem betraggrößten Koeffizienten oben steht (sogenannte *Eliminationsgleichung*).

Auf den Zeilenoperationen des vorstehend beschriebenen Gauß'schen Algorithmus aufbauend, gibt es zahlreiche weitere Modifikationen.

G.1.2 Gauß-Jordan-Algorithmus

Beim Gauß-Jordan-Verfahren erübrigt sich die mit der letzten Gleichung beginnende Rückwärtssubstitution der gefundenen Teillösungen. Dies wird erreicht, indem man in obigem Beispiel (G.7) nach Erhalt der letzten Zeile mit nur einer Unbekannten weitere Zeilenoperationen durchführt und auch die dritte und zweite Zeile jeweils mit einem Faktor versehen zu den vorstehenden Gleichungen addiert derart, daß in jeder Zeile zwischen dem Diagonalelement 1 und dem ganz rechts stehenden Element einer Zeile nur noch Nullelemente auftreten.

$$\left[\begin{array}{ccc|c} 1 & 3 & 1 & 3 \\ 0 & 1 & \frac{2}{6} & \frac{1}{6} \\ 0 & 0 & 1 & \frac{25}{2} \end{array}\right] \overset{Z_2 - \frac{2}{6} Z_3}{\longrightarrow} \left[\begin{array}{ccc|c} 1 & 3 & 1 & 3 \\ 0 & 1 & 0 & -\frac{24}{6} \\ 0 & 0 & 1 & \frac{25}{2} \end{array}\right]$$

$$\left[\begin{array}{ccc|c} 1 & 3 & 1 & 3 \\ 0 & 1 & 0 & -4 \\ 0 & 0 & 1 & \frac{25}{2} \end{array}\right] \overset{Z_1 - 3Z_2 - Z_3}{\longrightarrow} \left[\begin{array}{ccc|c} 1 & 0 & 0 & \frac{5}{2} \\ 0 & 1 & 0 & -4 \\ 0 & 0 & 1 & \frac{25}{2} \end{array}\right] \tag{G.15}$$

Eine Rückwärtssubstitution ist entbehrlich, da die Lösungen bereits explizit dastehen.

G.1.3 Dreiecksfaktorisierung

Die Tatsache, daß sich Matrixgleichungen mit Matrizen in Dreiecksform mittels einfacher Multiplikationen durch *Rückwärtssubstitution* (engl.: *bottom up*), oder im Fall einer unteren Dreiecksmatrix sinngemäß durch *Vorwärtssubstitution* (engl.: *top down*) lösen lassen, führte zur *Dreieckfaktorisierung.* Während bei den bislang vorgestellten Verfahren der Ermittlung einer oberen oder unteren Dreiecksmatrix auch der *Stromvektor* in der ergänzten Matrix $[\underline{\mathbf{Y}}|\underline{\mathbf{I}}]$ den Zeilenoperationen unterworfen wurde, leistet die nachstehende Vorgehensweise die Dreiecksfaktorisierung von Matrizen unter *Beibehaltung* des Stromvektors $\underline{\mathbf{I}}$. Dies ist von großem Vorteil, wenn der Stromvektor häufig variiert werden soll.

Die Dreiecksfaktorisierung baut auf den Zeilenoperationen des Gauß'schen Algorithmus auf und hat die Zerlegung einer isolierten *quadratischen, nichtsingulären* Matrix $\underline{\mathbf{Y}}$ in eine *untere* und eine *obere* Dreiecksmatrix zum Ziel, beispielsweise

$$\underset{\underline{\mathbf{Y}}}{\begin{bmatrix} y_{11} & y_{12} & y_{13} \\ y_{21} & y_{22} & y_{23} \\ y_{31} & y_{32} & y_{33} \end{bmatrix}} \Rightarrow \underset{\underline{\mathbf{Y}}_u}{\begin{bmatrix} 1 & 0 & 0 \\ y_{u_{21}} & 1 & 0 \\ y_{u_{31}} & y_{u_{32}} & 1 \end{bmatrix}} \cdot \underset{\underline{\mathbf{Y}}_o}{\begin{bmatrix} y_{o_{11}} & y_{o_{12}} & y_{o_{13}} \\ 0 & y_{o_{22}} & y_{o_{23}} \\ 0 & 0 & y_{o_{33}} \end{bmatrix}} \quad . \tag{G.16}$$

Damit gilt für ein lineares Gleichungssystem $\underline{\mathbf{Y}}\,\underline{\mathbf{U}} = \underline{\mathbf{I}}$ auch

$$\underline{\mathbf{Y}}_u\,\underline{\mathbf{Y}}_o\,\underline{\mathbf{U}} = \underline{\mathbf{I}} \quad . \tag{G.17}$$

Die Dreiecksfaktorisierung soll hier anschaulich an einem einfachen Zahlenbeispiel vorgestellt werden.

Wir gehen aus von unserem Standardbeispiel

$$\begin{bmatrix} 1 & 3 & 1 \\ 0 & 6 & 2 \\ 3 & 4 & 1 \end{bmatrix} \tag{G.18}$$

und multiplizieren im *ersten* Faktorisierungsschritt die erste Zeile mit geeigneten Faktoren derart, daß nach Addition zur zweiten und dritten Zeile alle Elemente der ersten Spalte unter dem Diagonalelement der ersten Zeile verschwinden.

Bezüglich der zweiten Zeile können wir uns diese Operation ersparen, da das erste Element bereits eine Null ist. Zur Behandlung der dritten Zeile multiplizieren wir die erste Zeile mit -3, addieren sie zur dritten Zeile und benennen die so erhaltene Matrix $\underline{\mathbf{Y}}_{0_1}$,

$$\begin{bmatrix} 1 & 3 & 1 \\ 0 & 6 & 2 \\ 0 & -5 & -2 \end{bmatrix} = \underline{\mathbf{Y}}_{0_1} \quad . \tag{G.19}$$

Im *zweiten* Faktorisierungsschritt tragen wir die zur Elimination der Elemente der ersten Spalte verwendeten Faktoren mit ihrem *Negativwert* in eine untere Dreiecksmatrix mit *Platzhalterelementen* „*“ und Diagonalelementen vom Wert 1 ein und erhalten so die nachstehende *untere* Dreiecksmatrix $\underline{\mathbf{Y}}_{u_1}$,

$$\begin{bmatrix} 1 & 0 & 0 \\ 0 & 1 & 0 \\ 3 & * & 1 \end{bmatrix} = \underline{\mathbf{Y}}_{u_1} \quad . \tag{G.20}$$

Im *dritten* Faktorisierungsschritt eliminieren wir das unter dem zweiten Diagonalelement von (G.19) liegende Element durch Multiplikation der zweiten Zeile mit 5/6 und Addition zur dritten Zeile. Wir bezeichnen die so erhaltene Matrix mit $\underline{\mathbf{Y}}_{o_2}$,

$$\begin{bmatrix} 1 & 3 & 1 \\ 0 & 6 & 2 \\ 0 & 0 & -\frac{1}{3} \end{bmatrix} = \underline{\mathbf{Y}}_{o_2} \quad . \tag{G.21}$$

Im *vierten* Schritt tragen wir wieder den Negativwert des verwendeten Multiplikationsfaktors in das noch freie Feld unterhalb des Diagonalelements der zweiten Spalte von $\underline{\mathbf{Y}}_{u_1}$ ein,

$$\begin{bmatrix} 1 & 0 & 0 \\ 0 & 1 & 0 \\ 3 & -\frac{5}{6} & 1 \end{bmatrix} = \underline{\mathbf{Y}}_{u_2} \quad , \tag{G.22}$$

und bezeichnen diese Matrix mit $\underline{\mathbf{Y}}_{u_2}$. Mit (G.21) und (G.22) haben wir die Zerlegung der Ausgangsmatirix (G.18) in eine obere und untere Dreiecksmatrix erreicht.

Setzt man $\underline{\mathbf{Y}}_{u_2} := \underline{\mathbf{Y}}_u$ und $\underline{\mathbf{Y}}_{o_2} := \underline{\mathbf{Y}}_o$ gilt

$$\underline{\mathbf{Y}}_u \, \underline{\mathbf{Y}}_o = \underline{\mathbf{Y}} \quad . \tag{G.23}$$

Wir haben so die Matrix $\underline{\mathbf{Y}}$ in eine untere und eine obere Dreiecksmatrix faktorisiert, was sich durch explizite Multiplikation der oberen und unteren Dreiecksmatrizen $\underline{\mathbf{Y}}_{u_2}$ und $\underline{\mathbf{Y}}_{o_2}$ leicht nachweisen läßt.

Der Clou der Dreiecksfaktorisierung besteht nun darin, daß sich bei gegebenen Dreiecksmatrizen $\underline{\mathbf{Y}}_u$ und $\underline{\mathbf{Y}}_o$ ein Gleichungssystem

$$\underline{\mathbf{Y}}\,\underline{\mathbf{U}} = \underline{\mathbf{I}} \quad , \tag{G.24}$$

bzw.

$$\underline{\mathbf{Y}}_u\,\underline{\mathbf{Y}}_o\,\underline{\mathbf{U}} = \underline{\mathbf{I}} \quad , \tag{G.25}$$

durch einfache Multiplikationen nach $\underline{\mathbf{U}}$ auflösen läßt.

Substituiert man zunächst in (G.25)

$$\underline{\mathbf{Y}}_o\,\underline{\mathbf{U}} = \underline{\mathbf{M}} \quad , \tag{G.26}$$

erhalten wir

$$\underline{\mathbf{Y}}_u\,\underline{\mathbf{M}} = \underline{\mathbf{I}} \quad . \tag{G.27}$$

Dieses Gleichungssystem mit einer unteren Dreiecksmatrix läßt sich gemäß (G.13) durch *Vorwärtssubstitution* (top down) nach $\underline{\mathbf{M}}$ auflösen. Substituiert man anschließend $\underline{\mathbf{M}}$ in (G.26), läßt sich durch *Rückwärtssubstitution* (bottom up) gemäß (G.11) der gesuchte Lösungsvektor $\underline{\mathbf{U}}$ auffinden.

Die beiden Dreiecksmatrizen $\underline{\mathbf{Y}}_u$ und $\underline{\mathbf{Y}}_o$ enthalten auch alle Informationen zur Bildung der inversen Matrix $\underline{\mathbf{Y}}^{-1} = \underline{\mathbf{Z}}$, was hier jedoch nicht weiter erörtert werden soll. Das hier gewählte Beispiel sollte lediglich die grundsätzliche Idee der Lösung linearer Gleichungssysteme durch Dreiecksfaktorisierung vorstellen. In der Praxis gibt es zahlreiche weitere Methoden. Diese Verfahren werden meist nach ihren Innovatoren bezeichnet, beispielsweise *Crout*, *Cholesky*, *Doolittle*, *Banachiewichz*, *Takahashi* und andere. Ihre Darstellung geht weit über den Rahmen dieser Übersicht hinaus.

Abschließend sollen jedoch noch bei den direkten Verfahren die sogenannte *optimal geordnete* und die *topologisch gesteuerte Elimination* erwähnt werden.

G.1.4 Optimal geordnete Dreiecksfaktorisierung

Die Vorzüge der Dreiecksfaktorisierung kommen gerade in Verbindung mit schwach besetzten Matrizen (engl.: *sparse matrices*) zum Tragen. Durch eine *optimal geordnete* oder *topologisch gesteuerte Dreiecksfaktorisierung* mit dem Ziel des Erhalts möglichst vieler Nullelemente in der unteren Dreiecksmatrix lassen sich die Rechenschritte zum Erhalt der Lösungen reduzieren. Ohne im Einzelnen zu begründen warum und wieso, gelten für die *optimale Ordnung* folgende Regeln:

- *Zeilen werden mit zunehmender Zahl ihrer von Null verschiedenen Elemente von oben nach unten angeordnet, was durch eine geeignete Nummerierung der Knoten bewerkstelligt wird.*
- *Zeilen mit der kleinsten Zahl von Null verschiedener Elemente werden bevorzugt behandelt.*
- *Bei gleich viel Nullelementen werden die Zeilen bevorzugt, die am wenigsten von Null verschiedene neue Elemente erzeugen.*

Da die Matrixelemente ja Zweigadmittanzen zwischen Knoten und die Diagonalelemente Umlaufadmittanzen der Netzknoten sind, lassen sich obige Regeln auch in der Netzterminologie ausdrücken. Es gibt folgende drei Vorgehensweisen der *topologisch gesteuerten* Elimination:

- *Netzknoten sind in der Reihenfolge zu ordnen, daß die Zahl der von ihnen abgehenden Zweige im Orginalnetz zunimmt.*
- *Wähle bei jedem Eliminationsschritt den Knoten, der die geringste Zahl abgehender Zweige besitzt.*
- *Wähle bei jedem Eliminationsschritt den Knoten, der die geringste Zahl neuer Zweige generiert.*

Die *optimal geordnete* und die *topologisch gesteuerte* Dreiecksfaktorisierung erfordert einen hohen Programmieraufwand, ist aber letztlich allen anderen Lösungsverfahren für lineare Gleichungssysteme mit schwach besetzten Matrizen überlegen.

G.2 Iterationsverfahren

Man unterscheidet in der Leistungsflußrechnung zwischen *Stromiterationsverfahren* und *Newton-Raphson-Verfahren.* Bei ersterem werden aus den gegebenen Knotenleistungen $\underline{S}_1, \underline{S}_2, \underline{S}_3 \ldots \underline{S}_n$ mit Hilfe eines geschätzten *Startvektors* für die Knotenspannungen, beispielsweise $U_1, U_2, U_3 \ldots U_n := U_N$, Belastungsströme $\underline{I}_1, \underline{I}_2, \underline{I}_3 \ldots \underline{I}_n$ errechnet, aus denen schließlich durch Lösen eines linearen Gleichungssystems für gegebene Belastungsströme $\underline{\mathbf{Y}}\,\underline{\mathbf{U}} = \underline{\mathbf{I}}$ die iterativ verbesserte Knotenspannungen errechnet werden. Im zweiten Rechenschritt ersetzt man den Startvektor der Knotenspannungen durch die errechneten, verbesserten Knotenspannungen und erhält hieraus wieder neue, verbesserte Lastströme und Knotenspannungen usw. Beim Newton-Raphson-Verfahren werden die Knotenspannungen iterativ direkt aus den Leistungen bzw. ihren 1. Ableitungen ermittelt

Im folgenden werden zunächst Stromiterationsverfahren vorgestellt.

G.2.1 Stromiterationsverfahren

G.2.1.1 Jacobi-Verfahren (Gesamtschrittverfahren)

Beim Gesamtschrittverfahren löst man die Knotengleichung eines Knotens i (s. z. B. Gleichung (16.X))nach der Spannung $\underline{U}_i$ auf,

$$\underline{Y}_{i1}\underline{U}_1 + \underline{Y}_{i2}\underline{U}_2 + \underline{Y}_{ii}\underline{U}_i + \ldots + \underline{Y}_{in}\underline{U}_n = \underline{I}_{ii} \tag{G.28}$$

bzw.

$$\underline{Y}_{ii}\underline{U}_i = \underline{I}_{ii} - \sum_{k=1,k\neq i}^{n} \underline{Y}_{ik}\underline{U}_k \quad . \tag{G.29}$$

Hieraus erhält man als Rekursionsformel den folgenden Algorithmus

$$\underline{U}_i^{(\nu+1)} = \frac{1}{\underline{Y}_{ii}} \left[\underline{I}_{ii} - \sum_{\substack{k=1 \\ k\neq i}}^{n} \underline{Y}_{ik}\underline{U}_k^{(\nu)} \right] \quad , \tag{G.30}$$

bzw.

$$\underline{U}_i^{(\nu+1)} = \frac{1}{\underline{Y}_{ii}} \left[\frac{P_i - jQ_i}{U_i^{(\nu)^*}} - \sum_{\substack{k=1 \\ k\neq i}}^{n} \underline{Y}_{ik}\underline{U}_k^{(\nu)} \right] \quad . \tag{G.31}$$

Mit Hilfe dieser Gleichung berechnet man nacheinander die Knotenspannungen aller Gleichungszeilen.

Ausgehend von einem geschätzten Knotenspannungsvektor $\underline{\mathbf{U}}^{(0)}$ (z. B. alle Knotenspannungen besitzen den Wert der Spannung des Bezugsknotens) wird ein verbesserter Knotenspannungsvektor $\underline{\mathbf{U}}^{(1)}$, mit diesem ein verbesserter Knotenspannungsvektor $\underline{\mathbf{U}}^{(2)}$ usw. berechnet, bis die Unterschiede zwischen den einzelnen Näherungen einen bestimmten Konvergenzindex unterschreiten,

$$|\underline{U}_i^{(\nu+1)} - \underline{U}_i^{(\nu)}| < \varepsilon, \tag{G.32}$$

z. B.

$$\varepsilon = 10^{-4} U_i. \tag{G.33}$$

Der Name *Gesamtschrittverfahren* rührt daher, daß in jedem Schritt das gesamte Gleichungssystem für einen festen Knotenspannungsvektor $\underline{\mathbf{U}}^{(\nu)}$ Zeile für Zeile abgearbeitet wird.

G.2.1.2 Gauß-Seidel-Verfahren (Einzelschrittverfahren)

Beim *Einzelschrittverfahren* werden die aus den bereits iterierten Gleichungen erhaltenen verbesserten Knotenspannungen bei der Iteration der darauffolgenden Gleichungszeilen berücksichtigt, was zu einer schnelleren Konvergenz führt. Man teilt schlicht die in der eckigen Klammer stehende Summe in (G.30) und (G.31) in zwei Teilsummen auf und verwendet in der ersten die bereits verbesserten Knotenspannungen.

$$\underline{U}_i^{(\nu+1)} = \frac{1}{\underline{Y}_{ii}} \left[I_{ii} - \sum_{k=1}^{i-1} \underline{Y}_{ik} \underline{U}_k^{(\nu+1)} - \sum_{k=i+1}^{n} \underline{Y}_{ik} \underline{U}_k^{(\nu)} \right] \tag{G.34}$$

bzw.

$$\underline{U}_i^{(\nu+1)} = \frac{1}{\underline{Y}_{ii}} \left[\frac{P_i - jQ_i}{\underline{U}_i^{(\nu)*}} - \sum_{k=1}^{i-1} \underline{Y}_{ik} \underline{U}_k^{(\nu+1)} - \sum_{k=i+1}^{n} \underline{Y}_{ik} \underline{U}_k^{(\nu)} \right] \tag{G.35}$$

Die Konvergenz des Gauß-Seidel-Verfahrens läßt sich durch Einführung eines Beschleunigungsfaktors weiter verbessern, indem der bei einer Iteration erhaltene Wertzuwachs

$$\Delta \underline{U}_i = \underline{U}_i^{(\nu+1)} - \underline{U}_i^{(\nu)} \tag{G.36}$$

mit einem Faktor α zwischen 1,5 und 1,7 multipliziert wird. Der aktualisierte Spannungswert berechnet sich dann zu

$$\underline{U}_i^{(\nu+1)'} = \underline{U}_i^{(\nu)} + \alpha \left[\underline{U}_i^{(\nu+1)} - \underline{U}_i^{(\nu)} \right] \quad , \tag{G.37}$$

sogenannte *Überrelaxation.*

G.2.1.3 Newton-Raphson-Verfahren

Die Rekursionsformel des Newton-Raphson-Verfahrens basiert auf der Approximation einer nichtlinearen Funktion mehrerer Veränderlicher durch eine nach dem ersten linearen Glied abgebrochenen Taylor-Reihe. Im vorliegendem Fall handelt es sich um die Funktion der *komplexen Knotenleistungen* S_i, als Funktion der *komplexen Knotenspannungen* $\underline{U}_{1\ldots n}$,

$$\underline{S}_i = f(\underline{U}_1, \underline{U}_2, \underline{U}_3 \ldots \underline{U}_n) \quad . \tag{G.38}$$

Bricht man die Taylor-Reihe nach der ersten Ableitung ab, werden die nichtlinearen Leistungsflußgleichungen in *lineare Gleichungen* überführt.

Für eine einzige Veränderliche lautet die Taylor-Reihenentwicklung um einen Arbeitspunkt $x^{(0)}$

$$f(x) = f(x^{(0)}) + \frac{1}{1!} f'(x^{(0)})(x - x^{(0)}) + \ldots = f(x^{(0)}) + f'(x^{(0)}) \Delta x^{(0)} + \ldots \tag{G.39}$$

Abbrechen und Nullsetzen führt auf

$$\Delta x^{(0)} = x - x^{(0)} \approx -\frac{f(x^{(0)})}{f'(x^{(0)})} = -\left[f'(x^{(0)}) \right]^{-1} \cdot f(x^{(0)})$$

$$\text{bzw.} \qquad x \approx x^{(0)} + \Delta x^{(0)} = x^{(0)} - \left[f'(x^{(0)}) \right]^{-1} \cdot f(x^{(0)}) \tag{G.40}$$

Hieraus ergibt sich folgende Rekursionsformel

$$x^{(\nu+1)} = x^{(\nu)} + \Delta x^{(\nu)} = x^{(\nu)} - \left[f'(x^{(\nu)}) \right]^{-1} \cdot f(x^{(\nu)}) \quad . \tag{G.41}$$

Während eines Iterationsschrittes wird jeweils der Wertzuwachs $\Delta x^{(\nu)}$ ermittelt und zum letzten Näherungswert hinzugezählt.

In ähnlicher Weise läßt sich die Knotenleistung $\underline{S}_i$ eines Knotens i als Funktion eines Satzes geschätzter Knotenspannungen (Startvektor $\underline{\mathbf{U}}^{(0)}$) in eine Taylor-Reihe entwickeln, wobei man von den Leistungsflußgleichungen in reeller Schreibweise ausgeht. Mit $\delta_1 = 0$ und Vernachlässigung höherer Ableitungen ergibt sich in reeller Schreibweise:

$$\begin{aligned} P_i \approx\; & P_i^{(0)} + \left(\frac{\partial P_i}{\partial \delta_2}\right)^{(0)} \Delta\delta_2^{(0)} + \ldots + \left(\frac{\partial P_i}{\partial \delta_n}\right)^{(0)} \\ & + \Delta\delta_n^{(0)} + \left(\frac{\partial P_i}{\partial U_2}\right)^{(0)} \Delta\underline{U}_2^{(0)} + \ldots + \left(\frac{\partial P_i}{\partial \underline{U}_n}\right)^{(0)} \Delta U_n^{(0)} \end{aligned} \tag{G.42}$$

$$\begin{aligned} Q_i \approx\; & Q_i^{(0)} + \left(\frac{\partial Q_i}{\partial \delta_2}\right)^{(0)} \Delta\delta_2^{(0)} + \ldots + \left(\frac{\partial Q_i}{\partial \delta_n}\right)^{(0)} \\ & + \Delta\delta_n^{(0)} + \left(\frac{\partial Q_i}{\partial U_2}\right)^{(0)} \Delta\underline{U}_2^{(0)} + \ldots + \left(\frac{\partial Q_i}{\partial U_n}\right)^{(0)} \Delta\underline{U}_n^{(0)} \end{aligned} \tag{G.43}$$

Im Gegensatz zur komplexen Darstellung erhält man für jeden Netzknoten zwei Gleichungen.

Für den gewählten Startvektor $\underline{\mathbf{U}}^0$ verbleiben die Leistungsabweichungen

$$\Delta P_i = P_i^{spec} - P_i^{(0)} \qquad \text{und} \qquad \Delta Q_i = Q_i^{spec} - Q_i^{(0)} \quad . \tag{G.44}$$

Bringt man in den Leistungsflußgleichungen aller P, Q-Knoten jeweils $P_i^{(0)}$ und $Q_i^{(0)}$ auf die linke Seite, läßt sich folgendes Gleichungssystem mit 2(n+1) Gleichungen aufstellen:

$$\begin{bmatrix} \Delta P_2^{(0)} \\ \vdots \\ \Delta P_n^{(0)} \\ \vdots \\ \Delta Q_2^{(0)} \\ \vdots \\ \Delta Q_n^{(0)} \end{bmatrix} = \left[\begin{array}{ccc|ccc} \left(\frac{\partial P_2}{\partial \delta_2}\right)^{(0)} & \cdots & \left(\frac{\partial P_2}{\partial \delta_n}\right)^{(0)} & \left(\frac{\partial P_2}{\partial U_2}\right)^{(0)} & \cdots & \left(\frac{\partial P_2}{\partial U_n}\right)^{(0)} \\ \vdots & & \vdots & \vdots & & \vdots \\ \left(\frac{\partial P_n}{\partial \delta_2}\right)^{(0)} & \cdots & \left(\frac{\partial P_n}{\partial \delta_n}\right)^{(0)} & \left(\frac{\partial P_n}{\partial U_2}\right)^{(0)} & \cdots & \left(\frac{\partial P_n}{\partial U_n}\right)^{(0)} \\ \cdot & & \cdot & \cdot & & \cdot \\ \hline \cdot & & \cdot & \cdot & & \cdot \\ \left(\frac{\partial Q_2}{\partial \delta_2}\right)^{(0)} & \cdots & \left(\frac{\partial Q_2}{\partial \delta_n}\right)^{(0)} & \left(\frac{\partial Q_2}{\partial U_2}\right)^{(0)} & \cdots & \left(\frac{\partial Q_2}{\partial U_n}\right)^{(0)} \\ \vdots & & \vdots & \vdots & & \vdots \\ \left(\frac{\partial Q_n}{\partial \delta_2}\right)^{(0)} & \cdots & \left(\frac{\partial Q_n}{\partial \delta_n}\right)^{(0)} & \left(\frac{\partial Q_n}{\partial U_2}\right)^{(0)} & \cdots & \left(\frac{\partial Q_n}{\partial U_n}\right)^{(0)} \end{array}\right] \begin{bmatrix} \Delta\delta_2^{(0)} \\ \vdots \\ \Delta\delta_n^{(0)} \\ \vdots \\ \Delta U_2^{(0)} \\ \vdots \\ \Delta U_n^{(0)} \end{bmatrix} \tag{G.45}$$

In Vektorschreibweise:

$$\Delta \mathbf{Z}^{(0)} \approx \mathbf{F}^{(0)} \cdot \Delta \mathbf{X}^{(0)} \quad . \tag{G.46}$$

In dieser Gleichung bezeichnet $\Delta \mathbf{Z}^{(0)}$ den Vektor der Leistungsabweichungen $\Delta P_i\, \Delta Q_i$, $\Delta \mathbf{X}$ den Vektor kleiner Knotenspannungsabweichungen $\Delta U_{ii}\, \Delta S_i$ und $\mathbf{F}$ die sogenannte *Jacobi- oder Funktionalmatrix.*

Als Jacobi-Matrix bezeichnet man eine Matrix, deren Elemente die partiellen Ableitungen der unabhängigen Variablen darstellt. Die Jakobi-Matrix (G.45) bietet eine Zerlegung in 4 Teilmatrixen an. In abgekürzter Form lautet daher die Jacobi-Matrix,

$$\mathbf{F} = \left[\begin{array}{c|c} \mathbf{H} & \mathbf{N} \\ \hline \mathbf{J} & \mathbf{L} \end{array}\right] \quad . \tag{G.47}$$

Das Iterationsverfahren läuft nun folgendermaßen ab:

Man berechnet für einen Startvektor der Knotenspannung $\underline{\mathbf{U}}^{(0)}$ aus den reellen Leistungsflußgleichungen für die Knoten $i = 2 \ldots$ n einen Satz Knotenleistungen $P_i^{(0)}$ und $Q_i^{(0)}$ und ermittelt die Leistungsabweichungen $\Delta P_i^{(0)}$ und $\Delta Q_i^{(0)}$ von den spezifizierten Werten. Anschließend berechnet man mit den Näherungswerten der Knotenspannungen und Leistungen die Koeffizienten der Jacobi-Matrix aus den partiellen Ableitungen der reellen Leistungsflußgleichungen. Die Invertierung der Jacobi-Matrix mit einem direkten Verfahren führt schließlich auf den Zuwachsvektor für die Knotenspannungen,

$$\Delta \mathbf{X}^{(0)} = -[\mathbf{F}^{(0)}]^{-1} \cdot \Delta \mathbf{Z}^{(0)} \quad . \tag{G.48}$$

Unterschreiten die Leistungsabweichungen einen akzeptablen Konvergenzindex, was bei realen Systemen unabhängig von ihrer Größe nach 4-5 Schritten der Fall ist, kann die Iteration abgebrochen werden. Für die unterschiedliche Behandlung der Leistungsflußgleichungen gelten, je nach Knotenart, ähnliche Überlegungen wie beim Gauß-Seidel-Verfahren. Da die Jacobi-Matrix bei jedem Iterationsschritt invertiert werden muß, steht und fällt die Brauchbarkeit des Verfahrens mit dem hierfür erforderlichen Aufwand. Glücklicherweise ist die Jacobi-Matrix, ebenso wie die Admittanzmatrix, schwach besetzt, was in Verbindung mit optimaler Ordnung und Gaußscher Elimination der Newton-Raphson-Iteration zu ihrem Erfolg verhilft.

Bezüglich der Regularität der Matrix und der Behandlung von Einspeiseknoten gelten die gleichen Überlegungen wie in Kapitel 16 bereits erläutert.

H. Methode der Zustandsvariablen

Die *Methode der Zustandsvariablen* wird zur Beschreibung des zeitlichen bzw. dynamischen Verhaltens komplexer *linearer* und *nichtlinearer* Systeme eingesetzt. Sie beruht auf der Überführung einer oder mehrerer Differentialgleichungen *n-ter* Ordnung mit konstanten Koeffizienten und einer Störfunktion u, beispielsweise

$$a_n \frac{d^n y}{dt^n} + a_{n-1} \frac{d^{(n-1)} y}{dt^{(n-1)}} + \cdots + a_2 \frac{d^2 y}{dt^2} + a_1 \frac{dy}{dt} + a_0 y = b_0\, u \quad \text{(H.1)}$$

bzw. in verkürzter Schreibweise

$$a_n \overset{(n)}{y} + a_{n-1} \overset{(n-1)}{y} + \cdots + a_2 \ddot{y} + a_1 \dot{y} + a_0\, y = b_0\, u \quad \text{(H.2)}$$

in ein lineares System von Differentialgleichungen *erster* Ordnung.

Setzt man

$$y = x_1, \quad \dot{y} = x_2, \quad \ddot{y} = x_3, \quad \cdots \quad \overset{(n-1)}{y} = x_n, \quad \overset{(n)}{y} = \dot{x}_n \quad \text{(H.3)}$$

folgt daraus

$$\begin{aligned} \dot{x}_1 &= x_2, \\ \dot{x}_2 &= x_3, \\ \dot{x}_3 &= x_4 \\ &\vdots \\ \dot{x}_{n-1} &= x_n \quad . \end{aligned} \quad \text{(H.4)}$$

Substituiert man (H.4) in (H.1), erhält man eine Differentialgleichung *erster* Ordnung

$$a_n \dot{x}_n + a_{n-1} x_n + \cdots + a_1 x_2 + a_0 x_1 = b_0 \, u \quad . \tag{H.5}$$

Stellt man, abgesehen vom ersten Term $a_n \dot{x}_n$, alle anderen Gleichungsglieder auf die rechte Gleichungsseite und dividiert anschließend durch a_n ergibt sich nach $n = 1$ bis n geordnet

$$\dot{x}_n = -\frac{a_0}{a_n} x_1 - \frac{a_1}{a_n} x_2 \cdots - \frac{a_{n-1}}{a_n} x_n + \frac{b_0}{a_n} u \quad . \tag{H.6}$$

Das Gleichungssystem der Zustandsdifferentialgleichungen (H.4) und (H.6) eines *linearen* Systems läßt sich auch in Matrixform darstellen,

$$\underbrace{\begin{bmatrix} \dot{x}_1 \\ \dot{x}_2 \\ \dot{x}_3 \\ \vdots \\ \dot{x}_{n-1} \\ \dot{x}_n \end{bmatrix}}_{\dot{\mathbf{x}}} = \underbrace{\begin{bmatrix} 0 & 1 & 0 & \cdot & \cdot & \cdot & \cdot & 0 \\ 0 & 0 & 1 & 0 & \cdot & \cdot & \cdot & 0 \\ 0 & 0 & 0 & 1 & 0 & \cdot & \cdot & 0 \\ \vdots & \vdots & \vdots & \vdots & \vdots & \vdots & \vdots & \vdots \\ 0 & 0 & 0 & 0 & 0 & 0 & 0 & 1 \\ -\frac{a_0}{a_n} & -\frac{a_1}{a_n} & \cdot & \cdot & \cdot & \cdot & \cdot & -\frac{a_{n-1}}{a_n} \end{bmatrix}}_{\mathbf{A}} \cdot \underbrace{\begin{bmatrix} x_1 \\ x_2 \\ x_3 \\ \vdots \\ x_{n-1} \\ x_n \end{bmatrix}}_{\mathbf{x}} + \underbrace{\begin{bmatrix} 0 \\ 0 \\ 0 \\ \vdots \\ 0 \\ -\frac{b_0}{a_n} \end{bmatrix}}_{\mathbf{b}} \cdot u \tag{H.7}$$

In verkürzter Matrixschreibweise erhalten wir schließlich

$$\dot{\mathbf{x}} = \mathbf{A} \cdot \mathbf{x} + \mathbf{b} \, u \quad . \tag{H.8}$$

Die Gleichungen (H.7) bilden das *System der Zustandsdifferentialgleichungen* für die Zustandsvariablen bzw. *Zustandsgrößen* $x_1 \cdots x_n$ und die Störfunktion u. Sind die Lösungen $x_1 \cdots x_n$ gefunden, ergibt sich die Lösung der ursprünglichen Differentialgleichung (H.2) zu

$$\mathbf{y} = \mathbf{C}^T \mathbf{x} + d \cdot u \quad . \tag{H.9}$$

Sie ist eine Funktion der Zustandsgrößen x_ν und der *Störfunktion* u. Letztere wird im Kontext auch als *Eingangs-*, *Ausgangs-*, *Stell-* oder

Steuergröße bezeichnet. $\mathbf{C}^T$ ist ein transponierter Spaltenvektor, das heißt ein *Zeilenvektor*, und d ist eine Zahl. Zustandsgrößen sind also nicht Endergebnisse, sondern nur hilfreiche *Zwischengrößen*.

Die Spaltenvektoren $\mathbf{x}$ und $\dot{\mathbf{x}}$ enthalten als Koordinaten die *Zustandsgrößen* x_ν bzw. deren zeitliche Ableitungen $\dot{x}_\nu$

$$\mathbf{x} = \begin{bmatrix} x_1 \\ x_2 \\ \vdots \\ x_n \end{bmatrix} \qquad \dot{\mathbf{x}} = \begin{bmatrix} \dot{x}_1 \\ \dot{x}_2 \\ \vdots \\ \dot{x}_n \end{bmatrix} \tag{H.10}$$

Die Zustandsgrößen x_ν stellen die minimale Anzahl an Variablen dar, die zur vollständigen Beschreibung des zeitlichen Verhaltens eines dynamischen Systems erforderlich ist. Sie bestimmen zu jedem Zeitpunkt das künftige Systemverhalten, wenn alle Eingangsgrößen zu diesem Zeitpunkt gegeben sind. In ihrer Gesamtheit bilden sie die Koordinaten des Zustandsvektors $\mathbf{x}$.

Der Zustandsvektor $\mathbf{x}$ beschreibt den Zustand eines Systems in einem n-dimensionalen *Zustandsraum*. Dieser ist als *formale* Erweiterung des gewohnten dreidimensionalen *geometrischen* Raums zu verstehen. Das Prinzip ist sehr einsichtig, man darf nur nicht versuchen, sich die vierte und weitere Zustandsgrößen als weitere *räumliche Dimensionen* des *dreidimensionalen* Raums vorzustellen. Ist man erst mit der Vorstellung eines formalen multidimensionalen Zustandsraums vertraut, hat man auch keine Schwierigkeit mehr, sich die Zeit als vierte Dimension in der Einsteinschen Relativitätstheorie vorzustellen.

Die Ortskurve der Spitze eines Zustandsvektors im Zustandsraum bezeichnet man als *Trajektorie*. Bei nur zwei Zustandsvariablen läßt sich die Trajektorie, genauer gesagt ihre Projektion, sehr anschaulich in einer *Zustandsebene* darstellen (s. 18.1.4.2). Die Variable *Zeit* tritt lediglich als Parameter der Trajektorie auf.

Liegen mehrere Eingangs-, Ausgangs- und Störgrößen vor, mutieren auch die Spaltenvektoren $\mathbf{b}$ und $\mathbf{d}$ zu Matrizen. Rechnungen mit Differentialgleichungen höherer Ordnung und weiteren Variablen ergänzen das lineare Gleichungssystem um weitere Zeilen und Spalten.

Für *lineare* Systeme erhält man im allgemeinen Fall

$$\dot{\mathbf{x}} = \mathbf{A}\,\mathbf{x} + \mathbf{B}\,\mathbf{u}$$
$$\mathbf{y} = \mathbf{C}\,\mathbf{x} + \mathbf{D}\,\mathbf{u} \quad . \tag{H.11}$$

Nichtlineare Systeme sind nicht mehr in der klaren Form (H.11) darstellbar. Vielmehr gilt dann

$$\dot{x}_\nu = f_\nu(x_1, x_2, x_3 \cdots x_n, u, t) \quad \text{und} \quad y_\nu = g_\nu(x_1, x_2, x_3 \cdots u, t) \tag{H.12}$$

wobei f_ν und g_ν nichtlineare Funktionen sind.

In verkürzter Matrixschreibweise gilt dann

$$\dot{\underline{\mathbf{x}}} = \mathbf{f}(\mathbf{x}, \mathbf{u}, t) \quad \text{und} \quad \underline{\mathbf{y}} = \mathbf{g}(\mathbf{x}, \mathbf{u}, t) \quad . \tag{H.13}$$

Die nichtlinearen Zustandsdifferentialgleichungen sind nur durch schrittweise numerische Integration zu lösen.

In Elektroenergiesystemen treten Gleichungssysteme der Ordnung $n =$ 1.000 oder höher auf. Typische Zustandsgrößen sind beispielsweise die *Knotenspannungen* U und ihre *Winkel* δ der im Kontext betrachteten Netze.

$$\mathbf{x} = \begin{bmatrix} U_1 \\ U_2 \\ \vdots \\ U_n \\ \delta_1 \\ \delta_2 \\ \vdots \\ \delta_n \end{bmatrix} \qquad \mathbf{u} = \begin{bmatrix} P_{G1} \\ P_{G2} \\ \vdots \\ P_{Gn} \\ Q_{G1} \\ Q_{G2} \\ \vdots \\ Q_{Gn} \end{bmatrix} \qquad \mathbf{b} = \begin{bmatrix} P_{L1} \\ P_{L2} \\ \vdots \\ P_{Ln} \\ Q_{L1} \\ Q_{L2} \\ \vdots \\ Q_{Ln} \end{bmatrix} \quad . \tag{H.14}$$

Steuer- bzw. *Eingangsgößen* sind in diesem Fall die manipulierbaren Wirk- und Blindleistungsflüsse der Generatoren. Sie bilden den *Steuervektor* **u**.

Störgrößen sind die nicht beeinflußbaren Wirk- und Blindleistungen der Netzlast, sie bilden den *Störvektor* **b**.

In *Stabilitätsbetrachtungen* wählt man als Zustandsgrößen die diversen Polradwinkel bzw. Rotorwinkelgeschwindigkeiten

$$\begin{aligned} x_1 &= \delta && \textit{Polradwinkel}, \\ x_2 &= \dot{x}_1 = \omega && \textit{Rotorwinkelgeschwindigkeit}. \end{aligned} \tag{H.15}$$

Die Beschreibung eines Systems durch Zustandsgrößen ist für *lineare* Systeme im *Zeit-* und *Frequenzbereich* möglich. In der Form (H.13) lassen sich jedoch nur *lineare* Systeme darstellen. *Nichtlineare* Systeme erfordern grundsätzlich die schrittweise numerische Integration der Zustandsdifferentialgleichungen.

Die bisherigen Betrachtungen gingen anfänglich von *einer* Störgröße u aus. In linearen bzw. nichtlinearen Systemen entspricht dann den Differentialgleichungen (H.1) bzw. (H.2) im Frequenzbereich eine gebrochen rationale Systemfunktion mit konstantem Zähler. Besitzt die Differentialgleichung auf der rechten Seite auch Ableitungen von u,

$$a_n \overset{(n)}{y} + a_{n-1} \overset{(n-1)}{y} + \cdots + a_2 \ddot{y} + a_1 \dot{y} + a_0 y = b_0 u + b_1 \dot{u} + \cdots \tag{H.16}$$

besitzt die gebrochen rationale Funktion auch ein Zählerpolynom. Die bisherige Vorgehensweise versagt dann. Man erhält in diesen Fällen das System der Zustandsdifferentialgleichungen durch *Partialbruchzerlegung* der gebrochen rationalen Funktion. Dies geht jedoch über den Rahmen dieser Einführung hinaus und bleibt dem weiterführenden umfangreichen Schrifttum über lineare und nichtlineare Regelungen vorbehalten.

I. IEEE Engineering Ethics Code

Um nachhaltigen Schaden am Unternehmen, der eigenen Person und der Reputation der eigenen Mitarbeiter zu vermeiden, gibt es in fast allen amerikanischen Industrieunternehmen, Universitäten und anderen Organisationen einen *Ethics Code* und einen *Ethics Officer*. In Anlehnung an diese Praxis und aus eigenen unguten Erfahrungen heraus haben inzwischen auch in Deutschland große Industrieunternehmen sogenannte *Unternehmensleitsätze* bzw. *Richtlinien* erlassen.

Es wäre Wunschdenken zu hoffen, daß Ethik Codices das Allheilmittel gegen unethisches Verhalten sind. Auch die seit über 2000 Jahren bestehenden *Zehn Gebote* werden von niemandem perfekt befolgt. Die Nichtexistenz von Ethik Codices wäre aber vergleichbar problematisch, wie das etwaige Fehlen der Zehn Gebote.

Das Vorbild vieler Ethik Codices amerikanischer Unternehmen ist der vom *Institute of Electrical and Electronics Engineers* (IEEE) bereits vor vielen Jahrzehnten verabschiedete IEEE Engineering Ethics Code, der hier in seiner neuesten Fassung vorgestellt werden soll.

IEEE Code of Ethics

> Im Bewußtsein des Einflusses der Technik auf die Lebensqualität der ganzen Welt und im Hinblick auf die Übernahme einer persönlichen Verpflichtung gegenüber unserem Berufsstand, seinen Mitgliedern und dem Gemeinwesen, dem wir dienen, bekennen wir Mitglieder des IEEE uns zu höchstem ethischen und professionellen Verhalten, indem wir:

1. Verantwortung übernehmen und bei Ingenieuraufgaben Entscheidungen herbeiführen, die mit der Sicherheit, Gesundheit und dem Wohlergehen der Öffentlichkeit verträglich sind, und prompt Fakten offenlegen, die die Öffentlichkeit oder die Umwelt gefährden könnten;
2. echte oder vermutete Interessenkonflikte zu vermeiden suchen und, falls solche existieren sollten, sie den betroffenen Parteien offenzulegen;
3. ehrlich und realistisch sind bei der Erhebung von Ansprüchen oder Abschätzungen basierend auf verfügbaren Daten;
4. Korruption in all ihren Erscheinungsformen zurückweisen;
5. das Verständnis für die Technik und ihre angemessene Anwendung unter Berücksichtigung etwaiger Folgen verbessern;
6. unsere technische Kompetenz pflegen sowie fachliche Aufgaben nur dann für andere durchführen, wenn wir durch Ausbildung oder Berufserfahrung ausreichend qualifiziert sind und gegebenenfalls maßgebliche Beschränkungen offenlegen;
7. ehrliche Kritik unserer fachlichen Arbeit suchen, akzeptieren oder auch anbieten, Fehler zugeben und korrigieren sowie Beiträge anderer angemessen würdigen;
8. alle Personen fair behandeln, unabhängig von Rasse, Religion, Geschlecht, Behinderung, Alter oder Nationalität;
9. vermeiden, anderen ihr Eigentum, ihre Reputation oder Beschäftigung durch falsche oder bösartige Handlungen zu verletzen;
10. Kollegen und Mitarbeiter in ihrer professionellen Karriere beistehen und sie in der Befolgung dieses Codex unterstützen.

Mit seinem Beitritt zum IEEE unterschreibt jeder Ingenieur „*... that I have read and understood the IEEE Code of Ethics ...*“.

Selbstverständlich sind Ethik Codices nur so viel wert wie die Einsicht der Personen, für die sie geschrieben wurden. Ausschlaggebend ist letztlich das Ausmaß an krimineller Energie, die manchen Menschen innewohnt. Ihre Ursachen liegen tiefer, im Erziehungswesen, der laschen Anwendung des Strafrechts für Wirtschaftskriminalität, der schlechten Vorbildfunktion nicht weniger „Meinungsmacher" einer Gesellschaft, der großzügigen Toleranz breiter Schichten der Bevölkerung gegenüber unethischem Handeln in der Grenzzone zwischen Bagatelldelikten und echter Kriminalität, *last but not least* in den Genen.

Daß irgendwann alle Menschen aus Überzeugung ethisch handeln werden, ist sehr unwahrscheinlich. Es ist andererseits aber ratsam, ethisches Verhalten im Berufsalltag wenigstens aus dem Grund anzustreben, um Schaden am Ansehen der eigenen Person zu vermeiden.

Vertiefendes Schrifttum zu Kapitel I

1. Schwab, A.: Managementwissen für Ingenieure. 4. Auflage, Springer-Verlag, Berlin/Heidelberg, 2008.

Index

Weitere Bücher des Autors

Managementwissen für Ingenieure, 4. Auflage:

Dieses in deutscher, russischer und chinesischer Sprache erschienene Buch vermittelt Ingenieuren wesentliche betriebswirtschaftliche Grundkenntnisse, die für eine erfolgreiche Karriere in der Industrie oder eine erfolgreiche Existenzgründung unentbehrlich sind.

Springer Verlag Berlin, Heidelberg, New York, 2008
ISBN 978-3-540-78408-1

Elektromagnetische Verträglichkeit, 5. Auflage:

Dieses Standardwerk erläutert leicht verständlich die Begriffswelt der EMV und ihre physikalischen Grundlagen. Es befähigt Studierende wie Hersteller und Entwickler zu eigenen Analysen und Bewertungen ihrer Systeme. Eine unentbehrliche Hilfe bei der Lösung von EMV-Problemen.

Springer Verlag Berlin, Heidelberg, New York, 2007
ISBN 978-3-540-42004-0

Begriffswelt der Feldtheorie, 6. Auflage:

Eine leicht verständliche Einführung in die anspruchsvolle Theorie Elektromagnetischer Felder und die numerische Feldberechnung. Ein Standardwerk für alle Studierenden der Elektrotechnik.

Springer Verlag Berlin, Heidelberg, New, York, 2002
ISBN 978-3-540-42018-7

Hochspannungsmesstechnik, 2. Auflage:

Dieses in deutscher, englischer, russischer und chinesischer Sprache erschienene Buch mit insgesamt 12.500 Exemplaren hat diesen Klassiker zu einem derzeit leider vergriffenen Standardwerk werden lassen. (3. Auflage derzeit in Bearbeitung)

Springer Verlag Berlin, Heidelberg, New York, 1981
ISBN 978-3540105459